精品课程 · 名师**讲堂**丛书

高等数学

辅导讲案

——主讲教材《高等数学》(同济·第四版)

符丽珍 刘克轩 主编

西北工业大学出版社

西安

图书在版编目(CIP)数据

高等数学辅导讲案/符丽珍,刘克轩主编.—西安:西北工业大学出版社,2019.8

(精品课程·名师讲堂丛书)

ISBN 978-7-5612-6530-7

Ⅰ.①高… Ⅱ.①符… ②刘… Ⅲ.①高等数学-高等学校-教学参考资料 Ⅳ.①O13

中国版本图书馆 CIP 数据核字(2019)第 169306 号

GAODENG SHUXUE FUDAO JIANGAN
高 等 数 学 辅 导 讲 案

责任编辑:	孙 倩 李 萌	策划编辑:	李 萌
责任校对:	王 蓁	装帧设计:	李 飞

出版发行:西北工业大学出版社

通信地址:西安市友谊西路 127 号　　邮编:710072

电　　话:(029)88491757,88493844

网　　址:www.nwpup.com

印 刷 者:陕西金德佳印务有限公司

开　　本:850 mm×1168 mm　　　1/32

印　　张:19.3125

字　　数:644 千字

版　　次:2019 年 8 月第 1 版　　2019 年 8 月第 1 次印刷

定　　价:62.00 元

如有印装问题请与出版社联系调换

前　言

　　高等数学是变量数学，它是研究运动、无限过程、高维空间和多因素作用的科学。高等数学课程是理工科院校的一门非常重要的基础课，也是硕士研究生入学考试的一门必考科目。为了帮助广大读者学好高等数学课程，满足读者学习和考研的需要，我们根据多年的教学经验编写了本书。

　　本书参考了同济大学编写的《高等数学》（第四版）的章节顺序，分为 12 讲，每讲均设计了 4 个板块。

　　1. 内容聚焦

　　一、内容要点精讲　列出了基本概念、重要定理和公式，突出考点的核心知识。

　　二、知识脉络图解　用框图形式列出，并指出各知识点间的有机联系。

　　三、重点、难点点击　突出重点，剖析难点，强调考点。

　　2. 典型例题精选

　　从历年本科生期末试题和全国硕士研究生入学试题中精选出典型题目，进行分析解答。

3. 课后作业

4. 主讲教材课后习题精选详解及检测真题

附录中对同济大学数学教研室编写的《高等数学》（第四版）的课后习题做了详细解答。因篇幅所限，对超出教学基本要求标"＊"号的内容，仅对欧拉方程一节的习题做了解答。每一讲编入了课后检测真题，并附有参考答案。

本书通过对大量涉及内容广、类型多、技巧性强的习题的解答，揭示了高等数学的解题方法、解题规律和解题技巧。这对于提高读者分析问题的能力，理解基本概念和理论，开拓解题思路、全面增强数学素质，可以起到良好的效果。

参加本书编写的有符丽珍、刘克轩、肖亚兰、王雪芳、杨月茜和陆全。本书由符丽珍、刘克轩统稿并担任主编。

由于水平有限，书中疏漏和不妥之处在所难免，恳请读者指正。

编　者

2019 年 3 月

于西北工业大学

目　　录

第1讲 函数与极限

本讲涵盖了主讲教材第1章的内容.

1.1 本讲内容聚焦

一、内容要点精讲

(一) 函数概念

1. 函数的几种特性

(1) 有界性:$|f(x)| \leqslant M, \forall x \in X \subset D$.

(2) 单调性:$x_1 < x_2$ 时,$f(x_1) \lessgtr f(x_2), \forall x_1, x_2 \in D$.

(3) 奇偶性:$f(-x) = \pm f(x), \forall x, -x \in D$.

(4) 周期性:$f(x+L) = f(x), \forall x, x+L \in D$.

2. 基本初等函数,初等函数

幂函数、指数函数、对数函数、三角函数和反三角函数统称为基本初等函数. 由常数和基本初等函数经过有限次的四则运算和有限次的函数复合步骤所构成并可用一个式子表示的函数,称为初等函数.

(二) 数列极限

1. 数列极限的定义

$\lim\limits_{n \to \infty} x_n = a \Leftrightarrow \forall \varepsilon > 0, \exists N,$ 当 $n > N$ 时,恒有 $|x_n - a| < \varepsilon$.

2. 收敛数列的性质

(1) 若数列 $\{x_n\}$ 收敛,则其极限必唯一.

(2) 若数列 $\{x_n\}$ 收敛,则数列 $\{x_n\}$ 一定有界.

(3) 若数列 $\{x_n\}$ 收敛于 a,则它的任一子数列也收敛于 a.

3. 数列收敛性的判别定理

(1) 夹逼定理.

(2) 单调有界数列必有极限.

(三) 函数极限

1. 函数极限的定义

(1) $\lim\limits_{x \to \infty} f(x) = A \Leftrightarrow \forall \varepsilon > 0, \exists X > 0,$ 当 $|x| > X$ 时, 恒有 $|f(x) - A| < \varepsilon.$

(2) $\lim\limits_{x \to x_0} f(x) = A \Leftrightarrow \forall \varepsilon > 0, \exists \delta > 0,$ 当 $0 < |x - x_0| < \delta$ 时, 恒有 $|f(x) - A| < \varepsilon.$

2. 左极限、右极限

$$\lim\limits_{x \to x_0} f(x) = A \Leftrightarrow \lim\limits_{x \to x_0^-} f(x) = \lim\limits_{x \to x_0^+} f(x) = A.$$

3. 极限的局部保号性

(四) 无穷小与无穷大

1. 无穷小

(1) 定义: 以零为极限的变量称做无穷小量.

(2) 无穷小的阶: 设 $\alpha(x), \beta(x)$ 都是自变量 x 在同一变化过程中的无穷小, 且 $\alpha \neq 0,$

$$\lim \frac{\beta}{\alpha} = \begin{cases} 0 & \text{称 } \beta \text{ 是比 } \alpha \text{ 高阶的无穷小, 记作 } \beta = o(\alpha) \\ \infty & \text{称 } \beta \text{ 是比 } \alpha \text{ 低阶的无穷小} \\ c \neq 0 & \text{称 } \beta \text{ 与 } \alpha \text{ 是同阶无穷小} \\ 1 & \text{称 } \beta \text{ 与 } \alpha \text{ 是等价无穷小, 记作 } \alpha \sim \beta \end{cases}$$

若 $\lim \dfrac{\beta}{\alpha^k} = c \neq 0, k > 0,$ 称 β 是关于 α 的 k 阶无穷小.

(3) 无穷小的运算性质: 有限个无穷小的和仍为无穷小. 有限个无穷小的乘积仍为无穷小. 无穷小与有界函数的乘积仍为无穷小. 求两个无穷小之比的极限时, 分子及分母可用等价无穷小来代替.

2. 无穷大

绝对值无限增大的变量叫无穷大. 无穷小 (不取零值) 的倒数为无穷大, 反之无穷大的倒数为无穷小.

(五) 两个重要极限

$$\lim\limits_{x \to 0} \frac{\sin x}{x} = 1, \lim\limits_{x \to \infty} \left(1 + \frac{1}{x}\right)^x = e \left(\text{或} \lim\limits_{x \to 0} (1 + x)^{\frac{1}{x}} = e\right).$$

（六）函数的连续性

1. 定义：若 $\lim\limits_{x \to x_0} f(x) = f(x_0)$，则称 $f(x)$ 在 x_0 处连续.

初等函数在其定义区间内都是连续的.

2. 闭区间上连续函数的性质

① 有界性；② 最值定理；③ 介值定理；④ 零点存在定理.

3. 函数的间断点

(1) 第一类间断点：左、右极限都存在的间断点. 有可去间断点及跳跃间断点.

(2) 第二类间断点：左、右极限不都存在的间断点. 有无穷间断点及振荡间断点.

二、知识脉络图解

$$
\text{函数与极限}
\begin{cases}
\text{函数}
\begin{cases}
\text{定义(定义域,对应规则)} \\
\text{性质(有界性,单调性,奇偶性,周期性)} \\
\text{复合函数(中间变量,复合函数的分解)} \\
\text{反函数} \\
\text{初等函数} \\
\text{分段函数}
\end{cases} \\[2em]
\text{极限}
\begin{cases}
\text{定义}
\begin{cases}
\text{数列极限}
\begin{cases}
\varepsilon\text{-}N\ \text{定义} \\
\text{收敛数列的性质}
\end{cases} \\
\text{函数极限}
\begin{cases}
\lim\limits_{x \to \infty} f(x) = A, \varepsilon\text{-}X\ \text{定义} \\
\lim\limits_{x \to x_0} f(x) = A, \varepsilon\text{-}\delta\ \text{定义}
\end{cases}
\end{cases} \\[2em]
\text{极限存在准则}
\begin{cases}
\text{单调有界数列必有极限} \\
\text{夹逼准则}
\end{cases} \\[1em]
\text{无穷小与无穷大}
\begin{cases}
\text{定义} \\
\text{性质} \\
\text{阶的比较}
\end{cases} \\[1em]
\text{连续与间断}
\begin{cases}
\text{定义} \\
\text{间断点的分类} \\
\text{闭区间连续函数的性质}
\end{cases}
\end{cases}
\end{cases}
$$

三、重点、难点点击

本讲的重点内容是极限. 既要准确理解极限的概念和极限存在的充要条件,又要能正确求出各种极限. 求极限的方法很多,主要有:

(1) 利用极限的四则运算法则;

(2) 利用连续函数;

(3) 利用两个重要极限;

(4) 利用等价无穷小代换(常会使运算化简);

(5) 利用夹逼定理;

(6) 先证明数列的极限存在(通常用"单调有界数列必有极限"的准则),再利用关系式求出极限.

有时在一个题目中往往要用到多种方法.

由于函数的连续性是通过极限定义的,因而判断函数是否连续,判断函数间断点的类型等问题本质上仍是求极限. 这一部分也是重点.

函数部分,重点是复合函数和分段函数以及函数记号的运算.

本讲常见的题型有:

(1) 直接计算给定的极限或给定极限值反过来确定式子中的待定常数;

(2) 讨论函数的连续性,判断间断点的类型;

(3) 无穷小的比较;

(4) 讨论连续函数在给定区间的零点或方程在给定区间有无实根;

(5) 求分段函数的复合函数.

1.2 典型例题精选

【例 1-1】 已知 $f(x) = e^{x^2}$, $f[\varphi(x)] = 1 - x$ 且 $\varphi(x) \geqslant 0$,求 $\varphi(x)$ 并写出它的定义域.

【解】 因为 $f[\varphi(x)] = e^{\varphi^2(x)} = 1 - x$,故 $\varphi(x) = \sqrt{\ln(1-x)}$. 再由 $\ln(1-x) \geqslant 0$,得 $1 - x \geqslant 1$ 即 $x \leqslant 0$.

所以
$$\varphi(x) = \sqrt{\ln(1-x)}, \quad x \leqslant 0$$

【例 1-2】 $f(x) = |x\sin x| e^{\cos x} (-\infty < x < +\infty)$ 是( ).

(A) 有界函数　　　　　　　　(B) 单调函数

4

(C) 周期函数 　　　　　　　　(D) 偶函数

【解】　应选(D). 因 $f(x) = f(-x)$.

【例 1 - 3】　函数 $f(x) = x\sin x($ 　 $)$.

(A) 当 $x \to \infty$ 时为无穷大　　(B) 在 $(-\infty, +\infty)$ 内有界

(C) 在 $(-\infty, +\infty)$ 内无界　　(D) 当 $x \to \infty$ 时有有限极限

【解】　应选(C).

【例 1 - 4】　求下列极限

(1) $\lim\limits_{x \to +\infty} [\cos\ln(1+x) - \cos\ln x]$

(2) $\lim\limits_{x \to 0} \dfrac{\sqrt{1+x\sin x} - \cos x}{x}$

(3) $\lim\limits_{n \to \infty} \dfrac{a^2}{n^3} [1^2 + 2^2 + \cdots + (n-1)^2]$

(4) $\lim\limits_{n \to \infty} \dfrac{\sqrt{n + \sqrt{n + \sqrt{n}}}}{\sqrt{n+1}}$

(5) $\lim\limits_{x \to 0} \dfrac{x\ln(1+x)}{1 - \cos x}$

(6) $\lim\limits_{x \to 0} \dfrac{1}{x^3} \left[\left(\dfrac{2 + \cos x}{3} \right)^x - 1 \right]$

【解】　(1) $\lim\limits_{x \to +\infty} [\cos\ln(1+x) - \cos\ln x] =$

$$\lim_{x \to +\infty} \left[-2\sin\ln(1 + \frac{1}{x})^{\frac{1}{2}} \sin\ln(x^2 + x)^{\frac{1}{2}} \right] = 0$$

这是因为 $\lim\limits_{x \to +\infty} \sin\ln(1 + \frac{1}{x})^{\frac{1}{2}} = 0$，而 $| \sin\ln(x^2 + x)^{\frac{1}{2}} | \leqslant 1$.

(2) $\lim\limits_{x \to 0} \dfrac{\sqrt{1+x\sin x} - \cos x}{x} = \lim\limits_{x \to 0} \dfrac{1 + x\sin x - \cos^2 x}{x(\sqrt{1+x\sin x} + \cos x)} =$

$\dfrac{1}{2} \lim\limits_{x \to 0} \dfrac{x\sin x + \sin^2 x}{x} = \dfrac{1}{2} \lim\limits_{x \to 0} \dfrac{\sin x}{x}(x + \sin x) = 0$

(3) $\lim\limits_{n \to \infty} \dfrac{a^2}{n^3} [1^2 + 2^2 + \cdots + (n-1)^2] = \lim\limits_{n \to \infty} \dfrac{a^2}{n^3} \cdot \dfrac{(n-1)n(2n-1)}{6} = \dfrac{a^2}{3}$

(4) $\lim\limits_{n \to \infty} \dfrac{\sqrt{n + \sqrt{n + \sqrt{n}}}}{\sqrt{n+1}} = \lim\limits_{n \to \infty} \dfrac{\sqrt{1 + \dfrac{1}{n}\sqrt{n + \sqrt{n}}}}{\sqrt{1 + \dfrac{1}{n}}} =$

$$\lim_{n\to\infty}\frac{\sqrt{1+\sqrt{\frac{1}{n}+\frac{1}{n^2}\sqrt{n}}}}{\sqrt{1+\frac{1}{n}}}=\lim_{n\to\infty}\frac{\sqrt{1+\sqrt{\frac{1}{n}+\sqrt{\frac{n}{n^4}}}}}{\sqrt{1+\frac{1}{n}}}=1$$

(5) $\displaystyle\lim_{x\to0}\frac{x\ln(1+x)}{1-\cos x}=\lim_{x\to0}\frac{x\cdot x}{\frac{x_2}{2}}=2$

(6) $\displaystyle\lim_{x\to0}\frac{1}{x^3}\left[\left(\frac{2+\cos x}{3}\right)^x-1\right]=\lim_{x\to0}\frac{\mathrm{e}^{x\ln(\frac{2+\cos x}{3})}-1}{x^3}=$

$$\lim_{x\to0}\frac{x\ln(\frac{2+\cos x}{3})}{x^3}=\lim_{x\to0}\frac{\ln(1+\frac{\cos x-1}{3})}{x^2}=$$

$$\lim_{x\to0}\frac{\frac{\cos x-1}{3}}{x^2}=\lim_{x\to0}\frac{1}{3}\cdot\frac{-\frac{x^2}{2}}{x^2}=-\frac{1}{6}$$

【例 1-5】 设 $x_n=1+\dfrac{1}{1+2}+\dfrac{1}{1+2+3}+\cdots+\dfrac{1}{1+2+3+\cdots+n}$,求 $\displaystyle\lim_{n\to\infty}x_n$.

【解】 $1+2+3+\cdots+n=\dfrac{n(n+1)}{2}$

$$\frac{1}{1+2+3+\cdots+n}=\frac{2}{n(n+1)}=2(\frac{1}{n}-\frac{1}{n+1})$$

$$\lim_{n\to\infty}x_n=\lim_{n\to\infty}[1+\frac{2}{2\times3}+\frac{2}{3\times4}+\cdots+\frac{2}{n(n+1)}]=$$

$$\lim_{n\to\infty}\{1+2[(\frac{1}{2}-\frac{1}{3})+(\frac{1}{3}-\frac{1}{4})+\cdots+(\frac{1}{n}-\frac{1}{n+1})]\}=$$

$$\lim_{n\to\infty}[1+2(\frac{1}{2}-\frac{1}{n+1})]=2$$

【例 1-6】 求 $\displaystyle\lim_{x\to0}[\frac{2+\mathrm{e}^{\frac{1}{x}}}{1+\mathrm{e}^{\frac{4}{x}}}+\frac{\sin x}{|x|}]$.

【解】 因 $\displaystyle\lim_{x\to0^+}[\frac{2+\mathrm{e}^{\frac{1}{x}}}{1+\mathrm{e}^{\frac{4}{x}}}+\frac{\sin x}{|x|}]=\lim_{x\to0^+}[\frac{2\mathrm{e}^{-\frac{4}{x}}+\mathrm{e}^{-\frac{3}{x}}}{\mathrm{e}^{-\frac{4}{x}}+1}+\frac{\sin x}{x}]=1$

$$\lim_{x\to0^-}[\frac{2+\mathrm{e}^{\frac{1}{x}}}{1+\mathrm{e}^{\frac{4}{x}}}+\frac{\sin x}{|x|}]=\lim_{x\to0^-}[\frac{2+\mathrm{e}^{\frac{1}{x}}}{1+\mathrm{e}^{\frac{4}{x}}}-\frac{\sin x}{x}]=2-1=1$$

故原式 = 1.

【例 1 - 7】　求 $\lim\limits_{x \to \infty} \dfrac{3x^2 + 5}{5x + 3} \sin \dfrac{2}{x}$.

【解法 1】　令 $x = \dfrac{1}{t}$，当 $x \to \infty$ 时，$t \to 0$，则

$$\lim_{x \to \infty} \frac{3x^2 + 5}{5x + 3} \sin \frac{2}{x} = \lim_{t \to 0} \frac{3 + 5t^2}{5 + 3t} \cdot \frac{\sin 2t}{t} = \frac{6}{5}$$

【解法 2】　因为当 $x \to \infty$ 时，$\sin \dfrac{2}{x} \sim \dfrac{2}{x}$，则

$$\lim_{x \to \infty} \frac{3x^2 + 5}{5x + 3} \sin \frac{2}{x} = \lim_{x \to \infty} \frac{3x^2 + 5}{5x + 3} \cdot \frac{2}{x} = \lim_{x \to \infty} \frac{6x^2 + 10}{5x^2 + 3x} = \frac{6}{5}$$

【例 1 - 8】　求 $\lim\limits_{n \to \infty} [\sqrt{1 + 2 + \cdots + n} - \sqrt{1 + 2 + \cdots + (n-1)}]$.

【解】　原式 $= \lim\limits_{n \to \infty} [\sqrt{\dfrac{n(n+1)}{2}} - \sqrt{\dfrac{n(n-1)}{2}}] =$

$$\lim_{n \to \infty} \sqrt{\frac{n}{2}} (\sqrt{n+1} - \sqrt{n-1}) =$$

$$\lim_{n \to \infty} \sqrt{\frac{n}{2}} \cdot \frac{2}{\sqrt{n+1} + \sqrt{n-1}} =$$

$$\frac{2}{\sqrt{2}} \lim_{n \to \infty} \frac{1}{\sqrt{1 + \dfrac{1}{n}} + \sqrt{1 - \dfrac{1}{n}}} = \frac{\sqrt{2}}{2}$$

【例 1 - 9】　求 $\lim\limits_{n \to \infty} (\dfrac{1}{n^2 + n + 1} + \dfrac{2}{n^2 + n + 2} + \cdots + \dfrac{n}{n^2 + n + n})$.

【解】　$\dfrac{1 + 2 + \cdots + n}{n^2 + n + n} < \dfrac{1}{n^2 + n + 1} + \dfrac{2}{n^2 + n + 2} + \cdots +$

$$\frac{n}{n^2 + n + n} < \frac{1 + 2 + \cdots + n}{n^2 + n + 1}$$

因　　$\lim\limits_{n \to \infty} \dfrac{1 + 2 + \cdots + n}{n^2 + n + n} = \lim\limits_{n \to \infty} \dfrac{\dfrac{n(n+1)}{2}}{n^2 + 2n} = \lim\limits_{n \to \infty} \dfrac{n+1}{2(n+2)} = \dfrac{1}{2}$

$$\lim_{n \to \infty} \frac{1 + 2 + \cdots + n}{n^2 + n + 1} = \lim_{n \to \infty} \frac{\dfrac{n(n+1)}{2}}{n^2 + n + 1} = \lim_{n \to \infty} \frac{n(n+1)}{2(n^2 + n + 1)} = \frac{1}{2}$$

由夹逼准则，从而原极限 $= \dfrac{1}{2}$.

【例 1 - 10】　设 $f(x) = a^x (a > 0, a \neq 1)$，求

$$\lim_{n\to\infty}\frac{1}{n^2}\ln\big[f(1)f(2)\cdots f(n)\big]$$

【解】 原式 $=\lim_{n\to\infty}\dfrac{1}{n^2}\ln\big[a^1a^2\cdots a^n\big]=\lim_{n\to\infty}\dfrac{1}{n^2}\ln a^{\frac{n(n+1)}{2}}=$

$$\lim_{n\to\infty}\frac{1}{n^2}\frac{n(n+1)}{2}\ln a=\frac{1}{2}\ln a$$

【例 1 - 11】 设对任意的 x,总有 $\varphi(x)\leqslant f(x)\leqslant g(x)$,且 $\lim_{x\to\infty}[g(x)-\varphi(x)]=0$,则 $\lim_{x\to\infty}f(x)$ （　　）.

(A) 存在且等于零　　　　　　(B) 存在但不一定为零

(C) 一定不存在　　　　　　　(D) 不一定存在

【解】 应选(D). 因 $\lim_{x\to\infty}g(x)$ 与 $\lim_{x\to\infty}\varphi(x)$ 不一定存在.

【例 1 - 12】 设 $f(x)=\dfrac{1+\mathrm{e}^{\frac{1}{x}}}{2+3\mathrm{e}^{\frac{1}{x}}}$,则 $x=0$ 是 $f(x)$ 的（　　）.

(A) 可去间断点　　　　　　　(B) 跳跃间断点

(C) 无穷间断点　　　　　　　(D) 振荡间断点

【解】 应选(B). 因 $\lim_{x\to0^-}\mathrm{e}^{\frac{1}{x}}=0$,$\lim_{x\to0^+}\mathrm{e}^{\frac{1}{x}}=+\infty$,则

$$\lim_{x\to0^-}f(x)=\frac{1}{2},\qquad \lim_{x\to0^+}f(x)=\frac{1}{3}$$

故 $x=0$ 是 $f(x)$ 的第一类间断点,且为跳跃间断点.

【例 1 - 13】 已知 $\lim_{x\to\infty}\big(\dfrac{x+a}{x-a}\big)^x=9$,求常数 a.

【解】 因为 $9=\lim_{x\to\infty}\Big(\dfrac{x+a}{x-a}\Big)^x=\lim_{x\to\infty}\left(\dfrac{1+\dfrac{a}{x}}{1-\dfrac{a}{x}}\right)^x=\dfrac{\mathrm{e}^a}{\mathrm{e}^{-a}}=\mathrm{e}^{2a}$

即 $\mathrm{e}^{2a}=9$,从而 $a=\ln3$.

【例 1 - 14】 设 $0<x_1<3$,$x_{n+1}=\sqrt{x_n(3-x_n)}$ $(n=1,2,\cdots)$,证明数列 $\{x_n\}$ 的极限存在,并求此极限.

【解】 由 $0<x_1<3$ 知 x_1,$3-x_1$ 均为正数,故

$$0<x_2=\sqrt{x_1(3-x_1)}\leqslant\frac{1}{2}(x_1+3-x_1)=\frac{3}{2}$$

设 $0<x_k\leqslant\dfrac{3}{2}(k>1)$,则

$$0 < x_{k+1} = \sqrt{x_k(3-x_k)} \leqslant \frac{1}{2}(x_k + 3 - x_k) = \frac{3}{2}$$

由数学归纳法知,对任意正整数 $n > 1$ 均有 $0 < x_n \leqslant \frac{3}{2}$,因而数列 $\{x_n\}$ 有界.

又当 $n > 1$ 时,

$$x_{n+1} - x_n = \sqrt{x_n(3-x_n)} - x_n =$$

$$\sqrt{x_n}\left(\sqrt{3-x_n} - \sqrt{x_n}\right) = \frac{\sqrt{x_n}(3-2x_n)}{\sqrt{3-x_n} + \sqrt{x_n}} \geqslant 0$$

因而有 $x_{n+1} \geqslant x_n (n > 1)$,即数列 $\{x_n\}$ 单调增加.

由单调有界数列必有极限知 $\lim\limits_{n \to \infty} x_n$ 存在.

设 $\lim\limits_{n \to \infty} x_n = a$,在 $x_{n+1} = \sqrt{x_n(3-x_n)}$ 两边取极限,得

$$a = \sqrt{a(3-a)}$$

解之得 $a = \frac{3}{2}, a = 0$(舍去).

故
$$\lim_{n \to \infty} x_n = \frac{3}{2}.$$

【例 1-15】 求 $f(x) = (1+x)^{x/\tan(x-\frac{\pi}{4})}$ 在区间 $(0, 2\pi)$ 内的间断点,并判断其类型.

【解】 $f(x)$ 的间断点为 $\tan(x - \frac{\pi}{4}) = 0$ 的点及 $\tan(x - \frac{\pi}{4})$ 不存在的点,故 $f(x)$ 在 $(0, 2\pi)$ 的间断点为 $x = \frac{\pi}{4}, \frac{3\pi}{4}, \frac{5\pi}{4}, \frac{7\pi}{4}$.

在 $x = \frac{\pi}{4}$ 处,$f(\frac{\pi}{4} + 0) = +\infty$;在 $x = \frac{5\pi}{4}$ 处,$f(\frac{5\pi}{4} + 0) = +\infty$. 故 $x = \frac{\pi}{4}, \frac{5\pi}{4}$ 为第二类间断点(无穷间断点).

在 $x = \frac{3\pi}{4}$ 处,$\lim\limits_{x \to \frac{3}{4}\pi} f(x) = 1$;在 $x = \frac{7\pi}{4}$ 处,$\lim\limits_{x \to \frac{7}{4}\pi} f(x) = 1$. 故 $x = \frac{3\pi}{4}, \frac{7\pi}{4}$ 为第一类间断点(可去间断点).

【例 1-16】 当 $x \to 1$ 时,函数 $\dfrac{x^2-1}{x-1} e^{\frac{1}{x-1}}$ 的极限（   ）.

（A）等于 2 　　　　　　（B）等于 0

（C）为 ∞ 　　　　　　（D）不存在但不为 ∞

【解】 应选(D).

$$\lim_{x \to 1^+} \frac{x^2-1}{x-1} e^{\frac{1}{x-1}} = 2 \lim_{x \to 1^+} e^{\frac{1}{x-1}} = +\infty$$

$$\lim_{x \to 1^-} \frac{x^2-1}{x-1} e^{\frac{1}{x-1}} = 2 \lim_{x \to 1^-} e^{\frac{1}{x-1}} = 0$$

【例 1-17】 已知 $\lim\limits_{x \to \infty}(\frac{x^2}{x+1} - ax - b) = 0$，其中 a,b 是常数，则(　　).

(A) $a=1,b=1$ (B) $a=-1,b=1$

(C) $a=1,b=-1$ (D) $a=-1,b=-1$

【解】 应选(C).

由 $$\lim_{x \to \infty}(\frac{x^2}{x+1} - ax - b) = \lim_{x \to \infty} \frac{(1-a)x^2 - (a+b)x - b}{x+1} = 0$$

得 $$\begin{cases} 1-a = 0 \\ a+b = 0 \end{cases}$$

即 $a=1,b=-1$，故(C) 项正确.

【例 1-18】 设 $f(x)$ 在闭区间 $[a,b]$ 上连续，且 $f(a)>a, f(b)<b$. 证明：在开区间 (a,b) 内至少存在一点 ξ，使 $f(\xi)=\xi$.

证明 令 $F(x)=f(x)-x$，则 $F(x)$ 在 $[a,b]$ 上连续，且 $F(a)=f(a)-a>0, F(b)=f(b)-b<0$.

由闭区间上连续函数的零点存在定理，在开区间 (a,b) 内至少存在一点 ξ，使 $F(\xi)=0$，即 $f(\xi)=\xi$.

【例 1-19】 当 $x \to 0^+$ 时，与 $\sqrt{x}$ 等价的无穷小量是(　　).

(A) $1-e^{\sqrt{x}}$ (B) $\ln \frac{1+x}{1-\sqrt{x}}$

(C) $\sqrt{1+\sqrt{x}} - 1$ (D) $1-\cos\sqrt{x}$

【解】 应选(C).

【例 1-20】 设 $f(x) = \lim\limits_{n \to \infty} \frac{x^{2n-1} + ax^2 + bx}{x^{2n} + 1}$ 为连续函数，试确定 a,b.

【解】
$$f(x) = \begin{cases} ax^2 + bx, & |x| < 1 \\ \dfrac{1}{x}, & |x| > 1 \\ \dfrac{1+a+b}{2}, & x = 1 \\ \dfrac{-1+a-b}{2}, & x = -1 \end{cases}$$

因 $f(x)$ 为连续函数,所以 $f(x)$ 在 $x = \pm 1$ 处连续.

而　　$\lim\limits_{x \to 1^-} f(x) = \lim\limits_{x \to 1^-} (ax^2 + bx) = a + b$,　　$\lim\limits_{x \to 1^+} f(x) = \lim\limits_{x \to 1^+} \dfrac{1}{x} = 1$

从而　　　　　　　　　　　　$a + b = 1$

又　　$\lim\limits_{x \to -1^-} f(x) = \lim\limits_{x \to -1^-} \dfrac{1}{x} = -1$, $\lim\limits_{x \to -1^+} f(x) = \lim\limits_{x \to -1^+} (ax^2 + bx) = a - b$

从而　　　　　　　　　　　　$a - b = -1$

由于 $a + b = 1, a - b = -1$,故 $a = 0, b = 1$.

【例 1-21】　设 $f(x)$ 在 $(-\infty, +\infty)$ 内有定义,且 $\lim\limits_{x \to \infty} f(x) = a$, $g(x) = \begin{cases} f\left(\dfrac{1}{x}\right), & x \neq 0 \\ 0, & x = 0 \end{cases}$　则(　　).

(A) $x = 0$ 必是 $g(x)$ 的第一类间断点

(B) $x = 0$ 必是 $g(x)$ 的第二类间断点

(C) $x = 0$ 必是 $g(x)$ 的连续点

(D) $g(x)$ 在点 $x = 0$ 处的连续性与 a 的取值有关

【解】　应选(D). 因为 $\lim\limits_{x \to 0} g(x) = \lim\limits_{x \to 0} f\left(\dfrac{1}{x}\right) = \lim\limits_{u \to \infty} f(u) = a$.

【例 1-22】　设数列 $\{x_n\}$ 满足 $0 < x_1 < \pi, x_{n+1} = \sin x_n (n = 1, 2, \cdots)$.

(1) 证明 $\lim\limits_{n \to \infty} x_n$ 存在,并求该极限;

(2) 计算 $\lim\limits_{n \to \infty} \left(\dfrac{x_{n+1}}{x_n}\right)^{\frac{1}{x_n^2}}$.

【解】　(1) 用归纳法证明 $\{x_n\}$ 单调下降且有下界.

由 $0 < x_1 < \pi$ 得 $0 < x_2 = \sin x_1 < x_1 < \pi$;设 $0 < x_n < \pi$,则 $0 < x_{n+1} = \sin x_n < x_n < \pi$;所以 $\{x_n\}$ 单调下降且有下界,故 $\lim\limits_{n \to \infty} x_n$ 存在.

记 $\lim\limits_{n \to \infty} x_n = a$,由 $x_{n+1} = \sin x_n$ 得 $a = \sin a$,所以 $a = 0$,即 $\lim\limits_{n \to \infty} x_n = 0$.

(2)【解法 1】　因为 $\lim\limits_{x \to 0} \left(\dfrac{\sin x}{x}\right)^{\frac{1}{x^2}} = \lim\limits_{x \to 0} \mathrm{e}^{\frac{1}{x^2} \ln \frac{\sin x}{x}} =$

$$\lim\limits_{x \to 0} \mathrm{e}^{\frac{\frac{\cos x}{\sin x} - \frac{1}{x}}{2x}} = \lim\limits_{x \to 0} \mathrm{e}^{\frac{x \cos x - \sin x}{2x^3}} = \lim\limits_{x \to 0} \mathrm{e}^{\frac{-x \sin x}{6x^2}} = \mathrm{e}^{-\frac{1}{6}}$$

又由(1) $\lim\limits_{n \to \infty} x_n = 0$,所以

$$\lim\limits_{n \to \infty} \left(\dfrac{x_{n+1}}{x_n}\right)^{\frac{1}{x_n^2}} = \lim\limits_{n \to \infty} \left(\dfrac{\sin x_n}{x_n}\right)^{\frac{1}{x_n^2}} = \lim\limits_{x \to 0} \left(\dfrac{\sin x}{x}\right)^{\frac{1}{x^2}} = \mathrm{e}^{-\frac{1}{6}}$$

11

【解法 2】 因为 $\left(\dfrac{\sin x}{x}\right)^{\frac{1}{x^2}} = \left[\left(1+\dfrac{\sin x - x}{x}\right)^{\frac{x}{\sin x - x}}\right]^{\frac{\sin x - x}{x^3}}$，而

$$\lim_{x\to 0}\frac{\sin x - x}{x^3} = -\frac{1}{6}, \lim_{x\to 0}\left(1+\frac{\sin x - x}{x}\right)^{\frac{x}{\sin x - x}} = \mathrm{e}$$

所以

$$\lim_{x\to 0}\left(\frac{\sin x}{x}\right)^{\frac{1}{x^2}} = \mathrm{e}^{-\frac{1}{6}}$$

故

$$\lim_{n\to\infty}\left(\frac{x_{n+1}}{x_n}\right)^{\frac{1}{x_n^2}} = \lim_{n\to\infty}\left(\frac{\sin x_n}{x_n}\right)^{\frac{1}{x_n^2}} = \lim_{x\to 0}\left(\frac{\sin x}{x}\right)^{\frac{1}{x^2}} = \mathrm{e}^{-\frac{1}{6}}$$

1.3 课后作业

1. 选择题

(1) 下列各式正确的是(   ).

(A) $\lim\limits_{x\to 0^+}(1+\dfrac{1}{x})^x = 1$ (B) $\lim\limits_{x\to 0^+}(1+\dfrac{1}{x})^x = \mathrm{e}$

(C) $\lim\limits_{x\to\infty}(1-\dfrac{1}{x})^x = -\mathrm{e}$ (D) $\lim\limits_{x\to\infty}(1+\dfrac{1}{x})^{-x} = \mathrm{e}$ (答案:(A))

(2) 当 $x\to 0$ 时,变量 $\dfrac{1}{x^2}\sin\dfrac{1}{x}$ 是(   ).

(A) 无穷小   (B) 有界的,但不是无穷小量

(C) 无穷大   (D) 无界的,但不是无穷大   (答案:(D))

(3) 设 $f(x) = x^3 + 4x^2 - 3x - 1$,则方程 $f(x) = 0($).

(A) 在 $(0,1)$ 内没有实根   (B) 在 $(-1,0)$ 内没有实根

(C) 在 $(-\infty,0)$ 内有两个不同实根   (D) 在 $(0,+\infty)$ 内有两个不同实根

(答案:(C))

(4) 如果 $f(x)$ 在 $[a,b]$ 上连续,无零点,但有使 $f(x)$ 取正值的点,则 $f(x)$ 在 $[a,b]$ 上(   ).

(A) 可正可负   (B) 为正

(C) 为负   (D) 无界   (答案:(B))

2. 已知 $f(x) = \sin x, f[\varphi(x)] = 1-x^2$,求 $\varphi(x)$.

(答案:$\arcsin(1-x^2), x\in(-\sqrt{2},\sqrt{2})$)

3. 设 $f(x) = \begin{cases} 1, & |x| \leqslant 1 \\ 0, & |x| > 1 \end{cases}$，求 $f[f(x)]$. （答案：1）

4. $f(x) = \dfrac{x + |x|}{2}(-\infty < x < +\infty)$，$g(x) = \begin{cases} x, & x < 0 \\ x^2, & x \geqslant 0 \end{cases}$，求 $f[g(x)]$.

（答案：$f[g(x)] = \begin{cases} 0, & x < 0 \\ x^2, & x \geqslant 0 \end{cases}$）

5. 求下列极限

(1) $\lim\limits_{x \to 0}(1 + 3x)^{\frac{2}{\sin x}}$；

(2) $\lim\limits_{x \to 0}\dfrac{x^2 \sin \dfrac{1}{x}}{\sin 2x}$；

(3) $\lim\limits_{x \to \infty}(\dfrac{x+a}{x-a})^x$（$a$ 为非零常数）；

(4) $\lim\limits_{x \to 0}\dfrac{\tan x - \sin x}{\sin^3 x}$；

(5) $\lim\limits_{x \to 1}\dfrac{\sqrt[3]{x} - 1}{\sqrt{x} - 1}$；

(6) $\lim\limits_{x \to \infty}(\dfrac{3+x}{6+x})^{\frac{x-1}{2}}$.

（答案：(1)e^6　(2)0　(3)e^{2a}　(4)$\dfrac{1}{2}$　(5)$\dfrac{2}{3}$　(6)$e^{-\frac{3}{2}}$）

6. $f(x) = \begin{cases} x^2 \cos \dfrac{1}{x}, & x > 0 \\ a + 8x^2, & x \leqslant 0 \end{cases}$ 在 $(-\infty, +\infty)$ 上连续，求 a 的值.（答案：0）

7. 设 $\lim\limits_{x \to \infty}(\dfrac{x+2a}{x-a})^x = 8$，求 a 的值. （答案：ln2）

1.4　检测真题

1. 选择题

(1) 设数列 x_n 与 y_n 满足 $\lim\limits_{n \to \infty} x_n y_n = 0$，则下列断言正确的是（　　）.

(A) 若 x_n 发散，则 y_n 必发散

(B) 若 x_n 无界，则 y_n 必有界

(C) 若 x_n 有界，则 y_n 必为无穷小

(D) 若 $\dfrac{1}{x_n}$ 为无穷小，则 y_n 必为无穷小 （答案：(D)）

(2) 设 $\{a_n\}$，$\{b_n\}$，$\{c_n\}$ 均为非负数列，且 $\lim\limits_{n \to \infty} a_n = 0$，$\lim\limits_{n \to \infty} b_n = 1$，$\lim\limits_{n \to \infty} c_n = \infty$，

则必有(   ).

(A) $a_n < b_n$ 对任意 n 成立　　　　(B) $b_n < c_n$ 对任意 n 成立

(C) $\lim\limits_{n\to\infty} a_n c_n$ 不存在　　　　(D) $\lim\limits_{n\to\infty} b_n c_n$ 不存在

(答案:(D))

(3) 设 $f(x) = \begin{cases} 1, & |x| \leqslant 1 \\ 0, & |x| > 1 \end{cases}$,则 $f\{f[f(x)]\}$ 等于(   ).

(A) 0　　　　(B) 1

(C) $f(x)$　　　　(D) $\begin{cases} 0, & |x| \leqslant 1 \\ 1, & |x| > 1 \end{cases}$　　(答案:(B))

(4) 设 $f(x)$ 和 $\varphi(x)$ 在 $(-\infty, +\infty)$ 内有定义, $f(x)$ 为连续函数,且 $f(x) \neq 0$, $\varphi(x)$ 有间断点,则(   ).

(A) $\varphi[f(x)]$ 必有间断点　　　　(B) $[\varphi(x)]^2$ 必有间断点

(C) $f[\varphi(x)]$ 必有间断点　　　　(D) $\dfrac{\varphi(x)}{f(x)}$ 必有间断点　　(答案:(D))

(5) 设 $f(x) = \dfrac{x}{a + e^{bx}}$ 在 $(-\infty, +\infty)$ 内连续,且 $\lim\limits_{x\to-\infty} f(x) = 0$,则常数 a, b 满足(   ).

(A) $a < 0, b < 0$　　　　(B) $a > 0, b > 0$

(C) $a \leqslant b, b > 0$　　　　(D) $a \geqslant 0, b < 0$　　(答案:(D))

(6) 设 $f(x) = \lim\limits_{n\to\infty} \dfrac{1+x}{1+x^{2n}}$,讨论 $f(x)$ 的间断点,其结论为(   ).

(A) 不存在间断点　　　　(B) 存在间断点 $x = 1$

(C) 存在间断点 $x = 0$　　　　(D) 存在间断点 $x = -1$　(答案:(B))

2. 填空题

(1) 设 $f(x) = \lim\limits_{n\to\infty} \dfrac{(n-1)x}{nx^2+1}$,则 $f(x)$ 的间断点为 $x =$ _____.

(答案:$x = 0$)

(2) 若 $\lim\limits_{x\to0} \dfrac{\sin x}{e^x - a}(\cos x - b) = 5$,则 $a =$ _____, $b =$ _____.

(答案:$a = 1, b = -4$)

3. 设 $f(x) = \dfrac{1}{\sin \pi x} - \dfrac{1}{\pi x} - \dfrac{1}{\pi(1-x)}$, $x \in \left(0, \dfrac{1}{2}\right]$,试补充定义 $f(0)$,使得

$f(x)$ 在 $[0, \frac{1}{2}]$ 上连续. （答案：$-\dfrac{1}{\pi}$）

4. 设 $x_1 = 10, x_{n+1} = \sqrt{6 + x_n}(n = 1, 2, \cdots)$，试证数列 $\{x_n\}$ 极限存在，并求此极限. （答案：$\lim\limits_{n \to \infty} x_n = 3$）

5. 设 $f(x)$ 在 $[a, b]$ 上连续，且恒为正. 证明：对于任意 $x_1 < x_2$，且 $x_1, x_2 \in (a, b)$，必存在一点 $\xi \in [x_1, x_2]$，使得 $f(\xi) = \sqrt{f(x_1)f(x_2)}$.

6. 证明方程 $x^3 - 9x - 1 = 0$ 恰有三个实根.

（提示：分别讨论 $(-3, -2), (-2, 0), (0, 4)$ 三个区间）

第 2 讲

导数与微分

本讲涵盖了主讲教材第 2 章的内容.

2.1　本讲内容聚焦

 一、内容要点精讲

(一)导数概念

1. 导数的定义

$$f'(x_0) = \lim_{\Delta x \to 0} \frac{f(x_0 + \Delta x) - f(x_0)}{\Delta x} \text{ 或 } f'(x_0) = \lim_{x \to x_0} \frac{f(x) - f(x_0)}{x - x_0}$$

左导数　$f'_-(x_0) = \lim_{\Delta x \to 0^-} \dfrac{f(x_0 + \Delta x) - f(x_0)}{\Delta x}$

右导数　$f'_+(x_0) = \lim_{\Delta x \to 0^+} \dfrac{f(x_0 + \Delta x) - f(x_0)}{\Delta x}$

$f'(x_0) = A \Leftrightarrow f'_-(x_0) = f'_+(x_0) = A$

2. 导数的几何意义与物理意义

$f'(x_0)$ 表示曲线 $y = f(x)$ 在点 (x_0, y_0) 处的切线斜率.

若 $s(t)$ 为路程函数,则 $s'(t_0)$ 表示时刻 t_0 时的瞬时速度,$s''(t_0)$ 表示时刻 t_0 时的瞬时加速度.

3. 函数连续与函数可导的关系

$y = f(x)$ 在点 x_0 处可导,必在 x_0 处连续,反之不然.

4. 导数运算法则

设 $u = u(x)$,$v = v(x)$ 均可导,则

(1) $(u \pm v)' = u' \pm v'$　　　　　(2) $(cu)' = cu'$ (c 为常数)

(3) $(uv)' = u'v + uv'$　　　　　(4) $\left(\dfrac{u}{v}\right)' = \dfrac{u'v - uv'}{v^2}$ ($v \neq 0$)

5.导数的基本公式

(1) $(c)' = 0$ 　　　　　　(2) $(x^\mu)' = \mu x^{\mu-1}$

(3) $(\sin x)' = \cos x$ 　　(4) $(\cos x)' = -\sin x$

(5) $(\tan x)' = \sec^2 x$ 　(6) $(\cot x)' = -\csc^2 x$

(7) $(\sec x)' = \sec x \tan x$ 　(8) $(\csc x)' = -\csc x \cot x$

(9) $(a^x)' = a^x \ln a$ 　　(10) $(e^x)' = e^x$

(11) $(\log_a x)' = \dfrac{1}{x \ln a}$ 　(12) $(\ln x)' = \dfrac{1}{x}$

(13) $(\arcsin x)' = \dfrac{1}{\sqrt{1-x^2}}$ 　(14) $(\arccos x)' = -\dfrac{1}{\sqrt{1-x^2}}$

(15) $(\arctan x)' = \dfrac{1}{1+x^2}$ 　(16) $(\text{arccot} x)' = -\dfrac{1}{1+x^2}$

(17) $(\text{sh} x)' = \text{ch} x$ 　(18) $(\text{ch} x)' = \text{sh} x$

(二) 求导方法

1. 复合函数求导法

设 $y = f(u)$，而 $u = \varphi(x)$，且 $f(u)$ 及 $\varphi(x)$ 都可导，则 $y = f[\varphi(x)]$ 的导数

为 $\dfrac{\mathrm{d}y}{\mathrm{d}x} = \dfrac{\mathrm{d}y}{\mathrm{d}u} \cdot \dfrac{\mathrm{d}u}{\mathrm{d}x}$ 或 $y'(x) = f'(u)\varphi'(x)$.

2. 反函数的导数

反函数的导数等于直接函数导数的倒数.

3. 参数方程求导法

$\begin{cases} x = \varphi(t) \\ y = \psi(t) \end{cases}$，其中 $\varphi(t)$，$\psi(t)$ 均二阶可导，且 $\varphi'(t) \neq 0$，则 $\dfrac{\mathrm{d}y}{\mathrm{d}x} = \dfrac{\psi'(t)}{\varphi'(t)}$，

$\dfrac{\mathrm{d}^2 y}{\mathrm{d}x^2} = \dfrac{\mathrm{d}}{\mathrm{d}x}\left(\dfrac{\mathrm{d}y}{\mathrm{d}x}\right) = \dfrac{\mathrm{d}}{\mathrm{d}t}\left(\dfrac{\psi'(t)}{\varphi'(t)}\right) \cdot \dfrac{\mathrm{d}t}{\mathrm{d}x} = \dfrac{\psi''(t)\varphi'(t) - \psi'(t)\varphi''(t)}{\varphi'^3(t)}$

4. 隐函数求导法

由 $F(x,y) = 0$ 确定了函数 $y = y(x)$. 求 $\dfrac{\mathrm{d}y}{\mathrm{d}x}$ 有三种方法：

(1) 求导法：方程两边同时对 x 求导，解出 $\dfrac{\mathrm{d}y}{\mathrm{d}x}$.

(2) 利用微分形式不变性：方程两边取微分，从中解出 $\dfrac{\mathrm{d}y}{\mathrm{d}x}$.

(3) 公式法：$F(x,y) = 0$，则 $\dfrac{\mathrm{d}y}{\mathrm{d}x} = -\dfrac{F_x}{F_y}$.

5. 对数求导法

幂指函数 $y = u^v (u > 0)$，u，v 均为 x 的函数，且可导，则

$$\ln y = v \ln u, \quad \frac{y'}{y} = v' \ln u + v \frac{u'}{u}$$

从而

$$y' = y \left(v' \ln u + v \frac{u'}{u} \right) = u^v \left(v' \ln u + \frac{vu'}{u} \right)$$

（三）高阶导数

1. 定义

$$f^{(n)}(x) = \lim_{\Delta x \to 0} \frac{f^{(n-1)}(x + \Delta x) - f^{(n-1)}(x)}{\Delta x}$$

2. 莱布尼茨公式

$$(uv)^{(n)} = \sum_{k=0}^{n} c_n^k u^{(n-k)} v^{(k)}$$

其中 $u^{(0)} = u$，$v^{(0)} = v$.

（四）微分

1. 微分表达式

$$dy = f'(x) dx$$

2. 可导与可微的关系

$y = f(x)$ 在点 x 处可微 $\Leftrightarrow y = f(x)$ 在点 x 处可导.

3. 微分法则

$$d(u \pm v) = du \pm dv$$

$$d(cu) = c du \quad (c \text{ 为常数})$$

$$d(uv) = v du + u dv$$

$$d \left(\frac{u}{v} \right) = \frac{v du - u dv}{v^2}$$

4. 一阶微分形式的不变性

不管 u 是自变量还是中间变量，函数 $y = f(u)$ 的微分 dy 总可表示为 $dy = f'(u) du$.

二、知识脉络图解

$$
导数与微分
\begin{cases}
导数的定义
\begin{cases}
左导数,右导数 \\
导数存在的充要条件
\end{cases} \\
导数的几何意义与物理意义 \\
可导与连续的关系 \\
求导方法
\begin{cases}
定义法 \\
四则运算法则 \\
复合函数求导 \\
隐函数求导 \\
反函数求导 \\
参数方程求导 \\
对数求导法
\end{cases} \\
高阶导数
\begin{cases}
定义 \\
计算方法 \\
莱布尼兹公式
\end{cases} \\
微分
\begin{cases}
定义 \\
可导与可微的关系 \\
一阶微分形式不变性
\end{cases}
\end{cases}
$$

三、重点、难点点击

一元函数微分学在微积分中占有极重要的位置,内容多,影响深远,在后面绝大多数章节要涉及它. 导数与微分这一讲归纳起来有两大部分内容:概念部分与运算部分.

(1) 概念部分,重点是导数和微分的定义,特别要会利用导数定义讨论分段函数在分界点处的可导性,高阶导数,可导与连续的关系.

(2) 运算部分,重点是基本初等函数的导数、微分公式,四则运算的导数、复合函数、反函数、隐函数和参数方程所确定的函数的求导公式等.

常见题型有:

求给定函数的导数或微分(含高阶导数),重点是复合函数求导,隐函数求导和参数方程的一、二阶导数.

2.2　典型例题精选

【例 2-1】 设 $f(x) = x(x+1)(x+2)\cdots(x+n)$，求 $f'(0)$.

【解法 1】 $f'(0) = \lim\limits_{x \to 0} \dfrac{f(x) - f(0)}{x} =$

$$\lim_{x \to 0} \frac{x(x+1)(x+2)\cdots(x+n) - 0}{x} =$$

$$\lim_{x \to 0}(x+1)(x+2)\cdots(x+n) = n!$$

【解法 2】 因为 $f(x) = x(x+1)(x+2)\cdots(x+n)$

所以 $f'(x) = (x+1)(x+2)\cdots(x+n) + x[(x+1)(x+2)\cdots(x+n)]'$

从而 $$f'(0) = n!$$

【例 2-2】 若 $f(t) = \lim\limits_{x \to \infty} t(1+\dfrac{1}{x})^{2tx}$，求 $f'(t)$.

【解】 因为 $$f(t) = t\left[\lim_{x \to \infty}(1+\frac{1}{x})^x\right]^{2t} = te^{2t}$$

从而 $$f'(t) = e^{2t} + 2te^{2t}$$

【例 2-3】 $y = e^{\tan\frac{1}{x}}\sin\dfrac{1}{x}$，求 y'.

【解】 $y' = e^{\tan\frac{1}{x}}\sec^2\dfrac{1}{x}\cdot(-\dfrac{1}{x^2})\sin\dfrac{1}{x} + e^{\tan\frac{1}{x}}\cos\dfrac{1}{x}\cdot(-\dfrac{1}{x^2}) =$

$$-\frac{1}{x^2}e^{\tan\frac{1}{x}}(\tan\frac{1}{x}\sec\frac{1}{x} + \cos\frac{1}{x})$$

【例 2-4】 设 $f(x)$ 是处处可导的函数，但 $f'(x)$ 在点 x_0 处不连续，试求

$$\lim_{h \to 0}\frac{f(x_0+h) - f(x_0-h)}{h}$$

【解】 原式 $= \lim\limits_{h \to 0}\left[\dfrac{f(x_0+h) - f(x_0)}{h} + \dfrac{f(x_0-h) - f(x_0)}{-h}\right] =$

$$f'(x_0) + f'(x_0) = 2f'(x_0)$$

【例 2-5】 设 $f'(x) = g(x)$，求 $df(\sin^2 x)$.

【解】 $df(\sin^2 x) = f'(\sin^2 x)2\sin x\cos x\, dx = g(\sin^2 x)\sin 2x\, dx$

【例 2-6】 设 $f(t) = \lim\limits_{x \to \infty} t(\dfrac{x+t}{x-t})^x$，求 $d[f(t)]$.

【解】 $f(t) = t\lim\limits_{x \to \infty}(1+\dfrac{2t}{x-t})^{\frac{x-t}{2t}\cdot\frac{x}{x-t}\cdot 2t} = t\lim\limits_{x \to \infty}e^{\frac{x}{x-t}\cdot 2t} = te^{2t}$

则
$$d[f(t)] = (1 + 2t)e^{2t}dt$$

【例 2 - 7】　$f(x) = e^{\sin^2(1-x)}$，求 $f'(x)$.

【解】　$f'(x) = -e^{\sin^2(1-x)}2\sin(1-x)\cos(1-x) = -\sin 2(1-x)e^{\sin^2(1-x)}$

【例 2 - 8】　$y = x^{x^a} + x^{a^x} + a^{x^x} (a > 0, x > 0)$，求 y'.

【解】　令 $u = x^{x^a}$，则 $\ln u = x^a \ln x$，$\dfrac{u'}{u} = ax^{a-1}\ln x + x^a \dfrac{1}{x}$，

从而　　　　$u' = u(ax^{a-1}\ln x + x^{a-1}) = x^{x^a}x^{a-1}(a\ln x + 1)$

同理，令 $v = x^{a^x}$，则 $v' = x^{a^x}a^x(\ln a \ln x + \dfrac{1}{x})$，

令 $\omega = a^{x^x}$，则 $\omega' = a^{x^x}\ln a x^x(\ln x + 1)$，

故　$y' = x^{x^a}x^{a-1}(a\ln x + 1) + x^{a^x}a^x(\ln a \ln x + \dfrac{1}{x}) + a^{x^x}\ln a x^x(\ln x + 1)$

【例 2 - 9】　设曲线 $f(x) = x^n$ 在点 $(1,1)$ 处的切线与 x 轴的交点为 $(\xi_n, 0)$，求 $\lim\limits_{n\to\infty}f(\xi_n)$.

【解】　由 $f'(x) = nx^{n-1}$，则 $f'(1) = n$，所以 $f(x)$ 在 $(1,1)$ 处的切线方程为 $y - 1 = n(x - 1)$.

令 $y = 0$，得到 $\xi_n = \dfrac{n-1}{n}$，所以

$$f(\xi_n) = \xi_n^n = \left(\frac{n-1}{n}\right)^n = \left(1 - \frac{1}{n}\right)^n$$

$$\lim_{n\to\infty}f(\xi_n) = \lim_{n\to\infty}\left(1 - \frac{1}{n}\right)^n = e^{-1}$$

【例 2 - 10】　设曲线 $f(x) = x^3 + ax$ 与 $g(x) = bx^2 + c$ 都通过点 $(-1,0)$ 且在点 $(-1,0)$ 处有公共切线，求 a, b, c.

【解】　$f'(x) = 3x^2 + a, g'(x) = 2bx$，

由两曲线都过点 $(-1,0)$ 且有公切线，则有

$$\begin{cases} f(-1) = 0 \\ g(-1) = 0 \\ f'(-1) = g'(-1) \end{cases} \quad 即 \begin{cases} -1 - a = 0 \\ b + c = 0 \\ 3 + a = -2b \end{cases}$$

解之得 $a = -1, b = -1, c = 1$.

【例 2 - 11】　设函数 $y = f(x)$ 由方程 $e^{2x+y} - \cos(xy) = e - 1$ 所确定，求曲线 $y = f(x)$ 在点 $(0,1)$ 处的法线方程.

【解】　$e^{2x+y} - \cos(xy) = e - 1$，　$e^{2x+y}(2 + y') + \sin(xy)(y + xy') = 0$

$$y' = -\frac{2e^{2x+y} + y\sin(xy)}{e^{2x+y} + x\sin(xy)}$$

因 $y(0) = 1$，得 $y'(0) = -2$，从而法线方程为 $y - 1 = \frac{1}{2}x$，即 $x - 2y + 2 = 0$.

【例 2 - 12】 设 $f(x)$ 为不恒等于零的奇函数，且 $f'(0)$ 存在，则函数 $g(x) = \frac{f(x)}{x}$ （ ）.

(A) 在 $x = 0$ 处左极限不存在　　　　(B) 有跳跃间断点 $x = 0$

(C) 在 $x = 0$ 处右极限不存在　　　　(D) 有可去间断点 $x = 0$

【解】 因为 $f(x) = -f(-x)$，则 $f(0) = 0$，从而

$$\lim_{x \to 0} g(x) = \lim_{x \to 0}\frac{f(x) - f(0)}{x} = f'(0)$$

故 $x = 0$ 为函数 $g(x)$ 的可去间断点，应选(D).

【例 2 - 13】 设函数 $y = y(x)$ 由方程 $2^{xy} = x + y$ 所确定，求 $dy|_{x=0}$.

【解】 $2^{xy} = x + y$，$2^{xy}\ln 2(y + xy') = 1 + y'$，$y' = -\frac{1 - y2^{xy}\ln 2}{1 - x2^{xy}\ln 2}$，因 $y(0) = 1$，得 $y'(0) = \ln 2 - 1$，从而 $dy|_{x=0} = (\ln 2 - 1)dx$.

【例 2 - 14】 若 $f(x) = \begin{cases} g(x)\cos\dfrac{1}{x}, & x \neq 0 \\ 0, & x = 0 \end{cases}$，$g(0) = g'(0) = 0$，求 $f'(0)$.

【解】 $f'(0) = \lim_{x \to 0}\frac{f(x) - f(0)}{x} = \lim_{x \to 0}\frac{g(x)\cos\dfrac{1}{x}}{x} =$

$$\lim_{x \to 0}\frac{g(x) - g(0)}{x}\cos\frac{1}{x}$$

由于 $\lim_{x \to 0}\dfrac{g(x) - g(0)}{x} = g'(0) = 0$，且 $\left|\cos\dfrac{1}{x}\right| \leqslant 1$，从而 $f'(0) = 0$.

【例 2 - 15】 已知 $f(x)$ 是周期为 5 的连续函数，它在 $x = 0$ 的某个邻域内满足关系式 $f(1 + \sin x) - 3f(1 - \sin x) = 8x + \alpha(x)$，其中 $\alpha(x)$ 是当 $x \to 0$ 时比 x 高阶的无穷小，且 $f(x)$ 在 $x = 1$ 处可导，求曲线 $y = f(x)$ 在点 $(6, f(6))$ 处的切线方程.

【解】 由 $\lim_{x \to 0}[f(1 + \sin x) - 3f(1 - \sin x)] = \lim_{x \to 0}[8x + \alpha(x)] = 0$ 得 $f(1) - 3f(1) = 0$，故 $f(1) = 0$.

又
$$\lim_{x \to 0} \frac{f(1+\sin x) - 3f(1-\sin x)}{\sin x} = \lim_{x \to 0}\left[\frac{8x}{\sin x} + \frac{\alpha(x)}{x}\frac{x}{\sin x}\right] = 8$$

设 $\sin x = t$，则有

$$\lim_{x \to 0} \frac{f(1+\sin x) - 3f(1-\sin x)}{\sin x} = \lim_{t \to 0}\frac{f(1+t) - f(1)}{t} +$$

$$3\lim_{t \to 0}\frac{f(1-t) - f(1)}{-t} = 4f'(1)$$

所以
$$f'(1) = 2$$

由于
$$f(x+5) = f(x)$$

因而
$$f(6) = f(1) = 0, \quad f'(6) = f'(1) = 2$$

故所求的切线方程为 $y = 2(x - 6)$，即 $2x - y - 12 = 0$.

【例 2 - 16】 求曲线 $\begin{cases} x = e^t \sin 2t \\ y = e^t \cos t \end{cases}$ 在点 $(0,1)$ 处的法线方程.

【解】 $\dfrac{dy}{dx} = \dfrac{e^t(\cos t - \sin t)}{e^t(\sin 2t + 2\cos 2t)}, \quad y'(0) = \dfrac{1}{2}$

从而所求法线方程为 $y - 1 = -2(x - 0)$，即 $2x + y - 1 = 0$.

【例 2 - 17】 设 $y = y(x)$ 由 $\begin{cases} x = \arctan t \\ 2y - ty^2 + e^t = 5 \end{cases}$ 确定，求 $\dfrac{dy}{dx}\bigg|_{x=0}$.

【解】 $\dfrac{dx}{dt} = \dfrac{1}{1+t^2}$

由隐函数求导法，$2y' - y^2 - 2tyy' + e^t = 0$，

得
$$\frac{dy}{dt} = \frac{y^2 - e^t}{2(1-ty)}$$

$$\frac{dy}{dx} = \frac{\dfrac{dy}{dt}}{\dfrac{dx}{dt}} = \frac{(y^2 - e^t)(1+t^2)}{2(1-ty)}$$

因为 $x = 0$ 时，$t = 0$，$y = 2$，从而 $\dfrac{dy}{dx}\bigg|_{x=0} = \dfrac{3}{2}$.

【例 2 - 18】 设 $f(x) = \dfrac{1-x}{1+x}$，求 $f^{(n)}(x)$.

【解】 $f'(x) = \dfrac{-2}{(1+x)^2}, f''(x) = \dfrac{4}{(1+x)^3}, f'''(x) = \dfrac{-12}{(1+x)^4}, \cdots,$

$$f^{(n)}(x) = \frac{(-1)^n 2 \cdot n!}{(1+x)^{n+1}}$$

【例 2 - 19】 设 $y = \dfrac{1}{x^2 - 3x + 2}$，求 $y^{(n)}$.

【解】 $y = \dfrac{1}{x - 2} - \dfrac{1}{x - 1}, y^{(n)} = (-1)^n n!\left[\dfrac{1}{(x - 2)^{n+1}} - \dfrac{1}{(x - 1)^{n+1}}\right]$

【例 2 - 20】 设函数 $f(x)$ 在 $x = 0$ 处连续，下列命题错误的是( ).

(A) 若 $\lim\limits_{x \to 0} \dfrac{f(x)}{x}$ 存在，则 $f(0) = 0$

(B) 若 $\lim\limits_{x \to 0} \dfrac{f(x) + f(-x)}{x}$ 存在，则 $f(0) = 0$

(C) 若 $\lim\limits_{x \to 0} \dfrac{f(x)}{x}$ 存在，则 $f'(0) = 0$

(D) 若 $\lim\limits_{x \to 0} \dfrac{f(x) - f(-x)}{x}$ 存在，则 $f'(0)$ 存在

分析 本题考查可导的极限定义及连续与可导的关系. 由于题设条件含有抽象函数，本题最简便的方法是用赋值法求解，即取符合题设条件的特殊函数 $f(x)$ 去进行判断，然后选择正确选项.

【解】 取 $f(x) = |x|$，则 $\lim\limits_{x \to 0} \dfrac{f(x) - f(-x)}{x} = 0$，但 $f(x)$ 在 $x = 0$ 处不可导，故选(D).

事实上，在(A)，(B)两项中，因为分母的极限为 0，所以分子的极限也必须为 0，则可推得 $f(0) = 0$.

在(C)中，$\lim\limits_{x \to 0} \dfrac{f(x)}{x}$ 存在，则 $f(0) = 0$，$f'(0) = \lim\limits_{x \to 0} \dfrac{f(x) - f(0)}{x} = \lim\limits_{x \to 0} \dfrac{f(x)}{x} = 0$，所以(C)项正确，故选(D).

评注 对于题设条件含抽象函数或备选项为抽象函数形式以及数值型结果的选择题，用赋值法求解往往能收到奇效.

【例 2 - 21】 设 $y = \arctan\mathrm{e}^x - \ln\sqrt{\dfrac{\mathrm{e}^{2x}}{\mathrm{e}^{2x} + 1}}$，求 $\dfrac{\mathrm{d}y}{\mathrm{d}x}\Big|_{x=1}$.

分析 先将 y 的表达式化简后再求导.

【解】 $y = \arctan\mathrm{e}^x - \dfrac{1}{2}\ln\mathrm{e}^{2x} + \dfrac{1}{2}\ln(1 + \mathrm{e}^{2x}) =$

$\qquad \arctan\mathrm{e}^x - x + \dfrac{1}{2}\ln(1 + \mathrm{e}^{2x})$

$\qquad \dfrac{\mathrm{d}y}{\mathrm{d}x} = \dfrac{\mathrm{e}^x}{1 + \mathrm{e}^{2x}} - 1 + \dfrac{1}{2}\dfrac{2\mathrm{e}^{2x}}{1 + \mathrm{e}^{2x}} = \dfrac{\mathrm{e}^x - 1}{1 + \mathrm{e}^{2x}}$

所以 $\dfrac{\mathrm{d}y}{\mathrm{d}x}\Big|_{x=1} = \dfrac{\mathrm{e}-1}{\mathrm{e}^2+1}$.

【例 2 - 22】 设函数 $y = \dfrac{1}{2x+3}$，求 $y^{(n)}(0)$.

【解】 $y = \dfrac{1}{2x+3}$，$y' = -\dfrac{2}{(2x+3)^2}$，$y'' = \dfrac{(-1)^2 2^2 2!}{(2x+3)^3}$，…

$y^{(n)}(x) = \dfrac{(-1)^n 2^n n!}{(2x+3)^{n+1}}$，故 $y^{(n)}(0) = \dfrac{(-1)^n 2^n n!}{3^{n+1}}$.

【例 2 - 23】 设 $f(x) = 3x^3 + x^2 \mid x \mid$，则使 $f^{(n)}(0)$ 存在的最高阶数 n 为（　）.

(A) 0 　　　　 (B) 1 　　　　 (C) 2 　　　　 (D) 3

【解】 应选(C).

$$f(x) = \begin{cases} 4x^3, & x \geqslant 0 \\ 2x^3, & x < 0 \end{cases}$$

$f'_-(0) = \lim\limits_{x \to 0^-} \dfrac{f(x)-f(0)}{x} = \lim\limits_{x \to 0^-} \dfrac{2x^3}{x} = 0$

$f'_+(0) = \lim\limits_{x \to 0^+} \dfrac{f(x)-f(0)}{x} = \lim\limits_{x \to 0^+} \dfrac{4x^3}{x} = 0$

则 $$f'(x) = \begin{cases} 12x^2, & x \geqslant 0 \\ 6x^2, & x < 0 \end{cases}$$

$f''_-(0) = \lim\limits_{x \to 0^-} \dfrac{f'(x)-f'(0)}{x} = \lim\limits_{x \to 0^-} \dfrac{6x^2}{x} = 0$

$f''_+(0) = \lim\limits_{x \to 0^+} \dfrac{f'(x)-f'(0)}{x} = \lim\limits_{x \to 0^+} \dfrac{12x^2}{x} = 0$

则 $$f''(x) = \begin{cases} 24x, & x \geqslant 0 \\ 12x, & x < 0 \end{cases}$$

而 $f'''_-(0) = \lim\limits_{x \to 0^-} \dfrac{f''(x)-f''(0)}{x} = \lim\limits_{x \to 0^-} \dfrac{12x}{x} = 12$

$f'''_+(0) = \lim\limits_{x \to 0^+} \dfrac{f''(x)-f''(0)}{x} = \lim\limits_{x \to 0^+} \dfrac{24x}{x} = 24$

所以 $f'''(0)$ 不存在，即 $n = 2$，故选(C).

【例 2-24】 已知曲线的极坐标方程是 $r = 1-\cos\theta$，求该曲线上对应于 $\theta = \dfrac{\pi}{6}$ 处的切线与法线的直角坐标方程。

【解】　此曲线的参数方程为 $\begin{cases} x = (1-\cos\theta)\cos\theta \\ y = (1-\cos\theta)\sin\theta \end{cases}$，即

$$\begin{cases} x = \cos\theta - \cos^2\theta \\ y = \sin\theta - \sin\theta\cos\theta \end{cases}$$

由 $\theta = \dfrac{\pi}{6}$，得到切点的坐标 $\left(\dfrac{\sqrt{3}}{2} - \dfrac{3}{4}, \dfrac{1}{2} - \dfrac{\sqrt{3}}{4}\right)$。

$$\frac{\mathrm{d}y}{\mathrm{d}x} = \frac{\cos\theta - \cos^2\theta + \sin^2\theta}{-\sin\theta + 2\cos\theta\sin\theta}, \quad \frac{\mathrm{d}y}{\mathrm{d}x}\bigg|_{\theta = \frac{\pi}{6}} = 1$$

于是所求切线方程为　　$y - \dfrac{1}{2} + \dfrac{\sqrt{3}}{4} = x - \dfrac{\sqrt{3}}{2} + \dfrac{3}{4}$

即　　$x - y - \dfrac{3}{4}\sqrt{3} + \dfrac{5}{4} = 0$

法线方程为　　$y - \dfrac{1}{2} + \dfrac{\sqrt{3}}{4} = -\left(x - \dfrac{\sqrt{3}}{2} + \dfrac{3}{4}\right)$

即　　$x + y - \dfrac{\sqrt{3}}{4} + \dfrac{1}{4} = 0$

【例 2-25】　试确定常数 a, b 使得

$$f(x) = \begin{cases} \sin x + 2ae^x, & x < 0 \\ 9\arctan x + 2b(x-1)^3, & x \geqslant 0 \end{cases}，在 x = 0 处可导.$$

【解】　要使 $f'(0)$ 存在，则须 $f(x)$ 在 $x = 0$ 处连续，即

$$\lim_{x \to 0^-} f(x) = \lim_{x \to 0^-}(\sin x + 2ae^x) = 2a$$

$$\lim_{x \to 0^+} f(x) = \lim_{x \to 0^+}[9\arctan x + 2b(x-1)^3] = -2b$$

所以　　$2a = -2b$

又　　$f'_-(0) = \lim_{x \to 0^-} \dfrac{\sin x + 2ae^x - 2a}{x} =$

$$\lim_{x \to 0^-} \frac{\sin x}{x} + 2a \lim_{x \to 0^-} \frac{e^x - 1}{x} = 1 + 2a$$

$$f'_+(0) = \lim_{x \to 0^+} \frac{9\arctan x + 2b(x-1)^3 + 2b}{x} =$$

$$\lim_{x \to 0^+} \frac{9\arctan x}{x} + \lim_{x \to 0^+} \frac{2bx^3 - 6bx^2 + 6bx}{x} = 9 + 6b$$

于是　　$9 + 6b = 1 + 2a$

解 $\begin{cases} 2a = -2b \\ 9 + 6b = 1 + 2a \end{cases}$，得 $\begin{cases} a = 1 \\ b = -1 \end{cases}$.

2.3　课后作业

1. 选择题

(1) 已知 $f(x)$ 具有任意阶导数,且 $f'(x) = [f(x)]^2$,则当 n 为大于 2 的正整数时,$f^{(n)}(x)$ 是(　　).

(A) $n![f(x)]^{n+1}$　　　　(B) $n[f(x)]^{n+1}$

(C) $[f(x)]^{2n}$　　　　(D) $n![f(x)]^{2n}$　　　　(答案:(A))

(2) 设 $f(a) = 0, f'(a) = 1, f''(x)$ 存在,则 $\lim\limits_{n\to\infty} nf(a - \dfrac{1}{n})$(　　).

(A) 不存在　　　　(B) 不一定存在

(C) 等于 -1　　　　(D) 等于 1　　　　(答案:(C))

(3) 设 $f(x) = \begin{cases} \sqrt{x}\sin\dfrac{1}{x^2} & x \neq 0 \\ 0 & x = 0 \end{cases}$,则 $f(x)$ 在 $x = 0$ 处(　　).

(A) 极限不存在　　　　(B) 极限存在,但不连续

(C) 连续但不可导　　　　(D) 可导　　　　(答案:(C))

(4) 设 $f(x) = \begin{cases} \dfrac{2}{3}x^3, & x \leqslant 1 \\ x^2, & x > 1 \end{cases}$,则 $f(x)$ 在 $x = 1$ 处(　　).

(A) 左、右导数都存在

(B) 左导数存在,但右导数不存在

(C) 左导数不存在,但右导数存在

(D) 左、右导数都不存在　　　　(答案:(B))

(5) $f(x)$ 在点 $x = a$ 处可导,则 $\lim\limits_{x\to 0} \dfrac{f(a+x) - f(a-x)}{x}$ 等于(　　).

(A) $f'(a)$　　　　(B) $2f'(a)$

(C) 0　　　　(D) $f'(2a)$　　　　(答案:(B))

(6) 设 $f(x)$ 可微,则 $d(e^{f(x)}) = $(　　).

(A) $f'(x)dx$　　　　(B) $e^{f(x)}dx$

(C) $f'(x)e^{f(x)}dx$　　　　(D) $f'(x)de^{f(x)}$　　　　(答案:(C))

2. 已知 $f'(3) = 2$,求 $\lim\limits_{h\to 0} \dfrac{f(3-h) - f(3)}{2h}$.　　　　(答案:$-1$)

3. 已知 $xy + e^y = e^2$，求 $y''(0)$. （答案：0）

4. 设 $f(x) = -2x^2$，且 $f'(a) = 12$，求 a. （答案：-3）

5. 设 $y = a^{\arctan x^2} + x^{\sin x}(a > 0$ 为常数，$a \neq 1)$，求 y'.

（答案：$y' = a^{\arctan x^2}\ln a \cdot \dfrac{2x}{1+x^4} + x^{\sin x - 1}(x\cos x \ln x + \sin x)$）

6. $y = \ln(x + \sqrt{1+x^2})$，求 $y'''(\sqrt{3})$. （答案：$-\dfrac{5}{32}$）

7. 设 $\begin{cases} x = 1 + t^2 \\ y = \cos t \end{cases}$，求 $\dfrac{d^2 y}{dx^2}$. （答案：$\dfrac{\sin t - t\cos t}{4t^3}$）

8. $y = \ln\dfrac{\sqrt{1+x^2}-1}{\sqrt{1+x^2}+1}$，求 y'. （答案：$\dfrac{2x}{\sqrt{1+x^2}}$）

9. $f(x) = \dfrac{1}{(1-2x)(1+x)}$，求 $f^{(n)}(0)$. （答案：$\dfrac{n!}{3}[(-1)^n + 2^{n+1}]$）

10. 试确定常数 a,b 的值，使 $f(x) = \begin{cases} 2e^x + a, & x < 0 \\ x^2 + bx + 1, & x \geqslant 0 \end{cases}$ 处处可导.

（答案：$a = -1, b = 2$）

2.4　检测真题

1. 选择题

(1) 设 $f(0) = 0$，则 $f(x)$ 在点 $x = 0$ 可导的充要条件为（　　）.

(A) $\lim\limits_{h \to 0} \dfrac{1}{h^2} f(1 - \cosh)$ 存在

(B) $\lim\limits_{h \to 0} \dfrac{1}{h} f(1 - e^h)$ 存在

(C) $\lim\limits_{h \to 0} \dfrac{1}{h^2} f(h - \sinh)$ 存在

(D) $\lim\limits_{h \to 0} \dfrac{1}{h}[f(2h) - f(h)]$ 存在 （答案：(B)）

(2) 设 $f(x)$ 可导，$F(x) = f(x)(1 + |\sin x|)$，则 $f(0) = 0$ 是 $F(x)$ 在 $x = 0$ 处可导的（　　）.

(A) 充分必要条件　　　(B) 充分条件但非必要条件

(C) 必要条件但非充分条件　(D) 即非充分条件又非必要条件

（答案：(A)）

(3) 设 $f(x) = \begin{cases} \dfrac{|\,x^2-1\,|}{x-1} & x \neq 1 \\ 2 & x = 1 \end{cases}$ ，则在点 $x = 1$ 处 $f(x)$（　　）.

(A) 不连续　　　　　　　　(B) 连续，但不可导

(C) 可导，但导数不连续　　(D) 可导，且导数连续　　（答案：(A)）

(4) 函数 $f(x) = (x^2 - x - 2)\,|\,x^3 - x\,|$ 不可导点的个数是（　　）.

(A) 3　　　　　　　　　　(B) 2

(C) 1　　　　　　　　　　(D) 0　　　　　　　　（答案：(B)）

(5) 设周期函数 $f(x)$ 在 $(-\infty, +\infty)$ 内可导，周期为 4. 又 $\lim\limits_{x \to 0} \dfrac{f(1) - f(1-x)}{2x} = -1$，则曲线 $y = f(x)$ 在点 $(5, f(5))$ 处的切线的斜率为（　　）.

(A) $\dfrac{1}{2}$　　　　　　　　　(B) 0

(C) -1　　　　　　　　　(D) -2　　　　　　　（答案：(D)）

2. 已知 $y = f\left(\dfrac{3x-2}{3x+2}\right)$，$f'(x) = \arctan x^2$，求 $\dfrac{\mathrm{d}y}{\mathrm{d}x}\Big|_{x=0}$.　（答案：$\dfrac{3}{4}\pi$）

3. $f'(x_0) = -1$，求 $\lim\limits_{x \to 0} \dfrac{x}{f(x_0 - 2x) - f(x_0 - x)}$.　（答案：1）

4. $\begin{cases} x = f(t) - \pi \\ y = f(\mathrm{e}^{3t} - 1) \end{cases}$，其中 f 可导，且 $f'(0) \neq 0$，求 $\dfrac{\mathrm{d}y}{\mathrm{d}x}\Big|_{x=0}$.　（答案：3）

5. 试定出 a, b, c, d 的值，使 $f(x) = \begin{cases} x^2 + x, & x \leqslant 0 \\ ax^3 + bx^2 + cx + d, & 0 < x < 1 \\ x^2 - x, & x \geqslant 1 \end{cases}$

处处连续可导.　　　　　（答案：$a = 2, b = -3, c = 1, d = 0$）

6. 设 $f(x)$ 和 $g(x)$ 是在 $(-\infty, +\infty)$ 上定义的函数，且具有如下性质：

(1) $f(x+y) = f(x)g(y) + f(y)g(x)$；

(2) $f(x)$ 和 $g(x)$ 在点 $x = 0$ 可导，且 $f(0) = 0$，$g(0) = 1$.

证明：$f(x)$ 在 $(-\infty, +\infty)$ 上可导.

7. 已知 $f(x) = \begin{cases} \ln(1+x^2), & x < 1 \\ a\mathrm{e}^{ax} + bx + c, & x \geqslant 1 \end{cases}$，试确定常数 a, b 和 c，使 $f(x)$ 在

$x = 1$ 处二阶可导.   （答案：$a = 0, b = 1, c = \ln2 - 1$）

8. 求曲线 $y = \ln x$ 上与直线 $x + y = 1$ 垂直的切线方程.

（答案：$y = x - 1$）

9. 已知 $y = \sin x \sin 3x \sin 5x$，求 $y^{2007}(0)$.   （答案：0）

第 3 讲

中值定理与导数的应用

本讲涵盖了主讲教材第 3 章的内容.

3.1　本讲内容聚焦

一、内容要点精讲

（一）中值定理

1. 罗尔定理

$f(x)$ 在 $[a,b]$ 上连续，在 (a,b) 内可导，$f(a)=f(b)$，则至少存在一点 $\xi \in (a,b)$，使 $f'(\xi)=0$.

2. 拉格朗日中值定理

$f(x)$ 在 $[a,b]$ 上连续，在 (a,b) 内可导，则至少存在一点 $\xi \in (a,b)$，使 $f(b)-f(a)=(b-a)f'(\xi)$.

3. 柯西中值定理

$f(x),g(x)$ 在 $[a,b]$ 上连续，在 (a,b) 内可导，且 $g'(x) \neq 0$，则至少存在一点 $\xi \in (a,b)$，使 $\dfrac{f(b)-f(a)}{g(b)-g(a)}=\dfrac{f'(\xi)}{g'(\xi)}$.

4. 泰勒中值定理

$f(x)$ 在含有 x_0 的某开区间 (a,b) 内具有直到 $n+1$ 阶导数，则当 x 在 (a,b) 内，有 $f(x)=f(x_0)+f'(x_0)(x-x_0)+\dfrac{f''(x_0)}{2!}(x-x_0)^2+\cdots+\dfrac{f^{(n)}(x_0)}{n!}(x-x_0)^n+R_n(x)$，余项 $R_n(x)=\dfrac{f^{(n+1)}(\xi)}{(n+1)!}(x-x_0)^{n+1}$ 或 $R_n(x)=o[(x-x_0)^n]$.

令 $x_0=0$，则 $f(x)=f(0)+f'(0)x+\dfrac{f''(0)}{2!}x^2+\cdots+\dfrac{f^{(n)}(0)x^n}{n!}+o(x^n)$ 叫 $f(x)$ 的麦克劳林公式.

(二)洛必达法则求 $\frac{0}{0}$, $\frac{\infty}{\infty}$ 型的极限

若 $\lim \frac{f'(x)}{g'(x)}$ 存在(或为 ∞),则 $\lim \frac{f(x)}{g(x)} = \lim \frac{f'(x)}{g'(x)}$. 其他未定型的极限要转化成 $\frac{0}{0}$ 或 $\frac{\infty}{\infty}$ 型的极限才能用洛必达法则.

(三)函数的图形

1. 函数的单调性

$f(x)$ 在 $[a,b]$ 上连续,在 (a,b) 内可导,若在 (a,b) 内 $f'(x) > 0$,则 $f(x)$ 在 $[a,b]$ 上单调增;若 $f'(x) < 0$,则 $f(x)$ 在 $[a,b]$ 上单调减.

2. 函数的极值与最值

(1)极值的定义:在点 x_0 的某去心邻域内,若 $f(x) < f(x_0)$,则称 $f(x_0)$ 为极大值,若 $f(x) > f(x_0)$,则称 $f(x_0)$ 为极小值.

(2)极值的必要条件:可导函数的极值点必为驻点.

(3)极值的充分条件:

第一充分条件　如 x_0 是 $f(x)$ 的驻点或一阶导数不存在的点,若 $f'(x)$ 在 x_0 的两侧异号,则 $f(x_0)$ 是极值,否则 $f(x_0)$ 不是极值.当 x 经过 x_0 时,$f'(x)$ 由"+"变"−",则 $f(x_0)$ 为极大值;$f'(x)$ 由"−"变"+",则 $f(x_0)$ 为极小值.

第二充分条件　$f(x)$ 在点 x_0 有 $f'(x_0) = 0$,$f''(x_0) \neq 0$,则 $f(x_0)$ 是极值.$f''(x_0) > 0$ 时 $f(x_0)$ 为极小值,$f''(x_0) < 0$ 时 $f(x_0)$ 为极大值.

(4)闭区间上连续函数求最值的方法.比较函数的诸极值与区间端点处的值,从中可找出最值.

3. 曲线的凹凸与拐点

(1)曲线的凹凸.$f(x)$ 在区间 I 上连续,$\forall x_1, x_2 \in I$,恒有 $f(\frac{x_1+x_2}{2}) < \frac{f(x_1)+f(x_2)}{2}$,则称曲线 $y = f(x)$ 在 I 上是凹的;如恒有 $f(\frac{x_1+x_2}{2}) > \frac{f(x_1)+f(x_2)}{2}$,则称曲线 $y = f(x)$ 在 I 上是凸的.

判别法:若 $f(x)$ 在 $[a,b]$ 上连续,在 (a,b) 内有二阶导数,当 $x \in (a,b)$ 时,若 $f''(x) > 0$,则曲线 $y = f(x)$ 在 $[a,b]$ 上是凹的,若 $f''(x) < 0$,则曲线 $y = f(x)$ 在 $[a,b]$ 上是凸的.

(2)拐点.连续曲线上凹弧与凸弧的分界点称作曲线的拐点.

必要条件　若 $(x_0, f(x_0))$ 是曲线 $y = f(x)$ 的拐点,且 $f''(x_0)$ 存在,则

$f''(x_0) = 0.$

　　第一充分条件　设在 x_0 处 $f''(x_0) = 0$ 或 $f''(x_0)$ 不存在,若在 x_0 的两侧 $f''(x)$ 异号,则 $(x_0, f(x_0))$ 是曲线 $y = f(x)$ 的拐点.

　　第二充分条件　若 $f''(x_0) = 0, f'''(x_0) \neq 0$,则 $(x_0, f(x_0))$ 是曲线 $y = f(x)$ 的拐点.

4. 渐近线

　　若 $\lim\limits_{x \to \infty} f(x) = A$,则 $y = A$ 是一条水平渐近线.

　　若 $\lim\limits_{x \to x_0} f(x) = \infty$,则 $x = x_0$ 是一条铅直渐近线.

　　若 $\lim\limits_{x \to \infty} \dfrac{f(x)}{x} = a, \lim[f(x) - ax] = b$,则 $y = ax + b$ 是一条斜渐近线.

5. 曲率

　　(1) 曲率公式: $K = \dfrac{|y''|}{(1 + y'^2)^{3/2}}$;

　　(2) 曲率半径: $\rho = \dfrac{1}{K}$.

二、知识脉络图解

```
                    ┌ 罗尔定理
                    │ 拉格朗日中值定理
        中值定理 ┤ 柯西中值定理
                    └ 泰勒中值定理
中
值
定          ┌ 洛必达法则
理          │ 函数的单调性
与          │                    ┌ 极值的必要条件
导          │ 函数的极值 ┤ 极值的充分条件
数          │                    └
的          │                    ┌ 凹凸的定义及判别法
应 导数的应用┤ 曲线的凹凸性┤ 拐点的定义及判别法
用          │                    └
            │ 函数的最大值、最小值
            │                    ┌ 水平渐近线
            │ 函数的渐近线┤ 铅直渐近线
            │                    └ 斜渐近线
            │         ┌ 曲率公式
            └ 曲率 ┤ 曲率半径
                      └
```

三、重点、难点点击

本讲内容归纳为理论和应用两大部分：

（1）理论部分：重点是罗尔定理，拉格朗日中值定理，柯西中值定理.

（2）应用部分：重点是利用导数研究函数的性态（包括函数的单调性与极值，函数图形的凹凸性与拐点、渐近线），最值应用题，利用洛必达法则求极限以及导数在经济领域的应用，等等.

常见题型有：

（1）利用罗尔定理、拉格朗日中值定理、柯西中值定理证明有关命题和不等式. 如"证明在某开区间内至少存在一点满足 ……"，或讨论方程在给定区间内的根的个数等.

此类题的证明，经常要构造辅助函数，而辅助函数的构造技巧性强，要求读者既能从题目所给条件进行分析推导逐步引出所需的辅助函数，也能从所需证明的结论（或其变形）出发"递推"出所要构造的辅助函数. 此外，在证明中还经常用到函数的单调性判断和连续函数的介值定理等.

（2）利用洛必达法则求 7 种未定型（$\frac{0}{0}$，$\frac{\infty}{\infty}$，$0 \cdot \infty$，$\infty - \infty$，0^0，1^∞，∞^0）的极限. 注意洛必达法则只适用于 $\frac{0}{0}$ 型或 $\frac{\infty}{\infty}$ 型，其他几种未定型只有转化成 $\frac{0}{0}$ 型或 $\frac{\infty}{\infty}$ 型，才能用洛必达法则.

（3）几何、物理、经济等方面的最大值、最小值应用题. 解这类问题，主要是确定目标函数和约束条件，判定所论区间.

（4）利用导数研究函数性态和描绘函数图形，等等.

3.2　典型例题精选

【例 3 - 1】　若 $\lim\limits_{x \to 0}\left(\dfrac{\sin 6x + x f(x)}{x^3}\right) = 0$，求 $\lim\limits_{x \to 0}\dfrac{6 + f(x)}{x^2}$.

【解】　$\lim\limits_{x \to 0}\dfrac{6 + f(x)}{x^2} = \lim\limits_{x \to 0}\dfrac{6x + x f(x)}{x^3} =$

$$\lim\limits_{x \to 0}\left(\dfrac{\sin 6x + x f(x)}{x^3} + \dfrac{6x - \sin 6x}{x^3}\right) =$$

$$\lim_{x \to 0} \frac{6x - \sin 6x}{x^3} = \lim_{x \to 0} \frac{6 - 6\cos 6x}{3x^2} =$$

$$\lim_{x \to 0} \frac{36\sin 6x}{6x} = 36$$

【例 3 - 2】 试确定常数 a, b, c 的值, 使得 $e^x(1 + bx + cx^2) = 1 + ax + o(x^3)$. 其中 $o(x^3)$ 是当 $x \to 0$ 时比 x^3 高阶的无穷小.

【解】 根据题设和洛必达法则, 由于

$$0 = \lim_{x \to 0} \frac{e^x(1 + bx + cx^2) - 1 - ax}{x^3} = \lim_{x \to 0} \frac{e^x(1 + bx + cx^2 + b + 2cx) - a}{3x^2}$$

$$= \lim_{x \to 0} \frac{e^x[2c + 1 + 2b + (b + 4c)x + cx^2]}{6x} = \lim_{x \to 0} \frac{b + 4c + 2cx}{6}$$

得
$$\begin{cases} 1 + b - a = 0 \\ 2b + 2c + 1 = 0, \\ b + 4c = 0 \end{cases} \quad 解得 \begin{cases} a = \dfrac{1}{3} \\ b = -\dfrac{2}{3} \\ c = \dfrac{1}{6} \end{cases}$$

【例 3 - 3】 若 $a > 0, b > 0$ 均为常数, 求 $\lim\limits_{x \to 0} \left(\dfrac{a^x + b^x}{2}\right)^{\frac{3}{x}}$.

【解】 令 $y = \left(\dfrac{a^x + b^x}{2}\right)^{\frac{3}{x}}$, 则

$$\ln y = \frac{3}{x} \ln \left(\frac{a^x + b^x}{2}\right)$$

$$\lim_{x \to 0} \ln y = \lim_{x \to 0} \frac{3\ln(a^x + b^x) - 3\ln 2}{x} = \lim_{x \to 0} 3 \frac{a^x \ln a + b^x \ln b}{a^x + b^x} =$$

$$\frac{3}{2} \ln(ab) = \ln(ab)^{\frac{3}{2}}$$

从而原极限 $= (ab)^{\frac{3}{2}}$.

【例 3 - 4】 求极限 $\lim\limits_{t \to x} \left(\dfrac{\sin t}{\sin x}\right)^{\frac{x}{\sin t - \sin x}}$, 记此极限为 $f(x)$, 求函数 $f(x)$ 的间断点并指出其类型.

【解】 因为 $f(x) = e^{\lim\limits_{t \to x} \frac{x}{\sin t - \sin x} \ln \frac{\sin t}{\sin x}}$, 而

$$\lim_{t \to x} \frac{x}{\sin t - \sin x} \ln \frac{\sin t}{\sin x} = \lim_{t \to x} x \frac{\frac{\cos t}{\sin t}}{\cos t} = \frac{x}{\sin x}$$

故
$$f(x) = \mathrm{e}^{\frac{x}{\sin x}}$$
由于
$$\lim_{x \to 0} f(x) = \lim_{x \to 0} \mathrm{e}^{\frac{x}{\sin x}} = \mathrm{e}$$
从而 $x = 0$ 是函数 $f(x)$ 的第一类间断点(可去间断点).

$x = k\pi(k = \pm 1, \pm 2, \cdots)$ 是 $f(x)$ 的第二类间断点(无穷间断点).

【例 3 - 5】 已知 $f(x)$ 在 $(-\infty, +\infty)$ 内可导,且 $\lim_{x \to \infty} f'(x) = \mathrm{e}$,

$\lim_{x \to \infty} (\dfrac{x+c}{x-c})^x = \lim_{x \to \infty} [f(x) - f(x-1)]$,求 c 的值.

【解】 由条件易见 $c \neq 0, \lim_{x \to \infty} (\dfrac{x+c}{x-c})^x = \lim_{x \to \infty} [(1 + \dfrac{2c}{x-c})^{\frac{x-c}{2c}}]^{\frac{2cx}{x-c}} = \mathrm{e}^{2c}$,由

拉格朗日中值定理,有 $f(x) - f(x-1) = f'(\xi), \xi$ 介于 $x-1$ 与 x 之间,那么

$\lim_{x \to \infty} [f(x) - f(x-1)] = \lim_{x \to \infty} f'(\xi) = \mathrm{e}$,于是 $\mathrm{e}^{2c} = \mathrm{e}$,故 $c = \dfrac{1}{2}$.

【例 3 - 6】 求 $\lim_{x \to 0} (\dfrac{\mathrm{e}^x + \mathrm{e}^{2x} + \cdots + \mathrm{e}^{nx}}{n})^{\frac{1}{x}}$,其中 n 是给定的自然数.

【解】 令 $y = (\dfrac{\mathrm{e}^x + \mathrm{e}^{2x} + \cdots + \mathrm{e}^{nx}}{n})^{\frac{1}{x}}$,则

$$\ln y = \dfrac{1}{x} \ln \dfrac{\mathrm{e}^x + \mathrm{e}^{2x} + \cdots + \mathrm{e}^{nx}}{n}$$

$$\lim_{x \to 0} \ln y = \lim_{x \to 0} \dfrac{\ln(\mathrm{e}^x + \mathrm{e}^{2x} + \cdots + \mathrm{e}^{nx}) - \ln n}{x} =$$

$$\lim_{x \to 0} \dfrac{\mathrm{e}^x + 2\mathrm{e}^{2x} + \cdots + n\mathrm{e}^{nx}}{\mathrm{e}^x + \mathrm{e}^{2x} + \cdots + \mathrm{e}^{nx}} = \dfrac{1 + 2 + \cdots + n}{n} = \dfrac{n+1}{2}$$

故原极限 $= \mathrm{e}^{\frac{n+1}{2}}$.

【例 3 - 7】

设函数 $f(x) = \begin{cases} \dfrac{\ln(1 + ax^3)}{x - \arcsin x}, & x < 0 \\ 6, & x = 0 \\ \dfrac{\mathrm{e}^{ax} + x^2 - ax - 1}{x \sin \dfrac{x}{4}}, & x > 0 \end{cases}$

问 a 为何值时,$f(x)$ 在 $x = 0$ 处连续;a 为何值时,$x = 0$ 是 $f(x)$ 的可去间断点?

【解】 $\lim_{x \to 0^-} f(x) = \lim_{x \to 0} \dfrac{\ln(1 + ax^3)}{x - \arcsin x} = \lim_{x \to 0^-} \dfrac{ax^3}{x - \arcsin x} =$

$$\lim_{x \to 0^-} \frac{3ax^2}{1 - \dfrac{1}{\sqrt{1-x^2}}} = \lim_{x \to 0^-} \frac{3ax^2}{\sqrt{1-x^2}-1} \cdot \lim_{x \to 0^-} \sqrt{1-x^2}$$

$$= \lim_{x \to 0^-} \frac{6ax}{\dfrac{-x}{\sqrt{1-x^2}}} = -6a$$

$$\lim_{x \to 0^+} f(x) = \lim_{x \to 0^+} \frac{e^{ax} + x^2 - ax - 1}{x \sin \dfrac{x}{4}} = 4 \lim_{x \to 0^+} \frac{e^{ax} + x^2 - ax - 1}{x^2} =$$

$$4 \lim_{x \to 0^+} \frac{a e^{ax} + 2x - a}{2x} = 2 \lim_{x \to 0^+} (a^2 e^{ax} + 2) = 2a^2 + 4$$

令 $\lim\limits_{x \to 0^+} f(x) = \lim\limits_{x \to 0^-} f(x)$，有 $-6a = 2a^2 + 4$，得 $a = -1$ 或 $a = -2$.

当 $a = -1$ 时，$\lim\limits_{x \to 0} f(x) = 6 = f(0)$，即 $f(x)$ 在 $x = 0$ 处连续.

当 $a = -2$ 时，$\lim\limits_{x \to 0} f(x) = 12 \neq f(0)$，因而 $x = 0$ 是 $f(x)$ 的可去间断点.

【例 3 - 8】 设函数 $f(x)$ 在 $[0,3]$ 上连续，在 $(0,3)$ 内可导，且 $f(0) + f(1) + f(2) = 3$，$f(3) = 1$. 试证必存在 $\xi \in (0,3)$，使 $f'(\xi) = 0$.

【证】 因为 $f(x)$ 在 $[0,3]$ 上连续，所以 $f(x)$ 在 $[0,2]$ 上连续，且在 $[0,2]$ 上必有最大值 M 和最小值 m，于是

$$m \leqslant f(0) \leqslant M, \qquad m \leqslant f(1) \leqslant M, \qquad m \leqslant f(2) \leqslant M$$

故

$$m \leqslant \frac{f(0) + f(1) + f(2)}{3} \leqslant M$$

由介值定理知，至少存在一点 $c \in [0,2]$，使

$$f(c) = \frac{f(0) + f(1) + f(2)}{3} = 1$$

因为 $f(c) = 1 = f(3)$，且 $f(x)$ 在 $[c,3]$ 上连续，在 $(c,3)$ 内可导，所以由罗尔定理知，必存在 $\xi \in (c,3) \subset (0,3)$，使 $f'(\xi) = 0$.

【例 3 - 9】 设 $a > 1$，$f(t) = a^t - at$ 在 $(-\infty, +\infty)$ 内的驻点为 $t(a)$. 问 a 为何值时，$t(a)$ 最小？并求出最小值.

【解】 由 $f'(t) = a^t \ln a - a = 0$，得唯一驻点 $t(a) = 1 - \dfrac{\ln \ln a}{\ln a}$. 考查函数 $t(a) = 1 - \dfrac{\ln \ln a}{\ln a}$ 在 $a > 1$ 时的最小值.

令

$$t'(a) = -\frac{\dfrac{1}{a} - \dfrac{1}{a} \ln \ln a}{(\ln a)^2} = -\frac{1 - \ln \ln a}{a (\ln a)^2} = 0$$

得唯一驻点 $a = \mathrm{e}^{\mathrm{e}}$

当 $a > \mathrm{e}^{\mathrm{e}}$ 时,$t'(a) > 0$;当 $a < \mathrm{e}^{\mathrm{e}}$ 时,$t'(a) < 0$. 因此 $t(\mathrm{e}^{\mathrm{e}}) = 1 - \dfrac{1}{\mathrm{e}}$ 为极小值,从而是最小值.

【例 3 - 10】 假设函数 $f(x)$ 和 $g(x)$ 在 $[a,b]$ 上存在二阶导数,并且 $g''(x) \neq 0$,$f(a) = f(b) = g(a) = g(b) = 0$,试证:

(1) 在开区间 (a,b) 内 $g(x) \neq 0$;

(2) 在开区间 (a,b) 内至少存在一点 ξ,使 $\dfrac{f(\xi)}{g(\xi)} = \dfrac{f''(\xi)}{g''(\xi)}$.

【证】 (1) 用反证法. 若存在点 $c \in (a,b)$,使 $g(c) = 0$,则对 $g(x)$ 在 $[a,c]$ 和 $[c,b]$ 上可分别应用罗尔定理,知存在 $\xi_1 \in (a,c)$ 和 $\xi_2 \in (c,b)$,使 $g'(\xi_1) = g'(\xi_2) = 0$.

再对 $g'(x)$ 在 $[\xi_1,\xi_2]$ 上应用罗尔定理,知存在 $\xi_3 \in (\xi_1,\xi_2)$,使 $g''(\xi_3) = 0$.这与题设 $g''(x) \neq 0$ 矛盾,故在 (a,b) 内 $g(x) \neq 0$.

(2) 令 $\varphi(x) = f(x)g'(x) - f'(x)g(x)$,易知 $\varphi(a) = \varphi(b) = 0$,对 $\varphi(x)$ 在 $[a,b]$ 上应用罗尔定理,知存在 $\xi \in (a,b)$,使 $\varphi'(\xi) = 0$,即 $f(\xi)g''(\xi) - f''(\xi)g(\xi) = 0$. 因 $g(\xi) \neq 0$,$g''(\xi) \neq 0$,故得 $\dfrac{f(\xi)}{g(\xi)} = \dfrac{f''(\xi)}{g''(\xi)}$.

【例 3 - 11】 设 $f(x)$ 在 $[a,b]$ 上连续,在 (a,b) 内有二阶导数,且 $f(a) = f(b) = 0$,$f(c) > 0$,其中 $a < c < b$,则至少存在一点 $\xi \in (a,b)$,使 $f''(\xi) < 0$.

【证】 对 $f(x)$ 在 $[a,c]$,$[c,b]$ 上分别应用拉格朗日中值定理,得

$$f(c) - f(a) = f'(\xi_1)(c-a)$$

则 $$f'(\xi_1) > 0, \xi_1 \in (a,c)$$

$$f(b) - f(c) = f'(\xi_2)(b-c)$$

则 $$f'(\xi_2) < 0, \xi_2 \in (c,b)$$

$f'(x)$ 在 $[\xi_1,\xi_2]$ 上连续,在 (ξ_1,ξ_2) 内可导,由拉格朗日中值定理,有

$$f'(\xi_2) - f'(\xi_1) = f''(\xi)(\xi_2 - \xi_1)$$

从而 $$f''(\xi) < 0, \xi \in (\xi_1,\xi_2) \subset (a,b)$$

【例 3 - 12】 设 $y = f(x)$ 在 $(-1,1)$ 内具有二阶连续导数且 $f''(x) \neq 0$,试证:

(1) 对于 $(-1,1)$ 内的任一 $x \neq 0$,存在唯一的 $\theta(x) \in (0,1)$,使 $f(x) = f(0) + xf'(\theta(x)x)$ 成立;

(2) $\lim\limits_{x \to 0}\theta(x) = \dfrac{1}{2}$.

【证】 (1) 任给非零 $x \in (-1,1)$，由拉格朗日中值定理得

$$f(x) = f(0) + xf'(\theta(x)x) \qquad (0 < \theta(x) < 1)$$

因为 $f''(x)$ 在 $(-1,1)$ 内连续且 $f''(x) \neq 0$，所以 $f''(x)$ 在 $(-1,1)$ 内不变号．不妨设 $f''(x) > 0$，则 $f'(x)$ 在 $(-1,1)$ 内严格单调增，故 $\theta(x)$ 唯一．

(2) 由泰勒公式得 $f(x) = f(0) + f'(0)x + \dfrac{1}{2}f''(\xi)x^2$，$\xi$ 在 0 与 x 之间．

所以 $$xf'(\theta(x)x) = f(x) - f(0) = f'(0)x + \dfrac{1}{2}f''(\xi)x^2$$

从而 $$\theta(x)\dfrac{f'(\theta(x)x) - f'(0)}{\theta(x)x} = \dfrac{1}{2}f''(\xi)$$

由于 $\lim\limits_{x \to 0}\dfrac{f'(\theta(x)x) - f'(0)}{\theta(x)x} = f''(0)$，$\quad \lim\limits_{x \to 0}f''(\xi) = \lim\limits_{\xi \to 0}f''(\xi) = f''(0)$

故 $$\lim\limits_{x \to 0}\theta(x) = \dfrac{1}{2}$$

【例 3-13】 已知 $f(x)$ 在 $x = 0$ 的某个邻域内连续，且 $f(0) = 0$，$\lim\limits_{x \to 0}\dfrac{f(x)}{1 - \cos x} = 2$，则在点 $x = 0$ 处 $f(x)$ （　　）．

(A) 不可导

(B) 可导，且 $f'(0) \neq 0$

(C) 取得极大值

(D) 取得极小值

【解】 应选(D)．

$$f'(0) = \lim\limits_{x \to 0}\dfrac{f(x) - f(0)}{x} = \lim\limits_{x \to 0}\dfrac{f(x)}{x} =$$

$$\lim\limits_{x \to 0}\dfrac{f(x)}{1 - \cos x} \cdot \dfrac{1 - \cos x}{x} = 2\lim\limits_{x \to 0}\dfrac{\sin x}{1} = 0$$

又 $\lim\limits_{x \to 0}\dfrac{f(x)}{1 - \cos x} = 2 > 0$，由极限的局部保号性知在 $x = 0$ 的某去心邻域内 $\dfrac{f(x)}{1 - \cos x} > 0$，因 $1 - \cos x > 0$，从而 $f(x) > 0$，即 $f(x) > f(0)$，所以 $f(0)$ 是 $f(x)$ 的极小值．

【例 3-14】 曲线 $y = \dfrac{1 + e^{-x^2}}{1 - e^{-x^2}}$ （　　）．

(A) 没有渐近线

(B) 仅有水平渐近线

(C) 仅有铅直渐近线

(D) 既有水平又有铅直渐近线

【解】 应选(D).

$$\lim_{x\to\infty} y = \lim_{x\to\infty} \frac{1+e^{-x^2}}{1-e^{-x^2}} = 1, 则 \ y = 1 \ 为水平渐近线.$$

$$\lim_{x\to 0} y = \lim_{x\to 0} \frac{1+e^{-x^2}}{1-e^{-x^2}} = \infty, 则 \ x = 0 \ 为铅直渐近线.$$

【例 3 - 15】 讨论曲线 $y = 4\ln x + k$ 与 $y = 4x + \ln^4 x$ 的交点个数.

【解】 问题等价于讨论方程 $\ln^4 x - 4\ln x + 4x - k = 0$ 有几个不同的实根.

设

$$\varphi(x) = \ln^4 x - 4\ln x + 4x - k$$

则有

$$\varphi'(x) = \frac{4(\ln^3 x - 1 + x)}{x}$$

不难看出, $x = 1$ 是 $\varphi(x)$ 的驻点.

当 $0 < x < 1$ 时, $\varphi'(x) < 0$, 即 $\varphi(x)$ 单调减少; 当 $x > 1$ 时, $\varphi'(x) > 0$, 即 $\varphi(x)$ 单调增加, 故 $\varphi(1) = 4 - k$ 为函数 $\varphi(x)$ 的最小值.

当 $k < 4$, 即 $4 - k > 0$ 时, $\varphi(x) = 0$ 无实根, 即两条曲线无交点.

当 $k = 4$, 即 $4 - k = 0$ 时, $\varphi(x) = 0$ 有唯一实根, 即两条曲线只有一个交点.

当 $k > 4$, 即 $4 - k < 0$ 时, 由于

$$\lim_{x\to 0^+} \varphi(x) = \lim_{x\to 0^+} [\ln x(\ln^3 x - 4) + 4x - k] = +\infty$$

$$\lim_{x\to\infty} \varphi(x) = \lim_{x\to\infty} [\ln x(\ln^3 x - 4) + 4x - k] = +\infty$$

故 $\varphi(x) = 0$ 有两个实根, 分别位于 $(0,1)$ 与 $(1,+\infty)$ 内, 即两条曲线有两个交点.

【例 3 - 16】 设 $f(x)$ 在 $(-\infty, +\infty)$ 上具有二阶导数, 在 $x = 0$ 的某去心邻域内 $f(x) \neq 0$, 且 $\lim_{x\to 0} \frac{f(x)}{x} = 0$, $f''(0) = 4$, 求 $\lim_{x\to 0} (1 + \frac{f(x)}{x})^{\frac{1}{x}}$.

【解】 因 $\lim_{x\to 0} \frac{f(x)}{x} = 0$, 则 $\lim_{x\to 0} f(x) = 0$, 因 $f(x)$ 在 $x = 0$ 处连续, 所以 $f(0) = 0$, 从而 $f'(0) = \lim_{x\to 0} \frac{f(x)}{x} = 0$.

$$\lim_{x\to 0}(1+\frac{f(x)}{x})^{\frac{1}{x}} = \lim_{x\to 0}(1+\frac{f(x)}{x})^{\frac{x}{f(x)}\cdot\frac{f(x)}{x^2}} = e^{\lim\limits_{x\to 0}\frac{f(x)}{x^2}} = e^{\lim\limits_{x\to 0}\frac{f'(x)}{2x}} =$$

$$e^{\lim\limits_{x\to 0}\frac{f'(x)-f'(0)}{2x}} = e^{\frac{f''(0)}{2}} = e^2$$

【例 3 - 17】 设 $y = f(x)$ 在 $[0,1]$ 上连续, 在 $(0,1)$ 内可导, $f(0) = 0$, $f(1) = 1$. 证明: 在 $(0,1)$ 内存在两点 ξ_1 和 ξ_2, 使 $\frac{1}{f'(\xi_1)} + \frac{1}{f'(\xi_2)} = 2$.

【证】　$f(x)$ 在 $[0,1]$ 上连续，$f(0)=0,f(1)=1$，由闭区间上连续函数的介值定理，$\exists x_0 \in (0,1)$，使 $f(x_0)=\dfrac{1}{2}$.

对 $f(x)$ 在 $[0,x_0]$ 及 $[x_0,1]$ 上分别利用拉格朗日中值定理，

$$f(x_0)-f(0)=x_0 f'(\xi_1)，即 \frac{1}{f'(\xi_1)}=2x_0,\xi_1 \in (0,x_0)，$$

$$f(1)-f(x_0)=(1-x_0)f'(\xi_2)，即 \frac{1}{f'(\xi_2)}=2-2x_0,\xi_2 \in (x_0,1).$$

从而　　　　$\dfrac{1}{f'(\xi_1)}+\dfrac{1}{f'(\xi_2)}=2x_0+2-2x_0=2$

【例 3-18】　求数列 $\left\{\dfrac{n^2-2n-12}{\sqrt{e^n}}\right\}$ 的最大项 $(n=1,2,\cdots)$（已知 $23\sqrt{e}>37$）.

【解】　令 $f(x)=\dfrac{x^2-2x-12}{\sqrt{e^x}}=e^{-\frac{x}{2}}(x^2-2x-12)，\quad 1\leqslant x<+\infty$

$$f'(x)=-\frac{1}{2}e^{-\frac{x}{2}}(x^2-6x-8)=0$$

得唯一驻点 $x=3+\sqrt{17}$.

因 $1\leqslant x<3+\sqrt{17}$ 时，$f'(x)>0$，而 $3+\sqrt{17}<x<+\infty$ 时，$f'(x)<0$.

所以当 $x=3+\sqrt{17}$，$f(x)$ 取得极大值也是最大值.

由于 $7<3+\sqrt{17}<8,f(7)=\dfrac{23}{\sqrt{e^7}},f(8)=\dfrac{36}{e^4},\dfrac{f(7)}{f(8)}=\dfrac{23\sqrt{e}}{36}>\dfrac{37}{36}>1$,

$f(7)>f(8)$.

当 $n=7$ 时得数列的最大项，其值为 $f(7)=\dfrac{23}{\sqrt{e^7}}$.

【例 3-19】　$f(x),g(x)$ 在 $[a,b]$ 上连续，在 (a,b) 内可导，$f(a)=f(b)=0$. 证明：在 (a,b) 内至少有一点 ξ，使 $f'(\xi)+f(\xi)g'(\xi)=0$.

【证】　令 $\varphi(x)=f(x)e^{g(x)}$，则 $\varphi(x)$ 在 $[a,b]$ 上连续，在 (a,b) 内可导，且 $\varphi(a)=\varphi(b)=0$，由罗尔定理，至少一点 $\xi \in (a,b)$，使 $\varphi'(\xi)=0$，

即　　　　　　$[f'(x)e^{g(x)}+f(x)e^{g(x)}g'(x)]_{x=\xi}=0$

亦即　　　　　　$e^{g(\xi)}[f'(\xi)+f(\xi)g'(\xi)]=0$

因 $e^{g(\xi)}\neq 0$，故 $f'(\xi)+f(\xi)g'(\xi)=0$.

【例 3 - 20】 设 $f(x),g(x)$ 在 $(-\infty,+\infty)$ 上具有一阶连续导数,且 $f(x)g'(x)-f'(x)g(x)\neq 0$,证明方程 $f(x)=0$ 的两个相邻的根之间必有方程 $g(x)=0$ 的一个根.

【证】 设 x_1,x_2 为 $f(x)=0$ 相邻两根,不妨设 $x_1<x_2$,则 $f(x_1)=f(x_2)=0$,且在 (x_1,x_2) 内 $f(x)\neq 0$.

假设在 (x_1,x_2) 内方程 $g(x)=0$ 无根,则在 (x_1,x_2) 内必有 $g(x)\neq 0$,且由条件知 $g(x_1)\neq 0,g(x_2)\neq 0$.

令 $F(x)=\dfrac{f(x)}{g(x)}$,则 $F(x)$ 在 $[x_1,x_2]$ 上满足罗尔定理的条件,故有 $\xi\in(x_1,x_2)$,使 $F'(\xi)=\dfrac{f'(\xi)g(\xi)-f(\xi)g'(\xi)}{g^2(\xi)}=0$,从而 $f'(\xi)g(\xi)-f(\xi)g'(\xi)=0$,与已知矛盾,于是得证.

【例 3-21】 设 $f(x)$ 在 $[-1,1]$ 上具有三阶连续导数,且 $f(-1)=0,f(1)=1,f'(0)=0$.证明:在 $(-1,1)$ 内至少存在一点 ξ,使 $f'''(\xi)=3$.

【证】 由麦克劳林公式得 $f(x)=f(0)+f'(0)x+\dfrac{1}{2!}f''(0)x^2+\dfrac{1}{3!}f'''(\eta)x^3$,其中 η 介于 0 与 x 之间,$x\in[-1,1]$.

分别令 $x=-1$ 和 $x=1$,并结合已知条件,得

$$0=f(-1)=f(0)+\frac{1}{2}f''(0)-\frac{1}{6}f'''(\eta_1)\qquad(-1<\eta_1<0)$$

$$1=f(1)=f(0)+\frac{1}{2}f''(0)+\frac{1}{6}f'''(\eta_2)\qquad(0<\eta_2<1)$$

两式相减,可得 $f'''(\eta_1)+f'''(\eta_2)=6$.

由 $f'''(x)$ 的连续性,$f'''(x)$ 在闭区间 $[\eta_1,\eta_2]$ 上有最大值和最小值,设它们分别为 M 和 m,则有

$$m\leqslant\frac{1}{2}[f'''(\eta_1)+f'''(\eta_2)]\leqslant M$$

再由闭区间上连续函数的介值定理,至少存在一点 $\xi\in[\eta_1,\eta_2]\subset(-1,1)$,使

$$f'''(\xi)=\frac{1}{2}[f'''(\eta_1)+f'''(\eta_2)]=3$$

【例 3-22】 设 $f(x)$ 在 $[0,1]$ 上连续,在 $(0,1)$ 内可导,且 $f(0)=f(1)=0,f(\frac{1}{2})=1$.

试证：(1) 存在 $\eta \in \left(\dfrac{1}{2}, 1\right)$，使 $f(\eta) = \eta$；

(2) 对任意实数 λ，必存在 $\xi \in (0, \eta)$，使得 $f'(\xi) - \lambda[f(\xi) - \xi] = 1$.

【证】(1) 令 $\varphi(x) = f(x) - x$，则 $\varphi(x)$ 在 $[0, 1]$ 上连续，又 $\varphi(1) = -1 < 0$，$\varphi\left(\dfrac{1}{2}\right) = \dfrac{1}{2} > 0$，故由闭区间上连续函数的介值定理知，存在 $\eta \in \left(\dfrac{1}{2}, 1\right)$，使得 $\varphi(\eta) = f(\eta) - \eta = 0$，即 $f(\eta) = \eta$.

(2) 设 $F(x) = e^{-\lambda x}\varphi(x) = e^{-\lambda x}[f(x) - x]$，则 $F(x)$ 在 $[0, \eta]$ 上连续，在 $(0, \eta)$ 内可导，且 $F(0) = 0$，$F(\eta) = e^{-\lambda \eta}\varphi(\eta) = 0$，即 $F(x)$ 在 $[0, \eta]$ 上满足罗尔定理的条件，故存在 $\xi \in (0, \eta)$，使得 $F'(\xi) = 0$，$e^{-\lambda \xi}\{f'(\xi) - \lambda[f(\xi) - \xi] - 1\} = 0$，从而 $f'(\xi) - \lambda[f(\xi) - \xi] = 1$.

【例 3 - 23】　设 $x \in (0, 1)$，证明：

(1) $(1 + x)\ln^2(1 + x) < x^2$；

(2) $\dfrac{1}{\ln 2} - 1 < \dfrac{1}{\ln(1 + x)} - \dfrac{1}{x} < \dfrac{1}{2}$.

【证】(1) 令 $\varphi(x) = (1 + x)\ln^2(1 + x) - x^2$，则有

$$\varphi(0) = 0, \quad \varphi'(x) = \ln^2(1 + x) + 2\ln(1 + x) - 2x, \quad \varphi'(0) = 0$$

因为当 $x \in (0, 1)$ 时，$\varphi''(x) = \dfrac{2}{1 + x}[\ln(1 + x) - x] < 0$，

所以 $\varphi'(x) < 0$，从而 $\varphi(x) < 0$，即 $(1 + x)\ln^2(1 + x) < x^2$.

(2) 令 $f(x) = \dfrac{1}{\ln(1 + x)} - \dfrac{1}{x}$，$x \in (0, 1]$，则有

$$f'(x) = \frac{(1 + x)\ln^2(1 + x) - x^2}{x^2(1 + x)\ln^2(1 + x)}$$

由 (1) 知，$f'(x) < 0$（当 $x \in (0, 1)$). 于是推知在 $(0, 1)$ 内 $f(x)$ 单调减少.

又 $f(x)$ 在区间 $(0, 1]$ 上连续，且 $f(1) = \dfrac{1}{\ln 2} - 1$，故当 $x \in (0, 1)$ 时，

$$f(x) = \frac{1}{\ln(1 + x)} - \frac{1}{x} > \frac{1}{\ln 2} - 1$$

不等式左边证毕.

又 $\displaystyle\lim_{x \to 0^+} f(x) = \lim_{x \to 0^+} \frac{x - \ln(1 + x)}{x\ln(1 + x)} = \lim_{x \to 0^+} \frac{x - \ln(1 + x)}{x^2} =$

$$\lim_{x \to 0^+} \frac{x}{2x(1 + x)} = \frac{1}{2}$$

故当 $x \in (0,1)$ 时，$f(x) = \dfrac{1}{\ln(1+x)} - \dfrac{1}{x} < \dfrac{1}{2}$.

不等式右边证毕.

【例 3-24】 设 $f(x)$ 在 $[a,b]$ 上具有二阶导数，且 $f(a) = f(b) = 0$，$f'(a)f'(b) > 0$. 证明：存在 $\xi \in (a,b)$ 和 $\eta \in (a,b)$，使 $f(\xi) = 0$ 及 $f''(\eta) = 0$.

【证】 先用反证法证明存在 $\xi \in (a,b)$ 使 $f(\xi) = 0$. 若不存在 $\xi \in (a,b)$ 使 $f(\xi) = 0$，则在 (a,b) 内恒有 $f(x) > 0$ 或 $f(x) < 0$. 不妨设 $f(x) > 0$（对 $f(x) < 0$，类似可证），则

$$f'(b) = \lim_{x \to b^-} \frac{f(x) - f(b)}{x - b} = \lim_{x \to b^-} \frac{f(x)}{x - b} \leqslant 0$$

$$f'(a) = \lim_{x \to a^+} \frac{f(x) - f(a)}{x - a} = \lim_{x \to a^+} \frac{f(x)}{x - a} \geqslant 0$$

从而 $f'(a)f'(b) \leqslant 0$，这与已知条件矛盾. 这即证得在 (a,b) 内至少存在一点 ξ，使 $f(\xi) = 0$.

再由 $f(a) = f(\xi) = f(b)$ 及罗尔定理，知存在 $\eta_1 \in (a,\xi)$ 和 $\eta_2 \in (\xi,b)$ 使 $f'(\eta_1) = f'(\eta_2) = 0$.

又在区间 $[\eta_1,\eta_2]$ 上对 $f'(x)$ 应用罗尔定理知，存在 $\eta \in (\eta_1,\eta_2) \subset (a,b)$，使 $f''(\eta) = 0$.

【例 3-25】 对函数 $y = \dfrac{x+1}{x^2}$ 填写下表（答案填表中）：

(1) 单调减少区间：$(-\infty, -2), (0, +\infty)$.

(2) 单调增加区间：$(-2, 0)$.

(3) 极值点：$x = -2$.

(4) 极值：$f(-2) = -\dfrac{1}{4}$.

(5) 凹区间：$(-3, 0), (0, +\infty)$.

(6) 凸区间：$(-\infty, -3)$.

(7) 拐点：$(-3, -\dfrac{2}{9})$.

(8) 渐近线：$x = 0, y = 0$.

【例 3-26】 设 $e < a < b < e^2$，证明 $\ln^2 b - \ln^2 a > \dfrac{4}{e^2}(b-a)$.

【证】 设 $f(x) = \ln^2 x - \dfrac{4}{e^2}x$，则

$$f'(x) = 2\frac{\ln x}{x} - \frac{4}{e^2}, \qquad f''(x) = 2\frac{1-\ln x}{x^2}$$

所以当 $x > e$ 时,$f''(x) < 0$,故 $f'(x)$ 单调减少,从而当 $e < x < e^2$ 时,

$$f'(x) > f'(e^2) = \frac{4}{e^2} - \frac{4}{e^2} = 0$$

即当 $e < x < e^2$ 时,$f(x)$ 单调增加,

因此当 $e < a < b < e^2$ 时,$f(b) > f(a)$,

即　$\ln^2 b - \frac{4}{e^2}b > \ln^2 a - \frac{4}{e^2}a$,故 $\ln^2 b - \ln^2 a > \frac{4}{e^2}(b-a)$.

【例 3-27】　曲线 $y = \dfrac{1}{x} + \ln(1+e^x)$ 渐近线的条数为(　　).

(A) 0　　　　　　(B) 1　　　　　　(C) 2　　　　　　(D) 3

【解】　$\lim\limits_{x \to +\infty} y = \lim\limits_{x \to +\infty}\left[\dfrac{1}{x} + \ln(1+e^x)\right] = +\infty$

$\lim\limits_{x \to -\infty} y = \lim\limits_{x \to -\infty}\left[\dfrac{1}{x} + \ln(1+e^x)\right] = 0$

所以 $y = 0$ 是曲线的水平渐近线;

$\lim\limits_{x \to 0} y = \lim\limits_{x \to 0}\left[\dfrac{1}{x} + \ln(1+e^x)\right] = \infty$

所以 $x = 0$ 是曲线的铅直渐近线;

$$a = \lim_{x \to +\infty}\frac{y}{x} = \lim_{x \to +\infty}\frac{\dfrac{1}{x} + \ln(1+e^x)}{x} = 0 + \lim_{x \to +\infty}\frac{\ln(1+e^x)}{x} = 1$$

$$b = \lim_{x \to +\infty}[y - ax] = \lim_{x \to +\infty}\left[\frac{1}{x} + \ln(1+e^x) - x\right] = 0$$

所以 $y = x$ 是曲线的斜渐近线.

故选(D).

评注　本题为基本题型,应熟练掌握曲线的水平渐近线,铅直渐近线和斜渐近线的求法.注意当曲线存在水平渐近线时,斜渐近线不存在.本题要注意 e^x 当 $x \to +\infty$,$x \to -\infty$ 时的极限不同.

【例 3-28】　设函数 $f(x)$,$g(x)$ 在 $[a,b]$ 上连续,在 (a,b) 内具有二阶导数且存在相等的最大值,$f(a) = g(a)$,$f(b) = g(b)$,证明:存在 $\xi \in (a,b)$,使得 $f''(\xi) = g''(\xi)$.

【证】　令 $h(x) = f(x) - g(x)$,则 $h(a) = h(b) = 0$,设 $f(x)$,$g(x)$ 在 $(a,$

b) 内的最大值 M 分别在 $\alpha \in (a,b)$，$\beta \in (a,b)$ 取得，

当 $\alpha = \beta$ 时，取 $\eta = \alpha$，则 $h(\eta) = 0$. 当 $\alpha \neq \beta$ 时，有

$$h(\alpha) = f(\alpha) - g(\alpha) = M - g(\alpha) \geqslant 0$$

$$h(\beta) = f(\beta) - g(\beta) = f(\beta) - M \leqslant 0$$

由介值定理，存在介于 α 与 β 之间的点 η，使得 $h(\eta) = 0$.

综上，存在 $\eta \in (a,b)$，使得 $h(\eta) = 0$.

于是由罗尔定理知，存在 $\xi_1 \in (a,\eta)$，$\xi_2 \in (\eta,b)$，使得

$$h'(\xi_1) = h'(\xi_2) = 0$$

再由罗尔定理知，存在 $\xi \in (\xi_1,\xi_2) \subset (a,b)$. 使得 $h''(\xi) = 0$，即

$$f''(\xi) = g''(\xi)$$

【例 3 - 29】 设 $f(x) = |x(1-x)|$，则（　　）.

(A) $x = 0$ 是 $f(x)$ 的极值点，但 $(0,0)$ 不是曲线 $y = f(x)$ 的拐点

(B) $x = 0$ 不是 $f(x)$ 的极值点，但 $(0,0)$ 是曲线 $y = f(x)$ 的拐点

(C) $x = 0$ 是 $f(x)$ 的极值点，且 $(0,0)$ 是曲线 $y = f(x)$ 的拐点

(D) $x = 0$ 不是 $f(x)$ 的极值点，$(0,0)$ 也不是曲线 $y = f(x)$ 的拐点

【解】 应选 (C).

3.3　课后作业

1. 选择题

(1) 使 $f(x) = \sqrt[3]{x^2(1-x^2)}$ 适合罗尔定理条件的区间是（　　）.

(A) $[0,1]$　　　　　(B) $[-1,1]$

(C) $[-2,2]$　　　　(D) $\left[-\dfrac{1}{3}, \dfrac{2}{3}\right]$　　　　　（答案：(A)）

(2) 设 $x \to 0$ 时，$e^{\tan x} - e^x$ 与 x^n 是同阶无穷小，则 n 为（　　）.

(A) 1　　　　　　　(B) 2

(C) 3　　　　　　　(D) 4　　　　　　　（答案：(C)）

(3) $f(x)$ 有二阶连续导数，且 $f'(0) = 0$，$\lim\limits_{x \to 0} \dfrac{f''(x)}{|x|} = 1$，则（　　）.

(A) $f(0)$ 是 $f(x)$ 的极大值

(B) $f(0)$ 是 $f(x)$ 的极小值

(C) $(0, f(0))$ 是曲线 $y = f(x)$ 的拐点

(D) $f(0)$ 不是 $f(x)$ 的极值，$(0, f(0))$ 也不是曲线 $y = f(x)$ 的拐点

（答案:(B)）

2. 求下列极限

(1) $\lim\limits_{x \to 0}(\dfrac{3 - e^x}{2 + x})^{\csc x}$;　　　　　　　　　　　（答案:$\dfrac{1}{e}$）

(2) $\lim\limits_{x \to 0}\dfrac{1 - \cos x \sqrt{\cos 2x}}{x^2}$;　　　　　　　　　（答案:$\dfrac{3}{2}$）

(3) $\lim\limits_{x \to 1}(\dfrac{1}{\ln x} - \dfrac{1}{x - 1})$;　　　　　　　　　（答案:$\dfrac{1}{2}$）

(4) $\lim\limits_{x \to \infty}\dfrac{x^2 - x \arctan x + 1}{2x^2 + 3}$.　　　　　　　（答案:$\dfrac{1}{2}$）

3. 当 $x > 0$ 时，求曲线 $y = x \sin \dfrac{1}{x}$ 的渐近线.　　（答案:$y = 1$）

4. 当 $x \to 0$ 时，$(1 + ax^2)^{\frac{1}{3}} - 1$ 与 $\cos x - 1$ 是等价无穷小，求 a.

（答案:$a = -\dfrac{3}{2}$）

5. $f(x) = x^3 + ax^2 + bx$ 在 $x = 1$ 处有极大值 2，求 a, b.

（答案:$a = -4, b = 5$）

6. 证明函数 $f(x) = (1 + x)^{\frac{1}{x}}$ 在区间 $(0, +\infty)$ 内单调增加.

7. 在曲线 $y = 1 - x^2(0 < x < 1)$ 上求一点，使曲线在该点的切线与坐标轴所围成的三角形面积最小，并求此最小面积.

（答案:$(\dfrac{\sqrt{3}}{3}, \dfrac{2}{3}), \dfrac{4\sqrt{3}}{9}$）

8. 证明:$0 < x < \pi$ 时，有 $\sin \dfrac{x}{2} > \dfrac{x}{\pi}$.

9. $f(x)$ 在 $[a, +\infty)$ 中二阶可导，且 $f(a) > 0, f''(a) < 0$，又当 $x > a$ 时，$f''(x) < 0$. 证明:方程 $f(x) = 0$ 在 $(a, +\infty)$ 内必有且仅有一个实根.

10. 设 $f(x)$ 在 $[0, 1]$ 上可微，对于 $[0, 1]$ 上的每一个 x，$f(x)$ 的值都在开区间 $(0, 1)$ 内，且 $f'(x) \neq 1$. 证明:在 $(0, 1)$ 内有且仅有一个 x，使 $f(x) = x$.

3.4 检测真题

1. 选择题

(1) 设当 $x \to 0$ 时，$(1 - \cos x)\ln(1 + x^2)$ 是比 $x\sin x^n$ 高阶的无穷小，而 $x\sin x^n$ 是比 $(e^{x^2} - 1)$ 高阶的无穷小，则正整数 n 等于（ ）.

(A) 1   (B) 2

(C) 3   (D) 4   （答案：(B)）

(2) 已知 $f(x)$ 在区间 $(1-\delta, 1+\delta)$ 内具有二阶导数，$f'(x)$ 严格单调减少，且 $f(1) = f'(1) = 1$，则（ ）.

(A) 在 $(1-\delta, 1)$ 和 $(1, 1+\delta)$ 内均有 $f(x) < x$

(B) 在 $(1-\delta, 1)$ 和 $(1, 1+\delta)$ 内均有 $f(x) > x$

(C) 在 $(1-\delta, 1)$ 内，$f(x) < x$，在 $(1, 1+\delta)$ 内 $f(x) > x$

(D) 在 $(1-\delta, 1)$ 内，$f(x) > x$，在 $(1, 1+\delta)$ 内 $f(x) < x$ （答案：(A)）

(3) 设 $f(x)$ 的导数在 $x = a$ 处连续，又 $\lim\limits_{x \to a} \dfrac{f'(x)}{x - a} = -1$，则（ ）.

(A) $x = a$ 是 $f(x)$ 的极小值点

(B) $x = a$ 是 $f(x)$ 的极大值点

(C) $(a, f(a))$ 是曲线 $y = f(x)$ 的拐点

(D) $x = a$ 不是 $f(x)$ 的极值点，$(a, f(a))$ 也不是曲线 $y = f(x)$ 的拐点

                                                  （答案：(B)）

(4) 曲线 $y = (x-1)^2(x-3)^2$ 的拐点个数为（ ）.

(A) 0   (B) 1

(C) 2   (D) 3   （答案：(C)）

(5) 设 $f(x)$ 在 $x = a$ 的某个邻域内连续，且 $f(a)$ 为其极大值，则存在 $\delta > 0$，当 $x \in (a-\delta, a+\delta)$ 时，必有（ ）.

(A) $(x-a)[f(x) - f(a)] \geqslant 0$

(B) $(x-a)[f(x) - f(a)] \leqslant 0$

(C) $\lim\limits_{t \to a} \dfrac{f(t) - f(x)}{(t - x)^2} \geqslant 0, \quad x \neq a$

(D) $\lim\limits_{t \to a} \dfrac{f(t) - f(x)}{(t - x)^2} \leqslant 0, \quad x \neq a$ （答案：(C)）

(6) 设在 $[0,1]$ 上 $f''(x) > 0$,则 $f'(0), f'(1), f(1) - f(0)$ 或 $f(0) - f(1)$ 的大小顺序为(   ).

(A) $f'(1) > f'(0) > f(1) - f(0)$

(B) $f'(1) > f(1) - f(0) > f'(0)$

(C) $f(1) - f(0) > f'(1) > f'(0)$

(D) $f'(1) > f(0) - f(1) > f'(0)$ (答案:(B))

2. 求下列函数的极限

(1) $\lim\limits_{x \to 0} \dfrac{\arctan x - x}{\ln(1 + 2x^3)}$;   (答案:$-\dfrac{1}{6}$)

(2) $\lim\limits_{x \to \infty} \left(\dfrac{1}{x^2} - \dfrac{1}{x \tan x}\right)$;   (答案:$\dfrac{1}{3}$)

(3) $\lim\limits_{x \to 0} \dfrac{1 - \sqrt{1 - x^2}}{e^x - \cos x}$;   (答案:0)

(4) $\lim\limits_{x \to 0^+} (\cos \sqrt{x})^{\frac{\pi}{x}}$.   (答案:$e^{-\frac{\pi}{2}}$)

3. 设 $f''(x) < 0, f(0) = 0$.证明:对任何 $x_1 > 0, x_2 > 0$,有 $f(x_1 + x_2) < f(x_1) + f(x_2)$.

4. 设 $f(x)$ 在 $[0,1]$ 上连续,在 $(0,1)$ 内二阶可导,过点 $A(0, f(0))$ 与 $B(1, f(1))$ 的直线与曲线 $y = f(x)$ 相交于点 $C(c, f(c))$,其中 $0 < c < 1$.

证明:在 $(0,1)$ 内至少存在一点 ξ,使 $f''(\xi) = 0$.

5. 设不恒为常数的函数 $f(x)$ 在 $[a,b]$ 上连续,在 (a,b) 内可导,且 $f(a) = f(b)$.证明:在 (a,b) 内至少存在一点 ξ,使得 $f'(\xi) > 0$.

6. 设 $f(x)$ 在 $[0,1]$ 上具有二阶导数,且满足条件 $|f(x)| \leqslant a$,$|f''(x)| \leqslant b$,其中 a, b 都是非负常数,c 是 $(0,1)$ 内任意一点.

(1) 写出 $f(x)$ 在 $x = c$ 处带拉格朗日型余项的一阶泰勒公式;

(2) 证明 $|f'(c)| \leqslant 2a + \dfrac{b}{2}$.

7. $f(x)$ 在 $[a,b]$ 上连续,在 (a,b) 内可导,且 $f(a) = f(b) = 1$,试证存在 $\xi, \eta \in (a,b)$,使得 $e^{\eta - \xi}[f(\eta) + f'(\eta)] = 1$.

8. 设 $f(x), g(x)$ 在 $[a,b]$ 上可导,且 $g'(x) \neq 0$.试证明存在 $\xi (a < \xi < b)$,使 $\dfrac{f(a) - f(\xi)}{g(\xi) - g(b)} = \dfrac{f'(\xi)}{g'(\xi)}$.

第4讲 不定积分

本讲涵盖了主讲教材第4章的内容.

4.1 本讲内容聚焦

 一、内容要点精讲

(一)原函数与不定积分

1. 原函数

对于定义在某区间 I 上的函数 $f(x)$,若存在函数 $F(x)$,对 I 上每一点都有

$$F'(x) = f(x) \ \text{或} \ \mathrm{d}F(x) = f(x)\mathrm{d}x$$

则称 $F(x)$ 为 $f(x)$ 的一个原函数.

(1) 若 $f(x)$ 在某区间 I 上连续,则在区间 I 上 $f(x)$ 的原函数必存在.

(2) 若 $f(x)$ 存在原函数,则它的原函数有无穷多个,且其不同的两个原函数仅差一个常数.

2. 不定积分

函数 $f(x)$ 的所有原函数称为 $f(x)$ 的不定积分,记作 $\int f(x)\mathrm{d}x$. 若 $F(x)$ 是 $f(x)$ 的一个原函数,则有

$$\int f(x)\mathrm{d}x = F(x) + C$$

其中,C 为积分常数.

(二)不定积分的性质

1. $\int kf(x)\mathrm{d}x = k\int f(x)\mathrm{d}x$ (k 为非零常数)

2. $\int [f(x) \pm g(x)] \mathrm{d}x = \int f(x) \mathrm{d}x \pm \int g(x) \mathrm{d}x$

3. $\dfrac{\mathrm{d}}{\mathrm{d}x} \big[\int f(x) \mathrm{d}x \big] = f(x)$ 或 $\mathrm{d} \big[\int f(x) \mathrm{d}x \big] = f(x) \mathrm{d}x$

4. $\int f'(x) \mathrm{d}x = f(x) + C$

可见,不定积分与微分互为逆运算.

(三) 基本积分公式

1. $\int k \mathrm{d}x = kx + C$　（k 为常数）

2. $\int x^{\mu} \mathrm{d}x = \dfrac{1}{\mu + 1} x^{\mu+1} + C$　　（$\mu \neq -1$）

3. $\int \dfrac{\mathrm{d}x}{x} = \ln | x | + C$

4. $\int \dfrac{\mathrm{d}x}{1 + x^2} = \arctan x + C$

5. $\int \dfrac{\mathrm{d}x}{\sqrt{1 - x^2}} = \arcsin x + C$

6. $\int \cos x \mathrm{d}x = \sin x + C$

7. $\int \sin x \mathrm{d}x = -\cos x + C$

8. $\int \sec^2 x \mathrm{d}x = \tan x + C$

9. $\int \csc^2 x \mathrm{d}x = -\cot x + C$

10. $\int \sec x \tan x \mathrm{d}x = \sec x + C$

11. $\int \csc x \cot x \mathrm{d}x = -\csc x + C$

12. $\int \mathrm{e}^x \mathrm{d}x = \mathrm{e}^x + C$

13. $\int a^x \mathrm{d}x = \dfrac{a^x}{\ln a} + C$

14. $\int \mathrm{sh} x \mathrm{d}x = \mathrm{ch} x + C$

15. $\int \mathrm{ch} x \mathrm{d}x = \mathrm{sh} x + C$

16. $\int \tan x \, dx = -\ln|\cos x| + C$

17. $\int \cot x \, dx = \ln|\sin x| + C$

18. $\int \sec x \, dx = \ln|\sec x + \tan x| + C$

19. $\int \csc x \, dx = \ln|\csc x - \cot x| + C$

20. $\int \dfrac{dx}{a^2 + x^2} = \dfrac{1}{a} \operatorname{acrtan} \dfrac{x}{a} + C$

21. $\int \dfrac{dx}{x^2 - a^2} = \dfrac{1}{2a} \ln\left|\dfrac{x-a}{x+a}\right| + C$

22. $\int \dfrac{dx}{\sqrt{a^2 - x^2}} = \arcsin \dfrac{x}{a} + C$

23. $\int \dfrac{dx}{\sqrt{x^2 + a^2}} = \ln(x + \sqrt{x^2 + a^2}) + C$

24. $\int \dfrac{dx}{\sqrt{x^2 - a^2}} = \ln|x + \sqrt{x^2 - a^2}| + C$

(四) 换元积分法

1. 第一类换元法

若 $\int f(u) du = F(u) + C$ 且 $g(x) = f[\varphi(x)]\varphi'(x)$，则

$$\int g(x) dx = \int f[\varphi(x)]\varphi'(x) dx \xrightarrow{u = \varphi(x)} \int f(u) du = F(u) + C = F[\varphi(x)] + C$$

2. 第二类换元法

若 $\int f[\psi(t)]\psi'(t) dt = F(t) + C$ 且 $x = \psi(t)$ 单调可导，又 $\psi'(t) \neq 0$，则

$$\int f(x) dx \xrightarrow{x = \psi(t)} \int f[\psi(t)]\psi'(t) dt = F(t) + C = F[\psi^{-1}(x)] + C$$

其中 $t = \psi^{-1}(x)$ 是 $x = \psi(t)$ 的反函数.

换元法的关键是:找出恰当的函数 $u = \varphi(x)$ 或 $x = \psi(t)$，经变量替换后得到易积分的被积函数.

(五) 分部积分法

若 $u = u(x), v = v(x)$ 具有连续导数，则

$$\int u\mathrm{d}v = uv - \int v\mathrm{d}u$$

（六）有理函数与三角函数有理式的积分

有理函数的积分可化为整式和下列四种最简真分式的积分.

(1) $\int \dfrac{1}{x-a}\mathrm{d}x$; \qquad (2) $\int \dfrac{1}{(x-a)^n}\mathrm{d}x$;

(3) $\int \dfrac{bx+c}{x^2+px+q}\mathrm{d}x$; \qquad (4) $\int \dfrac{bx+c}{(x^2+px+q)^n}\mathrm{d}x$.

而这四类积分总可用凑微分法或变量代换法积出来.

三角函数有理式的积分,总可用万能代换 $u = \tan \dfrac{x}{2}$ 将原不定积分化为 u 的有理函数的积分. 不过对有些三角有理式的积分,有时用三角公式转化、凑微分法或其他形式的变量代换等,可能更简单些.

二、知识脉络图解

基本概念 $\begin{cases} 原函数 \\ 不定积分 \end{cases}$

基本性质

基本积分公式

不定积分 $\begin{cases} \\ 积分方法 \end{cases}$

积分方法
- 直接积分法
- 换元积分法 $\begin{cases} 第一类换元法（凑微分法） \\ 第二类换元法 \end{cases}$
- 分部积分法
- 有理函数的积分 $\begin{cases} 四种基本形式的积分 \\ 可化为有理函数的积分 \end{cases}$
- 三角函数有理式的积分 $\begin{cases} 万能代换 \\ 三角公式化简或换元 \end{cases}$
- 简单无理函数的积分

三、重点、难点点击

本讲的重点内容是不定积分的凑微分法、换元积分法和分部积分法;常见题型是计算题,即计算不定积分.

不定积分是一种工具,它是为定积分计算、重积分计算、曲线曲面积分计算、微分方程求解服务的. 为此对简单的不定积分计算应做到熟练正确,在计算中着重分析被积函数的特点,千方百计向基本积分公式靠近,常用的方法有以下几种.

代数恒等变形:加一点儿减一点儿;乘一点儿除一点儿;分子分母有理化;提取公因式;"1"的妙用(如 $\sin^2 x + \cos^2 x = 1$)等.

三角恒等变形:半角公式,倍角公式,平方和关系,积化和差,和差化积,和角公式等.

凑微分:例如 $\dfrac{1}{x^2}\mathrm{d}x = -\mathrm{d}\left(\dfrac{1}{x}\right)$,$\dfrac{1}{\sqrt{x}}\mathrm{d}x = 2\mathrm{d}\sqrt{x}$,$x^3\mathrm{d}x = \dfrac{1}{4}\mathrm{d}(x^4)$ 等.

学习本讲内容一定要准确地记住基本积分公式,这可与第一讲基本初等函数的导数公式对照着记忆. 其次要通过做题自己总结有规律的东西. 如分部积分法大都用于被积函数形如 $P_m(x)\mathrm{e}^{ax}$,$P_m(x)\cos bx$,$P_m(x)\sin bx$,$P_m(x)\ln x$ 等,其中 $P_m(x)$ 是 x 的 m 次多项式.

4.2　典型例题精选

【例 4-1】 设 $\int f(x)\mathrm{d}x = x^3 + C$,则 $\int xf(1-x^2)\mathrm{d}x = ($ 　 $)$.

(A) $x(1-x^2)^3 + C$ 　　　　(B) $-x(1-x^2)^3 + C$

(C) $-\dfrac{1}{2}(1-x^2)^3 + C$ 　　(D) $\dfrac{1}{2}(1-x^2)^3 + C$

【解】 应选(C). 因为
$$\int xf(1-x^2)\mathrm{d}x = -\frac{1}{2}\int f(1-x^2)\mathrm{d}(1-x^2) =$$
$$-\frac{1}{2}(1-x^2)^3 + C$$

【例 4-2】 $\int \dfrac{\arcsin\sqrt{x}}{\sqrt{x}}\mathrm{d}x = \underline{\qquad}$.

【解】 原式 $= 2\int \arcsin\sqrt{x}\,\mathrm{d}\sqrt{x} = 2\sqrt{x}\arcsin\sqrt{x} - 2\int \dfrac{\sqrt{x}}{\sqrt{1-x}} \cdot \dfrac{1}{2\sqrt{x}}\mathrm{d}x =$
$$2\sqrt{x}\arcsin\sqrt{x} + 2\sqrt{1-x} + C$$

【例 4 - 3】 已知 $f(x^2 - 1) = \ln \dfrac{x^2}{x^2 - 2}$，且 $f[\varphi(x)] = \ln x$，求 $\displaystyle\int \varphi(x) \mathrm{d}x$.

【解】 因为 $f(x^2 - 1) = \ln \dfrac{(x^2 - 1) + 1}{(x^2 - 1) - 1}$，所以

$$f(x) = \ln \frac{x + 1}{x - 1}$$

又 $$f[\varphi(x)] = \ln \frac{\varphi(x) + 1}{\varphi(x) - 1} = \ln x$$

于是 $\dfrac{\varphi(x) + 1}{\varphi(x) - 1} = x$，解得 $\varphi(x) = \dfrac{x + 1}{x - 1}$，从而

$$\int \varphi(x) \mathrm{d}x = \int \frac{x + 1}{x - 1} \mathrm{d}x = \int (1 + \frac{2}{x - 1}) \mathrm{d}x = x + 2\ln |\, x - 1\,| + C$$

【例 4 - 4】 求 $\displaystyle\int \dfrac{1 + x^2}{1 + x^4} \mathrm{d}x$.

【解】 原式 $= \displaystyle\int \dfrac{\dfrac{1}{x^2} + 1}{x^2 + \dfrac{1}{x^2}} \mathrm{d}x = \int \dfrac{1}{(x - \dfrac{1}{x})^2 + 2} \mathrm{d}(x - \frac{1}{x}) =$

$$\frac{1}{\sqrt{2}} \arctan \frac{x^2 - 1}{\sqrt{2}\, x} + C$$

【例 4 - 5】 求 $\displaystyle\int \dfrac{x\mathrm{e}^x}{\sqrt{\mathrm{e}^x - 1}} \mathrm{d}x$.

【解法 1】 先换元后分部积分.

令 $t = \sqrt{\mathrm{e}^x - 1}$，则 $\mathrm{e}^x = t^2 + 1$，$x = \ln(1 + t^2)$，$\mathrm{d}x = \dfrac{2t\mathrm{d}t}{1 + t^2}$.

所以 原式 $= 2\displaystyle\int \ln(1 + t^2) \mathrm{d}t = 2t\ln(1 + t^2) - 4\int \dfrac{t^2}{1 + t^2} \mathrm{d}t =$

$$2t\ln(1 + t^2) - 4t + 4\arctan t + C =$$

$$2(x - 2)\sqrt{\mathrm{e}^x - 1} + 4\arctan \sqrt{\mathrm{e}^x - 1} + C$$

【解法 2】 先分部积分后换元.

原式 $= 2\displaystyle\int x\mathrm{d}\sqrt{\mathrm{e}^x - 1} = 2x\sqrt{\mathrm{e}^x - 1} - 2\int \sqrt{\mathrm{e}^x - 1}\, \mathrm{d}x$

令 $t = \sqrt{\mathrm{e}^x - 1}$，则

$$\int \sqrt{\mathrm{e}^x - 1}\, \mathrm{d}x = 2\int \frac{t^2}{1 + t^2} \mathrm{d}t = 2\int (1 - \frac{1}{1 + t^2}) \mathrm{d}t =$$

$$2t - 2\arctan t + C_1 =$$
$$2\sqrt{e^x - 1} - 2\arctan\sqrt{e^x - 1} + C_1$$

所以　原式 $= 2(x-2)\sqrt{e^x - 1} + 4\arctan\sqrt{e^x - 1} + C$

【例 4 - 6】 求 $\displaystyle\int\frac{\ln x}{\sqrt{x+1}}dx$.

【解】 原式 $= 2\displaystyle\int\ln x\, d\sqrt{x+1} = 2[\sqrt{x+1}\ln x - \int\frac{\sqrt{x+1}}{x}dx]$

令　$t = \sqrt{x+1}$，则 $x = t^2 - 1$，$dx = 2t dt$，所以

$$\int\frac{\sqrt{x+1}}{x}dx = 2\int\frac{t^2}{t^2-1}dt = 2\int(1+\frac{1}{t^2-1})dt =$$
$$2t + \ln\left|\frac{t-1}{t+1}\right| + C_1 =$$
$$2\sqrt{x+1} + \ln\left|\frac{\sqrt{x+1}-1}{\sqrt{x+1}+1}\right| + C_1$$

于是　$\displaystyle\int\frac{\ln x}{\sqrt{x+1}}dx = 2\sqrt{x+1}\ln x - 4\sqrt{x+1} - 2\ln\left|\frac{\sqrt{x+1}-1}{\sqrt{x+1}+1}\right| + C$

【例 4 - 7】 求 $\displaystyle\int\frac{dx}{(2x^2+1)\sqrt{x^2+1}}$.

【解】 令 $x = \tan u$，则 $dx = \sec^2 u du$，于是

$$原式 = \int\frac{du}{(2\tan^2 u+1)\cos u} = \int\frac{\cos u du}{2\sin^2 u + \cos^2 u} =$$
$$\int\frac{d\sin u}{1+\sin^2 u} = \arctan\sin u + C = \arctan\frac{x}{\sqrt{1+x^2}} + C$$

【例 4 - 8】 求 $\displaystyle\int\frac{\sqrt{(9-x^2)^3}}{x^6}dx$.

【解】 原式 $\overset{x=3\cos u}{=\!=\!=\!=} -\frac{1}{9}\displaystyle\int\frac{\sin^4 u}{\cos^6 u}du = -\frac{1}{9}\int\tan^4 u d\tan u =$
$$-\frac{1}{45}\tan^5 u + C = -\frac{1}{45}(\frac{\sqrt{9-x^2}}{x})^5 + C$$

【例 4 - 9】 设 $f(\ln x) = \dfrac{\ln(1+x)}{x}$，计算 $\displaystyle\int f(x)dx$.

【解】 设 $\ln x = t$，则 $x = e^t$，$f(t) = \dfrac{\ln(1+e^t)}{e^t}$

所以 $\displaystyle\int f(x)\mathrm{d}x = \int\frac{\ln(1+\mathrm{e}^x)}{\mathrm{e}^x}\mathrm{d}x = -\int\ln(1+\mathrm{e}^x)\mathrm{d}\mathrm{e}^{-x} =$

$$-\mathrm{e}^{-x}\ln(1+\mathrm{e}^x) + \int\frac{\mathrm{d}x}{1+\mathrm{e}^x} =$$

$$-\mathrm{e}^{-x}\ln(1+\mathrm{e}^x) + \int(1-\frac{\mathrm{e}^x}{1+\mathrm{e}^x})\mathrm{d}x =$$

$$-\mathrm{e}^{-x}\ln(1+\mathrm{e}^x) + x - \ln(1+\mathrm{e}^x) + C =$$

$$x - (1+\mathrm{e}^{-x})\ln(1+\mathrm{e}^x) + C$$

【例 4 - 10】 已知 $\dfrac{\sin x}{x}$ 是函数 $f(x)$ 的一个原函数，求 $\displaystyle\int x^3 f'(x)\mathrm{d}x$.

【解法 1】 因为 $\dfrac{\sin x}{x}$ 是 $f(x)$ 的一个原函数，所以

$$f(x) = (\frac{\sin x}{x})' = \frac{x\cos x - \sin x}{x^2}$$

于是 $\displaystyle\int x^3 f'(x)\mathrm{d}x = x^3 f(x) - 3\int x^2 f(x)\mathrm{d}x =$

$$x^3 f(x) - 3\int x^2 \mathrm{d}\frac{\sin x}{x} =$$

$$x^3 f(x) - 3\left[x\sin x - 2\int\sin x\mathrm{d}x\right] =$$

$$x^2\cos x - 4x\sin x - 6\cos x + C$$

【解法 2】 因为 $f(x) = \dfrac{x\cos x - \sin x}{x^2}$

$$f'(x) = \frac{1}{x^3}(2\sin x - 2x\cos x - x^2\sin x)$$

所以

$$\int x^3 f'(x)\mathrm{d}x = \int(2\sin x - 2x\cos x - x^2\sin x)\mathrm{d}x =$$

$$-2\cos x - 2\int x\mathrm{d}\sin x + \int x^2\mathrm{d}\cos x =$$

$$-2\cos x - 2(x\sin x - \int\sin x\mathrm{d}x) + x^2\cos x - 2\int x\cos x\mathrm{d}x =$$

$$-6\cos x - 4x\sin x + x^2\cos x + C$$

【例 4 - 11】 求 $\displaystyle\int\frac{\arctan x}{(1+x)^3}\mathrm{d}x$.

【解】 $\displaystyle\int\frac{\arctan x}{(1+x)^3}\mathrm{d}x = -\frac{1}{2}\int\arctan x\,\mathrm{d}\frac{1}{(1+x)^2} =$

$$-\frac{\arctan x}{2(1+x)^2} + \frac{1}{2}\int \frac{\mathrm{d}x}{(1+x)^2(1+x^2)} =$$

$$-\frac{\arctan x}{2(1+x)^2} + \frac{1}{4}\int \Big[\frac{1}{(1+x)^2} + \frac{1}{1+x} - \frac{x}{1+x^2}\Big]\mathrm{d}x =$$

$$-\frac{\arctan x}{2(1+x)^2} - \frac{1}{4(1+x)} + \frac{1}{4}\ln\mid 1+x\mid -\frac{1}{8}\ln(1+x^2) + C$$

【例 4-12】 求 $\displaystyle\int \arcsin\sqrt{\frac{x}{1+x}}\,\mathrm{d}x$.

【解】 令 $u = \arcsin\sqrt{\dfrac{x}{1+x}}$,则 $\dfrac{x}{1+x} = \sin^2 u, \cos^2 u = \dfrac{1}{1+x}, x = \tan^2 u.$

所以

$$原式 = \int u\mathrm{d}\tan^2 u = u\tan^2 u - \int \tan^2 u\mathrm{d}u = u\tan^2 u - \int (\sec^2 u - 1)\mathrm{d}u =$$

$$u\tan^2 u - \tan u + u + C = (1+x)\arcsin\sqrt{\frac{x}{1+x}} - \sqrt{x} + C$$

【例 4-13】 设 $f(\sin^2 x) = \dfrac{x}{\sin x}$,求 $\displaystyle\int \frac{\sqrt{x}}{\sqrt{1-x}}f(x)\mathrm{d}x$.

【解】 令 $u = \sin^2 x$,则 $\sin x = \sqrt{u}, x = \arcsin\sqrt{u}, f(x) = \dfrac{\arcsin\sqrt{x}}{\sqrt{x}}$,于是

$$原式 = \int \frac{\arcsin\sqrt{x}}{\sqrt{1-x}}\mathrm{d}x = -\int \frac{\arcsin\sqrt{x}}{\sqrt{1-x}}\mathrm{d}(1-x) =$$

$$-2\int \arcsin\sqrt{x}\,\mathrm{d}\sqrt{1-x} =$$

$$-2\sqrt{1-x}\arcsin\sqrt{x} + 2\int \sqrt{1-x}\,\frac{\mathrm{d}\sqrt{x}}{\sqrt{1-x}} =$$

$$-2\sqrt{1-x}\arcsin\sqrt{x} + 2\sqrt{x} + C$$

【例 4-14】 计算 $\displaystyle\int \frac{\arctan e^x}{e^{2x}}\mathrm{d}x$.

【解】 原式 $= -\dfrac{1}{2}\displaystyle\int \arctan e^x\,\mathrm{d}e^{-2x} = -\dfrac{1}{2}\Big[e^{-2x}\arctan e^x - \displaystyle\int \frac{\mathrm{d}e^x}{e^x(1+e^{2x})}\Big] =$

$$-\frac{1}{2}\Big[e^{-2x}\arctan e^x - \int (\frac{1}{e^{2x}} - \frac{1}{1+e^{2x}})\mathrm{d}e^x\Big] =$$

$$-\frac{1}{2}(e^{-2x}\arctan e^x + e^{-x} + \arctan e^x) + C$$

【例 4 - 15】　求 $\int \dfrac{\mathrm{d}x}{x\sqrt{x^2-1}}$.

【解法 1】　凑微分法.

$$\text{原式} = \int \frac{\mathrm{d}x}{x^2\sqrt{1-(\frac{1}{x})^2}} = -\int \frac{\mathrm{d}\frac{1}{x}}{\sqrt{1-(\frac{1}{x})^2}} = -\arcsin\frac{1}{x} + C$$

【解法 2】　倒代换. 令 $x = \dfrac{1}{t}$，则

$$\text{原式} = -\int \frac{\mathrm{d}t}{\sqrt{1-t^2}} = -\arcsin t + C = -\arcsin\frac{1}{x} + C$$

【解法 3】　三角代换. 令 $x = \sec t$，则 $\mathrm{d}x = \sec t \cdot \tan t\,\mathrm{d}t$，于是

$$\text{原式} = \int \mathrm{d}t = t + C = \arccos\frac{1}{x} + C$$

【解法 4】　根式代换. 令 $t = \sqrt{x^2-1}$，则 $x^2 = 1+t^2, 2x\mathrm{d}x = 2t\mathrm{d}t$，于是

$$\text{原式} = \int \frac{x\mathrm{d}x}{x^2\sqrt{x^2-1}} = \int \frac{t\mathrm{d}t}{(1+t^2)t} =$$

$$\arctan t + C = \arctan\sqrt{x^2-1} + C$$

注　(1) 该例说明有些不定积分的计算是非常灵活的，方法也是多种多样的.

(2) 四种方法所得答案形式上不同，但实质是一致的，至多差一常数.

【例 4 - 16】　计算 $\int \dfrac{x\mathrm{e}^{\arctan x}}{(1+x^2)^{3/2}}\mathrm{d}x$.

解　设 $x = \tan u$，则 $u = \arctan x, \mathrm{d}x = \sec^2 u\,\mathrm{d}u$，于是

$$\text{原式} = \int \frac{\mathrm{e}^u \tan u}{(1+\tan^2 u)^{3/2}} \cdot \sec^2 u\,\mathrm{d}u = \int \mathrm{e}^u \sin u\,\mathrm{d}u$$

而　$$\int \mathrm{e}^u \sin u\,\mathrm{d}u = \int \sin u\,\mathrm{d}\mathrm{e}^u = \mathrm{e}^u \sin u - \int \mathrm{e}^u \cos u\,\mathrm{d}u =$$

$$\mathrm{e}^u \sin u - \int \cos u\,\mathrm{d}\mathrm{e}^u = \mathrm{e}^u \sin u - \mathrm{e}^u \cos u - \int \mathrm{e}^u \sin u\,\mathrm{d}u$$

移项解之得　$$\int \mathrm{e}^u \sin u\,\mathrm{d}u = \frac{1}{2}\mathrm{e}^u(\sin u - \cos u) + C$$

因此　原式 $= \dfrac{1}{2}\mathrm{e}^{\arctan x}\left(\dfrac{x}{\sqrt{1+x^2}} - \dfrac{1}{\sqrt{1+x^2}}\right) + C = \dfrac{(x-1)\mathrm{e}^{\arctan x}}{2\sqrt{1+x^2}} + C$

【例 4 - 17】 求 $\int \dfrac{1}{\sin 2x + 2\sin x}\mathrm{d}x$.

【解法 1】 万能代换.

令 $u = \tan\dfrac{x}{2}$,则 $\sin x = \dfrac{2u}{1+u^2}$,$\cos x = \dfrac{1-u^2}{1+u^2}$,$\mathrm{d}x = \dfrac{2}{1+u^2}\mathrm{d}u$,

于是 原式 $= \int \dfrac{\mathrm{d}x}{2\sin x(\cos x+1)} = \dfrac{1}{4}\int\dfrac{1+u^2}{u}\mathrm{d}u = \dfrac{1}{4}\ln|u| + \dfrac{1}{8}u^2 + C =$

$\dfrac{1}{4}\ln|\tan\dfrac{x}{2}| + \dfrac{1}{8}\tan^2\dfrac{x}{2} + C$

【解法 2】 原式 $= \int\dfrac{\mathrm{d}x}{2\sin x(\cos x+1)} =$

$\int\dfrac{\sin x\mathrm{d}x}{2(1-\cos^2 x)(\cos x+1)} \xlongequal{u=\cos x}$

$-\dfrac{1}{2}\int\dfrac{\mathrm{d}u}{(1-u^2)(1+u)} =$

$-\dfrac{1}{8}\int(\dfrac{1}{1-u} + \dfrac{1}{1+u} + \dfrac{2}{(1+u)^2})\mathrm{d}u =$

$-\dfrac{1}{8}\left[\ln\left|\dfrac{1+u}{1-u}\right| - \dfrac{2}{1+u}\right] + C =$

$\dfrac{1}{8}\left[\ln\left|\dfrac{1-\cos x}{1+\cos x}\right| + \dfrac{2}{1+\cos x}\right] + C$

【例 4 - 18】 求 $\int\dfrac{x+5}{x^2-6x+13}\mathrm{d}x$.

【解】 原式 $= \dfrac{1}{2}\int\dfrac{2x-6+16}{x^2-6x+13}\mathrm{d}x =$

$\dfrac{1}{2}\int\dfrac{\mathrm{d}(x^2-6x+13)}{x^2-6x+13} + 8\int\dfrac{\mathrm{d}(x-3)}{(x-3)^2+2^2} =$

$\dfrac{1}{2}\ln|x^2-6x+13| + 4\arctan\dfrac{x-3}{2} + C$

【例 4 - 19】 求 $\int\dfrac{x^2}{\sqrt{1+x-x^2}}\mathrm{d}x$.

【解】 $\sqrt{1+x-x^2} = \sqrt{\dfrac{5}{4} - (x-\dfrac{1}{2})^2}$,令 $x - \dfrac{1}{2} = \dfrac{\sqrt{5}}{2}\sin t$,则 $\mathrm{d}x =$

$\dfrac{\sqrt{5}}{2}\cos t\mathrm{d}t$,于是

原式 $= \int (\frac{\sqrt{5}}{2} \sin t + \frac{1}{2})^2 \mathrm{d}t = \frac{1}{4} \int (5\sin^2 t + 2\sqrt{5}\sin t + 1) \mathrm{d}t =$

$$\frac{5}{8}t - \frac{5}{16}\sin 2t - \frac{\sqrt{5}}{2}\cos t + \frac{1}{4}t + C =$$

$$\frac{7}{8}\arcsin \frac{2x-1}{\sqrt{5}} - \frac{1}{4}(2x+3)\sqrt{1+x-x^2} + C$$

【例 4 - 20】 求 $\int \frac{x^3}{\sqrt{1+x^2}} \mathrm{d}x$.

【解法 1】 原式 $= \frac{1}{2} \int \frac{x^2}{\sqrt{1+x^2}} \mathrm{d}x^2 =$

$$\frac{1}{2} \int (\sqrt{1+x^2} - \frac{1}{\sqrt{1+x^2}}) \mathrm{d}(1+x^2) =$$

$$\frac{1}{3}(1+x^2)^{\frac{3}{2}} - (1+x^2)^{\frac{1}{2}} + C$$

【解法 2】 令 $t = \sqrt{1+x^2}$, 则 $x^2 = t^2 - 1$, 于是

原式 $= \frac{1}{2} \int \frac{x^2}{\sqrt{1+x^2}} \mathrm{d}x^2 = \frac{1}{2} \int \frac{t^2-1}{t} \mathrm{d}(t^2-1) =$

$$\int (t^2 - 1) \mathrm{d}t = \frac{1}{3}t^3 - t + C =$$

$$\frac{1}{3}(1+x^2)^{\frac{3}{2}} - \sqrt{1+x^2} + C$$

【解法 3】 令 $x = \tan u$, 则 $\mathrm{d}x = \sec^2 u \mathrm{d}u$. 于是

原式 $= \int \frac{\tan^3 u}{\sec u} \cdot \sec^2 u \mathrm{d}u = \int \tan^2 u \mathrm{d}\sec u =$

$$\int (\sec^2 u - 1) \mathrm{d}\sec u = \frac{1}{3}\sec^3 u - \sec u + C =$$

$$\frac{1}{3}(1+x^2)^{\frac{3}{2}} - \sqrt{1+x^2} + C$$

【例 4 - 21】 设 $F(x)$ 为 $f(x)$ 的原函数, 且当 $x \geqslant 0$ 时, $f(x)F(x) = \frac{x\mathrm{e}^x}{2(1+x)^2}$. 已知 $F(0) = 1, F(x) > 0$, 求 $f(x)$.

【解】 由 $F'(x) = f(x)$, 有

$$2F(x)F'(x) = \frac{x\mathrm{e}^x}{(1+x)^2}$$

于是 $\qquad\qquad 2\int F(x)F'(x) \mathrm{d}x = \int \frac{x\mathrm{e}^x}{(1+x)^2} \mathrm{d}x$

即
$$\int \mathrm{d}F^2(x) = \int \mathrm{d}\frac{\mathrm{e}^x}{1+x}$$

所以
$$F^2(x) = \frac{\mathrm{e}^x}{1+x} + C$$

由 $F(0) = 1$ 可得 $C = 0$. 又 $F(x) > 0$,从而 $F(x) = \sqrt{\dfrac{\mathrm{e}^x}{1+x}}$.

故
$$f(x) = \frac{x\mathrm{e}^x}{2(1+x)^2 F(x)} = \frac{x\mathrm{e}^{\frac{x}{2}}}{2(1+x)^{\frac{3}{2}}}$$

【例 4 - 22】 求 $\displaystyle\int \frac{\arcsin \mathrm{e}^x}{\mathrm{e}^x}\mathrm{d}x$.

【解】 先分部、再换元:$\displaystyle\int \frac{\arcsin \mathrm{e}^x}{\mathrm{e}^x}\mathrm{d}x = -\int \arcsin \mathrm{e}^x \, \mathrm{d}\mathrm{e}^{-x} =$

$$-\frac{\arcsin \mathrm{e}^x}{\mathrm{e}^x} + \int \frac{\mathrm{d}x}{\sqrt{1-\mathrm{e}^{2x}}}$$

在 $\displaystyle\int \frac{\mathrm{d}x}{\sqrt{1-\mathrm{e}^{2x}}}$ 中,令 $\sqrt{1-\mathrm{e}^{2x}} = u$,则 $\mathrm{d}x = \dfrac{-u\mathrm{d}u}{1-u^2}$.

$$\int \frac{\mathrm{d}x}{\sqrt{1-\mathrm{e}^{2x}}} = -\int \frac{\mathrm{d}u}{1-u^2} = -\frac{1}{2}\ln\left|\frac{1+u}{1-u}\right| + C =$$

$$-\frac{1}{2}\ln\frac{1+\sqrt{1-\mathrm{e}^{2x}}}{1-\sqrt{1-\mathrm{e}^{2x}}} + C$$

于是
$$\int \frac{\arcsin \mathrm{e}^x}{\mathrm{e}^x}\mathrm{d}x = -\frac{\arcsin \mathrm{e}^x}{\mathrm{e}^x} - \frac{1}{2}\ln\frac{1+\sqrt{1+\mathrm{e}^{2x}}}{1-\sqrt{1-\mathrm{e}^{2x}}} + C$$

本题也可先换元,再分部积分,请读者自己动手解答.

4.3 课后作业

1. 填空或选择填空

(1) 若 $f(x)$ 的导函数为 $\sin x$,则 $f(x)$ 的一个原函数为(   ).

(A) $1 + \sin x$ (B) $1 - \sin x$

(C) $1 + \cos x$ (D) $1 - \cos x$ (答案:(B))

(2) 设 $\displaystyle\int f(x)\mathrm{d}x = x^2 + C$,则 $\displaystyle\int xf(-x^2)\mathrm{d}x = ($ $)$.

(A) $\dfrac{1}{2}x^4 + C$ (B) $-\dfrac{1}{2}x^4 + C$

(C) $x^4 + C$ (D) $-x^4 + C$ (答案：(B))

(3) 若 $\int f(x)\mathrm{d}x = F(x) + C$，且 $x = t^2$，则 $\int f(t)\mathrm{d}t = ($ $)$.

(A) $F(t) + C$ (B) $F(t^2) + C$

(C) $F(x) + C$ (D) $2tF(t^2) + C$ (答案：(A))

(4) $\int \dfrac{1 + \cos^2 x}{1 + \cos 2x}\mathrm{d}x = $ _____.   (答案：$\dfrac{1}{2}(x + \tan x) + C$)

(5) $\int x^2 \sqrt[3]{1 + x^3}\,\mathrm{d}x = $ _____.   (答案：$\dfrac{1}{4}(1 + x^3)^{\frac{4}{3}} + C$)

(6) 设 $\int xf(x)\mathrm{d}x = \arcsin x + C$，则 $\int \dfrac{1}{f(x)}\mathrm{d}x = $ _____.

       (答案：$-\dfrac{1}{3}(1 - x^2)^{\frac{3}{2}} + C$)

2. 计算下列不定积分

(1) $\int \dfrac{x + 1}{x(1 + xe^x)}\mathrm{d}x$;   (答案：$\ln\left|\dfrac{xe^x}{1 + xe^x}\right| + C$)

(2) $\int \dfrac{\ln\tan x}{\sin 2x}\mathrm{d}x$;   (答案：$\dfrac{1}{4}(\ln\tan x)^2 + C$)

(3) $\int \dfrac{x + \ln(1 - x)}{x^2}\mathrm{d}x$;   (答案：$\ln(1 - x) - \dfrac{1}{x}\ln(1 - x) + C$)

(4) $\int e^{2x}(\tan x + 1)^2\mathrm{d}x$;   (答案：$e^{2x}\tan x + C$)

(5) $\int x(\arctan x)^2\mathrm{d}x$;

       (答案：$\dfrac{1}{2}(x^2 + 1)(\arctan x)^2 - x\arctan x + \dfrac{1}{2}\ln(1 + x^2) + C$)

(6) $\int \dfrac{\mathrm{d}x}{1 + \sin x}$;   (答案：$\tan x - \sec x + C$)

(7) $\int \dfrac{\ln x}{(1 - x)^2}\mathrm{d}x$;   (答案：$\dfrac{\ln x}{1 - x} - \ln x + \ln|1 - x| + C$)

(8) $\int \dfrac{1}{\sin^3 x\cos^3 x}\mathrm{d}x$;   (答案：$\dfrac{1}{2}(\sec^2 x - \csc^2 x + 2\ln|\tan x|) + C$)

(9) $\int \dfrac{x^2 + 1}{(x + 1)^2(x - 1)}\mathrm{d}x$;   (答案：$\dfrac{1}{2}(\ln|x^2 - 1| + \dfrac{1}{x + 1}) + C$)

(10) $\int \dfrac{\mathrm{d}x}{(2 - x)\sqrt{1 - x}}$.   (答案：$-2\arctan\sqrt{1 - x} + C$)

3. 当 $x > 0$ 时,有 $\displaystyle\int \frac{f(x)}{x}\mathrm{d}x = \ln(x + \sqrt{1+x^2}) + C$,求 $\displaystyle\int xf'(x)\mathrm{d}x$.

$$\left(\text{答案：} \frac{x^2}{\sqrt{1+x^2}} - \sqrt{1+x^2} + C\right)$$

4.4 检测真题

1. 填空或选择填空

(1) 已知 $f'(\ln x) = 1 + x$,则 $f(x) = $ _____. (答案：$x + \mathrm{e}^x + C$)

(2) 已知 $f(x)$ 的一个原函数为 $\dfrac{\ln x}{x}$,则 $\displaystyle\int xf'(x)\mathrm{d}x = $ _____.

$$\left(\text{答案：} \frac{1}{x}(1 - 2\ln x) + C\right)$$

(3) $\displaystyle\int \frac{\ln \sin x}{\sin^2 x}\mathrm{d}x = $ _____. (答案：$-\cot x \cdot \ln\sin x - \cot x - x + C$)

(4) $\displaystyle\int \frac{\mathrm{d}x}{\sqrt{x(4-x)}} = $ _____.

$$\left(\text{答案：} 2\arcsin\frac{\sqrt{x}}{2} + C \text{ 或 } \arcsin\frac{x-2}{2} + C\right)$$

(5) 设 $f(x) = \mathrm{e}^{-x}$,则 $\displaystyle\int \frac{f(\ln x)}{x}\mathrm{d}x = $ (   ).

(A) $\dfrac{1}{x} + C$　　　　　　　　(B) $\ln x + C$

(C) $-\dfrac{1}{x} + C$　　　　　　　 (D) $-\ln x + C$　　　　　(答案：(C))

(6) $\displaystyle\int f'(x^3)\mathrm{d}x = x^3 + C$,则 $f(x) = $ (   ).

(A) $\dfrac{6}{5}x^{\frac{5}{3}} + C$　　　　　　(B) $\dfrac{9}{5}x^{\frac{5}{3}} + C$

(C) $x^3 + C$　　　　　　　　(D) $x + C$　　　　　　(答案：(B))

2. 已知 $f'(\sin^2 x) = \cos^2 x + \tan^2 x, 0 < x < 1$,求 $f(x)$.

$$\left(\text{答案：} -\frac{1}{2}x^2 - \ln(1-x) + C\right)$$

3. 已知 $f(x)$ 的一个原函数为 $(1 + \sin x)\ln x$,求 $\displaystyle\int xf'(x)\mathrm{d}x$.

$$(\text{答案：} x\cos x\ln x + (1 - \ln x)(1 + \sin x) + C)$$

4. 计算下列不定积分

(1) $\displaystyle\int \frac{\arctan x}{x^2(1+x^2)}\mathrm{d}x$;

（答案：$-\dfrac{1}{x}\arctan x-\dfrac{1}{2}(\arctan x)^2+\ln x-\dfrac{1}{2}\ln(1+x^2)+C$）

(2) $\displaystyle\int \frac{x\mathrm{e}^x}{(\mathrm{e}^x-1)^3}\mathrm{d}x$;

（答案：$-\dfrac{x}{2(\mathrm{e}^x-1)^2}+\dfrac{1}{2}\left(x-\dfrac{1}{\mathrm{e}^x-1}-\ln|\mathrm{e}^x-1|\right)+C$）

(3) $\displaystyle\int \frac{\mathrm{d}x}{x\sqrt{x^2+x+1}}$;

（答案：$\ln\dfrac{\delta x}{2+x+2\sqrt{x^2+x+1}}+C,\ \begin{array}{l}x>0\text{时},\delta=1\\ x<0\text{时},\delta=-1\end{array}$）

(4) $\displaystyle\int \frac{1-\ln x}{(x-\ln x)^2}\mathrm{d}x$; 　　　　　　（答案：$\dfrac{x}{x-\ln x}+C$）

(5) $\displaystyle\int \frac{x}{\cos^2 x\tan^3 x}\mathrm{d}x$; 　　　（答案：$-\dfrac{x}{2\tan^2 x}-\dfrac{1}{2}\cot x-\dfrac{1}{2}x+C$）

(6) $\displaystyle\int \frac{\arctan x}{(1+x)^3}\mathrm{d}x$;

（答案：$-\dfrac{\arctan x}{2(1+x)^2}-\dfrac{1}{4(1+x)}+\dfrac{1}{4}\ln|1+x|-\dfrac{1}{8}\ln(1+x^2)+C$）

(7) $\displaystyle\int \left(x\cos x-\frac{\sin x}{\cos^2 x}\right)\mathrm{e}^{\sin x}\mathrm{d}x$; 　　（答案：$(x-\sec x)\mathrm{e}^{\sin x}+C$）

(8) $\displaystyle\int \frac{x+\sin x}{1+\cos x}\mathrm{d}x$; 　　　　　　（答案：$x\tan\dfrac{x}{2}+C$）

(9) $\displaystyle\int \sqrt{\mathrm{e}^x-1}\,\mathrm{d}x$; 　　（答案：$2\sqrt{\mathrm{e}^x-1}-2\arctan\sqrt{\mathrm{e}^x-1}+C$）

(10) $\displaystyle\int \frac{x\ln x}{(1+x^2)^2}\mathrm{d}x$. 　　（答案：$\dfrac{1}{4}\ln\dfrac{x^2}{x^2+1}-\dfrac{\ln x}{2(x^2+1)}+C$）

定积分

本讲涵盖了主讲教材第 5 章的内容.

5.1 本讲内容聚焦

一、内容要点精讲

(一)定积分概念

设 $f(x)$ 在 $[a,b]$ 上有界,若对任意划分 $a = x_0 < x_1 < \cdots < x_n = b$ 及任意的 $\xi_i \in [x_{i-1}, x_i](i = 1, 2, \cdots, n)$,极限 $\lim\limits_{\lambda \to 0} \sum\limits_{i=1}^{n} f(\xi_i)\Delta x_i$ 存在 $(\lambda = \max\limits_{i}\{\Delta x_i = x_i - x_{i-1}\})$,则称该极限为 $f(x)$ 在 $[a,b]$ 上的定积分,记作

$$\int_a^b f(x)\mathrm{d}x = \lim_{\lambda \to 0} \sum_{i=1}^{n} f(\xi_i)\Delta x_i$$

定积分 $\int_a^b f(x)\mathrm{d}x$ 的几何意义为:曲线 $y = f(x)$ 与直线 $x = a, x = b$ 及 $y = 0$ 所围曲边梯形面积的代数和(x 轴上方为正,下方为负).

若 $f(x)$ 在 $[a,b]$ 上连续或 $f(x)$ 在 $[a,b]$ 上有界且只有有限个间断点,则 $f(x)$ 在 $[a,b]$ 上可积.

(二)定积分的性质

1. $\int_a^b [f(x) \pm g(x)]\mathrm{d}x = \int_a^b f(x)\mathrm{d}x \pm \int_a^b g(x)\mathrm{d}x$.

2. $\int_a^b kf(x)\mathrm{d}x = k\int_a^b f(x)\mathrm{d}x$.   ($k$ 为常数)

3. $\int_a^b f(x)\mathrm{d}x = -\int_b^a f(x)\mathrm{d}x$.

4. $\int_a^b f(x)\mathrm{d}x = \int_a^c f(x)\mathrm{d}x + \int_c^b f(x)\mathrm{d}x$.

5. $\int_a^b dx = b - a$.

6. 若在 $[a,b]$ 上 $f(x) \geqslant 0$,则 $\int_a^b f(x)dx \geqslant 0(a < b)$.

7. 若在 $[a,b]$ 上 $f(x) \leqslant g(x)$,则 $\int_a^b f(x)dx \leqslant \int_a^b g(x)dx(a < b)$.

8. $\left| \int_a^b f(x)dx \right| \leqslant \int_a^b \left| f(x) \right| dx(a < b)$.

9. 若在 $[a,b]$ 上 $m \leqslant f(x) \leqslant M$,则

$$m(b-a) \leqslant \int_a^b f(x)dx \leqslant M(b-a) \qquad (a < b)$$

10. 定积分中值定理:若 $f(x)$ 在 $[a,b]$ 上连续,则在 $[a,b]$ 上至少存在一点 ξ,使

$$\int_a^b f(x)dx = f(\xi)(b-a) \qquad (a \leqslant \xi \leqslant b)$$

(三) 微积分基本公式

1. 变上限的定积分

若 $f(x)$ 在 $[a,b]$ 上连续,则函数 $\Phi(x) = \int_a^x f(t)dt$ 称为变上限的定积分,且

$$\Phi'(x) = \frac{d}{dx}\int_a^x f(t)dt = f(x), a \leqslant x \leqslant b.$$

一般地,若 $f(x)$ 连续,$\varphi(x), g(x)$ 在 $[a,b]$ 内可导,且 $F(x) = \int_{g(x)}^{\varphi(x)} f(t)dt$,

则 $F'(x) = f(\varphi(x))\varphi'(x) - f(g(x))g'(x)$.

2. 微积分基本公式(牛顿-莱布尼茨公式)

若 $f(x)$ 在 $[a,b]$ 上连续,$F(x)$ 为 $f(x)$ 的一个原函数,则

$$\int_a^b f(x)dx = F(x) \Big|_a^b = F(b) - F(a)$$

该公式揭示了定积分与不定积分之间的内在关系.

(四) 定积分的换元法

设 $f(x)$ 在 $[a,b]$ 上连续,若 $x = \varphi(t)$ 满足 ①$\varphi(\alpha) = a, \varphi(\beta) = b$;②$\varphi(t)$ 在 $[\alpha,\beta]$(或$[\beta,\alpha]$)上有连续导数,且其值域不越出 $[a,b]$,则

$$\int_a^b f(x)dx = \int_\alpha^\beta f[\varphi(t)]\varphi'(t)dt$$

(五) 定积分的分部积分法

$$\int_a^b u\,\mathrm{d}v = uv\Big|_a^b - \int_a^b v\,\mathrm{d}u$$

其中,$u(x),v(x)$ 在 $[a,b]$ 上连续可导.

(六) 几类特殊的积分公式

1.若 $f(x)$ 在 $[-a,a]$ 上为偶函数,则 $\int_{-a}^a f(x)\mathrm{d}x = 2\int_0^a f(x)\mathrm{d}x$.

2.若 $f(x)$ 在 $[-a,a]$ 上为奇函数,则 $\int_{-a}^a f(x)\mathrm{d}x = 0$.

3.若 $f(x)$ 是以 T 为周期的连续函数,则

$$\int_a^{a+T} f(x)\mathrm{d}x = \int_0^T f(x)\mathrm{d}x \quad (a \in \mathbf{R})$$

4.若 $f(x)$ 在 $[0,1]$ 上连续,则

$$\int_0^{\frac{\pi}{2}} f(\sin x)\mathrm{d}x = \int_0^{\frac{\pi}{2}} f(\cos x)\mathrm{d}x$$

$$\int_0^\pi x f(\sin x)\mathrm{d}x = \frac{\pi}{2}\int_0^\pi f(\sin x)\mathrm{d}x$$

$$\int_0^\pi f(\sin x)\mathrm{d}x = 2\int_0^{\frac{\pi}{2}} f(\sin x)\mathrm{d}x$$

5.$\int_0^{\frac{\pi}{2}} \sin^n x\,\mathrm{d}x = \int_0^{\frac{\pi}{2}} \cos^n x\,\mathrm{d}x = \begin{cases} \dfrac{n-1}{n}\cdot\dfrac{n-3}{n-2}\cdots\dfrac{3}{4}\cdot\dfrac{1}{2}\cdot\dfrac{\pi}{2} & (n\text{ 为偶数}) \\[2mm] \dfrac{n-1}{n}\cdot\dfrac{n-3}{n-2}\cdots\dfrac{4}{5}\cdot\dfrac{2}{3}\cdot 1 & (n\text{ 为奇数}) \end{cases}$

(七) 广义积分

1.无穷限的广义积分(无穷积分)

(1) $\displaystyle\int_a^{+\infty} f(x)\mathrm{d}x = \lim_{b\to+\infty}\int_a^b f(x)\mathrm{d}x$.

(2) $\displaystyle\int_{-\infty}^b f(x)\mathrm{d}x = \lim_{a\to-\infty}\int_a^b f(x)\mathrm{d}x$.

(3) $\displaystyle\int_{-\infty}^{+\infty} f(x)\mathrm{d}x = \lim_{a\to-\infty}\int_a^c f(x)\mathrm{d}x + \lim_{b\to+\infty}\int_c^b f(x)\mathrm{d}x, a < c < b$,特别可取 $c = 0$.

若上述各式右端的极限存在,则对应的广义积分收敛,否则该广义积分发散.

2.无界函数的广义积分

(1) $\displaystyle\int_a^b f(x)\mathrm{d}x = \lim_{\varepsilon\to 0^+}\int_{a+\varepsilon}^b f(x)\mathrm{d}x$　（当 $x\to a^+$ 时，$f(x)\to\infty$）．

(2) $\displaystyle\int_a^b f(x)\mathrm{d}x = \lim_{\varepsilon\to 0^+}\int_a^{b-\varepsilon} f(x)\mathrm{d}x$　（当 $x\to b^-$ 时，$f(x)\to\infty$）．

(3) $\displaystyle\int_a^b f(x)\mathrm{d}x = \lim_{\varepsilon_1\to 0^+}\int_a^{c-\varepsilon_1} f(x)\mathrm{d}x + \lim_{\varepsilon_2\to 0^+}\int_{c+\varepsilon_2}^b f(x)\mathrm{d}x$，（当 $x\to c$ 时，$f(x)\to\infty$）．

若上述各式右端的极限存在，则对应的广义积分收敛，否则该广义积分发散．

二、知识脉络图解

$$
定积分
\begin{cases}
基本概念 \\
几何意义 \\
基本公式
\begin{cases}
变上限函数及其导数 \\
牛顿-莱布尼茨公式
\end{cases} \\
计算
\begin{cases}
利用基本积分公式 \\
换元法 \\
分部积分法 \\
利用特殊积分公式
\end{cases} \\
广义积分
\begin{cases}
无穷限的广义积分
\begin{cases}
概念 \\
计算
\end{cases} \\
无界函数的广义积分
\begin{cases}
概念 \\
计算
\end{cases}
\end{cases}
\end{cases}
$$

三、重点、难点点击

本讲的重点内容：定积分概念，变上限积分及其导数公式，牛顿-莱布尼茨公式，定积分的换元积分法和分部积分法，广义积分概念及计算．

本讲常见题型，一是计算题，即计算定积分和广义积分；二是关于变上限积分的题目，如求导、求极限等；三是关于积分中值定理的证明题等．

5.2　典型例题精选

【例 5-1】　求 $\lim\limits_{n\to\infty}\left[\dfrac{\sin\frac{\pi}{n}}{n+1}+\dfrac{\sin\frac{2\pi}{n}}{n+\frac{1}{2}}+\cdots+\dfrac{\sin\pi}{n+\frac{1}{n}}\right]$.

【解】　因为

$$\dfrac{\sin\frac{i\pi}{n}}{n+1}<\dfrac{\sin\frac{i\pi}{n}}{n+\frac{1}{i}}<\dfrac{\sin\frac{i\pi}{n}}{n}$$

所以

$$\dfrac{1}{n+1}\sum_{i=1}^{n}\sin\dfrac{i\pi}{n}<\sum_{i=1}^{n}\dfrac{\sin\frac{i\pi}{n}}{n+\frac{1}{i}}<\dfrac{1}{n}\sum_{i=1}^{n}\sin\dfrac{i\pi}{n}$$

而

$$\lim_{n\to\infty}\dfrac{1}{n}\sum_{i=1}^{n}\sin\dfrac{i\pi}{n}=\int_0^1\sin\pi x\,\mathrm{d}x=\dfrac{2}{\pi}$$

$$\lim_{n\to\infty}\dfrac{1}{n+1}\sum_{i=1}^{n}\sin\dfrac{i\pi}{n}=\lim_{n\to\infty}\dfrac{n}{n+1}\cdot\dfrac{1}{n}\sum_{i=1}^{n}\sin\dfrac{i\pi}{n}=\dfrac{2}{\pi}$$

于是由夹逼定理知 $\lim\limits_{n\to\infty}\sum\limits_{i=1}^{n}\dfrac{\sin\frac{i\pi}{n}}{n+\frac{1}{i}}=\dfrac{2}{\pi}$.

【例 5-2】　函数 $\varphi(x)=\displaystyle\int_0^{x^2}\dfrac{t-1}{t^2-2t+2}\mathrm{d}t$ 在 $[0,2]$ 上的最小值为(　　).

(A) 0 　　　　　　　　　　(B) $-\dfrac{1}{2}\ln2$

(C) $-\ln2$ 　　　　　　　　(D) $\ln2$

【解】　应选(B).因为

$$\varphi'(x)=\dfrac{2x(x^2-1)}{x^4-2x^2+2}=\dfrac{2x(x^2-1)}{(x^2-1)^2+1}$$

得 $[0,2]$ 内的驻点 $x=0,1$.而当 $x\in(0,1)$ 时,$\varphi'(x)<0$,当 $x\in(1,2)$ 时,$\varphi'(x)>0$,所以 $x=1$ 为极小值点,也即最小值点.故最小值为

$$\varphi(1)=\int_0^1\dfrac{t-1}{t^2-2t+2}\mathrm{d}t=\dfrac{1}{2}\int_0^1\dfrac{\mathrm{d}(t-1)^2}{(t-1)^2+1}=$$

$$\dfrac{1}{2}\ln[(t-1)^2+1]\Big|_0^1=-\dfrac{1}{2}\ln2$$

【例 5-3】 设 $I_1 = \int_0^{\frac{\pi}{4}} \frac{\tan x}{x} \mathrm{d}x$, $I_2 = \int_0^{\frac{\pi}{4}} \frac{x}{\tan x} \mathrm{d}x$, 则( ).

(A)$I_1 > I_2 > 1$　　(B)$1 > I_1 > I_2$

(C)$I_2 > I_1 > 1$　　(D)$1 > I_2 > I_1$

【解】 应选(B). 因为在 $(0, \frac{\pi}{4})$ 内 $\tan x > x$, 所以 $\frac{\tan x}{x} > \frac{x}{\tan x}$, 从而 $I_1 > I_2$.

而　　$I_1 = \int_0^{\frac{\pi}{4}} \frac{\tan x}{x} \mathrm{d}x = \int_0^{\frac{\pi}{4}} \frac{\sin x}{x \cos x} \mathrm{d}x < \int_0^{\frac{\pi}{4}} \frac{1}{\cos x} \mathrm{d}x =$

$$\ln \left| \sec x + \tan x \right| \Big|_0^{\frac{\pi}{4}} = \ln(\sqrt{2} + 1) < 1$$

故有　　　　　　　　　　$1 > I_1 > I_2$

【例 5-4】 设 $f(x)$ 连续, 则 $\frac{\mathrm{d}}{\mathrm{d}x} \int_0^x tf(x^2 - t^2) \mathrm{d}t = ($).

(A) $xf(x^2)$　　　　　　　　(B) $-xf(x^2)$

(C) $2xf(x^2)$　　　　　　　(D) $-2xf(x^2)$

【解】 应选(A). 因为若令 $u = x^2 - t^2$, 则

$$\frac{\mathrm{d}}{\mathrm{d}x} \int_0^x tf(x^2 - t^2) \mathrm{d}t = \frac{\mathrm{d}}{\mathrm{d}x} \int_{x^2}^0 \left(-\frac{1}{2}f(u)\right) \mathrm{d}u = \frac{1}{2} \frac{\mathrm{d}}{\mathrm{d}x} \int_0^{x^2} f(u) \mathrm{d}u =$$

$$\frac{1}{2} f(x^2) \cdot 2x = xf(x^2)$$

【例 5-5】 设在区间 $[a,b]$ 上 $f(x) > 0, f'(x) < 0, f''(x) > 0$. 令 $s_1 = \int_a^b f(x) \mathrm{d}x$, $s_2 = f(b)(b-a)$, $s_3 = \frac{1}{2}[f(a) + f(b)](b-a)$, 则( ).

(A)$s_1 < s_2 < s_3$　　　　　(B)$s_2 < s_1 < s_3$

(C)$s_3 < s_1 < s_2$　　　　　(D)$s_2 < s_3 < s_1$

【解】 应选(B). 因为由 $f(x) > 0, f'(x) < 0, f''(x) > 0$ 知曲线 $y = f(x)$ 在 x 轴上方、单调下降且为凹的, s_1, s_2, s_3 分别为如图 5-1 中所示曲边梯形面积、矩形面积、梯形面积. 故

$$s_2 < s_1 < s_3$$

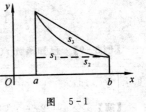

图　5-1

【例 5-6】 设 $f(x)$ 是连续函数, $F(x)$ 是 $f(x)$ 的原函数, 则( ).

(A) 当 $f(x)$ 是奇函数时, $F(x)$ 必为偶函数

(B) 当 $f(x)$ 是偶函数时, $F(x)$ 必为奇函数

(C) 当 $f(x)$ 为周期函数时,$F(x)$ 必为周期函数

(D) 当 $f(x)$ 为单调增函数时,$F(x)$ 必为单调增函数

【解】 应选(A).

根据题意 $F(x) = \displaystyle\int_0^x f(t)\mathrm{d}t + C$. 当 $f(x)$ 为奇函数时,有 $f(-x) = -f(x)$,所以

$$F(-x) = \int_0^{-x} f(t)\mathrm{d}t + C \xrightarrow{t=-u} -\int_0^x f(-u)\mathrm{d}u + C =$$

$$\int_0^x f(u)\mathrm{d}u + C = F(x)$$

即 $F(x)$ 为偶函数.

【例 5 - 7】 计算 $\displaystyle\int_0^\pi \sqrt{1-\sin x}\,\mathrm{d}x$.

【解】

原式 $= \displaystyle\int_0^\pi \sqrt{\left(\sin\frac{x}{2}-\cos\frac{x}{2}\right)^2}\,\mathrm{d}x = \int_0^\pi \left|\sin\frac{x}{2}-\cos\frac{x}{2}\right|\,\mathrm{d}x =$

$\displaystyle\int_0^{\frac{\pi}{2}}\left(\cos\frac{x}{2}-\sin\frac{x}{2}\right)\mathrm{d}x + \int_{\frac{\pi}{2}}^\pi\left(\sin\frac{x}{2}-\cos\frac{x}{2}\right)\mathrm{d}x =$

$2\left[\sin\dfrac{x}{2}+\cos\dfrac{x}{2}\right]_0^{\frac{\pi}{2}} - 2\left[\cos\dfrac{x}{2}+\sin\dfrac{x}{2}\right]_{\frac{\pi}{2}}^\pi = 4(\sqrt{2}-1)$

【例 5 - 8】 计算 $\displaystyle\int_{-\frac{\pi}{2}}^{\frac{\pi}{2}}(x^3+\sin^2 x)\cos^2 x\,\mathrm{d}x$.

【解】 原式 $= \displaystyle\int_{-\frac{\pi}{2}}^{\frac{\pi}{2}}x^3\cos^2 x\,\mathrm{d}x + \int_{-\frac{\pi}{2}}^{\frac{\pi}{2}}\sin^2 x\cos^2 x\,\mathrm{d}x \xrightarrow{\text{由奇偶性}}$

$2\displaystyle\int_0^{\frac{\pi}{2}}\sin^2 x\cos^2 x\,\mathrm{d}x = \frac{1}{2}\int_0^{\frac{\pi}{2}}\sin^2 2x\,\mathrm{d}x =$

$\dfrac{1}{4}\displaystyle\int_0^{\frac{\pi}{2}}(1-\cos 4x)\,\mathrm{d}x = \frac{1}{4}\left[x-\frac{1}{4}\sin 4x\right]_0^{\frac{\pi}{2}} = \frac{\pi}{8}$

【例 5 - 9】 已知函数 $f(x)$ 连续,且 $\displaystyle\int_0^x tf(2x-t)\mathrm{d}t = \frac{1}{2}\arctan x^2, f(1) = 1$,求 $\displaystyle\int_1^2 f(x)\mathrm{d}x$.

【解】 令 $u = 2x-t$,则 $t = 2x-u, \mathrm{d}t = -\mathrm{d}u$,

$\displaystyle\int_0^x tf(2x-t)\mathrm{d}t = -\int_{2x}^x (2x-u)f(u)\mathrm{d}u = 2x\int_x^{2x} f(u)\mathrm{d}u - \int_x^{2x} uf(u)\mathrm{d}u$

即
$$2x\int_x^{2x} f(u)\mathrm{d}u - \int_x^{2x} uf(u)\mathrm{d}u = \frac{1}{2}\arctan x^2$$

两边对 x 求导,得

$$2\int_x^{2x} f(u)\mathrm{d}u + 2x[2f(2x) - f(x)] - [4xf(2x) - xf(x)] = \frac{x}{1+x^4}$$

整理后有
$$\int_x^{2x} f(u)\mathrm{d}u = \frac{1}{2}\Big[\frac{x}{1+x^4} + xf(x)\Big]$$

令 $x = 1$,即得 $\int_1^2 f(x)\mathrm{d}x = \int_1^2 f(u)\mathrm{d}u = \frac{1}{2}\big[\frac{1}{2} + f(1)\big] = \frac{3}{4}$.

【例 5 - 10】 设 $f(x)$ 在 $[0,1]$ 上有连续导数,且 $0 < f'(x) \leqslant 1, f(0) = 0$. 证明 $[\int_0^1 f(x)\mathrm{d}x]^2 \geqslant \int_0^1 [f(x)]^3 \mathrm{d}x$.

【证】 设
$$F(x) = \Big[\int_0^x f(t)\mathrm{d}t\Big]^2 - \int_0^x [f(t)]^3 \mathrm{d}t$$

则
$$F'(x) = 2f(x)\int_0^x f(t)\mathrm{d}t - [f(x)]^3 = f(x)\Big\{2\int_0^x f(t)\mathrm{d}t - [f(x)]^2\Big\}$$

再设
$$G(x) = 2\int_0^x f(t)\mathrm{d}t - [f(x)]^2$$

有
$$G'(x) = 2f(x) - 2f(x)f'(x) = 2f(x)[1 - f'(x)]$$

因为
$$0 < f'(x) \leqslant 1, \quad f(0) = 0$$

所以 $f(x)$ 单调增,即 $f(x) \geqslant f(0) = 0$.

又 $1 - f'(x) \geqslant 0$,可得 $G'(x) \geqslant 0$,即 $G(x)$ 单调不减,从而对于 $x \in [0,1]$ 有
$$G(x) \geqslant G(0) = 0$$

于是推出 $F'(x) \geqslant 0$,即 $F(x)$ 单调不减,从而有
$$F(1) \geqslant F(0) = 0$$

即
$$\Big[\int_0^1 f(t)\mathrm{d}t\Big]^2 - \int_0^1 [f(t)]^3 \mathrm{d}t \geqslant 0$$

也就是
$$\Big[\int_0^1 f(x)\mathrm{d}x\Big]^2 \geqslant \int_0^1 [f(x)]^3 \mathrm{d}x$$

【例 5 - 11】 计算 $I = \int_1^{+\infty} \frac{\mathrm{d}x}{\mathrm{e}^{1+x} + \mathrm{e}^{3-x}}$.

【解】 $I = \int_1^{+\infty} \frac{\mathrm{e}^{x-3}}{\mathrm{e}^{2(x-1)} + 1}\mathrm{d}x = \mathrm{e}^{-2}\int_1^{+\infty} \frac{\mathrm{d}\mathrm{e}^{x-1}}{1 + \mathrm{e}^{2(x-1)}} =$

$\mathrm{e}^{-2}\arctan\mathrm{e}^{x-1}\Big|_1^{+\infty} = \mathrm{e}^{-2}\Big(\frac{\pi}{2} - \frac{\pi}{4}\Big) = \frac{\pi}{4}\mathrm{e}^{-2}$.

【例 5 - 12】 设函数 $f(x)$ 在 $[0, +\infty)$ 上可导,$f(0) = 0$,且其反函数为

$g(x)$，若$\int_0^{f(x)} g(t)\mathrm{d}t = x^2 \mathrm{e}^x$，求 $f(x)$.

【解】 在已知方程两边对 x 求导,得

$$g[f(x)]f'(x) = 2x\mathrm{e}^x + x^2\mathrm{e}^x$$

而 $$g[f(x)] = x$$

所以 $$xf'(x) = 2x\mathrm{e}^x + x^2\mathrm{e}^x$$

当 $x \neq 0$ 时,$f'(x) = 2\mathrm{e}^x + x\mathrm{e}^x$,又 $f(x)$ 在$[0, +\infty)$ 上连续,且 $f(0) = 0$,所以

$$f(x) = \int_0^x (2\mathrm{e}^t + t\mathrm{e}^t)\mathrm{d}t + f(0) = (t+1)\mathrm{e}^t \Big|_0^x = (x+1)\mathrm{e}^x - 1$$

【例 5 - 13】 已知 $f(x) = \begin{cases} 2x, & 0 < x < 1 \\ 0, & 其他 \end{cases}$, $g(x) = \begin{cases} \mathrm{e}^{-x}, & x > 0 \\ 0, & x \leqslant 0 \end{cases}$

求函数 $h(t) = \int_{-\infty}^{+\infty} f(x)g(t-x)\mathrm{d}x$.

【解】 $h(t) = \int_{-\infty}^0 f(x)g(t-x)\mathrm{d}x + \int_0^1 f(x)g(t-x)\mathrm{d}x +$

$$\int_1^{+\infty} f(x)g(t-x)\mathrm{d}x = \int_0^1 f(x)g(t-x)\mathrm{d}x$$

当 $t \leqslant 0$ 时,由 $x \in [0,1]$ 知 $g(t-x) = 0$,所以 $h(t) = 0$;

当 $0 < t \leqslant 1$ 时,$h(t) = 2\int_0^1 xg(t-x)\mathrm{d}x =$

$$2\Big[\int_0^t xg(t-x)\mathrm{d}x + \int_t^1 xg(t-x)\mathrm{d}x\Big] =$$

$$2\int_0^t xg(t-x)\mathrm{d}x = 2\int_0^t x\mathrm{e}^{-(t-x)}\mathrm{d}x = 2(\mathrm{e}^{-t} + t - 1)$$

当 $t > 1$ 时,$h(t) = 2\int_0^1 xg(t-x)\mathrm{d}x = 2\int_0^1 x\mathrm{e}^{-(t-x)}\mathrm{d}x = 2\mathrm{e}^{-t}$.

综上 $$h(t) = \begin{cases} 0, & t \leqslant 0 \\ 2(\mathrm{e}^{-t} + t - 1), & 0 < t \leqslant 1 \\ 2\mathrm{e}^{-t}, & t > 1 \end{cases}$$

【例 5 - 14】 已知 $f(\pi) = -3$,且 $\int_0^\pi [f(x) + f''(x)]\sin x\mathrm{d}x = 5$,求 $f(0)$.

【解】 $\int_0^\pi [f(x) + f''(x)]\sin x\mathrm{d}x = \int_0^\pi f(x)\sin x\mathrm{d}x + \int_0^\pi f''(x)\sin x\mathrm{d}x =$

$$\int_0^\pi f(x)\sin x\mathrm{d}x + f'(x)\sin x \Big|_0^\pi - \int_0^\pi f'(x)\cos x\mathrm{d}x =$$

$$\int_0^\pi f(x)\sin x\,\mathrm{d}x - f(x)\cos x\Big|_0^\pi - \int_0^\pi f(x)\sin x\,\mathrm{d}x =$$

$$f(\pi) + f(0) \xrightarrow{\text{由已知}} 5$$

所以
$$f(0) = 5 - f(\pi) = 8$$

【例 5-15】 设 $f(x)$ 在区间 $[0,1]$ 上连续,在 $(0,1)$ 内可导,且满足 $f(1) =$ $3\int_0^{\frac{1}{3}} \mathrm{e}^{1-x^2} f(x)\mathrm{d}x$. 证明存在 $\xi \in (0,1)$,使得 $f'(\xi) = 2\xi f(\xi)$.

【证】 设 $F(x) = \mathrm{e}^{1-x^2} f(x)$,显见 $F(x)$ 在 $[0,1]$ 上连续,于是由积分中值定理知,存在 $\xi_1 \in [0,\frac{1}{3}]$,使

$$f(1) = 3(\frac{1}{3} - 0)F(\xi_1) = \mathrm{e}^{1-\xi_1^2} f(\xi_1)$$

而 $F(1) = f(1) = \mathrm{e}^{1-\xi_1^2} f(\xi_1) = F(\xi_1)$,且 $F(x)$ 在 $[\xi_1,1]$ 上连续,在 $(\xi_1,1)$ 内可导,故由罗尔定理知,存在 $\xi \in (\xi_1,1) \subset (0,1)$,使得

$$F'(\xi) = \mathrm{e}^{1-\xi^2}[f'(\xi) - 2\xi f(\xi)] = 0$$

故有
$$f'(\xi) = 2\xi f(\xi),\ \xi \in (\xi_1,1) \subset (0,1)$$

【例 5-16】 计算下列定积分

(1) $\int_0^{\frac{\pi}{2}} \dfrac{\mathrm{d}x}{2+\sin x}$;

(2) $\int_0^{\frac{1}{2}} \ln(\dfrac{1}{1-x^2})\mathrm{d}x$;

(3) $\int_1^{16} \arctan\sqrt{\sqrt{x}-1}\,\mathrm{d}x$;

(4) $\int_{-1}^1 (|x|+x)\mathrm{e}^{-|x|}\mathrm{d}x$.

【解】 (1) 原式 $\xrightarrow{u=\tan\frac{x}{2}} \int_0^1 \dfrac{1}{2+\dfrac{2u}{1+u^2}} \cdot \dfrac{2}{1+u^2}\,du =$

$$\int_0^1 \dfrac{\mathrm{d}u}{(u+\frac{1}{2})^2 + \frac{3}{4}} = \dfrac{2}{\sqrt{3}}\int_0^1 \dfrac{\mathrm{d}\frac{2u+1}{\sqrt{3}}}{(\frac{2u+1}{\sqrt{3}})^2 + 1} =$$

$$\dfrac{2}{\sqrt{3}}\arctan\dfrac{2u+1}{\sqrt{3}}\Big|_0^1 = \dfrac{\pi}{3\sqrt{3}}$$

(2) 原式 $= -\int_0^{\frac{1}{2}} \ln(1-x^2)\mathrm{d}x = -\int_0^{\frac{1}{2}} \ln(1-x)\mathrm{d}x - \int_0^{\frac{1}{2}} \ln(1+x)\mathrm{d}x =$

$$-x\ln(1-x)\Big|_0^{\frac{1}{2}} - \int_0^{\frac{1}{2}} \frac{x}{1-x}dx - x\ln(1+x)\Big|_0^{\frac{1}{2}} + \int_0^{\frac{1}{2}} \frac{x}{1+x}dx$$

$$=$$

$$-\frac{1}{2}\ln\frac{1}{2} - \frac{1}{2}\ln\frac{3}{2} + \Big[x + \ln(1-x)\Big]_0^{\frac{1}{2}} +$$

$$\Big[x - \ln(1+x)\Big]_0^{\frac{1}{2}} = 1 + \ln2 - \frac{1}{2}\ln3$$

(3) 原式 $\xrightarrow{u=\sqrt{\sqrt{x}-1}} \int_0^{\sqrt{3}} \arctan u \, d(1+u^2)^2 =$

$$(1+u^2)^2\arctan u\Big|_0^{\sqrt{3}} - \int_0^{\sqrt{3}} (1+u^2)du =$$

$$\frac{16\pi}{3} - \Big[u + \frac{1}{3}u^3\Big]_0^{\sqrt{3}} = \frac{16}{3}\pi - 2\sqrt{3}$$

(4) 原式 $= \int_{-1}^1 |x| e^{-|x|}dx + \int_{-1}^1 x e^{-|x|}dx =$

$$2\int_0^1 x e^{-x}dx = -2\int_0^1 x de^{-x} = -2x e^{-x}\Big|_0^1 + 2\int_0^1 e^{-x}dx =$$

$$-2e^{-1} - 2e^{-x}\Big|_0^1 = 2(1-2e^{-1})$$

【例 5-17】 设 $f'(e^x) = xe^x$，且 $f(1) = 0$，求 $\int_1^2 [2f(x) + \frac{1}{2}(x^2-1)]dx$.

【解】 $f'(e^x) = xe^x = e^x\ln e^x$，所以 $f'(x) = x\ln x$.

于是 $f(x) = \int_1^x f'(t)dt = \int_1^x t\ln t \, dt = \frac{1}{2}\int_1^x \ln t \, dt^2 =$

$$\frac{1}{2}t^2\ln t\Big|_1^x - \frac{1}{2}\int_1^x t \, dt = \frac{1}{2}x^2\ln x - \frac{1}{4}x^2 + \frac{1}{4}$$

从而 $\int_1^2 [2f(x) + \frac{1}{2}(x^2-1)]dx = \int_1^2 x^2\ln x \, dx = \frac{1}{3}\int_1^2 \ln x \, dx^3 =$

$$\frac{1}{3}x^3\ln x\Big|_1^2 - \frac{1}{3}\int_1^2 x^2 \, dx =$$

$$\frac{8}{3}\ln2 - \frac{1}{9}x^3\Big|_1^2 = \frac{8}{3}\ln2 - \frac{7}{9}$$

【例 5-18】 已知 $\lim_{x\to\infty}(\frac{x-a}{x+a})^x = \int_a^{+\infty} 4x^2 e^{-2x}dx$，求常数 a 的值.

【解】 $\lim_{x\to\infty}(\frac{x-a}{x+a})^x = \lim_{x\to\infty}(1 - \frac{2a}{x+a})^x = e^{-2a}$

$$\int_a^{+\infty} 4x^2 e^{-2x} dx = -2\int_a^{+\infty} x^2 de^{-2x} = -2x^2 e^{-2x}\Big|_a^{+\infty} + 4\int_a^{+\infty} x e^{-2x} dx =$$

$$2a^2 e^{-2a} - 2\int_a^{+\infty} x de^{-2x} =$$

$$2a^2 e^{-2a} - 2x e^{-2x}\Big|_a^{+\infty} + 2\int_a^{+\infty} e^{-2x} dx =$$

$$2a^2 e^{-2a} + 2a e^{-2a} - e^{-2x}\Big|_a^{+\infty} = (2a^2 + 2a + 1)e^{-2a}$$

所以有 $(2a^2 + 2a + 1)e^{-2a} = e^{-2a}$，即 $2a^2 + 2a = 0$. 解得 $a = 0$ 或 $a = -1$.

【例 5 - 19】 设 $f(x)$ 在区间 $[-a,a](a > 0)$ 上具有二阶连续导数，$f(0) = 0$.

(1) 写出 $f(x)$ 的带拉格朗日余项的一阶麦克劳林公式；

(2) 证明在 $[-a,a]$ 上至少存在一点 η，使 $a^3 f''(\eta) = 3\int_{-a}^a f(x)dx$.

【解】 (1) 对任意的 $x \in [-a,a]$，有

$$f(x) = f(0) + f'(0)x + \frac{f''(\xi)}{2!}x^2 = f'(0)x + \frac{f''(\xi)}{2!}x^2$$

其中 ξ 在 0 与 x 之间.

【证】 (2) 由(1)知

$$\int_{-a}^a f(x)dx = \int_{-a}^a f'(0)x dx + \int_{-a}^a \frac{f''(\xi)}{2!}x^2 dx = \frac{1}{2}\int_{-a}^a x^2 f''(\xi)dx$$

因为 $f''(x)$ 在 $[-a,a]$ 上连续，故对任意的 $x \in [-a,a]$，有 $m \leqslant f''(x) \leqslant M$ （m,M 分别为 $f''(x)$ 在 $[-a,a]$ 上的最小、最大值）.

所以 $\quad m\int_0^a x^2 dx \leqslant \int_{-a}^a f(x)dx = \frac{1}{2}\int_{-a}^a x^2 f''(\xi)dx \leqslant M\int_0^a x^2 dx$

即 $\quad m \leqslant \frac{3}{a^3}\int_{-a}^a f(x)dx \leqslant M$

因而由 $f''(x)$ 的连续性知，至少存在一点 $\eta \in [-a,a]$，使

$$f''(\eta) = \frac{3}{a^3}\int_{-a}^a f(x)dx$$

即 $\quad a^3 f''(\eta) = 3\int_{-a}^a f(x)dx$

【例 5 - 20】 求极限 $\displaystyle\lim_{x\to 0} \frac{\int_0^x \left[\int_0^{u^2} \arctan(1+t)dt\right]du}{x(1-\cos x)}$.

解 $\quad \displaystyle\lim_{x\to 0} \frac{\int_0^x \left[\int_0^{u^2} \arctan(1+t)dt\right]du}{x(1-\cos x)} \xlongequal{\frac{0}{0}}$

$$\lim_{x\to 0}\frac{\displaystyle\int_0^{x^2}\arctan(1+t)\,dt}{1-\cos x+x\sin x}\xlongequal{\frac{0}{0}}\lim_{x\to 0}\frac{2x\arctan(1+x^2)}{\sin x+\sin x+x\cos x}=$$

$$2\lim_{x\to 0}\arctan(1+x^2)\cdot\lim_{x\to 0}\frac{1}{\dfrac{2\sin x}{x}+\cos x}=2\cdot\frac{\pi}{4}\cdot\frac{1}{3}=\frac{\pi}{6}$$

注 此题也可先进行等价无穷小代换 $1-\cos x\sim\dfrac{x^2}{2}$ 后,再利用洛必达法则求其极限.

【例 5-21】 把 $x\to 0^+$ 时的无穷小量 $\alpha=\displaystyle\int_0^x\cos t^2\,dt,\beta=\int_0^{x^2}\tan\sqrt t\,dt,\gamma=\int_0^{\sqrt x}\sin t^3\,dt$ 排列起来,使排在后面的是前一个的高阶无穷小,则正确的排列次序是( ).

(A) α,β,γ \qquad (B)α,γ,β \qquad (C)β,α,γ \qquad (D)β,γ,α

【解】 因为 $\displaystyle\lim_{x\to 0^+}\frac{\gamma}{\alpha}=\lim_{x\to 0^+}\frac{\displaystyle\int_0^{\sqrt x}\sin t^3\,dt}{\displaystyle\int_0^x\cos t^2\,dt}=\lim_{x\to 0^+}\frac{\sin x^{\frac{3}{2}}\cdot\dfrac{1}{2\sqrt x}}{\cos x^2}=$

$$\lim_{x\to 0^+}\frac{\sin x^{\frac{3}{2}}}{2\sqrt x}=\lim_{x\to 0^+}\frac{x^{\frac{3}{2}}}{2\sqrt x}=\lim_{x\to 0^+}\frac{x}{2}=0$$

所以 γ 是 α 的高阶无穷小.

又 $\displaystyle\lim_{x\to 0^+}\frac{\beta}{\gamma}=\lim_{x\to 0^+}\frac{\displaystyle\int_0^{x^2}\tan\sqrt t\,dt}{\displaystyle\int_0^{\sqrt x}\sin t^3\,dt}=\lim_{x\to 0^+}\frac{\tan x\cdot 2x}{\sin x^{\frac{3}{2}}\cdot\dfrac{1}{2\sqrt x}}=$

$$\lim_{x\to 0^+}\frac{4x^2\sqrt x}{x^{\frac{3}{2}}}=\lim_{x\to 0^+}4x=0$$

所以 β 是 γ 的高阶无穷小,从而排列次序为 α,γ,β,应选(B).

【例 5-22】 连续函数 $y=f(x)$ 在区间 $[-3,-2],[2,3]$ 上的图形分别是直径为 1 的上、下半圆周,在区间 $[-2,0],[0,2]$ 上的图形分别是直径为 2 的下、上半圆周,设 $F(x)=\displaystyle\int_0^x f(t)\,dt$,则下列结论正确的是( ).

(A) $F(3)=-\dfrac{3}{4}F(-2)$ \qquad (B) $F(3)=\dfrac{5}{4}F(2)$

(C) $F(-3)=\dfrac{3}{4}F(2)$ \qquad (D) $F(-3)=-\dfrac{5}{4}F(-2)$

【解】 利用定积分的几何意义：

$$F(3) = \frac{1}{2}\pi - \frac{1}{2}\pi(\frac{1}{2})^2 = \frac{3}{8}\pi$$

$$F(2) = \frac{1}{2}\pi$$

$$F(-2) = \int_0^{-2} f(t)dt = -\int_{-2}^0 f(t)dt = \int_0^2 f(t)dt = F(2) = \frac{1}{2}\pi$$

$$F(-3) = \int_0^{-3} f(t)dt = -\int_{-3}^0 f(t)dt = \int_0^3 f(t)dt = F(3) = \frac{3}{8}\pi$$

所以 $F(-3) = F(3) = \frac{3}{4}F(2) = \frac{3}{4}F(-2)$，故选(C).

5.3　课后作业

1.填空或选择填空

(1) 设 $f(x) = \begin{cases} \frac{1}{2}(x^2+1), & 0 \leqslant x < 1 \\ \frac{1}{3}(x-1), & 1 \leqslant x \leqslant 2 \end{cases}$，则 $g(x) = \int_0^x f(u)du$ 在区间 $(0,2)$ 内(　　).

(A) 无界　　　　　　　　(B) 递减

(C) 不连续　　　　　　　(D) 连续　　　　　　　(答案:(D))

(2) 设 $f(x)$ 在 $[1,2]$ 上连续,且 $\int_1^2 xf(x)dx = 0$,则必有(　　).

(A) 在 $[1,2]$ 上 $f(x) \equiv 0$

(B) 在 $[1,2]$ 的某个小区间上 $f(x) \equiv 0$

(C) 在 $[1,2]$ 内至少有一点 ξ,使 $f(\xi) = 0$

(D) 不可能有 $\xi \in [1,2]$ 使 $f(\xi) = 0$　　　　(答案:(C))

(3) 若连续函数 $f(x)$ 满足 $f(x) = \int_0^{2x} f(\frac{t}{2})dt + \ln 2$,则 $f(x) = ($　　$)$.

(A) $e^x \ln 2$　　　　　　(B) $e^{2x} \ln 2$

(C) $e^x + \ln 2$　　　　　(D) $e^{2x} + \ln 2$　　　　(答案:(B))

(4) 设 $\alpha(x) = \int_0^{5x} \frac{\sin t}{t}dt, \beta(x) = \int_0^{\sin x}(1+t)^{\frac{1}{t}}dt$,则当 $x \to 0$ 时,$\alpha(x)$ 是 $\beta(x)$ 的(　　).

(A) 高阶无穷小　　　　　(B) 低阶无穷小

(C) 同阶但不等价无穷小　(D) 等价无穷小　　　　　　　(答案:(C))

(5) 设 $f(x)$ 在闭区间 $[a,b]$ 上连续,且 $f(x) > 0$,则方程 $\int_a^x f(t)\mathrm{d}t +$

$\int_b^x \dfrac{1}{f(t)}\mathrm{d}t = 0$ 在开区间 (a,b) 内的根有(　　).

(A) 0 个　　　　　　　　(B) 1 个

(C) 2 个　　　　　　　　(D) 无穷多个　　　　　　　　(答案:(B))

(6) 设函数 $f(x)$ 连续,且 $F(x) = \int_x^{e^{-x}} f(t)\mathrm{d}t$,则 $F'(x) = ($　　$)$.

(A) $-e^{-x}f(e^{-x}) - f(x)$　　(B) $-e^{-x}f(e^{-x}) + f(x)$

(C) $e^{-x}f(e^{-x}) - f(x)$　　(D) $e^{-x}f(e^{-x}) + f(x)$　　(答案:(A))

(7) 设函数 $f(x)$ 连续,且 $\int_0^{x^3-1} f(t)\mathrm{d}t = x$,则 $f(7) = $ _____.

(答案:$\dfrac{1}{12}$)

(8) $\dfrac{\mathrm{d}}{\mathrm{d}x}\int_{x^2}^0 x\cos t^2\,\mathrm{d}t = $ _____.　(答案:$\int_{x^2}^0 \cos t^2\,\mathrm{d}t - 2x^2\cos x^4$)

(9) 已知曲线 $y = f(x)$ 过点 $(0, -\dfrac{1}{2})$,且其上任一点 (x,y) 处的切线斜率

为 $x\ln(1+x^2)$,则 $f(x) = $ _____.　(答案:$\dfrac{1}{2}(1+x^2)[\ln(1+x^2) - 1]$)

2. 设 $f(x) = \dfrac{1}{1+x^2} + \sqrt{1-x^2}\int_0^1 f(x)\mathrm{d}x$,求 $\int_0^1 f(x)\mathrm{d}x$.　(答案:$\dfrac{\pi}{4-\pi}$)

3. 计算下列定积分

(1) $\int_{\frac{\pi}{4}}^{\frac{\pi}{3}} \dfrac{x}{\sin^2 x}\mathrm{d}x$;　　　　　　(答案:$(\dfrac{1}{4} - \dfrac{1}{3\sqrt{3}})\pi + \dfrac{1}{2}\ln\dfrac{3}{2}$)

(2) $\int_{-\frac{\pi}{2}}^{\frac{\pi}{2}} (\cos^4 x + \sin^3 x)\mathrm{d}x$;　　(答案:$\dfrac{3}{8}\pi$)

(3) $\int_{-1}^1 x^2\sqrt{1-x^2}\mathrm{d}x$;　　　　(答案:$\dfrac{\pi}{8}$)

(4) $\int_0^\pi |\cos x|\sqrt{\sin^2 x + 1}\mathrm{d}x$;　　(答案:$\ln(1+\sqrt{2}) + \sqrt{2}$)

(5) $\int_0^3 \dfrac{x}{(1+x)^3}\mathrm{d}x$.　　　　　(答案:$\dfrac{9}{32}$)

4. 计算下列广义积分

(1) $\displaystyle\int_1^{+\infty}\frac{\arctan x}{x^2}\mathrm{d}x$；　　　　　　　　　　（答案：$\dfrac{\pi}{4}+\dfrac{1}{2}\ln 2$）

(2) $\displaystyle\int_1^{+\infty}\frac{\mathrm{d}x}{x(x^2+1)}$；　　　　　　　　　　（答案：$\dfrac{1}{2}\ln 2$）

(3) $\displaystyle\int_3^{+\infty}\frac{\mathrm{d}x}{(x-1)^4\sqrt{x^2-2x}}$；　　　　　　（答案：$\dfrac{2}{3}-\dfrac{3\sqrt{3}}{8}$）

(4) $\displaystyle\int_1^{+\infty}\frac{\mathrm{d}x}{x\sqrt{x-1}}$．　　　　　　　　　　（答案：$\pi$）

5. 已知 $f(x)=\begin{cases}\dfrac{1}{1+x}, & x\geqslant 0\\[2mm]\dfrac{1}{1+\mathrm{e}^x}, & x<0\end{cases}$，求 $\displaystyle\int_0^2 f(x-1)\mathrm{d}x$. 　（答案：$\ln(1+\mathrm{e})$）

6. 确定常数 a,b,c 的值，使 $\displaystyle\lim_{x\to 0}\frac{ax-\sin x}{\displaystyle\int_b^x\frac{\ln(1+t^3)}{t}\mathrm{d}t}=c$，$c\neq 0$.

　　　　　　　　　　　　　　（答案：$a=1,b=0,c=\dfrac{1}{2}$）

7. 设 $f'(x)$ 在 $[0,a]$ 上连续，且 $f(0)=0$，证明：

$$\left|\int_0^a f(x)\mathrm{d}x\right|\leqslant\frac{Ma^2}{2}$$

其中　$M=\max\limits_{0\leqslant x\leqslant a}|f'(x)|$.

8. 设 $f(x)$ 在 $[0,1]$ 上连续，在 $(0,1)$ 内可导，且满足

$$f(1)=k\int_0^{\frac{1}{k}}x\mathrm{e}^{1-x}f(x)\mathrm{d}x,\quad k>1$$

证明至少存在一点 $\xi\in(0,1)$，使 $f'(\xi)=(1-\xi^{-1})f(\xi)$.

5.4　检测真题

1. 填空或选择填空

(1) 设 $F(x)=\displaystyle\int_x^{x+2\pi}\mathrm{e}^{\sin t}\sin t\mathrm{d}t$，则 $F(x)$（　　　）.

(A) 为正常数　　　　　　　(B) 为负常数

(C) 恒为零　　　　　　　　(D) 不为常数　　　　　（答案：(A)）

(2) 设　$M=\displaystyle\int_{-\frac{\pi}{2}}^{\frac{\pi}{2}}\frac{\sin x}{1+x^2}\cos^4 x\mathrm{d}x$；　$N=\displaystyle\int_{-\frac{\pi}{2}}^{\frac{\pi}{2}}(\sin^3 x+\cos^4 x)\mathrm{d}x$，

$P = \int_{-\frac{\pi}{2}}^{\frac{\pi}{2}} (x^2\sin^3 x - \cos^4 x)\mathrm{d}x$，则有（　　）.

(A) $N < P < M$ 　　　　　　(B) $M < P < N$

(C) $N < M < P$ 　　　　　　(D) $P < M < N$ 　　　　（答案：(D)）

(3) 设 $f(x)$ 为连续函数，且 $F(x) = \int_{\frac{1}{x}}^{\ln x} f(t)\mathrm{d}t$，则 $F'(x)$ 等于（　　）.

(A) $\dfrac{1}{x}f(\ln x) + \dfrac{1}{x^2}f\left(\dfrac{1}{x}\right)$ 　(B) $f(\ln x) + f\left(\dfrac{1}{x}\right)$

(C) $\dfrac{1}{x}f(\ln x) - \dfrac{1}{x^2}f\left(\dfrac{1}{x}\right)$ 　(D) $f(\ln x) - f\left(\dfrac{1}{x}\right)$ 　　（答案：(A)）

(4) 设 $f(x)$ 为连续函数，且 $F(x) = \dfrac{x^2}{x-a}\int_a^x f(t)\mathrm{d}t$，则 $\lim\limits_{x\to a} F(x)$ 等于（　　）.

(A) a 　　　　　　　　　(B) $a^2 f(a)$

(C) 0 　　　　　　　　　(D) 不存在 　　　　（答案：(B)）

(5) 设 $f(x)$ 有连续的导数，$f(0) = 0, f'(0) \neq 0, F(x) = \int_0^x (x^2 - t^2)f(t)\mathrm{d}t$，且当 $x\to 0$ 时，$F'(x)$ 与 x^k 是同阶无穷小，则 $k = $（　　）.

(A) 1 　　　　　　　　　(B) 2

(C) 3 　　　　　　　　　(D) 4 　　　　　　（答案：(C)）

(6) 设函数 $f(x)$ 连续，则下列函数中，必为偶函数的是（　　）.

(A) $\int_0^x f(t^2)\mathrm{d}t$ 　　　　(B) $\int_0^x f^2(t)\mathrm{d}t$

(C) $\int_0^x t[f(t) - f(-t)]\mathrm{d}t$ 　(D) $\int_0^x [tf(t) + f(-t)]\mathrm{d}t$ 　（答案：(D)）

(7) 设 $f(x)$ 有一个原函数 $\dfrac{\sin x}{x}$，则 $\int_{\frac{\pi}{2}}^{\pi} xf'(x)\mathrm{d}x = $ _____.

（答案：$\dfrac{4}{\pi} - 1$）

(8) $\dfrac{\mathrm{d}}{\mathrm{d}x}\int_0^x \sin(x-t)^2\mathrm{d}t = $ _____. 　（答案：$\sin x^2$）

(9) $\int_1^{+\infty} \dfrac{\mathrm{d}x}{\mathrm{e}^x + \mathrm{e}^{2-x}} = $ _____. 　（答案：$\dfrac{\pi}{4\mathrm{e}}$）

(10) 设 $f(x) = x + 2\int_0^1 f(t)\mathrm{d}t$，则 $f(x) = $ _____. 　（答案：$x-1$）

2.计算下列定积分

(1) $\displaystyle\int_1^4 \dfrac{\mathrm{d}x}{x(1+\sqrt{x})}$; 　　　　　　　　　　　　　（答案：$2\ln\dfrac{4}{3}$）

(2) $\displaystyle\int_{-2}^2 (\,|\,x\,|+x^3\,)\mathrm{e}^{-|x|}\,\mathrm{d}x$; 　　　　　　　　　　　（答案：$2-\dfrac{6}{\mathrm{e}^2}$）

(3) $\displaystyle\int_0^1 \dfrac{\ln(1+x)}{(2-x)^2}\mathrm{d}x$; 　　　　　　　　　　　　（答案：$\dfrac{1}{3}\ln2$）

(4) $\displaystyle\int_0^{\frac{\pi}{4}} \dfrac{x}{1+\cos2x}\mathrm{d}x$. 　　　　　　　　　　　（答案：$\dfrac{\pi}{8}-\dfrac{1}{4}\ln2$）

3. 计算下列广义积分

(1) $\displaystyle\int_0^{+\infty} \dfrac{x\mathrm{e}^{-x}}{(1+\mathrm{e}^{-x})^2}\mathrm{d}x$; 　　　　　　　　　　　（答案：$\ln2$）

(2) $\displaystyle\int_{\frac{1}{2}}^{\frac{3}{2}} \dfrac{\mathrm{d}x}{x\,\sqrt{\,|\,x-x^2\,|}}$. 　　　　　　　　（答案：$\dfrac{\pi}{2}+\ln(2+\sqrt{3})$）

4. 设 $f(x)$ 在 $(0,+\infty)$ 内连续，$f(1)=\dfrac{5}{2}$，且对所有 $x,t\in(0,+\infty)$，满足 $\displaystyle\int_1^{xt} f(u)\mathrm{d}u=t\int_1^x f(u)\mathrm{d}u+x\int_1^t f(u)\mathrm{d}u$，求 $f(x)$.　　（答案：$\dfrac{5}{2}(\ln x+1)$）

5. 已知 $f(x)$ 连续，$\displaystyle\int_0^x tf(x-t)\mathrm{d}t=1-\cos x$，求 $\displaystyle\int_0^{\frac{\pi}{2}} f(x)\mathrm{d}x$.　（答案：1）

6. 设 $f(x)=\begin{cases}1+x^2, & x\leqslant 0\\ \mathrm{e}^{-x}, & x>0\end{cases}$，求 $\displaystyle\int_1^3 f(x-2)\mathrm{d}x$.　（答案：$\dfrac{7}{3}-\mathrm{e}^{-1}$）

7. 设 $f(x)=\displaystyle\int_1^x \dfrac{\ln t}{1+t}\mathrm{d}t$，其中 $x>0$，求 $f(x)+f\left(\dfrac{1}{x}\right)$.

（答案：$\dfrac{1}{x}\ln^2 x$）

8. 设 $f(x)$ 在区间 $[0,1]$ 上可微，且满足 $f(1)=2\displaystyle\int_0^{\frac{1}{2}} xf(x)\mathrm{d}x$. 试证：存在 $\xi\in(0,1)$，使 $f(\xi)+\xi f'(\xi)=0$.

第6讲
定积分的应用

本讲涵盖了主讲教材第 6 章的内容.

6.1 本讲内容聚焦

 一、内容要点精讲

(一) 定积分的元素法

元素法的主要步骤是:① 选取适当的积分变量(比如 x),并确定其变化区间 $[a,b]$;② 在 $[a,b]$ 的任意一个小区间 $[x,x+\mathrm{d}x]$ 上求出待求量 A 的元素 $\mathrm{d}A = f(x)\mathrm{d}x$;③ 在 $[a,b]$ 上作定积分即得所求量 $A = \int_a^b f(x)\mathrm{d}x$.

(二) 定积分在几何上的应用

1. 平面图形的面积

(1) 直角坐标情形:由平面曲线 $y = f(x), y = g(x)(f(x) \geqslant g(x))$ 及直线 $x = a, x = b\,(a < b)$ 所围图形的面积为

$$A = \int_a^b [f(x) - g(x)]\mathrm{d}x$$

(2) 极坐标情形:由曲线 $r = r(\theta)$ 及射线 $\theta = \alpha, \theta = \beta(\alpha < \beta)$ 所围成的曲边扇形的面积为

$$A = \frac{1}{2}\int_\alpha^\beta r^2(\theta)\mathrm{d}\theta$$

2. 平面曲线的弧长

(1) 直角坐标情形:设曲线 $y = f(x), x \in [a,b]$,则其弧长

$$s = \int_a^b \sqrt{1 + [f'(x)]^2}\,\mathrm{d}x$$

（2）参数方程情形：设曲线 $\begin{cases} x = x(t) \\ y = y(t) \end{cases}$, $\alpha \leqslant t \leqslant \beta$, 则其弧长

$$s = \int_{\alpha}^{\beta} \sqrt{[x'(t)]^2 + [y'(t)]^2} \, \mathrm{d}t$$

（3）极坐标情形：设曲线 $r = r(\theta)$, $\alpha \leqslant \theta \leqslant \beta$, 则其弧长

$$s = \int_{\alpha}^{\beta} \sqrt{[r(\theta)]^2 + [r'(\theta)]^2} \, \mathrm{d}\theta$$

3. 立体的体积

（1）旋转体的体积：

$1°$ 由曲线 $y = f(x)$, 直线 $x = a$, $x = b(a < b)$ 及 x 轴所围曲边梯形绕 x 轴旋转一周而成的立体体积为

$$V = \pi \int_{a}^{b} f^2(x) \, \mathrm{d}x$$

$2°$ 由曲线 $x = \varphi(y)$, 直线 $y = c$, $y = d(c < d)$ 及 y 轴所围曲边梯形绕 y 轴旋转一周而成的立体体积为

$$V = \pi \int_{c}^{d} \varphi^2(y) \, \mathrm{d}y$$

（2）平行截面面积已知的立体的体积：设立体位于平面 $x = a$ 与 $x = b(a < b)$ 之间, 且垂直于 x 轴的平面截立体所得截面面积为 $A(x)(a \leqslant x \leqslant b)$, 则该立体体积为

$$V = \int_{a}^{b} A(x) \, \mathrm{d}x$$

4. 旋转曲面的面积

设定义在 $[a,b]$ 上的光滑曲线为 $y = f(x)(f(x) \geqslant 0)$, 则该曲线绕 x 轴旋转一周所得旋转面的面积为

$$\sigma = \int_{a}^{b} 2\pi f(x) \, \mathrm{d}s = 2\pi \int_{a}^{b} f(x) \sqrt{1 + [f'(x)]^2} \, \mathrm{d}x$$

（三）定积分在物理中的应用

1. 变力沿直线所做的功

变力 $F(x)$（方向平行 x 轴）将物体沿 x 轴从 $x = a$ 移动到 $x = b$ 所做的功为

$$W = \int_{a}^{b} F(x) \, \mathrm{d}x$$

2. 液体压力

设由曲线 $y = f(x)$, $y = g(x)(f(x) \geqslant g(x))$ 及直线 $x = a$, $x = b(a < b , x$

轴铅直向下）所围平板铅垂没入液体中,液面与 y 轴齐,则平板一侧所受压力为

$$P = \gamma \int_a^b x[f(x) - g(x)]\mathrm{d}x$$

其中 γ 为该液体的密度.

3. 引力

可用引力公式或微元法求出引力.

4. 直线段构件的质量

若闭区间 $[a,b]$ 上线段 l 的线密度为 $\rho(x)$,则 l 的质量为

$$M = \int_a^b \rho(x)\mathrm{d}x$$

定积分在物理上还有许多应用,如变速直线运动的路程、物体的重心等等.

(四)平均值

1. 连续函数 $f(x)$ 在 $[a,b]$ 上的平均值 $\bar{y} = \dfrac{1}{b-a}\int_a^b f(x)\mathrm{d}x$.

2. 连续函数 $f(x)$ 在 $[a,b]$ 上的均方根 $\sqrt{\dfrac{1}{b-a}\int_a^b f^2(x)\mathrm{d}x}$.

 二、知识脉络图解

定积分的元素法. 微元 $\mathrm{d}A = f(x)\mathrm{d}x$

定积分的应用
- 几何应用
  - 平面图形的面积
    - 直角坐标
    - 极坐标
    - 参数方程
  - 平面曲线的弧长
    - 直角坐标
    - 参数方程
    - 极坐标
  - 立体体积
    - 旋转体体积
    - 平行截面面积已知的立体体积
  - 旋转曲面的面积
- 物理应用
  - 变力做功
  - 液体压力
  - 引力、质量等
- 平均值
  - 函数的平均值
  - 均方根

三、重点、难点点击

本讲的重点内容是定积分应用. 定积分的应用,指的是用定积分来表达和计算一些几何量和物理量(平面图形的面积、平面曲线的弧长、旋转体的体积和侧面积、平行截面为已知的立体体积,变力做功、引力、压力和函数的平均值等). 讲义上已提供了计算这些量的现成公式. 用这些公式时,一定要清楚各公式的条件,掌握导出这些公式所采用的元素法.

本讲常见题型是用定积分求平面图形的面积,旋转体的体积等.

6.2　典型例题精选

【例 6-1】　求由曲线 $y = \dfrac{1}{x}$,直线 $y = 4x$,$x = 2$ 所围成的平面图形的面积,以及此图形绕 x 轴旋转而得旋转体的体积.

【解】　所求面积如图 6-1 所示. 于是

$$S = \int_{\frac{1}{2}}^{2} (4x - \frac{1}{x}) \mathrm{d}x = \left[2x^2 - \ln x \right]_{\frac{1}{2}}^{2} = \frac{15}{2} - 2\ln 2$$

而旋转体体积

$$V = \pi \int_{\frac{1}{2}}^{2} (4x)^2 \mathrm{d}x - \pi \int_{\frac{1}{2}}^{2} (\frac{1}{x})^2 \mathrm{d}x = \frac{16}{3}\pi x^3 \Big|_{\frac{1}{2}}^{2} + \frac{\pi}{x} \Big|_{\frac{1}{2}}^{2} = \frac{81}{2}\pi$$

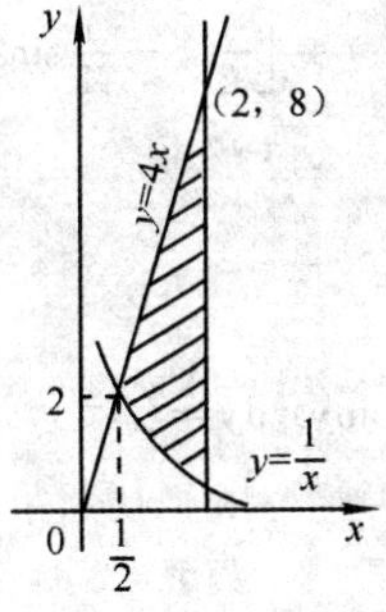

图　6-1

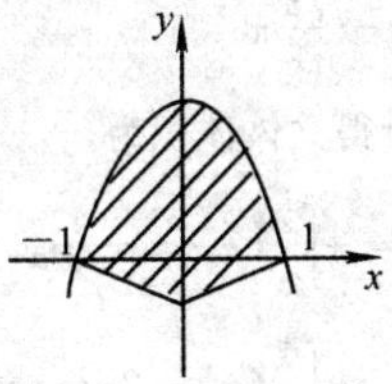

图　6-2

【例 6-2】　常数 $a(a > 0)$ 取何值时,由曲线 $y = a(1 - x^2)$ 和该曲线上两

点 $(-1,0),(1,0)$ 处的法线所围成的图形的面积最小?

【解】 由曲线 $y=a(1-x^2)$ 的对称性知所求图形以 y 轴对称(见图6-2).

$$y'=-2ax,\quad y'|_{x=1}=-2a$$

所以曲线上点 $(1,0)$ 处的法线为

$$y=\frac{1}{2a}(x-1)$$

于是所求图形的面积为

$$S=2\int_0^1\left[a(1-x^2)-\frac{1}{2a}(x-1)\right]\mathrm{d}x=\frac{4}{3}a+\frac{1}{2a}$$

令 $S'=\dfrac{4}{3}-\dfrac{1}{2a^2}=0$,并注意到 $a>0$,得解 $a=\dfrac{\sqrt{6}}{4}$.而由题意知最小面积存在.

故当 $a=\dfrac{\sqrt{6}}{4}$ 时,该图形的面积最小.

【例6-3】 求由曲线 $y=\sin x(0\leqslant x\leqslant \pi)$,

直线 $y=\dfrac{1}{2}$ 及 x 轴所围平面图形分别绕 x 轴和

y 轴旋转所得的旋转体的体积.

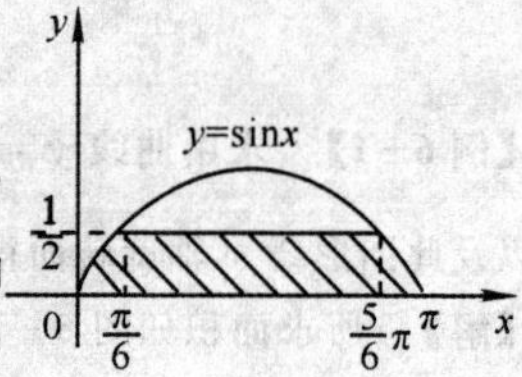

图 6-3

【解】 由已知曲(直)线围成的平面图形如

图6-3所示.于是绕 x 轴旋转所得立体体积为

$$V_x=\pi\int_0^{\frac{\pi}{6}}\sin^2 x\,\mathrm{d}x+\pi\int_{\frac{\pi}{6}}^{\frac{5}{6}\pi}\left(\frac{1}{2}\right)^2\mathrm{d}x+\int_{\frac{5}{6}\pi}^{\pi}\sin^2 x\,\mathrm{d}x=$$

$$\pi\left\{\left[\frac{1}{2}x-\frac{1}{4}\sin 2x\right]_0^{\frac{\pi}{6}}+\frac{1}{4}\left(\frac{5\pi}{6}-\frac{\pi}{6}\right)+\left[\frac{1}{2}x-\frac{1}{4}\sin 2x\right]_{\frac{5\pi}{6}}^{\pi}\right\}=$$

$$\frac{\pi^2}{3}-\frac{\sqrt{3}}{4}\pi$$

绕 y 轴旋转所得立体体积为

$$V_y=\pi\int_0^{\frac{1}{2}}(\pi-\arcsin y)^2\mathrm{d}y-\pi\int_0^{\frac{1}{2}}(\arcsin y)^2\mathrm{d}y=$$

$$\pi\int_0^{\frac{1}{2}}(\pi^2-2\pi\arcsin y)\mathrm{d}y=$$

$$\frac{1}{2}\pi^3-2\pi^2\left(y\arcsin y\Big|_0^{\frac{1}{2}}-\int_0^{\frac{1}{2}}\frac{y}{\sqrt{1-y^2}}\mathrm{d}y\right)=$$

$$\frac{1}{2}\pi^3-\frac{\pi^3}{6}-2\pi^2(1-y^2)^{\frac{1}{2}}\Big|_0^{\frac{1}{2}}=\frac{1}{3}\pi^3+(2-\sqrt{3})\pi^2$$

【例 6 - 4】 过坐标原点作曲线 $y = \ln x$ 的切线,该切线与曲线 $y = \ln x$ 及 x 轴围成平面图形 D.

(1) 求 D 的面积 A;

(2) 求 D 绕直线 $x = e$ 旋转一周所得旋转体的体积 V.

解 (1)设切点的横坐标为 x_0,则曲线 $y = \ln x$ 在点 $(x_0, \ln x_0)$ 处的切线方程为

$$y = \ln x_0 + \frac{1}{x_0}(x - x_0)$$

由于该切线过原点,得 $\ln x_0 - 1 = 0$,即 $x_0 = e$,从而切线方程为

$$y = \frac{1}{e}x$$

所以平面图形 D(图 6 - 4 中阴影部分)的面积

$$A = \int_0^1 (e^y - ey)\mathrm{d}y = \frac{1}{2}e - 1$$

(2) 切线 $y = \frac{1}{e}x$ 与 x 轴及直线 $x = e$ 围成的三角形绕直线 $x = e$ 旋转所得圆锥体的体积为

$$V_1 = \frac{1}{3}\pi e^2$$

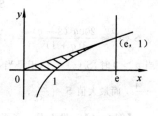

图 6 - 4

曲线 $y = \ln x$ 与 x 轴及直线 $x = e$ 围成的图形绕直线 $x = e$ 旋转所得旋转体体积为

$$V_2 = \int_0^1 \pi(e - e^y)^2 \mathrm{d}y = \pi\left(-\frac{1}{2}e^2 + 2e - \frac{1}{2}\right)$$

于是所求旋转体的体积为

$$V = V_1 - V_2 = \frac{\pi}{6}(5e^2 - 12e + 3)$$

【例 6 - 5】 已知抛物线 $y = px^2 + qx$(其中 $p < 0, q > 0$)在第一象限内与直线 $x + y = 5$ 相切,且此抛物线与 x 轴所围成的平面图形的面积为 S. 问 p 和 q 为何值时 S 达到最大值?并求出此最大值.

【解】 依题意抛物线如图 6 - 5 所示,求得它与

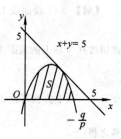

图 6 - 5

x 轴交点的横坐标为 $x_1 = 0, x_2 = -\dfrac{q}{p}$.

面积 $S = \displaystyle\int_0^{-\frac{q}{p}} (px^2 + qx)\mathrm{d}x = \left[\dfrac{1}{3}px^3 + \dfrac{1}{2}qx^2\right]_0^{-\frac{q}{p}} = \dfrac{q^3}{6p^2}$

因直线 $x + y = 5$ 与 $y = px^2 + qx$ 相切,故它们有唯一公共点.由方程组

$$\begin{cases} x + y = 5 \\ y = px^2 + qx \end{cases}$$

得 $px^2 + (q+1)x - 5 = 0$,其判别式必等于零,即

$$\Delta = (q+1)^2 + 20p = 0, \quad p = -\dfrac{1}{20}(q+1)^2$$

代入 S 的表达式,得

$$S(q) = \dfrac{200q^3}{3(q+1)^4}$$

令 $S'(q) = \dfrac{200q^2(3-q)}{3(q+1)^5} = 0$,得驻点 $q = 3$.因为当 $0 < q < 3$ 时,$S'(q) > 0$,当 $q > 3$ 时,$S'(q) < 0$,于是当 $q = 3$ 时,$S(q)$ 取极大值,也即最大值.此时 $p = -\dfrac{4}{5}$,而最大值 $S = \dfrac{225}{32}$.

【例 6-6】 设 L 是一条平面曲线,其上任一点 $P(x,y)$ $(x > 0)$ 到坐标原点的距离恒等于该点处的切线在 y 轴上的截距,且 L 经过点 $(\dfrac{1}{2}, 0)$.

(1)求曲线 L 的方程;

(2)求 L 位于第一象限部分的一条切线,使该切线与 L 以及两坐标轴所围图形的面积最小.

【解】 (1)设曲线 L 过点 $P(x,y)$ 的切线方程为

$$Y - y = y'(X - x)$$

该切线在 y 轴上的截距为 $y - xy'$.而由题设知

$$\sqrt{x^2 + y^2} = y - xy'$$

令 $u = \dfrac{y}{x}$,上方程可化为 $\dfrac{\mathrm{d}u}{\sqrt{1+u^2}} = -\dfrac{\mathrm{d}x}{x}$.

解之得 $$y + \sqrt{x^2 + y^2} = C$$

因为 L 过点 $(\dfrac{1}{2}, 0)$,知 $C = \dfrac{1}{2}$,于是 L 的方程为

$$y + \sqrt{x^2 + y^2} = \frac{1}{2}$$

即

$$y = \frac{1}{4} - x^2$$

（2）设第一象限内曲线 $y = \frac{1}{4} - x^2$ 在点 $p(x, y)$ 处的切线方程为

$$Y - (\frac{1}{4} - x^2) = -2x(X - x)$$

即

$$Y = -2xX + x^2 + \frac{1}{4}, \quad 0 < x \leqslant \frac{1}{2}$$

它与 x 轴及 y 轴的交点分别为 $(\dfrac{x^2 + \dfrac{1}{4}}{2x}, 0)$ 与 $(0, x^2 + \dfrac{1}{4})$. 于是所求面积为

$$S(x) = \frac{(x^2 + \frac{1}{4})^2}{4x} - \int_0^{\frac{1}{2}} (\frac{1}{4} - x^2) \mathrm{d}x$$

而　$S'(x) = \dfrac{1}{4} \cdot \dfrac{4x^2(x^2 + \frac{1}{4}) - (x^2 + \frac{1}{4})^2}{x^2} = \dfrac{1}{4x^2}(x^2 + \frac{1}{4})(3x^2 - \frac{1}{4})$

令 $S'(x) = 0$，得 $x = \dfrac{\sqrt{3}}{6}$.

当 $0 < x < \dfrac{\sqrt{3}}{6}$ 时，$S'(x) < 0$；当 $x > \dfrac{\sqrt{3}}{6}$ 时，$S'(x) > 0$. 因而 $x = \dfrac{\sqrt{3}}{6}$ 是

$S(x)$ 在 $(0, \dfrac{1}{2})$ 内的唯一极小值点，即最小值点，于是所求切线为

$$Y = -\frac{\sqrt{3}}{3}X + \frac{1}{3}$$

【例6-7】　求曲线 $y = 3 - |x^2 - 1|$ 与 x 轴围成的封闭图形绕直线 $y = 3$ 旋转所得的旋转体体积.

【解】　该封闭图形如图6-6所示. $\overset{\frown}{AB}$ 与 $\overset{\frown}{BC}$ 的方程分别为

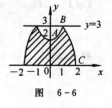

图　6-6

$$y = x^2 + 2, \quad 0 \leqslant x \leqslant 1$$

$$y = 4 - x^2, \quad 1 \leqslant x \leqslant 2$$

设旋转体在区间 $[0, 1]$ 上的体积为 V_1，在区间 $[1, 2]$ 上的体积为 V_2，则它们的体积元素分别为

$$\mathrm{d}V_1 = \pi\{3^2 - [3 - (x^2 + 2)]^2\}\mathrm{d}x$$

$$dV_2 = \pi\{3^2 - [3 - (4 - x^2)]^2\}dx$$

由对称性知所求体积

$$V = 2(V_1 + V_2) =$$

$$2\pi\int_0^1\{3^2 - [3 - (x^2 + 2)]^2\}dx + 2\pi\int_1^2\{3^2 - [3 - (4 - x^2)]^2\}dx =$$

$$2\pi\int_0^2(8 + 2x^2 - x^4)dx = \frac{448}{15}\pi$$

【例 6-8】 已知点 A 与 B 的坐标分别为 $(1, 0, 0)$ 与 $(0, 1, 1)$. 直线段 AB 绕 z 轴旋转一周所成的旋转曲面为 S. 求由 S 及两平面 $z = 0, z = 1$ 所围成的立体体积.

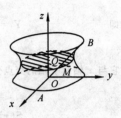

图 6-7

【解】 直线 AB 的方程为 $\dfrac{x-1}{-1} = \dfrac{y}{1} = \dfrac{z}{1}$.

即

$$\begin{cases} x = 1 - z \\ y = z \end{cases}$$

用垂直于 z 轴的平面截此旋转体所得截面为一个圆(见图 6-7),此截面与 z 轴交于点 $Q(0, 0, z)$,与 AB 交于点 $M(1-z, z, z)$,故截面圆半径

$$r(z) = \sqrt{(1-z)^2 + z^2} = \sqrt{1 - 2z + 2z^2} \quad (0 \leqslant z \leqslant 1)$$

从而截面面积

$$S(z) = \pi(1 - 2z + 2z^2)$$

于是所求旋转体体积为

$$V = \int_0^1 S(z)dz = \pi\int_0^1(1 - 2z + 2z^2)dz = \frac{2}{3}\pi$$

【例 6-9】 设曲线 $y = \sin x$ 在 $[0, \pi]$ 上的弧长为 l,试用 l 表示椭圆曲线 $x^2 + 2y^2 = 1$ 位于在第一象限部分的弧长.

【解】 曲线 $y = \sin x$ 在 $[0, \pi]$ 上的弧长

$$l = 2\int_0^{\frac{\pi}{2}}\sqrt{1 + \cos^2 x}\,dx$$

椭圆曲线的参数方程为

$$\begin{cases} x = \cos\theta \\ y = \dfrac{\sqrt{2}}{2}\sin\theta \end{cases}$$

其位于在第一象限的弧长

$$s = \int_0^{\frac{\pi}{2}}\sqrt{\sin^2\theta + \frac{1}{2}\cos^2\theta}\,d\theta = \frac{1}{\sqrt{2}}\int_0^{\frac{\pi}{2}}\sqrt{1 + \sin^2\theta}\,d\theta$$

令 $\theta = \dfrac{\pi}{2} - t$,则

$$s = \frac{1}{\sqrt{2}}\int_{\frac{\pi}{2}}^{0}\sqrt{1+\cos^2 t}\,(-\mathrm{d}t) = \frac{1}{\sqrt{2}}\int_{0}^{\frac{\pi}{2}}\sqrt{1+\cos^2 t}\,\mathrm{d}t = \frac{l}{2\sqrt{2}} = \frac{\sqrt{2}}{4}l$$

【例 6-10】 设曲线 L 的极坐标方程为 $r = r(\theta)$,$M(r,\theta)$ 为 L 上任一点,$M_0(2,0)$ 为 L 上一定点. 若极径 OM_0,OM 与曲线 L 所围成的曲边扇形面积值等于 L 上 M_0,M 两点间弧长值的一半,求曲线 L 的方程.

【解】 由极径 OM_0 及曲线 L 围成的图形面积为

$$A = \frac{1}{2}\int_{0}^{\theta} r^2\,\mathrm{d}\theta$$

而 L 上 M_0,M 之间的弧长为

$$s = \int_{0}^{\theta}\sqrt{r^2 + r'^2}\,\mathrm{d}\theta$$

由题意有 $A = \dfrac{1}{2}s$,即 $\displaystyle\int_{0}^{\theta} r^2\,\mathrm{d}\theta = \int_{0}^{\theta}\sqrt{r^2+r'^2}\,\mathrm{d}\theta$.

两边对 θ 求导得

$$r^2 = \sqrt{r^2 + r'^2}$$

即有

$$\frac{\mathrm{d}r}{r\sqrt{r^2-1}} = \pm\,\mathrm{d}\theta$$

积分得

$$-\arcsin\frac{1}{r} = \pm\theta + c$$

由条件 $r(0) = 2$ 知 $c = -\dfrac{\pi}{6}$,从而 L 的方程为

$$\arcsin\frac{1}{r} = \frac{\pi}{6}\mp\theta$$

即

$$r = \csc\left(\frac{\pi}{6}\mp\theta\right)$$

也就是直线

$$x\mp\sqrt{3}\,y = 2$$

【例 6-11】 设函数 $f(x)$ 在闭区间 $[0,1]$ 上连续,在开区间 $(0,1)$ 内大于零,并满足 $xf'(x) = f(x) + \dfrac{3a}{2}x^2$($a$ 为常数),又曲线 $y = f(x)$ 与 $x = 1$,$y = 0$ 所围的图形 S 的面积值为 2,求函数 $y = f(x)$,并问 a 为何值时,图形 S 绕 x 轴旋转一周所得旋转体的体积最小.

【解】 由题设知,当 $x \neq 0$ 时,$\dfrac{xf'(x) - f(x)}{x^2} = \dfrac{3a}{2}$,即 $\dfrac{\mathrm{d}}{\mathrm{d}x}\left[\dfrac{f(x)}{x}\right] = \dfrac{3a}{2}$,

据此并由 $f(x)$ 在点 $x = 0$ 处的连续性,得

$$f(x) = \frac{3}{2}ax^2 + cx, \quad x \in [0,1]$$

又由已知条件得 $2 = \int_0^1 (\frac{3}{2}ax^2 + cx)\mathrm{d}x = \frac{1}{2}a + \frac{1}{2}c$,即 $c = 4 - a$.

因此 $$f(x) = \frac{3}{2}ax^2 + (4-a)x.$$

旋转体的体积为

$$V(a) = \pi \int_0^1 \left[\frac{3}{2}ax^2 + (4-a)x\right]^2 \mathrm{d}x = (\frac{1}{30}a^2 + \frac{1}{3}a + \frac{16}{3})\pi$$

由 $V'(a) = (\frac{1}{15} + \frac{1}{3})\pi = 0$ 得 $a = -5$.

又因为 $$V''(a) = \frac{\pi}{15} > 0$$

故 $a = -5$ 时,旋转体体积最小.

【例 6-12】 设曲线 $y = \sqrt{x-1}$,过原点作其切线,求由此曲线、切线及 x 轴围成的平面图形绕 x 轴旋转一周所得到的旋转体的表面积.

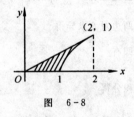

图 6-8

【解】 设切点为 $(x_0, \sqrt{x_0-1})$,则过原点的切线方程为 $y = \frac{1}{2\sqrt{x_0-1}}x$.因点 $(x_0, \sqrt{x_0-1})$ 在此直线上,代入可解得 $x_0 = 2, y_0 = \sqrt{x_0-1} = 1$,于是切线方程为 $y = \frac{1}{2}x$.

如图 6-8 所示,由曲线 $y = \sqrt{x-1}(1 \leqslant x \leqslant 2)$ 绕 x 轴旋转一周所得旋转面的面积

$$S_1 = \int_1^2 2\pi y \sqrt{1 + y'^2} \mathrm{d}x = \pi \int_1^2 \sqrt{4x-3} \mathrm{d}x = \frac{\pi}{6}(5\sqrt{5} - 1)$$

由直线 $y = \frac{1}{2}x(0 \leqslant x \leqslant 2)$ 绕 x 轴旋转一周所得旋转面的面积

$$S_2 = \int_0^2 2\pi y \sqrt{1 + y'^2} \mathrm{d}x = \int_0^2 \frac{\sqrt{5}}{2}\pi x \mathrm{d}x = \sqrt{5}\pi$$

因此,旋转体的表面面积为 $S = S_1 + S_2 = \frac{\pi}{6}(11\sqrt{5} - 1)$.

【例 6 - 13】 为清除井底的污泥,用缆绳将抓斗放入井底,抓起污泥后提出井口(见图6-9).已知井深 30 m,抓斗自重 400 N,缆绳每米重50 N,抓斗抓起的污泥重 2 000 N,提升速度为3 m/s,在提升过程中,污泥以20 N/s的速率从抓斗缝隙中漏掉.现将抓起污泥的抓斗提升至井口,问克服重力需做多少焦耳的功?(说明(1) 1 N×1 m = 1 J;(2)抓斗的高度及位于井口上方的缆绳长度忽略不计.)

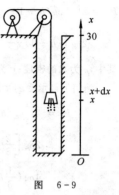

图 6 - 9

【解】 作 x 轴如图 6-9 所示,将抓起污泥的抓斗提升至井口需做功

$$W = W_1 + W_2 + W_3$$

其中 W_1 是克服抓斗自重所做的功;W_2 是克服缆绳重力所做的功;W_3 为提出污泥所做的功.由题意知

$$W_1 = 400 \times 30 = 12000$$

将抓斗由 x 处提升到 $x + dx$ 处,克服缆绳重力所做的功为

$$dW_2 = 50(30 - x)dx$$

从而

$$W_2 = \int_0^{30} 50(30 - x)dx = 22\,500$$

在时间间隔 $[t, t + dt]$ 内提升污泥需做功为

$$dW_3 = 3(2\,000 - 20t)dt$$

将污泥从井底提升至井口共需时间 $\dfrac{30}{3} = 10$,所以

$$W_3 = \int_0^{10} 3(2\,000 - 20t)dt = 57\,000$$

因此,共需做功 $W = 12\,000 + 22\,500 + 57\,000 = 91\,500(\text{J})$.

【例 6 - 14】 某闸门的形状与大小如图 6 - 10 所示,闸门的上部为矩形 $ABCD$,下部由二次抛物线与线段 AB 所围成.当水面与闸门的上端相平时,欲使闸门矩形部分承受的水压力与闸门下部承受的水压力之比为 5:4,闸门矩形部分的高 h 应为多少米?

解 建立坐标系如图 6-10 所示,其中 y 轴与闸门的对称轴重合.易求得抛物线的方程为

$$y = x^2$$

闸门矩形部分承受的水压力

$$P_1 = 2\int_1^{h+1} \rho g(h+1-y)\,\mathrm{d}y =$$

$$2\rho g\left[(h+1)y - \frac{1}{2}y^2\right]_1^{h+1} = \rho g h^2$$

其中，ρ 为水的密度；g 为重力加速度.

闸门下部承受的水压力

$$P_2 = 2\int_0^1 \rho g(h+1-y)\sqrt{y}\,\mathrm{d}y =$$

$$2\rho g\left[\frac{2}{3}(h+1)y^{\frac{3}{2}} - \frac{2}{5}y^{\frac{5}{2}}\right]_0^1 =$$

$$4\rho g\left(\frac{1}{3}h + \frac{2}{15}\right)$$

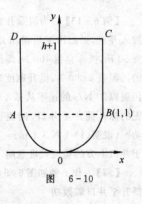

图 6-10

由题意知

$$\frac{P_1}{P_2} = \frac{5}{4}, \quad 即 \quad \frac{h^2}{4\left(\frac{1}{3}h + \frac{2}{15}\right)} = \frac{5}{4}$$

解得 $h=2, h=-\frac{1}{3}$（不合题意舍去），故 $h=2$ m. 即闸门矩形部分的高应为 2 m.

注 该题也可将坐标原点取在 CD 边的中点，x 轴铅直向下，按此进行求解.

【例 6-15】 曲线 $y = \frac{e^x + e^{-x}}{2}$ 与直线 $x=0, x=t(t>0)$ 及 $y=0$ 围成一曲边梯形. 该曲边梯形线 x 轴旋转一周得一旋转体，其体积为 $V(t)$，侧面积为 $S(t)$，在 $x=t$ 处的底面积为 $F(t)$.

(1) 求 $\frac{S(t)}{V(t)}$ 的值；　　　　(2) 计算极限 $\lim\limits_{t\to\infty} \frac{S(t)}{F(t)}$.

【解】 (1) $S(t) = \int_0^t 2\pi y\sqrt{1+(y')^2}\,\mathrm{d}x =$

$$2\pi\int_0^t \left(\frac{e^x+e^{-x}}{2}\right)\sqrt{1+\frac{e^{2x}-2+e^{2x}}{4}}\,\mathrm{d}x =$$

$$2\pi\int_0^t \left(\frac{e^x+e^{-x}}{2}\right)^2\mathrm{d}x$$

$$V(t) = \pi\int_0^t \left(\frac{e^x+e^{-x}}{2}\right)^2\mathrm{d}x，所以 \frac{S(t)}{V(t)} = 2$$

(2) $F(t) = \pi y^2\big|_{x=t} = \pi\left(\frac{e^t+e^{-t}}{2}\right)^2$

96

$$\lim_{t \to +\infty} \frac{S(t)}{F(t)} = \lim_{t \to +\infty} \frac{2\pi \int_0^t \left(\frac{e^x + e^{-x}}{2} \right)^2 dx}{\pi \left(\frac{e^t + e^{-t}}{2} \right)^2} =$$

$$\lim_{t \to +\infty} \frac{2 \left(\frac{e^t + e^{-t}}{2} \right)^2}{2 \left(\frac{e^t + e^{-t}}{2} \right) \left(\frac{e^t - e^{-t}}{2} \right)} = \lim_{t \to +\infty} \frac{e^t + e^{-t}}{e^t - e^{-t}} = 1$$

【例 6 - 16】 设 D 是位于曲线 $y = \sqrt{x} a^{-\frac{x}{2a}} (a > 1, 0 \leqslant x < +\infty)$ 下方，x 轴上方的无界区域.

(1) 求区域 D 绕 x 轴旋转一周所成旋转体的体积 $V(a)$；

(2) 当 a 为何值时，$V(a)$ 最小？并求此最小值.

分析　$V(a)$ 可通过广义积分进行计算，再按一般方法求 $V(a)$ 的最值即可.

【解】 (1)　$V(a) = \pi \int_0^{+\infty} y^2 \, dx = \pi \int_0^{+\infty} x a^{-\frac{x}{a}} \, dx = \frac{a\pi}{\ln a} \int_0^{+\infty} x \, da^{-\frac{x}{a}} =$

$$-\frac{a\pi x}{\ln a} a^{-\frac{x}{a}} \Big|_0^{+\infty} + \frac{a\pi}{\ln a} \int_0^{+\infty} a^{-\frac{x}{a}} \, dx =$$

$$-\frac{a^2 \pi}{\ln^2 a} a^{-\frac{x}{a}} \Big|_0^{+\infty} = \frac{a^2 \pi}{\ln^2 a}$$

(2) $V'(a) = \dfrac{2a\pi \ln^2 a - a^2 \pi \cdot 2\ln a \cdot \frac{1}{a}}{\ln^4 a} = \dfrac{2\pi a(\ln a - 1)}{\ln^3 a}$

令　$V'(a) = 0$，得 $a = e$. 当 $a > e$ 时，$V'(a) > 0$,

当　$1 < a < e$ 时，$V'(a) < 0$.

所以　$V(a)$ 在 $a = e$ 取得极大值，即为最大值，且最大值为 $V(e) = \pi e^2$.

评注　本题为定积分几何应用的典型问题，需记忆相关公式，如平面图形的面积，旋转体体积公式等.

6.3　　课后作业

1.填空或选择填空

(1) 曲线 $y = \sin x$ 在 $[0, 2\pi]$ 上与 x 轴所围成的图形的面积是 _____.

（答案：4）

(2) 由曲线 $y = \ln x$ 与直线 $y = (e+1) - x$，$y = 0$ 所围成的平面图形的面积是 _____． （答案：$\dfrac{3}{2}$）

(3) 由曲线 $y^2 = 4x$ 及直线 $x = x_0 (x_0 > 0)$ 所围图形绕 x 轴旋转而成立体的体积 $V =$ _____． （答案：$2\pi x_0^2$）

(4) 双纽线 $(x^2 + y^2)^2 = x^2 - y^2$ 所围成的区域面积可用定积分表示为（　　）．

(A) $2\displaystyle\int_0^{\frac{\pi}{4}} \cos 2\theta \, \mathrm{d}\theta$　　　　　　(B) $4\displaystyle\int_0^{\frac{\pi}{4}} \cos 2\theta \, \mathrm{d}\theta$

(C) $2\displaystyle\int_0^{\frac{\pi}{4}} \sqrt{\cos 2\theta} \, \mathrm{d}\theta$　　　　(D) $\dfrac{1}{2}\displaystyle\int_0^{\frac{\pi}{4}} (\cos 2\theta)^2 \, \mathrm{d}\theta$　　　（答案：(A)）

2. 求通过点 $(0,0)$，$(1,2)$ 且对称轴平行于 y 轴、开口向下的抛物线，使它与 x 轴所围面积最小． （答案：$y = -4x^2 + 6x$）

3. 以半径为 R 的球的一直径为轴线钻一个半径为 $a(0 < a < R)$ 的圆柱形孔，求所剩部分的体积． （答案：$\dfrac{4\pi}{3}(R^2 - a^2)^{\frac{3}{2}}$）

4. 试求由 $xy \leqslant 4$，$y \geqslant 1$，$x > 0$ 所确定的图形绕 y 轴旋转所得立体的体积． （答案：16π）

5. 求曲线 $y^3 = x^2$ 及 $y = \sqrt{2 - x^2}$ 所围图形的周长．

（答案：$2\left(\dfrac{13\sqrt{13} - 8}{27} + \dfrac{\sqrt{2}}{4}\pi\right)$）

6. 设平面图形 A 由 $x^2 + y^2 \leqslant 2x$ 与 $y \geqslant x$ 所确定，求图形 A 绕直线 $x = 2$ 旋转一周所得旋转体体积． （答案：$\dfrac{\pi^2}{2} - \dfrac{2}{3}\pi$）

7. 设抛物线 $y = ax^2 + bx + c$ 过原点，当 $0 \leqslant x \leqslant 1$ 时，$y \geqslant 0$．又已知该抛物线与 x 轴及直线 $x = 1$ 所围图形的面积为 $\dfrac{1}{3}$．确定 a,b,c，使此图形绕 x 轴旋转一周而成的旋转体体积 V 最小． （答案：$a = -\dfrac{5}{4}$，$b = \dfrac{3}{2}$，$c = 0$）

8. 已知弹簧在拉伸（或压缩）中，需要的力与弹簧的伸长量（或压缩量）成正比．今有一长 100 cm 的弹簧，每压缩 1 cm 需力 5 N，求该弹簧从 80 cm 压缩到 60 cm 的长度时外力所做的功． （答案：30 J）

6.4　检测真题

1. 填空或选择填空

(1) 由曲线 $y = x + \dfrac{1}{x}$，$x = 2$ 及 $y = 2$ 所围图形的面积 $S = $ _____.

（答案：$\ln 2 - \dfrac{1}{2}$）

(2) 曲线 $y = -x^3 + x^2 + 2x$ 与 x 轴所围成的图形的面积 $A = $ _____.

（答案：$\dfrac{37}{12}$）

(3) 函数 $y = \dfrac{x^2}{\sqrt{1-x^2}}$ 在区间 $\left[\dfrac{1}{2}, \dfrac{\sqrt{3}}{2}\right]$ 上的平均值为 _____.

（答案：$\dfrac{\sqrt{3}+1}{12}\pi$）

(4) 曲线 $y = x(x-1)(2-x)$ 与 x 轴所围平面图形的面积可表示为 (　　).

(A)　$-\displaystyle\int_0^2 x(x-1)(2-x)\mathrm{d}x$

(B)　$\displaystyle\int_0^1 x(x-1)(2-x)\mathrm{d}x - \int_1^2 x(x-1)(2-x)\mathrm{d}x$

(C)　$-\displaystyle\int_0^1 x(x-1)(2-x)\mathrm{d}x + \int_1^2 x(x-1)(2-x)\mathrm{d}x$

(D)　$\displaystyle\int_0^2 x(x-1)(2-x)\mathrm{d}x$　　　　（答案：(C)）

(5) 曲线 $y = \cos x\left(-\dfrac{\pi}{2} \leqslant x \leqslant \dfrac{\pi}{2}\right)$ 与 x 轴所围成的图形，绕 x 轴旋转一周所得旋转体的体积为(　　).

(A)　$\dfrac{\pi}{2}$ 　　　　　　　　(B)　π

(C)　$\dfrac{\pi^2}{2}$ 　　　　　　　　(D)　π^2　　　　（答案：(C)）

(6) 设曲线 $y = x^2 + \dfrac{1}{2}$ 与 y 轴的交点为 C，今在该曲线上任取异于 C 的一点 B，过 B 作 x 轴的垂线交 x 轴于 A. 记曲边梯形 $OABC$ 的面积为 D，梯形

$OABC$ 的面积为 D_1(O 为原点),则 $\dfrac{D_1}{D}$( ).

(A) 等于 $\dfrac{3}{2}$ (B) 小于 $\dfrac{3}{2}$

(C) 大于 $\dfrac{3}{2}$ (D) 前三种都有可能成立   (答案:(B))

2. 求曲线 $y=x^2-2x, y=0, x=1, x=3$ 所围成的平面图形的面积 S,并求该图形绕 y 轴旋转一周所得旋转体的体积 V.   (答案:$S=2, V=9\pi$)

3. 设直线 $y=ax$ 与抛物线 $y=x^2$ 所围成图形的面积为 S_1,它们与直线 $x=1$ 所围成的图形面积为 S_2,并且 $a<1$.

(1) 确定 a 的值,使 S_1+S_2 达到最小,并求出最小值.

(2) 求该最小值所对应的平面图形绕 x 轴旋转一周所得旋转体的体积.

$$（答案:a=\dfrac{1}{\sqrt{2}}，最小值为\dfrac{2-\sqrt{2}}{6}；V_x=\dfrac{\sqrt{2}+1}{30}\pi）$$

4. 设曲线 $y=ax^2 (a>0, x\geqslant 0)$ 与 $y=1-x^2$ 交于点 A,过原点 O 和点 A 的直线与曲线 $y=ax^2$ 围成一平面图形.问 a 为何值时,该图形绕 x 轴旋转一周所得的旋转体积最大?   (答案:$a=4$)

5. 求曲线 $y=\displaystyle\int_{-\frac{\pi}{2}}^{x}\sqrt{\cos t}\,dt$ 的全长.(提示:先确定定义域.)   (答案:4)

6. 求抛物线 $y=\dfrac{1}{2}x^2$ 被圆 $x^2+y^2=8$ 所截下部分的弧长.

$$（答案:2\sqrt{5}+\ln(2+\sqrt{5})）$$

7. 求抛物线 $y^2=4x(0\leqslant x\leqslant 1)$ 绕 x 轴旋转所得旋转面的侧面积.

$$（答案:\dfrac{8\pi}{3}(2\sqrt{2}-1)）$$

8. 设有盛满水的半球形蓄水池,其深度为 10m,计算抽完池中水所需做的功.   (答案:76 930 kJ)

9. 设某水库闸门为椭圆形水泥板,椭圆的长轴平行于水面且离水面的距离为 h,求闸门受到的压力.

(答案:$abh\pi$.其中 a 为椭圆的长半轴,b 为短半轴)

第7讲 空间解析几何与向量代数

本讲涵盖了主讲教材第7章的内容.

7.1 本讲内容聚焦

一、内容要点精讲

（一）向量代数

1. 空间两点 $A(x_1, y_1, z_1)$ 与 $B(x_2, y_2, z_2)$ 的距离

$$d = \sqrt{(x_1 - x_2)^2 + (y_1 - y_2)^2 + (z_1 - z_2)^2}$$

2. 向量 $\boldsymbol{a} = \{a_x, a_y, a_z\}$ 的模

$$|\boldsymbol{a}| = \sqrt{\boldsymbol{a} \cdot \boldsymbol{a}} = \sqrt{a_x^2 + a_y^2 + a_z^2}$$

3. 非零向量 $\boldsymbol{a} = \{a_x, a_y, a_z\}$ 的方向余弦

$$\cos\alpha = \frac{a_x}{\sqrt{a_x^2 + a_y^2 + a_z^2}}, \quad \cos\beta = \frac{a_y}{\sqrt{a_x^2 + a_y^2 + a_z^2}}$$

$$\cos\gamma = \frac{a_z}{\sqrt{a_x^2 + a_y^2 + a_z^2}}$$

4. 向量的运算

设 $\boldsymbol{a} = \{a_x, a_y, a_z\}, \boldsymbol{b} = \{b_x, b_y, b_z\}, \boldsymbol{c} = \{c_x, c_y, c_z\}, \lambda$ 是常数, 则

(1) $\boldsymbol{a} \pm \boldsymbol{b} = \{a_x \pm b_x, a_y \pm b_y, a_z \pm b_z\}$;

(2) $\lambda\boldsymbol{a} = \{\lambda a_x, \lambda a_y, \lambda a_z\}$;

(3) $\boldsymbol{a} \cdot \boldsymbol{b} = |\boldsymbol{a}||\boldsymbol{b}|\cos(\widehat{\boldsymbol{a}, \boldsymbol{b}}) = a_x b_x + a_y b_y + a_z b_z$;

(4) $\boldsymbol{a} \times \boldsymbol{b} = \begin{vmatrix} \boldsymbol{i} & \boldsymbol{j} & \boldsymbol{k} \\ a_x & a_y & a_z \\ b_x & b_y & b_z \end{vmatrix} = \left\{ \begin{vmatrix} a_y & a_z \\ b_y & b_z \end{vmatrix}, \begin{vmatrix} a_z & a_x \\ b_z & b_x \end{vmatrix}, \begin{vmatrix} a_x & a_y \\ b_x & b_y \end{vmatrix} \right\}$

又 $|a \times b| = |a||b|\sin(\widehat{a,b})$，$a \times b$ 的方向垂直于 a 与 b 所确定的平面，且满足右手规则；

(5) $[abc] = (a \times b) \cdot c = \begin{vmatrix} a_x & a_y & a_z \\ b_x & b_y & b_z \\ c_x & c_y & c_z \end{vmatrix}$.

5.两非零向量 $a = \{a_x, a_y, a_z\}$，$b = \{b_x, b_y, b_z\}$ 的夹角

$$(a, b) = \arccos \frac{a \cdot b}{|a||b|} = \arccos \frac{a_x b_x + a_y b_y + a_z b_z}{\sqrt{a_x^2 + a_y^2 + a_z^2} \cdot \sqrt{b_x^2 + b_y^2 + b_z^2}}$$

6.向量 $a = \{a_x, a_y, a_z\}$ 在非零向量 $b = \{b_x, b_y, b_z\}$ 上的投影

$$\mathrm{Prj}_b a = |a|\cos(\widehat{a,b}) = \frac{a \cdot b}{|b|} = \frac{a_x b_x + a_y b_y + a_z b_z}{\sqrt{b_x^2 + b_y^2 + b_z^2}}$$

7.两非零向量垂直、平行的充要条件

设 $a = \{a_x, a_y, a_z\}$，$b = \{b_x, b_y, b_z\}$，则

$$a \perp b \Leftrightarrow a \cdot b = 0 \Leftrightarrow a_x b_x + a_y b_y + a_z b_z = 0$$

$$a /\!/ b \Leftrightarrow a = \lambda b \Leftrightarrow a \times b = 0 \Leftrightarrow \frac{a_x}{b_x} = \frac{a_y}{b_y} = \frac{a_z}{b_z}$$

8.向量的运算规律（λ, μ 为常数）

(1) $a + b = b + a$，$(a+b)+c = a+(b+c)$；

(2) $\lambda(\mu a) = \mu(\lambda a) = (\lambda\mu)a$，$\lambda(a+b) = \lambda a + \lambda b$，$(\lambda+\mu)a = \lambda a + \mu a$；

(3) $a \cdot b = b \cdot a$，$(a+b) \cdot c = a \cdot c + b \cdot c$，$(\lambda a) \cdot b = a \cdot (\lambda b) = \lambda(a \cdot b)$；

(4) $a \times b = -(b \times a)$，$(a+b) \times c = a \times c + b \times c$，$c \times (a+b) = c \times a + c \times b$，$(\lambda a) \times b = a \times (\lambda b) = \lambda(a \times b)$.

9.三点共线及四点共面的充要条件

设点 $A(x_1, y_1, z_1)$，$B(x_2, y_2, z_2)$，$C(x_3, y_3, z_3)$，$D(x_4, y_4, z_4)$，则

$$A, B, C \text{ 共线} \Leftrightarrow \overrightarrow{AB} \times \overrightarrow{AC} = 0 \Leftrightarrow \overrightarrow{AB} = \lambda \overrightarrow{AC} \Leftrightarrow \frac{x_2 - x_1}{x_3 - x_1} = \frac{y_2 - y_1}{y_3 - y_1} = \frac{z_2 - z_1}{z_3 - z_1}$$

$$A, B, C, D \text{ 共面} \Leftrightarrow (\overrightarrow{AB} \times \overrightarrow{AC}) \cdot \overrightarrow{AD} = 0 \Leftrightarrow \begin{vmatrix} x_2 - x_1 & y_2 - y_1 & z_2 - z_1 \\ x_3 - x_1 & y_3 - y_1 & z_3 - z_1 \\ x_4 - x_1 & y_4 - y_1 & z_4 - z_1 \end{vmatrix} = 0$$

10.应用

(1) 以非零向量 a, b 为邻边的平行四边形面积

$$s = |a \times b|$$

(2) 设非零向量 a,b,c 为平行六面体的从同一顶点出发的三条棱,则该平行六面体的体积

$$V = |(a \times b) \cdot c|$$

(3) 设 a,b,c 为四面体的从同一顶点出发的三条棱,则该四面体的体积

$$V = \frac{1}{6}|(a \times b) \cdot c|$$

(二) 平面与直线

1. 平面方程

(1) 一般式:$Ax + By + Cz + D = 0$;

(2) 点法式:$A(x - x_0) + B(y - y_0) + C(z - z_0) = 0$;

(3) 截距式:$\dfrac{x}{a} + \dfrac{y}{b} + \dfrac{z}{c} = 1$;

(4) 三点式:$\begin{vmatrix} x - x_1 & y - y_1 & z - z_1 \\ x_2 - x_1 & y_2 - y_1 & z_2 - z_1 \\ x_3 - x_1 & y_3 - y_1 & z_3 - z_1 \end{vmatrix} = 0.$

2. 直线方程

(1) 对称式(点向式、标准式):$\dfrac{x - x_0}{m} = \dfrac{y - y_0}{n} = \dfrac{z - z_0}{p}$;

(2) 一般式:$\begin{cases} A_1 x + B_1 y + C_1 z + D_1 = 0 \\ A_2 x + B_2 y + C_2 z + D_2 = 0 \end{cases}$;

(3) 参数式:$\begin{cases} x = x_0 + mt \\ y = y_0 + nt \quad -\infty < t < +\infty \\ z = z_0 + pt \end{cases}$;

(4) 两点式:$\dfrac{x - x_1}{x_2 - x_1} = \dfrac{y - y_1}{y_2 - y_1} = \dfrac{z - z_1}{z_2 - z_1}.$

3. 平行、垂直的充要条件及夹角

设平面　$\pi_1 : A_1 x + B_1 y + C_1 z + D_1 = 0$

$\pi_2 : A_2 x + B_2 y + C_2 z + D_2 = 0$

直线　$l_1 : \dfrac{x - x_1}{m_1} = \dfrac{y - y_1}{n_1} = \dfrac{z - z_1}{p_1}$

$l_2 : \dfrac{x - x_2}{m_2} = \dfrac{y - y_2}{n_2} = \dfrac{z - z_2}{p_2}$

(1) $\pi_1 \perp \pi_2 \Leftrightarrow A_1 A_2 + B_1 B_2 + C_1 C_2 = 0$;

$$\pi_1 \parallel \pi_2 \Leftrightarrow \frac{A_1}{A_2} = \frac{B_1}{B_2} = \frac{C_1}{C_2};$$

(2) $l_1 \perp l_2 \Leftrightarrow m_1 m_2 + n_1 n_2 + p_1 p_2 = 0;$

$$l_1 \parallel l_2 \Leftrightarrow \frac{m_1}{m_2} = \frac{n_1}{n_2} = \frac{p_1}{p_2};$$

(3) $\pi_1 \perp l_1 \Leftrightarrow \frac{m_1}{A_1} = \frac{n_1}{B_1} = \frac{p_1}{C_1};$

$$\pi_1 \parallel l_1 \Leftrightarrow m_1 A_1 + n_1 B_1 + p_1 C_1 = 0;$$

(4) π_1 与 π_2 的夹角：

$$\cos\varphi = \frac{|A_1 A_2 + B_1 B_2 + C_1 C_2|}{\sqrt{A_1^2 + B_1^2 + C_1^2} \cdot \sqrt{A_2^2 + B_2^2 + C_2^2}}$$

(5) l_1 与 l_2 的夹角：

$$\cos\varphi = \frac{|m_1 m_2 + n_1 n_2 + p_1 p_2|}{\sqrt{m_1^2 + n_1^2 + p_1^2} \cdot \sqrt{m_2^2 + n_2^2 + p_2^2}}$$

(6) π_1 与 l_1 的夹角：

$$\sin\varphi = \frac{|m_1 A_1 + n_1 B_1 + p_1 C_1|}{\sqrt{m_1^2 + n_1^2 + p_1^2} \cdot \sqrt{A_1^2 + B_1^2 + C_1^2}}$$

4. 距离

设点 $M_0(x_0, y_0, z_0)$，平面 $\pi: Ax + By + Cz + D = 0$

$$直线\ l: \frac{x - x_1}{m} = \frac{y - y_1}{n} = \frac{z - z_1}{p}$$

(1) 点 M_0 到平面 π 的距离：

$$d = \frac{|Ax_0 + By_0 + Cz_0 + D|}{\sqrt{A^2 + B^2 + C^2}}$$

(2) 点 M_0 到直线 l 的距离：

$$d = \frac{|\overrightarrow{M_0 M_1} \times s|}{|s|}$$

其中 $\overrightarrow{M_0 M_1} = \{x_1 - x_0, y_1 - y_0, z_1 - z_0\}$，$s = \{m, n, p\}$，$M_1(x_1, y_1, z_1)$ 是直线上任一点.

(3) 两平行平面（直线）的距离等于一平面（直线）上任一点到另一平面（直线）的距离.

(4) 两异面直线的距离：

$$d = |\operatorname{Prj}_{s_1 \times s_2} \overrightarrow{M_1 M_2}| = \frac{|(s_1 \times s_2) \cdot \overrightarrow{M_1 M_2}|}{|s_1 \times s_2|}$$

其中 s_1 与 s_2 分别是两直线的方向向量,M_1 与 M_2 分别是两直线上的点.

5.过直线

$$\begin{cases} A_1 x + B_1 y + C_1 z + D_1 = 0 \\ A_2 x + B_2 y + C_2 z + D_2 = 0 \end{cases}$$

的平面束方程为

$$\lambda(A_1 x + B_1 y + C_1 z + D_1) + \mu(A_2 x + B_2 y + C_2 z + D_2) = 0$$

(三) 曲面与空间曲线

1.曲面及其方程

(1)定义:如果曲面 S 与三元方程 $F(x,y,z) = 0$ 有下述关系:

$1°$ 曲面 S 上任一点的坐标都满足方程 $F(x,y,z) = 0$;

$2°$ 不在曲面 S 上的点的坐标都不满足方程 $F(x,y,z) = 0$;

则称方程 $F(x,y,z) = 0$ 为曲面 S 的方程,而曲面 S 就叫做方程 $F(x,y,z) = 0$ 的图形.

(2)旋转曲面定义:平面曲线绕其所在平面内的一条定直线旋转一周所生成的曲面称为旋转曲面.

(3)柱面定义:直线 L 沿定曲线 C 平行移动所生成的曲面称为柱面.曲线 C 称为柱面的准线或基线,动直线 L 叫柱面的母线.

2.一些常见曲面的方程

(1)旋转曲面:

圆锥面:$z^2 = a^2(x^2 + y^2)$,

旋转抛物面:$z = x^2 + y^2$,

旋转椭球面:$\dfrac{x^2 + y^2}{a^2} + \dfrac{z^2}{c^2} = 1$.

(2)柱面:

圆柱面:$x^2 + y^2 = R^2$,

椭圆柱面:$\dfrac{x^2}{a^2} + \dfrac{y^2}{b^2} = 1$,

抛物柱面:$x^2 - 2py = 0$,

双曲柱面:$\dfrac{x^2}{a^2} - \dfrac{y^2}{b^2} = 1$.

(3)二次曲面:

球面:$(x - a)^2 + (y - b)^2 + (z - c)^2 = R^2$,

椭球面：$\dfrac{x^2}{a^2} + \dfrac{y^2}{b^2} + \dfrac{z^2}{c^2} = 1$ （$a,b,c > 0$），

椭圆抛物面：$\dfrac{x^2}{2p} + \dfrac{y^2}{2g} = z$ （p,q 同号），

双曲抛物面：$-\dfrac{x^2}{2p} + \dfrac{y^2}{q} = z$ （p,q 同号），

单叶双曲面：$\dfrac{x^2}{a^2} + \dfrac{y^2}{b^2} - \dfrac{z^2}{c^2} = 1$ （$a,b,c > 0$），

双叶双曲面：$\dfrac{x^2}{a^2} + \dfrac{y^2}{b^2} - \dfrac{z^2}{c^2} = -1$ （$a,b,c > 0$）.

3. 空间曲线及其方程

(1) 定义：空间曲线定义为两个曲面的交线.

(2) 空间曲线的方程：

一般方程 $\begin{cases} F(x,y,z) = 0 \\ G(x,y,z) = 0 \end{cases}$，

参数方程 $\begin{cases} x = x(t) \\ y = y(t) \quad \alpha \leqslant t \leqslant \beta. \\ z = z(t) \end{cases}$

4. 投影柱面与投影曲线

空间曲线 $C: \begin{cases} F(x,y,z) = 0 \\ G(x,y,z) = 0 \end{cases}$ 关于 xOy 坐标面的投影柱面的方程为由方程

组 $\begin{cases} F(x,y,z) = 0 \\ G(x,y,z) = 0 \end{cases}$ 中消去 z 后所得方程 $H(x,y) = 0$.

其在 xOy 坐标面上的投影曲线方程为 $\begin{cases} H(x,y) = 0 \\ z = 0 \end{cases}$.

二、知识脉络图解

$$
\text{向量代数与空间解析几何}
\begin{cases}
\text{向量代数}
\begin{cases}
\text{向量的概念(定义、模、方向角、方向余弦、零向量、负向量、单位向量)} \\
\text{向量的运算(加法、减法、数乘向量、数量积、向量积、混合积)} \\
\text{两向量的关系(平行、垂直)及判别法} \\
\text{两向量的夹角} \\
\text{一向量在另一向量上的投影}
\end{cases} \\
\text{空间解析几何}
\begin{cases}
\text{平面}
\begin{cases}
\text{平面方程(一般式,点法式,截距式,三点式)} \\
\text{两平面的距离、夹角} \\
\text{两平面平行、垂直的充要条件} \\
\text{点到平面的距离}
\end{cases} \\
\text{直线}
\begin{cases}
\text{直线的方程(一般式,点向式,参数式,两点式)} \\
\text{两直线的距离(平行,异面)、夹角} \\
\text{两直线平行、垂直的充要条件} \\
\text{点到直线的距离}
\end{cases} \\
\text{平面与直线}
\begin{cases}
\text{直线与平面的夹角} \\
\text{直线与平面平行、垂直的充要条件}
\end{cases} \\
\text{曲面}
\begin{cases}
\text{曲面的概念(曲面及其方程,旋转曲面,柱面)} \\
\text{绕坐标轴旋转生成的旋转曲面} \\
\text{母线平行于坐标轴的柱面} \\
\text{常见曲面及其方程}
\end{cases} \\
\text{空间曲线}
\begin{cases}
\text{曲线的方程(一般式,参数式)} \\
\text{空间曲线关于某坐标面的投影柱面} \\
\text{空间曲线在某坐标面上的投影}
\end{cases}
\end{cases}
\end{cases}
$$

三、重点、难点点击

  本讲重点掌握向量概念,向量的线性运算、数量积、向量积与混合积;掌握平面方程和直线方程的各种表示形式,以及直线与直线、平面与平面、直线与平面之间的平行或垂直条件等,并要会求出在给定条件下的平面或直线方程. 至于二次曲面,读者应熟悉各种二次曲面的标准方程及它们的图形特征,并能画出其草图,在多元微积分中常会碰到二次曲面.

本讲常见的题型主要是求向量的数量积、向量积及直线或平面方程. 还有一类题型将与下一讲的多元函数微分学在几何上的应用有关.

7.2 典型例题精选

【例 7-1】 已知 $|a| = \sqrt{3}$ ，$|b| = 1$，$(\widehat{a,b}) = \dfrac{\pi}{6}$，求 (1) $|a+b|$，$|a-b|$；(2) $a+b$ 与 $a-b$ 的夹角 φ.

【解】 $|a+b| = \sqrt{(a+b)\cdot(a+b)} =$

$$\sqrt{|a|^2 + |b|^2 + 2|a||b|\cos(\widehat{a,b})} =$$

$$\sqrt{(\sqrt{3})^2 + 1^2 + 2\times\sqrt{3}\times 1\times\cos\frac{\pi}{6}} = \sqrt{4+3} = \sqrt{7}$$

同理可得 $|a-b| = \sqrt{4-3} = 1$，于是

$$\cos\varphi = \frac{(a+b)\cdot(a-b)}{|a+b||a-b|} = \frac{|a|^2 - |b|^2}{|a+b||a-b|} = \frac{3-1}{\sqrt{7}\times 1} = \frac{2}{7}\sqrt{7}$$

故 $a+b$ 与 $a-b$ 的夹角为 $\arccos\dfrac{2}{7}\sqrt{7}$.

【例 7-2】 已知 $a = i, b = j - 2k, c = 2i - 2j + k$，求一单位向量 r，使 $r \perp c$，且 r 与 a, b 共面.

【解】 设 $r = \{x, y, z\}$，则由 $r \perp c$ 可得 $r\cdot c = 0$，即

$$2x - 2y + z = 0 \tag{1}$$

由 $|r| = 1$ 可得

$$x^2 + y^2 + z^2 = 1 \tag{2}$$

由 r 与 a, b 共面可得 $(a\times b)\cdot r = 0$，即

$$\begin{vmatrix} x & y & z \\ 1 & 0 & 0 \\ 0 & 1 & -2 \end{vmatrix} = 2y + z = 0 \tag{3}$$

由方程 (1)，(2)，(3) 可解得 $x = \pm\dfrac{2}{3}, y = \pm\dfrac{1}{3}, z = \mp\dfrac{2}{3}$，故

$$r = \pm\{\frac{2}{3}, \frac{1}{3}, -\frac{2}{3}\}$$

【例 7-3】 设向量 $a = \{4, -3, 2\}$，轴 u 的正向与三个坐标轴（x 轴，y 轴，

z 轴)的正向构成相等的锐角. 试求:

(1) 向量 a 在轴 u 上的投影;(2) 向量 a 与轴 u 的夹角 θ.

【解】　设 u 轴上的单位向量为 u^0,则 $u^0 = \{\cos\alpha, \cos\beta, \cos\gamma\}$,且由已知条件可得 $\cos\alpha = \cos\beta = \cos\gamma$. 而

$$\cos^2\alpha + \cos^2\beta + \cos^2\gamma = 1$$

由此可得 $\cos\alpha = \cos\beta = \cos\gamma = \dfrac{1}{\sqrt{3}}, u^0 = \left\{\dfrac{1}{\sqrt{3}}, \dfrac{1}{\sqrt{3}}, \dfrac{1}{\sqrt{3}}\right\}$. 于是

(1) $\operatorname{Prj}_u a = a \cdot u^0 = 4 \times \dfrac{1}{\sqrt{3}} - 3 \times \dfrac{1}{\sqrt{3}} + 2 \times \dfrac{1}{\sqrt{3}} = \sqrt{3}$;

(2) $\cos\theta = \dfrac{\operatorname{Prj}_u a}{|a|} = \dfrac{\sqrt{3}}{\sqrt{4^2 + (-3)^2 + 2^2}} = \sqrt{\dfrac{3}{29}}$,　$\theta = \arccos\sqrt{\dfrac{3}{29}}$.

【例 7-4】　求向量 $a = \{-2, 1, 2\}$ 和 $b = \{3, 0, -4\}$ 的角平分线的单位向量.

【解】　$|b|a /\!/ a$,$|a|b /\!/ b$,且以 $|b|a$ 与 $|a|b$ 为邻边的平行四边形是菱形,故 $|b|a + |a|b$ 是 a,b 两向量的一个角平分线向量.

而 $|a| = 3$,$|b| = 5$,因此 $|b|a + |a|b = \{-1, 5, -2\}$,角平分线的单位向量是 $\dfrac{1}{\sqrt{30}}\{-1, 5, -2\}$.

【例 7-5】　设向量 $a = \{2, 3, 4\}$,$b = \{3, -1, -1\}$.(1) 求以 a, b 为邻边的平行四边形的面积;(2) 若 $|c| = 3$,求向量 c,使得三向量 a, b, c 所构成的平行六面体的体积最大.

【解】　(1) $a \times b = \begin{vmatrix} i & j & k \\ 2 & 3 & 4 \\ 3 & -1 & -1 \end{vmatrix} = i + 14j - 11k$

故　　　　　　　　　$S_\square = |a \times b| = \sqrt{318}$

(2) 要使平行六面体的体积最大,向量 c 必须垂直于由 a, b 构成的平行四边形,故

$$c = \lambda(a \times b) = \lambda i + 14\lambda j - 11\lambda k$$

由 $|c| = 3$ 可得

$$\sqrt{\lambda^2 + (14\lambda)^2 + (-11\lambda)^2} = 3$$

即　　　　　　　　　$\lambda = \pm\dfrac{3}{\sqrt{318}}$

从而 $\qquad c = \{\pm \dfrac{3}{\sqrt{318}}, \pm \dfrac{42}{\sqrt{318}}, \mp \dfrac{33}{\sqrt{318}}\}$

【例 7 - 6】 求过直线 $l_1: \begin{cases} 2x + y - z - 1 = 0 \\ 3x - y + 2z - 2 = 0 \end{cases}$ 且平行于直线

$l_2: \begin{cases} 5x + y - z + 4 = 0 \\ x + y - z - 4 = 0 \end{cases}$ 的平面方程.

【解】 过 l_1 的平面束为

$$2x + y - z - 1 + \lambda(3x - y + 2z - 2) = 0$$

即 $\qquad (2 + 3\lambda)x + (1 - \lambda)y + (2\lambda - 1)z - (1 + 2\lambda) = 0$

又直线 l_2 的方向向量为

$$s = \begin{vmatrix} i & j & k \\ 5 & 1 & -1 \\ 1 & 1 & -1 \end{vmatrix} = 4j + 4k$$

由所求平面与直线 l_2 平行,应有

$$4(1 - \lambda) + 4(2\lambda - 1) = 0$$

即 $\qquad \lambda = 0$

故所求平面为 $2x + y - z - 1 = 0$

经检验 $3x - y + 2z - 2 = 0$ 不满足与 l_2 平行的条件.

【例 7 - 7】 求下列平面方程

(1) 过点 $M_0(1, -2, 1)$ 且垂直于直线 $\begin{cases} x - 2y + z - 3 = 0 \\ x + y - z + 2 = 0 \end{cases}$;

(2) 过直线 $l: \dfrac{x - 2}{5} = \dfrac{y + 1}{2} = \dfrac{z - 2}{4}$,且垂直于平面:$x + 4y - 3z + 7 = 0$.

【解】(1) 【解法 1】 记 $n_1 = \{1, -2, 1\}, n_2 = \{1, 1, -1\}$. 所求平面的法线向量 $n = n_1 \times n_2$,故

$$n = \begin{vmatrix} i & j & k \\ 1 & -2 & 1 \\ 1 & 1 & -1 \end{vmatrix} = i + 2j + 3k$$

故所求平面为 $x - 1 + 2(y + 2) + 3(z - 1) = 0$,即

$$x + 2y + 3z = 0$$

【解法 2】 设所求平面法向量为 $n, M(x, y, z)$ 为其上任一点,则有 $\overrightarrow{M_0M} \perp n, n_1 \perp n, n_2 \perp n$,故有 $\overrightarrow{M_0M}, n_1, n_2$ 共面,即

$$\begin{vmatrix} x-1 & y+2 & z-1 \\ 1 & -2 & 1 \\ 1 & 1 & -1 \end{vmatrix} = 0$$

即

$$x + 2y + 3z = 0$$

(2)【解法1】 直线 l 的一般式为

$$\begin{cases} 2x - 5y - 9 = 0 \\ 2y - z + 4 = 0 \end{cases}$$

过直线 l 的平面束为

$$2x - 5y - 9 + \lambda(2y - z + 4) = 0$$

即

$$2x + (2\lambda - 5)y - \lambda z + 4\lambda - 9 = 0$$

由所求平面垂直于平面 $x + 4y - 3z + 7 = 0$ 得

$$2 + 4(2\lambda - 5) + 3\lambda = 0, \quad \lambda = \frac{18}{11}$$

故所求平面为 $22x - 19y - 18z - 27 = 0$.

【解法2】 所求平面的法线向量同时垂直于向量 $\{x-2, y+1, z-2\}$, $\{5, 2, 4\}$, $\{1, 4, -3\}$, 故所求平面为

$$\begin{vmatrix} x-2 & y+1 & z-2 \\ 5 & 2 & 4 \\ 1 & 4 & -3 \end{vmatrix} = 0, \text{即 } 22x - 19y - 18z - 27 = 0.$$

【例 7 - 8】 求下列直线的方程

(1) 过点 $M_0(2, 4, 0)$ 且平行于直线 $\begin{cases} x + 2z - 1 = 0 \\ y - 3z - 2 = 0 \end{cases}$;

(2) 过点 $M_0(-1, 0, 4)$, 与平面 $3x - 4y + z - 10 = 0$ 平行, 且与直线 $\frac{x+1}{3} = y - 3 = \frac{z}{2}$ 相交.

【解】 (1) $s = \begin{vmatrix} \boldsymbol{i} & \boldsymbol{j} & \boldsymbol{k} \\ 1 & 0 & 2 \\ 0 & 1 & -3 \end{vmatrix} = -2\boldsymbol{i} + 3\boldsymbol{j} + \boldsymbol{k}$

故所求直线为

$$\frac{x-2}{-2} = \frac{y-4}{3} = \frac{z}{1}$$

(2)【解法1】 设交点为 (x_0, y_0, z_0), 则 $x_0 = -1 + 3t$, $y_0 = 3 + t$, $z_0 = 2t$, 向量 $\{x_0 + 1, y_0, z_0 - 4\}$ 与平面 $3x - 4y + z - 10 = 0$ 平行, 故

$$3(x_0+1)-4y_0+(z_0-4)=0$$

即
$$3(-1+3t+1)-4(3+t)+(2t-4)=0$$

解得 $t=\dfrac{16}{7}$，故交点为 $\left(\dfrac{41}{7},\dfrac{37}{7},\dfrac{32}{7}\right)$. 直线的方向向量 $\boldsymbol{s}$ 为

$$\boldsymbol{s}=\{x_0+1,y_0,z_0-4\}=\left\{\dfrac{48}{7},\dfrac{37}{7},\dfrac{4}{7}\right\}=\dfrac{1}{7}\{48,37,4\}$$

所求直线为 $\dfrac{x+1}{48}=\dfrac{y}{37}=\dfrac{z-4}{4}$.

【解法 2】 作过点 $(-1,0,4)$ 且平行于平面 $3x-4y+z-10=0$ 的平面
$$\pi_1:3(x+1)-4y+(z-4)=0$$

即
$$3x-4y+z-1=0$$

又作过点 $(-1,0,4)$ 与直线 $\dfrac{x+1}{3}=\dfrac{y-3}{1}=\dfrac{z}{2}$ 的平面

$$\pi_2:\quad\begin{vmatrix} x+1 & y & z-4 \\ -1-(-1) & 3-0 & 0-4 \\ 3 & 1 & 2 \end{vmatrix}=0$$

即
$$10x-12y-9z+46=0$$

所求直线为
$$\begin{cases} 3x-4y+z-1=0 \\ 10x-12y-9z+46=0 \end{cases}$$

【例 7-9】 求通过直线 $\begin{cases} x+5y+z=0 \\ x-z+4=0 \end{cases}$，且与平面 $x-4y-8z+12=0$ 成 $45°$ 角的平面方程.

【解】 过直线的平面束为
$$x+5y+z+\lambda(x-z+4)=0$$

即
$$(1+\lambda)x+5y+(1-\lambda)z+4\lambda=0$$

由已知得

$$\cos45°=\dfrac{\sqrt{2}}{2}=\dfrac{|1+\lambda-20-8(1-\lambda)|}{\sqrt{(1+\lambda)^2+25+(1-\lambda)^2}\cdot\sqrt{1+(-4)^2+(-8)^2}}=$$

$$\dfrac{|9\lambda-27|}{9\sqrt{2\lambda^2+27}}=\dfrac{|\lambda-3|}{\sqrt{2\lambda^2+27}}$$

解得 $\lambda=-\dfrac{3}{4}$，故平面 $x+20y+7z-12=0$ 即为所求.

经检验，平面 $x-z+4=0$ 与平面 $x-4y-8z+12=0$ 的夹角为 $45°$，故

平面 $x - z + 4 = 0$ 也为所求.

【例 7 - 10】 求曲线 $\begin{cases} x^2 + y^2 = z \\ x + y + z = 1 \end{cases}$ 在 xOy 坐标面上的投影,并写出原曲

线的一个参数方程.

【解】 消去 z 得

$$x^2 + y^2 + x + y = 1$$

即

$$(x + \frac{1}{2})^2 + (y + \frac{1}{2})^2 = \frac{3}{2}$$

故所求投影为

$$\begin{cases} (x + \frac{1}{2})^2 + (y + \frac{1}{2})^2 = \frac{3}{2} \\ z = 0 \end{cases}$$

原曲线的一个参数方程为

$$\begin{cases} x = -\frac{1}{2} + \sqrt{\frac{3}{2}} \cos t \\ y = -\frac{1}{2} + \sqrt{\frac{3}{2}} \sin t \qquad 0 \leqslant t \leqslant 2\pi \\ z = 2 - \sqrt{\frac{3}{2}} (\cos t + \sin t) \end{cases}$$

【例 7 - 11】 求直线 $L: \begin{cases} 2x - y + z - 1 = 0 \\ x + y - z + 1 = 0 \end{cases}$ 在平面 $\pi: x + 2y - z = 0$ 上的

投影直线 L_0 的方程. 并求 L_0 绕 x 轴旋转一周所成曲面的方程.

【解】 过直线 L 的平面束为

$$2x - y + z - 1 + \lambda(x + y - z + 1) = 0$$

即

$$(2 + \lambda)x + (\lambda - 1)y + (1 - \lambda)z + (\lambda - 1) = 0$$

其中与平面 π 垂直的平面应满足条件:

$$1 \times (2 + \lambda) + 2 \times (\lambda - 1) + (-1) \times (1 - \lambda) = 0$$

即

$$4\lambda - 1 = 0$$

故 $\lambda = \frac{1}{4}$. 于是投影平面为

$$\frac{9}{4}x - \frac{3}{4}y + \frac{3}{4}z - \frac{3}{4} = 0$$

即

$$3x - y + z - 1 = 0$$

投影直线 L_0 为

$$L_0: \begin{cases} 3x - y + z - 1 = 0 \\ x + 2y - z = 0 \end{cases}$$

经检验平面 $x+y-z+1=0$ 不垂直于平面 π.

为求 L_0 绕 x 轴旋转所成旋转曲面的方程,将 L_0 写成

$$L_0 \begin{cases} y=1-4x \\ z=2-7x \end{cases}$$

又设 $P(x,y,z)$ 为所求旋转曲面上任一点,过 P 作垂直于 x 轴的平面,它与旋转曲面相交得一圆周,该圆的圆心为 $(x,0,0)$. 在 L_0 上且在此圆上的点 M 为 $M(x,1-4x,2-7x)$. 因为 P 与 M 在同一圆周上,所以有

$$(x-x)^2+(y-0)^2+(z-0)^2=$$
$$(x-x)^2+(1-4x-0)^2+(2-7x-0)^2$$

即

$$65x^2-y^2-z^2-36x+5=0$$

此即所求旋转曲面的方程.

【例 7-12】 点 $(2,1,0)$ 到平面 $3x+4y+5z=0$ 的距离 $d=$ _____.

【解】 $d=\dfrac{|3\times2+4\times1|}{\sqrt{3^2+4^2+5^2}}=\dfrac{10}{5\sqrt{2}}=\dfrac{2}{\sqrt{2}}=\sqrt{2}.$

7.3　课后作业

1.已知向量 $a=\{2,2,1\}$, $b=\{8,-4,1\}$,求①$|a|$;②a 的方向余弦;③与 a 平行的单位向量;④a 与 b 的夹角;⑤a 在 b 上的投影;⑥ 与 a,b 同时垂直的单位向量. (答案:3; $\dfrac{2}{3}$, $\dfrac{2}{3}$, $\dfrac{1}{3}$; $\pm\{\dfrac{2}{3}, \dfrac{2}{3}, \dfrac{1}{3}\}$;$\arccos\dfrac{1}{3}$;$1$; $\pm\{\dfrac{\sqrt{2}}{6}, \dfrac{\sqrt{2}}{6}, -\dfrac{2\sqrt{2}}{3}\}$)

2.已知 a,b,c 两两垂直,且 $|a|=1$, $|b|=2$, $|c|=3$. 求 $s=a+b+c$ 的模和它与向量 b 的夹角. (答案:$\sqrt{14}$;$\arccos\dfrac{4}{\sqrt{14}}$)

3.设平行四边形对角线 $c=a+2b$, $d=3a-4b$,其中 $|a|=1$, $|b|=2$, $a\perp b$,求平行四边形的面积. (答案:10)

4.求下列平面方程:(1) 过点 $(2,2,3)$ 且平行于直线 l_1:$\dfrac{x-1}{4}=\dfrac{y+1}{8}=\dfrac{z-1}{5}$ 和 l_2:$x+1=y-1=z$ 的平面;(2) 过平行直线 l_1:$\dfrac{x+3}{3}=\dfrac{y+2}{-2}=\dfrac{z}{1}$

及 $l_2:\dfrac{x+3}{3}=\dfrac{y+4}{-2}=\dfrac{z-1}{1}$ 的平面;(3)过原点及点 $(1,1,1)$ 且平行于直线

$\dfrac{x-2}{3}=\dfrac{y-4}{-2}=\dfrac{z+3}{5}$ 的平面.

（答案：$3x+y-4z+4=0;2y+3z+4=0;7x-2y-5z=0$）

5.求下列直线方程:(1)过点 $(3,2,-1)$ 且平行于平面 $x-4z-3=0$ 及 $2x-y-5z-1=0$ 的直线;(2)过点 $(-1,0,4)$,平行于平面 $3x-4y+z-10=0$ 又垂直于直线 $\begin{cases} x+2y-z=0 \\ x+2y+2z+4=0 \end{cases}$ 的直线.

（答案：$\dfrac{x-3}{4}=\dfrac{y-2}{3}=\dfrac{z+1}{1};\dfrac{x+1}{1}=\dfrac{y}{2}=\dfrac{z-4}{5}$）

6.确定 λ,使直线 $\dfrac{x-1}{1}=\dfrac{y+2}{2}=\dfrac{z-1}{\lambda}$ 垂直于平面 $\pi_1:3x+6y+3z+25=0$,并求该直线在平面 $\pi_2:x-y+z-2=0$ 上的投影.

（答案：$\lambda=1,\begin{cases} x-y+z-2=0 \\ x-z=0 \end{cases}$）

7.4　检测真题

1.求直线 $l:\dfrac{x-1}{1}=\dfrac{y}{1}=\dfrac{z-1}{-1}$ 在平面 $\pi:x-y+2z-1=0$ 上的投影直线 l_0 的方程,并求 l_0 绕 y 轴旋转一周所成曲面的方程.

（答案：$l_0:\begin{cases} x-2y+2z-1=0 \\ x-3y-2z+1=0 \end{cases}; \quad 4x^2-17y^2+4z^2+2y-1=0$）

2.设直线 $l:\begin{cases} x+y+b=0 \\ x+ay-z-3=0 \end{cases}$ 在平面 π 上,而平面 π 与曲面 $z=x^2+y^2$ 相切于点 $(1,-2,5)$,求 a,b 之值.　　　　　（答案：$a=-5,b=-2$）

3.求过三平面 $2x+y-z-2=0,x-3y+z+1=0$ 和 $x+y+z-3=0$ 的交点,且平行于平面 $x+y+2z=0$ 的平面方程.

（答案：$x+y+2z-4=0$）

第8讲

多元函数微分法及其应用

本讲涵盖了主讲教材第 8 章的内容.

8.1　本讲内容聚焦

一、内容要点精讲

(一) 基本概念

1. 二元函数

定义域和对应关系是二元函数 $z = f(x, y)$ 的两要素. 其定义域为平面上的点集.

2. 极限

函数 $z = f(x, y)$ 的极限为 A, 是指点 (x, y) 以任何方式, 沿任意路径趋于点 (x_0, y_0) 时, 均有 $f(x, y)$ 趋于常数 A, 记为 $\lim\limits_{\substack{x \to x_0 \\ y \to y_0}} f(x, y) = A$.

3. 连续

函数 $z = f(x, y)$ 在点 (x_0, y_0) 连续必须满足: (1) 在 $U(x_0, y_0)$ 内有定义; (2) $\lim\limits_{\substack{x \to x_0 \\ y \to y_0}} f(x, y)$ 存在; (3) $\lim\limits_{\substack{x \to x_0 \\ y \to y_0}} f(x, y) = f(x_0, y_0)$. 三个条件缺一不可. 否则, $f(x, y)$ 在点 (x_0, y_0) 不连续.

(二) 偏导数

1. 定义与计算

$$\frac{\partial z}{\partial x} = \lim_{\Delta x \to 0} \frac{f(x + \Delta x, y) - f(x, y)}{\Delta x}$$

$$\frac{\partial z}{\partial y} = \lim_{\Delta y \to 0} \frac{f(x, y + \Delta y) - f(x, y)}{\Delta y}$$

求 $\dfrac{\partial z}{\partial x}$ 时,只要把 $z = f(x,y)$ 中的 y 暂时看做常量,而对 x 求导;求 $\dfrac{\partial z}{\partial y}$ 时,暂时把 x 看作常量,而对 y 求导.

2. 高阶偏导数

$$\frac{\partial}{\partial x}\left(\frac{\partial z}{\partial x}\right) = \frac{\partial^2 z}{\partial x^2} = f_{xx}(x,y), \qquad \frac{\partial}{\partial y}\left(\frac{\partial z}{\partial x}\right) = \frac{\partial^2 z}{\partial x \partial y} = f_{xy}(x,y)$$

$$\frac{\partial}{\partial y}\left(\frac{\partial z}{\partial y}\right) = \frac{\partial^2 z}{\partial y^2} = f_{yy}(x,y), \qquad \frac{\partial}{\partial x}\left(\frac{\partial z}{\partial y}\right) = \frac{\partial^2 z}{\partial y \partial x} = f_{yx}(x,y)$$

如果二阶混合偏导数 $\dfrac{\partial^2 z}{\partial x \partial y}$ 与 $\dfrac{\partial^2 z}{\partial y \partial x}$ 在区域 D 内连续,则在 D 内恒有

$$\frac{\partial^2 z}{\partial x \partial y} = \frac{\partial^2 z}{\partial y \partial x}.$$

(三) 全微分

1. 定义与计算

若函数 $z = f(x,y)$ 在点 (x_0, y_0) 的全增量可表示为 $\Delta z = A\Delta x + B\Delta y + o(\rho)$,其中 A, B 不依赖于 $\Delta x, \Delta y$,仅与 (x_0, y_0) 有关,$\rho = \sqrt{(\Delta x)^2 + (\Delta y)^2}$,则 $z = f(x,y)$ 在 (x_0, y_0) 点的全微分 $\Delta z = A\Delta x + B\Delta y$. 若 $f(x,y)$ 在点 (x_0, y_0) 可微,则 $\mathrm{d}z = f_x(x_0,y_0)\mathrm{d}x + f_y(x_0,y_0)\mathrm{d}y$.

2. 二元函数连续、偏导数存在与可微的关系

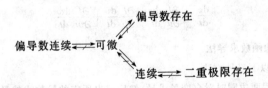

3. 方向导数与梯度

(1) 方向导数:$u = f(x, y, z)$ 在点 (x, y, z) 沿着方向 L 的方向导数为

$$\frac{\partial f}{\partial L} = \frac{\partial f}{\partial x}\cos\alpha + \frac{\partial f}{\partial y}\cos\beta + \frac{\partial f}{\partial z}\cos\gamma$$

其中 α, β, γ 是方向 L 的方向角.

(2) 梯度:函数 $u = f(x, y, z)$ 在点 (x, y, z) 处的梯度为

$$\mathbf{grad}f(x,y,z) = \frac{\partial f}{\partial x}\boldsymbol{i} + \frac{\partial f}{\partial y}\boldsymbol{j} + \frac{\partial f}{\partial z}\boldsymbol{k}$$

(四) 多元复合函数的导数

1. 多元复合函数的求导法则(链式法则)

若 $z = f(u,v), u = \varphi(x,y), v = \psi(x,y)$,则有

$$\frac{\partial z}{\partial x} = \frac{\partial z}{\partial u}\frac{\partial u}{\partial x} + \frac{\partial z}{\partial v}\frac{\partial v}{\partial x}, \qquad \frac{\partial z}{\partial y} = \frac{\partial z}{\partial u}\frac{\partial u}{\partial y} + \frac{\partial z}{\partial v}\frac{\partial v}{\partial y}$$

2. 几种推广情形

(1) 若 $z = f(u,v,w)$,而 $u = \varphi(x,y), v = \psi(x,y), w = w(x,y)$,则

$$\frac{\partial z}{\partial x} = \frac{\partial z}{\partial u}\frac{\partial u}{\partial x} + \frac{\partial z}{\partial v}\frac{\partial v}{\partial x} + \frac{\partial z}{\partial w}\frac{\partial w}{\partial x}$$

$$\frac{\partial z}{\partial y} = \frac{\partial z}{\partial u}\frac{\partial u}{\partial y} + \frac{\partial z}{\partial v}\frac{\partial v}{\partial y} + \frac{\partial z}{\partial w}\frac{\partial w}{\partial y}$$

(2) 若 $z = f(u,x,y)$,而 $u = \varphi(x,y)$,则

$$\frac{\partial z}{\partial x} = \frac{\partial f}{\partial u}\frac{\partial u}{\partial x} + \frac{\partial f}{\partial x}, \qquad \frac{\partial z}{\partial y} = \frac{\partial f}{\partial u}\frac{\partial u}{\partial y} + \frac{\partial f}{\partial y}$$

(3) 设 $z = f(u,v,w)$,而 $u = \varphi(t), v = \psi(t), w = w(t)$,则复合函数 $z = f(\varphi(t),\psi(t),\omega(t))$ 只是一个自变量 t 的函数,这个复合函数对 t 的导数 $\dfrac{\mathrm{d}z}{\mathrm{d}t}$ 称为全导数,且

$$\frac{\mathrm{d}z}{\mathrm{d}t} = \frac{\partial f}{\partial u}\frac{\mathrm{d}u}{\mathrm{d}t} + \frac{\partial f}{\partial v}\frac{\mathrm{d}v}{\mathrm{d}t} + \frac{\partial f}{\partial w}\frac{\mathrm{d}w}{\mathrm{d}t}$$

(五) 隐函数求导法

通常有以下三种方法:

(1) 方程两边同时对自变量求导,然后解出所需的导数或偏导数. 由于因变量是自变量的函数,在此法中要用到链式法则.

(2) 公式法. 设 $z = f(x,y)$ 是由方程 $F(x,y,z) = 0$ 所确定的隐函数,且 $F_z \neq 0$,则

$$\frac{\partial z}{\partial x} = -\frac{F_x}{F_z}, \qquad \frac{\partial z}{\partial y} = -\frac{F_y}{F_z}$$

(3) 微分法. 利用一阶全微分形式的不变性,方程两边同时求全微分,可以求出所需偏数或导数.

(六) 微分法在几何上的应用

1. 空间曲线的切线与法平面

设空间曲线 Γ 的参数方程为 $x = \varphi(t)$，$y = \psi(t)$，$z = \omega(t)$，则在曲线 Γ 上点 (x_0, y_0, z_0) 的切线方程为

$$\frac{x - x_0}{\varphi'(t_0)} = \frac{y - y_0}{\psi'(t_0)} = \frac{z - z_0}{\omega'(t_0)}$$

法平面方程为

$$\varphi'(t_0)(x - x_0) + \psi'(t_0)(y - y_0) + \omega'(t_0)(z - z_0) = 0$$

其中 $x_0 = \varphi(t_0)$，$y_0 = \psi(t_0)$，$z_0 = \omega(t_0)$.

2. 空间曲面的切平面与法线

(1) 设曲面 Σ 的方程为 $F(x, y, z) = 0$，则在曲面 Σ 上点 $M_0(x_0, y_0, z_0)$ 处的切平面方程为

$$F_x(x_0, y_0, z_0)(x - x_0) + F_y(x_0, y_0, z_0)(y - y_0) + F_z(x_0, y_0, z_0)(z - z_0) = 0$$

法线方程为

$$\frac{x - x_0}{F_x(x_0, y_0, z_0)} = \frac{y - y_0}{F_y(x_0, y_0, z_0)} = \frac{z - z_0}{F_z(x_0, y_0, z_0)}$$

(2) 设曲面 Σ 的方程为 $z = f(x, y)$，则在 Σ 上点 $M_0(x_0, y_0, z_0)$ 处的切平面方程为

$$z - z_0 = f_x(x_0, y_0)(x - x_0) + f_y(x_0, y_0)(y - y_0)$$

法线方程为

$$\frac{x - x_0}{f_x(x_0, y_0)} = \frac{y - y_0}{f_y(x_0, y_0)} = \frac{z - z_0}{-1}$$

(七) 多元函数极值问题

1. 函数 $z = f(x, y)$ 取得极值的必要条件

设函数 $z = f(x, y)$ 在点 (x_0, y_0) 具有偏导数，且在点 (x_0, y_0) 处有极值，则 $f_x(x_0, y_0) = 0$，$f_y(x_0, y_0) = 0$.

2. 二元函数极值存在的充分条件

设函数 $z = f(x, y)$ 在 $U(x_0, y_0)$ 内有一阶及二阶连续偏导数，又 $f_x(x_0, y_0) = 0$，$f_y(x_0, y_0) = 0$，令 $f_{xx}(x_0, y_0) = A$，$f_{xy}(x_0, y_0) = B$，$f_{yy}(x_0, y_0) = C$，则

(1) $AC - B^2 > 0$ 时有极值，且当 $A < 0$ 时有极大值，$A > 0$ 时有极小值；

(2) $AC-B^2<0$ 时没有极值;

(3) $AC-B^2=0$ 时可能有极值,也可能无极值.

3. 二元函数 $z=f(x,y)$ 在附加条件 $\varphi(x,y)=0$ 下极值的求法

(1) 降元法:从条件方程 $\varphi(x,y)=0$ 中解出 $y=y(x)$,代入 $z=f(x,y)$,即化为一元函数的无条件极值问题.

(2) 拉格朗日乘数法:作 $F(x,y)=f(x,y)+\lambda\varphi(x,y)$($\lambda$ 为参数),再从方程组 $F_x=f_x(x,y)+\lambda\varphi_x(x,y)=0$, $F_y=f_y(x,y)+\lambda\varphi_y(x,y)=0,\varphi(x,y)=0$ 中解出 x,y,就是可能极值点.

二、知识脉络图解

多元函数微分法及其应用
- 基本概念(区域、定义、极限、连续)
- 偏导数(定义、计算、高阶偏导数)
- 全微分(定义、计算、必要条件、充分条件、方向导数、梯度)
- 多元复合函数的导数(链式法则、全导数)
- 隐函数求导法(一个方程、方程组)
- 微分法在几何上的应用
  - 空间曲线的切线与法平面
  - 空间曲面的切平面与法线
- 多元函数极值问题
  - 必要条件,充分条件
  - 无条件极值问题
  - 拉格朗日乘数法

三、重点、难点点击

本讲重点内容:二元函数的极限和连续的概念,多元函数微分法:求偏导数,复合函数,隐函数求导,全微分的概念和计算法,方向导数与梯度的概念及计算,多元函数微分法在几何上的应用:空间曲线的切线与法平面,曲面的切平面与法线,多元函数的极值,条件极值,拉格朗日乘数法.

常见题型:二元函数的极限,连续性讨论,求复合函数、隐函数的偏导数,求全微分,求方向导数与梯度,求空间曲线的切线与法平面,曲面的切平面与法线,条件极值,拉格朗日乘数法.

120

8.2　典型例题精选

【例 8-1】　(1) 设 $f(x,y) = \begin{cases} \dfrac{xy}{x^2+y^2}, & (x,y) \neq (0,0) \\ 0, & (x,y) = (0,0) \end{cases}$，试问在 $(0,0)$ 处

$f(x,y)$ 是否连续？偏导数是否存在？

(2) $f(x,y) = \begin{cases} \dfrac{xy}{\sqrt{x^2+y^2}}, & (x,y) \neq (0,0) \\ 0, & (x,y) = (0,0) \end{cases}$，试问在 $(0,0)$ 处 $f(x,y)$ 的

偏导数是否存在？是否可微？

【解】　(1)　$\lim\limits_{\substack{x\to 0 \\ y=kx\to 0}} f(x,y) = \lim\limits_{x\to 0} \dfrac{kx^2}{x^2+k^2x^2} = \dfrac{k}{1+k^2}$，其值随 k 而变，所以

$\lim\limits_{\substack{x\to 0 \\ y\to 0}} f(x,y)$ 不存在，故 $f(x,y)$ 在 $(0,0)$ 点不连续.

但　　　$f_x(0,0) = \lim\limits_{x\to 0} \dfrac{f(x,0)-f(0,0)}{x} = \lim\limits_{x\to 0} \dfrac{0-0}{x} = 0$

　　　　$f_y(0,0) = \lim\limits_{y\to 0} \dfrac{f(0,y)-f(0,0)}{y} = \lim\limits_{y\to 0} \dfrac{0-0}{y} = 0$

(2) $f_x(0,0) = \lim\limits_{x\to 0} \dfrac{f(x,0)-f(0,0)}{x} = \lim\limits_{x\to 0} \dfrac{0}{x} = 0$，同理 $f_y(0,0) = 0$.

但是 $\lim\limits_{\rho\to 0} \dfrac{\Delta z - [f_x(0,0)\Delta x + f_y(0,0)\mathrm{d}y]}{\rho} = \lim\limits_{\rho\to 0} \dfrac{\Delta x \Delta y}{(\Delta x)^2 + (\Delta y)^2}$ 不存在. 因此

$f(x,y)$ 在 $(0,0)$ 点处的偏导数存在，但不可微.

【例 8-2】　求曲线 $\begin{cases} x^2+y^2+z^2 = 6 \\ x^2+y^2-z^2 = 4 \end{cases}$ 在点 $(2,1,1)$ 处的切线与 y 轴的夹角

余弦.

【解】　令　　　$F(x,y,z) = x^2+y^2+z^2-6$

　　　　　　　　$G(x,y,z) = x^2+y^2-z^2-4$

$$J = \begin{vmatrix} 2y & 2z \\ 2y & -2z \end{vmatrix} = -8yz, \qquad J \mid_{(2,1,1)} = -8$$

$$\frac{\mathrm{d}y}{\mathrm{d}x} = -\frac{1}{J} \begin{vmatrix} 2x & 2z \\ 2x & -2z \end{vmatrix}_{(2,1,1)} = -\frac{1}{J}(-8xz) \mid_{(2,1,1)} = -2$$

$$\frac{\mathrm{d}z}{\mathrm{d}x} = -\frac{1}{J}\begin{vmatrix} 2y & 2x \\ 2y & 2x \end{vmatrix} = 0$$

故切线的方向向量为 $s = \{1, -2, 0\}$.

又 y 轴的方向向量为 $k = \{0,1,0\}$, $\|s\| = \sqrt{1^2 + 2^2 + 0^2} = \sqrt{5}$, 则切线与 y 轴的夹角余弦 $\cos\beta = \frac{s \cdot k}{\|s\|\|k\|} = -\frac{2}{\sqrt{5}}$.

【例 8-3】 求曲线 $x = t^2, y = \frac{8}{\sqrt{t}}, z = 4\sqrt{t}$ 在点 $(16,4,8)$ 处的法平面方程和切线方程.

【解】 $\quad \frac{\mathrm{d}x}{\mathrm{d}t} = 2t, \quad \frac{\mathrm{d}y}{\mathrm{d}t} = -\frac{8}{2}t^{-\frac{3}{2}}, \quad \frac{\mathrm{d}z}{\mathrm{d}t} = \frac{2}{\sqrt{t}}$

在点 $(16,4,8)$ 处对应的参数 $t = 4$, 故法向量为 $\{8, -\frac{1}{2}, 1\}$, 可取法向量为 $\{16, -1, 2\}$, 则法平面方程为

$$16(x-16) - (y-4) + 2(z-8) = 0$$

即 $\qquad\qquad 16x - y + 2z = 268$

切线方程为 $\qquad \frac{x-16}{16} = \frac{y-4}{-1} = \frac{z-8}{2}$

【例 8-4】 设 $y = y(x), z = z(x)$ 是由方程 $z = xf(x+y)$ 和 $F(x,y,z) = 0$ 所确定的函数, 其中 f 和 F 分别具有一阶连续导数和一阶连续偏导数, 求 $\frac{\mathrm{d}z}{\mathrm{d}x}$.

【解法1】分别在 $z = xf(x+y)$ 和 $F(x,y,z) = 0$ 两端对 x 求导数得

$$\frac{\mathrm{d}z}{\mathrm{d}x} = f(x+y) + xf'(1 + \frac{\mathrm{d}y}{\mathrm{d}x}) \qquad (1)$$

由 $F_x + F_y\frac{\mathrm{d}y}{\mathrm{d}x} + F_z\frac{\mathrm{d}z}{\mathrm{d}x} = 0$ 解出 $\frac{\mathrm{d}y}{\mathrm{d}x} = \frac{-F_x - F_z\frac{\mathrm{d}z}{\mathrm{d}x}}{F_y}$, 代入式(1) 有

$$\frac{\mathrm{d}z}{\mathrm{d}x} = f + xf'(1 - \frac{F_x + F_z\frac{\mathrm{d}z}{\mathrm{d}x}}{F_y})$$

由此式解出 $\qquad \frac{\mathrm{d}z}{\mathrm{d}x} = \frac{fF_y + xf'F_y - xF_xf'}{F_y + xf'F_z}$

【解法2】 $\qquad \mathrm{d}z = f\mathrm{d}x + x\mathrm{d}f = f\mathrm{d}x + xf'(\mathrm{d}x + \mathrm{d}y) \qquad (2)$

由 $\qquad\qquad \mathrm{d}F = F_x\mathrm{d}x + F_y\mathrm{d}y + F_z\mathrm{d}z = 0$

解出
$$dy = \frac{-F_z dz - F_x dx}{F_y}$$

代入式（2）得
$$dz = f dx + x f' (dx + \frac{-F_z dz - F_x dx}{F_y})$$

由此解得
$$\frac{dz}{dx} = \frac{f F_y + x F_y f' - F_x x f'}{F_y + x f' F_z}$$

【例 8-5】 设 $z = f(xy, \frac{x}{y}) + g(\frac{y}{x})$，其中 f 具有二阶连续偏导数，g 具有连续二阶导数，求 $\frac{\partial^2 z}{\partial x \partial y}$.

【解】 $\frac{\partial z}{\partial x} = y f_1' + \frac{1}{y} f_2' - \frac{y}{x^2} g'$

$\frac{\partial^2 z}{\partial x \partial y} = \frac{\partial}{\partial y}(\frac{\partial z}{\partial x}) = f_1' + y[f_{11}'' \cdot x + f_{12}''(-\frac{x}{y^2})] + (-\frac{1}{y^2} f_2') +$

$\quad \frac{1}{y}(f_{21}'' \cdot x + f_{22}'' \cdot (-\frac{x}{y^2})) - \frac{1}{x^2} g' - \frac{y}{x^2} g'' \cdot \frac{1}{x} =$

$\quad f_1' - \frac{1}{y^2} f_2' + xy f_{11}'' - \frac{x}{y^3} f_{22}'' - \frac{1}{x^2} g' - \frac{y}{x^3} g''$

【例 8-6】 设 $z = f(x, y)$ 在点 $(1,1)$ 处可微，且 $f(1,1) = 1$，$\frac{\partial f}{\partial x}\Big|_{(1,1)} = 2$，$\frac{\partial f}{\partial y}\Big|_{(1,1)} = 3$，$\varphi(x) = f(x, f(x,x))$，求 $\frac{d}{dx}(\varphi^3(x))\Big|_{x=1}$.

【解】 $\quad \varphi(1) = f(1, f(1,1)) = f(1,1) = 1$

$\frac{d}{dx}(\varphi^3(x)) = 3\varphi^2(x) \cdot \frac{d\varphi}{dx} = 3\varphi^2(x)\{f_1'(x, f(x,x)) +$

$\quad f_2'(x, f(x,x)) \cdot [f_1'(x,x) + f_2'(x,x)]\}$

所以 $\quad \frac{d}{dx}(\varphi^3(x))\Big|_{(1,1)} = 3\{f_1'(1, f(1,1)) + f_2'(1, f(1,1)) \cdot [f_1'(1,1) +$

$\quad f_2'(1,1)]\} = 3\{f_1'(1,1) + f_2'(1,1) \cdot [f_1'(1,1) +$

$\quad f_2'(1,1)]\} = 3\{2 + 3[2 + 3]\} = 51$

【例 8-7】 设 $f(u, v)$ 具有二阶连续偏导数，且满足 $\frac{\partial^2 f}{\partial u^2} + \frac{\partial^2 f}{\partial v^2} = 1$，又 $g(x, y) = f[xy, \frac{1}{2}(x^2 - y^2)]$，求 $\frac{\partial^2 g}{\partial x^2} + \frac{\partial^2 g}{\partial y^2}$.

【解】 设 $u = xy, v = \frac{1}{2}(x^2 - y^2)$

$$\frac{\partial g}{\partial x} = y\frac{\partial f}{\partial u} + x\frac{\partial f}{\partial v}, \qquad \frac{\partial g}{\partial y} = x\frac{\partial f}{\partial u} - y\frac{\partial f}{\partial v}$$

故

$$\frac{\partial^2 g}{\partial x^2} = y^2\frac{\partial^2 f}{\partial u^2} + 2xy\frac{\partial^2 f}{\partial u\partial v} + x^2\frac{\partial^2 f}{\partial v^2} + \frac{\partial f}{\partial v}$$

$$\frac{\partial^2 g}{\partial y^2} = x^2\frac{\partial^2 f}{\partial u^2} - 2xy\frac{\partial^2 f}{\partial u\partial v} + y^2\frac{\partial^2 f}{\partial v^2} - \frac{\partial f}{\partial v}$$

所以

$$\frac{\partial^2 g}{\partial x^2} + \frac{\partial^2 g}{\partial y^2} = (x^2+y^2)\frac{\partial^2 f}{\partial u^2} + (x^2+y^2)\frac{\partial^2 f}{\partial v^2} =$$

$$(x^2+y^2)\left(\frac{\partial^2 f}{\partial u^2} + \frac{\partial^2 f}{\partial v^2}\right) = x^2 + y^2$$

【例 8 - 8】 在曲面 $z^2 = 2(x-1)^2 + (y-1)^2 (z>0)$ 上求点 $P_1(x_1,y_1,z_1)$,使点 P_1 到原点 O 的距离为最短,并且证明该曲面在点 P_1 处的法线与向量 $\overrightarrow{OP_1}$ 平行.

【解】 目标函数为 $f = d^2 = x^2 + y^2 + z^2$,约束条件为 $z^2 = 2(x-1)^2 + (y-1)^2$,化为无条件极值为

$$f(x,y) = x^2 + y^2 + 2(x-1)^2 + (y-1)^2, \quad (x,y) \in R^2$$

$$\begin{cases} f_x = 2x + 4(x-1) = 0 \\ f_y = 2y + 2(y-1) = 0 \end{cases} \text{解出唯一驻点} \begin{cases} x_1 = \dfrac{2}{3} \\ y_1 = \dfrac{1}{2} \end{cases}$$

代入曲面方程得 $z_1 = \dfrac{\sqrt{17}}{6}$(舍去负值).

$A = f_{xx}(x_1,y_1) = 6, B = f_{xy}(x_1,y_1) = 0, C = f_{yy}(x_1,y_1) = 4$,因为 $AC - B^2 = 24 > 0$,且 $A > 0$,所以在点 $P_1\left(\dfrac{2}{3}, \dfrac{1}{2}, \dfrac{\sqrt{17}}{6}\right)$ 处取得最短距离 $d = \dfrac{\sqrt{42}}{6}$.

或由题意,原点 O 到上半椭圆 $z^2 = 2(x-1)^2 + (y-1)^2 (z>0)$ 存在最小距离,所以 $f(x,y)$ 在唯一驻点处达到最小值.

令

$$F(x,y,z) = 2(x-1)^2 + (y-1)^2 - z^2$$

所以

$$F_x(P_1) = -\frac{4}{3}, \quad F_y(P_1) = -1$$

$$F_z(P_1) = \frac{-\sqrt{17}}{3}, \quad \overrightarrow{OP_1} = \left\{\frac{2}{3}, \frac{1}{2}, \frac{\sqrt{17}}{6}\right\}$$

曲面在点 P_1 处法向量 $\boldsymbol{n} = -2\left\{\dfrac{2}{3}, \dfrac{1}{2}, \dfrac{\sqrt{17}}{6}\right\} /\!/ \overrightarrow{OP_1}$.

【例 8 - 9】 在椭球面 $x^2 + y^2 + \dfrac{z^2}{4} = 1$ 的第一卦限上求一点,使椭球面在该点处的切平面在三个坐标轴上的截距的平方和最小.

【解】 设 (x_0, y_0, z_0) 是椭球面第一卦限上的点,则切平面方程为

$$x_0 x + y_0 y + \frac{1}{4} z_0 z = 1$$

则目标函数为

$$f = \frac{1}{x_0^2} + \frac{1}{y_0^2} + \frac{16}{z_0^2}$$

约束条件为

$$x_0^2 + y_0^2 + \frac{1}{4} z_0^2 - 1 = 0$$

令

$$F = \frac{1}{x_0^2} + \frac{1}{y_0^2} + \frac{16}{z_0^2} + \lambda \left(x_0^2 + y_0^2 + \frac{1}{4} z_0^2 - 1 \right)$$

由

$$
\begin{cases}
F_{x_0} = -\dfrac{2}{x_0^3} + 2\lambda x_0 = 0 \\[2mm]
F_{y_0} = -\dfrac{2}{y_0^3} + 2\lambda y_0 = 0 \\[2mm]
F_{z_0} = -\dfrac{32}{z_0^3} + \dfrac{\lambda}{2} z_0 = 0 \\[2mm]
x_0^2 + y_0^2 + \dfrac{1}{4} z_0^2 = 1
\end{cases}
$$

解之得

$$x_0 = y_0 = \frac{1}{2}, z_0 = \sqrt{2}.$$

由实际问题知 $\left(\dfrac{1}{2}, \dfrac{1}{2}, \sqrt{2}\right)$ 为所求点.

【例 8 - 10】 假定某企业在两个相互分割的市场上出售同一种产品,两个市场的需求函数分别为 $P_1 = 18 - 2Q_1$, $P_2 = 12 - Q_2$,其中 P_1 和 P_2 分别表示该产品在两个市场的价格(单位:万元 / 吨),Q_1 和 Q_2 分别表示该产品在两个市场的销售量(即需求量,单位:吨),并且该企业生产这种产品的总成本函数是 $C = 2Q + 5$,其中 Q 表示该产品在两个市场的销售总量,即

$$Q = Q_1 + Q_2$$

(1)如果该企业实行价格差别策略,试确定两个市场上该产品的销售量和价格,使该企业获得最大利润.

(2)如果该企业实行价格无差别策略,试确定两个市场上该产品的销售量

及其统一价格,使该企业的总利润最大化;并比较两种价格策略下的总利润大小.

【解】 (1) 总利润函数

$$L = R - C = P_1Q_1 + P_2Q_2 - (2Q + 5) =$$
$$-2Q_1^2 - Q_2^2 + 16Q_1 + 10Q_2 - 5$$

令 $L'_{Q_1} = -4Q_1 + 16 = 0, L'_{Q_2} = -2Q_2 + 10 = 0$,解得 $Q_1 = 4, Q_2 = 5$,则 $P_1 = 10$ 万元 / 吨, $P_2 = 7$ 万元 / 吨. 由于驻点唯一,根据问题的实际意义,故最大值必在驻点达到,最大利润为 $L = 52$ 万元.

(2) 若实行价格无差别策略,则 $P_1 = P_2$,于是有约束条件:$2Q_1 - Q_2 = 6$. 构造拉格朗日函数

$$F(Q_1, Q_2) = -2Q_1^2 - Q_2^2 + 16Q_1 + 10Q_2 - 5 + \lambda(2Q_1 - Q_2 - 6)$$

令

$$\begin{cases} F_{Q_1} = -4Q_1 + 16 + 2\lambda = 0 \\ F_{Q_2} = -2Q_2 + 10 - \lambda = 0 \\ 2Q_1 - Q_2 - 6 = 0 \end{cases}$$

解得 $Q_1 = 5, Q_2 = 4, \lambda = 2$,则 $P_1 = P_2 = 8$,最大利润

$$L = -2 \times 5^2 - 4^2 + 16 \times 5 + 10 \times 4 - 5 = 49 \text{ 万元}$$

由上述可知,企业实行差别定价所得总利润要大于统一价格的总利润.

【例 8 - 11】 设有一小山,取它的底面所在的平面为 xOy 平面,其底部所占的区域为 $D = \{(x, y) \mid x^2 + y^2 - xy \leqslant 75\}$,小山的高度函数为 $h(x, y) = 75 - x^2 - y^2 + xy$.

(1) 设 $M(x_0, y_0)$ 为区域 D 上一点,问 $h(x, y)$ 在该点沿平面上什么方向的方向导数最大?若记此方向导数的最大值为 $g(x_0, y_0)$,试写出 $g(x_0, y_0)$ 的表达式.

(2) 现欲利用此小山开展攀岩活动,为此需要在山脚寻找一上山坡度最大的点作为攀岩的起点,也就是说,需在 D 的边界线 $x^2 + y^2 - xy = 75$ 上找出使 (1) 中的 $g(x, y)$ 达到最大值的点,试确定攀登起点的位置.

【解】 (1) 由梯度的几何意义知 $h(x, y)$ 在点 $M(x_0, y_0)$ 处沿梯度

$$\mathbf{grad}h(x, y)\,|_{(x_0, y_0)} = (y_0 - 2x_0)\mathbf{i} + (x_0 - 2y_0)\mathbf{j}$$

方向的方向导数最大,方向导数的最大值为该梯度的模,所以

$$g(x_0, y_0) = \sqrt{(y_0 - 2x_0)^2 + (x_0 - 2y_0)^2} = \sqrt{5x_0^2 + 5y_0^2 - 8x_0y_0}$$

(2) 令 $f(x, y) = g^2(x, y) = 5x^2 + 5y^2 - 8xy$

由题意，只需求 $f(x,y)$ 在约束条件 $75 - x^2 - y^2 + xy = 0$ 下的最大值点.

令　　　$L(x,y) = 5x^2 + 5y^2 - 8xy + \lambda(75 - x^2 - y^2 + xy)$

则
$$\begin{cases} L_x' = 10x - 8y + \lambda(y - 2x) = 0 & (1) \\ L_y' = 10y - 8x + \lambda(x - 2y) = 0 & (2) \\ 75 - x^2 - y^2 + xy = 0 & (3) \end{cases}$$

式(1)与式(2)相加可得 $(x + y)(2 - \lambda) = 0$，从而得 $y = -x$ 或 $\lambda = 2$.

若 $\lambda = 2$，则由式(1)得 $y = x$，再由式(3)得 $x = \pm 5\sqrt{3}$，$y = \pm 5\sqrt{3}$.

若 $y = -x$，则由式(3)得 $x = \pm 5$，$y = \mp 5$.

于是得到 4 个可能的极值点 $M_1(5, -5)$，$M_2(-5, 5)$，$M_3(5\sqrt{3}, 5\sqrt{3})$，$M_4(-5\sqrt{3}, -5\sqrt{3})$.

由　　　$f(M_1) = f(M_2) = 450$，$f(M_3) = f(M_4) = 150$

故 $M_1(5, -5)$ 或 $M_2(-5, 5)$ 可作为攀岩的起点.

【例 8-12】　设 $z = z(x,y)$ 是由 $x^2 - 6xy + 10y^2 - 2yz - z^2 + 18 = 0$ 确定的函数，求 $z = z(x,y)$ 的极值点和极值.

【解】　因为 $x^2 - 6xy + 10y^2 - 2yz - z^2 + 18 = 0$

所以
$$2x - 6y - 2y\frac{\partial z}{\partial x} - 2z\frac{\partial z}{\partial x} = 0$$

$$-6x + 20y - 2z - 2y\frac{\partial z}{\partial y} - 2z\frac{\partial z}{\partial y} = 0$$

令 $\begin{cases} \dfrac{\partial z}{\partial x} = 0 \\ \dfrac{\partial z}{\partial y} = 0 \end{cases}$　得 $\begin{cases} x - 3y = 0 \\ -3x + 10y - z = 0 \end{cases}$，故 $\begin{cases} x = 3y \\ z = y \end{cases}$

将上式代入 $x^2 - 6xy + 10y^2 - 2yz - z^2 + 18 = 0$，可得
$$\begin{cases} x = 9 \\ y = 3 \\ z = 3 \end{cases} \quad 或 \quad \begin{cases} x = -9 \\ y = -3 \\ z = -3 \end{cases}$$

由于
$$2 - 2y\frac{\partial^2 z}{\partial x^2} - 2\left(\frac{\partial z}{\partial x}\right)^2 - 2z\frac{\partial^2 z}{\partial x^2} = 0$$

$$-6 - 2\frac{\partial z}{\partial x} - 2y\frac{\partial^2 y}{\partial x \partial y} - 2\frac{\partial z}{\partial y} \cdot \frac{\partial z}{\partial x} - 2z\frac{\partial^2 y}{\partial x \partial y} = 0$$

$$20 - 4\frac{\partial z}{\partial y} - 2y\frac{\partial^2 y}{\partial y^2} - 2\left(\frac{\partial z}{\partial y}\right)^2 - 2z\frac{\partial^2 z}{\partial y^2} = 0$$

所以 $A = \dfrac{\partial^2 z}{\partial x^2}\bigg|_{(9,3,3)} = \dfrac{1}{6}$, $B = \dfrac{\partial^2 z}{\partial x \partial y}\bigg|_{(9,3,3)} = -\dfrac{1}{2}$, $C = \dfrac{\partial^2 z}{\partial y^2}\bigg|_{(9,3,3)} = \dfrac{5}{3}$

故 $AC - B^2 = \dfrac{1}{36} > 0$. 又 $A = \dfrac{1}{6} > 0$, 从而点 $(9,3)$ 是 $z(x,y)$ 的极小值点,

极小值 $z(9,3) = 3$.

类似地 $A = \dfrac{\partial^2 z}{\partial x^2}\bigg|_{(-9,-3,-3)} = -\dfrac{1}{6}$, $B = \dfrac{\partial^2 z}{\partial x \partial y}\bigg|_{(-9,-3,-3)} = \dfrac{1}{2}$, $C =$

$\dfrac{\partial^2 z}{\partial y^2}\bigg|_{(-9,-3,-3)} = -\dfrac{5}{3}$.

可知 $AC - B^2 = \dfrac{1}{36} > 0$, 又 $A = -\dfrac{1}{6} < 0$, 所以点 $(-9,-3)$ 是 $z(x,y)$

的极大值点, 极大值 $z(-9,-3) = -3$.

【例 8–13】 设函数 $f(u)$ 在 $(0,+\infty)$ 内具有二阶导数, 且 $z = f(\sqrt{x^2 + y^2})$ 满足等式 $\dfrac{\partial^2 z}{\partial x^2} + \dfrac{\partial^2 z}{\partial y^2} = 0$.

(1) 验证 $f''(u) + \dfrac{f'(u)}{u} = 0$;

(2) 若 $f(1) = 0$, $f'(1) = 1$, 求函数 $f(u)$ 的表达式.

【解】 (1) 由 $z = f(u)$, $u = \sqrt{x^2 + y^2}$, 得

$$\dfrac{\partial z}{\partial x} = f' \dfrac{x}{\sqrt{x^2 + y^2}}, \quad \dfrac{\partial^2 z}{\partial x^2} = f'' \dfrac{x^2}{\sqrt{x^2 + y^2}} + f' \dfrac{y^2}{(x^2 + y^2)^{3/2}}$$

$$\dfrac{\partial z}{\partial y} = f' \dfrac{y}{\sqrt{x^2 + y^2}}, \quad \dfrac{\partial^2 z}{\partial y^2} = f'' \dfrac{y^2}{\sqrt{x^2 + y^2}} + f' \dfrac{x^2}{(x^2 + y^2)^{3/2}}$$

所以根据题设条件 $f'' + \dfrac{f'}{\sqrt{x^2 + y^2}} = 0$, 即 $f''(u) + \dfrac{f'(u)}{u} = 0$.

(2) 由(1)及 $f'(1) = 1$, 得 $f'(u) = \dfrac{1}{u}$, 所以 $f(u) = \ln u + C$.

由 $f(1) = 0$, 得 $C = 0$, 因此 $f(u) = \ln u$.

【例 8–14】 设 $f(u,v)$ 为二元可微函数, $z = f(x^y, y^x)$, 求 $\dfrac{\partial z}{\partial x}$.

【解】 $$\dfrac{\partial z}{\partial x} = yx^{y-1}f_1' + y^x \ln y f_2'$$

【例 8–15】 求函数 $f(x,y) = x^2 + 2y^2 - x^2 y^2$ 在区域 $D = \{(x,y) \mid x^2 + y^2 \leqslant 4, y \geqslant 0\}$ 上的最大值和最小值.

【解】 由 $\begin{cases} f'_x = 2x - 2xy^2 = 0 \\ f'_y = 4y - 2x^2y = 0 \end{cases}$，得 D 内驻点为 $(\pm\sqrt{2}, 1)$，$f(\pm\sqrt{2}, 1) = 2$.

在边界 $L_1 : y = 0 (-2 \leqslant x \leqslant 2)$ 上，记 $g(x) = f(x, 0) = x^2$，显见在 L_1 上 $f(x, y)$ 的最大值为 4，最小值为 0.

在边界 $L_2 : x^2 + y^2 = 4(y \geqslant 0)$ 上，记

$$h(x) = f(x, \sqrt{4 - x^2}) = x^4 - 5x^2 + 8 (-2 \leqslant x \leqslant 2)$$

由 $h'(x) = 4x^3 - 10x = 0$ 得驻点

$$x_1 = 0, \quad x_2 = -\sqrt{\frac{5}{2}}, \quad x_3 = \sqrt{\frac{5}{2}}$$

$$h(0) = f(0, 2) = 8$$

$$h\left(\pm\sqrt{\frac{5}{2}}\right) = f\left(\pm\sqrt{\frac{5}{2}}, \sqrt{\frac{3}{2}}\right) = \frac{7}{4}$$

综上，$f(x, y)$ 在 D 上的最大值为 8，最小值为 0.

8.3 课后作业

1. 填空题

(1) 函数 $z = \ln(y - x) + \dfrac{\sqrt{x}}{\sqrt{1 - x^2 - y^2}}$ 的定义域为 _____.

(答案：$D = \{(x, y) \mid y - x > 0, x \geqslant 0, x^2 + y^2 < 1\}$)

(2) $\lim\limits_{\substack{x \to +\infty \\ y \to +\infty}} \left(\dfrac{xy}{x^2 + y^2}\right)^{x^2} = $ _____. (答案：0)

(3) 设 $f(x, y)$ 在点 (x, y) 处偏导数存在，则 $\lim\limits_{x \to 0} \dfrac{f(a + x, b) - f(a - x, b)}{x}$

= _____ (答案：$2f_x(a, b)$)

(4) 函数 $u = xy^2 + z^3 - xyz$ 在点 $P_0(0, 1, 2)$ 沿方向 $l = \{1, \sqrt{2}, 1\}$ 的方向导数 $\dfrac{\partial u}{\partial l}\bigg|_{P_0} = $ _____. (答案：$\dfrac{11}{2}$)

(5) $z = f(x, y) = x^4 + y^4 - x^2 - 2xy - y^2$，点 $M_1(1, 1)$，$M_2(-1, -1)$ 是 $f(x, y)$ 的驻点，则点 _____ 是 $f(x, y)$ 的极小值点.

(答案：$(1, 1), (-1, -1)$)

2. 设 $f(x,y) = \begin{cases} \dfrac{\sqrt{xy}}{x^2+y^2}\sin(x^2+y^2) & x^2+y^2 \neq 0 \\ 0 & x^2+y^2 = 0 \end{cases}$,问在点 $(0,0)$ 处:

(1) $f(x,y)$ 是否连续？(2) 是否可微？均说明原因.

(答案:(1) 连续;(2) 不可微)

3. 设 $f(x,y) = x + (y-1)\arcsin\sqrt{\dfrac{x}{y}}$,求 $f_x(x,1),(x>0)$.

(答案:1)

4. 设 $z = f(x,y)$ 是由 $z-x-y+xe^{z-x-y} = 0$ 确定,求 $\mathrm{d}z$.

(答案:$\mathrm{d}z = \dfrac{1+xe^{z-y-x}-e^{z-y-x}}{1+xe^{z-y-x}}\mathrm{d}x + \mathrm{d}y$)

5. 设 $u = e^{x-2y} + \dfrac{1}{t}$,其中 $x = \sin t, y = t^3$,求 $\dfrac{\mathrm{d}u}{\mathrm{d}t}$.

(答案:$e^{\sin t - 2t^3}(\cos t - 6t^2) - \dfrac{1}{t^2}$)

6. 设 $u = yf(x+y, x^2 y)$,其中 f 具有二阶连续偏导数,求 $\dfrac{\partial u}{\partial x}, \dfrac{\partial^2 u}{\partial x \partial y}$.

(答案:$yf_1' + 2xy^2 f_2'; f_1' + 4xyf_2' + yf_{11}'' + (x^2 y + 2xy^2)f_{12}'' + 2x^3 y^2 f_{22}''$)

7. 求曲线 L: $\begin{cases} x = \displaystyle\int_0^t e^u \cos u\, \mathrm{d}u \\ y = 2\sin t + \cos t \\ z = 1 + e^{3t} \end{cases}$ 在 $t = 0$ 处的切线和法平面方程.

(答案:$\dfrac{x}{1} = \dfrac{y-1}{2} = \dfrac{z-2}{3}; x+2y+3z-8 = 0$)

8. 在旋转椭球面 $\dfrac{x^2}{96} + y^2 + z^2 = 1$ 上求距平面 $3x+4y+12z = 288$ 最近点和最远点. (答案:最近点 $(9, \dfrac{1}{8}, \dfrac{3}{8})$,最远点 $(-9, -\dfrac{1}{8}, -\dfrac{3}{8})$))

9. 证明曲面 $\Phi(x-az, y-bz) = 0$ 上任意一点的切平面与直线 $\dfrac{x}{a} = \dfrac{y}{b} = \dfrac{z}{c}$ 平行 (a,b 为常数).

8.4 检测真题

1. 填空题

(1) 设 $z = \sqrt{y} + f(\sqrt{x} - 1)$,若当 $y = 1$ 时,$z = x$,则函数 $z = z(x,y)$ 的表达式为 _____. （答案：$\sqrt{y} + x - 1$）

(2) $\lim\limits_{\substack{x \to 0 \\ y \to 0}} \dfrac{xy(x^2 - y^2)}{x^2 + y^2} = $ _____. （答案：0）

(3) 函数 $u = \dfrac{\sqrt{x^2 + y^2}}{xyz}$,则 $\mathbf{grad}u(-1,3,-3) = $ _____.

（答案：$\left\{ -\dfrac{1}{\sqrt{10}}, -\dfrac{1}{27\sqrt{10}}, \dfrac{\sqrt{10}}{27} \right\}$）

(4) 设 $f(x,y,z) = \left(\dfrac{x}{y}\right)^{\frac{1}{z}}$,则 $\mathrm{d}f(1,1,1) = $ _____. （答案：$\mathrm{d}x - \mathrm{d}y$）

(5) 曲面 $x^2 + 2y^2 + 3z^2 = 21$ 在点 $(1,-2,2)$ 的法线方程为 _____.

（答案：$\dfrac{x-1}{1} = \dfrac{y+2}{-4} = \dfrac{z-2}{6}$）

2. 选择题

(1) 考虑二元函数 $f(x,y)$ 的下面 4 条性质：

① $f(x,y)$ 在点 (x_0,y_0) 处连续；

② $f(x,y)$ 在点 (x_0,y_0) 处的两个偏导数连续；

③ $f(x,y)$ 在点 (x_0,y_0) 处可微；

④ $f(x,y)$ 在点 (x_0,y_0) 处的两个偏导数存在.

若用"$P \Rightarrow Q$"表示可由性质 P 推出性质 Q,则有

(A) ②⇒③⇒①　　　　　　(B) ③⇒②⇒①

(C) ③⇒④⇒①　　　　　　(D) ③⇒①⇒④　　（答案：(A)）

(2) 设可微函数 $f(x,y)$ 在点 (x_0,y_0) 取得极小值,则下列结论正确的是（　）.

(A) $f(x_0,y)$ 在 $y = y_0$ 处的导数等于零.

(B) $f(x_0,y)$ 在 $y = y_0$ 处的导数大于零.

(C) $f(x_0,y)$ 在 $y = y_0$ 处的导数小于零.

(D) $f(x_0,y)$ 在 $y = y_0$ 处的导数不存在. （答案：(A)）

3. 讨论函数 $f(x,y) = \begin{cases} (x^2 + y^2)\sin\dfrac{1}{x^2 + y^2} & x^2 + y^2 \neq 0 \\ 0 & x^2 + y^2 = 0 \end{cases}$ 在 $(0,0)$ 处：

(1) 偏导数是否存在？(2) 偏导数是否连续？(3) 是否可微？

（答案：$f_x(0,0) = f_y(0,0) = 0$,偏导数不连续,$\mathrm{d}z = 0$）

4. 设 $u = yf(x+y, x^2 y)$,其中 f 具有二阶连续偏导数,求 $\dfrac{\partial u}{\partial x}$,$\dfrac{\partial^2 u}{\partial x \partial y}$.

$$\left(\text{答案:} \dfrac{\partial u}{\partial x} = yf_1' + 2xy^2 f_2', \right.$$

$$\dfrac{\partial^2 u}{\partial x \partial y} = f_1' + 4xyf_2' + yf_{11}'' + (x^2 y + 2xy^2)f_{12}'' + 2x^3 y^2 f_{22}''\right)$$

5. 设 $z = x^2 yf(xy, g(x,y))$,$y = \varphi(x)$,其中 f, g, φ 均可微,求 $\dfrac{\mathrm{d}z}{\mathrm{d}x}$.

$$\left(\text{答案:} \dfrac{\mathrm{d}z}{\mathrm{d}x} = 2x\varphi(x)f + x^2\varphi'(x)f + x^2\varphi(x)\left[f_1'(\varphi(x) + x\varphi'(x)) + \right.\right.$$

$$\left.\left. f_2'\left(\dfrac{\partial g}{\partial x} + \dfrac{\partial g}{\partial y}\varphi'(x)\right)\right]\right)$$

6. 求函数 $u(x, y, z) = \dfrac{1}{\sqrt{x^2 + y^2 + z^2}}$ 在 $(1, -1, 0)$ 处的梯度和最大方向

导数. $\left(\text{答案:} \mathbf{grad}\,u(1, -1, 0) = \left\{-\dfrac{1}{2\sqrt{2}}, \dfrac{1}{2\sqrt{2}}, 0\right\}, \dfrac{\partial u}{\partial l} = \dfrac{1}{2}\right)$

7. 平面 $3x + \lambda y - 3z + 16 = 0$ 与椭球面 $3x^2 + y^2 + z^2 = 16$ 相切,求 λ 值.

(答案:± 2)

8. 平面 $2x - y - 2z - 4 = 0$ 截曲面 $z = 10 - x^2 - y^2$ 成上、下两部分,求在

上面部分曲面上的点到平面的最大距离. (答案:$\dfrac{197}{24}$)

9. 证明函数 $z = (1 + e^y)\cos x - ye^y$ 有无穷多个极大值,但无极小值.

第9讲

重积分

本讲涵盖了主讲教材第 9 章的内容.

9.1 本讲内容聚焦

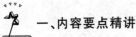

一、内容要点精讲

(一)重积分的概念

1. 定义

$$\iint\limits_{D} f(x,y)\mathrm{d}\sigma = \lim_{\lambda \to 0} \sum_{i=1}^{n} f(\zeta_i,\eta_i)\Delta\sigma_i$$

$$\iiint\limits_{\Omega} f(x,y,z)\mathrm{d}v = \lim_{\lambda \to 0} \sum_{i=1}^{n} f(\zeta_i,\eta_i,\xi_i)\Delta v_i$$

重积分的值取决于被积函数和积分区域,与积分变量的记号无关.

2. 几何与物理意义

当 $f(x,y) \geqslant 0$ 时,$\iint\limits_{D} f(x,y)\mathrm{d}\sigma$ 表示以 D 为底,以曲面 $z = f(x,y)$ 为曲顶的曲顶柱体体积,或表示面密度为 $f(x,y)$ 的平面薄片 D 的质量. 当 $f(x,y,z) > 0$ 时,$\iiint\limits_{\Omega} f(x,y,z)\mathrm{d}v$ 表示体密度为 $f(x,y,z)$ 的空间体 Ω 的质量.

3. 性质

重积分具有与定积分类似的线性性质、对区域的可加性、积分不等式及积分中值定理.

(二)重积分的计算

重积分计算的基本方法是化为累次积分.

1. 二重积分

(1) 直角坐标系下二重积分的计算:

(i) 若 D 为 X 型区域,即 D 为 $\begin{cases} a \leqslant x \leqslant b \\ \varphi_1(x) \leqslant y \leqslant \varphi_2(x) \end{cases}$,则

$$\iint\limits_D f(x,y)\mathrm{d}\sigma = \int_a^b \mathrm{d}x \int_{\varphi_1(x)}^{\varphi_2(x)} f(x,y)\mathrm{d}y$$

(ii) 若 D 为 Y 型区域,即 D 为 $\begin{cases} c \leqslant y \leqslant \mathrm{d} \\ \psi_1(y) \leqslant x \leqslant \psi_2(y) \end{cases}$,则

$$\iint\limits_D f(x,y)\mathrm{d}\sigma = \int_c^d \mathrm{d}y \int_{\psi_1(y)}^{\psi_2(y)} f(x,y)\mathrm{d}x$$

(iii) 若 D 既是 X 型区域又是 Y 型区域,则

$$\int_a^b \mathrm{d}x \int_{\varphi_1(x)}^{\varphi_2(x)} f(x,y)\mathrm{d}y = \int_c^d \mathrm{d}y \int_{\psi_1(y)}^{\psi_2(y)} f(x,y)\mathrm{d}x$$

(2) 极坐标系下二重积分的计算:

(i) 若极点在域 D 内,D 为 $\begin{cases} 0 \leqslant \theta \leqslant 2\pi \\ 0 \leqslant r \leqslant r(\theta) \end{cases}$,则

$$\iint\limits_D f(x,y)\mathrm{d}\sigma = \int_0^{2\pi} \mathrm{d}\theta \int_0^{r(\theta)} f(r\cos\theta, r\sin\theta) r\mathrm{d}r$$

(ii) 若极点在边界曲线上,D 为 $\begin{cases} \alpha \leqslant \theta \leqslant \beta \\ 0 \leqslant r \leqslant r(\theta) \end{cases}$,则

$$\iint\limits_D f(x,y)\mathrm{d}\sigma = \int_\alpha^\beta \mathrm{d}\theta \int_0^{r(\theta)} f(r\cos\theta, r\sin\theta) r\mathrm{d}r$$

(iii) 若极点在 D 的边界曲线外,D 为 $\begin{cases} \alpha \leqslant \theta \leqslant \beta \\ r_1(\theta) \leqslant r \leqslant r_2(\theta) \end{cases}$,则

$$\iint\limits_D f(x,y)\mathrm{d}\sigma = \int_\alpha^\beta \mathrm{d}\theta \int_{r_1(\theta)}^{r_2(\theta)} f(r\cos\theta, r\sin\theta) r\mathrm{d}r$$

2. 三重积分

(1) 直角坐标系下三重积分的计算法:

体积元素 $\mathrm{d}v = \mathrm{d}x\mathrm{d}y\mathrm{d}z$,

$$\Omega: \begin{cases} z_1(x,y) \leqslant z \leqslant z_2(x,y) \\ y_1(x) \leqslant y \leqslant y_2(x) \\ a \leqslant x \leqslant b \end{cases}$$

则

$$\iiint\limits_\Omega f(x,y,z)\mathrm{d}v = \int_a^b \mathrm{d}x \int_{y_1(x)}^{y_2(x)} \mathrm{d}y \int_{z_1(x,y)}^{z_2(x,y)} f(x,y,z)\mathrm{d}z$$

(2) 柱面坐标系下三重积分的计算法:

体积元素 $dv = r dr d\theta dz$,

$$\Omega: \begin{cases} z_1(r,\theta) \leqslant z \leqslant z_2(r,\theta) \\ r_1(\theta) \leqslant r \leqslant r_2(\theta) \\ \alpha \leqslant \theta \leqslant \beta \end{cases}$$

则

$$\iiint\limits_{\Omega} f(x,y,z) dv = \int_{\alpha}^{\beta} d\theta \int_{r_1(\theta)}^{r_2(\theta)} r dr \int_{z_1(r,\theta)}^{z_2(r,\theta)} f(r\cos\theta, r\sin\theta, z) dz$$

(3) 球面坐标系下三重积分的计算法:

体积元素 $dv = r^2 \sin\varphi dr d\varphi d\theta$,

$$\Omega: \begin{cases} r_1(\varphi,\theta) \leqslant r \leqslant r_2(\varphi,\theta) \\ \varphi_1(\theta) \leqslant \varphi \leqslant \varphi_2(\theta) \\ \alpha \leqslant \theta \leqslant \beta \end{cases}$$

则 $\iiint\limits_{\Omega} f(x,y,z) dv = \int_{\alpha}^{\beta} d\theta \int_{\varphi_1(\theta)}^{\varphi_2(\theta)} d\varphi \int_{r_1(\varphi,\theta)}^{r_2(\varphi,\theta)} f(r\sin\varphi\cos\theta, r\sin\varphi\sin\theta, r\cos\varphi) r^2 \sin\varphi dr$

3. 重积分计算中的注意事项

(1) 画草图:一般先要画出积分域的草图,以利于选择积分次序和确定积分限.

(2) 选坐标系:选择适当的坐标系以使计算简便,坐标系的选取既与积分区域的形状有关,又与被积函数有关.对于二重积分,当积分区域为圆域、环域、扇域或与圆域有关的区域,而被积函数为 $f(x^2 + y^2), f(xy), f(\dfrac{y}{x})$ 等形式时,宜选极坐标系,其余可考虑选直角坐标系.对于三重积分,当积分域在坐标面上的投影是圆域或与圆域有关的区域,而被积函数中含有 $x^2 + y^2$ 的因子,宜选柱面坐标;若 Ω 的边界曲面与球面有关,而被积函数中含有 $x^2 + y^2 + z^2$ 的因子,宜选用球面坐标系,其余可选用直角坐标系.

(3) 选积分次序:选择积分次序的原则是:

(i) 首先要使两个积分能积出来,这是主要的.

(ii) 积分区域划得尽量简单.

在极坐标系中,一般选"先 r 后 θ"的积分次序,在球坐标系中一般选"先 r,再 φ 后 θ"的积分次序,在柱坐标系中一般选"先 z,再 r 后 θ"的积分次序.

化为累次积分后,最后做积分的积分上、下限必为常数;先做积分的积分上、下限,是后积分变量的函数,或者为常数;下限小于上限.

（4）利用对称性：利用对称性简化计算，必须同时考虑积分域的对称性和被积函数的奇偶性.

（5）分区域计算：当被积函数中出现绝对值记号，或含有算术根问题，在脱掉绝对值记号时，要考虑被积函数在不同部分区域中的正负号，利用重积分对于积分区域的可加性，分区域计算或利用对称性简化运算.

（三）重积分的应用

与定积分的应用一样，在重积分的应用中也是采用元素法，将所求量表达成重积分.

二、知识脉络图解

重积分 $\begin{cases} \text{概念(定义，可积的充分条件，几何与物理意义)} \\ \text{性质(线性性质，对区域的可加性，积分不等式，估值定理，中值定理)} \\ \text{计算} \begin{cases} \text{二重积分(直角坐标系，极坐标系)} \\ \text{三重积分(直角坐标系，柱坐标系，球坐标系)} \end{cases} \\ \text{应用(面积、体积、质量，曲面的面积，重心，转动惯量，引力)} \end{cases}$

三、重点、难点点击

本讲重点内容是二重积分、三重积分的概念、性质和计算.

本讲常见题型：二重积分的直角坐标、极坐标计算，二重积分交换积分次序，利用被积函数的奇偶性和积分区域的对称性简化二重积分计算，三重积分的直角坐标、柱坐标、球坐标计算，利用重积分求立体体积.

二重积分化为二次积分，三重积分化为三次积分时，确定积分的上下限是关键.确定上下限必须做到以下三点：上限永远大于下限，外限永远是常数，内限是后积分变量的函数或常数.

9.2 典型例题精选

【例 9-1】 利用二重积分的性质，估计积分 $I = \iint\limits_{D} (x+y+10)\mathrm{d}\sigma$，其中 D 是由圆周 $x^2 + y^2 = 4$ 所围成.

【解】 令 $f(x,y)=x+y+10$,关键是求 $f(x,y)$ 在 D 上的最大值和最小值. 在 D 内部,$f_x=1,f_y=1$,因此 $f(x,y)$ 在 D 内部无驻点,最值点一定在边界上取得. 作

$$F(x,y)=x+y+10+\lambda(x^2+y^2-4)$$

由方程组
$$\begin{cases} F_x=1+2\lambda x=0 \\ F_y=1+2\lambda y=0 \\ x^2+y^2-4=0 \end{cases}$$

解得驻点为 $(\sqrt{2},\sqrt{2})$,$(-\sqrt{2},-\sqrt{2})$,比较可得最小值 $m=10-2\sqrt{2}$,最大值为 $M=10+2\sqrt{2}$,而 D 的面积为 4π,由估值定理得 $8\pi(5-\sqrt{2})\leqslant I\leqslant 8\pi(5+\sqrt{2})$.

【例 9-2】 用二重积分计算立体 Ω 的体积 V,其中 Ω 由平面 $z=0$,$y=x$,$y=x+a$,$y=a$,$y=2a$ 和 $z=3x+2y$ 所围成($a>0$).

【解】
$$V=\iint\limits_{\Omega}(3x+2y)\mathrm{d}\sigma=\int_a^{2a}\mathrm{d}y\int_{y-a}^y(3x+2y)\mathrm{d}x=$$
$$\int_a^{2a}\left(5ay-\frac{3}{2}a^2\right)\mathrm{d}y=6a^3$$

【例 9-3】 计算二重积分 $\iint\limits_{D}y\mathrm{d}x\mathrm{d}y$,其中 D 是由直线 $x=-2$,$y=2$,$y=0$ 以及曲线 $x=-\sqrt{2y-y^2}$ 所围成的平面区域.

【解】 区域 D 和 D_1 如图 9-1 所示,有

$$\iint\limits_{D}y\mathrm{d}x\mathrm{d}y=\iint\limits_{D+D_1}y\mathrm{d}x\mathrm{d}y-\iint\limits_{D_1}y\mathrm{d}x\mathrm{d}y$$

$$\iint\limits_{D+D_1}y\mathrm{d}x\mathrm{d}y=\int_{-2}^0\mathrm{d}x\int_0^2 y\mathrm{d}y=4$$

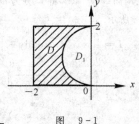

图 9-1

在极坐标系下,有 $D_1=\{(r,\theta)\mid 0\leqslant r\leqslant 2\sin\theta,\dfrac{\pi}{2}\leqslant\theta\leqslant\pi\}$,因此

$$\iint\limits_{D_1}y\mathrm{d}x\mathrm{d}y=\int_{\frac{\pi}{2}}^{\pi}\mathrm{d}\theta\int_0^{2\sin\theta}r\sin\theta\cdot r\mathrm{d}r=\frac{8}{3}\int_{\frac{\pi}{2}}^{\pi}\sin^4\theta\mathrm{d}\theta=$$

$$\frac{8}{12}\int_{\frac{\pi}{2}}^{\pi}\left(1-2\cos2\theta+\frac{1+\cos4\theta}{2}\right)\mathrm{d}\theta=\frac{\pi}{2}$$

于是
$$\iint\limits_{D}y\mathrm{d}x\mathrm{d}y=4-\frac{\pi}{2}$$

【例9-4】 设 $f(x,y)$ 在积分域上连续，更换二次积分 $I = \int_0^1 dy \int_{1-\sqrt{1-y^2}}^{3-y} f(x,y)dx$ 的积分次序.

【解】 由已知的积分上、下限,可知积分区域 D 为

$$\begin{cases} 0 \leqslant y \leqslant 1 \\ 1-\sqrt{1-y^2} \leqslant x \leqslant 3-y \end{cases}$$

画出草图如图 $9-2$ 所示,则

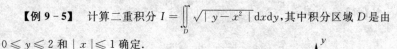

图 $9-2$

$$I = \int_0^1 dx \int_0^{\sqrt{2x-x^2}} f(x,y)dy +$$

$$\int_1^2 dx \int_0^1 f(x,y)dy + \int_2^3 dx \int_0^{3-x} f(x,y)dy$$

【例9-5】 计算二重积分 $I = \iint_D \sqrt{|y-x^2|}\,dxdy$,其中积分区域 D 是由 $0 \leqslant y \leqslant 2$ 和 $|x| \leqslant 1$ 确定.

【解】 由于绝对值号内的函数在 D 内变号,即当 $y \geqslant x^2$ 时,$y-x^2 \geqslant 0$;$y < x^2$ 时,$y-x^2 < 0$,因此用曲线 $y = x^2$ 将 D 分为 D_1 和 D_2 两部分,如图 $9-3$ 所示.

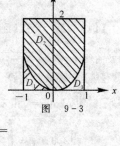

图 $9-3$

$$I = \iint_{D_1} \sqrt{x^2-y}\,dxdy + \iint_{D_2} \sqrt{y-x^2}\,dxdy =$$

$$\int_{-1}^1 dx \int_0^{x^2} \sqrt{x^2-y}\,dy + \int_{-1}^1 dx \int_{x^2}^2 \sqrt{y-x^2}\,dy =$$

$$\int_{-1}^1 \left[-\frac{2}{3}(x^2-y)^{\frac{3}{2}} \right]_0^{x^2} dx + \int_{-1}^1 \left[\frac{2}{3}(y-x^2)^{\frac{3}{2}} \right]_{x^2}^2 dx =$$

$$\frac{2}{3}\int_0^1 x^3 dx + \frac{4}{3}\int_0^1 (2-x^2)^{\frac{3}{2}} dx = \frac{\pi}{3} + \frac{\pi}{2}$$

【例9-6】 (1) 计算二重积分 $\iint_D e^{\max(x^2,y^2)}dxdy$ 的值,其中 $D = \{(x,y)\mid 0 \leqslant x \leqslant 1, 0 \leqslant y \leqslant 1\}$.

【解】 设 $D_1 = \{(x,y)\mid 0 \leqslant x \leqslant 1, 0 \leqslant y \leqslant x\}$, $D_2 = \{(x,y)\mid 0 \leqslant x \leqslant 1, x \leqslant y \leqslant 1\}$,则

$$\iint_D e^{\max(x^2,y^2)}dxdy = \iint_{D_1} e^{\max(x^2,y^2)}dxdy + \iint_{D_2} e^{\max(x^2,y^2)}dxdy =$$

$$\iint\limits_{D_1} \mathrm{e}^{x^2}\,\mathrm{d}x\mathrm{d}y + \iint\limits_{D_2} \mathrm{e}^{y^2}\,\mathrm{d}x\mathrm{d}y = \int_0^1 \mathrm{d}x \int_0^x \mathrm{e}^{x^2}\,\mathrm{d}y + \int_0^1 \mathrm{d}y \int_0^y \mathrm{e}^{y^2}\,\mathrm{d}x =$$

$$\int_0^1 x\mathrm{e}^{x^2}\,\mathrm{d}x + \int_0^1 y\mathrm{e}^{y^2}\,\mathrm{d}y = \mathrm{e} - 1$$

(2) 设闭区域 D: $x^2 + y^2 \leqslant y$, $x \geqslant 0$. $f(x, y)$ 为 D 上的连续函数. 且

$$f(x, y) = \sqrt{1 - x^2 - y^2} - \frac{8}{\pi} \iint\limits_D f(u, v)\,\mathrm{d}u\mathrm{d}v$$

求 $f(x, y)$.

【解】 设 $\iint\limits_D f(u, v)\,\mathrm{d}u\mathrm{d}v = A$, 则 $f(x, y) = \sqrt{1 - x^2 - y^2} - \frac{8}{\pi}A$, 在上式两边求区域 D 上的二重积分, 有

$$\iint\limits_D f(x, y)\,\mathrm{d}x\mathrm{d}y = \iint\limits_D \sqrt{1 - x^2 - y^2}\,\mathrm{d}x\mathrm{d}y - \frac{8A}{\pi}\iint\limits_D \mathrm{d}x\mathrm{d}y$$

从而

$$A = \iint\limits_D \sqrt{1 - x^2 - y^2}\,\mathrm{d}x\mathrm{d}y - A$$

所以 $2A = \int_0^{\frac{\pi}{2}} \mathrm{d}\theta \int_0^{\sin\theta} \sqrt{1 - r^2} \cdot r\mathrm{d}r = \frac{1}{3}\int_0^{\frac{\pi}{2}} (1 - \cos^3\theta)\mathrm{d}\theta = \frac{1}{3}\left(\frac{\pi}{2} - \frac{2}{3}\right)$

故 $A = \frac{1}{6}\left(\frac{\pi}{2} - \frac{2}{3}\right)$

于是 $f(x, y) = \sqrt{1 - x^2 - y^2} - \frac{4}{3\pi}\left(\frac{\pi}{2} - \frac{2}{3}\right)$

【例 9-7】 计算 $I = \iiint\limits_\Omega z^2\mathrm{d}v$, 其中 Ω 由曲面 $x^2 + y^2 + z^2 = R^2$ 及 $x^2 + y^2 + (z-R)^2 = R^2$ 围成.

【解法1】 利用柱面坐标系, 把 Ω 的边界曲面化为 $z = \sqrt{R^2 - r^2}$, $z = R - \sqrt{R^2 - r^2}$, 它们的交线在 xOy 平面上的投影方程为 $\begin{cases} r = \frac{\sqrt{3}}{2}R \\ z = 0 \end{cases}$, 于是

$$I = \iiint\limits_\Omega z^2 r\mathrm{d}z\mathrm{d}r\mathrm{d}\theta = \int_0^{2\pi} \mathrm{d}\theta \int_0^{\frac{\sqrt{3}}{2}R} r\mathrm{d}r \int_{R-\sqrt{R^2-r^2}}^{\sqrt{R^2-r^2}} z^2\mathrm{d}z =$$

$$\frac{2\pi}{3} \int_0^{\frac{\sqrt{3}}{2}R} r\left[(R^2 - r^2)^{\frac{3}{2}} - (R - \sqrt{R^2 - r^2})^3\right]\mathrm{d}r =$$

$$-\frac{2\pi}{3}\left[\frac{2}{5}(R^2 - r^2)^{\frac{5}{2}} + 2R^3 r^2 - \frac{3}{4}Rr^4 + \right.$$

$$R(R^2 - r^2)^{\frac{3}{2}} \Big] \Big|_0^{\frac{\sqrt{3}}{2}R} = \frac{59}{480}\pi R^5$$

【解法2】 利用球面坐标,把 Ω 的边界化为球面坐标,得:$r = R$,$r =$

$2R\cos\varphi$,它们的交线为圆 $\begin{cases} r = R \\ \varphi = \dfrac{\pi}{3} \end{cases}$,则

$$I = \iiint\limits_{\Omega} r^2 \cos^2\varphi\; r^2 \sin\varphi\; \mathrm{d}r\mathrm{d}\varphi\; \mathrm{d}\theta =$$

$$\int_0^{2\pi} \mathrm{d}\theta \int_0^{\frac{\pi}{3}} \cos^2\varphi\; \sin\varphi\; \mathrm{d}\varphi \int_0^R r^4 \mathrm{d}r + \int_0^{2\pi} \mathrm{d}\theta \int_{\frac{\pi}{3}}^{\frac{\pi}{2}} \cos^2\varphi\sin\varphi\mathrm{d}\varphi \int_0^{2R\cos\varphi} r^4 \mathrm{d}r =$$

$$\frac{2\pi}{5}R^5 \left(-\frac{1}{3}\cos^3\varphi\right) \Big|_0^{\frac{\pi}{3}} + \frac{2\pi}{5}(2R)^5 \left(-\frac{1}{8}\cos^3\varphi\right) \Big|_{\frac{\pi}{3}}^{\frac{\pi}{2}} = \frac{59}{480}\pi R^5$$

【解法3】 利用"先二后一"的方法,用平行于 xOy 的平面横截区域 Ω,得

$$D_z = \begin{cases} \{(x,y) \mid x^2 + y^2 \leqslant R^2 - (z-R)^2\} & 0 \leqslant z \leqslant \dfrac{R}{2} \\ \{(x,y) \mid x^2 + y^2 \leqslant R^2 - z^2\} & \dfrac{R}{2} \leqslant z \leqslant R \end{cases}$$

故 $$I = \int_0^{\frac{R}{2}} z^2 \mathrm{d}z \iint\limits_{D_z} \mathrm{d}\sigma + \int_{\frac{R}{2}}^R z^2 \mathrm{d}z \iint\limits_{D_z} \mathrm{d}\sigma =$$

$$\int_0^{\frac{R}{2}} z^2 \pi [R^2 - (z-R)^2] \mathrm{d}z + \int_{\frac{R}{2}}^R z^2 \pi (R^2 - z^2) \mathrm{d}z =$$

$$\pi \Big[\left(\frac{2R}{4}z^4 - \frac{1}{5}z^5\right) \Big|_0^{\frac{R}{2}} + \left(\frac{R^2}{3}z^3 - \frac{1}{5}z^5\right) \Big|_{\frac{R}{2}}^R \Big] = \frac{59}{480}\pi R^5$$

【例9-8】 设有一半径为 R 的球体,p_0 是此球表面上的一个定点,球体上任一点的密度与该点到 p_0 的距离的平方成正比(比例常数 $k > 0$),求球体的重心位置.

【解】 记所考虑的球体为 Ω,以 Ω 的球心为原点 O,射线 Op_0 为正 x 轴,建立直角坐标系,则点 p_0 的坐标为 $(R,0,0)$,球面的方程为

$$x^2 + y^2 + z^2 = R^2$$

体密度为 $$\mu(x,y,z) = k[(x-R)^2 + y^2 + z^2]$$

设 Ω 的重心坐标为 $(\bar{x}, \bar{y}, \bar{z})$,由对称性

$$\bar{y} = 0, \qquad \bar{z} = 0$$

$$\bar{x} = \frac{\iiint\limits_{\Omega} xk\left[(x-R)^2+y^2+z^2\right]\mathrm{d}v}{\iiint\limits_{\Omega} k\left[(x-R)^2+y^2+z^2\right]\mathrm{d}v}$$

而

$$\iiint\limits_{\Omega}\left[(x-R)^2+y^2+z^2\right]\mathrm{d}v = \iiint\limits_{\Omega}(x^2+y^2+z^2)\mathrm{d}v + \iiint\limits_{\Omega}R^2\mathrm{d}v =$$

$$8\int_0^{\frac{\pi}{2}}\mathrm{d}\theta\int_0^{\frac{\pi}{2}}\mathrm{d}\varphi\int_0^R r^2\cdot r^2\sin\varphi\mathrm{d}r + \frac{4}{3}\pi R^5 =$$

$$\frac{4}{5}\pi R^5 + \frac{4}{3}\pi R^5 = \frac{32}{15}\pi R^5$$

$$\iiint\limits_{\Omega} x\left[(x-R)^2+y^2+z^2\right]\mathrm{d}v = -2R\iiint\limits_{\Omega} x^2\mathrm{d}v =$$

$$-\frac{2}{3}R\iiint\limits_{\Omega}(x^2+y^2+z^2)\mathrm{d}v =$$

$$-\frac{2}{3}R\cdot\frac{4}{5}\pi R^5 = -\frac{8}{15}\pi R^6$$

故 $\bar{x}=-\dfrac{R}{4}$. 因此，球体 Ω 的重心坐标为 $\left(-\dfrac{R}{4},0,0\right)$.

【例 9 - 9】　设有一高度为 $h(t)$（t 为时间）的雪堆在融化过程中，其侧面满足方程 $z=h(t)-\dfrac{2(x^2+y^2)}{h(t)}$（设长度单位为厘米，时间单位为小时），已知体积减少的速率与侧面积成比例（比例系数 0.9），问高度为 130 cm 的雪堆全部融化需多少小时？

【解】　记 V 为雪堆体积，S 为雪堆的侧面积，则

$$V = \int_0^{h(t)}\mathrm{d}z\iint\limits_{x^2+y^2\leqslant\frac{1}{2}[h^2(t)-h(t)z]}\mathrm{d}x\mathrm{d}y =$$

$$\int_0^{h(t)}\frac{1}{2}\pi\left[h^2(t)-h(t)z\right]\mathrm{d}z = \frac{\pi}{4}h^3(t)$$

$$S = \iint\limits_{x^2+y^2\leqslant\frac{h^2(t)}{2}}\sqrt{1+\frac{16(x^2+y^2)}{h^2(t)}}\,\mathrm{d}x\mathrm{d}y =$$

$$\int_0^{2\pi}\mathrm{d}\theta\int_0^{\frac{h(t)}{\sqrt{2}}}\frac{1}{h(t)}\left[h^2(t)+16r^2\right]^{\frac{1}{2}}r\mathrm{d}r =$$

$$\frac{2\pi}{h(t)}\int_0^{\frac{h(t)}{\sqrt{2}}}\left[h^2(t)+16r^2\right]^{\frac{1}{2}}r\mathrm{d}r = \frac{13\pi}{12}h^2(t)$$

由题意知

$$\frac{\mathrm{d}v}{\mathrm{d}t} = -0.9S$$

所以

$$\frac{\mathrm{d}h(t)}{\mathrm{d}t} = -\frac{13}{10}$$

因此 $$h(t) = -\frac{13}{10}t + C$$

由 $h(0) = 130$ 得 $h(t) = -\frac{13}{10}t + 130$，令 $h(t) \to 0$，得 $t = 100$ h.

因此，高度为 130 cm 的雪堆全部融化所需时间为 100 h.

【例 9 - 10】 设函数 $f(x)$ 连续且恒大于零，

$$F(t) = \frac{\iiint\limits_{\Omega(t)} f(x^2 + y^2 + z^2)\mathrm{d}V}{\iint\limits_{D(t)} f(x^2 + y^2)\mathrm{d}\sigma}, \quad G(t) = \frac{\iint\limits_{D(t)} f(x^2 + y^2)\mathrm{d}\sigma}{\int_{-t}^{t} f(x^2)\mathrm{d}x}$$

其中，$\Omega(t) = \{(x, y, z) \mid x^2 + y^2 + z^2 \leqslant t^2\}$，$D(t) = \{(x, y) \mid x^2 + y^2 \leqslant t^2\}$.

(1) 讨论 $F(t)$ 在区间 $(0, +\infty)$ 内的单调性.

(2) 证明当 $t > 0$ 时，$F(t) > \frac{2}{\pi}G(t)$.

【解】 (1) 因为

$$F(t) = \frac{\int_0^{2\pi}\mathrm{d}\theta \int_0^\pi \mathrm{d}\varphi \int_0^t f(r^2)r^2 \sin\varphi \mathrm{d}r}{\int_0^{2\pi}\mathrm{d}\theta \int_0^t f(r^2)r\mathrm{d}r} = \frac{2\int_0^t f(r^2)r^2\mathrm{d}r}{\int_0^t f(r^2)r\mathrm{d}r}$$

$$F'(t) = 2\frac{tf(t^2)\int_0^t f(r^2)(t-r)r\mathrm{d}r}{[\int_0^t f(r^2)r\mathrm{d}r]^2}$$

所以在 $(0, +\infty)$ 上 $F'(t) > 0$，故 $F(t)$ 在 $(0, +\infty)$ 内单调增加.

(2)【证】 因为

$$G(t) = \frac{\pi\int_0^t f(r^2)r\mathrm{d}r}{\int_0^t f(r^2)\mathrm{d}r}$$

要证明 $t > 0$ 时 $F(t) > \frac{2}{\pi}G(t)$，只需证明 $t > 0$ 时，

$$F(t) - \frac{2}{\pi}G(t) > 0$$

即 $$\int_0^t f(r^2)r^2\mathrm{d}r \int_0^t f(r^2)\mathrm{d}r - [\int_0^t f(r^2)r\mathrm{d}r]^2 > 0$$

令 $$g(t) = \int_0^t f(r^2)r^2\mathrm{d}r \int_0^t f(r^2)\mathrm{d}r - [\int_0^t f(r^2)r\mathrm{d}r]^2$$

故 $$g(0) = 0$$

则 $$g'(t) = f(t^2)\int_0^t f(r^2)(t-r)^2\mathrm{d}r > 0$$

$g(t)$ 在$(0, +\infty)$内严格单调增加.

因为 $g(t)$ 在 $t = 0$ 处连续,所以当 $t > 0$ 时,有 $g(t) > g(0) = 0$,所以当 $t > 0$ 时,$F(t) > \dfrac{2}{\pi} G(t)$.

【例 9 - 11】 设 $f(x, y)$ 为连续函数,则 $\displaystyle\int_0^{\frac{\pi}{4}} \mathrm{d}\theta \int_0^1 f(r\cos\theta, r\sin\theta) r \mathrm{d}r$ 等于( ).

(A) $\displaystyle\int_0^{\frac{\sqrt{2}}{2}} \mathrm{d}x \int_x^{\sqrt{1-x^2}} f(x, y)\mathrm{d}y$ (B) $\displaystyle\int_0^{\frac{\sqrt{2}}{2}} \mathrm{d}x \int_0^{\sqrt{1-x^2}} f(x, y)\mathrm{d}y$

(C) $\displaystyle\int_0^{\frac{\sqrt{2}}{2}} \mathrm{d}y \int_y^{\sqrt{1-y^2}} f(x, y)\mathrm{d}x$ (C) $\displaystyle\int_0^{\frac{\sqrt{2}}{2}} \mathrm{d}y \int_0^{\sqrt{1-y^2}} f(x, y)\mathrm{d}x$

【解】 应选(C).

【例 9 - 12】 设区域 $D = \{(x, y) \mid x^2 + y^2 \leqslant 1, x \geqslant 0\}$,计算二重积分
$I = \displaystyle\iint_D \dfrac{1 + xy}{1 + x^2 + y^2} \mathrm{d}x\mathrm{d}y$.

【解】 由于 D 关于 x 轴对称,且被积函数 $\dfrac{xy}{1 + x^2 + y^2}$ 是 y 的奇函数,所以

$$\iint_D \dfrac{xy}{1 + x^2 + y^2} \mathrm{d}x\mathrm{d}y = 0$$

从而 $\qquad I = \displaystyle\iint_D \dfrac{1}{1 + x^2 + y^2} \mathrm{d}x\mathrm{d}y + \iint_D \dfrac{xy}{1 + x^2 + y^2} \mathrm{d}x\mathrm{d}y =$

$$\int_{-\frac{\pi}{2}}^{\frac{\pi}{2}} \mathrm{d}\theta \int_0^1 \dfrac{1}{1 + r^2} r \mathrm{d}r + 0 =$$

$$\pi \int_0^1 \dfrac{\mathrm{d}(1 + r^2)}{1 + r^2} \cdot \dfrac{1}{2} = \dfrac{\pi}{2} \ln(1 + r^2) \Big|_0^1 = \dfrac{\pi}{2} \ln 2$$

【例 9 - 13】 求 $\displaystyle\iint_D (\sqrt{x^2 + y^2} + y)\mathrm{d}\sigma$,其中 D 是由圆 $x^2 + y^2 = 4$ 和 $(x+1)^2 + y^2 = 1$ 所围成的平面区域.

【解】 由积分区域的对称性和被积函数的奇偶性,$\displaystyle\iint_D y\mathrm{d}\sigma = 0$.

$$\iint_D (\sqrt{x^2 + y^2} + y)\mathrm{d}\sigma = \iint_D \sqrt{x^2 + y^2}\, \mathrm{d}\sigma =$$

$$2\left[\iint_{D_{\pm 1}} \sqrt{x^2 + y^2}\, \mathrm{d}\sigma + \iint_{D_{\pm 2}} \sqrt{x^2 + y^2}\, \mathrm{d}\sigma\right] =$$

$$2\left[\int_0^{\frac{\pi}{2}} \mathrm{d}\theta \int_0^2 r^2 \mathrm{d}r + \int_{\frac{\pi}{2}}^{\pi} \mathrm{d}\theta \int_{-2\cos\theta}^2 r^2 \mathrm{d}r\right] =$$

$$2\left[\frac{4}{3}\pi + \frac{4}{3}\pi - \frac{16}{9}\right] = \frac{16}{9}(3\pi - 2)$$

【例 9 - 14】 设二元函数

$$f(x, y) = \begin{cases} x^2, & |x| + |y| \leqslant 1 \\ \dfrac{1}{\sqrt{x^2 + y^2}}, & 1 < |x| + |y| \leqslant 2 \end{cases}$$

计算二重积分 $\iint\limits_D f(x, y)\mathrm{d}\sigma$, 其中 $D = \{(x, y) \mid |x| + |y| \leqslant 2\}$.

分析 由于积分区域关于 x 轴, y 轴均对称, 所以利用二重积分的对称性简化所求积分.

【解】 因为积分区域 D 关于 x 轴, y 轴均对称, 且被积分函数关于 x, y 均为偶函数, 所以 $\iint\limits_D f(x, y)\mathrm{d}\sigma = 4\iint\limits_{D_1} f(x, y)\mathrm{d}\sigma$, 其中 D_1 为 D 在第一象限内的部分.

而

$$\iint\limits_{D_1} f(x, y)\mathrm{d}\sigma = \iint\limits_{x+y\leqslant 1, \, x\geqslant 0, \, y\geqslant 0} x^2 \mathrm{d}\sigma + \iint\limits_{1\leqslant x+y\leqslant 2, \, x\geqslant 0, \, y\geqslant 0} \frac{1}{\sqrt{x^2 + y^2}}\mathrm{d}\sigma =$$

$$\int_0^1 \mathrm{d}x \int_0^x x^2 \mathrm{d}y + \int_0^1 \mathrm{d}x \int_{1-x}^{2-x} \frac{1}{\sqrt{x^2+y^2}}\mathrm{d}y +$$

$$\int_1^2 \mathrm{d}x \int_0^{2-x} \frac{1}{\sqrt{x^2+y^2}}\mathrm{d}y = \frac{1}{12} + \sqrt{2}\ln(1+\sqrt{2})$$

所以

$$\iint\limits_D f(x, y)\mathrm{d}\sigma = \frac{1}{3} + 4\sqrt{2}\ln(1+\sqrt{2}).$$

评注 被积函数包含 $\sqrt{x^2+y^2}$ 时, 可考虑用极坐标, 解答如下:

$$\iint\limits_{\substack{1\leqslant x+y\leqslant 2 \\ x\geqslant 0, y\geqslant 0}} f(x, y)\mathrm{d}\sigma = \iint\limits_{\substack{1\leqslant x+y\leqslant 2 \\ x\geqslant 0, y\geqslant 0}} \frac{1}{\sqrt{x^2+y^2}}\mathrm{d}\sigma = \int_0^{\frac{\pi}{2}} \mathrm{d}\theta \int_{\frac{1}{\sin\theta+\cos\theta}}^{\frac{2}{\sin\theta+\cos\theta}} \mathrm{d}r = \sqrt{2}\ln(1+\sqrt{2})$$

9.3 课后作业

1. 填空题

(1) 交换二次积分的积分次序 $\displaystyle\int_0^1 \mathrm{d}y \int_{\sqrt{y}}^{\sqrt{2-y}} f(x, y)\mathrm{d}x = $ _____.

（答案：$\displaystyle\int_0^1 \mathrm{d}x \int_0^{x^2} f(x,y)\mathrm{d}y + \int_1^{\sqrt{2}} \mathrm{d}x \int_0^{\sqrt{2-x^2}} f(x,y)\mathrm{d}y$）

(2) 积分 $\displaystyle\int_0^2 \mathrm{d}x \int_x^2 \mathrm{e}^{-y^2}\,\mathrm{d}y$ 的值等于 _____ .　　　（答案：$\dfrac{1}{2}(1-\mathrm{e}^{-4})$）

(3) 设区域 D 为 $x^2 + y^2 \leqslant R^2$，则 $\displaystyle\iint\limits_{D}\left(\dfrac{x^2}{a^2} + \dfrac{y^2}{b^2}\right)\mathrm{d}x\mathrm{d}y =$ _____ .

（答案：$\dfrac{\pi}{4}R^4\left(\dfrac{1}{a^2} + \dfrac{1}{b^2}\right)$）

(4) 已知 Ω 由平面 $x = 0, y = 0, z = 0, x + 2y + z = 1$ 所围，按先 z 后 y 再 x 的积分次序将 $I = \displaystyle\iiint\limits_{\Omega} x\,\mathrm{d}x\mathrm{d}y\mathrm{d}z$ 化为累次积分，则 $I =$ _____ .

（答案：$\displaystyle\int_0^1 \mathrm{d}x \int_0^{\frac{1-x}{2}} \mathrm{d}y \int_0^{1-x-2y} x\,\mathrm{d}z$）

(5) 设 Ω 是由球面 $z = \sqrt{4 - x^2 - y^2}$ 与锥面 $z = \sqrt{x^2 + y^2}$ 围成，则三重积分 $I = \displaystyle\iiint\limits_{\Omega} f(x^2 + y^2 + z^2)\,\mathrm{d}x\mathrm{d}y\mathrm{d}z$ 在球面坐标系下的三次积分表达式为

_____ .　　　（答案：$\displaystyle\int_0^{2\pi} \mathrm{d}\theta \int_0^{\frac{\pi}{4}} \mathrm{d}\varphi \int_0^{\sqrt{2}} f(r^2) r^2 \sin\varphi\,\mathrm{d}r$）

2. 设 D 是矩形域 $\{(x,y)\mid 0 \leqslant x \leqslant 1, 0 \leqslant y \leqslant 2\}$，试利用二重积分的性质估计 $I = \displaystyle\iint\limits_{D}(x + xy - x^2 - y^2)\,\mathrm{d}x\mathrm{d}y$ 的值.　　　（答案：$-8 \leqslant I \leqslant \dfrac{2}{3}$）

3. 计算 $I = \displaystyle\int_{\frac{1}{4}}^{\frac{1}{2}} \mathrm{d}y \int_{\frac{1}{2}}^{\sqrt{y}} \mathrm{e}^{\frac{y}{x}}\,\mathrm{d}x + \int_{\frac{1}{2}}^1 \mathrm{d}y \int_y^{\sqrt{y}} \mathrm{e}^{\frac{y}{x}}\,\mathrm{d}x$.　　　（答案：$I = \dfrac{3}{8}\mathrm{e} - \dfrac{1}{2}\sqrt{\mathrm{e}}$）

4. 计算 $I = \displaystyle\iint\limits_{D} \sqrt{1 - \sin^2(x+y)}\,\mathrm{d}x\mathrm{d}y$，其中 $D = \{(x,y)\mid 0 \leqslant x \leqslant \dfrac{\pi}{2}, 0 \leqslant y \leqslant \dfrac{\pi}{2}\}$.　　　（答案：$I = \pi - 2$）

5. 计算 $\displaystyle\iiint\limits_{\Omega} |xyz|\,\mathrm{d}v$，其中 Ω 是由曲面 $z = \sqrt{x^2 + y^2}$ 与 $z = \sqrt{4 - x^2 - y^2}$ 所围成的区域.　　　（答案：$\dfrac{4}{3}$）

6. 应用三重积分计算由平面 $x = 0, y = 0, z = 2$ 及 $z = x + y$ 所围成的四面体的体积.　　　（答案：$\dfrac{4}{3}$）

7. 设有一个边长为 a 和 b 的矩形薄片，其每点的面密度与它的一个顶点

之间的距离平方成正比,求该薄片的重心坐标.

$$\left(\text{答案}:\bar{x} = \frac{3a^3 + 2ab^2}{4(a^2+b^2)}, \bar{y} = \frac{3b^2 + 2a^2b}{4(a^2+b^2)}\right)$$

8. 设 m, n 为正整数,且其中至少有一个是奇数,证明:

$$\iint\limits_{x^2+y^2 \leqslant a^2} x^m y^n \mathrm{d}x\mathrm{d}y = 0.$$

9.4 检测真题

1. 填空题

(1) 改变积分次序 $\int_{-1}^{0} \mathrm{d}y \int_{2}^{1-y} f(x,y)\mathrm{d}x = $ _____.

$$\left(\text{答案}: \int_{1}^{2} \mathrm{d}x \int_{0}^{1-x} f(x,y)\mathrm{d}y\right)$$

(2) 设 $f(x,y) = \begin{cases} ky(1-x), & (x,y) \in D \\ 0, & \text{其他} \end{cases}$,其中 D 为由直线 $y = x, y = 0$ 及 $x = 1$ 所围成的平面区域,则使 $\iint\limits_{D} f(x,y)\mathrm{d}\sigma = 1$ 的 $k = $ _____.

(答案:24)

(3) 二次积分 $\int_{0}^{1} \mathrm{d}x \int_{x}^{1} x\sin y^3 \mathrm{d}y = $ _____.   (答案:$\frac{1}{6}(1-\cos 1)$)

(4) $\iint\limits_{|x|+|y|\leqslant 1} |xy| \mathrm{d}x\mathrm{d}y = $ _____.   (答案:$\frac{1}{6}$)

(5) 圆柱体 $x^2 + y^2 \leqslant 2Rx(R>0)$ 夹在抛物面 $x^2 + y^2 = 2Rz$ 和 xOy 平面之间立体的体积 $V = $ _____.   (答案:$\frac{3}{4}\pi R^3$)

2. 设 $f(x,y) = \begin{cases} x^2 y, & 1 \leqslant x \leqslant 2, 0 \leqslant y \leqslant x \\ 0, & \text{其他} \end{cases}$,求 $\iint\limits_{D} f(x,y)\mathrm{d}x\mathrm{d}y$,其中 $D = \{(x,y) \mid x^2 + y^2 \geqslant 2x\}$.   (答案:$\frac{49}{20}$)

3. 求 $I = \iint\limits_{D} x[1 + yf(x^2+y^2)]\mathrm{d}x\mathrm{d}y$,其中 D 是由 $y = x^3, y = 1, x = -1$ 所围的区域,f 是连续函数.   (答案:$-\frac{2}{5}$)

4. 计算 $\displaystyle\iiint\limits_{\Omega} \frac{1}{(1+x+y)^3}\mathrm{d}v$，其中 Ω 是由平面 $x+y+z=1, x=0, y=0$ 及

$z=0$ 所围成的空间域. （答案：$\frac{1}{2}(\ln 2 - \frac{5}{8})$）

5. 计算 $\displaystyle\iiint\limits_{\Omega} z\sqrt{x^2+y^2+z^2}\,\mathrm{d}x\mathrm{d}y\mathrm{d}z$，其中 Ω 是由球面 $z=\sqrt{1-x^2-y^2}$ 与

锥面 $z=\sqrt{3(x^2+y^2)}$ 所围成的空间域. （答案：$\frac{\pi}{20}$）

6. 求 $\displaystyle\iiint\limits_{\Omega} z(x^2+y^2+z)\mathrm{d}v$，其中 Ω 是由曲线 $\begin{cases} y^2=2z \\ x=0 \end{cases}$ 绕 z 轴旋转一周而成的

曲面和平面 $z=4$ 所围成的立体. （答案：$\frac{256}{3}\pi$）

7. 求由 $y^2=ax$ 及直线 $x=a(a>0)$ 所围成的均匀薄片（面密度 μ 为常数）

对直线 $y=-a$ 的转动惯量. （答案：$\frac{8}{5}\mu a^4$）

8. 设 $f(t)$ 为连续函数，求证：

$$\iint\limits_{D} f(x-y)\mathrm{d}x\mathrm{d}y = \int_{-A}^{A} f(t)(A-|t|)\mathrm{d}t$$

其中积分区域 $D: |x|\leqslant \frac{A}{2}, |y|\leqslant \frac{A}{2}$，常数 $A>0$.

第 10 讲

曲线积分与曲面积分

本讲涵盖了主讲教材第 10 章的内容.

10.1   本讲内容聚焦

 一、内容要点精讲

(一) 曲线积分

1. 对弧长的曲线积分(第一类曲线积分)

$$\int_L f(x,y)\mathrm{d}s = \lim_{\lambda \to 0}\sum_{i=1}^n f(\zeta_i,\eta_i)\Delta s_i$$

2. 对坐标的曲线积分(第二类曲线积分)

$$\int_L P(x,y)\mathrm{d}x = \lim_{\lambda \to 0}\sum_{i=1}^n P(\zeta_i,\eta_i)\Delta x_i$$

$$\int_L Q(x,y)\mathrm{d}y = \lim_{\lambda \to 0}\sum_{i=1}^n Q(\zeta_i,\eta_i)\Delta y_i$$

3. 两类曲线积分的性质及关系

(1) 有类似于二重积分的线性性及可加性.

(2) $\displaystyle\int_{\widehat{AB}} f(x,y)\mathrm{d}s = \int_{\widehat{BA}} f(x,y)\mathrm{d}s$

$\displaystyle\int_{\widehat{AB}} P\mathrm{d}x + Q\mathrm{d}y = -\int_{\widehat{BA}} P\mathrm{d}x + Q\mathrm{d}y$

(3) $\displaystyle\int_L P\mathrm{d}x + Q\mathrm{d}y = \int_L (P\cos\alpha + Q\cos\beta)\mathrm{d}s$

其中 $\cos\alpha, \cos\beta$ 为有向曲线 L 上点 (x,y) 处的切向量的方向余弦.

4. 两类曲线积分的计算法

(1) 设曲线 L 由 $x = \varphi(t), y = \psi(t)\,(\alpha \leqslant t \leqslant \beta)$ 给出,则

$$\int_L f(x,y)\,\mathrm{d}s = \int_\alpha^\beta f[\varphi(t),\psi(t)]\sqrt{\varphi'^2(t)+\psi'^2(t)}\,\mathrm{d}t, \quad \alpha < \beta$$

(2) 若 $\overset{\frown}{AB}$ 由 $x=\varphi(t),y=\psi(t)$ 确定,起点 A 对应 $t=\alpha$,终点 B 对应 $t=\beta$,则

$$\int_{\overset{\frown}{AB}} P\mathrm{d}x + Q\mathrm{d}y = \int_\alpha^\beta \{P[\varphi(t),\psi(t)]\varphi'(t) + Q[\varphi(t),\psi(t)]\psi'(t)\}\mathrm{d}t$$

5. 格林公式

设闭区域 D 由分段光滑的闭曲线 L 围成,函数 $P(x,y)$ 及 $Q(x,y)$ 在 D 上具有一阶连续偏导数,则

$$\iint_D \left(\frac{\partial Q}{\partial x} - \frac{\partial P}{\partial y}\right)\mathrm{d}x\mathrm{d}y = \oint_L P\mathrm{d}x + Q\mathrm{d}y$$

这里 L 是 D 的取正向的整个边界曲线.

(二) 曲面积分

1. 对面积的曲面积分(第一类曲面积分)

$$\iint_\Sigma f(x,y,z)\mathrm{d}S = \lim_{\lambda\to0}\sum_{i=1}^n f(\zeta_i,\eta_i,\xi_i)\Delta S_i$$

2. 对坐标的曲面积分(第二类曲面积分)

$$\iint_\Sigma P\mathrm{d}y\mathrm{d}z + Q\mathrm{d}z\mathrm{d}x + R\mathrm{d}x\mathrm{d}y = \lim_{\lambda\to0}\sum_{i=1}^n [P_i(\Delta S_i)_{yz} + Q_i(\Delta S_i)_{zx} + R_i(\Delta S_i)_{xy}]$$

3. 两类曲面积分的性质与关系

(1) 类似于重积分.

(2) $\displaystyle\iint_\Sigma f(x,y,z)\mathrm{d}S = \iint_{-\Sigma} f(x,y,z)\mathrm{d}S$

$$\iint_{-\Sigma} P\mathrm{d}y\mathrm{d}z + Q\mathrm{d}z\mathrm{d}x + R\mathrm{d}x\mathrm{d}y = -\iint_\Sigma P\mathrm{d}y\mathrm{d}z + Q\mathrm{d}z\mathrm{d}x + R\mathrm{d}x\mathrm{d}y$$

(3) $\displaystyle\iint_\Sigma P\mathrm{d}y\mathrm{d}z + Q\mathrm{d}z\mathrm{d}x + R\mathrm{d}x\mathrm{d}y = \iint_\Sigma (P\cos\alpha + Q\cos\beta + R\cos\gamma)\mathrm{d}S$

其中 $\cos\alpha,\cos\beta,\cos\gamma$ 是有向曲面 Σ 上点 (x,y,z) 处的法向量的方向余弦.

4. 两类曲面积分的计算法

Σ 由 $z=z(x,y)$ 给出,Σ 在 xOy 面上的投影区域为 D_{xy},则

$$\iint_\Sigma f(x,y,z)\mathrm{d}S = \iint_{D_{xy}} f[x,y,z(x,y)]\sqrt{1+z_x'^2+z_y'^2}\,\mathrm{d}x\mathrm{d}y$$

$$\iint\limits_{\Sigma} R(x,y,z)\mathrm{d}x\mathrm{d}y = \pm \iint\limits_{D_{xy}} R[x,y,z(x,y)]\mathrm{d}x\mathrm{d}y$$

如 Σ 取上侧,则取正号;如 Σ 取下侧,则取负号.

曲面 Σ 由 $x = x(y,z)$,$y = y(x,z)$ 给出,也有相应的公式.

5. 高斯公式

设空间闭区域 Ω 是由分片光滑的闭曲面 Σ 所围成,函数 $P(x,y,z)$,$Q(x,y,z)$,$R(x,y,z)$ 在 Ω 上具有一阶连续偏导数,则有

$$\iiint\limits_{\Omega} (\frac{\partial P}{\partial x} + \frac{\partial Q}{\partial y} + \frac{\partial R}{\partial z})\mathrm{d}V = \oiint\limits_{\Sigma} P\mathrm{d}y\mathrm{d}z + Q\mathrm{d}z\mathrm{d}x + R\mathrm{d}x\mathrm{d}y$$

这里 Σ 是 Ω 的整个边界曲面的外侧.

6. 斯托克斯公式

设 Γ 为分段光滑的空间有向闭曲线,Σ 是以 Γ 为边界的分片光滑的有向曲面,Γ 的正向与 Σ 的侧符合右手规则,函数 P,Q,R 在包含曲面 Σ 在内的一个空间区域内具有一阶连续偏导数,则有

$$\iint\limits_{\Sigma} (\frac{\partial R}{\partial y} - \frac{\partial Q}{\partial z})\mathrm{d}y\mathrm{d}z + (\frac{\partial P}{\partial z} - \frac{\partial R}{\partial x})\mathrm{d}z\mathrm{d}x + (\frac{\partial Q}{\partial x} - \frac{\partial P}{\partial y})\mathrm{d}x\mathrm{d}y =$$
$$\oint\limits_{\Gamma} P\mathrm{d}x + Q\mathrm{d}y + R\mathrm{d}z$$

7. 场论初步

设向量场 $\boldsymbol{A}(x,y,z) = P\boldsymbol{i} + Q\boldsymbol{j} + R\boldsymbol{k}$,则向量场 $\boldsymbol{A}$ 通过曲面 Σ 向着指定侧的通量(或流量) 为

$$\iint\limits_{\Sigma} \boldsymbol{A} \cdot \boldsymbol{n}\mathrm{d}S = \iint\limits_{\Sigma} (P\cos\alpha + Q\cos\beta + R\cos\gamma)\mathrm{d}S = \iint\limits_{\Sigma} P\mathrm{d}y\mathrm{d}z + Q\mathrm{d}z\mathrm{d}x + R\mathrm{d}x\mathrm{d}y$$

其中 $\boldsymbol{n} = \{\cos\alpha,\cos\beta,\cos\gamma\}$ 是 Σ 上点 (x,y,z) 处的单位法向量.

向量场 $\boldsymbol{A}$ 的散度为

$$\mathrm{div}\ \boldsymbol{A} = \frac{\partial P}{\partial x} + \frac{\partial Q}{\partial y} + \frac{\partial R}{\partial z}$$

向量场 $\boldsymbol{A}$ 的旋度为

$$\mathrm{rot}\ \boldsymbol{A} = \begin{vmatrix} \boldsymbol{i} & \boldsymbol{j} & \boldsymbol{k} \\ \dfrac{\partial}{\partial x} & \dfrac{\partial}{\partial y} & \dfrac{\partial}{\partial z} \\ P & Q & R \end{vmatrix}$$

向量场 $\boldsymbol{A}$ 沿闭曲线 Γ 的环流量为

$$\oint_{\Gamma} P\,\mathrm{d}x + Q\,\mathrm{d}y + R\,\mathrm{d}z = \oint_{\Gamma} \boldsymbol{A} \cdot \boldsymbol{t}\,\mathrm{d}s$$

t 是曲线 Γ 上点 (x,y,z) 处的单位切向量.

二、知识脉络图解

曲线积分
- 第一类曲线积分
  - 定义
  - 性质(可积性、线性性、可加性)
  - 计算方法(用参数方程化为定积分)
  - 物理应用(质量、重心、引力)
- 第二类曲线积分
  - 定义
  - 性质(可积性、线性性、可加性、方向性)
  - 计算方法(化为定积分)
  - 格林公式(平面曲线积分)
    - 积分与路经无关
    - 全微分求积
  - 斯托克斯公式(空间曲线积分)
  - 物理应用
    - 变力沿曲线做功
    - 向量场沿曲线的环流量

曲面积分
- 第一类曲面积分
  - 定义
  - 性质(可积性、线性性、可加性)
  - 计算方法(用投影法化为二重积分)
  - 物理应用(质量、重心、引力)
- 第二类曲面积分
  - 定义
  - 性质(可积性、线性性、可加性、方向性)
  - 计算方法(用投影法化为二重积分)
  - 高斯公式
  - 物理应用(向量场穿过曲面指定侧的通量)

三、重点、难点点击

本讲重点内容:两类曲线积分的概念、性质及计算;两类曲面积分的概念、性质及计算;格林公式,高斯公式,平面上曲线积分与路径无关的充要条件;散度,旋度的概念及计算.

本讲常见题型:

(1)对弧长和对坐标的曲线积分的计算,格林公式.

(2)对面积和对坐标的曲面积分的计算,高斯公式.

(3)梯度、散度、旋度的综合计算.

10.2 典型例题精选

【例 10-1】 设 L 为椭圆 $\dfrac{x^2}{4}+\dfrac{y^2}{3}=1$,其周长为 a,则 $\oint_L (2xy+3x^2+4y^2)\mathrm{d}s = \underline{12a}$.

【解】 因当 $(x,y)\in L$ 时,$3x^2+4y^2=12$,故

$$\oint_L (2xy+3x^2+4y^2)\mathrm{d}s = \oint_L (2xy+12)\mathrm{d}s =$$

$$2\oint_L xy\mathrm{d}s+12\oint_L \mathrm{d}s=12a \quad \text{(对称性)}$$

【例 10-2】 计算 $I=\oint_L \mathrm{e}^{\sqrt{x^2+y^2}}\mathrm{d}s$,$L$ 为圆周 $x^2+y^2=a^2(a>0)$,直线 $y=-x$ 及 x 轴在第二象限内所围的扇形的边界.

【解】 由图 10-1 知,L 是由直线段 $\overline{OC}$,圆弧 $\overparen{CD}$ 及 $\overline{DO}$ 组成,故

$$I=\int_{\overline{OC}} \mathrm{e}^{\sqrt{x^2+y^2}}\mathrm{d}s + \int_{\overparen{CD}} \mathrm{e}^{\sqrt{x^2+y^2}}\mathrm{d}s + \int_{\overline{DO}} \mathrm{e}^{\sqrt{x^2+y^2}}\mathrm{d}s$$

$$\int_{\overline{OC}} \mathrm{e}^{\sqrt{x^2+y^2}}\mathrm{d}s \xrightarrow{y=0} \int_{-a}^0 \mathrm{e}^{\sqrt{(-x)^2+0}} \sqrt{1+0}\,\mathrm{d}x =$$

$$\int_{-a}^0 \mathrm{e}^{|x|}\mathrm{d}x = \int_{-a}^0 \mathrm{e}^{-x}\mathrm{d}x = \mathrm{e}^a-1$$

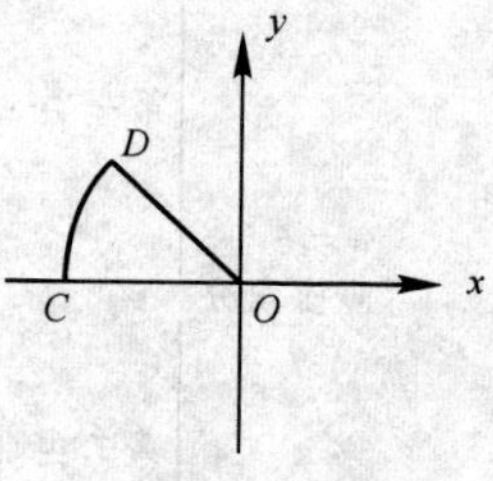

圆弧 $\overparen{CD}$ 的方程为 $x=a\cos t,y=a\sin t,\dfrac{3}{4}\pi\leqslant$

图 10-1

$t\leqslant\pi$,于是

$$\int_{\overparen{CD}} \mathrm{e}^{\sqrt{x^2+y^2}}\mathrm{d}s = \int_{\frac{3}{4}\pi}^{\pi} \mathrm{e}^a a\,\mathrm{d}t = a\mathrm{e}^a(\pi-\frac{3}{4}\pi)=\frac{\pi}{4}a\mathrm{e}^a$$

$$\int_{\overline{DO}} \mathrm{e}^{\sqrt{x^2+y^2}}\mathrm{d}s \xrightarrow{y=-x} \int_{-\frac{a}{\sqrt2}}^0 \mathrm{e}^{\sqrt2|x|}\sqrt2\,\mathrm{d}x = \sqrt2\int_{-\frac{a}{\sqrt2}}^0 \mathrm{e}^{-\sqrt2 x}\mathrm{d}x=\mathrm{e}^a-1$$

所以
$$I = 2\mathrm{e}^a + \frac{\pi}{4}a\mathrm{e}^a - 2$$

【例 10 - 3】　计算 $I = \displaystyle\int_L (x^2 + y^2)\mathrm{d}x + (x^2 - y^2)\mathrm{d}y$，其中 L 为曲线 $y = 1 - |1 - x|$ $(0 \leqslant x \leqslant 2)$ 上从点 $A(2,0)$，经点 $B(1,1)$ 到点 $O(0,0)$ 的折线段.

【解】　由题设知，L 由直线段 $\overline{AB}$ 及 $\overline{BO}$ 组成，且 $\overline{AB}: y = 2 - x$，起点 A 对应参数值 $x = 2$，终点 B 对应 $x = 1$. $\overline{BO}: y = x$，起点 B 对应参数值 $x = 1$，终点 O 对应 $x = 0$. 则有

$$\int_L (x^2 + y^2)\mathrm{d}x + (x^2 - y^2)\mathrm{d}y = \int_{\overline{AB}} + \int_{\overline{BO}} =$$

$$\int_2^1 \{[x^2 + (2-x)^2] + [x^2 - (2-x)^2](-1)\}\mathrm{d}x +$$

$$\int_1^0 [(x^2 + x^2) + (x^2 - x^2)]\mathrm{d}x =$$

$$2\int_2^1 (2-x)^2 \mathrm{d}x + 2\int_1^0 x^2 \mathrm{d}x = -\frac{4}{3}$$

【例 10 - 4】　求 $I = \displaystyle\int_L [(\mathrm{e}^x \sin y - b(x+y)]\mathrm{d}x + (\mathrm{e}^x \cos y - ax)\mathrm{d}y$，其中 a, b 为正的常数，L 为从点 $A(2a,0)$ 沿曲线 $y = \sqrt{2ax - x^2}$ 到点 $O(0,0)$ 的弧.

【解法 1】　添加从点 $O(0,0)$ 沿 $y = 0$ 到点 $A(2a,0)$ 的有向直线段 L_1.
$$I = \oint_{L+L_1} - \int_{L_1}$$
由格林公式，前一积分
$$I_1 = \iint_D (b-a)\mathrm{d}x\mathrm{d}y = \frac{\pi}{2}a^2(b-a)$$

$$I_2 = \int_{L_1} [\mathrm{e}^x \sin y - b(x+y)]\mathrm{d}x + (\mathrm{e}^x \cos y - ax)\mathrm{d}y =$$

$$\int_0^{2a} (-bx)\mathrm{d}x = -2a^2 b$$

从而
$$I = I_1 - I_2 = \left(\frac{\pi}{2} + 2\right)a^2 b - \frac{\pi}{2}a^3$$

【解法 2】　$I = \displaystyle\int_L \mathrm{e}^x \sin y \mathrm{d}x + \mathrm{e}^x \cos y \mathrm{d}y - \int_L b(x+y)\mathrm{d}x + ax\mathrm{d}y$

前一积分与路径无关，所以

$$\int_L \mathrm{e}^x \sin y \mathrm{d}x + \mathrm{e}^x \cos y \mathrm{d}y = \mathrm{e}^x \sin y \bigg|_{(2a,0)}^{(0,0)} = 0$$

对后一积分,取 L 的参数方程:$\begin{cases} x = a + a\cos t \\ y = a\sin t \end{cases}$ t 从 0 到 π,则

$$\int_L b(x+y)\mathrm{d}x + ax\,\mathrm{d}y =$$

$$\int_0^\pi (-a^2 b\sin t - a^2 b\sin t\cos t - a^2 b\sin^2 t + a^3\cos t + a^3\cos^2 t)\mathrm{d}t =$$

$$-2a^2 b - \frac{1}{2}\pi a^2 b + \frac{1}{2}\pi a^3$$

从而
$$I = (\frac{\pi}{2} + 2)a^2 b - \frac{\pi}{2}a^3$$

【例 10-5】 确定常数 λ,使在右半平面 $x > 0$ 上的向量 $\mathbf{A}(x,y) = 2xy(x^4 + y^2)^\lambda \mathbf{i} - x^2(x^4 + y^2)^\lambda \mathbf{j}$ 为某二元函数 $u(x,y)$ 的梯度,并求 $u(x,y)$.

【解】 令 $P(x,y) = 2xy(x^4 + y^2)^\lambda$,$Q(x,y) = -x^2(x^4 + y^2)^\lambda$,则

$$\frac{\partial Q}{\partial x} = -2x(x^4 + y^2)^\lambda - 4\lambda x^5(x^4 + y^2)^{\lambda-1}$$

$$\frac{\partial P}{\partial y} = 2x(x^4 + y^2)^\lambda + 4\lambda xy^2(x^4 + y^2)^{\lambda-1}$$

若 $\mathbf{A} = P\mathbf{i} + Q\mathbf{j}$ 是 u 的梯度,则 $P = \dfrac{\partial u}{\partial x}$,$Q = \dfrac{\partial u}{\partial y}$. 从而 u 具有二阶连续偏导数.

则
$$\frac{\partial P}{\partial y} = \frac{\partial Q}{\partial x} \quad (x,y) \in D = \{(x,y) \mid x > 0, y \in R\}$$

即
$$4x(x^4 + y^2)^\lambda(\lambda + 1) = 0$$

解得 $\lambda = -1$. 于是,在右半平面内任取一点,例如取点 $(1,0)$ 作为积分路径的起点,则

$$u(x,y) = \int_{(1,0)}^{(x,y)} \frac{2xy\mathrm{d}x - x^2\mathrm{d}x}{x^4 + y^2} + C =$$

$$\int_1^x \frac{2x \times 0}{x^4 + y^2}\mathrm{d}x - \int_0^y \frac{x^2}{x^4 + y^2}\mathrm{d}y + C = -\arctan\frac{y}{x^2} + C$$

【例 10-6】 计算曲线积分 $I = \oint_L \dfrac{x\mathrm{d}y - y\mathrm{d}x}{4x^2 + y^2}$,其中 L 是以点 $(1,0)$ 为中心,R 为半径的圆周 $(R > 1)$,取逆时针方向.

【解】 $P(x,y) = \dfrac{-y}{4x^2 + y^2}$,$\qquad Q(x,y) = \dfrac{x}{4x^2 + y^2}$

$$\frac{\partial P}{\partial y} = \frac{y^2 - 4x^2}{(4x^2 + y^2)^2} = \frac{\partial Q}{\partial x}, \quad (x,y) \neq (0,0)$$

因为 $R > 1$,积分曲线所围成的区域含点 $(0,0)$,P,Q 在该点不具有连续的偏导

数,故不能直接使用格林公式,需要将点(0,0)去掉,为此作足够小的椭圆曲线

$$C: \begin{cases} x = \dfrac{\delta}{2}\cos\theta \\ y = \delta\sin\theta \end{cases} \quad \theta \in [0, 2\pi], C \text{ 取逆时针方向}$$

于是有

$$\oint_{L+C^-} \frac{x\,\mathrm{d}y - y\,\mathrm{d}x}{4x^2 + y^2} = 0, \quad C^- \text{ 表示 } C \text{ 的负方向}$$

即得

$$\oint_L \frac{x\,\mathrm{d}y - y\,\mathrm{d}x}{4x^2 + y^2} = \oint_C \frac{x\,\mathrm{d}y - y\,\mathrm{d}x}{4x^2 + y^2} = \int_0^{2\pi} \frac{\dfrac{1}{2}\delta^2}{\delta^2}\,\mathrm{d}\theta = \pi$$

注　若本题中条件为 $R \neq 1$,则需要分 $R > 1$ 和 $R < 1$ 两种情况讨论. 由于 $R < 1$ 时,积分曲线所围成的区域在右半平面为单连通域,$\dfrac{\partial P}{\partial y}, \dfrac{\partial Q}{\partial x}$ 连续且相等,且 L 为封闭的正向曲线,则 $I = 0$.

【例 10-7】 已知平面区域 $D = \{(x, y) \mid 0 \leqslant x \leqslant \pi, 0 \leqslant y \leqslant \pi\}$,$L$ 为 D 的正向边界. 试证:

(1) $\oint_L x\mathrm{e}^{\sin y}\,\mathrm{d}y - y\mathrm{e}^{-\sin x}\,\mathrm{d}x = \oint_L x\mathrm{e}^{-\sin y}\,\mathrm{d}y - y\mathrm{e}^{\sin x}\,\mathrm{d}x$;

(2) $\oint_L x\mathrm{e}^{\sin y}\,\mathrm{d}y - y\mathrm{e}^{-\sin x}\,\mathrm{d}x \geqslant 2\pi^2$.

【证法 1】 (1) 左边 $= \displaystyle\int_0^\pi \pi\mathrm{e}^{\sin y}\,\mathrm{d}y - \int_\pi^0 \pi\mathrm{e}^{-\sin x}\,\mathrm{d}x = \pi\int_0^\pi (\mathrm{e}^{\sin x} + \mathrm{e}^{-\sin x})\,\mathrm{d}x$

右边 $= \displaystyle\int_0^\pi \pi\mathrm{e}^{-\sin y}\,\mathrm{d}y - \int_\pi^0 \pi\mathrm{e}^{\sin x}\,\mathrm{d}x = \pi\int_0^\pi (\mathrm{e}^{\sin x} + \mathrm{e}^{-\sin x})\,\mathrm{d}x$

所以

$$\oint_L x\mathrm{e}^{\sin y}\,\mathrm{d}y - y\mathrm{e}^{-\sin x}\,\mathrm{d}x = \oint_L x\mathrm{e}^{-\sin y}\,\mathrm{d}y - y\mathrm{e}^{\sin x}\,\mathrm{d}x$$

(2) 由于

$$\mathrm{e}^{\sin x} + \mathrm{e}^{-\sin x} \geqslant 2$$

故由(1) 得 $\displaystyle\oint_L x\mathrm{e}^{\sin y}\,\mathrm{d}y - y\mathrm{e}^{-\sin x}\,\mathrm{d}x = \pi\int_0^\pi (\mathrm{e}^{\sin x} + \mathrm{e}^{-\sin x})\,\mathrm{d}x \geqslant 2\pi\int_0^\pi \mathrm{d}x = 2\pi^2$

【证法 2】 (1) 由格林公式得

$$\oint_L x\mathrm{e}^{\sin y}\,\mathrm{d}y - y\mathrm{e}^{-\sin x}\,\mathrm{d}x = \iint_D (\mathrm{e}^{\sin y} + \mathrm{e}^{-\sin x})\,\mathrm{d}\sigma$$

$$\oint_L x\mathrm{e}^{-\sin y}\,\mathrm{d}y - y\mathrm{e}^{\sin x}\,\mathrm{d}x = \iint_D (\mathrm{e}^{-\sin y} + \mathrm{e}^{\sin x})\,\mathrm{d}\sigma$$

因为 D 关于 $y = x$ 对称,所以

$$\iint\limits_{D}(e^{\sin y}+e^{-\sin x})d\sigma=\iint\limits_{D}(e^{-\sin y}+e^{\sin x})d\sigma$$

故 $$\oint_{L}x\,e^{\sin y}dy-y\,e^{-\sin x}dx=\oint_{L}x\,e^{\sin y}dy-ye^{\sin x}dx$$

（2）由（1）知

$$\oint_{L}x\,e^{\sin y}dy-y\,e^{-\sin x}dx=\iint\limits_{D}(e^{\sin y}+e^{-\sin x})d\sigma=$$

$$\iint\limits_{D}(e^{\sin x}+e^{-\sin x})d\sigma\geqslant\iint\limits_{D}2d\sigma=2\pi^{2}$$

【例 10-8】 计算 $I=\iint\limits_{\Sigma}\dfrac{x\,dydz+z^{2}\,dxdy}{x^{2}+y^{2}+z^{2}}$，其中 Σ 是由曲面 $x^{2}+y^{2}=R^{2}$ 及两平面 $z=R,z=-R(R>0)$ 所围立体表面的外侧.

【解】 设 $\Sigma_{1},\Sigma_{2},\Sigma_{3}$ 依次为 Σ 的上、下底和圆柱面部分，则

$$\iint\limits_{\Sigma_{1}}\frac{x\,dydz}{x^{2}+y^{2}+z^{2}}=\iint\limits_{\Sigma_{2}}\frac{x\,dydz}{x^{2}+y^{2}+z^{2}}=0$$

记 Σ_{1},Σ_{2} 在 xOy 面上的投影域为 D_{xy}，则

$$\iint\limits_{\Sigma_{1}+\Sigma_{2}}\frac{z^{2}\,dxdy}{x^{2}+y^{2}+z^{2}}=\iint\limits_{D_{xy}}\frac{R^{2}\,dxdy}{x^{2}+y^{2}+z^{2}}-\iint\limits_{D_{xy}}\frac{(-R)^{2}\,dxdy}{x^{2}+y^{2}+z^{2}}=0$$

在 Σ_{3} 上 $$\iint\limits_{\Sigma_{3}}\frac{z^{2}\,dxdy}{x^{2}+y^{2}+z^{2}}=0$$

记 Σ_{3} 在 yOz 面上的投影域为 D_{yz}，因 Σ_{3} 前侧：$x=\sqrt{R^{2}-y^{2}}$，后侧：$x=-\sqrt{R^{2}-y^{2}}$，故需分成两部分，则

$$\iint\limits_{\Sigma_{3}}\frac{x\,dydz}{x^{2}+y^{2}+z^{2}}=\iint\limits_{D_{yz}}\frac{\sqrt{R^{2}-y^{2}}\,dydz}{R^{2}+z^{2}}-\iint\limits_{D_{yz}}\frac{-\sqrt{R^{2}-y^{2}}}{R^{2}+z^{2}}dydz=$$

$$2\int_{-R}^{R}\sqrt{R^{2}-y^{2}}\,dy\int_{-R}^{R}\frac{dz}{R^{2}+z^{2}}=\frac{\pi^{2}}{2}R$$

所以，原积分 $=\dfrac{\pi^{2}}{2}R$.

【例 10-9】 计算 $I=\iint\limits_{\Sigma}(2x+z)dydz+zdxdy$，其中 Σ 为有向曲面 $z=x^{2}+y^{2}(0\leqslant z\leqslant1)$，其法向量与 z 轴正向的夹角为锐角.

【解】 设 Σ_{1} 表示法向量指向 z 轴负向的有向平面 $z=1(x^{2}+y^{2}\leqslant1)$，$D$

为 Σ_1 在 xOy 面上的投影区域,则

$$\iint\limits_{\Sigma_1}(2x+z)\mathrm{d}y\mathrm{d}z+z\mathrm{d}x\mathrm{d}y=\iint\limits_{D}(-\mathrm{d}x\mathrm{d}y)=-\pi$$

设 Ω 表示由 Σ 和 Σ_1 所围成的空间区域,则由高斯公式知

$$\oiint\limits_{\Sigma+\Sigma_1}(2x+z)\mathrm{d}y\mathrm{d}z+z\mathrm{d}x\mathrm{d}y=-\iiint\limits_{\Omega}(2+1)\mathrm{d}x=-3\int_0^{2\pi}\mathrm{d}\theta\int_0^1 r\mathrm{d}r\int_{r^2}^1\mathrm{d}z=$$

$$-6\pi\int_0^1(r-r^3)\mathrm{d}r=-\frac{3}{2}\pi$$

因此
$$I=-\frac{3}{2}\pi-(-\pi)=-\frac{\pi}{2}$$

【例 10 - 10】 计算 $I=\iint\limits_{\Sigma}\dfrac{ax\mathrm{d}y\mathrm{d}z+(z+a)^2\mathrm{d}x\mathrm{d}y}{(x^2+y^2+z^2)^{\frac{1}{2}}}$,其中 Σ 为下半球面 $z=-\sqrt{a^2-x^2-y^2}$ 的上侧,$(a>0$ 为常数$)$.

【解】 $I=\dfrac{1}{a}\iint\limits_{\Sigma}ax\mathrm{d}y\mathrm{d}z+(z+a)^2\mathrm{d}x\mathrm{d}y$

补充平面 $\Sigma_1:\begin{cases}x^2+y^2\leqslant a^2\\ z=0\end{cases}$,其法向量与 z 轴正向相反,则

$$I=\frac{1}{a}\Big[\oiint\limits_{\Sigma+\Sigma_1}ax\mathrm{d}y\mathrm{d}z+(z+a)^2\mathrm{d}x\mathrm{d}y-\iint\limits_{\Sigma_1}ax\mathrm{d}y\mathrm{d}z+(z+a)^2\mathrm{d}x\mathrm{d}y\Big]=$$

$$\frac{1}{a}\Big[-\iiint\limits_{\Omega}(3a+2z)\mathrm{d}V+\iint\limits_{D}a^2\mathrm{d}x\mathrm{d}y\Big]=$$

$$\frac{1}{a}\Big[-3a\times\frac{1}{2}\times\frac{4}{3}\pi a^3-2\int_0^{2\pi}\mathrm{d}\theta\int_0^a r\mathrm{d}r\int_{-\sqrt{a^2-r^2}}^0 z\mathrm{d}z+a^2\cdot\pi a^2\Big]=$$

$$-\frac{\pi}{2}a^3$$

【例 10 - 11】 计算 $I=\oint_L(y^2-z^2)\mathrm{d}x+(2z^2-x^2)\mathrm{d}y+(3x^2-y^2)\mathrm{d}z$,其中 L 是平面 $x+y+z=2$ 与柱面 $|x|+|y|=1$ 的交线,从 z 轴正向看去,L 为逆时针方向.

【解】 记 Σ 为平面 $x+y+z=2$ 上 L 所围成部分的上侧,D 为 Σ 在 xOy 面上的投影.由斯托克斯公式得

$$I=\iint\limits_{\Sigma}(-2y-4z)\mathrm{d}y\mathrm{d}z+(-2z-6x)\mathrm{d}z\mathrm{d}x+(-2x-2y)\mathrm{d}x\mathrm{d}y=$$

$$-\frac{2}{\sqrt{3}}\iint\limits_{\Sigma}(4x+2y+3z)\mathrm{d}S \xrightarrow{\text{由两类曲面积分的关系}\cos\alpha=\cos\beta=\cos\gamma=\frac{1}{\sqrt{3}}}$$

$$-2\iint\limits_{D}(x-y+6)\mathrm{d}x\mathrm{d}y \xrightarrow{\text{由对称性}} -12\iint\limits_{D}\mathrm{d}x\mathrm{d}y = -24$$

【例 10-12】 求矢量场 $A=(2x^3yz+y^zz^y)i-(x^2y^2z+x^zz^x)j-(x^2yz^2+x^yy^x)k$ 的散度 $\mathrm{div}A$ 在点 $M(1,1,2)$ 处沿 $l=2i+2j-k$ 方向的方向导数,并求 $\mathrm{div}A$ 在点 M 处的方向导数的最大值.

【解】 令 $u=\mathrm{div}A=6x^2yz-2x^2yz-2x^2yz=2x^2yz$

因 $l=\{2,2,-1\}$,所以 $l^\circ=\left\{\dfrac{2}{3},\dfrac{2}{3},-\dfrac{1}{3}\right\}$

$$\frac{\partial u}{\partial x}\bigg|_{M}=8,\quad \frac{\partial u}{\partial y}\bigg|_{M}=4,\quad \frac{\partial u}{\partial z}\bigg|_{M}=2$$

$$\frac{\partial u}{\partial l}=8\times\frac{2}{3}+4\times\frac{2}{3}+2\left(-\frac{1}{3}\right)=\frac{22}{3}$$

$$\mathbf{grad}(\mathrm{div}A)=8i+4j+2k$$

故 $\mathrm{div}A$ 在点 M 处方向导数的最大值即为梯度的模,

$$|\mathbf{grad}(\mathrm{div}A)|=\sqrt{8^2+4^2+2^2}=2\sqrt{21}$$

【例 10-13】 设在上半平面 $D=\{(x,y)\mid y>0\}$ 内,函数 $f(x,y)$ 具有连续偏导数,且对任意的 $t>0$ 都有 $f(tx,ty)=t^{-2}f(x,y)$,证明:对 D 内的任意分段光滑的有向简单闭曲线 L,都有

$$\oint_{L}yf(x,y)\mathrm{d}x-xf(x,y)\mathrm{d}y=0$$

【证】 由格林公式知,对 D 内的任意有向简单闭曲线 L,有

$$\oint_{L}yf(x,y)\mathrm{d}x-xf(x,y)\mathrm{d}y=0$$

的充分必要条件是:对任意 $(x,y)\in D$,有

$$0=\frac{\partial}{\partial y}[yf(x,y)]+\frac{\partial}{\partial x}[xf(x,y)]=2f(x,y)+yf_2'(x,y)+xf_1'(x,y)$$

由于对任意的 $(x,y)\in D$ 及 $t>0$ 都有

$$f(tx,ty)=t^{-2}f(x,y)$$

两边对 t 求导,得

$$xf_1'(tx,ty)+yf_2'(tx,ty)=-2t^{-3}f(x,y)$$

158

令 $t = 1$,得 $2f(x,\ y) + xf'_1(x,\ y) + yf'_2(x,\ y) = 0$,即

$$\frac{\partial}{\partial y}[yf(x,\ y)] + \frac{\partial}{\partial x}[xf(x,\ y)] = 0$$

所以

$$\oint_L yf(x,\ y)\mathrm{d}x - xf(x,\ y)\mathrm{d}y = 0$$

【例 10 - 14】 设曲面 $\sum$:$|x| + |y| + |z| = 1$,求 $\oiint\limits_{\sum}(x + |y|)\mathrm{d}s$.

分析 本题求解对面积的曲面积分,利用对称性可简化计算.

【解】 由积分域与被积函数的对称性有

$$\oiint\limits_{\sum}x\mathrm{d}s = 0,\ \oiint\limits_{\sum}|x|\mathrm{d}s = \oiint\limits_{\sum}|y|\mathrm{d}s = \oiint\limits_{\sum}|z|\mathrm{d}s$$

所以

$$\oiint\limits_{\sum}|y|\mathrm{d}s = \frac{1}{3}\oiint\limits_{\sum}(|x| + |y| + |z|)\mathrm{d}s =$$

$$\frac{1}{3}\oiint\limits_{\sum}\mathrm{d}s = \frac{1}{3} \times 8 \times \frac{\sqrt{3}}{2} = \frac{4\sqrt{3}}{3}$$

故

$$\oiint\limits_{\sum}(x + |y|)\mathrm{d}s = \oiint\limits_{\sum}x\mathrm{d}s + \oiint\limits_{\sum}|y|\mathrm{d}s = \frac{4\sqrt{3}}{3}$$

【例 10 - 15】 计算曲面积分

$$I = \iint\limits_{\sum}xz\mathrm{d}y\mathrm{d}z + 2zy\mathrm{d}z\mathrm{d}x + 3xy\mathrm{d}x\mathrm{d}y$$

其中 $\sum$ 为曲面 $z = 1 - x^2 - \dfrac{y^2}{4}(0 \leqslant z \leqslant 1)$ 的上侧.

【解】 取 $\sum_1$ 为 xOy 平面上被椭圆 $x^2 + \dfrac{y^2}{4} = 1$ 所围部分的下侧,记 Ω 为

由 $\sum$ 和 $\sum_1$ 围成的空间闭区域,根据高斯公式,有

$$I = \oiint\limits_{\sum + \sum_1}xz\mathrm{d}y\mathrm{d}z + 2zy\mathrm{d}z\mathrm{d}x + 3xy\mathrm{d}x\mathrm{d}y - \iint\limits_{\sum_1}xz\mathrm{d}y\mathrm{d}z + 2zy\mathrm{d}z\mathrm{d}x + 3xy\mathrm{d}x\mathrm{d}y =$$

$$\iiint\limits_{\Omega}(z + 2z + 0)\mathrm{d}z - 3\iint\limits_{\sum_1}xy\mathrm{d}x\mathrm{d}y =$$

$$\int_0^1 3z\mathrm{d}z \iint\limits_{x^2 + \frac{y^2}{4} \leqslant 1 - z}\mathrm{d}x\mathrm{d}y + 3\iint\limits_{x^2 + \frac{y^2}{4} \leqslant 1}xy\mathrm{d}x\mathrm{d}y =$$

$$\int_0^1 6\pi z(1-z)\mathrm{d}z + 0 = \pi$$

【例 10-16】 设曲线 $L:f(x,y)=1(f(x,y)$ 具有一阶连续偏导数) 过第 2 象限内的点 M 和第 4 象限内的点 N,Γ 为 L 上从点 M 到点 N 的一段弧,则下列小于零的是:

(A) $\displaystyle\int_\Gamma f(x,y)\mathrm{d}x$ (B) $\displaystyle\int_\Gamma f(x,y)\mathrm{d}y$

(C) $\displaystyle\int_\Gamma f(x,y)\mathrm{d}s$ (D) $\displaystyle\int_\Gamma f_x'(x,y)\mathrm{d}x + f_y'(x,y)\mathrm{d}y$

分析 本题考查对弧长的曲线积分和对坐标的曲线积分的计算.

【解】 点 M,N 的坐标分别为 $M(x_1,y_1)$,$N(x_2,y_2)$,由题设可知 $x_1 < x_2$,$y_1 > y_2$,因为

$$\int_\Gamma f(x,y)\mathrm{d}x = \int_\Gamma \mathrm{d}x = x_2 - x_1 > 0$$

$$\int_\Gamma f(x,y)\mathrm{d}y = \int_\Gamma \mathrm{d}y = y_2 - y_1 < 0$$

$$\int_\Gamma f(x,y)\mathrm{d}s = \int_\Gamma \mathrm{d}s = \Gamma \text{ 的弧长} > 0$$

$$\int_\Gamma f_x'(x,y)\mathrm{d}x + f_y'(x,y)\mathrm{d}y = \int_\Gamma 0\mathrm{d}x + 0\mathrm{d}y = 0$$

所以应选(B).

评注 本题属基本概念题型,注意计算对坐标的曲线积分时要考虑方向,对于曲线积分和曲面积分,应尽量先将曲线、曲面方程代入被积表达式化简,然后再计算.

10.3 课后作业

1. 计算 $I = \displaystyle\int_L xyz\,\mathrm{d}s$,其中 L 为螺线:$x=a\cos t,y=a\sin t,z=bt(0\leqslant t\leqslant 2\pi,0<a<b)$.　　　(答案:$-\dfrac{\pi}{2}a^2 b\sqrt{a^2+b^2}$)

2. 计算下列曲线积分:

(1) $\displaystyle\oint_L \frac{(3x+2y)\mathrm{d}x - (x-4y)\mathrm{d}y}{4x^2+9y^2}$,其中 L 为椭圆 $\dfrac{x^2}{9}+\dfrac{y^2}{4}=1$ 的逆时针方向;　　　(答案:$-\dfrac{\pi}{2}$)

(2) $\displaystyle\int_L 2y^3\mathrm{d}x+(x^4+6y^2x)\mathrm{d}y$，其中 L 由点 $A(1,0)$ 经曲线 $x^4+y^4=1$ 在第一象限部分到点 $B(0,1)$.　（答案：$\dfrac{4}{5}$）

3. 计算下列曲面积分：

(1) $\displaystyle\iint_\Sigma \dfrac{\mathrm{e}^z}{\sqrt{x^2+y^2}}\mathrm{d}S$，其中 Σ 为锥面 $z=\sqrt{x^2+y^2}$ 介于 $1\leqslant z\leqslant 2$ 之间的部分；　（答案：$2\sqrt{2}\pi\mathrm{e}(\mathrm{e}-1)$）

(2) $\displaystyle\iint_\Sigma x^2\mathrm{d}y\mathrm{d}z+y^2\mathrm{d}z\mathrm{d}x+z^2\mathrm{d}x\mathrm{d}y$，其中 Σ 为抛物面 $z=x^2+y^2(0\leqslant z\leqslant h)$ 的外侧；　（答案：$-\dfrac{\pi}{3}h^3$）

4. 计算 $I=\displaystyle\iint_\Sigma x\mathrm{d}z\mathrm{d}y+y\mathrm{d}z\mathrm{d}x+z\mathrm{d}x\mathrm{d}y$，其中 Σ 为下半球面 $z=-\sqrt{a^2-x^2-y^2}$ 的上侧.　（答案：$-2\pi a^2$）

5. 计算曲面积分 $\displaystyle\oiint_\Sigma zx\mathrm{d}x\mathrm{d}y+xy\mathrm{d}y\mathrm{d}z+yz\mathrm{d}z\mathrm{d}x$，其中 Σ 为平面 $x+y+z=1,x=0,y=0,z=0$ 所围立体的表面外侧.　（答案：$\dfrac{1}{8}$）

6. 证明表达式 $[(x+y+1)\mathrm{e}^x-\mathrm{e}^y]\mathrm{d}x+[\mathrm{e}^x-(x+y+1)\mathrm{e}^y]\mathrm{d}y$ 是全微分式，并求其原函数.　（答案：$(x+y)(\mathrm{e}^x-\mathrm{e}^y)+C$）

7. 设 $\boldsymbol{A}=\{4xz,yz^2,x^2+2yz^2-1\}$，计算 $\mathrm{div}(\mathrm{rot}\boldsymbol{A})$.　（答案：$0$）

10.4　检测真题

1. 设平面曲线 L 为下半圆周 $y=-\sqrt{1-x^2}$，则曲线积分 $\displaystyle\int_L(x^2+y^2)\mathrm{d}s=$ ___.　（答案：π）

2. 选择题

(1) 若 L 是由 $y^2=2(x+2)$ 及 $x=2$ 所围区域的边界，L 的方向为顺时针，则 $\displaystyle\oint_L\dfrac{x\mathrm{d}y-y\mathrm{d}x}{x^2+y^2}=$（　）.

(A) π　　　(B) 0　　　(C) -2π　　　(D) 2π　　　（答案：C）

(2) 曲面 Σ 为 $x^2 + y^2 + z^2 = R^2$ 的外则,则 $\iint\limits_{\Sigma} \sqrt{x^2 + y^2 + z^2}\, (x\mathrm{d}y\mathrm{d}z + y\mathrm{d}z\mathrm{d}x + z\mathrm{d}x\mathrm{d}y) = ($ $)$.

(A) $\dfrac{16}{3}\pi R^4$ (B) $4\pi R^4$ (C) $\dfrac{4}{3}\pi R^4$ (D) $2\pi R^4$ (答案:B)

3. 设位于点 $(0,1)$ 的质点 A 对质点 M 的引力大小为 $\dfrac{k}{r^2}$ $(k>0$ 为常数,r 为质点 A 与 M 之间的距离). 质点 M 沿曲线 $y = \sqrt{2x - x^2}$ 自 $B(2,0)$ 运动到 $O(0,0)$,求在此运动过程中点 A 对质点 M 的引力所作的功. $\left(答案:k\left(1 - \dfrac{1}{\sqrt{5}}\right)\right)$

4. 计算曲线积分 $\oint_L \dfrac{x\mathrm{d}y - y\mathrm{d}x}{4x^2 + y^2}$,其中 L 为

(1) 正向曲线 $|x| + |y| = 1$;

(2) 正向曲线 $(x-1)^2 + (y-1)^2 = 1$.   (答案:π;0)

5. 设函数 $f(x)$ 在 $(-\infty, +\infty)$ 内具有一阶连续导数,L 是上半平面 $(y > 0)$ 内的有向分段光滑曲线,其起点为 (a, b),终点为 (c, d),记

$$I = \int_L \frac{1}{y}[1 + y^2 f(xy)]\mathrm{d}x + \frac{x}{y^2}[y^2 f(xy) - 1]\mathrm{d}y$$

(1) 证明曲线积分 I 与路径 L 无关;

(2) 当 $ab = cd$ 时,求 I 的值. $\left(答案:\dfrac{c}{d} - \dfrac{a}{b}\right)$

6. 计算 $\iint\limits_{\Sigma} x\,\mathrm{d}s$,其中 Σ 为圆柱面 $x^2 + y^2 = 1$ 及平面 $z = x + 2, z = 0$ 所围的空间体的表面.   (答案:π)

7. 计算 $\iint\limits_{\Sigma} (2z^2 + xy)\mathrm{d}y\mathrm{d}z + (x^2 - yz)\mathrm{d}x\mathrm{d}y$,其中 Σ 是圆柱面 $x^2 + y^2 = 1$,被平面 $y + z = 1$ 和 $z = 0$ 所截出部分的外侧.   (答案:$-\dfrac{\pi}{4}$)

8. 计算 $I = \oint_\Gamma (z - y)\mathrm{d}x + (x - z)\mathrm{d}y + (x - y)\mathrm{d}z$,其中 Γ 是曲线 $\begin{cases} x^2 + y^2 = 1 \\ x - y + z = 2 \end{cases}$,从 z 轴正向往 z 轴负向看,Γ 的方向是顺时针的.

(答案:-2π)

第 11 讲

无穷级数

本讲涵盖了主讲教材第 11 章的内容.

11.1 本讲内容聚焦

一、内容要点精讲

(一) 常数项级数的概念和性质

1. 常数项级数的概念

称 $\sum\limits_{n=1}^{\infty} u_n$ 为(常数项)无穷级数,$s_n = \sum\limits_{k=1}^{n} u_k$ 称做该级数的(前 n 项)部分和,

若 $\lim\limits_{n \to \infty} s_n = s$,则称无穷级数收敛,记 $\sum\limits_{n=1}^{\infty} u_n = s$;否则称其发散.

2. 级数的基本性质

(1) 当常数 $k \neq 0$,则级数 $\sum\limits_{n=1}^{\infty} u_n$ 与 $\sum\limits_{n=1}^{\infty} k u_n$ 同敛散.

(2) 设 $\sum\limits_{n=1}^{\infty} u_n = s, \sum\limits_{n=1}^{\infty} v_n = \sigma$,则 $\sum\limits_{n=1}^{\infty} (u_n \pm v_n) = s \pm \sigma$.

(3) 在级数中去掉、加上或改变有限项,级数的敛散性不变.

(4) 收敛级数加括号后所成级数仍收敛,且其和不变.

(5) 级数收敛的必要条件:若 $\sum\limits_{n=1}^{\infty} u_n$ 收敛,则 $\lim\limits_{n \to \infty} u_n = 0$.(其逆不成立)

等价命题:若 $\lim\limits_{n \to \infty} u_n \neq 0$,则 $\sum\limits_{n=1}^{\infty} u_n$ 发散.

(二) 正项级数及其审敛法

1. 正项级数收敛的充分必要条件

正项级数 $\sum\limits_{n=1}^{\infty} u_n$ 收敛 $\Leftrightarrow$ 部分和数列 $\{s_n\}$ 有界.

2. 比较审敛法

设 $\sum\limits_{n=1}^{\infty} u_n$ 与 $\sum\limits_{n=1}^{\infty} v_n$ 均为正项级数,满足 $u_n \leqslant v_n$,则

(1) $\sum\limits_{n=1}^{\infty} v_n$ 收敛 $\Rightarrow \sum\limits_{n=1}^{\infty} u_n$ 收敛;

(2) $\sum\limits_{n=1}^{\infty} u_n$ 发散 $\Rightarrow \sum\limits_{n=1}^{\infty} v_n$ 发散.

3. 比较审敛法的极限形式

正项级数 $\sum\limits_{n=1}^{\infty} u_n$ 与 $\sum\limits_{n=1}^{\infty} v_n$,若 $\lim\limits_{n\to\infty}\dfrac{u_n}{v_n} = \rho\ (0 < \rho < +\infty)$,则它们同敛散;$\rho = 0$ 时,$\sum\limits_{n=1}^{\infty} v_n$ 收敛,则 $\sum\limits_{n=1}^{\infty} u_n$ 收敛;$\rho = \infty$ 时,$\sum\limits_{n=1}^{\infty} v_n$ 发散,则 $\sum\limits_{n=1}^{\infty} u_n$ 发散.

4. 比值审敛法

对正项级数 $\sum\limits_{n=1}^{\infty} u_n$,若 $\lim\limits_{n\to\infty}\dfrac{u_{n+1}}{u_n} = \rho$,则当 $\rho < 1$ 时级数收敛,$\rho > 1$ 时级数发散;$\rho = 1$ 时判别法失效.

5. 根值审敛法

对正项级数 $\sum\limits_{n=1}^{\infty} u_n$,若 $\lim\limits_{n\to\infty}\sqrt[n]{u_n} = \rho$,则当 $\rho < 1$ 时级数收敛,$\rho > 1$ 时级数发散;$\rho = 1$ 时判别法失效.

(三) 任意项级数及其审敛法

1. 交错级数

莱布尼茨定理:若交错级数 $\sum\limits_{n=1}^{\infty}(-1)^{n-1} u_n (u_n > 0)$ 满足条件:$u_n \geqslant u_{n+1}$ $(n = 1, 2 \cdots)$,$\lim\limits_{n\to\infty} u_n = 0$,则交错级数收敛,且其和 $s \leqslant u_1$,其余项 $|r_n| \leqslant u_{n+1}$.

2. 绝对收敛与条件收敛

如果 $\sum\limits_{n=1}^{\infty} |u_n|$ 收敛,则称 $\sum\limits_{n=1}^{\infty} u_n$ 绝对收敛;如果 $\sum\limits_{n=1}^{\infty} u_n$ 收敛,而 $\sum\limits_{n=1}^{\infty} |u_n|$ 发散,则称 $\sum\limits_{n=1}^{\infty} u_n$ 条件收敛.

（四）幂级数

1. 函数项级数

$$\sum_{n=1}^{\infty} u_n(x) = u_1(x) + u_2(x) + \cdots + u_n(x) + \cdots, \quad x \in I \tag{1}$$

称为定义在区间 I 上的函数项级数.

若数项级数 $\sum_{n=1}^{\infty} u_n(x_0)$ 收敛,则称点 x_0 为函数项级数(1)的收敛点,否则称发散点,收敛点的全体称为级数(1)的收敛域.

设 $s_n(x) = \sum_{k=1}^{n} u_k(x)$ 为级数 $\sum_{n=1}^{\infty} u_n(x)$ 的前 n 项和,若在收敛域内每一点 x,都有 $\lim_{n \to \infty} s_n(x) = s(x)$,则称 $s(x)$ 为级数(1)的和函数.

2. 幂级数及其收敛性

形如 $\sum_{n=0}^{\infty} a_n(x - x_0)^n$ 的函数项级数称为 $(x - x_0)$ 的幂级数;特别当 $x_0 = 0$ 时,$\sum_{n=0}^{\infty} a_n x^n$ 称为 x 的幂级数.

阿贝尔定理:如果级数 $\sum_{n=0}^{\infty} a_n x^n$ 当 $x = x_0 (x_0 \neq 0)$ 时收敛,则适合不等式 $|x| < |x_0|$ 的一切 x 该幂级数绝对收敛;反之,如果级数 $\sum_{n=0}^{\infty} a_n x^n$ 当 $x = x_0$ 时发散,则适合不等式 $|x| > |x_0|$ 的一切 x 该幂级数发散.

对于 $\sum_{n=0}^{\infty} a_n x^n$,若 $\lim \left| \frac{a_{n+1}}{a_n} \right| = \rho (\rho \neq 0)$,则收敛半径 $R = \frac{1}{\rho}$,特别当 $\rho = 0$ 时,则 $R = +\infty$;当 $\rho = +\infty$ 时,则 $R = 0$.

3. 幂级数的运算

两个幂级数可在它们收敛区间的公共部分上进行加、减、乘、除四则运算.

4. 幂级数的和函数的分析性质

设幂级数 $\sum_{n=0}^{\infty} a_n x^n$ 的收敛半径为 R,则在 $(-R, R)$ 内:

(1) 和函数 $s(x)$ 是连续函数.

(2) $s(x)$ 可导,且 $s'(x) = (\sum\limits_{n=0}^{\infty} a_n x^n)' = \sum\limits_{n=1}^{\infty} n a_n x^{n-1}$.

(3) $s(x)$ 可积,且 $\int_0^x s(x)\mathrm{d}x = \int_0^x (\sum\limits_{n=0}^{\infty} a_n x^n)\mathrm{d}x =$

$$\sum_{n=0}^{\infty} \int_0^x a_n x^n \mathrm{d}x = \sum_{n=0}^{\infty} \frac{a_n}{n+1} x^{n+1}.$$

(五)函数展开成幂级数

函数展开成幂级数有直接展开法和间接展开法之分,直接展开法是利用泰勒定理,先计算泰勒系数并写出泰勒级数,然后证明 $\lim\limits_{n\to\infty} R_n(x) = 0$. 于是可得

$$f(x) = \sum_{n=0}^{\infty} \frac{f^{(n)}(x_0)}{n!} (x - x_0)^n$$

并须注明收敛域. 间接展开法就是利用已有的展开式和级数的四则运算及分析运算将所给函数展开成幂级数.

(六)傅里叶级数

设 $f(x)$ 是以 2π 为周期的函数,形如

$$\frac{a_0}{2} + \sum_{n=1}^{\infty} (a_n \cos nx + b_n \sin nx)$$

的三角级数,称为 $f(x)$ 的傅里叶级数,其中

$$a_n = \frac{1}{\pi} \int_{-\pi}^{\pi} f(x) \cos nx \, \mathrm{d}x, \quad n = 0, 1, 2, \cdots$$

$$b_n = \frac{1}{\pi} \int_{-\pi}^{\pi} f(x) \sin nx \, \mathrm{d}x, \quad n = 1, 2, \cdots$$

二、知识脉络图解

无穷级数
├─ 常数项级数
│   ├─ 定义：级数、部分和、交错级数、正项级数、一般项级数
│   │   收敛、余项、条件收敛、绝对收敛
│   ├─ 性质
│   │   ├─ 有限项改变不影响敛散性
│   │   ├─ $\sum\limits_{n=0}^{\infty}a_n,\ \sum\limits_{n=0}^{\infty}b_n$ 收敛 $\Rightarrow \sum\limits_{n=0}^{\infty}(a_n \pm b_n)$ 收敛
│   │   ├─ 加括号性
│   │   └─ 必要条件：$\lim\limits_{n\to\infty}u_n = 0$
│   └─ 审敛法
│   ├─ 正项级数 { 定义法、比较审敛法（包括极限形式）比值审敛法、根值审敛法 }
│   ├─ 交错级数：莱布尼茨判别法
│   └─ 一般项级数：利用正项级数 $\Rightarrow$ 绝对收敛
├─ 函数项级数与幂级数
│   ├─ 定义：函数项级数、收敛域、和函数、收敛半径
│   ├─ 性质
│   │   ├─ 幂级数：加、减、乘、除四则运算
│   │   └─ 和函数：连续性、可微性、可积性
│   └─ 泰勒级数
│   ├─ 定义
│   ├─ 唯一性：$a_n = \dfrac{f^{(n)}(x_0)}{n!}$
│   └─ 展开条件、展开步骤、展开方法
└─ 傅里叶级数
    ├─ 定义：正交系、傅氏系数、傅氏级数
    ├─ 收敛定理：狄利克雷定理
    └─ 傅氏展开
        ├─ 在对称区间 $[-\pi,\pi]$ 上展开
        ├─ 在对称区间 $[-l,l]$ 上展开
        ├─ 在半区间 $[0,l]$ 上展开
        └─ 奇偶函数展开

三、重点、难点点击

本讲重点:数项级数敛散性的判别(正项级数、交错级数、任意项级数);幂级数的收敛半径,收敛域;函数展开为幂级数;函数展为傅里叶级数。难点:利用幂级数的分析运算,求幂级数在收敛区间内的和函数.

本讲常见题型:

(1) 数项级数敛散性的判别及求幂级数的收敛域;

(2) 将函数展开为幂级数,为此要熟记 $\dfrac{1}{1-x}$,e^x,$\sin x$,$\ln(1+x)$ 等函数的展开式及收敛域;

(3) 求幂级数的和函数或某些数项级数的和;

(4) 将函数展开为傅里叶级数,收敛定理.

11.2　典型例题精选

【例 11-1】　判断下列各级数的敛散性.

(1) $\displaystyle\sum_{n=1}^{\infty} \dfrac{n^{n+\frac{1}{n}}}{(n+\frac{1}{n})^n}$;　　　　(2) $\displaystyle\sum_{n=1}^{\infty} \dfrac{\ln n}{2n^3-1}$;

(3) $\displaystyle\sum_{n=2}^{\infty} \dfrac{n^{\ln n}}{(\ln n)^n}$;　　　　(4) $\displaystyle\sum_{n=1}^{\infty} \sin(\pi\sqrt{n^2+a^2})$.

【解】　(1) 因 $\lim\limits_{n\to\infty}\sqrt[n]{n}=1$,即存在正整数 N,当 $n>N$ 时,有 $\sqrt[n]{n}>1$,故

$$u_n = \dfrac{n^{n+\frac{1}{n}}}{(n+\frac{1}{n})^n} = \dfrac{n^{\frac{1}{n}}}{(1+\frac{1}{n^2})^n} > \dfrac{1}{(1+\frac{1}{n^2})^n} = v_n$$

又

$$\lim_{n\to\infty} \dfrac{1}{(1+\frac{1}{n^2})^n} = 1 \neq 0$$

故由级数收敛的必要条件知 $\displaystyle\sum_{n=1}^{\infty} v_n$ 发散,从而由比较审敛法知原级数发散.

(2) 因

$$0 \leqslant u_n = \dfrac{\ln n}{2n^3-1} < \dfrac{n}{2n^3-1} = v_n$$

而

$$\lim_{n\to\infty} \dfrac{v_n}{\frac{1}{n^2}} = \lim_{n\to\infty} \dfrac{n^3}{2n^3-1} = \dfrac{1}{2}$$

因 $\displaystyle\sum_{n=1}^{\infty}\frac{1}{n^2}$ 收敛,则 $\displaystyle\sum_{n=1}^{\infty}v_n$ 收敛,故知原级数收敛.

(3) $\displaystyle\lim_{n\to\infty}\sqrt[n]{u_n}=\lim_{n\to\infty}\frac{n^{\frac{\ln n}{n}}}{\ln n}=\lim_{n\to\infty}\frac{e^{\frac{\ln n}{n}\cdot\ln n}}{\ln n}=\lim_{n\to\infty}\frac{e^{\frac{\ln^2 n}{n}}}{\ln n}$

因为 $$\lim_{x\to+\infty}\frac{\ln^2 x}{x}=\lim_{x\to+\infty}\frac{2\ln x}{x}=\lim_{x\to+\infty}\frac{2}{x}=0$$

有 $$\lim_{n\to+\infty}\frac{\ln^2 n}{n}=0$$

故 $$\lim_{n\to\infty}\frac{e^{\frac{\ln^2 n}{n}}}{\ln n}=0$$

即 $\displaystyle\lim_{n\to\infty}\sqrt[n]{u_n}=0<1$,所以原级数收敛.

(4) 因为 $\sin(\pi\sqrt{n^2+a^2})=\sin[n\pi+\pi(\sqrt{n^2+a^2}-n)]=$
$$(-1)^n\sin\frac{\pi a^2}{\sqrt{n^2+a^2}+n}$$

所以 $\displaystyle\sum_{n=1}^{\infty}\sin(\pi\sqrt{n^2+a^2})=\sum_{n=1}^{\infty}(-1)^n\sin\frac{\pi a^2}{\sqrt{n^2+a^2}+n}$ 为交错级数.

当 n 充分大时,$0<\dfrac{\pi a^2}{\sqrt{n^2+a^2}+n}<\dfrac{\pi}{2}$,而正弦函数 $\sin x$ 在 $\left[0,\dfrac{\pi}{2}\right]$ 上单调

增大,故有

$$u_n=\sin\frac{\pi a^2}{\sqrt{n^2+a^2}+n}>u_{n+1}=\sin\frac{\pi a^2}{\sqrt{(n+1)^2+a^2}+(n+1)}$$

又 $\displaystyle\lim_{n\to\infty}\sin\frac{\pi a^2}{\sqrt{n^2+a^2}+n}=0$,由莱布尼茨判别法知该级数收敛.

【例 11 - 2】 设 $a_1=2,a_{n+1}=\dfrac{1}{2}\left(a_n+\dfrac{1}{a_n}\right)(n=1,2,\cdots)$ 证明

(1) $\displaystyle\lim_{n\to\infty}a_n$ 存在; (2)级数 $\displaystyle\sum_{n=1}^{\infty}\left(\frac{a_n}{a_{n+1}}-1\right)$ 收敛.

【证】 (1) 因 $a_{n+1}=\dfrac{1}{2}\left(a_n+\dfrac{1}{a_n}\right)\geqslant\sqrt{a_n\cdot\dfrac{1}{a_n}}=1$

$$a_{n+1}-a_n=\frac{1}{2}\left(a_n+\frac{1}{a_n}\right)-a_n=\frac{1-a_n^2}{2a_n}\leqslant 0$$

故 $\{a_n\}$ 递减且有下界,所以 $\displaystyle\lim_{n\to\infty}a_n$ 存在.

(2) 由(1)知 $0\leqslant\dfrac{a_n}{a_{n+1}}-1=\dfrac{a_n-a_{n+1}}{a_{n+1}}\leqslant a_n-a_{n+1}$

记
$$s_n = \sum_{k=1}^{n} (a_k - a_{k+1}) = a_1 - a_{n+1}$$

因 $\lim\limits_{n\to\infty} a_{n+1}$ 存在,故 $\lim\limits_{n\to\infty} s_n$ 存在,所以级数 $\sum\limits_{n=1}^{\infty} (a_n - a_{n+1})$ 收敛.

因此由比较审敛法知,级数 $\sum\limits_{n=1}^{\infty} (\dfrac{a_n}{a_{n+1}} - 1)$ 收敛.

【例 11-3】 设正项数列 $\{a_n\}$ 单调减少,且 $\sum\limits_{n=1}^{\infty} (-1)^n a_n$ 发散,试问级数 $\sum\limits_{n=1}^{\infty} (\dfrac{1}{a_n+1})^n$ 是否收敛? 并说明收敛理由.

【解】 级数 $\sum\limits_{n=1}^{\infty} (\dfrac{1}{a_n+1})^n$ 收敛.

理由:由于正项数列 $\{a_n\}$ 单调减少有下界,故 $\lim\limits_{n\to\infty} a_n$ 存在,记这个极限值为 a,则 $a \geqslant 0$,若 $a = 0$,则由莱布尼茨定理知 $\sum\limits_{n=1}^{\infty} (-1)^n a_n$ 收敛,与题设矛盾,故 $a > 0$,于是 $\dfrac{1}{a_n+1} < \dfrac{1}{a+1} < 1$,从而 $(\dfrac{1}{a_n+1})^n < (\dfrac{1}{a+1})^n$.

而 $\sum\limits_{n=1}^{\infty} (\dfrac{1}{a+1})^n$ 是公比为 $\dfrac{1}{a+1}$ 的几何级数,故收敛.因此由比较法知原级数收敛.

【例 11-4】 设 $a_n > 0$,$n = 1, 2, \cdots$,且 $\sum\limits_{n=1}^{\infty} a_n$ 收敛;常数 $\lambda \in (0, \dfrac{\pi}{2})$,则级数 $\sum\limits_{n=1}^{\infty} (-1)^n (n\tan\dfrac{\lambda}{n}) a_{2n} =$ _____.

(A) 绝对收敛　　　　(B) 条件收敛

(C) 发散　　　　　　(D) 敛散性与 λ 相关

【解】
$$\lim_{n\to\infty} n\tan\dfrac{\lambda}{n} = \lim_{n\to\infty} \dfrac{\lambda \sin\dfrac{\lambda}{n}}{\dfrac{\lambda}{n} \cos\dfrac{\lambda}{n}} = \lambda$$

故 $n\tan\dfrac{\lambda}{n}$ 有界. 即存在 $M > 0$,使 $\left| n\tan\dfrac{\lambda}{n} \right| \leqslant M$. 从而
$$\left| n\tan\dfrac{\lambda}{n} a_{2n} \right| \leqslant M a_{2n}$$

又 $\sum\limits_{n=1}^{\infty} a_n$ 收敛,知 $\sum\limits_{n=1}^{\infty} Ma_{2n}$ 收敛,所以 $\sum\limits_{n=1}^{\infty} (-1)^n n\tan\dfrac{\lambda}{n} a_{2n}$ 绝对收敛,选(A).

【例 11 – 5】 设 $a_n = \int_0^{\frac{\pi}{4}} \tan^n x\,\mathrm{d}x.$

(1) 求 $\sum\limits_{n=1}^{\infty} \dfrac{1}{n}(a_n + a_{n+2})$ 的值;

(2) 试证:对任意的常数 $\lambda > 0$,级数 $\sum\limits_{n=1}^{\infty} \dfrac{a_n}{n^\lambda}$ 收敛.

【解】 此题为一综合题目,首先考虑利用定积分的换元法将 a_n 或 $a_n + a_{n+2}$ 表达出来,然后再考虑相应级数的和及敛散性.

(1) 因为 $\dfrac{1}{n}(a_n + a_{n+2}) = \dfrac{1}{n}\int_0^{\frac{\pi}{4}} \tan^n x(1 + \tan^2 x)\,\mathrm{d}x =$

$$\dfrac{1}{n}\int_0^{\frac{\pi}{4}} \tan^n x \sec^2 x\,\mathrm{d}x \xrightarrow{\tan x = t}$$

$$\dfrac{1}{n}\int_0^1 t^n\,\mathrm{d}t = \dfrac{1}{n(n+1)}$$

于是 $\quad s_n = \sum\limits_{i=1}^{n} \dfrac{1}{i}(a_i + a_{i+2}) = \sum\limits_{i=1}^{n} \dfrac{1}{i(i+1)} = 1 - \dfrac{1}{n+1}$

所以 $\quad\quad \sum\limits_{n=1}^{\infty} \dfrac{1}{n}(a_n + a_{n+2}) = \lim\limits_{n\to\infty} s_n = 1$

(2) 因为 $a_n = \int_0^{\frac{\pi}{4}} \tan^n x\,\mathrm{d}x \xrightarrow{\tan x = t} \int_0^1 \dfrac{t^n}{1+t^2}\,\mathrm{d}t < \int_0^1 t^n\,\mathrm{d}t = \dfrac{1}{n+1}$

所以 $\quad\quad \dfrac{a_n}{n^\lambda} < \dfrac{1}{n^\lambda(n+1)} < \dfrac{1}{n^{\lambda+1}}$

由 $\lambda + 1 > 1$ 知 $\sum\limits_{n=1}^{\infty} \dfrac{1}{n^{\lambda+1}}$ 收敛,从而级数 $\sum\limits_{n=1}^{\infty} \dfrac{a_n}{n^\lambda}$ 收敛.

【例 11 – 6】 设 $f(x)$ 在点 $x = 0$ 的某一邻域内具有二阶连续导数,且 $\lim\limits_{x\to 0} \dfrac{f(x)}{x} = 0$,证明级数 $\sum\limits_{n=1}^{\infty} f\left(\dfrac{1}{n}\right)$ 绝对收敛.

【证】 由 $\lim\limits_{x\to 0} \dfrac{f(x)}{x} = 0$ 及 $f(x)$ 在 $x = 0$ 的邻域内具有二阶连续导数推知,$f(0) = 0, f'(0) = 0$,则 $f(x)$ 在 $x = 0$ 的某邻域内的一阶泰勒展开式为

$$f(x) = f(0) + f'(0)x + \dfrac{f''(\theta x)}{2!}x^2 = \dfrac{1}{2}f''(\theta x)x^2, \quad 0 < \theta < 1$$

再由题设,$f''(x)$ 在属于该邻域内包含原点的一小闭区间上连续,故必存在

$M > 0$, 使 $| f''(x) | \leqslant M$, 于是 $| f(x) | \leqslant \dfrac{M}{2} x^2$, 令 $x = \dfrac{1}{n}$, 当 n 充分大时,

有
$$| f(\dfrac{1}{n}) | \leqslant \dfrac{M}{2} \cdot \dfrac{1}{n^2}$$

因为 $\displaystyle\sum_{n=1}^{\infty} \dfrac{1}{n^2}$ 收敛, 所以级数 $\displaystyle\sum_{n=1}^{\infty} f(\dfrac{1}{n})$ 绝对收敛.

【例 11 - 7】 求级数 $\displaystyle\sum_{n=2}^{\infty} \dfrac{1}{(n^2-1)2^n}$ 的和.

【解】 设 $s(x) = \displaystyle\sum_{n=2}^{\infty} \dfrac{x^n}{n^2-1}, \quad | x | < 1$

则
$$s(x) = \sum_{n=2}^{\infty} \dfrac{1}{2} (\dfrac{1}{n-1} - \dfrac{1}{n+1}) x^n$$

其中
$$\sum_{n=2}^{\infty} \dfrac{x^n}{n-1} = x \sum_{n=2}^{\infty} \dfrac{x^{n-1}}{n-1} = x \sum_{n=1}^{\infty} \dfrac{x^n}{n}$$

$$\sum_{n=2}^{\infty} \dfrac{x^n}{n+1} = \dfrac{1}{x} \sum_{n=3}^{\infty} \dfrac{x^n}{n}, \quad x \neq 0, \text{注意 } n \text{ 从 3 开始}$$

$$(\sum_{n=1}^{\infty} \dfrac{x^n}{n})' = \sum_{n=1}^{\infty} x^{n-1} = \dfrac{1}{1-x}, \quad | x | < 1$$

$$\sum_{n=1}^{\infty} \dfrac{x^n}{n} = \int_0^x \dfrac{dx}{1-x} = -\ln(1-x)$$

从而
$$s(x) = -\dfrac{x}{2} \ln(1-x) - \dfrac{1}{2x} [-\ln(1-x) - x - \dfrac{x^2}{2}] =$$

$$\dfrac{2+x}{4} + \dfrac{1-x^2}{2x} \ln(1-x) \quad (| x | < 1 \text{ 且 } x \neq 0)$$

所以
$$\sum_{n=2}^{\infty} \dfrac{1}{(n^2-1)2^n} = s(\dfrac{1}{2}) = \dfrac{5}{8} - \dfrac{3}{4} \ln 2$$

【例 11 - 8】 若 $\displaystyle\sum_{n=1}^{\infty} a_n (x-1)^n$ 在 $x = -1$ 处收敛, 则此级数在 $x = 2$ 处

(   ).

(A) 条件收敛   (B) 绝对收敛

(C) 发散   (D) 收敛性不能确定

【解】 级数 $\displaystyle\sum_{n=1}^{\infty} a_n (x-1)^n$ 收敛区间的中心为 $x - 1 = 0$, 即 $x = 1$, 又该级

数在 $x = -1$ 处收敛, 于是, 由阿贝尔定理知, 级数应在 $| x-1 | < | -1-1 | = 2$ 即 $-1 < x < 3$ 内绝对收敛. 故此级数在 $x = 2$ 处绝对收敛, 应选(B).

【例 11-9】 设幂级数 $\sum\limits_{n=0}^{\infty} a_n x^n$ 的收敛半径为 3,则幂级数 $\sum\limits_{n=1}^{\infty} n a_n (x-1)^{n+1}$ 的收敛区间为_____.

【解】 设 $y = x - 1$,则

$$\sum_{n=1}^{\infty} n a_n (x-1)^{n+1} = \sum_{n=1}^{\infty} n a_n y^{n+1} = y^2 \sum_{n=1}^{\infty} n a_n y^{n-1} = y^2 \left(\sum_{n=1}^{\infty} a_n y^n \right)'$$

上述过程成立的充要条件是 $|y| < 3$ 即 $-3 < x - 1 < 3$,故 $-2 < x < 4$. 从而收敛区间为 $(-2, 4)$.

【例 11-10】 设 $f(x) = \begin{cases} \dfrac{\sin x}{x}, & x \neq 0 \\ 1, & x = 0 \end{cases}$,求 $f^{(n)}(0)$, $n = 1, 2, \cdots$.

【解】 因为 $x = 0$ 为分段函数的分界点,若直接用导数定义求 $f^{(n)}(0)$,计算将十分繁琐,为此考虑通过 $f(x)$ 在 $x = 0$ 处的幂级数展开式,求出 $f(x)$ 在 $x = 0$ 处的各阶导函数值. 因为

$$\sin x = x - \frac{x^3}{3!} + \frac{x^5}{5!} - \cdots + (-1)^n \frac{x^{2n+1}}{(2n+1)!} + \cdots, \quad -\infty < x < +\infty$$

所以 $\quad \dfrac{\sin x}{x} = 1 - \dfrac{x^2}{3!} + \dfrac{x^4}{5!} - \cdots + (-1)^n \dfrac{x^{2n}}{(2n+1)!} + \cdots, \quad x \neq 0$

又当 $x = 0$ 时 $\dfrac{\sin x}{x}$ 无意义,但 $\lim\limits_{x \to 0} \dfrac{\sin x}{x} = 1$,上式右端的幂级数当 $x = 0$ 时的和也为 1,则

$$f(x) = 1 - \frac{x^2}{3!} + \frac{x^4}{5!} - \cdots + (-1)^n \frac{x^{2n}}{(2n+1)!} + \cdots, \quad -\infty < x < +\infty$$

故 $\qquad\qquad f^{(2n-1)}(0) = 0$

$$f^{(2n)}(0) = \frac{(-1)^n}{(2n+1)!}, \quad n = 1, 2, \cdots$$

【例 11-11】 将 $f(x) = \dfrac{\mathrm{d}}{\mathrm{d}x} \left(\dfrac{\mathrm{e}^x - 1}{x} \right) (x \neq 0)$ 展开成 x 的幂级数,并求 $\sum\limits_{n=1}^{\infty} \dfrac{n}{(n+1)!}$ 的和.

【解】 $\dfrac{\mathrm{e}^x - 1}{x} = \dfrac{1}{x} \left(\sum\limits_{n=0}^{\infty} \dfrac{x^n}{n!} - 1 \right) = \dfrac{1}{x} \sum\limits_{n=1}^{\infty} \dfrac{x^n}{n!} = \sum\limits_{n=1}^{\infty} \dfrac{x^{n-1}}{n!}$

则 $\qquad f(x) = \dfrac{\mathrm{d}}{\mathrm{d}x} \left(\dfrac{\mathrm{e}^x - 1}{x} \right) = \dfrac{\mathrm{d}}{\mathrm{d}x} \left(\sum\limits_{n=1}^{\infty} \dfrac{x^{n-1}}{n!} \right) =$

$$\sum_{n=2}^{\infty}\frac{(n-1)x^{n-2}}{n!}=\sum_{n=1}^{\infty}\frac{nx^{n-1}}{(n+1)!}, \quad x\neq 0$$

令 $x=1$,即得

$$\sum_{n=1}^{\infty}\frac{n}{(n+1)!}=f(1)=\frac{d}{dx}(\frac{e^x-1}{x})\bigg|_{x=1}=\frac{e^x(x-1)+1}{x^2}\bigg|_{x=1}=1$$

【例 11-12】 求幂级数 $\sum_{n=1}^{\infty}\frac{1}{3^n+(-2)^n}\frac{x^n}{n}$ 的收敛区间,并讨论该区间端点处的收敛性.

【解】 $\lim\limits_{n\to\infty}\left|\frac{a_{n+1}}{a_n}\right|=\lim\limits_{n\to\infty}\frac{[3^n+(-2)^n]}{[(3^{n+1}+(-2)^{n+1})]}\frac{n}{n+1}=\frac{1}{3}$,故 $R=3$.

当 $x=3$ 时,级数 $\sum_{n=1}^{\infty}\frac{3^n}{3^n+(-2)^n}\frac{1}{n}$ 发散.

当 $x=-3$ 时,级数 $\sum_{n=1}^{\infty}\frac{3^n}{3^n+(-2)^n}\frac{(-1)^n}{n}$ 收敛.

故收敛区间为 $[-3,3)$.

【例 11-13】 设 $f(x)=\begin{cases}\frac{1+x^2}{x}\arctan x, & x\neq 0\\ 1, & x=0\end{cases}$,试将 $f(x)$ 展开成 x 的

幂级数,并求级数 $\sum_{n=1}^{\infty}\frac{(-1)^n}{1-4n^2}$ 的和.

【解】 因 $\frac{1}{1+x^2}=\sum_{n=0}^{\infty}(-1)^n x^{2n}, \quad x\in(-1,1)$

故 $\arctan x=\int_0^x(\arctan x)'dx=\sum_{n=0}^{\infty}\frac{(-1)^n}{2n+1}x^{2n+1}, \quad x\in[-1,1]$

于是 $(\frac{1}{x}+x)\arctan x=1+\sum_{n=1}^{\infty}\frac{(-1)^n}{2n+1}x^{2n}+\sum_{n=0}^{\infty}\frac{(-1)^n}{2n+1}x^{2n+2}=$

$$1+\sum_{n=1}^{\infty}\frac{(-1)^n}{2n+1}x^{2n}+\sum_{n=1}^{\infty}\frac{(-1)^{n-1}}{2n-1}x^{2n}=$$

$$1+\sum_{n=1}^{\infty}\frac{(-1)^n 2}{1-4n^2}x^{2n}, \quad x\in[-1,1], \quad x\neq 0$$

又当 $x=0$ 时,$(\frac{1}{x}+x)\arctan x$ 无意义,但 $\lim\limits_{x\to 0}(\frac{1+x^2}{x}\arctan x)=1$,上幂级数当 $x=0$ 时,和也为1,则

$$f(x)=1+\sum_{n=1}^{\infty}\frac{(-1)^n\cdot 2}{1-4n^2}x^{2n}, \quad x\in[-1,1]$$

因此

$$\sum_{n=1}^{\infty} \frac{(-1)^n}{1-4n^2} = \frac{1}{2}[f(1)-1] = \frac{\pi}{4} - \frac{1}{2}$$

【例 11 - 14】 将函数 $f(x) = \arctan \dfrac{1-2x}{1+2x}$ 展开成 x 的幂级数,并求级数

$\displaystyle\sum_{n=0}^{\infty} \dfrac{(-1)^n}{2n+1}$ 的和.

【解】 因 $f'(x) = -\dfrac{2}{1+4x^2} = -2\displaystyle\sum_{n=0}^{\infty}(-1)^n 4^n x^{2n}$, $x \in \left(-\dfrac{1}{2}, \dfrac{1}{2}\right)$

又 $f(0) = \dfrac{\pi}{4}$,所以

$$f(x) = f(0) + \int_0^x f'(x)\mathrm{d}x = \frac{\pi}{4} - 2\sum_{n=0}^{\infty} \frac{(-1)^n 4^n}{2n+1} x^{2n+1}, \quad x \in \left(-\frac{1}{2}, \frac{1}{2}\right)$$

因级数 $\displaystyle\sum_{n=0}^{\infty} \dfrac{(-1)^n}{2n+1}$ 收敛,函数 $f(x)$ 在 $x = \dfrac{1}{2}$ 处连续,所以

$$f(x) = \frac{\pi}{4} - 2\sum_{n=0}^{\infty} \frac{(-1)^n 4^n}{2n+1} x^{2n+1}, \quad x \in \left(-\frac{1}{2}, \frac{1}{2}\right]$$

令 $x = \dfrac{1}{2}$,得

$$f\left(\frac{1}{2}\right) = \frac{\pi}{4} - 2\sum_{n=0}^{\infty} \left[\frac{(-1)^n 4^n}{2n+1} \cdot \frac{1}{2^{2n+1}}\right] = \frac{\pi}{4} - \sum_{n=0}^{\infty} \frac{(-1)^n}{2n+1}$$

又由 $f\left(\dfrac{1}{2}\right) = 0$,得

$$\sum_{n=0}^{\infty} \frac{(-1)^n}{2n+1} = \frac{\pi}{4} - f\left(\frac{1}{2}\right) = \frac{\pi}{4}$$

【例 11 - 15】 设函数 $f(x) = x^2, 0 \leqslant x < 1$, 而 $s(x) = \displaystyle\sum_{n=1}^{\infty} b_n \sin n\pi x$,

$-\infty < x < +\infty$,其中 $b_n = 2\displaystyle\int_0^1 f(x)\sin n\pi x \mathrm{d}x, (n = 1,2,3\cdots)$. 则 $s\left(-\dfrac{1}{2}\right)$ 等于

( ).

　(A) $-\dfrac{1}{2}$　(B) $-\dfrac{1}{4}$　(C) $\dfrac{1}{4}$　(D) $\dfrac{1}{2}$

【解】 由系数 $b_n = 2\displaystyle\int_0^1 f(x)\sin n\pi x \mathrm{d}x$ 的形式可知,正弦级数 $\displaystyle\sum_{n=1}^{\infty} b_n \sin n\pi x$

应为函数 $f(x) = x^2$　$x \in [0,1)$,进行奇延拓所展开的傅里叶级数,故

$$s(x) = \begin{cases} -x^2, & -1 \leqslant x \leqslant 0 \\ x^2, & 0 \leqslant x < 1 \end{cases}$$

$s(x)$ 在 $x = \dfrac{-1}{2}$ 处连续,故 $s\left(-\dfrac{1}{2}\right) = -\left(-\dfrac{1}{2}\right)^2 = -\dfrac{1}{4}$. 选(B).

【例 11 - 16】 设 $\displaystyle\sum_{n=1}^{\infty} a_n$ 为正项级数,下列结论中正确的是( ).

(A) 若 $\displaystyle\lim_{n\to\infty} na_n = 0$,则级数 $\displaystyle\sum_{n=1}^{\infty} a_n$ 收敛

(B) 若存在非零常数 λ,使得 $\displaystyle\lim_{n\to\infty} na_n = \lambda$,则级数 $\displaystyle\sum_{n=1}^{\infty} a_n$ 发散

(C) 若级数 $\displaystyle\sum_{n=1}^{\infty} a_n$ 收敛,则 $\displaystyle\lim_{n\to\infty} n^2 a_n = 0$

(D) 若级数 $\displaystyle\sum_{n=1}^{\infty} a_n$ 发散,则存在非零常数 λ,使得 $\displaystyle\lim_{n\to\infty} na_n = \lambda$

【解】 因为 $\displaystyle\lim_{n\to\infty} \dfrac{a_n}{\dfrac{1}{n}} = \lim_{n\to\infty} na_n = \lambda \neq 0$,且 $\displaystyle\sum_{n=1}^{\infty} \dfrac{1}{n}$ 发散,由正项级数比较审

敛法的极限形式,则级数 $\displaystyle\sum_{n=1}^{\infty} a_n$ 发散. 故应选(B).

【例 11 - 17】 设有方程 $x^n + nx - 1 = 0$,其中 n 为正整数,证明此方程存

在惟一正实根 x_n,并证明当 $\alpha > 1$ 时,级数 $\displaystyle\sum_{n=1}^{\infty} x_n^{\alpha}$ 收敛.

【证】 记 $f_n(x) = x^n + nx - 1$,当 $x > 0$ 时, $f_n'(x) = nx^{n-1} + n > 0$,故
$f_n(x)$ 在 $[0, +\infty)$ 上单调增加.

而 $f_n(0) = -1 < 0$, $f_n(1) = n > 0$,由连续函数的介值定理知 $x^n + nx - 1 = 0$ 存在惟一正实根 x_n.

由 $x_n^n + nx_n - 1 = 0$ 与 $x_n > 0$ 知

$$0 < x_n = \frac{1 - x_n^n}{n} < \frac{1}{n}$$

故当 $\alpha > 1$ 时, $0 < x_n^{\alpha} < \left(\dfrac{1}{n}\right)^{\alpha}$. 而正项级数 $\displaystyle\sum_{n=1}^{\infty} \left(\dfrac{1}{n}\right)^{\alpha}$ 收敛.

所以当 $\alpha > 1$ 时,级数 $\displaystyle\sum_{n=1}^{\infty} x_n^{\alpha}$ 收敛.

【例 11 - 18】 求幂级数 $\displaystyle\sum_{n=1}^{\infty} (-1)^{n-1} \left[1 + \dfrac{1}{n(2n-1)}\right] x^{2n}$ 的收敛区间与和

函数 $f(x)$.

【解】 因为 $\lim\limits_{n\to\infty}\dfrac{(n+1)(2n+1)+1}{(n+1)(2n+1)}\cdot\dfrac{n(2n-1)}{n(2n-1)+1}=1$,所以当 $x^2<1$ 时,原级数绝对收敛,当 $x^2>1$ 时,原级数发散,因此原级数的收敛半径为 1,收敛区间为 $(-1,1)$.

记 $$s(x)=\sum_{n=1}^{\infty}\frac{(-1)^{n-1}}{2n(2n-1)}x^{2n},\quad x\in(-1,1)$$

则 $$s'(x)=\sum_{n=1}^{\infty}\frac{(-1)^{n-1}}{2n-1}x^{2n-1},\quad x\in(-1,1)$$

$$s''(x)=\sum_{n=1}^{\infty}(-1)^{n-1}x^{2n-2}=\frac{1}{1+x^2},\quad x\in(-1,1)$$

由于 $$s(0)=0,s'(0)=0$$

所以 $$s'(x)=\int_0^x s''(t)\mathrm{d}t=\int_0^x\frac{1}{1+t^2}\mathrm{d}t=\arctan x$$

$$s(x)=\int_0^x s'(t)\mathrm{d}t=\int_0^x\arctan t\,\mathrm{d}t=x\arctan x-\frac{1}{2}\ln(1+x^2)$$

又 $$\sum_{n=1}^{\infty}(-1)^{n-1}x^{2n}=\frac{x^2}{1+x^2},\quad x\in(-1,1)$$

从而 $$f(x)=2s(x)+\frac{x^2}{1+x^2}=$$

$$2x\mathrm{arctan}x-\ln(1+x^2)+\frac{x^2}{1+x^2},\quad x\in(-1,1)$$

【例 11-19】 若级数 $\sum\limits_{n=1}^{\infty}a_n$ 收敛,则级数( ).

(A) $\sum\limits_{n=1}^{\infty}|a_n|$ 收敛   (B) $\sum\limits_{n=1}^{\infty}(-1)^n a_n$ 收敛

(C) $\sum\limits_{n=1}^{\infty}a_n a_{n+1}$ 收敛   (C) $\sum\limits_{n=1}^{\infty}\dfrac{a_n+a_{n+1}}{2}$ 收敛

【解】 应选(D).

【例 11-20】 将函数 $f(x)=\dfrac{x}{2+x-x^2}$ 展开成 x 的幂级数.

【解】 $$f(x)=\frac{x}{2+x-x^2}=\frac{x}{3}\left(\frac{1}{1+x}+\frac{1}{2-x}\right)=$$

$$\frac{x}{3}\left(\frac{1}{1+x}+\frac{1}{2}\cdot\frac{1}{1-\dfrac{x}{2}}\right)=$$

$$\frac{x}{3}\left[\sum_{n=0}^{\infty}(-x)^n + \frac{1}{2}\sum_{n=0}^{\infty}\left(\frac{x}{2}\right)^n\right] =$$

$$\frac{1}{3}\sum_{n=0}^{\infty}\left[(-1)^n + \frac{1}{2^{n+1}}\right]x^{n+1}, \quad |x| < 1$$

【例 11-21】 设幂级数 $\sum_{n=0}^{\infty}a_n x^n$ 在 $(-\infty, +\infty)$ 内收敛,其和函数 $y(x)$ 满足

$$y'' - 2xy' - 4y = 0, \quad y(0) = 0, \quad y'(0) = 1$$

(1) 证明:$a_{n+2} = \dfrac{2}{n+1}a_n$, $\quad n = 1, 2, \cdots$.

(2) 求 $y(x)$ 的表达式.

【解】 (1) 对 $y = \sum_{n=0}^{\infty}a_n x^n$ 求一、二阶导数,得

$$y' = \sum_{n=1}^{\infty}na_n x^{n-1}, \quad y'' = \sum_{n=2}^{\infty}n(n-1)a_n x^{n-2}$$

代入 $y'' - 2xy' - 4y = 0$ 并整理得

$$\sum_{n=0}^{\infty}(n+1)(n+2)a_{n+2}x^n - \sum_{n=1}^{\infty}2na_n x^n - \sum_{n=0}^{\infty}4a_n x^n = 0$$

于是
$$\begin{cases} 2a_2 - 4a_0 = 0 \\ (n+1)(n+2)a_{n+2} - 2(n+2)a_n = 0, n = 1, 2, \cdots \end{cases}$$

从而
$$a_{n+2} = \frac{2}{n+1}a_n, \quad n = 1, 2, \cdots$$

(2) 因为 $y(0) = a_0 = 0$, $y'(0) = a_1 = 1$,

故
$$a_{2n} = 0, \quad n = 0, 1, 2, \cdots$$

$$a_{2n+1} = \frac{2}{2n}a_{2n-1} = \cdots = \frac{2^n}{2n(2n-2)\cdots 4\times 2}a_1 = \frac{1}{n!}, n = 1, 2, \cdots$$

从而
$$y = \sum_{n=0}^{\infty}a_n x^n = \sum_{n=0}^{\infty}a_{2n+1}x^{2n+1} = \sum_{n=0}^{\infty}\frac{x^{2n+1}}{n!} =$$

$$x\sum_{n=0}^{\infty}\frac{(x^2)^n}{n!} = xe^{x^2}, \quad x \in (-\infty, +\infty)$$

11.3 课后作业

1. 判断下列级数的敛散性.

(1) $\displaystyle\sum_{n=1}^{\infty}\frac{1}{n\sqrt[n]{n}}$;　　　　　(2) $\displaystyle\sum_{n=1}^{\infty}2^n\sin\frac{\pi}{3^n}$;

(3) $\displaystyle\sum_{n=1}^{\infty}\frac{3+\sqrt{n+1}}{\sqrt[3]{n^5+2n^3-1}+n}$.　　　　（答案：(1) 发散；(2)，(3) 收敛）

2. 若正项级数 $\displaystyle\sum_{n=1}^{\infty}a_n$ 与 $\displaystyle\sum_{n=1}^{\infty}b_n$ 都收敛，证明：$\displaystyle\sum_{n=1}^{\infty}a_nb_n$ 与 $\displaystyle\sum_{n=1}^{\infty}(a_n+b_n)^2$ 都收敛.

3. 求下列幂级数的收敛区间.

(1) $\displaystyle\sum_{n=1}^{\infty}\frac{(-1)^nx^n}{3^{n-1}\sqrt{n}}$;　　　　　(2) $\displaystyle\sum_{n=1}^{\infty}\frac{(x-5)^n}{\ln(1+n)}$;

(3) $\displaystyle\sum_{n=1}^{\infty}\frac{2n}{\sqrt{2n-1}}x^{2n-1}$.　　（答案：(1) $(-3,3]$；(2) $[4,6)$；(3) $(-1,1)$）

4. 求 $\displaystyle\sum_{n=1}^{\infty}\frac{n^2+1}{2^n n!}x^n$ 在收敛区域内的和函数.

（答案：$e^{\frac{x}{2}}\left(\dfrac{x^2}{4}+\dfrac{x}{2}+1\right)$，$x\in R$）

5. 求 $\dfrac{1}{2}+\dfrac{2}{2^2}+\dfrac{3}{2^3}+\cdots+\dfrac{n}{2^n}+\cdots$ 的和.　　　　（答案：2）

6. 将下列函数展开为 x 的幂级数：

(1) $f(x)=\ln(1+x+x^2)$　　（答案：$\displaystyle\sum_{n=1}^{\infty}\frac{x^n}{n}-\sum_{n=1}^{\infty}\frac{x^{3n}}{n}$，$-1\leqslant x<1$）

(2) $f(x)=\dfrac{1}{4}\ln\dfrac{1+x}{1-x}+\dfrac{1}{2}\arctan x-x$.

（答案：$\displaystyle\sum_{n=1}^{\infty}\frac{1}{4n+1}x^{4n+1}$，$-1<x<1$）

7. 将 $f(x)=\dfrac{1}{x^2+3x+2}$ 展开成 $(x+4)$ 的幂级数.

（答案：$\displaystyle\sum_{n=1}^{\infty}\left(\frac{1}{2^{n+1}}-\frac{1}{3^{n+1}}\right)(x+4)^n$，$-6<x<-2$）

8. 将 $f(x)=\begin{cases}x+1 & 0\leqslant x\leqslant\pi\\ x & -\pi<x<0\end{cases}$ 展开成傅里叶级数.

（答案：$\dfrac{\pi-1}{2}+\dfrac{2(\pi+1)}{\pi}\sin x-\dfrac{2}{2}\sin2x+\dfrac{2(\pi+1)}{3\pi}\sin3x-\dfrac{2}{4}\sin4x+\cdots$,

$-\pi<x<\pi$）

11.4　检测真题

1. 判断下列级数的敛散性.

(1) $\sum\limits_{n=1}^{\infty} \dfrac{a^n n!}{n^n}\,(a>0)$；　　　　(2) $\sum\limits_{n=1}^{\infty} \dfrac{\ln n}{n^{\frac{1}{2}} 2^n}$；

(3) $\sum\limits_{n=2}^{\infty} \dfrac{1}{(\ln n)^{\ln n}}$.

(答案:(1)$0<a<\mathrm{e}$ 时收敛,$a\geqslant\mathrm{e}$ 时发散;(2) 收敛;(3) 收敛)

2. 判别级数 $\dfrac{1}{\sqrt{2}-1}-\dfrac{1}{\sqrt{2}+1}+\dfrac{1}{\sqrt{3}-1}-\dfrac{1}{\sqrt{3}+1}+\cdots+\dfrac{1}{\sqrt{n}-1}-\dfrac{1}{\sqrt{n}+1}+$
$\cdots$ 的敛散性.　　　　　　　　　　　　　　　　　　　　(答案:发散)

3. 判别级数 $\sum\limits_{n=2}^{\infty} \dfrac{1}{\ln n}\sin\dfrac{1}{n}$ 的敛散性.　　　　　　　(答案:发散)

4.(1) 幂级数 $\sum\limits_{n=1}^{\infty} \dfrac{(-x)^n}{3^{n-1}\sqrt{n}}$ 的收敛区间为＿＿＿＿＿.　　(答案:$(-3,3]$)

(2) 幂级数 $\sum\limits_{n=1}^{\infty} \dfrac{(x-1)^n}{(2n-1)3^n}$ 的收敛区间为＿＿＿＿＿.　(答案:$[-2,4)$)

5. 将下列函数展开为 x 的幂级数.

(1) $f(x)=x\arctan x-\ln\sqrt{1+x^2}$；

(2) $f(x)=\ln(1+x+x^2+x^3)$.

$$\left(\text{答案:(1)} \sum_{n=1}^{\infty}(-1)^{n-1}\frac{x^{2n}}{(2n-1)2n}\right),\ |x|\leqslant 1;$$

$$(2) \sum_{n=1}^{\infty}\frac{x^n}{n}-\sum_{n=1}^{\infty}\frac{x^{4n}}{n},\qquad -1<x\leqslant 1)$$

6. 设级数 $\sum\limits_{n=0}^{\infty} a_n x^n$ 当 $n>1$ 时有 $a_{n-2}-n(n-1)a_n=0$,且 $a_0=4,a_1=1$,
求级数的和.　　　　　　　　　　　(答案:$\dfrac{1}{2}(5\mathrm{e}^x+3\mathrm{e}^{-x})$)

7. 求级数 $\sum\limits_{n=1}^{\infty} \dfrac{2n-1}{2^n}$ 的和.　　　　　　　　　(答案:3)

第 12 讲

微分方程

本讲涵盖了主讲教材第 12 章的内容.

12.1 本讲内容聚焦

一、内容要点精讲

(一) 一阶微分方程

1. 可分离变量方程

$$\frac{\mathrm{d}y}{\mathrm{d}x} = f(x)g(y)$$

分离变量 $\dfrac{\mathrm{d}y}{g(y)} = f(x)\mathrm{d}x$. 积分得通解

$$\int \frac{\mathrm{d}y}{g(y)} = \int f(x)\mathrm{d}x + C$$

2. 齐次方程

$$\frac{\mathrm{d}y}{\mathrm{d}x} = \varphi\left(\frac{y}{x}\right)$$

令 $u = \dfrac{y}{x}$, 则 $x\dfrac{\mathrm{d}u}{\mathrm{d}x} + u = \varphi(u)$. 分离变量并积分得通解

$$\int \frac{\mathrm{d}u}{\varphi(u) - u}\bigg|_{u = \frac{y}{x}} = \int \frac{\mathrm{d}x}{x} + C$$

3. 一阶线性微分方程

$$\frac{\mathrm{d}y}{\mathrm{d}x} + P(x)y = Q(x)$$

通解为

$$y = \mathrm{e}^{-\int P(x)\mathrm{d}x}\left[\int Q(x)\mathrm{e}^{\int P(x)\mathrm{d}x}\,\mathrm{d}x + C\right]$$

4. 伯努利方程

$$\frac{\mathrm{d}y}{\mathrm{d}x} + P(x)y = Q(x)y^{\alpha} \quad (\alpha \neq 0, 1)$$

设 $z = y^{1-\alpha}$，化为一阶线性微分方程

$$\frac{\mathrm{d}z}{\mathrm{d}x} + (1-\alpha)P(x)z = (1-\alpha)Q(x)$$

5. 全微分方程

$$P(x,y)\mathrm{d}x + Q(x,y)\mathrm{d}y = 0 \quad \left(\frac{\partial Q}{\partial x} = \frac{\partial P}{\partial y}\right)$$

通解为

$$\int_{x_0}^{x} P(x,y_0)\mathrm{d}x + \int_{y_0}^{y} Q(x,y)\mathrm{d}y = C$$

（二）可降阶的高阶微分方程

1. 直接积分型

$y^{(n)} = f(x)$，积分 n 次即可得通解.

2. 不显含 y 型

$$y'' = f(x,y') \xrightarrow{\text{设 } y' = p} \frac{\mathrm{d}p}{\mathrm{d}x} = f(x,p)$$

3. 不显含 x 型

$$y'' = f(y,y') \xrightarrow[y'' = \frac{\mathrm{d}p}{\mathrm{d}y}p]{\text{设 } y' = p} p\frac{\mathrm{d}p}{\mathrm{d}y} = f(y,p)$$

（三）二阶线性微分方程通解结构

1. 齐次方程

$$y'' + P(x)y' + Q(x)y = 0 \qquad\qquad (*)$$

通解为

$$Y = C_1 y_1(x) + C_2 y_2(x) \quad (y_1(x), y_2(x):(*) \text{ 的线性无关特解})$$

2. 非齐次方程

$$y'' + P(x)y' + Q(x)y = f(x) \qquad\qquad (**)$$

通解为

$$y = Y + y^* \quad (Y:(*) \text{ 的通解}, y^*:(**) \text{ 的特解})$$

二、知识脉络图解

$$
微分方程
\begin{cases}
一阶微分方程
\begin{cases}
可分离变量方程、齐次方程 \\
一阶线性方程、伯努利方程 \\
全微分方程
\end{cases} \\[2ex]
可降阶方程
\begin{cases}
直接积分型:y^{(n)}=f(x) \\
不显含\,y\,型:y''=f(x,y') \\
不显含\,x\,型:y''=f(y,y')
\end{cases} \\[2ex]
二阶常系数线性方程
\begin{cases}
齐次:y''+py'+qy=0 \\
非齐次:y''+py'+qy=f(x)
\end{cases}
\end{cases}
$$

三、重点、难点点击

本讲重点:可分离变量的微分方程;一阶线性微分方程;二阶常系数齐次线性微分方程和二阶常系数非齐次线性微分方程。

本讲常见题型:除以上 4 种典型类型外,微分方程常与前面知识综合出现。如微分方程可由积分方程,由曲线积分与路径无关的充要条件,微分式子是某个二元函数的全微分,二元复合函数满足某偏微分方程等来确定或给出。

解微分方程:关键是识别方程类型,不同类型的方程有相应的解法,因此必须熟记一阶线性微分方程的通解公式;二阶常系数齐次线性微分方程的特征根对应的通解形式;二阶常系数非齐次线性微分方程解的结构定理及特解的形式。

12.2 典型例题精选

【例 12 - 1】 求解下列微分方程:

(1) $y' + \sin \dfrac{x+y}{2} = \sin \dfrac{x-y}{2}$;

(2) $x\ln x \,\mathrm{d}y + (y - \ln x)\mathrm{d}x = 0$;

(3) $x^2 y' + xy = y^2, y(1) = 1$;

(4) $(3x^2 + 2xe^{-y})\mathrm{d}x + (3y^2 - x^2 e^{-y})\mathrm{d}y = 0$;

(5) $y' = \dfrac{y^2}{y^2 + 2xy - x}$.

【解】 (1) 利用两角和、两角差公式,原方程化为

$$\frac{\mathrm{d}y}{\mathrm{d}x} = -2\sin\frac{y}{2}\cos\frac{x}{2}$$

分离变量 $\dfrac{\mathrm{d}y}{2\sin\dfrac{y}{2}} = -\cos\dfrac{x}{2}\mathrm{d}x$,积分得

$$\ln\left|\tan\frac{y}{4}\right| = C - 2\sin\frac{x}{2}, \qquad y \neq 2n\pi$$

易知 $y = 2n\pi(n = 0, \pm1, \cdots)$ 也是原方程的解.

(2) 将方程标准化:$y' + \dfrac{1}{x\ln x}y = \dfrac{1}{x}$,属一阶线性方程. 通解为

$$y = \mathrm{e}^{-\int\frac{\mathrm{d}x}{x\ln x}}\left[\int\frac{1}{x}\mathrm{e}^{\int\frac{\mathrm{d}x}{x\ln x}}\mathrm{d}x + C\right] = \frac{1}{\ln x}\left[\frac{1}{2}\ln^2 x + C\right]$$

(3)【解法1】 $y' = \left(\dfrac{y}{x}\right)^2 - \dfrac{y}{x}$,属齐次方程.

令 $u = \dfrac{y}{x}$,有 $u + x\dfrac{\mathrm{d}u}{\mathrm{d}x} = u^2 - u$.

分离变量并积分 $\displaystyle\int\frac{\mathrm{d}u}{u^2 - 2u} = \int\frac{\mathrm{d}x}{x}$,得

$$\frac{1}{2}[\ln(u-2) - \ln u] = \ln x + \frac{1}{2}\ln C$$

即 $\dfrac{u-2}{u} = Cx^2$. 由 $x = 1$ 时,$y = 1, u = 1$,得 $C = -1$. 将 $u = \dfrac{y}{x}$ 代入得所求

特解为 $y = \dfrac{2x}{1 + x^2}$.

【解法2】 属伯努利方程. 令 $z = y^{-1}$. 方程化为

$$z' - \frac{1}{x}z = -\frac{1}{x^2}$$

解得 $\qquad z = x\left[\displaystyle\int -\frac{\mathrm{d}x}{x^3} + C\right] = \frac{1}{2x} + Cx$

即 $y = \dfrac{2x}{1 + 2Cx^2}$. 由 $y(1) = 1$,得 $C = \dfrac{1}{2}$,故 $y = \dfrac{2x}{1 + x^2}$.

(4) 因 $\dfrac{\partial Q}{\partial x} = -2x\mathrm{e}^{-y} = \dfrac{\partial P}{\partial y}$,属全微分方程.

通解为
$$\int_0^x P(x,0)\mathrm{d}x + \int_0^y Q(x,y)\mathrm{d}y = C$$

$$\int_0^x (3x^2 + 2x)\mathrm{d}x + \int_0^y (3y^2 - x^2 \mathrm{e}^{-y})\mathrm{d}y = C$$

即
$$x^3 + y^3 + x^2 \mathrm{e}^{-y} = C$$

（5）初看方程，不属于常见的几种可解方程. 若将 x 看做 y 的函数，则
$$\frac{\mathrm{d}x}{\mathrm{d}y} = \frac{y^2 + 2xy - x}{y^2}$$

即 $\dfrac{\mathrm{d}x}{\mathrm{d}y} + \dfrac{1-2y}{y^2}x = 1$　（属一阶线性微分方程）.

通解为

$$x = \mathrm{e}^{-\int \frac{1-2y}{y^2}\mathrm{d}y}\Big[\int \mathrm{e}^{\int \frac{1-2y}{y^2}\mathrm{d}y}\mathrm{d}y + C\Big] = y^2 \mathrm{e}^{\frac{1}{y}}\Big(\int \frac{1}{y^2}\mathrm{e}^{-\frac{1}{y}}\mathrm{d}y + C\Big) = y^2 + Cy^2 \mathrm{e}^{\frac{1}{y}}$$

【例 12 - 2】　求解下列方程：

（1）求方程 $xy'' = y' \ln y'$ 的通解；

（2）求 $yy'' = 2(y'^2 - y')$ 的满足初始条件 $y(0) = 1, y'(0) = 2$ 的特解.

【解】　（1）（不显含 y）令 $p = y'$，则原方程化为 $xp' = p \ln p$.

当 $p \neq 1$ 时，可改写为 $\dfrac{\mathrm{d}p}{p \ln p} = \dfrac{\mathrm{d}x}{x}$，积分得
$$\ln|\ln p| = \ln|x| + \ln|C_1|$$

即 $y' = p = \mathrm{e}^{C_1 x}$. 故原方程通解为 $y = \dfrac{1}{C_1}\mathrm{e}^{C_1 x} + C_2$.

当 $p = 1$ 时，可得解 $y = x + C_3$，但它不是通解.

（2）（不显含 x）令 $p = y'$，则原方程可化为
$$yp\frac{\mathrm{d}p}{\mathrm{d}y} = 2(p^2 - p)$$

当 $p \neq 0$ 时，$y\dfrac{\mathrm{d}p}{\mathrm{d}y} = 2(p-1)$，$\displaystyle\int \frac{\mathrm{d}p}{p-1} = \int \frac{2\mathrm{d}y}{y}$，解得 $p - 1 = C_1 y^2$.

由 $p = y'$ 及 $y'(0) = 2, y(0) = 1$，可得 $C_1 = 1$，方程化为 $y' = 1 + y^2$，通解为 $y = \tan(x + C_2)$. 再由 $y(0) = 1$，得 $C_2 = \dfrac{\pi}{4}$. 故所求特解为
$$y = \tan(x + \frac{\pi}{4})$$

注　（2）中方程 $yp\dfrac{\mathrm{d}p}{\mathrm{d}y} = 2(p^2 - p)$ 还有两个特解，即 $p = 0$ 与 $p = 1$，但

都不满足初始条件 $y'(0) = p(0) = 2$.

【例 12 - 3】 求微分方程 $y'' + y' = x^2$ 的通解.

【解法 1】 属二阶常系数非齐次线性方程.

$$r^2 + r = 0, \quad r_1 = 0, \quad r_2 = -1$$

对应齐次方程的通解为 $Y = C_1 + C_2 e^{-x}$.

设非齐次方程的特解为 $y^* = x(ax^2 + bx + c)$. 代入原方程解得

$$a = \frac{1}{3}, \quad b = -1, \quad c = 2$$

故原方程通解为 $y = C_1 + C_2 e^{-x} + (\frac{x^3}{3} - x^2 + 2x)$.

【解法 2】 (不显含 y) 令 $p = y'$,原方程化为 $p' + p = x^2$.

$$\frac{\mathrm{d}y}{\mathrm{d}x} = p = e^{-x}\left[\int x^2 e^x \mathrm{d}x + C_0\right] = e^{-x}[x^2 e^x - 2xe^x + 2e^x + C_0]$$

$$y = \int(x^2 - 2x + 2 + C_0 e^{-x})\mathrm{d}x = \frac{x^3}{3} - x^2 + 2x + C_1 + C_2 e^{-x}$$

【解法 3】 原方程化为 $(y' + y)' = x^2$,两边积分得

$$y' + y = \frac{x^3}{3} + C_0 \quad \text{(一阶线性方程)}$$

$$y = e^{-x}\left[\int(\frac{x^3}{3} + C_0)e^x \mathrm{d}x + C_2\right] =$$

$$e^{-x}\left[\frac{1}{3}(x^3 e^x - 3x^2 e^x + 6xe^x - 6e^x) + C_0 e^x + C_2\right] =$$

$$\frac{x^3}{3} - x^2 + 2x + C_1 + C_2 e^{-x}$$

【例 12 - 4】 设函数 $y = y(x)$ 在 $(-\infty, +\infty)$ 内具有二阶导数,且 $y' \neq 0$, $x = x(y)$ 是 $y = y(x)$ 的反函数.

(1) 试将 $x = x(y)$ 所满足的微分方程 $\frac{\mathrm{d}^2 x}{\mathrm{d}y^2} + (y + \sin x)\left(\frac{\mathrm{d}x}{\mathrm{d}y}\right)^3 = 0$ 变换为 $y = y(x)$ 满足的微分方程;

(2) 求变换后的微分方程满足初始条件 $y(0) = 0$, $y'(0) = \frac{3}{2}$ 的解.

【解】 (1) 由反函数导数公式知

$$\frac{\mathrm{d}x}{\mathrm{d}y} = \frac{1}{y'}$$

得

$$y' \frac{\mathrm{d}x}{\mathrm{d}y} = 1$$

两端对 x 求导数,得
$$y'' \frac{\mathrm{d}x}{\mathrm{d}y} + (y')^2 \frac{\mathrm{d}^2 x}{\mathrm{d}y^2} = 0$$

于是
$$\frac{\mathrm{d}^2 x}{\mathrm{d}y^2} = -\frac{y'' \dfrac{\mathrm{d}x}{\mathrm{d}y}}{(y')^2} = \frac{-y''}{(y')^3}$$

代入原微分方程得
$$y'' - y = \sin x \qquad\qquad (*)$$

(2) 方程(*)对应的齐次方程 $y'' - y = 0$ 的通解为
$$Y = C_1 \mathrm{e}^x + C_2 \mathrm{e}^{-x}$$

设方程(*)的特解为
$$y^* = A\cos x + B\sin x$$

代入方程(*),解得 $A = 0$,$B = -\dfrac{1}{2}$,从而特解
$$y^* = -\frac{1}{2}\sin x$$

故微分方程 $y'' - y = \sin x$ 的通解为
$$y(x) = C_1 \mathrm{e}^x + C_2 \mathrm{e}^{-x} - \frac{1}{2}\sin x$$

再由 $y(0) = 0$,$y'(0) = \dfrac{3}{2}$,得 $C_1 = 1$,$C_2 = -1$.

从而所求初值问题的解为 $y(x) = \mathrm{e}^x - \mathrm{e}^{-x} - \dfrac{1}{2}\sin x$.

【例 12 - 5】　设曲线积分 $\displaystyle\int_L [f'(x) + 2f(x) + \mathrm{e}^x] y\mathrm{d}x + f'(x)\mathrm{d}y$ 与路径无关,且 $f(0) = 0$,$f'(0) = 1$,试计算积分值
$$I = \int_{(0,0)}^{(1,1)} [f'(x) + 2f(x) + \mathrm{e}^x] y\mathrm{d}x + f'(x)\mathrm{d}y$$

【解】　积分与路径无关的充要条件是 $\dfrac{\partial Q}{\partial x} = \dfrac{\partial P}{\partial y}$. 由此得
$$f'(x) + 2f(x) + \mathrm{e}^x = f''(x) \quad \text{(二阶常系数非齐次线性方程)}$$

$f^*(x) = -\dfrac{\mathrm{e}^x}{2}$ 为一个特解,对应齐次方程的通解为 $F(x) = a\mathrm{e}^{2x} + b\mathrm{e}^{-x}$,故
原方程通解为
$$f(x) = a\mathrm{e}^{2x} + b\mathrm{e}^{-x} - \frac{\mathrm{e}^x}{2}$$

再由 $f(0) = 0$,$f'(0) = 1$ 得 $a = \dfrac{2}{3}$,$b = -\dfrac{1}{6}$,故

$$f(x) = \frac{2}{3}e^{2x} - \frac{1}{6}e^{-x} - \frac{e^x}{2}$$

$$I = \int_{(0,0)}^{(1,1)} P dx + Q dy = \left[\int_{(0,0)}^{(1,0)} + \int_{(1,0)}^{(1,1)}\right] P dx + Q dy =$$

$$\int_0^1 \left(\frac{4}{3}e^2 + \frac{e^{-1}}{6} - \frac{e}{2}\right) dy = \frac{4}{3}e^2 + \frac{1}{6}e^{-1} - \frac{e}{2}$$

【例 12-6】 设函数 $f(t)$ 在 $[0, +\infty)$ 上连续,且满足方程

$$f(t) = e^{4\pi t^2} + \iint_{x^2+y^2 \leqslant 4t^2} f\left(\frac{1}{2}\sqrt{x^2+y^2}\right) dx dy$$

求 $f(t)$.

【解】 显然 $f(0) = 1$,由于

$$\iint_{x^2+y^2 \leqslant 4t^2} f\left(\frac{1}{2}\sqrt{x^2+y^2}\right) dx dy = \int_0^{2\pi} d\theta \int_0^{2t} f\left(\frac{r}{2}\right) r dr = 2\pi \int_0^{2t} r f\left(\frac{r}{2}\right) dr$$

于是

$$f(t) = e^{4\pi t^2} + 2\pi \int_0^{2t} r f\left(\frac{r}{2}\right) dr$$

$$f'(t) = 8\pi t e^{4\pi t^2} + 8\pi t f(t) \quad \text{（一阶线性方程）}$$

通解为

$$f(t) = e^{\int 8\pi t dt}\left[\int 8\pi t e^{4\pi t^2} e^{-\int 8\pi t dt} dt + C\right] = (4\pi t^2 + C)e^{4\pi t^2}$$

由 $f(0) = 1$,得 $C = 1$,故 $f(t) = (4\pi t^2 + 1)e^{4\pi t^2}$.

【例 12-7】 设 $f(x)$ 具有二阶连续导数,$f(0) = 0$,$f'(0) = 1$,且 $[xy(x+y) - f(x)y]dx + [f'(x) + x^2 y]dy = 0$ 为全微分方程,求 $f(x)$ 及此全微分方程的通解.

【解】 方程为全微分方程的充要条件是 $\frac{\partial P}{\partial y} = \frac{\partial Q}{\partial x}$. 即

$$x^2 + 2xy - f(x) = f''(x) + 2xy, f''(x) + f(x) = x^2$$

这是二阶常系数非齐次线性微分方程,通解为

$$f(x) = C_1 \cos x + C_2 \sin x + x^2 - 2$$

由 $f(0) = 0$,$f'(0) = 1$,得 $C_1 = 2$,$C_2 = 1$.

故

$$f(x) = 2\cos x + \sin x + x^2 - 2$$

原全微分方程为

$$[xy^2 - (2\cos x + \sin x)y + 2y]dx + [-2\sin x + \cos x + 2x + x^2 y]dy = 0$$

分项组合

$$xy^2 dx + x^2 y dy + d[(-2\sin x + \cos x)y] + 2(x dy + y dx) = 0$$

$$\mathrm{d}\left[\frac{1}{2}x^2y^2 + (-2\sin x + \cos x)y + 2xy\right] = 0$$

通解为
$$\frac{x^2y^2}{2} + (-2\sin x + \cos x)y + 2xy = C$$

【例 12 – 8】 求解下列方程：

(1) $x\dfrac{\mathrm{d}y}{\mathrm{d}x} + x + \sin(x+y) = 0$；

(2) $x^2\mathrm{e}^y y' + x\mathrm{e}^y = 1$；

(3) $x + yy' = \tan x(\sqrt{x^2+y^2} - 1)$；

(4) $(xy + y + \sin y)\mathrm{d}x + (x + \cos y)\mathrm{d}y = 0$.

【解】 (1) 原方程可改写成 $x\dfrac{\mathrm{d}(x+y)}{\mathrm{d}x} + \sin(x+y) = 0$.

令 $u = x + y$，则方程化为 $x\dfrac{\mathrm{d}u}{\mathrm{d}x} + \sin u = 0, \dfrac{\mathrm{d}u}{\sin u} = -\dfrac{\mathrm{d}x}{x}$.

积分得
$$\ln(\csc u - \cot u) = -\ln x + \ln C$$

将 $u = x + y$ 代入并化简得通解 $\dfrac{1 - \cos(x+y)}{\sin(x+y)} = \dfrac{C}{x}$.

(2) 方程化为
$$x^2\dfrac{\mathrm{d}\mathrm{e}^y}{\mathrm{d}x} + x\mathrm{e}^y = 1$$

令 $u = \mathrm{e}^y$，则原方程化为线性方程 $x^2\dfrac{\mathrm{d}u}{\mathrm{d}x} + xu = 1$，将方程标准化

$$\frac{\mathrm{d}u}{\mathrm{d}x} + \frac{1}{x}u = \frac{1}{x^2}$$

解得
$$u = \mathrm{e}^{-\int\frac{\mathrm{d}x}{x}}\left[\int \frac{1}{x^2}\mathrm{e}^{\int\frac{\mathrm{d}x}{x}}\mathrm{d}x + C\right] = \frac{1}{x}(\ln x + C)$$

通解为
$$x\mathrm{e}^y = \ln x + C$$

(3) 原方程可改写成 $\dfrac{1}{2}\dfrac{\mathrm{d}(x^2+y^2)}{\mathrm{d}x} = \tan x(\sqrt{x^2+y^2} - 1)$.

令 $u = \sqrt{x^2+y^2}$，则 $u^2 = x^2 + y^2$，$2u\mathrm{d}u = \mathrm{d}(x^2+y^2)$.

方程化为
$$u\dfrac{\mathrm{d}u}{\mathrm{d}x} = \tan x(u-1)$$

$$\int \frac{u\mathrm{d}u}{u-1} = \int \tan x\mathrm{d}x$$

解得
$$u + \ln(u-1) + \ln\cos x = C$$

通解为
$$\sqrt{x^2+y^2} + \ln(\sqrt{x^2+y^2} - 1) + \ln\cos x = C$$

(4) 因 $\dfrac{\partial Q}{\partial x}=1\neq\dfrac{\partial P}{\partial y}=x+1+\cos y$,所给方程不是全微分方程,但分项组合,利用"凑微分"的方法,可以将原方程化为全微分方程.

$$(y\mathrm{d}x+x\mathrm{d}y)+\cos y\mathrm{d}y+(xy+\sin y)\mathrm{d}x=0$$
$$\mathrm{d}(xy+\sin y)+(xy+\sin y)\mathrm{d}x=0$$
$$\dfrac{\mathrm{d}(xy+\sin y)}{(xy+\sin y)}=-\mathrm{d}x$$
$$\ln(xy+\sin y)=-x+\ln C$$

通解为
$$xy+\sin y=Ce^{-x}$$

【例 12-9】 设曲线 L 位于 xOy 平面的第一象限,L 上任一点 M 处的切线与 y 轴总相交,交点记为 A. 已知 $|\overline{MA}|=|\overline{OA}|$,且 L 过点 $(\dfrac{3}{2},\dfrac{3}{2})$,求 L 的方程.

【解】 设点 M 的坐标为 (x,y),则切线 MA 的方程为
$$Y-y=y'(X-x)$$
令 $X=0$,则 $Y=y-xy'$,故点 A 的坐标为 $(0,y-xy')$.

由 $|\overline{MA}|=|\overline{OA}|$,有
$$\sqrt{(x-0)^2+(y-y+xy')^2}=|y-xy'|$$
即
$$2yy'-\dfrac{y^2}{x}=-x$$

令 $z=y^2$,得 $\dfrac{\mathrm{d}z}{\mathrm{d}x}-\dfrac{1}{x}z=-x$ （一阶线性方程）.

$$z=e^{\int\frac{\mathrm{d}x}{x}}[-\int xe^{-\int\frac{\mathrm{d}x}{x}}\mathrm{d}x+C]=x(-x+C)$$

即
$$y^2=-x^2+Cx,\quad y=\sqrt{Cx-x^2}\quad（第一象限）$$

再由 $y(\dfrac{3}{2})=\dfrac{3}{2}$,得 $C=3$. 故所求曲线方程为
$$y=\sqrt{3x-x^2},\quad 0<x<3$$

【例 12-10】 设二阶常系数线性微分方程
$$y''+\alpha y'+\beta y=\gamma e^x$$
的一个特解为 $y=e^{2x}+(1+x)e^x$. 试确定常数 α,β,γ,并求该方程的通解.

【解法1】 由特解知原方程的特征根为 1 和 2. 因此特征方程为 $(r-1)(r-2)=0$,$r^2-3r+2=0$. 于是 $\alpha=-3,\beta=2$. 为确定 γ,将 $y_1=xe^x$ 代入原方

程

$$(x+2)\mathrm{e}^x - 3(x+1)\mathrm{e}^x + 2x\mathrm{e}^x = \gamma\mathrm{e}^x$$

得

$$\gamma = -1$$

原方程通解为

$$y = C_1\mathrm{e}^x + C_2\mathrm{e}^{2x} + x\mathrm{e}^x$$

【解法 2】　将 $y = \mathrm{e}^{2x} + (1+x)\mathrm{e}^x$ 代入原方程得

$$(4 + 2\alpha + \beta)\mathrm{e}^{2x} + (3 + 2\alpha + \beta)\mathrm{e}^x + (1 + \alpha + \beta)x\mathrm{e}^x = \gamma\mathrm{e}^x$$

比较同类项系数

$$\begin{cases} 4 + 2\alpha + \beta = 0 \\ 3 + 2\alpha + \beta = \gamma \\ 1 + \alpha + \beta = 0 \end{cases}$$

解得 $\alpha = -3, \beta = 2, \gamma = -1$. 故原方程为 $y'' - 3y' + 2y = -\mathrm{e}^x$. 易求得对应齐次方程通解 $Y = C_1\mathrm{e}^x + C_2\mathrm{e}^{2x}$. 又知一特解,故方程通解为

$$y = C_1\mathrm{e}^x + C_2\mathrm{e}^{2x} + [\mathrm{e}^{2x} + (1+x)\mathrm{e}^x]$$

即

$$y = C_3\mathrm{e}^x + C_4\mathrm{e}^{2x} + x\mathrm{e}^x$$

【例 12-11】　某种飞机在机场降落时,为了减少滑行距离,在触地的瞬间,飞机尾部张开减速伞,以增大阻力,使飞机迅速减速并停下. 现有一质量为 9 000 kg 的飞机,着陆时的水平速度为 700 km/h,经测试,减速伞打开后,飞机所受的总阻力与飞机的速度成正比(比例系数为 $K = 6.0 \times 10^6$). 问从着陆点算起,飞机滑行的最长距离是多少?

【解】　由题设,飞机的质量 $m = 9\ 000$ kg,着陆时的水平速度 $V_0 = 700$ km/h,从飞机接触跑道开始计时,设 t 时刻飞机的滑行距离为 $x(t)$,速度为 $V(t)$.

根据牛顿第二定律,得

$$m\frac{\mathrm{d}V}{\mathrm{d}t} = -KV$$

又

$$\frac{\mathrm{d}V}{\mathrm{d}t} = \frac{\mathrm{d}V}{\mathrm{d}x} \cdot \frac{\mathrm{d}x}{\mathrm{d}t} = V\frac{\mathrm{d}V}{\mathrm{d}x}$$

由以上二式得 $\mathrm{d}x = -\dfrac{m}{K}\mathrm{d}V$,

积分得

$$x(t) = -\frac{m}{K}V + C$$

由于 $V(0) = V_0$,$x(0) = 0$,故得 $C = \dfrac{m}{K}V_0$. 从而

$$x(t) = \frac{m}{K}(V_0 - V(t))$$

当 $V(t) \to 0$ 时,

$$x(t) \to \frac{mV_0}{K} = \frac{9\ 000 \times 700}{6.0 \times 10^6} = 1.05 \text{ km}$$

所以飞机滑行的最长距离为 1.05 km.

12.3　课后作业

1. 微分方程 $y'' - 6y' + 8y = \mathrm{e}^x + \mathrm{e}^{2x}$ 的一特解应具有形式(　　).

(A)$a\mathrm{e}^x + b\mathrm{e}^{2x}$ 　　(B)$a\mathrm{e}^x + bx\mathrm{e}^{2x}$

(C)$ax\mathrm{e}^x + b\mathrm{e}^{2x}$ 　　(D)$ax\mathrm{e}^x + bx\mathrm{e}^{2x}$ 　　(答案:(B))

2. 以 $y = 2\mathrm{e}^x\cos 3x$ 为一个特解的二阶常系数齐次线性微分方程为

_____.　　(答案:$y'' - 2y' + 10y = 0$)

3. 已知 $y_1 = x^2, y_2 = x + x^2, y_3 = \mathrm{e}^x + x^2$ 都是方程

$$(x-1)y'' - xy' + y = -x^2 + 2x - 2$$

的解,则此方程的通解为_____.　　(答案:$y = C_1 x + C_2 \mathrm{e}^x + x^2$)

4. $y' = \dfrac{y}{x + y^3}$ 的通解为_____.　　(答案:$x = \dfrac{y^3}{2} + Cy$)

5. 求方程 $y'' = 1 + (y')^2$ 的通解.　　(答案:$y = -\ln\cos(x + C_1) + C_2$)

6. 函数 $f(x)$ 在 $[0, +\infty)$ 上可导,$f(0) = 1$,且满足等式

$$f'(x) + f(x) - \frac{1}{x+1}\int_0^x f(t)\mathrm{d}t = 0$$

求导数 $f'(x)$.　　(答案:$-\dfrac{\mathrm{e}^{-x}}{x+1}$)

7. 求初值问题

$$\begin{cases} (y + \sqrt{x^2 + y^2})\mathrm{d}x - x\mathrm{d}y = 0 & (x > 0) \\ y|_{x=1} = 0 \end{cases}$$

的解.　　(答案:$y = \dfrac{x^2 - 1}{2}$)

8. 设 $y = f(x)$ 是第一象限内连接点 $A(0,1), B(1,0)$ 的一段连续曲线,$M(x, y)$ 为该曲线上任意一点,点 C 为 M 在 x 轴上的投影,O 为坐标原点. 若梯形 $OCMA$ 的面积与曲边三角形 CBM 的面积之和为 $\dfrac{x^3}{6} + \dfrac{1}{3}$,求 $f(x)$ 的表

192

达式.

(答案:$f(x) = (x-1)^2$)

9. 若函数 $f(x)$, $g(x)$ 满足下列条件

$$f'(x) = g(x), f(x) = -g'(x), f(0) = 0, g(x) \neq 0$$

求由曲线 $y = \dfrac{f(x)}{g(x)}$ 与直线 $y = 0$, $x = \dfrac{\pi}{4}$ 所围成图形的面积 A.

(答案:$f(x) = C\sin x, A = \dfrac{\ln 2}{2}$)

10. 设 $\Phi(x)$ 具有二阶连续导数,且 $\Phi(0) = 0$, $\Phi'(0) = 1$,求函数 $u = u(x,y)$ 使

$$du = y[e^x - \Phi(x)]dx + [\Phi'(x) - 2\Phi(x)]dy$$

(答案:$\Phi(x) = (x + \dfrac{x^2}{2})e^x, u = (1 - \dfrac{x^2}{2})e^x y + C$)

12.4 检测真题

1. 具有特解 $y_1 = e^{-x}$, $y_2 = 2xe^{-x}$, $y_3 = 3e^x$ 的三阶常系数齐次线性微分方程是( ).

(A)$y''' - y'' - y' + y = 0$ (B)$y''' + y'' - y' - y = 0$

(C)$y''' - 6y'' + 11y' - 6y = 0$ (D)$y''' - 2y'' - y' + 2y = 0$.

(答案:B)

2. $y'' - 4y = e^{2x}$ 的通解为 $y = $ _____.

(答案:$y = C_1 e^{-2x} + C_2 e^{2x} + \dfrac{x}{4}e^{2x}$)

3. 求微分方程 $y' = \dfrac{\cos y}{\cos y \sin 2y - x\sin y}$ 的通解.

(答案:$x = C\cos y - 2\cos^2 y$)

4. 设 $\displaystyle\int_0^x [2y(t) + \sqrt{t^2 + y^2(t)}]dt = xy(x)$,且 $y\big|_{x=1} = 0$,求函数 $y(x)$.

(答案:$y = \dfrac{1}{2}(x^2 - 1)$)

5. 设函数 $f(u)$ 具有二阶连续导数,而 $z = f(e^x \sin y)$ 满足方程 $\dfrac{\partial^2 z}{\partial x^2} + \dfrac{\partial^2 z}{\partial y^2} = e^{2x}z$,求函数 $f(u)$.

(答案:$f(u) = C_1 e^u + C_2 e^{-u}$)

6. 求 $y^2 y'' + 1 = 0$ 的积分曲线方程,使积分曲线通过点 $(0, \frac{1}{2})$,且在该点处切线的斜率为 2.

(答案:$y^3 = \frac{1}{2}(3x + \frac{1}{2})^2$)

7. 试确定常数 k,使微分方程

$$\frac{x}{y}(x^2 + y^2)^k \mathrm{d}x + [1 - \frac{x^2}{y^2}(x^2 + y^2)^k] \mathrm{d}y = 0$$

在半平面 $y > 0$ 上是全微分方程,并求其通解.

(答案:$k = -\frac{1}{2}$,$\sqrt{x^2 + y^2} + y^2 = Cy$)

8. 已知函数 $\varphi(x)$ 具有二阶连续导数,L 为不过 y 轴的任一闭曲线,且曲线积分

$$\oint_L [x\varphi'(x) + \varphi(x) - x] \frac{y}{x^2} \mathrm{d}x - \varphi'(x) \mathrm{d}y = 0$$

试求函数 $\varphi(x)$.

(答案:$\varphi(x) = C_1 \cos(\ln x) + C_2 \sin(\ln x) + \frac{x}{2}$)

9. 设函数 $f(x)$ 在 $[1, +\infty)$ 上连续,若曲线 $y = f(x)$,直线 $x = 1, x = t$ $(t > 1)$ 与 x 轴所围成的平面图形绕 x 轴旋转一周所成的旋转体体积为

$$v(t) = \frac{\pi}{3}[t^2 f(t) - f(1)]$$

试求 $y = f(x)$ 所满足的微分方程,并求该微分方程满足条件 $y |_{x=2} = \frac{2}{9}$ 的解.

(答案:$y = x - x^3 y$)

10. 设曲线 L 的极坐标方程为 $r = r(\theta)$,$M(r, \theta)$ 为 L 上任一点,$M_0(2, 0)$ 为 L 上一定点.若极径 OM_0,OM 与曲线 L 所围成的曲边扇形面积值等于 L 上 M_0, M 点两点间弧长值的一半,求曲线 L 的方程.

(答案:$r = \csc(\frac{\pi}{6} \pm \theta)$ 即 $x \pm \sqrt{3} y = 2$)

附录 课后真题精选详解

第1章

习题 1-1

5. 用描点法作出函数 $y = \dfrac{1}{x^2}$ 的图形.

【解】 定义域为 $x \neq 0$,函数为偶函数,其图形

关于 y 轴对称,在 x 轴上取 $\dfrac{1}{2}$,$\dfrac{3}{4}$,1,$\dfrac{3}{2}$,2 等几个

特殊点,算出对应的函数值:$y(\dfrac{1}{2}) = 4$,$y(\dfrac{3}{4}) =$

1.78,$y(1) = 1$,$y(\dfrac{3}{2}) = 0.44$,$y(2) = 0.25$,然后

在直角坐标系中描点、连线、作图. 函数 $y = \dfrac{1}{x^2}$ 的

图形如图 F-1-1 所示.

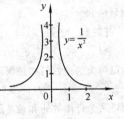

图 F-1-1

8. 设 $\varphi(x) = \begin{cases} |\sin x| & |x| < \dfrac{\pi}{3} \\ 0 & |x| \geqslant \dfrac{\pi}{3} \end{cases}$,求 $\varphi(\dfrac{\pi}{6})$,$\varphi(\dfrac{\pi}{4})$,$\varphi(-\dfrac{\pi}{4})$,$\varphi(-2)$,并

作出函数 $y = \varphi(x)$ 的图形.

【解】 $\varphi(\dfrac{\pi}{6}) = |\sin \dfrac{\pi}{6}| = \dfrac{1}{2}$,$\varphi(\dfrac{\pi}{4}) = |\sin \dfrac{\pi}{4}| = \dfrac{\sqrt{2}}{2}$

$$\varphi(-\dfrac{\pi}{4}) = |\sin(-\dfrac{\pi}{4})| = \dfrac{\sqrt{2}}{2}$$

$$\varphi(-2) = 0$$

$y = \varphi(x)$ 的图形如图 F-1-2 所示.

10. 设 $f(x) = 2x^2 + 6x - 3$,求 $\varphi(x) = \frac{1}{2}[f(x) + f(-x)]$ 及 $\psi(x) = \frac{1}{2}[f(x) - f(-x)]$,并指出 $\varphi(x)$ 及 $\psi(x)$ 中哪个是奇函数哪个是偶函数?

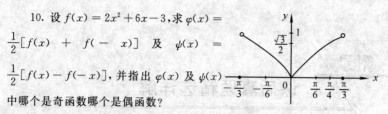

图 F-1-2

【解】 $\varphi(x) = 2x^2 - 3, \psi(x) = 6x.$

$\varphi(x)$ 是偶函数,$\psi(x)$ 是奇函数.

11. 设下面所考虑的函数都是定义在对称区间 $(-l, l)$ 上的.证明:

(1) 两个偶函数的和是偶函数,两个奇函数的和是奇函数;

(2) 两个偶函数的乘积是偶函数,两个奇函数的乘积是偶函数,偶函数与奇函数的乘积是奇函数;

(3) 定义在对称区间 $(-l, l)$ 上的任意函数可表示为一个奇函数与一个偶函数的和.

【证】 设 $f_1(x), f_2(x)$ 为奇函数,$g_1(x), g_2(x)$ 为偶函数,

(1) $$g_1(-x) + g_2(-x) = g_1(x) + g_2(x)$$

所以两个偶函数的和是偶函数. 而

$$f_1(-x) + f_2(-x) = -[f_1(x) + f_2(x)]$$

所以两个奇函数的和是奇函数.

(2) $$g_1(-x)g_2(-x) = g_1(x)g_2(x)$$

所以两个偶函数的乘积是偶函数. 而

$$f_1(-x)f_2(-x) = [-f_1(x)][-f_2(x)] = f_1(x)f_2(x)$$

所以两个奇函数的乘积是偶函数.

$$f_1(-x)g_1(-x) = -f_1(x)g_1(x)$$

所以偶函数与奇函数的乘积是奇函数.

(3) 设 $f(x)$ 为定义在对称区间 $(-l, l)$ 上的任意函数,则

$$f(x) = \frac{1}{2}[f(x) + f(-x)] + \frac{1}{2}[f(x) - f(-x)]$$

令 $$G(x) = \frac{1}{2}[f(x) + f(-x)], H(x) = \frac{1}{2}[f(x) - f(-x)]$$

因 $G(-x) = \frac{1}{2}[f(-x) + f(x)] = G(x)$,所以 $G(x)$ 为偶函数.

因 $H(-x) = \frac{1}{2}[f(-x) - f(x)] = -H(x)$,所以 $H(x)$ 为奇函数.

从而 $f(x) = G(x) + H(x)$ 是一个偶函数与一个奇函数的和.

13. 设 $f(x)$ 为定义在 $(-l, l)$ 内的奇函数，若 $f(x)$ 在 $(0, l)$ 内单调增加，证明 $f(x)$ 在 $(-l, 0)$ 内也单调增加.

【证】　任取 $x_1, x_2 \in (-l, 0)$，且 $x_1 < x_2$，则 $-x_1, -x_2 \in (0, l)$ 且 $-x_1 > -x_2$. 因 $f(x)$ 是 $(-l, l)$ 内的奇函数，且在 $(0, l)$ 内单调增，有 $f(-x_1) > f(-x_2)$，即 $-f(x_1) > -f(x_2)$，从而 $f(x_1) < f(x_2)$，故 $f(x)$ 在 $(-l, 0)$ 内单调增加.

14. 下列各函数中哪些是周期函数? 对于周期函数，指出其周期.

(1) $y = \cos(x - 2)$;　　(2) $y = \cos 4x$;　　(3) $y = 1 + \sin \pi x$;

(4) $y = x \cos x$;　　　　(5) $y = \sin^2 x$.

【解】　(1) 是周期函数，周期 $l = 2\pi$; (2) 是周期函数，周期 $l = \dfrac{\pi}{2}$; (3) 是周期函数，周期 $l = 2$; (4) 不是周期函数; (5) 是周期函数，周期 $l = \pi$.

15. 求下列函数的反函数:

(1) $y = \sqrt[3]{x + 1}$;　　　　(2) $y = \dfrac{1 - x}{1 + x}$;

(3) $y = \dfrac{ax + b}{cx + d} (ad - bc \neq 0)$. 又问当 a, b, c, d 满足什么条件时，这反函数与直接函数相同?

【解】　(1) 由 $y = \sqrt[3]{x + 1}$，解得 $x = y^3 - 1$，从而反函数为 $y = x^3 - 1$.

(2) 由 $y = \dfrac{1 - x}{1 + x}$ 解得 $x = \dfrac{1 - y}{1 + y}$，从而反函数为 $y = \dfrac{1 - x}{1 + x}$.

(3) 由 $y = \dfrac{ax + b}{cx + d}$ 有 $ax + b = cyx + dy$，解得 $x = \dfrac{dy - b}{a - cy}$，故其反函数为

$$y = \dfrac{dx - b}{a - cx}.$$

要使此反函数与其直接函数相同，必须 $\dfrac{ax + b}{cx + d} = \dfrac{b - dx}{cx - a}$，即

$$(ax + b)(cx - a) = (cx + d)(b - dx)$$

整理后得

$$c(a + d)x^2 + (d^2 - a^2)x - b(a + d) = 0$$

比较恒等式两边系数，得

$$\begin{cases} c(a + d) = 0 \\ d^2 - a^2 = 0 \\ b(a + d) = 0 \end{cases}$$

所以当 a,b,c,d 满足条件 $a+d=0$ 或 $b=c=0$ 且 $a=d\neq 0$ 时,反函数与直接函数相同.

16. 对于函数 $f(x)=x^2$,如何选择邻域 $U(0,\delta)$ 的半径 δ,就能使与任一 $x\in U(0,\delta)$ 所对应的函数值 $f(x)$ 都在邻域 $U(0,2)$ 内?

【解】 要使 $f(x)=x^2\in (0,2)$,即 $0<x^2<2$,只须 $|x|<\sqrt{2}$,且 $x\neq 0$,又 $x\in U(0,\delta)$,故只须取邻域的半径 $\delta=\sqrt{2}$,则 $\forall x\in U(0,\delta)$,所对应的函数值 $f(x)=x^2$ 都在邻域 $U(0,2)$ 内.

17. 设函数 $f(x)$ 在数集 X 上有定义,试证:函数 $f(x)$ 在 X 上有界的充分必要条件是它在 X 上既有上界又有下界.

【证】 若 $f(x)$ 在 X 上既有上界 K_1 又有下界 K_2,则对 $\forall x\in X$,有 $K_2\leqslant f(x)\leqslant K_1$,令 $M=\max\{|K_1|,|K_2|\}$,则对 $\forall x\in X$,有 $|f(x)|\leqslant M$,则 $f(x)$ 在 X 上有界.

反之,若 $f(x)$ 在 X 上有界,则必存在 $M>0$,使得 $\forall x\in X$,都有 $|f(x)|\leqslant M$ 成立,即 $-M\leqslant f(x)\leqslant M$,所以 $f(x)$ 在 X 上既有上界 M,又有下界 $-M$.

习题 1-2

4. 设 $F(x)=\mathrm{e}^x$. 证明:

(1) $F(x)F(y)=F(x+y)$; (2) $\dfrac{F(x)}{F(y)}=F(x-y)$.

【证】 (1)$F(x)F(y)=\mathrm{e}^x\mathrm{e}^y=\mathrm{e}^{x+y}=F(x+y)$.

(2) $\dfrac{F(x)}{F(y)}=\dfrac{\mathrm{e}^x}{\mathrm{e}^y}=\mathrm{e}^{x-y}=F(x-y)$.

5. 设 $G(x)=\ln x$,证明:当 $x>0,y>0$,下列等式成立:

(1) $G(x)+G(y)=G(xy)$; (2) $G(x)-G(y)=G(\dfrac{x}{y})$.

【证】 (1) $G(x)+G(y)=\ln x+\ln y=\ln(xy)=G(xy)$.

(2) $G(x)-G(y)=\ln x-\ln y=\ln\dfrac{x}{y}=G(\dfrac{x}{y})$.

6. 利用 $y=\sin x$ 的图形,作出下列函数的图形:

(1) $y=\dfrac{1}{2}+\sin x$; (2) $y=\sin(x+\dfrac{\pi}{3})$;

(3) $y=3\sin x$; (4) $y=\sin 2x$;

(5) $y=3\sin(2x+\dfrac{2}{3}\pi)$.

【解】 (1) 将 $y = \sin x$ 的图形沿着 y 轴向上平移 $\dfrac{1}{2}$ 个单位,便得 $y = \dfrac{1}{2} + \sin x$ 的图形(见图 F-1-3(a)).

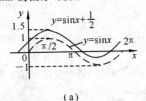

(a)

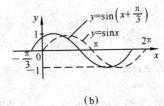

(b)

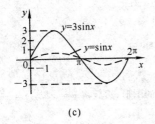

(c)

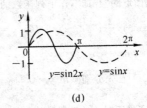

(d)

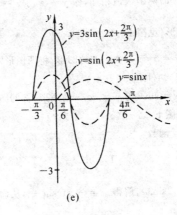

(e)

图 F-1-3

(2) 将 $y = \sin x$ 的图形沿着 x 轴向左平移 $\dfrac{\pi}{3}$ 个单位,便得 $y = \sin(x + \dfrac{\pi}{3})$ 的图形(见图 F-1-3(b)).

(3) 将 $y = \sin x$ 的图形在 y 轴方向上下拉长 3 倍,便得 $y = 3\sin x$ 的图形(见

图 F - 1 - 3(c).

（4）将 $y = \sin x$ 的图形沿 x 轴方向向原点压缩 $\frac{1}{2}$ 倍，便得 $y = \sin 2x$ 的图形（见图 F - 1 - 3(d)）.

（5）因 $y = \sin(2x + \frac{2}{3}\pi) = \sin 2(x + \frac{\pi}{3})$，故将（4）中 $y = \sin 2x$ 的图形沿 x 轴方向向左平移 $\frac{\pi}{3}$，得出 $y = \sin(2x + \frac{2}{3}\pi)$ 的图形后，再进一步沿 y 轴方向上下拉长 3 倍，便得 $y = 3\sin(2x + \frac{2}{3}\pi)$ 的图形（见图 F - 1 - 3(e)）.

7. 利用图形的"叠加"，作下列函数的图形：

（1）$y = x + \frac{1}{x}$；　　　　　　（2）$y = x + \sin x$；

（3）$y = \sin x + \cos x$.

【解】（1）首先分别画出 $y = x$ 与 $y = \frac{1}{x}$ 的图形，然后将 $y = x$，与 $y = \frac{1}{x}$ 对于同一自变量所对应的两函数值相加，即 $y = x$ 与 $y = \frac{1}{x}$ 的图形"叠加"，便得到 $y = x + \frac{1}{x}$ 的图形（见图 F - 1 - 4(a)）.

（2）先分别画出 $y = x$ 与 $y = \sin x$ 的图形，将两图形"叠加"，便得 $y = x + \sin x$ 的图形（见图 F - 1 - 4(b)）.

（3）先分别画出 $y = \sin x$ 与 $y = \cos x$ 的图形，将两图形"叠加"，便得 $y = \sin x + \cos x$ 的图形（见图 F - 1 - 4(c)）.

8. 求下列函数的反函数：

（1）$y = 2\sin 3x$；　　（2）$y = 1 + \ln(x + 2)$；　　（3）$y = \frac{2^x}{2^x + 1}$.

【解】（1）由 $y = 2\sin 3x$，解得 $x = \frac{1}{3}\arcsin\frac{y}{2}$，从而反函数为

$$y = \frac{1}{3}\arcsin\frac{x}{2}$$

（2）由 $y = 1 + \ln(x + 2)$，解得 $x = e^{y-1} - 2$，从而反函数为 $y = e^{x-1} - 2$.

（3）由 $y = \frac{2^x}{2^x + 1}$，有 $2^x = \frac{y}{1 - y}$，$x = \log_2\frac{y}{1 - y}$，从而反函数为

$y = \log_2\frac{x}{1 - x}$.

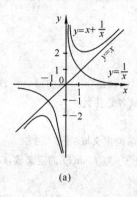

(a)

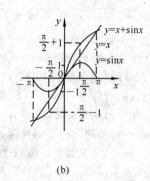

(b)

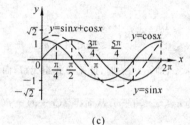

(c)

图　F-1-4

9. 在下列各题中,求由所给函数复合而成的函数,并求这函数分别对应于给定自变量值 x_1 和 x_2 的函数值:

(1) $y = u^2, u = \sin x, x_1 = \dfrac{\pi}{6}, x_2 = \dfrac{\pi}{3}$;

(2) $y = \sin u, u = 2x, x_1 = \dfrac{\pi}{8}, x_2 = \dfrac{\pi}{4}$;

(3) $y = \sqrt{u}, u = 1 + x^2, x_1 = 1, x_2 = 2$;

(4) $y = e^u, u = x^2, x_1 = 0, x_2 = 1$;

(5) $y = u^2, u = e^x, x_1 = 1, x_2 = -1$.

【解】　(1) $y = \sin^2 x, y_1 = \dfrac{1}{4}, y_2 = \dfrac{3}{4}$;

(2) $y = \sin 2x, y_1 = \sin \dfrac{\pi}{4} = \dfrac{\sqrt{2}}{2}, y_2 = \sin \dfrac{\pi}{2} = 1$;

(3) $y = \sqrt{1+x^2}$, $y_1 = \sqrt{2}$, $y_2 = \sqrt{5}$;

(4) $y = \mathrm{e}^{x^2}$, $y_1 = 1$, $y_2 = \mathrm{e}$;

(5) $y = \mathrm{e}^{2x}$, $y_1 = \mathrm{e}^2$, $y_2 = \mathrm{e}^{-2}$.

10. 设 $f(x)$ 的定义域是 $[0,1]$，问 $(1) f(x^2)$，$(2) f(\sin x)$，$(3) f(x+a)$，$(a > 0)$，$(4) f(x+a) + f(x-a)$ $(a > 0)$ 的定义域各是什么？

【解】 由 $f(x)$ 的定义域是 $[0,1]$，有

(1) $0 \leqslant x^2 \leqslant 1$，即 $|x| \leqslant 1$，所以 $f(x^2)$ 的定义域是 $[-1,1]$.

(2) $0 \leqslant \sin x \leqslant 1$，所以 $x \in [2k\pi, 2k\pi + \pi]$ 为 $f(\sin x)$ 的定义域，$(k = 0, \pm 1, \pm 2, \cdots)$.

(3) $0 \leqslant x+a \leqslant 1$，可得 $-a \leqslant x \leqslant 1-a$，所以 $f(x+a)(a > 0)$ 的定义域为 $[-a, 1-a]$.

(4) 由 $\begin{cases} 0 \leqslant x+a \leqslant 1 \\ 0 \leqslant x-a \leqslant 1 \end{cases}$，可解得 $\begin{cases} -a \leqslant x \leqslant 1-a \\ a \leqslant x \leqslant 1+a \end{cases}$

因 $a > 0$，所以当 $1-a < a$，即 $a > \dfrac{1}{2}$ 时，此不等式组无解；而当 $1-a \geqslant a$ 即 $a \leqslant \dfrac{1}{2}$ 时，不等式组的解为 $a \leqslant x \leqslant 1-a$. 从而得 $f(x+a) + f(x-a)$ 的定义域为 $[a, 1-a]$.

11. 设 $f(x) = \begin{cases} 1, & |x| < 1 \\ 0, & |x| = 1, \\ -1, & |x| > 1 \end{cases}$ $g(x) = \mathrm{e}^x$

求 $f[g(x)]$ 和 $g[f(x)]$，并作出这两个函数的图形.

【解】 当 $x < 0$ 时，$0 < g(x) = \mathrm{e}^x < 1$，当 $x = 0$ 时，$g(x) = 1$，当 $x > 0$ 时，$g(x) = \mathrm{e}^x > 1$，从而

$$f[g(x)] = \begin{cases} 1, & x < 0 \\ 0, & x = 0, \\ -1, & x > 0 \end{cases} \qquad g[f(x)] = \begin{cases} \mathrm{e}, & |x| < 1 \\ 1, & |x| = 1 \\ \mathrm{e}^{-1}, & |x| > 1 \end{cases}$$

上述两个函数的图形如图 F-1-5 所示.

12. 证明本节公式 (2)，(3)，(4)，即证

(2) $\mathrm{sh}(x-y) = \mathrm{sh}x\mathrm{ch}y - \mathrm{ch}x\mathrm{sh}y$;

(3) $\mathrm{ch}(x+y) = \mathrm{ch}x\mathrm{ch}y + \mathrm{sh}x\mathrm{sh}y$;

(4) $\mathrm{ch}(x-y) = \mathrm{ch}x\mathrm{ch}y - \mathrm{sh}x\mathrm{sh}y$.

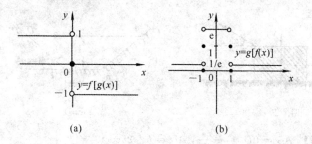

图　F-1-5

【证】　(2) $\mathrm{sh}x\mathrm{ch}y - \mathrm{ch}x\mathrm{sh}y = \dfrac{e^x - e^{-x}}{2} \cdot \dfrac{e^y + e^{-y}}{2} - \dfrac{e^x + e^{-x}}{2} \cdot \dfrac{e^y - e^{-y}}{2} =$

$$\dfrac{2e^{x-y} - 2e^{-x+y}}{4} = \dfrac{e^{x-y} - e^{-(x-y)}}{2} = \mathrm{sh}(x - y)$$

(3) $\mathrm{ch}x\mathrm{ch}y + \mathrm{sh}x\mathrm{sh}y = \dfrac{e^x + e^{-x}}{2} \cdot \dfrac{e^y + e^{-y}}{2} + \dfrac{e^x - e^{-x}}{2} \cdot \dfrac{e^y - e^{-y}}{2} =$

$$\dfrac{2e^{x+y} + 2e^{-x-y}}{4} = \dfrac{e^{x+y} + e^{-(x+y)}}{2} = \mathrm{ch}(x + y)$$

(4) $\mathrm{ch}x\mathrm{ch}y - \mathrm{sh}x\mathrm{sh}y = \dfrac{e^x + e^{-x}}{2} \cdot \dfrac{e^y + e^{-y}}{2} - \dfrac{e^x - e^{-x}}{2} \cdot \dfrac{e^y - e^{-y}}{2} =$

$$\dfrac{2e^{x-y} + 2e^{-x+y}}{4} = \dfrac{e^{x-y} + e^{-(x-y)}}{2} = \mathrm{ch}(x - y)$$

14. 已知一物体与地面的摩擦系数是 μ,重量是 P. 设有一与水平方向成 α 角的拉力 F,使物体从静止开始移动(见图 F-1-6). 求物体开始移动时拉力 F 与角 α 之间的函数关系式.

【解】　当物体开始移动时,水平方向的力为零,即向前的力等于摩擦力,从而

$$F\cos\alpha = \mu P - F\sin\alpha \cdot \mu$$

故

$$F = \dfrac{\mu P}{\cos\alpha + \mu\sin\alpha}$$

15. 已知水渠的横断面为等腰梯形,斜角 $\varphi = 40°$(见图 F-1-7). 当过水断面 $ABCD$ 的面积为定值 S_0 时,求湿周 $L(L = AB + BC + CD)$ 与水深 h 之间的函数关系式,并说明定义域.

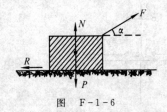

图 F-1-6

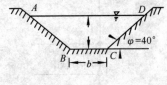

图 F-1-7

【解】 $AB = CD = \dfrac{h}{\sin 40°}$，$AD = b + 2h\cot 40°$

$$S_0 = \frac{1}{2}h(AD + BC) = \frac{1}{2}h(b + 2h\cot 40° + b) = h(b + h\cot 40°)$$

从中解得 $b = \dfrac{S_0}{h} - h\cot 40°$，从而湿周

$$L = AB + BC + CD = \frac{2h}{\sin 40°} + b =$$

$$\frac{2h}{\sin 40°} + \frac{S_0}{h} - h\cot 40° = \frac{S_0}{h} + \frac{2 - \cos 40°}{\sin 40°}h$$

由 $h > 0, b = \dfrac{S_0}{h} - h\cot 40° > 0$，得定义域为 $(0, \sqrt{S_0 \tan 40°})$

16. 一球的半径为 r，作外切于球的圆锥（见图 F-1-8），试将其体积表示为高的函数，并说明定义域.

【解】 设圆锥底圆半径为 x，由相似三角形得：

$\dfrac{r}{x} = \dfrac{h - r}{\sqrt{x^2 + h^2}}$，得 $x^2 = \dfrac{r^2 h}{h - 2r}$，从而圆锥体积

$V(h) = \dfrac{1}{3}\pi x^2 h = \dfrac{\pi r^2 h^2}{3(h - 2r)}$，此函数定义域为 $h > 2r$.

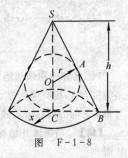

图 F-1-8

13. 火车站收取行李费的规定如下：当行李不超过 50kg 时，按基本运费计算，如从上海到某地每千克收 0.15 元. 当超过 50kg 时，超重部分按每千克 0.25 元收费. 求上海到该地的行李费 y（元）与重量 x（kg）之间的函数关系，并画出这函数的图形.

【解】
$$y = \begin{cases} 0.15x, & 0 \leqslant x \leqslant 50 \\ 0.15 \times 50 + 0.25(x - 50), & x > 50 \end{cases}$$

$$= \begin{cases} 0.15x, & 0 \leqslant x \leqslant 50 \\ 7.5 + 0.25(x - 50), & x > 50 \end{cases}$$

其图形如图 F-1-9 所示.

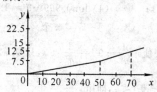

图 F-1-9

习题 1-3

1. 观察一般项 x_n 如下的数列 $\{x_n\}$ 的变化趋势,写出它们的极限:

(1) $x_n = \dfrac{1}{2^n}$;　　　　　　　(2) $x_n = (-1)^n \dfrac{1}{n}$;

(3) $x_n = 2 + \dfrac{1}{n^2}$;　　　　　　(4) $x_n = \dfrac{n-1}{n+1}$;

(5) $x_n = n(-1)^n$.

【解】 观察以上各数列项的变化趋势,可得:

(1) $\lim\limits_{n \to \infty} \dfrac{1}{2^n} = 0$;　　　　　　(2) $\lim\limits_{n \to \infty} (-1)^n \dfrac{1}{n} = 0$;

(3) $\lim\limits_{n \to \infty} \left(2 + \dfrac{1}{n^2}\right) = 2$;　　　　(4) $\lim\limits_{n \to \infty} \dfrac{n-1}{n+1} = 1$;

(5) $\lim\limits_{n \to \infty} n(-1)^n$ 不存在.

2. 设数列 $\{x_n\}$ 的一般项 $x_n = \dfrac{\cos \dfrac{n\pi}{2}}{n}$,问 $\lim\limits_{n \to \infty} x_n = ?$ 求出 N,使当 $n > N$ 时 x_n 与其极限之差的绝对值小于正数 ε. 当 $\varepsilon = 0.001$ 时,求出数 N.

【解】 $\lim\limits_{n \to \infty} x_n = \lim\limits_{n \to \infty} \dfrac{1}{n} \cos \dfrac{n\pi}{2} = 0$

要使 $|x_n - 0| = \dfrac{\left|\cos \dfrac{n\pi}{2}\right|}{n} < \dfrac{1}{n} < \varepsilon$. 只须 $n > \dfrac{1}{\varepsilon}$ 即可. 取 $N = \left[\dfrac{1}{\varepsilon}\right]$,则当 $n > N$ 时,必有 $|x_n - 0| < \varepsilon$.

当 $\varepsilon = 0.001$ 时,$N = \left[\dfrac{1}{0.001}\right] = 1\,000$.

3. 根据数列极限的定义证明:

(1) $\lim\limits_{n \to \infty} \dfrac{1}{n^2} = 0$;　　　　　　(2) $\lim\limits_{n \to \infty} \dfrac{3n+1}{2n+1} = \dfrac{3}{2}$;

205

(3) $\lim\limits_{n\to\infty}\dfrac{\sqrt{n^2+a^2}}{n}=1$;　　　　(4) $\lim\limits_{n\to\infty}0.\underbrace{999\cdots9}_{n\,\text{个}}=1$.

【证】 (1) $\forall\varepsilon>0$,要使 $\left|\dfrac{1}{n^2}-0\right|=\dfrac{1}{n^2}<\varepsilon$,只要 $n>\dfrac{1}{\sqrt{\varepsilon}}$,取 $N=\left[\dfrac{1}{\sqrt{\varepsilon}}\right]$,

则当 $n>N$ 时,恒有 $\left|\dfrac{1}{n^2}-0\right|<\varepsilon$,即 $\lim\limits_{n\to\infty}\dfrac{1}{n^2}=0$.

(2) $\forall\varepsilon>0$,要使 $\left|\dfrac{3n+1}{2n+1}-\dfrac{3}{2}\right|=\dfrac{1}{2(2n+1)}<\dfrac{1}{4n}<\varepsilon$,只须 $n>\dfrac{1}{4\varepsilon}$,取

$N=\left[\dfrac{1}{4\varepsilon}\right]$,则当 $n>N$ 时,恒有 $\left|\dfrac{3n+1}{2n+1}-\dfrac{3}{2}\right|<\varepsilon$,故 $\lim\limits_{n\to\infty}\dfrac{3n+1}{2n+1}=\dfrac{3}{2}$.

(3) $\forall\varepsilon>0$,要使 $\left|\dfrac{\sqrt{n^2+a^2}}{n}-1\right|=\dfrac{a^2}{n(\sqrt{n^2+a^2}+n)}<\dfrac{a^2}{n^2}<\varepsilon$,只须 n

$>\sqrt{\dfrac{a^2}{\varepsilon}}$,取 $N=\left[\sqrt{\dfrac{a^2}{\varepsilon}}\right]$,则当 $n>N$ 时,必有 $\left|\dfrac{\sqrt{a^2+n^2}}{n}-1\right|<\varepsilon$,所以有

$$\lim\limits_{n\to\infty}\dfrac{\sqrt{n^2+a^2}}{n}=1$$

(4) $\forall\varepsilon>0$,要使 $\left|0.\underbrace{999\cdots9}_{n\,\text{个}}-1\right|=\dfrac{1}{10^n}<\varepsilon$,只须 $10^n>\dfrac{1}{\varepsilon}$,即 $n>\lg\dfrac{1}{\varepsilon}$,

所以,取 $N=\left[\lg\dfrac{1}{\varepsilon}\right]$,则当 $n>N$ 时,恒有 $\left|0.\underbrace{999\cdots9}_{n\,\text{个}}-1\right|<\varepsilon$,从而

$$\lim\limits_{n\to\infty}0.\underbrace{999\cdots9}_{n\,\text{个}}=1.$$

4. 若 $\lim\limits_{n\to\infty}u_n=a$,证明 $\lim\limits_{n\to\infty}|u_n|=|a|$.并举例说明反过来未必成立.

【证】 因为 $\lim\limits_{n\to\infty}u_n=a$,所以 $\forall\varepsilon>0$,$\exists N$,当 $n>N$ 时,$|u_n-a|<\varepsilon$,而

$||u_n|-|a||\leqslant|u_n-a|<\varepsilon$,故 $\lim\limits_{n\to\infty}|u_n|=|a|$.

反过来未必成立.如 $x_n=(-1)^n$,$\lim\limits_{n\to\infty}|x_n|=1$,但 $\lim\limits_{n\to\infty}x_n$ 不存在.

5. 设数列 $\{x_n\}$ 有界,又 $\lim\limits_{n\to\infty}y_n=0$,证明:$\lim\limits_{n\to\infty}x_ny_n=0$.

【证】 因为数列 $\{x_n\}$ 有界,所以 $\exists M>0$,使 $|x_n|\leqslant M(n=1,2,\cdots)$.又

$\lim\limits_{n\to\infty}y_n=0$,则 $\forall\varepsilon>0$,$\exists N$,当 $n>N$ 时,$|y_n|<\dfrac{\varepsilon}{M}$,从而 $|x_ny_n-0|=$

$|x_n||y_n|<M\cdot\dfrac{\varepsilon}{M}=\varepsilon$,故 $\lim\limits_{n\to\infty}x_ny_n=0$.

6. 对于数列 $\{x_n\}$，若 $x_{2k-1} \to a\,(k \to \infty)$，$x_{2k} \to a\,(k \to \infty)$，证明：$x_n \to a\,(n \to \infty)$.

【证】　因 $\lim\limits_{k\to\infty}x_{2k-1}=a$，所以 $\forall\varepsilon>0$，$\exists N_1$，当 $k>N_1$ 时，$|x_{2k-1}-a|<\varepsilon$，又 $\lim\limits_{k\to\infty}x_{2k}=a$，所以对于上述的 ε，$\exists N_2$，当 $k>N_2$ 时，$|x_{2k}-a|<\varepsilon$.

取 $N=\max\{2N_1-1,2N_2\}$，则当 $n>N$ 时恒有 $|x_n-a|<\varepsilon$，故
$$\lim_{n\to\infty}x_n=a$$

习题 1-4

1. 根据函数极限的定义证明：

(1) $\lim\limits_{x\to3}(3x-1)=8$；　　(2) $\lim\limits_{x\to2}(5x+2)=12$；

(3) $\lim\limits_{x\to-2}\dfrac{x^2-4}{x+2}=-4$；　　(4) $\lim\limits_{x\to-\frac{1}{2}}\dfrac{1-4x^2}{2x+1}=2$.

【证】　(1) $\forall\varepsilon>0$，要使 $|3x-1-8|=3|x-3|<\varepsilon$，只要 $|x-3|<\dfrac{\varepsilon}{3}$，取 $\delta=\dfrac{\varepsilon}{3}$，则当 $0<|x-3|<\delta$ 时，必有 $|3x-1-8|<\varepsilon$，从而
$$\lim_{x\to3}(3x-1)=8$$

(2) $\forall\varepsilon>0$，要使 $|5x+2-12|=5|x-2|<\varepsilon$，只要 $|x-2|<\dfrac{\varepsilon}{5}$. 取 $\delta=\dfrac{\varepsilon}{5}$，则当 $0<|x-2|<\delta$ 时，必有 $|5x+2-12|<\varepsilon$，从而
$$\lim_{x\to2}(5x+2)=12$$

(3) $\forall\varepsilon>0$，要使 $\left|\dfrac{x^2-4}{x+2}+4\right|=|x+2|<\varepsilon$，只要取 $\delta=\varepsilon$，则当 $0<|x+2|<\delta$ 时，必有 $\left|\dfrac{x^2-4}{x+2}-(-4)\right|<\varepsilon$，从而 $\lim\limits_{x\to-2}\dfrac{x^2-4}{x+2}=-4$.

(4) $\forall\varepsilon>0$，要使 $\left|\dfrac{1-4x^2}{2x+1}-2\right|=|1-2x-2|=2\left|x-(-\dfrac{1}{2})\right|<\varepsilon$，只要 $\left|x-(-\dfrac{1}{2})\right|<\dfrac{\varepsilon}{2}$，取 $\delta=\dfrac{\varepsilon}{2}$，则当 $0<\left|x-(-\dfrac{1}{2})\right|<\delta$ 时，必有 $\left|\dfrac{1-4x^2}{2x+1}-2\right|<\varepsilon$，从而 $\lim\limits_{x\to-\frac{1}{2}}\dfrac{1-4x^2}{2x+1}=2$.

2. 根据函数极限的定义证明：

(1) $\lim\limits_{x\to\infty}\dfrac{1+x^3}{2x^3}=\dfrac{1}{2}$；　　(2) $\lim\limits_{x\to+\infty}\dfrac{\sin x}{\sqrt{x}}=0$.

【证】 (1) $\forall \varepsilon > 0$，要使 $\left| \dfrac{1+x^3}{2x^3} - \dfrac{1}{2} \right| = \dfrac{1}{2|x^3|} < \varepsilon$，只要 $|x| > \dfrac{1}{\sqrt[3]{2\varepsilon}}$，

取 $X = \dfrac{1}{\sqrt[3]{2\varepsilon}}$，则当 $|x| > X$ 时，必有 $\left| \dfrac{1+x^3}{2x^3} - \dfrac{1}{2} \right| < \varepsilon$，从而 $\lim\limits_{x\to\infty} \dfrac{1+x^3}{2x^3} = \dfrac{1}{2}$.

(2) $\forall \varepsilon > 0$，要使 $\left| \dfrac{\sin x}{\sqrt{x}} - 0 \right| = \dfrac{|\sin x|}{\sqrt{x}} \leqslant \dfrac{1}{\sqrt{x}} < \varepsilon$，只要 $x > \dfrac{1}{\varepsilon^2}$，取 $X = $

$\dfrac{1}{\varepsilon^2}$，则当 $x > X$ 时，必有 $\left| \dfrac{\sin x}{\sqrt{x}} - 0 \right| < \varepsilon$，从而 $\lim\limits_{x\to+\infty} \dfrac{\sin x}{\sqrt{x}} = 0$.

3. 当 $x \to 2$ 时，$y = x^2 \to 4$. 问 δ 等于多少，则当 $|x-2| < \delta$ 时，$|y-4| <$ 0.001?

【解】 因为 $x \to 2$，所以不妨设 $|x-2| < 1$，即 $1 < x < 3$，从而 $3 < x+2 < 5$，即 $|x+2| < 5$，要使 $|y-4| = |x^2-4| = |x-2||x+2| < 5|x-2| < 0.001$，只须 $|x-2| < \dfrac{0.001}{5} = 0.0002$，故取 $\delta = 0.0002$，则当 $|x-2| < \delta$ 时，必有 $|y-4| < 0.001$.

4. 当 $x \to \infty$ 时，$y = \dfrac{x^2-1}{x^2+3} \to 1$. 问 X 等于多少，使当 $|x| > X$ 时，$|y-1| < 0.01$?

【解】 要使 $|y-1| = \left| \dfrac{x^2-1}{x^2+3} - 1 \right| = \dfrac{4}{x^2+3} < 0.01$，只须 $x^2 > \dfrac{4}{0.01} - 3 = 397$，即 $|x| > \sqrt{397}$，取 $X = \sqrt{397}$，则当 $|x| > X$ 时，必有 $|y-1| < 0.01$.

5. 证明函数 $f(x) = |x|$ 当 $x \to 0$ 时极限为零.

【证】 $f(0-0) = \lim\limits_{x\to 0^-} f(x) = \lim\limits_{x\to 0^-} (-x) = 0$，$f(0+0) = \lim\limits_{x\to 0^+} f(x) = \lim\limits_{x\to 0^+} x = 0$，从而 $\lim\limits_{x\to 0} f(x) = 0$.

6. 求 $f(x) = \dfrac{x}{x}$，$\varphi(x) = \dfrac{|x|}{x}$ 当 $x \to 0$ 时的左、右极限，并说明它们在 $x \to 0$ 时的极限是否存在.

【解】 $f(0-0) = \lim\limits_{x\to 0^-} f(x) = \lim\limits_{x\to 0^-} \dfrac{x}{x} = 1$，$f(0+0) = \lim\limits_{x\to 0^+} f(x) = \lim\limits_{x\to 0^+} \dfrac{x}{x} = 1$，从而 $\lim\limits_{x\to 0} f(x) = 1$.

又 $\varphi(0-0) = \lim\limits_{x\to 0^-} \varphi(x) = \lim\limits_{x\to 0^-} \dfrac{|x|}{x} = \lim\limits_{x\to 0^-} \dfrac{-x}{x} = -1$，$\varphi(0+0) = \lim\limits_{x\to 0^+} \varphi(x) =$

$\lim\limits_{x\to 0^+}\dfrac{|x|}{x}=\lim\limits_{x\to 0^+}\dfrac{x}{x}=1$，故 $\lim\limits_{x\to 0}\varphi(x)$ 不存在.

7. 证明：如果函数 $f(x)$ 当 $x\to x_0$ 时的极限存在，则函数 $f(x)$ 在 x_0 的某个去心邻域内有界.

【证】　设 $\lim\limits_{x\to x_0}f(x)=A$，由极限定义，则 $\forall\varepsilon>0,\exists\delta>0$，当 $0<|x-x_0|<\delta$ 时，有 $|f(x)-A|<\varepsilon$，即 $A-\varepsilon<f(x)<A+\varepsilon$，从而 $f(x)$ 在 x_0 的某个去心邻域内既有上界又有下界，故 $f(x)$ 有界.

8. 证明：若 $x\to+\infty$ 及 $x\to-\infty$ 时，函数 $f(x)$ 的极限都存在且都等于 A，则 $\lim\limits_{x\to\infty}f(x)=A$.

【证】　因 $\lim\limits_{x\to+\infty}f(x)=A$，则 $\forall\varepsilon>0,\exists X_1>0$，当 $x>X_1$ 时 $|f(x)-A|<\varepsilon$. 又 $\lim\limits_{x\to-\infty}f(x)=A$，则对上述的 $\varepsilon>0,\exists X_2>0$，当 $x<-X_2$ 时，$|f(x)-A|<\varepsilon$. 取 $X=\max\{X_1,X_2\}$，则当 $|x|>X$ 时，$|f(x)-A|<\varepsilon$ 均成立，从而

$$\lim_{x\to\infty}f(x)=A$$

9. 根据极限定义证明：函数 $f(x)$ 当 $x\to x_0$ 时极限存在的充分必要条件是左极限、右极限各自存在并且相等.

【证】　必要性：设 $\lim\limits_{x\to x_0}f(x)=A$，则 $\forall\varepsilon>0,\exists\delta>0$，当 $0<|x-x_0|<\delta$ 时，即 $x_0-\delta<x<x_0+\delta$ 时，有 $|f(x)-A|<\varepsilon$. 特别地，当 $0<x-x_0<\delta$ 即 $x_0<x<x_0+\delta$ 时，亦有 $|f(x)-A|<\varepsilon$，故 $f(x_0+0)=\lim\limits_{x\to x_0^+}f(x)=A$，即右极限存在. 又当 $0<x_0-x<\delta$ 即 $x_0-\delta<x<x_0$ 时，仍有 $|f(x)-A|<\varepsilon$，故 $f(x_0-0)=\lim\limits_{x\to x_0^-}f(x)=A$，即左极限存在，从而左、右极限各自存在并且相等.

充分性：若 $f(x_0-0)=f(x_0+0)=A$，则 $\forall\varepsilon>0,\exists\delta_1>0$，当 $x_0<x<x_0+\delta_1$ 时，有 $|f(x)-A|<\varepsilon$；对于上述的 $\varepsilon>0,\exists\delta_2>0$，当 $x_0-\delta_2<x<x_0$ 时，亦有 $|f(x)-A|<\varepsilon$. 取 $\delta=\min\{\delta_1,\delta_2\}$，则当 $0<|x-x_0|<\delta$ 时，均有 $|f(x)-A|<\varepsilon$，从而 $\lim\limits_{x\to x_0}f(x)=A$.

习题 1-5

1. 两个无穷小的商是否一定是无穷小？举例说明之.

【解】　两个无穷小的商不一定是无穷小. 例如当 $x\to 0$ 时，$x^2,5x^2,6x^3$，

$x^2\cos\dfrac{1}{x}$ 都是无穷小,但

$$\lim_{x\to 0}\frac{x^2}{5x^2}=\frac{1}{5}, 商 \frac{x^2}{5x^2} 不是无穷小;$$

$$\lim_{x\to 0}\frac{x^2}{6x^3}=\lim_{x\to 0}\frac{1}{6x}=\infty, 商 \frac{x^2}{6x^3} 不是无穷小;$$

$$\lim_{x\to 0}\frac{x^2}{x^2\cos\frac{1}{x}}=\lim_{x\to 0}\frac{1}{\cos\frac{1}{x}} 不存在, 商 \frac{x^2}{x^2\cos\frac{1}{x}} 也不是无穷小.$$

2. 根据定义证明:

(1) $y=\dfrac{x^2-9}{x+3}$ 当 $x\to 3$ 时为无穷小;

(2) $y=x\sin\dfrac{1}{x}$ 当 $x\to 0$ 时,为无穷小.

【证】 (1) $\forall \varepsilon>0$,要使 $\left|\dfrac{x^2-9}{x+3}\right|=|x-3|<\varepsilon$,只要取 $\delta=\varepsilon$,则当 $0<|x-3|<\delta$ 时,必有 $\left|\dfrac{x^2-9}{x+3}\right|<\varepsilon$,所以 $\lim\limits_{x\to 3}\dfrac{x^2-9}{x+3}=0$,即当 $x\to 3$ 时,$y=\dfrac{x^2-9}{x+3}$ 为无穷小.

(2) $\forall \varepsilon>0$,要使 $\left|x\sin\dfrac{1}{x}\right|=|x|\left|\sin\dfrac{1}{x}\right|\leqslant|x|<\varepsilon$,只要取 $\delta=\varepsilon$,则当 $0<|x-0|<\delta$ 时,必有 $\left|x\sin\dfrac{1}{x}\right|<\varepsilon$,所以 $\lim\limits_{x\to 0}x\sin\dfrac{1}{x}=0$,即当 $x\to 0$ 时,$y=x\sin\dfrac{1}{x}$ 为无穷小.

3. 根据定义证明:当 $x\to 0$ 时,函数 $y=\dfrac{1+2x}{x}$ 是无穷大.问 x 应满足什么条件,能使 $|y|>10^4$?

【证】 $\forall M>0$,要使 $|y|=\left|\dfrac{1+2x}{x}\right|=\left|\dfrac{1}{x}+2\right|>\dfrac{1}{|x|}-2>M$,只须 $|x|<\dfrac{1}{2+M}$,取 $\delta=\dfrac{1}{2+M}$,则当 $0<|x-0|<\delta$ 时,必有 $|y|>M$,从而

$$\lim_{x\to 0}y=\lim_{x\to 0}\frac{1+2x}{x}=\infty$$

给定 $M=10^4$,只要取 $\delta=\dfrac{1}{2+10^4}$,也就是当 $0<|x|<\dfrac{1}{2+10^4}$ 时,就能

使 $|y|>10^4$.

4. 求下列极限并说明理由:

(1) $\lim\limits_{x\to\infty}\dfrac{2x+1}{x}$;　　　　(2) $\lim\limits_{x\to0}\dfrac{1-x^2}{1-x}$.

【解】　(1) 因为 $\dfrac{2x+1}{x}=2+\dfrac{1}{x}$, 当 $x\to\infty$ 时, $\dfrac{2x+1}{x}$ 可以表示成常数 2 与无穷小 $\dfrac{1}{x}$ 之和, 根据无穷小与函数极限的关系, 得 $\lim\limits_{x\to\infty}\dfrac{2x+1}{x}=2$.

(2) 因为 $\dfrac{1-x^2}{1-x}=1+x$, 当 $x\to0$ 时, $\dfrac{1-x^2}{1-x}$ 可表示成常数 1 与无穷小 x 之和, 所以 $\lim\limits_{x\to0}\dfrac{1-x^2}{1-x}=1$.

6. 函数 $y=x\cos x$ 在 $(-\infty,+\infty)$ 内是否有界? 又当 $x\to+\infty$ 时, 这个函数是否为无穷大? 为什么?

【解】　$y=x\cos x$ 在 $(-\infty,+\infty)$ 内无界. 因为 $\forall M>0$, (无论它多么大), 总能找到 $x=2k\pi(k$ 为整数), 使得当 $|k|>\dfrac{M}{2\pi}$ 时, $|y|=|2k\pi|>M$. 但当 $x\to+\infty$ 时, 函数 $y=x\cos x$ 又不是无穷大. 当取 $x=2k\pi+\dfrac{\pi}{2}(k$ 为正整数), 当 $k\to\infty$ 时, $x\to+\infty$, 但 $y=0$.

7. 证明: 函数 $y=\dfrac{1}{x}\sin\dfrac{1}{x}$ 在区间 $(0,1]$ 上无界, 当 $x\to+0$ 时, 这函数不是无穷大.

【证】　$\forall M>0$, 必存在 $x_0=\dfrac{1}{2([M]+1)\pi+\dfrac{\pi}{2}}\in(0,1]$, 使 $|y|=$

$2([M]+1)\pi+\dfrac{\pi}{2}>M$, 所以 $y=\dfrac{1}{x}\sin\dfrac{1}{x}$ 在 $(0,1]$ 上无界.

但当 $x\to0^+$ 时, 函数 $y=\dfrac{1}{x}\sin\dfrac{1}{x}$ 也不是无穷大, 若取 $x=\dfrac{1}{k\pi}(k$ 为正整数), 当 $k\to\infty$ 时, $x\to0^+$, 而此时 $y=k\pi\sin(k\pi)=0$.

习题 1-6

1. 计算下列极限

(1) $\lim\limits_{x\to2}\dfrac{x^2+5}{x-3}$;　　　　　(2) $\lim\limits_{x\to\sqrt{3}}\dfrac{x^2-3}{x^2+1}$;

(3) $\lim\limits_{x \to 1} \dfrac{x^2 - 2x + 1}{x^2 - 1}$;

(4) $\lim\limits_{x \to 0} \dfrac{4x^3 - 2x^2 + x}{3x^2 + 2x}$;

(5) $\lim\limits_{h \to 0} \dfrac{(x + h)^2 - x^2}{h}$;

(6) $\lim\limits_{x \to \infty} (2 - \dfrac{1}{x} + \dfrac{1}{x^2})$;

(7) $\lim\limits_{x \to \infty} \dfrac{x^2 - 1}{2x^2 - x - 1}$;

(8) $\lim\limits_{x \to \infty} \dfrac{x^2 + x}{x^4 - 3x^2 + 1}$;

(9) $\lim\limits_{x \to 4} \dfrac{x^2 - 6x + 8}{x^2 - 5x + 4}$;

(10) $\lim\limits_{x \to \infty} (1 + \dfrac{1}{x})(2 - \dfrac{1}{x^2})$;

(11) $\lim\limits_{n \to \infty} (1 + \dfrac{1}{2} + \dfrac{1}{4} + \cdots + \dfrac{1}{2^n})$;

(12) $\lim\limits_{n \to \infty} \dfrac{1 + 2 + 3 + \cdots + (n - 1)}{n^2}$;

(13) $\lim\limits_{n \to \infty} \dfrac{(n + 1)(n + 2)(n + 3)}{5n^3}$;

(14) $\lim\limits_{x \to 1} (\dfrac{1}{1 - x} - \dfrac{3}{1 - x^3})$.

【解】 (1) 原式 $= \dfrac{2^2 + 5}{2 - 3} = -9$

(2) 原式 $= 0$

(3) 原式 $= \lim\limits_{x \to 1} \dfrac{x - 1}{x + 1} = 0$

(4) 原式 $= \lim\limits_{x \to 0} \dfrac{4x^2 - 2x + 1}{3x + 2} = \dfrac{1}{2}$

(5) 原式 $= \lim\limits_{h \to 0} \dfrac{h^2 + 2xh}{h} = \lim\limits_{h \to 0} (h + 2x) = 2x$

(6) 原式 $= 2$

(7) 原式 $= \lim\limits_{x \to \infty} \dfrac{(x + 1)(x - 1)}{(2x + 1)(x - 1)} = \lim\limits_{x \to \infty} \dfrac{x + 1}{2x + 1} = \dfrac{1}{2}$

(8) 原式 $= 0$

(9) 原式 $= \lim\limits_{x \to 4} \dfrac{(x - 2)(x - 4)}{(x - 1)(x - 4)} = \lim\limits_{x \to 4} \dfrac{x - 2}{x - 1} = \dfrac{2}{3}$

(10) 原式 $= 2$

(11) 原式 $= \lim\limits_{n \to \infty} \dfrac{1 - \dfrac{1}{2^{n+1}}}{1 - \dfrac{1}{2}} = 2$

(12) 原式 $= \lim\limits_{n \to \infty} \dfrac{\dfrac{1}{2} n(n - 1)}{n^2} = \dfrac{1}{2}$

(13) 原式 $= \dfrac{1}{5}$

（14）原式 $= \lim\limits_{x \to 1} \dfrac{1 + x + x^2 - 3}{(1 - x)(1 + x + x^2)} =$

$$\lim\limits_{x \to 1} \dfrac{(x - 1)(x + 2)}{(1 - x)(1 + x + x^2)} = -1$$

2. 计算下列极限

（1）$\lim\limits_{x \to 2} \dfrac{x^3 + 2x^2}{(x - 2)^2}$；　　　　　　（2）$\lim\limits_{x \to \infty} \dfrac{x^2}{2x + 1}$；

（3）$\lim\limits_{x \to \infty}(2x^3 - x + 1)$.

【解】　（1）因为 $\lim\limits_{x \to 2} \dfrac{(x - 2)^2}{x^3 + 2x^2} = 0$，所以 $\lim\limits_{x \to 2} \dfrac{x^3 + 2x^2}{(x - 2)^2} = \infty$.

（2）$\lim\limits_{x \to \infty} \dfrac{x^2}{2x + 1} = \infty$

（3）因为 $\lim\limits_{x \to \infty} \dfrac{1}{2x^3 - x + 1} = 0$，所以 $\lim\limits_{x \to \infty}(2x^3 - x + 1) = \infty$.

3. 计算下列极限

（1）$\lim\limits_{x \to 0} x^2 \sin \dfrac{1}{x}$；　　　　　　（2）$\lim\limits_{x \to \infty} \dfrac{\arctan x}{x}$.

【解】　（1）因 $\lim\limits_{x \to 0} x^2 = 0$，而 $\left| \sin \dfrac{1}{x} \right| \leqslant 1$，所以 $\lim\limits_{x \to 0} x^2 \sin \dfrac{1}{x} = 0$.

（2）因 $\lim\limits_{x \to \infty} \dfrac{1}{x} = 0$，而 $|\arctan x| < \dfrac{\pi}{2}$，所以 $\lim\limits_{x \to \infty} \dfrac{\arctan x}{x} = 0$.

4. 证明本节定理 4：如果 $\lim f(x) = A, \lim g(x) = B$，则 $\lim[f(x)g(x)]$ 存在，且 $\lim[f(x)g(x)] = AB = \lim f(x) \cdot \lim g(x)$.

【证】　因为 $\lim f(x) = A, \lim g(x) = B$，则 $f(x) = A + \alpha, g(x) = B + \beta$，其中 $\lim \alpha = 0, \lim \beta = 0$. 从而

$$f(x)g(x) = (A + \alpha)(B + \beta) = AB + \alpha B + \beta A + \alpha \beta$$

因 $\lim \alpha B = \lim \beta A = \lim \alpha \beta = 0$，故 $\lim[f(x)g(x)] = AB = \lim f(x) \cdot \lim g(x)$.

习题 1 - 7

1. 计算下列极限

（1）$\lim\limits_{x \to 0} \dfrac{\sin \omega x}{x}$；　　　　　　（2）$\lim\limits_{x \to 0} \dfrac{\tan 3x}{x}$；

（3）$\lim\limits_{x \to 0} \dfrac{\sin 2x}{\sin 5x}$；　　　　　　（4）$\lim\limits_{x \to 0} x \cot x$；

（5）$\lim\limits_{x \to 0} \dfrac{1 - \cos 2x}{x \sin x}$；　　　　（6）$\lim\limits_{n \to \infty} 2^n \sin \dfrac{x}{2^n}$，$x$ 为不等于零的常数.

【解】 (1) 原式 $= \lim\limits_{x \to 0} \dfrac{\sin\omega x}{\omega x}\omega = \omega$

(2) 原式 $= \lim\limits_{x \to 0} \dfrac{\sin 3x}{3x} \cdot \dfrac{3}{\cos 3x} = 3$

(3) 原式 $= \lim\limits_{x \to 0} \dfrac{\sin 2x}{2x} \cdot \dfrac{5x}{\sin 5x} \cdot \dfrac{2}{5} = \dfrac{2}{5}$

(4) 原式 $= \lim\limits_{x \to 0} \dfrac{x}{\sin x}\cos x = 1$

(5) 原式 $= \lim\limits_{x \to 0} \dfrac{2\sin^2 x}{x\sin x} = \lim\limits_{x \to 0} \dfrac{2\sin x}{x} = 2$

(6) 原式 $= \lim\limits_{n \to \infty} \dfrac{\sin \frac{x}{2^n}}{\frac{x}{2^n}} \cdot x = x, \quad x \neq 0$

2. 计算下列极限

(1) $\lim\limits_{x \to 0}(1-x)^{\frac{1}{x}}$; (2) $\lim\limits_{x \to 0}(1+2x)^{\frac{1}{x}}$;

(3) $\lim\limits_{x \to \infty}\left(\dfrac{1+x}{x}\right)^{2x}$; (4) $\lim\limits_{x \to \infty}\left(1-\dfrac{1}{x}\right)^{kx}$, k 为正整数.

【解】 (1) 原式 $= \lim\limits_{x \to 0}\left[(1-x)^{-\frac{1}{x}}\right]^{-1} = e^{-1}$

(2) 原式 $= \lim\limits_{x \to 0}\left[(1+2x)^{\frac{1}{2x}}\right]^2 = e^2$

(3) 原式 $= \lim\limits_{x \to \infty}\left[(1+\dfrac{1}{x})^x\right]^2 = e^2$

(4) 原式 $= \lim\limits_{x \to \infty}\left[(1-\dfrac{1}{x})^{-x}\right]^{-k} = e^{-k}$

3. 根据函数极限的定义,证明极限存在的准则 I':如果(1) 当 $x \in \mathring{U}(x_0, r)$(或 $|x| > M$) 时,有 $g(x) \leqslant f(x) \leqslant h(x)$ 成立;(2) $\lim\limits_{\substack{x \to x_0 \\ (x \to \infty)}} g(x) = A$, $\lim\limits_{\substack{x \to x_0 \\ (x \to \infty)}} h(x) = A$,那么 $\lim\limits_{\substack{x \to x_0 \\ (x \to \infty)}} f(x)$ 存在,且等于 A.

【证】 仅就 $x \to x_0$ 的情形给予证明,$x \to \infty$ 类似可证.

因 $\lim\limits_{x \to x_0} g(x) = A$,$\forall \varepsilon > 0$,$\exists \delta_1 > 0$,当 $0 < |x - x_0| < \delta_1$ 时,有 $|g(x) - A| < \varepsilon$,即 $A - \varepsilon < g(x) < A + \varepsilon$. 又 $\lim\limits_{x \to x_0} h(x) = A$,对上述的 $\varepsilon > 0$,$\exists \delta_2 > 0$,当 $0 < |x - x_0| < \delta_2$ 时,有 $|h(x) - A| < \varepsilon$,即 $A - \varepsilon < h(x) < A + \varepsilon$.

取 $\delta = \min\{\delta_1, \delta_2\}$,则当 $0 < |x - x_0| < \delta$ 时,有 $A - \varepsilon < g(x) \leqslant f(x) \leqslant h(x) < A + \varepsilon$,即 $A - \varepsilon < f(x) < A + \varepsilon$,从而 $|f(x) - A| < \varepsilon$,由定义,则 $\lim\limits_{x \to x_0} f(x) = A$.

4. 利用极限存在准则证明:

(1) $\lim\limits_{n \to \infty} \sqrt{1 + \dfrac{1}{n}} = 1$; (2) $\lim\limits_{n \to \infty} n\left(\dfrac{1}{n^2 + \pi} + \dfrac{1}{n^2 + 2\pi} + \cdots + \dfrac{1}{n^2 + n\pi}\right) = 1$;

(3) 数列 $\sqrt{2}$,$\sqrt{2 + \sqrt{2}}$,$\sqrt{2 + \sqrt{2 + \sqrt{2}}}$,… 的极限存在.

【证】 (1) 本题既可用单调有界数列必有极限证之,也可用夹逼准则证之:

因 $1 < \sqrt{1 + \dfrac{1}{n}} < 1 + \dfrac{1}{n}$,而 $\lim\limits_{n \to \infty} 1 = 1$,$\lim\limits_{n \to \infty}\left(1 + \dfrac{1}{n}\right) = 1$,从而

$$\lim\limits_{n \to \infty} \sqrt{1 + \dfrac{1}{n}} = 1$$

(2) 因为 $\dfrac{1}{n^2 + n\pi} \leqslant \dfrac{1}{n^2 + k\pi} \leqslant \dfrac{1}{n^2 + \pi}$, $\quad k = 1, 2, \cdots, n$

所以 $\qquad \dfrac{n}{n^2 + n\pi} \leqslant \sum\limits_{k=1}^{n} \dfrac{1}{n^2 + k\pi} \leqslant \dfrac{n}{n^2 + \pi}$

从而 $\qquad \dfrac{n^2}{n^2 + n\pi} \leqslant n\left(\dfrac{1}{n^2 + \pi} + \dfrac{1}{n^2 + 2\pi} + \cdots + \dfrac{1}{n^2 + n\pi}\right) \leqslant \dfrac{n^2}{n^2 + \pi}$

又因 $\qquad \lim\limits_{n \to \infty} \dfrac{n^2}{n^2 + n\pi} = 1$, $\quad \lim\limits_{n \to \infty} \dfrac{n^2}{n^2 + \pi} = 1$

故 $\qquad \lim\limits_{n \to \infty} n\left(\dfrac{1}{n^2 + \pi} + \dfrac{1}{n^2 + 2\pi} + \cdots + \dfrac{1}{n^2 + n\pi}\right) = 1$

(3) 显然 $0 < x_1 = \sqrt{2} < 2$,$x_2 = \sqrt{2 + \sqrt{2}} < \sqrt{2 + 2} = 2$,假设 $x_n < 2$,因 $x_{n+1} = \sqrt{2 + x_n} < \sqrt{2 + 2} = 2$,由数学归纳法知,对任意的 n,$0 < x_n < 2$,即数列 $\{x_n\}$ 有界.

又 $x_{n+1} - x_n = \sqrt{2 + x_n} - x_n = \dfrac{2 + x_n - x_n^2}{\sqrt{2 + x_n} + x_n} = \dfrac{(2 - x_n)(1 + x_n)}{\sqrt{2 + x_n} + x_n} > 0$,

所以 $x_{n+1} > x_n$,即 $\{x_n\}$ 单调增.

根据单调有界数列必有极限的准则知,$\lim\limits_{n \to \infty} x_n$ 存在,不妨设 $\lim\limits_{n \to \infty} x_n = a$,由 $x_{n+1} = \sqrt{2 + x_n}$,有 $a = \sqrt{2 + a}$,从而 $a = 2$,即 $\lim\limits_{n \to \infty} x_n = 2$.

习题 1-8

1. 当 $x \to 0$ 时,$2x - x^2$ 与 $x^2 - x^3$ 相比,哪一个是高阶无穷小?

【解】 $\lim\limits_{x \to 0} \dfrac{x^2 - x^3}{2x - x^2} = \lim\limits_{x \to 0} \dfrac{x - x^2}{2 - x} = 0$，所以当 $x \to 0$ 时，$x^2 - x^3$ 是比 $2x - x^2$ 高阶的无穷小.

2. 当 $x \to 1$ 时，无穷小 $1 - x$ 和 $(1) 1 - x^3$，$(2) \dfrac{1}{2}(1 - x^2)$ 是否同阶？是否等价？

【解】 (1) $\lim\limits_{x \to 1} \dfrac{1 - x}{1 - x^3} = \lim\limits_{x \to 1} \dfrac{1}{1 + x + x^2} = \dfrac{1}{3}$，所以无穷小 $1 - x$ 和 $1 - x^3$ 是同阶无穷小，但不等价；

(2) $\lim\limits_{x \to 1} \dfrac{1 - x}{\frac{1}{2}(1 - x^2)} = \lim\limits_{x \to 1} \dfrac{2}{1 + x} = 1$，所以 $1 - x$ 与 $\dfrac{1}{2}(1 - x^2)$ 是等价无穷小.

3. 证明：当 $x \to 0$ 时，有：

(1) $\arctan x \sim x$;　　　　(2) $\sec x - 1 \sim \dfrac{x^2}{2}$.

【证】 (1) 令 $y = \arctan x$，则 $x = \tan y$，

$\lim\limits_{x \to 0} \dfrac{\arctan x}{x} = \lim\limits_{y \to 0} \dfrac{y}{\tan y} = \lim\limits_{y \to 0} \dfrac{\cos y}{1} \cdot \dfrac{y}{\sin y} = 1$，从而 $\arctan x \sim x$.

(2) $\lim\limits_{x \to 0} \dfrac{\sec x - 1}{\frac{x^2}{2}} = 2\lim\limits_{x \to 0} \dfrac{1}{\cos x} \cdot \dfrac{1 - \cos x}{x^2} = 2\lim\limits_{x \to 0} \dfrac{2\sin^2 \frac{x}{2}}{x^2} = \lim\limits_{x \to 0} \dfrac{\sin^2 \frac{x}{2}}{\left(\frac{x}{2}\right)^2} = 1$，从而 $\sec x - 1 \sim \dfrac{x^2}{2}$.

4. 利用等价无穷小的性质，求下列极限：

(1) $\lim\limits_{x \to 0} \dfrac{\tan 3x}{2x}$;　　　　(2) $\lim\limits_{x \to 0} \dfrac{\sin(x^n)}{(\sin x)^m}$，$n, m$ 为正整数；

(3) $\lim\limits_{x \to 0} \dfrac{\tan x - \sin x}{\sin^3 x}$.

【解】 (1) 原式 $= \lim\limits_{x \to 0} \dfrac{3x}{2x} = \dfrac{3}{2}$

(2) 原式 $= \lim\limits_{x \to 0} \dfrac{x^n}{x^m} = \lim\limits_{x \to 0} x^{n-m} = \begin{cases} 0, & m < n \\ 1, & m = n \\ \infty, & m > n \end{cases}$

(3) 原式 $= \lim\limits_{x \to 0} \dfrac{\sec x - 1}{\sin^2 x} = \lim\limits_{x \to 0} \dfrac{\frac{x^2}{2}}{x^2} = \dfrac{1}{2}$

5. 证明无穷小的等价关系具有下列性质：

(1) $\alpha \sim \alpha$(自反性)；　　(2) 若 $\alpha \sim \beta$，则 $\beta \sim \alpha$(对称性)；

(3) 若 $\alpha \sim \beta, \beta \sim \gamma$，则 $\alpha \sim \gamma$(传递性).

【证】 (1) $\lim \dfrac{\alpha}{\alpha} = 1$，所以 $\alpha \sim \alpha$.

(2) $\lim \dfrac{\alpha}{\beta} = \lim \dfrac{1}{\frac{\beta}{\alpha}} = 1$，所以 $\beta \sim \alpha$.

(3) $\lim \dfrac{\gamma}{\alpha} = \lim \dfrac{\gamma}{\beta} \cdot \dfrac{\beta}{\alpha} = 1$，所以 $\alpha \sim \gamma$.

习题 1-9

1. 研究下列函数的连续性，并画出函数的图形：

(1) $f(x) = \begin{cases} x^2, & 0 \leqslant x \leqslant 1 \\ 2 - x, & 1 < x \leqslant 2 \end{cases}$

(2) $f(x) = \begin{cases} x, & -1 \leqslant x \leqslant 1 \\ 1, & x < -1 \text{ 或 } x > 1 \end{cases}$

【解】 (1)$f(x)$ 在 $[0,1)$ 及 $(1,2]$ 上是初等函数，是连续的.

在分界点 $x = 1$ 处，$\lim\limits_{x \to 1^-} f(x) = \lim\limits_{x \to 1^-} x^2 = 1$，$\lim\limits_{x \to 1^+} f(x) = \lim\limits_{x \to 1^+} (2 - x) = 1$.

所以 $\lim\limits_{x \to 1} f(x) = f(1) = 1$，则 $f(x)$ 在 $x = 1$ 处也连续，从而 $f(x)$ 在定义区间 $[0,2]$ 上处处连续，其图形如图 F-1-10(a) 所示.

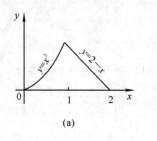

(a)

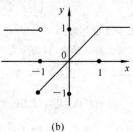

(b)

图　F-1-10

(2) $f(x)$ 在 $(-\infty, -1), (-1, 1), (1, +\infty)$ 上都连续.

在 $x = -1$ 处，$\lim\limits_{x \to -1^-} f(x) = 1$，$\lim\limits_{x \to -1^-} f(x) = -1$．所以 $f(x)$ 在 $x = -1$ 处间断．$x = -1$ 是 $f(x)$ 的第一类间断点，且为跳跃间断点．

在 $x = 1$ 处，$\lim\limits_{x \to 1^-} f(x) = \lim\limits_{x \to 1^-} x = 1$，$\lim\limits_{x \to 1^+} f(x) = 1$．所以 $\lim\limits_{x \to 1} f(x) = 1 = f(1)$，则 $f(x)$ 在 $x = 1$ 处连续．

综上 $f(x)$ 在 $(-\infty, -1)$ 与 $(-1, +\infty)$ 内连续，$x = -1$ 是 $f(x)$ 的第一类间断点，且为跳跃间断点，其图形如图 F-1-10(b) 所示．

2．下列函数在指出的点处间断，说明这些间断点属于哪一类．如果是可去间断点，则补充或改变函数的定义使它连续：

(1) $y = \dfrac{x^2 - 1}{x^2 - 3x + 2}$，$x = 1$，$x = 2$；

(2) $y = \dfrac{x}{\tan x}$，$x = k\pi$，$x = k\pi + \dfrac{\pi}{2}$，$k = 0, \pm 1, \pm 2, \cdots$；

(3) $y = \cos^2 \dfrac{1}{x}$，$x = 0$；

(4) $y = \begin{cases} x - 1, & x \leqslant 1 \\ 3 - x, & x > 1 \end{cases}$，$x = 1$．

【解】 (1) $\lim\limits_{x \to 1} \dfrac{x^2 - 1}{x^2 - 3x + 2} = \lim\limits_{x \to 1} \dfrac{x + 1}{x - 2} = -2$

$\lim\limits_{x \to 2} \dfrac{x^2 - 1}{x^2 - 3x + 2} = \lim\limits_{x \to 2} \dfrac{x + 1}{x - 2} = \infty$

所以 $x = 1$ 是第一类间断点，且为可去间断点，补充定义

$$y = \begin{cases} \dfrac{x^2 - 1}{x^2 - 3x + 2}, & x \neq 1 \\ -2, & x = 1 \end{cases}$$

则函数 y 在 $x = 1$ 处连续．

$x = 2$ 是第二类间断点，且为无穷间断点．

(2) $\lim\limits_{x \to 0} \dfrac{x}{\tan x} = 1$，$\lim\limits_{x \to k\pi + \frac{\pi}{2}} \dfrac{x}{\tan x} = 0$，所以 $x = 0$ 和 $x = k\pi + \dfrac{\pi}{2}(k = 0, \pm 1,$ $\pm 2, \cdots)$ 是第一类间断点，且为可去间断点，分别补充定义

$$y = \begin{cases} \dfrac{x}{\tan x}, & x \neq 0, x \neq k\pi + \dfrac{\pi}{2} \\ 1, & x = 0 \\ 0, & x = k\pi + \dfrac{\pi}{2} \end{cases}, \quad k = 0, \pm 1, \pm 2, \cdots$$

则函数 y 分别在 $x = 0$ 和 $x = k\pi + \dfrac{\pi}{2}(k = 0, \pm 1, \pm 2, \cdots)$ 连续.

又 $\lim\limits_{x \to k\pi} \dfrac{x}{\tan x} = \infty (k \neq 0)$,所以 $x = k\pi(k = \pm 1, \pm 2 \cdots)$ 是第二类间断点,

且为无穷间断点.

(3) 当 $x \to 0$ 时,函数 $y = \cos^2 \dfrac{1}{x}$ 的值在 0 与 1 之间变动无限多次,所以 x $= 0$ 是函数的第二类间断点,且为振荡间断点.

(4) $\lim\limits_{x \to 1^-} y = \lim\limits_{x \to 1^-} (x - 1) = 0$

$\qquad \lim\limits_{x \to 1^+} y = \lim\limits_{x \to 1^+} (3 - x) = 2$

所以 $x = 1$ 是函数的第一类间断点,且为跳跃间断点.

3. 讨论函数 $f(x) = \lim\limits_{n \to \infty} \dfrac{1 - x^{2n}}{1 + x^{2n}} x$ 的连续性,若有间断点,判别其类型.

【解】 $f(x) = \lim\limits_{n \to \infty} \dfrac{1 - x^{2n}}{1 + x^{2n}} x = \begin{cases} x, & |x| < 1 \\ 0, & |x| = 1 \\ -x, & |x| > 1 \end{cases}$

当 $x \neq \pm 1$ 时,$f(x)$ 显然连续.

又　$\lim\limits_{x \to -1^-} f(x) = \lim\limits_{x \to -1^-} (-x) = 1, \qquad \lim\limits_{x \to -1^+} f(x) = \lim\limits_{x \to -1^+} x = -1$

$\qquad \lim\limits_{x \to 1^-} f(x) = \lim\limits_{x \to 1^-} x = 1, \qquad \lim\limits_{x \to 1^+} f(x) = \lim\limits_{x \to 1^+} (-x) = -1$

所以 $x = \pm 1$ 均为 $f(x)$ 的第一类间断点,且为跳跃间断点.

4. 证明:若函数 $f(x)$ 在点 x_0 连续且 $f(x_0) \neq 0$,则存在 x_0 的某一邻域 $U(x_0)$,当 $x \in U(x_0)$ 时,$f(x) \neq 0$.

【证】 因 $f(x)$ 在点 x_0 连续,所以 $\lim\limits_{x \to x_0} f(x) = f(x_0)$,又 $f(x_0) \neq 0$,可不妨

设 $f(x_0) > 0$,从而对 $\varepsilon = \dfrac{1}{2} f(x_0)$,$\exists \delta > 0$,当 $|x - x_0| < \delta$ 时,有 $|f(x) -$

$f(x_0)| < \varepsilon$,即 $f(x) > f(x_0) - \varepsilon = \dfrac{1}{2} f(x_0) > 0$,这就说明,当 $x \in U(x_0, \delta)$

时,$f(x) > 0$,即 $f(x) \neq 0$.

$f(x_0) < 0$ 的情况同理可证.

习题 1 - 10

1. 求函数 $f(x) = \dfrac{x^3 + 3x^2 - x - 3}{x^2 + x - 6}$ 的连续区间,并求极限 $\lim\limits_{x \to 0} f(x)$,

$$\lim_{x \to -3} f(x) \text{ 及} \lim_{x \to 2} f(x).$$

【解】 $f(x) = \dfrac{(x^2-1)(x+3)}{(x-2)(x+3)}$

所以 $f(x)$ 在 $(-\infty, -3) \bigcup (-3,2) \bigcup (2, +\infty)$ 内连续.

$$\lim_{x \to 0} f(x) = f(0) = \frac{1}{2}$$

$$\lim_{x \to -3} f(x) = \lim_{x \to -3} \frac{x^2-1}{x-2} = -\frac{8}{5}$$

$$\lim_{x \to 2} f(x) = \lim_{x \to 2} \frac{x^2-1}{x-2} = \infty$$

2. 求下列极限

(1) $\lim\limits_{x \to 0} \sqrt{x^2 - 2x + 5}$;

(2) $\lim\limits_{\alpha \to \frac{\pi}{4}} (\sin 2\alpha)^3$;

(3) $\lim\limits_{x \to \frac{\pi}{6}} \ln(2\cos 2x)$;

(4) $\lim\limits_{x \to 0} \dfrac{\sqrt{x+1}-1}{x}$;

(5) $\lim\limits_{x \to 1} \dfrac{\sqrt{5x-4}-\sqrt{x}}{x-1}$;

(6) $\lim\limits_{x \to \alpha} \dfrac{\sin x - \sin \alpha}{x - \alpha}$;

(7) $\lim\limits_{x \to +\infty} (\sqrt{x^2+x} - \sqrt{x^2-x})$.

【解】 (1) 原式 $= \sqrt{5}$

(2) 原式 $= (\sin \dfrac{\pi}{2})^3 = 1$

(3) 原式 $= \ln(2\cos \dfrac{\pi}{3}) = \ln 1 = 0$

(4) 原式 $= \lim\limits_{x \to 0} \dfrac{x}{x(\sqrt{x+1}+1)} = \dfrac{1}{2}$

(5) 原式 $= \lim\limits_{x \to 1} \dfrac{5x-4-x}{(x-1)(\sqrt{5x-4}+\sqrt{x})} =$

$\lim\limits_{x \to 1} \dfrac{4}{\sqrt{5x-4}+\sqrt{x}} = 2$

(6) 原式 $= \lim\limits_{x \to \alpha} \dfrac{2\cos\dfrac{x+\alpha}{2}\sin\dfrac{x-\alpha}{2}}{x-\alpha} =$

$\lim\limits_{x \to \alpha} \cos\dfrac{x+\alpha}{2} \cdot \dfrac{\sin\dfrac{x-\alpha}{2}}{\dfrac{x-2}{2}} = \cos\alpha$

(7) 原式 $= \lim\limits_{x \to +\infty} \dfrac{2x}{\sqrt{x^2+x}+\sqrt{x^2-x}} =$

$\lim\limits_{x \to +\infty} \dfrac{2}{\sqrt{1+\dfrac{1}{x}}+\sqrt{1-\dfrac{1}{x}}} = 1$

3. 求下列极限

(1) $\lim\limits_{x \to \infty} e^{\frac{1}{x}}$；　　　　(2) $\lim\limits_{x \to 0} \ln\dfrac{\sin x}{x}$；

(3) $\lim\limits_{x \to \infty}(1+\dfrac{1}{x})^{\frac{x}{2}}$；　(4) $\lim\limits_{x \to 0}(1+3\tan^2 x)^{\cot^2 x}$.

【解】 (1) 原式 $= e^{\lim\limits_{x \to \infty} \frac{1}{x}} = e^0 = 1$

(2) 原式 $= \ln(\lim\limits_{x \to 0}\dfrac{\sin x}{x}) = \ln 1 = 0$

(3) 原式 $= \lim\limits_{x \to \infty}[(1+\dfrac{1}{x})^x]^{\frac{1}{2}} = [\lim\limits_{x \to \infty}(1+\dfrac{1}{x})^x]^{\frac{1}{2}} = e^{\frac{1}{2}}$

(4) 原式 $= [\lim\limits_{x \to 0}(1+3\tan^2 x)^{\frac{1}{3\tan^2 x}}]^3 = e^3$

4. 设函数 $f(x) = \begin{cases} e^x, & x<0 \\ a+x, & x \geqslant 0 \end{cases}$，应当怎样选择数 a，使得 $f(x)$ 成为在 $(-\infty, +\infty)$ 内的连续函数.

【解】 $\lim\limits_{x \to 0^-} f(x) = \lim\limits_{x \to 0^-} e^x = 1$

$\lim\limits_{x \to 0^+} f(x) = \lim\limits_{x \to 0^+}(a+x) = a$

要使 $f(x)$ 在 $x=0$ 处连续，须 $\lim\limits_{x \to 0^-} f(x) = \lim\limits_{x \to 0^+} f(x) = f(0)$，即 $a=1$，此时 $f(x)$ 在 $(-\infty, +\infty)$ 内连续.

习题 1 - 11

1. 证明方程 $x^5 - 3x = 1$ 至少有一个根介于 1 和 2 之间.

【证】 令 $f(x) = x^5 - 3x - 1$，则 $f(x)$ 在 $[1,2]$ 上连续，$f(1) = -3 < 0$，$f(2) = 25 > 0$，由闭区间上连续函数的零点存在定理，至少有一点 $\xi \in (1,2)$，使 $f(\xi) = 0$，从而方程 $x^5 - 3x = 1$ 至少有一个根介于 1 和 2 之间.

2. 证明方程 $x = a\sin x + b$，其中 $a > 0, b > 0$，至少有一个正根，并且它不超过 $a+b$.

【证】 令 $f(x) = x - a\sin x - b$，则 $f(x)$ 在 $[0, a+b]$ 上连续，$f(0) = -b$

$< 0, f(a+b) = a[1 - \sin(a+b)] \geqslant 0$. 若 $f(a+b) = 0$，则 $a+b$ 即为方程的一个正根；若 $f(a+b) > 0$，由闭区间上连续函数的零点存在定理，$f(x)$ 在 $(0, a+b)$ 内至少有一个零点，即方程至少有一个正根，且不超过 $a+b$.

3. 若 $f(x)$ 在 $[a, b]$ 上连续，$a < x_1 < x_2 < \cdots < x_n < b$，则在 $[x_1, x_n]$ 上必有 ζ，使 $f(\zeta) = \dfrac{f(x_1) + f(x_2) + \cdots + f(x_n)}{n}$.

【证】 因为 $f(x)$ 在 $[x_1, x_n]$ 上连续，故由闭区间连续函数的最值定理，知 $f(x)$ 在 $[x_1, x_n]$ 上存在最大值 M 与最小值 m，且有

$$m \leqslant f(x_i) \leqslant M \quad i = 1, 2, \cdots, n$$

从而 $$m \leqslant \frac{f(x_1) + f(x_2) + \cdots + f(x_n)}{n} \leqslant M$$

再由闭区间连续函数的介值定理，知存在 $\zeta \in [x_1, x_n]$，使

$$f(\zeta) = \frac{f(x_1) + f(x_2) + \cdots + f(x_n)}{n}$$

4. 证明：若 $f(x)$ 在 $(-\infty, +\infty)$ 内连续，且 $\lim\limits_{x \to \infty} f(x)$ 存在，则 $f(x)$ 必在 $(-\infty, +\infty)$ 内有界.

【证】 因为 $\lim\limits_{x \to \infty} f(x)$ 存在，不妨设 $\lim\limits_{x \to \infty} f(x) = A$，由函数极限定义，对于 $\varepsilon = 1$，存在 $X > 0$，使 $|x| > X$ 的一切 x，均有 $|f(x) - A| < 1$，所以当 $|x| > X$ 时，$|f(x)| = |(f(x) - A) + A| \leqslant |f(x) - A| + |A| < 1 + |A|$，又由于 $f(x)$ 在闭区间 $[-X, X]$ 上连续，由闭区间连续函数的有界性，知 $x \in [-X, X]$ 时，$|f(x)| \leqslant M_1$，取 $M = \max\{M_1, 1 + |A|\}$，则当 $x \in (-\infty, +\infty)$ 时，均有 $|f(x)| \leqslant M$，由定义 $f(x)$ 在 $(-\infty, +\infty)$ 内有界.

总习题一

1. 在"充分""必要"和"充分必要"三者中选择一个正确的填入下列空格内：

(1) 数列 $\{x_n\}$ 有界是数列 $\{x_n\}$ 收敛的 必要 条件. 数列 $\{x_n\}$ 收敛是数列 $\{x_n\}$ 有界的 充分 条件.

(2) $f(x)$ 在 x_0 的某一去心邻域内有界是 $\lim\limits_{x \to x_0} f(x)$ 存在的 必要 条件. $\lim\limits_{x \to x_0} f(x)$ 存在是 $f(x)$ 在 x_0 的某一去心邻域内有界的 充分 条件.

(3) $f(x)$ 在 x_0 的某一去心邻域内无界是 $\lim\limits_{x \to x_0} f(x) = \infty$ 的 必要 条件. $\lim\limits_{x \to x_0} f(x) = \infty$ 是 $f(x)$ 在 x_0 的某一去心邻域内无界的 充分 条件.

（4）$f(x)$ 当 $x \to x_0$ 时的右极限 $f(x_0+0)$ 及左极限 $f(x_0-0)$ 都存在且相等是 $\lim\limits_{x \to x_0} f(x)$ 存在的 <u>充分必要</u> 条件.

2. 说明函数 $y = \begin{cases} x, & x \geqslant 0 \\ -x, & x < 0 \end{cases}$ 与 $y = \sqrt{x^2}$ 表示同一个函数的理由. 这函数是初等函数吗？

【解】 因为这两个函数的定义域都是 $(-\infty, +\infty)$，并且对任意给定的 $x \in (-\infty, +\infty)$ 都有相同的 y 值与之对应，即对应关系相同，所以它们表示同一个函数；又因为 $y = \sqrt{x^2}$ 符合初等函数的定义，所以这函数（包括两个不同的形式）是初等函数.

3. 举例说明"分段函数一定不是初等函数"这种说法是不对的.

【解】 见上题所举函数.

4. 说明符号函数 $y = \operatorname{sgn} x$ 不是初等函数的理由.

【解】 符号函数 $y = \operatorname{sgn} x$ 的定义域为 $(-\infty, +\infty)$，但由于 $\lim\limits_{x \to 0^+} \operatorname{sgn} x = 1$，$\lim\limits_{x \to 0^-} \operatorname{sgn} x = -1$，所以符号函数在 $x = 0$ 处不连续，这与"初等函数在其定义区间内处处连续"的结论相违背，所以符号函数 $y = \operatorname{sgn} x$ 不是初等函数. 另外 $y = \operatorname{sgn} x$ 不能用一个解析式表示，不符合初等函数的定义，所以符号函数不是初等函数.

5. 设 $f(x)$ 的定义域是 $[0,1]$，求下列函数的定义域：

(1) $f(e^x)$；　　　　　　　(2) $f(\ln x)$；

(3) $f(\arctan x)$；　　　　(4) $f(\cos x)$.

【解】 (1) 由 $0 \leqslant e^x \leqslant 1$，得 $-\infty < x \leqslant 0$，故 $f(e^x)$ 的定义域为 $(-\infty, 0]$.

(2) 由 $0 \leqslant \ln x \leqslant 1$，得 $1 \leqslant x \leqslant e$，故 $f(\ln x)$ 的定义域为 $[1, e]$.

(3) 由 $0 \leqslant \arctan x \leqslant 1$，即 $0 \leqslant x \leqslant \dfrac{\pi}{4}$，故 $f(\arctan x)$ 的定义域为 $\left[0, \dfrac{\pi}{4}\right]$.

(4) 由 $0 \leqslant \cos x \leqslant 1$，得 $2k\pi - \dfrac{\pi}{2} \leqslant x \leqslant 2k\pi + \dfrac{\pi}{2}$ $(k = 0, \pm 1, \cdots)$，故 $f(\cos x)$ 的定义域为 $\left[2k\pi - \dfrac{\pi}{2}, 2k\pi + \dfrac{\pi}{2}\right]$.

6. 设 $f(x) = \begin{cases} 0, & x \leqslant 0 \\ x, & x > 0 \end{cases}$，$g(x) = \begin{cases} 0, & x \leqslant 0 \\ -x^2, & x > 0 \end{cases}$，求 $f[f(x)]$，$g[g(x)]$，$f[g(x)]$，$g[f(x)]$.

【解】 当 $x \leqslant 0$ 时，$f(x) = 0$，$g(x) = 0$，所以

(1) $f[f(x)] = f(0) = 0;$　　　　(2) $g[g(x)] = g(0) = 0;$

(3) $f[g(x)] = f(0) = 0;$　　　　(4) $g[f(x)] = g(0) = 0.$

当 $x > 0$ 时,$f(x) = x, g(x) = -x^2$,所以

(1) $f[f(x)] = f(x) = x;$　　　　(2) $g[g(x)] = g(-x^2) = 0;$

(3) $f[g(x)] = f(-x^2) = 0;$　　　　(4) $g[f(x)] = g(x) = -x^2.$

综上有　　　　　　$f[f(x)] = f(x),\quad g[g(x)] = 0$

$$f[g(x)] = 0,\quad g[f(x)] = g(x)$$

7. 利用 $y = \sin x$ 的图形作出下列函数的图形:

(1) $y = |\sin x|$;　　　(2) $y = \sin|x|$;　　　(3) $y = 2\sin\dfrac{x}{2}$.

【解】　(1) $y = |\sin x|$ 的图形是将 $\sin x < 0$ 的部分作关于 x 轴的对称图形,而其余部分保持不变而得到;

(2) $y = \sin|x|$ 是偶函数,其图形关于 y 轴对称;

(3) $y = 2\sin\dfrac{x}{2}$ 的图形特点是振幅为 2,周期 $T = 4\pi$.

所画图形如图 F-1-11 所示.

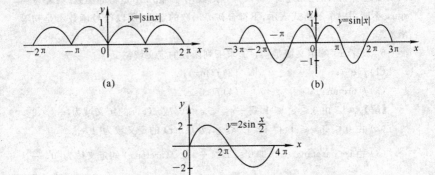

(a)

(b)

(c)

图　F-1-11

8. 把半径为 R 的一圆形铁片,自中心处剪去中心角为 α 的一扇形后围成一无底圆锥.试将这圆锥的体积表为 α 的函数.

【解】　如图 F-1-12 所示,设所围圆锥的底圆半径为 r,由题意 $2\pi r = 2\pi R$

$-\alpha R$，则 $r=\dfrac{2\pi R-\alpha R}{2\pi}$，从而圆锥体积

$$V=\dfrac{1}{3}\pi r^2\sqrt{R^2-r^2}=\dfrac{R^3}{24\pi^2}(2\pi-\alpha)^2$$

$$\sqrt{4\pi\alpha-\alpha^2}\,(0<\alpha<2\pi)$$

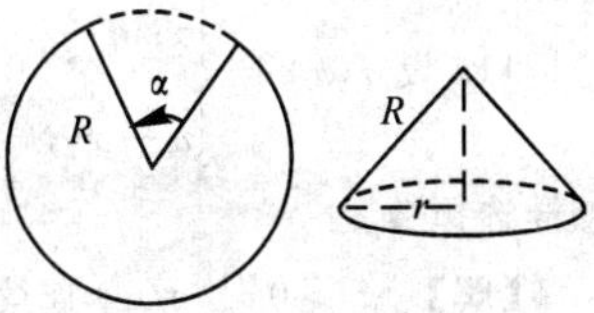

9. 根据函数极限的定义证明

$$\lim_{x\to3}\dfrac{x^2-x-6}{x-3}=5$$

图　F-1-12

【证】 $\forall\,\varepsilon>0$，要使 $|\,f(x)-5\,|<\varepsilon$，即要

$$|\,\dfrac{x^2-x-6}{x-3}-5\,|=|\,\dfrac{x^2-6x+9}{x-3}\,|=|\,x-3\,|<\varepsilon$$

只要取 $\delta=\varepsilon$，则当 $0<|\,x-3\,|<\delta$ 时，就有

$$|\,\dfrac{x^2-x-6}{x-3}-5\,|<\varepsilon$$

所以

$$\lim_{x\to3}\dfrac{x^2-x-6}{x-3}=5$$

10. 求下列极限

(1) $\lim\limits_{x\to1}\dfrac{x^2-x+1}{(x-1)^2}$；

(2) $\lim\limits_{x\to+\infty}x(\sqrt{x^2+1}-x)$；

(3) $\lim\limits_{x\to\infty}(\dfrac{2x+3}{2x+1})^{x+1}$；

(4) $\lim\limits_{x\to0}\dfrac{\tan x-\sin x}{x^3}$.

【解】 (1) 因为 $\lim\limits_{x\to1}\dfrac{(x-1)^2}{x^2-x+1}=0$，所以 $\lim\limits_{x\to1}\dfrac{x^2-x+1}{(x-1)^2}=\infty$.

(2) 原式 $=\lim\limits_{x\to+\infty}\dfrac{x}{\sqrt{x^2+1}+x}=\lim\limits_{x\to+\infty}\dfrac{x}{x[\sqrt{1+\dfrac{1}{x^2}}+1]}=\dfrac{1}{2}$

(3) 原式 $=\lim\limits_{x\to\infty}(1+\dfrac{2}{2x+1})^{\frac{2x+1}{2}\cdot\frac{1}{2}}=\mathrm{e}\cdot1=\mathrm{e}$

或　原式 $=\lim\limits_{x\to\infty}(\dfrac{2x+3}{2x+1})^x\cdot(\dfrac{2x+3}{2x+1})=\lim\limits_{x\to\infty}(\dfrac{2x+3}{2x+1})^x=$

$$\lim_{x\to\infty}\dfrac{(1+\dfrac{3}{2x})^{\frac{2x}{3}\cdot\frac{3}{2}}}{(1+\dfrac{1}{2x})^{2x\cdot\frac{1}{2}}}=\dfrac{\mathrm{e}^{\frac{3}{2}}}{\mathrm{e}^{\frac{1}{2}}}=\mathrm{e}$$

(4) 原式 $=\lim\limits_{x\to0}\dfrac{\tan x}{x}\cdot\dfrac{1-\cos x}{x^2}=\lim\limits_{x\to0}\dfrac{2\sin^2\dfrac{x}{2}}{x^2}=\lim\limits_{x\to0}\dfrac{2(\dfrac{x}{2})^2}{x^2}=\dfrac{1}{2}$

11. 设 $f(x) = \begin{cases} x\sin\dfrac{1}{x}, & x > 0 \\ a + x^2, & x \leqslant 0 \end{cases}$，要使 $f(x)$ 在 $(-\infty, +\infty)$ 内连续，应当

怎样选择数 a?

【解】 $x > 0$ 时，$f(x)$ 连续，$x < 0$ 时 $f(x)$ 连续，要使 $f(x)$ 在 $(-\infty, +\infty)$ 内连续，须 $f(x)$ 在分段点 $x = 0$ 处连续.

因 $\lim\limits_{x \to 0^-} f(x) = \lim\limits_{x \to 0^-}(a + x^2) = a$, $\quad \lim\limits_{x \to 0^+} f(x) = \lim\limits_{x \to 0^+} x\sin\dfrac{1}{x} = 0$

而 $f(0) = a$，所以应取 $a = 0$，可使 $f(x)$ 在 $x = 0$ 处连续，从而 $f(x)$ 在 $(-\infty, +\infty)$ 内连续.

12. 设 $f(x) = \begin{cases} \mathrm{e}^{\frac{1}{x-1}}, & x > 0 \\ \ln(1+x), & -1 < x \leqslant 0 \end{cases}$，求 $f(x)$ 的间断点，并说明间断点所属类型.

【解】 $f(x)$ 的定义域为 $(-1, +\infty)$，当 $x = 1$ 时，$f(x)$ 无定义，且 $\lim\limits_{x \to 1^+} f(x)$ $= \lim\limits_{x \to 1^+} \mathrm{e}^{\frac{1}{x-1}} = +\infty$, $\lim\limits_{x \to 1^-} f(x) = \lim\limits_{x \to 1^-} \mathrm{e}^{\frac{1}{x-1}} = 0$，所以 $x = 1$ 是 $f(x)$ 的第二类间断点，且为无穷间断点.

在 $f(x)$ 的分段点 $x = 0$ 处，$\lim\limits_{x \to 0^-} f(x) = \lim\limits_{x \to 0^-} \ln(1+x) = 0$, $\lim\limits_{x \to 0^+} f(x) = \lim\limits_{x \to 0^+} \mathrm{e}^{\frac{1}{x-1}} = \mathrm{e}^{-1}$，所以 $x = 0$ 是 $f(x)$ 的第一类间断点，且为跳跃间断点.

13. 证明：$\lim\limits_{n \to \infty}\left(\dfrac{1}{\sqrt{n^2+1}} + \dfrac{1}{\sqrt{n^2+2}} + \cdots + \dfrac{1}{\sqrt{n^2+n}}\right) = 1$

【证】 利用夹逼准则证之，因

$$\dfrac{n}{\sqrt{n^2+n}} < \dfrac{1}{\sqrt{n^2+1}} + \dfrac{1}{\sqrt{n^2+2}} + \cdots + \dfrac{1}{\sqrt{n^2+n}} < \dfrac{n}{\sqrt{n^2+1}}$$

而

$$\lim\limits_{n \to \infty}\dfrac{n}{\sqrt{n^2+n}} = \lim\limits_{n \to \infty}\dfrac{1}{\sqrt{1 + \dfrac{1}{n}}} = 1$$

$$\lim\limits_{n \to \infty}\dfrac{n}{\sqrt{n^2+1}} = \lim\limits_{n \to \infty}\dfrac{1}{\sqrt{1 + \dfrac{1}{n^2}}} = 1$$

所以 $\lim\limits_{n \to \infty}\left(\dfrac{1}{\sqrt{n^2+1}} + \dfrac{1}{\sqrt{n^2+2}} + \cdots + \dfrac{1}{\sqrt{n^2+n}}\right) = 1$

14. 证明方程 $\sin x + x + 1 = 0$ 在开区间 $(-\dfrac{\pi}{2},\dfrac{\pi}{2})$ 内至少有一个根.

【证】 令 $f(x) = \sin x + x + 1$,则 $f(x)$ 在 $[-\dfrac{\pi}{2},\dfrac{\pi}{2}]$ 上连续,且 $f(-\dfrac{\pi}{2})$

$= -\dfrac{\pi}{2} < 0, f(\dfrac{\pi}{2}) = 2 + \dfrac{\pi}{2} > 0$,由闭区间上连续函数的零点存在定理知,至

少存在一点 $\xi \in (-\dfrac{\pi}{2},\dfrac{\pi}{2})$,使 $f(\zeta) = 0$,即方程 $\sin x + x + 1 = 0$ 在开区间

$(-\dfrac{\pi}{2},\dfrac{\pi}{2})$ 内至少有一个根.

第 2 章

习题 2-1

1. 设 $f(x) = 10x^2$,试按定义求 $f'(-1)$.

【解】 $f'(-1) = \lim\limits_{\Delta x \to 0} \dfrac{f(-1+\Delta x) - f(-1)}{\Delta x} = \lim\limits_{\Delta x \to 0} \dfrac{10(-1+\Delta x)^2 - 10}{\Delta x} =$

$\qquad \lim\limits_{\Delta x \to 0} \dfrac{10[(\Delta x)^2 - 2\Delta x]}{\Delta x} = \lim\limits_{\Delta x \to 0} 10(\Delta x - 2) = -20$

2. 设 $f(x) = ax + b$ $(a,b$ 都是常数),试按定义求 $f'(x)$.

【解】 $f'(x) = \lim\limits_{\Delta x \to 0} \dfrac{f(x+\Delta x) - f(x)}{\Delta x} =$

$\qquad \lim\limits_{\Delta x \to 0} \dfrac{[a(x+\Delta x) + b] - [ax+b]}{\Delta x} = \lim\limits_{\Delta x \to 0} \dfrac{a\Delta x}{\Delta x} = a$

3. 证明 $(\cos x)' = -\sin x$.

【证】 $(\cos x)' = \lim\limits_{\Delta x \to 0} \dfrac{\cos(x+\Delta x) - \cos x}{\Delta x} = \lim\limits_{\Delta x \to 0} \dfrac{-2\sin(x+\dfrac{\Delta x}{2})\sin\dfrac{\Delta x}{2}}{\Delta x} =$

$\qquad \lim\limits_{\Delta x \to 0} \dfrac{-2\sin(x+\dfrac{\Delta x}{2})\dfrac{\Delta x}{2}}{\Delta x} = -\sin x$

4. 下列各题中均假定 $f'(x_0)$ 存在,按照导数定义观察下列极限,指出 A 表示什么:

(1) $\lim\limits_{\Delta x \to 0} \dfrac{f(x_0 - \Delta x) - f(x_0)}{\Delta x} = A$;

(2) $\lim\limits_{x \to 0} \dfrac{f(x)}{x} = A$,其中 $f(0) = 0$,且 $f'(0)$ 存在;

(3) $\lim\limits_{h \to 0} \dfrac{f(x_0 + h) - f(x_0 - h)}{h} = A.$

【解】 (1) $A = -\lim\limits_{\Delta x \to 0} \dfrac{f[x_0 + (-\Delta x)] - f(x_0)}{-\Delta x} = -f'(x_0)$

(2) $A = \lim\limits_{x \to 0} \dfrac{f(x) - f(0)}{x - 0} = f'(0)$

(3) $A = \lim\limits_{h \to 0} \left[\dfrac{f(x_0 + h) - f(x_0)}{h} + \dfrac{f(x_0 - h) - f(x_0)}{-h} \right] =$
$\qquad f'(x_0) + f'(x_0) = 2f'(x_0)$

5. 求下列函数的导数

(1) $y = x^4$;

(2) $y = \sqrt[3]{x^2}$;

(3) $y = x^{1.6}$;

(4) $y = \dfrac{1}{\sqrt{x}}$;

(5) $y = \dfrac{1}{x^2}$;

(6) $y = x^3 \sqrt[5]{x}$;

(7) $y = \dfrac{x^2 \sqrt[3]{x^2}}{\sqrt{x^5}}$.

【解】 (1) $y' = 4x^3$

(2) $y' = (x^{\frac{2}{3}})' = \dfrac{2}{3} x^{-\frac{1}{3}} = \dfrac{2}{3\sqrt[3]{x}}$

(3) $y' = 1.6 x^{0.6} = 1.6 \sqrt[5]{x^3}$

(4) $y' = (x^{-\frac{1}{2}})' = -\dfrac{1}{2} x^{-\frac{3}{2}} = -\dfrac{1}{2\sqrt{x^3}}$

(5) $y' = (x^{-2})' = -2x^{-3} = -\dfrac{2}{x^3}$

(6) $y' = (x^{\frac{16}{5}})' = \dfrac{16}{5} x^{\frac{11}{5}}$

(7) $y' = (x^{2 + \frac{2}{3} - \frac{5}{2}})' = (x^{\frac{1}{6}})' = \dfrac{1}{6} x^{-\frac{5}{6}} = \dfrac{1}{6\sqrt[6]{x^5}}$

6. 已知物体的运动规律为 $s = t^3$(m),求这物体在 $t = 2$s 时的速度.

【解】 $\qquad v \mid_{t=2} = s'(t) \mid_{t=2} = 3t^2 \mid_{t=2} = 12$ m/s

即物体在 $t = 2$s 时的速度为 12 m/s.

7. 如果 $f(x)$ 为偶函数,且 $f'(0)$ 存在,证明 $f'(0) = 0$.

【证】 因 $f(x) = f(-x)$,则 $f'(x) = -f'(-x)$,从而 $f'(0) = -f'(0)$,

所以 $f'(0) = 0$.

或 $f'(0) = \lim\limits_{x \to 0} \dfrac{f(x) - f(0)}{x} = -\lim\limits_{x \to 0} \dfrac{f(-x) - f(0)}{-x} = -f'(0)$，所以 $f'(0) = 0$.

8. 求曲线 $y = \sin x$ 在具有下列横坐标的各点处切线的斜率：

$x = \dfrac{2}{3}\pi$；　$x = \pi$.

【解】$y' = \cos x$，从而

$$k_1 = y'\left(\dfrac{2}{3}\pi\right) = \cos\left(\dfrac{2}{3}\pi\right) = -\dfrac{1}{2}, \quad k_2 = y'(\pi) = \cos\pi = -1$$

9. 求曲线 $y = \cos x$ 上点 $\left(\dfrac{\pi}{3}, \dfrac{1}{2}\right)$ 处的切线方程和法线方程.

【解】$y' = -\sin x$，则 $k_{切} = -\sin\dfrac{\pi}{3} = -\dfrac{\sqrt{3}}{2}$，$k_{法} = \dfrac{2}{\sqrt{3}}$，从而切线方程为

$y - \dfrac{1}{2} = -\dfrac{\sqrt{3}}{2}\left(x - \dfrac{\pi}{3}\right)$，即 $\dfrac{\sqrt{3}}{2}x + y - \dfrac{1}{2}\left(1 + \dfrac{\sqrt{3}}{3}\pi\right) = 0$，法线方程为 $y - \dfrac{1}{2} = \dfrac{2}{\sqrt{3}}\left(x - \dfrac{\pi}{3}\right)$，即 $\dfrac{2\sqrt{3}}{3}x - y + \dfrac{1}{2} - \dfrac{2\sqrt{3}}{9}\pi = 0$.

10. 求曲线 $y = e^x$ 在 $(0,1)$ 处的切线方程.

【解】$y' = e^x$，$k = y'(0) = 1$，则切线方程为 $y - 1 = x$，即 $x - y + 1 = 0$.

11. 在抛物线 $y = x^2$ 上取横坐标为 $x_1 = 1$ 及 $x_2 = 3$ 的两点，作过这两点的割线. 问该抛物线上哪一点的切线平行于这条割线？

【解】记 $y = x^2$ 上的两点 $A(1,1)$，$B(3,9)$，则割线 AB 的斜率为 4，令切点为 (x_0, y_0)，则 $2x_0 = 4$，从而 $x_0 = 2$，$y_0 = 4$，故 $y = x^2$ 上点 $(2,4)$ 的切线平行于这条割线.

12. 讨论下列函数在 $x = 0$ 处的连续性与可导性：

(1) $y = |\sin x|$；　(2) $y = \begin{cases} x^2\sin\dfrac{1}{x}, & x \neq 0 \\ 0, & x = 0 \end{cases}$.

【解】(1) 因 $\lim\limits_{x \to 0^+} |\sin x| = \lim\limits_{x \to 0^+} \sin x = 0$

$\lim\limits_{x \to 0^-} |\sin x| = \lim\limits_{x \to 0^-} (-\sin x) = 0$

则 $\lim\limits_{x \to 0} |\sin x| = 0 = f(0)$，故 $y = |\sin x|$ 在 $x = 0$ 处连续. 又

$$f'_-(0) = \lim_{x \to 0^-} \frac{f(x) - f(0)}{x} = \lim_{x \to 0^-} \frac{-\sin x}{x} = -1$$

$$f'_+(0) = \lim_{x \to 0^+} \frac{f(x) - f(0)}{x} = \lim_{x \to 0^+} \frac{\sin x}{x} = 1$$

所以 $y = |\sin x|$ 在 $x = 0$ 处不可导.

(2) $\lim\limits_{x \to 0} f(x) = \lim\limits_{x \to 0} x^2 \sin\frac{1}{x} = 0 = f(0)$,故函数 y 在 $x = 0$ 处连续. 又

$$f'(0) = \lim_{x \to 0} \frac{f(x) - f(0)}{x} = \lim_{x \to 0} \frac{x^2 \sin\frac{1}{x}}{x} = \lim_{x \to 0} x \sin\frac{1}{x} = 0$$

所以函数 y 在 $x = 0$ 处可导.

13. 设函数 $f(x) = \begin{cases} x^2, & x \leqslant 1 \\ ax + b, & x > 1 \end{cases}$,为了使函数 $f(x)$ 在 $x = 1$ 处连续且可导,a, b 应取什么值?

【解】 要使 $f(x)$ 在 $x = 1$ 处连续,必须 $\lim\limits_{x \to 1^+}(ax + b) = \lim\limits_{x \to 1^-} x^2 = f(1)$,即 $a + b = 1$.

要使 $f(x)$ 在 $x = 1$ 处可导,必须 $f'_-(1) = f'_+(1)$,而

$$f'_-(1) = \lim_{x \to 1^-} \frac{f(x) - f(1)}{x - 1} = \lim_{x \to 1^-} \frac{x^2 - 1}{x - 1} = \lim_{x \to 1^-}(x + 1) = 2$$

$$f'_+(1) = \lim_{x \to 1^+} \frac{f(x) - f(1)}{x - 1} = \lim_{x \to 1^+} \frac{ax + b - 1}{x - 1} = \lim_{x \to 1^+} \frac{ax - a}{x - 1} = a$$

所以应有 $a = 2, b = -1$.

即当 $a = 2, b = -1$ 时,$f(x)$ 在 $x = 1$ 处连续且可导.

14. 已知 $f(x) = \begin{cases} x^2, & x \geqslant 0 \\ -x, & x < 0 \end{cases}$,求 $f'_+(0)$ 及 $f'_-(0)$,又 $f'(0)$ 是否存在?

【解】 $f'_+(0) = \lim\limits_{x \to 0^+} \frac{f(x) - f(0)}{x} = \lim\limits_{x \to 0^+} \frac{x^2}{x} = \lim\limits_{x \to 0^+} x = 0$

$$f'_-(0) = \lim_{x \to 0^-} \frac{f(x) - f(0)}{x} = \lim_{x \to 0^-} \frac{-x}{x} = -1$$

因 $f'_+(0) \neq f'_-(0)$,从而 $f'(0)$ 不存在.

15. 已知 $f(x) = \begin{cases} \sin x, & x < 0 \\ x, & x \geqslant 0 \end{cases}$,求 $f'(x)$.

【解】 $x < 0$ 时,$f'(x) = \cos x$;$x > 0$ 时,$f'(x) = 1$.

$$f'_-(0) = \lim_{x \to 0^-} \frac{f(x) - f(0)}{x} = \lim_{x \to 0^-} \frac{\sin x}{x} = 1$$

又 $\qquad f'_+(0) = \lim_{x \to 0^+} \dfrac{f(x) - f(0)}{x} = \lim_{x \to 0^+} \dfrac{x}{x} = 1$

从而 $f'(0) = 1$,综上可得

$$f'(x) = \begin{cases} \cos x, & x < 0 \\ 1, & x \geqslant 0 \end{cases}$$

18. 证明:双曲线 $xy = a^2$ 上任一点处的切线与两坐标轴构成的三角形的面积都等于 $2a^2$.

【证】　设双曲线 $xy = a^2$ 上任一点为 (x_0, y_0),因 $y = \dfrac{a^2}{x}$,则 $y' = -\dfrac{a^2}{x^2}$,

$y'(x_0) = -\dfrac{a^2}{x_0^2}$,所以点 (x_0, y_0) 处的切线方程为 $y - \dfrac{a^2}{x_0} = -\dfrac{a^2}{x_0^2}(x - x_0)$.

分别令 $y = 0$ 与 $x = 0$,得切线在两条坐标轴上的截距依次为 $x = 2 \mid x_0 \mid$,

$y = 2 \left| \dfrac{a^2}{x_0} \right|$,从而所构成的三角形面积 $S = \dfrac{1}{2} xy = \dfrac{1}{2} \cdot 2 \mid x_0 \mid \cdot 2 \left| \dfrac{a^2}{x_0} \right| = 2a^2$.

习题 2 - 2

1. 推导余切函数及余割函数的导数公式:

$(\cot x)' = -\csc^2 x$;　$(\csc x)' = -\csc x \cot x$.

【解】　$(\cot x)' = \left(\dfrac{\cos x}{\sin x} \right)' = \dfrac{-\sin^2 x - \cos^2 x}{\sin^2 x} = -\csc^2 x$.

$(\csc x)' = \left(\dfrac{1}{\sin x} \right)' = \dfrac{-\cos x}{\sin^2 x} = -\csc x \cot x$.

2. 求下列函数的导数

(1) $y = x^3 - 3x^2 + 4x - 5$;

(2) $y = \dfrac{4}{x^5} + \dfrac{7}{x^4} - \dfrac{2}{x} + 12$;

(3) $y = 5x^3 - 2^x + 3e^x$;

(4) $y = 2\tan x + \sec x - 1$;

(5) $y = \ln x - 2\lg x + 3\log_2 x$;

(6) $y = \sin x \cos x$;

(7) $y = x^2 \ln x$;

(8) $y = 3e^x \cos x$;

(9) $y = (2 + 3x)(4 - 7x)$;

(10) $y = \dfrac{\sin x}{x}$;

(11) $y = \dfrac{\ln x}{x}$;

(12) $y = \dfrac{e^x}{x^2} + \ln 3$;

(13) $y = \dfrac{1}{\ln x}$;

(14) $y = \dfrac{x-1}{x+1}$;

(15) $y = \dfrac{1}{1 + x + x^2}$;

(16) $y = x^2 \ln x \cos x$;

(17) $y = \dfrac{5x^2 - 3x + 4}{x^2 - 1}$;

(18) $s = \dfrac{1 + \sin t}{1 + \cos t}$;

(19) $y = \dfrac{2 \csc x}{1 + x^2}$;

(20) $y = \dfrac{2 \ln x + x^3}{3 \ln x + x^2}$.

【解】 (1) $y' = 3x^2 - 6x + 4$

(2) $y' = (4x^{-5} + 7x^{-4} - 2x^{-1} + 12)' = -\dfrac{20}{x^6} - \dfrac{28}{x^5} + \dfrac{2}{x^2}$

(3) $y' = 15x^2 - 2^x \ln 2 + 3e^x$

(4) $y' = 2\sec^2 x + \sec x \tan x = \sec x(2\sec x + \tan x)$

(5) $y' = \dfrac{1}{x} - \dfrac{2}{x\ln 10} + \dfrac{3}{x\ln 2} = \dfrac{1}{x}\left(1 - \dfrac{2}{\ln 10} + \dfrac{3}{\ln 2}\right)$

(6) $y' = \cos^2 x - \sin^2 x = \cos 2x$

(7) $y' = 2x\ln x + x^2\dfrac{1}{x} = x(2\ln x + 1)$

(8) $y' = 3e^x(\cos x - \sin x)$

(9) $y' = 3(4 - 7x) - 7(2 + 3x) = -2(21x + 1)$

(10) $y' = \left(\dfrac{\sin x}{x}\right)' = \dfrac{x\cos x - \sin x}{x^2}$

(11) $y' = \left(\dfrac{\ln x}{x}\right)' = \dfrac{\dfrac{1}{x}x - \ln x}{x^2} = \dfrac{1 - \ln x}{x^2}$

(12) $y' = \left(\dfrac{e^x}{x^2} + \ln 3\right)' = \dfrac{x^2 e^x - 2x e^x}{x^4} = \dfrac{e^x(x - 2)}{x^3}$

(13) $y' = \left(\dfrac{1}{\ln x}\right)' = \dfrac{-\dfrac{1}{x}}{\ln^2 x} = -\dfrac{1}{x\ln^2 x}$

(14) $y' = \left(\dfrac{x - 1}{x + 1}\right)' = \dfrac{(x + 1) - (x - 1)}{(x + 1)^2} = \dfrac{2}{(x + 1)^2}$

(15) $y' = \left(\dfrac{1}{1 + x + x^2}\right)' = \dfrac{-(1 + 2x)}{(1 + x + x^2)^2}$

(16) $y' = 2x\ln x\cos x + x^2\dfrac{1}{x}\cos x - x^2\ln x\sin x =$

$\qquad 2x\ln x\cos x + x\cos x - x^2\ln x\sin x$

(17) $y' = \left(\dfrac{5x^2 - 3x + 4}{x^2 - 1}\right)' = \dfrac{(10x - 3)(x^2 - 1) - 2x(5x^2 - 3x + 4)}{(x^2 - 1)^2} =$

$$\frac{3(x^2 - 6x + 1)}{(x^2 - 1)^2}$$

(18) $s' = \left(\dfrac{1 + \sin t}{1 + \cos t}\right)' = \dfrac{\cos t(1 + \cos t) + (1 + \sin t)\sin t}{(1 + \cos t)^2} = \dfrac{1 + \sin t + \cos t}{(1 + \cos t)^2}$

(19) $y' = \left(\dfrac{2\csc x}{1 + x^2}\right)' = \dfrac{-2\csc x\cot x(1 + x^2) - 4x\csc x}{(1 + x^2)^2} = $

$\dfrac{-2\csc x[(1 + x^2)\cot x + 2x]}{(1 + x^2)^2}$

(20) $y' = \left(\dfrac{2\ln x + x^3}{3\ln x + x^2}\right)' = $

$\dfrac{\left(\dfrac{2}{x} + 3x^2\right)(3\ln x + x^2) - (2\ln x + x^3)\left(\dfrac{3}{x} + 2x\right)}{(3\ln x + x^2)^2} = $

$\dfrac{x(9x - 4)\ln x + x^4 - 3x^2 + 2x}{(3\ln x + x^2)^2}$

3. 求下列函数在给定点处的导数

(1) $y = \sin x - \cos x$, 求 $y'\Big|_{x = \frac{\pi}{6}}$ 和 $y'\Big|_{x = \frac{\pi}{4}}$;

(2) $\rho = \varphi\sin\varphi + \dfrac{1}{2}\cos\varphi$, 求 $\dfrac{d\rho}{d\varphi}\Big|_{\varphi = \frac{\pi}{4}}$;

(3) $f(x) = \dfrac{3}{5 - x} + \dfrac{x^2}{5}$, 求 $f'(0)$ 和 $f'(2)$.

【解】 (1) $y' = \cos x + \sin x$, 从而

$$y'\Big|_{x = \frac{\pi}{6}} = \cos\frac{\pi}{6} + \sin\frac{\pi}{6} = \frac{1}{2} + \frac{\sqrt{3}}{2}$$

$$y'\Big|_{x = \frac{\pi}{4}} = \cos\frac{\pi}{4} + \sin\frac{\pi}{4} = \sqrt{2}$$

(2) $\rho' = \sin\varphi + \varphi\cos\varphi - \dfrac{1}{2}\sin\varphi = \dfrac{1}{2}\sin\varphi + \varphi\cos\varphi$, 从而

$$\frac{d\rho}{d\varphi}\Big|_{\varphi = \frac{\pi}{4}} = \frac{1}{2}\sin\frac{\pi}{4} + \frac{\pi}{4}\cos\frac{\pi}{4} = \frac{\sqrt{2}}{4} + \frac{\pi}{4} \cdot \frac{\sqrt{2}}{2} = \frac{\sqrt{2}}{4}\left(1 + \frac{\pi}{2}\right)$$

(3) $f'(x) = \dfrac{3}{(5 - x)^2} + \dfrac{2x}{5}$, 从而 $f'(0) = \dfrac{3}{25}, f'(2) = \dfrac{3}{3^2} + \dfrac{4}{5} = \dfrac{17}{15}$.

4. 以初速 v_0 竖直上抛的物体, 其上升高度 s 与时间 t 的关系是 $s = v_0 t - \dfrac{1}{2}gt^2$. 求:

(1) 该物体的速度 $v(t)$;

(2) 该物体达到最高点的时刻.

【解】 (1) $v(t) = s'(t) = v_0 - gt$

(2) 令 $v_0 - gt = 0$,得 $t = \dfrac{v_0}{g}$,即达到最高点的时间为 $t = \dfrac{v_0}{g}$(s).

5. 求抛物线 $y = ax^2 + bx + c$ 上具有水平切线的点.

【解】 因水平切线的斜率为 0,令 $y' = 2ax + b = 0$,得 $x = -\dfrac{b}{2a}$,代入抛

物线方程,得 $y = a(-\dfrac{b}{2a})^2 - \dfrac{b^2}{2a} + c = \dfrac{4ac - b^2}{4a}$,所求的点为 $(-\dfrac{b}{2a}, \dfrac{4ac - b^2}{4a})$.

6. 求曲线 $y = 2\sin x + x^2$ 上横坐标为 $x = 0$ 的点处的切线方程和法线方程.

【解】 $y' = 2\cos x + 2x, y'(0) = 2$,当 $x = 0$ 时,$y = 0$,从而过原点的切线

方程为 $y = 2x$,法线方程为 $y = -\dfrac{1}{2}x$.

7. 写出曲线 $y = x - \dfrac{1}{x}$ 与 x 轴交点处的切线方程.

【解】 由 $\begin{cases} y = x - \dfrac{1}{x} \\ y = 0 \end{cases}$,得曲线与 x 轴的交点为 $(1,0), (-1,0)$. $y' = 1 +$

$\dfrac{1}{x^2}, y'(1) = 2, y'(-1) = 2$.

从而点 $(1,0)$ 处的切线方程:$y = 2(x-1)$.

点 $(-1,0)$ 处的切线方程:$y = 2(x+1)$.

习题 2-3

1. 求下列函数的导数

(1) $y = (2x+5)^4$;　　　　(2) $y = \cos(4-3x)$;

(3) $y = e^{-3x^2}$;　　　　(4) $y = \ln(1+x^2)$;

(5) $y = \sin^2 x$;　　　　(6) $y = \arctan(x^2)$;

(7) $y = \sqrt{a^2 - x^2}$;　　　　(8) $y = \tan(x^2)$;

(9) $y = \arctan(e^x)$;　　　　(10) $y = (\arcsin x)^2$;

(11) $y = \log_a(x^2 + x + 1)$;　　(12) $y = \ln\cos x$.

【解】 (1) $y' = 8(2x+5)^3$

(2) $y' = [-\sin(4-3x)](-3) = 3\sin(4-3x)$

(3) $y' = -6xe^{-3x^2}$

(4) $y' = \dfrac{2x}{1+x^2}$

(5) $y = 2\sin x\cos x = \sin 2x$

(6) $y' = \dfrac{2x}{1+x^4}$

(7) $y' = \dfrac{-2x}{2\sqrt{a^2-x^2}} = -\dfrac{x}{\sqrt{a^2-x^2}}$

(8) $y' = 2x\sec^2(x^2)$

(9) $y' = \dfrac{e^x}{1+e^{2x}}$

(10) $y' = \dfrac{2\arcsin x}{\sqrt{1-x^2}}$

(11) $y' = \dfrac{2x+1}{(x^2+x+1)\ln a}$

(12) $y' = \dfrac{-\sin x}{\cos x} = -\tan x$

2. 求下列函数的导数

(1) $y = \arcsin(1-2x)$;

(2) $y = \dfrac{1}{\sqrt{1-x^2}}$;

(3) $y = e^{-\frac{x}{2}}\cos 3x$;

(4) $y = \arccos\dfrac{1}{x}$;

(5) $y = \dfrac{1-\ln x}{1+\ln x}$;

(6) $y = \dfrac{\sin 2x}{x}$;

(7) $y = \arcsin\sqrt{x}$;

(8) $y = \ln(x+\sqrt{a^2+x^2})$;

(9) $y = \ln(\sec x + \tan x)$;

(10) $y = \ln(\csc x - \cot x)$.

【解】 (1) $y' = \dfrac{-2}{\sqrt{1-(1-2x)^2}} = -\dfrac{1}{\sqrt{x-x^2}}$

(2) $y' = \left[(1-x^2)^{-\frac{1}{2}}\right]' = -\dfrac{1}{2}(1-x^2)^{-\frac{3}{2}}(-2x) = \dfrac{x}{\sqrt{(1-x^2)^3}}$

(3) $y' = -\dfrac{1}{2}e^{-\frac{x}{2}}\cos 3x - 3e^{-\frac{x}{2}}\sin 3x = -\dfrac{1}{2}e^{-\frac{x}{2}}(\cos 3x + 6\sin 3x)$

(4) $y' = -\dfrac{-\dfrac{1}{x^2}}{\sqrt{1-(\dfrac{1}{x})^2}} = \dfrac{\dfrac{1}{x^2}}{\dfrac{1}{|x|}\sqrt{x^2-1}} = \dfrac{|x|}{x^2\sqrt{x^2-1}}$

(5) $y' = \dfrac{-\dfrac{1}{x}(1+\ln x)-(1-\ln x)\cdot\dfrac{1}{x}}{(1+\ln x)^2} = -\dfrac{2}{x(1+\ln x)^2}$

(6) $y' = \dfrac{2x\cos 2x - \sin 2x}{x^2}$

(7) $y' = \dfrac{\dfrac{1}{2\sqrt{x}}}{\sqrt{1-(\sqrt{x})^2}} = \dfrac{1}{2\sqrt{x}\ \sqrt{1-x}} = \dfrac{1}{2\ \sqrt{x-x^2}}$

(8) $y' = \dfrac{1+\dfrac{x}{\sqrt{a^2+x^2}}}{x+\sqrt{a^2+x^2}} = \dfrac{1}{\sqrt{a^2+x^2}}$

(9) $y' = \dfrac{\sec x\tan x + \sec^2 x}{\sec x + \tan x} = \sec x$

(10) $y' = \dfrac{-\csc x\cot x + \csc^2 x}{\csc x - \cot x} = \csc x$

3.求下列函数的导数

(1) $y = (\arcsin\dfrac{x}{2})^2$; (2) $y = \ln\tan\dfrac{x}{2}$;

(3) $y = \sqrt{1+\ln^2 x}$; (4) $y = e^{\text{arc}\tan\sqrt{x}}$;

(5) $y = \sin^n x\cdot\cos nx$; (6) $y = \arctan\dfrac{x+1}{x-1}$;

(7) $y = \dfrac{\arcsin x}{\arccos x}$; (8) $y = \ln[\ln(\ln x)]$;

(9) $y = \dfrac{\sqrt{1+x}-\sqrt{1-x}}{\sqrt{1+x}+\sqrt{1-x}}$; (10) $y = \arcsin\sqrt{\dfrac{1-x}{1+x}}$.

【解】 (1) $y' = 2\arcsin\dfrac{x}{2}\ \dfrac{\dfrac{1}{2}}{\sqrt{1-(\dfrac{x}{2})^2}} = \dfrac{2\arcsin\dfrac{x}{2}}{\sqrt{4-x^2}}$

(2) $y' = \dfrac{\dfrac{1}{2}\sec^2\dfrac{x}{2}}{\tan\dfrac{x}{2}} = \dfrac{1}{2\sin\dfrac{x}{2}\cos\dfrac{x}{2}} = \csc x$

(3) $y' = \dfrac{2\dfrac{1}{x}\ln x}{2\ \sqrt{1+\ln^2 x}} = \dfrac{\ln x}{x\ \sqrt{1+\ln^2 x}}$

(4) $y' = e^{\arctan\sqrt{x}} \cdot \dfrac{\dfrac{1}{2\sqrt{x}}}{1+(\sqrt{x})^2} = \dfrac{e^{\arctan\sqrt{x}}}{2\sqrt{x}(1+x)}$

(5) $y' = n\sin^{n-1}x\cos x\cos nx - n\sin^n x\sin nx =$

$\quad n\sin^{n-1}x(\cos x\cos nx - \sin x\sin nx) =$

$\quad n\sin^{n-1}x\cos(n+1)x$

(6) $y' = \dfrac{1}{1+(\dfrac{x+1}{x-1})^2} \cdot \dfrac{(x-1)-(x+1)}{(x-1)^2} =$

$\quad \dfrac{-2}{(x-1)^2+(x+1)^2} = -\dfrac{1}{x^2+1}$

(7) $y' = \dfrac{1}{(\arccos x)^2}[\dfrac{1}{\sqrt{1-x^2}}\arccos x - \arcsin x(-\dfrac{1}{\sqrt{1-x^2}})] =$

$\quad \dfrac{\arccos x + \arcsin x}{\sqrt{1-x^2}(\arccos x)^2} = \dfrac{\pi}{2\sqrt{1-x^2}(\arccos x)^2}$

(8) $y' = \dfrac{1}{\ln(\ln x)} \cdot \dfrac{1}{\ln x} \cdot \dfrac{1}{x} = \dfrac{1}{x\ln x \cdot \ln(\ln x)}$

(9) 因 $\quad y = \dfrac{\sqrt{1+x}-\sqrt{1-x}}{\sqrt{1+x}+\sqrt{1-x}} = \dfrac{(\sqrt{1+x}-\sqrt{1-x})^2}{2x} =$

$\quad \dfrac{2-2\sqrt{1-x^2}}{2x} = \dfrac{1-\sqrt{1-x^2}}{x}$

从而　$y' = (\dfrac{1-\sqrt{1-x^2}}{x})' = \dfrac{-\dfrac{-x}{\sqrt{1-x^2}}x - (1-\sqrt{1-x^2})}{x^2} =$

$\quad \dfrac{x^2 - \sqrt{1-x^2}+1-x^2}{x^2\sqrt{1-x^2}} = \dfrac{1-\sqrt{1-x^2}}{x^2\sqrt{1-x^2}} =$

$\quad \dfrac{1-(1-x^2)}{x^2\sqrt{1-x^2}(1+\sqrt{1-x^2})} =$

$\quad \dfrac{1}{\sqrt{1-x^2}(1+\sqrt{1-x^2})} = \dfrac{1}{\sqrt{1-x^2}+1-x^2}$

(10) $y' = \dfrac{1}{\sqrt{1-\dfrac{1-x}{1+x}}} \cdot \dfrac{1}{2\sqrt{\dfrac{1-x}{1+x}}} \cdot \dfrac{-(1+x)-(1-x)}{(1+x)^2} =$

$\quad \dfrac{\sqrt{1+x}}{\sqrt{2x}} \cdot \dfrac{\sqrt{1+x}}{\sqrt{1-x}} \cdot \dfrac{-1}{(1+x)^2} = -\dfrac{1}{(1+x)\sqrt{2x(1-x)}}$

4. 设函数 $f(x)$ 和 $g(x)$ 可导,且 $f^2(x) + g^2(x) \neq 0$,试求函数 $y = \sqrt{f^2(x) + g^2(x)}$ 的导数.

【解】 $y' = \dfrac{2f(x)f'(x) + 2g(x)g'(x)}{2\sqrt{f^2(x) + g^2(x)}} = \dfrac{f(x)f'(x) + g(x)g'(x)}{\sqrt{f^2(x) + g^2(x)}}$

5. 设 $f(x)$ 可导,求下列函数 y 的导数 $\dfrac{\mathrm{d}y}{\mathrm{d}x}$:

(1) $y = f(x^2)$; (2) $y = f(\sin^2 x) + f(\cos^2 x)$.

【解】 (1) $y' = 2xf'(x^2)$

(2) $y' = 2\sin x\cos x f'(\sin^2 x) - 2\cos x\sin x f'(\cos^2 x) =$

$\sin 2x[f'(\sin^2 x) - f'(\cos^2 x)]$

习题 2-4

1. 推导本节中的公式(1),(2),(3).

【解】 因 $\operatorname{arsh}x = \ln(x + \sqrt{1 + x^2})$, $\operatorname{arch}x = \ln(x + \sqrt{x^2 - 1})$

$$\operatorname{arth}x = \frac{1}{2}\ln\frac{1+x}{1-x}$$

从而

$$(\operatorname{arsh}x)' = \frac{1 + \dfrac{x}{\sqrt{1+x^2}}}{x + \sqrt{1+x^2}} = \frac{1}{\sqrt{1+x^2}}$$

$$(\operatorname{arch}x)' = \frac{1 + \dfrac{x}{\sqrt{x^2-1}}}{x + \sqrt{x^2-1}} = \frac{1}{\sqrt{x^2-1}}$$

$$(\operatorname{arth}x)' = \left[\frac{1}{2}\ln\frac{1+x}{1-x}\right]' = \frac{1}{2}[\ln(1+x) - \ln(1-x)]' =$$

$$\frac{1}{2}\left(\frac{1}{1+x} + \frac{1}{1-x}\right) = \frac{1}{1-x^2}$$

2. 求下列函数的导数

(1) $y = \operatorname{ch}(\operatorname{sh}x)$; (2) $y = \operatorname{sh}x \cdot e^{\operatorname{ch}x}$;

(3) $y = \operatorname{th}(\ln x)$; (4) $y = \operatorname{sh}^3 x + \operatorname{ch}^2 x$;

(5) $y = \operatorname{th}(1 - x^2)$; (6) $y = \operatorname{arsh}(x^2 + 1)$;

(7) $y = \operatorname{arch}(e^{2x})$; (8) $y = \arctan(\operatorname{th}x)$;

(9) $y = \ln\operatorname{ch}x + \dfrac{1}{2\operatorname{ch}^2 x}$.

【解】 (1) $y' = \operatorname{sh}(\operatorname{sh}x) \cdot \operatorname{ch}x$

(2) $y' = \mathrm{ch}x \cdot \mathrm{e}^{\mathrm{ch}x} + \mathrm{sh}x \cdot \mathrm{sh}x \cdot \mathrm{e}^{\mathrm{ch}x} = \mathrm{e}^{\mathrm{ch}x}(\mathrm{ch}x + \mathrm{sh}^2 x)$

(3) $y' = \dfrac{1}{x\mathrm{ch}^2(\ln x)}$

(4) $y' = 3\mathrm{sh}^2 x \cdot \mathrm{ch}x + 2\mathrm{ch}x\mathrm{sh}x = \mathrm{sh}x\mathrm{ch}x(3\mathrm{sh}x + 2)$

(5) $y' = \dfrac{-2x}{\mathrm{ch}^2(1 - x^2)}$

(6) $y' = \dfrac{2x}{\sqrt{1 + (x^2 + 1)^2}} = \dfrac{2x}{\sqrt{x^4 + 2x^2 + 2}}$

(7) $y' = \dfrac{2\mathrm{e}^{2x}}{\sqrt{\mathrm{e}^{4x} - 1}}$

(8) $y' = \dfrac{1}{1 + \mathrm{th}^2 x} \cdot \dfrac{1}{\mathrm{ch}^2 x} = \dfrac{\mathrm{ch}^2 x}{\mathrm{ch}^2 x + \mathrm{sh}^2 x} \cdot \dfrac{1}{\mathrm{ch}^2 x} = \dfrac{1}{1 + 2\mathrm{sh}^2 x}$

(9) $y' = \dfrac{\mathrm{sh}x}{\mathrm{ch}x} - \dfrac{2\mathrm{sh}x}{2\mathrm{ch}^3 x} = \mathrm{th}x(1 - \dfrac{1}{\mathrm{ch}^2 x}) =$

$\mathrm{th}x \cdot \dfrac{\mathrm{ch}^2 x - 1}{\mathrm{ch}^2 x} = \mathrm{th}x \cdot \dfrac{\mathrm{sh}^2 x}{\mathrm{ch}^2 x} = \mathrm{th}^3 x$

3. 求下列函数的导数

(1) $y = \mathrm{e}^{-x}(x^2 - 2x + 3)$;

(2) $y = \sin^2 x \cdot \sin(x^2)$;

(3) $y = (\arctan \dfrac{x}{2})^2$;

(4) $y = \dfrac{\ln x}{x^n}$;

(5) $y = \dfrac{\mathrm{e}^t - \mathrm{e}^{-t}}{\mathrm{e}^t + \mathrm{e}^{-t}}$;

(6) $y = \ln\cos \dfrac{1}{x}$;

(7) $y = \mathrm{e}^{-\sin^2 \frac{1}{x}}$;

(8) $y = \sqrt{x + \sqrt{x}}$;

(9) $y = x\arcsin \dfrac{x}{2} + \sqrt{4 - x^2}$;

(10) $y = \arcsin \dfrac{2t}{1 + t^2}$.

【解】 (1) $y' = -\mathrm{e}^{-x}(x^2 - 2x + 3) + \mathrm{e}^{-x}(2x - 2) = \mathrm{e}^{-x}(-x^2 + 4x - 5)$

(2) $y' = 2\sin x\cos x \cdot \sin(x^2) + 2x\sin^2 x \cdot \cos(x^2) =$

$\sin 2x\sin(x^2) + 2x\sin^2 x\cos(x^2)$

(3) $y' = 2\arctan \dfrac{x}{2} \cdot \dfrac{\frac{1}{2}}{1 + (\frac{x}{2})^2} = \dfrac{4}{4 + x^2}\arctan \dfrac{x}{2}$

(4) $y' = \dfrac{\frac{1}{x}x^n - nx^{n-1}\ln x}{x^{2n}} = \dfrac{1 - n\ln x}{x^{n+1}}$

(5) $y' = \dfrac{(e^t+e^{-t})(e^t+e^{-t})-(e^t-e^{-t})(e^t-e^{-t})}{(e^t+e^{-t})^2} = \dfrac{4}{(e^t+e^{-t})^2} = \dfrac{1}{\mathrm{ch}^2 t}$

(6) $y' = \dfrac{1}{\cos\dfrac{1}{x}}(-\sin\dfrac{1}{x})(-\dfrac{1}{x^2}) = \dfrac{1}{x^2}\tan\dfrac{1}{x}$

(7) $y' = e^{-\sin^2\frac{1}{x}}(-2\sin\dfrac{1}{x}\cos\dfrac{1}{x})(-\dfrac{1}{x^2}) = \dfrac{1}{x^2}\sin\dfrac{2}{x}\cdot e^{-\sin^2\frac{1}{x}}$

(8) $y' = \dfrac{1}{2\sqrt{x+\sqrt{x}}}(1+\dfrac{1}{2\sqrt{x}}) = \dfrac{2\sqrt{x}+1}{4\sqrt{x}\sqrt{x+\sqrt{x}}}$

(9) $y' = \arcsin\dfrac{x}{2} + x\cdot\dfrac{\frac{1}{2}}{\sqrt{1-\frac{x^2}{4}}} - \dfrac{x}{\sqrt{4-x^2}} = \arcsin\dfrac{x}{2}$

(10) $y' = \dfrac{1}{\sqrt{1-(\frac{2t}{1+t^2})^2}} \cdot \dfrac{2(1+t^2)-2t\cdot 2t}{(1+t^2)^2} =$

$$\dfrac{2(1-t^2)}{(1+t^2)\sqrt{(1-t^2)^2}} = \begin{cases} \dfrac{2}{1+t^2}, & t^2<1 \\ -\dfrac{2}{1+t^2}, & t^2>1 \end{cases}$$

习题 2-5

1. 求下列函数的二阶导数

(1) $y = 2x^2 + \ln x$; (2) $y = e^{2x-1}$;

(3) $y = x\cos x$; (4) $y = e^{-t}\sin t$;

(5) $y = \sqrt{a^2-x^2}$; (6) $y = \ln(1-x^2)$;

(7) $y = \tan x$; (8) $y = \dfrac{1}{x^3+1}$;

(9) $y = (1+x^2)\arctan x$; (10) $y = \dfrac{e^x}{x}$;

(11) $y = xe^{x^2}$; (12) $y = \ln(x+\sqrt{1+x^2})$.

【解】 (1) $y' = 4x+\dfrac{1}{x}$, $y'' = 4-\dfrac{1}{x^2}$

(2) $y' = 2e^{2x-1}$, $y'' = 4e^{2x-1}$

(3) $y' = \cos x - x\sin x$, $y'' = -\sin x - \sin x - x\cos x = -2\sin x - x\cos x$

(4) $y' = -e^{-t}\sin t + e^{-t}\cos t = e^{-t}(\cos t - \sin t)$

$$y'' = -e^{-t}(\cos t - \sin t) + e^{-t}(-\sin t - \cos t) = -2e^{-t}\cos t$$

(5) $y' = \dfrac{-x}{\sqrt{a^2-x^2}}$, $y'' = -\dfrac{\sqrt{a^2-x^2} - x \cdot \dfrac{-x}{\sqrt{a^2-x^2}}}{a^2-x^2} = $

$\qquad -\dfrac{a^2}{(a^2-x^2)^{3/2}}$

(6) $y' = \dfrac{-2x}{1-x^2}$, $y'' = -2\dfrac{(1-x^2) - x(-2x)}{(1-x^2)^2} = -\dfrac{2(1+x^2)}{(1-x^2)^2}$

(7) $y' = \sec^2 x$, $y'' = 2\sec^2 x \tan x$

(8) $y' = \dfrac{-3x^2}{(x^3+1)^2}$

$\qquad y'' = -3\dfrac{2x(x^3+1)^2 - x^2 \cdot 2(x^3+1) \cdot 3x^2}{(x^3+1)^4} = \dfrac{6x(2x^3-1)}{(x^3+1)^3}$

(9) $y' = 2x\arctan x + (1+x^2)\dfrac{1}{1+x^2} = 1 + 2x\arctan x$

$\qquad y'' = 2\arctan x + \dfrac{2x}{1+x^2}$

(10) $y' = \dfrac{xe^x - e^x}{x^2} = \dfrac{e^x(x-1)}{x^2}$

$\qquad y'' = \dfrac{xe^x x^2 - 2xe^x(x-1)}{x^4} = \dfrac{e^x(x^2-2x+2)}{x^3}$

(11) $y' = e^{x^2} + 2x^2 e^{x^2} = e^{x^2}(1+2x^2)$

$\qquad y'' = 2xe^{x^2}(1+2x^2) + e^{x^2} \cdot 4x = 2xe^{x^2}(2x^2+3)$

(12) $y' = \dfrac{1}{x+\sqrt{1+x^2}}(1 + \dfrac{x}{\sqrt{1+x^2}}) = \dfrac{1}{\sqrt{1+x^2}}$

$\qquad y'' = -\dfrac{\dfrac{x}{\sqrt{1+x^2}}}{1+x^2} = -\dfrac{x}{(1+x^2)^{3/2}}$

2. 设 $f(x) = (x+10)^6$, $f'''(2) = ?$

【解】 $f'(x) = 6(x+10)^5$, $f''(x) = 30(x+10)^4$, $f'''(x) = 120(x+10)^3$, 从而 $f'''(2) = 10 \times 12^4 = 207\,360$.

3. 设 $f''(x)$ 存在,求下列函数 y 的二阶导数 $\dfrac{d^2y}{dx^2}$:

(1) $y = f(x^2)$; (2) $y = \ln[f(x)]$.

【解】 (1) $y' = 2xf'(x^2)$, $y'' = 2f'(x^2) + 4x^2 f''(x^2)$

(2) $y' = \dfrac{f'(x)}{f(x)}$, $y'' = \dfrac{f''(x)f(x) - [f'(x)]^2}{f^2(x)}$

4. 试从 $\dfrac{\mathrm{d}x}{\mathrm{d}y} = \dfrac{1}{y'}$ 导出:

(1) $\dfrac{\mathrm{d}^2 x}{\mathrm{d}y^2} = -\dfrac{y''}{(y')^3}$; (2) $\dfrac{\mathrm{d}^3 x}{\mathrm{d}y^3} = \dfrac{3(y'')^2 - y'y'''}{(y')^5}$.

【证】 (1) $\dfrac{\mathrm{d}^2 x}{\mathrm{d}y^2} = \dfrac{\mathrm{d}}{\mathrm{d}y}(\dfrac{\mathrm{d}x}{\mathrm{d}y}) = \dfrac{\mathrm{d}}{\mathrm{d}y}(\dfrac{1}{y'}) = \dfrac{\mathrm{d}}{\mathrm{d}x}(\dfrac{1}{y'}) \dfrac{\mathrm{d}x}{\mathrm{d}y} =$

$$-\dfrac{1}{(y')^2}y'' \cdot \dfrac{1}{y'} = -\dfrac{y''}{(y')^3}$$

(2) $\dfrac{\mathrm{d}^3 x}{\mathrm{d}y^3} = \dfrac{\mathrm{d}}{\mathrm{d}y}(\dfrac{\mathrm{d}^2 x}{\mathrm{d}y^2}) = \dfrac{\mathrm{d}}{\mathrm{d}x}[-\dfrac{y''}{(y')^3}]\dfrac{\mathrm{d}x}{\mathrm{d}y} =$

$$-\dfrac{y'''(y')^3 - y'' \cdot 3(y')^2 \cdot y''}{(y')^6} \cdot \dfrac{1}{y'} =$$

$$\dfrac{3(y'')^2 - y'y'''}{(y')^5}$$

5. 已知物体的运动规律为 $s = A\sin\omega t (A, \omega$ 是常数$)$,求物体运动的加速度,并验证:

$$\dfrac{\mathrm{d}^2 s}{\mathrm{d}t^2} + \omega^2 s = 0$$

【解】 记物体运动的速度为 $v(t)$,加速度为 $a(t)$,则

$$v(t) = s'(t) = A\omega\cos\omega t, \quad a(t) = s''(t) = -A\omega^2\sin\omega t = -\omega^2 s$$

从而 $$\dfrac{\mathrm{d}^2 s}{\mathrm{d}t^2} + \omega^2 s = -\omega^2 s + \omega^2 s = 0$$

6. 验证函数 $y = C_1 \mathrm{e}^{\lambda x} + C_2 \mathrm{e}^{-\lambda x} (\lambda, C_1, C_2$ 是常数$)$ 满足关系式:

$$y'' - \lambda^2 y = 0$$

【证】 $$y' = C_1\lambda \mathrm{e}^{\lambda x} - C_2\lambda \mathrm{e}^{-\lambda x}$$

$$y'' = C_1\lambda^2 \mathrm{e}^{\lambda x} + C_2\lambda^2 \mathrm{e}^{-\lambda x} = \lambda^2 y$$

从而 $$y'' - \lambda^2 y = \lambda^2 y - \lambda^2 y = 0$$

7. 验证函数 $y = \mathrm{e}^x \sin x$ 满足关系式:

$$y'' - 2y' + 2y = 0$$

【证】 $$y' = \mathrm{e}^x(\sin x + \cos x)$$

$$y'' = \mathrm{e}^x(\sin x + \cos x + \cos x - \sin x) = 2\cos x \cdot \mathrm{e}^x$$

从而 $$y'' - 2y' + 2y = 2\cos x\mathrm{e}^x - 2\mathrm{e}^x(\sin x + \cos x) + 2\mathrm{e}^x\sin x =$$

$$2\mathrm{e}^x(\cos x - \sin x - \cos x + \sin x) = 0$$

8. 求下列函数的 n 阶导数的一般表达式：

(1) $y = x^n + a_1 x^{n-1} + a_2 x^{n-2} + \cdots + a_{n-1} x + a_n (a_1, a_2, \cdots, a_n$ 都是常数）；

(2) $y = \sin^2 x$;   (3) $y = x \ln x$;   (4) $y = x e^x$.

【解】（1）由于 $(x^n)^{(n)} = n!$，当 $m > n$ 时，$(x^n)^{(m)} = 0$，则

$$y^{(n)} = (x^n)^{(n)} + a_1 (x^{n-1})^{(n)} + \cdots + a_{n-1} (x)^{(n)} + (a_n)^{(n)} = n!$$

（2）$y' = 2\sin x \cos x = \sin 2x$

$$y^{(n)} = (\sin 2x)^{(n-1)} = 2^{n-1} \sin \left[2x + (n-1) \frac{\pi}{2} \right]$$

（3）$y' = \ln x + 1$， $y'' = \dfrac{1}{x}$， $y''' = -\dfrac{1}{x^2}$， $y^{(4)} = \dfrac{2}{x^3}$，$\cdots$，

$$y^{(n)} = \left(\frac{1}{x} \right)^{(n-2)} = (-1)^n \frac{(n-2)!}{x^{n-1}} \quad (n \geqslant 2)$$

（4）$y' = e^x (x+1)$， $y'' = e^x (x+2)$，$\cdots$， $y^{(n)} = e^x (x+n)$

9. 求下列函数所指定的阶的导数

(1) $y = e^x \cos x$，求 $y^{(4)}$;

(2) $y = x \operatorname{sh} x$，求 $y^{(100)}$;

(3) $y = x^2 \sin 2x$，求 $y^{(50)}$.

【解】（1）$y' = e^x (\cos x - \sin x)$

$y'' = e^x (\cos x - \sin x - \sin x - \cos x) = -2e^x \sin x$

$y''' = -2e^x (\sin x + \cos x)$

$y^{(4)} = -2e^x (\sin x + \cos x + \cos x - \sin x) = -4e^x \cos x$

（2）用乘积导数的莱布尼兹公式计算，由于 $x^{(n)} = 0, n \geqslant 2$ 时，

从而 $y^{(100)} = 0 + C_{100}^{99} (x)' (\operatorname{sh} x)^{(99)} + x (\operatorname{sh} x)^{(100)} = 100 \operatorname{ch} x + x \operatorname{sh} x$

（3）$y^{(50)} = 0 + C_{50}^{48} (x^2)'' (\sin 2x)^{(48)} + C_{50}^{49} (x^2)' (\sin 2x)^{(49)} + x^2 (\sin 2x)^{(50)} =$

$$\frac{50 \times 49}{2} \times 2 \sin \left(2x + 48 \frac{\pi}{2} \right) 2^{48} + 50 \times 2x \times 2^{49} \sin \left(2x + \frac{49}{2} \pi \right) +$$

$$x^2 \times 2^{50} \sin \left(2x + \frac{50}{2} \pi \right) = 2^{50} \left(\frac{1\,225}{2} \sin 2x + 50x \cos 2x - x^2 \sin 2x \right)$$

习题 2-6

1. 求由下列方程所确定的隐函数 y 的导数 $\dfrac{dy}{dx}$:

(1) $y^2 - 2xy + 9 = 0$;   (2) $x^3 + y^3 - 3axy = 0$;

(3) $xy = e^{x+y}$;   (4) $y = 1 - xe^y$.

【解】 (1) 方程两边同时对 x 求导

$$2yy' - 2y - 2xy' = 0$$

所以
$$\frac{\mathrm{d}y}{\mathrm{d}x} = \frac{y}{y-x}$$

(2) 由 $3x^2 + 3y^2y' - 3ay - 3axy' = 0$，得 $\frac{\mathrm{d}y}{\mathrm{d}x} = \frac{ay-x^2}{y^2-ax}$.

(3) 由 $y + xy' = (1+y')\mathrm{e}^{x+y}$，得 $\frac{\mathrm{d}y}{\mathrm{d}x} = \frac{\mathrm{e}^{x+y}-y}{x-\mathrm{e}^{x+y}}$.

(4) 由 $y' = -\mathrm{e}^y - x\mathrm{e}^yy'$，得 $\frac{\mathrm{d}y}{\mathrm{d}x} = -\frac{\mathrm{e}^y}{1+x\mathrm{e}^y}$.

2. 求曲线 $x^{\frac{2}{3}} + y^{\frac{2}{3}} = a^{\frac{2}{3}}$ 在点 $(\frac{\sqrt{2}}{4}a, \frac{\sqrt{2}}{4}a)$ 处的切线方程和法线方程.

【解】 由 $\frac{2}{3}x^{-\frac{1}{3}} + \frac{2}{3}y^{-\frac{1}{3}} \cdot y' = 0$，得 $y' = -\sqrt[3]{\frac{y}{x}}$，$k_{切} = y'(\frac{\sqrt{2}}{4}a) = -1$，

$k_{法} = 1$，从而

切线方程：$y - \frac{\sqrt{2}}{4}a = -(x - \frac{\sqrt{2}}{4}a)$，即 $x + y - \frac{\sqrt{2}}{2}a = 0$.

法线方程：$y - \frac{\sqrt{2}}{4}a = x - \frac{\sqrt{2}}{4}a$，即 $x - y = 0$.

3. 求由下列方程所确定的隐函数 y 的二阶导数 $\frac{\mathrm{d}^2y}{\mathrm{d}x^2}$：

(1) $x^2 - y^2 = 1$;　　(2) $b^2x^2 + a^2y^2 = a^2b^2$;

(3) $y = \tan(x+y)$;　　(4) $y = 1 + x\mathrm{e}^y$.

【解】 (1) 　　　　$2x - 2yy' = 0$, $y' = \frac{x}{y}$

$$y'' = \frac{y - xy'}{y^2} = \frac{y - x\frac{x}{y}}{y^2} = \frac{y^2 - x^2}{y^3} = -\frac{1}{y^3}$$

(2) 　　　　$2b^2x + 2a^2yy' = 0$, $y' = -\frac{b^2x}{a^2y}$

$$y'' = -\frac{b^2}{a^2}(\frac{x}{y})' = -\frac{b^2}{a^2} \cdot \frac{y - xy'}{y^2} = -\frac{b^2}{a^2} \cdot \frac{y + \frac{b^2x^2}{a^2y}}{y^2} =$$

$$-\frac{b^2}{a^2} \cdot \frac{a^2y^2 + b^2x^2}{a^2y^3} = -\frac{b^2}{a^2} \cdot \frac{a^2b^2}{a^2y^3} = -\frac{b^4}{a^2y^3}$$

(3) 由 $y' = \sec^2(x+y) \cdot (1+y')$，则

244

$$y' = \frac{\sec^2(x+y)}{1 - \sec^2(x+y)} = \frac{\sec^2(x+y)}{-\tan^2(x+y)} = -\csc^2(x+y)$$

从而
$$y'' = -2\csc(x+y)(-\csc(x+y))\cot(x+y)(1+y') =$$
$$2\csc^2(x+y)\cot(x+y)[1 - \csc^2(x+y)] =$$
$$2\csc^2(x+y)\cot(x+y)[-\cot^2(x+y)] =$$
$$-2\csc^2(x+y)\cot^3(x+y)$$

(4) $y' = \mathrm{e}^y + x\mathrm{e}^y y'$,则 $y' = \dfrac{\mathrm{e}^y}{1 - x\mathrm{e}^y}$,

$$y'' = \frac{\mathrm{e}^y y'(1 - x\mathrm{e}^y) + \mathrm{e}^y(\mathrm{e}^y + x\mathrm{e}^y y')}{(1 - x\mathrm{e}^y)^2} = \frac{\mathrm{e}^y \mathrm{e}^y + \mathrm{e}^y(\mathrm{e}^y + x\mathrm{e}^y \dfrac{\mathrm{e}^y}{1 - x\mathrm{e}^y})}{(1 - x\mathrm{e}^y)^2} =$$

$$\frac{2\mathrm{e}^{2y}(1 - x\mathrm{e}^y) + x\mathrm{e}^{3y}}{(1 - x\mathrm{e}^y)^3} = \frac{\mathrm{e}^{2y}(2 - x\mathrm{e}^y)}{(1 - x\mathrm{e}^y)^3} = \frac{\mathrm{e}^{2y}(3 - y)}{(2 - y)^3}$$

4.用对数求导法求下列函数的导数:

(1) $y = \left(\dfrac{x}{1+x}\right)^x$;　　　　(2) $y = \sqrt[5]{\dfrac{x-5}{\sqrt[5]{x^2+2}}}$;

(3) $y = \dfrac{\sqrt{x+2}\,(3-x)^4}{(x+1)^5}$;　　　　(4) $y = \sqrt{x\sin x \sqrt{1 - \mathrm{e}^x}}$.

【解】 (1) 两边取对数,得

$$\ln y = x\ln\frac{x}{1+x} = x[\ln x - \ln(1+x)]$$

两边对 x 求导,得

$$\frac{1}{y}y' = [\ln x - \ln(1+x)] + x\left(\frac{1}{x} - \frac{1}{1+x}\right)$$

从而
$$y' = \left(\frac{x}{1+x}\right)^x\left(\ln\frac{x}{1+x} + \frac{1}{x+1}\right)$$

(2) 两边取对数得

$$\ln y = \frac{1}{5}\ln(x-5) - \frac{1}{25}\ln(x^2+2)$$

$$\frac{y'}{y} = \frac{1}{5(x-5)} - \frac{2x}{25(x^2+2)}$$

从而
$$y' = \sqrt[5]{\frac{x-5}{\sqrt[5]{x^2+2}}}\left[\frac{1}{5(x-5)} - \frac{2x}{25(x^2+2)}\right]$$

(3) 两边取对数,得

$$\ln y = \frac{1}{2}\ln(x+2) + 4\ln(3-x) - 5\ln(x+1)$$

$$\frac{y'}{y} = \frac{1}{2}\,\frac{1}{x+2} + 4\,\frac{-1}{3-x} - 5\,\frac{1}{x+1}$$

从而 $\qquad y' = \dfrac{\sqrt{x+2}\,(3-x)^4}{(x+1)^5}\left[\dfrac{1}{2(x+2)} - \dfrac{4}{3-x} - \dfrac{5}{x+1}\right]$

（4）两边取对数，得

$$\ln y = \frac{1}{2}\left[\ln x + \ln\sin x + \frac{1}{2}\ln(1-e^x)\right]$$

$$\frac{y'}{y} = \frac{1}{2}\left(\frac{1}{x} + \frac{\cos x}{\sin x} + \frac{1}{2}\cdot\frac{-e^x}{1-e^x}\right)$$

从而 $\qquad y' = \dfrac{1}{2}\sqrt{x\sin x\,\sqrt{1-e^x}}\left[\dfrac{1}{x} + \cot x - \dfrac{e^x}{2(1-e^x)}\right]$

5. 求下列参数方程所确定的函数的导数 $\dfrac{\mathrm{d}y}{\mathrm{d}x}$：

(1) $\begin{cases} x = at^2 \\ y = bt^3 \end{cases}$; $\qquad$ (2) $\begin{cases} x = \theta(1-\sin\theta) \\ y = \theta\cos\theta \end{cases}$.

【解】 (1) $\dfrac{\mathrm{d}y}{\mathrm{d}x} = \dfrac{\dfrac{\mathrm{d}y}{\mathrm{d}t}}{\dfrac{\mathrm{d}x}{\mathrm{d}t}} = \dfrac{3bt^2}{2at} = \dfrac{3bt}{2a}$

(2) $\dfrac{\mathrm{d}y}{\mathrm{d}x} = \dfrac{\dfrac{\mathrm{d}y}{\mathrm{d}\theta}}{\dfrac{\mathrm{d}x}{\mathrm{d}\theta}} = \dfrac{\cos\theta - \theta\sin\theta}{1 - \sin\theta - \theta\cos\theta}$

6. 已知 $\begin{cases} x = e^t\sin t \\ y = e^t\cos t \end{cases}$，求当 $t = \dfrac{\pi}{3}$ 时，$\dfrac{\mathrm{d}y}{\mathrm{d}x}$ 的值.

【解】 $\qquad \dfrac{\mathrm{d}y}{\mathrm{d}x} = \dfrac{e^t(\cos t - \sin t)}{e^t(\sin t + \cos t)} = \dfrac{\cos t - \sin t}{\cos t + \sin t}$

从而 $\qquad \dfrac{\mathrm{d}y}{\mathrm{d}x}\Big|_{t=\frac{\pi}{3}} = \dfrac{\cos\dfrac{\pi}{3} - \sin\dfrac{\pi}{3}}{\cos\dfrac{\pi}{3} + \sin\dfrac{\pi}{3}} = \dfrac{\dfrac{1}{2} - \dfrac{\sqrt{3}}{2}}{\dfrac{1}{2} + \dfrac{\sqrt{3}}{2}} = \dfrac{1-\sqrt{3}}{1+\sqrt{3}} = \sqrt{3} - 2$

7. 写出下列曲线在所给参数值相应的点处的切线方程和法线方程：

(1) $\begin{cases} x = \sin t \\ y = \cos 2t \end{cases}$ 在 $t = \dfrac{\pi}{4}$ 处；

(2) $\begin{cases} x = \dfrac{3at}{1+t^2} \\ y = \dfrac{3at^2}{1+t^2} \end{cases}$ 在 $t = 2$ 处.

【解】(1) $\dfrac{dy}{dx} = \dfrac{-2\sin 2t}{\cos t} = -4\sin t$，$y'(\dfrac{\pi}{4}) = -4\sin\dfrac{\pi}{4} = -2\sqrt{2}$

当 $t = \dfrac{\pi}{4}$ 时，$x_0 = \dfrac{\sqrt{2}}{2}$，$y_0 = 0$，所以

切线方程为：$y = -2\sqrt{2}(x - \dfrac{\sqrt{2}}{2})$，即 $2\sqrt{2}x + y - 2 = 0$；

法线方程为：$y = \dfrac{1}{2\sqrt{2}}(x - \dfrac{\sqrt{2}}{2})$，即 $\sqrt{2}x - 4y - 1 = 0$.

(2) $\dfrac{dx}{dt} = 3a \cdot \dfrac{1+t^2 - 2t^2}{(1+t^2)^2} = \dfrac{3a(1-t^2)}{(1+t^2)^2}$

$\dfrac{dy}{dt} = 3a \cdot \dfrac{2t(1+t^2) - 2t^3}{(1+t^2)^2} = \dfrac{6at}{(1+t^2)^2}$

则 $\dfrac{dy}{dx} = \dfrac{\frac{dy}{dt}}{\frac{dx}{dt}} = \dfrac{6at}{3a(1-t^2)} = \dfrac{2t}{1-t^2}$

$y'(2) = -\dfrac{4}{3}$

当 $t = 2$ 时，$x_0 = \dfrac{6a}{5}$，$y_0 = \dfrac{12a}{5}$，所以

切线方程为：$y - \dfrac{12}{5}a = -\dfrac{4}{3}(x - \dfrac{6a}{5})$，即 $4x + 3y - 12a = 0$；

法线方程为：$y - \dfrac{12}{5}a = \dfrac{3}{4}(x - \dfrac{6a}{5})$，即 $3x - 4y + 6a = 0$.

8. 求下列参数方程所确定的函数的二阶导数 $\dfrac{d^2y}{dx^2}$：

(1) $\begin{cases} x = \dfrac{t^2}{2} \\ y = 1 - t \end{cases}$；　(2) $\begin{cases} x = a\cos t \\ y = b\sin t \end{cases}$；

(3) $\begin{cases} x = 3e^{-t} \\ y = 2e^t \end{cases}$；　(4) $\begin{cases} x = f'(t) \\ y = tf'(t) - f(t) \end{cases}$，设 $f''(t)$ 存在且不为零.

【解】(1) $\dfrac{dy}{dx} = \dfrac{-1}{t}$

$$\frac{d^2 y}{dx^2} = \frac{d}{dt}\left(-\frac{1}{t}\right)\frac{dt}{dx} = \frac{1}{t^2} \cdot \frac{1}{\frac{dx}{dt}} = \frac{1}{t^2} \cdot \frac{1}{t} = \frac{1}{t^3}$$

(2) $\dfrac{dy}{dx} = \dfrac{b\cos t}{-a\sin t} = -\dfrac{b}{a}\cot t$

$$\frac{d^2 y}{dx^2} = \frac{b}{a}\csc^2 t \cdot \frac{1}{-a\sin t} = -\frac{b}{a^2 \sin^3 t}$$

(3) $\dfrac{dy}{dx} = \dfrac{2e^t}{-3e^{-t}} = -\dfrac{2}{3}e^{2t}$

$$\frac{d^2 y}{dx^2} = -\frac{4}{3}e^{2t} \cdot \frac{1}{-3e^{-t}} = \frac{4}{9}e^{3t}$$

(4) $\dfrac{dy}{dx} = \dfrac{f'(t) + tf''(t) - f'(t)}{f''(t)} = t$

$$\frac{d^2 y}{dx^2} = 1 \cdot \frac{1}{f''(t)} = \frac{1}{f''(t)}$$

9. 求下列参数方程所确定的函数的三阶导数 $\dfrac{d^3 y}{dx^3}$：

(1) $\begin{cases} x = 1 - t^2 \\ y = t - t^3 \end{cases}$; (2) $\begin{cases} x = \ln(1 + t^2) \\ y = t - \arctan t \end{cases}$.

【解】 (1) $\dfrac{dy}{dx} = \dfrac{1 - 3t^2}{-2t}$

$$\frac{d^2 y}{dx^2} = -\frac{1}{2} \cdot \frac{-6t \cdot t - (1 - 3t^2)}{t^2} \cdot \frac{1}{-2t} = -\frac{1 + 3t^2}{4t^3}$$

$$\frac{d^3 y}{dx^3} = -\frac{1}{4} \cdot \frac{6t \cdot t^3 - (1 + 3t^2) \cdot 3t^2}{t^6} \cdot \frac{1}{-2t} = -\frac{3}{8t^5}(1 + t^2)$$

(2) $\dfrac{dy}{dx} = \dfrac{1 - \dfrac{1}{1 + t^2}}{\dfrac{2t}{1 + t^2}} = \dfrac{t^2}{2t} = \dfrac{t}{2}$

$$\frac{d^2 y}{dx^2} = \frac{1}{2} \cdot \frac{1}{\dfrac{2t}{1 + t^2}} = \frac{1 + t^2}{4t}$$

$$\frac{d^3 y}{dx^2} = \frac{1}{4} \cdot \frac{2t^2 - (1 + t^2)}{t^2} \cdot \frac{1}{\dfrac{2t}{1 + t^2}} = \frac{t^4 - 1}{8t^3}$$

10. 落在平静水面上的石头，产生同心波纹. 若最外一圈波半径的增大率总是 6 m/s，问在 2s 末扰动水面面积的增大率为多少？

【解】 记波半径为 $R(\text{m})$，时间为 $t(\text{s})$，则波动水面面积 $A = \pi R^2$，$\dfrac{dA}{dt} = 2\pi R \dfrac{dR}{dt}$.

当 $t = 2(s)$ 时，$R = 6 \times 2 = 12$ （m），又 $\dfrac{dR}{dt} = 6$ m/s，则

$$\dfrac{dA}{dt}\bigg|_{t=2} = 2\pi \times 12 \times 6 = 144\ \pi(m^2/s)$$

11. 注水入深 8 m 上顶直径 8 m 的正圆锥形容器中，其速率为 4 m³/min. 当水深为 5 m 时，其表面上升的速率为多少？

【解】　设在时刻 t 时，容器中水深为 $h(t)$m，水面圆半径为 $R(t)$m，水的容积为 $V(t)$，而上顶半径为 4 m. 根据题意，由相似三角形，得

$$\dfrac{R}{4} = \dfrac{h}{8}$$

所以　　　　　$R = \dfrac{1}{2}h, \quad V(t) = \dfrac{1}{3}\pi R^2 h = \dfrac{1}{12}\pi h^3$

$$V'(t) = \dfrac{3}{12}\pi h^2\,\dfrac{dh}{dt} = \dfrac{1}{4}\pi h^2\,\dfrac{dh}{dt}$$

由已知 $V'(t) = 4$ m³/min，$h = 5$ m，从而

$$\dfrac{dh}{dt}\bigg|_{h=5} = \dfrac{16}{25\pi} \approx 0.204\ m/min$$

即表面上升的速率为 0.204 m/min.

习题 2 - 7

2. 设函数 $y = f(x)$ 的图形如图 F-2-1 所示，试在图 F-2-1(a)，(b)，(c)，(d) 中分别标出在点 x_0 的 dy，Δy 及 $\Delta y - dy$，并说明其正负.

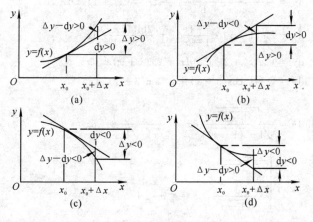

图　F-2-1

【解】 (a) $\Delta y > 0, \mathrm{d}y > 0, \Delta y - \mathrm{d}y > 0$

(b) $\Delta y > 0, \mathrm{d}y > 0, \Delta y - \mathrm{d}y < 0$

(c) $\Delta y < 0, \mathrm{d}y < 0, \Delta y - \mathrm{d}y < 0$

(d) $\Delta y < 0, \mathrm{d}y < 0, \Delta y - \mathrm{d}y > 0$

3. 求下列函数的微分

(1) $y = \dfrac{1}{x} + 2\sqrt{x}$；　　　　(2) $y = x\sin 2x$；

(3) $y = \dfrac{x}{\sqrt{x^2 + 1}}$；　　　　(4) $y = \left[\ln(1-x)\right]^2$；

(5) $y = x^2 \mathrm{e}^{2x}$；　　　　(6) $y = \mathrm{e}^{-x}\cos(3 - x)$；

(7) $y = \arcsin \sqrt{1 - x^2}$；　　　(8) $y = \tan^2(1 + 2x^2)$；

(9) $y = \arctan \dfrac{1 - x^2}{1 + x^2}$；

(10) $s = A\sin(\omega t + \varphi)$　　　$(A, \omega, \varphi$ 是常数$)$.

【解】 (1) $\mathrm{d}y = (-\dfrac{1}{x^2} + \dfrac{1}{\sqrt{x}})\mathrm{d}x = (-\dfrac{1}{x^2} + \dfrac{\sqrt{x}}{x})\mathrm{d}x$

(2) $\mathrm{d}y = (\sin 2x + 2x\cos 2x)\mathrm{d}x$

(3) $\mathrm{d}y = \dfrac{\sqrt{x^2 + 1} - x\dfrac{x}{\sqrt{x^2 + 1}}}{x^2 + 1}\mathrm{d}x = (x^2 + 1)^{-\frac{3}{2}}\mathrm{d}x$

(4) $\mathrm{d}y = 2\ln(1 - x)\cdot\dfrac{-1}{1 - x}\mathrm{d}x = \dfrac{2\ln(1 - x)}{x - 1}\mathrm{d}x$

(5) $\mathrm{d}y = (2x\mathrm{e}^{2x} + 2x^2\mathrm{e}^{2x})\mathrm{d}x = 2x(1 + x)\mathrm{e}^{2x}\mathrm{d}x$

(6) $\mathrm{d}y = \left[-\mathrm{e}^{-x}\cos(3 - x) + \mathrm{e}^{-x}\sin(3 - x)\right]\mathrm{d}x$

(7) $\mathrm{d}y = \dfrac{\dfrac{-x}{\sqrt{1 - x^2}}}{\sqrt{1 - (1 - x^2)}}\mathrm{d}x = \dfrac{-x}{\sqrt{x^2}\sqrt{1 - x^2}}\mathrm{d}x = $

$\begin{cases} \dfrac{\mathrm{d}x}{\sqrt{1 - x^2}}, & -1 < x < 0 \\[3mm] -\dfrac{\mathrm{d}x}{\sqrt{1 - x^2}}, & 0 < x < 1 \end{cases}$

(8) $\mathrm{d}y = 2\tan(1 + 2x^2)\sec^2(1 + 2x^2)\cdot 4x\mathrm{d}x = $

$\qquad 8x\tan(1 + 2x^2)\sec^2(1 + 2x^2)\mathrm{d}x$

(9) $dy = \dfrac{1}{1 + (\dfrac{1 - x^2}{1 + x^2})^2} \cdot \dfrac{-2x(1 + x^2) - (1 - x^2) \cdot 2x}{(1 + x^2)^2}dx = -\dfrac{2x}{1 + x^4}dx$

(10) $ds = A\omega\cos(\omega t + \varphi)dt$

4. 将适当的函数填入下列括号内,使等式成立:

(1) $d(\quad) = 2dx$;　　　　　(3) $d(\quad) = 3xdx$;

(3) $d(\quad) = \cos tdt$;　　　　(4) $d(\quad) = \sin\omega xdx$;

(5) $d(\quad) = \dfrac{1}{1 + x}dx$;　　　(6) $d(\quad) = e^{-2x}dx$;

(7) $d(\quad) = \dfrac{1}{\sqrt{x}}dx$;　　　　(8) $d(\quad) = \sec^2 3xdx$.

【解】　(1) $2x + C$　　　　(2) $\dfrac{3}{2}x^2 + C$

(3) $\sin t + C$　　　　　　(4) $-\dfrac{1}{\omega}\cos\omega x + C$

(5) $\ln(1 + x) + C$　　　　(6) $-\dfrac{1}{2}e^{-2x} + C$

(7) $2\sqrt{x} + C$　　　　　(8) $\dfrac{1}{3}\tan 3x + C$

习题 2-8

1. 水管壁的正截面是一个圆环,如图 F-2-2 所示.设它的内半径为 R_0,壁厚为 h,利用微分来计算这个圆环面积的近似值.

【解】　面积 $S = \pi R^2, \Delta S \approx dS = 2\pi RdR$,所以这个圆环面积的近似值为 $2\pi R_0 h$.

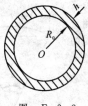

图　F-2-2

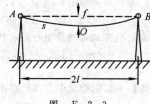

图　F-2-3

3. 如图 F-2-3 所示的电缆 $\overset{\frown}{AOB}$ 的长为 s,跨度为 $2l$,电缆的最低点 O 与杆顶连线 AB 的距离为 f,则电缆长可按下面公式计算:

$$s = 2l\left(1 + \frac{2f^2}{3l^2}\right)$$

当 f 变化了 Δf 时,电缆长的变化约为多少?

【解】 f 为自变量,l 为常数

$$ds = 2l \cdot \frac{4f}{3l^2}\Delta f = \frac{8f}{3l}\Delta f$$

$$\Delta s \approx ds = \frac{8f}{3l}\Delta f$$

即当 f 变化了 Δf 时,电缆长的变化约为 $\frac{8f}{3l}\Delta f$.

4. 设扇形的圆心角 $\alpha = 60°$,半径 $R = 100$ cm,如图 F-2-4 所示.如果 R 不变,α 减少 $30'$,问扇形面积大约改变了多少? 又如果 α 不变,R 增加 1 cm,问扇形面积大约改变了多少?

【解】 扇形面积公式为:$S = \frac{1}{2}\alpha R^2$,其中角度为弧度制.

(1) 当 R 不变时,则

$$\Delta S \approx dS = S'(\alpha)\Delta\alpha = \frac{1}{2}R^2\Delta\alpha =$$

$$\frac{1}{2} \times 100^2 \times \left(-\frac{\pi}{360}\right) \approx -43.63(\text{cm}^2)$$

(2) 当 α 不变时,则

$$\Delta S \approx dS = S'(R)\Delta R = \alpha R\Delta R =$$

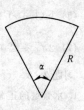

$$\frac{\pi}{3} \times 100 \times 1 \approx 104.72(\text{cm}^2)$$

图 F-2-4

即面积分别减少与增加了 43.63 cm² 和 104.72 cm².

12. 某厂生产如图 F-2-5 所示的扇形板,半径 $R = 200$ mm,要求中心角 α 为 55°.产品检验时,一般用测量弦长 l 的办法来间接测量中心角 α.如果测量弦长 l 时的误差 $\delta_l = 0.1$ mm,问由此而引起的中心角测量误差 δ_α 是多少?

【解】 如图,取弦中点与圆心作辅助线,则

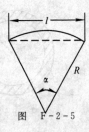

图 F-2-5

$$\sin\frac{\alpha}{2} = \frac{\dfrac{l}{2}}{R}$$

所以

$$\alpha = 2\arcsin\frac{l}{2R}$$

$$\Delta \alpha \approx \mathrm{d}\alpha = 2 \times \frac{\frac{1}{2R}}{\sqrt{1 - (\frac{l}{2R})^2}} \mathrm{d}l = \frac{1}{R} \cdot \frac{2R}{\sqrt{4R^2 - l^2}} \mathrm{d}l = \frac{2\mathrm{d}l}{\sqrt{4R^2 - l^2}}$$

因　　　　　　　$\Delta l = \delta_l = \mathrm{d}l = 0.1, \quad R = 200$

所以　　　　　$L = 2R\sin\frac{\alpha}{2} = 400\sin\frac{55°}{2} = 184.7$

从而　　$\delta_\alpha = \Delta \alpha \approx \frac{2 \times 0.1}{\sqrt{4 \times 200^2 - (184.7)^2}} = 0.000\,56(弧度)$

即引起的中心角测量误差 δ_α 约为 $1'55''$.

总习题二

1. 在"充分"、"必要"和"充分必要"三者中选择一个正确的填入下列空格内：

（1）$f(x)$ 在点 x_0 可导是 $f(x)$ 在点 x_0 连续的 <u>充分</u> 条件. $f(x)$ 在点 x_0 连续是 $f(x)$ 在点 x_0 可导的 <u>必要</u> 条件.

（2）$f(x)$ 在点 x_0 的左导数 $f_-'(x_0)$ 及右导数 $f_+'(x_0)$ 都存在且相等是 $f(x)$ 在点 x_0 可导的 <u>充分必要</u> 条件.

（3）$f(x)$ 在点 x_0 可导是 $f(x)$ 在点 x_0 可微的 <u>充分必要</u> 条件.

3. 根据导数的定义，求 $f(x) = \dfrac{1}{x}$ 的导数.

【解】 $f'(x) = \lim\limits_{\Delta x \to 0} \dfrac{f(x + \Delta x) - f(x)}{\Delta x} = \lim\limits_{\Delta x \to 0} \dfrac{\dfrac{1}{x + \Delta x} - \dfrac{1}{x}}{\Delta x} =$

$$\lim\limits_{\Delta x \to 0} \left(-\frac{1}{x(x + \Delta x)} \right) = -\frac{1}{x^2}$$

4. 求下列函数 $f(x)$ 的 $f_-'(0)$ 及 $f_+'(0)$，又 $f'(0)$ 是否存在：

（1）$f(x) = \begin{cases} \sin x, & x < 0 \\ \ln(1 + x), & x \geqslant 0 \end{cases}$；　　（2）$f(x) = \begin{cases} \dfrac{x}{1 + \mathrm{e}^{\frac{1}{x}}}, & x \neq 0 \\ 0, & x = 0 \end{cases}$.

【解】 （1）$f_-'(0) = \lim\limits_{x \to 0^-} \dfrac{f(x) - f(0)}{x} = \lim\limits_{x \to 0^-} \dfrac{\sin x}{x} = 1$

$$f_+'(0) = \lim\limits_{x \to 0^+} \frac{f(x) - f(0)}{x} = \lim\limits_{x \to 0^+} \frac{\ln(1 + x)}{x} =$$

$$\lim\limits_{x \to 0^+} \ln(1 + x)^{\frac{1}{x}} = \ln \mathrm{e} = 1$$

因 $f'_-(0) = f'_+(0) = 1$，所以 $f'(0) = 1$.

(2) $f'_-(0) = \lim\limits_{x \to 0^-} \dfrac{f(x) - f(0)}{x} = \lim\limits_{x \to 0^-} \dfrac{\frac{x}{1 + \mathrm{e}^{\frac{1}{x}}}}{x} = \lim\limits_{x \to 0^-} \dfrac{1}{1 + \mathrm{e}^{\frac{1}{x}}} = 1$

$\qquad f'_+(0) = \lim\limits_{x \to 0^+} \dfrac{f(x) - f(0)}{x} = \lim\limits_{x \to 0^+} \dfrac{\frac{x}{1 + \mathrm{e}^{\frac{1}{x}}}}{x} = \lim\limits_{x \to 0^+} \dfrac{1}{1 + \mathrm{e}^{\frac{1}{x}}} = 0$

因 $f'_-(0) \neq f'_+(0)$，所以 $f'(0)$ 不存在.

5. 讨论函数

$$f(x) = \begin{cases} x\sin\dfrac{1}{x}, & x \neq 0 \\ 0, & x = 0 \end{cases}$$，在 $x = 0$ 处的连续性与可导性.

【解】 $\qquad \lim\limits_{x \to 0} f(x) = \lim\limits_{x \to 0} x\sin\dfrac{1}{x} = 0 = f(0)$

所以 $f(x)$ 在 $x = 0$ 处连续.

因 $\lim\limits_{x \to 0} \dfrac{f(x) - f(0)}{x} = \lim\limits_{x \to 0} \dfrac{x\sin\dfrac{1}{x}}{x} = \lim\limits_{x \to 0} \sin\dfrac{1}{x}$ 不存在，所以 $f(x)$ 在 $x = 0$ 处不可导.

6. 求下列函数的导数

(1) $y = \arcsin(\sin x)$;　　　　(2) $y = \arctan\dfrac{1 + x}{1 - x}$;

(3) $y = \ln\tan\dfrac{x}{2} - \cos x \cdot \ln\tan x$;

(4) $y = \ln(\mathrm{e}^x + \sqrt{1 + \mathrm{e}^{2x}})$;　　(5) $y = \sqrt[x]{x}\ (x > 0)$.

【解】 (1) $y' = \dfrac{\cos x}{\sqrt{1 - \sin^2 x}} = \dfrac{\cos x}{|\cos x|}$

(2) $y' = \dfrac{1}{1 + (\frac{1 + x}{1 - x})^2} \cdot \dfrac{(1 - x) - (1 + x)(-1)}{(1 - x)^2} =$

$\qquad \dfrac{(1 - x)^2}{(1 - x)^2 + (1 + x)^2} \cdot \dfrac{2}{(1 - x)^2} = \dfrac{1}{1 + x^2}$

(3) $y' = \dfrac{1}{\tan\dfrac{x}{2}}\sec^2\dfrac{x}{2} \cdot \dfrac{1}{2} + \sin x \cdot \ln\tan x - \cos x \cdot \dfrac{\sec^2 x}{\tan x} =$

$$\frac{1}{2\tan\frac{x}{2}} \cdot \frac{1}{\cos^2\frac{x}{2}} + \sin x \cdot \ln\tan x - \frac{1}{\sin x} =$$

$$\frac{1}{\sin x} + \sin x \cdot \ln\tan x - \frac{1}{\sin x} = \sin x \cdot \ln\tan x$$

（4）$y' = \dfrac{1}{e^x + \sqrt{1+e^{2x}}} \cdot \left[e^x + \dfrac{2e^{2x}}{2\sqrt{1+e^{2x}}}\right] =$

$$\frac{1}{e^x + \sqrt{1+e^{2x}}} \cdot \frac{e^x(e^x + \sqrt{1+e^{2x}})}{\sqrt{1+e^{2x}}} = \frac{e^x}{\sqrt{1+e^{2x}}}$$

（5）$\ln y = \dfrac{1}{x}\ln x$，$\dfrac{y'}{y} = -\dfrac{1}{x^2}\ln x + \dfrac{1}{x} \cdot \dfrac{1}{x}$

从而 $\qquad y' = \sqrt[x]{x}\left(\dfrac{1-\ln x}{x^2}\right) = x^{\frac{1}{x}-2}(1-\ln x)$

7. 求下列函数的二阶导数

（1）$y = \cos^2 x \cdot \ln x$；　（2）$y = \dfrac{x}{\sqrt{1-x^2}}$.

【解】（1）$y' = -2\cos x \cdot \sin x \cdot \ln x + \dfrac{\cos^2 x}{x} = -\sin 2x \cdot \ln x + \dfrac{\cos^2 x}{x}$

$$y'' = -2\cos 2x \cdot \ln x - \frac{\sin 2x}{x} + \frac{-2x\cos x\sin x - \cos^2 x}{x^2} =$$

$$-2\cos 2x \cdot \ln x - \frac{2\sin 2x}{x} - \frac{\cos^2 x}{x^2}$$

（2）$y' = \dfrac{\sqrt{1-x^2} - x \cdot \dfrac{-x}{\sqrt{1-x^2}}}{1-x^2} = \dfrac{1-x^2+x^2}{(1-x^2)^{3/2}} = \dfrac{1}{(1-x^2)^{3/2}}$

$$y'' = \frac{-\dfrac{3}{2}(1-x^2)^{\frac{1}{2}}(-2x)}{(1-x^2)^3} = \frac{3x}{(1-x^2)^{5/2}}$$

8. 求下列函数的 n 阶导数

（1）$y = \sqrt[m]{1+x}$；　（2）$y = \dfrac{1-x}{1+x}$.

【解】（1）因 $y = \sqrt[m]{1+x} = (1+x)^{\frac{1}{m}}$，则

$$y^{(n)} = \frac{1}{m}\left(\frac{1}{m}-1\right)\left(\frac{1}{m}-2\right)\cdots\left(\frac{1}{m}-n+1\right)(1+x)^{\frac{1}{m}-n}$$

（2）因 $y = \dfrac{1-x}{1+x} = \dfrac{2-(1+x)}{1+x} = \dfrac{2}{1+x} - 1$，则

$$y^{(n)} = 2(-1)(-2)(-3)\cdots(-1-n+1)(1+x)^{-1-n} = (-1)^n \frac{2n!}{(1+x)^{n+1}}$$

9. 设函数 $y = y(x)$ 由方程 $\mathrm{e}^y + xy = \mathrm{e}$ 所确定,求 $y''(0)$.

【解】 当 $x = 0$ 时,$y = 1$,即 $y(0) = 1$.

因 $\mathrm{e}^y y' + y + xy' = 0$,则

$$y' = \frac{-y}{x + \mathrm{e}^y}, \quad y'(0) = \frac{-1}{0 + \mathrm{e}} = -\frac{1}{\mathrm{e}}$$

$$y'' = -\frac{y'(x + \mathrm{e}^y) - y(1 + \mathrm{e}^y y')}{(x + \mathrm{e}^y)^2}$$

从而
$$y''(0) = -\frac{y'(0)\mathrm{e}^{y(0)} - y(0)(1 + \mathrm{e}^{y(0)} y'(0))}{(\mathrm{e}^{y(0)})^2} =$$

$$-\frac{-\dfrac{1}{\mathrm{e}}\mathrm{e} - 1 - \mathrm{e}(-\dfrac{1}{\mathrm{e}})}{\mathrm{e}^2} = \frac{1}{\mathrm{e}^2}$$

10. 求下列参数方程所确定的函数的一阶导数 $\dfrac{\mathrm{d}y}{\mathrm{d}x}$ 及二阶导数 $\dfrac{\mathrm{d}^2 y}{\mathrm{d}x^2}$:

(1) $\begin{cases} x = a\cos^3\theta \\ y = a\sin^3\theta \end{cases}$; (2) $\begin{cases} x = \ln\sqrt{1+t^2} \\ y = \arctan t \end{cases}$.

【解】 (1) $\dfrac{\mathrm{d}y}{\mathrm{d}x} = \dfrac{3a\sin^2\theta\cos\theta}{-3a\cos^2\theta\sin\theta} = -\tan\theta$

$$\frac{\mathrm{d}^2 y}{\mathrm{d}x^2} = -\sec^2\theta \cdot \frac{1}{-3a\cos^2\theta\sin\theta} = \frac{1}{3a}\sec^4\theta\csc\theta$$

(2) $\dfrac{\mathrm{d}y}{\mathrm{d}x} = \dfrac{\dfrac{1}{1+t^2}}{\dfrac{1}{2} \cdot \dfrac{2t}{1+t^2}} = \dfrac{1}{t}$

$$\frac{\mathrm{d}^2 y}{\mathrm{d}x^2} = -\frac{1}{t^2} \cdot \frac{1}{\dfrac{1}{2} \cdot \dfrac{2t}{1+t^2}} = -\frac{1+t^2}{t^3}$$

11. 求曲线 $\begin{cases} x = 2\mathrm{e}^t \\ y = \mathrm{e}^{-t} \end{cases}$ 在 $t = 0$ 相应的点处的切线方程及法线方程.

【解】 当 $t = 0$ 时,$x_0 = 2$,$y_0 = 1$, $\dfrac{\mathrm{d}y}{\mathrm{d}x} = \dfrac{-\mathrm{e}^{-t}}{2\mathrm{e}^t} = -\dfrac{1}{2\mathrm{e}^{2t}}$, $\dfrac{\mathrm{d}y}{\mathrm{d}x}\bigg|_{t=0} =$

$-\dfrac{1}{2}$,

所以 $\qquad\qquad k_{切} = -\dfrac{1}{2}, \quad k_{法} = 2$

从而切线方程为：$y - 1 = -\dfrac{1}{2}(x-2)$，即 $x + 2y - 4 = 0$；

法线方程为：$y - 1 = 2(x-2)$，即 $2x - y - 3 = 0$.

12. 甲船以 6 km/h 的速率向东行驶，乙船以 8 km/h 的速率向南行驶. 在中午十二点整，乙船位于甲船之北 16 km 处. 问下午一点整两船相离的速率为多少？

【解】 如图 F-2-6 建立坐标系，取甲船十二点整的位置作为坐标原点，东、北方向分别表示 x 轴，y 轴的正向，则时间 t 时，甲乙两船与十二点整时甲船的位置分别为 $x = 6t, y = 16 - 8t$，两船相距

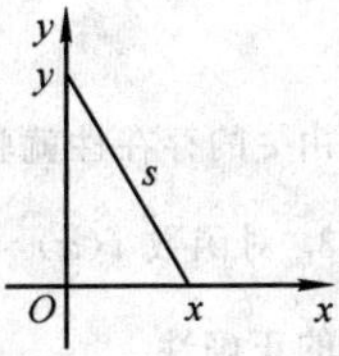

$$s = \sqrt{x^2 + y^2} = \sqrt{(6t)^2 + (16-8t)^2} = 2\sqrt{25t^2 - 64t + 64}$$

$$\frac{ds}{dt} = \frac{50t - 64}{\sqrt{25t^2 - 64t + 64}}$$

图 F-2-6

从而

$$\frac{ds}{dt}\bigg|_{t=1} = \frac{50 - 64}{5} = -2.8 \text{ km/h}$$

即在下午一点整两船相离的速率为 -2.8 km/h.

第3章

习题 3-1

1. 验证罗尔定理对函数 $y = \ln\sin x$ 在区间 $\left[\dfrac{\pi}{6}, \dfrac{5\pi}{6}\right]$ 上的正确性.

【证】 在区间 $\left[\dfrac{\pi}{6}, \dfrac{5\pi}{6}\right]$ 上，$\sin x > 0$，$y = \ln\sin x$ 在 $\left[\dfrac{\pi}{6}, \dfrac{5\pi}{6}\right]$ 上有定义且为初等函数，故函数 $y = \ln\sin x$ 在 $\left[\dfrac{\pi}{6}, \dfrac{5\pi}{6}\right]$ 上连续，在 $\left(\dfrac{\pi}{6}, \dfrac{5\pi}{6}\right)$ 内可导，且 $y' = \dfrac{\cos x}{\sin x} = \cot x$，又 $y\left(\dfrac{\pi}{6}\right) = \ln\sin\dfrac{\pi}{6} = \ln\dfrac{1}{2} = -\ln 2$，$y\left(\dfrac{5\pi}{6}\right) = \ln\sin\dfrac{5\pi}{6} = \ln\dfrac{1}{2} = -\ln 2$，即 $y\left(\dfrac{\pi}{6}\right) = y\left(\dfrac{5\pi}{6}\right)$，故函数 $y = \ln\sin x$ 在 $\left[\dfrac{\pi}{6}, \dfrac{5\pi}{6}\right]$ 上满足罗尔定理的条件.

因 $y' = \dfrac{\cos x}{\sin x} = \cot x$，可得 $\xi = \dfrac{\pi}{2} \in \left(\dfrac{\pi}{6}, \dfrac{5\pi}{6}\right)$，使 $y'(\xi) = 0$. 由 ξ 的存在性就验证了罗尔定理的正确性.

2. 验证拉格朗日中值定理对函数 $y = 4x^3 - 5x^2 + x - 2$ 在区间 $[0,1]$ 上的

正确性.

【证】 $f(x) = 4x^3 - 5x^2 + x - 2$ 在 $[0,1]$ 上连续,在 $(0,1)$ 内可导,故 $f(x)$ 在 $[0,1]$ 上满足拉格朗日中值定理的条件.

$$f(1) = -2, \quad f(0) = -2, \quad f'(x) = 12x^2 - 10x + 1$$

令 $$f'(\xi) = 12\xi^2 - 10\xi + 1 = 0$$

解得 $$\xi = \frac{5 \pm \sqrt{13}}{12} \in (0,1)$$

使 $$f(1) - f(0) = (1-0)f'(\xi)$$

由 ξ 的存在性就验证了拉格朗日中值定理的正确性.

3. 对函数 $f(x) = \sin x$ 及 $F(x) = x + \cos x$ 在区间 $[0, \frac{\pi}{2}]$ 上验证柯西中值定理的正确性.

【证】 $f(x)$ 及 $F(x)$ 在 $[0, \frac{\pi}{2}]$ 上连续,在 $(0, \frac{\pi}{2})$ 内可导,$F'(x) = 1 - \sin x$ 在 $(0, \frac{\pi}{2})$ 内的每一点处均不为零,故 $f(x)$ 及 $F(x)$ 在 $[0, \frac{\pi}{2}]$ 上符合柯西中值定理的条件.

下面设法求出 ξ. 因 $f'(x) = \cos x, F'(x) = 1 - \sin x$,

$$\frac{f(\frac{\pi}{2}) - f(0)}{F(\frac{\pi}{2}) - F(0)} = \frac{f'(\xi)}{F'(\xi)}, \text{即} \frac{1}{\frac{\pi}{2} - 1} = \frac{\cos\xi}{1 - \sin\xi},$$

亦即 $$\frac{2}{\pi - 2} = \frac{\cos\xi}{1 - \sin\xi} = \frac{\cos^2\frac{\xi}{2} - \sin^2\frac{\xi}{2}}{(\cos\frac{\xi}{2} - \sin\frac{\xi}{2})^2} =$$

$$\frac{\cos\frac{\xi}{2} + \sin\frac{\xi}{2}}{\cos\frac{\xi}{2} - \sin\frac{\xi}{2}} = \frac{1 + \tan\frac{\xi}{2}}{1 - \tan\frac{\xi}{2}}$$

由 $\dfrac{1 + \tan\frac{\xi}{2}}{1 - \tan\frac{\xi}{2}} = \dfrac{2}{\pi - 2}$,从中解出 $\tan\frac{\xi}{2} = \dfrac{4 - \pi}{\pi}$,因 $0 < \dfrac{4 - \pi}{\pi} < 1$,所以 $0 <$

$\xi = 2\arctan\dfrac{4 - \pi}{\pi} < 2\arctan1 = \dfrac{\pi}{2}$. 即 $\xi \in (0, \frac{\pi}{2})$.

由 ξ 的存在性,即验证了柯西中值定理的正确性.

4. 试证明对函数 $y = px^2 + qx + r$ 应用拉格朗日中值定理时所求得的点 ξ 总是位于区间的正中间.

【证】 设 a, b 为任意实数,且 $a < b$,则函数 $y = px^2 + qx + r$ 在 $[a,b]$ 上连续,在 (a,b) 内可导,符合拉格朗日中值定理的条件,故存在 $\xi \in (a,b)$,使得

$$f(b) - f(a) = (b-a)f'(\xi)$$

而
$$f'(x) = 2px + q$$

即
$$(pb^2 + qb + r) - (pa^2 + qa + r) = (b-a)(2p\xi + q)$$
$$p(b^2 - a^2) + q(b-a) = (b-a)(2p\xi + q)$$
$$p(b+a) + q = 2p\xi + q$$

从而 $\xi = \dfrac{a+b}{2}$,即 ξ 位于区间 (a,b) 的正中间.

5. 不用求出函数 $f(x) = (x-1)(x-2)(x-3)(x-4)$ 的导数,说明方程 $f'(x) = 0$ 有几个实根,并指出它们所在的区间.

【解】 $f(x)$ 在 $[1,4]$ 上连续,在 $(1,4)$ 内可导,且

$$f(1) = f(2) = f(3) = f(4) = 0$$

则 $f(x)$ 在 $[1,2], [2,3], [3,4]$ 上都满足罗尔定理的条件,从而存在 $\xi_1 \in (1,2)$,$\xi_2 \in (2,3)$,$\xi_3 \in (3,4)$,使

$$f'(\xi_1) = f'(\xi_2) = f'(\xi_3) = 0$$

即 $f'(x) = 0$ 至少有三个实根 ξ_1, ξ_2, ξ_3.

又因 $f'(x)$ 是三次函数,故 $f'(x) = 0$ 为一元三次方程,至多有三个实根,故方程 $f'(x) = 0$ 有且仅有三个实根,它们分别在区间 $(1,2), (2,3), (3,4)$ 内.

6. 证明恒等式:$\arcsin x + \arccos x = \dfrac{\pi}{2}(-1 \leqslant x \leqslant 1)$.

【证】 设 $f(x) = \arcsin x + \arccos x$,$f'(x) = \dfrac{1}{\sqrt{1-x^2}} - \dfrac{1}{\sqrt{1-x^2}} = 0$ 在

$(-1,1)$ 内恒成立,因此在 $(-1,1)$ 内 $f(x)$ 为常数,因 $f(0) = \dfrac{\pi}{2}$,所以在

$(-1,1)$ 内 $f(x) = \dfrac{\pi}{2}$.

又 $x = 1$ 时,$f(1) = \arcsin 1 + \arccos 1 = \dfrac{\pi}{2} + 0 = \dfrac{\pi}{2}$;

$x = -1$ 时,$f(-1) = \arcsin(-1) + \arccos(-1) = -\dfrac{\pi}{2} + \pi = \dfrac{\pi}{2}$.

综上得 $$\arcsin x + \arccos x = \frac{\pi}{2} \quad (-1 \leqslant x \leqslant 1)$$

7. 若方程 $a_0 x^n + a_1 x^{n-1} + \cdots + a_{n-1} x = 0$ 有一个正根 $x = x_0$，证明方程 $a_0 n x^{n-1} + a_1(n-1)x^{n-2} + \cdots + a_{n-1} = 0$ 必有一个小于 x_0 的正根.

【证】 设 $f(x) = a_0 x^n + a_1 x^{n-1} + \cdots + a_{n-1} x$，则 $f(x)$ 在 $[0, x_0]$ 上连续，在 $(0, x_0)$ 内可导，且 $f(x_0) = f(0) = 0$，由罗尔定理，至少有一点 $\xi \in (0, x_0)$，使 $f'(\xi) = 0$，即

$$(a_0 n x^{n-1} + a_1(n-1)x^{n-2} + \cdots + a_{n-1}) \Big|_{x=\xi} = 0$$

这说明方程 $a_0 n x^{n-1} + a_1(n-1)x^{n-2} + \cdots + a_{n-1} = 0$ 必有一个小于 x_0 的正根 ξ.

8. 若函数 $f(x)$ 在 (a,b) 内具有二阶导数，且 $f(x_1) = f(x_2) = f(x_3)$，其中 $a < x_1 < x_2 < x_3 < b$，证明：在 (x_1, x_3) 内至少有一点 ξ，使得 $f''(\xi) = 0$.

【证】 因函数 $f(x)$ 在 (a,b) 内具有二阶导数，则 $f(x)$ 在 (a,b) 内可导，且连续，从而 $f(x)$ 在 $[x_1, x_2]$ 及 $[x_2, x_3]$ 上连续，在 (x_1, x_2)，(x_2, x_3) 内可导，且

$$f(x_1) = f(x_2), \quad f(x_2) = f(x_3)$$

对 $f(x)$ 在 $[x_1, x_2]$ 及 $[x_2, x_3]$ 上分别利用罗尔定理，于是有 $\xi_1 \in (x_1, x_2)$，$\xi_2 \in (x_2, x_3)$，使

$$f'(\xi_1) = 0, \quad f'(\xi_2) = 0 \quad (\xi_1 < \xi_2)$$

因 $f'(x)$ 在 $[\xi_1, \xi_2]$ 上连续，$f'(x)$ 在 (ξ_1, ξ_2) 内可导，且 $f'(\xi_1) = f'(\xi_2)$，再对 $f'(x)$ 在 $[\xi_1, \xi_2]$ 上用罗尔定理，则至少有一点 $\xi \in (\xi_1, \xi_2) \subset (x_1, x_3)$，使 $f''(\xi) = 0$.

9. 设 $a > b > 0$，$n > 1$，证明：$nb^{n-1}(a-b) < a^n - b^n < na^{n-1}(a-b)$.

【证】 设 $f(x) = x^n$，则 $f(x)$ 在 $[b,a]$ 上连续，在 (b,a) 内可导，由拉格朗日中值定理，至少有一点 $\xi \in (b,a)$，使

$$f'(\xi) = \frac{f(a) - f(b)}{a - b}$$

即 $$n\xi^{n-1} = \frac{a^n - b^n}{a - b}$$

因 $b < \xi < a$，且 $n-1 > 0$，故 $b^{n-1} < \xi^{n-1} < a^{n-1}$，从而

$$nb^{n-1} < n\xi^{n-1} < na^{n-1}$$

所以 $$nb^{n-1} < \frac{a^n - b^n}{a - b} < na^{n-1}$$

即 $$nb^{n-1}(a-b) < a^n - b^n < na^{n-1}(a-b)$$

10. 设 $a > b > 0$,证明:$\dfrac{a-b}{a} < \ln\dfrac{a}{b} < \dfrac{a-b}{b}$.

【证】 令 $f(x) = \ln x$,则 $f(x)$ 在 $[b,a]$ 上连续,在 (b,a) 内可导,由拉格朗日中值定理,至少有一点 $\xi \in (b,a)$,使

$$f'(\xi) = \frac{f(a)-f(b)}{a-b}$$

即

$$\frac{1}{\xi} = \frac{\ln a - \ln b}{a-b}$$

因 $b < \xi < a$,故 $\dfrac{1}{a} < \dfrac{1}{\xi} < \dfrac{1}{b}$.从而 $\dfrac{1}{a} < \dfrac{\ln a - \ln b}{a-b} < \dfrac{1}{b}$.

即

$$\frac{a-b}{a} < \ln\frac{a}{b} < \frac{a-b}{b}$$

11. 证明下列不等式:

(1) $|\arctan a - \arctan b| \leqslant |a-b|$;

(2) 当 $x > 1$ 时,$\mathrm{e}^x > \mathrm{e}x$.

【证】 (1) 1° $a = b$ 时,等号成立.

2° $a > b$ 时,设 $f(x) = \arctan x$,则 $f(x)$ 在 $[b,a]$ 上连续,在 (b,a) 内可导,由拉格朗日中值定理知,在 (b,a) 内至少有一点 ξ,使得

$$f'(\xi) = \frac{f(a)-f(b)}{a-b}$$

即

$$\frac{\arctan a - \arctan b}{a-b} = \frac{1}{1+\xi^2}$$

$$\left|\frac{\arctan a - \arctan b}{a-b}\right| = \frac{1}{1+\xi^2} \leqslant 1$$

得

$$|\arctan a - \arctan b| \leqslant |a-b|$$

3° $a < b$ 时,则由上面的推导,得

$$|\arctan b - \arctan a| \leqslant |b-a|$$

即得

$$|\arctan a - \arctan b| \leqslant |a-b|$$

综上,不论 a,b 如何,上述不等式均成立.

(2) 设 $f(t) = \mathrm{e}^t,x > 1$,则 $f(t)$ 在 $[1,x]$ 上连续,在 $(1,x)$ 内可导,由拉格朗日中值定理知,存在 $\xi \in (1,x)$,使得

$$f'(\xi) = \frac{f(x)-f(1)}{x-1}$$

即

$$\mathrm{e}^{\xi} = \frac{\mathrm{e}^x - \mathrm{e}}{x-1}$$

因 $e^\xi > e$，故 $\dfrac{e^x - e}{x-1} > e$，从而 $e^x > ex$.

12. 证明方程 $x^5 + x - 1 = 0$ 只有一个正根.

【证】 令 $f(x) = x^5 + x - 1$，则 $f(x)$ 在 $[0,1]$ 上连续，且 $f(0) = -1 < 0$，$f(1) = 1 > 0$，由闭区间上连续函数的零点存在定理，至少有一点 $\xi \in (0,1)$，使 $f(\xi) = 0$.

用反证法证根的唯一性. 假设 $f(x) = 0$ 有两个正根 ξ_1, ξ_2，即 $f(\xi_1) = f(\xi_2) = 0$，不妨设 $\xi_1 < \xi_2$. 因 $f(x)$ 在 $[\xi_1, \xi_2]$ 上连续，在 (ξ_1, ξ_2) 内可导，且 $f(\xi_1) = f(\xi_2)$，由罗尔定理，至少有一点 $\eta \in (\xi_1, \xi_2)$. 使 $f'(\eta) = 0$，即 $5\eta^4 + 1 = 0$，但这是不可能的.

从而 $f(x) = 0$ 只有一个正根.

（也可用 $f'(x) > 0$，则 $f(x)$ 是单调增来证根的唯一性）.

13. 设 $f(x)、g(x)$ 在 $[a,b]$ 上连续，在 (a,b) 内可导，证明在 (a,b) 内有一点 ξ，使 $\begin{vmatrix} f(a) & f(b) \\ g(a) & g(b) \end{vmatrix} = (b-a) \begin{vmatrix} f(a) & f'(\xi) \\ g(a) & g'(\xi) \end{vmatrix}$.

【证】 设 $F(x) = \begin{vmatrix} f(a) & f(x) \\ g(a) & g(x) \end{vmatrix} = f(a)g(x) - g(a)f(x)$，则 $F(x)$ 在 $[a,b]$ 上连续，在 (a,b) 内可导，由拉格朗日中值定理，存在 $\xi \in (a,b)$，使
$$F(b) - F(a) = F'(\xi)(b-a)$$
即 $\begin{vmatrix} f(a) & f(b) \\ g(a) & g(b) \end{vmatrix} - \begin{vmatrix} f(a) & f(a) \\ g(a) & g(a) \end{vmatrix} = (b-a)[f(a)g'(\xi) - g(a)f'(\xi)]$

亦即 $\begin{vmatrix} f(a) & f(b) \\ g(a) & g(b) \end{vmatrix} = (b-a) \begin{vmatrix} f(a) & f'(\xi) \\ g(a) & g'(\xi) \end{vmatrix}$

14. 证明：若函数 $f(x)$ 在 $(-\infty, +\infty)$ 内满足关系式 $f'(x) = f(x)$，且 $f(0) = 1$，则 $f(x) = e^x$.

【证】 设 $\varphi(x) = \dfrac{f(x)}{e^x}$，则 $\varphi(x)$ 在 $(-\infty, +\infty)$ 内可导，且
$$\varphi'(x) = \frac{f'(x)e^x - f(x)e^x}{e^{2x}} = \frac{f'(x) - f(x)}{e^x} = 0$$
所以 $\varphi(x) \equiv C$，当 $x \in (-\infty, +\infty)$.

由于 $\varphi(0) = \dfrac{f(0)}{e^0} = 1$，从而 $\varphi(x) = 1$，即 $f(x) = e^x$.

15. 设函数 $y = f(x)$ 在 $x = 0$ 的某邻域内具有 n 阶导数，且 $f(0) = f'(0)$

$= \cdots = f^{(n-1)}(0) = 0$,试用柯西中值定理证明:

$$\frac{f(x)}{x^n} = \frac{f^{(n)}(\theta x)}{n!}, \quad 0 < \theta < 1$$

【证】 令 $F(x) = x^n$,则 $F(x)$ 在 $x = 0$ 的某邻域内具有 n 阶导数,且 $F(0) = F'(0) = \cdots = F^{(n-1)}(0) = 0$,$F^{(n)}(x) = n!$,在 $(0,x)$ 或 $(x,0)$ 内 $F'(x) \neq 0$,$F''(x) \neq 0, \cdots, F^{(n)}(x) \neq 0$,在 $[0,x]$ 或 $[x,0]$ 上及它们的部分区间上连续利用 n 次柯西中值定理.

$$\frac{f(x)}{x^n} = \frac{f(x) - f(0)}{F(x) - F(0)} = \frac{f'(\xi_1)}{F'(\xi_1)} = \frac{f'(\xi_1) - f'(0)}{F'(\xi_1) - F'(0)} = \frac{f''(\xi_2)}{F''(\xi_2)} =$$

$$\frac{f''(\xi_2) - f''(0)}{F''(\xi_2) - F''(0)} = \frac{f'''(\xi_3)}{F'''(\xi_3)} = \cdots =$$

$$\frac{f^{(n-1)}(\xi_{n-1}) - f^{(n-1)}(0)}{F^{(n-1)}(\xi_{n-1}) - F^{(n-1)}(0)} = \frac{f^{(n)}(\xi_n)}{F^{(n)}(\xi_n)} = \frac{f^{(n)}(\xi_n)}{n!}$$

因 $\xi_1 \in (0,x), \xi_2 \in (0,\xi_1) \subset (0,x), \xi_3 \in (0,\xi_2), \cdots, \xi_n \in (0,\xi_{n-1})$ 故可证 $\xi_n = \theta x, 0 < \theta < 1$,当 $\xi_1 \in (x,0)$ 时同理仍可证 $\xi_n = \theta x, 0 < \theta < 1$,从 而 $\frac{f(x)}{x^n} = \frac{f^{(n)}(\theta x)}{n!}$ $(0 < \theta < 1)$.

习题 3 - 2

1. 用洛必达法则求下列极限

(1) $\lim\limits_{x \to 0} \dfrac{\ln(1+x)}{x}$;

(2) $\lim\limits_{x \to 0} \dfrac{e^x - e^{-x}}{\sin x}$;

(3) $\lim\limits_{x \to a} \dfrac{\sin x - \sin a}{x - a}$;

(4) $\lim\limits_{x \to \pi} \dfrac{\sin 3x}{\tan 5x}$;

(5) $\lim\limits_{x \to \frac{\pi}{2}} \dfrac{\ln \sin x}{(\pi - 2x)^2}$;

(6) $\lim\limits_{x \to a} \dfrac{x^m - a^m}{x^n - a^n}$;

(7) $\lim\limits_{x \to 0^+} \dfrac{\ln \tan 7x}{\ln \tan 2x}$;

(8) $\lim\limits_{x \to \frac{\pi}{2}} \dfrac{\tan x}{\tan 3x}$;

(9) $\lim\limits_{x \to +\infty} \dfrac{\ln(1 + \frac{1}{x})}{\text{arccot} x}$;

(10) $\lim\limits_{x \to 0} \dfrac{\ln(1 + x^2)}{\sec x - \cos x}$;

(11) $\lim\limits_{x \to 0} x \cot 2x$;

(12) $\lim\limits_{x \to 0} x^2 e^{\frac{1}{x^2}}$;

(13) $\lim\limits_{x \to 1} (\dfrac{2}{x^2 - 1} - \dfrac{1}{x - 1})$;

(14) $\lim\limits_{x \to \infty} (1 + \dfrac{a}{x})^x$;

(15) $\lim\limits_{x \to 0^+} x^{\sin x}$;

(16) $\lim\limits_{x \to 0^+} (\dfrac{1}{x})^{\tan x}$.

【解】 (1) 原式 $= \lim\limits_{x \to 0} \dfrac{\dfrac{1}{1+x}}{1} = 1$

(2) 原式 $= \lim\limits_{x \to 0} \dfrac{e^x + e^{-x}}{\cos x} = 2$

(3) 原式 $= \lim\limits_{x \to a} \dfrac{\cos x}{1} = \cos a$

(4) 原式 $= \lim\limits_{x \to \pi} \dfrac{3\cos 3x}{5\sec^2 5x} = -\dfrac{3}{5}$

(5) 原式 $= \lim\limits_{x \to \frac{\pi}{2}} \dfrac{\dfrac{\cos x}{\sin x}}{-4(\pi - 2x)} = -\dfrac{1}{4} \lim\limits_{x \to \frac{\pi}{2}} \dfrac{\cot x}{\pi - 2x} =$

$\qquad -\dfrac{1}{4} \lim\limits_{x \to \frac{\pi}{2}} \dfrac{-\csc^2 x}{-2} = -\dfrac{1}{8}$

(6) 原式 $= \lim\limits_{x \to a} \dfrac{mx^{m-1}}{nx^{n-1}} = \dfrac{m}{n} a^{m-n}$

(7) 原式 $= \lim\limits_{x \to 0^+} \dfrac{\dfrac{7\sec^2 7x}{\tan 7x}}{\dfrac{2\sec^2 2x}{\tan 2x}} = \lim\limits_{x \to 0^+} \dfrac{7\tan 2x \cdot \sec^2 7x}{2\tan 7x \cdot \sec^2 2x} = \lim\limits_{x \to 0^+} \dfrac{7 \cdot 2x \cdot \sec^2 7x}{2 \cdot 7x \cdot \sec^2 2x} = 1$

(8) 原式 $= \lim\limits_{x \to \frac{\pi}{2}} \dfrac{\sec^2 x}{3\sec^2 3x} = \dfrac{1}{3} \lim\limits_{x \to \frac{\pi}{2}} \dfrac{\cos^2 3x}{\cos^2 x} = \dfrac{1}{3} \lim\limits_{x \to \frac{\pi}{2}} \dfrac{-6\cos 3x \sin 3x}{-2\cos x \sin x} =$

$\qquad \lim\limits_{x \to \frac{\pi}{2}} \dfrac{\cos 3x \cdot (-1)}{\cos x \cdot 1} = \lim\limits_{x \to \frac{\pi}{2}} \dfrac{3\sin 3x}{-\sin x} = 3$

(9) 原式 $= \lim\limits_{x \to +\infty} \dfrac{\dfrac{1}{(1 + \dfrac{1}{x})} \cdot (-\dfrac{1}{x^2})}{-\dfrac{1}{1 + x^2}} = \lim\limits_{x \to +\infty} \dfrac{\dfrac{x}{x+1} \cdot \dfrac{1}{x^2}}{\dfrac{1}{1+x^2}} =$

$\qquad \lim\limits_{x \to +\infty} \dfrac{x^2 + 1}{x^2 + x} = 1$

(10) 原式 $= \lim\limits_{x \to 0} \dfrac{\dfrac{2x}{1+x^2}}{\sec x \cdot \tan x + \sin x} = \lim\limits_{x \to 0} \dfrac{2x}{\sin x(\sec^2 x + 1)} =$

$\qquad \lim\limits_{x \to 0} \dfrac{2}{\sec^2 x + 1} = 1$

(11) 原式 $= \lim\limits_{x \to 0} \dfrac{x}{\tan 2x} = \lim\limits_{x \to 0} \dfrac{1}{2\sec^2 2x} = \dfrac{1}{2}$

（12）原式 $= \lim\limits_{x \to 0} \dfrac{\mathrm{e}^{\frac{1}{x^2}}}{\dfrac{1}{x^2}} = \lim\limits_{x \to 0} \dfrac{\mathrm{e}^{\frac{1}{x^2}} \cdot (\dfrac{1}{x^2})'}{(\dfrac{1}{x^2})'} = \lim\limits_{x \to 0} \mathrm{e}^{\frac{1}{x^2}} = +\infty$

（13）原式 $= \lim\limits_{x \to 1} \dfrac{1-x}{x^2-1} = \lim\limits_{x \to 1} \dfrac{-1}{2x} = -\dfrac{1}{2}$

（14）令 $y = (1 + \dfrac{a}{x})^x$，则 $\ln y = x \ln(1 + \dfrac{a}{x})$

$$\lim\limits_{x \to \infty} \ln y = \lim\limits_{x \to \infty} x \ln(1 + \dfrac{a}{x}) = \lim\limits_{x \to \infty} \dfrac{\ln(1 + \dfrac{a}{x})}{\dfrac{1}{x}} =$$

$$\lim\limits_{x \to \infty} \dfrac{\dfrac{1}{1 + \dfrac{a}{x}} \cdot a \cdot (\dfrac{1}{x})'}{(\dfrac{1}{x})'} = \lim\limits_{x \to \infty} \dfrac{ax}{a+x} = a$$

从而
$$\lim\limits_{x \to \infty} y = \lim\limits_{x \to \infty} (1 + \dfrac{a}{x})^x = \mathrm{e}^a$$

（15）令 $y = x^{\sin x}$，则 $\ln y = \sin x \ln x$，

$$\lim\limits_{x \to 0^+} \ln y = \lim\limits_{x \to 0^+} \sin x \ln x = \lim\limits_{x \to 0^+} \dfrac{\ln x}{\csc x} =$$

$$\lim\limits_{x \to 0^+} \dfrac{\dfrac{1}{x}}{-\csc x \cot x} = -\lim\limits_{x \to 0^+} \dfrac{\tan x}{x} \cdot \sin x = 0$$

从而原极限 $= \mathrm{e}^0 = 1$.

（16）令 $y = (\dfrac{1}{x})^{\tan x}$，则

$$\ln y = \tan x \ln(\dfrac{1}{x}) = -\tan x \ln x$$

$$\lim\limits_{x \to 0^+} \ln y = \lim\limits_{x \to 0^+} (-\tan x \ln x) = -\lim\limits_{x \to 0^+} \dfrac{\ln x}{\cot x} = \lim\limits_{x \to 0^+} \dfrac{\dfrac{1}{x}}{\csc^2 x} =$$

$$\lim\limits_{x \to 0^+} \dfrac{\sin^2 x}{x} = \lim\limits_{x \to 0^+} \sin x = 0$$

从而原极限 $= \mathrm{e}^0 = 1$.

2. 验证极限 $\lim\limits_{x \to \infty} \dfrac{x + \sin x}{x}$ 存在，但不能用洛必达法则得出.

【证】 $\lim\limits_{x\to\infty}\dfrac{x+\sin x}{x}=\lim\limits_{x\to\infty}(1+\dfrac{\sin x}{x})=1+0=1$

可见此极限存在且等于 1.但不能用洛必达法则得出.这是因为

$\lim\limits_{x\to\infty}\dfrac{f'(x)}{g'(x)}=\lim\limits_{x\to\infty}\dfrac{(x+\sin x)'}{x'}=\lim\limits_{x\to\infty}(1+\cos x)$ 不存在,也不是 ∞ 之缘故,

也就是说此函数不满足洛必达法则的条件.

3. 验证极限 $\lim\limits_{x\to0}\dfrac{x^2\sin\frac{1}{x}}{\sin x}$ 存在,但不能用洛必达法则得出.

【证】 $\lim\limits_{x\to0}\dfrac{x^2\sin\frac{1}{x}}{\sin x}=\lim\limits_{x\to0}\dfrac{x}{\sin x}x\sin\dfrac{1}{x}=\lim\limits_{x\to0}x\sin\dfrac{1}{x}=0$

可见此极限存在且等于 0.(因 $\lim\limits_{x\to0}\dfrac{x}{\sin x}=1$,$|\sin\dfrac{1}{x}|\leqslant1$,$x$ 为无穷小量之缘故)

但不能用洛必达法则得出.这是因为

$\lim\limits_{x\to\infty}\dfrac{f'(x)}{g'(x)}=\lim\limits_{x\to0}\dfrac{(x^2\sin\frac{1}{x})'}{(\sin x)'}=\lim\limits_{x\to0}\dfrac{2x\sin\frac{1}{x}-\cos\frac{1}{x}}{\cos x}=-\lim\limits_{x\to0}\cos\dfrac{1}{x}$

不存在,也不是 ∞ 之缘故,也就是说此函数不满足洛必达法则的条件.

4. 讨论函数

$$f(x)=\begin{cases}\left[\dfrac{(1+x)^{\frac{1}{x}}}{e}\right]^{\frac{1}{x}}, & x>0\\ e^{-\frac{1}{2}}, & x\leqslant0\end{cases}$$

在点 $x=0$ 处的连续性.

【解】 $f(0)=e^{-\frac{1}{2}}$,$\lim\limits_{x\to0^-}f(x)=e^{-\frac{1}{2}}$,下面求 $\lim\limits_{x\to0^+}f(x)$.

记 $$y=\left[\dfrac{(1+x)^{\frac{1}{x}}}{e}\right]^{\frac{1}{x}}$$

则 $$\ln y=\dfrac{1}{x}\left[\ln(1+x)^{\frac{1}{x}}-1\right]=\dfrac{\ln(1+x)-x}{x^2}$$

$$\lim\limits_{x\to0^+}\ln y=\lim\limits_{x\to0^+}\dfrac{\ln(1+x)-x}{x^2}=\lim\limits_{x\to0^+}\dfrac{\frac{1}{1+x}-1}{2x}=$$

$$\lim\limits_{x\to0^+}\dfrac{-\frac{1}{(1+x)^2}}{2}=-\dfrac{1}{2}$$

则
$$\lim_{x \to 0^+} y = \lim_{x \to 0^+} f(x) = e^{-\frac{1}{2}}$$

从而
$$\lim_{x \to 0} f(x) = e^{-\frac{1}{2}} = f(0)$$

所以 $f(x)$ 在 $x = 0$ 处是连续的.

习题 3-3

1. 按 $(x-4)$ 的乘幂展开多项式 $x^4 - 5x^3 + x^2 - 3x + 4$.

【解】　记 $f(x) = x^4 - 5x^3 + x^2 - 3x + 4$,则
$$f'(x) = 4x^3 - 15x^2 + 2x - 3$$
$$f''(x) = 12x^2 - 30x + 2$$
$$f'''(x) = 24x - 30$$
$$f^{(4)}(x) = 24$$
$$f^{(n)}(x) = 0 \qquad (n \geqslant 5)$$

而 $f(4) = -56, f'(4) = 21, f''(4) = 74, f'''(4) = 66, f^{(4)}(4) = 24$,

从而　$f(x) = f(4) + f'(4)(x-4) + \dfrac{f''(4)}{2!}(x-4)^2 + \dfrac{f'''(4)}{3!}(x-4)^3 +$

$\qquad \dfrac{f^{(4)}(4)}{4!}(x-4)^4 = -56 + 21(x-4) + 37(x-4)^2 +$

$\qquad 11(x-4)^3 + (x-4)^4$

3. 当 $x_0 = -1$ 时,求函数 $f(x) = \dfrac{1}{x}$ 的 n 阶泰勒公式.

【解】　$f'(x) = -\dfrac{1}{x^2}, \quad f''(x) = \dfrac{2}{x^3}, \quad f'''(x) = -\dfrac{3!}{x^4}, \quad \cdots,$

$$y^{(k)}(x) = (-1)^k \frac{k!}{x^{k+1}} \qquad (k = 1, 2, 3, \cdots)$$

$$y^{(k)}(-1) = -k! \qquad (k = 1, 2, 3, \cdots, n)$$

又　$y^{(n+1)}[-1 + \theta(x+1)] = (-1)^{n+1} \cdot \dfrac{(n+1)!}{[-1+\theta(x+1)]^{n+2}}$

故　$\dfrac{1}{x} = -[1 + (x+1) + (x+1)^2 + \cdots + (x+1)^n] +$

$\qquad (-1)^{n+1} \cdot \dfrac{(x+1)^{n+1}}{[-1+\theta(x+1)]^{n+2}}, \quad 0 < \theta < 1$

4. 求函数 $f(x) = \tan x$ 的二阶麦克劳林公式.

【解】　$f(0) = \tan 0 = 0$

$\qquad f'(0) = \sec^2 0 = 1$

$\qquad f''(0) = 2\sec^2 0 \cdot \tan 0 = 0$

$$f'''(\theta x) = 4\sec^2(\theta x)\cdot\tan^2(\theta x) + 2\sec^4(\theta x) = \frac{2[1+2\sin^2(\theta x)]}{\cos^4(\theta x)}$$

从而 $\qquad \tan x = x + \dfrac{1+2\sin^2(\theta x)}{3\cos^4(\theta x)}x^3, \quad 0<\theta<1$

5. 求函数 $f(x)=x\mathrm{e}^x$ 的 n 阶麦克劳林公式.

【解】 $f'(x)=\mathrm{e}^x(x+1), f''(x)=\mathrm{e}^x(x+2),\cdots,f^{(n)}(x)=\mathrm{e}^x(x+n),$
$f(0)=0, f'(0)=1, f''(0)=2, f'''(0)=3,\cdots,f^{(n)}(0)=n,$

从而 $\qquad \dfrac{f^{(n)}(0)}{n!} = \dfrac{1}{(n-1)!}$

从而 $\quad x\mathrm{e}^x = x + x^2 + \dfrac{x^3}{2!} + \dfrac{x^4}{3!} + \cdots + \dfrac{x^n}{(n-1)!} +$

$$\frac{1}{(n+1)!}(n+1+\theta x)\mathrm{e}^{\theta x}x^{n+1}, \quad 0<\theta<1.$$

6. 当 $x_0=4$ 时,求函数 $y=\sqrt{x}$ 的三阶泰勒公式.

【解】 $\qquad f'(x)=\dfrac{1}{2}x^{-\frac{1}{2}}, \quad f''(x)=-\dfrac{1}{4}x^{-\frac{3}{2}}$

$$f'''(x)=\frac{3}{8}x^{-\frac{5}{2}}, \quad f^{(4)}(x)=-\frac{15}{16}x^{-\frac{7}{2}}$$

则 $\qquad f(4)=2, \quad f'(4)=\dfrac{1}{4}$

$$f''(4)=-\frac{1}{32}, \quad f'''(4)=\frac{3}{256}$$

$$f^{(4)}[4+\theta(x-4)]=-\frac{15}{16[4+\theta(x-4)]^{\frac{7}{2}}}$$

从而 $\quad \sqrt{x}=2+\dfrac{1}{4}(x-4)-\dfrac{1}{64}(x-4)^2+\dfrac{1}{512}(x-4)^3-$

$$\frac{5(x-4)^4}{128[4+\theta(x-4)]^{\frac{7}{2}}} \quad (0<\theta<1)$$

习题 3 - 4

1. 判定函数 $f(x)=\arctan x - x$ 的单调性.

【解】 $f'(x)=\dfrac{1}{1+x^2}-1=-\dfrac{x^2}{1+x^2}\leqslant 0, \quad x\in\mathbf{R}$

上式中的等号仅在 $x=0$ 时成立,所以 $f(x)$ 在 $(-\infty,+\infty)$ 内单调减少.

2. 判定函数 $f(x)=x+\cos x(0\leqslant x\leqslant 2\pi)$ 的单调性.

【解】 当 $x\in[0,2\pi]$ 时,$f'(x)=1-\sin x\geqslant 0$,且在 $(0,2\pi)$ 内使 $f'(x)=$

$1-\sin x=0$ 的点 $x=\dfrac{\pi}{2}$ 是孤立的(仅此一个),所以 $f(x)=x+\cos x$ 在 $[0,2\pi]$ 上是单调增加的.

3. 确定下列函数的单调区间

(1) $y=2x^3-6x^2-18x-7$;　　(2) $y=2x+\dfrac{8}{x}$,　$x>0$;

(3) $y=\dfrac{10}{4x^3-9x^2+6x}$;　　(4) $y=\ln(x+\sqrt{1+x^2})$;

(5) $y=(x-1)(x+1)^3$;　　(6) $y=\sqrt[3]{(2x-a)(a-x)^2}$,　$a>0$;

(7) $y=x^n\mathrm{e}^{-x}$,　$n>0,x\geqslant0$;　(8) $y=x+|\sin2x|$.

【解】 (1) 这函数的定义域为 $(-\infty,+\infty)$,
$$y'=6x^2-12x-18=6(x+1)(x-3)$$

令 $y'=0$,得出它在函数定义域 $(-\infty,+\infty)$ 内的两个根 $x_1=-1,x_2=3$.这两个根把 $(-\infty,+\infty)$ 分成三个部分区间: $(-\infty,-1],[-1,3],[3,+\infty)$.

在 $(-\infty,-1)$ 内,$y'>0$,故 y 在 $(-\infty,-1]$ 内单调增加;

在 $(-1,3)$ 内,$y'<0$,故 y 在 $[-1,3]$ 内单调减少;

在 $(3,+\infty)$ 内,$y'>0$,故 y 在 $[3,+\infty)$ 内单调增加.

(2) $y'=2-\dfrac{8}{x^2}=\dfrac{2(x+2)(x-2)}{x^2}$

令 $y'=0$,得 $x=\pm2$(因 $x>0$,舍去 $x=-2$).

当 $x\in(0,2)$ 时,$y'<0$,故 y 在 $(0,2]$ 内单调减少;

当 $x\in(2,+\infty)$ 时,$y'>0$,故 y 在 $[2,+\infty)$ 内单调增加.

(3) 此函数的定义域为 $(-\infty,0),(0,+\infty)$,
$$y'=-\dfrac{10(12x^2-18x+6)}{(4x^3-9x^2+6x)^2}=-\dfrac{60(2x-1)(x-1)}{x^2(4x^2-9x+6)^2},\quad x\neq0$$

令 $y'=0$,得 $x_1=\dfrac{1}{2},x_2=1$.这两个根把定义域分成四个部分区间: $(-\infty,0),(0,\dfrac{1}{2}],[\dfrac{1}{2},1],[1,+\infty)$.列表讨论如下:

x	$(-\infty,0)$	$(0,\dfrac{1}{2})$	$(\dfrac{1}{2},1)$	$(1,+\infty)$
y'	$-$	$-$	$+$	$-$
y	↘	↘	↗	↘

所以 y 在 $(-\infty,0),(0,\frac{1}{2}],[1,+\infty)$ 内单调减少,在 $[\frac{1}{2},1]$ 上单调增加.

(4) $y' = \dfrac{1}{x+\sqrt{1+x^2}}(1+\dfrac{x}{\sqrt{1+x^2}}) = \dfrac{1}{\sqrt{1+x^2}} > 0$

故 $y = \ln(x+\sqrt{1+x^2})$ 在定义域 $(-\infty,+\infty)$ 内处处单调增加.

(5) 此函数的定义域是 $(-\infty,+\infty)$,

$$y' = (x+1)^3 + 3(x-1)(x+1)^2 = 2(x+1)^2(2x-1)$$

令 $y' = 0$,得 $x_1 = -1, x_2 = \dfrac{1}{2}$.这两个根把定义域分成三个部分区间:

$(-\infty,1],[-1,\frac{1}{2}],[\frac{1}{2},+\infty)$.

当 $x \in (-\infty,\frac{1}{2})$ 时,$y' < 0$,所以 y 在 $(-\infty,\frac{1}{2}]$ 内单调减少;

当 $x \in (\frac{1}{2},+\infty)$ 时,$y' > 0$,所以 y 在 $[\frac{1}{2},+\infty)$ 内单调增加.

(6) 此函数的定义域为 $(-\infty,+\infty)$.

$$y' = \frac{2}{3}(2x-a)^{-\frac{2}{3}}(a-x)^2 - \frac{2}{3}(2x-a)^{\frac{1}{3}}(a-x)^{-\frac{1}{3}} =$$

$$\frac{2}{3} \cdot \frac{2a-3x}{(2x-a)^{\frac{2}{3}}(a-x)^{\frac{1}{3}}}$$

令 $y' = 0$,得驻点 $x = \dfrac{2}{3}a$,当 $x = a$ 及 $x = \dfrac{a}{2}$ 时,y' 不存在.$x = \dfrac{a}{2}$,$x = \dfrac{2}{3}a$ 及 $x = a$ 将定义域分为四个部分区间:$(-\infty,\frac{a}{2}],[\frac{a}{2},\frac{2}{3}a],[\frac{2}{3}a,a]$,$[a,+\infty)$.列表讨论如下:

x	$(-\infty,\frac{a}{2})$	$(\frac{a}{2},\frac{2}{3}a)$	$(\frac{2}{3}a,a)$	$(a,+\infty)$
y'	$+$	$+$	$-$	$+$
y	↗	↗	↘	↗

所以函数 y 在 $(-\infty,\frac{2}{3}a],[a,+\infty)$ 内单调增加,在 $[\frac{2}{3}a,a]$ 上单调减少.

(7) $y' = e^{-x}(nx^{n-1}-x^n) = e^{-x}x^{n-1}(n-x)$

令 $y' = 0$,得 $x = 0, x = n$.

当 $x \in (0,n)$ 时,$y' > 0$;当 $x > n$ 时,$y' < 0$,所以函数在 $[0,n]$ 上单调增

加,在$[n,+\infty)$内单调减少.

(8) $y=\begin{cases}x+\sin2x, & x\in[n\pi,n\pi+\dfrac{\pi}{2}]\\ x-\sin2x, & x\in[n\pi+\dfrac{\pi}{2},(n+1)\pi]\end{cases}$

$1°$　当$n\pi\leqslant x\leqslant n\pi+\dfrac{\pi}{2}$时,$y'=1+2\cos2x$

令$y'=0$,得$x_1=n\pi+\dfrac{\pi}{3}$.

当$x\in(n\pi,n\pi+\dfrac{\pi}{3})$时,$y'>0$,

当$x\in(n\pi+\dfrac{\pi}{3},n\pi+\dfrac{\pi}{2})$时,$y'<0$.

$2°$　当$n\pi+\dfrac{\pi}{2}\leqslant x\leqslant(n+1)\pi$时,$y'=1-2\cos2x$,

令$y'=0$,得$x_2=n\pi+\dfrac{5}{6}\pi$.

当$x\in(n\pi+\dfrac{\pi}{2},n\pi+\dfrac{5}{6}\pi)$时,$y'>0$,

当$x\in(n\pi+\dfrac{5}{6}\pi,(n+1)\pi)$时,$y'<0$.

列表如下:

x	$(n\pi,n\pi+\dfrac{\pi}{3})$	$(n\pi+\dfrac{\pi}{3},n\pi+\dfrac{\pi}{2})$	$(n\pi+\dfrac{\pi}{2},n\pi+\dfrac{5}{6}\pi)$	$(n\pi+\dfrac{5}{6}\pi,(n+1)\pi)$
y'	$+$	$-$	$+$	$-$
y	↗	↘	↗	↘

综上,则函数的单调增加区间是$[n\pi,n\pi+\dfrac{\pi}{3}]\bigcup[n\pi+\dfrac{\pi}{2},n\pi+\dfrac{5}{6}\pi]$,即$[\dfrac{k\pi}{2},\dfrac{k\pi}{2}+\dfrac{\pi}{3}]$.

函数的单调减少区间是$[n\pi+\dfrac{\pi}{3},n\pi+\dfrac{\pi}{2}]\bigcup[n\pi+\dfrac{5}{6}\pi,(n+1)\pi]$,即$[\dfrac{k\pi}{2}+\dfrac{\pi}{3},\dfrac{k\pi}{2}+\dfrac{\pi}{2}]$,其中$k=0,\pm1,\pm2,\cdots$

4. 证明下列不等式:

(1) 当 $x > 0$ 时，$1 + \dfrac{1}{2}x > \sqrt{1+x}$；

(2) 当 $x > 0$ 时，$1 + x\ln(x + \sqrt{1+x^2}) > \sqrt{1+x^2}$；

(3) 当 $0 < x < \dfrac{\pi}{2}$ 时，$\sin x + \tan x > 2x$；

(4) 当 $0 < x < \dfrac{\pi}{2}$ 时，$\tan x > x + \dfrac{1}{3}x^3$；

(5) 当 $x > 4$ 时，$2^x > x^2$.

【证】 (1) 设 $f(x) = 1 + \dfrac{1}{2}x - \sqrt{1+x}$,　$x > 0$

则　　　　$f'(x) = \dfrac{1}{2} - \dfrac{1}{2\sqrt{1+x}} = \dfrac{1}{2}\left(1 - \dfrac{1}{\sqrt{1+x}}\right) > 0$

故 $f(x)$ 在 $[0, +\infty)$ 内单调增加，且 $f(0) = 0$. 从而 $x > 0$ 时，$f(x) > f(0) = 0$，即 $1 + \dfrac{1}{2}x > \sqrt{1+x}$.

(2) 设 $f(x) = 1 + x\ln(x + \sqrt{1+x^2}) - \sqrt{1+x^2}$

则　$f'(x) = \ln(x + \sqrt{1+x^2}) + \dfrac{x}{x + \sqrt{1+x^2}}\left(1 + \dfrac{x}{\sqrt{1+x^2}}\right) - \dfrac{x}{\sqrt{1+x^2}} =$

$$\ln(x + \sqrt{1+x^2}) > \ln 1 = 0 \quad (x > 0)$$

故 $f(x)$ 在 $[0, +\infty)$ 内单调增加，且 $f(0) = 0$. 从而当 $x > 0$ 时，$f(x) > f(0) = 0$，即

$$1 + x\ln(x + \sqrt{1+x^2}) > \sqrt{1+x^2}$$

(3) 设 $f(x) = \sin x + \tan x - 2x$，则 $f(0) = 0$

$$f'(x) = \cos x + \sec^2 x - 2, \quad f'(0) = 0$$

当 $x \in \left(0, \dfrac{\pi}{2}\right)$ 时，

$$f''(x) = -\sin x + 2\sec^2 x \tan x = \sin x(2\sec^3 x - 1) > 0$$

从而 $f'(x)$ 单调增加，当 $x \in \left(0, \dfrac{\pi}{2}\right)$ 时，$f'(x) > f'(0) = 0$.

由于 $f'(x) > 0$，则当 $x \in \left(0, \dfrac{\pi}{2}\right)$ 时，$f(x)$ 单调增加. 所以 $f(x) > f(0) = 0$，则有 $\sin x + \tan x > 2x$.

(4) 设 $f(x) = \tan x - x - \dfrac{x^3}{3}$，则 $f(0) = 0$，

$$f'(x) = \sec^2 x - 1 - x^2 = \tan^2 x - x^2 = (\tan x + x)(\tan x - x)$$

当 $0 < x < \dfrac{\pi}{2}$ 时，$\tan x + x > 0$，记 $g(x) = \tan x - x$. 则 $g'(x) = \sec^2 x - 1 = \tan^2 x > 0$，所以 $g(x)$ 单调增加.

当 $x \in (0, \dfrac{\pi}{2})$ 时，$g(x) > g(0) = 0$，即 $\tan x - x > 0$，从而 $f'(x) = (\tan x + x)(\tan x - x) > 0$，即 $f(x)$ 单调增加.

当 $x \in (0, \dfrac{\pi}{2})$ 时，$f(x) > f(0) = 0$，于是有 $0 < x < \dfrac{\pi}{2}$ 时，$\tan x > x + \dfrac{1}{3}x^3$.

(5) 当 $x > 4$ 时，要证 $2^x > x^2$，即 $\dfrac{2^x}{x^2} > 1$，为此令 $f(x) = \dfrac{2^x}{x^2}$，则当 $x > 4$ 时

$$f'(x) = \dfrac{x^2 \cdot 2^x \ln 2 - 2x \cdot 2^x}{x^4} = \dfrac{x \cdot 2^x \ln 2 - 2^{x+1}}{x^3} = \dfrac{2^{x+1}}{x^3}(\dfrac{x}{2}\ln 2 - 1)$$
$$> \dfrac{2^{x+1}}{x^3}(\dfrac{4}{2}\ln 2 - 1) = \dfrac{2^{x+1}}{x^3}(\ln 4 - 1) > 0$$

又 $f(x)$ 在 $x = 4$ 处连续，故当 $x \geqslant 4$ 时，$f(x)$ 单调增加，因 $f(4) = 1$，所以当 $x > 4$ 时有 $f(x) > f(4) = 1$，即 $2^x > x^2$.

5. 试证方程 $\sin x = x$ 只有一个实根.

【证】　设 $f(x) = \sin x - x$，$x \in (-\infty, +\infty)$，则 $f(0) = 0$，即 $x = 0$ 为方程 $\sin x = x$ 的一实根.

又 $f'(x) = \cos x - 1 \leqslant 0$，且使 $f'(x) = 0$ 的点为 $x = 2n\pi (n \in N)$，它们是一些孤立点，不构成区间，故 $f(x)$ 单调减少，从而 $f(x)$ 的零点唯一，即方程 $\sin x = x$ 只有一个实根.

6. 讨论方程 $\ln x = ax$（其中 $a > 0$）有几个实根？

【解】　令 $f(x) = \ln x - ax$，$x \in (0, +\infty)$，则 $f'(x) = \dfrac{1}{x} - a$，令 $f'(x) = 0$，得 $x = \dfrac{1}{a}$.

当 $0 < x < \dfrac{1}{a}$ 时，$f'(x) > 0$，故 $f(x)$ 在 $(0, \dfrac{1}{a}]$ 内单调增加；

当 $\dfrac{1}{a} < x < +\infty$ 时，$f'(x) < 0$，故 $f(x)$ 在 $[\dfrac{1}{a}, +\infty)$ 内单调减少.

下面就 $f(\dfrac{1}{a})$ 的三种不同情况进行讨论：

1° 当 $f(\frac{1}{a}) > 0$,即 $\ln\frac{1}{a} - 1 > 0$,亦即 $0 < a < \frac{1}{e}$ 时,因 $\lim\limits_{x \to 0^+} f(x) = \lim\limits_{x \to 0^+}(\ln x - ax) = -\infty$,故存在 $0 < x_1 < \frac{1}{e}$,使得 $f(x_1) < 0$,且 $f(\frac{1}{a}) > 0$,由闭区间上连续函数的零点存在定理,存在 $\xi_1 \in (x_1, \frac{1}{a})$,使 $f(\xi_1) = 0$,又因 $f(x)$ 在 $(0, \frac{1}{a})$ 内单调增加,故 $f(x) = 0$ 在 $(0, \frac{1}{a})$ 内只有唯一实根 $x = \xi_1$.

又因 $\lim\limits_{x \to +\infty} f(x) = \lim\limits_{x \to +\infty}(\ln x - ax) = \lim\limits_{x \to +\infty} x(\frac{\ln x}{x} - a) = -\infty$(因 $\lim\limits_{x \to +\infty}\frac{\ln x}{x} = 0$),故存在 $x_2 \in (\frac{1}{a}, +\infty)$,使 $f(x_2) < 0$,由闭区间上连续函数的零点存在定理,存在 $\xi_2 \in (\frac{1}{a}, x_2)$,使 $f(\xi_2) = 0$,又因 $f(x)$ 在 $(\frac{1}{a}, +\infty)$ 内单调减少,故 $f(x) = 0$ 在 $(\frac{1}{a}, +\infty)$ 内只有唯一实根 $x = \xi_2$.

从而由上便得当 $f(\frac{1}{a}) > 0$,即 $0 < a < \frac{1}{e}$ 时,$f(x) = 0$ 有两个零点,即方程 $\ln x = ax$ 有两个实根.

2° 当 $f(\frac{1}{a}) = 0$ 即 $a = \frac{1}{e}$ 时,$x = \frac{1}{a}$ 为方程 $\ln x = ax$ 的一个实根,因 $f(x)$ 在 $(0, \frac{1}{a})$ 内单调增,在 $(\frac{1}{a}, +\infty)$ 内单调减,故 $x = \frac{1}{a}$ 为 $f(x)$ 在 $(0, +\infty)$ 内唯一零点,从而方程 $\ln x = ax$ 有唯一实根 $x = e$.

3° 当 $f(\frac{1}{a}) < 0$,即 $a > \frac{1}{e}$ 时,由于 $f(x)$ 在 $(0, \frac{1}{a})$ 内单调增,在 $(\frac{1}{a}, +\infty)$ 内单调减,故 $f(x)$ 在 $(0, +\infty)$ 内无零点,从而方程 $\ln x = ax$ 无实根.

7. 单调函数的导函数是否必为单调函数? 研究下面这个例子:
$$f(x) = x + \sin x$$

【解】 单调函数的导函数不一定还是单调函数.例如本题中函数 $f(x) = x + \sin x, x \in (-\infty, +\infty)$.

由于 $f'(x) = 1 + \cos x \geqslant 0$,等号仅在 $x = (2n+1)\pi, n = 0, \pm 1, \cdots$ 处成立,故 $f(x)$ 在 $(-\infty, +\infty)$ 内单调增.但因 $\cos x$ 在 $(-\infty, +\infty)$ 内不是单调函数,从而 $f'(x) = 1 + \cos x$ 在 $(-\infty, +\infty)$ 内不是单调函数.

习题 3-5

1. 求下列函数的极值

(1) $y = x^2 - 2x + 3$;　　　　　　(2) $y = 2x^3 - 3x^2$;

(3) $y = 2x^3 - 6x^2 - 18x + 7$;　　(4) $y = x - \ln(1+x)$;

(5) $y = -x^4 + 2x^2$;　　　　　　(6) $y = x + \sqrt{1-x}$;

(7) $y = \dfrac{1+3x}{\sqrt{4+5x^2}}$;　　　　　　(8) $y = \dfrac{3x^2 + 4x + 4}{x^2 + x + 1}$;

(9) $y = e^x \cos x$;　　　　　　　(10) $y = x^{\frac{1}{x}}$;

(11) $y = 2e^x + e^{-x}$;　　　　　(12) $y = 2 - (x-1)^{\frac{2}{3}}$;

(13) $y = 3 - 2(x+1)^{\frac{1}{3}}$;　　　(14) $y = x + \tan x$.

【解】 (1) $y' = 2x - 2$,令 $y' = 0$,得驻点 $x = 1$,函数 y 没有不可导的点.
$y'' = 2$,则 $y''(1) = 2 > 0$,从而 $y(1) = 2$ 为极小值.

(2) $y' = 6x^2 - 6x = 6x(x-1)$,

令 $y' = 0$,得驻点 $x_1 = 0, x_2 = 1$. 又
$$y'' = 12x - 6 = 6(2x-1), \quad y''(0) = -6 < 0, y''(1) = 6 > 0,$$
从而 $y(0) = 0$ 为极大值,$y(1) = -1$ 为极小值.

(3) $y' = 6x^2 - 12x - 18 = 6(x+1)(x-3)$

令 $y' = 0$,得驻点 $x_1 = -1, x_2 = 3$. 又
$$y'' = 12x - 12 = 12(x-1), \quad y''(-1) = -24 < 0, y''(3) = 24 > 0$$
从而 $y(-1) = 17$ 为极大值,$y(3) = -47$ 为极小值.

(4) 此函数在定义域 $(-1, +\infty)$ 内处处可导,且 $y' = 1 - \dfrac{1}{1+x} = \dfrac{x}{1+x}$,

令 $y' = 0$,得驻点 $x = 0$.
$$y'' = \frac{1}{(1+x)^2}, \quad y''(0) = 1 > 0$$

从而 $y(0) = 0$ 为极小值.

(5) $y' = 4x - 4x^3 = 4x(1-x^2) = 4x(1-x)(1+x)$

令 $y' = 0$,得驻点 $x_1 = 0, x_2 = 1, x_3 = -1$,
$$y'' = 4 - 12x^2 = 4(1-3x^2), \quad y''(0) = 4 > 0$$
$$y''(1) = -8 < 0, \quad y''(-1) = -8 < 0$$
从而 $y(0) = 0$ 为极小值,$y(\pm 1) = 1$ 为极大值.

(6) 此函数的定义域为 $(-\infty, 1]$,

$$y' = 1 - \frac{1}{2\sqrt{1-x}} = \frac{2\sqrt{1-x}-1}{2\sqrt{1-x}}$$

令 $y' = 0$，得驻点 $x_1 = \frac{3}{4}$.

y 在 $x_2 = 1$ 处不可导，$x_2 = 1$ 在函数的定义域上，但为右端点，它没有右邻域，从而不讨论此端点的极值问题.

$$y'' = -\frac{1}{2}\left(\frac{1}{\sqrt{1-x}}\right)' = -\frac{1}{2} \cdot \frac{-\frac{-1}{2\sqrt{1-x}}}{1-x} = -\frac{1}{4} \cdot \frac{1}{(1-x)^{\frac{3}{2}}}$$

$$y''\left(\frac{3}{4}\right) = -2 < 0$$

从而 $y\left(\frac{3}{4}\right) = \frac{5}{4}$ 为极大值.

(7) $y' = \frac{1}{4+5x^2}\left[3\sqrt{4+5x^2} - (1+3x) \cdot \frac{10x}{2\sqrt{4+5x^2}}\right] = \frac{12-5x}{(4+5x^2)^{\frac{3}{2}}}$

令 $y' = 0$，得驻点 $x = \frac{12}{5}$.

当 $x < \frac{12}{5}$ 时，$y' > 0$，$x > \frac{12}{5}$ 时，$y' < 0$，从而 $y\left(\frac{12}{5}\right) = \frac{\sqrt{205}}{10}$ 为极大值.

(8) $y' = \frac{(6x+4)(x^2+x+1)-(3x^2+4x+4)(2x+1)}{(x^2+x+1)^2} =$

$$-\frac{x(x+2)}{(x^2+x+2)^2}$$

令 $y' = 0$ 得驻点，$x_1 = 0$，$x_2 = -2$.

当 $x \in (-\infty, -2)$ 时，$y' < 0$；当 $x \in (-2, 0)$ 时，$y' > 0$；当 $x \in (0, +\infty)$ 时，$y' < 0$. 从而 $y(-2) = \frac{8}{3}$ 为极小值，$y(0) = 4$ 为极大值.

(9) 函数的定义域为 $(-\infty, +\infty)$，$y' = e^x(\cos x - \sin x)$，

令 $y' = 0$，得驻点 $x_0 = n\pi + \frac{\pi}{4}$，又

$$y'' = e^x(\cos x - \sin x - \sin x - \cos x) = -2e^x \sin x$$

$$y''\left(\frac{\pi}{4} + 2k\pi\right) = -\sqrt{2}\,e^{2k\pi+\frac{\pi}{4}} < 0$$

$$y''\left(\frac{\pi}{4} + (2k+1)\pi\right) = \sqrt{2}\,e^{(2k+1)\pi+\frac{\pi}{4}} > 0$$

从而极大值为 $y(\frac{\pi}{4} + 2k\pi) = \frac{\sqrt{2}}{2}e^{\frac{\pi}{4}+2k\pi}$;

极小值为 $y(\frac{\pi}{4} + (2k+1)\pi) = -\frac{\sqrt{2}}{2}e^{\frac{\pi}{4}+(2k+1)\pi}$, $\quad k = 0, \pm 1, \pm 2, \cdots$.

(10) 此函数的定义域为 $(0, +\infty)$, 因 $y = x^{\frac{1}{x}}$, 则

$$\ln y = \frac{1}{x}\ln x, \quad y' = x^{\frac{1}{x}} \cdot \frac{1 - \ln x}{x^2}$$

令 $y' = 0$, 得驻点 $x_1 = e$.

当 $0 < x < e$ 时, $y' > 0$, 当 $e < x < +\infty$ 时, $y' < 0$,

从而极大值为 $y(e) = e^{\frac{1}{e}}$.

(11) $y' = 2e^x - e^{-x}$, 令 $y' = 0$, 得驻点 $x_1 = -\frac{\ln 2}{2}$, 又

$$y'' = 2e^x + e^{-x}, \quad y''(x_1) > 0$$

从而极小值为 $y(-\frac{\ln 2}{2}) = 2\sqrt{2}$.

(12) 函数的定义域为 $(-\infty, +\infty)$,

当 $x \neq 1$ 时, $y' = -\frac{2}{3\sqrt[3]{x-1}} \neq 0$.

所以函数没有驻点.

当 $x = 1$ 时, y' 不存在;

当 $x < 1$ 时, $y' > 0$;

当 $x > 1$ 时, $y' < 0$.

从而 $y(1) = 2$ 为极大值.

(13) 函数的定义域为 $(-\infty, +\infty)$.

当 $x \neq -1$ 时, $y' = -\frac{2}{3\sqrt[3]{(x+1)^2}} < 0$.

所以函数没有驻点.

当 $x = -1$ 时, y' 不存在.

但由于 $x \neq -1$ 时, $y' < 0$, 所以函数 y 恒单调减少, 从而 $y(-1)$ 不是极值.

故此函数在定义域内无极值.

(14) 函数的定义域为 $x \neq k\pi + \frac{\pi}{2}$, 因 $y' = 1 + \sec^2 x > 0$, 所以此函数无极值.

2. 试证明:如果函数 $y = ax^3 + bx^2 + cx + d$ 满足条件 $b^2 - 3ac < 0$,那么这函数没有极值.

【证】 因 $y' = 3ax^2 + 2bx + c$,方程 $3ax^2 + 2bx + c = 0$ 的判别式 $\Delta = 4b^2 - 12ac < 0$,所以方程 $y' = 0$ 无实根,即函数 y 无驻点,又因 y 处处可导,y 没有导数不存在的点,故 y 没有可能极值点,从而这函数没有极值.

3. 试问 a 为何值时,函数 $f(x) = a\sin x + \frac{1}{3}\sin 3x$ 在 $x = \frac{\pi}{3}$ 处取得极值?它是极大值还是极小值? 并求此极值.

【解】 $f'(x) = a\cos x + \cos 3x$,

因 $f(\frac{\pi}{3})$ 为极值,则 $f'(\frac{\pi}{3}) = 0$,即

$$a\cos\frac{\pi}{3} + \cos\pi = 0$$

从而 $a = 2$.

$$f''(x) = -a\sin x - 3\sin 3x$$

$$f''(\frac{\pi}{3}) = -a\sin\frac{\pi}{3} - 3\sin\pi = -2\sin\frac{\pi}{3} = -\sqrt{3} < 0$$

所以 $f(x)$ 在 $x = \frac{\pi}{3}$ 处取得极大值,且极大值

$$f(\frac{\pi}{3}) = 2\sin\frac{\pi}{3} + \frac{1}{3}\sin\pi = \sqrt{3}$$

习题 3 - 6

1. 求下列函数的最大值、最小值.

(1) $y = 2x^3 - 3x^2, -1 \leqslant x \leqslant 4$;

(2) $y = x^4 - 8x^2 + 2, -1 \leqslant x \leqslant 3$;

(3) $y = x + \sqrt{1-x}, -5 \leqslant x \leqslant 1$.

【解】 (1) $y' = 6x^2 - 6x = 6x(x-1)$,令 $y' = 0$,得 $x_1 = 0, x_2 = 1$,因
$$y(0) = 0, \quad y(1) = -1, \quad y(-1) = -5, \quad y(4) = 80$$
从而函数 y 在 $[-1,4]$ 上的最大值为 $y(4) = 80$,最小值为 $y(-1) = -5$.

(2) $y' = 4x^3 - 16x = 4x(x^2 - 4) = 4x(x+2)(x-2)$

令 $y' = 0$,得 y 在 $[-1,3]$ 上的驻点;$x_1 = 0, x_2 = 2 (x = -2$ 舍去),因
$$y(0) = 2, \quad y(2) = -14, \quad y(-1) = -5, \quad y(3) = 11$$
从而函数 y 在 $[-1,3]$ 上的最大值为 $y(3) = 11$,最小值为 $y(2) = -14$.

(3) $y' = 1 - \dfrac{1}{2\sqrt{1-x}} = \dfrac{2\sqrt{1-x}-1}{2\sqrt{1-x}}$

令 $y' = 0$，得 $x_1 = \dfrac{3}{4}$，$x_2 = 1$ 既是不可导点，又是右端点. 因

$$y(-5) = \sqrt{6} - 5, \quad y\left(\dfrac{3}{4}\right) = 1.25, \quad y(1) = 1$$

从而函数 y 在 $[-5,1]$ 上的最大值为 $y\left(\dfrac{3}{4}\right) = 1.25$，最小值为 $y(-5) = \sqrt{6} - 5$.

2. 设 $y = x^2 - 2x - 1$. 问 x 等于多少时，y 的值最小？并求出它的最小值.

【解】　因　　　　$y = x^2 - 2x - 1 = (x-1)^2 - 2$

所以当 $x = 1$ 时，y 的值最小，且最小值为 $y(1) = -2$.

3. 设 $y = 2x - 5x^2$. 问 x 等于多少时，y 的值最大？并求出它的最大值.

【解】　因　　　　$y = -5x^2 + 2x = -5\left(x^2 - \dfrac{2}{5}x\right) = -5\left(x - \dfrac{1}{5}\right)^2 + \dfrac{1}{5}$

所以当 $x = \dfrac{1}{5}$ 时，y 的值最大，且最大值为 $y\left(\dfrac{1}{5}\right) = \dfrac{1}{5}$.

4. 问函数 $y = 2x^3 - 6x^2 - 18x - 7 (1 \leqslant x \leqslant 4)$ 在何处取得最大值？并求出它的最大值.

【解】　$y' = 6x^2 - 12x - 18 = 6(x+1)(x-3)$

令 $y' = 0$，得 y 在 $[1,4]$ 上的驻点 $x_1 = 3 (x_2 = -1$ 舍去). 因

$$y(1) = -29, \quad y(3) = -61, \quad y(4) = -47$$

所以当 $x = 1$ 时，y 的值最大，且最大值为 $y(1) = -29$.

5. 问函数 $y = x^2 - \dfrac{54}{x} (x < 0)$ 在何处取得最小值？

【解】　$y' = 2x + \dfrac{54}{x^2} = \dfrac{2(x^3 + 27)}{x^2}$

令 $y' = 0$，得 y 在 $(-\infty, 0)$ 内的唯一驻点 $x = -3$.

$$y'' = 2 - \dfrac{108}{x^3}, \quad y''(-3) = 2 + \dfrac{108}{27} = 6 > 0$$

故 $x = -3$ 是函数 y 在 $(-\infty, 0)$ 内唯一的极小值点，从而也是最小值点，即 y 在 $x = -3$ 处取得最小值 $y(-3) = 27$.

6. 问函数 $y = \dfrac{x}{x^2 + 1} (x \geqslant 0)$ 在何处取得最大值？

【解】　$y' = \dfrac{x^2 + 1 - 2x^2}{(x^2+1)^2} = \dfrac{1 - x^2}{(x^2+1)^2}$

令 $y' = 0$,得 y 在 $[0, +\infty)$ 内的唯一驻点 $x = 1$,又 $0 \leqslant x < 1$ 时,$y' > 0$;当 $1 < x < +\infty$ 时,$y' < 0$. 故 $x = 1$ 是函数 y 在 $[0, +\infty)$ 内唯一的极大值点,从而也是最大值点,即 y 在 $x = 1$ 处取得最大值 $y(1) = \dfrac{1}{2}$.

7. 某车间靠墙壁要盖一间长方形小屋,现有存砖只够砌 20 m 长的墙壁,问应围成怎样的长方形才能使这间小屋的面积最大?

【解】 设垂直于墙壁的长方形的长为 x,则平行于墙壁的边长为 $y = 20 - 2x$,小屋面积 $S = xy = 2x(10 - x)$,$0 < x < 20$,$S'(x) = 20 - 4x$,令 $S'(x) = 0$,得唯一驻点 $x = 5$.

由于小屋的面积的最大值一定存在,而且在 $(0, 20)$ 内取得;现在 $S' = 0$ 在 $(0, 20)$ 内只有一个根 $x = 5$,所以当 $x = 5$ 时,S 的值最大,此时 $y = 10$,最大值 $S = 50 \text{ m}^2$.

即当垂直于墙壁的边长为 5 m,平行于墙壁的边长为 10 m 时,所围成的长方形小屋的面积最大,为 50 m^2.

8. 要造一圆柱形油罐,体积为 V,问底半径 r 和高 h 等于多少时,才能使表面积最小? 这时底直径与高的比是多少?

【解】 因 $V = \pi r^2 h$,所以 $h = \dfrac{V}{\pi r^2}$,表面积

$$S(r) = 2\pi r^2 + 2\pi rh = 2\pi r^2 + \frac{2V}{r}, \quad S'(r) = 4\pi r - \frac{2V}{r^2}$$

令 $S'(r) = 0$,得唯一驻点 $r = \sqrt[3]{\dfrac{V}{2\pi}}$,此时

$$h = \frac{V}{\pi} \sqrt[3]{\left(\frac{2\pi}{V}\right)^2} = 2\sqrt[3]{\frac{V}{2\pi}} = 2r$$

由问题的实际意义和驻点唯一性知,当 $r = \sqrt[3]{\dfrac{V}{2\pi}}$ 和 $h = 2\sqrt[3]{\dfrac{V}{2\pi}}$ 时,表面积最小,此时底直径与高的比为 1:1.

9. 某地区防空洞的截面拟建成矩形加半圆,如图 F-3-1 所示. 截面的面积为 5 m^2. 问底宽 x 为多少时才能使截面的周长最小,从而使建造时所用的材料最省?

【解】 设截面的周长为 l,则 $l = x + 2y + \dfrac{x}{2}\pi$,

又因 $$xy + \frac{1}{2}\pi \left(\frac{x}{2}\right)^2 = 5$$

所以
$$y = \frac{1}{x}\left(5 - \frac{1}{8}\pi x^2\right)$$
$$l(x) = \frac{40 - \pi x^2}{4x} + x + \frac{1}{2}\pi x$$
$$l'(x) = \frac{-2\pi x \cdot 4x - 4(40 - \pi x^2)}{16x^2} + 1 + \frac{\pi}{2} =$$
$$\frac{\pi}{4} + 1 - \frac{10}{x^2} \ (x > 0)$$

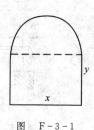

图　F-3-1

令 $l' = 0$ 得 $x > 0$ 时的唯一驻点，$x_0 = \sqrt{\dfrac{40}{\pi+4}}$.

由问题的实际意义和驻点唯一，当 $x = \sqrt{\dfrac{40}{\pi+4}} \approx 2.366$ m 时，才能使截面的周长最小.

10. 设有重量为 5 kg 的物体，置于水平面上，受力 F 的作用而开始移动，如图 F-3-2 所示.设摩擦系数 $\mu = 0.25$，问力 F 与水平线的交角 α 为多少时，才可使力 F 的大小为最小.

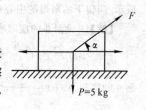

图　F-3-2

【解】　$F\cos\alpha = (P - F\sin\alpha)\mu$
$$F(\alpha) = \frac{\mu P}{\cos\alpha + \mu\sin\alpha} = \frac{1.25}{\cos\alpha + 0.25\sin\alpha}$$
$$F'(\alpha) = -\frac{1.25(0.25\cos\alpha - \sin\alpha)}{(\cos\alpha + 0.25\sin\alpha)^2} =$$
$$-\frac{1.25\cos\alpha(0.25 - \tan\alpha)}{(\cos\alpha + 0.25\sin\alpha)^2}$$

令 $F' = 0$，得 $\alpha = \arctan 0.25 \approx 14°2'$.

当 $0 < \alpha < 14°2'$ 时，$F' < 0$，当 $14°2' < \alpha < 90°$ 时，$F' > 0$，故当 $\alpha = \arctan 0.25 \approx 14°2'$ 时，力 F 最小.

11. 有一杠杆，支点在它的一端.在距支点 0.1 m 处挂一重量为 49 kg 的物体.加力于杠杆的另一端，使杠杆保持水平，如图 F-3-3 所示.如果杠杆每 m 的重量为 5 kg，求最省力的杆长？

【解】　设杆长为 x m，则杆的重量为 $5x$ kg，由 $49 \times 0.1 + 5x \cdot \dfrac{x}{2} = xF$，

得 $F = \dfrac{4.9}{x} + \dfrac{5}{2}x, (x > 0), F' = -\dfrac{4.9}{x^2} + \dfrac{5}{2}$.

令 $F' = 0$，得 $x = 1.4$，又 $F'' = \dfrac{9.8}{x^3} > 0$，故当杆长为 1.4 m 时最省力.

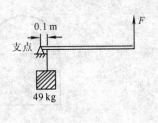

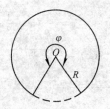

图 F-3-3   图 F-3-4

12. 从一块半径为 R 的圆铁片上挖去一个扇形做成一个漏斗,如图 F-3-4 所示.问留下的扇形的中心角 φ 取多大时,做成的漏斗的容积最大?

【解】 设漏斗的底圆半径为 r,高为 h,则

$$2\pi r = R\varphi, \quad r = \frac{R\varphi}{2\pi}, \quad h = \sqrt{R^2 - r^2} = \frac{R}{2\pi}\sqrt{4\pi^2 - \varphi^2}$$

漏斗的容积 $V(\varphi) = \frac{1}{3}\pi r^2 h = \frac{R^3 \varphi^2}{24\pi^2}\sqrt{4\pi^2 - \varphi^2}, \quad 0 < \varphi < 2\pi$

$$V'(\varphi) = \frac{R^3}{24\pi^2 \sqrt{4\pi^2 - \varphi^2}}(8\pi^2 \varphi - 3\varphi^3)$$

令 $V' = 0$,得 $\varphi \in (0, 2\pi)$ 内的唯一驻点 $\varphi_1 = \sqrt{\frac{8}{3}}\pi$.

由问题的实际意义知,此最大容积存在,现在 $(0, 2\pi)$ 内驻点又唯一,所以当 $\varphi = \sqrt{\frac{8}{3}}\pi = \frac{2\sqrt{6}}{3}\pi$ 时,漏斗的容积最大.

13. 某吊车的车身高为 $1.5\,\text{m}$,吊臂长 $15\,\text{m}$.现在要把一个 $6\,\text{m}$ 宽,$2\,\text{m}$ 高的屋架,水平地吊到 $6\,\text{m}$ 高的柱子上去,如图 F-3-5 所示,问能否得上去?

【解】 设吊臂与水平面的倾角为 φ 时,屋架与地面之间的高度为 h.本题须找出 h 的最大值,看它是否大于 $6\,\text{m}$? 因

$$15\sin\varphi = h - 1.5 + 2 + 3\tan\varphi, \quad 0 < \varphi < \frac{\pi}{2}$$

从而 $h(\varphi) = 15\sin\varphi - 3\tan\varphi - 0.5, \quad h'(\varphi) = 15\cos\varphi - 3\sec^2\varphi$

令 $h' = 0$,得 $\cos^3\varphi = \frac{1}{5}$,$\cos\varphi = \frac{1}{\sqrt[3]{5}} \approx 0.5848$,从而有唯一驻点 $\varphi = \arccos 0.5848 \approx 54°13'$.

由问题的实际意义知,此吊车能吊到的最大高度存在,且当 $\varphi \approx 54°13'$ 时,

最大高度

$$h(54°) \approx 15\sin 54° - 3\tan 54° - 0.5 \approx 7.506(\text{m}) > 6(\text{m})$$

即吊车能把此屋架水平地吊到 6 m 高的柱子上去.

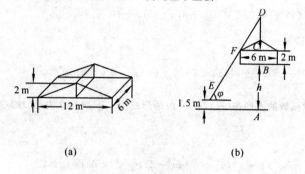

(a)　　　　　　　　(b)

图　F-3-5

习题 3-7

1. 判定下列曲线的凹凸性

(1) $y = 4x - x^2$；　　　　　　(2) $y = \text{sh}x$；

(3) $y = x + \dfrac{1}{x}(x > 0)$；　　(4) $y = x\arctan x$.

【解】 (1) $y' = 4 - 2x, y'' = -2, x \in \mathbf{R}$,

所以该曲线在整个数轴上都是凸的.

(2) $y' = \text{ch}x, y'' = \text{sh}x$,令 $y' = 0$,得 $x = 0$.

当 $x \in (-\infty, 0)$ 时,$y'' < 0$;当 $x \in (0, +\infty)$ 时,$y'' > 0$.

所以双曲正弦的图形在 $(-\infty, 0]$ 内是凸的,在 $[0, +\infty)$ 内是凹的.

(3) $y' = 1 - \dfrac{1}{x^2}$,　$y'' = \dfrac{2}{x^3} > 0$,　$x > 0$

所以该曲线在 x 轴的正半轴内是凹的.

(4) $x \in R$ 时,$y' = \arctan x + \dfrac{x}{1 + x^2}$,

$$y'' = \frac{1}{1 + x^2} + \frac{1 + x^2 - 2x^2}{(1 + x^2)^2} = \frac{2}{(1 + x^2)^2} > 0$$

所以该曲线在整个数轴上都是凹的.

2. 求下列函数图形的拐点及凹或凸的区间:

(1) $y = x^3 - 5x^2 + 3x + 5$; (2) $y = xe^{-x}$;

(3) $y = (x+1)^4 + e^x$; (4) $y = \ln(x^2+1)$;

(5) $y = e^{\arctan x}$; (6) $y = x^4(12\ln x - 7)$.

【解】 (1) $y' = 3x^2 - 10x + 3, y'' = 6x - 10$

令 $y'' = 0$, 得 $x = \dfrac{5}{3}$.

当 $x \in (-\infty, \dfrac{5}{3})$ 时, $y'' < 0$; 当 $x \in (\dfrac{5}{3}, +\infty)$ 时, $y'' > 0$.

所以此函数的图形在 $(-\infty, \dfrac{5}{3}]$ 内是凸的, 在 $[\dfrac{5}{3}, +\infty)$ 内是凹的, 拐点为 $(\dfrac{5}{3}, \dfrac{20}{27})$.

(2) $y' = e^{-x}(1-x), y'' = e^{-x}(x-2)$, 令 $y'' = 0$, 得 $x = 2$.

当 $x \in (-\infty, 2)$ 时, $y'' < 0$; 当 $x \in (2, +\infty)$ 时, $y'' > 0$.

所以此函数的图形在 $(-\infty, 2]$ 内是凸的, 在 $[2, +\infty)$ 内是凹的, 拐点为 $(2, 2e^{-2})$.

(3) $y' = 4(x+1)^3 + e^x, y'' = 12(x+1)^2 + e^x > 0$

函数的定义域为 $x \in \mathbf{R}$, 从而函数的图形在整个数轴上都是凹的, 没有拐点.

(4) $y' = \dfrac{2x}{1+x^2}, \quad y'' = \dfrac{2(1-x^2)}{(1+x^2)^2}$

令 $y'' = 0$, 得 $x = \pm 1$.

当 $x \in (-\infty, -1)$ 时, $y'' < 0$; 当 $x \in (-1, 1)$ 时, $y'' > 0$; 当 $x \in (1, +\infty)$ 时, $y'' < 0$.

所以此函数的图形在 $(-\infty, -1], [1, +\infty)$ 内是凸的, 在 $[-1, 1]$ 上是凹的, 拐点为 $(-1, \ln 2), (1, \ln 2)$.

(5) $y' = \dfrac{1}{1+x^2} e^{\arctan x}$

$$y'' = \dfrac{-2x}{(1+x^2)^2} e^{\arctan x} + \dfrac{1}{(1+x^2)^2} e^{\arctan x} = \dfrac{e^{\arctan x}(1-2x)}{(1+x^2)^2}$$

令 $y'' = 0$, 得 $x = \dfrac{1}{2}$.

当 $x \in (-\infty, \dfrac{1}{2})$ 时, $y'' > 0$; 当 $x \in (\dfrac{1}{2}, +\infty)$ 时, $y'' < 0$.

所以此函数的图形在 $(-\infty,\frac{1}{2}]$ 内是凹的,在 $[\frac{1}{2},+\infty)$ 内是凸的,拐点为

$(\frac{1}{2},\mathrm{e}^{\arctan\frac{1}{2}})$.

(6) $y'=4x^3(12\ln x-7)+x^4\cdot\dfrac{12}{x}=4x^3(12\ln x-4)$

$$y''=12x^2(12\ln x-4)+4x^3\cdot\frac{12}{x}=144x^2\ln x,\ x>0$$

令 $y''=0$,得 $x_1=1(x=0$ 舍去$)$.

当 $0<x<1$ 时,$y''<0$;当 $1<x<+\infty$ 时,$y''>0$.

所以此函数的图形在 $(0,1]$ 内是凸的,在 $[1,+\infty)$ 内是凹的,拐点为 $(1,-7)$.

3. 利用函数图形的凹凸性,证明下列不等式

(1) $\dfrac{1}{2}(x^n+y^n)>(\dfrac{x+y}{2})^n$,　$x>0,y>0,x\neq y,n>1$;

(2) $\dfrac{\mathrm{e}^x+\mathrm{e}^y}{2}>\mathrm{e}^{\frac{x+y}{2}}$,　$x\neq y$;

(3) $x\ln x+y\ln y>(x+y)\ln\dfrac{x+y}{2}$,　$x>0,y>0,x\neq y$.

【证】　(1) 令 $f(t)=t^n,t\in(0,+\infty)$,因 $n>1$,则

$$f'(t)=nt^{n-1},\quad f''(t)=n(n-1)t^{n-2}>0$$

所以 $f(t)$ 的图形在 $(0,+\infty)$ 内是凹的,由定义,任取 $x,y\in(0,+\infty),x\neq y$,则有 $\dfrac{f(x)+f(y)}{2}>f(\dfrac{x+y}{2})$. 即

$$\frac{x^n+y^n}{2}>(\frac{x+y}{2})^n$$

(2) 令 $f(t)=\mathrm{e}^t,t\in R$,则

$$f'(t)=\mathrm{e}^t,\quad f''(t)=\mathrm{e}^t>0$$

所以 $f(t)$ 的图形在 R 上是凹的,由定义,任取 $x,y\in R,x\neq y$,则有

$$\frac{f(x)+f(y)}{2}>f(\frac{x+y}{2})$$

即　　　　　　　　$$\frac{\mathrm{e}^x+\mathrm{e}^y}{2}>\mathrm{e}^{\frac{x+y}{2}},x\neq y$$

(3) 令 $f(t)=t\ln t,t>0$,则

$$f'(t)=1+\ln t,\quad f''(t)=\frac{1}{t}>0$$

所以 $f(t)$ 的图形在 $(0,+\infty)$ 内是凹的,由定义,任取 $x,y \in (0,+\infty), x \neq y$,则有

$$\frac{f(x)+f(y)}{2} > f(\frac{x+y}{2})$$

即

$$\frac{x\ln x + y\ln y}{2} > \frac{x+y}{2}\ln\frac{x+y}{2}$$

从而

$$x\ln x + y\ln y > (x+y)\ln\frac{x+y}{2}, \quad x \neq y$$

4. 求下列曲线的拐点

(1) $x = t^2, y = 3t + t^3$;

(2) $x = 2a\cot\theta, y = 2a\sin^2\theta$.

【解】 (1) $\dfrac{\mathrm{d}y}{\mathrm{d}x} = \dfrac{3t^2 + 3}{2t}$

$$\frac{\mathrm{d}^2 y}{\mathrm{d}x^2} = \frac{\mathrm{d}}{\mathrm{d}t}\left(\frac{3t^2+3}{2t}\right)\frac{\mathrm{d}t}{\mathrm{d}x} = \frac{3}{2} \cdot \frac{2t^2 - (t^2+1)}{t^2} \cdot \frac{1}{2t} = \frac{3(t^2-1)}{4t^3}$$

令 $\dfrac{\mathrm{d}^2 y}{\mathrm{d}x^2} = 0$,得 $t = \pm 1$; $t = 0$ 时,$\dfrac{\mathrm{d}^2 y}{\mathrm{d}x^2}$ 不存在.

应注意 $x = t^2 \geqslant 0$,当 $t = 0$ 时,$x = 0, y = 0$,对应的点 $(0,0)$ 是曲线的尖点,显然它不是拐点.

y'' 在 $t = -1$ 的两侧异号,y'' 在 $t = 1$ 的两侧异号,另外,当 $t = -1$ 时,$x = 1, y = -4$,而当 $t = 1$ 时,$x = 1, y = 4$,所以此曲线的拐点为 $(1,4),(1,-4)$.

(2) $\dfrac{\mathrm{d}y}{\mathrm{d}x} = \dfrac{4a\sin\theta\cos\theta}{-2a\csc^2\theta} = -2\sin^3\theta\cos\theta$

$$\frac{\mathrm{d}^2 y}{\mathrm{d}x^2} = \frac{-2(3\sin^2\theta\cos^2\theta - \sin^4\theta)}{-2a\csc^2\theta} = \frac{1}{a}\sin^4\theta(3 - 4\sin^2\theta)$$

令 $y'' = 0$,得 $\theta_1 = \dfrac{\pi}{3}, \theta_2 = -\dfrac{\pi}{3}$(因 $\theta = 0$ 不含在定义域内,故舍去).

当 $\theta < -\dfrac{\pi}{3}$ 时,$y'' > 0$;$-\dfrac{\pi}{3} < \theta < 0$ 时,$y'' > 0$;$0 < \theta < \dfrac{\pi}{3}$ 时,$y'' > 0$;

$\theta > \dfrac{\pi}{3}$ 时,$y'' < 0$;而 $\theta = -\dfrac{\pi}{3}$ 时,$x = -\dfrac{2\sqrt{3}}{3}a, y = \dfrac{3}{2}a$;$\theta = \dfrac{\pi}{3}$ 时,$x = \dfrac{2\sqrt{3}}{3}a$,

$y = \dfrac{3}{2}a$.

所以此曲线的拐点为 $(-\dfrac{2\sqrt{3}}{3}, \dfrac{3}{2}a)$ 及 $(\dfrac{2\sqrt{3}}{3}a, \dfrac{3}{2}a)$.

5. 试证明曲线 $y = \dfrac{x-1}{x^2+1}$ 有三个拐点位于同一直线上.

【证】 $y' = \dfrac{-x^2+2x+1}{(x^2+1)^2}$, $y'' = \dfrac{2(x+1)(x^2-4x+1)}{(x^2+1)^3}$

令 $y'' = 0$, 得 $x_1 = -1, x_2 = 2+\sqrt{3}, x_3 = 2-\sqrt{3}$.

当 $x < -1$ 时, $y'' < 0$; 当 $-1 < x < 2-\sqrt{3}$ 时, $y'' > 0$; 当 $2-\sqrt{3} < x < 2+\sqrt{3}$ 时, $y'' < 0$; 当 $x > 2+\sqrt{3}$ 时, $y'' > 0$.

又当 $x_1 = -1$ 时, $y_1 = -1$, 当 $x_2 = 2+\sqrt{3}$ 时, $y_2 = \dfrac{1+\sqrt{3}}{4(2+\sqrt{3})}$, 当 $x_3 = 2-\sqrt{3}$ 时, $y_3 = \dfrac{1-\sqrt{3}}{4(2-\sqrt{3})}$, 故 $A(-1, -1)$, $B(2-\sqrt{3}, \dfrac{1-\sqrt{3}}{4(2-\sqrt{3})})$, $C(2+\sqrt{3}, \dfrac{1+\sqrt{3}}{4(2+\sqrt{3})})$ 均为曲线的拐点.下证它们在同一条直线上.

因为 $K_{AB} = \dfrac{\dfrac{1-\sqrt{3}}{4(2-\sqrt{3})} - (-1)}{(2-\sqrt{3}) - (-1)} = \dfrac{9-5\sqrt{3}}{4(2-\sqrt{3})(3-\sqrt{3})} = \dfrac{9-5\sqrt{3}}{4(9-5\sqrt{3})} = \dfrac{1}{4}$

$K_{AC} = \dfrac{\dfrac{1+\sqrt{3}}{4(2+\sqrt{3})} - (-1)}{(2+\sqrt{3}) - (-1)} = \dfrac{9+5\sqrt{3}}{4(2+\sqrt{3})(3+\sqrt{3})} = \dfrac{9+5\sqrt{3}}{4(9+5\sqrt{3})} = \dfrac{1}{4}$

所以三个拐点 A, B, C 在同一条直线上.

6. 问 a, b 为何值时,点 $(1, 3)$ 为曲线 $y = ax^3 + bx^2$ 的拐点?

【解】 $y' = 3ax^2 + 2bx$, $y'' = 6ax + 2b$

因为 $(1, 3)$ 为拐点,由拐点的必要条件,应有 $y''(1) = 0$,又因拐点 $(1, 3)$ 在曲线上,有 $y(1) = 3$,从而有

$$\begin{cases} a + b = 3 \\ 6a + 2b = 0 \end{cases}$$

解之得 $a = -\dfrac{3}{2}, b = \dfrac{9}{2}$,即 $a = -\dfrac{3}{2}, b = \dfrac{9}{2}$ 时,点 $(1, 3)$ 为拐点.

7. 试决定曲线 $y = ax^3 + bx^2 + cx + d$ 中的 a, b, c, d,使得 $(-2, 44)$ 为驻点,点 $(1, -10)$ 为拐点.

【解】 $y' = 3ax^2 + 2bx + c$, $y'' = 6ax + 2b$

依题意有 $y(-2) = 44$, $y'(-2) = 0$, $y(1) = -10$, $y''(1) = 0$

即 $\begin{cases} -8a+4b-2c+d=44 \\ 12a-4b+c=0 \\ a+b+c+d=-10 \\ 6a+2b=0 \end{cases}$, 解之得 $\begin{cases} a=1 \\ b=-3 \\ c=-24 \\ d=16 \end{cases}$.

8. 试决定 $y=k(x^2-3)^2$ 中 k 的值,使曲线的拐点处的法线通过原点.

【解】 $y'=4kx(x^2-3)$

$$y''=12kx^2-12k=12k(x+1)(x-1)$$

当 $k\neq 0$ 时,令 $y''=0$,得 $x_1=-1,x_2=1$.

当 $k\neq 0$ 时,y'' 在 $x=\pm 1$ 的两侧异号,故 $(\pm 1,4k)$ 均为曲线的拐点.

在 $(-1,4k)$ 处,$y'=8k$,法线方程为

$$y-4k=-\frac{1}{8k}(x+1)$$

要使法线通过原点,需 $-4k=-\frac{1}{8k}$,从而 $k=\pm\frac{\sqrt{2}}{8}$.

在 $(1,4k)$ 处,$y'=-8k$,法线方程为

$$y-4k=\frac{1}{8k}(x-1)$$

要使法线通过原点,需 $-4k=-\frac{1}{8k}$,从而 $k=\pm\frac{\sqrt{2}}{8}$.

即当 $k=\pm\frac{\sqrt{2}}{8}$ 时,拐点处的法线通过原点.

9. 设 $y=f(x)$ 在 $x=x_0$ 的某邻域内具有三阶连续导数,如果 $f'(x_0)=0$,$f''(x_0)=0$,而 $f'''(x_0)\neq 0$,试问 $x=x_0$ 是否为极值点?为什么?又 $(x_0,f(x_0))$ 是否为拐点?为什么?

【解】 $f(x)=f(x_0)+f'(x_0)(x-x_0)+\frac{f''(x_0)}{2!}(x-x_0)^2+\frac{f'''(\xi)}{3!}(x-x_0)^3$,

因 $f'(x_0)=f''(x_0)=0$,则有 $f(x)=f(x_0)+\frac{f'''(\xi)}{3!}(x-x_0)^3$,其中 ξ 位于 x 与 x_0 之间.

又 $f'''(x_0)\neq 0$,不妨设 $f'''(x_0)>0$,由 $f'''(x)$ 连续,则存在 $U(x_0)$,使得当 $x\in U(x_0)$ 时,有 $f'''(x)>0$,于是 $f'''(\xi)>0$,于是对于 $U(x_0)$ 中的 x 当 $x<x_0$ 时,$f(x)-f(x_0)<0$,当 $x>x_0$ 时,$f(x)-f(x_0)>0$,所以 $x=x_0$ 不是

极值点.

又由拉格朗日中值定理得 $f''(x) - f''(x_0) = f'''(\eta)(x - x_0)$,因为 $f''(x_0) = 0$,故 $f''(x) = f'''(\eta)(x - x_0), \eta \in U(x_0)$,且 $f'''(\eta) > 0$,由于 $f''(x)$ 在 x_0 的两侧异号,故 $(x_0, f(x_0))$ 为拐点.

当 $f'''(x_0) < 0$ 时,同理可证得同样的结论.

习题 3 - 8

描绘下列函数的图形:

1. $y = \dfrac{1}{5}(x^4 - 6x^2 + 8x + 7)$

【解】 $1°$ 函数的定义域是 $(-\infty, +\infty)$.

$2°$ $y' = \dfrac{4}{5}(x^3 - 3x + 2) = \dfrac{4}{5}(x + 2)(x - 1)^2$

$$y'' = \dfrac{12}{5}(x^2 - 1)$$

令 $y' = 0$,得 $x = -2, x = 1$;令 $y'' = 0$,得 $x = \pm 1$,没有间断点和不可导点. $x = -2, -1, 1$ 将 R 划分成四个部分区间.

$3°$ 列表

x	$(-\infty, -2)$	-2	$(-2, -1)$	-1	$(-1, 1)$	1	$(1, +\infty)$
y'	$-$	0	$+$	$+$	$+$	0	$+$
y''	$+$	$+$	$+$	0	$-$	0	$+$
$y = f(x)$ 的图形	↘	极小值 $f(-2) = -\dfrac{17}{5}$	↗	拐点 $\left(-1, -\dfrac{6}{5}\right)$	↗	拐点 $(1, 2)$	↗

$4°$ 此曲线无渐近线.

$5°$ 算出 $x = 0, 2, -3$ 处的函数值:$f(0) = \dfrac{7}{5}, f(2) = 3, f(-3) = 2$,从而得到图形上的三个点:$\left(0, \dfrac{7}{5}\right), (2, 3), (-3, 2)$.

函数 $y = \dfrac{1}{5}(x^4 - 6x^2 + 8x + 7)$ 的图形如

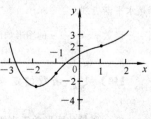

图 F - 3 - 6

图 F - 3 - 6 所示.

2. $y = \dfrac{x}{1 + x^2}$

【解】 1° 函数的定义域是 $(-\infty, +\infty)$.

2° 由于此函数为奇函数,可利用对称性作图,先作出 $x \geqslant 0$ 的图形,再作另一半图形.

3° $y' = \dfrac{1 + x^2 - 2x^2}{(1 + x^2)^2} = \dfrac{1 - x^2}{(1 + x^2)^2}$

$$y'' = \frac{-2x(1 + x^2)^2 - (1 - x^2)4x(1 + x^2)}{(1 + x^2)^4} = \frac{2x(x^2 - 3)}{(1 + x^2)^3}$$

令 $y' = 0$,得 $x = \pm 1$;令 $y'' = 0$,得 $x = 0, x = \pm\sqrt{3}$,无不可导点.

$x = 0, 1, \sqrt{3}$ 将正半轴分成了三个部分区间.

4° 列表

x	0	$(0,1)$	1	$(1,\sqrt{3})$	$\sqrt{3}$	$(\sqrt{3}, +\infty)$
y'	$+$	$+$	0	$-$	$-$	$-$
y''	0	$-$	$-$	$-$	0	$+$
$y = f(x)$ 的图形	拐点 $(0,0)$	↗	极大值 $f(1) = \dfrac{1}{2}$	↘	拐点 $(\sqrt{3}, \dfrac{\sqrt{3}}{4})$	↘

5° $\displaystyle\lim_{x\to\infty} y = \lim_{x\to\infty} \frac{x}{1 + x^2} = 0$,所以 $y = 0$ 是水平渐近线.

函数 $y = \dfrac{x}{1 + x^2}$ 的图形如图 F - 3 - 7 所示.

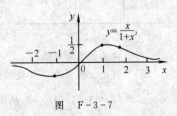

图 F - 3 - 7

3. $y = \mathrm{e}^{-(x-1)^2}$

【解】 1° 函数的定义域是 $(-\infty, +\infty)$.

2° 函数的图形关于直线 $x = 1$ 对称.

3° $y' = -2(x - 1)\mathrm{e}^{-(x-1)^2}$

$$y'' = -2e^{-(x-1)^2} + 4(x-1)^2 e^{-(x-1)^2} =$$
$$2[2(x-1)^2 - 1]e^{-(x-1)^2}$$

令 $y' = 0$,得 $x = 1$;令 $y'' = 0$,得 $x = 1 + \dfrac{\sqrt{2}}{2}$,$x = 1 - \dfrac{\sqrt{2}}{2}$.

$x = 1$,$x = 1 \pm \dfrac{\sqrt{2}}{2}$ 将 R 分成四个部分区间.

4° 列表

x	$(-\infty, 1-\dfrac{\sqrt{2}}{2})$	$1-\dfrac{\sqrt{2}}{2}$	$(1-\dfrac{\sqrt{2}}{2}, 1)$	1	$(1, 1+\dfrac{\sqrt{2}}{2})$	$1+\dfrac{\sqrt{2}}{2}$	$(1+\dfrac{\sqrt{2}}{2}, +\infty)$
y'	$+$	$+$	$+$	0	$-$	$-$	$-$
y''	$+$	0	$-$	$-$	$-$	0	$+$
$y=f(x)$ 的图形	↗	拐点 $(1+\dfrac{\sqrt{2}}{2}, e^{-\frac{1}{2}})$	↗	极大值 $f(1)=1$	↘	拐点 $(1+\dfrac{\sqrt{2}}{2}, e^{-\frac{1}{2}})$	↘

5° $\lim\limits_{x \to \infty} y = \lim\limits_{x \to \infty} e^{-(x-1)^2} = 0$,所以 $y = 0$ 是水平渐近线.

函数 $y = e^{-(x-1)^2}$ 的图形如图 F-3-8 所示.

4. $y = x^2 + \dfrac{1}{x}$

【解】 1° 函数的定义域为 $x \neq 0$.

2° $y' = 2x - \dfrac{1}{x^2} = \dfrac{2x^3 - 1}{x^2}$

$y'' = 2 + \dfrac{2}{x^3} = \dfrac{2(x^3 + 1)}{x^3}$

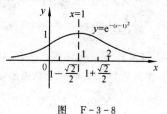

图　F-3-8

令 $y' = 0$,得 $x = \dfrac{1}{\sqrt[3]{2}}$;令 $y'' = 0$,得 $x = -1$.

$x = -1$,$x = 0$,$x = \dfrac{1}{\sqrt[3]{2}}$ 将定义域分成四个部分区间.

3° 列表

x	$(-\infty,-1)$	-1	$(-1,0)$	$(0,\dfrac{1}{\sqrt[3]{2}})$	$\dfrac{1}{\sqrt[3]{2}}$	$(\dfrac{1}{\sqrt[3]{2}},+\infty)$
y'	$-$	$-$	$-$	$-$	0	$+$
y''	$+$	0	$-$	$+$	$+$	$+$
$y=f(x)$ 的图形	↘	拐点 $(-1,0)$	↘	↘	极小值 $f(\dfrac{1}{\sqrt[3]{2}})=$ $\sqrt[3]{2}+\dfrac{1}{\sqrt[3]{4}}$	↗

4° $\lim\limits_{x\to0^{+}}y=+\infty,\lim\limits_{x\to0^{-}}y=-\infty$，所以 $x=0$ 是铅直渐近线.

5° 算出 $x=-2,-\dfrac{1}{2},\dfrac{1}{2},\dfrac{3}{2}$ 处的函数值：

$$f(-2)=3.5,\quad f(-\dfrac{1}{2})=-1.75$$

$$f(\dfrac{1}{2})=2.25,\quad f(\dfrac{3}{2})=2.92$$

从而得到图形上的四个点：$(-2,3.5)$, $(-\dfrac{1}{2},-1.75),(\dfrac{1}{2},2.25),(\dfrac{3}{2},2.92)$.

函数 $y=x^2+\dfrac{1}{x}$ 的图形如图 F-3-9 所示.

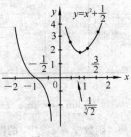

图 F-3-9

5. $y=\dfrac{\cos x}{\cos 2x}$

【解】 1° 此函数是以 2π 为周期的偶函数,其图形关于 y 轴对称,因此可先作出半个周期 $[0,\pi]$ 上的图形,然后作偶延拓,再作周期延拓即可.

2° y 在 $[0,\pi]$ 上有意义的 x 值应满足 $\cos 2x\neq0$,即 $2x\neq\dfrac{\pi}{2},\dfrac{3\pi}{2}$,从而 $x\neq\dfrac{\pi}{4},\dfrac{3\pi}{4}$,亦即 $x\in[0,\dfrac{\pi}{4})\cup(\dfrac{\pi}{4},\dfrac{3\pi}{4})\cup(\dfrac{3\pi}{4},\pi]$.

3° $y'=\dfrac{-\sin x\cos 2x+2\sin 2x\cos x}{\cos^2 2x}=\dfrac{\sin x(2\cos^2 x+1)}{\cos^2 2x}$

$y''=$

$$\frac{(2\cos^3 x - 4\sin^2 x \cos x + \cos x)\cos^2 2x - \sin x(2\cos^2 x + 1)(-4\cos 2x \cdot \sin 2x)}{\cos^4 2x} =$$

$$\frac{\cos x(-4\sin^4 x + 12\sin^2 x + 3)}{\cos^3 2x}$$

令 $y' = 0$,得 $x = 0, \pi$;令 $y'' = 0$,得 $x = \dfrac{\pi}{2}$.

$x = \dfrac{\pi}{4}, x = \dfrac{\pi}{2}, x = \dfrac{3}{4}\pi$ 将 $[0, \pi]$ 分成四个部分区间.

4° 列表

x	0	$\left(0, \dfrac{\pi}{4}\right)$	$\left(\dfrac{\pi}{4}, \dfrac{\pi}{2}\right)$	$\dfrac{\pi}{2}$	$\left(\dfrac{\pi}{2}, \dfrac{3\pi}{4}\right)$	$\left(\dfrac{3\pi}{4}, \pi\right)$	π
y'	0	+	+	+	+	+	0
y''	+	+	−	0	+	−	−
$y = f(x)$ 的图形	极小值 $f(0) = 1$	↗	↗	拐点 $\left(\dfrac{\pi}{2}, 0\right)$	↗	↗	极大值 $f(\pi) = -1$

5° $\lim\limits_{x \to \frac{\pi}{4}^+} y = +\infty$, $\lim\limits_{x \to \frac{\pi}{2}^-} y = -\infty$, $\lim\limits_{x \to \frac{3}{4}\pi^-} y = +\infty$, $\lim\limits_{x \to \frac{3}{4}\pi^+} y = -\infty$.

所以 $x = \dfrac{\pi}{4}$ 与 $x = \dfrac{3\pi}{4}$ 是两条铅直渐近线.

综上,可将此周期偶函数在 $[0, \pi]$ 上的图形描绘出来,进而用对称性作出它在 $[-\pi, 0]$ 上的图形,最后再对 $[-\pi, \pi]$ 上的图形作周期延拓,可得函数 $y = \dfrac{\cos x}{\cos 2x}$ 的图形,如图 F-3-10 所示.

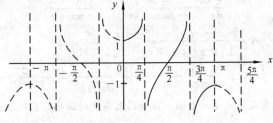

图 F-3-10

习题 3-9

1. 求椭圆 $4x^2 + y^2 = 4$ 在点 $(0,2)$ 处的曲率.

【解】 由 $4x^2 + y^2 = 4$,得 $8x + 2yy' = 0$,从而 $y' = -\dfrac{4x}{y}$.

又 $4 + (y')^2 + yy'' = 0$,得 $y'' = -\dfrac{4 + (y')^2}{y}$,从而 $y'(0) = 0$,$y''(0) = -2$.

曲率 $K = \dfrac{\mid y'' \mid}{[1 + (y')^2]^{\frac{3}{2}}}\bigg|_{(0,2)} = \dfrac{2}{1} = 2$.

2. 求曲线 $y = \ln(\sec x)$ 在点 (x,y) 处的曲率及曲率半径.

【解】 因 $y' = \dfrac{\tan x \sec x}{\sec x} = \tan x$,$y'' = \sec^2 x$,从而曲率

$$K = \frac{\sec^2 x}{(1 + \tan^2 x)^{\frac{3}{2}}} = \frac{\sec^2 x}{\mid \sec^3 x \mid} = \mid \cos x \mid$$

曲率半径 $$\rho = \frac{1}{K} = \mid \sec x \mid$$

3. 求抛物线 $y = x^2 - 4x + 3$ 在其顶点处的曲率及曲率半径.

【解】 因抛物线顶点处有水平切线,由 $y' = 2x - 4 = 0$ 可得顶点的横坐标 $x = 2$. 又 $y'' = 2$,从而曲率

$$K = \frac{2}{(1 + 0^2)^{\frac{3}{2}}} = 2$$

曲率半径 $$\rho = \frac{1}{2}$$

4. 求曲线 $x = a\cos^3 t$,$y = a\sin^3 t$ 在 $t = t_0$ 处的曲率.

【解】 $$\frac{dy}{dx} = \frac{3a\sin^2 t \cos t}{-3a\cos^2 t \sin t} = -\tan t$$

$$\frac{d^2 y}{dx^2} = \frac{-\sec^2 t}{-3a\cos^2 t \sin t} = \frac{1}{3a\sin t \cos^4 t}$$

从而曲率 $$K = \frac{\mid y''(t_0) \mid}{[1 + y'^2(t_0)]^{\frac{3}{2}}} =$$

$$\frac{1}{\mid 3a\sin t_0 \cos^4 t_0 \mid} \cdot \frac{1}{(1 + \tan^2 t_0)^{\frac{3}{2}}} = \frac{2}{\mid 3a\sin 2t_0 \mid}$$

5. 对数曲线 $y = \ln x$ 上哪一点处的曲率半径最小?求出该点处的曲率半径.

【解】 $x > 0$ 时,$y' = \dfrac{1}{x}$,$y'' = -\dfrac{1}{x^2}$,从而

$$K = \frac{x}{(1+x^2)^{\frac{3}{2}}}, \quad \rho = \frac{1}{K} = \frac{(1+x^2)^{\frac{3}{2}}}{x}, \quad \frac{\mathrm{d}\rho}{\mathrm{d}x} = \frac{\sqrt{1+x^2}\cdot(2x^2-1)}{x^2}$$

令 $\rho'=0$，得 $x=\dfrac{\sqrt{2}}{2}$.

$\rho'' = \dfrac{2x^4+x^2+2}{x^3\sqrt{1+x^2}} > 0$，故当 $x=\dfrac{\sqrt{2}}{2}$，即曲线在 $(\dfrac{\sqrt{2}}{2}, -\dfrac{1}{2}\ln2)$ 点处的曲率

半径最小，最小的曲率半径为 $\dfrac{3\sqrt{3}}{2}$.

6. 证明曲线 $y = a\mathrm{ch}\dfrac{x}{a}$ 在点 (x,y) 处的曲率半径为 $\dfrac{y^2}{a}$.

【证】 $y' = \mathrm{sh}\dfrac{x}{a}, y'' = \dfrac{1}{a}\mathrm{ch}\dfrac{x}{a}$，从而

$$\rho = \frac{(1+\mathrm{sh}^2\dfrac{x}{a})^{\frac{3}{2}}}{|\dfrac{1}{a}\mathrm{ch}\dfrac{x}{a}|} = a\mathrm{ch}^2\dfrac{x}{a} = \frac{y^2}{a} \quad (a>0)$$

7. 一飞机沿抛物线路径 $y = \dfrac{x^2}{10\,000}$（y 轴铅直向上，单位为 m）作俯冲飞行.在坐标原点 O 处飞机的速度为 $v = 200$ m/s.飞行员体重 $G = 70$ kg.求飞机俯冲至最低点即原点 O 处时座椅对飞行员的反力.

【解】 $y'|_{x=0} = \dfrac{2x}{10\,000}|_{x=0} = 0, y''(0) = \dfrac{1}{5\,000}$

故该抛物线在原点处的曲率半径

$$\rho = \frac{(1+y'^2_{(0)})^{\frac{3}{2}}}{|y''_{(0)}|} = 5\,000$$

此时向心力 $\quad F = \dfrac{mV^2}{\rho} = \dfrac{70\times200^2}{5\,000} = 560$

从而座椅对飞行员的反力为 $560 + 70\times9.8 = 1\,246$ N.

8. 汽车连同载重共 5 t，在抛物线拱桥上行驶，速度为 21.6 km/h，桥的跨度为 10 m，拱的矢高为 0.25 m，如图 F-3-11 所示.求汽车越过桥顶时对桥的压力.

【解】 取桥顶为原点，竖直向下为 y 轴正向，则抛物线方程为 $y = ax^2$（$a>0$）.因桥端点 $(5,0.25)$ 在抛物线上，所以 $a = \dfrac{0.25}{5^2} = 0.01$，从而抛物线方程为 $y = 0.01x^2, y'(0) = 0, y''(0) = 0.02$，所以顶点处抛物线的曲率半径

$$\rho \mid_{x=0} = \frac{(1+y'^2_{(0)})^{\frac{3}{2}}}{\mid y''_{(0)} \mid} = \frac{1}{0.02} = 50$$

向心力 $$F = \frac{mv^2}{\rho} = \frac{5 \times 10^3}{50} (\frac{21.6 \times 10^3}{60 \times 60})^2 = 3\ 600$$

从而汽车越过桥顶时,对桥的压力为

$$5 \times 10^3 \times 9.8 - 3\ 600 = 45\ 400\ \text{N}$$

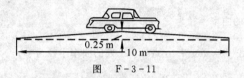

图　F - 3 - 11

总习题三

1. 列举一个函数 $f(x)$ 满足:$f(x)$ 在 $[a,b]$ 上连续,在 (a,b) 内除某一点外处处可导,但在 (a,b) 内不存在点 ξ,使 $f(b) - f(a) = f'(\xi)(b-a)$.

【解】 $f(x) = \mid x \mid$,此函数在 $[-1,1]$ 上连续,在 $(-1,1)$ 内除 $x = 0$ 外处处可导,且

$$f'(x) = \begin{cases} 1 & 0 < x < 1 \\ -1 & -1 < x < 0 \end{cases}$$

但在 $(-1,1)$ 内不存在点 ξ,使 $f'(\xi) = \dfrac{f(1) - f(-1)}{1 - (-1)} = 0$.

2. 设 $\lim\limits_{x \to \infty} f'(x) = k$,求 $\lim\limits_{x \to \infty}[f(x+a) - f(x)]$.

【解】 由拉格朗日中值定理知 $f(x+a) - f(x) = af'(\xi)$,其中 ξ 在 x 与 $x+a$ 之间,从而

$$\lim_{x \to \infty}[f(x+a) - f(x)] = \lim_{x \to \infty} af'(\xi) = a \lim_{\xi \to \infty} f'(\xi) = ak$$

3. 证明多项式 $f(x) = x^3 - 3x + a$ 在 $[0,1]$ 上不可能有两个零点.

【证】 假设 $f(x)$ 在 $[0,1]$ 上有两个零点 ξ_1, ξ_2,不妨设 $\xi_1 < \xi_2$,则 $f(x)$ 在 $[\xi_1, \xi_2]$ 上连续,在 (ξ_1, ξ_2) 内可导,且 $f(\xi_1) = f(\xi_2) = 0$,由罗尔定理,在 (ξ_1, ξ_2) 内至少有一点 η,使得 $f'(\eta) = 0$,即 $3\eta^2 - 3 = 0$,从而 $\eta = \pm 1$,这与 $\eta \in (\xi_1, \xi_2)$,进而 $\eta \in (0,1)$ 矛盾,所以 $f(x) = x^3 - 3x + a$ 在 $[0,1]$ 上不可能有两个零点.

4. 设 $a_0 + \dfrac{a_1}{2} + \cdots + \dfrac{a_n}{n+1} = 0$,证明多项式

$$f(x) = a_0 + a_1 x + \cdots + a_n x^n$$

在$(0,1)$内至少有一个零点.

【证】　设$g(x)=a_0x+\dfrac{a_1}{2}x^2+\cdots+\dfrac{a_n}{n+1}x^{n+1}$,则$g(x)$在$[0,1]$上连续,在$(0,1)$内可导,且$g(0)=0,g(1)=a_0+\dfrac{a_1}{2}+\cdots+\dfrac{a_n}{n+1}=0$,由罗尔定理,至少有一点$\xi\in(0,1)$,使$g'(\xi)=0$,而$g'(x)=a_0+a_1x+\cdots+a_nx^n=f(x)$,从而$f(\xi)=0$,这说明$f(x)$在$(0,1)$内至少有一个零点.

5. 设$f(x)$在$[0,a]$上连续,在$(0,a)$内可导,且$f(a)=0$,证明存在一点$\xi\in(0,a)$,使$f(\xi)+\xi f'(\xi)=0$.

【证】　设$g(x)=xf(x)$,则$g(x)$在$[0,a]$上连续,在$(0,a)$内可导,且$g(0)=0,g(a)=af(a)=0$,由罗尔定理,至少存在一点$\xi\in(0,a)$,使$g'(\xi)=0$,即$f(\xi)+\xi f'(\xi)=0$.

6. 设$0<a<b$,函数$f(x)$在$[a,b]$上连续,在(a,b)内可导,试利用柯西中值定理,证明存在一点$\xi\in(a,b)$,使

$$f(b)-f(a)=\xi f'(\xi)\ln\frac{b}{a}$$

【证】　令$g(x)=\ln x$,则$f(x)$与$g(x)$在$[a,b]$上连续,在(a,b)内可导,且$g'(x)=\dfrac{1}{x}$在(a,b)内处处不为0,由柯西中值定理知,至少存在一点$\xi\in(a,b)$,使

$$\frac{f(b)-f(a)}{\ln b-\ln a}=\frac{f'(\xi)}{\dfrac{1}{\xi}}$$

即

$$f(b)-f(a)=\xi f'(\xi)\ln\frac{b}{a}$$

7. 设$f(x),g(x)$都是可导函数,且$|f'(x)|<g'(x)$,证明:当$x>a$时,$|f(x)-f(a)|<g(x)-g(a)$.

【证】　由题设知:$g'(x)>|f'(x)|\geqslant0$,所以$g'(x)>0$,从而$g(x)$单调增加,当$x>a$时,$g(x)>g(a)$.

又$f(x),g(x)$均为可导函数,故在$[a,x]$上满足柯西中值定理的条件,故必存在$\xi\in(a,x)$,使

$$\frac{f(x)-f(a)}{g(x)-g(a)}=\frac{f'(\xi)}{g'(\xi)},\quad\left|\frac{f(x)-f(a)}{g(x)-g(a)}\right|=\left|\frac{f'(\xi)}{g'(\xi)}\right|$$

由于

$$g(x)>g(a),\quad g'(\xi)>|f'(\xi)|$$

所以 $\qquad \dfrac{|f(x)-f(a)|}{g(x)-g(a)} = \dfrac{|f'(\xi)|}{g'(\xi)} < 1$

故 $\qquad |f(x)-f(a)| < g(x)-g(a)$

8. 求下列极限

(1) $\lim\limits_{x\to 1}\dfrac{x-x^x}{1-x+\ln x}$;

(2) $\lim\limits_{x\to 0}\Big[\dfrac{1}{\ln(1+x)}-\dfrac{1}{x}\Big]$;

(3) $\lim\limits_{x\to +\infty}(\dfrac{2}{\pi}\arctan x)^x$;

(4) $\lim\limits_{x\to \infty}\Big[\dfrac{a_1^{\frac{1}{x}}+a_2^{\frac{1}{x}}+\cdots+a_n^{\frac{1}{x}}}{n}\Big]^{nx}$ （其中 $a_1,a_2,\cdots,a_n > 0$）.

【解】

(1) 原式 $= \lim\limits_{x\to 1}\dfrac{1-x^x(1+\ln x)}{-1+\dfrac{1}{x}} = \lim\limits_{x\to 1}\dfrac{x[1-x^x(1+\ln x)]}{1-x} =$

$\qquad \lim\limits_{x\to 1}x \cdot \lim\limits_{x\to 1}\dfrac{1-x^x(1+\ln x)}{1-x} =$

$\qquad \lim\limits_{x\to 1}\dfrac{-x^x(1+\ln x)^2 - x^x \cdot \dfrac{1}{x}}{-1} = 2$

(2) 原式 $= \lim\limits_{x\to 0}\dfrac{x-\ln(1+x)}{x\ln(1+x)} = \lim\limits_{x\to 0}\dfrac{1-\dfrac{1}{1+x}}{\ln(1+x)+\dfrac{x}{1+x}} =$

$\qquad \lim\limits_{x\to 0}\dfrac{x}{(1+x)\ln(1+x)+x} = \lim\limits_{x\to 0}\dfrac{1}{\ln(1+x)+1+1} = \dfrac{1}{2}$

(3) 令 $y = (\dfrac{2}{\pi}\arctan x)^x$, 则 $\ln y = x(\ln\dfrac{2}{\pi}+\ln\arctan x)$.

$\lim\limits_{x\to +\infty}\ln y = \lim\limits_{x\to +\infty}x(\ln\dfrac{2}{\pi}+\ln\arctan x) = \lim\limits_{x\to +\infty}\dfrac{\ln\dfrac{2}{\pi}+\ln\arctan x}{\dfrac{1}{x}} =$

$\qquad \lim\limits_{x\to +\infty}\dfrac{\dfrac{1}{\arctan x}\cdot\dfrac{1}{1+x^2}}{-\dfrac{1}{x^2}} = -\dfrac{2}{\pi}\lim\limits_{x\to +\infty}\dfrac{x^2}{1+x^2} = -\dfrac{2}{\pi}$

从而
$$\lim_{x\to+\infty}(\frac{2}{\pi}\arctan x)^x = e^{-\frac{2}{\pi}}$$

(4) 令 $y = \left[\dfrac{a_1^{\frac{1}{x}} + a_2^{\frac{1}{x}} + \cdots + a_n^{\frac{1}{x}}}{n}\right]^{nx}$，则

$$\ln y = nx\left[\ln(a_1^{\frac{1}{x}} + a_2^{\frac{1}{x}} + \cdots + a_n^{\frac{1}{x}}) - \ln n\right]$$

$$\lim_{x\to\infty}\ln y = \lim_{x\to\infty}\left\{nx\left[\ln(a_1^{\frac{1}{x}} + a_2^{\frac{1}{x}} + \cdots + a_n^{\frac{1}{x}}) - \ln n\right]\right\} =$$

$$n\lim_{x\to\infty}\frac{\ln(a_1^{\frac{1}{x}} + a_2^{\frac{1}{x}} + \cdots + a_n^{\frac{1}{x}}) - \ln n}{\frac{1}{x}} =$$

$$n\lim_{x\to\infty}\frac{1}{-\frac{1}{x^2}}\cdot\frac{a_1^{\frac{1}{x}}\ln a_1 + a_2^{\frac{1}{x}}\ln a_2 + \cdots + a_n^{\frac{1}{x}}\ln a_n}{a_1^{\frac{1}{x}} + a_2^{\frac{1}{x}} + \cdots + a_n^{\frac{1}{x}}}\cdot(-\frac{1}{x^2}) =$$

$$n\lim_{x\to\infty}\frac{a_1^{\frac{1}{x}}\ln a_1 + a_2^{\frac{1}{x}}\ln a_2 + \cdots + a_n^{\frac{1}{x}}\ln a_n}{a_1^{\frac{1}{x}} + a_2^{\frac{1}{x}} + \cdots + a_n^{\frac{1}{x}}} =$$

$$n\frac{\ln a_1 + \ln a_2 + \cdots + \ln a_n}{n} = \ln(a_1 a_2 \cdots a_n)$$

从而原极限 $= \lim_{x\to\infty} y = e^{\ln(a_1 a_2 \cdots a_n)} = a_1 a_2 \cdots a_n$.

9. 写出函数 $f(x) = \ln x$ 在 $x = 2$ 处的 n 阶泰勒公式 $(n > 3)$.

【解】 $f'(x) = \dfrac{1}{x}, f''(x) = -\dfrac{1}{x^2}, f'''(x) = \dfrac{2}{x^3}, \cdots,$

$$f^{(n)}(x) = (-1)^{n-1}\cdot\frac{(n-1)!}{x^n},$$

$f(2) = \ln 2, f'(2) = \dfrac{1}{2}, f''(2) = -\dfrac{1}{2^2}, f'''(2) = \dfrac{2}{2^3}, \cdots,$

$$f^{(n)}(2) = (-1)^{n-1}\cdot\frac{(n-1)!}{2^n},$$

从而 $f(x) = \ln x$ 在 $x = 2$ 处的 n 阶泰勒公式为

$$f(x) = \ln x = \ln 2 + \frac{x-2}{2} - \frac{1}{2}(\frac{x-2}{2})^2 + \cdots + \frac{(-1)^{n-1}}{n}(\frac{x-2}{2})^n + R_n(x)$$

其中 $\qquad R_n(x) = \dfrac{(-1)^n}{n+1}(\dfrac{x-2}{\xi})^{n+1}$ （ξ 在 2 与 x 之间）

10. 证明下列不等式

(1) 当 $0 < x_1 < x_2 < \dfrac{\pi}{2}$ 时，$\dfrac{\tan x_2}{\tan x_1} > \dfrac{x_2}{x_1}$；

(2) 当 $x > 0$ 时，　$\ln(1+x) > \dfrac{\arctan x}{1+x}$.

【证】　(1) 令 $f(x) = \dfrac{\tan x}{x}$，则 $f'(x) = \dfrac{x\sec^2 x - \tan x}{x^2} = \dfrac{x - \dfrac{1}{2}\sin 2x}{x^2\cos^2 x}$，

令 $g(x) = x - \dfrac{1}{2}\sin 2x$，则 $g'(x) = 1 - \cos 2x \geqslant 0, g(x)$ 单调增加，当 $x > 0$ 时，

$g(x) > g(0) = 0$，从而 $f'(x) = \dfrac{x - \dfrac{1}{2}\sin 2x}{x^2\cos^2 x} > 0, f(x)$ 单调增加，故当 $x_1 <$

x_2 时，有 $f(x_1) < f(x_2)$，即 $0 < \dfrac{\tan x_1}{x_1} < \dfrac{\tan x_2}{x_2}$，故 $\dfrac{\tan x_2}{\tan x_1} > \dfrac{x_2}{x_1}$.

(2) 令 $f(x) = (1+x)\ln(1+x) - \arctan x$，则 $f'(x) = \ln(1+x) + 1 -$

$\dfrac{1}{1+x^2} = \ln(1+x) + \dfrac{x^2}{1+x^2} > 0$，从而 $f(x)$ 单调增加，当 $x > 0$ 时，$f(x) >$

$f(0) = 0$，即 $(1+x)\ln(1+x) - \arctan x > 0$，故 $\ln(1+x) > \dfrac{\arctan x}{1+x}$.

11. 设 $f(x) = \begin{cases} x^{2x}, & x > 0 \\ x + 2, & x \leqslant 0 \end{cases}$，求 $f(x)$ 的极值.

【解】　极值点的疑点为 $f'(x) = 0$ 的点及 $f'(x)$ 不存在的点，为此先求 $f'(x)$.

$x > 0$ 时，$f'(x) = (x^{2x})' = (e^{2x\ln x})' = e^{2x\ln x}(2\ln x + 2) = 2x^{2x}(\ln x + 1)$；

$x < 0$ 时，$f'(x) = (x+2)' = 1$.

$$\lim_{x \to 0^-} f(x) = \lim_{x \to 0^-} (x+2) = 2$$

$$\lim_{x \to 0^+} f(x) = \lim_{x \to 0^+} x^{2x} = \lim_{x \to 0^+} e^{2x\ln x} = \lim_{x \to 0^+} e^{\frac{2\ln x}{\frac{1}{x}}} = \lim_{x \to 0^+} e^{\frac{\frac{2}{x}}{-\frac{1}{x^2}}} = 1$$

所以 $f(x)$ 在 $x = 0$ 处不连续，从而不可导，于是

$$f'(x) = \begin{cases} 2x^{2x}(\ln x + 1), & x > 0 \\ 1, & x < 0 \end{cases}$$

令 $f'(x) = 0$，得驻点 $x = \dfrac{1}{e}$，于是 $x = 0$ 和 $x = \dfrac{1}{e}$ 是可能的极值点.

当 $0 < x < \dfrac{1}{e}$ 时，$f'(x) < 0$；当 $x > \dfrac{1}{e}$ 时，$f'(x) > 0$，所以 $x = \dfrac{1}{e}$ 为 $f(x)$

的极小值点，极小值为 $f\left(\dfrac{1}{e}\right) = e^{-\frac{2}{e}}$.

当 $x<0$ 时，$f'(x)=1>0$，$f(x)$ 单调增加，从而 $f(x)<f(0)=2$；当 $0<x<\dfrac{1}{e}$ 时，由于 $\lim\limits_{x\to0^+}f(x)=1$，所以对 $\varepsilon=\dfrac{1}{3}$，$\exists\delta>0$，当 $0<x<\delta$ 时，$|f(x)-1|<\dfrac{1}{3}$，即 $f(x)<1+\dfrac{1}{3}<2=f(0)$，故 $f(0)=2$ 为 $f(x)$ 的极大值.

12. 求椭圆 $x^2-xy+y^2=3$ 上纵坐标最大和最小的点.

【解】　方程两边对 x 求导，得 $2x-y-xy'+2yy'=0$，所以

$$y'=\frac{2x-y}{x-2y}.$$

$1°$　令 $y'=0$，得 $2x=y$，代入原方程，得 $x=\pm1$.

$2°$　当 $x=2y$ 时，$y'=\infty$，此时切线垂直于 x 轴. 将 $x=2y$ 代入原方程，得 $y^2=1$，从而 $y=\pm1$，$x=\pm2$，即椭圆上点 $(2,1)$，$(-2,-1)$ 处的切线均与 x 轴垂直，由此可知，此椭圆所对应的 x 的变化区间的两端点为 $x=\pm2$，故应在驻点和端点处的值中进行比较来求得最值.

因 $y(-1)=-2$，$y(1)=2$，$y(-2)=-1$，$y(2)=1$，从而 $x=1$ 及 $x=-1$ 分别为隐函数 y 的最大值点和最小值点，所以椭圆上纵坐标最大的点为 $(1,2)$，最小的点为 $(-1,-2)$.

13. 求数列 $\{\sqrt[n]{n}\}$ 的最大项.

【解】　令 $f(x)=\sqrt[x]{x}\ (x>0)$，则 $f(n)=\sqrt[n]{n}\ (n\in N)$. $f'(x)=x^{\frac{1}{x}-2}(1-\ln x)$，令 $f'(x)=0$，得 $x=e$.

当 $0<x<e$ 时，$f'(x)>0$；当 $x>e$ 时，$f'(x)<0$，所以 $x=e$ 为 $f(x)$ 的唯一极大值点，从而 $f(e)$ 为函数 $f(x)$ 的最大值.

数列 $\{\sqrt[n]{n}\}$ 的最大值只可能在 $x=e$ 的邻近整数值中取得，即在 2 与 3 中取得，因为

$$(\sqrt{2})^6=8<(\sqrt[3]{3})^6=9$$

故数列 $\{\sqrt[n]{n}\}$ 的最大项为 $\sqrt[3]{3}$.

14. 描绘下列函数的图形；

(1) $y=\ln(x^2+1)$；　　　　(2) $y^2=x(x-1)^2$.

【解】　(1) $1°$　定义域为 $(-\infty,+\infty)$.

$2°$　此函数为偶函数，图形关于 y 轴对称，故只需在 $[0,+\infty)$ 内进行讨论.

$3°$　函数处处可导，且 $y'=\dfrac{2x}{1+x^2}$，$y''=\dfrac{2(1+x)(1-x)}{(1+x^2)^2}$.

令 $y' = 0$，得 $x = 0$；令 $y'' = 0$，得在 $[0, +\infty)$ 内的根 $x = 1$.

$x = 0$ 及 $x = 1$ 将 $[0, +\infty)$ 分成两个部分区间.

4° 列表

x	0	$(0,1)$	1	$(1,+\infty)$
y'	0	$+$	$+$	$+$
y''	$+$	$+$	0	$-$
$y = f(x)$ 的图形	极小值 $f(0) = 0$	↗	拐点 $(1, \ln 2)$	↗

5° 无渐近线.

6° 补充点 $(2, \ln 5)$，$(-2, \ln 5)$.

函数 $y = \ln(x^2 + 1)$ 的图形如图 F-3-12 所示.

(2) 1° 定义域为 $[0, +\infty)$.

因 $y = \pm\sqrt{x}\,|x-1|$，此函数的图形关于 x 轴对称，故只需研究 $y = \sqrt{x}\,|x-1|$，对称地可画出 $y = -\sqrt{x}\,|x-1|$ 的图形.

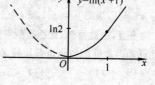

图 F-3-12

2° 因 $y = \sqrt{x}\,|x-1| = \begin{cases} (1-x)\sqrt{x}, & 0 \leqslant x < 1 \\ (x-1)\sqrt{x}, & x \geqslant 1 \end{cases}$

$$y' = \begin{cases} \dfrac{1-3x}{2\sqrt{x}}, & 0 < x < 1 \\[2mm] \dfrac{3x-1}{2\sqrt{x}}, & x > 1 \end{cases}, \qquad y'' = \begin{cases} -\dfrac{3x+1}{4x\sqrt{x}}, & 0 < x < 1 \\[2mm] \dfrac{3x+1}{4x\sqrt{x}}, & x > 1 \end{cases}$$

令 $y' = 0$，得 $x = \dfrac{1}{3}$；在 $x = 1$ 处，y' 不存在；$y'' = 0$ 的根在 $[0, +\infty)$ 内不存在.

3° 列表

x	$\left(0, \dfrac{1}{3}\right)$	$\dfrac{1}{3}$	$\left(\dfrac{1}{3}, 1\right)$	1	$(1, +\infty)$
y'	$+$	0	$-$	不存在	$+$
y''	$-$	$-$	$-$		$+$
$y = f(x)$ 的图形	↗	极大值 $f\left(\dfrac{1}{3}\right) = \dfrac{2\sqrt{3}}{9}$	↘	极小值 $f(1) = 0$	↗

4°　无渐近线.

5°　补充点$(0,0),(2,\sqrt{2}),(\frac{3}{2},\frac{\sqrt{6}}{4})$.

函数$y^2=x(x-1)^2$的图形如图 F-3-13所示.

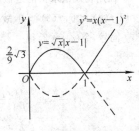

15. 曲线弧$y=\sin x(0<x<\pi)$上哪一点处的曲率半径最小? 求出该点处的曲率半径.

【解】　$y'=\cos x,y''=-\sin x$

$$\rho=\frac{(1+y'^2)^{\frac{3}{2}}}{|y''|}=\frac{(1+\cos^2 x)^{\frac{3}{2}}}{\sin x}$$

图　F-3-13

$$\rho'=\frac{\frac{3}{2}(1+\cos^2 x)^{\frac{1}{2}}\cdot 2\cos x(-\sin x)\sin x-(1+\cos^2 x)^{\frac{3}{2}}\cos x}{\sin^2 x}=$$

$$\frac{-2\cos x(1+\sin^2 x)\sqrt{1+\cos^2 x}}{\sin^2 x}$$

令$\rho'=0$,得唯一驻点$x=\frac{\pi}{2}$.

当$0<x<\frac{\pi}{2}$时,$\rho'<0$;当$\frac{\pi}{2}<x<\pi$时,$\rho'>0$,所以当$x=\frac{\pi}{2}$时,ρ达到最小值,最小值为$\rho(\frac{\pi}{2})=1$.

16. 证明方程$x^3-5x-2=0$只有一个正根,并求此正根的近似值,使精确到10^{-3}.

【证】　令$f(x)=x^3-5x-2$,则$f(x)$在$[0,+\infty)$内连续,且$f(0)=-2<0,f(3)=10>0$,由闭区间连续函数的零点存在定理知,方程$x^3-5x-2=0$至少有一个正根.

又$f'(x)=3x^2-5$,令$f'(x)=0$,得$x=\frac{\sqrt{15}}{3}$.

当$0<x<\frac{\sqrt{15}}{3}$时,$f'(x)<0,f(x)$单调减少;当$x>\frac{\sqrt{15}}{3}$时,$f'(x)>0,f(x)$单调增加.

因$f(\frac{\sqrt{15}}{3})<0$,所以方程在$(0,\frac{\sqrt{15}}{3})$内无根,故方程的正根在$(\frac{\sqrt{15}}{3}$,

$+\infty)$ 内,又由单调性知根是唯一的.

下面用切线法求根的近似值.

因 $f(2)<0,f(3)>0$,故 $\xi\in(2,3)$. 在 $[2,3]$ 上,$f''(x)=6x>0$,$f(3)$ 与 $f''(x)$ 同号,令 $x_0=3$,得

$$x_1=x_0-\frac{f(x_0)}{f'(x_0)}=3-\frac{f(3)}{f'(3)}\approx 2.545$$

$$x_2=x_1-\frac{f(x_1)}{f'(x_1)}=2.545-\frac{f(2.545)}{f'(2.545)}\approx 2.423$$

$$x_3=x_2-\frac{f(x_2)}{f'(x_2)}=2.423-\frac{f(2.423)}{f'(2.423)}\approx 2.414$$

$$x_4=x_3-\frac{f(x_3)}{f'(x_3)}=2.414-\frac{f(2.414)}{f'(2.414)}\approx 2.414$$

因 $f(2.414)<0,f(2.415)>0$. 所以 $2.414<\xi<2.415$.

从而用 2.414 或 2.415 作为根的近似值,其误差都小于 10^{-3}.

17. 设 $f''(x_0)$ 存在,证明

$$\lim_{h\to 0}\frac{f(x_0+h)+f(x_0-h)-2f(x_0)}{h^2}=f''(x_0)$$

【证】 $\lim_{h\to 0}\dfrac{f(x_0+h)+f(x_0-h)-2f(x_0)}{h^2}=$

$$\lim_{h\to 0}\frac{f'(x_0+h)-f'(x_0-h)}{2h}=$$

$$\frac{1}{2}\lim_{h\to 0}\left[\frac{f'(x_0+h)-f'(x_0)}{h}+\frac{f'(x_0-h)-f'(x_0)}{-h}\right]=$$

$$\frac{1}{2}[f''(x_0)+f''(x_0)]=f''(x_0)$$

18. 设 $f^{(n)}(x_0)$ 存在,且 $f(x_0)=f'(x_0)=\cdots=f^{(n)}(x_0)=0$,证明 $f(x)=o[(x-x_0)^n]$ $(x\to x_0)$.

【证】 因 $f^{(n)}(x_0)$ 存在,所以 $f^{(n-1)}(x),f^{(n-2)}(x),\cdots,f''(x),f'(x),f(x)$ 在 $x=x_0$ 处均连续,即

$$\lim_{x\to x_0}f^{(k)}(x)=f^{(k)}(x_0)=0,\quad k=0,1,2,\cdots,n-1$$

由洛必达法则,有

$$\lim_{x\to x_0}\frac{f(x)}{(x-x_0)^n}=\lim_{x\to x_0}\frac{f'(x)}{n(x-x_0)^{n-1}}=\lim_{x\to x_0}\frac{f''(x)}{n(n-1)(x-x_0)^{n-2}}=\cdots=$$

$$\lim_{x \to x_0} \frac{f^{(n-1)}(x)}{n(x - x_0)} = \frac{1}{n!} \lim_{x \to x_0} \frac{f^{(n-1)}(x) - f^{(n-1)}(x_0)}{x - x_0} = \frac{1}{n!} f^{(n)}(x_0) = 0$$

从而 $f(x) = o[(x - x_0)^n]$.

19. 设 $f(x)$ 在 (a,b) 内二阶可导，且 $f''(x) \geqslant 0$. 证明对于 (a,b) 内任意两点 x_1, x_2 及 $0 \leqslant t \leqslant 1$，有

$$f[(1-t)x_1 + tx_2] \leqslant (1-t)f(x_1) + tf(x_2)$$

【证】 $\forall x_1, x_2 \in (a,b)$，由于 $0 < t < 1$，从而 $x_0 = [(1-t)x_1 + tx_2] \in (a,b)$.

由泰勒公式

$$f(x) = f(x_0) + f'(x_0)(x - x_0) + \frac{1}{2!} f''(\xi)(x - x_0)^2, \quad \xi \in (a,b)$$

因 $f''(x) \geqslant 0$，则 $f''(\xi) \geqslant 0$，且 $(x - x_0)^2 \geqslant 0$，从而

$$f(x) \geqslant f(x_0) + f'(x_0)(x - x_0)$$

于是

$$\begin{cases} f(x_1) \geqslant f(x_0) + f'(x_0)(x_1 - x_0) \\ f(x_2) \geqslant f(x_0) + f'(x_0)(x_2 - x_0) \end{cases}$$

$$\begin{cases} (1-t)f(x_1) \geqslant (1-t)f(x_0) + f'(x_0)(x_1 - x_0)(1-t) \\ tf(x_2) \geqslant tf(x_0) + f'(x_0)(x_2 - x_0)t \end{cases}$$

从而 $\quad (1-t)f(x_1) + tf(x_2) \geqslant f(x_0) + f'(x_0)[(1-t)x_1 + tx_2 - x_0]$

因为 $\qquad\qquad\qquad x_0 = (1-t)x_1 + tx_2$

则 $\qquad\qquad\qquad (1-t)f(x_1) + tf(x_2) \geqslant f(x_0)$

即 $\qquad f(x_0) = f[(1-t)x_1 + tx_2] \leqslant (1-t)f(x_1) + tf(x_2)$

本题亦可令

$$g(t) = f[(1-t)x_1 + tx_2] - (1-t)f(x_1) - tf(x_2), \quad 0 \leqslant t \leqslant 1$$

利用 $g(x)$ 的单调性来证.

第 4 章

习题 4-1

1. 求下列不定积分

(1) $\displaystyle\int \frac{\mathrm{d}x}{x^2}$;

(2) $\displaystyle\int x\sqrt{x}\,\mathrm{d}x$;

(3) $\displaystyle\int \frac{\mathrm{d}x}{\sqrt{x}}$;

(4) $\displaystyle\int x^2 \sqrt[3]{x}\,\mathrm{d}x$;

(5) $\displaystyle\int \frac{\mathrm{d}x}{x^2\sqrt{x}}$;

(6) $\displaystyle\int \sqrt[m]{x^n}\,\mathrm{d}x$;

(7) $\displaystyle\int 5x^3\,\mathrm{d}x$;

(8) $\displaystyle\int (x^2-3x+2)\,\mathrm{d}x$;

(9) $\displaystyle\int \frac{\mathrm{d}h}{\sqrt{2gh}}$（$g$ 是常数）;

(10) $\displaystyle\int (x-2)^2\,\mathrm{d}x$;

(11) $\displaystyle\int (x^2+1)^2\,\mathrm{d}x$;

(12) $\displaystyle\int (\sqrt{x}+1)(\sqrt{x^3}-1)\,\mathrm{d}x$;

(13) $\displaystyle\int \frac{(1-x)^2}{\sqrt{x}}\,\mathrm{d}x$;

(14) $\displaystyle\int \frac{3x^4+3x^2+1}{x^2+1}\,\mathrm{d}x$;

(15) $\displaystyle\int \frac{x^2}{1+x^2}\,\mathrm{d}x$;

(16) $\displaystyle\int (2\mathrm{e}^x+\frac{3}{x})\,\mathrm{d}x$;

(17) $\displaystyle\int (\frac{3}{1+x^2}-\frac{2}{\sqrt{1-x^2}})\,\mathrm{d}x$;

(18) $\displaystyle\int \mathrm{e}^x(1-\frac{\mathrm{e}^{-x}}{\sqrt{x}})\,\mathrm{d}x$;

(19) $\displaystyle\int 3^x\mathrm{e}^x\,\mathrm{d}x$;

(20) $\displaystyle\int \frac{2\cdot 3^x-5\cdot 2^x}{3^x}\,\mathrm{d}x$;

(21) $\displaystyle\int \sec x(\sec x-\tan x)\,\mathrm{d}x$;

(22) $\displaystyle\int \cos^2\frac{x}{2}\,\mathrm{d}x$;

(23) $\displaystyle\int \frac{\mathrm{d}x}{1+\cos 2x}$;

(24) $\displaystyle\int \frac{\cos 2x}{\cos x-\sin x}\,\mathrm{d}x$;

(25) $\displaystyle\int \frac{\cos 2x}{\cos^2 x\sin^2 x}\,\mathrm{d}x$;

(26) $\displaystyle\int (1-\frac{1}{x^2})\sqrt{x\sqrt{x}}\,\mathrm{d}x$.

【解】 (1) 原式 $=\displaystyle\int x^{-2}\,\mathrm{d}x=-\frac{1}{x}+C$

(2) 原式 $=\displaystyle\int x^{\frac{3}{2}}\,\mathrm{d}x=\frac{2}{5}x^{\frac{5}{2}}+C$

(3) 原式 $=\displaystyle\int x^{-\frac{1}{2}}\,\mathrm{d}x=2x^{\frac{1}{2}}+C=2\sqrt{x}+C$

(4) 原式 $=\displaystyle\int x^{\frac{7}{3}}\,\mathrm{d}x=\frac{3}{10}x^{\frac{10}{3}}+C$

(5) 原式 $=\displaystyle\int x^{-\frac{5}{2}}\,\mathrm{d}x=-\frac{2}{3}x^{-\frac{3}{2}}+C$

(6) 原式 $=\displaystyle\int x^{\frac{n}{m}}\,\mathrm{d}x=\frac{m}{m+n}x^{\frac{m+n}{m}}+C$

(7) 原式 $=5\displaystyle\int x^3\,\mathrm{d}x=\frac{5}{4}x^4+C$

(8) 原式 $= \dfrac{1}{3}x^3 - \dfrac{3}{2}x^2 + 2x + C$

(9) 原式 $= \dfrac{1}{\sqrt{2g}}\displaystyle\int h^{-\frac{1}{2}}\,\mathrm{d}h = \dfrac{2}{\sqrt{2g}}\sqrt{h} + C = \sqrt{\dfrac{2h}{g}} + C$

(10) 原式 $= \displaystyle\int(x^2 - 4x + 4)\,\mathrm{d}x = \dfrac{1}{3}x^3 - 2x^2 + 4x + C$

(11) 原式 $= \displaystyle\int(x^4 + 2x^2 + 1)\,\mathrm{d}x = \dfrac{1}{5}x^5 + \dfrac{2}{3}x^3 + x + C$

(12) 原式 $= \displaystyle\int(x^2 - \sqrt{x} + \sqrt{x^3} - 1)\,\mathrm{d}x = \dfrac{1}{3}x^3 - \dfrac{2}{3}x^{\frac{3}{2}} + \dfrac{2}{5}x^{\frac{5}{2}} - x + C$

(13) 原式 $= \displaystyle\int(x^{-\frac{1}{2}} - 2x^{\frac{1}{2}} + x^{\frac{3}{2}})\,\mathrm{d}x = 2x^{\frac{1}{2}} - \dfrac{4}{3}x^{\frac{3}{2}} + \dfrac{2}{5}x^{\frac{5}{2}} + C$

(14) 原式 $= \displaystyle\int(3x^2 + \dfrac{1}{x^2 + 1})\,\mathrm{d}x = x^3 + \arctan x + C$

(15) 原式 $= \displaystyle\int(1 - \dfrac{1}{x^2 + 1})\,\mathrm{d}x = x - \arctan x + C$

(16) 原式 $= 2\displaystyle\int \mathrm{e}^x\,\mathrm{d}x + 3\displaystyle\int\dfrac{\mathrm{d}x}{x} = 2\mathrm{e}^x + 3\ln|x| + C$

(17) 原式 $= 3\arctan x - 2\arcsin x + C$

(18) 原式 $= \displaystyle\int(\mathrm{e}^x - x^{-\frac{1}{2}})\,\mathrm{d}x = \mathrm{e}^x - 2\sqrt{x} + C$

(19) 原式 $= \displaystyle\int(3\mathrm{e})^x\,\mathrm{d}x = \dfrac{(3\mathrm{e})^x}{\ln(3\mathrm{e})} + C = \dfrac{3^x\,\mathrm{e}^x}{\ln 3 + 1} + C$

(20) 原式 $= 2\displaystyle\int\mathrm{d}x - 5\displaystyle\int(\dfrac{2}{3})^x\,\mathrm{d}x =$

$$2x - 5\cdot\dfrac{(\dfrac{2}{3})^x}{\ln\dfrac{2}{3}} + C = 2x - \dfrac{5(\dfrac{2}{3})^x}{\ln 2 - \ln 3} + C$$

(21) 原式 $= \displaystyle\int(\sec^2 x - \sec x\tan x)\,\mathrm{d}x = \tan x - \sec x + C$

(22) 原式 $= \displaystyle\int\dfrac{1}{2}(1 + \cos x)\,\mathrm{d}x = \dfrac{1}{2}x + \dfrac{1}{2}\sin x + C$

(23) 原式 $= \dfrac{1}{2}\displaystyle\int\dfrac{\mathrm{d}x}{\cos^2 x} = \dfrac{1}{2}\displaystyle\int\sec^2 x\,\mathrm{d}x = \dfrac{1}{2}\tan x + C$

(24) 原式 $= \displaystyle\int\dfrac{\cos^2 x - \sin^2 x}{\cos x - \sin x}\,\mathrm{d}x = \sin x - \cos x + C$

(25) 原式 $= \int \dfrac{\cos^2 x - \sin^2 x}{\cos^2 x \sin^2 x} \mathrm{d}x =$

$$\int (\csc^2 x - \sec^2 x) \mathrm{d}x = -\cot x - \tan x + C$$

(26) 原式 $= \int (x^{\frac{3}{4}} - x^{-\frac{5}{4}}) \mathrm{d}x = \dfrac{4}{7} x^{\frac{7}{4}} + 4 x^{-\frac{1}{4}} + C$

2. 一曲线通过点 $(e^2, 3)$，且在任一点处的切线的斜率等于该点横坐标的倒数，求该曲线的方程.

【解】 设曲线方程为 $y = f(x)$，则有 $\dfrac{\mathrm{d}y}{\mathrm{d}x} = \dfrac{1}{x}$

所以 $$y = \int \dfrac{1}{x} \mathrm{d}x = \ln x + C$$

又曲线过 $(e^2, 3)$，从而得 $3 = 2 + c$，即 $C = 1$.

故所求曲线为 $y = \ln x + 1$.

3. 一物体由静止开始运动，经 t s 后的速度是 $3t^2$ (m/s)，问：

(1) 在 3 s 后物体离开出发点的距离是多少？

(2) 物体走完 360 m 需要多少时间？

【解】 (1) 设物体运动方程为 $s = s(t)$，则根据题意有 $s' = 3t^2$，所以

$$s = \int 3t^2 \mathrm{d}t = t^3 + C, \ 又 \ t = 0 \ 时，s = 0，于是 \ C = 0，从而 \ s = t^3.$$

故 $$s(3) = 27 \text{ m}$$

(2) 由 $360 = t^3$ 得 $t = \sqrt[3]{360} \approx 7.11 \text{ s}$.

4. 证明函数 $\dfrac{1}{2} e^{2x}$，$e^x \operatorname{sh} x$ 和 $e^x \operatorname{ch} x$ 都是 $\dfrac{e^x}{\operatorname{ch} x - \operatorname{sh} x}$ 的原函数.

【证】 因为 $$\dfrac{e^x}{\operatorname{ch} x - \operatorname{sh} x} = \dfrac{e^x}{\dfrac{e^x + e^{-x}}{2} - \dfrac{e^x - e^{-x}}{2}} = \dfrac{e^x}{e^{-x}} = e^{2x}$$

而 $$\left(\dfrac{1}{2} e^{2x}\right)' = e^{2x}$$

$$(e^x \operatorname{sh} x)' = e^x \operatorname{sh} x + e^x \operatorname{ch} x = e^x \left(\dfrac{e^x - e^{-x}}{2} + \dfrac{e^x + e^{-x}}{2}\right) = e^{2x}$$

$$(e^x \operatorname{ch} x)' = e^x \operatorname{ch} x + e^x \operatorname{sh} x = (e^x \operatorname{sh} x)'$$

所以 $\dfrac{1}{2} e^{2x}$，$e^x \operatorname{sh} x$，$e^x \operatorname{ch} x$ 都是 $\dfrac{e^x}{\operatorname{ch} x - \operatorname{sh} x}$ 的原函数.

习题 4 - 2

1. 在下列各等号右端的空白处填入适当的系数，使等式成立.

(1) $\mathrm{d}x = \underline{\dfrac{1}{a}}\ \mathrm{d}(ax)$;

(2) $\mathrm{d}x = \underline{\dfrac{1}{7}}\ \mathrm{d}(7x-3)$;

(3) $x\mathrm{d}x = \underline{\dfrac{1}{2}}\ \mathrm{d}(x^2)$;

(4) $x\mathrm{d}x = \underline{\dfrac{1}{10}}\ \mathrm{d}(5x^2)$;

(5) $x\mathrm{d}x = \underline{-\dfrac{1}{2}}\ \mathrm{d}(1-x^2)$;

(6) $x^3\mathrm{d}x = \underline{\dfrac{1}{12}}\ \mathrm{d}(3x^4-2)$;

(7) $\mathrm{e}^{2x}\mathrm{d}x = \underline{\dfrac{1}{2}}\ \mathrm{d}(\mathrm{e}^{2x})$;

(8) $\mathrm{e}^{-\frac{x}{2}}\mathrm{d}x = \underline{-2}\ \mathrm{d}(1+\mathrm{e}^{-\frac{x}{2}})$;

(9) $\sin\dfrac{3}{2}x\mathrm{d}x = \underline{-\dfrac{2}{3}}\ \mathrm{d}(\cos\dfrac{3}{2}x)$;

(10) $\dfrac{\mathrm{d}x}{x} = \underline{\dfrac{1}{5}}\ \mathrm{d}(5\ln|x|)$;

(11) $\dfrac{\mathrm{d}x}{x} = \underline{-\dfrac{1}{5}}\ \mathrm{d}(3-5\ln|x|)$;

(12) $\dfrac{\mathrm{d}x}{1+9x^2} = \underline{\dfrac{1}{3}}\ \mathrm{d}(\arctan 3x)$;

(13) $\dfrac{\mathrm{d}x}{\sqrt{1-x^2}} = \underline{-}\ \mathrm{d}(1-\arcsin x)$;

(14) $\dfrac{x\mathrm{d}x}{\sqrt{1-x^2}} = \underline{-}\ \mathrm{d}(\sqrt{1-x^2})$.

2. 求下列不定积分(其中 a,b,ω,φ 均为常数):

(1) $\displaystyle\int \mathrm{e}^{5t}\mathrm{d}t$; (2) $\displaystyle\int (3-2x)^3\mathrm{d}x$;

(3) $\displaystyle\int \dfrac{\mathrm{d}x}{1-2x}$; (4) $\displaystyle\int \dfrac{\mathrm{d}x}{\sqrt[3]{2-3x}}$;

(5) $\displaystyle\int (\sin ax - \mathrm{e}^{\frac{x}{b}})\mathrm{d}x$; (6) $\displaystyle\int \dfrac{\sin\sqrt{t}}{\sqrt{t}}\mathrm{d}t$;

(7) $\displaystyle\int \tan^{10}x \cdot \sec^2 x\mathrm{d}x$; (8) $\displaystyle\int \dfrac{\mathrm{d}x}{x\ln x\ln\ln x}$;

(9) $\int \tan \sqrt{1+x^2} \cdot \dfrac{x\,\mathrm{d}x}{\sqrt{1+x^2}}$;

(10) $\int \dfrac{\mathrm{d}x}{\sin x \cos x}$;

(11) $\int \dfrac{\mathrm{d}x}{\mathrm{e}^x + \mathrm{e}^{-x}}$;

(12) $\int x\mathrm{e}^{-x^2}\,\mathrm{d}x$;

(13) $\int x\cos x^2\,\mathrm{d}x$;

(14) $\int \dfrac{x}{\sqrt{2-3x^2}}\,\mathrm{d}x$;

(15) $\int \dfrac{3x^3}{1-x^4}\,\mathrm{d}x$;

(16) $\int \cos^2(\omega t + \varphi)\sin(\omega t + \varphi)\,\mathrm{d}t$;

(17) $\int \dfrac{\sin x}{\cos^3 x}\,\mathrm{d}x$;

(18) $\int \dfrac{\sin x + \cos x}{\sqrt[3]{\sin x - \cos x}}\,\mathrm{d}x$;

(19) $\int \dfrac{1-x}{\sqrt{9-4x^2}}\,\mathrm{d}x$;

(20) $\int \dfrac{x^3}{9+x^2}\,\mathrm{d}x$;

(21) $\int \dfrac{\mathrm{d}x}{2x^2-1}$;

(22) $\int \dfrac{\mathrm{d}x}{(x+1)(x-2)}$;

(23) $\int \cos^3 x\,\mathrm{d}x$;

(24) $\int \cos^2(\omega t + \varphi)\,\mathrm{d}t$;

(25) $\int \sin 2x\cos 3x\,\mathrm{d}x$;

(26) $\int \cos x\cos\dfrac{x}{2}\,\mathrm{d}x$;

(27) $\int \sin 5x\sin 7x\,\mathrm{d}x$;

(28) $\int \tan^3 x\sec x\,\mathrm{d}x$;

(29) $\int \dfrac{10^{2\arccos x}}{\sqrt{1-x^2}}\,\mathrm{d}x$;

(30) $\int \dfrac{\arctan\sqrt{x}}{\sqrt{x}\,(1+x)}$;

(31) $\int \dfrac{\mathrm{d}x}{(\arcsin x)^2\,\sqrt{1-x^2}}$;

(32) $\int \dfrac{1+\ln x}{(x\ln x)^2}\,\mathrm{d}x$;

(33) $\int \dfrac{\ln\tan x}{\cos x\sin x}\,\mathrm{d}x$;

(34) $\int \dfrac{x^2\,\mathrm{d}x}{\sqrt{a^2-x^2}}$ $(a>0)$;

(35) $\int \dfrac{\mathrm{d}x}{x\,\sqrt{x^2-1}}$;

(36) $\int \dfrac{\mathrm{d}x}{\sqrt{(x^2+1)^3}}$;

(37) $\int \dfrac{\sqrt{x^2-9}}{x}\,\mathrm{d}x$;

(38) $\int \dfrac{\mathrm{d}x}{1+\sqrt{2x}}$;

(39) $\int \dfrac{\mathrm{d}x}{1+\sqrt{1-x^2}}$;

(40) $\int \dfrac{\mathrm{d}x}{x+\sqrt{1-x^2}}$.

【解】 (1) 原式 $= \dfrac{1}{5}\mathrm{e}^{5t} + C$

(2) 原式 $= -\dfrac{1}{2}\int (3-2x)^3\,\mathrm{d}(3-2x) = -\dfrac{1}{8}(3-2x)^4 + C$

(3) 原式 $= -\dfrac{1}{2}\displaystyle\int \dfrac{d(1-2x)}{1-2x} = -\dfrac{1}{2}\ln \mid 1-2x \mid +C$

(4) 原式 $= -\dfrac{1}{3}\displaystyle\int (2-3x)^{-\frac{1}{3}}d(2-3x) = -\dfrac{1}{2}(2-3x)^{\frac{2}{3}}+C$

(5) 原式 $= -\dfrac{1}{a}\cos ax - be^{\frac{x}{b}}+C$

(6) 原式 $= 2\displaystyle\int \sin\sqrt{t}\, d\sqrt{t} = -2\cos\sqrt{t}+C$

(7) 原式 $= \displaystyle\int \tan^{10}x\, d\tan x = \dfrac{1}{11}\tan^{11}x+C$

(8) 原式 $= \displaystyle\int \dfrac{d\ln x}{\ln x \ln\ln x} = \displaystyle\int \dfrac{d\ln\ln x}{\ln\ln x} = \ln \mid \ln\ln x \mid +C$

(9) 原式 $= \displaystyle\int \tan\sqrt{1+x^2}\, d\sqrt{1+x^2} = -\ln \mid \cos\sqrt{1+x^2} \mid +C$

(10) 原式 $= \displaystyle\int \dfrac{2dx}{\sin 2x} = \displaystyle\int \csc 2x\, d2x = \ln \mid \csc 2x - \cot 2x \mid +C$

(11) 原式 $= \displaystyle\int \dfrac{e^x dx}{1+e^{2x}} = \displaystyle\int \dfrac{de^x}{1+e^{2x}} = \arctan e^x + C$

(12) 原式 $= -\dfrac{1}{2}\displaystyle\int e^{-x^2}d(-x^2) = -\dfrac{1}{2}e^{-x^2}+C$

(13) 原式 $= \dfrac{1}{2}\displaystyle\int \cos x^2\, dx^2 = \dfrac{1}{2}\sin x^2 + C$

(14) 原式 $= -\dfrac{1}{6}\displaystyle\int (2-3x^2)^{-\frac{1}{2}}d(2-3x^2) = -\dfrac{1}{3}\sqrt{2-3x^2}+C$

(15) 原式 $= -\dfrac{3}{4}\displaystyle\int \dfrac{d(1-x^4)}{1-x^4} = -\dfrac{3}{4}\ln \mid 1-x^4 \mid +C$

(16) 原式 $= -\dfrac{1}{\omega}\displaystyle\int \cos^2(\omega t + \varphi)d\cos(\omega t + \varphi) = -\dfrac{1}{3\omega}\cos^3(\omega t + \varphi)+C$

(17) 原式 $= -\displaystyle\int \dfrac{1}{\cos^3 x}d\cos x = \dfrac{1}{2\cos^2 x}+C$

(18) 原式 $= \displaystyle\int (\sin x - \cos x)^{-\frac{1}{3}}d(\sin x - \cos x) = \dfrac{3}{2}(\sin x - \cos x)^{\frac{2}{3}}+C$

(19) 原式 $= \displaystyle\int \dfrac{dx}{\sqrt{9-4x^2}} - \displaystyle\int \dfrac{xdx}{\sqrt{9-4x^2}} =$

$$\dfrac{1}{2}\displaystyle\int \dfrac{d(\frac{2}{3}x)}{\sqrt{1-(\frac{2}{3}x)^2}} + \dfrac{1}{8}\displaystyle\int (9-4x^2)^{-\frac{1}{2}}d(9-4x^2) =$$

$$\frac{1}{2}\arcsin(\frac{2}{3}x) + \frac{1}{4}\sqrt{9-4x^2} + C$$

(20) 原式 $= \displaystyle\int(x - \frac{9x}{9+x^2})\mathrm{d}x = \frac{1}{2}x^2 - \frac{9}{2}\displaystyle\int\frac{\mathrm{d}x^2}{9+x^2} =$

$$\frac{1}{2}[x^2 - 9\ln(9+x^2)] + C$$

(21) 原式 $= \dfrac{1}{2}\displaystyle\int(\frac{1}{\sqrt{2}\,x-1} - \frac{1}{\sqrt{2}\,x+1})\mathrm{d}x =$

$$\frac{1}{2\sqrt{2}}(\ln|\sqrt{2}\,x-1| - \ln|\sqrt{2}\,x+1|) + C$$

(22) 原式 $= \dfrac{1}{3}\displaystyle\int(\frac{1}{x-2} - \frac{1}{x+1})\mathrm{d}x = \frac{1}{3}\ln\left|\frac{x-2}{x+1}\right| + C$

(23) 原式 $= \displaystyle\int(1 - \sin^2 x)\mathrm{d}\sin x = \sin x - \frac{1}{3}\sin^3 x + C$

(24) 原式 $= \dfrac{1}{2}\displaystyle\int[1 + \cos2(\omega t + \varphi)]\mathrm{d}t = \frac{1}{2}t + \frac{1}{4\omega}\sin2(\omega t + \varphi) + C$

(25) 原式 $= \dfrac{1}{2}\displaystyle\int[\sin5x - \sin x]\mathrm{d}x = \frac{1}{2}\cos x - \frac{1}{10}\cos5x + C$

(26) 原式 $= \dfrac{1}{2}\displaystyle\int[\cos\frac{3}{2}x + \cos\frac{x}{2}]\mathrm{d}x = \frac{1}{3}\sin\frac{3}{2}x + \sin\frac{x}{2} + C$

(27) 原式 $= \dfrac{1}{2}\displaystyle\int[\cos2x - \cos12x]\mathrm{d}x = \frac{1}{4}\sin2x - \frac{1}{24}\sin12x + C$

(28) 原式 $= \displaystyle\int\tan^2 x\,\mathrm{d}\sec x = \displaystyle\int(\sec^2 x - 1)\mathrm{d}\sec x = \frac{1}{3}\sec^3 x - \sec x + C$

(29) 原式 $= -\displaystyle\int 10^{2\arccos x}\,\mathrm{d}\arccos x = -\frac{10^{2\arccos x}}{2\ln10} + C$

(30) 原式 $= 2\displaystyle\int\frac{\arctan\sqrt{x}}{1+x}\mathrm{d}\sqrt{x} = 2\displaystyle\int\arctan\sqrt{x}\,\mathrm{d}\arctan\sqrt{x} =$

$$(\arctan\sqrt{x})^2 + C$$

(31) 原式 $= \displaystyle\int\frac{\mathrm{d}\arcsin x}{(\arcsin x)^2} = -\frac{1}{\arcsin x} + C$

(32) 原式 $= \displaystyle\int\frac{\mathrm{d}(x\ln x)}{(x\ln x)^2} = -\frac{1}{x\ln x} + C$

(33) 原式 $= \displaystyle\int\frac{\ln\tan x}{\tan x}\mathrm{d}\tan x = \displaystyle\int\ln\tan x\,\mathrm{d}\ln\tan x = \frac{1}{2}(\ln\tan x)^2 + C$

(34) 设 $x = a\sin t$，则 $\mathrm{d}x = a\cos t\,\mathrm{d}t$，于是

原式 $= \int \dfrac{a^2 \sin^2 t}{a \cos t} \cdot a \cos t dt = a^2 \int \sin^2 t dt =$

$\dfrac{a^2}{2} \int (1 - \cos 2t) dt = \dfrac{a^2}{2} t - \dfrac{a^2}{4} \sin 2t + C =$

$\dfrac{a^2}{2} \arcsin \dfrac{x}{a} - \dfrac{x}{2} \sqrt{a^2 - x^2} + C$

(35) 原式 $= \int \dfrac{dx}{x^2 \sqrt{1 - (\dfrac{1}{x})^2}} = -\int \dfrac{d \dfrac{1}{x}}{\sqrt{1 - \dfrac{1}{x^2}}} = \arccos \dfrac{1}{x} + C$

(36) 令 $x = \tan t$, 则 $dx = \sec^2 t dt$,

原式 $= \int \dfrac{\sec^2 t dt}{\sec^3 t} = \int \cos t dt = \sin t + C = \dfrac{x}{\sqrt{1 + x^2}} + C$

(37) 令 $x = 3\sec t$, 则 $dx = 3\sec t \tan t dt$, 于是

原式 $= 3\int \tan^2 t dt = 3\int (\sec^2 t - 1) dt = 3(\tan t - t) + C =$

$\sqrt{x^2 - 9} - 3\arccos \dfrac{3}{x} + C$

(38) 令 $t = \sqrt{2x}$, 则 $x = \dfrac{1}{2} t^2$, $dx = t dt$, 于是

原式 $= \int \dfrac{t dt}{1 + t} = \int (1 - \dfrac{1}{1 + t}) dt = t - \ln|1 + t| + C =$

$\sqrt{2x} - \ln(1 + \sqrt{2x}) + C$

(39) 令 $x = \sin t$, 则 $dx = \cos t dt$, 所以

原式 $= \int \dfrac{\cos t dt}{1 + \cos t} = \int (1 - \dfrac{1}{1 + \cos t}) dt = t - \int \dfrac{1}{1 + \cos t} dt =$

$t - \int \dfrac{1}{2\cos^2 \dfrac{t}{2}} dt = t - \int \sec^2 \dfrac{t}{2} d \dfrac{t}{2} = t - \tan \dfrac{t}{2} + C =$

$\arcsin x - \dfrac{x}{1 + \sqrt{1 - x^2}} + C$

(40) 令 $x = \sin t$, 则 $dx = \cos t dt$, 所以

原式 $= \int \dfrac{\cos t}{\sin t + \cos t} dt = \dfrac{1}{2} \int \dfrac{\sin t + \cos t + \cos t - \sin t}{\sin t + \cos t} dt =$

$\dfrac{1}{2} \int dt + \dfrac{1}{2} \int \dfrac{d(\sin t + \cos t)}{\sin t + \cos t} = \dfrac{1}{2} t + \dfrac{1}{2} \ln|\sin t + \cos t| + C =$

$$\frac{1}{2}\arcsin x + \frac{1}{2}\ln |\ x + \sqrt{1-x^2}\ | + C$$

习题 4 - 3

求下列不定积分：

1. $\int x\sin x\mathrm{d}x$

【解】 原式 $= -\int x\mathrm{d}\cos x = -x\cos x + \int \cos x\mathrm{d}x = -x\cos x + \sin x + C$

2. $\int \ln x\mathrm{d}x$

【解】 原式 $= x\ln x - \int x\mathrm{d}\ln x = x\ln x - x + C$

3. $\int \arcsin x\mathrm{d}x$

【解】 原式 $= x\arcsin x - \int \dfrac{x}{\sqrt{1-x^2}}\mathrm{d}x =$

$$x\arcsin x + \frac{1}{2}\int (1-x^2)^{-\frac{1}{2}}\mathrm{d}(1-x^2) =$$

$$x\arcsin x + \sqrt{1-x^2} + C$$

4. $\int x\mathrm{e}^{-x}\mathrm{d}x$

【解】 原式 $= -\int x\mathrm{d}\mathrm{e}^{-x} = -x\mathrm{e}^{-x} + \int \mathrm{e}^{-x}\mathrm{d}x = -x\mathrm{e}^{-x} - \mathrm{e}^{-x} + C$

5. $\int x^2\ln x\mathrm{d}x$

【解】 原式 $= \dfrac{1}{3}\int \ln x\mathrm{d}x^3 = \dfrac{1}{3}x^3\ln x - \dfrac{1}{3}\int x^3\mathrm{d}\ln x =$

$$\frac{1}{3}x^3\ln x - \frac{1}{9}x^3 + C$$

6. $\int \mathrm{e}^{-x}\cos x\mathrm{d}x$

【解】 原式 $= \int \mathrm{e}^{-x}\mathrm{d}\sin x = \mathrm{e}^{-x}\sin x + \int \mathrm{e}^{-x}\sin x\mathrm{d}x =$

$$\mathrm{e}^{-x}\sin x - \int \mathrm{e}^{-x}\mathrm{d}\cos x =$$

$$\mathrm{e}^{-x}\sin x - \mathrm{e}^{-x}\cos x - \int \mathrm{e}^{-x}\cos x\mathrm{d}x$$

于是由上等式可解得

$$\int e^{-x}\cos x\,\mathrm{d}x = \frac{1}{2}e^{-x}(\sin x - \cos x) + C$$

7. $\int e^{-2x}\sin\dfrac{x}{2}\,\mathrm{d}x$

【解】 原式 $= -2\int e^{-2x}\mathrm{d}\cos\dfrac{x}{2} = -2e^{-2x}\cos\dfrac{x}{2} - 4\int e^{-2x}\cos\dfrac{x}{2}\,\mathrm{d}x =$

$$-2e^{-2x}\cos\frac{x}{2} - 8\int e^{-2x}\mathrm{d}\sin\frac{x}{2} =$$

$$-2e^{-2x}\cos\frac{x}{2} - 8e^{-2x}\sin\frac{x}{2} - 16\int e^{-2x}\sin\frac{x}{2}\,\mathrm{d}x$$

所以　　　　　$\int e^{-2x}\sin\dfrac{x}{2}\,\mathrm{d}x = -\dfrac{2}{17}e^{-2x}(\cos\dfrac{x}{2} + 4\sin\dfrac{x}{2}) + C$

8. $\int x\cos\dfrac{x}{2}\,\mathrm{d}x$

【解】 原式 $= 2\int x\mathrm{d}\sin\dfrac{x}{2} = 2x\sin\dfrac{x}{2} - 2\int\sin\dfrac{x}{2}\,\mathrm{d}x =$

$$2x\sin\frac{x}{2} + 4\cos\frac{x}{2} + C$$

9. $\int x^2\arctan x\,\mathrm{d}x$

【解】 原式 $= \dfrac{1}{3}\int\arctan x\,\mathrm{d}(x^3) = \dfrac{1}{3}x^3\arctan x - \dfrac{1}{3}\int\dfrac{x^3}{1+x^2}\,\mathrm{d}x =$

$$\frac{1}{3}x^3\arctan x - \frac{1}{3}\int(x - \frac{x}{1+x^2})\,\mathrm{d}x =$$

$$\frac{1}{3}x^3\arctan x - \frac{1}{6}x^2 + \frac{1}{6}\int\frac{\mathrm{d}x^2}{1+x^2} =$$

$$\frac{1}{3}x^3\arctan x - \frac{1}{6}x^2 + \frac{1}{6}\ln(1+x^2) + C$$

10. $\int x\tan^2 x\,\mathrm{d}x$

【解】 原式 $= \int x(\sec^2 x - 1)\,\mathrm{d}x = \int x\mathrm{d}\tan x - \dfrac{1}{2}x^2 =$

$$x\tan x - \int\tan x\,\mathrm{d}x - \frac{1}{2}x^2 =$$

$$x\tan x + \ln|\cos x| - \frac{1}{2}x^2 + C$$

11. $\int x^2 \cos x \, dx$

【解】 原式 $= \int x^2 \, d\sin x = x^2 \sin x - 2\int x\sin x \, dx =$

$\quad x^2\sin x + 2\int x\,d\cos x = x^2\sin x + 2x\cos x - 2\int\cos x\,dx =$

$\quad x^2\sin x + 2x\cos x - 2\sin x + C$

12. $\int t e^{-2t} \, dt$

【解】 原式 $= -\dfrac{1}{2}\int t\,de^{-2t} = -\dfrac{1}{2}te^{-2t} + \dfrac{1}{2}\int e^{-2t}\,dt =$

$\quad -\dfrac{1}{2}te^{-2t} - \dfrac{1}{4}e^{-2t} + C$

13. $\int \ln^2 x \, dx$

【解】 原式 $= x\ln^2 x - \int x\,d\ln^2 x = x\ln^2 x - 2\int \ln x\,dx =$

$\quad x\ln^2 x - 2x\ln x + 2x + C$

14. $\int x\sin x\cos x \, dx$

【解】 原式 $= \dfrac{1}{2}\int x\sin 2x\,dx = -\dfrac{1}{4}\int x\,d\cos 2x =$

$\quad -\dfrac{1}{4}x\cos 2x + \dfrac{1}{4}\int\cos 2x\,dx = -\dfrac{1}{4}x\cos 2x + \dfrac{1}{8}\sin 2x + C$

15. $\int x^2 \cos^2 \dfrac{x}{2} \, dx$

【解】 原式 $= \dfrac{1}{2}\int x^2(1+\cos x)\,dx = \dfrac{1}{6}x^3 + \dfrac{1}{2}\int x^2\,d\sin x =$

$\quad \dfrac{1}{6}x^3 + \dfrac{1}{2}x^2\sin x - \int x\sin x\,dx =$

$\quad \dfrac{1}{6}x^3 + \dfrac{1}{2}x^2\sin x + \int x\,d\cos x =$

$\quad \dfrac{1}{6}x^3 + \dfrac{1}{2}x^2\sin x + x\cos x - \sin x + C$

16. $\int x\ln(x-1) \, dx$

【解】 原式 $= \dfrac{1}{2}\int\ln(x-1)\,dx^2 = \dfrac{1}{2}x^2\ln(x-1) - \dfrac{1}{2}\int\dfrac{x^2}{x-1}\,dx =$

$$\frac{1}{2}x^2\ln(x-1)-\frac{1}{2}\int\left(x+1+\frac{1}{x-1}\right)dx=$$

$$\frac{1}{2}x^2\ln(x-1)-\frac{1}{4}x^2-\frac{1}{2}x-\frac{1}{2}\ln(x-1)+C$$

17. $\int(x^2-1)\sin2x\,dx$

【解】 原式 $=-\dfrac{1}{2}\int(x^2-1)d\cos2x=-\dfrac{1}{2}(x^2-1)\cos2x+\int x\cos2x\,dx$

$$=$$

$$-\frac{1}{2}(x^2-1)\cos2x+\frac{1}{2}\int x\,d\sin2x=$$

$$-\frac{1}{2}(x^2-1)\cos2x+\frac{1}{2}x\sin2x+\frac{1}{4}\cos2x+C$$

18. $\int\dfrac{\ln^3 x}{x^2}dx$

【解】 原式 $=-\displaystyle\int\ln^3 x\,d\left(\frac{1}{x}\right)=-\frac{1}{x}\ln^3 x+3\int\frac{\ln^2 x}{x^2}dx=$

$$-\frac{1}{x}\ln^3 x-3\int\ln^2 x\,d\left(\frac{1}{x}\right)=$$

$$-\frac{1}{x}\ln^3 x-\frac{3}{x}\ln^2 x+6\int\frac{\ln x}{x^2}dx=$$

$$-\frac{1}{x}\ln^3 x-\frac{3}{x}\ln^2 x-6\int\ln x\,d\left(\frac{1}{x}\right)=$$

$$-\frac{1}{x}\ln^3 x-\frac{3}{x}\ln^2 x-\frac{6}{x}\ln x+6\int\frac{1}{x^2}dx=$$

$$-\frac{1}{x}(\ln^3 x+3\ln^2 x+6\ln x+6)+C$$

19. $\int e^{\sqrt[3]{x}}\,dx$

【解】 令 $t=\sqrt[3]{x}$，则 $x=t^3$，$dx=3t^2\,dt$，所以

原式 $=\displaystyle\int 3e^t t^2\,dt=3\int t^2\,de^t=3t^2 e^t-6\int te^t\,dt=3t^2 e^t-6\int t\,de^t=$

$$3t^2 e^t-6te^t+6\int e^t\,dt=3e^t(t^2-2t+2)+C=$$

$$3e^{\sqrt[3]{x}}(\sqrt[3]{x^2}-2\sqrt[3]{x}+2)+C$$

20. $\int\cos\ln x\,dx$

【解】 原式 $= x\cos\ln x - \int x\mathrm{d}\cos\ln x = x\cos\ln x + \int \sin\ln x\,\mathrm{d}x =$

$$x\cos\ln x + x\sin\ln x - \int \cos\ln x\,\mathrm{d}x$$

所以 $\qquad \int \cos\ln x\,\mathrm{d}x = \dfrac{1}{2}x(\cos\ln x + \sin\ln x) + C$

21. $\int (\arcsin x)^2\,\mathrm{d}x$

【解】 原式 $= x(\arcsin x)^2 - 2\int \dfrac{x\arcsin x}{\sqrt{1-x^2}}\mathrm{d}x =$

$$x(\arcsin x)^2 + 2\int \arcsin x\,\mathrm{d}\sqrt{1-x^2} =$$

$$x(\arcsin x)^2 + 2\sqrt{1-x^2}\arcsin x - 2\int \mathrm{d}x =$$

$$x(\arcsin x)^2 + 2\sqrt{1-x^2}\arcsin x - 2x + C$$

22. $\int e^x \sin^2 x\,\mathrm{d}x$

【解】 原式 $= \dfrac{1}{2}\int e^x(1-\cos 2x)\mathrm{d}x = \dfrac{1}{2}e^x - \dfrac{1}{2}\int e^x\cos 2x\,\mathrm{d}x$

而 $\qquad \int e^x\cos 2x\,\mathrm{d}x = \int \cos 2x\,\mathrm{d}e^x = e^x\cos 2x + 2\int e^x\sin 2x\,\mathrm{d}x =$

$$e^x\cos 2x + 2\int \sin 2x\,\mathrm{d}e^x =$$

$$e^x\cos 2x + 2e^x\sin 2x - 4\int e^x\cos 2x\,\mathrm{d}x$$

所以 $\qquad \int e^x\cos 2x\,\mathrm{d}x = \dfrac{1}{5}e^x(2\sin 2x + \cos 2x) + C_1$

故 $\qquad \int e^x\sin^2 x\,\mathrm{d}x = \dfrac{1}{2}e^x - \dfrac{1}{5}e^x\sin 2x - \dfrac{1}{10}e^x\cos 2x + C$

习题 4 - 4

求下列不定积分

1. $\int \dfrac{x^3}{x+3}\mathrm{d}x$

【解】 原式 $= \int (x^2 - 3x + 9 - \dfrac{27}{x+3})\mathrm{d}x =$

$$\dfrac{1}{3}x^3 - \dfrac{3}{2}x^2 + 9x - 27\ln|x+3| + C$$

2. $\int \dfrac{2x+3}{x^2+3x-10}\mathrm{d}x$

【解】 原式 $= \int \dfrac{\mathrm{d}(x^2+3x-10)}{x^2+3x-10} = \ln|x^2+3x-10|+C$

3. $\int \dfrac{x^5+x^4-8}{x^3-x}\mathrm{d}x$

【解】 $\int (x^2+x+1+\dfrac{x^2+x-8}{x^3-x})\mathrm{d}x =$

$\dfrac{1}{3}x^3+\dfrac{1}{2}x^2+x+\int (\dfrac{8}{x}-\dfrac{3}{x-1}-\dfrac{4}{x+1})\mathrm{d}x =$

$\dfrac{1}{3}x^3+\dfrac{1}{2}x^2+x+8\ln|x|-3\ln|x-1|-4\ln|x+1|+C$

4. $\int \dfrac{3}{x^3+1}\mathrm{d}x$

【解】 令 $\dfrac{1}{x^3+1} = \dfrac{A}{x+1}+\dfrac{Bx+C}{x^2-x+1}$

即有

$$\dfrac{1}{x^3+1} = \dfrac{(A+B)x^2+(B+C-A)x+A+C}{x^3+1}$$

比较等式两边分子的同次项系数,得

$$\begin{cases} A+B=0 \\ B+C-A=0, \\ A+C=1 \end{cases} \quad 解得 \ A=\dfrac{1}{3}, B=-\dfrac{1}{3}, C=\dfrac{2}{3}.$$

所以 $\int \dfrac{3}{x^3+1}\mathrm{d}x = \int \dfrac{1}{x+1}\mathrm{d}x - \int \dfrac{x-2}{x^2-x+1}\mathrm{d}x =$

$\ln|x+1|-\dfrac{1}{2}\int \dfrac{(2x-1)-3}{x^2-x+1}\mathrm{d}x =$

$\ln|x+1|-\dfrac{1}{2}\ln|x^2-x+1|+\dfrac{3}{2}\int \dfrac{\mathrm{d}(x-\dfrac{1}{2})}{(x-\dfrac{1}{2})^2+\dfrac{3}{4}} =$

$\ln|x+1|-\dfrac{1}{2}\ln|x^2-x+1|+\sqrt{3}\arctan\dfrac{2x-1}{\sqrt{3}}+C$

5. $\int \dfrac{x\mathrm{d}x}{(x+1)(x+2)(x+3)}$

【解】 $\int (\dfrac{-\dfrac{1}{2}}{x+1}+\dfrac{2}{x+2}-\dfrac{\dfrac{3}{2}}{x+3})\mathrm{d}x =$

$$-\frac{1}{2}\ln|x+1|+2\ln|x+2|-\frac{3}{2}\ln|x+3|+C$$

6. $\displaystyle\int \frac{x^2+1}{(x+1)^2(x-1)}\mathrm{d}x$

【解】 $\displaystyle\frac{1}{2}\int\left(\frac{1}{x-1}+\frac{1}{x+1}-\frac{2}{(x+1)^2}\right)\mathrm{d}x=\frac{1}{2}\ln|x^2-1|+\frac{1}{x+1}+C$

7. $\displaystyle\int \frac{\mathrm{d}x}{x(x^2+1)}$

【解】 原式 $\displaystyle=\int\left(\frac{1}{x}-\frac{x}{x^2+1}\right)\mathrm{d}x=\ln|x|-\frac{1}{2}\int\frac{\mathrm{d}(x^2+1)}{x^2+1}=$

$$\ln|x|-\frac{1}{2}\ln(x^2+1)+C$$

8. $\displaystyle\int \frac{\mathrm{d}x}{(x^2+1)(x^2+x)}$

【解】 原式 $\displaystyle=\frac{1}{2}\int\left(\frac{2}{x}-\frac{1}{x+1}-\frac{x+1}{x^2+1}\right)\mathrm{d}x=$

$$\ln|x|-\frac{1}{2}\ln|x+1|-\frac{1}{4}\ln(x^2+1)-\frac{1}{2}\arctan x+C$$

9. $\displaystyle\int \frac{\mathrm{d}x}{(x^2+1)(x^2+x+1)}$

【解】 原式 $\displaystyle=\int\left(-\frac{x}{x^2+1}+\frac{x+1}{x^2+x+1}\right)\mathrm{d}x=$

$$-\frac{1}{2}\int\frac{\mathrm{d}(x^2+1)}{x^2+1}+\frac{1}{2}\int\frac{\mathrm{d}(x^2+x+1)}{x^2+x+1}+\frac{1}{2}\int\frac{1}{x^2+x+1}\mathrm{d}x=$$

$$-\frac{1}{2}\ln(x^2+1)+\frac{1}{2}\ln|x^2+x+1|+\frac{1}{2}\int\left(\frac{\mathrm{d}\left(x+\frac{1}{2}\right)}{\left(x+\frac{1}{2}\right)^2+\frac{3}{4}}\right)=$$

$$\frac{1}{2}\ln\left|\frac{x^2+x+1}{x^2+1}\right|+\frac{1}{\sqrt{3}}\arctan\frac{2x+1}{\sqrt{3}}+C$$

10. $\displaystyle\int \frac{\mathrm{d}x}{x^4+1}$

【解】 原式 $\displaystyle=\frac{1}{2}\int\frac{x^2+1}{x^4+1}\mathrm{d}x-\frac{1}{2}\int\frac{x^2-1}{x^4+1}\mathrm{d}x=$

$$\frac{1}{2}\int\frac{1+\frac{1}{x^2}}{x^2+\frac{1}{x^2}}\mathrm{d}x-\frac{1}{2}\int\frac{1-\frac{1}{x^2}}{x^2+\frac{1}{x^2}}\mathrm{d}x=$$

$$\frac{1}{2}\int\frac{\mathrm{d}(x-\frac{1}{x})}{(x-\frac{1}{x})^2+2}-\frac{1}{2}\int\frac{\mathrm{d}(x+\frac{1}{x})}{(x+\frac{1}{x})^2-2}=$$

$$\frac{\sqrt{2}}{4}\arctan\frac{x^2-1}{\sqrt{2}x}-\frac{\sqrt{2}}{8}\ln\frac{x^2-\sqrt{2}x+1}{x^2+\sqrt{2}x+1}+C$$

11. $\displaystyle\int\frac{-x^2-2}{(x^2+x+1)^2}\mathrm{d}x$

【解】　原式 $\displaystyle=-\int\frac{\mathrm{d}x}{x^2+x+1}+\int\frac{x-1}{(x^2+x+1)^2}\mathrm{d}x=$

$$-\int\frac{\mathrm{d}(x+\frac{1}{2})}{(x+\frac{1}{2})^2+\frac{3}{4}}+\frac{1}{2}\int\frac{\mathrm{d}(x^2+x+1)}{(x^2+x+1)^2}-\frac{3}{2}\int\frac{\mathrm{d}x}{(x^2+x+1)^2}=$$

$$-\frac{2}{\sqrt{3}}\arctan\frac{2x+1}{\sqrt{3}}-\frac{1}{2(x^2+x+1)}-\frac{3}{2}\int\frac{\mathrm{d}x}{[(x+\frac{1}{2})^2+\frac{3}{4}]^2}$$

而　$\displaystyle\int\frac{\mathrm{d}x}{[(x+\frac{1}{2})^2+\frac{3}{4}]^2}\xrightarrow{\;\;\diamondsuit\,x+\frac{1}{2}=\frac{\sqrt{3}}{2}\tan t\;\;}\int\frac{\frac{\sqrt{3}}{2}\sec^2 t}{\frac{9}{16}\sec^4 t}\mathrm{d}t=$

$$\frac{8\sqrt{3}}{9}\int\cos^2 t\,\mathrm{d}t=\frac{4\sqrt{3}}{9}\int(1+\cos 2t)\mathrm{d}t=$$

$$\frac{4\sqrt{3}}{9}(t+\sin t\cos t)+C=$$

$$\frac{4\sqrt{3}}{9}\Big[\arctan\frac{2x+1}{\sqrt{3}}+\frac{\sqrt{3}(2x+1)}{4(x^2+x+1)}\Big]+C$$

其中 $\sin t$ 和 $\cos t$ 可通过如图 F-4-1 所示的三角形求出. 所以

$$\int\frac{-x^2-2}{(x^2+x+1)^2}\mathrm{d}x=$$

$$-\frac{4}{\sqrt{3}}\arctan\frac{2x+1}{\sqrt{3}}-\frac{x+1}{x^2+x+1}+C$$

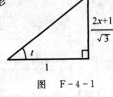

图　F-4-1

12. $\displaystyle\int\frac{\mathrm{d}x}{3+\sin^2 x}$

【解】　原式 $\displaystyle=\int\frac{\mathrm{d}x}{3\cos^2 x+4\sin^2 x}=\int\frac{\sec^2 x\,\mathrm{d}x}{3+4\tan^2 x}=$

$$\int \frac{\mathrm{d}\tan x}{3+4\tan^2 x} = \frac{\sqrt{3}}{6}\arctan\frac{2\tan x}{\sqrt{3}} + C$$

注　此题若用"万能代换" $t = \tan\dfrac{x}{2}$ 求解,则比较麻烦.

13. $\displaystyle\int \frac{\mathrm{d}x}{3+\cos x}$

【解】　令 $u = \tan\dfrac{x}{2}$,则 $\cos x = \dfrac{1-u^2}{1+u^2}$,$\mathrm{d}x = \dfrac{2\mathrm{d}u}{1+u^2}$,于是

$$原式 = \int \frac{1}{3+\dfrac{1-u^2}{1+u^2}} \cdot \frac{2\mathrm{d}u}{1+u^2} = \int \frac{\mathrm{d}u}{u^2+2} = \frac{1}{\sqrt{2}}\arctan\frac{u}{\sqrt{2}} =$$

$$\frac{1}{\sqrt{2}}\arctan\frac{\tan\dfrac{x}{2}}{\sqrt{2}} + C$$

注　若利用公式 $\cos x = 2\cos^2\dfrac{x}{2} - 1$,则此题可类似于12题方法求解.

14. $\displaystyle\int \frac{\mathrm{d}x}{2+\sin x}$

【解】　令 $u = \tan\dfrac{x}{2}$,则 $\sin x = \dfrac{2u}{1+u^2}$,$\mathrm{d}x = \dfrac{2\mathrm{d}u}{1+u^2}$,

于是　　　　$原式 = \displaystyle\int \frac{1}{2+\dfrac{2u}{1+u^2}} \cdot \frac{2\mathrm{d}u}{1+u^2} = \int \frac{\mathrm{d}u}{u^2+u+1} =$

$$\int \frac{\mathrm{d}(u+\dfrac{1}{2})}{(u+\dfrac{1}{2})^2 + \dfrac{3}{4}} = \frac{2}{\sqrt{3}}\arctan\frac{2u+1}{\sqrt{3}} + C =$$

$$\frac{2}{\sqrt{3}}\arctan\frac{2\tan\dfrac{x}{2}+1}{\sqrt{3}} + C$$

15. $\displaystyle\int \frac{\mathrm{d}x}{1+\sin x+\cos x}$

【解】　令 $u = \tan\dfrac{x}{2}$,则

$$原式 = \int \frac{1}{1+\dfrac{2u}{1+u^2}+\dfrac{1-u^2}{1+u^2}} \cdot \frac{2\mathrm{d}u}{1+u^2} =$$

$$\int \frac{\mathrm{d}u}{1+u} = \ln|u+1| + C = \ln|\tan\frac{x}{2} + 1| + C$$

16. $\int \dfrac{\mathrm{d}x}{2\sin x - \cos x + 5}$

【解】　令 $u = \tan\dfrac{x}{2}$，则

$$原式 = \int \frac{1}{\dfrac{4u}{1+u^2} - \dfrac{1-u^2}{1+u^2} + 5} \cdot \frac{2\mathrm{d}u}{1+u^2} = \int \frac{\mathrm{d}u}{3u^2 + 2u + 2} =$$

$$\int \frac{\mathrm{d}u}{(\sqrt{3}\,u + \dfrac{1}{\sqrt{3}})^2 + \dfrac{5}{3}} = \frac{1}{\sqrt{5}}\arctan\frac{3u+1}{\sqrt{5}} + C =$$

$$\frac{1}{\sqrt{5}}\arctan\frac{3\tan\dfrac{x}{2} + 1}{\sqrt{5}} + C$$

17. $\int \dfrac{\mathrm{d}x}{1 + \sqrt[3]{x+1}}$

【解】　令 $u = \sqrt[3]{x+1}$，则 $x = u^3 - 1, \mathrm{d}x = 3u^2\mathrm{d}u$. 于是

$$原式 = \int \frac{3u^2}{1+u}\mathrm{d}u = 3\int(u - 1 + \frac{1}{u+1})\mathrm{d}u =$$

$$\frac{3}{2}u^2 - 3u + 3\ln|u+1| + C =$$

$$\frac{3}{2}\sqrt[3]{(x+1)^2} - 3\sqrt[3]{x+1} + 3\ln|\sqrt[3]{x+1} + 1| + C$$

18. $\int \dfrac{(\sqrt{x})^3 + 1}{\sqrt{x} + 1}\mathrm{d}x$

【解】　$原式 = \int[(\sqrt{x})^2 - \sqrt{x} + 1]\mathrm{d}x = \dfrac{1}{2}x^2 - \dfrac{2}{3}x^{\frac{3}{2}} + x + C$

注　本题也可作变量代换 $u = \sqrt{x}$.

19. $\int \dfrac{\sqrt{x+1} - 1}{\sqrt{x+1} + 1}\mathrm{d}x$

【解】　令 $u = \sqrt{x+1}$，则 $x = u^2 - 1, \mathrm{d}x = 2u\mathrm{d}u$. 于是

$$原式 = \int \frac{u-1}{u+1} \cdot 2u\mathrm{d}u = 2\int(u - 2 + \frac{2}{u+1})\mathrm{d}u =$$

$$u^2 - 4u + 4\ln|u+1| + C_1 =$$

$$x - 4\sqrt{x+1} + 4\ln(\sqrt{x+1} + 1) + C$$

20. $\int \dfrac{\mathrm{d}x}{\sqrt{x} + \sqrt[4]{x}}$

【解】　令 $u = \sqrt[4]{x}$，则 $x = u^4$，$\mathrm{d}x = 4u^3\,\mathrm{d}u$，于是

原式 $= \displaystyle\int \dfrac{4u^3}{u^2 + u}\mathrm{d}u = 4\int(u - 1 + \dfrac{1}{u+1})\mathrm{d}u =$

$2u^2 - 4u + 4\ln|u+1| + C =$

$2\sqrt{x} - 4\sqrt[4]{x} + 4\ln(\sqrt[4]{x} + 1) + C$

21. $\int \sqrt{\dfrac{1-x}{1+x}}\,\dfrac{\mathrm{d}x}{x}$

【解】　原式 $= \displaystyle\int \dfrac{\sqrt{1-x^2}}{(1+x)x}\mathrm{d}x \xrightarrow{x = \sin u} \int \dfrac{\cos^2 u}{(1+\sin u)\sin u}\mathrm{d}u =$

$\displaystyle\int \dfrac{1 - \sin u}{\sin u}\mathrm{d}u = \int \csc u\,\mathrm{d}u - u =$

$\ln|\csc u - \cot u| - u + C =$

$\ln\left|\dfrac{1}{x} - \dfrac{\sqrt{1-x^2}}{x}\right| - \arcsin x + C$

22. $\int \dfrac{\mathrm{d}x}{\sqrt[3]{(x+1)^2(x-1)^4}}$

【解】　令 $x - 1 = \dfrac{1}{u}$，则 $x = 1 + \dfrac{1}{u}$，$\mathrm{d}x = -\dfrac{1}{u^2}\mathrm{d}u$，于是

原式 $= \displaystyle\int \dfrac{1}{\sqrt[3]{(2 + \frac{1}{u})^2 \frac{1}{u^4}}}(-\dfrac{1}{u^2})\mathrm{d}u = -\int \dfrac{\mathrm{d}u}{\sqrt[3]{(2u+1)^2}} =$

$-\dfrac{1}{2}\displaystyle\int(2u+1)^{-\frac{2}{3}}\mathrm{d}(2u+1) = -\dfrac{3}{2}(2u+1)^{\frac{1}{3}} + C =$

$-\dfrac{3}{2}\sqrt[3]{\dfrac{x+1}{x-1}} + C$

注　本题也可以作代换 $u = \sqrt[3]{\dfrac{x+1}{x-1}}$ 或 $t = \dfrac{x-1}{x+1}$.

习题 4 - 5

利用积分表计算下列不定积分：

1. $\int \dfrac{\mathrm{d}x}{\sqrt{4x^2 - 9}}$

【解】　利用教材 p455 公式 45，有

$$原式 = \frac{1}{2}\int \frac{d(2x)}{\sqrt{(2x)^2 - 3^2}} = \frac{1}{2}\ln|2x + \sqrt{4x^2 - 9}| + C$$

2. $\int \dfrac{dx}{x^2 + 2x + 5}$

【解】　由教材 p454 公式 29 有

$$原式 = \frac{2}{\sqrt{20 - 2^2}}\arctan \frac{2x + 2}{\sqrt{20 - 2^2}} + C = \frac{1}{2}\arctan \frac{x + 1}{2} + C$$

3. $\int \dfrac{dx}{\sqrt{5 - 4x + x^2}}$

【解】　由教材 p457 公式 73 有

$$原式 = \ln|2x - 4 + 2\sqrt{5 - 4x + x^2}| + C_1 =$$
$$\ln|x - 2 + \sqrt{5 - 4x + x^2}| + C$$

4. $\int \sqrt{2x^2 + 9}\,dx$

【解】　由教材 p454 公式 39 有

$$原式 = \frac{1}{\sqrt{2}}\int \sqrt{(\sqrt{2}\,x)^2 + 3^2}\,d(\sqrt{2}\,x) =$$
$$\frac{1}{\sqrt{2}}\left[\frac{\sqrt{2}}{2}x\sqrt{2x^2 + 9} + \frac{9}{2}\ln|\sqrt{2}\,x + \sqrt{2x^2 + 9}|\right] + C =$$
$$\frac{x}{2}\sqrt{2x^2 + 9} + \frac{9\sqrt{2}}{4}\ln|\sqrt{2}\,x + \sqrt{2x^2 + 9}| + C$$

5. $\int \sqrt{3x^2 - 2}\,dx$

【解】　由教材 p455 公式 53 有

$$原式 = \frac{1}{\sqrt{3}}\int \sqrt{(\sqrt{3}\,x)^2 - (\sqrt{2})^2}\,d(\sqrt{3}\,x) =$$
$$\frac{1}{\sqrt{3}}\left[\frac{\sqrt{3}\,x}{2}\sqrt{3x^2 - 2} - \frac{2}{2}\ln|\sqrt{3}\,x + \sqrt{3x^2 - 2}|\right] + C =$$
$$\frac{x}{2}\sqrt{3x^2 - 2} - \frac{\sqrt{3}}{3}\ln|\sqrt{3}\,x + \sqrt{3x^2 - 2}| + C$$

6. $\int e^{2x}\cos x\,dx$

【解】　由教材 p460 公式 129 有

$$原式 = \frac{1}{5}e^{2x}(\sin x + 2\cos x) + C$$

7. $\int x \arcsin \frac{x}{2} dx$

【解】 由教材 p459 公式 114 有

$$原式 = \left(\frac{x^2}{2} - 1\right)\arcsin \frac{x}{2} + \frac{x}{4}\sqrt{4 - x^2} + C$$

8. $\int \frac{dx}{(x^2 + 9)^2}$

【解】 由教材 p453 公式 20 和 19,有

$$原式 = \frac{x}{18(x^2 + 9)} + \frac{1}{18}\int \frac{dx}{x^2 + 9} = \frac{x}{18(x^2 + 9)} + \frac{1}{54}\arctan \frac{x}{3} + C$$

9. $\int \frac{dx}{\sin^3 x}$

【解】 由教材 p458 公式 97 和 88,有

$$原式 = \frac{-1}{2}\frac{\cos x}{\sin^2 x} + \frac{1}{2}\int \frac{dx}{\sin x} = \frac{1}{2}\left(-\frac{\cos x}{\sin^2 x} + \ln\left|\tan \frac{x}{2}\right|\right) + C$$

10. $\int e^{-2x}\sin 3x\, dx$

【解】 由教材 p460 公式 128,有

$$原式 = \frac{1}{13}e^{-2x}(-2\sin 3x - 3\cos 3x) + C$$

11. $\int \sin 3x \sin 5x\, dx$

【解】 由教材 p459 公式 101,有

$$原式 = -\frac{1}{16}\sin 8x - \frac{1}{4}\sin(-2x) + C = -\frac{1}{16}\sin 8x + \frac{1}{4}\sin 2x + C$$

12. $\int \ln^3 x\, dx$

【解】 由教材 p461 公式 135,有

$$原式 = x\ln^3 x - 3\int \ln^2 x\, dx = x\ln^3 x - 3x\ln^2 x + 6\int \ln x\, dx =$$
$$x\ln^3 x - 3x\ln^2 x + 6x\ln x - 6x + C$$

13. $\int \frac{dx}{x^2(1 - x)}$

【解】 由教材 p452 公式 6,得

326

$$原式 = -\frac{1}{x} - \ln|\frac{1-x}{x}| + C$$

14. $\int \frac{\sqrt{x-1}}{x}\mathrm{d}x$

【解】 由教材 p453 公式 17 和 15,有

$$原式 = 2\sqrt{x-1} - \int \frac{\mathrm{d}x}{x\sqrt{x-1}} = 2\sqrt{x-1} - 2\arctan\sqrt{x-1} + C$$

15. $\int \frac{\mathrm{d}x}{(1+x^2)^2}$

【解】 由教材 p453 公式 20,有

$$原式 = \frac{x}{2(1+x^2)} + \frac{1}{2}\int \frac{\mathrm{d}x}{1+x^2} = \frac{x}{2(1+x^2)} + \frac{1}{2}\arctan x + C$$

16. $\int \frac{\mathrm{d}x}{x\sqrt{x^2-1}}$

【解】 由教材 p455 公式 51,有

$$原式 = \arccos\frac{1}{|x|} + C$$

17. $\int \frac{x\mathrm{d}x}{(2+3x)^2}$

【解】 由教材 p452 公式 7,有

$$原式 = \frac{1}{9}(\ln|2+3x| + \frac{2}{2+3x}) + C$$

18. $\int \cos^6 x\mathrm{d}x$

【解】 由教材 p458 公式 96,有

$$原式 = \frac{1}{6}\cos^5 x\sin x + \frac{5}{6}\int \cos^4 x\mathrm{d}x =$$

$$\frac{1}{6}\cos^5 x\sin x + \frac{5}{6}(\frac{1}{4}\cos^3 x\sin x + \frac{3}{4}\int \cos^2 x\mathrm{d}x) =$$

$$\frac{1}{6}\cos^5 x\sin x + \frac{5}{24}\cos^3 x\sin x + \frac{5}{16}x + \frac{5}{32}\sin 2x + C$$

19. $\int x^2\sqrt{x^2-2}\mathrm{d}x$

【解】 由教材 p456 公式 56,有

$$原式 = \frac{x}{8}(2x^2-2)\sqrt{x^2-2} - \frac{1}{2}\ln|x+\sqrt{x^2-2}| + C =$$

$$\frac{x}{4}(x^2-1)\sqrt{x^2-2}-\frac{1}{2}\ln|x+\sqrt{x^2-2}|+C$$

20. $\displaystyle\int\frac{\mathrm{d}x}{2+5\cos x}$

【解】 由教材 p459 公式 106,有

$$原式=\frac{1}{7}\sqrt{\frac{7}{3}}\ln\left|\frac{\tan\frac{x}{2}+\sqrt{\frac{7}{3}}}{\tan\frac{x}{2}-\sqrt{\frac{7}{3}}}\right|+C=\frac{1}{\sqrt{21}}\ln\left|\frac{\sqrt{3}\tan\frac{x}{2}+\sqrt{7}}{\sqrt{3}\tan\frac{x}{2}-\sqrt{7}}\right|+C$$

21. $\displaystyle\int\frac{\mathrm{d}x}{x^2\sqrt{2x-1}}$

【解】 由教材 p453 公式 16 和 15,有

$$原式=\frac{\sqrt{2x-1}}{x}+\int\frac{\mathrm{d}x}{x\sqrt{2x-1}}=\frac{\sqrt{2x-1}}{x}+2\arctan\sqrt{2x-1}+C$$

22. $\displaystyle\int\sqrt{\frac{1-x}{1+x}}\mathrm{d}x$

【解】 由教材 p457 公式 80,有

$$原式=(x+1)\sqrt{\frac{1-x}{1+x}}-2\arcsin\sqrt{\frac{1-x}{2}}+C=$$

$$\sqrt{1-x^2}-2\arcsin\sqrt{\frac{1-x}{2}}+C$$

23. $\displaystyle\int\frac{x+5}{x^2-2x-1}\mathrm{d}x$

【解】 由教材 p454 公式 29 和 30,有

$$原式=\int\frac{x\mathrm{d}x}{x^2-2x-1}+5\int\frac{\mathrm{d}x}{x^2-2x-1}=$$

$$\frac{1}{2}\ln|x^2-2x-1|+6\int\frac{\mathrm{d}x}{x^2-2x-1}=$$

$$\frac{1}{2}\ln|x^2-2x-1|+\frac{3}{\sqrt{2}}\ln\left|\frac{x-1-\sqrt{2}}{x-1+\sqrt{2}}\right|+C$$

24. $\displaystyle\int\frac{x\mathrm{d}x}{\sqrt{1+x-x^2}}$

【解】 由教材 p457 公式 78,得

$$原式=-\sqrt{1+x-x^2}+\frac{1}{2}\arcsin\frac{2x-1}{\sqrt{5}}$$

25. $\int \dfrac{x^4}{25+4x^2}\mathrm{d}x$

【解】 $\int \dfrac{x^4}{25+4x^2}\mathrm{d}x = \int (\dfrac{1}{4}x^2 - \dfrac{25}{16} + \dfrac{\frac{625}{16}}{4x^2+25})\mathrm{d}x$ ────── p453 公式 22

$$\dfrac{1}{12}x^3 - \dfrac{25}{16}x + \dfrac{125}{32}\arctan\dfrac{2}{5}x + C$$

总习题四

求下列不定积分(其中 a,b 为常数):

1. $\int \dfrac{\mathrm{d}x}{\mathrm{e}^x - \mathrm{e}^{-x}}$

【解】 原式 $= \int \dfrac{\mathrm{d}\mathrm{e}^x}{\mathrm{e}^{2x}-1} = \dfrac{1}{2}\ln\dfrac{|\mathrm{e}^x-1|}{\mathrm{e}^x+1} + C$

2. $\int \dfrac{x}{(1-x)^3}\mathrm{d}x$

【解】 原式 $= \int \left[\dfrac{1}{(1-x)^3} - \dfrac{1}{(1-x)^2}\right]\mathrm{d}x = \dfrac{1}{2(1-x)^2} - \dfrac{1}{1-x} + C$

3. $\int \dfrac{x^2}{a^6-x^6}\mathrm{d}x$　$(a>0)$

【解】 原式 $= \dfrac{1}{3}\int \dfrac{\mathrm{d}x^3}{a^6-x^6} = \dfrac{1}{6a^3}\int\left[\dfrac{1}{a^3-x^3} + \dfrac{1}{a^3+x^3}\right]\mathrm{d}x^3 =$

$$\dfrac{1}{6a^3}\ln\left|\dfrac{a^3+x^3}{a^3-x^3}\right| + C$$

4. $\int \dfrac{1+\cos x}{x+\sin x}\mathrm{d}x$

【解】 原式 $= \int \dfrac{\mathrm{d}(x+\sin x)}{x+\sin x} = \ln|x+\sin x| + C$

5. $\int \dfrac{\ln\ln x}{x}\mathrm{d}x$

【解】 原式 $= \int \ln\ln x\,\mathrm{d}\ln x = \ln x \cdot \ln\ln x - \int \dfrac{1}{x}\mathrm{d}x =$

$$\ln x[\ln\ln x - 1] + C$$

6. $\int \dfrac{\sin x\cos x}{1+\sin^4 x}\mathrm{d}x$

【解】 原式 $= \dfrac{1}{2}\int \dfrac{\mathrm{d}\sin^2 x}{1+\sin^4 x} = \dfrac{1}{2}\arctan(\sin^2 x) + C$

7. $\int \tan^4 x \, dx$

【解】 原式 $= \int \tan^2 x (\sec^2 x - 1) \, dx =$

$$\int \tan^2 x \, d\tan x - \int (\sec^2 x - 1) \, dx = \frac{1}{3} \tan^3 x - \tan x + x + C$$

8. $\int \sin x \sin 2x \sin 3x \, dx$

【解】 原式 $= \frac{1}{2} \int (\cos x - \cos 3x) \sin 3x \, dx =$

$$\frac{1}{2} \int \cos x \sin 3x \, dx - \frac{1}{4} \int \sin 6x \, dx =$$

$$\frac{1}{4} \int (\sin 4x + \sin 2x) \, dx + \frac{1}{24} \cos 6x =$$

$$-\frac{1}{16} \cos 4x - \frac{1}{8} \cos 2x + \frac{1}{24} \cos 6x + C$$

9. $\int \frac{dx}{x(x^6 + 4)}$

【解】 原式 $= \frac{1}{4} \int (\frac{1}{x} - \frac{x^5}{x^6 + 4}) \, dx = \frac{1}{4} \ln |x| - \frac{1}{24} \ln(x^6 + 4) + C$

10. $\int \sqrt{\frac{a+x}{a-x}} \, dx$ $(a > 0)$

【解】 原式 $= \int \frac{a+x}{\sqrt{a^2 - x^2}} \, dx = a\arcsin \frac{x}{a} + \frac{1}{2} \int \frac{dx^2}{\sqrt{a^2 - x^2}} =$

$$a\arcsin \frac{x}{a} - \sqrt{a^2 - x^2} + C$$

11. $\int \frac{dx}{\sqrt{x(1+x)}}$

【解】

原式 $= \int \frac{dx}{\sqrt{x} \sqrt{1+x}} = 2 \int \frac{d\sqrt{x}}{\sqrt{1+x}}$ 教材 p454 公式 31

$$2\ln(\sqrt{x} + \sqrt{1+x}) + C$$

注 本题也可用代换 $t = \sqrt{\frac{1+x}{x}}$ 求解.

12. $\int x \cos^2 x \, dx$

【解】　原式 $= \dfrac{1}{2}\displaystyle\int x(1+\cos 2x)\mathrm{d}x = \dfrac{1}{4}x^2 + \dfrac{1}{4}\displaystyle\int x\mathrm{d}\sin 2x =$

$$\dfrac{1}{4}x^2 + \dfrac{1}{4}x\sin 2x - \dfrac{1}{4}\int \sin 2x\mathrm{d}x =$$

$$\dfrac{1}{4}x^2 + \dfrac{1}{4}x\sin 2x + \dfrac{1}{8}\cos 2x + C$$

13. $\displaystyle\int \mathrm{e}^{ax}\cos bx\,\mathrm{d}x$

【解】　原式 $= \dfrac{1}{a}\displaystyle\int \cos bx\,\mathrm{d}\mathrm{e}^{ax} = \dfrac{1}{a}\mathrm{e}^{ax}\cos bx + \dfrac{b}{a}\displaystyle\int \mathrm{e}^{ax}\sin bx\,\mathrm{d}x =$

$$\dfrac{1}{a}\mathrm{e}^{ax}\cos bx + \dfrac{b}{a^2}\int \sin bx\,\mathrm{d}\mathrm{e}^{ax} =$$

$$\dfrac{1}{a}\mathrm{e}^{ax}\cos bx + \dfrac{b}{a^2}\mathrm{e}^{ax}\sin bx - \dfrac{b^2}{a^2}\int \mathrm{e}^{ax}\cos bx\,\mathrm{d}x$$

移项整理得　$\displaystyle\int \mathrm{e}^{ax}\cos bx\,\mathrm{d}x = \dfrac{\mathrm{e}^{ax}}{a^2+b^2}(a\cos bx + b\sin bx) + C$

14. $\displaystyle\int \dfrac{\mathrm{d}x}{\sqrt{1+\mathrm{e}^x}}$

【解】　令 $t = \sqrt{1+\mathrm{e}^x}$，则 $x = \ln(t^2-1)$，$\mathrm{d}x = \dfrac{2t}{t^2-1}\mathrm{d}t$，于是

原式 $= 2\displaystyle\int \dfrac{\mathrm{d}t}{t^2-1} = \displaystyle\int \left(\dfrac{1}{t-1} - \dfrac{1}{t+1}\right)\mathrm{d}t =$

$$\ln\left|\dfrac{t-1}{t+1}\right| + C = \ln \dfrac{\sqrt{1+\mathrm{e}^x}-1}{\sqrt{1+\mathrm{e}^x}+1} + C$$

15. $\displaystyle\int \dfrac{\mathrm{d}x}{x^2\sqrt{x^2-1}}$

【解】　令 $x = \sec t$，则 $\mathrm{d}x = \sec t \cdot \tan t\,\mathrm{d}t$，于是

$$原式 = \int \cos t\,\mathrm{d}t = \sin t + C = \dfrac{\sqrt{x^2-1}}{x} + C$$

16. $\displaystyle\int \dfrac{\mathrm{d}x}{(a^2-x^2)^{\frac{5}{2}}}$

【解】　令 $x = a\sin t$，则

$$原式 = \frac{1}{a^4}\int \sec^4 t dt = \frac{1}{a^4}\int (\tan^2 t + 1) d\tan t =$$

$$\frac{1}{a^4}(\frac{1}{3}\tan^3 t + \tan t) + C =$$

$$\frac{1}{3a^4}(\frac{x^3}{\sqrt{(a^2 - x^2)^3}} + \frac{3x}{\sqrt{a^2 - x^2}}) + C$$

17. $\int \dfrac{\mathrm{d}x}{x^4 \sqrt{1 + x^2}}$

【解】 令 $x = \tan t$,则 $\mathrm{d}x = \sec^2 t \mathrm{d}t$,于是

$$原式 = \int \frac{\cos^3 t}{\sin^4 t}dt = \int \frac{1 - \sin^2 t}{\sin^4 t}d\sin t = -\frac{1}{3\sin^3 t} + \frac{1}{\sin t} + C =$$

$$-\frac{\sqrt{(1 + x^2)^3}}{3x^3} + \frac{\sqrt{1 + x^2}}{x} + C$$

18. $\int \sqrt{x} \sin \sqrt{x} \, \mathrm{d}x$

【解】 令 $t = \sqrt{x}$,则 $\mathrm{d}x = 2t\mathrm{d}t$,于是

$$原式 = -2\int t^2 d\cos t = -2t^2 \cos t + 4\int t\cos t dt =$$

$$-2t^2 \cos t + 4t\sin t - 4\int \sin t dt =$$

$$-2t^2 \cos t + 4t\sin t + 4\cos t + C =$$

$$-2x\cos \sqrt{x} + 4\sqrt{x} \sin \sqrt{x} + 4\cos \sqrt{x} + C$$

19. $\int \ln(1 + x^2) \mathrm{d}x$

【解】 $$原式 = x\ln(1 + x^2) - \int \frac{2x^2}{1 + x^2}dx =$$

$$x\ln(1 + x^2) - 2\int (1 - \frac{1}{1 + x^2})dx =$$

$$x\ln(1 + x^2) - 2x + 2\arctan x + C$$

20. $\int \dfrac{\sin^2 x}{\cos^3 x} \mathrm{d}x$

【解】

$$原式 = \int \tan^2 x \sec x dx = \int \tan x d\sec x = \tan x \sec x - \int \sec^3 x dx$$

而 $$\int \sec^3 x dx = \int \sec x d\tan x = \sec x \tan x - \int \tan^2 x \sec x dx =$$

$$\sec x \tan x - \int (\sec^2 x - 1)\sec x \, dx =$$

$$\sec x \tan x - \int \sec^3 x \, dx + \ln | \sec x + \tan x |$$

于是 $\qquad \int \sec^3 x \, dx = \dfrac{1}{2} \big[\sec x \tan x + \ln | \sec x + \tan x | \big] + C_1$

故 $\qquad \int \dfrac{\sin^2 x}{\cos^3 x} \, dx = \dfrac{1}{2} \sec x \tan x - \dfrac{1}{2} \ln | \sec x + \tan x | + C$

21. $\int \arctan\sqrt{x} \, dx$

【解】　原式 $= x \arctan\sqrt{x} - \int \dfrac{x}{1+x} \, d\sqrt{x} = x \arctan\sqrt{x} - \int (1 - \dfrac{1}{1+x}) \, d\sqrt{x} =$

$$x \arctan\sqrt{x} - \sqrt{x} + \arctan\sqrt{x} + C$$

22. $\int \dfrac{\sqrt{1+\cos x}}{\sin x} \, dx$

【解】　原式 $= \int \dfrac{\sqrt{2}\cos\dfrac{x}{2}}{2\sin\dfrac{x}{2}\cos\dfrac{x}{2}} \, dx = \dfrac{1}{\sqrt{2}} \int \csc\dfrac{x}{2} \, dx =$

$$\sqrt{2} \ln | \csc\dfrac{x}{2} - \cot\dfrac{x}{2} | + C$$

23. $\int \dfrac{x^3}{(1+x^8)^2} \, dx$

【解】　令 $t = x^4$，有

$$原式 = \dfrac{1}{4} \int \dfrac{dt}{(1+t^2)^2} \xlongequal{t=\tan u} \dfrac{1}{4} \int \cos^2 u \, du =$$

$$\dfrac{1}{8} \int (1 + \cos 2u) \, du = \dfrac{1}{8} u + \dfrac{1}{16} \sin 2u + C =$$

$$\dfrac{1}{8} \Big[\arctan x^4 + \dfrac{x^4}{1+x^8} \Big] + C$$

24. $\int \dfrac{x^{11}}{x^8 + 3x^4 + 2} \, dx$

【解】　令 $t = x^4$，有

$$原式 = \dfrac{1}{4} \int \dfrac{t^2}{t^2 + 3t + 2} \, dt = \dfrac{1}{4} \int (1 - \dfrac{4}{t+2} + \dfrac{1}{t+1}) \, dt =$$

$$\dfrac{1}{4} t - \ln | t + 2 | + \dfrac{1}{4} \ln | t + 1 | + C =$$

$$\frac{1}{4}x^4 + \ln\frac{\sqrt[4]{x^4+1}}{x^4+2} + C$$

25. $\displaystyle\int \frac{\mathrm{d}x}{16-x^4}$

【解】 原式 $= \dfrac{1}{8}\displaystyle\int\left(\dfrac{1}{4+x^2}+\dfrac{1}{4-x^2}\right)\mathrm{d}x =$

$$\frac{1}{16}\arctan\frac{x}{2} + \frac{1}{32}\int\left(\frac{1}{2-x}+\frac{1}{2+x}\right)\mathrm{d}x =$$

$$\frac{1}{16}\arctan\frac{x}{2} + \frac{1}{32}\ln\left|\frac{2+x}{2-x}\right| + C$$

26. $\displaystyle\int \frac{\sin x}{1+\sin x}\mathrm{d}x$

【解】 原式 $= \displaystyle\int\frac{\sin x(1-\sin x)}{\cos^2 x}\mathrm{d}x = -\int\frac{1}{\cos^2 x}\mathrm{d}\cos x - \int(\sec^2 x - 1)\mathrm{d}x =$

$$\frac{1}{\cos x} - \tan x + x + C$$

27. $\displaystyle\int \frac{x+\sin x}{1+\cos x}\mathrm{d}x$

【解】 原式 $= \displaystyle\int\frac{x + 2\sin\frac{x}{2}\cos\frac{x}{2}}{2\cos^2\frac{x}{2}}\mathrm{d}x =$

$$\int x\mathrm{d}\tan\frac{x}{2} + \int\tan\frac{x}{2}\mathrm{d}x = x\tan\frac{x}{2} + C$$

28. $\displaystyle\int \mathrm{e}^{\sin x}\cdot\frac{x\cos^3 x - \sin x}{\cos^2 x}$

【解】 原式 $= \displaystyle\int x\mathrm{e}^{\sin x}\cos x\,\mathrm{d}x - \int\mathrm{e}^{\sin x}\tan x\sec x\,\mathrm{d}x = \int x\mathrm{d}\mathrm{e}^{\sin x} - \int\mathrm{e}^{\sin x}\mathrm{d}\sec x =$

$$x\mathrm{e}^{\sin x} - \int\mathrm{e}^{\sin x}\mathrm{d}x - \mathrm{e}^{\sin x}\sec x + \int\mathrm{e}^{\sin x}\mathrm{d}x = \mathrm{e}^{\sin x}(x - \sec x) + C$$

29. $\displaystyle\int \frac{\sqrt[3]{x}}{x(\sqrt{x}+\sqrt[3]{x})}\mathrm{d}x$

【解】 令 $t = \sqrt[6]{x}$，则 $x = t^6, \mathrm{d}x = 6t^5\,\mathrm{d}t$，于是

原式 $= 6\displaystyle\int\frac{\mathrm{d}t}{t^2+t} = 6\int\left(\frac{1}{t}-\frac{1}{t+1}\right)\mathrm{d}t = 6\ln\left|\frac{t}{t+1}\right| + C = 6\ln\frac{\sqrt[6]{x}}{\sqrt[6]{x}+1} + C$

30. $\displaystyle\int \frac{\mathrm{d}x}{(1+\mathrm{e}^x)^2}$

【解】　令 $t = 1 + e^x$，则 $x = \ln(t-1)$，于是

$$原式 = \int \frac{1}{t^2(t-1)}dt = \int(-\frac{1}{t^2} - \frac{1}{t} + \frac{1}{t-1})dt =$$

$$\frac{1}{t} + \ln\left|\frac{t-1}{t}\right| + C = \frac{1}{1+e^x} + \ln\frac{e^x}{1+e^x} + C$$

31. $\displaystyle\int \frac{e^{3x} + e^x}{e^{4x} - e^{2x} + 1}dx$

【解】　令 $t = e^x$，则 $x = \ln t, dx = \frac{1}{t}dt$，于是

$$原式 = \int \frac{t^2+1}{t^4 - t^2 + 1}dt = \frac{1}{2}\int(\frac{1}{t^2 + \sqrt{3}\,t + 1} + \frac{1}{t^2 - \sqrt{3}\,t + 1})dt =$$

$$\frac{1}{2}\int \frac{d(t + \frac{\sqrt{3}}{2})}{(t + \frac{\sqrt{3}}{2})^2 + \frac{1}{4}} + \frac{1}{2}\int \frac{d(t - \frac{\sqrt{3}}{2})}{(t - \frac{\sqrt{3}}{2})^2 + \frac{1}{4}} =$$

$$\arctan(2t + \sqrt{3}) + \arctan(2t - \sqrt{3}) + C =$$

$$\arctan(2e^x + \sqrt{3}) + \arctan(2e^x - \sqrt{3}) + C$$

32. $\displaystyle\int \frac{xe^x}{(e^x + 1)^2}dx$

【解】　$$原式 = -\int x\,d\frac{1}{e^x + 1} = -\frac{x}{e^x + 1} + \int \frac{dx}{e^x + 1} =$$

$$-\frac{x}{e^x + 1} + \int \frac{e^x + 1 - e^x}{e^x + 1}dx =$$

$$-\frac{x}{e^x + 1} + x - \ln(e^x + 1) + C =$$

$$\frac{xe^x}{e^x + 1} - \ln(e^x + 1) + C$$

33. $\displaystyle\int \ln^2(x + \sqrt{1+x^2})dx$

【解】　令 $x = \text{sh}t$，则 $\sqrt{1+x^2} = \text{ch}t, \ln(x + \sqrt{1+x^2}) = t$，

于是 $$\int \ln^2(x + \sqrt{1+x^2})dx = \int t^2\,d\text{sh}t = t^2\text{sh}t - 2\int t\text{sh}t\,dt =$$

$$t^2\text{sh}t - 2t\text{ch}t + 2\int \text{ch}t\,dt = t^2\text{sh}t - 2t\text{ch}t + 2\text{sh}t + C =$$

$$x\ln^2(x + \sqrt{1+x^2}) - 2\sqrt{1+x^2}\ln(x + \sqrt{1+x^2}) + 2x + C$$

注 本题也可直接用分部积分法求解.

34. $\displaystyle\int \frac{\ln x}{(1+x^2)^{\frac{3}{2}}}\mathrm{d}x$

【解】 令 $x = \tan u$，则 $\mathrm{d}x = \sec^2 u\,\mathrm{d}u$，于是

$$\text{原式} = \int \ln\tan u \cdot \cos u\,\mathrm{d}u = \int \ln\tan u\,\mathrm{d}\sin u = \sin u \ln\tan u - \int \sec u\,\mathrm{d}u =$$

$$\sin u \ln\tan u - \ln|\sec u + \tan u| + C =$$

$$\frac{x\ln x}{\sqrt{1+x^2}} - \ln|x + \sqrt{1+x^2}| + C$$

35. $\displaystyle\int \sqrt{1-x^2}\,\arcsin x\,\mathrm{d}x$

【解】 令 $x = \sin t$，则 $\mathrm{d}x = \cos t\,\mathrm{d}t$，于是

$$\text{原式} = \int t\cos^2 t\,\mathrm{d}t = \frac{1}{2}\int t(1+\cos 2t)\,\mathrm{d}t = \frac{1}{4}t^2 + \frac{1}{4}\int t\,\mathrm{d}\sin 2t =$$

$$\frac{1}{4}t^2 + \frac{1}{4}t\sin 2t - \frac{1}{4}\int \sin 2t\,\mathrm{d}t = \frac{1}{4}t^2 + \frac{1}{4}t\sin 2t + \frac{1}{8}\cos 2t + C =$$

$$\frac{1}{4}(\arcsin x)^2 + \frac{1}{2}x\sqrt{1-x^2}\arcsin x - \frac{1}{4}x^2 + C_1$$

36. $\displaystyle\int \frac{x^3 \arccos x}{\sqrt{1-x^2}}\mathrm{d}x$

【解】
$$\text{原式} = -\int x^2\arccos x\,\mathrm{d}\sqrt{1-x^2} =$$

$$-x^2\sqrt{1-x^2}\arccos x + \int \sqrt{1-x^2}\left(2x\arccos x - \frac{x^2}{\sqrt{1-x^2}}\right)\mathrm{d}x =$$

$$-x^2\sqrt{1-x^2}\arccos x - \frac{1}{3}x^3 - \frac{2}{3}\int \arccos x\,\mathrm{d}(1-x^2)^{\frac{3}{2}} =$$

$$-x^2\sqrt{1-x^2}\arccos x - \frac{1}{3}x^3 - \frac{2}{3}(1-x^2)^{\frac{3}{2}}\arccos x -$$

$$\frac{2}{3}\int (1-x^2)\,\mathrm{d}x = -\frac{x^2+2}{3}\sqrt{1-x^2}\arccos x - \frac{1}{9}x^3 - \frac{2}{3}x + C$$

注 该题也可作变量代换 $x = \cos t$.

37. $\displaystyle\int \frac{\cot x}{1+\sin x}\mathrm{d}x$

【解】
$$\text{原式} = \int \frac{\cos x}{\sin x(1+\sin x)}\mathrm{d}x = \int \frac{\mathrm{d}\sin x}{\sin x(1+\sin x)} =$$

$$\int \left(\frac{1}{\sin x} - \frac{1}{1+\sin x}\right) \mathrm{d}\sin x = \ln\left|\frac{\sin x}{1+\sin x}\right| + C$$

38. $\displaystyle\int \frac{\mathrm{d}x}{\sin^3 x \cos x}$

【解】 原式 $\displaystyle= \int \frac{\sin^2 x + \cos^2 x}{\sin^3 x \cos x}\mathrm{d}x = \int \left(\frac{1}{\sin x \cos x} + \frac{\cos x}{\sin^3 x}\right)\mathrm{d}x =$

$\displaystyle 2\int \csc 2x\,\mathrm{d}x + \int \frac{\mathrm{d}\sin x}{\sin^3 x} = \ln|\csc 2x - \cot 2x| - \frac{1}{2\sin^2 x} + C =$

$\displaystyle \ln|\tan x| - \frac{1}{2}\csc^2 x + C$

39. $\displaystyle\int \frac{\mathrm{d}x}{(2+\cos x)\sin x}$

【解】 令 $u = \tan\dfrac{x}{2}$，则 $\sin x = \dfrac{2u}{1+u^2}$，$\cos x = \dfrac{1-u^2}{1+u^2}$，$\mathrm{d}x = \dfrac{2\mathrm{d}u}{1+u^2}$，于是

$\displaystyle 原式 = \int \frac{1}{\left(2 + \dfrac{1-u^2}{1+u^2}\right)\dfrac{2u}{1+u^2}} \cdot \frac{2\mathrm{d}u}{1+u^2} =$

$\displaystyle \int \frac{u^2+1}{u(u^2+3)}\mathrm{d}u = \frac{1}{3}\int \left(\frac{2u}{u^2+3} + \frac{1}{u}\right)\mathrm{d}u =$

$\displaystyle \frac{1}{3}\int \frac{\mathrm{d}u^2}{u^2+3} + \frac{1}{3}\ln|u| = \frac{1}{3}\ln(u^2+3) + \frac{1}{3}\ln|u| + C =$

$\displaystyle \frac{1}{3}\ln\left|\tan^3\frac{x}{2} + 3\tan\frac{x}{2}\right| + C$

40. $\displaystyle\int \frac{\sin x \cos x}{\sin x + \cos x}\mathrm{d}x$

【解】 原式 $\displaystyle= \frac{1}{2}\int \frac{(\sin x + \cos x)^2 - 1}{\sin x + \cos x}\mathrm{d}x =$

$\displaystyle \frac{1}{2}\int (\sin x + \cos x)\mathrm{d}x - \frac{1}{2}\int \frac{\mathrm{d}x}{\sin x + \cos x} =$

$\displaystyle \frac{1}{2}(\sin x - \cos x) - \frac{1}{2}\int \frac{\mathrm{d}x}{\sqrt{2}\sin\left(x + \frac{\pi}{4}\right)} =$

$\displaystyle \frac{1}{2}(\sin x - \cos x) - \frac{1}{2\sqrt{2}}\int \csc\left(x + \frac{\pi}{4}\right)\mathrm{d}\left(x + \frac{\pi}{4}\right) =$

$\displaystyle \frac{1}{2}(\sin x - \cos x) - \frac{1}{2\sqrt{2}}\ln\left|\csc\left(x + \frac{\pi}{4}\right) - \cot\left(x + \frac{\pi}{4}\right)\right| + C =$

$\displaystyle \frac{1}{2}(\sin x - \cos x) - \frac{1}{2\sqrt{2}}\ln\left|\tan\left(\frac{x}{2} + \frac{\pi}{8}\right)\right| + C$

第 5 章

习题 5 - 1

1.利用定积分定义计算由抛物线 $y = x^2 + 1$,两条直线 $x = a, x = b(b > a)$ 及横轴所围成的图形的面积(如图 F - 5 - 1 所示).

【解】 显然 $y = x^2 + 1$ 在 $[a, b]$ 上连续,所以 $y = x^2 + 1$ 在 $[a, b]$ 上可积,且积分与区间 $[a, b]$ 的划分及点 ξ_i 的取法 无关.不妨将 $[a, b]n$ 等分,并取 $\xi_i = a + \dfrac{b-a}{n}i$,且 $\Delta x_i = \dfrac{1}{n}(b-a)$.于是根据定积分的几何意义,该图形的面积

图 F - 5 - 1

$$A = \int_a^b y \mathrm{d}x = \lim_{\lambda \to 0} \sum_{i=1}^n y(\xi_i) \Delta x_i =$$

$$\lim_{n \to \infty} \sum_{i=1}^n \left[(a + \frac{b-a}{n}i)^2 + 1 \right] \frac{1}{n}(b-a) =$$

$$\lim_{n \to \infty} \frac{1}{n}(b-a) \sum_{i=1}^n \left[a^2 + 1 + \frac{2}{n}(b-a)ai + \frac{(b-a)^2}{n^2}i^2 \right] =$$

$$\lim_{n \to \infty} \frac{1}{n}(b-a) \left[n(a^2+1) + \frac{2}{n}(b-a)a \cdot \frac{n(n+1)}{2} + \right.$$

$$\left. \frac{(b-a)^2}{n^2} \frac{1}{6} n(n+1)(2n+1) \right] =$$

$$(b-a) \lim_{n \to \infty} \left[a^2 + 1 + a(b-a)(1 + \frac{1}{n}) + \frac{(b-a)^2}{6} \cdot \right.$$

$$\left. (1 + \frac{1}{n})(2 + \frac{1}{n}) \right] = (b-a) \left[a^2 + 1 + a(b-a) + \frac{1}{3}(b-a)^2 \right] =$$

$$\frac{1}{3}(b^3 - a^3) + (b - a)$$

2.利用定积分定义计算下列积分

$(1) \displaystyle\int_a^b x \mathrm{d}x \quad (a < b);$ $\qquad (2) \displaystyle\int_0^1 \mathrm{e}^x \mathrm{d}x.$

【解】 (1) 显然 $f(x) = x$ 在 $[a, b]$ 上连续,所以必可积.为便于计算,将 $[a, b]n$ 等分,即 $\Delta x_i = \dfrac{b-a}{n}$,且取 $\xi_i = a + \dfrac{b-a}{n}i, i = 1, 2, \cdots, n$.于是

$$\int_a^b x\,dx = \lim_{\lambda \to 0}\sum_{i=1}^n f(\xi_i)\Delta x_i = \lim_{n \to \infty}\sum_{i=1}^n \left[a + \frac{b-a}{n}i\right]\frac{b-a}{n} =$$

$$(b-a)\lim_{n \to \infty}\frac{1}{n}\left[na + \frac{b-a}{n}\frac{n(n+1)}{2}\right] =$$

$$(b-a)\lim_{n \to \infty}\left[a + \frac{1}{2}(b-a)(1 + \frac{1}{n})\right] = \frac{1}{2}b^2 - \frac{1}{2}a^2$$

(2) 因 $f(x) = e^x$ 在 $[0,1]$ 上连续,因而可积. 将 $[0,1]$ n 等分,并取 $\xi_i = \dfrac{i}{n}$,

$\Delta x_i = \dfrac{1}{n}$,于是

$$\int_0^1 e^x\,dx = \lim_{n \to \infty}\sum_{i=1}^n e^{\frac{i}{n}}\frac{1}{n} = \lim_{n \to \infty}\frac{1}{n}\frac{e^{\frac{1}{n}}\left[1-(e^{\frac{1}{n}})^n\right]}{1-e^{\frac{1}{n}}} = \lim_{n \to \infty}\frac{e^{\frac{1}{n}}\left[1-e\right]}{n(1-e^{\frac{1}{n}})}$$

而
$$\lim_{n \to \infty}e^{\frac{1}{n}} = 1, \lim_{x \to \infty}x(1-e^{\frac{1}{x}}) = \lim_{x \to \infty}\frac{1-e^{\frac{1}{x}}}{\frac{1}{x}} = \lim_{x \to \infty}\frac{-e^{\frac{1}{x}}\left(-\frac{1}{x^2}\right)}{-\frac{1}{x^2}} =$$

$$\lim_{x \to \infty}(-e^{\frac{1}{x}}) = -1$$

所以
$$\int_0^1 x\,dx = (1-e)\frac{\lim\limits_{n \to \infty}e^{\frac{1}{n}}}{\lim\limits_{n \to \infty}n(1-e^{\frac{1}{n}})} = e-1$$

3.利用定积分的几何意义,说明下列等式:

(1) $\displaystyle\int_0^1 2x\,dx = 1$;　　　　　　(2) $\displaystyle\int_0^1 \sqrt{1-x^2}\,dx = \frac{\pi}{4}$;

(3) $\displaystyle\int_{-\pi}^{\pi}\sin x\,dx = 0$;　　　　(4) $\displaystyle\int_{-\frac{\pi}{2}}^{\frac{\pi}{2}}\cos x\,dx = 2\int_0^{\frac{\pi}{2}}\cos x\,dx$.

答　(1) 如图 F-5-2(a) 所示,该等式表示由直线 $y = 2x$、$x = 1$ 及 x 轴所围成的三角形的面积.

(2) 如图 F-5-2(b) 所示,该式表示圆心在原点半径为 1 的圆在第一象限部分的四分之一圆的面积.

(3) 如图 F-5-2(c) 所示,该积分表示正弦曲线 $y = \sin x$ 在 $[-\pi,\pi]$ 之间与 x 轴所围图形面积的代数和. y 轴两边的图形大小一样,但左边在 x 轴下方,为负值,右边在 x 轴上方,为正值,故代数和为零.

(4) 如图 F-5-2(d) 所示,余弦曲线 $y = \cos x$ 在 $\left[-\frac{\pi}{2}, \frac{\pi}{2}\right]$ 之间与 x 轴所围图形关于 y 轴对称,故该图形的面积等于右半图形面积的 2 倍.

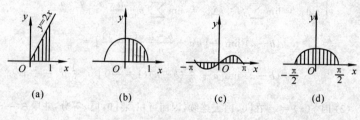

(a)　　　　　　(b)　　　　　　(c)　　　　　　(d)

图　F-5-2

习题 5-2

1.证明定积分性质

(1) $\int_a^b kf(x)\mathrm{d}x = k\int_a^b f(x)\mathrm{d}x$ 　　　(k 是常数);

(2) $\int_a^b 1 \cdot \mathrm{d}x = \int_a^b \mathrm{d}x = b - a.$

【证】 (1) 设 $f(x)$ 在 $[a,b]$ 上可积,对 $[a,b]$ 任意划分,并任取 $\xi_i \in [x_{i-1}, x_i]$,记 $\lambda = \max\{\Delta x_1, \Delta x_2, \cdots, \Delta x_n\}$,有

$$\int_a^b kf(x)\mathrm{d}x = \lim_{\lambda \to 0}\sum_{i=1}^n kf(\xi_i)\Delta x_i = k\lim_{\lambda \to 0}\sum_{i=1}^n f(\xi_i)\Delta x_i = k\int_a^b f(x)\mathrm{d}x$$

(2) 因 $f(x) \equiv 1$,所以对区间的任意划分和 ξ_i 的任意取法,有

$$\int_a^b \mathrm{d}x = \lim_{\lambda \to 0}\sum_{i=1}^n 1 \cdot \Delta x_i = \lim_{\lambda \to 0}(b-a) = b - a$$

2.估计下列各积分的值

(1) $\int_1^4 (x^2 + 1)\mathrm{d}x$;　　　　　　(2) $\int_{\frac{\pi}{4}}^{\frac{5}{4}\pi}(1 + \sin^2 x)\mathrm{d}x$;

(3) $\int_{\frac{1}{\sqrt{3}}}^{\sqrt{3}} x\arctan x\,\mathrm{d}x$;　　　　(4) $\int_2^0 \mathrm{e}^{x^2-x}\mathrm{d}x.$

【解】 (1) 函数 $f(x) = x^2 + 1$ 在 $[1,4]$ 上连续且单调增,所以其最小值 $m = f(1) = 2$,最大值 $M = f(4) = 17$. 于是有 $\int_1^4 f(x)\mathrm{d}x \geqslant 2(4-1) = 6$ 及 $\int_1^4 f(x)\mathrm{d}x \leqslant 17(4-1) = 51$,故 $6 \leqslant \int_1^4 (x^2 + 1)\mathrm{d}x \leqslant 51.$

(2) 记 $f(x) = 1 + \sin^2 x$,则 $f'(x) = 2\sin x\cos x$,易求得 $f(x)$ 在 $\left[\frac{\pi}{4}, \frac{5}{4}\pi\right]$ 上的驻点 $x_1 = \frac{\pi}{2}, x_2 = \pi$,从而可求出最小值 $m = f(\pi) = 1$,最大值 $M =$

$f(\frac{\pi}{2}) = 2$,于是

$$\frac{5}{4}\pi - \frac{\pi}{4} \leqslant \int_{\frac{\pi}{4}}^{\frac{5}{4}\pi} f(x)\mathrm{d}x \leqslant 2(\frac{5}{4}\pi - \frac{\pi}{4})$$

故

$$\pi \leqslant \int_{\frac{\pi}{4}}^{\frac{5}{4}\pi} (1 + \sin^2 x)\mathrm{d}x \leqslant 2\pi$$

(3) 记 $f(x) = x\arctan x$,则 $f'(x) = \arctan x + \dfrac{x}{1 + x^2}$,显然在 $[\dfrac{1}{\sqrt{3}}, \sqrt{3}]$ 上

$f'(x) > 0$,即 $f(x)$ 单调增,于是 $m = f(\dfrac{1}{\sqrt{3}}) = \dfrac{\pi}{6\sqrt{3}}$,$M = f(\sqrt{3}) = \dfrac{\sqrt{3}}{3}\pi$,从而

有

$$\int_{\frac{1}{\sqrt{3}}}^{\sqrt{3}} f(x)\mathrm{d}x \geqslant \frac{\pi}{6\sqrt{3}}(\sqrt{3} - \frac{1}{\sqrt{3}}) = \frac{\pi}{9}$$

和

$$\int_{\frac{1}{\sqrt{3}}}^{\sqrt{3}} f(x)\mathrm{d}x \leqslant \frac{\sqrt{3}}{3}\pi(\sqrt{3} - \frac{1}{\sqrt{3}}) = \frac{2}{3}\pi$$

故

$$\frac{\pi}{9} \leqslant \int_{\frac{1}{\sqrt{3}}}^{\sqrt{3}} x\arctan x\,\mathrm{d}x \leqslant \frac{2}{3}\pi$$

(4) 令 $f(x) = \mathrm{e}^{x^2 - x}$,则 $f'(x) = (2x - 1)\mathrm{e}^{x^2 - x}$,显见 $x = \dfrac{1}{2}$ 为驻点,可求

得 $m = f(\dfrac{1}{2}) = \mathrm{e}^{-\frac{1}{4}}$,$M = f(2) = \mathrm{e}^2$,于是

$$2\mathrm{e}^{-\frac{1}{4}} \leqslant \int_0^2 \mathrm{e}^{x^2 - x}\mathrm{d}x \leqslant 2\mathrm{e}^2$$

故

$$-2\mathrm{e}^2 \leqslant \int_2^0 \mathrm{e}^{x^2 - x}\mathrm{d}x \leqslant -2\mathrm{e}^{-\frac{1}{4}}$$

3. 设 $f(x)$ 及 $g(x)$ 在 $[a, b]$ 上连续,证明:

(1) 若在 $[a, b]$ 上,$f(x) \geqslant 0$,且 $\int_a^b f(x)\mathrm{d}x = 0$,则在 $[a, b]$ 上,$f(x) \equiv 0$;

(2) 若在 $[a, b]$ 上,$f(x) \geqslant 0$,且 $f(x) \not\equiv 0$,则 $\int_a^b f(x)\mathrm{d}x > 0$;

(3) 若在 $[a, b]$ 上,$f(x) \leqslant g(x)$,且 $\int_a^b f(x)\mathrm{d}x = \int_a^b g(x)\mathrm{d}x$,则在 $[a, b]$ 上

$f(x) \equiv g(x)$.

【证】 (1) 假若在 $[a, b]$ 上 $f(x) \not\equiv 0$,则由 $f(x) \geqslant 0$ 知,至少存在一点 x_0 $\in [a, b]$,使 $f(x_0) > 0$. 而 $f(x)$ 在 $[a, b]$ 上连续,于是必存在含 x_0 的某个邻域 $(c, d) \subset [a, b]$,当 $x \in (c, d)$ 时,$f(x) > 0$,从而

$$\int_a^b f(x)\mathrm{d}x = \int_a^c f(x)\mathrm{d}x + \int_c^d f(x)\mathrm{d}x + \int_d^b f(x)\mathrm{d}x \geqslant \int_c^d f(x)\mathrm{d}x > 0$$

与题设矛盾,故 $f(x) \equiv 0$.

(2) 因在 $[a,b]$ 上 $f(x) \geqslant 0$,所以 $\int_a^b f(x)\mathrm{d}x \geqslant 0$,若 $\int_a^b f(x)\mathrm{d}x = 0$,则由(1)

知 $f(x) \equiv 0$,与已知矛盾,故 $\int_a^b f(x)\mathrm{d}x > 0$.

(3) 令 $F(x) = g(x) - f(x)$,于是在 $[a,b]$ 上 $F(x) \geqslant 0$.

而由已知条件 $\int_a^b F(x)\mathrm{d}x = \int_a^b g(x)\mathrm{d}x - \int_a^b f(x)\mathrm{d}x = 0$,再根据(1)知

$F(x) \equiv 0$,故在 $[a,b]$ 上 $f(x) \equiv g(x)$.

4. 根据定积分的性质及第 3 题的结论,说明下列积分哪一个的值较大:

(1) $\int_0^1 x^2 \mathrm{d}x$ 还是 $\int_0^1 x^3 \mathrm{d}x$?   (2) $\int_1^2 x^2 \mathrm{d}x$ 还是 $\int_1^2 x^3 \mathrm{d}x$?

(3) $\int_1^2 \ln x \mathrm{d}x$ 还是 $\int_1^2 (\ln x)^2 \mathrm{d}x$?   (4) $\int_0^1 x \mathrm{d}x$ 还是 $\int_0^1 \ln(1+x) \mathrm{d}x$?

(5) $\int_0^1 \mathrm{e}^x \mathrm{d}x$ 还是 $\int_0^1 (1+x) \mathrm{d}x$?

【解】 (1) 因在 $[0,1]$ 上 $x^2 \geqslant x^3$,且 $x^2 - x^3 \not\equiv 0$,所以由 3 题(2)知

$$\int_0^1 x^2 \mathrm{d}x > \int_0^1 x^3 \mathrm{d}x$$

(2) 在 $[1,2]$ 上 $x^3 \geqslant x^2$,且 $x^3 - x^2 \not\equiv 0$,于是 $\int_1^2 x^3 \mathrm{d}x > \int_1^2 x^2 \mathrm{d}x$

(3) 因为在 $[1,2]$ 上 $\ln x > (\ln x)^2$,且 $\ln x - (\ln x)^2 \not\equiv 0$,

所以 $$\int_1^2 \ln x \mathrm{d}x > \int_1^2 (\ln x)^2 \mathrm{d}x$$

(4) 令 $f(x) = x - \ln(1+x)$,则在 $[0,1]$ 上 $f'(x) = \dfrac{x}{1+x} \geqslant 0$,且等号仅

当 $x = 0$ 时成立,所以 $f(x)$ 单调增,即 $f(x) \geqslant f(0) = 0$,也就是 $x - \ln(1+x)$

$\geqslant 0$,且 $x - \ln(1+x) \not\equiv 0$,

故 $$\int_0^1 x \mathrm{d}x > \int_0^1 \ln(1+x) \mathrm{d}x$$

(5) 令 $f(x) = \mathrm{e}^x - (1+x)$,则在 $[0,1]$ 上 $f'(x) = \mathrm{e}^x - 1 \geqslant 0$,且等号仅

当 $x = 0$ 时成立,所以在 $[0,1]$ 上 $f(x)$ 单调增,从而 $\mathrm{e}^x - (1+x) \geqslant f(0) = 0$,

且 $\mathrm{e}^x - (1+x) \not\equiv 0$,故

$$\int_0^1 \mathrm{e}^x \mathrm{d}x > \int_0^1 (1+x) \mathrm{d}x$$

习题 5 - 3

1.试求函数 $y = \int_0^x \sin t\,dt$ 当 $x = 0$ 及 $x = \dfrac{\pi}{4}$ 时的导数.

【解】　$y' = \sin x$,所以 $y'(0) = 0, y'(\dfrac{\pi}{4}) = \dfrac{\sqrt{2}}{2}$.

2.求由参数表示式 $x = \int_0^t \sin u\,du, y = \int_0^t \cos u\,du$ 所给定的函数 y 对 x 的导数.

【解】　因为 $y'_t = \cos t, x'_t = \sin t$,所以

$$\frac{dy}{dx} = \frac{y'_t}{x'_t} = \frac{\cos t}{\sin t} = \cot t$$

3.求由 $\int_0^y e^t\,dt + \int_0^x \cos t\,dt = 0$ 所决定的隐函数 y 对 x 的导数 $\dfrac{dy}{dx}$.

【解】　由所给方程得 $e^y - 1 + \sin x = 0$, 即 $e^y = 1 - \sin x$, 于是 $e^y \dfrac{dy}{dx} = -\cos x$

故　　　　$$\frac{dy}{dx} = -\frac{\cos x}{e^y} = \frac{\cos x}{\sin x - 1}$$

4.当 x 为何值时,函数 $I(x) = \int_0^x te^{-t^2}\,dt$ 有极值?

【解】　因为 $I'(x) = xe^{-x^2}$,令 $I'(x) = 0$,得驻点 $x = 0$.当 $x < 0$ 时,$I'(x) < 0$;当 $x > 0$ 时,$I'(x) > 0$,所以 $x = 0$ 时,函数 $I(x)$ 取得极小值,且极小值

$$I(0) = 0$$

5.计算下列各导数

(1) $\dfrac{d}{dx}\int_0^{x^2} \sqrt{1+t^2}\,dt$;

(2) $\dfrac{d}{dx}\int_{x^2}^{x^3} \dfrac{dt}{\sqrt{1+t^4}}$;

(3) $\dfrac{d}{dx}\int_{\sin x}^{\cos x} \cos(\pi t^2)\,dt$.

【解】　(1) 原式 $= \sqrt{1+(x^2)^2} \dfrac{d(x^2)}{dx} = 2x\sqrt{1+x^4}$

(2) 原式 $= \dfrac{d}{dx}\left[\int_0^{x^3} \dfrac{dt}{\sqrt{1+t^4}} - \int_0^{x^2} \dfrac{dt}{\sqrt{1+t^4}}\right] = \dfrac{3x^2}{\sqrt{1+x^{12}}} - \dfrac{2x}{\sqrt{1+x^8}}$

(3) 原式 $= \dfrac{d}{dx}\left[\int_0^{\cos x} \cos(\pi t^2)\,dt - \int_0^{\sin x} \cos(\pi t^2)\,dt\right] =$

$$-\sin x\cos(\pi\cos^2 x) - \cos x\cos(\pi\sin^2 x) =$$

$$-\sin x \cos(\pi-\pi\sin^2 x)-\cos x\cos(\pi\sin^2 x)=$$

$$(\sin x-\cos x)\cos(\pi\sin^2 x)$$

6.计算下列各定积分

(1) $\displaystyle\int_0^a (3x^2-x+1)\mathrm{d}x$;　　　　(2) $\displaystyle\int_1^2 \left(x^2+\frac{1}{x^4}\right)\mathrm{d}x$;

(3) $\displaystyle\int_4^9 \sqrt{x}\,(1+\sqrt{x})\mathrm{d}x$;　　　　(4) $\displaystyle\int_{\frac{1}{\sqrt{3}}}^{\sqrt{3}} \frac{\mathrm{d}x}{1+x^2}$;

(5) $\displaystyle\int_{-\frac{1}{2}}^{\frac{1}{2}} \frac{\mathrm{d}x}{\sqrt{1-x^2}}$;　　　　(6) $\displaystyle\int_0^{\sqrt{3}a} \frac{\mathrm{d}x}{a^2+x^2}$;

(7) $\displaystyle\int_0^1 \frac{\mathrm{d}x}{\sqrt{4-x^2}}$;　　　　(8) $\displaystyle\int_{-1}^0 \frac{3x^4+3x^2+1}{x^2+1}\mathrm{d}x$;

(9) $\displaystyle\int_{-e-1}^{-2} \frac{\mathrm{d}x}{1+x}$;　　　　(10) $\displaystyle\int_0^{\frac{\pi}{4}} \tan^2\theta\mathrm{d}\theta$;

(11) $\displaystyle\int_0^{2\pi} |\sin x|\,\mathrm{d}x$;

(12) $\displaystyle\int_0^2 f(x)\mathrm{d}x$,其中 $f(x)=\begin{cases} x+1 & x\leqslant 1 \\ \dfrac{1}{2}x^2 & x>1 \end{cases}$.

【解】 (1) 原式 $=\left[x^3-\dfrac{1}{2}x^2+x\right]_0^a=a(a^2-\dfrac{1}{2}a+1)$

(2) 原式 $=\left[\dfrac{1}{3}x^3-\dfrac{1}{3}x^{-3}\right]_1^2=\dfrac{21}{8}$

(3) 原式 $=\displaystyle\int_4^9 (\sqrt{x}+x)\mathrm{d}x=\left[\dfrac{2}{3}x^{\frac{3}{2}}+\dfrac{1}{2}x^2\right]_4^9=\dfrac{271}{6}=45\dfrac{1}{6}$

(4) 原式 $=\arctan x\Big|_{\frac{\sqrt{3}}{3}}^{\sqrt{3}}=\dfrac{\pi}{3}-\dfrac{\pi}{6}=\dfrac{\pi}{6}$

(5) 原式 $=\arcsin x\Big|_{-\frac{1}{2}}^{\frac{1}{2}}=\dfrac{\pi}{3}$

(6) 原式 $=\dfrac{1}{a}\arctan\dfrac{x}{a}\Big|_0^{\sqrt{3}a}=\dfrac{\pi}{3a}$

(7) 原式 $=\arcsin\dfrac{x}{2}\Big|_0^1=\dfrac{\pi}{6}$

(8) 原式 $=\displaystyle\int_{-1}^0 \left(3x^2+\dfrac{1}{x^2+1}\right)\mathrm{d}x=\left[x^3+\arctan x\right]_{-1}^0=1+\dfrac{\pi}{4}$

(9) 原式 $= \left[\ln \mid 1+x \mid \right]_{-\mathrm{e}-1}^{-2} = -1$

(10) 原式 $= \int_0^{\frac{\pi}{4}} (\sec^2\theta - 1)\mathrm{d}\theta = \left[\tan\theta - \theta \right]_0^{\frac{\pi}{4}} = 1 - \frac{\pi}{4}$

(11) 原式 $= \int_0^{\pi} \sin x \, \mathrm{d}x - \int_{\pi}^{2\pi} \sin x \, \mathrm{d}x = -\cos x \Big|_0^{\pi} + \cos x \Big|_{\pi}^{2\pi} = 4$

(12) 原式 $= \int_0^1 (x+1)\mathrm{d}x + \int_1^2 \frac{1}{2}x^2 \, \mathrm{d}x = \left[\frac{1}{2}x^2 + x \right]_0^1 + \frac{1}{6}x^3 \Big|_1^2 = \frac{8}{3}$

7. 设 k 为正整数,试证下列各题:

(1) $\displaystyle\int_{-\pi}^{\pi} \cos kx \, \mathrm{d}x = 0$;   (2) $\displaystyle\int_{-\pi}^{\pi} \sin kx \, \mathrm{d}x = 0$;

(3) $\displaystyle\int_{-\pi}^{\pi} \cos^2 kx \, \mathrm{d}x = \pi$;   (4) $\displaystyle\int_{-\pi}^{\pi} \sin^2 kx \, \mathrm{d}x = \pi$.

【证】 (1) 原式 $= \dfrac{1}{k}\sin kx \Big|_{-\pi}^{\pi} = 0$

(2) 原式 $= -\dfrac{1}{k}\cos kx \Big|_{-\pi}^{\pi} = 0$

(3) 原式 $= \dfrac{1}{2}\displaystyle\int_{-\pi}^{\pi} (1 + \cos 2kx)\mathrm{d}x = \dfrac{1}{2}\left[x + \dfrac{1}{2k}\sin 2kx \right]_{-\pi}^{\pi} = \pi$

(4) 原式 $= \dfrac{1}{2}\displaystyle\int_{-\pi}^{\pi} (1 - \cos 2kx)\mathrm{d}x = \dfrac{1}{2}\left[x - \dfrac{1}{2k}\sin 2kx \right]_{-\pi}^{\pi} = \pi$

8. 设 k 及 l 为正整数,且 $k \neq l$. 证明:

(1) $\displaystyle\int_{-\pi}^{\pi} \cos kx \sin lx \, \mathrm{d}x = 0$;   (2) $\displaystyle\int_{-\pi}^{\pi} \cos kx \cos lx \, \mathrm{d}x = 0$;

(3) $\displaystyle\int_{-\pi}^{\pi} \sin kx \sin lx \, \mathrm{d}x = 0$.

【证】 (1) $\displaystyle\int_{-\pi}^{\pi} \cos kx \sin lx \, \mathrm{d}x = \dfrac{1}{2}\displaystyle\int_{-\pi}^{\pi} \left[\sin(k+l)x + \sin(l-k)x \right]\mathrm{d}x =$

$\dfrac{1}{2}\left[-\dfrac{1}{k+l}\cos(k+l)x - \dfrac{1}{l-k}\cos(l-k)x \right]_{-\pi}^{\pi} = 0$

(2) $\displaystyle\int_{-\pi}^{\pi} \cos kx \cos lx \, \mathrm{d}x = \dfrac{1}{2}\displaystyle\int_{-\pi}^{\pi} \left[\cos(k+l)x + \cos(k-l)x \right]\mathrm{d}x =$

$\dfrac{1}{2}\left[\dfrac{1}{k+l}\sin(k+l)x + \dfrac{1}{k-l}\sin(k-l)x \right]_{-\pi}^{\pi} = 0$

(3) $\displaystyle\int_{-\pi}^{\pi} \sin kx \sin lx \, \mathrm{d}x = -\dfrac{1}{2}\displaystyle\int_{-\pi}^{\pi} \left[\cos(k+l)x - \cos(k-l)x \right]\mathrm{d}x =$

$$-\frac{1}{2}\left[\frac{1}{k+l}\sin(k+l)x-\frac{1}{k-l}\sin(k-l)x\right]_{-\pi}^{\pi}=0$$

9.求下列极限

(1) $\lim\limits_{x\to0}\dfrac{\int_0^x\cos t^2\,dt}{x}$; (2) $\lim\limits_{x\to0}\dfrac{(\int_0^x e^{t^2}\,dt)^2}{\int_0^x te^{2t^2}\,dt}$.

【解】 此两题都是 $\dfrac{0}{0}$ 型,由洛必达法则,有

(1) $\lim\limits_{x\to0}\dfrac{\int_0^x\cos t^2\,dt}{x}=\lim\limits_{x\to0}\dfrac{\cos x^2}{1}=1$

(2) $\lim\limits_{x\to0}\dfrac{(\int_0^x e^{t^2}\,dt)^2}{\int_0^x te^{2t^2}\,dt}=\lim\limits_{x\to0}\dfrac{2e^{x^2}\int_0^x e^{t^2}\,dt}{xe^{2x^2}}=\lim\limits_{x\to0}\dfrac{2\int_0^x e^{t^2}\,dt}{xe^{x^2}}=$

$$2\lim\limits_{x\to0}\dfrac{\int_0^x e^{t^2}\,dt}{x}=2\lim\limits_{x\to0}\dfrac{e^{x^2}}{1}=2$$

10.设 $f(x)=\begin{cases}x^2, & x\in[0,1)\\ x, & x\in[1,2]\end{cases}$

求 $\Phi(x)=\int_0^x f(t)\,dt$ 在 $[0,2]$ 上的表达式,并讨论 $\Phi(x)$ 在 $(0,2)$ 内的连续性.

【解】 当 $x\in[0,1)$ 时,$\Phi(x)=\int_0^x t^2\,dt=\dfrac{1}{3}x^3$,

当 $x\in[1,2]$ 时,

$$\Phi(x)=\int_0^x f(t)\,dt=\int_0^1 t^2\,dt+\int_1^x t\,dt=\frac{1}{3}+\frac{1}{2}t^2\Big|_1^x=\frac{1}{2}x^2-\frac{1}{6}$$

所以 $$\Phi(x)=\begin{cases}\dfrac{1}{3}x^3, & x\in[0,1)\\[2mm]\dfrac{1}{2}x^2-\dfrac{1}{6}, & x\in[1,2]\end{cases}$$

显然函数 $\Phi(x)$ 在 $(0,1)$ 和 $(1,2)$ 内均连续,因此只需讨论在 $x=1$ 处的连续性.由于

$$\lim\limits_{x\to1^-}\Phi(x)=\lim\limits_{x\to1^-}\frac{1}{3}x^3=\frac{1}{3},\quad \lim\limits_{x\to1^+}\Phi(x)=\lim\limits_{x\to1^+}(\frac{1}{2}x^2-\frac{1}{6})=\frac{1}{3}$$

且 $$\Phi(1)=\frac{1}{2}-\frac{1}{6}=\frac{1}{3}$$

故 $\Phi(x)$ 在 $x=1$ 处连续. 于是 $\Phi(x)$ 在 $(0,2)$ 内连续.

11. 设

$$f(x)=\begin{cases}\dfrac{1}{2}\sin x, & 0\leqslant x\leqslant\pi\\[2mm] 0, & x<0 \text{ 或 } x>\pi\end{cases}$$

求 $\Phi(x)=\displaystyle\int_0^x f(t)\mathrm{d}t$ 在 $(-\infty,+\infty)$ 内的表达式.

【解】 当 $x<0$ 时, $\Phi(x)=\displaystyle\int_0^x f(t)\mathrm{d}t=\int_0^x 0\mathrm{d}t=0$;

当 $0\leqslant x\leqslant\pi$ 时, $\Phi(x)=\displaystyle\int_0^x\frac{1}{2}\sin t\mathrm{d}t=-\frac{1}{2}\cos t\Big|_0^x=\frac{1}{2}(1-\cos x)$;

当 $x>\pi$ 时, $\Phi(x)=\displaystyle\int_0^x f(t)\mathrm{d}t=\int_0^\pi\frac{1}{2}\sin t\mathrm{d}t+\int_\pi^x 0\mathrm{d}t=1.$

所以 $$\Phi(x)=\begin{cases}0, & x<0\\[2mm]\dfrac{1}{2}(1-\cos x), & 0\leqslant x\leqslant\pi\\[2mm]1, & x>\pi\end{cases}$$

12. 设 $f(x)$ 在 $[a,b]$ 上连续, 在 (a,b) 内可导, 且 $f'(x)\leqslant 0$, $F(x)=\dfrac{1}{x-a}\displaystyle\int_a^x f(t)\mathrm{d}t$, 证明在 (a,b) 内有 $F'(x)\leqslant 0$.

【证】 $F'(x)=\dfrac{f(x)(x-a)-\displaystyle\int_a^x f(t)\mathrm{d}t}{(x-a)^2}=$

$$\frac{f(x)(x-a)-f(\xi)(x-a)}{(x-a)^2}= \qquad (a\leqslant\xi\leqslant x)$$

$$\frac{f(x)-f(\xi)}{x-a}=\frac{f'(\eta)(x-\xi)}{x-a} \qquad (\xi<\eta<x)$$

由于 $f'(\eta)\leqslant 0$, 所以 $F'(x)\leqslant 0$.

习题 5-4

1. 计算下列定积分

(1) $\displaystyle\int_{\frac{\pi}{3}}^{\pi}\sin(x+\frac{\pi}{3})\mathrm{d}x$;

(2) $\displaystyle\int_{-2}^1\frac{\mathrm{d}x}{(11+5x)^3}$;

(3) $\displaystyle\int_0^{\frac{\pi}{2}}\sin\varphi\cos^3\varphi\,\mathrm{d}\varphi$;

(4) $\displaystyle\int_0^\pi(1-\sin^3\theta)\mathrm{d}\theta$;

(5) $\displaystyle\int_{\frac{\pi}{6}}^{\frac{\pi}{2}}\cos^2 u\,\mathrm{d}u$;

(6) $\displaystyle\int_0^{\sqrt{2}}\sqrt{2-x^2}\,\mathrm{d}x$;

(7) $\displaystyle\int_{\sqrt{2}}^{\sqrt{2}} \sqrt{8-2y^2}\,\mathrm{d}y$;

(8) $\displaystyle\int_{\frac{1}{2}}^{1} \frac{\sqrt{1-x^2}}{x^2}\,\mathrm{d}x$;

(9) $\displaystyle\int_{0}^{a} x^2 \sqrt{a^2-x^2}\,\mathrm{d}x$;

(10) $\displaystyle\int_{1}^{\sqrt{3}} \frac{\mathrm{d}x}{x^2\sqrt{1+x^2}}$;

(11) $\displaystyle\int_{-1}^{1} \frac{x\,\mathrm{d}x}{\sqrt{5-4x}}$;

(12) $\displaystyle\int_{1}^{4} \frac{\mathrm{d}x}{1+\sqrt{x}}$;

(13) $\displaystyle\int_{\frac{3}{4}}^{1} \frac{\mathrm{d}x}{\sqrt{1-x}-1}$;

(14) $\displaystyle\int_{0}^{\sqrt{2}\,a} \frac{x\,\mathrm{d}x}{\sqrt{3a^2-x^2}}$;

(15) $\displaystyle\int_{0}^{1} t e^{-\frac{t^2}{2}}\,\mathrm{d}t$;

(16) $\displaystyle\int_{1}^{e^2} \frac{\mathrm{d}x}{x\sqrt{1+\ln x}}$;

(17) $\displaystyle\int_{-2}^{0} \frac{\mathrm{d}x}{x^2+2x+2}$;

(18) $\displaystyle\int_{-\frac{\pi}{2}}^{\frac{\pi}{2}} \cos x\cos 2x\,\mathrm{d}x$;

(19) $\displaystyle\int_{-\frac{\pi}{2}}^{\frac{\pi}{2}} \sqrt{\cos x-\cos^3 x}\,\mathrm{d}x$;

(20) $\displaystyle\int_{0}^{\pi} \sqrt{1+\cos 2x}\,\mathrm{d}x$.

【解】 (1) 原式 $= -\cos\left(x+\dfrac{\pi}{3}\right)\Big|_{\frac{\pi}{3}}^{\pi} = -\cos\dfrac{4\pi}{3}+\cos\dfrac{2\pi}{3} = 0$

(2) 原式 $= \dfrac{1}{5}\displaystyle\int_{-2}^{1}(11+5x)^{-3}\,\mathrm{d}(11+5x) = -\dfrac{1}{10}(11+5x)^{-2}\Big|_{-2}^{1} = \dfrac{51}{512}$

(3) 原式 $= -\displaystyle\int_{0}^{\frac{\pi}{2}}\cos^3\varphi\,\mathrm{d}\cos\varphi = -\dfrac{1}{4}\cos^4\varphi\Big|_{0}^{\frac{\pi}{2}} = \dfrac{1}{4}$

(4) 原式 $= \pi + \displaystyle\int_{0}^{\pi}(1-\cos^2\theta)\,\mathrm{d}\cos\theta = \pi + \left[\cos\theta - \dfrac{1}{3}\cos^3\theta\right]_{0}^{\pi} = \pi - \dfrac{4}{3}$

(5) 原式 $= \dfrac{1}{2}\displaystyle\int_{\frac{\pi}{6}}^{\frac{\pi}{2}}(1+\cos 2u)\,\mathrm{d}u = \dfrac{1}{2}\left[u+\dfrac{1}{2}\sin 2u\right]_{\frac{\pi}{6}}^{\frac{\pi}{2}} = \dfrac{\pi}{6}-\dfrac{\sqrt{3}}{8}$

(6) 令 $x=\sqrt{2}\sin t$，则 $\mathrm{d}x=\sqrt{2}\cos t\,\mathrm{d}t$，于是

原式 $= 2\displaystyle\int_{0}^{\frac{\pi}{2}}\cos^2 t\,\mathrm{d}t = \displaystyle\int_{0}^{\frac{\pi}{2}}(1+\cos 2t)\,\mathrm{d}t = \left[t+\dfrac{1}{2}\sin 2t\right]_{0}^{\frac{\pi}{2}} = \dfrac{\pi}{2}$

(7) 令 $y=2\sin t$，则 $\mathrm{d}y=2\cos t\,\mathrm{d}t$，于是

原式 $= 4\sqrt{2}\displaystyle\int_{-\frac{\pi}{4}}^{\frac{\pi}{4}}\cos^2 t\,\mathrm{d}t = 4\sqrt{2}\displaystyle\int_{0}^{\frac{\pi}{4}}(1+\cos 2t)\,\mathrm{d}t =$

$\qquad 4\sqrt{2}\left[t+\dfrac{1}{2}\sin 2t\right]_{0}^{\frac{\pi}{4}} = \sqrt{2}(\pi+2)$

(8) 令 $x=\sin t$，则 $\mathrm{d}x=\cos t\,\mathrm{d}t$，于是

原式 $= \int_{\frac{\pi}{4}}^{\frac{\pi}{2}} \cot^2 t \mathrm{d}t = \int_{\frac{\pi}{4}}^{\frac{\pi}{2}} (\csc^2 t - 1)\mathrm{d}t = -\left[\cot t + t\right]_{\frac{\pi}{4}}^{\frac{\pi}{2}} = 1 - \frac{\pi}{4}$

(9) 原式 $\xlongequal{x = a\sin t} \int_0^{\frac{\pi}{2}} a^4 \sin^2 t \cos^2 t \mathrm{d}t = \frac{a^4}{4} \int_0^{\frac{\pi}{2}} \sin^2 2t \mathrm{d}t = \frac{a^4}{8} \int_0^{\frac{\pi}{2}} (1 - \cos 4t)\mathrm{d}t$

$=$

$$\frac{a^4}{8}\left[t - \frac{1}{4}\sin 4t\right]_0^{\frac{\pi}{2}} = \frac{\pi a^4}{16}$$

(10) 原式 $\xlongequal{x = \tan t} \int_{\frac{\pi}{4}}^{\frac{\pi}{3}} \frac{\cos t}{\sin^2 t} \mathrm{d}t = \int_{\frac{\pi}{4}}^{\frac{\pi}{3}} \frac{1}{\sin^2 t} \mathrm{d}\sin t = -\frac{1}{\sin t}\bigg|_{\frac{\pi}{4}}^{\frac{\pi}{3}} = \sqrt{2} - \frac{2}{3}\sqrt{3}$

(11) 令 $t = \sqrt{5 - 4x}$，则 $x = \frac{1}{4}(5 - t^2)$，$\mathrm{d}x = -\frac{1}{2}t\mathrm{d}t.$

$$原式 = -\int_3^1 \frac{5 - t^2}{4t} \cdot \frac{t}{2}\mathrm{d}t = \frac{1}{8}\int_1^3 (5 - t^2)\mathrm{d}t = \frac{1}{8}\left[5t - \frac{1}{3}t^3\right]_1^3 = \frac{1}{6}$$

(12) 令 $t = \sqrt{x}$，则 $x = t^2$，$\mathrm{d}x = 2t\mathrm{d}t$，

$$原式 = \int_1^2 \frac{2t\mathrm{d}t}{1 + t} = \int_1^2 (2 - \frac{2}{1 + t})\mathrm{d}t = 2\left[t - \ln(1 + t)\right]_1^2 = 2 + 2\ln\frac{2}{3}$$

(13) 令 $t = \sqrt{1 - x}$，则 $x = 1 - t^2$，$\mathrm{d}x = -2t\mathrm{d}t$，

$$原式 = -2\int_{\frac{1}{2}}^0 \frac{t}{t - 1}\mathrm{d}t = 2\int_0^{\frac{1}{2}} (1 + \frac{1}{t - 1})\mathrm{d}t =$$

$$2\left[t + \ln|t - 1|\right]_0^{\frac{1}{2}} = 1 - 2\ln 2$$

(14) 原式 $\xlongequal{x = \sqrt{3}a\sin t} \int_0^{\arcsin\sqrt{\frac{2}{3}}} \sqrt{3}a\sin t \mathrm{d}t =$

$$-\sqrt{3}a\cos t\bigg|_0^{\arcsin\sqrt{\frac{2}{3}}} = (\sqrt{3} - 1)a$$

(15) 原式 $= -\int_0^1 \mathrm{e}^{-\frac{t^2}{2}}\mathrm{d}(-\frac{1}{2}t^2) = -\mathrm{e}^{-\frac{t^2}{2}}\bigg|_0^1 = 1 - \mathrm{e}^{-\frac{1}{2}}$

(16) 原式 $= \int_1^{\mathrm{e}^2} \frac{\mathrm{d}(1 + \ln x)}{\sqrt{1 + \ln x}} = 2\sqrt{1 + \ln x}\bigg|_1^{\mathrm{e}^2} = 2(\sqrt{3} - 1)$

(17) 原式 $= \int_{-2}^0 \frac{\mathrm{d}(x + 1)}{(x + 1)^2 + 1} = \arctan(x + 1)\bigg|_{-2}^0 = \frac{\pi}{2}$

(18) 原式 $= \int_{-\frac{\pi}{2}}^{\frac{\pi}{2}} (1 - 2\sin^2 x)\mathrm{d}\sin x = \left[\sin x - \frac{2}{3}\sin^3 x\right]_{-\frac{\pi}{2}}^{\frac{\pi}{2}} = \frac{2}{3}$

注 此题也可利用三角函数的积化和差公式求解.

$(19) = 2\int_0^{\frac{\pi}{2}} \sqrt{\cos x \sin^2 x}\, dx = -2\int_0^{\frac{\pi}{2}} \sqrt{\cos x}\, d\cos x =$

$\qquad -\frac{4}{3}(\cos x)^{\frac{3}{2}} \Big|_0^{\frac{\pi}{2}} = \frac{4}{3}$

(20) 原式 $= \int_0^{\pi} \sqrt{2\cos^2 x}\, dx = \int_0^{\frac{\pi}{2}} \sqrt{2}\cos x\, dx - \int_{\frac{\pi}{2}}^{\pi} \sqrt{2}\cos x\, dx =$

$\qquad \sqrt{2}(\sin x \Big|_0^{\frac{\pi}{2}} - \sin x \Big|_{\frac{\pi}{2}}^{\pi}) = 2\sqrt{2}$

2.利用函数的奇偶性计算下列积分

$(1)\ \int_{-\pi}^{\pi} x^4 \sin x\, dx;\qquad (2)\ \int_{-\frac{\pi}{2}}^{\frac{\pi}{2}} 4\cos^4\theta\, d\theta;$

$(3)\ \int_{-\frac{1}{2}}^{\frac{1}{2}} \frac{(\arcsin x)^2}{\sqrt{1-x^2}}\, dx;\quad (4)\ \int_{-5}^{5} \frac{x^3\sin^2 x}{x^4+2x^2+1}\, dx.$

【解】 (1)因被积函数为奇函数,$[-\pi,\pi]$为对称区间.

所以 $\qquad\qquad \int_{-\pi}^{\pi} x^4\sin x\, dx = 0$

(2) 原式 $= 8\int_0^{\frac{\pi}{2}} \cos^4\theta\, d\theta = 2\int_0^{\frac{\pi}{2}}(1+\cos2\theta)^2\, d\theta =$

$\qquad 2\int_0^{\frac{\pi}{2}}(1+2\cos2\theta+\cos^2 2\theta)\, d\theta =$

$\qquad 2[(\theta+\sin2\theta)\Big|_0^{\frac{\pi}{2}} + \int_0^{\frac{\pi}{2}}\cos^2 2\theta\, d\theta] =$

$\qquad \pi + \int_0^{\frac{\pi}{2}}(1+\cos4\theta)\, d\theta = \frac{3}{2}\pi$

(3) 原式 $= 2\int_0^{\frac{1}{2}}(\arcsin x)^2\, d\arcsin x = \frac{2}{3}(\arcsin x)^3 \Big|_0^{\frac{1}{2}} = \frac{\pi^3}{324}$

(4)因被积函数在对称区间上为奇函数,所以原式 $= 0$.

3.证明:$\int_{-a}^{a}\varphi(x^2)\, dx = 2\int_0^a \varphi(x^2)\, dx$,其中 $\varphi(u)$ 为连续函数.

【证】 因为 $\varphi(x)\in C$,所以 $\varphi(x^2)\in C[-a,a]$,且 $\varphi((-x)^2)=\varphi(x^2)$,

故有 $\qquad\qquad \int_{-a}^{a}\varphi(x^2)\, dx = 2\int_0^a \varphi(x^2)\, dx$

4.设 $f(x)$ 在 $[-b,b]$ 上连续,证明:

$$\int_{-b}^{b} f(x)\,\mathrm{d}x = \int_{-b}^{b} f(-x)\,\mathrm{d}x$$

【证】　令 $x = -t$，则

$$\int_{-b}^{b} f(x)\,\mathrm{d}x = \int_{b}^{-b} f(-t)(-\mathrm{d}t) = \int_{-b}^{b} f(-t)\,\mathrm{d}t = \int_{-b}^{b} f(-x)\,\mathrm{d}x$$

5.设 $f(x)$ 在 $[a,b]$ 上连续,证明

$$\int_{a}^{b} f(x)\,\mathrm{d}x = \int_{a}^{b} f(a+b-x)\,\mathrm{d}x$$

【证】　令 $a+b-x = t$，则

$$\int_{a}^{b} f(a+b-x)\,\mathrm{d}x = \int_{b}^{a} f(t)(-\mathrm{d}t) = \int_{a}^{b} f(x)\,\mathrm{d}x$$

6.证明: $\displaystyle\int_{x}^{1} \frac{\mathrm{d}x}{1+x^2} = \int_{1}^{\frac{1}{x}} \frac{\mathrm{d}x}{1+x^2}$，$(x > 0)$.

【证】　令 $x = \dfrac{1}{t}$，则 $\mathrm{d}x = -\dfrac{1}{t^2}\mathrm{d}t$，所以

$$\int_{x}^{1} \frac{\mathrm{d}x}{1+x^2} = \int_{\frac{1}{x}}^{1} \frac{1}{1+\frac{1}{t^2}}\left(-\frac{1}{t^2}\right)\mathrm{d}t = \int_{1}^{\frac{1}{x}} \frac{1}{1+x^2}\mathrm{d}x$$

7.证明: $\displaystyle\int_{0}^{1} x^m (1-x)^n\,\mathrm{d}x = \int_{0}^{1} x^n (1-x)^m\,\mathrm{d}x$.

【证】　令 $x = 1-t$，则

$$\int_{0}^{1} x^m (1-x)^n\,\mathrm{d}x = \int_{1}^{0} (1-t)^m t^n (-\mathrm{d}t) = \int_{0}^{1} x^n (1-x)^m\,\mathrm{d}x$$

8.证明: $\displaystyle\int_{0}^{\pi} \sin^n x\,\mathrm{d}x = 2\int_{0}^{\frac{\pi}{2}} \sin^n x\,\mathrm{d}x$.

【证】　$\displaystyle\int_{0}^{\pi} \sin^n x\,\mathrm{d}x = \int_{0}^{\frac{\pi}{2}} \sin^n x\,\mathrm{d}x + \int_{\frac{\pi}{2}}^{\pi} \sin^n x\,\mathrm{d}x$.

而　$\displaystyle\int_{\frac{\pi}{2}}^{\pi} \sin^n x\,\mathrm{d}x \xup013{x=\pi-t} \int_{\frac{\pi}{2}}^{0} \sin^n(\pi-t)(-\mathrm{d}t) = \int_{0}^{\frac{\pi}{2}} \sin^n t\,\mathrm{d}t$

所以　$$\int_{0}^{\pi} \sin^n x\,\mathrm{d}x = 2\int_{0}^{\frac{\pi}{2}} \sin^n x\,\mathrm{d}x$$

9.设 $f(x)$ 是以 l 为周期的连续函数,证明 $\displaystyle\int_{a}^{a+l} f(x)\,\mathrm{d}x$ 的值与 a 无关.

【证】　$\displaystyle\int_{a}^{a+l} f(x)\,\mathrm{d}x = \int_{a}^{0} f(x)\,\mathrm{d}x + \int_{0}^{l} f(x)\,\mathrm{d}x + \int_{l}^{a+l} f(x)\,\mathrm{d}x$

而　$\displaystyle\int_{l}^{a+l} f(x)\,\mathrm{d}x \xup012{t=x-l} \int_{0}^{a} f(t+l)\,\mathrm{d}t = \int_{0}^{a} f(t)\,\mathrm{d}t = -\int_{a}^{0} f(x)\,\mathrm{d}x$

所以
$$\int_a^{a+l} f(x)\mathrm{d}x = \int_0^l f(x)\mathrm{d}x$$
即说明该积分与 a 无关.

10.若 $f(t)$ 是连续函数且为奇函数,证明 $\int_0^x f(t)\mathrm{d}t$ 是偶函数;若 $f(t)$ 是连续函数且为偶函数,证明 $\int_0^x f(t)\mathrm{d}t$ 是奇函数.

【证】 记 $F(x) = \int_0^x f(t)\mathrm{d}t$,若 $f(t)$ 连续且为奇函数,则 $f(-t) = -f(t)$,从而

$$F(-x) = \int_0^{-x} f(t)\mathrm{d}t \xrightarrow{t=-u} -\int_0^x f(-u)\mathrm{d}u = \int_0^x f(u)\mathrm{d}u = F(x)$$

所以 $F(x) = \int_0^x f(t)\mathrm{d}t$ 为偶函数.

若 $f(t)$ 连续且为偶函数,则 $f(-t) = f(t)$,从而

$$F(-x) = \int_0^{-x} f(t)\mathrm{d}t \xrightarrow{t=-u} -\int_0^x f(-u)\mathrm{d}u = -\int_0^x f(u)\mathrm{d}u = -F(x)$$

所以 $F(x) = \int_0^x f(t)\mathrm{d}t$ 为奇函数.

习题 5 – 5

计算下列定积分:

1. $\int_0^1 x\mathrm{e}^{-x}\mathrm{d}x$

【解】 原式 $= -\int_0^1 x\mathrm{d}\mathrm{e}^{-x} = -x\mathrm{e}^{-x}\Big|_0^1 + \int_0^1 \mathrm{e}^{-x}\mathrm{d}x =$
$$-\mathrm{e}^{-1} - \mathrm{e}^{-x}\Big|_0^1 = 1 - 2\mathrm{e}^{-1}$$

2. $\int_1^{\mathrm{e}} x\ln x\mathrm{d}x$

【解】 原式 $= \dfrac{1}{2}\int_1^{\mathrm{e}} \ln x\mathrm{d}x^2 = \dfrac{1}{2}x^2\ln x\Big|_1^{\mathrm{e}} - \dfrac{1}{2}\int_1^{\mathrm{e}} x\mathrm{d}x =$
$$\dfrac{1}{2}\mathrm{e}^2 - \dfrac{1}{4}x^2\Big|_1^{\mathrm{e}} = \dfrac{1}{4}(\mathrm{e}^2 + 1)$$

3. $\int_0^{\frac{2\pi}{\omega}} t\sin\omega t\mathrm{d}t$ （ω 为常数）

【解】 原式 $= -\dfrac{1}{\omega}\int_0^{\frac{2\pi}{\omega}} t\mathrm{d}\cos\omega t = -\dfrac{1}{\omega}\left(t\cos\omega t\Big|_0^{\frac{2\pi}{\omega}} - \int_0^{\frac{2\pi}{\omega}} \cos\omega t\mathrm{d}t\right) =$

$$-\frac{1}{\omega}\left(\frac{2\pi}{\omega}-\frac{1}{\omega}\sin\omega t \,\Big|_{0}^{\frac{2\pi}{\omega}}\right)=-\frac{2\pi}{\omega^{2}}$$

4. $\int_{\frac{\pi}{4}}^{\frac{\pi}{3}}\dfrac{x}{\sin^{2}x}\mathrm{d}x$

【解】 原式 $=-\int_{\frac{\pi}{4}}^{\frac{\pi}{3}}x\mathrm{d}\cot x=-x\cot x\,\Big|_{\frac{\pi}{4}}^{\frac{\pi}{3}}+\int_{\frac{\pi}{4}}^{\frac{\pi}{3}}\cot x\mathrm{d}x=$

$$\frac{\pi}{4}-\frac{\sqrt{3}}{9}\pi+\ln\sin x\,\Big|_{\frac{\pi}{4}}^{\frac{\pi}{3}}=\left(\frac{1}{4}-\frac{\sqrt{3}}{9}\right)\pi+\frac{1}{2}\ln\frac{3}{2}$$

5. $\int_{1}^{4}\dfrac{\ln x}{\sqrt{x}}\mathrm{d}x$

【解】 原式 $=2\int_{1}^{4}\ln x\mathrm{d}\sqrt{x}=2\left(\sqrt{x}\ln x\,\Big|_{1}^{4}-\int_{1}^{4}\dfrac{\mathrm{d}x}{\sqrt{x}}\right)=$

$$2\left(4\ln2-2\sqrt{x}\,\Big|_{1}^{4}\right)=4(2\ln2-1)$$

6. $\int_{0}^{1}x\arctan x\mathrm{d}x$

【解】 原式 $=\dfrac{1}{2}\int_{0}^{1}\arctan x\mathrm{d}x^{2}=\dfrac{1}{2}x^{2}\arctan x\,\Big|_{0}^{1}-\dfrac{1}{2}\int_{0}^{1}\dfrac{x^{2}}{1+x^{2}}\mathrm{d}x=$

$$\frac{\pi}{8}-\frac{1}{2}\big[x-\arctan x\big]_{0}^{1}=\frac{\pi}{4}-\frac{1}{2}$$

7. $\int_{0}^{\frac{\pi}{2}}\mathrm{e}^{2x}\cos x\mathrm{d}x$

【解】 原式 $=\int_{0}^{\frac{\pi}{2}}\mathrm{e}^{2x}\mathrm{d}\sin x=\mathrm{e}^{2x}\sin x\,\Big|_{0}^{\frac{\pi}{2}}-2\int_{0}^{\frac{\pi}{2}}\mathrm{e}^{2x}\sin x\mathrm{d}x=$

$$\mathrm{e}^{\pi}+2\int_{0}^{\frac{\pi}{2}}\mathrm{e}^{2x}\mathrm{d}\cos x=\quad \mathrm{e}^{\pi}+2\mathrm{e}^{2x}\cos x\,\Big|_{0}^{\frac{\pi}{2}}-4\int_{0}^{\frac{\pi}{2}}\mathrm{e}^{2x}\cos x\mathrm{d}x=$$

$$\mathrm{e}^{\pi}-2-4\int_{0}^{\frac{\pi}{2}}\mathrm{e}^{2x}\cos x\mathrm{d}x$$

移项可得 $\qquad\qquad \int_{0}^{\frac{\pi}{2}}\mathrm{e}^{2x}\cos x\mathrm{d}x=\dfrac{1}{5}(\mathrm{e}^{\pi}-2)$

8. $\int_{1}^{2}x\log_{2}x\mathrm{d}x$

【解】 原式 $=\dfrac{1}{2\ln2}\int_{1}^{2}\ln x\mathrm{d}x^{2}=\dfrac{1}{2\ln2}\left(x^{2}\ln x\,\Big|_{1}^{2}-\int_{1}^{2}x\mathrm{d}x\right)=$

$$\frac{1}{2\ln2}(4\ln2 - \frac{1}{2}x^2\Big|_1^2) = 2 - \frac{3}{4\ln2}$$

9. $\displaystyle\int_0^\pi (x\sin x)^2 \,\mathrm{d}x$

【解】 原式 $= \displaystyle\frac{1}{2}\int_0^\pi x^2(1-\cos2x)\,\mathrm{d}x =$

$$\frac{1}{2}\left[\frac{1}{3}x^3\Big|_0^\pi - \frac{1}{2}\int_0^\pi x^2\,\mathrm{d}\sin2x\right] =$$

$$\frac{1}{2}\left[\frac{1}{3}\pi^3 - \frac{1}{2}x^2\sin2x\Big|_0^\pi + \int_0^\pi x\sin2x\,\mathrm{d}x\right] =$$

$$\frac{1}{2}\left[\frac{1}{3}\pi^3 - \frac{1}{2}\int_0^\pi x\,\mathrm{d}\cos2x\right] =$$

$$\frac{1}{2}\left[\frac{1}{3}\pi^3 - \frac{1}{2}x\cos2x\Big|_0^\pi + \frac{1}{2}\int_0^\pi \cos2x\,\mathrm{d}x\right] = \frac{1}{6}\pi^3 - \frac{1}{4}\pi$$

10. $\displaystyle\int_1^e \sin(\ln x)\,\mathrm{d}x$

【解】 原式 $= x\sin(\ln x)\Big|_1^e - \displaystyle\int_1^e \cos(\ln x)\,\mathrm{d}x =$

$$e\sin1 - x\cos(\ln x)\Big|_1^e - \int_1^e \sin(\ln x)\,\mathrm{d}x$$

所以 $\qquad \displaystyle\int_1^e \sin(\ln x)\,\mathrm{d}x = \frac{1}{2}(e\sin1 - e\cos1 + 1)$

11. $\displaystyle\int_{\frac{1}{e}}^e |\ln x|\,\mathrm{d}x$

【解】 原式 $= -\displaystyle\int_{\frac{1}{e}}^1 \ln x\,\mathrm{d}x + \int_1^e \ln x\,\mathrm{d}x =$

$$-x\ln x\Big|_{\frac{1}{e}}^1 + \int_{\frac{1}{e}}^1 \mathrm{d}x + x\ln x\Big|_1^e - \int_1^e \mathrm{d}x = 2 - \frac{2}{e}$$

12. $\displaystyle\int_0^1 (1-x^2)^{\frac{m}{2}}\,\mathrm{d}x$ (m 为自然数).

【解】 原式 $\xeq{x=\sin t} \displaystyle\int_0^{\frac{\pi}{2}} \cos^{m+1}t\,\mathrm{d}t$ 教材 $p305$ 例3

$$\begin{cases} \dfrac{m}{m+1}\cdot\dfrac{m-2}{m-1}\cdots\dfrac{3}{4}\cdot\dfrac{1}{2}\cdot\dfrac{\pi}{2} & m\ \text{为奇数} \\[3mm] \dfrac{m}{m+1}\cdot\dfrac{m-2}{m-1}\cdots\dfrac{4}{5}\cdot\dfrac{2}{3} & m\ \text{为偶数} \end{cases}$$

354

13. $J_m = \displaystyle\int_0^\pi x\sin^m x\,\mathrm{d}x$ （m 为自然数）.

【解】 令 $x = \pi - t$, 则

$$J_m = \int_0^\pi x\sin^m x\,\mathrm{d}x = -\int_\pi^0 (\pi - t)\sin^m(\pi - t)\,\mathrm{d}t =$$

$$\pi\int_0^\pi \sin^m t\,\mathrm{d}t - \int_0^\pi t\sin^m t\,\mathrm{d}t$$

所以 $$J_m = \int_0^\pi x\sin^m x\,\mathrm{d}x = \frac{\pi}{2}\int_0^\pi \sin^m x\,\mathrm{d}x$$

而 $$\int_0^\pi \sin^m x\,\mathrm{d}x = \int_0^{\frac{\pi}{2}} \sin^m x\,\mathrm{d}x + \int_{\frac{\pi}{2}}^\pi \sin^m x\,\mathrm{d}x \xrightarrow{x = \pi - u}$$

$$\int_0^{\frac{\pi}{2}} \sin^m x\,\mathrm{d}x + \int_{\frac{\pi}{2}}^0 \sin^m(\pi - u)(-\mathrm{d}u) =$$

$$2\int_0^{\frac{\pi}{2}} \sin^m x\,\mathrm{d}x$$

于是 $$J_m = \int_0^\pi x\sin^m x\,\mathrm{d}x = \pi\int_0^{\frac{\pi}{2}} \sin^m x\,\mathrm{d}x \xrightarrow{\text{教材 } p305 \text{ 例 } 3}$$

$$\begin{cases} \dfrac{m-1}{m}\cdot\dfrac{m-3}{m-2}\cdots\dfrac{3}{4}\cdot\dfrac{1}{2}\cdot\dfrac{\pi^2}{2}, & m \text{ 为偶数} \\[3mm] \dfrac{m-1}{m}\cdot\dfrac{m-3}{m-2}\cdots\dfrac{4}{5}\cdot\dfrac{2}{3}\cdot\pi, & m \text{ 为大于 1 的奇数} \end{cases}$$

习题 5 - 7

1. 判别下列各广义积分的收敛性, 如果收敛, 计算广义积分的值:

(1) $\displaystyle\int_1^{+\infty} \dfrac{\mathrm{d}x}{x^4}$;

(2) $\displaystyle\int_1^{+\infty} \dfrac{\mathrm{d}x}{\sqrt{x}}$;

(3) $\displaystyle\int_0^{+\infty} \mathrm{e}^{-ax}\,\mathrm{d}x$ （$a > 0$）;

(4) $\displaystyle\int_0^{+\infty} \mathrm{e}^{-pt}\mathrm{ch}t\,\mathrm{d}t$ （$p > 1$）;

(5) $\displaystyle\int_0^{+\infty} \mathrm{e}^{-pt}\sin\omega t\,\mathrm{d}t$ （$p > 0, \omega > 0$）;

(6) $\displaystyle\int_{-\infty}^{+\infty} \dfrac{\mathrm{d}x}{x^2 + 2x + 2}$;

(7) $\displaystyle\int_0^1 \dfrac{x\,\mathrm{d}x}{\sqrt{1-x^2}}$;

(8) $\displaystyle\int_0^2 \dfrac{\mathrm{d}x}{(1-x)^2}$;

(9) $\displaystyle\int_1^2 \dfrac{x\,\mathrm{d}x}{\sqrt{x-1}}$;

(10) $\displaystyle\int_1^{\mathrm{e}} \dfrac{\mathrm{d}x}{x\,\sqrt{1-(\ln x)^2}}$.

【解】

(1) $\displaystyle\int_1^{+\infty} \dfrac{\mathrm{d}x}{x^4} = \lim_{b\to+\infty}\int_1^b \dfrac{\mathrm{d}x}{x^4} = \lim_{b\to+\infty}\left[-\dfrac{1}{3x^3}\right]_1^b = \dfrac{1}{3}$

所以该广义积分收敛,且其值为 $\dfrac{1}{3}$.

(2) $\displaystyle\int_1^{+\infty} \dfrac{\mathrm{d}x}{\sqrt{x}} = 2\sqrt{x}\ \Big|_1^{+\infty} = +\infty$,该广义积分发散.

(3) $\displaystyle\int_0^{+\infty} \mathrm{e}^{-ax}\,\mathrm{d}x = -\dfrac{1}{a}\mathrm{e}^{-ax}\ \Big|_0^{+\infty} = \dfrac{1}{a}$,该广义积分收敛,其值为 $\dfrac{1}{a}$.

(4) $\displaystyle\int_0^{+\infty} \mathrm{e}^{-pt}\mathrm{ch}t\,\mathrm{d}t = \dfrac{1}{2}\int_0^{+\infty} \mathrm{e}^{-pt}(\mathrm{e}^t + \mathrm{e}^{-t})\mathrm{d}t = \dfrac{1}{2}\int_0^{+\infty}[\mathrm{e}^{(1-p)t} + \mathrm{e}^{-(1+p)t}]\mathrm{d}t =$

$$\dfrac{1}{2}\left[\dfrac{1}{1-p}\mathrm{e}^{(1-p)t} - \dfrac{1}{1+p}\mathrm{e}^{-(1+p)t}\right]_0^{+\infty} = \dfrac{p}{p^2-1}$$

所以该广义积分收敛于 $\dfrac{p}{p^2-1}$.

(5) 原式 $= -\dfrac{1}{p}\displaystyle\int_0^{+\infty}\sin\omega t\,\mathrm{d}\mathrm{e}^{-pt} = -\dfrac{1}{p}\left[\mathrm{e}^{-pt}\sin\omega t\ \Big|_0^{+\infty} - \omega\int_0^{+\infty}\mathrm{e}^{-pt}\cos\omega t\,\mathrm{d}t\right]$

$=$

$-\dfrac{\omega}{p^2}\displaystyle\int_0^{+\infty}\cos\omega t\,\mathrm{d}\mathrm{e}^{-pt} =$

$-\dfrac{\omega}{p^2}\left[\mathrm{e}^{-pt}\cos\omega t\ \Big|_0^{+\infty} + \omega\displaystyle\int_0^{+\infty}\mathrm{e}^{-pt}\sin\omega t\,\mathrm{d}t\right] =$

$\dfrac{\omega}{p^2} - \dfrac{\omega^2}{p^2}\displaystyle\int_0^{+\infty}\mathrm{e}^{-pt}\sin\omega t\,\mathrm{d}t$

移项后,有 $\displaystyle\int_0^{+\infty}\mathrm{e}^{-pt}\sin\omega t\,\mathrm{d}t = \dfrac{\omega}{p^2+\omega^2}$,收敛.

(6) 原式 $= \displaystyle\int_{-\infty}^{+\infty}\dfrac{\mathrm{d}(x+1)}{(x+1)^2+1} = \arctan(x+1)\ \Big|_{-\infty}^{+\infty} = \pi$ 收敛.

(7) 原式 $= \displaystyle\lim_{\varepsilon \to +0}\dfrac{1}{2}\int_0^{1-\varepsilon}\dfrac{-\mathrm{d}(1-x^2)}{\sqrt{1-x^2}} = \lim_{\varepsilon \to +0}\left[-\sqrt{1-x^2}\right]_0^{1-\varepsilon} = 1$

收敛.

(8) 原式 $= \displaystyle\int_0^1\dfrac{\mathrm{d}x}{(1-x)^2} + \int_1^2\dfrac{\mathrm{d}x}{(1-x)^2} =$

$\displaystyle\lim_{\varepsilon \to +0}\int_0^{1-\varepsilon}\dfrac{\mathrm{d}x}{(1-x)^2} + \lim_{\varepsilon \to +0}\int_{1+\varepsilon}^2\dfrac{\mathrm{d}x}{(1-x)^2} =$

$\displaystyle\lim_{\varepsilon \to +0}\dfrac{1}{1-x}\ \Big|_0^{1-\varepsilon} + \lim_{\varepsilon \to +0}\dfrac{1}{1-x}\ \Big|_{1+\varepsilon}^2 = +\infty$

该广义积分发散.

(9) 原式 $= \lim\limits_{\varepsilon \to +0} \int_{1+\varepsilon}^{2} \dfrac{x\,\mathrm{d}x}{\sqrt{x-1}} = \lim\limits_{\varepsilon \to +0} \int_{1+\varepsilon}^{2} (\sqrt{x-1} + \dfrac{1}{\sqrt{x-1}})\mathrm{d}x =$

$$\lim\limits_{\varepsilon \to +0} \left[\dfrac{2}{3}(x-1)^{\frac{3}{2}} + 2\sqrt{x-1} \right]_{1+\varepsilon}^{2} = \dfrac{8}{3}$$

收敛.

(10) 原式 $= \lim\limits_{\varepsilon \to +0} \int_{1}^{e-\varepsilon} \dfrac{\mathrm{d}\ln x}{\sqrt{1-(\ln x)^2}} = \lim\limits_{\varepsilon \to +0} \arcsin(\ln x)\ \Big|_{1}^{e-\varepsilon} = \dfrac{\pi}{2}$

收敛.

2. 当 k 为何值时,广义积分 $\int_{2}^{+\infty} \dfrac{\mathrm{d}x}{x(\ln x)^k}$ 收敛? 当 k 为何值时,这广义积分发散? 又当 k 为何值时,这广义积分取得最小值?

【解】 $\displaystyle\int_{2}^{+\infty} \dfrac{\mathrm{d}x}{x(\ln x)^k} = \int_{2}^{+\infty} \dfrac{\mathrm{d}\ln x}{(\ln x)^k} = \begin{cases} \ln(\ln x)\ \Big|_{2}^{+\infty}, & k = 1 \\[2mm] \dfrac{1}{(1-k)(\ln x)^{k-1}} \Big|_{2}^{+\infty}, & k \neq 1 \end{cases}$

(1) 当 $k = 1$ 时,$\displaystyle\int_{2}^{+\infty} \dfrac{\mathrm{d}x}{x\ln x} = +\infty$,发散.

(2) 当 $k < 1$ 时,原式 $= \dfrac{1}{1-k}(\ln x)^{1-k}\ \Big|_{2}^{+\infty} = +\infty$,发散.

(3) 当 $k > 1$ 时,原式 $= \dfrac{1}{1-k} \cdot \dfrac{1}{(\ln x)^{k-1}}\ \Big|_{2}^{+\infty} = \dfrac{1}{(k-1)(\ln 2)^{k-1}}$,这时广义积分收敛.

综上,当 $k \leqslant 1$ 时,原广义积分发散;当 $k > 1$ 时,原广义积分收敛.

当 $k > 1$ 时,记 $f(k) = \dfrac{1}{(k-1)(\ln 2)^{k-1}}$,则

$$f'(k) = -\dfrac{1}{k-1} \cdot \dfrac{1}{(\ln 2)^{k-1}}(\dfrac{1}{k-1} + \ln\ln 2)$$

令 $f'(k) = 0$,注意到 $k > 1$,得

$$\dfrac{1}{k-1} + \ln\ln 2 = 0$$

解得驻点 $\qquad\qquad k_0 = 1 - \dfrac{1}{\ln\ln 2}$

当 $1 < k < 1 - \dfrac{1}{\ln\ln 2}$ 时,$\dfrac{1}{k-1} + \ln\ln 2 > 0$,所以 $f'(k) < 0$,即在 $(1, k_0)$ 内 $f(k)$ 单调减;当 $k > 1 - \dfrac{1}{\ln\ln 2}$ 时,$\dfrac{1}{k-1} + \ln\ln 2 < 0$,所以 $f'(k) > 0$,即在

$(k_0,+\infty)$ 内 $f(k)$ 单调增. 于是 $f(k_0)$ 为最小值. 故 $k = k_0 = 1 - \dfrac{1}{\ln\ln 2}$ 时,该广义积分取得最小值.

3.利用递推公式计算广义积分 $I_n = \displaystyle\int_0^{+\infty} x^n \mathrm{e}^{-x}\,\mathrm{d}x$.

【解】 $I_n = \displaystyle\int_0^{+\infty} x^n \mathrm{e}^{-x} x = -\int_0^{+\infty} x^n \mathrm{d}\mathrm{e}^{-x} =$

$$-x^n \mathrm{e}^{-x} \Big|_0^{+\infty} + n\int_0^{+\infty} x^{n-1}\mathrm{e}^{-x}\,\mathrm{d}x = nI_{n-1}$$

而 $I_1 = \displaystyle\int_0^{+\infty} x\mathrm{e}^{-x}\,\mathrm{d}x = -x\mathrm{e}^{-x}\Big|_0^{+\infty} + \int_0^{+\infty}\mathrm{e}^{-x}\,\mathrm{d}x = -\mathrm{e}^{-x}\Big|_0^{+\infty} = 1$

所以 $I_n = nI_{n-1} = n(n-1)I_{n-2} = \cdots = n(n-1)\cdots 2I_1 = n!$

总习题五

1.填空

(1) 函数 $f(x)$ 在 $[a,b]$ 上有界是 $f(x)$ 在 $[a,b]$ 上(常义)可积的 __必要__ 条件,而 $f(x)$ 在 $[a,b]$ 上连续是 $f(x)$ 在 $[a,b]$ 上可积的 __充分__ 条件;

(2) 对 $[a,+\infty)$ 上非负、连续的函数 $f(x)$,它的变上限积分 $\displaystyle\int_a^x f(t)\,\mathrm{d}t$ 在 $[a,+\infty)$ 上有界是广义积分 $\displaystyle\int_a^{+\infty} f(x)\,\mathrm{d}x$ 收敛的 __充分必要__ 条件;

(3) 绝对收敛的广义积分 $\displaystyle\int_a^{+\infty} f(x)\,\mathrm{d}x$ 一定 __收敛__ ;

(4) 函数 $f(x)$ 在 $[a,b]$ 上有定义且 $|f(x)|$ 在 $[a,b]$ 上可积,此时积分 $\displaystyle\int_a^b f(x)\,\mathrm{d}x$ __不一定__ 存在.

2.计算下列极限

(1) $\displaystyle\lim_{n\to\infty}\frac{1}{n}\sum_{i=1}^n \sqrt{1+\frac{i}{n}}$;

(2) $\displaystyle\lim_{n\to\infty}\frac{1^p+2^p+\cdots+n^p}{n^{p+1}}$ $(p>0)$;

(3) $\displaystyle\lim_{n\to\infty}\ln\frac{\sqrt[n]{n!}}{n}$;

(4) $\displaystyle\lim_{x\to a}\frac{x}{x-a}\int_a^x f(t)\,\mathrm{d}t$,其中 $f(x)$ 连续;

(5) $\displaystyle\lim_{x\to+\infty}\frac{\displaystyle\int_0^x (\arctan t)^2\,\mathrm{d}t}{\sqrt{x^2+1}}$.

【解】 (1) 原式 $= \displaystyle\int_0^1 \sqrt{1+x}\,\mathrm{d}x = \frac{2}{3}(1+x)^{\frac{3}{2}}\Big|_0^1 = \frac{2}{3}(2\sqrt{2}-1)$

(2) 原式 $= \lim_{n \to \infty} \sum_{i=1}^{n} (\frac{i}{n})^p \cdot \frac{1}{n} = \int_0^1 x^p dx = \frac{1}{p+1}$

(3) 原式 $= \lim_{n \to \infty} \ln \sqrt[n]{\frac{n!}{n^n}} = \lim_{n \to \infty} \frac{1}{n} \ln \frac{n!}{n^n} = \lim_{n \to \infty} \frac{1}{n} \sum_{i=1}^{n} \ln \frac{i}{n} = \int_0^1 \ln x \, dx =$

$(x \ln x - x) \Big|_0^1 = -1 \quad (\lim_{x \to +0} x \ln x = 0)$

(4) 原式 $= \lim_{x \to a} \frac{x \int_a^x f(t) dt}{x - a} \xlongequal{\frac{0}{0}} \lim_{x \to a} \frac{\int_a^x f(t) dt + x f(x)}{1} = a f(a)$

(5) 原式 $\xlongequal{\frac{\infty}{\infty}} \lim_{x \to +\infty} \frac{(\arctan x)^2}{\frac{x}{\sqrt{x^2+1}}} = \lim_{x \to +\infty} \sqrt{1 + \frac{1}{x^2}} (\arctan x)^2 = \frac{\pi^2}{4}$

3.下列计算是否正确,试说明理由:

(1) $\int_{-1}^1 \frac{dx}{1+x^2} = -\int_{-1}^1 \frac{d \frac{1}{x}}{1+(\frac{1}{x})^2} = \left[-\arctan \frac{1}{x} \right]_{-1}^1 = -\frac{\pi}{2}$

(2) 因为 $\int_{-1}^1 \frac{dx}{x^2+x+1} \xlongequal{x = \frac{1}{t}} -\int_{-1}^1 \frac{dt}{t^2+t+1}$

所以 $\int_{-1}^1 \frac{dx}{x^2+x+1} = 0$

(3) $\int_{-\infty}^{+\infty} \frac{x}{1+x^2} dx = \lim_{A \to +\infty} \int_{-A}^A \frac{x}{1+x^2} dx = 0$

【解】 (1) 错.这里的计算实质上是用了倒代换 $x = \frac{1}{t}$.但函数 $x = \frac{1}{t}$ 在 $[-1,1]$ 上不具有连续导数,不符合变量代换的条件,因而得出错误结果.正确的答案是 $\int_{-1}^1 \frac{dx}{1+x^2} = \arctan x \Big|_{-1}^1 = \frac{\pi}{2}$.

(2) 错.理由同(1).正确答案是:

$\int_{-1}^1 \frac{dx}{x^2+x+1} = \int_{-1}^1 \frac{dx}{(x+\frac{1}{2})^2 + \frac{3}{4}} = \frac{2}{\sqrt{3}} \arctan \frac{2x+1}{\sqrt{3}} \Big|_{-1}^1 = \frac{\pi}{\sqrt{3}}$

(3) 错.因为广义积分 $\int_{-\infty}^{+\infty} f(x) dx$ 收敛的定义是广义积分 $\int_{-\infty}^0 f(x) dx$ 与 $\int_0^{+\infty} f(x) dx$ 均收敛.而本题中

$$\int_0^{+\infty} \frac{x}{1+x^2}\mathrm{d}x = \frac{1}{2}\int_0^{+\infty} \frac{\mathrm{d}x^2}{1+x^2} = \frac{1}{2}\ln(1+x^2)\ \bigg|_0^{+\infty} = +\infty$$

发散,故广义积分 $\int_{-\infty}^{+\infty} \dfrac{x}{1+x^2}\mathrm{d}x$ 发散.

4. 设 $p > 0$,证明 $\dfrac{p}{p+1} < \displaystyle\int_0^1 \dfrac{\mathrm{d}x}{1+x^p} < 1$.

【证】 因为 $\dfrac{1}{1+x^p}$ 在 $[0,1]$ 上连续,且当 $x \in (0,1)$ 时 $\dfrac{1}{1+x^p} < 1$,所以

$$\int_0^1 \frac{\mathrm{d}x}{1+x^p} < \int_0^1 \mathrm{d}x = 1$$

又当 $x \in (0,1)$ 时,因 $p > 0$,有

$$\frac{1}{1+x^p} = \frac{1+x^p-x^p}{1+x^p} = 1 - \frac{x^p}{1+x^p} > 1 - x^p > 0$$

所以

$$\int_0^1 (1-x^p)\mathrm{d}x < \int_0^1 \frac{1}{1+x^p}\mathrm{d}x$$

而

$$\int_0^1 (1-x^p)\mathrm{d}x = \left[x - \frac{1}{p+1}x^{p+1}\right]_0^1 = \frac{p}{p+1}$$

故有

$$\frac{p}{p+1} < \int_0^1 \frac{\mathrm{d}x}{1+x^p} < 1$$

5. 设 $f(x)$、$g(x)$ 在区间 $[a,b]$ 上均连续,证明:

(1) $\left(\displaystyle\int_a^b f(x)g(x)\mathrm{d}x\right)^2 \leqslant \displaystyle\int_a^b f^2(x)\mathrm{d}x \cdot \displaystyle\int_a^b g^2(x)\mathrm{d}x$ (柯西-施瓦茨不等式);

(2) $\left(\displaystyle\int_a^b [f(x)+g(x)]^2\mathrm{d}x\right)^{\frac{1}{2}} \leqslant \left(\displaystyle\int_a^b f^2(x)\mathrm{d}x\right)^{\frac{1}{2}} + \left(\displaystyle\int_a^b g^2(x)\mathrm{d}x\right)^{\frac{1}{2}}$

(闵可夫斯基不等式).

【证】 (1) 对任意实数 t,令 $F(x) = f(x) + tg(x)$,则

$$F^2(x) = f^2(x) + 2tf(x)g(x) + t^2 g^2(x) \geqslant 0$$

于是有

$$\int_a^b F^2(x)\mathrm{d}x = t^2\int_a^b g^2(x)\mathrm{d}x + 2t\int_a^b f(x)g(x)\mathrm{d}x + \int_a^b f^2(x)\mathrm{d}x \geqslant 0$$

这是一个关于 t 的非负的二次三项式,其判别式

$$\left(\int_a^b f(x)g(x)\mathrm{d}x\right)^2 - \int_a^b f^2(x)\mathrm{d}x \cdot \int_a^b g^2(x)\mathrm{d}x \leqslant 0$$

即

$$\left(\int_a^b f(x)g(x)\mathrm{d}x\right)^2 \leqslant \int_a^b f^2(x)\mathrm{d}x \cdot \int_a^b g^2(x)\mathrm{d}x$$

(2) $\displaystyle\int_a^b [f(x)+g(x)]^2\mathrm{d}x = \int_a^b f^2(x)\mathrm{d}x + 2\int_a^b f(x)g(x)\mathrm{d}x + \int_a^b g^2(x)\mathrm{d}x$

由(1)知　　$\int_a^b f(x)g(x)\mathrm{d}x \leqslant (\int_a^b f^2(x)\mathrm{d}x)^{\frac{1}{2}}(\int_a^b g^2(x)\mathrm{d}x)^{\frac{1}{2}}$

所以

$$\int_a^b [f(x)+g(x)]^2\mathrm{d}x \leqslant \int_a^b f^2(x)\mathrm{d}x + 2(\int_a^b f^2(x)\mathrm{d}x)^{\frac{1}{2}} \cdot (\int_a^b g^2(x)\mathrm{d}x)^{\frac{1}{2}} +$$

$$\int_a^b g^2(x)\mathrm{d}x = [(\int_a^b f^2(x)\mathrm{d}x)^{\frac{1}{2}} + (\int_a^b g^2(x)\mathrm{d}x)^{\frac{1}{2}}]^2$$

故　　$(\int_a^b [f(x)+g(x)]^2\mathrm{d}x)^{\frac{1}{2}} \leqslant (\int_a^b f^2(x)\mathrm{d}x)^{\frac{1}{2}} + (\int_a^b g^2(x)\mathrm{d}x)^{\frac{1}{2}}$

6.设 $f(x)$ 在区间$[a,b]$上连续,且 $f(x)>0$,证明

$$\int_a^b f(x)\mathrm{d}x \cdot \int_a^b \frac{\mathrm{d}x}{f(x)} \geqslant (b-a)^2$$

【证】　因为 $f(x)$ 在$[a,b]$上连续,且 $f(x)>0$,所以 $\sqrt{f(x)}$ 和 $\dfrac{1}{\sqrt{f(x)}}$ 均

在$[a,b]$上连续.于是由柯西-施瓦茨不等式有

$$(\int_a^b \sqrt{f(x)} \cdot \frac{1}{\sqrt{f(x)}}\mathrm{d}x)^2 \leqslant \int_a^b f(x)\mathrm{d}x \cdot \int_a^b \frac{1}{f(x)}\mathrm{d}x$$

即　　$\int_a^b f(x)\mathrm{d}x \cdot \int_a^b \frac{\mathrm{d}x}{f(x)} \geqslant (b-a)^2$

7.计算下列积分

(1) $\int_0^{\frac{\pi}{2}} \dfrac{x+\sin x}{1+\cos x}\mathrm{d}x$;　　　　　(2) $\int_0^{\frac{\pi}{4}} \ln(1+\tan x)\mathrm{d}x$;

(3) $\int_0^a \dfrac{\mathrm{d}x}{x+\sqrt{a^2-x^2}}$;　　　　　(4) $\int_0^{\frac{\pi}{2}} \sqrt{1-\sin 2x}\,\mathrm{d}x$;

(5) $\int_0^{\frac{\pi}{2}} \dfrac{\mathrm{d}x}{1+\cos^2 x}$.

【解】

(1) 原式 $= \int_0^{\frac{\pi}{2}} \dfrac{x}{2\cos^2 \frac{x}{2}}\mathrm{d}x + \int_0^{\frac{\pi}{2}} \dfrac{\sin x}{1+\cos x}\mathrm{d}x =$

$$\int_0^{\frac{\pi}{2}} x\,\mathrm{d}\tan \frac{x}{2} - \int_0^{\frac{\pi}{2}} \frac{\mathrm{d}(1+\cos x)}{1+\cos x} =$$

$$x\tan \frac{x}{2}\Big|_0^{\frac{\pi}{2}} - \int_0^{\frac{\pi}{2}} \tan \frac{x}{2}\mathrm{d}x - \ln(1+\cos x)\Big|_0^{\frac{\pi}{2}} =$$

$$\frac{\pi}{2} + 2\ln\cos \frac{x}{2}\Big|_0^{\frac{\pi}{2}} + \ln 2 = \frac{\pi}{2}$$

(2) 原式 $\xlongequal{x=\frac{\pi}{4}-u}-\int_{\frac{\pi}{4}}^{0}\ln(1+\tan(\frac{\pi}{4}-u))du=$

$\int_{0}^{\frac{\pi}{4}}\ln(1+\frac{1-\tan u}{1+\tan u})du=\int_{0}^{\frac{\pi}{4}}\ln\frac{2}{1+\tan u}du=$

$\frac{\pi}{4}\ln2-\int_{0}^{\frac{\pi}{4}}\ln(1+\tan u)du$

所以 $\int_{0}^{\frac{\pi}{4}}\ln(1+\tan x)dx=\frac{\pi}{8}\ln2$

(3) 原式 $\xlongequal{x=a\sin t}\int_{0}^{\frac{\pi}{2}}\frac{a\cos t}{a\sin t+a\cos t}dt=\frac{1}{2}\int_{0}^{\frac{\pi}{2}}\frac{\sin t+\cos t+\cos t-\sin t}{\sin t+\cos t}dt=$

$\frac{1}{2}\int_{0}^{\frac{\pi}{2}}(1+\frac{\cos t-\sin t}{\sin t+\cos t})dt=\frac{\pi}{4}+\frac{1}{2}\int_{0}^{\frac{\pi}{2}}\frac{d(\sin t+\cos t)}{\sin t+\cos t}=$

$\frac{\pi}{4}+\frac{1}{2}\ln(\sin t+\cos t)\Big|_{0}^{\frac{\pi}{2}}=\frac{\pi}{4}$

(4) 原式 $=\int_{0}^{\frac{\pi}{2}}\sqrt{(\sin x-\cos x)^2}dx=\int_{0}^{\frac{\pi}{2}}|\sin x-\cos x|dx=$

$\int_{0}^{\frac{\pi}{4}}(\cos x-\sin x)dx+\int_{\frac{\pi}{4}}^{\frac{\pi}{2}}(\sin x-\cos x)dx=2(\sqrt{2}-1)$

(5) 原式 $=\int_{0}^{\frac{\pi}{2}}\frac{dx}{\sin^2 x+2\cos^2 x}=\int_{0}^{\frac{\pi}{2}}\frac{\sec^2 x}{2+\tan^2 x}dx=$

$\int_{0}^{\frac{\pi}{2}}\frac{d\tan x}{2+\tan^2 x}=\frac{1}{\sqrt{2}}\arctan\frac{\tan x}{\sqrt{2}}\Big|_{0}^{\frac{\pi}{2}}=\frac{\pi}{2\sqrt{2}}$

8. 设 $f(x)$ 为连续函数,证明

$$\int_{0}^{x}f(t)(x-t)dt=\int_{0}^{x}(\int_{0}^{t}f(u)du)dt$$

【证】 利用分部积分,有

$\int_{0}^{x}(\int_{0}^{t}f(u)du)dt=t\int_{0}^{t}f(u)du\Big|_{0}^{x}-\int_{0}^{x}td\int_{0}^{t}f(u)du=$

$x\int_{0}^{x}f(u)du-\int_{0}^{x}tf(t)dt=\int_{0}^{x}f(t)(x-t)dt$

注 本题也可令 $F(x)=\int_{0}^{x}f(t)(x-t)dt-\int_{0}^{x}(\int_{0}^{t}f(u)du)dt.$ 因为 $F'(x)$ $=0$,所以 $F(x)=C$,又 $F(0)=0$,故 $F(x)=0$,从而可得证.

9. 设 $f(x)$ 在区间 $[a,b]$ 上连续,且 $f(x)>0$,

$$F(x) = \int_a^x f(t)\mathrm{d}t + \int_b^x \frac{\mathrm{d}t}{f(t)}, \quad x \in [a,b]$$

证明:(1) $F'(x) \geqslant 2$;

　　(2) 方程 $F(x) = 0$ 在区间 (a,b) 内有且仅有一个根.

【证】 (1) $F'(x) = f(x) + \dfrac{1}{f(x)} \geqslant 2\sqrt{f(x) \cdot \dfrac{1}{f(x)}} = 2$

(2) 由(1)知 $F(x)$ 在 (a,b) 内单调增. 又由 $f(x) > 0$ 得

$$F(a) = \int_b^a \frac{\mathrm{d}t}{f(t)} = -\int_a^b \frac{\mathrm{d}t}{f(t)} < 0, \quad F(b) = \int_a^b f(t)\mathrm{d}t > 0$$

所以 $F(x) = 0$ 在 (a,b) 内有且仅有一个根.

10. 设 $f(x) = \begin{cases} \dfrac{1}{1+x} & x \geqslant 0 \\[2mm] \dfrac{1}{1+e^x} & x < 0 \end{cases}$, 求 $\displaystyle\int_0^2 f(x-1)\mathrm{d}x$.

【解】 $\displaystyle\int_0^2 f(x-1)\mathrm{d}x \xrightarrow{x-1=t} \int_{-1}^1 f(t)\mathrm{d}t = \int_{-1}^0 \frac{1}{1+e^t}\mathrm{d}t + \int_0^1 \frac{1}{1+t}\mathrm{d}t =$

$$\int_{-1}^0 \left[1 - \frac{e^t}{1+e^t} \right]\mathrm{d}t + \ln(1+t) \Big|_0^1 =$$

$$1 - \ln(1+e^t) \Big|_{-1}^0 + \ln 2 = \ln(e+1)$$

11. 设 $f(x)$ 在区间 $[a,b]$ 上连续,$g(x)$ 在区间 $[a,b]$ 上连续且不变号,证明至少存在一点 $\xi \in [a,b]$,使下式成立

$$\int_a^b f(x)g(x)\mathrm{d}x = f(\xi)\int_a^b g(x)\mathrm{d}x \quad （积分第一中值定理）$$

【证】 因 $f(x)$、$g(x)$ 均在 $[a,b]$ 上连续,所以 $f(x)g(x)$ 在 $[a,b]$ 上可积. 今设 m 和 M 分别为 $f(x)$ 在 $[a,b]$ 上的最小值和最大值,且因 $g(x)$ 在 $[a,b]$ 上不变号,不妨设 $g(x) \geqslant 0$,于是在 $[a,b]$ 上有

$$mg(x) \leqslant f(x)g(x) \leqslant Mg(x)$$

从而　　　　$m\displaystyle\int_a^b g(x)\mathrm{d}x \leqslant \int_a^b f(x)g(x)\mathrm{d}x \leqslant M\int_a^b g(x)\mathrm{d}x$

即有　　　　$m \leqslant \dfrac{\displaystyle\int_a^b f(x)g(x)\mathrm{d}x}{\displaystyle\int_a^b g(x)\mathrm{d}x} \leqslant M$

由连续函数的介值定理知,必存在 $\xi \in [a,b]$,使

$$f(\xi) = \frac{\int_a^b f(x)g(x)\mathrm{d}x}{\int_a^b g(x)\mathrm{d}x}$$

故 $$\int_a^b f(x)g(x)\mathrm{d}x = f(\xi)\int_a^b g(x)\mathrm{d}x$$

当 $g(x) \leqslant 0$ 时,同理可证.

第6章

习题 6 - 2

1.求图 F - 6 - 1 中各画斜线部分的面积:

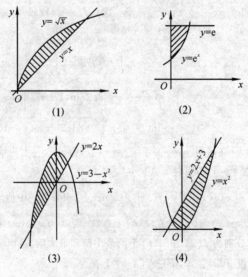

(1) (2)

(3) (4)

图 F - 6 - 1

【解】 (1) 两曲线的交点为 $(0,0)$ 和 $(1,1)$,所围面积

$$S_1 = \int_0^1 (\sqrt{x} - x)\mathrm{d}x = \left[\frac{2}{3}x^{\frac{3}{2}} - \frac{1}{2}x^2\right]_0^1 = \frac{1}{6}$$

(2) 两曲线的交点为 $(0,1)$ 和 $(1,e)$,所围面积

$$S_2 = \int_0^1 (e - e^x)\mathrm{d}x = \left[ex - e^x\right]_0^1 = 1$$

(3) 两曲线的交点为 $(-3,-6)$ 和 $(1,2)$,所围面积

$$S_3 = \int_{-3}^{1} (3 - x^2 - 2x)\mathrm{d}x = \left[3x - \frac{1}{3}x^3 - x^2 \right]_{-3}^{1} = 10\frac{2}{3}$$

(4) 两曲线的交点为 $(-1,1)$ 和 $(3,9)$,所围面积

$$S_4 = \int_{-1}^{3} (2x + 3 - x^2)\mathrm{d}x = \left[x^2 + 3x - \frac{1}{3}x^3 \right]_{-1}^{3} = 10\frac{2}{3}$$

2.求由下列各曲线所围成的图形的面积.

(1) $y = \frac{1}{2}x^2$ 与 $x^2 + y^2 = 8$(两部分都要计算);

(2) $y = \frac{1}{x}$ 与直线 $y = x$ 及 $x = 2$;

(3) $y = \mathrm{e}^x, y = \mathrm{e}^{-x}$ 与直线 $x = 1$;

(4) $y = \ln x, y$ 轴与直线 $y = \ln a, y = \ln b$　$(b > a > 0)$.

【解】　(1) 抛物线与圆围成上、下两部分的面积分别记为 A_1 和 A_2,两曲线的交点为 $(-2,2),(2,2)$,所以

$$A_1 = 2\int_0^2 \left(\sqrt{8 - x^2} - \frac{1}{2}x^2 \right)\mathrm{d}x \xrightarrow{x = 2\sqrt{2}\sin t}$$

$$2\int_0^{\frac{\pi}{4}} 8\cos^2 t\,\mathrm{d}t - \frac{1}{3}x^3 \Big|_0^2 = 8\int_0^{\frac{\pi}{4}} (1 + \cos 2t)\mathrm{d}t - \frac{8}{3} =$$

$$8\left[t + \frac{1}{2}\sin 2t \right]_0^{\frac{\pi}{4}} - \frac{8}{3} = 2\pi + \frac{4}{3}$$

$$A_2 = 8\pi - \left(2\pi + \frac{4}{3} \right) = 6\pi - \frac{4}{3}$$

(2) 如图 F-6-2 所示,曲线 $y = \frac{1}{x}$ 与直线 $y = x$ 的交点为 $(1,1)$. 于是所求面积为

$$S = \int_1^2 \left(x - \frac{1}{x} \right)\mathrm{d}x = \left[\frac{1}{2}x^2 - \ln x \right]_1^2 = \frac{3}{2} - \ln 2$$

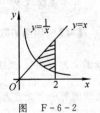

图　F-6-2

(3) 曲线 $y = \mathrm{e}^x$ 与 $y = \mathrm{e}^{-x}$ 的交点为 $(0,1)$,于是所求面积

$$S = \int_0^1 (\mathrm{e}^x - \mathrm{e}^{-x})\mathrm{d}x = \left[\mathrm{e}^x + \mathrm{e}^{-x} \right]_0^1 = \mathrm{e} + \mathrm{e}^{-1} - 2$$

(4) 如图 F-6-3 所示,所围面积为

$$S = \int_{\ln a}^{\ln b} \mathrm{e}^y \mathrm{d}y = \mathrm{e}^y \Big|_{\ln a}^{\ln b} = b - a$$

3.求抛物线 $y = -x^2 + 4x - 3$ 及其在点 $(0,-3)$ 和 $(3,0)$ 处的切线所围成的图形的面积.

【解】 $y' = -2x + 4, y'(0) = 4, y'(3) = -2.$

于是抛物线上已知两点处的切线方程为

$$y = 4x - 3, \quad y = -2x + 6$$

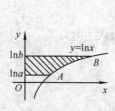
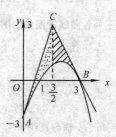

图 F-6-3   图 F-6-4

两切线的交点为 $(\frac{3}{2}, 3)$,故所求面积(如图 F-6-4 所示)

$$S = \int_0^{\frac{3}{2}} \left[(4x - 3) - (-x^2 + 4x - 3) \right] dx +$$

$$\int_{\frac{3}{2}}^3 \left[(-2x + 6) - (-x^2 + 4x - 3) \right] dx =$$

$$\int_0^{\frac{3}{2}} x^2 dx + \int_{\frac{3}{2}}^3 (x^2 - 6x + 9) dx = \frac{9}{4}$$

4.求抛物线 $y^2 = 2px$ 及其在点 $(\frac{p}{2}, p)$ 处的法线所围成的图形的面积.

【解】 用隐函数求导法,有 $2yy' = 2p$,即 $y' = \frac{p}{y}$.于是在点 $(\frac{p}{2}, p)$ 处切线斜率为 $y' = 1$,法线斜率为 -1.从而法线方程为 $y = -x + \frac{3}{2}p$.该法线与抛物线的另一个交点为 $(\frac{9}{2}p, -3p)$.故所求面积为

$$S = \int_{-3p}^p \left[(-y + \frac{3}{2}p) - \frac{y^2}{2p} \right] dy = \left[\frac{3}{2}py - \frac{1}{2}y^2 - \frac{1}{6p}y^3 \right]_{-3p}^p = \frac{16}{3}p^2$$

5.求由下列各曲线所围成的图形的面积:

(1) $r = 2a\cos\theta$;   (2) $x = a\cos^3 t, \quad y = a\sin^3 t$;

(3) $r = 2a(2 + \cos\theta)$.

【解】 三条曲线如图 F - 6 - 5 所示.

(1) $r = 2a\cos\theta$ 表示一个半径为 a 的圆,如图 F - 6 - 5(a) 所示。其面积

$$S = \frac{1}{2}\int_{-\frac{\pi}{2}}^{\frac{\pi}{2}} r^2 d\theta = 4a^2\int_0^{\frac{\pi}{2}} \cos^2\theta d\theta = 2a^2\int_0^{\frac{\pi}{2}}(1+\cos2\theta)d\theta = \pi a^2$$

(2) 该参数曲线为星形线,如图 F - 6 - 5(b) 所示。所求面积为

$$S = 4\int_0^a y dx = -4\int_{\frac{\pi}{2}}^0 a\sin^3 t \cdot 3a\cos^2 t \cdot \sin t dt =$$

$$12a^2\int_0^{\frac{\pi}{2}}(\sin^4 t - \sin^6 t)dt =$$

$$12a^2\left(\frac{3}{4} \cdot \frac{1}{2} \cdot \frac{\pi}{2} - \frac{5}{6} \cdot \frac{3}{4} \cdot \frac{1}{2} \cdot \frac{\pi}{2}\right) = \frac{3}{8}\pi a^2$$

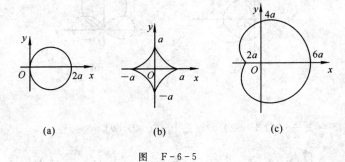

(a)   (b)   (c)

图　F - 6 - 5

(3) $r = 2a(2+\cos\theta)$ 为图 F - 6 - 5(c) 的心形线.

$$S = 2\int_0^\pi \frac{1}{2}r^2 d\theta = 4a^2\int_0^\pi (2+\cos\theta)^2 d\theta =$$

$$4a^2\int_0^\pi\left[4+4\cos\theta+\frac{1}{2}(1+\cos2\theta)\right]d\theta = 18\pi a^2$$

6. 求由摆线 $x = a(t-\sin t), y = a(1-\cos t)$ 的一拱 $(0 \leqslant t \leqslant 2\pi)$ 与横轴所围成的图形的面积.

【解】 由参数表示式的面积公式,有

$$S = \int_0^{2\pi} a(1-\cos t)\left[a(t-\sin t)\right]' dt = a^2\int_0^{2\pi}(1-\cos t)^2 dt =$$

$$a^2\left[t-2\sin t\right]_0^{2\pi} + \frac{a^2}{2}\int_0^{2\pi}(1+\cos2t)dt =$$

$$2\pi a^2 + \frac{a^2}{2}\left[t+\frac{1}{2}\sin2t\right]_0^{2\pi} = 3\pi a^2$$

7. 求对数螺线 $r = ae^{\theta}(-\pi \leqslant \theta \leqslant \pi)$ 及射线 $\theta = \pi$ 所围成的图形的面积.

【解】 $S = \dfrac{1}{2}\int_{-\pi}^{\pi} r^2 \mathrm{d}\theta = \dfrac{1}{2}\int_{-\pi}^{\pi} a^2 e^{2\theta} \mathrm{d}\theta = \dfrac{a^2}{4} e^{2\theta} \Big|_{-\pi}^{\pi} = \dfrac{a^2}{4}(e^{2\pi} - e^{-2\pi})$

8. 求下列各曲线所围成图形的公共部分的面积:

(1) $r = 3\cos\theta$ 及 $r = 1 + \cos\theta$;   (2) $r = \sqrt{2}\sin\theta$ 及 $r^2 = \cos2\theta$.

【解】 (1) $r = 3\cos\theta$ 为一圆, $r = 1 + \cos\theta$ 为一心形线,两曲线的交点对应于 $\theta = \pm\dfrac{\pi}{3}$,如图 F-6-6(a) 所示,由对称性知所求面积.

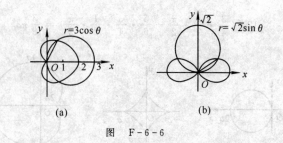

图 F-6-6

$$S = 2\Big[\frac{1}{2}\int_0^{\frac{\pi}{3}} (1+\cos\theta)^2 \mathrm{d}\theta + \frac{1}{2}\int_{\frac{\pi}{3}}^{\frac{\pi}{2}} (3\cos\theta)^2 \mathrm{d}\theta\Big] =$$

$$\int_0^{\frac{\pi}{3}}\Big[1 + 2\cos\theta + \frac{1}{2}(1+\cos2\theta)\Big]\mathrm{d}\theta + \frac{9}{2}\int_{\frac{\pi}{3}}^{\frac{\pi}{2}}(1+\cos2\theta)\mathrm{d}\theta = \frac{5}{4}\pi$$

(2) $r = \sqrt{2}\sin\theta$ 为一个圆, $r^2 = \cos2\theta$ 为双纽线,两曲线的两个交点对应于 $\theta = \dfrac{\pi}{6}$ 和 $\theta = \dfrac{5}{6}\pi$,如图 F-6-6(b) 所示.由对称性知,所求面积

$$S = 2\Big[\frac{1}{2}\int_0^{\frac{\pi}{6}} (\sqrt{2}\sin\theta)^2 \mathrm{d}\theta + \frac{1}{2}\int_{\frac{\pi}{6}}^{\frac{\pi}{4}} \cos2\theta \mathrm{d}\theta\Big] =$$

$$\int_0^{\frac{\pi}{6}}(1-\cos2\theta)\mathrm{d}\theta + \frac{1}{2}\sin2\theta\Big|_{\frac{\pi}{6}}^{\frac{\pi}{4}} = \frac{\pi}{6} + \frac{1}{2} - \frac{\sqrt{3}}{2}$$

9. 求位于曲线 $y = e^x$ 下方,该曲线过原点的切线的左方以及 x 轴上方之间的图形的面积.

【解】 设切点为 (x_0, e^{x_0}),则切线的斜率为 e^{x_0},于是过该点的切线为

$$y - e^{x_0} = e^{x_0}(x - x_0)$$

由切线过点 $(0,0)$ 得 $-e^{x_0} = -x_0 e^{x_0}$,即 $x_0 = 1$,

故切线方程为

$$y = ex$$

由图 F-6-7 可知所求面积

$$S = \int_{-\infty}^{0} e^x \, dx + \int_{0}^{1} (e^x - ex) \, dx = \frac{e}{2}$$

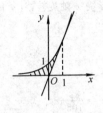

图　F-6-7

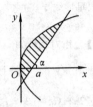

图　F-6-8

10. 求由抛物线 $y^2 = 4ax$ 与过焦点的弦所围成的图形面积的最小值.

【解】　不妨设 $a > 0$,由图 F-6-8 可见,y 作为积分变量比较方便.过焦点 $(a, 0)$ 弦的方程可设为 $x = ky + a$,由 $\begin{cases} x = ky + a \\ y^2 = 4ax \end{cases}$ 解得 $y_1 = 2a(k - \sqrt{k^2 + 1})$,$y_2 = 2a(k + \sqrt{k^2 + 1})$,且 $y_1 < y_2$,于是阴影部分的面积为

$$S = \int_{y_1}^{y_2} (ky + a - \frac{1}{4a} y^2) \, dy =$$

$$\frac{1}{2} ky^2 \Big|_{y_1}^{y_2} + a(y_2 - y_1) - \frac{1}{12a} y^3 \Big|_{y_1}^{y_2} = \frac{8}{3} a^2 (k^2 + 1)^{\frac{3}{2}}$$

显然,当 $k = 0$ 时面积最小,且最小面积为 $\frac{8}{3} a^2$.

注　该题也可利用极坐标形式计算(极点移在点 $(a, 0)$ 处).

习题 6-3

1. 把抛物线 $y^2 = 4ax (a > 0)$ 及直线 $x = x_0 (x_0 > 0)$ 所围成的图形绕 x 轴旋转,计算所得旋转抛物体的体积.

【解】　$V = \int_{0}^{x_0} \pi y^2 \, dx = \pi \int_{0}^{x_0} 4ax \, dx = 2a\pi x_0^2$

2. 由 $y = x^3$,$x = 2$,$y = 0$ 所围成的图形,分别绕 x 轴及 y 轴旋转,计算所得两个旋转体的体积.

【解】　绕 x 轴旋转所得体积为

$$V_1 = \int_{0}^{2} \pi y^2 \, dx = \pi \int_{0}^{2} x^6 \, dx = \frac{128}{7} \pi$$

绕 y 轴旋转所得体积为

$$V_2 = \pi 2^2 \times 8 - \int_0^8 \pi x^2 \mathrm{d}y = 32\pi - \pi\int_0^8 y^{\frac{2}{3}} \mathrm{d}y = \frac{64}{5}\pi$$

3.把星形线 $x^{\frac{2}{3}} + y^{\frac{2}{3}} = a^{\frac{2}{3}}$ 所围成的图形绕 x 轴旋转,计算所得旋转体体积.

【解】 由对称性知

$$V = 2\int_0^a \pi y^2 \mathrm{d}x = 2\pi\int_0^a (a^{\frac{2}{3}} - x^{\frac{2}{3}})^3 \mathrm{d}x =$$

$$2\pi\int_0^a (a^2 - 3a^{\frac{4}{3}}x^{\frac{2}{3}} + 3a^{\frac{2}{3}}x^{\frac{4}{3}} - x^2)\mathrm{d}x = \frac{32}{105}\pi a^3$$

4.用积分方法证明图 F-6-9 中球缺的体积为

$$V = \pi H^2(R - \frac{H}{3})$$

【解】 xOy 平面上圆的方程为 $x^2 + y^2 = R^2$,
于是球缺的体积

$$V = \int_{R-H}^R \pi x^2 \mathrm{d}y = \pi\int_{R-H}^R (R^2 - y^2)\mathrm{d}y =$$

$$\pi\left[R^2 y - \frac{1}{3}y^3\right]_{R-H}^R = \pi H^2(R - \frac{H}{3})$$

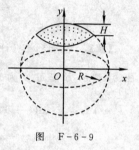

图 F-6-9

5.求下列已知曲线所围成的图形,按指定的轴旋转所生成的旋转体的体积:

(1) $y = x^2, x = y^2$,绕 y 轴;

(2) $y = a\mathrm{ch}\frac{x}{a}, x = 0, x = a, y = 0$,绕 x 轴;

(3) $x^2 + (y-5)^2 = 16$,绕 x 轴;

(4) 摆线 $x = a(t - \sin t), y = a(1 - \cos t)$ 的一拱,$y = 0$,绕直线 $y = 2a$.

【解】 (1)两条抛物线围成的图形如图 F-6-10(a)所示.可解得两个交点为 $(0,0)$ 和 $(1,1)$,于是所求体积为

$$V_1 = \pi\int_0^1 (y - y^4)\mathrm{d}y = \pi\left[\frac{1}{2}y^2 - \frac{1}{5}y^5\right]_0^1 = \frac{3}{10}\pi$$

(2) 如图 F-6-10(b)所示,所求体积为

$$V_2 = \pi\int_0^a y^2 \mathrm{d}x = \pi\int_0^a a^2\mathrm{ch}^2\frac{x}{a}\mathrm{d}x = \pi a^2\int_0^a \frac{1}{4}(\mathrm{e}^{\frac{x}{a}} + \mathrm{e}^{-\frac{x}{a}})^2\mathrm{d}x =$$

$$\frac{\pi a^2}{4}\int_0^a (2 + \mathrm{e}^{\frac{2x}{a}} + \mathrm{e}^{-\frac{2x}{a}})\mathrm{d}x = \frac{\pi a^2}{4}\left[2x + \frac{a}{2}\mathrm{e}^{\frac{2x}{a}} - \frac{a}{2}\mathrm{e}^{-\frac{2x}{a}}\right]_0^a =$$

$$\frac{\pi}{4}a^3(2+\text{sh}2)$$

(3) $y=5\pm\sqrt{16-x^2}$,如图 F - 6 - 10(c) 所示,由对称性知

$$V_3=2\pi\int_0^4\left[(5+\sqrt{16-x^2})^2-(5-\sqrt{16-x^2})^2\right]\mathrm{d}x=$$

$$40\pi\int_0^4\sqrt{16-x^2}\,\mathrm{d}x\xrightarrow{x=4\sin t}640\pi\int_0^{\frac{\pi}{2}}\cos^2t\mathrm{d}t=$$

$$640\pi\cdot\frac{1}{2}\cdot\frac{\pi}{2}=160\pi^2$$

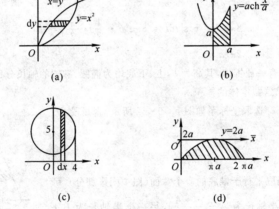

图　F - 6 - 10

(4) 如图 F - 6 - 10(d) 所示,现将 x 轴平移与直线 $y=2a$ 重合,新原点 O' 为点 $(0,2a)$ 处. 在新坐标系下,摆线方程为

$$\begin{cases}\bar{x}=a(t-\sin t)\\\bar{y}=-a(1+\cos t)\end{cases}$$

这时问题就变成图 F - 6 - 10(d) 中阴影部分绕 $\bar{x}$ 轴旋转. 由对称性知,所求体积为

$$V_4=2\left[4\pi^2a^3-\pi\int_0^{\pi a}\bar{y}^2\mathrm{d}\bar{x}=8\pi^2a^3-2\pi\int_0^{\pi}a^2(1+\cos t)^2a(1-\cos t)\mathrm{d}t=$$

$$8\pi^2a^3-2\pi a^3\int_0^{\pi}\sin^2t(1+\cos t)\mathrm{d}t=$$

$$8\pi^2 a^3 + \pi a^3 \int_0^\pi (\cos 2t - 1)\mathrm{d}t - 2\pi a^3 \int_0^\pi \sin^2 t \mathrm{d}\sin t =$$

$$8\pi^2 a^3 + \pi a^3 \left[\frac{1}{2}\sin 2t - t\right]_0^\pi - \frac{2}{3}\pi a^3 \sin^3 t \Big|_0^\pi = 7\pi^2 a^3$$

6.求圆盘 $x^2 + y^2 \leqslant a^2$ 绕 $x = -b(b > a > 0)$ 旋转所成旋转体的体积.

【解】 如图 F-6-11 所示,由对称性知

$$V = 2\pi \int_0^a (\sqrt{a^2 - y^2} + b)^2 \mathrm{d}y -$$

$$2\pi \int_0^a (-\sqrt{a^2 - y^2} + b)^2 \mathrm{d}y =$$

$$8\pi b \int_0^a \sqrt{a^2 - y^2} \mathrm{d}y \xrightarrow{y = a\sin t}$$

$$8\pi a^2 b \int_0^{\frac{\pi}{2}} \cos^2 t \mathrm{d}t = 8\pi a^2 b \cdot \frac{1}{2} \cdot \frac{\pi}{2} =$$

$$2\pi^2 a^2 b$$

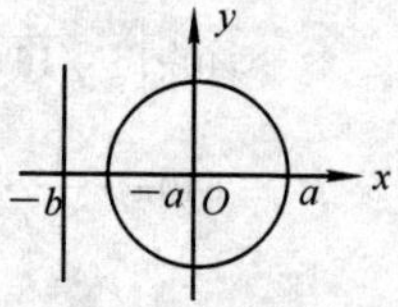

图 F-6-11

7.设有一截锥体,其高为 h,上、下底均为椭圆,椭圆的轴长分别为 $2a, 2b$ 和 $2A, 2B$,求这截锥体的体积.

【解】 选取坐标系如图 F-6-12 所示,直线段 CD 的方程为

$$y = \frac{h}{a - A}(x - A)$$

现任取平行于锥底的一个截面(图中阴影部分),可求得一个半轴长为 $A + \dfrac{a - A}{h}y$,另一个半轴长为 $B +$

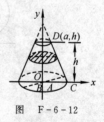

图　F-6-12

$\dfrac{b - B}{h}y$.于是截面面积为

$$\pi\left(A + \frac{a - A}{h}y\right)\left(B + \frac{b - B}{h}y\right)$$

从而截锥体的体积

$$V = \int_0^h \pi\left(A + \frac{a - A}{h}y\right)\left(B + \frac{b - B}{h}y\right)\mathrm{d}y = \frac{1}{6}\pi h(2AB + 2ab + Ab + aB)$$

8.计算底面是半径为 R 的圆,而垂直于底面上一条固定直径的所有截面都是等边三角形的立体体积(见图 F-6-13).

【解】 建立如图 F-6-13 所示坐标系,那么底圆的方程为 $x^2 + y^2 = R^2$.对任一 $x(0 \leqslant x \leqslant R)$,对应的等边三角形的边长为 $2\sqrt{R^2 - x^2}$,高为

$\sqrt{3} \sqrt{R^2 - x^2}$. 于是该等边三角形(即该截面)的面积

$$A(x) = \sqrt{3}(R^2 - x^2)$$

故所求体积为

$$V = 2\int_0^R A(x)\mathrm{d}x = 2\int_0^R \sqrt{3}(R^2 - x^2)\mathrm{d}x = \frac{4\sqrt{3}}{3}R^3$$

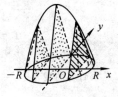

9. 证明：由平面图形 $0 \leqslant a \leqslant x \leqslant b, 0 \leqslant y \leqslant$ $f(x)$ 绕 y 轴旋转所成的旋转体的体积为

图　F-6-13

$$V = 2\pi\int_a^b xf(x)\mathrm{d}x$$

【证法 1】 围成的平面图形如图 F-6-14(a) 所示.

$$V = \pi b^2 f(b) - \pi a^2 f(a) - \pi\int_{f(a)}^{f(b)} x^2 \mathrm{d}y =$$

$$\pi b^2 f(b) - \pi a^2 f(a) - \pi\int_a^b x^2 \mathrm{d}f(x) =$$

$$\pi b^2 f(b) - \pi a^2 f(a) - \pi x^2 f(x)\ \Big|_a^b + 2\pi\int_a^b xf(x)\mathrm{d}x = 2\pi\int_a^b xf(x)\mathrm{d}x$$

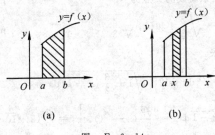

(a)　　　　　　　　(b)

图　F-6-14

【证法 2】 图 F-6-24(b) 中阴影部分绕 y 轴旋转得体积元素

$$\mathrm{d}V = 2\pi xf(x)\mathrm{d}x$$

所以

$$V = 2\pi\int_a^b xf(x)\mathrm{d}x$$

习题 6-4

1. 计算曲线 $y = \ln x$ 上相应于 $\sqrt{3} \leqslant x \leqslant \sqrt{8}$ 的一段弧的长度.

【解】 $s = \int_{\sqrt{3}}^{\sqrt{8}} \sqrt{1 + y'^2}\,\mathrm{d}x = \int_{\sqrt{3}}^{\sqrt{8}} \frac{\sqrt{x^2 + 1}}{x}\mathrm{d}x \xrightarrow{t = \sqrt{x^2 + 1}}$

$$\int_2^3 \frac{t^2}{t^2-1}dt = \int_2^3 [1 + \frac{1}{2}(\frac{1}{t-1} - \frac{1}{t+1})]dt =$$

$$1 + \frac{1}{2}\left[\ln(t-1) - \ln(t+1)\right]_2^3 = 1 + \frac{1}{2}\ln\frac{3}{2}$$

2.计算曲线 $y = \frac{\sqrt{x}}{3}(3-x)$ 上相应于 $1 \leqslant x \leqslant 3$ 的一段弧的长度.

【解】 $s = \int_1^3 \sqrt{1+y'^2}\,dx = \int_1^3 \sqrt{1 + (\frac{1}{2\sqrt{x}} - \frac{1}{2}\sqrt{x})^2}\,dx =$

$$\frac{1}{2}\int_1^3 \sqrt{(\frac{1}{\sqrt{x}} + \sqrt{x})^2}\,dx = \frac{1}{2}\int_1^3 (\frac{1}{\sqrt{x}} + \sqrt{x})\,dx =$$

$$\frac{1}{2}\left[2\sqrt{x} + \frac{2}{3}x^{\frac{3}{2}}\right]_1^3 = 2\sqrt{3} - \frac{4}{3}$$

3.计算半立方抛物线 $y^2 = \frac{2}{3}(x-1)^3$ 被抛物线

$y^2 = \frac{x}{3}$ 截得的一段弧的长度(见图 F-6-15).

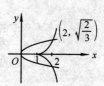

【解】 求得两条曲线的交点为

$$(2, -\sqrt{\frac{2}{3}}) \text{ 和} (2, \sqrt{\frac{2}{3}})$$

图 F-6-15

利用对称性,知弧长

$$s = 2\int_1^2 \sqrt{1+y'^2}\,dx = 2\int_1^2 \sqrt{1 + \frac{3}{2}(x-1)}\,dx =$$

$$\sqrt{2}\int_1^2 \sqrt{3x-1}\,dx = \frac{2\sqrt{2}}{9}(3x-1)^{\frac{3}{2}}\bigg|_1^2 = \frac{2}{9}(5\sqrt{10}-4)$$

4.计算抛物线 $y^2 = 2px$ 从顶点到这曲线上的一点 $M(x,y)$ 的弧长.

【解】 此题以 y 为积分变量比较方便.

$$s = \int_0^y \sqrt{1+x'^2}\,dy = \int_0^y \sqrt{1 + \frac{1}{p^2}y^2}\,dy = \frac{1}{p}\int_0^y \sqrt{p^2+t^2}\,dt =$$

$$\frac{1}{p}\left[\frac{t}{2}\sqrt{p^2+t^2} + \frac{p^2}{2}\ln(t + \sqrt{p^2+t^2})\right]_0^y =$$

$$\frac{y}{2p}\sqrt{p^2+y^2} + \frac{p}{2}\ln\frac{y + \sqrt{p^2+y^2}}{p}$$

5.计算星形线 $x = a\cos^3 t, y = a\sin^3 t$ 的全长.

【解】 由对称性得

$$s = 4\int_0^{\frac{\pi}{2}} \sqrt{x'^2 + y'^2}\, dt = 4\int_0^{\frac{\pi}{2}} \sqrt{(-3a\cos^2 t\sin t)^2 + (3a\sin^2 t\cos t)^2}\, dt =$$

$$12a\int_0^{\frac{\pi}{2}} \sin t\cos t\, dt = 6a\sin^2 t\,\Big|_0^{\frac{\pi}{2}} = 6a$$

6. 将绕在圆(半径为 a)上的细线放开拉直,使细线与圆周始终相切,细线端点画出的轨迹叫做圆的渐伸线,它的方程为

$$x = a(\cos t + t\sin t), \quad y = a(\sin t - t\cos t)$$

算出这曲线上相应于 t 从 0 变到 π 的一段弧的长度.

【解】 $s = \int_0^\pi \sqrt{x'^2 + y'^2}\, dt = \int_0^\pi \sqrt{(at\cos t)^2 + (at\sin t)^2}\, dt =$

$$a\int_0^\pi t\, dt = \frac{1}{2}a\pi^2$$

7. 在摆线 $x = a(t - \sin t), y = a(1 - \cos t)$ 上求分摆线第一拱成 $1:3$ 的点的坐标.

【解】 设所求分点对应于参数 t_0,于是有

$$3\int_0^{t_0} \sqrt{x'^2 + y'^2}\, dt = \int_{t_0}^{2\pi} \sqrt{x'^2 + y'^2}\, dt$$

即 $\quad 3a\int_0^{t_0} \sqrt{2(1 - \cos t)}\, dt = a\int_{t_0}^{2\pi} \sqrt{2(1 - \cos t)}\, dt$

$$3\int_0^{t_0} \sin\frac{t}{2}\, dt = \int_{t_0}^{2\pi} \sin\frac{t}{2}\, dt$$

由此可得 $\qquad\qquad\qquad \cos\frac{t_0}{2} = \frac{1}{2}$

解出 $\quad t_0 = \dfrac{2\pi}{3}$.故所求分点为 $\left(a\left(\dfrac{2\pi}{3} - \dfrac{\sqrt{3}}{2}\right), \dfrac{3}{2}a\right)$.

8. 求对数螺线 $r = e^{a\theta}$ 相应于自 $\theta = 0$ 到 $\theta = \varphi$ 的一段弧长.

【解】 $s = \int_0^\varphi \sqrt{r^2 + r'^2}\, d\theta = \int_0^\varphi \sqrt{e^{2a\theta} + a^2 e^{2a\theta}}\, d\theta =$

$$\sqrt{1 + a^2}\int_0^\varphi e^{a\theta}\, d\theta = \frac{\sqrt{1 + a^2}}{a}(e^{a\varphi} - 1)$$

9. 求曲线 $r\theta = 1$ 相应于自 $\theta = \dfrac{3}{4}$ 至 $\theta = \dfrac{4}{3}$ 一段弧长.

【解】 $r = \dfrac{1}{\theta}$,所以

$$s = \int_{\frac{3}{4}}^{\frac{4}{3}} \sqrt{r^2 + r'^2}\, \mathrm{d}\theta = \int_{\frac{3}{4}}^{\frac{4}{3}} \sqrt{\frac{1}{\theta^2} + \frac{1}{\theta^4}}\, \mathrm{d}\theta = \int_{\frac{3}{4}}^{\frac{4}{3}} \frac{\sqrt{\theta^2 + 1}}{\theta^2}\, \mathrm{d}\theta =$$

$$-\int_{\frac{3}{4}}^{\frac{4}{3}} \sqrt{\theta^2 + 1}\, \mathrm{d}\left(\frac{1}{\theta}\right) = -\frac{1}{\theta}\sqrt{\theta^2 + 1}\,\Big|_{\frac{3}{4}}^{\frac{4}{3}} + \int_{\frac{3}{4}}^{\frac{4}{3}} \frac{\mathrm{d}\theta}{\sqrt{\theta^2 + 1}} =$$

$$\frac{5}{12} + \ln(\theta + \sqrt{\theta^2 + 1})\,\Big|_{\frac{3}{4}}^{\frac{4}{3}} = \frac{5}{12} + \ln\frac{3}{2}$$

10.求心形线 $r = a(1 + \cos\theta)$ 的全长.

【解】 因为心形线关于极轴对称,所以弧长

$$s = 2\int_0^\pi \sqrt{r^2 + r'^2}\, \mathrm{d}\theta = 2\int_0^\pi \sqrt{a^2(1 + \cos\theta)^2 + a^2\sin^2\theta}\, \mathrm{d}\theta =$$

$$2\sqrt{2}\,a\int_0^\pi \sqrt{1 + \cos\theta}\, \mathrm{d}\theta = 4a\int_0^\pi \cos\frac{\theta}{2}\, \mathrm{d}\theta = 8a\sin\frac{\theta}{2}\,\Big|_0^\pi = 8a$$

习题 6 - 5

1.由实验知道,弹簧在拉伸过程中,需要的力 F(单位:N)与伸长量 s(单位:cm)成正比,即

$$F = ks \quad (k \text{ 是比例常数})$$

如果把弹簧由原长拉伸 6 cm,计算所做的功.

【解】 $W = \int_0^6 ks\, \mathrm{d}s = \frac{k}{2}s^2\,\Big|_0^6 = 18k(\mathrm{N} \cdot \mathrm{cm}) = 0.18k(\mathrm{J})$

2.直径为 20 cm,高为 80 cm 的圆柱体内充满压强为 10 N/cm² 的蒸汽.设温度保持不变,要使蒸汽体积缩小一半,问需要做多少功?

【解】 据波义尔-马略特定律:恒温下一定质量气体的压强×体积为一常数,得

$$pV = k = 10 \cdot (\pi 10^2 \cdot 80) = 80\,000\,\pi$$

假设底面积不变,当高度减少 x cm 时,压强为 $p(x)$ N/cm²,则有

$$p(x) = \frac{k}{V(x)} = \frac{80\,000\pi}{\pi 10^2(80 - x)} = \frac{800}{80 - x}$$

于是压力 $\qquad F(x) = \pi 10^2 p(x)$

功元素为 $\qquad \mathrm{d}W = F(x)\mathrm{d}x$

从而功 $\qquad W = \int_0^{40} F(x)\mathrm{d}x = 80\,000\pi\int_0^{40} \frac{1}{80 - x}\mathrm{d}x =$

$$-80\,000\pi\Big[\ln(80 - x)\Big]_0^{40} =$$

$$80\,000\pi\ln 2\ \mathrm{N} \cdot \mathrm{cm} = 800\pi\ln 2\ \mathrm{J}$$

3. (1) 证明:把质量为 m 的物体从地球表面升高到 h 处所做的功是

$$W = G\frac{mMh}{R(R+h)}$$

其中 G 是引力常数, M 是地球的质量, R 是地球的半径;

(2) 一个人造地球卫星的质量为 173 kg, 在高于地面 630 km 处进入轨道. 问把这个卫星从地面送到 630 km 的高空处, 克服地球引力要做多少功? 已知引力常数 $G = 6.67 \times 10^{-11}\,\mathrm{m^3/(s^2 \cdot kg)}$, 地球质量 $M = 5.98 \times 10^{24}$ kg, 地球半径 $R = 6\,370$ km.

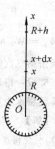

【证】 (1) 建立坐标系如图 F - 6 - 16 所示. 将质量为 m 的物体从 x 处升高到 $x + \mathrm{d}x$ 处所做的功为(即功元素)

$$\mathrm{d}W = G\frac{mM}{x^2}\mathrm{d}x$$

图　F - 6 - 16

于是升高到 $R + h$ 处所做的功

$$W = \int_R^{R+h} \frac{GmM}{x^2}\mathrm{d}x = -GmM\left.\frac{1}{x}\right|_R^{R+h} = G\frac{mMh}{R(R+h)}$$

(2) 将题中各数字代入上公式, 得

$$W = \frac{6.67 \times 10^{-11} \times 173 \times 5.98 \times 10^{24} \times 630 \times 10^3}{6\,370 \times 10^3 \times (6\,370 + 630) \times 10^3} \approx$$
$$9.75 \times 10^5 \text{ kJ}$$

4. 一物体按规律 $x = ct^3$ 做直线运动, 媒质的阻力与速度的平方成正比. 计算物体由 $x = 0$ 移至 $x = a$ 时, 克服媒质阻力所做的功.

【解】 $x = ct^3$, 速度 $v = (ct^3)' = 3ct^2$, 于是媒质阻力 $F = kv^2 = 9kc^2t^4$ (k 为比例因子), 而 $t = (\frac{x}{c})^{\frac{1}{3}}$. 所以

$$F = 9kc^{\frac{2}{3}}x^{\frac{4}{3}}$$

功

$$W = \int_0^a 9kc^{\frac{2}{3}}x^{\frac{4}{3}}\mathrm{d}x = \frac{27}{7}kc^{\frac{2}{3}}x^{\frac{7}{3}}\Big|_0^a = \frac{27}{7}kc^{\frac{2}{3}}a^{\frac{7}{3}}$$

5. 用铁锤将一铁钉击入木板, 设木板对铁钉的阻力与铁钉击入木板的深度成正比, 在击第一次时, 将铁钉击入木板 1 cm. 如果铁锤每次打击铁钉所做的功相等, 问锤击第二次时, 铁钉又击入多少?

【解】 依题意, 当铁钉击入木板的深度为 x cm 时, 阻力为 $F = kx$, 于是功元素为 $\mathrm{d}W = kx\,\mathrm{d}x$.

第一次打击铁钉所做的功为

$$W_1 = \int_0^1 kx\,\mathrm{d}x = \frac{1}{2}k$$

第二次打击铁钉所做的功(设第二次击入深度为 h)

$$W_2 = \int_1^{1+h} kx\,\mathrm{d}x = \frac{1}{2}k(h^2 + 2h)$$

由 $W_1 = W_2$ 可解得 $h = \sqrt{2} - 1$.

故锤击第二次时,铁钉又击入 $\sqrt{2} - 1$ cm.

图　F - 6 - 17

6. 设一锥形贮水池,深 15 m,口径 20 m,盛满水,今以唧筒将水吸尽,问要做多少功?

【解】　建立坐标系如图 F - 6 - 17 所示,则直线 AB 的方程为 $2x + 3y - 30 = 0$. 于是将深度为 x 到 $x + \mathrm{d}x$ 的水吸出池面所做的功

$$\mathrm{d}W = x\pi y^2\,\mathrm{d}x = \pi x\left(10 - \frac{2}{3}x\right)^2\mathrm{d}x$$

从而吸尽水做的功为

$$W = \int_0^{15} \pi x\left(10 - \frac{2}{3}x\right)^2\mathrm{d}x =$$

$$\pi\left[50x^2 - \frac{40}{9}x^3 + \frac{1}{9}x^4\right]_0^{15} =$$

$$1\,875\,\pi(\text{t} \cdot \text{m}) \approx 57\,697.5 \text{ kJ}$$

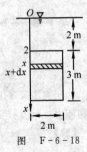

7. 有一闸门,它的形状和尺寸如图 F - 6 - 18 所示,水面超过门顶 2 m.求闸门上所受的水压力.

【解】　图 F - 6 - 18 中小区间 $[x, x + \mathrm{d}x]$ 上所受的压力为

$$\mathrm{d}F = 9.8x \cdot 2 \cdot \mathrm{d}x = 19.6x\,\mathrm{d}x$$

图　F - 6 - 18

所以总压力

$$F = 19.6\int_2^5 x\,\mathrm{d}x = 21 \text{ t} = 205.8 \text{ kN}$$

8. 洒水车上的水箱是一个横放的椭圆柱体,尺寸如图 F - 6 - 19 所示。当水箱装满水时,计算水箱的一个端面所受的压力.

【解】　建立坐标系如图 F - 6 - 19 所示,椭圆方程为

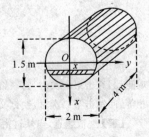

图　F - 6 - 19

$$\frac{x^2}{0.75^2} + y^2 = 1$$

由对称性,可取 $y = \sqrt{1 - \frac{x^2}{0.75^2}}$,阴影部分所受的水压力为

$$dF = 9.8(0.75 + x)2y\,dx =$$

$$19.6(0.75 + x)\sqrt{1 - \frac{x^2}{0.75^2}}\,dx$$

从而总压力

$$F = 19.6 \int_{-0.75}^{0.75} (0.75 + x)\sqrt{1 - \frac{x^2}{0.75^2}}\,dx =$$

$$19.6 \times 0.75 \times 2 \int_0^{0.75} \sqrt{1 - \frac{x^2}{0.75^2}}\,dx \xrightarrow{x = 0.75\sin t}$$

$$19.6 \times 0.75^2 \times 2 \int_0^{\frac{\pi}{2}} \cos^2 t\,dt = 19.6 \times 0.75^2 \left[t + \frac{1}{2}\sin 2t \right]_0^{\frac{\pi}{2}} =$$

$$19.6 \times 0.75^2 \times \frac{\pi}{2} \approx 17.3 \text{ kN}$$

9.有一等腰梯形闸门,它的两条底边各长 10 m 和 6 m,高为 20 m.较长的底边与水面相齐.计算闸门的一侧所受的水压力.

【解】 建立坐标系如图 F-6-20 所示,直线段 AB 的方程为 $y = -\frac{1}{10}x + 5$.闸门上位于 $[x, x+dx]$ 一段所受的压力为

$$dF = 9.8x \cdot 2\left(-\frac{1}{10}x + 5\right)dx$$

所以总压力

$$F = 19.6 \int_0^{20} x\left(-\frac{1}{10}x + 5\right)dx = 14\ 373.3 \text{ kN}$$

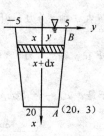

图 F-6-20

10.一底为 8 cm,高为 6 cm 的等腰三角形片,铅直地沉没在水中,顶在上,底在下且与水面平行,而顶离水面 3 cm,试求它每面所受的压力.

【解】 建立坐标系如图 F-6-21 所示.直线 AB 的方程为

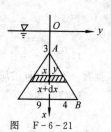

图 F-6-21

$$y = \frac{2}{3}x - 2$$

水压力元素为 $\mathrm{d}F = 9.8x \cdot 2\left(\frac{2}{3}x - 2\right)\mathrm{d}x$

从而所求压力为

$$F = \int_3^9 19.6x\left(\frac{2}{3}x - 2\right)\mathrm{d}x = 19.6\left[\frac{2}{9}x^3 - x^2\right]_3^9 = 1\,646.4 \approx 1.65 \text{ N}$$

11. 设有一长度为 l，线密度为 ρ 的均匀细直棒，在与棒的一端垂直距离为 a 单位处有一质量为 m 的质点 M，试求这细棒对质点 M 的引力.

【解】 取坐标系如图 F-6-22 所示，细棒在 y 轴上，下端为原点，质点 M 在 x 轴上距原点为 a 处. 细棒上任取长度为 $\mathrm{d}y$ 的一段，则该段对质点 M 的引力为

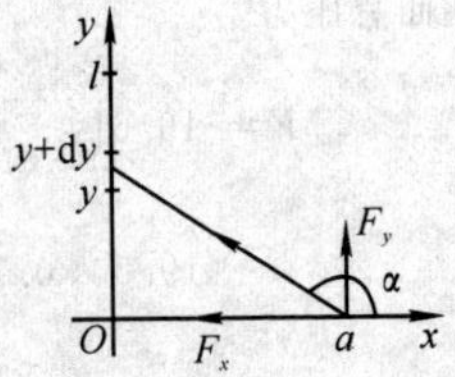

图 F-6-22

$$\mathrm{d}F = k\frac{m\rho\,\mathrm{d}y}{a^2 + y^2} \quad (k \text{ 为引力系数})$$

$\mathrm{d}F$ 在 x 轴上分力 $\mathrm{d}F_x = \mathrm{d}F \cdot \cos\alpha = -\frac{kam\rho}{(a^2 + y^2)^{\frac{3}{2}}}\mathrm{d}y$

$\mathrm{d}F$ 在 y 轴上分力 $\mathrm{d}F_y = \mathrm{d}F \cdot \sin\alpha = \frac{km\rho y}{(a^2 + y^2)^{\frac{3}{2}}}\mathrm{d}y$

于是 $F_x = -kam\rho\displaystyle\int_0^l \frac{1}{(a^2 + y^2)^{\frac{3}{2}}}\mathrm{d}y = -kam\rho\left[\frac{y}{a^2\sqrt{a^2 + y^2}}\right]_0^l =$

$$-\frac{km\rho l}{a\sqrt{a^2 + l^2}}$$

$$F_y = km\rho\int_0^l \frac{y}{(a^2 + y^2)^{\frac{3}{2}}}\mathrm{d}y = \frac{1}{2}km\rho\int_0^l \frac{\mathrm{d}(a^2 + y^2)}{(a^2 + y^2)^{3/2}} =$$

$$-km\rho\frac{1}{\sqrt{a^2 + y^2}}\Bigg|_0^l = km\rho\left(\frac{1}{a} - \frac{1}{\sqrt{a^2 + l^2}}\right)$$

12. 设有一半径为 R、中心角为 φ 的圆弧形细棒，其线密度为常数 ρ. 在圆心处有一质量为 m 的质点 M. 试求这细棒对质点 M 的引力.

【解】 建立坐标系如图 F-6-23 所示. 圆弧形细棒上任一小段

$$\mathrm{d}s = R\mathrm{d}\theta$$

该小段对质点 M 的引力

$$dF = k\frac{m\rho ds}{R^2} = \frac{km\rho}{R}d\theta \quad (k \text{ 为引力系数})$$

在两个轴上的分力分别为

$$dF_x = dF \cdot \cos\theta = \frac{km\rho}{R}\cos\theta d\theta$$

$$dF_y = dF \cdot \sin\theta = \frac{km\rho}{R}\sin\theta d\theta$$

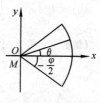

于是　　$$F_x = \int_{-\frac{\varphi}{2}}^{\frac{\varphi}{2}} \frac{km\rho}{R}\cos\theta d\theta = \frac{2km\rho}{R}\sin\frac{\varphi}{2}$$

图　F-6-23

$$F_y = \int_{-\frac{\varphi}{2}}^{\frac{\varphi}{2}} \frac{km\rho}{R}\sin\theta d\theta = 0$$

习题 6-6

1. 一物体以速度 $v = 3t^2 + 2t\,(\mathrm{m/s})$ 做直线运动，算出它在 $t = 0$ 到 $t = 3\mathrm{s}$ 一段时间内的平均速度.

【解】　平均速度 $\bar{v} = \dfrac{1}{3-0}\int_0^3 (3t^2 + 2t)dt = \dfrac{1}{3}\left[t^3 + t^2\right]_0^3 = 12\,(\mathrm{m/s})$

2. 计算函数 $y = 2xe^{-x}$ 在 $[0,2]$ 上的平均值.

【解】　$\bar{y} = \dfrac{1}{2-0}\int_0^2 2xe^{-x}dx = -\int_0^2 x de^{-x} = -xe^{-x}\Big|_0^2 - e^{-x}\Big|_0^2 = 1 - 3e^{-2}$

3. 某可控硅控制线路中，流过负载 R 的电流 $i(t)$ 如图 F-6-24 所示，即

$$i(t) = \begin{cases} 0, & 0 \leqslant t \leqslant t_0 \\ 5\sin\omega t, & t_0 < t \leqslant \dfrac{T}{2} \end{cases}$$

其中 t_0 称为触发时间，如果 $T = 0.02\,(\mathrm{s})$（即 $\omega = \dfrac{2\pi}{T} = 100\pi$）.

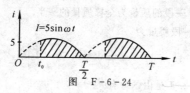

图 F-6-24

(1) 当触发时间 $t_0 = 0.002\,5\,(\mathrm{s})$ 时，求 $0 \leqslant t \leqslant \dfrac{T}{2}$ 内电流的平均值；

(2) 当触发时间为 t_0 时，求 $\left[0, \dfrac{T}{2}\right]$ 内电流的平均值；

(3) 要使 $i_{平均} = \dfrac{15}{2\pi}$(A) 和 $\dfrac{5}{3\pi}$(A),问相应的触发时间应为多少?

【解】 (1) $\bar{i} = \dfrac{1}{\dfrac{T}{2} - 0}\displaystyle\int_0^{\frac{T}{2}} i(t)\mathrm{d}t = 100\displaystyle\int_{0.002\,5}^{0.01} 5\sin\omega t\,\mathrm{d}t =$

$$-\dfrac{500}{\omega}\cos\omega t \Big|_{0.002\,5}^{0.01} = \dfrac{5}{\pi}\Big(1+\dfrac{\sqrt{2}}{2}\Big) \text{ A}$$

(2) $\bar{i} = \dfrac{1}{\dfrac{T}{2} - 0}\displaystyle\int_{t_0}^{\frac{T}{2}} i(t)\mathrm{d}t = 100\displaystyle\int_{t_0}^{\frac{T}{2}} 5\sin\omega t\,\mathrm{d}t =$

$$-\dfrac{500}{\omega}\cos\omega t \Big|_{t_0}^{\frac{T}{2}} = \dfrac{5}{\pi}(1+\cos100\pi t_0) \text{ A}$$

(3) 要使 $i_{平均} = \dfrac{15}{2\pi}$ A,由(2)得

$$\dfrac{5}{\pi}(1+\cos100\pi t_0) = \dfrac{15}{2\pi}$$

即
$$\cos100\pi t_0 = \dfrac{1}{2}$$

所以
$$t_0 = \dfrac{1}{300} \text{ s}$$

要使 $i_{平均} = \dfrac{5}{3\pi}$(A),则有 $\cos100\pi t_0 = -\dfrac{2}{3}$

所以
$$t_0 = \dfrac{1}{100\pi}\arccos\Big(-\dfrac{2}{3}\Big) \approx 0.007\,3 \text{ s}$$

总习题六

1.一金属棒长 3 m,离棒左端 x m 处的线密度为 $\rho(x) = \dfrac{1}{\sqrt{x+1}}$(kg/m),问 x 为何值时,$[0,x]$ 一段的质量为全棒质量的一半.

【解】 $[0,x]$ 上一段质量为

$$M(x) = \int_0^x \rho(x)\mathrm{d}x = \int_0^x \dfrac{1}{\sqrt{t+1}}\mathrm{d}t = 2\sqrt{t+1}\,\Big|_0^x = 2\sqrt{x+1}-2$$

而全棒质量 $M(3) = 2$.于是由题意有

$$2\sqrt{x+1}-2 = 1$$

解得
$$x = \dfrac{5}{4} \text{ m}$$

2.求由曲线 $r = a\sin\theta, r = a(\cos\theta+\sin\theta)(a>0)$ 所围图形公共部分的面积.

【解】 两曲线如图 F－6－25 所示.对于圆 $r =$

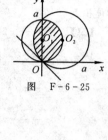

$a(\cos\theta + \sin\theta)$,两交点对应的参数为 $\theta_1 = \dfrac{\pi}{2}, \theta_2 =$

$\dfrac{3}{4}\pi$.于是所求面积为

$$S = \frac{1}{2}\pi(\frac{a}{2})^2 + \int_{\frac{\pi}{2}}^{\frac{3}{4}\pi} \frac{1}{2}r^2 \mathrm{d}\theta =$$

$$\frac{1}{8}\pi a^2 + \frac{1}{2}a^2 \int_{\frac{\pi}{2}}^{\frac{3}{4}\pi} (\cos\theta + \sin\theta)^2 \mathrm{d}\theta =$$

$$\frac{1}{8}\pi a^2 + \frac{1}{2}a^2 \Big[\theta + \sin^2\theta\Big]_{\frac{\pi}{2}}^{\frac{3}{4}\pi} = \frac{1}{4}(\pi - 1)a^2$$

图 F－6－25

3.设抛物线 $y = ax^2 + bx + c$ 通过点 $(0,0)$,且当 $x \in [0,1]$ 时,$y \geqslant 0$,试确定 a,b,c 的值,使得抛物线 $y = ax^2 + bx + c$ 与直线 $x = 1, y = 0$ 所围图形的面积为 $\dfrac{4}{9}$,且使该图形绕 x 轴旋转而成的旋转体的体积最小.

【解】 因为抛物线过点 $(0,0)$,所以 $c = 0$.

又据面积公式,有

$$\int_0^1 (ax^2 + bx)\mathrm{d}x = \frac{4}{9}$$

即得

$$\frac{1}{3}a + \frac{1}{2}b = \frac{4}{9}$$

从而

$$b = \frac{8}{9} - \frac{2}{3}a$$

该图形绕 x 轴旋转所得体积

$$V = \pi \int_0^1 (ax^2 + bx)^2 \mathrm{d}x = \pi \Big[\frac{a^2}{5}x^5 + \frac{1}{2}abx^4 + \frac{1}{3}b^2x^3\Big]_0^1 =$$

$$\pi(\frac{1}{5}a^2 + \frac{1}{2}ab + \frac{1}{3}b^2)$$

代入 b 的表达式得

$$V = \frac{2}{27}\pi(\frac{1}{5}a^2 + \frac{2}{3}a + \frac{32}{9}) = \frac{2}{135}\pi\Big[(a + \frac{5}{3})^2 + 15\Big]$$

显见,当 $a = -\dfrac{5}{3}$ 时,体积 V 最小.此时 $b = 2$.

故 $a = -\dfrac{5}{3}, b = 2, c = 0$.抛物线为 $y = -\dfrac{5}{3}x^2 + 2x$.

4.求由曲线 $y=x^{\frac{3}{2}}$ 与直线 $x=4$,x 轴所围图形绕 y 轴旋转而成的旋转体的体积.

【解】 图 F-6-26 中阴影部分绕 y 轴旋转所得的体积为

$$V=\pi\times4^2\times8-\pi\int_0^8 x^2\mathrm{d}y=$$

$$128\pi-\pi\int_0^8 y^{\frac{4}{3}}\mathrm{d}y=$$

$$128\pi-\frac{3}{7}\pi y^{\frac{7}{3}}\Big|_0^8=\frac{512}{7}\pi$$

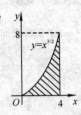

图 F-6-26

5.求圆盘 $(x-2)^2+y^2\leqslant1$ 绕 y 轴旋转而成的旋转体的体积.

【解】 由对称性,有

$$V=2\pi\int_0^1\left[(2+\sqrt{1-y^2})^2-(2-\sqrt{1-y^2})^2\right]\mathrm{d}y=$$

$$16\pi\int_0^1\sqrt{1-y^2}\mathrm{d}y\xrightarrow{y=\sin t}16\pi\int_0^{\frac{\pi}{2}}\cos^2 t\,\mathrm{d}t=$$

$$16\pi\cdot\frac{1}{2}\cdot\frac{\pi}{2}=4\pi^2$$

6.求抛物线 $y=\dfrac{1}{2}x^2$ 被圆 $x^2+y^2=3$ 所截下的有限部分的弧长.

【解】 可求出两曲线的交点为 $(-\sqrt{2},1),(\sqrt{2},1)$,由对称性得所求弧长为

$$s=2\int_0^{\sqrt{2}}\sqrt{1+y'^2}\,\mathrm{d}x=2\int_0^{\sqrt{2}}\sqrt{1+x^2}\,\mathrm{d}x=$$

$$\left[x\sqrt{1+x^2}+\ln(x+\sqrt{1+x^2})\right]_0^{\sqrt{2}}=\sqrt{6}+\ln(\sqrt{2}+\sqrt{3})$$

7.半径为 r 的球沉入水中,球的上部与水面相切,球的比重与水相同,现将球从水中取出,需作多少功?

【解】 建立坐标系如图 F-6-27 所示.考查将厚度为 $\mathrm{d}x$ 的小薄片提出水面所做的功.球从水中取出,该薄片将上提 $2r$ 的高度,但由于球的比重与水的比重相同,因而该小薄片在水中的行程 $r+x$ 一段不做功,而做功段的行程为 $2r-(r+x)=r-x$.于是

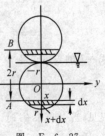

图 F-6-27

$$dW = \pi y^2 dx \cdot g \cdot (r - x) = \pi g (r - x)(r^2 - x^2)dx$$

故所求功为

$$W = \int_{-r}^{r} \pi g (r - x)(r^2 - x^2)dx \xrightarrow{\text{奇偶性}}$$

$$\int_{-r}^{r} \pi g r (r^2 - x^2)dx = 2\pi g r \int_{0}^{r} (r^2 - x^2)dx =$$

$$2\pi g r \left[r^2 x - \frac{1}{3} x^3 \right]_{0}^{r} = \frac{4}{3} \pi g r^4$$

第7章

习题 7－1

1. 在空间直角坐标系中,指出下列各点在哪个卦限?

A$(1, -2, 3)$;B$(2, 3, -4)$;C$(2, -3, -4)$;D$(-2, -3, 1)$.

【答】 A:第 4 卦限;B:第 5 卦限;C:第 8 卦限;D:第 3 卦限.

2. 在坐标面上和坐标轴上的点的坐标各有什么特征? 指出下列各点的位置:

A$(3, 4, 0)$;B$(0, 4, 3)$;C$(3, 0, 0)$;D$(0, -1, 0)$.

【答】 坐标面上的点有一个坐标为零. 如 xOy 面上的点的坐标是$(x, y, 0)$;yOz 坐标面上的点的坐标是$(0, y, z)$;zOx 坐标面上的点的坐标是$(x, 0, z)$,坐标轴上的点有两个坐标为零. 如 x 轴上的点的坐标是$(x, 0, 0)$;y 轴上的点的坐标是$(0, y, 0)$;z 轴上的点的坐标是$(0, 0, z)$.

点 A 在 xOy 面上;点 B 在 yOz 面上;点 C 在 x 轴上;点 D 在 y 轴上.

3. 求点(a, b, c)关于(1) 各坐标面;(2) 各坐标轴;(3) 坐标原点的对称点的坐标.

【答】 (1) xOy 面:$(a, b, -c)$;yOz 面:$(-a, b, c)$;zOx 面:$(a, -b, c)$.

(2) x 轴:$(a, -b, -c)$;y 轴:$(-a, b, -c)$;z 轴:$(-a, -b, c)$.

(3) 原点:$(-a, -b, -c)$.

4. 自点 $P_0(x_0, y_0, z_0)$ 分别作各坐标面和各坐标轴的垂线,写出各垂足的坐标.

【答】 xOy 面:$(x_0, y_0, 0)$;yOz 面:$(0, y_0, z_0)$;zOx 面:$(x_0, 0, z_0)$;

x 轴:$(x_0, 0, 0)$;y 轴:$(0, y_0, 0)$;z 轴:$(0, 0, z_0)$.

5. 过点 $P_0(x_0, y_0, z_0)$ 分别作平行于 z 轴的直线和平行于 xOy 面的平面,问在它们上面的点的坐标各有什么特点?

【答】 直线上的点的横坐标都是 x_0,纵坐标都是 y_0,平面上的点的竖坐标都是 z_0.

6.一边长为 a 的立方体放置在 xOy 面上,其底面的中心在坐标原点,底面的顶点在 x 轴和 y 轴上,求它各顶点的坐标.

【答】 $(\frac{\sqrt{2}}{2}a,0,0),(0,\frac{\sqrt{2}}{2}a,0),(-\frac{\sqrt{2}}{2}a,0,0),(0,-\frac{\sqrt{2}}{2}a,0)$

$(\frac{\sqrt{2}}{2}a,0,a),(0,\frac{\sqrt{2}}{2}a,a),(-\frac{\sqrt{2}}{2}a,0,a),(0,-\frac{\sqrt{2}}{2}a,a)$

7.求点 $M(4,-3,5)$ 到各坐标轴的距离.

【解】 由第4题知从点 M 向 x 轴作垂线,垂足的坐标是 $(4,0,0)$,于是点 M 到 x 轴的距离是

$$d_x = \sqrt{(4-4)^2 + (-3-0)^2 + (5-0)^2} = \sqrt{34}$$

同理点 M 到 y 轴和 z 轴的距离分别是

$$d_y = \sqrt{(4-0)^2 + (-3+3)^2 + (5-0)^2} = \sqrt{41}$$

$$d_z = \sqrt{(4-0)^2 + (-3-0)^2 + (5-5)^2} = 5$$

8.在 yOz 面上,求与三点 $A(3,1,2),B(4,-2,-2)$ 和 $C(0,5,1)$ 等距离的点.

【解】 设所求点的坐标为 $(0,y,z)$,于是有

$$\begin{cases} (y-5)^2 + (z-1)^2 = (0-4)^2 + (y+2)^2 + (z+2)^2 \\ (0-3)^2 + (y-1)^2 + (z-2)^2 = (0-4)^2 + (y+2)^2 + (z+2)^2 \end{cases}$$

解之得 $y=1,z=-2$,故所求点为 $(0,1,-2)$.

9.试证明以三点 $A(4,1,9),B(10,-1,6),C(2,4,3)$ 为顶点的三角形是等腰直角三角形.

【证】 由空间两点间的距离公式知,$AB=7,BC=7\sqrt{2},AC=7$.故 $AC^2 + AB^2 = BC^2$,且 $AB=AC$,即三角形 ABC 是以 AB 和 AC 为腰的等腰直角三角形.

习题 7 - 2

1.设 $u = a-b+2c,v = -a+3b-c$.试用 a,b,c 表示 $2u-3v$.

【解】 $2u-3v = 2(a-b+2c) - 3(-a+3b-c) = 5a - 11b + 7c$.

2. 如果平面上一个四边形的对角线互相平分,试用向量证明它是平行四边形.

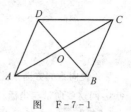

【证】 如图 F-7-1 所示,由已知得

$$\overrightarrow{AO} = \overrightarrow{OC}, \quad \overrightarrow{DO} = \overrightarrow{OB}$$

故

$$\overrightarrow{AB} = \overrightarrow{AO} + \overrightarrow{OB} = \overrightarrow{OC} + \overrightarrow{DO} = \overrightarrow{DC}$$

$$\overrightarrow{AD} = \overrightarrow{AO} + \overrightarrow{OD} = \overrightarrow{OC} + \overrightarrow{BO} = \overrightarrow{BC}$$

图　F-7-1

所以 $ABCD$ 为平行四边形.

3. 把 $\triangle ABC$ 的 BC 边五等分,设分点依次为 D_1, D_2, D_3, D_4,再把各分点与点 A 连接,试以 $\overrightarrow{AB} = c$,$\overrightarrow{BC} = a$ 表示向量 $\overrightarrow{D_1 A}$,$\overrightarrow{D_2 A}$,$\overrightarrow{D_3 A}$ 和 $\overrightarrow{D_4 A}$.

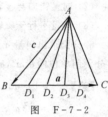

【解】 如图 F-7-2 所示.

$$\overrightarrow{D_1 A} = \overrightarrow{D_1 B} + \overrightarrow{BA} = -\frac{1}{5}a - c = -\left(c + \frac{1}{5}a\right)$$

图　F-7-2

同理可得

$$\overrightarrow{D_2 A} = -\left(c + \frac{2}{5}a\right)$$

$$\overrightarrow{D_3 A} = -\left(c + \frac{3}{5}a\right), \quad \overrightarrow{D_4 A} = -\left(c + \frac{4}{5}a\right)$$

习题 7-3

1. 设向量 r 的模是 4,它与轴 u 的夹角是 $60°$,求 r 在轴 u 上的投影.

【解】 $\text{Prj}_u r = 4\cos 60° = 2$.

2. 一向量的终点在点 $B(2, -1, 7)$,它在 x 轴、y 轴和 z 轴上的投影依次为 4,-4 和 7,求这向量的起点 A 的坐标.

【解】 因为以 $M_1(x_1, y_1, z_1)$ 为起点,以 $M_2(x_2, y_2, z_2)$ 为终点的向量 $\overrightarrow{M_1 M_2}$ 在 x 轴上的投影 $a_x = x_2 - x_1$,所以,当 $a_x = 4, x_2 = 2$ 时,

$$x_1 = x_2 - a_x = 2 - 4 = -2$$

同理,$y_1 = -1 - (-4) = 3, z_1 = 7 - 7 = 0$.即起点坐标是 $(-2, 3, 0)$.

3. 已知两点 $M_1(0, 1, 2)$ 和 $M_2(1, -1, 0)$.试用坐标表示式表示向量 $\overrightarrow{M_1 M_2}$ 及 $-2 \overrightarrow{M_1 M_2}$.

【解】 $\overrightarrow{M_1 M_2} = \{1, -2, -2\}, -2 \overrightarrow{M_1 M_2} = \{-2, 4, 4\}$.

4. 设已知两点 $M_1(4, \sqrt{2}, 1)$ 和 $M_2(3, 0, 2)$.计算向量 $\overrightarrow{M_1 M_2}$ 的模、方向余弦和方向角.

【解】 $\overrightarrow{M_1 M_2} = \{-1, -\sqrt{2}, 1\}, |\overrightarrow{M_1 M_2}| = \sqrt{(-1)^2 + (-\sqrt{2})^2 + 1^2} = 2$

$$\cos\alpha = -\frac{1}{2}, \quad \cos\beta = -\frac{\sqrt{2}}{2}, \quad \cos\gamma = \frac{1}{2}$$

$$\alpha = \frac{2}{3}\pi, \quad \beta = \frac{3}{4}\pi, \quad \gamma = \frac{\pi}{3}$$

5.设向量的方向余弦分别满足(1) $\cos\alpha = 0$;(2) $\cos\beta = 1$;(3) $\cos\alpha = \cos\beta = 0$,问这些向量与坐标轴或坐标面的关系如何?

【解】 (1) 向量垂直于 x 轴,平行于 yOz 面;

(2) 向量指向与 y 轴正向一致,垂直于 xOz 面;

(3) 向量平行于 z 轴,垂直于 xOy 面.

6.分别求出向量 $a = i+j+k, b = 2i-3j+5k$ 及 $c = -2i-j+2k$ 的模,并分别用单位向量 a^0, b^0, c^0 表达向量 a, b, c.

【解】 $|a| = \sqrt{3}$, $|b| = \sqrt{38}$, $|c| = 3$;

$$a = \sqrt{3}a^0, \quad b = \sqrt{38}b^0, \quad |c| = 3c^0.$$

7.设 $m = 3i+5j+8k, n = 2i-4j-7k$ 和 $p = 5i+j-4k$.求向量 $a = 4m+3n-p$ 在 x 轴上的投影及在 y 轴上的分向量.

【解】 $a = \{12,20,32\} + \{6,-12,-21\} + \{-5,-1,4\} = \{13,7,15\}$.

所以向量 a 在 x 轴上的投影是 13,在 y 轴上的分向量是 $7j$.

8.求平行于向量 $a = (6,7,-6)$ 的单位向量.

【解】 $|a| = 11$,故平行于 a 的单位向量为

$$a^0 = \pm\{\frac{6}{11}, \frac{7}{11}, -\frac{6}{11}\}$$

习题 7-4

1.设 $a = 3i-j-2k, b = i+2j-k$,求

(1) $a \cdot b$ 及 $a \times b$;(2) $(-2a) \cdot 3b$ 及 $a \times 2b$;(3) a, b 的夹角的余弦.

【解】 (1) $a \cdot b = \{3,-1,-2\} \cdot \{1,2,-1\} = 3-2+2 = 3$

$$a \times b = \begin{vmatrix} i & j & k \\ 3 & -1 & -2 \\ 1 & 2 & -1 \end{vmatrix} = 5i+j+7k$$

(2) $(-2a) \cdot 3b = \{-6,2,4\} \cdot \{3,6,-3\} = -18+12-12 = -18$

$$a \times 2b = \begin{vmatrix} i & j & k \\ 3 & -1 & -2 \\ 2 & 4 & -2 \end{vmatrix} = 10i+2j+14k$$

(3) $\cos(\widehat{a,b}) = \dfrac{a \cdot b}{|a||b|} = \dfrac{3}{\sqrt{14} \times \sqrt{6}} = \dfrac{3}{2\sqrt{21}}$

2. 设 a,b,c 为单位向量, 且满足 $a+b+c=0$, 求 $a \cdot b + b \cdot c + c \cdot a$.

【解】 因为 $|a|=|b|=|c|=1$, 分别用 a,b,c 点乘式 $a+b+c=0$ 的两端, 得

$$|a|^2 + a \cdot b + a \cdot c = 0, \quad a \cdot b + |b|^2 + b \cdot c = 0$$
$$c \cdot a + b \cdot c + |c|^2 = 0$$

将这三个式子的两端分别相加并整理即得

$$a \cdot b + b \cdot c + c \cdot a = -\frac{3}{2}$$

3. 已知 $M_1(1,-1,2)$, $M_2(3,3,1)$ 和 $M_3(3,1,3)$. 求与 $\overrightarrow{M_1 M_2}$, $\overrightarrow{M_2 M_3}$ 同时垂直的单位向量.

【解】 $\overrightarrow{M_1 M_2} = \{2,4,-1\}$, $\overrightarrow{M_2 M_3} = \{0,-2,2\}$, 与 $\overrightarrow{M_1 M_2}$, $\overrightarrow{M_2 M_3}$ 同时垂直的向量是 $a = \pm \overrightarrow{M_1 M_2} \times \overrightarrow{M_2 M_3}$:

$$a = \pm \begin{vmatrix} i & j & k \\ 2 & 4 & -1 \\ 0 & -2 & 2 \end{vmatrix} = \pm(6i - 4j - 4k)$$

$|a| = \sqrt{36+16+16} = 2\sqrt{17}$. 所以同时垂直于 $\overrightarrow{M_1 M_2}$ 与 $\overrightarrow{M_2 M_3}$ 的单位向量为

$a^0 = \pm \dfrac{1}{\sqrt{17}}(3i - 2j - 2k)$.

4. 设质量为 100 kg 的物体从点 $M_1(3,1,8)$ 沿直线移动到点 $M_2(1,4,2)$, 计算重力所作的功 (长度单位为 m, 重力方向为 z 轴负方向).

【解】 重力 $F = \{0,0,-100\,g\}$, 位移 $\overrightarrow{M_1 M_2} = \{-2,3,-6\}$, 重力所做功

$$W = F \cdot \overrightarrow{M_1 M_2} = 600\,g = 5\,880\,(\text{J}).$$

5. 在杠杆上支点 O 的一侧与点 O 的距离为 x_1 的点 P_1 处, 有一与 $\overrightarrow{OP_1}$ 成角 θ_1 的力 F_1 作用着; 在 O 的另一侧与点 O 的距离为 x_2 的点 P_2 处, 有一与 $\overrightarrow{OP_2}$ 成角 θ_2 的力 F_2 作用着 (见图 F-7-3). 问 θ_1, θ_2, x_1, x_2, $|F_1|$, $|F_2|$ 符合怎样的条件才能使杠杆保持平衡?

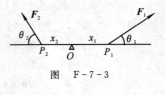

图 F-7-3

【解】 由图 F-7-3 可见, 要使杠杆保持平衡, 须 $|\overrightarrow{OP_1} \times F_1| = |\overrightarrow{OP_2} \times F_2|$, 即

$$|\boldsymbol{F}_1| \, |x_1 \sin\theta_1| = |\boldsymbol{F}_2| \, |x_2 \sin\theta_2|$$

6.求向量 $\boldsymbol{a} = \{4, -3, 4\}$ 在向量 $\boldsymbol{b} = \{2, 2, 1\}$ 上的投影.

【解】 $$\mathrm{Prj}_{\boldsymbol{b}}\, \boldsymbol{a} = \frac{\boldsymbol{a} \cdot \boldsymbol{b}}{|\boldsymbol{b}|} = \frac{6}{3} = 2$$

7.设 $\boldsymbol{a} = \{3, 5, -2\}, \boldsymbol{b} = \{2, 1, 4\}$, 问 λ 与 μ 有怎样的关系, 能使 $\lambda\boldsymbol{a} + \mu\boldsymbol{b}$ 与 z 轴垂直?

【解】 $\lambda\boldsymbol{a} + \mu\boldsymbol{b} = \{3\lambda + 2\mu, 5\lambda + \mu, -2\lambda + 4\mu\}$, z 轴方向向量 $\boldsymbol{k} = \{0, 0, 1\}$, 要使 $\lambda\boldsymbol{a} + \mu\boldsymbol{b}$ 与 z 轴垂直, 应有 $(\lambda\boldsymbol{a} + \mu\boldsymbol{b}) \cdot \boldsymbol{k} = 0$, 即

$$-2\lambda + 4\mu = 0$$

从而 $$\lambda = 2\mu$$

8.试用向量证明直径所对的圆周角是直角.

【证】 如图 F-7-4, AB 为直径, O 为圆心, 只须证 $\overrightarrow{AC} \cdot \overrightarrow{BC} = 0$.

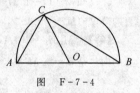
图　F-7-4

注意到 $\overrightarrow{AO} = -\overrightarrow{BO}$ 及 $|\overrightarrow{AO}| = |\overrightarrow{OC}|$, 于是有

$$\overrightarrow{AC} \cdot \overrightarrow{BC} = (\overrightarrow{AO} + \overrightarrow{OC}) \cdot (\overrightarrow{BO} + \overrightarrow{OC}) =$$
$$(\overrightarrow{AO} + \overrightarrow{OC}) \cdot (-\overrightarrow{AO} + \overrightarrow{OC}) = |\overrightarrow{OC}|^2 - |\overrightarrow{AO}|^2 = 0$$

9.已知向量 $\boldsymbol{a} = 2\boldsymbol{i} - 3\boldsymbol{j} + \boldsymbol{k}, \boldsymbol{b} = \boldsymbol{i} - \boldsymbol{j} + 3\boldsymbol{k}$ 和 $\boldsymbol{c} = \boldsymbol{i} - 2\boldsymbol{j}$, 计算:

(1) $(\boldsymbol{a} \cdot \boldsymbol{b})\boldsymbol{c} - (\boldsymbol{a} \cdot \boldsymbol{c})\boldsymbol{b}$; (2) $(\boldsymbol{a} + \boldsymbol{b}) \times (\boldsymbol{b} + \boldsymbol{c})$; (3) $(\boldsymbol{a} \times \boldsymbol{b}) \cdot \boldsymbol{c}$.

【解】 (1) $(\boldsymbol{a} \cdot \boldsymbol{b})\boldsymbol{c} - (\boldsymbol{a} \cdot \boldsymbol{c})\boldsymbol{b} = (2 + 3 + 3)\boldsymbol{c} - (2 + 6)\boldsymbol{b} = 8\boldsymbol{c} - 8\boldsymbol{b} =$
$$8(\boldsymbol{c} - \boldsymbol{b}) = 8(-\boldsymbol{j} - 3\boldsymbol{k}) = -8\boldsymbol{j} - 24\boldsymbol{k}$$

(2) $(\boldsymbol{a} + \boldsymbol{b}) \times (\boldsymbol{b} + \boldsymbol{c}) = (3\boldsymbol{i} - 4\boldsymbol{j} + 4\boldsymbol{k}) \times (2\boldsymbol{i} - 3\boldsymbol{j} + 3\boldsymbol{k}) =$

$$\begin{vmatrix} \boldsymbol{i} & \boldsymbol{j} & \boldsymbol{k} \\ 3 & -4 & 4 \\ 2 & -3 & 3 \end{vmatrix} = -\boldsymbol{j} - \boldsymbol{k}$$

(3) $\boldsymbol{a} \times \boldsymbol{b} = \begin{vmatrix} \boldsymbol{i} & \boldsymbol{j} & \boldsymbol{k} \\ 2 & -3 & 1 \\ 1 & -1 & 3 \end{vmatrix} = -8\boldsymbol{i} - 5\boldsymbol{j} + \boldsymbol{k}$

$$(\boldsymbol{a} \times \boldsymbol{b}) \cdot \boldsymbol{c} = -8 + 10 = 2$$

10.已知 $\overrightarrow{OA} = \boldsymbol{i} + 3\boldsymbol{k}, \overrightarrow{OB} = \boldsymbol{j} + 3\boldsymbol{k}$, 求 $\triangle OAB$ 的面积.

【解】 $S_{\triangle OAB} = \dfrac{1}{2}|\overrightarrow{OA} \times \overrightarrow{OB}| = \dfrac{1}{2}|-3\boldsymbol{i} - 3\boldsymbol{j} + \boldsymbol{k}| = \dfrac{1}{2}\sqrt{19}$

12.试用向量证明不等式：

$$\sqrt{a_1^2 + a_2^2 + a_3^2}\ \sqrt{b_1^2 + b_2^2 + b_3^2} \geqslant |\,a_1 b_1 + a_2 b_2 + a_3 b_3\,|$$

其中 $a_1, a_2, a_3, b_1, b_2, b_3$ 为任意实数,并指出等号成立的条件.

【证】 设 $\boldsymbol{a} = \{a_1, a_2, a_3\}, \boldsymbol{b} = \{b_1, b_2, b_3\}$,则

$$|\,\boldsymbol{a}\,|\,|\,\boldsymbol{b}\,| \geqslant |\,\boldsymbol{a}\,|\,|\,\boldsymbol{b}\,|\,|\cos(\widehat{\boldsymbol{a},\boldsymbol{b}})| = |\,\boldsymbol{a} \cdot \boldsymbol{b}\,|$$

即

$$\sqrt{a_1^2 + a_2^2 + a_3^2}\ \sqrt{b_1^2 + b_2^2 + b_3^2} \geqslant |\,a_1 b_1 + a_2 b_2 + a_3 b_3\,|$$

等式成立当且仅当 $|\cos(\widehat{\boldsymbol{a},\boldsymbol{b}})| = 1$ 即 $\boldsymbol{a}$ 与 $\boldsymbol{b}$ 平行.

习题 7 - 5

1.一动点与两定点$(2,3,1)$ 和$(4,5,6)$ 等距离,求这动点的轨迹方程.

【解】 设点 $M(x,y,z)$ 为轨迹上任一点,于是有

$$\sqrt{(x-2)^2 + (y-3)^2 + (z-1)^2} = \sqrt{(x-4)^2 + (y-5)^2 + (z-6)^2}$$

化简得

$$4x + 4y + 10z - 63 = 0$$

2.建立以点$(1,3,-2)$ 为球心,且通过坐标原点的球面方程.

【解】 球面半径 $d = \sqrt{(1-0)^2 + (3-0)^2 + (-2-0)^2} = \sqrt{14}$

故球面方程为 $(x-1)^2 + (y-3)^2 + (z+2)^2 = 14$

即 $x^2 + y^2 + z^2 - 2x - 6y + 4z = 0$

3.方程 $x^2 + y^2 + z^2 - 2x + 4y + 2z = 0$ 表示什么曲面?

【解】 所给方程可变形为

$$(x-1)^2 + (y+2)^2 + (z+1)^2 = 6$$

这是球心在$(1,-2,-1)$,半径为$\sqrt{6}$ 的球面.

4.求与坐标原点 O 及点$(2,3,4)$ 的距离之比为$1:2$ 的点的全体所组成的曲面的方程,它表示怎样的曲面?

【解】 设(x,y,z) 为曲面上任意一点,则有

$$2\sqrt{x^2 + y^2 + z^2} = \sqrt{(x-2)^2 + (y-3)^2 + (z-4)^2}$$

化简得 $(x+\frac{2}{3})^2 + (y+1)^2 + (z+\frac{4}{3})^2 = \frac{116}{9}$

它表示一球面,球心为$(-\frac{2}{3}, -1, -\frac{4}{3})$,半径为$\frac{2}{3}\sqrt{29}$.

5.将 xOz 坐标面上的抛物线 $z^2 = 5x$ 绕 x 轴旋转一周,求所生成的旋转曲面的方程.

【解】 $$y^2 + z^2 = 5x$$

6.将 xOz 坐标面上的圆 $x^2 + z^2 = 9$ 绕 z 轴旋转一周,求所生成的旋转曲面的方程.

【解】 $$x^2 + y^2 + z^2 = 9$$

7. 将 xOy 坐标面上的双曲线 $4x^2-9y^2=36$ 分别绕 x 轴及 y 轴旋转一周，求所生成的旋转曲面的方程.

【解】 绕 x 轴：$4x^2-9y^2-9z^2=36$,　　绕 y 轴：$4x^2+4z^2-9y^2=36$.

8. 画出下列各方程所表示的曲面：

(1) $(x-\frac{a}{2})^2+y^2=(\frac{a}{2})^2$;

(2) $-\frac{x^2}{4}+\frac{y^2}{9}=1$;

(3) $\frac{x^2}{9}+\frac{z^2}{4}=1$;

(4) $y^2-z=0$;

(5) $z=2-x^2$.

【解】 (1) $\sim$ (5) 各方程所表示的曲面分别如图 F-7-5(a) $\sim$ (e) 所示.

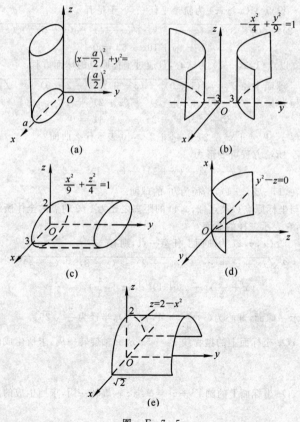

图 F-7-5

9.指出下列方程在平面解析几何中和在空间解析几何中分别表示什么图形：

(1) $x = 2$;　　　　　　　　　(2) $y = x + 1$;

(3) $x^2 + y^2 = 4$;　　　　　　(4) $x^2 - y^2 = 1$.

【解】

方程	平面解析几何	空间解析几何
$x = 2$	直线	平面
$y = x + 1$	直线	平面
$x^2 + y^2 = 4$	圆	圆柱面
$x^2 - y^2 = 1$	双曲线	双曲柱面

10.说明下列旋转曲面是怎样形成的：

(1) $\dfrac{x^2}{4} + \dfrac{y^2}{9} + \dfrac{z^2}{9} = 1$;　　　　(2) $x^2 - \dfrac{y^2}{4} + z^2 = 1$;

(3) $x^2 - y^2 - z^2 = 1$;　　　　(4) $(z - a)^2 = x^2 + y^2$.

【解】(1) xOy 面上的椭圆 $\dfrac{x^2}{4} + \dfrac{y^2}{9} = 1$ 绕 x 轴旋转一周或 xOz 面上的椭圆 $\dfrac{x^2}{4} + \dfrac{z^2}{9} = 1$ 绕 x 轴旋转一周.

(2) xOy 面上的双曲线 $x^2 - \dfrac{y^2}{4} = 1$ 绕 y 轴旋转一周或 yOz 面上的双曲线 $-\dfrac{y^2}{4} + z^2 = 1$ 绕 y 轴旋转一周.

(3) xOy 面上的双曲线 $x^2 - y^2 = 1$ 绕 x 轴旋转一周或 xOz 面上的双曲线 $x^2 - z^2 = 1$ 绕 x 轴旋转一周.

(4) yOz 面上的直线 $z = y + a$ 绕 z 轴旋转一周或 xOz 面上直线 $z = x + a$ 绕 z 轴旋转一周.

习题 7 - 6

1.画出下列曲线在第一卦限内的图形：

(1) $\begin{cases} x = 1 \\ y = 2 \end{cases}$;　　　　　　(2) $\begin{cases} z = \sqrt{4 - x^2 - y^2} \\ x - y = 0 \end{cases}$;

(3) $\begin{cases} x^2 + y^2 = a^2 \\ x^2 + z^2 = a^2 \end{cases}$.

【解】 (1),(2),(3) 的图形分别如图 F-7-6 的 (a),(b),(c) 所示。

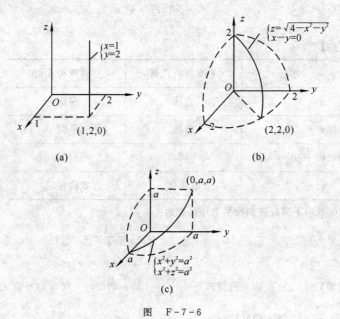

图　F-7-6

2. 指出下列方程组在平面解析几何中与在空间解析几何中分别表示什么图形：

(1) $\begin{cases} y = 5x + 1 \\ y = 2x - 3 \end{cases}$;

(2) $\begin{cases} \dfrac{x^2}{4} + \dfrac{y^2}{9} = 1 \\ y = 3 \end{cases}$.

【解】 (1) 在平面解析几何中表示点 $\left(-\dfrac{4}{3}, -\dfrac{17}{3}\right)$，在空间解析几何中表

示平行于 z 轴的直线 $\begin{cases} x = -\dfrac{4}{3} \\ y = -\dfrac{17}{3} \end{cases}$.

(2) 在平面解析几何中表示点 $(0,3)$，在空间解析几何中表示直线 $\begin{cases} x = 0 \\ y = 3 \end{cases}$.

3.分别求母线平行于 x 轴及 y 轴而且通过曲线 $\begin{cases} 2x^2+y^2+z^2=16 \\ x^2+z^2-y^2=0 \end{cases}$ 的柱面方程.

【解】　从方程组中消去 x 便得到通过已知曲线且母线平行于 x 轴的柱面方程：$3y^2-z^2=16$. 从方程组中消去 y 便得到通过已知曲线且母线平行于 y 轴的柱面方程：$3x^2+2z^2=16$.

4.求球面 $x^2+y^2+z^2=9$ 与平面 $x+z=1$ 的交线在 xOy 面上的投影的方程.

【解】　从这两个方程中消去 z，即得交线在 xOy 面上的投影的方程：
$$\begin{cases} x^2+y^2+(1-x)^2=9 \\ z=0 \end{cases}$$

5.将下列曲线的一般方程化为参数方程：

(1) $\begin{cases} x^2+y^2+z^2=9 \\ y=x \end{cases}$；

(2) $\begin{cases} (x-1)^2+y^2+(z+1)^2=4 \\ z=0 \end{cases}$.

【解】　(1) $y=x$ 得 $2x^2+z^2=9$，即 $x^2+(\frac{z}{\sqrt{2}})^2=(\frac{3}{\sqrt{2}})^2$. 于是，令 $x=\frac{3}{\sqrt{2}}\cos t$，得 $z=3\sin t$，故曲线的参数方程为

$$\begin{cases} x=\dfrac{3}{\sqrt{2}}\cos t \\[2mm] y=\dfrac{3}{\sqrt{2}}\cos t \\[2mm] z=3\sin t \end{cases}, \qquad 0\leqslant t\leqslant 2\pi$$

(2) 由 $z=0$ 得 $(x-1)^2+y^2=3$，令 $x-1=\sqrt{3}\cos t$，则 $y=\sqrt{3}\sin t$，于是曲线的参数方程为

$$\begin{cases} x=1+\sqrt{3}\cos t \\ y=\sqrt{3}\sin t \\ z=0 \end{cases}, \qquad 0\leqslant t\leqslant 2\pi$$

6.求螺旋线 $\begin{cases} x=a\cos\theta \\ y=a\sin\theta \\ z=b\theta \end{cases}$，在三个坐标面上的投影曲线的直角坐标方程.

【解】 由方程 $x = a\cos\theta$ 与 $y = a\sin\theta$ 中消去参数 θ 便得到曲线在 xOy 坐标面上的投影 $\begin{cases} x^2 + y^2 = a^2 \\ z = 0 \end{cases}$.

由方程 $y = a\sin\theta$ 与 $z = b\theta$ 中消去参数 θ 便得到曲线在 yOz 坐标面上的投影 $\begin{cases} y = a\sin\dfrac{z}{b} \\ x = 0 \end{cases}$.

由方程 $x = a\cos\theta$ 与 $z = b\theta$ 中消去参数 θ 便得到曲线在 zOx 坐标面上的投影 $\begin{cases} x = a\cos\dfrac{z}{b} \\ y = 0 \end{cases}$.

7. 求上半球 $0 \leqslant z \leqslant \sqrt{a^2 - x^2 - y^2}$ 与圆柱体 $x^2 + y^2 \leqslant ax(a > 0)$ 的公共部分在 xOy 面和 xOz 面上的投影.

【解】 立体是一个曲顶柱体. 曲顶: $z = \sqrt{a^2 - x^2 - y^2}$,底: $z = 0$,侧面: 母线平行于 z 轴的柱面 $x^2 + y^2 = ax$,故立体在 xOy 面上的投影就是柱面 $x^2 + y^2 = ax$ 在 xOy 面上的投影所围区域:

$$\begin{cases} x^2 + y^2 \leqslant ax \\ z = 0 \end{cases}$$

立体在 xOz 面上的投影是四分之一圆域:

$$0 \leqslant z \leqslant \sqrt{a^2 - x^2}, \qquad x \geqslant 0, y = 0$$

需要说明的是,从方程 $z = \sqrt{a^2 - x^2 - y^2}$ 与 $x^2 + y^2 = ax$ 中消去 y 得到的方程 $z = \sqrt{a^2 - ax}$,$y = 0$ 并不是立体在 xOz 坐标面上的投影的边界曲线,而是曲面 $z = \sqrt{a^2 - x^2 - y^2}$ 与 $x^2 + y^2 = ax$ 的交线在 xOz 坐标面上的投影,它落在立体在 xOz 坐标面上的投影区域内部.

8. 求旋转抛物面 $z = x^2 + y^2 (0 \leqslant z \leqslant 4)$ 在三个坐标面上的投影.

【解】 由方程 $z = x^2 + y^2$ 与 $z = 4$ 中消去 z 即得在 xOy 坐标面上的投影:

$$\begin{cases} x^2 + y^2 \leqslant 4 \\ z = 0 \end{cases}$$

曲面 $z = x^2 + y^2$ 与 yOz 坐标面的交线为 $z = y^2$,$x = 0$,故曲面在 yOz 坐标面上的投影为

$$\begin{cases} y^2 \leqslant z \leqslant 4 \\ x = 0 \end{cases}$$

同理,曲面在 zOx 坐标面上的投影为 $\begin{cases} x^2 \leqslant z \leqslant 4 \\ y = 0 \end{cases}$.

习题 7 - 7

1.求过点 $(3,0,-1)$ 且与平面 $3x-7y+5z-12=0$ 平行的平面方程.

【解】 所求平面与已知平面平行,故所求平面的法线向量 $\boldsymbol{n}=\{3,-7,5\}$,于是可得所求平面方程为

$$3(x-3)-7(y-0)+5(z+1)=0$$

即

$$3x-7y+5z-4=0$$

2.求过点 $M_0(2,9,-6)$ 且与连接坐标原点及点 M_0 的线段 OM_0 垂直的平面方程.

【解】 设 $M(x,y,z)$ 为所求平面内任一点,则 $\overrightarrow{M_0M} \perp \overrightarrow{OM_0}$,于是 $\overrightarrow{M_0M} \cdot \overrightarrow{OM}=0$,即得所求平面方程为

$$2(x-2)+9(y-9)-6(z+6)=0$$

即

$$2x+9y-6z-121=0$$

3.求过 $(1,1,-1),(-2,-2,2)$ 和 $(1,-1,2)$ 三点的平面方程.

【解】 设 $M_1(1,1,-1),M_2(-2,-2,2),M_3(1,-1,2)$,则所求平面的法线向量 $\boldsymbol{n}=\overrightarrow{M_2M_1} \times \overrightarrow{M_2M_3}$,即

$$\boldsymbol{n}=\begin{vmatrix} \boldsymbol{i} & \boldsymbol{j} & \boldsymbol{k} \\ 3 & 3 & -3 \\ 3 & 1 & 0 \end{vmatrix}=3\boldsymbol{i}-9\boldsymbol{j}-6\boldsymbol{k}$$

故所求平面的方程为

$$3(x-1)-9(y-1)-6(z+1)=0$$

即

$$x-3y-2z=0$$

4.指出下列各平面的特殊位置,并画出各平面:

(1) $x=0$;　　　　　　(2) $3y-1=0$;

(3) $2x-3y-6=0$;　　　(4) $x-\sqrt{3}y=0$;

(5) $y+z=1$;　　　　　(6) $x-2z=0$;

(7) $6x+5y-z=0$.

【解】 (1) 即 yOz 坐标面,如图 F - 7 - 7(a) 所示.

(2) 平行于 xOz 面(或垂直于 y 轴)的平面,如图 F - 7 - 7(b) 所示.

(3) 平行于 z 轴(或垂直于 xOy 面)的平面,如图 F - 7 - 7(c) 所示.

（4）过 z 轴的平面，如图 F-7-7(d) 所示.

（5）平行于 x 轴（或垂直于 yOz 面）的平面，如图 F-7-7(e) 所示.

（6）过 y 轴的平面，如图 F-7-7(f) 所示.

（7）过原点的平面，如图 F-7-7(g) 所示.

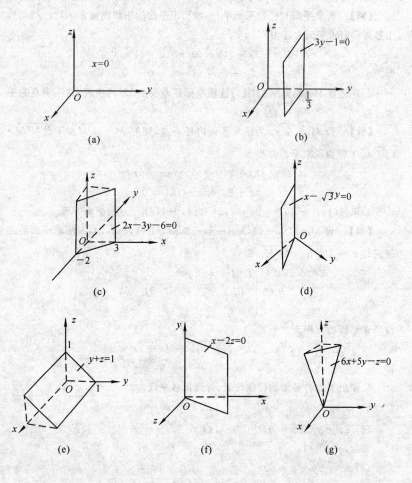

图 F-7-7

5. 求平面 $2x-2y+z+5=0$ 与各坐标面的夹角的余弦.

【解】　平面的法线向量 $n = \{2, -2, 1\}$，$|n| = \sqrt{2^2 + (-2)^2 + 1^2} = 3$，$xOy$ 面的法线向量 $k = \{0, 0, 1\}$，故平面 $2x - 2y + z + 5 = 0$ 与 xOy 坐标面的夹角 γ 的余弦为

$$\cos\gamma = \frac{|n \cdot k|}{|n||k|} = \frac{1}{3}$$

同理，平面 $2x - 2y + z + 5 = 0$ 与 yOz 坐标面及 zOx 坐标面的夹角的余弦分别是：

$$\cos\alpha = \frac{|n \cdot i|}{|n||i|} = \frac{2}{3}, \qquad \cos\beta = \frac{|n \cdot j|}{|n||j|} = \frac{2}{3}$$

6. 一平面过点 $(1, 0, -1)$ 且平行于向量 $a = \{2, 1, 1\}$ 和 $b = \{1, -1, 0\}$，试求这平面方程.

【解】　设 $M_0(1, 0, -1)$，又设 $M(x, y, z)$ 为所求平面内任一点，则 $\overrightarrow{M_0M} \perp n$. 又由所求平面与 a 和 b 平行可得 $a \perp n$，$b \perp n$，从而 $\overrightarrow{M_0M}, a, b$ 三向量共面. 由此可得所求平面为

$$\overrightarrow{M_0M} \times a \cdot b = 0$$

即

$$\begin{vmatrix} x-1 & y & z+1 \\ 2 & 1 & 1 \\ 1 & -1 & 0 \end{vmatrix} = 0$$

化简得

$$x + y - 3z - 4 = 0$$

7. 求三平面 $x + 3y + z = 1, 2x - y - z = 0, -x + 2y + 2z = 3$ 的交点.

【解】　解三元一次方程组

$$\begin{cases} x + 3y + z = 1 \\ 2x - y - z = 0 \\ -x + 2y + 2z = 3 \end{cases}$$

得交点为 $(1, -1, 3)$.

8. 分别按下列条件求平面方程：

(1) 平行于 xOz 面且经过点 $(2, -5, 3)$；

(2) 通过 z 轴和点 $(-3, 1, -2)$；

(3) 平行于 x 轴且经过两点 $(4, 0, -2)$ 和 $(5, 1, 7)$.

【解】　(1) 设所求平面为 $By + D = 0$. 由点 $(2, -5, 3)$ 在平面上可得 $-5B + D = 0$，故 $D = 5B$. 于是所求平面为 $By + 5B = 0$，即 $y + 5 = 0$.

(2) 设所求平面为 $Ax + By = 0$，由平面过点 $(-3, 1, -2)$ 得 $-3A + B =$

$0, B = 3A.$ 故所求平面为 $Ax + 3Ay = 0$, 即 $x + 3y = 0.$

(3) 设所求平面为 $By + Cz + D = 0$, 由平面过点 $(4,0,-2)$ 和 $(5,1,7)$ 得

$$\begin{cases} -2C + D = 0 \\ B + 7C + D = 0 \end{cases}$$

解得 $D = 2C, B = -9C$, 故所求平面为

$$-9Cy + Cz + 2C = 0$$

即

$$9y - z - 2 = 0$$

9. 求点 $(1,2,1)$ 到平面 $x + 2y + 2z - 10 = 0$ 的距离.

【解】

$$d = \frac{|1 + 2 \times 2 + 2 \times 1 - 10|}{\sqrt{1^2 + 2^2 + 2^2}} = 1$$

习题 7 - 8

1. 求过点 $(4,-1,3)$ 且平行于直线 $\dfrac{x-3}{2} = \dfrac{y}{1} = \dfrac{z-1}{5}$ 的直线方程.

【解】 因为所求直线与已知直线平行, 故所求直线的方向向量 $s = \{2,1,5\}$, 直线方程为

$$\frac{x-4}{2} = \frac{y+1}{1} = \frac{z-3}{5}$$

2. 求过两点 $M_1(3,-2,1)$ 和 $M_2(-1,0,2)$ 的直线方程.

【解】 所求直线的方向向量 $s = \overrightarrow{M_1 M_2} = \{-4,2,1\}$, 直线方程为

$$\frac{x-3}{-4} = \frac{y+2}{2} = \frac{z-1}{1}$$

3. 用对称式方程及参数方程表示直线

$$\begin{cases} x - y + z = 1 \\ 2x + y + z = 4 \end{cases}$$

【解】 直线的方向向量为 $s = \begin{vmatrix} i & j & k \\ 1 & -1 & 1 \\ 2 & 1 & 1 \end{vmatrix} = -2i + j + 3k.$

又令 $y = 0$, 由方程组可解得 $x = 3, z = -2$, 即 $(3,0,-2)$ 是直线上的点, 故直线的对称式方程为

$$\frac{x-3}{-2} = \frac{y}{1} = \frac{z+2}{3}$$

参数方程为

$$\begin{cases} x = 3 - 2t \\ y = t \\ z = -2 + 3t \end{cases}$$

4.求过点$(2,0,-3)$且与直线

$$\begin{cases} x - 2y + 4z - 7 = 0 \\ 3x + 5y - 2z + 1 = 0 \end{cases}$$

垂直的平面方程.

【解】 设$\boldsymbol{n}_1 = \{1,-2,4\}, \boldsymbol{n}_2 = \{3,5,-2\}$,直线的方向向量为$\boldsymbol{s}$,则$\boldsymbol{s} \perp \boldsymbol{n}_1, \boldsymbol{s} \perp \boldsymbol{n}_2$.

又设$M_0(2,0,-3), M(x,y,z)$为所求平面上任一点,则$\boldsymbol{s} \perp \overrightarrow{M_0M}$,故$\boldsymbol{n}_1, \boldsymbol{n}_2, \overrightarrow{M_0M}$三向量共面,从而$\overrightarrow{M_0M} \times \boldsymbol{n}_1 \cdot \boldsymbol{n}_2 = 0$,即

$$\begin{vmatrix} x-2 & y & z+3 \\ 1 & -2 & 4 \\ 3 & 5 & -2 \end{vmatrix} = 0$$

化简即得所求平面方程为:

$$16x - 14y - 11z - 65 = 0$$

5.求直线$\begin{cases} 5x - 3y + 3z - y = 0 \\ 3x - 2y + z - 1 = 0 \end{cases}$与直线$\begin{cases} 2x + 2y - z + 23 = 0 \\ 3x + 8y + z - 18 = 0 \end{cases}$的夹角的余弦.

【解】 两直线的方向向量分别为

$$\boldsymbol{s}_1 = \begin{vmatrix} \boldsymbol{i} & \boldsymbol{j} & \boldsymbol{k} \\ 5 & -3 & 3 \\ 3 & -2 & 1 \end{vmatrix} = 3\boldsymbol{i} + 4\boldsymbol{j} - \boldsymbol{k}$$

$$\boldsymbol{s}_2 = \begin{vmatrix} \boldsymbol{i} & \boldsymbol{j} & \boldsymbol{k} \\ 2 & 2 & -1 \\ 3 & 8 & 1 \end{vmatrix} = 10\boldsymbol{i} - 5\boldsymbol{j} + 10\boldsymbol{k} = 5(2\boldsymbol{i} - \boldsymbol{j} + 2\boldsymbol{k})$$

故两直线的夹角φ的余弦为

$$\cos\varphi = \frac{|\boldsymbol{s}_1 \cdot \boldsymbol{s}_2|}{|\boldsymbol{s}_1||\boldsymbol{s}_2|} = \frac{5|6-4-2|}{\sqrt{3^2+4^2+(-1)^2} \cdot 5\sqrt{2^2+(-1)^2+2^2}} = 0$$

6.证明直线$\begin{cases} x + 2y - z = 7 \\ -2x + y + z = 7 \end{cases}$与直线$\begin{cases} 3x + 6y - 3z = 8 \\ 2x - y - z = 0 \end{cases}$平行.

【证】 两直线的方向向量分别为

$$s_1 = \begin{vmatrix} i & j & k \\ 1 & 2 & -1 \\ -2 & 1 & 1 \end{vmatrix} = 3i + j + 5k$$

$$s_2 = \begin{vmatrix} i & j & k \\ 3 & 6 & -3 \\ 2 & -1 & -1 \end{vmatrix} = -9i - 3j - 15k$$

显然 $\dfrac{-9}{3} = \dfrac{-3}{1} = \dfrac{-15}{5}$，即两直线平行.

7.求过点$(0,2,4)$且与两平面 $x+2z=1$ 和 $y-3z=2$ 平行的直线方程.

【解】 由直线与两平面平行知:直线的方向向量 s 与两平面的法线向量均垂直,故

$$s = \begin{vmatrix} i & j & k \\ 1 & 0 & 2 \\ 0 & 1 & -3 \end{vmatrix} = -2i + 3j + k$$

所求直线为
$$\frac{x}{-2} = \frac{y-2}{3} = \frac{z-4}{1}$$

8.求过点$(3,1,-2)$且通过直线 $\dfrac{x-4}{5} = \dfrac{y+3}{2} = \dfrac{z}{1}$ 的平面方程.

【解】 先将已知直线写成一般式:
$$\begin{cases} x - 5z - 4 = 0 \\ y - 2z + 3 = 0 \end{cases}$$

过直线的平面束为 $x - 5z - 4 + \lambda(y - 2z + 3) = 0$

又根据所求平面过点$(3,1,-2)$得
$$3 - 5 \times (-2) - 4 + \lambda[1 - 2 \times (-2) + 3] = 0$$

解得 $\lambda = -\dfrac{9}{8}$,故所求平面为

$$x - 5z - 4 - \frac{9}{8}(y - 2z + 3) = 0$$

即 $\qquad 8x - 9y - 22z - 59 = 0$

又经检验点$(3,1,-2)$不在平面 $y-2z+3=0$ 上,故满足条件的平面只有一个:
$8x - 9y - 22z - 59 = 0$.

9.求直线 $\begin{cases} x + y + 3z = 0 \\ x - y - z = 0 \end{cases}$ 与平面 $x - y - z + 1 = 0$ 的夹角.

【解】 因为平面 $x-y-z=0$ 与平面 $x-y-z+1=0$ 平行,而直线 $\begin{cases} x+y+3z=0 \\ x-y-z=0 \end{cases}$ 在平面 $x-y-z=0$ 上,所以已知直线与平面 $x-y-z+1=0$ 平行,即直线与平面 $x-y-z+1=0$ 的夹角 $\varphi=0$.

10. 试确定下列各组中的直线和平面间的关系.

(1) $\dfrac{x+3}{-2}=\dfrac{y+4}{-7}=\dfrac{z}{3}$ 和 $4x-2y-2z=3$;

(2) $\dfrac{x}{3}=\dfrac{y}{-2}=\dfrac{z}{7}$ 和 $3x-2y+7z=8$;

(3) $\dfrac{x-2}{3}=\dfrac{y+2}{1}=\dfrac{z-3}{-4}$ 和 $x+y+z=3$.

【解】 (1) 直线的方向向量 $s=\{-2,-7,3\}$,平面的法线向量 $n=\{4,-2,-2\}$,且 $s\cdot n=-8+14-6=0$.

故 $s\perp n$,即直线与平面平行.

(2) 直线的方向向量 s 与平面的法线向量 n 相等:
$$s=n=\{3,-2,7\}$$

故直线与平面垂直.

(3) 直线的方向向量 $s=\{3,1,-4\}$,平面的法线向量 $n=\{1,1,1\}$,且
$$s\cdot n=3+1-4=0$$

即 $s\perp n$,故直线与平面平行,又直线上的点 $(2,-2,3)$ 在平面 $x+y+z=3$ 上,故直线在平面上.

11. 求过点 $(1,2,1)$ 而与两直线
$$\begin{cases} x+2y-z+1=0 \\ x-y+z-1=0 \end{cases} \quad \text{和} \quad \begin{cases} 2x-y+z=0 \\ x-y+z=0 \end{cases}$$
平行的平面的方程.

【解】 两已知直线的方向向量 s_1 和 s_2 分别是:
$$s_1=\begin{vmatrix} i & j & k \\ 1 & 2 & -1 \\ 1 & -1 & 1 \end{vmatrix}=i-2j-3k$$

$$s_2=\begin{vmatrix} i & j & k \\ 2 & -1 & 1 \\ 1 & -1 & 1 \end{vmatrix}=-j-k$$

所求平面的法线向量

$$n = s_1 \times s_2 = \begin{vmatrix} i & j & k \\ 1 & -2 & -3 \\ 0 & -1 & -1 \end{vmatrix} = -i + j - k$$

故所求平面的方程是:

$$-(x-1) + (y-2) - (z-1) = 0,$$

即
$$x - y + z = 0$$

12.求点 $(-1,2,0)$ 在平面 $x + 2y - z + 1 = 0$ 上的投影.

【解】 过点 $(-1,2,0)$ 作平面 $x + 2y - z + 1 = 0$ 的垂线,垂线与平面的交点即为所求.

平面的法向量 $n = \{1,2,-1\}$,故过点 $(-1,2,0)$ 垂直于已知平面的直线为

$$\begin{cases} x = -1 + t \\ y = 2 + 2t \\ z = -t \end{cases}$$

代入平面方程有

$$-1 + t + 2(2 + 2t) - (-t) + 1 = 0$$

解得 $t = -\dfrac{2}{3}$,故点 $\left(-\dfrac{5}{3}, \dfrac{2}{3}, \dfrac{2}{3}\right)$ 即为所求.

13.求点 $P(3,-1,2)$ 到直线 $\begin{cases} x + y - z + 1 = 0 \\ 2x - y + z - 4 = 0 \end{cases}$ 的距离.

【解】 直线的方向向量

$$s = \begin{vmatrix} i & j & k \\ 1 & 1 & -1 \\ 2 & -1 & 1 \end{vmatrix} = -3j - 3k.$$ 易得 $M(1,0,2)$ 是直线上的点,且

$$\overrightarrow{PM} \times s = \begin{vmatrix} i & j & k \\ -2 & 1 & 0 \\ 0 & -3 & -3 \end{vmatrix} = -3i - 6j + 6k = -3(i + 2j - 2k)$$

故点 P 到直线的距离为

$$d = \frac{|\overrightarrow{PM} \times s|}{|s|} = \frac{3\sqrt{1 + 2^2 + (-2)^2}}{\sqrt{(-3)^2 + (-3)^2}} = \frac{3\sqrt{2}}{2}$$

14.设 M_0 是直线 L 外一点,M 是直线 L 上任意一点,且直线的方向向量为 s,试证:点 M_0 到直线 L 的距离

$$d = \frac{|\overrightarrow{M_0 M} \times \boldsymbol{s}|}{|\boldsymbol{s}|}$$

【证】　如图 F - 7 - 8 所示.

$$d = |\overrightarrow{M_0 N}| = |\overrightarrow{M_0 M}| \sin\varphi =$$

$$\frac{|\overrightarrow{M_0 M}| \sin(\pi - \varphi) |\boldsymbol{s}|}{|\boldsymbol{s}|} =$$

$$\frac{|\overrightarrow{M_0 M} \times \boldsymbol{s}|}{|\boldsymbol{s}|}$$

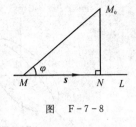

图　F - 7 - 8

15. 求直线 $\begin{cases} 2x - 4y + z = 0 \\ 3x - y - 2z - 9 = 0 \end{cases}$ 在平面 $4x - y + z = 1$ 上的投影直线的

方程.

【解】　过已知直线的平面束为

$$2x - 4y + z + \lambda(3x - y - 2z - 9) = 0$$

即　　　　$(2 + 3\lambda)x + (-4 - \lambda)y + (1 - 2\lambda)z - 9\lambda = 0$

它的法向量 $\boldsymbol{n}_1 = \{2 + 3\lambda, -4 - \lambda, 1 - 2\lambda\}$，已知平面的法向量 $\boldsymbol{n} = \{4, -1, 1\}$，

令 $\boldsymbol{n}_1 \perp \boldsymbol{n}$，即 $\boldsymbol{n}_1 \cdot \boldsymbol{n} = 0$，有

$$4(2 + 3\lambda) - (-4 - \lambda) + (1 - 2\lambda) = 0$$

解得 $\lambda = -\dfrac{13}{11}$，故过直线且垂直于已知平面的平面为 $17x + 31y - 37z - 117 =$

0，直线在已知平面上的投影是直线：

$$\begin{cases} 17x + 31y - 37z - 117 = 0 \\ 4x - y + z = 1 \end{cases}$$

习题 7 - 9

1. 画出下列方程所表示的曲面

(1) $\dfrac{x^2}{9} + \dfrac{y^2}{4} + z^2 = 1$；　　　　(2) $\dfrac{z}{3} = \dfrac{x^2}{4} + \dfrac{y^2}{9}$；

(3) $16x^2 + 4y^2 - z^2 = 64$.

【解】　(1) $\dfrac{x^2}{9} + \dfrac{y^2}{4} + z^2 = 1$ 所表示的曲面如图 F - 7 - 9(a)；

(2) $\dfrac{z}{3} = \dfrac{x^2}{4} + \dfrac{y^2}{9}$ 所表示的曲面如图 F - 7 - 9(b)；

(3) $16x^2 + 4y^2 - z^2 = 64$ 所表示的曲面如图 F - 7 - 9(c).

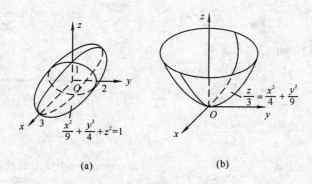

(a)   (b)

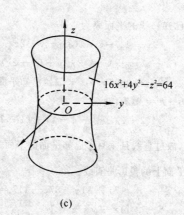

(c)

图　F - 7 - 9

2.求曲线 $\begin{cases} y^2 + z^2 - 2x = 0 \\ z = 3 \end{cases}$ 在 xOy 面上的投影曲线的方程,并指出原曲

线是什么曲线.

【解】　由方程组中消去 z 得 $y^2 = 2x - 9$,故曲线在 xOy 面上的投影曲线

为

$$\begin{cases} y^2 = 2x - 9 \\ z = 0 \end{cases}$$

原曲线是平面 $z = 3$ 上的抛物线

$$y^2 = 2x - 9$$

3.指出下列方程所表示的曲线

(1) $\begin{cases} x^2+y^2+z^2=25 \\ x=3 \end{cases}$；
(2) $\begin{cases} x^2+4y^2+9z^2=36 \\ y=1 \end{cases}$；

(3) $\begin{cases} x^2-4y^2+z^2=25 \\ x=-3 \end{cases}$；
(4) $\begin{cases} y^2+z^2-4x+8=0 \\ y=4 \end{cases}$；

(5) $\begin{cases} \dfrac{y^2}{9}-\dfrac{z^2}{4}=1 \\ x-2=0 \end{cases}$.

【解】 (1) 平面 $x=3$ 上的圆 $y^2+z^2=16$；

(2) 平面 $y=1$ 上的椭圆 $x^2+9z^2=32$；

(3) 平面 $x=-3$ 上的双曲线 $-4y^2+z^2=16$；

(4) 平面 $y=4$ 上的抛物线 $z^2=4x-24$；

(5) 平面 $x=2$ 上的双曲线 $\dfrac{y^2}{9}-\dfrac{z^2}{4}=1$.

4.画出下列各曲面所围成的立体的图形：

(1) $x=0,y=0,z=0,x=2,y=1,3x+4y+2z-12=0$；

(2) $x=0,z=0,x=1,y=2,z=\dfrac{y}{4}$；

(3) $z=0,z=3,x-y=0,x-\sqrt{3}y=0,x^2+y^2=1$（在第一卦限内）；

(4) $x=0,y=0,z=0,x^2+y^2=R^2,y^2+z^2=R^2$（在第一卦限内）.

【解】 (1)～(4)各曲面所围成的立体图形分别如图 F-7-10(a)～(d) 所示.

总习题七

1.在 y 轴上求与点 $A(1,-3,7)$ 和点 $B(5,7,-5)$ 等距离的点.

【解】 设所求点为 $C(0,y,0)$，则 $AC=BC$，即

$$\sqrt{1^2+(y+3)^2+7^2}=\sqrt{5^2+(y-7)^2+5^2}$$

解得 $y=2$，故所求点为 $(0,2,0)$.

2.已知 $\triangle ABC$ 的顶点为 $A(3,2,-1),B(5,-4,7)$ 和 $C(-1,1,2)$，求从顶点 C 所引中线的长度.

【解】 如图 F-7-11 所示，设 D 为 AB 的中点，易得 D 的坐标为 $D(4,-1,3)$. $\overrightarrow{CD}=\{5,-2,1\}$，于是从顶点 C 所引中线的长度：

$$CD=\sqrt{5^2+(-2)^2+1^2}=\sqrt{30}$$

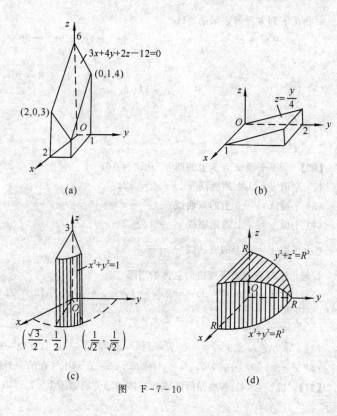

(a)

(b)

(c)

图 F－7－10

(d)

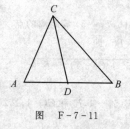

图 F－7－11

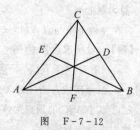

图 F－7－12

3.设 $\triangle ABC$ 的三边 $\overrightarrow{BC}=\boldsymbol{a}, \overrightarrow{CA}=\boldsymbol{b}, \overrightarrow{AB}=\boldsymbol{c}$，三边中点依次为 D,E,F，试用向量 $\boldsymbol{a},\boldsymbol{b},\boldsymbol{c}$ 表示 $\overrightarrow{AD},\overrightarrow{BE},\overrightarrow{CF}$，并证明

$$\overrightarrow{AD}+\overrightarrow{BE}+\overrightarrow{CF}=\boldsymbol{0}$$

【解】　如图 F - 7 - 12 所示.

$$\overrightarrow{AD} = \overrightarrow{AB} + \overrightarrow{BD} = c + \frac{1}{2}a$$

$$\overrightarrow{BE} = \overrightarrow{BC} + \overrightarrow{CE} = a + \frac{1}{2}b$$

$$\overrightarrow{CF} = \overrightarrow{CA} + \overrightarrow{AF} = b + \frac{1}{2}c$$

故　　　　　$$\overrightarrow{AD} + \overrightarrow{BE} + \overrightarrow{CF} = \frac{3}{2}(a + b + c) = \mathbf{0}$$

4.试用向量证明三角形两边中点的连线平行于第三边,其长度等于第三边长度的一半.

【证】　如图 F - 7 - 13 所示,设点 $A(x_1, y_1), B(x_2, y_2), C(x_3, y_3)$. D, E 分别是 AC, CB 的中点,则 $D(\frac{x_1 + x_3}{2}, \frac{y_1 + y_3}{2}), E(\frac{x_2 + x_3}{2}, \frac{y_2 + y_3}{2})$,于是 $\overrightarrow{DE} = \frac{1}{2}\{x_2 - x_1, y_2 - y_1\}$. 而 $\overrightarrow{AB} = \{x_2 - x_1, y_2 - y_1\}$,所以 $\overrightarrow{DE} = \frac{1}{2}\overrightarrow{AB}$,即 $\overrightarrow{DE}$ ∥ $\overrightarrow{AB}$,且 $|\overrightarrow{DE}| = \frac{1}{2}|\overrightarrow{AB}|$. 得证.

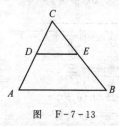

图　F - 7 - 13

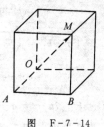

图　F - 7 - 14

5.在边长为 1 的立方体中,OM 为对角线,OA 为棱,求 $\overrightarrow{OM}$ 在 $\overrightarrow{OA}$ 上的投影及 $\overrightarrow{OA}$ 在 $\overrightarrow{OM}$ 上的投影.

【解】　如图 F - 7 - 14 所示.$\overrightarrow{OM} = \overrightarrow{OA} + \overrightarrow{AB} + \overrightarrow{BM}, \overrightarrow{OA} \perp \overrightarrow{AB}, \overrightarrow{OA} \perp \overrightarrow{BM}$,

故　　　　$$\text{Prj}_{\overrightarrow{OA}}\overrightarrow{OM} = \frac{\overrightarrow{OM} \cdot \overrightarrow{OA}}{|\overrightarrow{OA}|} =$$

$$\frac{(\overrightarrow{OA} + \overrightarrow{AB} + \overrightarrow{BM}) \cdot \overrightarrow{OA}}{|\overrightarrow{OA}|} =$$

$$\frac{|\overrightarrow{OA}|^2 + \overrightarrow{AB} \cdot \overrightarrow{OA} + \overrightarrow{BM} \cdot \overrightarrow{OA}}{|\overrightarrow{OA}|} = |\overrightarrow{OA}| = 1$$

又　　　　　$|\overrightarrow{OM}|^2 = \overrightarrow{OM} \cdot \overrightarrow{OM} = |\overrightarrow{OA}|^2 + |\overrightarrow{AB}|^2 + |\overrightarrow{BM}|^2 = 3$

故　　　　　$\mathrm{Prj}_{\overrightarrow{OM}} \overrightarrow{OA} = \dfrac{\overrightarrow{OM} \cdot \overrightarrow{OA}}{|\overrightarrow{OM}|} = \dfrac{|\overrightarrow{OA}|^2}{\sqrt{3}} = \dfrac{1}{\sqrt{3}}$

6. 设 $|\boldsymbol{a} + \boldsymbol{b}| = |\boldsymbol{a} - \boldsymbol{b}|, \boldsymbol{a} = \{3, -5, 8\}, \boldsymbol{b} = \{-1, 1, z\}$，求 z.

【解】　$|\boldsymbol{a} + \boldsymbol{b}|^2 = (\boldsymbol{a} + \boldsymbol{b}) \cdot (\boldsymbol{a} + \boldsymbol{b}) = |\boldsymbol{a}|^2 + 2\boldsymbol{a} \cdot \boldsymbol{b} + |\boldsymbol{b}|^2$

$\quad\quad\quad |\boldsymbol{a} - \boldsymbol{b}|^2 = (\boldsymbol{a} - \boldsymbol{b}) \cdot (\boldsymbol{a} - \boldsymbol{b}) = |\boldsymbol{a}|^2 - 2\boldsymbol{a} \cdot \boldsymbol{b} + |\boldsymbol{b}|^2$

因为　　　$|\boldsymbol{a} + \boldsymbol{b}| = |\boldsymbol{a} - \boldsymbol{b}|$，所以有 $2\boldsymbol{a} \cdot \boldsymbol{b} = -2\boldsymbol{a} \cdot \boldsymbol{b}$，即 $\boldsymbol{a} \cdot \boldsymbol{b} = 0$，而

$$\boldsymbol{a} \cdot \boldsymbol{b} = -3 - 5 + 8z$$

故有 $-3 - 5 + 8z = 0$，得 $z = 1$.

7. 设 $|\boldsymbol{a}| = \sqrt{3}, |\boldsymbol{b}| = 1, (\widehat{\boldsymbol{a}, \boldsymbol{b}}) = \dfrac{\pi}{6}$，求向量 $\boldsymbol{a} + \boldsymbol{b}$ 与 $\boldsymbol{a} - \boldsymbol{b}$ 的夹角.

【解】　设向量 $\boldsymbol{a} + \boldsymbol{b}$ 与 $\boldsymbol{a} - \boldsymbol{b}$ 的夹角为 φ，则

$$\cos\varphi = \dfrac{(\boldsymbol{a} + \boldsymbol{b}) \cdot (\boldsymbol{a} - \boldsymbol{b})}{|\boldsymbol{a} + \boldsymbol{b}||\boldsymbol{a} - \boldsymbol{b}|}$$

而　　　　$(\boldsymbol{a} + \boldsymbol{b}) \cdot (\boldsymbol{a} - \boldsymbol{b}) = |\boldsymbol{a}|^2 - |\boldsymbol{b}|^2 = 2$

$$|\boldsymbol{a} + \boldsymbol{b}| = \sqrt{(\boldsymbol{a} + \boldsymbol{b}) \cdot (\boldsymbol{a} + \boldsymbol{b})} = \sqrt{|\boldsymbol{a}|^2 + 2\boldsymbol{a} \cdot \boldsymbol{b} + |\boldsymbol{b}|^2} =$$

$$\sqrt{3 + 2 \times \sqrt{3} \times 1 \times \cos\dfrac{\pi}{6} + 1} = \sqrt{7}$$

同理　　　$|\boldsymbol{a} - \boldsymbol{b}| = \sqrt{3 - 2 \times \sqrt{3} \times 1 \times \cos\dfrac{\pi}{6} + 1} = 1$

故　　　　$\cos\varphi = \dfrac{2}{\sqrt{7}}, \quad \varphi = \arccos\dfrac{2}{\sqrt{7}}$

8. 设 $\boldsymbol{a} + 3\boldsymbol{b} \perp 7\boldsymbol{a} - 5\boldsymbol{b}, \boldsymbol{a} - 4\boldsymbol{b} \perp 7\boldsymbol{a} - 2\boldsymbol{b}$，求 $(\widehat{\boldsymbol{a}, \boldsymbol{b}})$.

【解】　由 $\boldsymbol{a} + 3\boldsymbol{b} \perp 7\boldsymbol{a} - 5\boldsymbol{b}, \boldsymbol{a} - 4\boldsymbol{b} \perp 7\boldsymbol{a} - 2\boldsymbol{b}$ 可得

$$\begin{cases} (\boldsymbol{a} + 3\boldsymbol{b}) \cdot (7\boldsymbol{a} - 5\boldsymbol{b}) = 0 \\ (\boldsymbol{a} - 4\boldsymbol{b}) \cdot (7\boldsymbol{a} - 2\boldsymbol{b}) = 0 \end{cases}$$

即　　　$\begin{cases} 7|\boldsymbol{a}|^2 - 15|\boldsymbol{b}|^2 + 16|\boldsymbol{a}||\boldsymbol{b}|\cos(\widehat{\boldsymbol{a}, \boldsymbol{b}}) = 0 \\ 7|\boldsymbol{a}|^2 + 8|\boldsymbol{b}|^2 - 30|\boldsymbol{a}||\boldsymbol{b}|\cos(\widehat{\boldsymbol{a}, \boldsymbol{b}}) = 0 \end{cases}$

解以上方程组得：$\cos(\widehat{\boldsymbol{a}, \boldsymbol{b}}) = \dfrac{|\boldsymbol{b}|}{2|\boldsymbol{a}|}$ 及 $|\boldsymbol{a}| = |\boldsymbol{b}|$，故 $\cos(\widehat{\boldsymbol{a}, \boldsymbol{b}}) = \dfrac{1}{2}$，$(\widehat{\boldsymbol{a}, \boldsymbol{b}}) = \dfrac{\pi}{3}$.

9. 设 $\boldsymbol{a} = \{2, -1, -2\}, \boldsymbol{b} = \{1, 1, z\}$，问 z 为何值时 $(\widehat{\boldsymbol{a}, \boldsymbol{b}})$ 最小？并求出此

最小值.

【解】
$$\cos(\hat{a,b}) = \frac{a \cdot b}{|a||b|} = \frac{1-2z}{3\sqrt{2+z^2}}$$

令 $F(z) = \dfrac{1-2z}{3\sqrt{2+z^2}}$,则 $F'(z) = \dfrac{-4-z}{3(2+z^2)^{3/2}}$.

令 $F'(z)=0$,得 $z=-4$.

又当 $z<-4$ 时,$F'(z)>0$;当 $z>-4$ 时,$F'(z)<0$,故当 $z=-4$ 时 $F(z)$ 取得极大值.函数有唯一的极大值,无极小值,故此极大值即最大值.

由此可知 $\cos(\hat{a,b})$ 当 $z=-4$ 时最大,夹角 $(\hat{a,b})$ 当 $z=-4$ 时最小.这时,

$$(\hat{a,b}) = \arccos \frac{1-2(-4)}{3\sqrt{2+(-4)^2}} = \arccos \frac{1}{\sqrt{2}} = \frac{\pi}{4}$$

10. 设 $|a|=4$, $|b|=3$, $(\hat{a,b})=\dfrac{\pi}{6}$,求以 $a+2b$ 和 $a-3b$ 为边的平行四边形的面积.

【解】
$$|a \times b| = |a||b|\sin(\hat{a,b}) = 6$$
所求平行四边形的面积
$$S = |(a+2b) \times (a-3b)| = 5|a \times b| = 30$$

11. 设 $a=\{2,-3,1\}$,$b=\{1,-2,3\}$,$c=\{2,1,2\}$,向量 r 满足 $r \perp a$,$r \perp b$,$\mathrm{Prj}_c r = 14$,求 r.

【解】　设 $r=\{x,y,z\}$,则由 $r \perp a$,$r \perp b$ 可得 $r \cdot a=0$,$r \cdot b=0$,又由 $\mathrm{Prj}_c r = 14$ 可得 $r \cdot c = 14|c|$.于是有

$$\begin{cases} 2x-3y+z=0 \\ x-2y+3z=0 \\ 2x+y+2z=42 \end{cases}$$

解此方程组得 $x=14$,$y=10$,$z=2$,故 $r=\{14,10,2\}$.

12. 设 $a=\{-1,3,2\}$,$b=\{2,-3,-4\}$,$c=\{-3,12,6\}$,证明三向量 a,b,c 共面,并用 a 和 b 表示 c.

【证】
$$(a \times b) \cdot c = \begin{vmatrix} -1 & 3 & 2 \\ 2 & -3 & -4 \\ -3 & 12 & 6 \end{vmatrix} = 0$$

故 a,b,c 共面.

设 $c=xa+yb$,即 $\{-3,12,6\}=\{-x+2y,3x-3y,2x-4y\}$,比较等式的

两端可得

$$\begin{cases} -x+2y=-3 \\ 3x-3y=12 \end{cases}$$

解之得 $x=5,y=1$,故 $c=5a+b$.

13.已知动点 $M(x,y,z)$ 到 xOy 平面的距离与点 M 到点 $(1,-1,2)$ 的距离相等,求点 M 的轨迹的方程.

【解】 依题意可得

$$\sqrt{(x-1)^2+(y+1)^2+(z-2)^2}=|z|$$

化简即得点 M 的轨迹的方程

$$x^2+y^2-2x+2y-4z+6=0$$

即

$$4(z-1)=(x-1)^2+(y+1)^2$$

14.指出下列旋转曲面的一条母线和旋转轴:

(1) $z=2(x^2+y^2)$; (2) $\dfrac{x^2}{36}+\dfrac{y^2}{9}+\dfrac{z^2}{36}=1$;

(3) $z^2=3(x^2+y^2)$; (4) $x^2-\dfrac{y^2}{4}-\dfrac{z^2}{4}=1$.

【解】 (1) 母线 $\begin{cases} x=0 \\ z=2y^2 \end{cases}$,旋转轴:$z$ 轴.

(2) 母线 $\begin{cases} x=0 \\ \dfrac{y^2}{9}+\dfrac{z^2}{36}=1 \end{cases}$,旋转轴:$y$ 轴.

(3) 母线 $\begin{cases} x=0 \\ z=\sqrt{3}\,y \end{cases}$,旋转轴:$z$ 轴.

(4) 母线 $\begin{cases} z=0 \\ x^2-\dfrac{y^2}{4}=1 \end{cases}$,旋转轴:$x$ 轴.

15.求通过点 $A(3,0,0)$ 和 $B(0,0,1)$ 且与 xOy 面成 $\dfrac{\pi}{3}$ 角的平面的方程.

【解】 $\overrightarrow{AB}=\{-3,0,1\}$,于是可得过 A,B 两点的直线方程:

$$\dfrac{x}{-3}=\dfrac{y}{0}=\dfrac{z-1}{1}$$

即

$$\begin{cases} y=0 \\ x+3z-3=0 \end{cases}$$

过此直线的平面束方程为

$$x + 3z - 3 + \lambda y = 0$$

即

$$x + \lambda y + 3z - 3 = 0$$

它的法线向量 $\boldsymbol{n}_1 = \{1, \lambda, 3\}$，$xOy$ 平面的法线向量 $\boldsymbol{n}_2 = \{0, 0, 1\}$，于是

$$\cos \frac{\pi}{3} = \cos(\widehat{\boldsymbol{n}_1, \boldsymbol{n}_2}) = \frac{\boldsymbol{n}_1 \cdot \boldsymbol{n}_2}{|\boldsymbol{n}_1||\boldsymbol{n}_2|} = \frac{3}{\sqrt{10 + \lambda^2}}$$

即

$$\frac{3}{\sqrt{10 + \lambda^2}} = \frac{1}{2}$$

解得 $\lambda = \pm\sqrt{26}$，故所求平面方程为

$$x + \sqrt{26}\, y + 3z - 3 = 0 \quad \text{或} \quad x - \sqrt{26}\, y + 3z - 3 = 0$$

16. 设一平面垂直于平面 $z = 0$，并通过从点 $(1, -1, 1)$ 到直线 $\begin{cases} y - z + 1 = 0 \\ x = 0 \end{cases}$ 的垂线，求此平面的方程.

【解】 将已知直线写成参数式

$$\begin{cases} x = 0 \\ y = -1 + t \\ z = t \end{cases}$$

设从点 $(1, -1, 1)$ 到已知直线的垂足为 $(0, -1 + t, t)$，于是有

$$\{1, -t, 1 - t\} \cdot \{0, 1, 1\} = 0$$

即

$$-t + 1 - t = 0$$

解得 $t = \frac{1}{2}$，于是垂足为 $(0, -\frac{1}{2}, \frac{1}{2})$. 从点 $(1, -1, 1)$ 到已知直线的垂线为

$$\frac{x - 1}{1} = \frac{y + 1}{-\frac{1}{2}} = \frac{z - 1}{\frac{1}{2}}$$

即

$$\begin{cases} x + 2y + 1 = 0 \\ y + z = 0 \end{cases}$$

过垂线的平面束为

$$x + 2y + 1 + \lambda(y + z) = 0$$

即

$$x + (2 + \lambda)y + \lambda z + 1 = 0$$

它的法线向量 $\boldsymbol{n}_1 = \{1, 2 + \lambda, \lambda\}$ 应当垂直于平面 $z = 0$ 的法线向量 $\boldsymbol{n}_2 = \{0, 0, 1\}$，于是有 $\boldsymbol{n}_1 \cdot \boldsymbol{n}_2 = 0$，即 $\lambda = 0$.

从而所求平面为 $x+2y+1=0$. 经检验平面 $y+z=0$ 不满足题设条件, 故满足条件的只有平面 $x+2y+1=0$.

17. 求过点 $(-1,0,4)$, 且平行于平面 $3x-4y+z-10=0$, 又与直线 $\dfrac{x+1}{1}$ $=\dfrac{y-3}{1}=\dfrac{z}{2}$ 相交的直线的方程.

【解】 过点 $(-1,0,4)$ 且平行于已知平面的平面为

$$\pi: \quad 3(x+1)-4y+(z-4)=0$$

再求已知直线与平面 π 的交点, 为此将直线写成参数式: $\begin{cases} x=-1+t \\ y=3+t \\ z=2t \end{cases}$, 将

x,y,z 代入平面 π 的方程, 得

$$3(-1+t+1)-4(3+t)+(2t-4)=0$$

解得 $t=16$, 故交点为 $(15,19,32)$. 过点 $(-1,0,4)$ 和 $(15,19,32)$ 的直线为

$$\frac{x+1}{16}=\frac{y}{19}=\frac{z-4}{28}$$

此即为所求.

18. 已知点 $A(1,0,0)$ 及点 $B(0,2,1)$, 试在 z 轴上求一点 C, 使 $\triangle ABC$ 的面积最小.

【解】 设 $C(0,0,z)$, 则 $\triangle ABC$ 的面积

$$S=\frac{1}{2}|\overrightarrow{AB}\times\overrightarrow{AC}|$$

而

$$\overrightarrow{AB}\times\overrightarrow{AC}=\begin{vmatrix} \boldsymbol{i} & \boldsymbol{j} & \boldsymbol{k} \\ -1 & 2 & 1 \\ -1 & 0 & z \end{vmatrix}=2z\boldsymbol{i}+(-1+z)\boldsymbol{j}+2\boldsymbol{k}$$

故

$$S=\frac{1}{2}\sqrt{4z^2+(-1+z)^2+4}=\frac{1}{2}\sqrt{5z^2-2z+5}$$

令 $F(z)=5z^2-2z+5$, 则 $F'(z)=10z-2$, 令 $F'(z)=0$, 得 $z=\dfrac{1}{5}$. 又 $F''(z)=10>0$, 故函数 $F(z)$ 在 $z=\dfrac{1}{5}$ 处取得极小值. 函数 $F(z)$ 有唯一的极小值无极大值, 此极小值即为最小值. 即当 C 是 $(0,0,\dfrac{1}{5})$ 时, $\triangle ABC$ 的面积最小.

19. 求曲线 $\begin{cases} z = 2 - x^2 - y^2 \\ z = (x-1)^2 + (y-1)^2 \end{cases}$ 在三个坐标面上的投影曲线的方程.

【解】 由方程组中消去 z 便得在 xOy 坐标面上的投影曲线

$$\begin{cases} x^2 + y^2 = x + y \\ z = 0 \end{cases}$$

同理可得在 yOz 坐标面及 zOx 坐标面上的投影曲线分别为

$$\begin{cases} 2y^2 + 2yz + z^2 - 4y - 3z + 2 = 0 \\ x = 0 \end{cases}$$

和

$$\begin{cases} 2x^2 + 2xz + z^2 - 4x - 3z + 2 = 0 \\ y = 0 \end{cases}$$

20. 求锥面 $z = \sqrt{x^2 + y^2}$ 与柱面 $z^2 = 2x$ 所围立体在三个坐标面上的投影.

【解】 如图 F-7-15 所示,由两个方程中消去 z 便得立体在 xOy 坐标面上的投影的边界. 于是立体在 xOy 坐标面的投影为 $\begin{cases} (x-1)^2 + y^2 \leqslant 1 \\ z = 0 \end{cases}$.

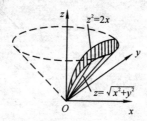

图　F-7-15

由方程中消去 x 便得立体在 yOz 面投影的边界:

$$\left(\frac{z^2}{2} - 1\right)^2 + y^2 = 1, \qquad z \geqslant 0$$

于是立体在 yOz 面的投影为

$$\begin{cases} \left(\dfrac{z^2}{2} - 1\right)^2 + y^2 \leqslant 1, & z \geqslant 0 \\ x = 0 \end{cases}$$

立体在 zOx 面上的投影的边界由两段曲线组成,一段是柱面 $z^2 = 2x$ 在

zOx 面上的投影：$z = \sqrt{2x}$. 另一段是锥面 $z = \sqrt{x^2+y^2}$ 与 zOx 面的交线：

$z = x$. 故立体在 zOx 面的投影为

$$\begin{cases} x \leqslant z \leqslant \sqrt{2x} \\ y = 0 \end{cases}$$

21. 画出下列各曲面所围立体的图形：

(1) 抛物柱面 $2y^2 = x$, 平面 $z = 0$ 及 $\dfrac{x}{4} + \dfrac{y}{2} + \dfrac{z}{2} = 1$;

(2) 抛物柱面 $x^2 = 1 - z$, 平面 $y = 0, z = 0$ 及 $x + y = 1$;

(3) 圆锥面 $z = \sqrt{x^2+y^2}$ 及旋转抛物面 $z = 2 - x^2 - y^2$;

(4) 旋转抛物面 $x^2 + y^2 = z$, 柱面 $y^2 = x$, 平面 $z = 0$ 及 $x = 1$.

【解】 (1) ～ (4) 各曲面所围立体的图形如图 F - 7 - 16(a) ～ (d) 所示.

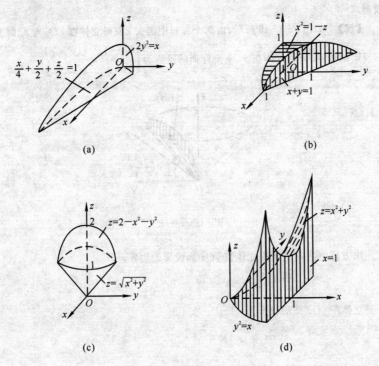

图　F - 7 - 16

第8章

习题 8-1

1. 已知 $f(x,y) = x^2 + y^2 - xy\tan\dfrac{x}{y}$，试求 $f(tx, ty)$.

解 $$f(tx, ty) = (tx)^2 + (ty)^2 - (tx)(ty)\tan\dfrac{tx}{ty} =$$
$$t^2(x^2 + y^2 - xy\tan\dfrac{x}{y}) = t^2 f(x,y)$$

3. 已知函数 $f(u,v,w) = u^w + w^{u+v}$，试求 $f(x+y, x-y, xy)$.

【解】 $f(x+y, x-y, xy) = (x+y)^{xy} + (xy)^{2x}$

4. 求下列各函数的定义域:

(1) $z = \ln(y^2 - 2x + 1)$;　　　　(2) $z = \dfrac{1}{\sqrt{x+y}} + \dfrac{1}{\sqrt{x-y}}$;

(3) $z = \sqrt{x - \sqrt{y}}$;　　　　(4) $z = \ln(y-x) + \dfrac{\sqrt{x}}{\sqrt{1 - x^2 - y^2}}$;

(5) $u = \sqrt{R^2 - x^2 - y^2 - z^2} + \dfrac{1}{\sqrt{x^2 + y^2 + z^2 - r^2}}$　　$(R > r > 0)$;

(6) $u = \arccos\dfrac{z}{\sqrt{x^2 + y^2}}$.

【解】 (1) 要使 $\ln(y^2 - 2x + 1)$ 有意义,必须 $y^2 - 2x + 1 > 0$,即
$$D = \{(x,y) \mid y^2 - 2x + 1 > 0\}$$

(2) 函数的定义域必须同时满足下列两个条件 $\begin{cases} x+y > 0 \\ x-y > 0 \end{cases}$,由此解得

$x > |y|$,所以 $D = \{(x,y) \mid x > |y|\}$.

(3) 函数的定义域必须满足 $y \geqslant 0$,且 $x - \sqrt{y} \geqslant 0$,故
$$D = \{(x,y) \mid x \geqslant 0, y \geqslant 0, x^2 \geqslant y\}$$

(4) 由 $\begin{cases} x \geqslant 0 \\ y - x > 0 \\ x^2 + y^2 < 1 \end{cases}$ 得 $D = \{(x,y) \mid x \geqslant 0, y > x, x^2 + y^2 < 1\}$.

(5) 由 $\begin{cases} R^2 - x^2 - y^2 - z^2 \geqslant 0 \\ x^2 + y^2 + z^2 - r^2 > 0 \end{cases}$ 得 $D = \{(x,y,z) \mid r^2 < x^2 + y^2 + z^2 \leqslant R^2\}$.

(6) $D = \{(x,y,z) \mid x^2 + y^2 - z^2 \geqslant 0, x^2 + y^2 \neq 0\}$.

5. 求下列各极限：

(1) $\lim\limits_{\substack{x\to 0\\y\to 1}}\dfrac{1-xy}{x^2+y^2}$；

(2) $\lim\limits_{\substack{x\to 1\\y\to 0}}\dfrac{\ln(x+\mathrm{e}^y)}{\sqrt{x^2+y^2}}$；

(3) $\lim\limits_{\substack{x\to 0\\y\to 0}}\dfrac{2-\sqrt{xy+4}}{xy}$；

(4) $\lim\limits_{\substack{x\to 0\\y\to 0}}\dfrac{xy}{\sqrt{xy+1}-1}$；

(5) $\lim\limits_{\substack{x\to 2\\y\to 0}}\dfrac{\sin(xy)}{y}$；

(6) $\lim\limits_{\substack{x\to 0\\y\to 0}}\dfrac{1-\cos(x^2+y^2)}{(x^2+y^2)\mathrm{e}^{x^2y^2}}$.

【解】 (1) 由于点 $(0,1)$ 是函数 $f(x,y)=\dfrac{1-xy}{x^2+y^2}$ 的连续点，所以

$$\lim\limits_{\substack{x\to 0\\y\to 1}}\frac{1-xy}{x^2+y^2}=f(0,1)=\frac{1-0}{0^2+1^2}=1$$

(2) 由于点 $(1,0)$ 是 $f(x,y)=\dfrac{\ln(x+\mathrm{e}^y)}{\sqrt{x^2+y^2}}$ 的连续点，又

$$f(1,0)=\frac{\ln(1+\mathrm{e}^0)}{\sqrt{1^2+0^2}}=\ln 2$$

所以

$$\lim\limits_{\substack{x\to 1\\y\to 0}}\frac{\ln(x+\mathrm{e}^y)}{\sqrt{x^2+y^2}}=\ln 2$$

(3) 原式 $=\lim\limits_{\substack{x\to 0\\y\to 0}}\dfrac{2^2-(xy+4)}{xy(2+\sqrt{xy+4})}=$

$$\lim\limits_{\substack{x\to 0\\y\to 0}}\frac{-1}{2+\sqrt{xy+4}}=-\frac{1}{4}$$

(4) 原式 $=\lim\limits_{\substack{x\to 0\\y\to 0}}\dfrac{xy(\sqrt{xy+1}+1)}{(\sqrt{xy+1}+1)(\sqrt{xy+1}-1)}=$

$$\lim\limits_{\substack{x\to 0\\y\to 0}}\frac{xy(\sqrt{xy+1}+1)}{xy+1-1}=\lim\limits_{\substack{x\to 0\\y\to 0}}(\sqrt{xy+1}+1)=2$$

(5) 原式 $=\lim\limits_{\substack{x\to 2\\y\to 0}}\dfrac{x\sin(xy)}{(xy)}=2$

(6) 原式 $=\lim\limits_{\substack{x\to 0\\y\to 0}}\dfrac{1-\cos(x^2+y^2)}{2}\dfrac{1}{x^2+y^2}\dfrac{2}{\mathrm{e}^{x^2y^2}}=$

$$\lim\limits_{\substack{x\to 0\\y\to 0}}\frac{\sin^2\dfrac{x^2+y^2}{2}}{(\dfrac{x^2+y^2}{2})^2}\frac{\dfrac{1}{2}(x^2+y^2)}{\mathrm{e}^{x^2y^2}}=$$

$$\lim_{\substack{x\to 0 \\ y\to 0}} \frac{1}{2} \frac{x^2+y^2}{e^{x^2 y^2}} = 0$$

6. 证明下列极限不存在:

(1) $\lim\limits_{\substack{x\to 0 \\ y\to 0}} \dfrac{x+y}{x-y}$; (2) $\lim\limits_{\substack{x\to 0 \\ y\to 0}} \dfrac{x^2 y^2}{x^2 y^2 + (x-y)^2}$.

【解】 (1) 当点 $P(x,y)$ 沿 x 轴趋向于点 $(0,0)$ 时, $\lim\limits_{x\to 0} f(x,0) = \lim\limits_{x\to 0} \dfrac{x}{x} = 1$, 当点 $P(x,y)$ 沿 y 轴趋向于点 $(0,0)$ 时, $\lim\limits_{y\to 0} f(0,y) = \lim\limits_{y\to 0} \dfrac{y}{-y} = -1$. 因此, $\lim\limits_{\substack{x\to 0 \\ y\to 0}} \dfrac{x+y}{x-y}$ 不存在.

(2) 当点 $P(x,y)$ 沿直线 $y = x$ 趋向于点 $P_0(0,0)$ 时, 有

$$\lim_{\substack{x\to 0 \\ y=x\to 0}} \frac{x^2 y^2}{x^2 y^2 + (x-y)^2} = \lim_{x\to 0} \frac{x^4}{x^4} = 1$$

而点 $P(x,y)$ 沿直线 $y = \dfrac{1}{2} x$ 趋向于点 $P_0(0,0)$ 时, 有

$$\lim_{\substack{x\to 0 \\ y=\frac{x}{2}\to 0}} \frac{x^2 y^2}{x^2 y^2 + (x-y)^2} = \lim_{x\to 0} \frac{\frac{x^4}{4}}{\frac{x^4}{4} + \frac{x^2}{4}} = \lim_{x\to 0} \frac{x^2}{x^2 + 1} = 0$$

可见, 当点 $P(x,y)$ 沿着两种特定的方式趋向于点 $P_0(0,0)$ 时, 虽然各自的极限都存在, 但不相等(注意, 即使相等也不能断定极限存在), 因此原极限不存在.

7. 函数 $z = \dfrac{y^2 + 2x}{y^2 - 2x}$ 在何处是间断的?

【解】 当分母 $y^2 - 2x = 0$ 时, 函数无意义. 故函数的间断点是

$$\{(x,y) \mid y^2 - 2x = 0\}$$

8. 证明 $\lim\limits_{\substack{x\to 0 \\ y\to 0}} \dfrac{xy}{\sqrt{x^2+y^2}} = 0$.

【证】 因为 $0 \leqslant \left| \dfrac{xy}{\sqrt{x^2+y^2}} \right| \leqslant \left| \dfrac{x^2+y^2}{2\sqrt{x^2+y^2}} \right| = \dfrac{\sqrt{x^2+y^2}}{2}$

又 $$\lim_{\substack{x\to 0 \\ y\to 0}} \frac{\sqrt{x^2+y^2}}{2} = 0$$

由夹逼原理,即可得证.

习题 8 - 2

1. 求下列函数的偏导数:

(1) $z = x^3 y - y^3 x$;

(2) $s = \dfrac{u^2 + v^2}{uv}$;

(3) $z = \sqrt{\ln(xy)}$;

(4) $z = \sin(xy) + \cos^2(xy)$;

(5) $z = \ln\tan\dfrac{x}{y}$;

(6) $z = (1+xy)^y$;

(7) $u = x^{\frac{y}{z}}$;

(8) $u = \arctan(x-y)^z$.

【解】 (1) $\dfrac{\partial z}{\partial x} = 3x^2 y - y^3$, $\dfrac{\partial z}{\partial y} = x^3 - 3xy^2$

(2) $\dfrac{\partial s}{\partial u} = \dfrac{\partial}{\partial u}\left(\dfrac{u}{v} + \dfrac{v}{u}\right) = \dfrac{1}{v} - \dfrac{v}{u^2}$

$\dfrac{\partial s}{\partial v} = \dfrac{\partial}{\partial v}\left(\dfrac{u}{v} + \dfrac{v}{u}\right) = \dfrac{1}{u} - \dfrac{u}{v^2}$

(3) $z = \sqrt{\ln x + \ln y}$, $\dfrac{\partial z}{\partial x} = \dfrac{1}{2\sqrt{\ln x + \ln y}} \cdot \dfrac{1}{x} = \dfrac{1}{2x\sqrt{\ln(xy)}}$

$\dfrac{\partial z}{\partial y} = \dfrac{1}{2\sqrt{\ln x + \ln y}} \cdot \dfrac{1}{y} = \dfrac{1}{2y\sqrt{\ln xy}}$

(4) $\dfrac{\partial z}{\partial x} = \cos(xy) \cdot y + 2\cos(xy) \cdot [-\sin(xy)] \cdot y = y[\cos(xy) - \sin(2xy)]$

由对称性知 $\dfrac{\partial z}{\partial y} = x[\cos(xy) - \sin(2xy)]$

(5) $\dfrac{\partial z}{\partial x} = \dfrac{1}{\tan\frac{x}{y}} \cdot \sec^2\dfrac{x}{y} \cdot \dfrac{1}{y} = \dfrac{1}{y \cdot \sin\frac{x}{y} \cdot \cos\frac{x}{y}} = \dfrac{2}{y}\csc\dfrac{2x}{y}$

$\dfrac{\partial z}{\partial y} = \dfrac{1}{\tan\frac{x}{y}} \cdot \sec^2\dfrac{x}{y} \cdot \left(-\dfrac{x}{y^2}\right) = -\dfrac{2x}{y^2}\csc\dfrac{2x}{y}$

(6) $\dfrac{\partial z}{\partial x} = y(1+xy)^{y-1} \cdot y = y^2(1+xy)^{y-1}$

$\ln z = y\ln(1+xy)$, $\dfrac{1}{z}\dfrac{\partial z}{\partial y} = \ln(1+xy) + y \cdot \dfrac{x}{1+xy}$

所以 $\dfrac{\partial z}{\partial y} = (1+xy)^y\left[\ln(1+xy) + \dfrac{xy}{1+xy}\right]$

420

(7) $\dfrac{\partial u}{\partial x} = \dfrac{y}{z} x^{(\frac{y}{z}-1)}$, $\qquad \dfrac{\partial u}{\partial y} = x^{\frac{y}{z}} \ln x \cdot \dfrac{1}{z} = \dfrac{1}{z} x^{\frac{y}{z}} \cdot \ln x$

$\qquad \dfrac{\partial u}{\partial z} = x^{\frac{y}{z}} \ln x \cdot (-\dfrac{y}{z^2}) = -\dfrac{y}{z^2} x^{\frac{y}{z}} \cdot \ln x$

(8) $\dfrac{\partial u}{\partial x} = \dfrac{z(x-y)^{z-1}}{1+(x-y)^{2z}}$, $\qquad \dfrac{\partial u}{\partial y} = \dfrac{-z(x-y)^{z-1}}{1+(x-y)^{2z}}$

$\qquad \dfrac{\partial u}{\partial z} = \dfrac{(x-y)^z \ln(x-y)}{1+(x-y)^{2z}}$

2. 设 $T = 2\pi\sqrt{\dfrac{l}{g}}$，求证 $l\dfrac{\partial T}{\partial l} + g\dfrac{\partial T}{\partial g} = 0$.

【证】 $\dfrac{\partial T}{\partial l} = \pi \dfrac{1}{\sqrt{lg}}$, $\qquad \dfrac{\partial T}{\partial g} = 2\pi\sqrt{l}(-\dfrac{1}{2}g^{-\frac{3}{2}}) = -\pi\dfrac{\sqrt{L}}{g\sqrt{g}}$

所以 $\qquad l\dfrac{\partial T}{\partial l} + g\dfrac{\partial T}{\partial g} = l\dfrac{\pi}{\sqrt{lg}} - g\pi\dfrac{\sqrt{l}}{g\sqrt{g}} = \pi\dfrac{\sqrt{l}}{\sqrt{g}} - \pi\dfrac{\sqrt{l}}{\sqrt{g}} = 0$

3. 设 $z = e^{-(\frac{1}{x}+\frac{1}{y})}$，求证 $x^2\dfrac{\partial z}{\partial x} + y^2\dfrac{\partial z}{\partial y} = 2z$.

【证】 $\dfrac{\partial z}{\partial x} = e^{-(\frac{1}{x}+\frac{1}{y})}\dfrac{1}{x^2} = \dfrac{z}{x^2}$, $\qquad \dfrac{\partial z}{\partial y} = e^{-(\frac{1}{x}+\frac{1}{y})}(\dfrac{1}{y^2}) = \dfrac{z}{y^2}$

所以 $\qquad x^2\dfrac{\partial z}{\partial x} + y^2\dfrac{\partial z}{\partial y} = x^2\dfrac{z}{x^2} + y^2\dfrac{z}{y^2} = 2z$

4. 设 $f(x,y) = x + (y-1)\arcsin\sqrt{\dfrac{x}{y}}$，求 $f_x(x,1)$.

【解法1】 $f_x(x,y) = 1 + \dfrac{y-1}{\sqrt{1-\dfrac{x}{y}}}\dfrac{1}{2\sqrt{\dfrac{x}{y}}}\dfrac{1}{y}$, $\quad f_x(x,1) = 1.$

【解法2】 $f(x,1) = x$，所以 $f_x(x,1) = 1.$

5. 曲线 $\begin{cases} z = \dfrac{x^2+y^2}{4} \\ y = 4 \end{cases}$ 在点 $(2,4,5)$ 处的切线对于 x 轴的倾角是多少？

【解】 $\dfrac{\partial z}{\partial x} = \dfrac{2x}{4} = \dfrac{x}{2}, \dfrac{\partial z}{\partial x}\big|_{(2,4,5)} = 1$，因为 $\tan\alpha = 1$，所以 $\alpha = \dfrac{\pi}{4}.$

6. 求下列函数的 $\dfrac{\partial^2 z}{\partial x^2}, \dfrac{\partial^2 z}{\partial y^2}$ 和 $\dfrac{\partial^2 z}{\partial x\partial y}$：

(1) $z = x^4 + y^4 - 4x^2y^2$; $\qquad\qquad$ (2) $z = \arctan\dfrac{y}{x}$;

(3) $z = y^x$.

【解】 (1) $\dfrac{\partial z}{\partial x} = 4x^3 - 8xy^2$, $\qquad \dfrac{\partial z}{\partial y} = 4y^3 - 8x^2 y$

$\dfrac{\partial^2 z}{\partial x^2} = 12x^2 - 8y^2$, $\qquad \dfrac{\partial^2 z}{\partial y^2} = 12y^2 - 8x^2$

$\dfrac{\partial^2 z}{\partial x \partial y} = \dfrac{\partial}{\partial y}(4x^3 - 8xy^2) = -16xy$

(2) $\dfrac{\partial z}{\partial x} = \dfrac{1}{1+(\frac{y}{x})^2}\left(-\dfrac{y}{x^2}\right) = -\dfrac{y}{x^2+y^2}$

$\dfrac{\partial z}{\partial y} = \dfrac{1}{1+(\frac{y^2}{x^2})}\left(\dfrac{1}{x}\right) = \dfrac{x}{x^2+y^2}$

$\dfrac{\partial^2 z}{\partial x^2} = \dfrac{2xy}{(x^2+y^2)^2}$, $\quad \dfrac{\partial^2 z}{\partial y^2} = \dfrac{-2xy}{(x^2+y^2)^2}$

$\dfrac{\partial^2 z}{\partial x \partial y} = \dfrac{\partial}{\partial y}\left(-\dfrac{y}{x^2+y^2}\right) = \dfrac{-(x^2+y^2)+2y^2}{(x^2+y^2)^2} = \dfrac{y^2-x^2}{(x^2+y^2)^2}$

(3) $\dfrac{\partial z}{\partial x} = y^x \ln y$, $\qquad \dfrac{\partial z}{\partial y} = xy^{x-1}$

$\dfrac{\partial^2 z}{\partial x^2} = y^x \cdot \ln^2 y$, $\qquad \dfrac{\partial^2 z}{\partial y^2} = x(x-1)y^{x-2}$

$\dfrac{\partial^2 z}{\partial x \partial y} = \dfrac{\partial}{\partial y}(y^x \ln y) = xy^{x-1}\ln y + y^x \cdot \dfrac{1}{y} = y^{x-1}(x\ln y + 1)$

8. 设 $z = x\ln(xy)$，求 $\dfrac{\partial^3 z}{\partial x^2 \partial y}, \dfrac{\partial^3 z}{\partial x \partial y^2}$.

【解】 $\dfrac{\partial z}{\partial x} = \ln(xy) + \dfrac{xy}{xy} = \ln(xy) + 1$, $\quad \dfrac{\partial^2 z}{\partial x^2} = \dfrac{y}{xy} = \dfrac{1}{x}$

$\dfrac{\partial^3 z}{\partial x^2 \partial y} = \dfrac{\partial}{\partial y}\left(\dfrac{1}{x}\right) = 0$, $\quad \dfrac{\partial^2 z}{\partial x \partial y} = \dfrac{\partial}{\partial y}(\ln(xy)+1) = \dfrac{x}{xy} = \dfrac{1}{y}$

$\dfrac{\partial^3 z}{\partial x \partial y^2} = \dfrac{\partial}{\partial y}\left(\dfrac{1}{y}\right) = -\dfrac{1}{y^2}$

9. 验证：

(1) $y = e^{-kn^2 t}\sin nx$ 满足 $\dfrac{\partial y}{\partial t} = k\dfrac{\partial^2 y}{\partial x^2}$;

(2) $r = \sqrt{x^2+y^2+z^2}$ 满足 $\dfrac{\partial^2 r}{\partial x^2} + \dfrac{\partial^2 r}{\partial y^2} + \dfrac{\partial^2 r}{\partial z^2} = \dfrac{2}{r}$.

【证】 (1) $\dfrac{\partial y}{\partial t} = e^{-kn^2 t} \cdot (-kn^2)\sin nx = -kn^2 e^{-kn^2 t}\sin nx$

$$\frac{\partial y}{\partial x} = n\mathrm{e}^{-kn^2 t} \cdot \cos nx, \qquad \frac{\partial^2 y}{\partial x^2} = -n^2 \mathrm{e}^{-kn^2 t} \sin nx$$

因为

$$k\frac{\partial^2 y}{\partial x^2} = -kn^2 \mathrm{e}^{-kn^2 t} \sin nx$$

所以

$$\frac{\partial y}{\partial t} = k\frac{\partial^2 y}{\partial x^2}$$

(2) $\dfrac{\partial r}{\partial x} = \dfrac{2x}{2\sqrt{x^2 + y^2 + z^2}} = \dfrac{x}{r}$, $\qquad \dfrac{\partial^2 r}{\partial x^2} = \dfrac{r - x\dfrac{x}{r}}{r^2} = \dfrac{r^2 - x^2}{r^3}$

由函数关于自变量的对称性有:

$$\frac{\partial^2 r}{\partial y^2} = \frac{r^2 - y^2}{r^3}, \qquad \frac{\partial^2 r}{\partial z^2} = \frac{r^2 - z^2}{r^3}$$

所以 $\quad \dfrac{\partial^2 r}{\partial x^2} + \dfrac{\partial^2 r}{\partial y^2} + \dfrac{\partial^2 r}{\partial z^2} = \dfrac{3r^2 - (x^2 + y^2 + z^2)}{r^3} = \dfrac{3r^2 - r^2}{r^3} = \dfrac{2}{r}$

习题 8 - 3

1. 求下列函数的全微分:

(1) $z = xy + \dfrac{x}{y}$; $\qquad\qquad$ (2) $z = \mathrm{e}^{\frac{y}{x}}$;

(3) $z = \dfrac{y}{\sqrt{x^2 + y^2}}$; $\qquad\qquad$ (4) $u = x^{yz}$.

【解】 (1) 因为 $\quad \dfrac{\partial z}{\partial x} = y + \dfrac{1}{y}$, $\quad \dfrac{\partial z}{\partial y} = x - \dfrac{x}{y^2}$

所以 $\quad \mathrm{d}z = \left(y + \dfrac{1}{y}\right)\mathrm{d}x + \left(x - \dfrac{x}{y^2}\right)\mathrm{d}y$

(2) 因为 $\quad \dfrac{\partial z}{\partial x} = \mathrm{e}^{\frac{y}{x}} \cdot \left(-\dfrac{y}{x^2}\right) = -\dfrac{y}{x^2}\mathrm{e}^{\frac{y}{x}}$, $\quad \dfrac{\partial z}{\partial y} = \dfrac{1}{x}\mathrm{e}^{\frac{y}{x}}$

所以 $\quad \mathrm{d}z = -\dfrac{y}{x^2}\mathrm{e}^{\frac{y}{x}}\mathrm{d}x + \dfrac{1}{x}\mathrm{e}^{\frac{y}{x}}\mathrm{d}y = -\dfrac{1}{x}\mathrm{e}^{\frac{y}{x}}\left(\dfrac{y}{x}\mathrm{d}x - \mathrm{d}y\right)$

(3) 因为 $\quad \dfrac{\partial z}{\partial x} = \dfrac{-y}{x^2 + y^2} \cdot \dfrac{2x}{2\sqrt{x^2 + y^2}} = \dfrac{-xy}{(x^2 + y^2)^{3/2}}$

$$\frac{\partial z}{\partial y} = \frac{\sqrt{x^2 + y^2} - y \cdot \dfrac{2y}{2\sqrt{x^2 + y^2}}}{x^2 + y^2} = \frac{x^2}{(x^2 + y^2)^{3/2}}$$

所以 $\quad \mathrm{d}z = \dfrac{-xy}{(x^2 + y^2)^{3/2}}\mathrm{d}x + \dfrac{x^2}{(x^2 + y^2)^{3/2}}\mathrm{d}y =$

$$-\frac{x}{(x^2+y^2)^{3/2}}(y\mathrm{d}x-x\mathrm{d}y)$$

(4) 因为 $\dfrac{\partial u}{\partial x}=yz\cdot x^{yz-1}$,　　$\dfrac{\partial u}{\partial y}=zx^{yz}\ln x$,　　$\dfrac{\partial u}{\partial z}=yx^{yz}\ln x$

所以　　　　　　　$\mathrm{d}u=yzx^{yz-1}\mathrm{d}x+zx^{yz}\ln x\mathrm{d}y+yx^{yz}\ln x\mathrm{d}z$

2. 求函数 $z=\ln(1+x^2+y^2)$ 当 $x=1$, $y=2$ 时的全微分.

【解】　　　　　　$\dfrac{\partial z}{\partial x}=\dfrac{2x}{1+x^2+y^2}$,　　$\dfrac{\partial z}{\partial y}=\dfrac{2y}{1+x^2+y^2}$

所以　　　$\mathrm{d}z\Big|_{(1,2)}=\dfrac{\partial z}{\partial x}\Big|_{(1,2)}\mathrm{d}x+\dfrac{\partial z}{\partial y}\Big|_{(1,2)}\mathrm{d}y=\dfrac{1}{3}\mathrm{d}x+\dfrac{2}{3}\mathrm{d}y$

习题 8 - 4

1. 设 $z=u^2+v^2$,而 $u=x+y,v=x-y$,求 $\dfrac{\partial z}{\partial x},\dfrac{\partial z}{\partial y}$.

【解】　　$\dfrac{\partial z}{\partial x}=\dfrac{\partial z}{\partial u}\dfrac{\partial u}{\partial x}+\dfrac{\partial z}{\partial v}\dfrac{\partial v}{\partial x}=2u\times1+2v\times1=$

$$2(u+v)=2(x+y+x-y)=4x$$

$$\dfrac{\partial z}{\partial y}=\dfrac{\partial z}{\partial u}\dfrac{\partial u}{\partial y}+\dfrac{\partial z}{\partial v}\dfrac{\partial v}{\partial y}=2u\times1+2v\times(-1)=$$

$$2(u-v)=2(x+y-x+y)=4y$$

2. 设 $z=u^2\ln v$,而 $u=\dfrac{x}{y},v=3x-2y$,求 $\dfrac{\partial z}{\partial x},\dfrac{\partial z}{\partial y}$.

【解】　　$\dfrac{\partial z}{\partial x}=\dfrac{\partial z}{\partial u}\dfrac{\partial u}{\partial x}+\dfrac{\partial z}{\partial v}\dfrac{\partial v}{\partial x}=2u\ln v\cdot(\dfrac{1}{y})+\dfrac{u^2}{v}\cdot3=$

$$\dfrac{2x}{y^2}\ln(3x-2y)+\dfrac{3x^2}{(3x-2y)y^2}$$

$$\dfrac{\partial z}{\partial y}=\dfrac{\partial z}{\partial u}\dfrac{\partial u}{\partial y}+\dfrac{\partial z}{\partial v}\dfrac{\partial v}{\partial y}=2u\ln v(-\dfrac{x}{y^2})+\dfrac{u^2}{v}(-2)=$$

$$-\dfrac{2x^2}{y^3}\ln(3x-2y)-\dfrac{2x^2}{(3x-2y)y^2}$$

3. 设 $z=\mathrm{e}^{x-2y}$ 而 $x=\sin t,y=t^3$,求 $\dfrac{\mathrm{d}z}{\mathrm{d}t}$.

【解】　　$\dfrac{\mathrm{d}z}{\mathrm{d}t}=\dfrac{\partial z}{\partial x}\dfrac{\mathrm{d}x}{\mathrm{d}t}+\dfrac{\partial z}{\partial y}\dfrac{\mathrm{d}y}{\mathrm{d}t}=\mathrm{e}^{x-2y}\cdot\cos t-2\mathrm{e}^{x-2y}\cdot(3t^2)=$

$$\mathrm{e}^{\sin t-2t^3}(\cos t-6t^2)$$

4. 设 $z=\arcsin(x-y)$,而 $x=3t,y=4t^3$,求 $\dfrac{\mathrm{d}z}{\mathrm{d}t}$.

【解】 $\dfrac{dz}{dt} = \dfrac{\partial z}{\partial x}\dfrac{dx}{dt} + \dfrac{\partial z}{\partial y}\dfrac{dy}{dt} = \dfrac{1}{\sqrt{1-(x-y)^2}} \times 3 -$

$$\dfrac{1}{\sqrt{1-(x-y)^2}} \times 12t^2 = \dfrac{3(1-4t^2)}{\sqrt{1-(3t-4t^3)^2}}$$

5. 设 $z = \arctan(xy)$，而 $y = e^x$，求 $\dfrac{dz}{dx}$.

【解】 $\dfrac{dz}{dx} = \dfrac{\partial z}{\partial x} + \dfrac{\partial z}{\partial y}\dfrac{dy}{dx} = \dfrac{y}{1+(xy)^2} + \dfrac{x}{1+(xy)^2}\cdot e^x = \dfrac{e^x(1+x)}{1+x^2y^2}$

6. 设 $u = \dfrac{e^{ax}(y-z)}{a^2+1}$，而 $y = a\sin x, z = \cos x$，求 $\dfrac{du}{dx}$.

【解】 $\dfrac{du}{dx} = \dfrac{\partial u}{\partial x} + \dfrac{\partial u}{\partial y}\dfrac{dy}{dx} + \dfrac{\partial u}{\partial z}\dfrac{dz}{dx} =$

$$\dfrac{1}{a^2+1}[a\cdot e^{ax}(y-z) + e^{ax}\cdot a\cos x + e^{ax}\cdot(-1)\cdot(-\sin x)] =$$

$$\dfrac{e^{ax}}{a^2+1}[a^2\sin x - a\cos x + a\cos x + \sin x] = e^{ax}\sin x$$

7. 设 $z = \arctan\dfrac{x}{y}$，而 $x = u+v, y = u-v$，验证 $\dfrac{\partial z}{\partial u} + \dfrac{\partial z}{\partial v} = \dfrac{u-v}{u^2+v^2}$.

【证】 $\dfrac{\partial z}{\partial u} = \dfrac{\partial z}{\partial x}\dfrac{\partial x}{\partial u} + \dfrac{\partial z}{\partial y}\dfrac{\partial y}{\partial u} = \dfrac{\frac{1}{y}}{1+(\frac{x}{y})^2} + \dfrac{-\frac{x}{y^2}}{1+(\frac{x}{y})^2} = \dfrac{y-x}{x^2+y^2}$

$\dfrac{\partial z}{\partial v} = \dfrac{\partial z}{\partial x}\dfrac{\partial x}{\partial v} + \dfrac{\partial z}{\partial y}\dfrac{\partial y}{\partial v} = \dfrac{\frac{1}{y}}{1+(\frac{x}{y})^2} + \dfrac{-\frac{x}{y^2}}{1+(\frac{x}{y})^2}(-1) = \dfrac{y+x}{x^2+y^2}$

所以 $\dfrac{\partial z}{\partial u} + \dfrac{\partial z}{\partial v} = \dfrac{2y}{x^2+y^2} = \dfrac{2(u-v)}{(u+v)^2+(u-v)^2} = \dfrac{u-v}{u^2+v^2}$

8. 求下列函数的一阶偏导数（其中 f 具有一阶连续偏导数）：

(1) $u = f(x^2-y^2, e^{xy})$；　　　　(2) $u = f(\dfrac{x}{y}, \dfrac{y}{z})$；

(3) $u = f(x, xy, xyz)$.

【解】 (1) $\dfrac{\partial u}{\partial x} = f_1'\cdot 2x + f_2'(ye^{xy}) = 2xf_1' + ye^{xy}f_2'$

$\dfrac{\partial u}{\partial y} = f_1'(-2y) + f_2'(e^{xy}x) = -2yf_1' + xe^{xy}f_2'$

(2) $\dfrac{\partial u}{\partial x} = f_1'\dfrac{1}{y} + f_2'\cdot 0 = \dfrac{1}{y}f_1'$

$$\frac{\partial u}{\partial y} = f'_1(-\frac{x}{y^2}) + f'_2(\frac{1}{z}) = -\frac{x}{y^2}f'_1 + \frac{1}{z}f'_2$$

$$\frac{\partial u}{\partial z} = f'_2(-\frac{y}{z^2}) = -\frac{y}{z^2}f'_2$$

(3) $\dfrac{\partial u}{\partial x} = f'_1 \times 1 + f'_2 y + f'_3 yz = f'_1 + yf'_2 + yzf'_3$

$$\frac{\partial u}{\partial y} = f'_2 x + f'_3 xz = xf'_2 + xzf'_3$$

$$\frac{\partial u}{\partial z} = f'_3 xy = xyf'_3$$

9. 设 $z = xy + xF(u)$，而 $u = \dfrac{y}{x}$，$F(u)$ 为可导函数，证明：

$$x\frac{\partial z}{\partial x} + y\frac{\partial z}{\partial y} = z + xy.$$

【证】 $\dfrac{\partial z}{\partial x} = y + F(u) + xF'(u)(-\dfrac{y}{x^2}) = y + F(u) - \dfrac{y}{x}F'(u)$

$$\frac{\partial z}{\partial y} = x + xF'(u)(\frac{1}{x}) = x + F'(u)$$

所以 $\quad x\dfrac{\partial z}{\partial x} + y\dfrac{\partial z}{\partial y} = xy + xF(u) - yF'(u) + xy + yF'(u) =$

$$xy + xF(u) + xy = z + xy$$

10. 设 $z = \dfrac{y}{f(x^2 - y^2)}$，其中 $f(u)$ 为可导函数，验证 $\dfrac{1}{x}\dfrac{\partial z}{\partial x} + \dfrac{1}{y}\dfrac{\partial z}{\partial y} = \dfrac{z}{y^2}$.

【证】 令 $u = x^2 - y^2$，$\dfrac{\partial z}{\partial x} = \dfrac{-yf'(u) \cdot 2x}{f^2(u)} = \dfrac{-2xyf'(u)}{f^2(u)}$

$$\frac{\partial z}{\partial y} = \frac{f(u) - yf'(u) \cdot (-2y)}{f^2(u)} = \frac{f(u) + 2y^2 f'(u)}{f^2(u)}$$

所以 $\quad \dfrac{1}{x}\dfrac{\partial z}{\partial x} + \dfrac{1}{y}\dfrac{\partial z}{\partial y} = \dfrac{-2yf'(u)}{f^2(u)} + \dfrac{f(u) + 2y^2 f'(u)}{yf^2(u)} =$

$$\frac{1}{yf(u)} = \frac{1}{y^2} \cdot \frac{y}{f(u)} = \frac{z}{y^2}$$

11. 设 $z = f(x^2 + y^2)$，其中 f 具有二阶导数，求 $\dfrac{\partial^2 z}{\partial x^2}$，$\dfrac{\partial^2 z}{\partial x \partial y}$，$\dfrac{\partial^2 z}{\partial y^2}$.

【解】 令 $u = x^2 + y^2$，则 $z = f(u)$，记 $f' = f'(u)$，$f'' = f''(u)$，则

$$\frac{\partial z}{\partial x} = f'(u)\frac{\partial u}{\partial x} = f' \cdot 2x = 2xf'$$

$$\frac{\partial z}{\partial y} = 2yf'$$

$$\frac{\partial^2 z}{\partial x^2} = 2f' + 2xf''\frac{\partial u}{\partial x} = 2f' + 4x^2 f''$$

$$\frac{\partial^2 z}{\partial x \partial y} = \frac{\partial}{\partial y}(2xf') = 2xf''\frac{\partial u}{\partial y} = 4xyf''$$

$$\frac{\partial^2 z}{\partial y^2} = 2f' + 2yf''\frac{\partial u}{\partial y} = 2f' + 4y^2 f''$$

12. 求下列函数的 $\dfrac{\partial^2 z}{\partial x^2}, \dfrac{\partial^2 z}{\partial x \partial y}, \dfrac{\partial^2 z}{\partial y^2}$(其中 f 具有二阶连续偏导数):

(1) $z = f(xy, y)$; （2) $z = f(x, \dfrac{x}{y})$;

(3) $z = f(xy^2, x^2 y)$; （4) $z = f(\sin x, \cos y, e^{x+y})$.

【解】(1) $\dfrac{\partial z}{\partial x} = f_1' \cdot y = yf_1'$, $\dfrac{\partial z}{\partial y} = f_1' \cdot x + f_2' = xf_1' + f_2'$

$$\frac{\partial^2 z}{\partial x^2} = y^2 f_{11}''$$

$$\frac{\partial^2 z}{\partial x \partial y} = f_1' + yf_{11}''x + yf_{12}'' = f_1' + xyf_{11}'' + yf_{12}''$$

$$\frac{\partial^2 z}{\partial y^2} = x^2 f_{11}'' + xf_{12}'' + f_{21}''x + f_{22}'' = x^2 f_{11}'' + 2xf_{12}'' + f_{22}''$$

(2) $\dfrac{\partial z}{\partial x} = f_1' + \dfrac{1}{y}f_2'$, $\dfrac{\partial z}{\partial y} = -\dfrac{x}{y^2}f_2'$

$$\frac{\partial^2 z}{\partial x^2} = f_{11}'' + \frac{1}{y}f_{12}'' + \frac{1}{y}(f_{21}'' + \frac{1}{y}f_{22}'') = f_{11}'' + \frac{2}{y}f_{12}'' + \frac{1}{y^2}f_{22}''$$

$$\frac{\partial^2 z}{\partial x \partial y} = \frac{\partial}{\partial y}(f_1' + \frac{1}{y}f_2') = f_{12}''(-\frac{x}{y^2}) - \frac{1}{y^2}f_2' + \frac{1}{y}f_{22}''(-\frac{x}{y^2}) =$$

$$-\frac{x}{y^2}(f_{12}'' + \frac{1}{y}f_{22}'') - \frac{1}{y^2}f_2'$$

$$\frac{\partial^2 z}{\partial y^2} = \frac{2x}{y^3}f_2' - \frac{x}{y^2}f_{22}''(-\frac{x}{y^2}) = \frac{2x}{y^3}f_2' + \frac{x^2}{y^4}f_{22}''$$

(3) $\dfrac{\partial z}{\partial x} = y^2 f_1' + 2xyf_2'$, $\dfrac{\partial z}{\partial y} = 2xyf_1' + x^2 f_2'$

$$\frac{\partial^2 z}{\partial x^2} = y^2[f_{11}'' \cdot y^2 + f_{12}'' \cdot 2xy] + 2yf_2' + 2xy[f_{21}''y^2 + f_{22}'' \cdot 2xy] =$$

$$2yf_2' + y^4 f_{11}'' + 4xy^3 f_{12}'' + 4x^2 y^2 f_{22}''$$

$$\frac{\partial^2 z}{\partial x \partial y} = \frac{\partial}{\partial y}(y^2 f_1' + 2xy f_2') = 2y f_1' + y^2[f_{11}'' 2xy + f_{12}'' x^2] +$$

$$2x f_2' + 2xy[f_{21}'' \cdot 2xy + f_{22}'' \cdot x^2] =$$

$$2y f_1' + 2x f_2' + 2xy^3 f_{11}'' + 2x^3 y f_{22}'' + 5x^2 y^2 f_{12}''$$

$$\frac{\partial^2 z}{\partial y^2} = \frac{\partial}{\partial y}(2xy f_1' + x^2 f_2') = 2x f_1' + 2xy[f_{11}'' 2xy + f_{12}'' x^2] +$$

$$x^2[f_{21}'' 2xy + f_{22}'' x^2] = 2x f_1' + 4x^2 y^2 f_{11}'' + 4x^3 y f_{12}'' + x^4 f_{22}''$$

(4) $\dfrac{\partial z}{\partial x} = f_1' \cos x + f_3' e^{x+y} = \cos x f_1' + e^{x+y} f_3'$

$$\frac{\partial z}{\partial y} = -\sin y f_2' + e^{x+y} f_3'$$

$$\frac{\partial^2 z}{\partial x^2} = -\sin x f_1' + \cos x[f_{11}'' \cos x + f_{13}' e^{x+y}] + e^{x+y} f_3' +$$

$$e^{x+y}[f_{31}' \cos x + f_{33}'' \cdot e^{x+y}] =$$

$$e^{x+y} f_3' - \sin x f_1' + \cos^2 x f_{11}'' + 2 e^{x+y} \cos x f_{13}'' + e^{2(x+y)} f_{33}''$$

$$\frac{\partial^2 z}{\partial x \partial y} = \frac{\partial}{\partial y}(\cos x f_1' + e^{x+y} f_3') =$$

$$\cos x(f_{12}''(-\sin y) + f_{13}'' e^{x+y}) + e^{x+y} f_3' +$$

$$e^{x+y}(f_{32}''(-\sin y) + f_{33}'' e^{x+y}) =$$

$$e^{x+y} f_3' - \cos x \sin y f_{12}'' + e^{x+y} \cos x f_{13}'' - e^{x+y} \sin y f_{32}'' + e^{2(x+y)} f_{33}''$$

$$\frac{\partial^2 z}{\partial y^2} = \frac{\partial}{\partial y}(-\sin y f_2' + e^{x+y} f_3') =$$

$$-\cos y f_2' + e^{x+y} f_3' - \sin y[f_{22}''(-\sin y) + f_{23}'' e^{x+y}] +$$

$$e^{x+y}[f_{32}''(-\sin y) + e^{x+y} f_{33}''] =$$

$$e^{x+y} f_3' - \cos y f_2' + \sin^2 y f_{22}'' - 2 e^{x+y} \sin y f_{23}'' + e^{2(x+y)} f_{33}''$$

13. 设 $u = f(x,y)$ 的所有二阶偏导数连续,而

$$x = \frac{s - \sqrt{3} t}{2}, \quad y = \frac{\sqrt{3} s + t}{2}$$

证明 $(\dfrac{\partial u}{\partial x})^2 + (\dfrac{\partial u}{\partial y})^2 = (\dfrac{\partial u}{\partial s})^2 + (\dfrac{\partial u}{\partial t})^2$ 及 $\dfrac{\partial^2 u}{\partial x^2} + \dfrac{\partial^2 u}{\partial y^2} = \dfrac{\partial^2 u}{\partial s^2} + \dfrac{\partial^2 u}{\partial t^2}.$

【证】 因为 $\dfrac{\partial u}{\partial s} = \dfrac{\partial u}{\partial x} \dfrac{\partial x}{\partial s} + \dfrac{\partial u}{\partial y} \dfrac{\partial y}{\partial s} = \dfrac{1}{2} \dfrac{\partial u}{\partial x} + \dfrac{\sqrt{3}}{2} \dfrac{\partial u}{\partial y}$

$\dfrac{\partial u}{\partial t} = \dfrac{\partial u}{\partial x} \dfrac{\partial x}{\partial t} + \dfrac{\partial u}{\partial y} \dfrac{\partial y}{\partial t} = -\dfrac{\sqrt{3}}{2} \dfrac{\partial u}{\partial x} + \dfrac{1}{2} \dfrac{\partial u}{\partial y}$

所以　　$(\dfrac{\partial u}{\partial s})^2 + (\dfrac{\partial u}{\partial t})^2 = (\dfrac{1}{2}\dfrac{\partial u}{\partial x} + \dfrac{\sqrt{3}}{2}\dfrac{\partial u}{\partial y})^2 + (-\dfrac{\sqrt{3}}{2}\dfrac{\partial u}{\partial x} + \dfrac{1}{2}\dfrac{\partial u}{\partial y})^2 =$

$$(\dfrac{\partial u}{\partial x})^2 + (\dfrac{\partial u}{\partial y})^2$$

又因为　　$\dfrac{\partial^2 u}{\partial s^2} = \dfrac{\partial}{\partial s}(\dfrac{\partial u}{\partial s}) = \dfrac{\partial}{\partial s}(\dfrac{1}{2}\dfrac{\partial u}{\partial x} + \dfrac{\sqrt{3}}{2}\dfrac{\partial u}{\partial y}) =$

$$\dfrac{1}{2}[\dfrac{\partial^2 u}{\partial x^2}\dfrac{\partial x}{\partial s} + \dfrac{\partial^2 u}{\partial x \partial y}\dfrac{\partial y}{\partial s}] + \dfrac{\sqrt{3}}{2}[\dfrac{\partial^2 u}{\partial y \partial x}\dfrac{\partial x}{\partial s} + \dfrac{\partial^2 u}{\partial y^2}\dfrac{\partial y}{\partial s}] =$$

$$\dfrac{1}{2}[\dfrac{1}{2}\dfrac{\partial^2 u}{\partial x^2} + \dfrac{\sqrt{3}}{2}\dfrac{\partial^2 u}{\partial x \partial y}] + \dfrac{\sqrt{3}}{2}[\dfrac{1}{2}\dfrac{\partial^2 u}{\partial y \partial x} + \dfrac{\sqrt{3}}{2}\dfrac{\partial^2 u}{\partial y^2}] =$$

$$\dfrac{1}{4}\dfrac{\partial^2 u}{\partial x^2} + \dfrac{\sqrt{3}}{2}\dfrac{\partial^2 u}{\partial x \partial y} + \dfrac{3}{4}\dfrac{\partial^2 u}{\partial y^2}$$

$$\dfrac{\partial^2 u}{\partial t^2} = \dfrac{\partial}{\partial t}(-\dfrac{\sqrt{3}}{2}\dfrac{\partial u}{\partial x} + \dfrac{1}{2}\dfrac{\partial u}{\partial y}) =$$

$$-\dfrac{\sqrt{3}}{2}(\dfrac{\partial^2 u}{\partial x^2}\dfrac{\partial x}{\partial t} + \dfrac{\partial^2 u}{\partial x \partial y}\dfrac{\partial y}{\partial t}) + \dfrac{1}{2}(\dfrac{\partial^2 u}{\partial y \partial x}\dfrac{\partial x}{\partial t} + \dfrac{\partial^2 u}{\partial y^2}\dfrac{\partial y}{\partial t}) =$$

$$-\dfrac{\sqrt{3}}{2}[-\dfrac{\sqrt{3}}{2}\dfrac{\partial^2 u}{\partial x^2} + \dfrac{1}{2}\dfrac{\partial^2 u}{\partial x \partial y}] + \dfrac{1}{2}[-\dfrac{\sqrt{3}}{2}\dfrac{\partial^2 u}{\partial x \partial y} + \dfrac{1}{2}\dfrac{\partial^2 u}{\partial y^2}] =$$

$$\dfrac{3}{4}\dfrac{\partial^2 u}{\partial x^2} - \dfrac{\sqrt{3}}{2}\dfrac{\partial^2 u}{\partial x \partial y} + \dfrac{1}{4}\dfrac{\partial^2 u}{\partial y^2}$$

所以　　　　　　　　$\dfrac{\partial^2 u}{\partial x^2} + \dfrac{\partial^2 u}{\partial y^2} = \dfrac{\partial^2 u}{\partial s^2} + \dfrac{\partial^2 u}{\partial t^2}$

习题 8 - 5

1. 设 $\sin y + e^x - xy^2 = 0$，求 $\dfrac{dy}{dx}$.

【解】　设　　　　　　$F(x,y) = \sin y + e^x - xy^2$

因为　　　　　　$F_x = e^x - y^2, \quad F_y = \cos y - 2xy$

所以　　　　$\dfrac{dy}{dx} = -\dfrac{F_x}{F_y} = -\dfrac{e^x - y^2}{\cos y - 2xy} = \dfrac{y^2 - e^x}{\cos y - 2xy}$

2. 设 $\ln\sqrt{x^2 + y^2} = \arctan\dfrac{y}{x}$，求 $\dfrac{dy}{dx}$.

【解】　设 $F(x,y) = \ln\sqrt{x^2 + y^2} - \arctan\dfrac{y}{x} = \dfrac{1}{2}\ln(x^2 + y^2) - \arctan\dfrac{y}{x}$

因为　　　　$F_x = \dfrac{2x}{2(x^2 + y^2)} - \dfrac{1}{1 + (\dfrac{y}{x})^2}(-\dfrac{y}{x^2}) = \dfrac{x + y}{x^2 + y^2}$

$$F_y = \frac{2y}{2(x^2+y^2)} - \frac{1}{1+(\frac{y}{x})^2}(\frac{1}{x}) = \frac{y-x}{x^2+y^2}$$

所以
$$\frac{\mathrm{d}y}{\mathrm{d}x} = -\frac{F_x}{F_y} = \frac{x+y}{x-y}$$

3. 设 $x + 2y + z - 2\sqrt{xyz} = 0$，求 $\frac{\partial z}{\partial x}$ 及 $\frac{\partial z}{\partial y}$.

【解】 设 $F(x,y,z) = x + 2y + z - 2\sqrt{xyz}$

因为 $F_x = 1 - \frac{yz}{\sqrt{xyz}}$, $F_y = 2 - \frac{xz}{\sqrt{xyz}}$, $F_z = 1 - \frac{xy}{\sqrt{xyz}}$

所以 $\frac{\partial z}{\partial x} = -\frac{F_x}{F_z} = \frac{yz - \sqrt{xyz}}{\sqrt{xyz} - xy}$, $\frac{\partial z}{\partial y} = -\frac{F_y}{F_z} = \frac{xz - 2\sqrt{xyz}}{\sqrt{xyz} - xy}$

4. 设 $\frac{x}{z} = \ln\frac{z}{y}$，求 $\frac{\partial z}{\partial x}$ 及 $\frac{\partial z}{\partial y}$.

【解】 设 $F(x,y,z) = \frac{x}{z} - \ln\frac{z}{y} = \frac{x}{z} - \ln z + \ln y$

因为 $F_x = \frac{1}{z}$, $F_y = \frac{1}{y}$, $F_z = -\frac{x}{z^2} - \frac{1}{z} = -\frac{x+z}{z^2}$

所以
$$\frac{\partial z}{\partial x} = -\frac{F_x}{F_z} = \frac{-\frac{1}{z}}{-\frac{x+z}{z^2}} = \frac{z}{x+z}$$

$$\frac{\partial z}{\partial y} = -\frac{F_y}{F_z} = \frac{-\frac{1}{y}}{-\frac{x+z}{z^2}} = \frac{z^2}{y(x+z)}$$

5. 设 $2\sin(x + 2y - 3z) = x + 2y - 3z$，证明 $\frac{\partial z}{\partial x} + \frac{\partial z}{\partial y} = 1$.

【证】 设 $F(x,y,z) = 2\sin(x + 2y - 3z) - x - 2y + 3z$

因为 $F_x = 2\cos(x + 2y - 3z) - 1$

$F_y = 4\cos(x + 2y - 3z) - 2 = 2F_x$

$F_z = -6\cos(x + 2y - 3z) + 3 = -3(2\cos(x + 2y - 3z) - 1) = -3F_x$

所以 $\frac{\partial z}{\partial x} + \frac{\partial z}{\partial y} = -\frac{F_x}{F_z} - \frac{F_y}{F_z} = \frac{1}{3} + \frac{2}{3} = 1$

故
$$\frac{\partial z}{\partial x} + \frac{\partial z}{\partial y} = 1$$

6. 设 $x = x(y,z), y = y(x,z), z = z(x,y)$ 都是由方程 $F(x,y,z) = 0$ 所确定的具有连续偏导数的函数,证明 $\dfrac{\partial x}{\partial y} \cdot \dfrac{\partial y}{\partial z} \cdot \dfrac{\partial z}{\partial x} = -1$.

【证】　因为 $\qquad \dfrac{\partial x}{\partial y} = -\dfrac{F_y}{F_x}, \qquad \dfrac{\partial y}{\partial z} = -\dfrac{F_z}{F_y}, \qquad \dfrac{\partial z}{\partial x} = -\dfrac{F_x}{F_z}$

所以 $\qquad\qquad \dfrac{\partial x}{\partial y}\dfrac{\partial y}{\partial z}\dfrac{\partial z}{\partial x} = (-\dfrac{F_y}{F_x})(-\dfrac{F_z}{F_y})(-\dfrac{F_x}{F_z}) = -1$

7. 设 $\varphi(u,v)$ 具有连续偏导数,证明由方程 $\varphi(cx - az, cy - bz) = 0$ 所确定的函数 $z = f(x,y)$ 满足 $a\dfrac{\partial z}{\partial x} + b\dfrac{\partial z}{\partial y} = c$.

【证】　设 $\qquad \varphi = \varphi(u,v), \qquad u = cx - ax, \qquad v = cy - bz$

$$\varphi_x = \varphi_u \frac{\partial u}{\partial x} = c\varphi_u, \qquad \varphi_y = \varphi_v \frac{\partial v}{\partial y} = c\varphi_v$$

$$\varphi_z = \varphi_u \frac{\partial u}{\partial z} + \varphi_v \frac{\partial v}{\partial z} = -a\varphi_u - b\varphi_v$$

$$\frac{\partial z}{\partial x} = -\frac{\varphi_x}{\varphi_z} = \frac{c\varphi_u}{a\varphi_u + b\varphi_v}, \qquad \frac{\partial z}{\partial y} = -\frac{\varphi_y}{\varphi_z} = \frac{c\varphi_v}{a\varphi_u + b\varphi_v}$$

因此 $\qquad a\dfrac{\partial z}{\partial x} + b\dfrac{\partial z}{\partial y} = a\,\dfrac{c\varphi_u}{a\varphi_u + b\varphi_v} + b\,\dfrac{c\varphi_v}{a\varphi_u + b\varphi_v} = c$

8. 设 $e^z - xyz = 0$,求 $\dfrac{\partial^2 z}{\partial x^2}$.

【解】　设 $F(x,y,z) = e^z - xyz$,则

$$F_x = -yz, \qquad F_z = e^z - xy$$

$$\frac{\partial z}{\partial x} = -\frac{F_x}{F_z} = \frac{yz}{e^z - xy}$$

$$\frac{\partial^2 z}{\partial x^2} = \frac{y\dfrac{\partial z}{\partial x}(e^z - xy) - yz(e^z \dfrac{\partial z}{\partial x} - y)}{(e^z - xy)^2} =$$

$$\frac{y^2 z - yz(e^z \dfrac{yz}{e^z - xy} - y)}{(e^z - xy)^2} = \frac{2y^2 ze^z - 2xy^3 z - y^2 z^2 e^z}{(e^z - xy)^3}$$

9. 设 $z^3 - 3xyz = a^3$,求 $\dfrac{\partial^2 z}{\partial x \partial y}$.

【解】　设 $F(x,y,z) = z^3 - 3xyz - a^3$,则

$$F_x = -3yz, \quad F_y = -3xz, \quad F_z = 3z^2 - 3xy$$

所以
$$\frac{\partial z}{\partial x} = -\frac{F_x}{F_z} = \frac{yz}{z^2 - xy}, \quad \frac{\partial z}{\partial y} = \frac{xz}{z^2 - xy}$$

$$\frac{\partial^2 z}{\partial x \partial y} = \frac{\partial}{\partial y}\left(\frac{\partial z}{\partial x}\right) = \frac{\partial}{\partial y}\left(\frac{yz}{z^2 - xy}\right) =$$

$$\frac{\left(y \dfrac{\partial z}{\partial y} + z\right)(z^2 - xy) - yz\left(2z \dfrac{\partial z}{\partial y} - x\right)}{(z^2 - xy)^2} =$$

$$\frac{\left(y \dfrac{xz}{z^2 - xy} + z\right)(z^2 - xy) - yz\left(2z \cdot \dfrac{xz}{z^2 - xy} - x\right)}{(z^2 - xy)^2} =$$

$$\frac{z(z^4 - 2xyz^2 - x^2 y^2)}{(z^2 - xy)^3}$$

10. 求由下列方程组所确定的函数的导数：

(1) 设 $\begin{cases} z = x^2 + y^2 \\ x^2 + 2y^2 + 3z^2 = 20 \end{cases}$，求 $\dfrac{\mathrm{d}y}{\mathrm{d}x}, \dfrac{\mathrm{d}z}{\mathrm{d}x}$；

(2) 设 $\begin{cases} x + y + z = 0 \\ x^2 + y^2 + z^2 = 1 \end{cases}$，求 $\dfrac{\mathrm{d}x}{\mathrm{d}z}, \dfrac{\mathrm{d}y}{\mathrm{d}z}$；

【解】 (1) 方程组等价于 $\begin{cases} y^2 - z = -x^2 \\ 2y^2 + 3z^2 = 20 - x^2 \end{cases}$，方程两边分别对 x 求

导得

$$\begin{cases} 2y \dfrac{\mathrm{d}y}{\mathrm{d}x} - \dfrac{\mathrm{d}z}{\mathrm{d}x} = -2x \\ 4y \dfrac{\mathrm{d}y}{\mathrm{d}x} + 6z \dfrac{\mathrm{d}z}{\mathrm{d}x} = -2x \end{cases}$$

即
$$\begin{cases} 2y \dfrac{\mathrm{d}y}{\mathrm{d}x} - \dfrac{\mathrm{d}z}{\mathrm{d}x} = -2x \\ 2y \dfrac{\mathrm{d}y}{\mathrm{d}x} + 3z \dfrac{\mathrm{d}z}{\mathrm{d}x} = -x \end{cases}$$

在 $D = \begin{vmatrix} 2y & -1 \\ 2y & 3z \end{vmatrix} = 6yz + 2y \neq 0$ 的条件下

$$\frac{\mathrm{d}y}{\mathrm{d}x} = \frac{\begin{vmatrix} -2x & -1 \\ -x & 3z \end{vmatrix}}{D} = \frac{-6xz - x}{6yz + 2y} = \frac{-x(6z + 1)}{2y(3z + 1)}$$

$$\frac{\mathrm{d}z}{\mathrm{d}x} = \frac{\begin{vmatrix} 2y & -2x \\ 2y & -x \end{vmatrix}}{D} = \frac{2xy}{6yz+2y} = \frac{x}{3z+1}$$

(2) 将方程两边分别对 z 求导,注意到 $x=x(z), y=y(z)$,移项后得

$$\begin{cases} \dfrac{\mathrm{d}x}{\mathrm{d}z} + \dfrac{\mathrm{d}y}{\mathrm{d}z} = -1 \\ 2x\dfrac{\mathrm{d}x}{\mathrm{d}z} + 2y\dfrac{\mathrm{d}y}{\mathrm{d}z} = -2z \end{cases}$$

在 $D = \begin{vmatrix} 1 & 1 \\ 2x & 2y \end{vmatrix} = 2(y-x) \neq 0$ 的条件下

$$\frac{\mathrm{d}x}{\mathrm{d}z} = \frac{\begin{vmatrix} -1 & 1 \\ -2z & 2y \end{vmatrix}}{2(y-x)} = \frac{-2y+2z}{2(y-x)} = \frac{y-z}{x-y}$$

$$\frac{\mathrm{d}y}{\mathrm{d}z} = \frac{\begin{vmatrix} 1 & -1 \\ 2x & -2z \end{vmatrix}}{2(y-x)} = \frac{-2z+2x}{2(y-x)} = \frac{z-x}{x-y}$$

11. 设 $y=f(x,t)$,而 t 是由方程 $F(x,y,t)=0$ 所确定的 x,y 的函数,其中 f,F 都具有一阶连续偏导数,试证明

$$\frac{\mathrm{d}y}{\mathrm{d}x} = \frac{\dfrac{\partial f}{\partial x}\dfrac{\partial F}{\partial t} - \dfrac{\partial f}{\partial t}\dfrac{\partial F}{\partial x}}{\dfrac{\partial f}{\partial t}\dfrac{\partial F}{\partial y} + \dfrac{\partial F}{\partial t}}$$

【证】　由方程组 $\begin{cases} y=f(x,t) \\ F(x,y,t)=0 \end{cases}$ 可以确定两个一元隐函数 $\begin{cases} y=y(x) \\ t=t(x) \end{cases}$,方程两边分别对 x 求导,移项可得

$$\begin{cases} \dfrac{\mathrm{d}y}{\mathrm{d}x} - \dfrac{\partial f}{\partial t}\dfrac{\mathrm{d}t}{\mathrm{d}x} = \dfrac{\partial f}{\partial x} \\ \dfrac{\partial F}{\partial y}\dfrac{\mathrm{d}y}{\mathrm{d}x} + \dfrac{\partial F}{\partial t}\dfrac{\mathrm{d}t}{\mathrm{d}x} = -\dfrac{\partial F}{\partial x} \end{cases}$$

在 $D = \begin{vmatrix} 1 & -\dfrac{\partial f}{\partial t} \\ \dfrac{\partial F}{\partial y} & \dfrac{\partial F}{\partial t} \end{vmatrix} = \dfrac{\partial F}{\partial t} + \dfrac{\partial f}{\partial t}\dfrac{\partial F}{\partial y} \neq 0$ 的条件下

$$\frac{\mathrm{d}y}{\mathrm{d}x} = \frac{1}{D}\begin{vmatrix} \dfrac{\partial f}{\partial x} & -\dfrac{\partial f}{\partial t} \\ -\dfrac{\partial F}{\partial x} & \dfrac{\partial F}{\partial t} \end{vmatrix} = \frac{\dfrac{\partial f}{\partial x}\dfrac{\partial F}{\partial t} - \dfrac{\partial f}{\partial t}\dfrac{\partial F}{\partial x}}{\dfrac{\partial F}{\partial t} + \dfrac{\partial f}{\partial t}\dfrac{\partial F}{\partial y}}$$

习题 8 − 6

1. 求曲线 $x = t - \sin t, y = 1 - \cos t, z = 4\sin \dfrac{t}{2}$ 在点 $(\dfrac{\pi}{2} - 1, 1, 2\sqrt{2})$ 处的切线及法平面方程.

【解】 因为 $x'_t = 1 - \cos t, y'_t = \sin t, z'_t = 2\cos \dfrac{t}{2}$, 而点 $(\dfrac{\pi}{2} - 1, 1, 2\sqrt{2})$ 所对应的参数 $t = \dfrac{\pi}{2}$, 曲线上在 $t = \dfrac{\pi}{2}$ 处的切向量 $\boldsymbol{T} = \{1, 1, \sqrt{2}\}$, 所求给定点处的切线方程为

$$\frac{x - \dfrac{\pi}{2} + 1}{1} = \frac{y - 1}{1} = \frac{z - 2\sqrt{2}}{\sqrt{2}}$$

法平面方程为 $(x - \dfrac{\pi}{2} + 1) + (y - 1) + \sqrt{2}(z - 2\sqrt{2}) = 0$

即 $$x + y + \sqrt{2}z = \frac{\pi}{2} + 4$$

2. 求曲线 $x = \dfrac{t}{1 + t}, y = \dfrac{1 + t}{t}, z = t^2$ 在对应于 $t = 1$ 的点处的切线及法平面方程.

【解】 $x'_t = \dfrac{1}{(1 + t)^2}$, $y'_t = \dfrac{-1}{t^2}$, $z'_t = 2t$, $t = 1$ 所对应的曲线上的点为 $p_0(\dfrac{1}{2}, 2, 1)$, 过 p_0 点的切向量为 $\boldsymbol{T} = \{\dfrac{1}{4}, -1, 2\}$, 切线方程为

$$\frac{x - \dfrac{1}{2}}{\dfrac{1}{4}} = \frac{y - 2}{-1} = \frac{z - 1}{2}$$

即 $$\frac{x - \dfrac{1}{2}}{1} = \frac{y - 2}{-4} = \frac{z - 1}{8}$$

过 p_0 点的法平面方程为
$$\frac{1}{4}(x - \frac{1}{2}) - (y - 2) + 2(z - 1) = 0$$

即 $$2x - 8y + 16z - 1 = 0$$

3. 求曲线 $y^2 = 2mx, z^2 = m - x$ 在点 (x_0, y_0, z_0) 处的切线及法平面方程.

【解】 曲线可看成参数为 x 的参数方程. 将 $y^2 = 2mx$ 和 $z^2 = m - x$ 两

边分别对 x 求导

$$2y\frac{\mathrm{d}y}{\mathrm{d}x} = 2m, \quad 2z\frac{\mathrm{d}z}{\mathrm{d}x} = -1$$

有

$$\frac{\mathrm{d}y}{\mathrm{d}x} = \frac{m}{y}, \quad \frac{\mathrm{d}z}{\mathrm{d}x} = -\frac{1}{2z}$$

因此曲线在点 (x_0, y_0, z_0) 的切向量为

$$\boldsymbol{T} = \{1, \frac{m}{y_0}, -\frac{1}{2z_0}\}$$

切线方程为

$$\frac{x - x_0}{1} = \frac{y - y_0}{\dfrac{m}{y_0}} = \frac{z - z_0}{-\dfrac{1}{2z_0}}$$

法平面方程为

$$(x - x_0) + \frac{m}{y_0}(y - y_0) - \frac{1}{2z_0}(z - z_0) = 0$$

4. 求曲线 $\begin{cases} x^2 + y^2 + z^2 - 3x = 0 \\ 2x - 3y + 5z - 4 = 0 \end{cases}$ 在点 $(1,1,1)$ 处的切线及法平面方程.

【解】　曲线方程可以确定两个一元隐函数 $y = y(x), z = z(x)$，为求 $\dfrac{\mathrm{d}y}{\mathrm{d}x}$，$\dfrac{\mathrm{d}z}{\mathrm{d}x}$，令

$$F(x, y, z) = x^2 + y^2 + z^2 - 3x, \quad G(x, y, z) = 2x - 3y + 5z - 4$$

则

$$F_x = 2x - 3, \quad F_y = 2y, \quad F_z = 2z$$

$$G_x = 2, \quad G_y = -3, \quad G_z = 5$$

因为

$$J = \frac{\partial(F, G)}{\partial(y, z)} = \begin{vmatrix} F_y & F_z \\ G_y & G_z \end{vmatrix} = \begin{vmatrix} 2y & 2z \\ -3 & 5 \end{vmatrix} = 10y + 6z$$

所以

$$\frac{\mathrm{d}y}{\mathrm{d}x} = -\frac{1}{J}\frac{\partial(F, G)}{\partial(x, z)} = -\frac{1}{10y + 6z}\begin{vmatrix} 2x - 3 & 2z \\ 2 & 5 \end{vmatrix} =$$

$$-\frac{5(2x - 3) - 4z}{10y + 6z} = -\frac{10x - 4z - 15}{10y + 6z}$$

$$\frac{\mathrm{d}z}{\mathrm{d}x} = -\frac{1}{J}\frac{\partial(F, G)}{\partial(y, x)} = -\frac{1}{J}\begin{vmatrix} 2y & 2x - 3 \\ -3 & 2 \end{vmatrix} = -\frac{6x + 4y - 9}{10y + 6z}$$

有

$$\frac{\mathrm{d}y}{\mathrm{d}x}\bigg|_{(1,1,1)} = \frac{9}{16}, \quad \frac{\mathrm{d}z}{\mathrm{d}x} = -\frac{1}{16}$$

于是曲线在点 $(1,1,1)$ 处的切线方程为

$$\frac{x - 1}{1} = \frac{y - 1}{\dfrac{9}{16}} = \frac{z - 1}{-\dfrac{1}{16}}$$

即
$$\frac{x-1}{16} = \frac{y-1}{9} = \frac{z-1}{-1}$$

法平面方程为
$$(x-1) + \frac{9}{16}(y-1) - \frac{1}{16}(z-1) = 0$$

即
$$16x + 9y - z - 24 = 0$$

5. 求出曲线 $x = t, y = t^2, z = t^3$ 上的点,使在该点的切线平行于平面 $x + 2y + z = 4$.

【解】 $x'_t = 1, y'_t = 2t, z'_t = 3t^2$,设切线的切向量为 $\boldsymbol{T} = \{1, 2t, 3t^2\}$;已知平面的法向量为 $\boldsymbol{n} = \{1, 2, 1\}$,由于切线平行于平面,所以 $\boldsymbol{T} \cdot \boldsymbol{n} = 0$ 即 $1 + 4t + 3t^2 = 0$,解得 $t = -1$ 和 $t = -\frac{1}{3}$,由此得所求点的坐标为 $(-1, 1, -1)$ 和 $\left(-\frac{1}{3}, \frac{1}{9}, -\frac{1}{27}\right)$.

6. 求曲面 $e^z - z - xy = 3$ 在点 $(2, 1, 0)$ 处的切平面及法线方程.

【解】 令
$$F(x, y, z) = e^z - z - xy - 3$$
$$F_x = -y, \quad F_y = -x, \quad F_z = e^z - 1$$
则所求平面的法向量为 $\boldsymbol{n} = \{F_x, F_y, F_z\}_{(2,1,0)} = \{-1, -2, 0\}$,在点 $(2, 1, 0)$ 的切平面方程为
$$(x-2) + 2(y-1) = 0$$
即
$$x + 2y - 4 = 0$$

法线向量为
$$\begin{cases} \dfrac{x-2}{1} = \dfrac{y-1}{2} \\ z = 0 \end{cases}$$

7. 求曲面 $ax^2 + by^2 + cz^2 = 1$ 在点 (x_0, y_0, z_0) 处的切平面及法线方程.

【解】 令
$$F(x, y, z) = ax^2 + by^2 + cz^2 - 1$$
则
$$F_x = 2ax, \quad F_y = 2by, \quad F_z = 2cz$$
在点 (x_0, y_0, z_0) 处法向量为 $\{2ax_0, 2by_0, 2cz_0\}$,可取法向量
$$\boldsymbol{n} = \{ax_0, by_0, cz_0\}$$
所求切平面方程为 $ax_0(x-x_0) + by_0(y-y_0) + cz_0(z-z_0) = 0$
即
$$ax_0 x + by_0 y + cz_0 z = ax_0^2 + by_0^2 + cz_0^2 = 1$$
亦即
$$ax_0 x + by_0 y + cz_0 z = 1$$

法线方程为
$$\frac{x-x_0}{ax_0} = \frac{y-y_0}{by_0} = \frac{z-z_0}{cz_0}$$

8. 求椭球面 $x^2 + 2y^2 + z^2 = 1$ 上平行于平面 $x - y + 2z = 0$ 的切平面方程.

【解】 设 $F(x,y,z)=x^2+2y^2+z^2-1,\boldsymbol{n}=\{F_x,F_y,F_z\}=\{2x,4y,2z\}$，
且平面的法向量为$\{1,-1,2\}$，由于已知平面与所求切平面平行，故有

$$\frac{2x}{1}=\frac{4y}{-1}=\frac{2z}{2}=t$$

因此有 $\qquad x=\frac{1}{2}t,\quad y=-\frac{1}{4}t,\quad z=t$

代入椭球面方程得 $\qquad (\frac{1}{2}t)^2+2(-\frac{1}{4}t)^2+t^2=1$

解得 $t=\pm\sqrt{\frac{8}{11}}$. 当 $t=\sqrt{\frac{8}{11}}$ 时，切点坐标为 $x_0=\sqrt{\frac{2}{11}},y_0=-\frac{1}{2}\sqrt{\frac{2}{11}}$，

$z_0=2\sqrt{\frac{2}{11}}$，过该点的切平面方程为

$$(x-\sqrt{\frac{2}{11}})-(y+\frac{1}{2}\sqrt{\frac{2}{11}})+2(z-2\sqrt{\frac{2}{11}})=0$$

即 $\qquad x-y+2z=\sqrt{\frac{11}{2}}$

当 $t=-\sqrt{\frac{8}{11}}$ 时，切点坐标为 $x_0=-\sqrt{\frac{2}{11}},y_0=\frac{1}{2}\sqrt{\frac{2}{11}},z_0=-2\sqrt{\frac{2}{11}}$，

切平面方程为

$$(x+\sqrt{\frac{2}{11}})-(y-\frac{1}{2}\sqrt{\frac{2}{11}})+2(z+2\sqrt{\frac{2}{11}})=0$$

即 $\qquad x-y+2z=-\sqrt{\frac{11}{2}}$

9. 求旋转椭球面 $3x^2+y^2+z^2=16$ 在点 $(-1,-2,3)$ 处的切平面与 xOy 面的夹角的余弦.

【解】 令 $F(x,y,z)=3x^2+y^2+z^2-16$，则 $F_x=6x,F_y=2y,F_z=2z$.
在点 $(-1,-2,3)$ 处的切平面的法向量为 $\boldsymbol{n}=\{-6,-4,6\}$，而 xOy 面的法向量为 $\boldsymbol{n}_1=\{0,0,1\}$，则切平面与 xOy 面的夹角的余弦为

$$\cos r=\frac{\boldsymbol{n}\cdot\boldsymbol{n}_1}{\|\boldsymbol{n}\|\|\boldsymbol{n}_1\|}=\frac{6}{\sqrt{(-6)^2+(-4)^2+6^2}\sqrt{0^2+0^2+1^2}}=\frac{3}{\sqrt{22}}$$

即 $\qquad \cos r=\frac{3}{\sqrt{22}}$

10. 试证曲面 $\sqrt{x}+\sqrt{y}+\sqrt{z}=\sqrt{a}(a>0)$ 上任何点处的切平面在各坐标轴上的截距之和等于 a.

【证】 设 $F(x,y,z) = \sqrt{x} + \sqrt{y} + \sqrt{z} - \sqrt{a}$

则 $$\boldsymbol{n} = \left\{ \frac{1}{2\sqrt{x}}, \frac{1}{2\sqrt{y}}, \frac{1}{2\sqrt{z}} \right\}$$

在曲面上任取一点 $M(x_0, y_0, z_0)$,则在点 M 处的切平面方程为

$$\frac{1}{2\sqrt{x_0}}(x - x_0) + \frac{1}{2\sqrt{y_0}}(y - y_0) + \frac{1}{2\sqrt{z_0}}(z - z_0) = 0$$

即 $$\frac{x}{\sqrt{x_0}} + \frac{y}{\sqrt{y_0}} + \frac{z}{\sqrt{z_0}} = \sqrt{x_0} + \sqrt{y_0} + \sqrt{z_0} = \sqrt{a}$$

化为截距式,得 $$\frac{x}{\sqrt{ax_0}} + \frac{y}{\sqrt{ay_0}} + \frac{z}{\sqrt{az_0}} = 1$$

故截距之和为

$$\sqrt{ax_0} + \sqrt{ay_0} + \sqrt{az_0} = \sqrt{a}(\sqrt{x_0} + \sqrt{y_0} + \sqrt{z_0}) = \sqrt{a}\sqrt{a} = a$$

习题 8 - 7

1. 求函数 $z = x^2 + y^2$ 在点 $(1,2)$ 处沿从点 $(1,2)$ 到 $(2, 2+\sqrt{3})$ 的方向的方向导数.

【解】 设从点 $(1,2)$ 到点 $(2, 2+\sqrt{3})$ 的方向 l 与 x 轴正向的夹角为 α,则

$$\tan\alpha = \frac{(2+\sqrt{3}) - 2}{2 - 1} = \sqrt{3}$$

所以 $$\alpha = \frac{\pi}{3}, \quad \cos\frac{\pi}{3} = \frac{1}{2}, \quad \sin\frac{\pi}{3} = \frac{\sqrt{3}}{2}$$

由于 $$\frac{\partial z}{\partial x}\bigg|_{(1,2)} = 2x\big|_{(1,2)} = 2, \quad \frac{\partial z}{\partial y}\big|_{(1,2)} = 2y\big|_{(1,2)} = 4$$

因此所求方向导数为

$$\frac{\partial z}{\partial l} = 2\cos\frac{\pi}{3} + 4\sin\frac{\pi}{3} = 2 \times \frac{1}{2} + 4 \times \frac{\sqrt{3}}{2} = 1 + 2\sqrt{3}$$

2. 求函数 $z = \ln(x+y)$ 在抛物线 $y^2 = 4x$ 上点 $(1,2)$ 处,沿着抛物线在该点处偏向 x 轴正向的切线方向的方向导数.

【解】 由 $y^2 = 4x$ 两边对 x 求导得 $2y\dfrac{\mathrm{d}y}{\mathrm{d}x} = 4$,所以

$$\frac{\mathrm{d}y}{\mathrm{d}x}\bigg|_{(1,2)} = \frac{2}{y}\bigg|_{(1,2)} = 1$$

则 $$\tan\alpha = 1, \quad \alpha = \frac{\pi}{4}$$

有 $$\cos\alpha = \cos\frac{\pi}{4} = \frac{\sqrt{2}}{2}, \quad \sin\frac{\pi}{4} = \frac{\sqrt{2}}{2}$$

又因为 $\left.\dfrac{\partial z}{\partial x}\right|_{(1,2)} = \left.\dfrac{1}{x+y}\right|_{(1,2)} = \dfrac{1}{3}, \quad \left.\dfrac{\partial z}{\partial y}\right|_{(1,2)} = \left.\dfrac{1}{x+y}\right|_{(1,2)} = \dfrac{1}{3}$

所以 $$\left.\frac{\partial z}{\partial l}\right|_{(1,2)} = \left.\frac{\partial z}{\partial x}\cos\frac{\pi}{4} + \frac{\partial z}{\partial y}\sin\frac{\pi}{4}\right|_{(1,2)} =$$

$$\frac{1}{3}\times\frac{\sqrt{2}}{2} + \frac{1}{3}\times\frac{\sqrt{2}}{2} = \frac{\sqrt{2}}{3}$$

3. 求函数 $z = 1 - \left(\dfrac{x^2}{a^2} + \dfrac{y^2}{b^2}\right)$ 在这点 $\left(\dfrac{a}{\sqrt{2}}, \dfrac{b}{\sqrt{2}}\right)$ 处沿曲线 $\dfrac{x^2}{a^2} + \dfrac{y^2}{b^2} = 1$ 在这点的内法线方向的方向导数.

【解】 设 x 轴正向到题设的内法线方向的转角为 θ,它是第三象限的角.

将方程 $\dfrac{x^2}{a^2} + \dfrac{y^2}{b^2} = 1$ 两边对 x 求导,得 $\dfrac{2x}{a^2} + \dfrac{2y}{b^2}\dfrac{\mathrm{d}y}{\mathrm{d}x} = 1$,所以 $\dfrac{\mathrm{d}y}{\mathrm{d}x} = -\dfrac{b^2 x}{a^2 y}$.

在点 $\left(\dfrac{a}{\sqrt{2}}, \dfrac{b}{\sqrt{2}}\right)$ 处曲线的切线斜率为

$$k = \left.\frac{\mathrm{d}y}{\mathrm{d}x}\right|_{\left(\frac{a}{\sqrt{2}}, \frac{b}{\sqrt{2}}\right)} = -\frac{b}{a}$$

法线的斜率为 $$\tan\theta = -\frac{1}{k} = \frac{a}{b}$$

所以 $$\cos\theta = -\frac{b}{\sqrt{a^2 + b^2}}, \quad \sin\theta = -\frac{a}{\sqrt{a^2 + b^2}}$$

因为 $$\frac{\partial z}{\partial x} = -\frac{2x}{a^2}, \quad \frac{\partial z}{\partial y} = -\frac{2y}{b^2}$$

所以 $$\left.\frac{\partial z}{\partial l}\right|_{\left(\frac{a}{\sqrt{2}}, \frac{b}{\sqrt{2}}\right)} = -\frac{2}{a^2}\frac{a}{\sqrt{2}}\left(-\frac{b}{\sqrt{a^2 + b^2}}\right) - \frac{2}{b^2}\frac{b}{\sqrt{2}}\left(-\frac{a}{\sqrt{a^2 + b^2}}\right) =$$

$$\frac{\sqrt{2}\,b}{a\,\sqrt{a^2 + b^2}} + \frac{\sqrt{2}\,a}{b\,\sqrt{a^2 + b^2}} = \frac{1}{ab}\sqrt{2(a^2 + b^2)}$$

4. 求函数 $u = xy^2 + z^3 - xyz$ 在点 $(1,1,2)$ 处沿方向角为 $\alpha = \dfrac{\pi}{3}, \beta = \dfrac{\pi}{4}$, $r = \dfrac{\pi}{3}$ 的方向的方向导数.

【解】 $\dfrac{\partial u}{\partial x} = y^2 - yz, \quad \dfrac{\partial u}{\partial y} = 2xy - xz, \quad \dfrac{\partial u}{\partial z} = 3z^2 - xy$

在点 $(1,1,2)$ 处有

$$\frac{\partial u}{\partial x} = -1, \quad \frac{\partial u}{\partial y} = 0, \quad \frac{\partial u}{\partial z} = 11$$

$$\left.\frac{\partial u}{\partial l}\right|_{(1,1,2)} = (-1)\cos\frac{\pi}{3} + 11\cos\frac{\pi}{3} = -\frac{1}{2} + \frac{11}{2} = 5$$

5. 求函数 $u = xyz$ 在点 $(5,1,2)$ 处沿从点 $(5,1,2)$ 到点 $(9,4,14)$ 的方向的方向导数.

【解】 $\quad\dfrac{\partial u}{\partial x} = yz, \quad \dfrac{\partial u}{\partial y} = xz, \quad \dfrac{\partial u}{\partial z} = xy$

在点 $(5,1,2)$ 处, $\dfrac{\partial u}{\partial x} = 2, \dfrac{\partial u}{\partial y} = 10, \dfrac{\partial u}{\partial z} = 5$, 从点 $(5,1,2)$ 到点 $(9,4,14)$ 的方向 $l = \{4,3,12\}$, 其方向余弦为

$$\cos\alpha = \frac{4}{\sqrt{4^2 + 3^2 + 12^2}} = \frac{4}{13}, \quad \cos\beta = \frac{3}{13}, \quad \cos\gamma = \frac{12}{13}$$

所以 $\quad\left.\dfrac{\partial u}{\partial l}\right|_{(5,1,2)} = 2 \times \dfrac{4}{13} + 10 \times \dfrac{3}{13} + 5 \times \dfrac{12}{13} = \dfrac{98}{13}$

6. 求函数 $u = x^2 + y^2 + z^2$ 在曲线 $x = t, y = t^2, z = t^3$ 上点 $(1,1,1)$ 处, 沿曲线在该点的切线正方向(对应于 t 增大的方向) 的方向导数.

【解】 $x'_t = 1, y'_t = 2t, z'_t = 3t^2$, 在点 $(1,1,1)$ 对应着的参数 $t = 1$, 曲线在 $(1,1,1)$ 点的切线的正方向为 $l = \{1,2,3\}$, 其方向余弦为

$$\cos\alpha = \frac{1}{\sqrt{14}}, \quad \cos\beta = \frac{2}{\sqrt{14}}, \quad \cos\gamma = \frac{3}{\sqrt{14}}$$

又因为 $\dfrac{\partial u}{\partial x} = 2x, \dfrac{\partial u}{\partial y} = 2y, \dfrac{\partial u}{\partial z} = 2z$, 在点 $(1,1,1)$ 处, $\dfrac{\partial u}{\partial x} = 2, \dfrac{\partial u}{\partial y} = 2, \dfrac{\partial u}{\partial z} = 2$, 所以

$$\left.\frac{\partial u}{\partial l}\right|_{(1,1,1)} = 2 \times \frac{1}{\sqrt{14}} + \frac{2 \times 2}{\sqrt{14}} + \frac{2 \times 3}{\sqrt{14}} = \frac{12}{\sqrt{14}} = \frac{6}{7}\sqrt{14}$$

7. 求函数 $u = x + y + z$ 在球面 $x^2 + y^2 + z^2 = 1$ 上点 (x_0, y_0, z_0) 处沿曲线在该点的外法线方向的方向导数.

【解】 $\mathbf{grad}\, u(x_0, y_0, z_0) = \mathbf{i} + \mathbf{j} + \mathbf{k}$, 令 $F(x, y, z) = x^2 + y^2 + z^2 - 1$, 则

$$\frac{\partial F}{\partial x} = 2x, \frac{\partial F}{\partial y} = 2y, \frac{\partial F}{\partial z} = 2z$$

球面上点 (x_0, y_0, z_0) 处的外法线的方向向量为

$$\boldsymbol{n} = \frac{\partial F}{\partial x}\boldsymbol{i} + \frac{\partial F}{\partial y}\boldsymbol{j} + \frac{\partial F}{\partial z}\boldsymbol{k}\bigg|_{(x_0, y_0, z_0)} = 2x_0\boldsymbol{i} + 2y_0\boldsymbol{j} + 2z_0\boldsymbol{k}$$

单位法向量为

$$e = \frac{x_0}{\sqrt{x_0^2 + y_0^2 + z_0^2}}i + \frac{y_0}{\sqrt{x_0^2 + y_0^2 + z_0^2}}j + \frac{z_0}{\sqrt{x_0^2 + y_0^2 + z_0^2}}k$$

又因为 $x_0^2 + y_0^2 + z_0^2 = 1$,所以 $e = x_0 i + y_0 j + z_0 k$,则

$$\frac{\partial u}{\partial n} = \mathbf{grad}u(x_0, y_0, z_0) \cdot e = x_0 + y_0 + z_0$$

8. 设 $f(x,y,z) = x^2 + 2y^2 + 3z^2 + xy + 3x - 2y - 6z$,求 $\mathbf{grad}f(0,0,0)$ 及 $\mathbf{grad}f(1,1,1)$.

【解】 $\dfrac{\partial f}{\partial x} = 2x + y + 3, \quad \dfrac{\partial f}{\partial y} = 4y + x - 2, \quad \dfrac{\partial f}{\partial z} = 6z - 6$

在点 $(0,0,0)$ 处,$\dfrac{\partial f}{\partial x} = 3, \dfrac{\partial f}{\partial y} = -2, \dfrac{\partial f}{\partial z} = -6$,所以

$$\mathbf{grad}f(0,0,0) = 3i - 2j - 6k$$

在点 $(1,1,1)$ 处,$\dfrac{\partial f}{\partial x} = 6, \dfrac{\partial f}{\partial y} = 3, \dfrac{\partial f}{\partial z} = 0$,所以 $\mathbf{grad}f(1,1,1) = 6i + 3j$.

9. 设 u,v 都是 x,y,z 的函数,u,v 的各偏导数都存在且连续,证明

(1) $\mathbf{grad}(u + v) = \mathbf{grad}u + \mathbf{grad}v$;

(2) $\mathbf{grad}(uv) = v\,\mathbf{grad}u + u\,\mathbf{grad}v$;

(3) $\mathbf{grad}(u^2) = 2u\mathbf{grad}u$.

【证】 (1) $\mathbf{grad}(u + v) = \dfrac{\partial(u + v)}{x}i + \dfrac{\partial(u + v)}{y}j + \dfrac{\partial(u + v)}{z}k =$

$$\left(\frac{\partial u}{\partial x} + \frac{\partial v}{\partial x}\right)i + \left(\frac{\partial u}{\partial y} + \frac{\partial v}{\partial y}\right)j + \left(\frac{\partial u}{\partial z} + \frac{\partial v}{\partial z}\right)k =$$

$$\left(\frac{\partial u}{\partial x}i + \frac{\partial u}{\partial y}j + \frac{\partial u}{\partial z}k\right) + \left(\frac{\partial v}{\partial x}i + \frac{\partial v}{\partial y}j + \frac{\partial v}{\partial z}k\right) =$$

$$\mathbf{grad}u + \mathbf{grad}v$$

(2) $\mathbf{grad}(uv) = \dfrac{\partial(uv)}{\partial x}i + \dfrac{\partial(uv)}{\partial y}j + \dfrac{\partial(uv)}{\partial z}k =$

$$\left(v\frac{\partial u}{\partial x} + u\frac{\partial v}{\partial x}\right)i + \left(v\frac{\partial u}{\partial y} + u\frac{\partial v}{\partial y}\right)j + \left(v\frac{\partial u}{\partial z} + u\frac{\partial v}{\partial z}\right)k =$$

$$v\left(\frac{\partial u}{\partial x}i + \frac{\partial u}{\partial y}j + \frac{\partial u}{\partial z}k\right) + u\left(\frac{\partial v}{\partial x}i + \frac{\partial v}{\partial y}j + \frac{\partial v}{\partial z}k\right) =$$

$$v\,\mathbf{grad}u + u\,\mathbf{grad}v$$

(3) 当 $u = v$ 时,利用(2) 的结论,便得 $\mathbf{grad}(u^2) = 2u\,\mathbf{grad}u$.

10. 问函数 $u = xy^2z$ 在 $P(1, -1, 2)$ 处沿什么方向的方向导数最大?并求

此方向导数的最大值.

【解】 $\dfrac{\partial u}{\partial x} = y^2 z$, $\dfrac{\partial u}{\partial y} = 2xyz$, $\dfrac{\partial u}{\partial z} = xy^2$

所以 $\operatorname{\mathbf{grad}} f(1, -1, 2) = 2\boldsymbol{i} - 4\boldsymbol{j} + \boldsymbol{k}$

是方向导数取得最大值的方向,此方向导数的最大值为

$$|\operatorname{\mathbf{grad}} u| = \sqrt{2^2 + (-4)^2 + 1^2} = \sqrt{21}$$

习题 8 - 8

1. 求函数 $f(x, y) = 4(x - y) - x^2 - y^2$ 的极值.

【解】 由方程组 $\begin{cases} f_x(x, y) = 4 - 2x = 0 \\ f_y(x, y) = -4 - 2y = 0 \end{cases}$ 求得驻点为 $(2, -2)$,由于

$A = f_{xx}(2, -2) = -2 < 0, B = f_{xy}(2, -2) = 0, C = f_{yy}(2, -2) = -2$

故 $AC - B^2 = 4 > 0$,

所以函数 $f(x, y)$ 在点 $(2, -2)$ 处取得极大值,极大值为 $f(2, -2) = 8$.

2. 求函数 $f(x, y) = (6x - x^2)(4y - y^2)$ 的极值.

【解】 由方程组 $\begin{cases} f_x(x, y) = (6 - 2x)(4y - y^2) = 0 \\ f_y(x, y) = (6x - x^2)(4 - 2y) = 0 \end{cases}$

解得 $x = 3, y = 0, y = 4$ 和 $x = 0, x = 6, y = 2$,可得驻点为:$(0, 0)$,$(0, 4)$,$(3, 2)$,$(6, 0)$,$(6, 4)$. 又因为

$$f_{xx}(x, y) = -2(4y - y^2)$$
$$f_{xy}(x, y) = 4(3 - x)(2 - y)$$
$$f_{yy}(x, y) = -2(6x - x^2)$$

在点 $(0, 0)$ 处:$A = f_{xx} = 0, B = f_{xy} = 24, C = f_{yy} = 0$,由于 $AC - B^2 = -24^2 < 0$,故 $f(0, 0)$ 不是极值.

在点 $(0, 4)$ 处:$A = f_{xx} = 0, B = f_{xy} = -24, C = f_{yy} = 0$,由于 $AC - B^2 = -24^2 < 0$,故 $f(0, 4)$ 不是极值.

在点 $(3, 2)$ 处:$A = -8, B = 0, C = -18$,由于 $AC - B^2 = 144 > 0$,又 $A < 0$,故 $f(3, 2) = 36$ 为极大值.

在点 $(6, 0)$ 处:$A = 0, B = -24, C = 0$,由于 $AC - B^2 = -24^2 < 0$,故 $f(6, 0)$ 不是极值.

在点 $(6, 4)$ 处:$A = 0, B = 24, C = 0$,由于 $AC - B^2 = -24^2 < 0$,故 $f(6, 4)$ 不是极值.

3. 求函数 $f(x, y) = e^{2x}(x + y^2 + 2y)$ 的极值.

【解】 由方程组 $\begin{cases} f_x(x,y) = e^{2x}(2x + 2y^2 + 4y + 1) = 0 \\ f_y(x,y) = e^{2x}(2y + 2) = 0 \end{cases}$

可解得驻点 $\left(\dfrac{1}{2}, -1\right)$，在点 $\left(\dfrac{1}{2}, -1\right)$ 处

$$A = f_{xx}\left(\frac{1}{2}, -1\right) = 4e^{2x}(x + y^2 + 2y + 1)\Big|_{\left(\frac{1}{2}, -1\right)} = 2e > 0$$

$$B = f_{xy}\left(\frac{1}{2}, -1\right) = 4e^{2x}(y + 1)\Big|_{\left(\frac{1}{2}, -1\right)} = 0$$

$$C = f_{yy}(x, y) = 2e^{2x}\Big|_{\left(\frac{1}{2}, -1\right)} = 2e$$

因为 $AC - B^2 = 4e^2 > 0$，所以 $f\left(\dfrac{1}{2}, -1\right) = \dfrac{-e}{2}$ 为函数的极小值.

4. 求函数 $z = xy$ 在附加条件 $x + y = 1$ 下的极大值.

【解】 由条件 $x + y = 1$ 得 $y = 1 - x$，将其代入 $z = xy$，问题就转化为求函数 $z = x(1-x)$ 的无条件极值. 因为 $\dfrac{dz}{dx} = 1 - 2x$，$\dfrac{d^2 z}{dx^2} = -2$，令 $\dfrac{dz}{dx} = 0$ 得驻点 $x = \dfrac{1}{2}$. 又因为 $\dfrac{d^2 z}{dx^2} < 0$，所以 $x = \dfrac{1}{2}$ 为极大值点，且极大值为 $z = \dfrac{1}{2}(1 - \dfrac{1}{2}) = \dfrac{1}{4}$. 因此函数 $z = xy$ 在条件 $x + y = 1$ 下在点 $\left(\dfrac{1}{2}, \dfrac{1}{2}\right)$ 处取得极大值 $\dfrac{1}{4}$.

5. 从斜边之长为 l 的一切直角三角形中，求有最大周长的直角三角形.

【解】 设直角三角形的两直角边分别为 x, y，则周长 $S = x + y + l$ $(0 < x < l, 0 < y < l)$，问题为求周长 $S = x + y + l$ 在条件 $x^2 + y^2 = l^2$ 下的条件极值问题. 作辅助函数

$$F(x, y) = x + y + l + \lambda(x^2 + y^2 - l^2)$$

由 $\begin{cases} F_x = 1 + 2x\lambda = 0 \\ F_y = 1 + 2\lambda y = 0 \\ x^2 + y^2 = l^2 \end{cases}$

解得 $x = y = -\dfrac{1}{2\lambda}$，代入 $x^2 + y^2 = l^2$ 得 $\lambda = -\dfrac{\sqrt{2}}{2l}$，于是得 $x = y = \dfrac{l}{\sqrt{2}}$，由于驻点 $\left(\dfrac{l}{\sqrt{2}}, \dfrac{l}{\sqrt{2}}\right)$ 唯一，因此，当两直角边长均为 $\dfrac{l}{\sqrt{2}}$ 时，周长最长.

6. 要造一个容积等于定数 k 的长方体无盖水池，应如何选择水池的尺寸，方可使它的表面积最小？

【解】 设水池的长、宽、高分别为 x,y,z,则目标函数(水池的表面积)为 $S = xy + 2xz + 2yz(x > 0, y > 0, z > 0)$,由于水池的容积为定值 k,即 $xyz = k$,问题为在条件 $xyz = k$ 下,求面积 $S = xy + 2xz + 2yz$ 的最小值.

作辅助函数 $F(x,y,z) = xy + 2xz + 2yz + \lambda(xyz - k)$,由

$$\begin{cases} F_x = y + 2z + \lambda yz = 0 \\ F_y = x + 2z + \lambda xz = 0 \\ F_z = 2x + 2y + \lambda xy = 0 \\ xyz - k = 0 \end{cases}$$

解得

$$\begin{cases} x = y = \sqrt[3]{2k} \\ z = \dfrac{1}{2}\sqrt[3]{2k} \\ \lambda = -\sqrt[3]{\dfrac{32}{k}} \end{cases}$$

由于驻点 $(\sqrt[3]{2k}, \sqrt[3]{2k}, \dfrac{1}{2}\sqrt[3]{2k})$ 唯一,根据问题的实际意义,当水池的长、宽都是 $\sqrt[3]{2k}$,而高为 $\dfrac{1}{2}\sqrt[3]{2k}$ 时,表面积最小.

7. 在平面 xOy 上求一点,使它到 $x = 0, y = 0$ 及 $x + 2y - 16 = 0$ 三直线的距离平方之和为最小.

【解】 设所求点的坐标为 (x,y),则此点到 $x = 0$ 的距离为 $|y|$,到 $y = 0$ 的距离为 $|x|$,到 $x + 2y - 16 = 0$ 的距离为 $\dfrac{|x + 2y - 16|}{\sqrt{1 + 2^2}}$,则所求距离平方之和为

$$z = x^2 + y^2 + \frac{1}{5}(x + 2y - 16)^2$$

$$\begin{cases} \dfrac{\partial z}{\partial x} = 2x + \dfrac{2}{5}(x + 2y - 16) = 0 \\ \dfrac{\partial z}{\partial y} = 2y + \dfrac{4}{5}(x + 2y - 16) = 0 \end{cases}$$

即由 $\begin{cases} 3x + y - 8 = 0 \\ 2x + 9y - 32 = 0 \end{cases}$,可解得 $\begin{cases} x = \dfrac{8}{5} \\ y = \dfrac{16}{5} \end{cases}$,因为 $(\dfrac{8}{5}, \dfrac{16}{5})$ 是唯一的驻点,根据问题的实际意义可得,点 $(\dfrac{8}{5}, \dfrac{16}{5})$ 到三直线的距离的平方之和为最小.

8. 将周长为 $2p$ 的矩形绕它的一边旋转而构成一个圆柱体,问矩形的边长各为多少时,才可使圆柱体的体积为最大?

【解】 设矩形的一边长为 x,则另一边长为 $(p-x)$,假设矩形绕长为 $(p-x)$ 的一边旋转,则旋转圆柱体的体积为 $V=\pi x^2(p-x)(0<x<p)$.

由 $\dfrac{\mathrm{d}v}{\mathrm{d}x}=2\pi x(p-x)+\pi x^2(-1)=\pi x(2p-3x)=0$,在 $(0,p)$ 内的唯一驻点为 $x=\dfrac{2}{3}p$,根据问题的实际意义可知,当矩形的边长为 $\dfrac{2p}{3}$ 和 $\dfrac{p}{3}$ 时,绕短边旋转所得圆柱体体积最大.

9. 求内接于半径为 a 的球且有最大体积的长方体.

【解】 设球面方程为 $x^2+y^2+z^2=a^2$,(x,y,z) 是它的内接长方体在第一卦限内的一个顶点,则这长方体的长、宽、高分别为 $2x,2y,2z$,体积为
$$V=8xyz$$
问题为求体积 $V=8xyz$ 在条件 $x^2+y^2+z^2=a^2$ 下的最大值.

令　　　$F(x,y,z)=8xyz+\lambda(x^2+y^2+z^2-a^2)$

有
$$\begin{cases} F_x=8yz+2\lambda x=0 & (1)\\ F_y=8xz+2\lambda y=0 & (2)\\ F_z=8xy+2\lambda z=0 & (3)\\ x^2+y^2+z^2=a^2 & (4) \end{cases}$$

由式(1),(2),(3)解得 $x=y=z=-\dfrac{\lambda}{4}$,代入方程(4)得 $\lambda=-\dfrac{4}{\sqrt{3}}a$,所以 $x=y=z=\dfrac{a}{\sqrt{3}}$,因为驻点 $\left(\dfrac{a}{\sqrt{3}},\dfrac{a}{\sqrt{3}},\dfrac{a}{\sqrt{3}}\right)$ 唯一,根据问题的实际意义,最大长方体必定存在,所以当长、宽、高都为 $\dfrac{2a}{\sqrt{3}}$ 时,长方体体积最大.

10. 抛物面 $z=x^2+y^2$ 被平面 $x+y+z=1$ 截成一椭圆,求原点到这椭圆的最长与最短距离.

【解】 设椭圆上任一点为 (x,y,z),则原点到该点的距离平方为 $d^2=x^2+y^2+z^2$,由于点在椭圆上,则同时满足 $z=x^2+y^2$ 和 $x+y+z=1$ 这两个方程.

令 $F(x,y,z)=x^2+y^2+z^2+\lambda_1(z-x^2-y^2)+\lambda_2(x+y+z-1)$

有
$$\begin{cases} F_x=2x-2\lambda_1 x+\lambda_2=0 & (1)\\ F_y=2y-2\lambda_1 y+\lambda_2=0 & (2)\\ F_z=2z+\lambda_1+\lambda_2=0 & (3)\\ z=x^2+y^2 & (4)\\ x+y+z=1 & (5) \end{cases}$$

由式(1)和式(2)求得 $x=y$,代入式(4)和式(5)可解得 $\begin{cases} z=2x^2 \\ z=1-2x \end{cases}$,于是有

$2x^2+2x-1=0$,由此解得 $x=\dfrac{-1\pm\sqrt{3}}{2}$,则 $y=\dfrac{-1\pm\sqrt{3}}{2}$,$z=2\mp\sqrt{3}$. 得到两个驻点

$$p_1\left(\dfrac{-1+\sqrt{3}}{2},\dfrac{-1+\sqrt{3}}{2},2-\sqrt{3}\right),\ p_2\left(\dfrac{-1-\sqrt{3}}{2},\dfrac{-1-\sqrt{3}}{2},2+\sqrt{3}\right)$$

在 p_1 点:$d_1^2=\left(\dfrac{-1+\sqrt{3}}{2}\right)^2+\left(\dfrac{-1+\sqrt{3}}{2}\right)^2+(2-\sqrt{3})^2=9-5\sqrt{3}$

$$d_1=\sqrt{9-5\sqrt{3}}$$

在 p_2 点:$d_2^2=\left(\dfrac{-1-\sqrt{3}}{2}\right)^2+\left(\dfrac{-1-\sqrt{3}}{2}\right)^2+(2+\sqrt{3})^2=9+5\sqrt{3}$

$$d_2=\sqrt{9+5\sqrt{3}}$$

根据问题的实际意义,距离的最大值与最小值一定存在,所以 $d_1=\sqrt{9-5\sqrt{3}}$ 为最短距离,$d_2=\sqrt{9+5\sqrt{3}}$ 为最长距离.

总习题八

1. 在"充分"、"必要"和"充分必要"三者中选择一个正确的填入下列空格内:

(1) $f(x,y)$ 在点 (x,y) 可微分是 $f(x,y)$ 在该点连续的**充分**条件,$f(x,y)$ 在点 (x,y) 连续是 $f(x,y)$ 在该点可微分的**必要**条件.

(2) $z=f(x,y)$ 在点 (x,y) 的偏导数 $\dfrac{\partial z}{\partial x}$ 及 $\dfrac{\partial z}{\partial y}$ 存在是 $f(x,y)$ 在该点可微分的**必要**条件. $z=f(x,y)$ 在点 (x,y) 可微分是函数在该点的偏导数 $\dfrac{\partial z}{\partial x}$ 及 $\dfrac{\partial z}{\partial y}$ 存在的**充分**条件.

(3) $z=f(x,y)$ 的偏导数 $\dfrac{\partial z}{\partial x}$ 及 $\dfrac{\partial z}{\partial y}$ 在点 (x,y) 存在且连续是 $f(x,y)$ 在该点可微分的**充分**条件.

(4) 函数 $z=f(x,y)$ 的两个二阶混合偏导数 $\dfrac{\partial^2 z}{\partial x\partial y}$ 及 $\dfrac{\partial^2 z}{\partial y\partial x}$ 在区域 D 内连续是这两个二阶混合偏导数在 D 内相等的**充分**条件.

2. 求函数 $f(x,y)=\dfrac{\sqrt{4x-y^2}}{\ln(1-x^2-y^2)}$ 的定义域,并求 $\lim\limits_{\substack{x\to\frac{1}{2}\\ y\to 0}} f(x,y)$.

【解】　由 $4x - y^2 \geqslant 0$ 及 $0 < 1 - x^2 - y^2 \neq 1$ 得函数的定义域为 $D = \{(x,y) \mid 0 < x^2 + y^2 < 1, y^2 \leqslant 4x\}$. 因为点 $(\frac{1}{2}, 0) \in D$, 所以

$$\lim_{\substack{x \to \frac{1}{2} \\ y \to 0}} \frac{\sqrt{4x - y^2}}{\ln(1 - x^2 - y^2)} = \left. \frac{\sqrt{4x - y^2}}{\ln(1 - x^2 - y^2)} \right|_{(\frac{1}{2}, 0)} = \frac{\sqrt{2}}{\ln \frac{3}{4}} = \frac{\sqrt{2}}{\ln 3 - \ln 4}$$

3. 证明极限 $\lim\limits_{\substack{x \to 0 \\ y \to 0}} \dfrac{xy^2}{x^2 + y^4}$ 不存在.

【证】　当点 (x,y) 沿直线 $y = x$ 趋于点 $(0,0)$ 时

$$\lim_{\substack{x \to 0 \\ y = x \to 0}} \frac{xy^2}{x^2 + y^4} = \lim_{x \to 0} \frac{x^3}{x^2 + x^4} = \lim_{x \to 0} \frac{x}{1 + x^2} = 0$$

当点 (x,y) 沿曲线 $y^2 = x$ 趋于点 $(0,0)$ 时

$$\lim_{\substack{x \to 0 \\ y^2 = x \to 0}} \frac{xy^2}{x^2 + y^4} = \lim_{x \to 0} \frac{x^2}{x^2 + x^2} = \frac{1}{2}$$

由于点 (x,y) 沿不同路径趋于点 $(0,0)$ 时, 极限值不同(即使相同, 极限也可能不存在), 因此 $\lim\limits_{\substack{x \to 0 \\ y \to 0}} \dfrac{xy^2}{x^2 + y^4}$ 不存在.

4. 设 $f(x,y) = \begin{cases} \dfrac{x^2 y}{x^2 + y^2}, & x^2 + y^2 \neq 0 \\ 0, & x^2 + y^2 = 0 \end{cases}$, 求 $f_x(x,y)$ 及 $f_y(x,y)$.

【解】　当 $x^2 + y^2 \neq 0$ 时,

$$f_x(x,y) = \frac{\partial}{\partial x}\left(\frac{x^2 y}{x^2 + y^2}\right) = \frac{2xy(x^2 + y^2) - x^2 y(2x)}{(x^2 + y^2)^2} = \frac{2xy^3}{(x^2 + y^2)^2}$$

$$f_y(x,y) = \frac{\partial}{\partial y}\left(\frac{x^2 y}{x^2 + y^2}\right) = \frac{x^2(x^2 + y^2) - x^2 y \cdot 2y}{(x^2 + y^2)^2} = \frac{x^2(x^2 - y^2)}{(x^2 + y^2)^2}$$

当 $x^2 + y^2 = 0$ 时,

$$f_x(0,0) = \lim_{\Delta x \to 0} \frac{f(0 + \Delta x, 0) - f(0,0)}{\Delta x} = \lim_{\Delta x \to 0} \frac{0}{\Delta x} = 0$$

$$f_y(0,0) = \lim_{\Delta y \to 0} \frac{f(0, 0 + \Delta y) - f(0,0)}{\Delta y} = \lim_{\Delta y \to 0} \frac{0}{\Delta y} = 0$$

所以　　　　$f_x(x,y) = \begin{cases} \dfrac{2xy^3}{(x^2 + y^2)^2}, & x^2 + y^2 \neq 0 \\ 0, & x^2 + y^2 = 0 \end{cases}$

$$f_y(x,y) = \begin{cases} \dfrac{x^2(x^2-y^2)}{(x^2+y^2)^2}, & x^2+y^2 \neq 0 \\ 0, & x^2+y^2 = 0 \end{cases}$$

5. 求下列函数的一阶和二阶偏导数:

(1) $\ln(x+y^2)$;　　　　　　　(2) $z = x^y$.

【解】　(1) $\dfrac{\partial z}{\partial x} = \dfrac{1}{x+y^2}$,　　　　$\dfrac{\partial z}{\partial y} = \dfrac{2y}{x+y^2}$,

$\dfrac{\partial^2 z}{\partial x^2} = \dfrac{-1}{(x+y^2)^2}$,　　$\dfrac{\partial^2 z}{\partial y^2} = \dfrac{2(x+y^2) - 2y \cdot 2y}{(x+y^2)^2} = \dfrac{2(x-y^2)}{(x+y^2)^2}$

$\dfrac{\partial^2 z}{\partial x \partial y} = \dfrac{\partial}{\partial y}\left(\dfrac{1}{x+y^2}\right) = \dfrac{-2y}{(x+y^2)^2}$

(2) $\dfrac{\partial z}{\partial x} = yx^{y-1}$,　　　　　$\dfrac{\partial z}{\partial y} = x^y \ln x$

$\dfrac{\partial^2 z}{\partial x^2} = y(y-1)x^{y-2}$,　　$\dfrac{\partial^2 z}{\partial y^2} = x^y \ln^2 x$

$\dfrac{\partial^2 z}{\partial x \partial y} = \dfrac{\partial}{\partial y}(yx^{y-1}) = x^{y-1} + yx^{y-1}\ln x = x^{y-1}(1+y\ln x)$

7. 设 $f(x,y) = \begin{cases} \dfrac{x^2 y^2}{(x^2+y^2)^{3/2}}, & x^2+y^2 \neq 0 \\ 0, & x^2+y^2 = 0 \end{cases}$,证明:$f(x,y)$ 在点$(0,0)$ 处

连续且偏导数存在,但不可微分.

【证】　因为　$0 \leqslant \dfrac{x^2 y^2}{(x^2+y^2)^{3/2}} \leqslant \dfrac{(x^2+y^2)^2}{4(x^2+y^2)^{3/2}} = \dfrac{1}{4}\sqrt{x^2+y^2}$

而　　　　　　　　$\lim\limits_{\substack{x \to 0 \\ y \to 0}} \dfrac{1}{4}\sqrt{x^2+y^2} = 0$

所以　　　　　　$\lim\limits_{\substack{x \to 0 \\ y \to 0}} \dfrac{x^2 y^2}{(x^2+y^2)^{3/2}} = 0 = f(0,0)$

故 $f(x,y)$ 在点$(0,0)$ 连续.

因为　　　$f_x(0,0) = \lim\limits_{\Delta x \to 0} \dfrac{f(0+\Delta x, 0) - f(0,0)}{\Delta x} = \lim\limits_{\Delta x \to 0}\dfrac{0}{\Delta x} = 0$

$f_y(0,0) = \lim\limits_{\Delta y \to 0} \dfrac{f(0, 0+\Delta y) - f(0,0)}{\Delta y} = \lim\limits_{\Delta y \to 0}\dfrac{0}{\Delta y} = 0$

所以 $f(x,y)$ 在$(0,0)$ 的偏导数存在.

由于　$\Delta z - [f_x(0,0)\Delta x + f_y(0,0)\Delta y] = \dfrac{(\Delta x)^2 (\Delta y)^2}{[(\Delta x)^2 + (\Delta y)^2]^{3/2}}$

$$\lim_{\substack{\Delta x \to 0 \\ \Delta y = \Delta x \to 0}} \frac{\dfrac{(\Delta x)^2 (\Delta y)^2}{[(\Delta x)^2 + (\Delta y)^2]^{3/2}}}{\rho} = \lim_{\Delta x \to 0} \frac{(\Delta x)^4}{(2(\Delta x)^2)^2} = \frac{1}{4} \neq 0$$

所以 $f(x,y)$ 在点 $(0,0)$ 不可微分.

8. 设 $u = x^y$，而 $x = \varphi(t), y = \psi(t)$ 都是可微函数，求 $\dfrac{\mathrm{d}u}{\mathrm{d}t}$.

【解】 $\dfrac{\mathrm{d}u}{\mathrm{d}t} = \dfrac{\partial u}{\partial x} \dfrac{\mathrm{d}x}{\mathrm{d}t} + \dfrac{\partial u}{\partial y} \dfrac{\mathrm{d}y}{\mathrm{d}t} = yx^{y-1} \cdot \varphi'(t) + x^y \ln x \cdot \psi'(t)$

9. 设 $z = f(u,v,w)$ 具有连续偏导数，而 $u = \eta - \zeta, v = \zeta - \xi, w = \xi - \eta$.
求 $\dfrac{\partial z}{\partial \xi}, \dfrac{\partial z}{\partial \eta}, \dfrac{\partial z}{\partial \zeta}$.

【解】
$$\frac{\partial z}{\partial \xi} = \frac{\partial z}{\partial v} \frac{\partial v}{\partial \xi} + \frac{\partial z}{\partial w} \frac{\partial w}{\partial \xi} = -\frac{\partial z}{\partial v} + \frac{\partial z}{\partial w}$$

$$\frac{\partial z}{\partial \eta} = \frac{\partial z}{\partial u} \frac{\partial u}{\partial \eta} + \frac{\partial z}{\partial w} \frac{\partial w}{\partial \eta} = \frac{\partial z}{\partial u} - \frac{\partial z}{\partial w}$$

$$\frac{\partial z}{\partial \zeta} = \frac{\partial z}{\partial u} \frac{\partial u}{\partial \zeta} + \frac{\partial z}{\partial v} \frac{\partial v}{\partial \zeta} = -\frac{\partial z}{\partial u} + \frac{\partial z}{\partial v}$$

10. 设 $z = f(u,x,y), u = x\mathrm{e}^y$，其中 f 具有连续的二阶偏导数，求 $\dfrac{\partial^2 z}{\partial x \partial y}$.

【解】
$$\frac{\partial z}{\partial x} = f'_u \frac{\partial u}{\partial x} + f'_x = \mathrm{e}^y f'_u + f'_x$$

$$\frac{\partial^2 z}{\partial x \partial y} = \frac{\partial}{\partial y}(\mathrm{e}^y f'_u + f'_x) = \mathrm{e}^y f'_u + \mathrm{e}^y (x\mathrm{e}^y f''_{uu} + f''_{uy}) +$$

$$f''_{xu} x\mathrm{e}^y + f''_{xy} = x\mathrm{e}^{2y} f''_{uu} + \mathrm{e}^y f''_{uy} + x\mathrm{e}^y f''_{xu} + f''_{xy} + \mathrm{e}^y f'_u$$

11. 设 $x = \mathrm{e}^u \cos v, y = \mathrm{e}^u \sin v, z = uv$. 试求 $\dfrac{\partial z}{\partial x}$ 和 $\dfrac{\partial z}{\partial y}$.

【解】
$$\frac{\partial z}{\partial x} = \frac{\partial z}{\partial u} \frac{\partial u}{\partial x} + \frac{\partial z}{\partial v} \frac{\partial v}{\partial x} = v \frac{\partial u}{\partial x} + u \frac{\partial v}{\partial x}$$

$$\frac{\partial z}{\partial y} = \frac{\partial z}{\partial u} \frac{\partial u}{\partial y} + \frac{\partial z}{\partial v} \frac{\partial v}{\partial y} = v \frac{\partial u}{\partial y} + u \frac{\partial v}{\partial y}$$

对方程 $\mathrm{e}^u \cos v = x$ 与 $\mathrm{e}^u \sin v = y$ 两边分别对 x 求导得

$$\begin{cases} \mathrm{e}^u \cos v \dfrac{\partial u}{\partial x} - \mathrm{e}^u \sin v \dfrac{\partial v}{\partial x} = 1 \\ \mathrm{e}^u \sin v \dfrac{\partial u}{\partial x} + \mathrm{e}^u \cos v \dfrac{\partial v}{\partial x} = 0 \end{cases}$$

由此解得 $\quad \dfrac{\partial u}{\partial x} = \mathrm{e}^{-u} \cos v, \quad \dfrac{\partial v}{\partial x} = -\mathrm{e}^{-u} \sin v$

所以 $$\frac{\partial z}{\partial x} = \mathrm{e}^{-u}(v\cos v - u\sin v)$$

对方程 $\mathrm{e}^{u}\cos v = x$ 与 $\mathrm{e}^{u}\sin v = y$ 两边分别对 y 求导得

$$\begin{cases} \mathrm{e}^{u}\cos v \dfrac{\partial u}{\partial y} - \mathrm{e}^{u}\sin v \dfrac{\partial v}{\partial y} = 0 \\ \mathrm{e}^{u}\sin v \dfrac{\partial u}{\partial y} + \mathrm{e}^{u}\cos v \dfrac{\partial v}{\partial y} = 1 \end{cases}$$

由此解得

$$\frac{\partial u}{\partial y} = \mathrm{e}^{-u}\sin v, \qquad \frac{\partial v}{\partial y} = \mathrm{e}^{-u}\cos v$$

因此 $$\frac{\partial z}{\partial y} = \mathrm{e}^{-u}(v\sin v + u\cos v)$$

12. 求螺旋线 $x = a\cos\theta, y = a\sin\theta, z = b\theta$ 在点 $(a,0,0)$ 处的切线及法平面方程.

【解】 $x'_{\theta} = -a\sin\theta, \quad y'_{\theta} = a\cos\theta, \quad z'_{\theta} = b$

在点 $(a,0,0)$ 处对应的参数 $\theta = 0$,所以

$$x'_{\theta}|_{\theta=0} = 0, \quad y'_{\theta}|_{\theta=0} = a, \quad z'_{\theta}|_{\theta=0} = b$$

故在点 $(a,0,0)$ 处的切线为 $\dfrac{x-a}{0} = \dfrac{y}{a} = \dfrac{z}{b}$,即

$$\begin{cases} x = a \\ by - az = 0 \end{cases}$$

在点 $(a,0,0)$ 处的法平面为 $a(y-0) + b(z-0) = 0$,即 $ay + bz = 0$.

13. 在曲面 $z = xy$ 上求一点,使这点处的法线垂直于平面 $x + 3y + z + 9 = 0$,并写出这法线的方程.

【解】 设所求点为 $p_0(x_0, y_0, z_0)$,则曲面在该点的法向量 $\boldsymbol{n} = \{y_0, x_0, -1\}$,已知平面的法向量为 $\boldsymbol{n}_1 = \{1,3,1\}$,由于 $\boldsymbol{n}$ 垂直于平面,所以 $\boldsymbol{n} \parallel \boldsymbol{n}_1$. 故

$$\frac{y_0}{1} = \frac{x_0}{3} = \frac{-1}{1}$$

所以 $x_0 = -3, y_0 = -1, z_0 = x_0 y_0 = 3$,故所求点为 $(-3,-1,3)$,所求法线方程为

$$\frac{x+3}{1} = \frac{y+1}{3} = \frac{z-3}{1}$$

14. 设 x 轴正向到方向 l 的转角为 φ,求函数 $f(x,y) = x^2 - xy + y^2$,在点 $(1,1)$ 沿方向 l 的方向导数,并分别确定转角 φ,使这导数有(1)最大值,(2)最小

值,(3) 等于 0.

【解】 根据已知条件可知 l 的方向余弦为 $\{\cos\varphi,\sin\varphi\}$,因为

$$\frac{\partial f}{\partial x} = 2x - y, \quad \frac{\partial f}{\partial y} = -x + 2y$$

$$\frac{\partial f}{\partial x}\bigg|_{(1,1)} = 1, \quad \frac{\partial f}{\partial y}\bigg|_{(1,1)} = 1$$

所以在点 $(1,1)$, $\dfrac{\partial f}{\partial l} = 1 \times \cos\varphi + 1 \times \sin\varphi = \cos\varphi + \sin\varphi = \sqrt{2}\sin\left(\varphi + \dfrac{\pi}{4}\right)$,则:

(1) 当 $\varphi = \dfrac{\pi}{4}$ 时,方向导数最大,其最大值为 $\sqrt{2}$.

(2) 当 $\varphi = \dfrac{5\pi}{4}$ 时,方向导数最小,其最小值为 $-\sqrt{2}$.

(3) 当 $\varphi = \dfrac{3}{4}\pi$ 及 $\dfrac{7}{4}\pi$ 时,方向导数为 0.

15. 求函数 $u = x^2 + y^2 + z^2$ 在椭球面 $\dfrac{x^2}{a^2} + \dfrac{y^2}{b^2} + \dfrac{z^2}{c^2} = 1$ 上点 $M_0(x_0, y_0, z_0)$ 处沿外法线方向的方向导数.

【解】 椭球面在点 $M_0(x_0, y_0, z_0)$ 处的外法线方向 $\boldsymbol{n} = \left\{\dfrac{2x_0}{a^2}, \dfrac{2y_0}{b^2}, \dfrac{2z_0}{c^2}\right\}$,

其方向余弦

$$\cos\alpha = \frac{\dfrac{x_0}{a^2}}{\sqrt{\dfrac{x_0^2}{a^4} + \dfrac{y_0^2}{b^4} + \dfrac{z_0^2}{c^4}}}, \quad \cos\beta = \frac{\dfrac{y_0}{b^2}}{\sqrt{\dfrac{x_0^2}{a^4} + \dfrac{y_0^2}{b^4} + \dfrac{z_0^2}{c^4}}}$$

$$\cos\gamma = \frac{\dfrac{z_0}{c^2}}{\sqrt{\dfrac{x_0^2}{a^4} + \dfrac{y_0^2}{b^4} + \dfrac{z_0^2}{c^4}}}$$

在点 M_0 处的方向向量为 $\boldsymbol{l} = \{2x_0, 2y_0, 2z_0\}$,所以

$$\frac{\partial u}{\partial n}\bigg|_{M_0} = \frac{1}{\sqrt{\dfrac{x_0^2}{a^4} + \dfrac{y_0^2}{b^4} + \dfrac{z_0^2}{c^4}}}\left(2x_0 \frac{x_0}{a^2} + 2y_0 \frac{y_0}{b^2} + 2z_0 \frac{z_0}{c^2}\right) =$$

$$\frac{2}{\sqrt{\dfrac{x_0^2}{a^4} + \dfrac{y_0^2}{b^4} + \dfrac{z_0^2}{c^4}}}$$

16. 求平面 $\dfrac{x}{3} + \dfrac{y}{4} + \dfrac{z}{5} = 1$ 和柱面 $x^2 + y^2 = 1$ 的交线上与 xOy 平面距

离最短的点.

【解】 设所求点为 $M_0(x,y,z)$,该点到 xOy 平面的距离为 r,则 $r = |z|$,即 $r^2 = z^2$,于是问题变为求函数 z^2 在条件 $\frac{x}{3} + \frac{y}{4} + \frac{z}{5} = 1$ 和 $x^2 + y^2 = 1$ 下的最小值问题.作辅助函数

$$F(x,y,z) = z^2 + \lambda_1(\frac{x}{3} + \frac{y}{4} + \frac{z}{5} - 1) + \lambda_2(x^2 + y^2 - 1)$$

由方程组

$$\begin{cases} F_x = \dfrac{\lambda_1}{3} + 2\lambda_2 x = 0 \\[2mm] F_y = \dfrac{\lambda_1}{4} + 2\lambda_2 y = 0 \\[2mm] F_z = 2z + \dfrac{\lambda_1}{5} = 0 \\[2mm] \dfrac{x}{3} + \dfrac{y}{4} + \dfrac{z}{5} = 1 \\[2mm] x^2 + y^2 = 1 \end{cases}$$

解得
$$x = \frac{4}{5}, \quad y = \frac{3}{5}, \quad z = \frac{35}{12}$$

根据问题的实际意义,可得 $M_0(\frac{4}{5}, \frac{3}{5}, \frac{35}{12})$ 为所求点.

17. 在第一卦限内作椭球面 $\frac{x^2}{a^2} + \frac{y^2}{b^2} + \frac{z^2}{c^2} = 1$ 的切平面,使该切平面与三坐标面所围成的四面体的体积最小.求这切平面的切点,并求此最小体积.

【解】 设切点为 $M_0(x_0,y_0,z_0)$,令

$$F(x,y,z) = \frac{x^2}{a^2} + \frac{y^2}{b^2} + \frac{z^2}{c^2} - 1$$

$$F_x = \frac{2x}{a^2}, \quad F_y = \frac{2y}{b^2}, \quad F_z = \frac{2z}{c^2}$$

则过 M_0 的切平面方程为

$$\frac{x_0}{a^2}(x - x_0) + \frac{y_0}{b^2}(y - y_0) + \frac{z_0}{c^2}(z - z_0) = 0$$

即
$$\frac{x_0 x}{a^2} + \frac{y_0 y}{b^2} + \frac{z_0 z}{c^2} = 1$$

切平面在三个坐标轴上的截距分别为

452

$$X = \frac{a^2}{x_0}, \quad Y = \frac{b^2}{y_0}, \quad Z = \frac{c^2}{z_0}$$

因为切平面与三坐标所围的四面体的体积为

$$V = \frac{1}{6} \frac{a^2 b^2 c^2}{x_0 y_0 z_0}$$

问题为在条件 $\frac{x^2}{a^2} + \frac{y^2}{b^2} + \frac{z^2}{c^2} = 1$ 下求函数 $V = \frac{1}{6} \frac{a^2 b^2 c^2}{xyz}$ 的最小值. 为简单, 先

求函数 $u = xyz$ 的最大值, 为此作辅助函数

$$G(x, y, z) = xyz + \lambda \left(\frac{x^2}{a^2} + \frac{y^2}{b^2} + \frac{z^2}{c^2} - 1 \right)$$

由

$$\begin{cases} G_x = yz + \dfrac{2\lambda x}{a^2} = 0 \\[2mm] G_y = xz + \dfrac{2\lambda y}{b^2} = 0 \\[2mm] G_z = xy + \dfrac{2\lambda z}{c^2} = 0 \\[2mm] \dfrac{x^2}{a^2} + \dfrac{y^2}{b^2} + \dfrac{z^2}{c^2} = 1 \end{cases}$$

解得

$$x = \frac{a}{\sqrt{3}}, \quad y = \frac{b}{\sqrt{3}}, \quad z = \frac{c}{\sqrt{3}}$$

由于驻点 $M_0 \left(\dfrac{a}{\sqrt{3}}, \dfrac{b}{\sqrt{3}}, \dfrac{c}{\sqrt{3}} \right)$ 唯一, 根据问题的实际意义, 所求切点为 $\left(\dfrac{a}{\sqrt{3}} \right.$,

$\left. \dfrac{b}{\sqrt{3}}, \dfrac{c}{\sqrt{3}} \right)$, 且最小体积 $V = \dfrac{(\sqrt{3})^3}{6} \dfrac{a^2 b^2 c^2}{abc} = \dfrac{\sqrt{3}}{2} abc$.

第9章

习题 9-1

2. 设 $I_1 = \iint\limits_{D_1} (x^2 + y^2)^3 \mathrm{d}\sigma$, 其中 D_1 是矩形闭区域: $-1 \leqslant x \leqslant 1, -2 \leqslant y$

$\leqslant 2$; 又 $I_2 = \iint\limits_{D_2} (x^2 + y^2)^3 \mathrm{d}\sigma$, 其中 D_2 是矩形闭区域: $0 \leqslant x \leqslant 1, 0 \leqslant y \leqslant 2$, 试

利用二重积分的几何意义说明 I_1 与 I_2 之间的关系.

【解】　设 D_3 是矩形闭区域: $-1 \leqslant x \leqslant 1, 0 \leqslant y \leqslant 2$; 而 D_2 是矩形闭区域:
$0 \leqslant x \leqslant 1, 0 \leqslant y \leqslant 2$.

因为被积函数 $f(x,y) = (x^2 + y^2)^3$ 既是 y 的偶函数,又是 x 的偶函数,积分区域 D_1 关于 y 轴对称,D_3 关于 y 轴对称,于是有

$$I_1 = \iint\limits_{D_1} (x^2 + y^2)^3 \mathrm{d}\sigma = 2 \iint\limits_{D_3} (x^2 + y^2)^3 \mathrm{d}\sigma =$$

$$2 \left[2 \iint\limits_{D_2} (x^2 + y^2)^3 \mathrm{d}\sigma \right] = 4 \iint\limits_{D_2} (x^2 + y^2)^3 \mathrm{d}\sigma = 4 I_2$$

5. 利用二重积分的性质估计下列积分的值:

(1) $I = \iint\limits_{D} xy(x+y) \mathrm{d}\sigma$,其中 D 是矩形闭区域:$0 \leqslant x \leqslant 1, 0 \leqslant y \leqslant 1$;

(2) $I = \iint\limits_{D} \sin^2 x \sin^2 y \mathrm{d}\sigma$,其中 D 是矩形闭区域:$0 \leqslant x \leqslant \pi, 0 \leqslant y \leqslant \pi$;

(3) $I = \iint\limits_{D} (x+y+1) \mathrm{d}\sigma$,其中 D 是矩形闭区域:$0 \leqslant x \leqslant 1, 0 \leqslant y \leqslant 2$;

(4) $I = \iint\limits_{D} (x^2 + 4y^2 + 9) \mathrm{d}\sigma$,其中 D 是圆形闭区域:$x^2 + y^2 \leqslant 4$.

【解】 在区域 D 上,$0 \leqslant x \leqslant 1, 0 \leqslant y \leqslant 1$,所以 $\sigma = 1$,且 $0 \leqslant xy \leqslant 1, 0 \leqslant x + y \leqslant 2$,由此可得 $0 \leqslant xy(x+y) \leqslant 2$,所以

$$0 = \iint\limits_{D} 0 \mathrm{d}\sigma \leqslant \iint\limits_{D} xy(x+y) \mathrm{d}\sigma \leqslant \iint\limits_{D} 2 \mathrm{d}\sigma = 2\sigma = 2$$

(2) 在区域 D 上,$0 \leqslant \sin^2 x \leqslant 1, 0 \leqslant \sin^2 y \leqslant 1, \sigma = \pi^2$,所以

$$0 \leqslant \sin^2 x \sin^2 y \leqslant 1$$

因此 $\qquad 0 = \iint\limits_{D} 0 \mathrm{d}\sigma \leqslant \iint\limits_{D} \sin^2 x \sin^2 y \mathrm{d}\sigma \leqslant \iint\limits_{D} 1 \mathrm{d}\sigma = \sigma = \pi^2$

即 $\qquad 0 \leqslant \iint\limits_{D} \sin^2 x \sin^2 y \mathrm{d}\sigma \leqslant \pi^2$

(3) 在区域 D 上,$0 \leqslant x \leqslant 1, 0 \leqslant y \leqslant 2, \sigma = 2$,且 $1 \leqslant x + y + 1 \leqslant 1 + 2 + 1 = 4$,因此

$$2 = \iint\limits_{D} 1 \mathrm{d}\sigma \leqslant \iint\limits_{D} (x+y+1) \mathrm{d}\sigma \leqslant \iint\limits_{D} 4 \mathrm{d}\sigma = 4 \times 2 = 8$$

所以 $\qquad 2 \leqslant \iint\limits_{D} (x+y+1) \mathrm{d}\sigma \leqslant 8$

(4) 在 D 中,$0 \leqslant x^2 + y^2 \leqslant 4$,所以

$$\sigma = \pi \times 2^2 = 4\pi$$

$$9 \leqslant x^2 + 4y^2 + 9 \leqslant 4(x^2 + y^2) + 9 \leqslant 4 \times 4 + 9 = 25$$

所以　　　　$36\pi \leqslant \iint\limits_{D} 9\mathrm{d}\sigma \leqslant \iint\limits_{D}(x^2+4y^2+9)\mathrm{d}\sigma \leqslant \iint\limits_{D} 25\mathrm{d}\sigma \leqslant 100\pi$

即　　　　　　　$36\pi \leqslant \iint\limits_{D}(x^2+4y^2+9)\mathrm{d}\sigma \leqslant 100\pi$

习题 9-2(1)

1. 计算下列二重积分：

(1) $\iint\limits_{D}(x^2+y^2)\mathrm{d}\sigma$，其中 D 是矩形闭区域：$|x| \leqslant 1, |y| \leqslant 1$；

(2) $\iint\limits_{D}(3x+2y)\mathrm{d}\sigma$，其中 D 是由两坐标轴及直线 $x+y=2$ 所围成的闭区域；

(3) $\iint\limits_{D}(x^3+3x^2y+y^3)\mathrm{d}\sigma$，其中 D 是矩形闭区域：$0 \leqslant x \leqslant 1, 0 \leqslant y \leqslant 1$；

(4) $\iint\limits_{D} x\cos(x+y)\mathrm{d}\sigma$，其中 D 是顶点分别为 $(0,0),(\pi,0)$ 和 (π,π) 的三角形闭域.

【解】 (1) 积分区域 D 既是 X 型的，又是 Y 型的，可用不等式表示为

$$D: \begin{cases} -1 \leqslant x \leqslant 1 \\ -1 \leqslant y \leqslant 1 \end{cases}$$

所以　　$\iint\limits_{D}(x^2+y^2)\mathrm{d}\sigma = \int_{-1}^{1}\mathrm{d}x\int_{-1}^{1}(x^2+y^2)\mathrm{d}y = \int_{-1}^{1}\left[x^2y+\dfrac{1}{3}y^3\right]_{-1}^{1}\mathrm{d}x =$

$$\int_{-1}^{1}(2x^2+\dfrac{2}{3})\mathrm{d}x = \dfrac{2}{3}x^3+\dfrac{2}{3}x \Big|_{-1}^{1} = \dfrac{8}{3}$$

(2) 积分区域 D 既是 X 型的，又是 Y 型的. 按 X 型计算，D 可用不等式表示为 $\begin{cases} 0 \leqslant y \leqslant 2-x \\ 0 \leqslant x \leqslant 2 \end{cases}$，于是

$$\iint\limits_{D}(3x+2y)\mathrm{d}\sigma = \int_{0}^{2}\mathrm{d}x\int_{0}^{2-x}(3x+2y)\mathrm{d}y =$$

$$\int_{0}^{2}[3xy+y^2]_{0}^{2-x}\mathrm{d}x = \int_{0}^{2}(4+2x-2x^2)\mathrm{d}x =$$

$$4x+x^2-\dfrac{2}{3}x^3 \Big|_{0}^{2} = \dfrac{20}{3}$$

(3) $\iint\limits_{D}(x^3+3x^2y+y^3)\mathrm{d}\sigma = \int_{0}^{1}\mathrm{d}x\int_{0}^{1}(x^3+3x^2y+y^3)\mathrm{d}y =$

$$\int_{0}^{1}\left[x^3y+\dfrac{3}{2}x^2y^2+\dfrac{1}{4}y^4\right]_{0}^{1}\mathrm{d}x =$$

$$\int_0^1 (x^3 + \frac{3}{2}x^2 + \frac{1}{4})\mathrm{d}x =$$

$$\frac{1}{4}x^4 + \frac{1}{2}x^3 + \frac{1}{4}x \Big|_0^1 = 1$$

(4) 积分区域 D 由直线 $y = 0$,$x = \pi$ 及 $y = x$ 围成,D 可用不等式表示为:
$\begin{cases} 0 \leqslant y \leqslant x \\ 0 \leqslant x \leqslant \pi \end{cases}$,因此

$$\iint\limits_D x\cos(x+y)\mathrm{d}\sigma = \int_0^\pi x\mathrm{d}x \int_0^x \cos(x+y)\mathrm{d}y =$$

$$\int_0^\pi x \Big[\sin(x+y) \Big]_0^x \mathrm{d}x = \int_0^\pi x(\sin2x - \sin x)\mathrm{d}x =$$

$$\int_0^\pi x\sin2x\,\mathrm{d}x - \int_0^\pi x\sin x\,\mathrm{d}x = \int_0^\pi x\mathrm{d}(-\frac{1}{2}\cos2x) + \int_0^\pi x\mathrm{d}\cos x =$$

$$-\frac{1}{2}x\cos2x \Big|_0^\pi + \frac{1}{2}\int_0^\pi \cos2x\,\mathrm{d}x + x\cos x \Big|_0^\pi - \int_0^\pi \cos x\,\mathrm{d}x =$$

$$-\frac{\pi}{2} + \frac{1}{4}\sin2x \Big|_0^\pi + \pi(-1) - \sin x \Big|_0^\pi = -\frac{3}{2}\pi$$

2. 画出积分区域,并计算下列二重积分:

(1) $\iint\limits_D x\sqrt{y}\,\mathrm{d}\sigma$,其中 D 是由两条抛物线 $y = \sqrt{x}$;$y = x^2$ 所围成的闭区域;

(2) $\iint\limits_D xy^2\,\mathrm{d}\sigma$,其中 D 是由圆周 $x^2 + y^2 = 4$ 及 y 轴所围成的右半闭区域;

(3) $\iint\limits_D \mathrm{e}^{x+y}\,\mathrm{d}\sigma$,其中 D 是由 $|x| + |y| \leqslant 1$ 所确定的闭区域;

(4) $\iint\limits_D (x^2 + y^2 - x)\,\mathrm{d}\sigma$,其中 D 是由直线 $y = 2$,$y = x$ 及 $y = 2x$ 所围成的闭区域.

【解】 (1) 积分区域 D 如图 F-9-1 所示,将 D 用不等式表示为

$$\begin{cases} x^2 \leqslant y \leqslant \sqrt{x} \\ 0 \leqslant x \leqslant 1 \end{cases}$$

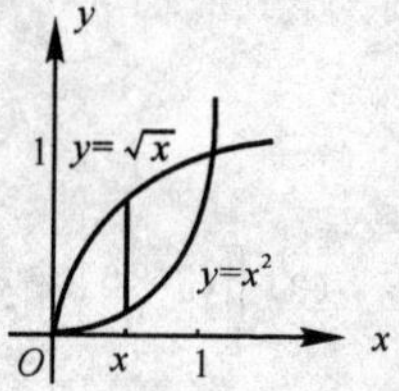

所以

$$\iint\limits_D x\sqrt{y}\,\mathrm{d}\sigma = \int_0^1 \mathrm{d}x \int_{x^2}^{\sqrt{x}} x\sqrt{y}\,\mathrm{d}y = \int_0^1 x \Big[\frac{2}{3}y^{\frac{3}{2}} \Big]_{x^2}^{\sqrt{x}} \mathrm{d}x =$$

$$\int_0^1 x\left(\frac{2}{3}x^{\frac{3}{4}} - \frac{2}{3}x^3 \right)\mathrm{d}x =$$

图 F-9-1

$$\frac{2}{3}\int_0^1 (x^{\frac{7}{4}} - x^4)\,\mathrm{d}x =$$

$$\frac{2}{3}\left[\frac{4}{11}x^{\frac{11}{4}} - \frac{1}{5}x^5\right]_0^1 = \frac{2}{3}\left(\frac{11}{4} - \frac{1}{5}\right) = \frac{6}{55}$$

(2) 如图 F-9-2 所示，积分区域 D 可用不等式表示为

$$D: \begin{cases} 0 \leqslant x \leqslant \sqrt{4-y^2} \\ -2 \leqslant y \leqslant 2 \end{cases}$$

因此

$$\iint\limits_D xy^2\,\mathrm{d}\sigma = \int_{-2}^2 \mathrm{d}y \int_0^{\sqrt{4-y^2}} xy^2\,\mathrm{d}x = \int_{-2}^2 y^2\left[\frac{1}{2}x^2\right]_0^{\sqrt{4-y^2}}\,\mathrm{d}y =$$

$$\int_{-2}^2 \left(2y^2 - \frac{1}{2}y^4\right)\mathrm{d}y = \frac{2}{3}y^3 - \frac{1}{10}y^5 \Big|_{-2}^2 = \frac{64}{15}$$

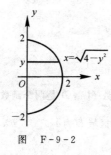

图　F-9-2

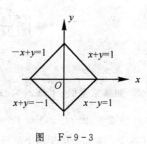

图　F-9-3

(3) 如图 F-9-6 所示，$D = D_1 \bigcup D_2$，其中

$$D_1: \begin{cases} -1-x \leqslant y \leqslant 1+x \\ -1 \leqslant x \leqslant 0 \end{cases}, \qquad D_2: \begin{cases} x-1 \leqslant y \leqslant 1-x \\ 0 \leqslant x \leqslant 1 \end{cases}$$

所以

$$\iint\limits_D \mathrm{e}^{x+y}\,\mathrm{d}\sigma = \iint\limits_{D_1} \mathrm{e}^{x+y}\,\mathrm{d}\sigma + \iint\limits_{D_2} \mathrm{e}^{x+y}\,\mathrm{d}\sigma =$$

$$\int_{-1}^0 \mathrm{e}^x\,\mathrm{d}x \int_{-1-x}^{1+x} \mathrm{e}^y\,\mathrm{d}y + \int_0^1 \mathrm{e}^x\,\mathrm{d}x \int_{x-1}^{1-x} \mathrm{e}^y\,\mathrm{d}y =$$

$$\int_{-1}^0 \mathrm{e}^x\left[\mathrm{e}^y\right]_{-1-x}^{1+x}\,\mathrm{d}x + \int_0^1 \mathrm{e}^x\left[\mathrm{e}^y\right]_{x-1}^{1-x}\,\mathrm{d}x =$$

$$\int_{-1}^0 \mathrm{e}^x(\mathrm{e}^{1+x} - \mathrm{e}^{-1-x})\,\mathrm{d}x + \int_0^1 \mathrm{e}^x(\mathrm{e}^{1-x} - \mathrm{e}^{x-1})\,\mathrm{d}x =$$

$$\int_{-1}^{0}(e^{2x+1} - e^{-1})dx + \int_{0}^{1}(e - e^{2x-1})dx =$$

$$\left[\frac{1}{2}e^{2x+1} - e^{-1}x\right]_{-1}^{0} + \left[ex - \frac{1}{2}e^{2x-1}\right]_{0}^{1} = e - e^{-1}$$

(4) 如图 F-9-4 所示,积分区域 D 为 Y 型域,可用不等式表示为

$$\begin{cases} \dfrac{y}{2} \leqslant x \leqslant y \\ 0 \leqslant y \leqslant 2 \end{cases}$$

所以

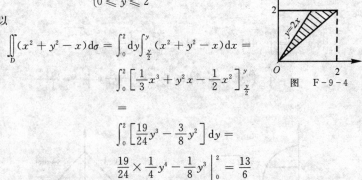

图　F-9-4

$$\iint\limits_{D}(x^2 + y^2 - x)d\sigma = \int_{0}^{2}dy\int_{\frac{y}{2}}^{y}(x^2 + y^2 - x)dx =$$

$$\int_{0}^{2}\left[\frac{1}{3}x^3 + y^2x - \frac{1}{2}x^2\right]_{\frac{y}{2}}^{y}=$$

$$\int_{0}^{2}\left[\frac{19}{24}y^3 - \frac{3}{8}y^2\right]dy =$$

$$\frac{19}{24} \times \frac{1}{4}y^4 - \frac{1}{8}y^3 \Big|_{0}^{2} = \frac{13}{6}$$

3. 如果二重积分 $\iint\limits_{D}f(x,y)dxdy$ 的被积函数 $f(x,y)$ 是两个函数 $f_1(x)$ 及 $f_2(y)$ 的乘积,即 $f(x,y) = f_1(x)f_2(y)$,积分区域 D 为 $a \leqslant x \leqslant b, c \leqslant y \leqslant d$,证明这个二重积分等于两个单积分的乘积,即

$$\iint\limits_{D}f_1(x)f_2(y)dxdy = \left[\int_{a}^{b}f_1(x)dx\right]\left[\int_{c}^{d}f_2(y)dy\right]$$

证　$\iint\limits_{D}f_1(x)f_2(y)dxdy = \int_{a}^{b}dx\int_{c}^{d}f_1(x)f_2(y)dy = \int_{a}^{b}f_1(x)\left[\int_{c}^{d}f_2(y)dy\right]dx$

因为 $\int_{c}^{d}f_2(y)dy$ 为常数,可将其从括号中提出来,于是

$$\iint\limits_{D}f_1(x)f_2(y)dxdy = \left[\int_{c}^{d}f_2(y)dy\right]\left[\int_{a}^{b}f_1(x)dx\right]$$

即

$$\iint\limits_{D}f_1(x)f_2(y)dxdy = \left[\int_{a}^{b}f_1(x)dx\right]\left[\int_{c}^{d}f_2(y)dy\right]$$

4. 化二重积分 $I = \iint\limits_{D}f(x,y)d\sigma$ 为二次积分(分别列出对两个变量先后次序不同的两个二次积分),其中积分区域 D 是:

(1) 由直线 $y=x$ 及抛物线 $y^2=4x$ 所围成的闭区域；

(2) 由 x 轴及半圆周 $x^2+y^2=r^2(y\geqslant 0)$ 所围成的闭区域；

(3) 由直线 $y=x,x=2$ 及双曲线 $y=\dfrac{1}{x}(x>0)$ 所围成的闭区域；

(4) 环形闭区域 $1\leqslant x^2+y^2\leqslant 4$.

【解】 (1) 如图 F‑9‑5 所示，先将 D 看做 X 型区域，则

$$D：\begin{cases} x\leqslant y\leqslant \sqrt{4x}\\ 0\leqslant x\leqslant 4\end{cases}$$

则可将 I 化为先对 y 后对 x 的积分

$$I=\int_0^4\mathrm{d}x\int_x^{\sqrt{4x}}f(x,y)\mathrm{d}y$$

再将 D 看做 Y 型区域，则

$$D：\begin{cases} \dfrac{y^2}{4}\leqslant x\leqslant y\\ 0\leqslant y\leqslant 4\end{cases}$$

则

$$I=\int_0^4\mathrm{d}y\int_{\frac{y^2}{4}}^{y}f(x,y)\mathrm{d}x$$

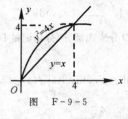

图　F‑9‑5

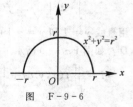

图　F‑9‑6

(2) 如图 F‑9‑6 所示，先将 D 看做 X 型区域，将 I 化为先对 y 后对 x 的积分，得

$$I=\int_{-r}^r\mathrm{d}x\int_0^{\sqrt{r^2-x^2}}f(x,y)\mathrm{d}y$$

再将 D 看做 Y 型区域，则

$$D：\begin{cases} -\sqrt{r^2-y^2}\leqslant x\leqslant \sqrt{r^2-y^2}\\ 0\leqslant y\leqslant r\end{cases}$$

将 I 化为先对 x 后对 y 的积分得

$$I = \int_0^r \mathrm{d}y \int_{-\sqrt{r^2-y^2}}^{\sqrt{r^2-y^2}} f(x,y)\mathrm{d}x$$

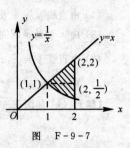

（3）$y = x$ 与 $y = \dfrac{1}{x}$ 的交点为 $(1,1)$，$y = x$ 与

$x = 2$ 的交点为 $(2,2)$，$y = \dfrac{1}{x}$ 与 $x = 2$ 的交点为 $(2,$

$\dfrac{1}{2})$，如图 F-9-7 所示，得

图　F-9-7

$$I = \int_1^2 \mathrm{d}x \int_{\frac{1}{x}}^x f(x,y)\mathrm{d}y$$

或　　　　　　　　$$I = \int_{\frac{1}{2}}^1 \mathrm{d}y \int_{\frac{1}{y}}^2 f(x,y)\mathrm{d}x + \int_1^2 \mathrm{d}y \int_y^2 f(x,y)\mathrm{d}x$$

（4）用直线 $x = -1$，$x = 1$ 可将积分区域 D 分成四部分，分别记做 D_1，D_2，D_3，D_4，如图 F-9-8 所示.

$$I = \iint\limits_{D_1} f(x,y)\mathrm{d}\sigma + \iint\limits_{D_2} f(x,y)\mathrm{d}\sigma + \iint\limits_{D_3} f(x,y)\mathrm{d}\sigma + \iint\limits_{D_4} f(x,y)\mathrm{d}\sigma =$$

$$\int_{-2}^{-1} \mathrm{d}x \int_{-\sqrt{4-x^2}}^{\sqrt{4-x^2}} f(x,y)\mathrm{d}y + \int_{-1}^1 \mathrm{d}x \int_{\sqrt{1-x^2}}^{\sqrt{4-x^2}} f(x,y)\mathrm{d}y +$$

$$\int_{-1}^1 \mathrm{d}x \int_{-\sqrt{4-x^2}}^{-\sqrt{1-x^2}} f(x,y)\mathrm{d}y + \int_1^2 \mathrm{d}x \int_{-\sqrt{4-x^2}}^{\sqrt{4-x^2}} f(x,y)\mathrm{d}y$$

用直线 $y = 1$ 和 $y = -1$ 可将积分区域 D 分成四部分，分别记做 D'_1，D'_2，D'_3，D'_4. 如图 F-9-9 所示.

$$I = \iint\limits_{D'_1} f(x,y)\mathrm{d}\sigma + \iint\limits_{D'_2} f(x,y)\mathrm{d}\sigma + \iint\limits_{D'_3} f(x,y)\mathrm{d}\sigma + \iint\limits_{D'_4} f(x,y)\mathrm{d}\sigma =$$

$$\int_1^2 \mathrm{d}y \int_{-\sqrt{4-y^2}}^{\sqrt{4-y^2}} f(x,y)\mathrm{d}x + \int_{-1}^1 \mathrm{d}y \int_{-\sqrt{4-y^2}}^{-\sqrt{1-y^2}} f(x,y)\mathrm{d}x +$$

$$\int_{-1}^1 \mathrm{d}y \int_{\sqrt{1-y^2}}^{\sqrt{4-y^2}} f(x,y)\mathrm{d}x + \int_{-2}^{-1} \mathrm{d}y \int_{-\sqrt{4-y^2}}^{\sqrt{4-y^2}} f(x,y)\mathrm{d}x$$

5. 设 $f(x,y)$ 在 D 上连续，其中 D 是由直线 $y = x$，$y = a$ 及 $x = b(b > a)$ 所围成的闭区域，证明

$$\int_a^b \mathrm{d}x \int_a^x f(x,y)\mathrm{d}y = \int_a^b \mathrm{d}y \int_y^b f(x,y)\mathrm{d}x$$

证　积分区域如图 F-9-10 所示，先将 D 看做 X 型区域，则

$$\iint\limits_D f(x,y)\mathrm{d}\sigma = \int_a^b \mathrm{d}x \int_a^x f(x,y)\mathrm{d}y$$

460

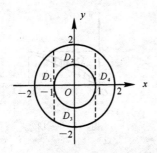

图　F-9-8

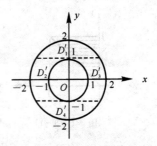

图　F-9-9

再将 D 看做 Y 型区域，有

$$\iint\limits_{D}f(x,y)\mathrm{d}\sigma = \int_{a}^{b}\mathrm{d}y\int_{y}^{b}f(x,y)\mathrm{d}x$$

所以 $\qquad \int_{a}^{b}\mathrm{d}x\int_{a}^{x}f(x,y)\mathrm{d}y = \int_{a}^{b}\mathrm{d}y\int_{y}^{b}f(x,y)\mathrm{d}x$

6. 改换下列二次积分的积分次序

(1) $\int_{0}^{1}\mathrm{d}y\int_{0}^{y}f(x,y)\mathrm{d}x$;

(2) $\int_{0}^{2}\mathrm{d}y\int_{y^2}^{2y}f(x,y)\mathrm{d}x$;

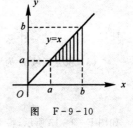

图　F-9-10

(3) $\int_{0}^{1}\mathrm{d}y\int_{-\sqrt{1-y^2}}^{\sqrt{1-y^2}}f(x,y)\mathrm{d}x$; $\qquad$ (4) $\int_{1}^{2}\mathrm{d}x\int_{2-x}^{\sqrt{2x-x^2}}f(x,y)\mathrm{d}y$;

(5) $\int_{1}^{\mathrm{e}}\mathrm{d}x\int_{0}^{\ln x}f(x,y)\mathrm{d}y$; $\qquad$ (6) $\int_{0}^{\pi}\mathrm{d}x\int_{-\sin\frac{x}{2}}^{\sin x}f(x,y)\mathrm{d}y$.

【解】 (1) 由二次积分限可得积分域 D 为 Y 型区域，即

$$\begin{cases} 0 \leqslant x \leqslant y \\ 0 \leqslant y \leqslant 1 \end{cases}$$

如图 F-9-11 所示，将 D 看做 X 型区域，则有

$$\begin{cases} x \leqslant y \leqslant 1 \\ 0 \leqslant x \leqslant 1 \end{cases}$$

所以 $\qquad \int_{0}^{1}\mathrm{d}y\int_{0}^{y}f(x,y)\mathrm{d}x = \int_{0}^{1}\mathrm{d}x\int_{x}^{1}f(x,y)\mathrm{d}y$

(2) 积分区域 D 为 Y 型区域，即

$$\begin{cases} y^2 \leqslant x \leqslant 2y \\ 0 \leqslant y \leqslant 2 \end{cases}$$

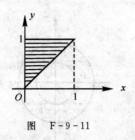

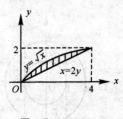

图　F-9-11　　　　　　　　图　F-9-12

如图 F-9-12 所示,将 D 看做 X 型区域,即有

$$\begin{cases} \dfrac{x}{2} \leqslant y \leqslant \sqrt{x} \\ 0 \leqslant x \leqslant 4 \end{cases}$$

所以　　　　$\displaystyle\int_0^2 \mathrm{d}y \int_{y^2}^{2y} f(x,y)\mathrm{d}x = \int_0^4 \mathrm{d}x \int_{\frac{x}{2}}^{\sqrt{x}} f(x,y)\mathrm{d}y$

（3）积分区域 D 为 Y 型区域,即

$$\begin{cases} -\sqrt{1-y^2} \leqslant x \leqslant \sqrt{1-y^2} \\ 0 \leqslant y \leqslant 1 \end{cases}$$

如图 F-9-13 所示,将 D 看做 X 型区域,有

$$\begin{cases} 0 \leqslant y \leqslant \sqrt{1-x^2} \\ -1 \leqslant x \leqslant 1 \end{cases}$$

所以　　$\displaystyle\int_0^1 \mathrm{d}y \int_{-\sqrt{1-y^2}}^{\sqrt{1-y^2}} f(x,y)\mathrm{d}x = \int_{-1}^1 \mathrm{d}x \int_0^{\sqrt{1-x^2}} f(x,y)\mathrm{d}y$

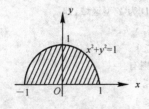

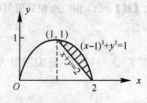

图　F-9-13　　　　　　　　图　F-9-14

（4）由 $\begin{cases} 2-x \leqslant y \leqslant \sqrt{2x-x^2} \\ 1 \leqslant x \leqslant 2 \end{cases}$,可知积分区域 D 如图 F-9-14 所示,则将

D 看做 Y 型区域,有

$$D: \begin{cases} 2-y \leqslant x \leqslant 1+\sqrt{1-y^2} \\ 0 \leqslant y \leqslant 1 \end{cases}$$

所以

$$\int_1^2 \mathrm{d}x \int_{2-x}^{\sqrt{2x-x^2}} f(x,y)\mathrm{d}x = \int_0^1 \mathrm{d}y \int_{2-y}^{1+\sqrt{1-y^2}} f(x,y)\mathrm{d}x$$

(5) 由 $\begin{cases} 0 \leqslant y \leqslant \ln x \\ 1 \leqslant x \leqslant \mathrm{e} \end{cases}$ 知积分区域 D 如图 F-9-15 所示. 再将 D 看做 Y 型区

域,有

$$D: \begin{cases} \mathrm{e}^y \leqslant x \leqslant \mathrm{e} \\ 0 \leqslant y \leqslant 1 \end{cases}$$

所以

$$\int_1^{\mathrm{e}} \mathrm{d}x \int_0^{\ln x} f(x,y)\mathrm{d}x = \int_0^1 \mathrm{d}y \int_{\mathrm{e}^y}^{\mathrm{e}} f(x,y)\mathrm{d}x$$

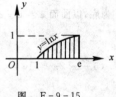

图　F-9-15

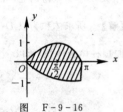

图　F-9-16

(6) 由 $\begin{cases} -\sin\dfrac{x}{2} \leqslant y \leqslant \sin x \\ 0 \leqslant x \leqslant \pi \end{cases}$,可知积分区域 D 如图 F-9-16 所示. 再将 D

看做 Y 型区域,可表示为 $D = D_1 \bigcup D_2$,其中

$$D_1: \begin{cases} -2\arcsin y \leqslant x \leqslant \pi \\ -1 \leqslant y \leqslant 0 \end{cases}, \quad D_2: \begin{cases} \arcsin y \leqslant x \leqslant \pi - \arcsin y \\ 0 \leqslant y \leqslant 1 \end{cases}$$

所以 $\displaystyle\int_0^{\pi} \mathrm{d}x \int_{-\sin\frac{x}{2}}^{\sin x} f(x,y)\mathrm{d}y = \int_{-1}^0 \mathrm{d}y \int_{-2\arcsin y}^{\pi} f(x,y)\mathrm{d}x + \int_0^1 \mathrm{d}y \int_{\arcsin y}^{\pi-\arcsin y} f(x,y)\mathrm{d}x$

7. 设平面薄片所占的闭区域 D 由直线 $x+y=2, y=x$ 和 x 轴所围成,它的面密度 $\rho(x,y) = x^2+y^2$,求该薄片的质量.

【解】 $M = \displaystyle\iint_D \rho(x,y)\mathrm{d}\sigma = \iint_D (x^2+y^2)\mathrm{d}\sigma = \int_0^1 \mathrm{d}y \int_y^{2-y} (x^2+y^2)\mathrm{d}x =$

$$\int_0^1 \left[\frac{1}{3}x^3 + y^2 x \right]_y^{2-y} \mathrm{d}y = \int_0^1 \left[\frac{1}{3}(2-y)^3 + 2y^2 - \frac{7}{3}y^3 \right] \mathrm{d}y =$$

$$\left[-\frac{1}{12}(2-y)^4 + \frac{2}{3}y^3 - \frac{7}{12}y^4\right]_0^1 = \frac{4}{3}$$

8. 计算由四个平面 $x=0, y=0, x=1, y=1$ 所围成的柱体被平面 $z=0$ 及 $2x+3y+z=6$ 截得的立体的体积.

【解】 由二重积分的几何意义知所求立体的体积为以 xOy 面上的 D: $\begin{cases} 0 \leqslant x \leqslant 1 \\ 0 \leqslant y \leqslant 1 \end{cases}$ 为底,以平面 $z=6-2x-3y$ 为顶的柱体的体积. 即

$$V = \iint\limits_{D} (6-2x-3y)\mathrm{d}x\mathrm{d}y = \int_0^1 \mathrm{d}x \int_0^1 (6-2x-3y)\mathrm{d}y =$$

$$\int_0^1 \left[6y - 2xy - \frac{3}{2}y^2\right]_0^1 \mathrm{d}x = \int_0^1 \left(\frac{9}{2} - 2x\right)\mathrm{d}x = \frac{9}{2}x - x^2 \Big|_0^1 = \frac{7}{2}$$

9. 求由平面 $x=0, y=0, x+y=1$ 所围成的柱体被平面 $z=0$ 及抛物面 $x^2+y^2=6-z$ 截得的立体的体积.

【解】 所求体积为以 D: $\begin{cases} 0 \leqslant y \leqslant 1-x \\ 0 \leqslant x \leqslant 1 \end{cases}$ 为底,以曲面 $z=6-x^2-y^2$ 为顶的曲顶柱体的体积,所以

$$V = \iint\limits_{D} (6-x^2-y^2)\mathrm{d}x\mathrm{d}y = \int_0^1 \mathrm{d}x \int_0^{1-x} (6-x^2-y^2)\mathrm{d}y =$$

$$\int_0^1 \left[6y - x^2 y - \frac{1}{3}y^3\right]_0^{1-x} \mathrm{d}x =$$

$$\int_0^1 \left[6 - 6x - x^2 + x^3 - \frac{1}{3}(1-x)^3\right] \mathrm{d}x =$$

$$\left[6x - 3x^2 - \frac{x^3}{3} + \frac{x^4}{4} + \frac{1}{12}(1-x)^4\right]_0^1 = \frac{17}{6}$$

10. 求曲面 $z=x^2+2y^2$ 及 $z=6-2x^2-y^2$ 所围成的立体的体积.

【解】 由 $\begin{cases} z=x^2+2y^2 \\ z=6-2x^2-y^2 \end{cases}$ 消去 z,得投影柱面方程 $x^2+y^2=2$,因此所求立体在 xOy 平面上的投影区域为 $\begin{cases} x^2+y^2 \leqslant 2 \\ z=0 \end{cases}$,由于积分区域关于 x 轴及 y 轴都对称,且被积函数 $f(x,y) = (6-2x^2-y^2) - (x^2+2y^2) = 6-3x^2-3y^2$ 既是 x 的偶函数,又是 y 的偶函数,令 D_1 为 $\begin{cases} 0 \leqslant y \leqslant \sqrt{2-x^2} \\ 0 \leqslant x \leqslant \sqrt{2} \end{cases}$,则所求体积为

$$V = \iint\limits_{D} (6-3x^2-3y^2)\mathrm{d}\sigma = 4\iint\limits_{D_1} (6-3x^2-3y^2)\mathrm{d}\sigma =$$

$$12\iint\limits_{D_1}(2-x^2-y^2)\mathrm{d}\sigma = 12\int_0^{\sqrt{2}}\mathrm{d}x\int_0^{\sqrt{2-x^2}}(2-x^2-y^2)\mathrm{d}y =$$

$$12\int_0^{\sqrt{2}}\left[(2-x^2)y-\frac{1}{3}y^3\right]_0^{\sqrt{2-x^2}}\mathrm{d}x = 8\int_0^{\sqrt{2}}\sqrt{(2-x^2)^3}\,\mathrm{d}x$$

令 $x=\sqrt{2}\sin\theta$，则 $\mathrm{d}x=\sqrt{2}\cos\theta\mathrm{d}\theta$，当 $x=0$ 时，$\theta=0$，当 $x=\sqrt{2}$ 时，$\theta=\frac{\pi}{2}$，于是

$$V = 8\int_0^{\frac{\pi}{2}}2\sqrt{2}\cos^3\theta\cdot\sqrt{2}\cos\theta\mathrm{d}\theta =$$

$$32\int_0^{\frac{\pi}{2}}\cos^4\theta\mathrm{d}\theta = 32\times\frac{3}{4}\times\frac{1}{2}\times\frac{\pi}{2} = 6\pi$$

习题 9-2(2)

1. 画出积分区域，把积分 $\iint\limits_D f(x,y)\mathrm{d}x\mathrm{d}y$ 表示为极坐标形式的二次积分，其

中积分区域 D 是：

(1) $x^2+y^2\leqslant a^2$ $(a>0)$；

(2) $x^2+y^2\leqslant 2x$；

(3) $a^2\leqslant x^2+y^2\leqslant b^2$，其中 $0<a<b$；

(4) $0\leqslant y\leqslant 1-x,0\leqslant x\leqslant 1$.

【解】 (1) 积分区域 D 如图 F-9-17 所示.

$$\iint\limits_D f(x,y)\mathrm{d}x\mathrm{d}y = \iint\limits_D f(r\cos\theta,r\sin\theta)r\mathrm{d}r\mathrm{d}\theta = \int_0^{2\pi}\mathrm{d}\theta\int_0^a f(r\cos\theta,r\sin\theta)r\mathrm{d}r$$

(2) 积分区域如图 F-9-18 所示.

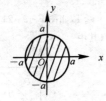

图　F-9-17

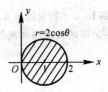

图　F-9-18

$$\iint\limits_D f(x,y)\mathrm{d}x\mathrm{d}y = \iint\limits_D f(r\cos\theta,r\sin\theta)r\mathrm{d}r\mathrm{d}\theta = \int_{-\frac{\pi}{2}}^{\frac{\pi}{2}}\mathrm{d}\theta\int_0^{2\cos\theta} f(r\cos\theta,r\sin\theta)r\mathrm{d}r$$

(3) 积分区域如图 F-9-19 所示.

$$\iint\limits_{D} f(x,y)\mathrm{d}x\mathrm{d}y = \iint\limits_{D} f(r\cos\theta, r\sin\theta)r\mathrm{d}r\mathrm{d}\theta = \int_{0}^{2\pi}\mathrm{d}\theta\int_{a}^{b}f(r\cos\theta, r\sin\theta)r\mathrm{d}r$$

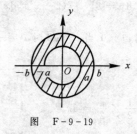

图 F-9-19

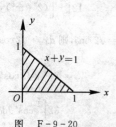

图 F-9-20

(4) 积分区域如图 F-9-20 所示. 直线 $x + y = 1$ 的极坐标方程为

$$r\cos\theta + r\sin\theta = 1$$

即
$$r = \frac{1}{\cos\theta + \sin\theta}$$

所以
$$\iint\limits_{D} f(x,y)\mathrm{d}x\mathrm{d}y = \iint\limits_{D} f(r\cos\theta, r\sin\theta)r\mathrm{d}r\mathrm{d}\theta =$$

$$\int_{0}^{\frac{\pi}{2}}\mathrm{d}\theta\int_{0}^{\frac{1}{\sin\theta + \cos\theta}} f(r\cos\theta, r\sin\theta)r\mathrm{d}r$$

2. 化下列二次积分为极坐标形式的二次积分：

(1) $\int_{0}^{1}\mathrm{d}x\int_{0}^{1}f(x,y)\mathrm{d}y$;

(2) $\int_{0}^{2}\mathrm{d}x\int_{x}^{\sqrt{3}x}f(x,y)\mathrm{d}y$;

(3) $\int_{0}^{1}\mathrm{d}x\int_{1-x}^{\sqrt{1-x^2}}f(x,y)\mathrm{d}y$;

(4) $\int_{0}^{1}\mathrm{d}x\int_{0}^{x^2}f(x,y)\mathrm{d}y$.

【解】 (1) 积分区域为 $D:0 \leqslant x \leqslant 1, 0 \leqslant y \leqslant 1$, 如图 F-9-21 所示. 用直线 $y = x$ 将区域 D 分成两部分, $D = D_1 \bigcup D_2$, 其中

$$D_1 : \begin{cases} 0 \leqslant r \leqslant \sec\theta \\ 0 \leqslant \theta \leqslant \dfrac{\pi}{4} \end{cases}$$

$$D_2 : \begin{cases} 0 \leqslant r \leqslant \csc\theta \\ \dfrac{\pi}{4} \leqslant \theta \leqslant \dfrac{\pi}{2} \end{cases}$$

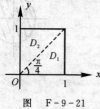

图 F-9-21

所以 $\int_{0}^{1}\mathrm{d}x\int_{0}^{1}f(x,y)\mathrm{d}y =$

466

$$\int_0^{\frac{\pi}{4}} d\theta \int_0^{\sec\theta} f(r\cos\theta, r\sin\theta) r dr + \int_{\frac{\pi}{4}}^{\frac{\pi}{2}} d\theta \int_0^{\csc\theta} f(r\cos\theta, r\sin\theta) r dr$$

（2）积分区域如图 F - 9 - 22 所示，直线 $x = 2$ 的极坐标方程为 $r\cos\theta = 2$，即 $r = 2\sec\theta$；直线 $y = x$ 的极坐标方程为 $r\sin\theta = r\cos\theta$，即 $\tan\theta = 1$，故 $\theta = \frac{\pi}{4}$；

直线 $y = \sqrt{3}x$ 的极坐标方程为 $r\sin\theta = \sqrt{3}r\cos\theta$，即 $\tan\theta = \sqrt{3}$，$\theta = \frac{\pi}{3}$. 在极坐标下 D 为

$$\begin{cases} \dfrac{\pi}{4} \leqslant \theta \leqslant \dfrac{\pi}{3} \\ 0 \leqslant r \leqslant 2\sec\theta \end{cases}$$

因此　　　$$\int_0^2 dx \int_x^{\sqrt{3}x} f(\sqrt{x^2+y^2}) dy = \int_{\frac{\pi}{4}}^{\frac{\pi}{3}} d\theta \int_0^{2\sec\theta} f(r) r dr$$

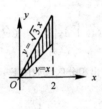

图　F - 9 - 22　　　　　　　　图　F - 9 - 23

（3）积分区域如图 F - 9 - 23 所示. 直线 $y = 1 - x$ 的极坐标方程为

$$r\sin\theta = 1 - r\cos\theta$$

即　　　　　　　　　$$r = \frac{1}{\cos\theta + \sin\theta}$$

则　　　$$D: \begin{cases} 0 \leqslant \theta \leqslant \dfrac{\pi}{2} \\ \dfrac{1}{\cos\theta + \sin\theta} \leqslant r \leqslant 1 \end{cases}$$

于是　$$\int_0^1 dx \int_{1-x}^{\sqrt{1-x^2}} f(x,y) dy =$$

$$\int_0^{\frac{\pi}{2}} d\theta \int_{\frac{1}{\cos\theta + \sin\theta}}^1 f(r\cos\theta, r\sin\theta) r dr$$

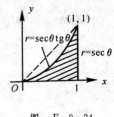

图　F - 9 - 24

（4）积分区域 D 如图 F - 9 - 24 所示. 直线 $x = 1$ 的

极坐标方程为 $r = \sec\theta$；抛物线 $y = x^2$ 的极坐标方程为

$$r\sin\theta = r^2\cos^2\theta$$

即
$$r = \sec\theta\tan\theta$$

直线 $y = x(x \geqslant 0)$ 的极坐标方程为 $\theta = \dfrac{\pi}{4}$.

故
$$D : \begin{cases} 0 \leqslant \theta \leqslant \dfrac{\pi}{4} \\ \sec\theta\tan\theta \leqslant r \leqslant \sec\theta \end{cases}$$

因此
$$\int_0^1 \mathrm{d}x \int_0^{x^2} f(x,y)\mathrm{d}y = \int_0^{\frac{\pi}{4}} \mathrm{d}\theta \int_{\sec\theta\tan\theta}^{\sec\theta} f(r\cos\theta, r\sin\theta)r\mathrm{d}r$$

3. 把下列积分化为极坐标形式，并计算积分值：

(1) $\displaystyle\int_0^{2a} \mathrm{d}x \int_0^{\sqrt{2ax-x^2}} (x^2 + y^2)\mathrm{d}y$；

(2) $\displaystyle\int_0^a \mathrm{d}x \int_0^x \sqrt{x^2 + y^2}\,\mathrm{d}y$；

(3) $\displaystyle\int_0^1 \mathrm{d}x \int_{x^2}^x (x^2 + y^2)^{-\frac{1}{2}}\mathrm{d}y$；

(4) $\displaystyle\int_0^a \mathrm{d}y \int_0^{\sqrt{a^2-y^2}} (x^2 + y^2)\mathrm{d}x$.

【解】 (1) 由 $\begin{cases} 0 \leqslant y \leqslant \sqrt{2ax-x^2} \\ 0 \leqslant x \leqslant 2a \end{cases}$，可画出积分区域如图 F - 9 - 25 所示.

因为上半圆 $y = \sqrt{2ax-x^2}$ 的极坐标方程为

$$r = 2a\cos\theta$$

在极坐标下 $\quad D : \begin{cases} 0 \leqslant \theta \leqslant \dfrac{\pi}{2} \\ 0 \leqslant r \leqslant 2a\cos\theta \end{cases}$

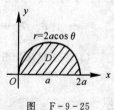

图 F - 9 - 25

所以

$$\int_0^{2a} \mathrm{d}x \int_0^{\sqrt{2ax-x^2}} (x^2 + y^2)\mathrm{d}y = \int_0^{\frac{\pi}{2}} \mathrm{d}\theta \int_0^{2a\cos\theta} r^2 \cdot r\mathrm{d}r =$$

$$\int_0^{\frac{\pi}{2}} \left[\frac{r^4}{4}\right]_0^{2a\cos\theta} \mathrm{d}\theta = \int_0^{\frac{\pi}{2}} 4a^4\cos^4\theta\mathrm{d}\theta =$$

$$4a^4 \int_0^{\frac{\pi}{2}} \cos^4\theta\mathrm{d}\theta = \frac{3}{4}\pi a^4$$

(2) 由 $\begin{cases} 0 \leqslant y \leqslant x \\ 0 \leqslant x \leqslant a \end{cases}$ 可画出积分区域如图 F - 9 - 26 所示，显然 $0 \leqslant \theta \leqslant \dfrac{\pi}{4}$；

直线 $x = a$ 的极坐标方程为 $r\cos\theta = a$，即 $r = a\sec\theta$，于是

$$0 \leqslant r \leqslant a\sec\theta$$

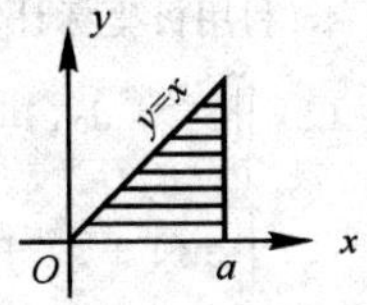

则

$$\int_0^a \mathrm{d}x \int_0^x \sqrt{x^2 + y^2}\,\mathrm{d}y = \int_0^{\frac{\pi}{4}} \mathrm{d}\theta \int_0^{a\sec\theta} r \cdot r\mathrm{d}r =$$

$$\int_0^{\frac{\pi}{4}} \frac{a^3}{3}\sec^3\theta\mathrm{d}\theta =$$

$$\frac{a^3}{6}\Big[\sec\theta\tan\theta + \ln(\sec\theta + \tan\theta)\Big]_0^{\frac{\pi}{4}} =$$

$$\frac{a^3}{6}\big[\sqrt{2} + \ln(1 + \sqrt{2})\big]$$

（3）由 $\begin{cases} x^2 \leqslant y \leqslant x \\ 0 \leqslant x \leqslant 1 \end{cases}$ 可画出积分区域如图 F-9-27 所示，抛物线 $y = x^2$ 的极坐标方程为

$$r\sin\theta = r^2\cos^2\theta$$

即

$$r = \sec\theta\tan\theta$$

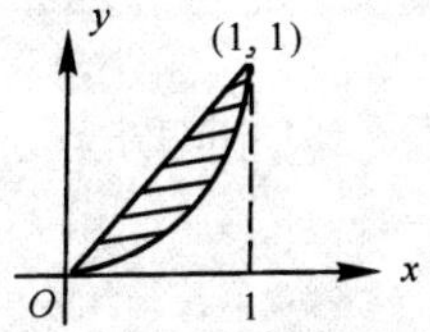

则

$$D: \begin{cases} 0 \leqslant \theta \leqslant \dfrac{\pi}{4} \\ 0 \leqslant r \leqslant \sec\theta\tan\theta \end{cases}$$

图 F-9-27

于是

$$\int_0^1 \mathrm{d}x \int_{x^2}^x (x^2 + y^2)^{-\frac{1}{2}}\,\mathrm{d}y = \int_0^{\frac{\pi}{4}} \mathrm{d}\theta \int_0^{\sec\theta\tan\theta} r^{-1} r\mathrm{d}r =$$

$$\int_0^{\frac{\pi}{4}} \sec\theta\tan\theta\mathrm{d}\theta = \Big[\sec\theta\Big]_0^{\frac{\pi}{4}} = \sqrt{2} - 1$$

（4）由 $\begin{cases} 0 \leqslant x \leqslant \sqrt{a^2 - y^2} \\ 0 \leqslant y \leqslant a \end{cases}$ 可画出积分区域如图 F-9-28 所示，在极坐标系下

$$D: \begin{cases} 0 \leqslant \theta \leqslant \dfrac{\pi}{2} \\ 0 \leqslant r \leqslant a \end{cases}$$

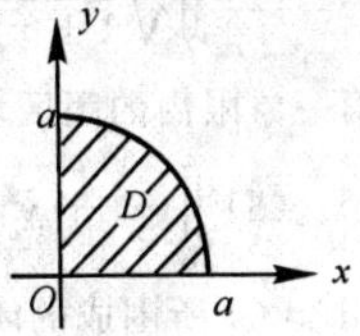

于是

$$\int_0^a \mathrm{d}y \int_0^{\sqrt{a^2-y^2}} (x^2 + y^2)\,\mathrm{d}x =$$

$$\int_0^{\frac{\pi}{2}} \mathrm{d}\theta \int_0^a r^2 \cdot r\mathrm{d}r = \frac{\pi}{2}\Big[\frac{r^4}{4}\Big]_0^a = \frac{\pi}{8}a^4$$

图 F-9-28

4. 利用极坐标计算下列各题:

(1) $\iint\limits_{D} e^{x^2+y^2} d\sigma$, 其中 D 是由圆周 $x^2 + y^2 = 4$ 所围成的闭区域;

(2) $\iint\limits_{D} \ln(1 + x^2 + y^2) d\sigma$, 其中 D 是由圆周 $x^2 + y^2 = 1$ 及坐标轴所围成的在第一象限内的闭区域;

(3) $\iint\limits_{D} \arctan\dfrac{y}{x} d\sigma$, 其中 D 是由圆周 $x^2 + y^2 = 4$, $x^2 + y^2 = 1$ 及直线 $y = 0$, $y = x$ 所围成的在第一象限内的闭区域.

【解】 (1) $\iint\limits_{D} e^{x^2+y^2} d\sigma = \iint\limits_{D} e^{r^2} r dr = \int_0^{2\pi} d\theta \int_0^2 e^{r^2} r dr =$

$$2\pi \int_0^{2\pi} e^{r^2} \times \frac{1}{2} d(r^2) = \pi e^{r^2} \Big|_0^2 = \pi(e^4 - 1)$$

(2) $\iint\limits_{D} \ln(1 + x^2 + y^2) d\sigma = \int_0^{\frac{\pi}{2}} d\theta \int_0^1 \ln(1 + r^2) r dr =$

$$\frac{\pi}{2} \times \frac{1}{2} \int_0^1 \ln(1 + r^2) d(1 + r^2) =$$

$$\frac{\pi}{4} \Big[(1 + r^2) \ln(1 + r^2) \Big|_0^1 - \int_0^1 2r dr \Big] =$$

$$\frac{\pi}{4} (2\ln 2 - 1)$$

(3) $\iint\limits_{D} \arctan\dfrac{y}{x} d\sigma = \iint\limits_{D} \theta r dr d\theta = \int_0^{\frac{\pi}{4}} \theta d\theta \int_1^2 r dr = \dfrac{3}{64}\pi^2$

5. 选用适当的坐标计算下列各题:

(1) $\iint\limits_{D} \dfrac{x^2}{y^2} d\sigma$, 其中 D 是由直线 $x = 2$, $y = x$ 及曲线 $xy = 1$ 所围成的闭区域;

(2) $\iint\limits_{D} \sqrt{\dfrac{1 - x^2 - y^2}{1 + x^2 + y^2}} d\sigma$, 其中 D 是由圆周 $x^2 + y^2 = 1$ 及坐标轴所围成的在第一象限内的闭区域;

(3) $\iint\limits_{D} (x^2 + y^2) d\sigma$, 其中 D 是由直线 $y = x$, $y = x + a$, $y = a$, $y = 3a$ $(a > 0)$ 所围成的闭区域;

(4) $\iint\limits_{D} \sqrt{x^2 + y^2} d\sigma$, 其中 D 是圆环形闭区域: $a^2 \leqslant x^2 + y^2 \leqslant b^2$.

【解】　(1)积分区域如图 F-9-29 所示,宜用直角坐标计算.

$$\iint_D \frac{x^2}{y^2} d\sigma = \int_1^2 x^2 dx \int_{\frac{1}{x}}^x \frac{1}{y^2} dy = \int_1^2 (-x + x^3) dx =$$

$$-\frac{x^2}{2} + \frac{1}{4} x^4 \bigg|_1^2 = \frac{9}{4}$$

(2)积分区域如图 F-9-30 所示,用极坐标计算简单.

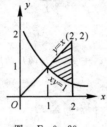

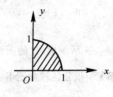

图　F-9-29　　　　　　　图　F-9-30

$$\iint_D \sqrt{\frac{1-x^2-y^2}{1+x^2+y^2}} d\sigma = \iint_D \sqrt{\frac{1-r^2}{1+r^2}} r dr = \int_0^{\frac{\pi}{2}} d\theta \int_0^1 \sqrt{\frac{1-r^2}{1+r^2}} r dr =$$

$$\frac{\pi}{2} \int_0^1 \frac{(1-r^2)r}{\sqrt{1-r^4}} dr =$$

$$\frac{\pi}{2} \left[\frac{1}{2} \int_0^1 \frac{dr^2}{\sqrt{1-r^4}} + \frac{1}{4} \int_0^1 \frac{d(1-r^4)}{\sqrt{1-r^4}} \right] =$$

$$\frac{\pi}{2} \left[\frac{1}{2} \arcsin r^2 \bigg|_0^1 + \frac{1}{2} (1-r^4)^{\frac{1}{2}} \bigg|_0^1 \right] = \frac{\pi}{8} (\pi - 2)$$

(3)积分区域如图 F-9-31 所示,宜用直角坐标.

$$\iint_D (x^2 + y^2) d\sigma = \int_a^{3a} dy \int_{y-a}^y (x^2 + y^2) dx =$$

$$\int_a^{3a} \left(2ay^2 - a^2 y + \frac{a^3}{3} \right) dy = 14a^4$$

(4)积分区域如图 F-9-32 所示,宜用极坐标计算.

$$\iint_D \sqrt{x^2 + y^2} d\sigma = \iint_D r \cdot r dr d\theta = \int_0^{2\pi} d\theta \int_a^b r^2 dr = \frac{2}{3} \pi (b^3 - a^3)$$

6. 设平面薄片所占的闭区域 D 是由螺线 $r = 2\theta$ 上一段弧 $(0 \leqslant \theta \leqslant \frac{\pi}{2})$ 与

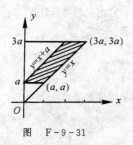

图 F-9-31

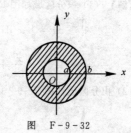

图 F-9-32

直线 $\theta = \dfrac{\pi}{2}$ 所围成,它的面密度为 $\rho(x,y) = x^2 + y^2$,求这薄片的质量.

【解】 积分区域如图 F-9-33 所示,则

$$M = \iint\limits_{D} \rho(x,y)\mathrm{d}\sigma = \int_0^{\frac{\pi}{2}} \mathrm{d}\theta \int_0^{2\theta} r^2 \cdot r\mathrm{d}r = 4\int_0^{\frac{\pi}{2}} \theta^4 \mathrm{d}\theta = \frac{\pi^5}{40}$$

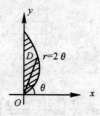

图 F-9-33

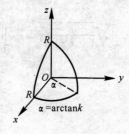

图 F-9-34

7. 求由平面 $y = 0, y = kx(k > 0), z = 0$ 以及球心在原点,半径为 R 的上半球所围成的在第一卦限内的立体的体积.

【解】 如图 9-37 所示,

$$V = \iint\limits_{D} \sqrt{R^2 - x^2 - y^2}\, \mathrm{d}\sigma = \iint\limits_{D} \sqrt{R^2 - r^2}\, r\mathrm{d}r\mathrm{d}\theta =$$

$$\int_0^{\arctan k} \mathrm{d}\theta \int_0^R \sqrt{R^2 - r^2}\, r\mathrm{d}r =$$

$$\arctan k \cdot \left[-\frac{1}{2} \int_0^R \sqrt{R^2 - r^2}\, \mathrm{d}(R^2 - r^2) \right] =$$

$$\arctan k \cdot \left[-\frac{1}{3} (R^2 - r^2)^{\frac{3}{2}} \right]_0^R = \frac{R^3}{3}\arctan k$$

8. 计算以 xOy 面上的圆周 $x^2 + y^2 = ax$ 围成的闭区域为底,以曲面 $z =$

$x^2 + y^2$ 为顶的曲顶柱体的体积.

【解】 如图 F-9-35 所示,

$$V = \iint\limits_{D}(x^2+y^2)\mathrm{d}\sigma = 2\int_0^{\frac{\pi}{2}}\mathrm{d}\theta\int_0^{a\cos\theta}r^2 r\mathrm{d}r =$$

$$\frac{1}{2}\int_0^{\frac{\pi}{2}}a^4\cos^4\theta\mathrm{d}\theta = \frac{3\pi}{32}a^4$$

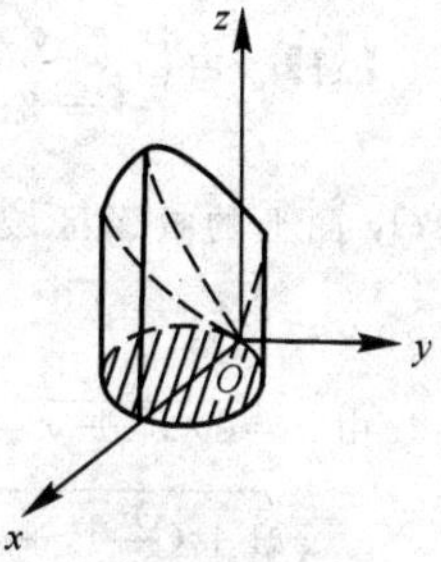

习题 9-3

1. 求球面 $x^2 + y^2 + z^2 = a^2$ 含在圆柱面 $x^2 + y^2 = ax$ 内部那部分面积.

图 F-9-35

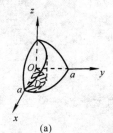

(a)   (b)

图 F-9-36

【解】 如图 F-9-36 所示,上半球面的方程为 $z = \sqrt{a^2 - x^2 - y^2}$.

由于 $\dfrac{\partial z}{\partial x} = \dfrac{-x}{\sqrt{a^2-x^2-y^2}}, \dfrac{\partial z}{\partial y} = \dfrac{-y}{\sqrt{a^2-x^2-y^2}}$

得 $\sqrt{1+(\dfrac{\partial z}{\partial x})^2+(\dfrac{\partial z}{\partial y})^2} = \dfrac{a}{\sqrt{a^2-x^2-y^2}}$

由对称性得

$$A = 4\iint\limits_{D}\sqrt{1+(\frac{\partial z}{\partial x})^2+(\frac{\partial z}{\partial y})^2}\mathrm{d}x\mathrm{d}y = 4\iint\limits_{D}\frac{a}{\sqrt{a^2-x^2-y^2}}\mathrm{d}x\mathrm{d}y =$$

$$4a\iint\limits_{D}\frac{1}{\sqrt{a^2-r^2}}r\mathrm{d}r\mathrm{d}\theta = 4a\int_0^{\frac{\pi}{2}}\mathrm{d}\theta\int_0^{a\cos\theta}\frac{1}{\sqrt{a^2-r^2}}r\mathrm{d}r =$$

$$-4a\int_0^{\frac{\pi}{2}}a(\sin\theta-1)\mathrm{d}\theta = 2a^2(\pi-2)$$

2. 求锥面 $z = \sqrt{x^2+y^2}$ 被柱面 $z^2 = 2x$ 所割下部分的曲面面积.

【解】 由 $\begin{cases} z = \sqrt{x^2 + y^2} \\ z^2 = 2x \end{cases}$ 解得投影柱面为 $x^2 + y^2 = 2x$,因此所求曲面在

xOy 面上的投影区域 D 为 $\begin{cases} x^2 + y^2 \leqslant 2x \\ z = 0 \end{cases}$. 如图

F - 9 - 37 所示.

图 F - 9 - 37

由 $z = \sqrt{x^2 + y^2}$ 得

$$\sqrt{1 + (\frac{\partial z}{\partial x})^2 + (\frac{\partial z}{\partial y})^2} =$$

$$(1 + \frac{x^2}{x^2 + y^2} + \frac{y^2}{x^2 + y^2})^{\frac{1}{2}} = \sqrt{2}$$

所以 $A = \iint\limits_D \sqrt{2}\, dx dy = 2\int_0^{\frac{\pi}{2}} d\theta \int_0^{2\cos\theta} \sqrt{2}\, r dr =$

$$4\sqrt{2}\int_0^{\frac{\pi}{2}} \cos^2\theta d\theta = 4\sqrt{2} \times \frac{1}{2} \times \frac{\pi}{2} = \sqrt{2}\pi$$

3. 求底圆半径相等的两个直交圆柱面 $x^2 + y^2 = R^2$ 及 $x^2 + z^2 = R^2$ 所围立体的体积的表面积.

【解】 由对称性可知,所围立体的表面积等于第一卦限中位于圆柱面 $x^2 + y^2 = R^2$ 上的部分的面积的 16 倍,如图 F - 9 - 38 所示,由 $z = \sqrt{R^2 - x^2}$ 得

$$A = 16\iint\limits_D \sqrt{1 + (\frac{\partial z}{\partial x})^2 + (\frac{\partial z}{\partial y})^2}\, dx dy =$$

$$16\iint\limits_D \sqrt{1 + (\frac{-x}{\sqrt{R^2 - x^2}})^2 + 0^2}\, dx dy =$$

$$16\iint\limits_D \frac{R}{\sqrt{R^2 - x^2}}\, dx dy =$$

$$16\int_0^R dx \int_0^{\sqrt{R^2 - x^2}} \frac{R}{\sqrt{R^2 - x^2}}\, dy =$$

$$16\int_0^R R dx = 16R^2$$

图 F - 9 - 38

4. 设薄片所占的闭区域 D 如下,求均匀薄片的重心:

(1) D 由 $y = \sqrt{2px}$,$x = x_0$,$y = 0$ 所围成;

(2) D 是半椭圆形闭区域:$\frac{x^2}{a^2} + \frac{y^2}{b^2} \leqslant 1$,$y \geqslant 0$;

（3）D 是介于两个圆 $r = a\cos\theta, r = b\cos\theta (0 < a < b)$ 之间的闭区域.

【解】（1）积分区域 D 可用不等式表示为：$\begin{cases} 0 \leqslant y \leqslant \sqrt{2px} \\ 0 \leqslant x \leqslant x_0 \end{cases}$，则 D 的质量

$$M = \iint_D \rho \, dx dy = \int_0^{x_0} dx \int_0^{\sqrt{2px}} \rho \, dy = \int_0^{x_0} \rho \sqrt{2px} \, dx = \frac{2\rho}{3} \sqrt{2p x_0^3}$$

$$\bar{x} = \frac{1}{M} \iint_D \rho x \, dx dy = \frac{\rho}{M} \int_0^{x_0} dx \int_0^{\sqrt{2px}} x \, dy = \frac{\rho}{M} \int_0^{x_0} \sqrt{2p} x^{\frac{3}{2}} \, dx =$$

$$\frac{3}{2\sqrt{2p x_0^3}} \sqrt{2p} \, \frac{2}{5} x^{\frac{5}{2}} \Big|_0^{x_0} = \frac{3}{5} x_0.$$

$$\bar{y} = \frac{\rho}{M} \iint_D y \, dx dy = \frac{\rho}{M} \int_0^{x_0} dx \int_0^{\sqrt{2px}} y \, dy = \frac{3}{8} y_0$$

所求重心为 $\left(\frac{3}{5} x_0, \frac{3}{8} y_0\right)$.

（2）积分区域可用不等式表示为：$\begin{cases} 0 \leqslant y \leqslant \frac{b}{a} \sqrt{a^2 - x^2} \\ -a \leqslant x \leqslant a \end{cases}$. 由对称性知

$$\bar{x} = 0, \quad M = \frac{\rho}{2} \pi ab$$

$$M_x = \iint_D \rho y \, dx dy = \rho \int_{-a}^a dx \int_0^{\frac{b}{a}\sqrt{a^2-x^2}} y \, dy =$$

$$\rho \int_{-a}^a \frac{1}{2} \times \frac{b^2}{a^2} (a^2 - x^2) \, dx = \frac{\rho b^2}{a^2} \int_0^a (a^2 - x^2) \, dx = \frac{2}{3} \rho ab^2$$

所以

$$\bar{y} = \frac{M_x}{M} = \frac{\frac{2}{3} \rho ab^2}{\frac{\rho}{2} \pi ab} = \frac{4b}{3\pi}$$

故所求重心为 $\left(0, \frac{4b}{3\pi}\right)$.

（3）积分区域如图 F-9-39 所示，由对称性可知 $\bar{y} = 0$.

$$M = \iint_D \rho \, dx dy = 2\rho \int_0^{\frac{\pi}{2}} d\theta \int_{a\cos\theta}^{b\cos\theta} r \, dr =$$

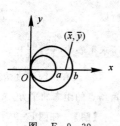

图　F-9-39

$$\rho \int_0^{\frac{\pi}{2}} (b^2 - a^2) \cos^2\theta \, \mathrm{d}\theta = \frac{\pi\rho}{4}(b^2 - a^2)$$

$$M_y = \iint\limits_D \rho x \, \mathrm{d}x \, \mathrm{d}y = 2\rho \int_0^{\frac{\pi}{2}} \mathrm{d}\theta \int_{a\cos\theta}^{b\cos\theta} r\cos\theta \cdot r \mathrm{d}r =$$

$$\frac{2}{3}\rho(b^3 - a^3) \int_0^{\frac{\pi}{2}} \cos^4\theta \, \mathrm{d}\theta =$$

$$\frac{2}{3}\rho(b^3 - a^3) \times \frac{3}{4} \times \frac{1}{2} \times \frac{\pi}{2} = \frac{\pi\rho}{8}(b^3 - a^3)$$

$$\bar{x} = \frac{M_y}{M} = \frac{a^2 + ab + b^2}{2(a+b)}$$

故所求重心为$(\dfrac{a^2 + ab + b^2}{2(a+b)}, 0)$.

5. 设平面薄片所占区域 D 由抛物线 $y = x^2$ 及直线 $y = x$ 所围成,它在点 (x, y) 处的面密度 $\rho(x, y) = x^2 y$,求该薄片的重心.

【解】 积分区域如图 F-9-40 所示.

$$M = \iint\limits_D \rho \, \mathrm{d}x \, \mathrm{d}y = \int_0^1 \mathrm{d}x \int_{x^2}^x x^2 y \, \mathrm{d}y =$$

$$\frac{1}{2} \int_0^1 (x^4 - x^6) \, \mathrm{d}x = \frac{1}{35}$$

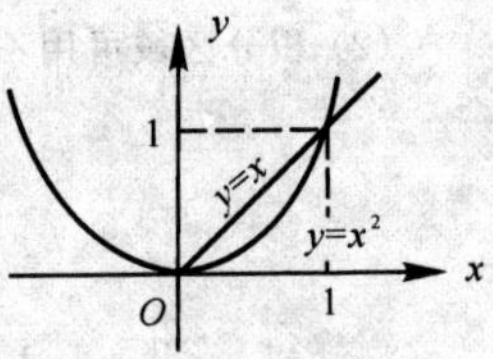

$$M_y = \iint\limits_D x\rho \, \mathrm{d}x \, \mathrm{d}y = \int_0^1 \mathrm{d}x \int_{x^2}^x x^3 y \, \mathrm{d}y =$$

$$\frac{1}{2} \int_0^1 (x^5 - x^7) \, \mathrm{d}x = \frac{1}{48}$$

$$M_x = \iint\limits_D y\rho \, \mathrm{d}x \, \mathrm{d}y = \int_0^1 \mathrm{d}x \int_{x^2}^x x^2 y^2 \, \mathrm{d}y =$$

$$\frac{1}{3} \int_0^1 (x^5 - x^8) \, \mathrm{d}x = \frac{1}{54}$$

图 F-9-40

所以

$$\bar{x} = \frac{M_y}{M} = \frac{35}{48}, \quad \bar{y} = \frac{M_x}{M} = \frac{35}{54}$$

所求重心为$(\dfrac{35}{48}, \dfrac{35}{54})$.

6. 设有一等腰直角三角形薄片,腰长为 a,各点处的面密度等于该点到直角顶点的距离的平方,求这薄片的重心.

【解】 如图 F-9-41 所示建立坐标系,由对称性可知:$\bar{x} = \bar{y}$,$\rho = x^2 + y^2$,则

$$M = \iint\limits_{D} \rho \mathrm{d}x\mathrm{d}y = \int_0^a \mathrm{d}x \int_0^{a-x} (x^2 + y^2)\mathrm{d}y =$$

$$\int_0^a [ax^2 + (-x^3) + \frac{1}{3}(a-x)^3]\mathrm{d}x = \frac{1}{6}a^4$$

$$M_y = \iint\limits_{D} \rho x \mathrm{d}x\mathrm{d}y = \int_0^a x\mathrm{d}x \int_0^{a-x} (x^2 + y^2)\mathrm{d}y =$$

$$\int_0^a x[ax^2 + (-x^3) + \frac{1}{3}(a-x)^3]\mathrm{d}x =$$

$$\frac{1}{15}a^5$$

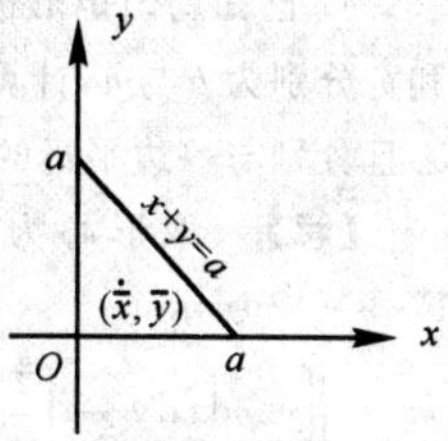

图 F-9-41

故薄片的重心坐标为：$\bar{x} = \bar{y} = \dfrac{\dfrac{1}{15}a^5}{\dfrac{1}{6}a^4} = \dfrac{2}{5}a$，即 $(\dfrac{2a}{5}, \dfrac{2a}{5})$.

7. 设均匀薄片（面密度为常数 1）所占闭区域 D 如下，求指定的转动惯量：

(1) $D: \dfrac{x^2}{a^2} + \dfrac{y^2}{b^2} \leqslant 1$，求 I_y；

(2) D 由抛物线 $y^2 = \dfrac{9}{2}x$ 和直线 $x = 2$ 所围成，求 I_x 和 I_y；

(3) D 为矩形闭区域：$0 \leqslant x \leqslant a, 0 \leqslant y \leqslant b$，求 I_x 和 I_y.

【解】　(1) 令 $x = ar\cos\theta, y = br\sin\theta$，在此变换下 $\dfrac{\partial(x,y)}{\partial(r,\theta)} = abr$，积分域 D

可用不等式表示为：$\begin{cases} 0 \leqslant \theta \leqslant 2\pi \\ 0 \leqslant r \leqslant 1 \end{cases}$，故

$$I_y = \iint\limits_{D} x^2 \mathrm{d}x\mathrm{d}y = \iint\limits_{D} a^2 r^2 \cos^2\theta \cdot abr \cdot \mathrm{d}r\mathrm{d}\theta = a^3 b \int_0^{2\pi} \cos^2\theta \mathrm{d}\theta \int_0^1 r^3 \mathrm{d}r =$$

$$\frac{a^3 b}{8} \int_0^{2\pi} (1 + \cos 2\theta)\mathrm{d}\theta = \frac{1}{4}\pi a^3 b$$

(2) $I_x = \iint\limits_{D} y^2 \mathrm{d}x\mathrm{d}y = 2\int_0^2 \mathrm{d}x \int_0^{\sqrt{\frac{x}{2}}} y^2 \mathrm{d}y = \dfrac{2}{3}\int_0^2 \dfrac{27}{2\sqrt{2}} x^{\frac{3}{2}} \mathrm{d}x = \dfrac{72}{5}$

$$I_y = \iint\limits_{D} x^2 \mathrm{d}x\mathrm{d}y = 2\int_0^2 x^2 \mathrm{d}x \int_0^{\sqrt{\frac{x}{2}}} \mathrm{d}y = \dfrac{6}{\sqrt{2}}\int_0^2 x^{\frac{5}{2}} \mathrm{d}x = \dfrac{96}{7}$$

(3) $I_x = \iint\limits_{D} y^2 \mathrm{d}x\mathrm{d}y = \int_0^a \mathrm{d}x \int_0^b y^2 \mathrm{d}y = a\dfrac{b^3}{3} = \dfrac{ab^3}{3}$

$$I_y = \iint\limits_{D} x^2 \mathrm{d}x\mathrm{d}y = \int_0^a \mathrm{d}x \int_0^b x^2 \mathrm{d}y = \int_0^a bx^2 \mathrm{d}x = \dfrac{a^3 b}{3}$$

8. 已知均匀矩形板(面密度为常量 ρ) 的长和宽分别为 b 与 h,计算此矩形板对于通过其形心且分别与一边平行的两轴的转动惯量.

【解】 取形心为原点,建立坐标系如图 F-9-42 所示.

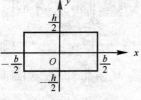

$$I_x = \iint\limits_D y^2 \rho \mathrm{d}x\mathrm{d}y = \int_{-\frac{b}{2}}^{\frac{b}{2}} \mathrm{d}x \int_{-\frac{h}{2}}^{\frac{h}{2}} y^2 \rho \mathrm{d}y = \frac{1}{12}\rho b h^3$$

图 F-9-42

$$I_y = \iint\limits_D x^2 \rho \mathrm{d}x\mathrm{d}y = \int_{-\frac{b}{2}}^{\frac{b}{2}} \mathrm{d}x \int_{-\frac{h}{2}}^{\frac{h}{2}} x^2 \rho \mathrm{d}y = \frac{1}{12}\rho h b^3$$

习题 9-4

1. 化三重积分 $I = \iiint\limits_{(\Omega)} f(x,y,z)\mathrm{d}x\mathrm{d}y\mathrm{d}z$ 为三次积分,其中积分区域 Ω 分别是:

(1) 由双曲抛物面 $xy = z$ 及平面 $x+y-1 = 0, z = 0$ 所围成的闭区域;

(2) 由曲面 $z = x^2 + y^2$ 及平面 $z = 1$ 所围成的闭区域;

(3) 由曲面 $z = x^2 + 2y^2$ 及平面 $z = 2 - x^2$ 所围成的闭区域;

(4) 由曲面 $cz = xy(c > 0), \dfrac{x^2}{a^2} + \dfrac{y^2}{b^2} = 1, z = 0$ 所围成的在第一卦限内的闭区域.

【解】 (1) 作闭区域 Ω 如图 F-9-43 所示,用不等式表示为

$$\Omega: \begin{cases} 0 \leqslant z \leqslant xy \\ 0 \leqslant y \leqslant 1-x, \\ 0 \leqslant x \leqslant 1 \end{cases}$$

所以

$$I = \int_0^1 \mathrm{d}x \int_0^{1-x} \mathrm{d}y \int_0^{xy} f(x,y,z)\mathrm{d}z$$

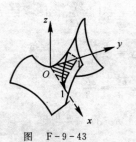

图 F-9-43

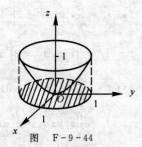

图 F-9-44

（2）作闭区域 Ω 如图 F-9-44 所示，Ω 在 xOy 面上的投影区域为 $x^2 + y^2 \leqslant 1$，

$$\Omega: \begin{cases} x^2 + y^2 \leqslant z \leqslant 1 \\ -\sqrt{1-x^2} \leqslant y \leqslant \sqrt{1-x^2} \\ -1 \leqslant x \leqslant 1 \end{cases}$$

则　　　　　　　$$I = \int_{-1}^{1} \mathrm{d}x \int_{-\sqrt{1-x^2}}^{\sqrt{1-x^2}} \mathrm{d}y \int_{x^2+y^2}^{1} f(x,y,z)\mathrm{d}z$$

（3）由 $\begin{cases} z = x^2 + 2y^2 \\ z = 2 - x^2 \end{cases}$ 消去 z，得投影柱面为 $x^2 + y^2 = 1$，所以 Ω 在 xOy 面的投影区域为 $x^2 + y^2 \leqslant 1$.如图 F-9-45 所示，Ω 用不等式表示为

$$\Omega: \begin{cases} x + 2y^2 \leqslant z \leqslant 2 - x^2 \\ -\sqrt{1-x^2} \leqslant y \leqslant \sqrt{1-x^2} \\ -1 \leqslant x \leqslant 1 \end{cases}$$

故　　　　　　　$$I = \int_{-1}^{1} \mathrm{d}x \int_{-\sqrt{1-x^2}}^{\sqrt{1-x^2}} \mathrm{d}y \int_{x+2y^2}^{2-x^2} f(x,y,z)\mathrm{d}z$$

（4）闭区域 Ω 的上边界曲面为 $cz = xy$，下边界曲面为 $z = 0$，如图 F-9-46 所示.

$$\Omega: \begin{cases} 0 \leqslant z \leqslant \dfrac{xy}{c} \\ 0 \leqslant y \leqslant \dfrac{b}{a}\sqrt{a^2 - x^2} \\ 0 \leqslant x \leqslant a \end{cases}$$

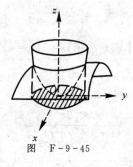

图　F-9-45

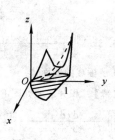

图　F-9-46

$$I = \int_{0}^{a} \mathrm{d}x \int_{0}^{\frac{b}{a}\sqrt{a^2-x^2}} \mathrm{d}y \int_{0}^{\frac{xy}{c}} f(x,y,z)\mathrm{d}z$$

2. 设有一物体,占有空间闭区域:$0 \leqslant x \leqslant 1, 0 \leqslant y \leqslant 1, 0 \leqslant z \leqslant 1$,在点 (x,y,z) 处的密度为 $\rho(x,y,z) = x+y+z$,计算该物体的质量.

【解】 $M = \iiint\limits_{\Omega} \rho \mathrm{d}x\mathrm{d}y\mathrm{d}z = \int_0^1 \mathrm{d}x \int_0^1 \mathrm{d}y \int_0^1 (x+y+z)\mathrm{d}z =$

$$\int_0^1 \mathrm{d}x \int_0^1 (x+y+\frac{1}{2})\mathrm{d}y = \int_0^1 (x+1)\mathrm{d}x = \frac{3}{2}$$

4. 计算 $\iiint\limits_{\Omega} xy^2z^3\mathrm{d}x\mathrm{d}y\mathrm{d}z$,其中 Ω 是由曲面 $z=xy$ 与平面 $y=x, x=1$ 和 $z=0$ 所围成的闭区域.

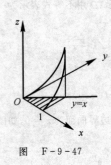

图 F-9-47

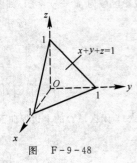

图 F-9-48

【解】 积分区域如图 F-9-47 所示,

$$\iiint\limits_{\Omega} xy^2z^3\mathrm{d}x\mathrm{d}y\mathrm{d}z = \int_0^1 x\mathrm{d}x \int_0^x y^2\mathrm{d}y \int_0^{xy} z^3\mathrm{d}z =$$

$$\frac{1}{4}\int_0^1 x^5\mathrm{d}x \int_0^x y^6\mathrm{d}y = \frac{1}{28}\int_0^1 x^{12}\mathrm{d}x = \frac{1}{364}$$

5. 计算 $\iiint\limits_{\Omega} \frac{\mathrm{d}x\mathrm{d}y\mathrm{d}z}{(1+x+y+z)^3}$,其中 Ω 为平面 $x=0, y=0, z=0, x+y+z=1$ 所围成的四面体.

【解】 积分区域如图 F-9-48 所示,

$$\iiint\limits_{\Omega} \frac{\mathrm{d}x\mathrm{d}y\mathrm{d}z}{(1+x+y+z)^3} = \int_0^1 \mathrm{d}x \int_0^{1-x} \mathrm{d}y \int_0^{1-x-y} \frac{\mathrm{d}z}{(1+x+y+z)^3} =$$

$$\int_0^1 \mathrm{d}x \int_0^{1-x} \left[\frac{1}{-2(1+x+y+z)^2} \right]_0^{1-x-y} \mathrm{d}y =$$

$$\int_0^1 \mathrm{d}x \int_0^{1-x} \left[\frac{1}{2(1+x+y)^2} - \frac{1}{8} \right] \mathrm{d}y =$$

$$\int_0^1 \left[\frac{1}{-2(1+x+y)} - \frac{1}{8}y \right]_0^{1-x} dx =$$

$$\int_0^1 \left[\frac{1}{2(1+x)} - \frac{3}{8} + \frac{1}{8}x \right] dx =$$

$$\left[\frac{1}{2}\ln(1+x) - \frac{3}{8}x + \frac{1}{16}x^2 \right]_0^1 = \frac{1}{2}\left(\ln 2 - \frac{5}{8} \right)$$

5. 计算 $\iiint\limits_{\Omega} xyz \, dx \, dy \, dz$，其中 Ω 为球面 $x^2 + y^2 + z^2 = 1$ 及三个坐标面所围成的在第一卦限内的闭区域.

【解】 积分区域如图 F - 9 - 49 所示，

$$\iiint\limits_{\Omega} xyz \, dx \, dy \, dz = \int_0^1 dx \int_0^{\sqrt{1-x^2}} dy \int_0^{\sqrt{1-x^2-y^2}} xyz \, dz =$$

$$\int_0^1 dx \int_0^{\sqrt{1-x^2}} \frac{1}{2}xy(1-x^2-y^2) \, dy =$$

$$\int_0^1 \left[-\frac{1}{8}x(1-x^2-y^2)^2 \right]_0^{\sqrt{1-x^2}} dx =$$

$$\int_0^1 \frac{1}{8}x(1-x^2)^2 \, dx = \frac{1}{48}$$

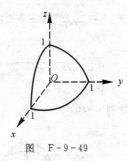

图　F - 9 - 49

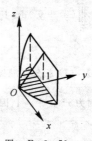

图　F - 9 - 50

7. 计算 $\iiint\limits_{\Omega} xz \, dx \, dy \, dz$，其中 Ω 是由平面 $z = 0, z = y, y = 1$ 以及抛物柱面 $y = x^2$ 所围成的闭区域.

【解】 积分区域如图 F - 9 - 50 所示，

$$\iiint\limits_{\Omega} xz \, dx \, dy \, dz = \int_{-1}^1 x \, dx \int_{x^2}^1 dy \int_0^y z \, dz =$$

$$\int_{-1}^{1} x \, \mathrm{d}x \int_{x^2}^{1} \frac{1}{2} y^2 \, \mathrm{d}y = \frac{1}{6} \int_{-1}^{1} x(1-x^6) \, \mathrm{d}x = 0$$

8. 计算 $\iiint\limits_{\Omega} z \, \mathrm{d}x \, \mathrm{d}y \, \mathrm{d}z$，其中 Ω 是由锥面 $z = \dfrac{h}{R}$

$\sqrt{x^2 + y^2}$ 与平面 $z = h\,(R > 0, h > 0)$ 所围成的闭区

域.

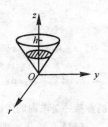

图　F - 9 - 51

【解】　积分区域如图 F-9-51 所示，当 $0 \leqslant z \leqslant h$ 时，

平行圆域 D_z 的半径为：$\sqrt{x^2 + y^2} = \dfrac{R}{h}z$，面积为：

$\dfrac{\pi}{h^2}R^2 z^2$.

$$\iiint\limits_{\Omega} z \, \mathrm{d}x \, \mathrm{d}y \, \mathrm{d}z = \int_{0}^{h} z \, \mathrm{d}z \iint\limits_{D_z} \mathrm{d}x \, \mathrm{d}y = \int_{0}^{h} \frac{\pi}{h^2} R^2 z^3 \, \mathrm{d}z = \frac{\pi}{h^2} R^2 \cdot \left[\frac{1}{4} z^4 \right]_{0}^{h} = \frac{\pi R^2 h^2}{4}$$

习题 9 - 5

1. 利用柱面坐标计算下列三重积分：

(1) $\iiint\limits_{\Omega} z \, \mathrm{d}v$，其中 Ω 是由曲面 $z = \sqrt{2 - x^2 - y^2}$ 及 $z = x^2 + y^2$ 所围成的闭

区域；

(2) $\iiint\limits_{\Omega} (x^2 + y^2) \, \mathrm{d}v$，其中 Ω 是由曲面 $x^2 + y^2 = 2z$ 及平面 $z = 2$ 所围成的

闭区域.

【解】　(1) 积分区域如图 F - 9 - 52 所示，由 $\begin{cases} z = \sqrt{2 - x^2 - y^2} \\ z = x^2 + y^2 \end{cases}$ 消去 z，得

投影柱面为 $x^2 + y^2 = 1$，因此闭区域 Ω 在 xOy 面上的投影

区域为：$x^2 + y^2 \leqslant 1$.

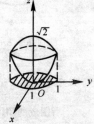

图　F - 9 - 52

$$\iiint\limits_{\Omega} z \, \mathrm{d}v = \int_{0}^{2\pi} \mathrm{d}\theta \int_{0}^{1} r \, \mathrm{d}r \int_{r^2}^{\sqrt{2-r^2}} z \, \mathrm{d}z =$$

$$2\pi \int_{0}^{1} \frac{1}{2} r(2 - r^2 - r^4) \, \mathrm{d}r =$$

$$\pi \int_{0}^{1} (2r - r^3 - r^5) \, \mathrm{d}r = \frac{7}{12}\pi$$

(2) 由 $\begin{cases} x^2 + y^2 = 2z \\ z = 2 \end{cases}$ 得闭区域 Ω 在 xOy 面的投影区

域为：$x^2 + y^2 \leqslant 4$. 如图 F-9-53 所示.

$$\iiint\limits_{\Omega}(x^2 + y^2)\mathrm{d}v = \int_0^{2\pi}\mathrm{d}\theta\int_0^2 r^2 \cdot r\mathrm{d}r\int_{\frac{1}{2}r^2}^2 \mathrm{d}z =$$

$$\int_0^{2\pi}\mathrm{d}\theta\int_0^2 \left(2r^3 - \frac{1}{2}r^5\right)\mathrm{d}r =$$

$$2\pi\left[\frac{1}{2}r^4 - \frac{1}{12}r^6\right]_0^2 = \frac{16}{3}\pi$$

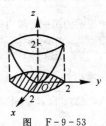

图　F-9-53

2. 利用球面坐标计算下列三重积分：

(1) $\iiint\limits_{\Omega}(x^2 + y^2 + z^2)\mathrm{d}v$，其中 Ω 是由球面 $x^2 + y^2 + z^2 = 1$ 所围成的闭区域；

(2) $\iiint\limits_{\Omega}z\mathrm{d}v$，其中闭区域 Ω 由不等式 $x^2 + y^2 + (z-a)^2 \leqslant a^2, x^2 + y^2 \leqslant z^2$ 所确定.

【解】　(1)　$\iiint\limits_{\Omega}(x^2 + y^2 + z^2)\mathrm{d}v = \iiint\limits_{\Omega}r^2 \cdot r^2\sin\varphi\, \mathrm{d}r\mathrm{d}\varphi\mathrm{d}\theta =$

$$\int_0^{2\pi}\mathrm{d}\theta\int_0^{\pi}\sin\varphi\, \mathrm{d}\varphi\int_0^1 r^4\mathrm{d}r =$$

$$2\pi\left[-\cos\varphi\right]_0^{\pi}\left[\frac{1}{5}r^5\right]_0^1 = \frac{4}{5}\pi$$

(2) 积分区域如图 F-9-54 所示，在球坐标系下，Ω 可用不等式表示为

$$\begin{cases} 0 \leqslant \theta \leqslant 2\pi \\ 0 \leqslant \varphi \leqslant \dfrac{\pi}{4} \\ 0 \leqslant r \leqslant 2a\cos\varphi \end{cases}$$

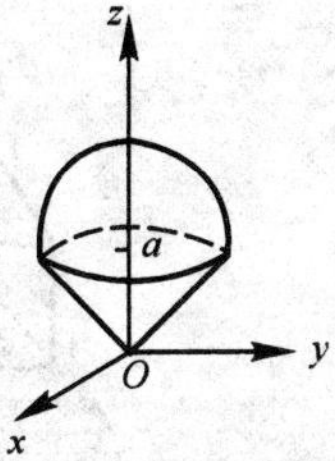

$$\iiint\limits_{\Omega}z\mathrm{d}v = \iiint\limits_{\Omega}r\cos\varphi\, r^2\sin\varphi\, \mathrm{d}r\mathrm{d}\varphi\, \mathrm{d}\theta =$$

$$\int_0^{2\pi}\mathrm{d}\theta\int_0^{\frac{\pi}{4}}\sin\varphi\, \cos\varphi\, \mathrm{d}\varphi\int_0^{2a\cos\varphi}r^3\mathrm{d}r =$$

图　F-9-54

$$2\pi\int_0^{\frac{\pi}{4}}\sin\varphi\, \cos\varphi \times \frac{1}{4}(2a\cos\varphi)^4\mathrm{d}\varphi =$$

$$8\pi a^4\int_0^{\frac{\pi}{4}}\sin\varphi\cos^5\varphi\, \mathrm{d}\varphi = \left. -\frac{8\pi}{6}a^4\cos^6\varphi\right|_0^{\frac{\pi}{4}} = \frac{7}{6}\pi a^4$$

3. 选用适当的坐标计算下列三重积分：

(1) $\iiint\limits_{\Omega} xy\,dv$,其中 Ω 为柱面 $x^2+y^2=1$ 及平面 $z=1,z=0,x=0,y=0$ 所围成的第一卦限内的闭区域;

(2) $\iiint\limits_{\Omega} \sqrt{x^2+y^2+z^2}\,dv$,其中 Ω 是由球面 $x^2+y^2+z^2=z$ 所围成的闭区域;

(3) $\iiint\limits_{\Omega} (x^2+y^2)\,dv$,其中 Ω 是由曲面 $4z^2=25(x^2+y^2)$ 及平面 $z=5$ 所围成的闭区域;

(4) $\iiint\limits_{\Omega} (x^2+y^2)\,dv$,其中闭区域 Ω 由不等式 $0<a\leqslant\sqrt{x^2+y^2+z^2}\leqslant A$, $z\geqslant 0$ 所确定.

【解】 (1) 积分区域如图 F-9-55 所示,宜用直角坐标或柱面坐标计算.

$$\iiint\limits_{\Omega} xy\,dv = \int_0^1 x\,dx\int_0^{\sqrt{1-x^2}} y\,dy\int_0^1 dz = \int_0^1 x\,dx\int_0^{\sqrt{1-x^2}} y\,dy =$$

$$\int_0^1 \left(\frac{x}{2}-\frac{x^3}{2}\right)dx = \frac{1}{8}$$

在柱坐标系下

$$\iiint\limits_{\Omega} xy\,dv = \iiint\limits_{\Omega} r\cos\theta\cdot r\sin\theta\cdot r\,dr\,d\theta\,dz = \int_0^{\frac{\pi}{2}} \sin\theta\cos\theta\,d\theta\int_0^1 r^3\,dr\int_0^1 dz = \frac{1}{8}$$

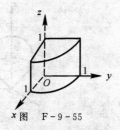

图 F-9-55

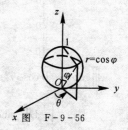

图 F-9-56

(2) 宜用球面坐标计算,如图 F-9-56 所示,Ω 可用不等式表示为

$$\begin{cases} 0\leqslant r\leqslant\cos\varphi \\ 0\leqslant\varphi\leqslant\dfrac{\pi}{2} \\ 0\leqslant\theta\leqslant 2\pi \end{cases}$$

$$\iiint_{\Omega} \sqrt{x^2 + y^2 + z^2}\, \mathrm{d}v = \int_0^{2\pi} \mathrm{d}\theta \int_0^{\frac{\pi}{2}} \mathrm{d}\varphi \int_0^{\cos\varphi} r \cdot r^2 \sin\varphi\, \mathrm{d}r =$$

$$2\pi \int_0^{\frac{\pi}{2}} \frac{1}{4} \sin\varphi \cos^4 \varphi\, \mathrm{d}\varphi =$$

$$-\frac{\pi}{2} \times \frac{1}{5} \cos^5 \varphi \bigg|_0^{\frac{\pi}{2}} = \frac{\pi}{10}$$

（3）宜用柱面坐标计算，如图 F-9-57 所示。由 $\begin{cases} 4z^2 = 25(x^2 + y^2) \\ z = 5 \end{cases}$ 得，投

影柱面：$x^2 + y^2 = 4$，因此 Ω 在 xOy 面上的投影域为 $x^2 + y^2 \leqslant 4$，且 Ω 可用不

等式表示为

$$\begin{cases} 0 \leqslant \theta \leqslant 2\pi \\ 0 \leqslant r \leqslant 2 \\ \dfrac{5}{2} r \leqslant z \leqslant 5 \end{cases}$$

$$\iiint_{\Omega} (x^2 + y^2)\, \mathrm{d}v = \int_0^{2\pi} \mathrm{d}\theta \int_0^2 r^3\, \mathrm{d}r \int_{\frac{5}{2}r}^5 \mathrm{d}z = 2\pi \int_0^2 r^3 \left(5 - \frac{5}{2}r\right) \mathrm{d}r =$$

$$2\pi \left[\frac{5}{4} r^4 - \frac{1}{2} r^5 \right]_0^2 = 8\pi$$

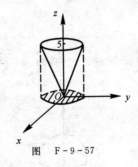

图　F-9-57

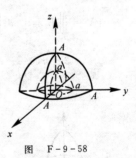

图　F-9-58

（4）宜用球面坐标计算，如图 F-9-58 所示．积分区域 Ω 可用不等式表示为

$$\begin{cases} 0 \leqslant \theta \leqslant 2\pi \\ 0 \leqslant \varphi \leqslant \dfrac{\pi}{2} \\ a \leqslant r \leqslant A \end{cases}$$

$$\iiint_{\Omega} (x^2 + y^2) dv = \iiint_{\Omega} (r^2 \sin^2\varphi\cos^2\theta + r^2\sin^2\varphi\sin^2\theta) r^2 \sin\varphi dr d\varphi d\theta =$$

$$\int_0^{2\pi} d\theta \int_0^{\frac{\pi}{2}} \sin^3\varphi d\varphi \int_a^A r^4 dr =$$

$$2\pi \frac{2}{3} \left[\frac{1}{5} r^5 \Big|_a^A \right] = \frac{4\pi}{15} (A^5 - a^5)$$

4. 利用三重积分计算下列由曲面所围成的立体的体积:

(1) $z = 6 - x^2 - y^2$ 及 $z = \sqrt{x^2 + y^2}$;

(2) $x^2 + y^2 + z^2 = 2az(a > 0)$ 及 $x^2 + y^2 = z^2$(含有 z 轴的部分);

(3) $z = \sqrt{x^2 + y^2}$ 及 $z = x^2 + y^2$;

(4) $z = \sqrt{5 - x^2 - y^2}$ 及 $x^2 + y^2 = 4z$.

【解】 (1) 积分区域 Ω 如图 F-9-59 所示.

由 $\begin{cases} z = 6 - x^2 - y^2 \\ z = \sqrt{x^2 + y^2} \end{cases}$ 解得:$x^2 + y^2 = 4$,Ω 在 xOy 面的投影域为 $x^2 + y^2 \leqslant$

4;宜用柱面坐标计算,用不等式将 Ω 表示为

$$\begin{cases} 0 \leqslant \theta \leqslant 2\pi \\ 0 \leqslant r \leqslant 2 \\ r \leqslant z \leqslant 6 - r^2 \end{cases}$$

$$V = \iiint_{\Omega} dv = \int_0^{2\pi} d\theta \int_0^2 r dr \int_r^{6-r^2} dz =$$

$$2\pi \int_0^2 r(6 - r^2 - r) dr = 2\pi \left[3r^2 - \frac{1}{3} r^3 - \frac{1}{4} r^4 \right]_0^2 = \frac{32}{3} \pi$$

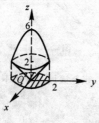

图 F-9-59

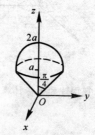

图 F-9-59

附录 课后真题精选详解

（2）宜用球面坐标计算．如图 F-9-60 所示，Ω 可用不等式表示为

$$\begin{cases} 0 \leqslant \theta \leqslant 2\pi \\ 0 \leqslant \varphi \leqslant \dfrac{\pi}{4} \\ 0 \leqslant r \leqslant 2a\cos\varphi \end{cases}$$

则
$$V = \iiint\limits_{\Omega} \mathrm{d}v = \iiint\limits_{\Omega} r^2 \sin\varphi \, \mathrm{d}r \mathrm{d}\varphi \, \mathrm{d}\theta = \int_0^{2\pi} \mathrm{d}\theta \int_0^{\frac{\pi}{4}} \sin\varphi \, \mathrm{d}\varphi \int_0^{2a\cos\varphi} r^2 \, \mathrm{d}r =$$
$$2\pi \int_0^{\frac{\pi}{4}} \frac{8}{3} a^3 \cos^3\varphi \sin\varphi \, \mathrm{d}\varphi = \frac{16}{3}\pi a^3 \left[-\frac{1}{4}\cos^4\varphi \right]_0^{\frac{\pi}{4}} = \pi a^3$$

（3）由 $z = \sqrt{x^2+y^2}$ 和 $z = x^2 + y^2$ 解得在 xOy 面上的投影区域为 $x^2 + y^2 \leqslant 1$．积分区域如图 F-9-61 所示，宜用柱坐标计算．Ω 可用不等式表示为

$$\begin{cases} 0 \leqslant \theta \leqslant 2\pi \\ 0 \leqslant r \leqslant 1 \\ r^2 \leqslant z \leqslant r \end{cases}$$

则
$$V = \iiint\limits_{\Omega} \mathrm{d}v = \int_0^{2\pi} \mathrm{d}\theta \int_0^1 r \mathrm{d}r \int_{r^2}^r \mathrm{d}z = 2\pi \int_0^1 r(r-r^2) \mathrm{d}r =$$
$$2\pi \left[\frac{1}{3}r^3 - \frac{1}{4}r^4 \right]_0^1 = \frac{\pi}{6}$$

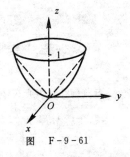

图 F-9-61

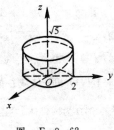

图 F-9-62

（4）由 $z = \sqrt{5-x^2-y^2}$ 和 $x^2 + y^2 = 4z$ 解得在 xOy 面上的投影区域为 $x^2 + y^2 \leqslant 4$，如图 F-9-62 所示，宜用柱面坐标计算．积分区域可用不等式表示为

487

$$\begin{cases} 0 \leqslant \theta \leqslant 2\pi \\ 0 \leqslant r \leqslant 2 \\ \dfrac{r^2}{4} \leqslant z \leqslant \sqrt{5-r^2} \end{cases}$$

则
$$V = \iiint\limits_{\Omega} \mathrm{d}v = \int_0^{2\pi} \mathrm{d}\theta \int_0^2 r\mathrm{d}r \int_{\frac{1}{4}r^2}^{\sqrt{5-r^2}} \mathrm{d}z =$$

$$2\pi\int_0^2 r\left(\sqrt{5-r^2} - \frac{1}{4}r^2\right)\mathrm{d}r = 2\pi\int_0^2 r\sqrt{5-r^2}\,\mathrm{d}r - \frac{\pi}{2}\int_0^2 r^3\,\mathrm{d}r =$$

$$2\pi\left[-\frac{1}{3}(5-r^2)^{\frac{3}{2}}\right]_0^2 - \frac{\pi}{8}r^4\Big|_0^2 = \frac{2}{3}\pi(5\sqrt{5}-4)$$

5. 球心在原点,半径为 R 的球体,在其上的任意一点的密度的大小与这点到球心的距离成正比,求这球体的质量.

【解】 由于 $\rho(x,y,z) = k\sqrt{x^2+y^2+z^2}$,积分区域为 $x^2+y^2+z^2 \leqslant R^2$,宜用球面坐标计算.

$$M = \iiint\limits_{(\Omega)} k\sqrt{x^2+y^2+z^2}\,\mathrm{d}v = \int_0^{2\pi}\mathrm{d}\theta\int_0^{\pi}\sin\varphi\,\mathrm{d}\varphi\int_0^R kr\cdot r^2\,\mathrm{d}r =$$

$$2\pi\left[-\cos\varphi\right]_0^{\pi}\cdot\frac{k}{4}\left[r^4\right]_0^R = k\pi R^4$$

6. 利用三重积分计算下列由曲面所围立体的重心(设密度 $\rho = 1$):

(1) $z^2 = x^2+y^2, z = 1$;

(2) $z = \sqrt{A^2-x^2-y^2}, z = \sqrt{a^2-x^2-y^2}$ $(A>a>0), z=0$;

(3) $z = x^2+y^2, x+y=a, x=0, y=0, z=0$.

【解】 (1) 积分区域 Ω 如图 F-9-63 所示. 由对称性知重心在 z 轴上,故 $\bar{x} = \bar{y} = 0, \Omega$ 为圆锥体,半径为 1,高为 1,$V = \dfrac{1}{3}\pi$,质量 $M = \rho V = \dfrac{1}{3}\pi(\rho = 1)$,在柱面坐标下.

$$\bar{z} = \frac{1}{M}\iiint\limits_{\Omega} z\mathrm{d}v = \frac{1}{M}\int_0^{2\pi}\mathrm{d}\theta\int_0^1 r\mathrm{d}r\int_r^1 z\mathrm{d}z = \frac{2\pi}{2M}\int_0^1(1-r^2)r\mathrm{d}r =$$

$$\frac{\pi}{M}\int_0^1(r-r^3)\mathrm{d}r = \frac{\pi}{M}\left[\frac{1}{2}r^2 - \frac{1}{4}r^4\right]_0^1 = \frac{3}{4}$$

故所围立体的重心为$\left(0,0,\dfrac{3}{4}\right)$.

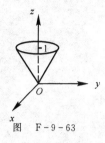

图　F - 9 - 63

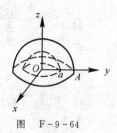

图　F - 9 - 64

(2) 如图 F - 9 - 64 所示,由对称性知,重心在 z 轴上,因此 $\bar{x} = \bar{y} = 0$.所围

立体的质量为 $M = \rho V = \dfrac{2}{3}\pi(A^3 - a^3)$

$$\bar{z} = \frac{1}{M}\iiint\limits_{\Omega}\rho z\,dv = \frac{1}{M}\iiint\limits_{\Omega}1 \cdot r^3\sin\varphi\,\cos\varphi\,drd\varphi\,d\theta =$$

$$\frac{1}{M}\int_0^{2\pi}d\theta\int_0^{\frac{\pi}{2}}\sin\varphi\,\cos\varphi\,d\varphi\int_a^A r^3\,dr =$$

$$\frac{1}{M} \cdot 2\pi \cdot \left[\frac{1}{2}\sin^2\varphi\right]_0^{\frac{\pi}{2}} \cdot \left[\frac{1}{4}r^4\right]_a^A = \frac{3(A^4 - a^4)}{8(A^3 - a^3)}$$

故所围立体的重心为 $\left(0,0,\dfrac{3(A^4 - a^4)}{8(A^3 - a^3)}\right)$.

(3) 如图 F - 9 - 65 所示,宜用直角坐标计算,由于所围立体关于 $y = x$ 对

称.故 $\bar{x} = \bar{y}$.

$$M = \iiint\limits_{\Omega}\rho\,dv = \int_0^a dx\int_0^{a-x}dy\int_0^{x^2+y^2}dz =$$

$$\int_0^a dx\int_0^{a-x}(x^2 + y^2)dy =$$

$$\int_0^a\left[x^2(a-x) + \frac{1}{3}(a-x)^3\right]dx =$$

$$\left[\frac{a}{3}x^3 - \frac{1}{4}x^4 - \frac{1}{12}(a-x)^4\right]_0^a = \frac{1}{6}a^4$$

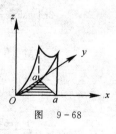

图　9 - 68

$$\bar{x} = \frac{1}{M}\iiint\limits_{\Omega}\rho x\,dv = \frac{1}{M}\int_0^a x\,dx\int_0^{a-x}dy\int_0^{x^2+y^2}dz =$$

$$\frac{1}{M}\int_0^a x\Big[x^2(a-x)+\frac{1}{3}(a-x)^3\Big]\mathrm{d}x=$$

$$\frac{1}{M}\Big(\frac{1}{15}a^5\Big)=\frac{\frac{1}{15}a^5}{\frac{1}{6}a^4}=\frac{2}{5}a$$

$$\bar{y}=\bar{x}=\frac{2}{5}a$$

$$\bar{z}=\frac{1}{M}\iiint_\Omega \rho z\,\mathrm{d}v=\frac{1}{M}\int_0^a \mathrm{d}x\int_0^{a-x}\mathrm{d}y\int_0^{x^2+y^2} z\,\mathrm{d}z=$$

$$\frac{1}{2M}\int_0^a \mathrm{d}x\int_0^{a-x}(x^4+2x^2y^2+y^4)\mathrm{d}y=$$

$$\frac{1}{2M}\int_0^a\Big[x^4(a-x)+\frac{2}{3}x^2(a-x)^3+\frac{1}{5}(a-x)^5\Big]\mathrm{d}x=$$

$$\frac{1}{2M}\frac{7}{90}a^6=\frac{1}{2\times\frac{1}{6}a^4}\frac{7}{90}a^6=\frac{7}{30}a^2$$

故所求立体的重心为 $(\frac{2}{5}a,\frac{2}{5}a,\frac{7}{30}a^2)$.

7. 球体 $x^2+y^2+z^2\leqslant 2Rz$ 内,各点处的密度的大小等于该点到坐标原点的距离的平方,试求这球体的重心.

【解】 宜用球面坐标计算.密度为 $\rho=x^2+y^2+z^2=r^2$,由对称性,重心在 z 轴上,故 $\bar{x}=\bar{y}=0$,在球面坐标下,球面 $x^2+y^2+z^2\leqslant 2Rz$ 为 $r\leqslant 2R\cos\varphi$.

$$M=\iiint_\Omega \rho\,\mathrm{d}v=\int_0^{2\pi}\mathrm{d}\theta\int_0^{\frac{\pi}{2}}\sin\varphi\,\mathrm{d}\varphi\int_0^{2R\cos\varphi} r^2\cdot r^2\,\mathrm{d}r=$$

$$2\pi\int_0^{\frac{\pi}{2}}\sin\varphi\frac{32}{5}R^5\cos^5\varphi\,\mathrm{d}\varphi=-\frac{64}{5}\pi R^5\Big[\frac{1}{6}\cos^6\varphi\Big]_0^{\frac{\pi}{2}}=\frac{32}{15}\pi R^5$$

$$\bar{z}=\frac{1}{M}\iiint_\Omega \rho z\,\mathrm{d}v=\frac{1}{M}\int_0^{2\pi}\mathrm{d}\theta\int_0^{\frac{\pi}{2}}\sin\varphi\cos\varphi\,\mathrm{d}\varphi\int_0^{2R\cos\varphi} r^5\,\mathrm{d}r=$$

$$\frac{2\pi}{M}\int_0^{\frac{\pi}{2}}\frac{64}{6}R^6\sin\varphi\cos^7\varphi\,\mathrm{d}\varphi=$$

$$\frac{1}{M}\cdot\frac{64}{3}\pi R^6\Big[-\frac{1}{8}\cos^8\varphi\Big]_0^{\frac{\pi}{2}}=\frac{\frac{8}{3}\pi R^6}{\frac{32}{15}\pi R^5}=\frac{5}{4}R$$

所以球体的重心为 $(0,0,\frac{5}{4}R)$.

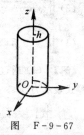

8. 一均匀物体（密度 ρ 为常量）占有的闭区域 Ω 是由曲面 $z = x^2 + y^2$ 和平面 $z = 0$，$|x| = a$，$|y| = a$ 所围成的.

(1) 求物体的体积；

(2) 求物体的重心；

(3) 求物体关于 z 轴的转动惯量.

【解】 Ω 如图 F‑9‑66 所示.

图 F‑9‑66

(1) 由对称性可知

$$V = 4\int_0^a dx \int_0^a dy \int_0^{x^2+y^2} dz =$$

$$4\int_0^a dx \int_0^a (x^2 + y^2) dy =$$

$$4\int_0^a \left(ax^2 + \frac{a^3}{3}\right) dx = 4\left(\frac{a^4}{3} + \frac{a^4}{3}\right) = \frac{8}{3}a^4$$

(2) 由对称性知重心在 z 轴上，$\bar{x} = \bar{y} = 0$.

$$\bar{z} = \frac{1}{M}\iiint_\Omega \rho z\, dV = \frac{\rho}{\rho V}\iiint_\Omega z\, dV = \frac{4}{V}\int_0^a dx \int_0^a dy \int_0^{x^2+y^2} z\, dz =$$

$$\frac{2}{V}\int_0^a dx \int_0^a (x^4 + 2x^2 y^2 + y^4)\, dy =$$

$$\frac{2}{V}\int_0^a \left(ax^4 + \frac{2}{3}a^3 x^2 + \frac{a^5}{5}\right) dx =$$

$$\frac{2}{V}\left(\frac{1}{5} + \frac{2}{9} + \frac{1}{5}\right) a^6 = \frac{7}{15}a^2$$

物体的重心是 $\left(0, 0, \dfrac{7}{15}a^2\right)$.

(3) $$I_z = \iiint_\Omega \rho(x^2 + y^2)\, dV = 4\rho \int_0^a dx \int_0^a dy \int_0^{x^2+y^2} (x^2 + y^2)\, dz =$$

$$4\rho \int_0^a dx \int_0^a (x^4 + 2x^2 y^4)\, dy = 4\rho \frac{28}{45}a^6 = \frac{112}{45}\rho\, a^6$$

9. 求半径为 a，高为 h 的均匀圆柱体对于过中心而平行于母线的轴的转动惯量（设密度为 $\rho = 1$）.

【解】 如图 F‑9‑67 所示建立坐标系，宜用柱面坐标计算.

$$I_z = \iiint_\Omega (x^2 + y^2)\rho\, dv = \iiint_\Omega r^3\, dr\, d\theta\, dz =$$

$$\int_0^{2\pi} d\theta \int_0^a r^3\, dr \int_0^h dz =$$

图 F‑9‑67

$$2\pi\left[\frac{1}{4}r^4\right]_0^a \cdot h = \frac{1}{2}\pi h\,a^4$$

10. 求均匀柱体:$x^2 + y^2 \leqslant R^2, 0 \leqslant z \leqslant h$ 对于位于点 $M_0(0,0,a)(a > h)$ 处的单位质量的质点的引力.

【解】 由柱体的对称性可知,沿 x 轴与 y 轴方向的分力互相抵消,故 $F_x = F_y = 0$,而

$$
\begin{aligned}
F_z &= -\iiint\limits_{\Omega}\rho\,G\,\frac{a-z}{[x^2+y^2+(a-z)^2]^{\frac{3}{2}}}\mathrm{d}v = \\
&-\rho\,G\int_0^h(a-z)\mathrm{d}z\iint\limits_{x^2+y^2\leqslant R^2}\frac{\mathrm{d}x\mathrm{d}y}{[x^2+y^2+(a-z)^2]^{\frac{3}{2}}} = \\
&-\rho\,G\int_0^h(a-z)\mathrm{d}z\int_0^{2\pi}\mathrm{d}\theta\int_0^R\frac{r\mathrm{d}r}{[r^2+(a-z)^2]^{\frac{3}{2}}} = \\
&-2\pi\rho\,G\int_0^h(a-z)\left[\frac{1}{a-z}-\frac{1}{\sqrt{R^2+(a-z)^2}}\right]\mathrm{d}z = \\
&-2\pi\rho\,G\int_0^h\left[1-\frac{a-z}{\sqrt{R^2+(a-z)^2}}\right]\mathrm{d}z = \\
&-2\pi\rho\,G\left[z+\sqrt{R^2+(a-z)^2}\right]_0^h = \\
&-2\pi\rho G\left[h+\sqrt{R^2+(a-h)^2}-\sqrt{R^2+a^2}\right]
\end{aligned}
$$

总习题九

1. 计算下列二重积分:

(1) $\iint\limits_{D}(1+x)\sin y\mathrm{d}\sigma$,其中 D 是顶点分别为 $(0,0),(1,0),(1,2)$ 和 $(0,1)$ 的梯形闭区域.

(2) $\iint\limits_{D}(x^2-y^2)\mathrm{d}\sigma$,其中 D 是闭区域:$0 \leqslant y \leqslant \sin x, 0 \leqslant x \leqslant \pi$.

(3) $\iint\limits_{D}\sqrt{R^2-x^2-y^2}\mathrm{d}\sigma$,其中 D 是圆周 $x^2+y^2 = Rx$ 所围成的闭区域.

(4) $\iint\limits_{D}(y^2+3x-6y+9)\mathrm{d}\sigma$,其中 D 是闭区域:$x^2+y^2 \leqslant R^2$.

【解】 (1) 通过点 $(0,1)$ 和 $(1,2)$ 的直线方程为 $y = x+1$,积分区域 D 可用不等式表示为 $0 \leqslant y \leqslant x+1, 0 \leqslant x \leqslant 1$. 于是

$$\iint\limits_{D}(1+x)\sin y\mathrm{d}\sigma = \int_0^1(1+x)\mathrm{d}x\int_0^{1+x}\sin y\mathrm{d}y =$$

$$\int_0^1 (1+x)[1-\cos(1+x)]\mathrm{d}x =$$

$$\int_0^1 (1+x)\mathrm{d}x - \int_0^1 (1+x)\cos(1+x)\mathrm{d}x =$$

$$\left[x+\frac{x^2}{2}\right]_0^1 - \left[(1+x)\sin(1+x)+\cos(1+x)\right]_0^1 =$$

$$\frac{3}{2} - 2\sin2 + \sin1 - \cos2 + \cos1$$

(2) $\displaystyle\iint\limits_D (x^2-y^2)\mathrm{d}\sigma = \int_0^\pi \mathrm{d}x \int_0^{\sin x} (x^2-y^2)\mathrm{d}y =$

$$\int_0^\pi \left(x^2\sin x - \frac{1}{3}\sin^3 x\right)\mathrm{d}x =$$

$$\left[-x^2\cos x\right]_0^\pi + \int_0^\pi 2x\cos x\,\mathrm{d}x + \frac{1}{3}\int_0^\pi \sin^2 x\,\mathrm{d}\cos x =$$

$$\pi^2 + \left[2x\sin x\right]_0^\pi - \int_0^\pi 2\sin x\,\mathrm{d}x + \frac{1}{3}\int_0^\pi (1-\cos^2 x)\mathrm{d}\cos x =$$

$$\pi^2 + \left[2\cos x\right]_0^\pi + \frac{1}{3}\left[\cos x - \frac{1}{3}\cos^2 x\right]_0^\pi = \pi^2 - \frac{40}{9}$$

(3) 用极坐标计算,在极坐标系中圆 $x^2+y^2=Rx$ 的极坐标方程为 $r = R\cos\theta$,积分区域 D 可用不等式表示成 $\begin{cases} 0 \leqslant r \leqslant R\cos\theta \\ -\dfrac{\pi}{2} \leqslant \theta \leqslant \dfrac{\pi}{2} \end{cases}$·于是

$$\iint\limits_D \sqrt{R^2-x^2-y^2}\,\mathrm{d}\sigma = \iint\limits_D \sqrt{R^2-r^2}\,r\mathrm{d}r\mathrm{d}\theta = \int_{-\frac{\pi}{2}}^{\frac{\pi}{2}} \mathrm{d}\theta \int_0^{R\cos\theta} \sqrt{R^2-r^2}\,r\mathrm{d}r =$$

$$-\frac{1}{2}\int_{-\frac{\pi}{2}}^{\frac{\pi}{2}} \mathrm{d}\theta \int_0^{R\cos\theta} \sqrt{R^2-r^2}\,\mathrm{d}(R^2-r^2) =$$

$$-\frac{1}{3}\int_{-\frac{\pi}{2}}^{\frac{\pi}{2}} \left[(R^2-r^2)^{\frac{3}{2}}\right]_0^{R\cos\theta} \mathrm{d}\theta =$$

$$\frac{R^3}{3}\int_{-\frac{\pi}{2}}^{\frac{\pi}{2}} [1-|\sin^3\theta|]\mathrm{d}\theta =$$

$$\frac{2R^3}{3}\int_0^{\frac{\pi}{2}} [1-\sin^3\theta]\mathrm{d}\theta =$$

$$\frac{2R^3}{3}\left[\frac{\pi}{2}-\frac{2}{3}\right] = \frac{1}{9}(3\pi-4)R^3$$

(4) 用极坐标计算.

$$\iint_D (y^2 + 3x - 6y + 9)\mathrm{d}\sigma =$$

$$\int_0^{2\pi} \mathrm{d}\theta \int_0^R (r^2 \sin^2\theta + 3r\cos\theta - 6r\sin\theta + 9)r\mathrm{d}r =$$

$$\int_0^{2\pi} \left[\frac{R^4}{4} \sin^2\theta + R^3 \cos\theta - 2R^3 \sin\theta + \frac{9}{2}R^2 \right]\mathrm{d}\theta =$$

$$\frac{R^4}{8} \int_0^{2\pi} (1 - \cos 2\theta)\mathrm{d}\theta + \left[R^3 \sin\theta + 2R^3 \cos\theta + \frac{9}{2}R^2\theta \right]_0^{2\pi} =$$

$$\frac{R^4}{8} \left[\theta - \frac{1}{2}\sin 2\theta \right]_0^{2\pi} + 9\pi R^2 = \frac{\pi}{4}R^4 + 9\pi R^2$$

2. 交换下列二次积分的次序:

(1) $\int_0^4 \mathrm{d}y \int_{-\sqrt{4-y}}^{\frac{1}{2}(y-4)} f(x,y)\mathrm{d}x.$

(2) $\int_0^1 \mathrm{d}y \int_0^{2y} f(x,y)\mathrm{d}x + \int_0^3 \mathrm{d}y \int_0^{3-y} f(x,y)\mathrm{d}x.$

(3) $\int_0^1 \mathrm{d}x \int_{\sqrt{x}}^{1+\sqrt{1-x^2}} f(x,y)\mathrm{d}y.$

【解】 (1) Y 型积分区域 D 为 $: 0 \leqslant y \leqslant 4, -\sqrt{4-y} \leqslant x \leqslant \frac{1}{2}(y-4).$

由曲线 $x = -\sqrt{4-y}$ 和 $x = \frac{1}{2}(y-4)$ 的交点为 $(-2,0),(0,4).$ 据此可画出 积分区域如图 F-9-68 所示,将 D 看做 X 型区域,用不等式可以表示成:$-2 \leqslant x \leqslant 0, 2x+4 \leqslant y \leqslant -x^2+4$,则

$$\int_0^4 \mathrm{d}y \int_{-\sqrt{4-y}}^{\frac{1}{2}(y-4)} f(x,y)\mathrm{d}x = \int_{-2}^0 \mathrm{d}x \int_{2x+4}^{-x^2+4} f(x,y)\mathrm{d}y$$

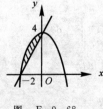

图 F-9-68

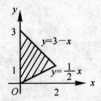

图 F-9-69

(2) 积分区域 $D = D_1 \bigcup D_2$,其中

$$D_1:\begin{cases}0\leqslant y\leqslant 1\\ 0\leqslant x\leqslant 2y\end{cases},\quad D_2:\begin{cases}1\leqslant y\leqslant 3\\ 0\leqslant x\leqslant 3-y\end{cases}$$

据此可画出积分区域如图 $F-9-69$ 所示.将 D 看做 X 型区域,D 可表示为

$$\begin{cases}0\leqslant x\leqslant 2\\ \dfrac{1}{2}x\leqslant y\leqslant 3-x\end{cases}$$

故　　$\displaystyle\int_0^1\mathrm{d}y\int_0^{2y}f(x,y)\mathrm{d}x+\int_1^3\mathrm{d}y\int_0^{3-y}f(x,y)\mathrm{d}x=\int_0^2\mathrm{d}x\int_{\frac{1}{2}x}^{3-x}f(x,y)\mathrm{d}y$

（3）积分区域为

$$\begin{cases}0\leqslant x\leqslant 1\\ \sqrt{x}\leqslant y\leqslant 1+\sqrt{1-x^2}\end{cases}$$

曲线 $y=\sqrt{x}$ 和 $y=1+\sqrt{1-x^2}$ 也可以表示为 $y^2=x$ 和 $x^2+(y-1)^2=1$.积分区域 D 如图 $F-9-70$ 所示.所以,将 D 看做 Y 型区域,可用不等式表示为

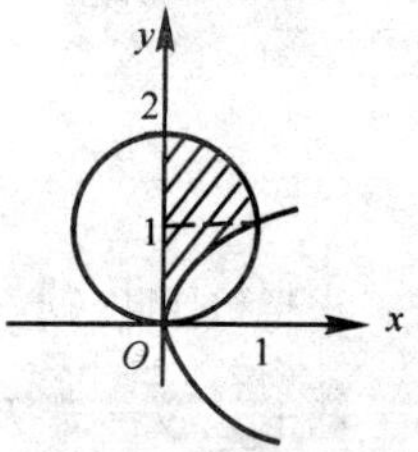

$$\begin{cases}0\leqslant y\leqslant 1\\ 0\leqslant x\leqslant y^2\end{cases},\quad\begin{cases}1\leqslant y\leqslant 2\\ 0\leqslant x\leqslant\sqrt{2y-y^2}\end{cases}$$

图 $F-9-70$

则 $\displaystyle\int_0^1\mathrm{d}x\int_{\sqrt{x}}^{1+\sqrt{1-x^2}}f(x,y)\mathrm{d}y=\int_0^1\mathrm{d}y\int_0^{y^2}f(x,y)\mathrm{d}x+\int_1^2\mathrm{d}y\int_0^{\sqrt{2y-y^2}}f(x,y)\mathrm{d}x$

3. 证明 $\displaystyle\int_0^a\mathrm{d}y\int_0^y\mathrm{e}^{m(a-x)}f(x)\mathrm{d}x=\int_0^a(a-x)\mathrm{e}^{m(a-x)}f(x)\mathrm{d}x.$

证　利用二次积分的交换积分次序证明.由二次积分限 $0\leqslant y\leqslant a,0\leqslant x\leqslant y$ 画出积分域 D 如图 $F-9-71$ 所示,将 D 看做 X 型区域,可表示为 $0\leqslant x\leqslant a,x\leqslant y\leqslant a$,则

$$\int_0^a\mathrm{d}y\int_0^y\mathrm{e}^{m(a-x)}f(x)\mathrm{d}x=\int_0^a\mathrm{d}x\int_x^a\mathrm{e}^{m(a-x)}f(x)\mathrm{d}y=\int_0^a(a-x)\mathrm{e}^{m(a-x)}f(x)\mathrm{d}x$$

4. 把积分 $\displaystyle\iint_D f(x,y)\mathrm{d}x\mathrm{d}y$ 表示为极坐标形式的二次积分,其中积分区域 D 是 $x^2\leqslant y\leqslant 1,-1\leqslant x\leqslant 1$.

【解】　积分区域 D 如图 $F-9-72$ 所示,$y=x^2$ 与 $y=1$ 的极坐标方程分别为:$r=\tan\theta\sec\theta$ 和 $r=\csc\theta$,由 $y=x^2$ 与 $y=1$ 的交点 $(1,1)$ 和点 $(-1,1)$ 可得交点处的极角分别为 $\theta=\dfrac{\pi}{4}$ 和 $\theta=\dfrac{3\pi}{4}$ 则

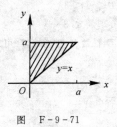

图 F-9-71

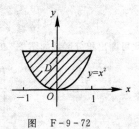

图 F-9-72

$$\iint\limits_{D}f(x,y)\mathrm{d}x\mathrm{d}y = \int_0^{\frac{\pi}{4}}\mathrm{d}\theta\int_0^{\tan\theta\sec\theta}f(r\cos\theta,r\sin\theta)r\mathrm{d}r+$$

$$\int_{\frac{\pi}{4}}^{\frac{3}{4}\pi}\mathrm{d}\theta\int_0^{\csc\theta}f(r\cos\theta,r\sin\theta)r\mathrm{d}r+$$

$$\int_{\frac{3}{4}\pi}^{\pi}\mathrm{d}\theta\int_0^{\tan\theta\sec\theta}f(r\cos\theta,r\sin\theta)r\mathrm{d}r$$

5. 把积分 $\iiint\limits_{\Omega}f(x,y,z)\mathrm{d}x\mathrm{d}y\mathrm{d}z$ 化为三次积分,其中积分区域 Ω 是由曲面 $z = x^2 + y^2$,$y = x^2$ 及平面 $y = 1$,$z = 0$ 所围成的闭区域.

【解】 积分闭区域 Ω 如图 F-9-73 所示,用不等式表示为 $-1\leqslant x\leqslant 1$,$x^2\leqslant y\leqslant 1$,$0\leqslant z\leqslant x^2 + y^2$,则

$$\iiint\limits_{\Omega}f(x,y,z)\mathrm{d}x\mathrm{d}y\mathrm{d}z = \int_{-1}^1\mathrm{d}x\int_{x^2}^1\mathrm{d}y\int_0^{x^2+y^2}f(x,y,z)\mathrm{d}z$$

6. 计算下列三重积分:

(1) $\iiint\limits_{\Omega}z^2\mathrm{d}x\mathrm{d}y\mathrm{d}z$,其中 Ω 是两个球:$x^2 + y^2 + z^2\leqslant R^2$ 和 $x^2 + y^2 + z^2\leqslant 2Rz(R > 0)$ 的公共部分.

(2) $\iiint\limits_{\Omega}\dfrac{z\ln(x^2 + y^2 + z^2 + 1)}{x^2 + y^2 + z^2 + 1}\mathrm{d}v$,其中 Ω 是由球面 $x^2 + y^2 + z^2 = 1$ 所围成的闭区域.

(3) $\iiint\limits_{\Omega}(y^2 + z^2)\mathrm{d}v$,其中 Ω 是由 xOy 平面上曲线 $y^2 = 2x$ 绕 x 轴旋转而成的曲面与平面 $x = 5$ 所围成的闭区域.

【解】 (1) 积分区域如图 F-9-74 所示,用"先二后一"法计算,当 $0\leqslant z\leqslant\dfrac{R}{2}$ 时,平行圆域 D_z 可表为 $\{(x,y)\mid x^2 + y^2\leqslant 2Rz - z^2\}$,其面积为 $\pi(2Rz -$

z^2);当 $\dfrac{R}{2} \leqslant z \leqslant R$ 时,平行圆域 D_z 可表示为 $\{(x,y) \mid x^2 + y^2 \leqslant R^2 - z^2\}$,其面积为 $\pi(R^2 - z^2)$.

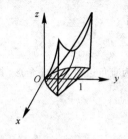

图 F-9-73

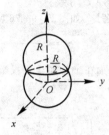

图 F-9-74

$$\iiint\limits_{\Omega} z^2 \mathrm{d}x\mathrm{d}y\mathrm{d}z = \int_0^R z^2 \mathrm{d}z \iint\limits_{D_z} \mathrm{d}x\mathrm{d}y =$$

$$\pi \int_0^{\frac{R}{2}} z^2 (2Rz - z^2)\mathrm{d}z + \pi \int_{\frac{R}{2}}^R z^2 (R^2 - z^2)\mathrm{d}z =$$

$$\pi \left[\frac{R}{2} z^4 - \frac{1}{5} z^5 \right]_0^{\frac{R}{2}} + \pi \left[\frac{R^2}{3} z^3 - \frac{1}{5} z^5 \right]_{\frac{R}{2}}^R = \frac{59}{480} \pi R^5$$

(2)用球面坐标计算:

$$\iiint\limits_{\Omega} \frac{z\ln(x^2 + y^2 + z^2 + 1)}{x^2 + y^2 + z^2 + 1}\mathrm{d}v = \iiint\limits_{\Omega} \frac{r^3 \ln(r^2 + 1)\sin\varphi\,\cos\varphi}{r^2 + 1}\mathrm{d}r =$$

$$\int_0^{2\pi} \mathrm{d}\theta \int_0^{\pi} \sin\varphi\cos\varphi\,\mathrm{d}\varphi \int_0^1 \frac{r^3 \ln(r^2 + 1)}{r^2 + 1}\mathrm{d}r =$$

$$2\pi \left[\frac{1}{2} \sin^2 \varphi \right]_0^{\pi} \int_0^1 \frac{r^3 \ln(r^2 + 1)}{r^2 + 1}\mathrm{d}r = 0$$

(3)积分区域如图 F-9-75 所示,用柱坐标计算.

曲线 $y^2 = 2x$ 绕 x 轴旋转所成的曲面方程为 $y^2 + z^2 = 2x$,该曲面与平面 $x = 5$ 消去 x,得投影柱面方程为 $y^2 + z^2 = 10$,Ω 在 yOz 面上的投影域为 $y^2 + z^2 \leqslant 10$,曲面 $y^2 + z^2 = 2x$ 的柱面坐标方程为 $x = \dfrac{r^2}{2}$,则

$$\iiint\limits_{\Omega} (y^2 + z^2)\mathrm{d}v = \iiint\limits_{\Omega} r^2 \cdot r\mathrm{d}r\mathrm{d}\theta\mathrm{d}x =$$

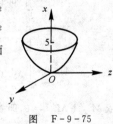

图 F-9-75

$$\int_0^{2\pi}\mathrm{d}\theta\int_0^{\sqrt{10}}r^3\mathrm{d}r\int_{\frac{r^2}{2}}^5\mathrm{d}x=2\pi\int_0^{\sqrt{10}}(5r^3-\frac{1}{2}r^5)\mathrm{d}r=\frac{250}{3}\pi$$

7. 求平面 $\dfrac{x}{a}+\dfrac{y}{b}+\dfrac{z}{c}=1$ 被坐标面所割出的有限部分的面积.

【解】 如图 F-9-76 所示,平面方程为

$$z=c-\frac{c}{a}x-\frac{c}{b}y,\qquad\frac{\partial z}{\partial x}=-\frac{c}{a},\qquad\frac{\partial z}{\partial y}=-\frac{c}{b}$$

所求平面在 xOy 面上的投影区域是以 a,b 为直角边的直角三角形,其面积为

$$\sigma=\frac{ab}{2}.$$

$$A=\iint\limits_{D}\sqrt{1+(\frac{\partial z}{\partial x})^2+(\frac{\partial z}{\partial y})^2}\,\mathrm{d}x\mathrm{d}y=$$

$$\iint\limits_{D}\sqrt{1+(-\frac{c}{a})^2+(\frac{-c}{b})^2}\,\mathrm{d}x\mathrm{d}y=$$

$$\frac{1}{ab}(a^2b^2+b^2c^2+c^2a^2)^{\frac{1}{2}}\iint\limits_{D}\mathrm{d}x\mathrm{d}y=$$

$$\frac{1}{ab}(a^2b^2+b^2c^2+c^2a^2)^{\frac{1}{2}}\times\frac{1}{2}ab=$$

$$\frac{1}{2}(a^2b^2+b^2c^2+c^2a^2)^{\frac{1}{2}}$$

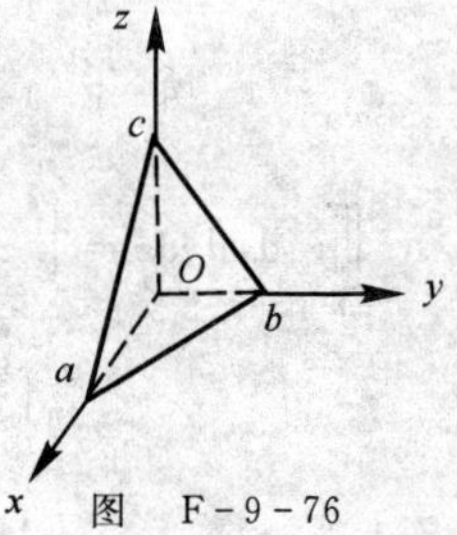

图 F-9-76

8. 在均匀的半径为 R 的半圆形薄片的直径上,要接上一个一边与直径等长的同样材料的均匀矩形薄片,为了使整个均匀薄片的重心恰好落在圆心上,问接上去的均匀矩形薄片另一边的长度应是多少?

【解】 如图 F-9-77 所示选择坐标系,设半圆形的半径为 R,所求矩形另一边的长度为 H,面密度 $\rho=1$,由对称性可知 $\bar{x}=0$. 由于整个均匀薄片的重心恰好落在圆心上,因此半圆形薄片 D_1 的 M_{x_1} 与矩形薄片 D_2 的 M_{x_2} 之和等于零.

$$M_{x_1}=\iint\limits_{D_1}y\mathrm{d}x\mathrm{d}y=\int_0^\pi\mathrm{d}\theta\int_0^R r^2\sin\theta\mathrm{d}r=$$

$$\left[-\cos\theta\right]_0^\pi\cdot\left[\frac{r^3}{3}\right]_0^R=\frac{2}{3}R^3$$

$$M_{x_2}=\iint\limits_{D_2}y\mathrm{d}x\mathrm{d}y=\int_{-R}^R\mathrm{d}x\int_{-H}^0 y\mathrm{d}y=-RH^2$$

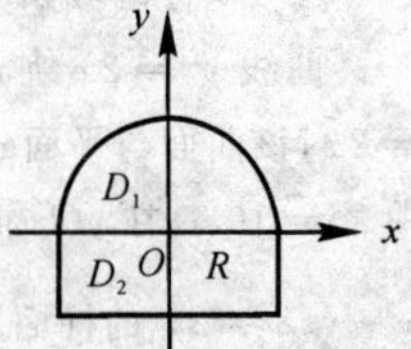

依 $M_{x_1}+M_{x_2}=0$,即 $\frac{2}{3}R^3-RH^2=0$,得

图 F-9-77

$$H = \sqrt{\frac{2}{3}} R$$

故接上去的均匀薄片另一边的长度应为 $\sqrt{\frac{2}{3}} R$.

9. 求由抛物线 $y = x^2$ 及直线 $y = 1$ 所围成的均匀薄片(面密度为常数 ρ)对于直线 $y = -1$ 的转动惯量.

【解】　如图 F-9-78 所示.

$$I = \iint_D \rho (y+1)^2 \mathrm{d}x\mathrm{d}y = \rho \int_{-1}^1 \mathrm{d}x \int_{x^2}^1 (y+1)^2 \mathrm{d}y =$$

$$\frac{\rho}{3} \int_{-1}^1 \left[(y+1)^3 \right]_{x^2}^1 \mathrm{d}x =$$

$$\frac{2\rho}{3} \int_0^1 (-x^6 - 3x^4 - 3x^2 + 7) \mathrm{d}x =$$

$$\frac{2\rho}{3} \left[-\frac{1}{7} x^7 - \frac{3}{5} x^5 - x^3 + 7x \right]_0^1 = \frac{368}{105} \rho$$

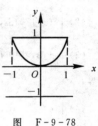

图　F-9-78

第10章

习题 10-1

1. 设在 xOy 面内有一分布着质量的曲线弧 L. 在点 (x, y) 处它的线密度为 $\rho(x, y)$. 用对弧长的曲线积分分别表达:

(1) 这曲线弧对 x 轴、y 轴的转动惯量 I_x, I_y;

(2) 这曲线弧的重心坐标 $\bar{x}$, $\bar{y}$.

【解】　(1) 点 (x, y) 到 x 轴、y 轴的距离分别为 $|y|$ 和 $|x|$, 于是

$$\mathrm{d}I_x = \rho(x, y)\mathrm{d}s \cdot y^2$$

$$\mathrm{d}I_y = \rho(x, y)\mathrm{d}s \cdot x^2$$

故

$$I_x = \int_L y^2 \rho(x, y)\mathrm{d}s, \quad I_y = \int_L x^2 \rho(x, y)\mathrm{d}s$$

(2) 静矩元素 $\mathrm{d}M_x = \rho(x, y)y\mathrm{d}s$, $\mathrm{d}M_y = \rho(x, y)x\mathrm{d}s$.

故

$$M_x = \int_L \rho(x, y)y\mathrm{d}s, \quad M_y = \int_L \rho(x, y)x\mathrm{d}s$$

而质量

$$M = \int_L \rho(x, y)\mathrm{d}s$$

所以 $\quad \bar{x} = \dfrac{M_y}{M} = \dfrac{\displaystyle\int_L x\rho(x,y)\mathrm{d}s}{\displaystyle\int_L \rho(x,y)\mathrm{d}s}, \quad \bar{y} = \dfrac{M_x}{M} = \dfrac{\displaystyle\int_L y\rho(x,y)\mathrm{d}s}{\displaystyle\int_L \rho(x,y)\mathrm{d}s}$

3. 计算下列对弧长的曲线积分:

(1) $\displaystyle\oint_L (x^2+y^2)^n \mathrm{d}s$,其中 L 为圆周 $x=a\cos t, y=a\sin t(0 \leqslant t \leqslant 2\pi)$;

(2) $\displaystyle\int_L (x+y)\mathrm{d}s$,其中 L 为连接 $(1,0)$ 及 $(0,1)$ 两点的直线段;

(3) $\displaystyle\oint_L x\,\mathrm{d}s$,其中 L 为直线 $y=x$ 及抛物线 $y=x^2$ 所围成的区域的整个边界;

(4) $\displaystyle\oint_L \mathrm{e}^{\sqrt{x^2+y^2}}\mathrm{d}s$,其中 L 为圆周 $x^2+y^2=a^2$,直线 $y=x$ 及 x 轴在第一象限内所围成的扇形的整个边界;

(5) $\displaystyle\int_\Gamma \dfrac{1}{x^2+y^2+z^2}\mathrm{d}s$,其中 Γ 为曲线 $x=\mathrm{e}^t\cos t, y=\mathrm{e}^t\sin t, z=\mathrm{e}^t$ 上相应于 t 从 0 变到 2 的这段弧;

(6) $\displaystyle\int_\Gamma x^2yz\,\mathrm{d}s$,其中 Γ 为折线 $ABCD$,这里 A,B,C,D 依次为点 $(0,0,0)$,$(0,0,2),(1,0,2),(1,3,2)$;

(7) $\displaystyle\int_L y^2\mathrm{d}s$,其中 L 为摆线的一拱 $x=a(t-\sin t), y=a(1-\cos t)$ $(0 \leqslant t \leqslant 2\pi)$;

(8) $\displaystyle\int_L (x^2+y^2)\mathrm{d}s$,其中 L 为曲线 $x=a(\cos t+t\sin t), y=a(\sin t-t\cos t)$ $(0 \leqslant t \leqslant 2\pi)$.

【解】 (1) 原式 $= \displaystyle\int_0^{2\pi} (a^2\cos^2 t + a^2\sin^2 t)^n \sqrt{(-a\sin t)^2 + (a\cos t)^2}\,\mathrm{d}t =$

$\displaystyle\int_0^{2\pi} a^{2n+1}\mathrm{d}t = 2\pi a^{2n+1}$

(2) 直线方程为 $x+y=1$,则

$$\int_L (x+y)\mathrm{d}s = \int_L \mathrm{d}s = \sqrt{2}$$

(3) $y=x$ 与 $y=x^2$ 的交点为 $(0,0)$ 及 $(1,1)$,记 $L_1: y=x(0 \leqslant x \leqslant 1)$;$L_2$:

$y = x^2 (0 \leqslant x \leqslant 1)$.

则 $\qquad \oint_L x \, \mathrm{d}s = \int_{L_1} x \, \mathrm{d}s + \int_{L_2} x \, \mathrm{d}s = \int_0^1 x \sqrt{1 + 1^2} \, \mathrm{d}x + \int_0^1 x \sqrt{1 + 4x^2} \, \mathrm{d}x =$

$$\sqrt{2} \times \frac{x^2}{2} \Big|_0^1 + \frac{1}{12}(1 + 4x^2)^{\frac{3}{2}} \Big|_0^1 = \frac{\sqrt{2}}{2} + \frac{5\sqrt{5} - 1}{12}$$

(4) $y = x$ 与 $x^2 + y^2 = a^2$ 的交点为 $(\frac{\sqrt{2}}{2}a, \frac{\sqrt{2}}{2}a)$，记

$$L_1 : y = 0, \qquad 0 \leqslant x \leqslant a$$

$$L_2 : y = x, \qquad 0 \leqslant x \leqslant \frac{\sqrt{2}}{2}a$$

$$L_3 : y = \sqrt{a^2 - x^2}, \qquad \frac{\sqrt{2}a}{2} \leqslant x \leqslant a$$

则 $\qquad$ 原式 $= \int_{L_1} e^{\sqrt{x^2 + y^2}} \, \mathrm{d}s + \int_{L_2} e^{\sqrt{x^2 + y^2}} \, \mathrm{d}s + \int_{L_3} e^{\sqrt{x^2 + y^2}} \, \mathrm{d}s =$

$$\int_0^a e^x \, \mathrm{d}x + \int_0^{\frac{\sqrt{2}}{2}a} e^{\sqrt{2}x} \sqrt{2} \, \mathrm{d}x + \int_{\frac{\sqrt{2}}{2}a}^a e^a \sqrt{1 + (\frac{-x}{\sqrt{a^2 - x^2}})^2} \, \mathrm{d}x =$$

$$e^a - 1 + e^a - 1 + a e^a \int_{\frac{\sqrt{2}}{2}a}^a \frac{\mathrm{d}x}{\sqrt{a^2 - x^2}} =$$

$$2(e^a - 1) + a e^a (\frac{\pi}{2} - \frac{\pi}{4}) = e^a (2 + \frac{\pi}{4}a) - 2$$

(5) 原式 $= \int_0^2 \frac{1}{e^{2t} + e^{2t}} \sqrt{(e^t \cos t - e^t \sin t)^2 + (e^t \sin t + e^t \cos t)^2 + e^{2t}} \, \mathrm{d}t =$

$$\int_0^2 \frac{\sqrt{3} e^t}{2 e^{2t}} \, \mathrm{d}t = \frac{\sqrt{3}}{2}(-e^{-t}) \Big|_0^2 = \frac{\sqrt{3}}{2}(1 - e^{-2})$$

(6) 线段 $\overline{AB}$: $x = 0, y = 0, z = t(0 \leqslant t \leqslant 2), \mathrm{d}s = \sqrt{0 + 0 + 1^2} \, \mathrm{d}t = \mathrm{d}t$

线段 $\overline{BC}$: $x = t, y = 0, z = 2(0 \leqslant t \leqslant 1), \mathrm{d}s = \mathrm{d}t$

线段 $\overline{CD}$: $x = 1, y = t, z = 2(0 \leqslant t \leqslant 3), \mathrm{d}s = \mathrm{d}t$

故 $\qquad$ 原式 $= \int_0^2 0 \mathrm{d}t + \int_0^1 0 \mathrm{d}t + \int_0^3 1 \times t \times 2 \mathrm{d}t = t^2 \Big|_0^3 = 9$

(7) $\mathrm{d}s = \sqrt{a^2(1 - \cos t)^2 + (a \sin t)^2} \, \mathrm{d}t = a \sqrt{2(1 - \cos t)} \, \mathrm{d}t$

$$原式 = \int_0^{2\pi} a^2 (1 - \cos)^2 \cdot a \sqrt{2(1 - \cos t)} \, \mathrm{d}t =$$

$$a^3 \int_0^{2\pi} \sqrt{2}\,(2\sin^2\frac{t}{2})^{\frac{5}{2}}\,\mathrm{d}t \xrightarrow{\ \ \text{令}\,u=\dfrac{t}{2}\ \ } 16a^3\int_0^\pi \sin^5 u\,\mathrm{d}u =$$

$$-16a^3\int_0^\pi (1-\cos^2 u)^2\,\mathrm{d}\cos u = \frac{256}{15}a^3$$

(8) $\mathrm{d}s = \sqrt{(at\cos t)^2 + (at\sin t)^2}\,\mathrm{d}t = at\,\mathrm{d}t$

原式 $= \displaystyle\int_0^{2\pi} a^2\big[(\cos t + t\sin t)^2 + (\sin t - t\cos t)^2\big]at\,\mathrm{d}t =$

$$a^3\int_0^{2\pi}(1+t^2)t\,\mathrm{d}t = 2\pi^2 a^3(1+2\pi^2)$$

4. 求半径为 a,中心角为 2φ 的均匀圆弧(线密度 $\rho = 1$)的重心.

【解】 取扇形的平分线为 x 轴,顶点为坐标原点,则由对称性和 $\rho = 1$,知 $\bar{y} = 0$,而

$$\bar{x} = \frac{M_y}{M} = \frac{1}{2\varphi a}\int_L x\,\mathrm{d}s = \frac{1}{2\varphi a}\int_{-\varphi}^{\varphi} a\cos\theta a\,\mathrm{d}\theta = \frac{a}{\varphi}\sin\varphi$$

故重心在扇形的对称轴上且与圆心距离 $\dfrac{a\sin\varphi}{\varphi}$ 处.

习题 10 - 2

1. 设 L 为 xOy 面内直线 $x = a$ 上的一段,证明:

$$\int_L P(x,y)\,\mathrm{d}x = 0$$

【证】 因 $\Delta x_i \in (x = a)$ 垂直于 x 轴,从而 $\Delta x_i = x_i - x_{i-1} = a - a = 0$,所以

$$\int_L P(x,y)\,\mathrm{d}x = \lim_{\lambda \to 0}\sum_{i=1}^n P(\zeta_i, \eta_i)\Delta x_i = \lim_{\lambda \to 0} 0 = 0$$

2. 设 L 为 xOy 内 x 轴上从点 $(a,0)$ 到点 $(b,0)$ 的直线段,证明:

$$\int_L P(x,y)\,\mathrm{d}x = \int_a^b P(x,0)\,\mathrm{d}x$$

【证】 在 x 轴上,$\eta_i = 0$,所以

$$\int_L P(x,y)\,\mathrm{d}x = \lim_{\lambda \to 0}\sum_{i=1}^n P(\zeta_i, 0)\Delta x_i = \int_a^b P(x,0)\,\mathrm{d}x$$

3. 计算下列对坐标的曲线积分:

(1) $\int_L (x^2-y^2)\mathrm{d}x$,其中 L 是抛物线 $y=x^2$ 上从 $(0,0)$ 到点 $(2,4)$ 的一段弧;

(2) $\oint_L xy\mathrm{d}x$,其中 L 为圆周 $(x-a)^2+y^2=a^2(a>0)$ 及 x 轴所围成的在第一象限内的区域的整个边界(按逆时针方向绕行);

(3) $\int_L y\mathrm{d}x+x\mathrm{d}y$,其中 L 为圆周 $x=R\cos t,y=R\sin t$ 上对应 t 从 0 到 $\dfrac{\pi}{2}$ 的一段弧;

(4) $\oint_L \dfrac{(x+y)\mathrm{d}x-(x-y)\mathrm{d}y}{x^2+y^2}$,其中 L 为圆周 $x^2+y^2=a^2$(按逆时针方向绕行);

(5) $\int_\Gamma x^2\mathrm{d}x+z\mathrm{d}y-y\mathrm{d}z$,其中 Γ 为曲线 $x=k\theta,y=a\cos\theta,z=a\sin\theta$ 上对应 θ 从 0 到 π 的一段弧;

(6) $\int_\Gamma x\mathrm{d}x+y\mathrm{d}y+(x+y-1)\mathrm{d}z$,其中 Γ 是从点 $(1,1,1)$ 到点 $(2,3,4)$ 的一段直线;

(7) $\oint_\Gamma \mathrm{d}x-\mathrm{d}y+y\mathrm{d}z$,其中 Γ 为有向闭折线 $ABCA$,这里的 A,B,C 依次为点 $(1,0,0),(0,1,0),(0,0,1)$;

(8) $\int_L (x^2-2xy)\mathrm{d}x+(y^2-2xy)\mathrm{d}y$,其中 L 是抛物线 $y=x^2$ 上从点 $(-1,1)$ 到点 $(1,1)$ 的一段弧.

【解】(1) $\int_L (x^2-y^2)\mathrm{d}x=\int_0^2 (x^2-x^4)\mathrm{d}x=\left(\dfrac{1}{3}x^3-\dfrac{1}{5}x^5\right)\Big|_0^2=-\dfrac{56}{15}$

(2) $L=L_1+L_2$,其中 $L_1:y=0,x$ 从 $0\to2a$,$L_2:y=\sqrt{a^2-(x-a)^2}$,x 从 $2a\to0$.

则　$\oint_L xy\mathrm{d}x=\int_0^{2a} x\times0\mathrm{d}x+$

$\int_{2a}^0 x\sqrt{a^2-(x-a)^2}\mathrm{d}x \xrightarrow{x=a+a\sin t}$

$\int_{\frac{\pi}{2}}^{-\frac{\pi}{2}} (a+a\sin t)a\cos t\cdot a\cos t\mathrm{d}t=$

$$-a^3 \int_{-\frac{\pi}{2}}^{\frac{\pi}{2}} (\cos^2 t + \cos^2 t \sin t) \mathrm{d}t = -\frac{\pi}{2} a^3$$

（3）原式 $= \int_0^{\frac{\pi}{2}} [R\sin t(-R\sin t) + R\cos t \cdot R\cos t] \mathrm{d}t =$

$$R^2 \left(-\int_0^{\frac{\pi}{2}} \sin^2 t \mathrm{d}t + \int_0^{\frac{\pi}{2}} \cos^2 t \mathrm{d}t\right) = R^2 \left(-\frac{1}{2} \times \frac{\pi}{2} + \frac{1}{2} \times \frac{\pi}{2}\right) = 0$$

（4）该圆的参数方程为：$x = a\cos t, y = a\sin t$，t 从 $0 \to 2\pi$.

原式 $= \int_0^{2\pi} \frac{1}{a^2} [a(\cos t + \sin t)(-a\sin t) - a(\cos t - \sin t)a\cos t] \mathrm{d}t =$

$$-\int_0^{2\pi} \mathrm{d}t = -2\pi$$

（5）原式 $= \int_0^{\pi} [k^3 \theta^2 + a\sin\theta(-a\sin\theta) - a\cos\theta \cdot a\cos\theta] \mathrm{d}\theta =$

$$\int_0^{\pi} [k^3 \theta^2 - a^2] \mathrm{d}\theta = \frac{1}{3} k^3 \pi^3 - a^2 \pi$$

（6）由已知两点所确定的直线的方向向量 $\boldsymbol{S} = \{1,2,3\}$，直线的参数方程：
$x = 1+t, y = 1+2t, z = 1+3t(t$ 从 $0 \to 1)$. 故

$$原式 = \int_0^1 [(1+t) + 2(1+2t) + 3(1+3t)] \mathrm{d}t = \int_0^1 (6+14t) \mathrm{d}t = 13$$

（7）$\overline{AB}: L_1: y = 1-x, x$ 从 $1 \to 0; \overline{BC}: L_2: z = 1-y, y$ 从 $1 \to 0; \overline{CA}: L_3:$
$x = 1-z, z$ 从 $1 \to 0$.

$$原式 = \int_{L_1} \mathrm{d}x - \mathrm{d}y + y\mathrm{d}z + \int_{L_2} \mathrm{d}x - \mathrm{d}y + y\mathrm{d}z + \int_{L_3} \mathrm{d}x - \mathrm{d}y + y\mathrm{d}z =$$

$$\int_1^0 \mathrm{d}x - \mathrm{d}(1-x) + \int_1^0 -\mathrm{d}y - y\mathrm{d}(1-y) + \int_1^0 \mathrm{d}(1-z) =$$

$$2\int_1^0 \mathrm{d}x - \int_1^0 (1+y)\mathrm{d}y + \int_1^0 \mathrm{d}z = -2 + \frac{3}{2} + 1 = \frac{1}{2}$$

（8）原式 $= \int_{-1}^1 [(x^2 - 2x^3) + 2x(x^4 - 2x^3)] \mathrm{d}x =$

$$\int_{-1}^1 (2x^5 - 4x^4 - 2x^3 + x^2) \mathrm{d}x = -\frac{14}{15}$$

4. 计算 $\int_L (x+y)\mathrm{d}x + (y-x)\mathrm{d}y$，其中 L 是：

（1）抛物线 $y^2 = x$ 上从点 $(1,1)$ 到点 $(4,2)$ 的一段弧；

(2) 从点 $(1,1)$ 到点 $(4,2)$ 的直线段;

(3) 先沿直线从点 $(1,1)$ 到点 $(1,2)$,然后再沿直线到点 $(4,2)$ 的折线;

(4) 曲线 $x = 2t^2 + t + 1, y = t^2 + 1$ 上从点 $(1,1)$ 到点 $(4,2)$ 的一段弧.

【解】 (1) L 为 $x = y^2 (y$ 从 $1 \rightarrow 2)$.

原式 $= \int_1^2 [(y^2 + y)2y + (y - y^2)] \mathrm{d}y = \int_1^2 (2y^3 + y^2 + y) \mathrm{d}y = \dfrac{34}{3}$

(2) 过点 $(1,1),(4,2)$ 的直线方程为 $x = 3y - 2$. 故

原式 $= \int_1^2 [(3y - 2 + y)3 + y - 3y + 2] \mathrm{d}y = \int_1^2 (10y - 4) \mathrm{d}y = 11$

(3) 从点 $(1,1)$ 到 $(1,2)$ 的直线段为 $x = 1, y$ 从 $1 \rightarrow 2$,又从点 $(1,2)$ 到 $(4,2)$ 的直线段为 $y = 2, x$ 从 $1 \rightarrow 4$,所以

$$原式 = \int_1^2 (y - 1) \mathrm{d}y + \int_1^4 (x + 2) \mathrm{d}x = 14$$

(4) 当 $x = 1, y = 1$ 时 $t = 0; x = 4, y = 2$ 时,$t = 1$. 故

$$原式 = \int_0^1 [(3t^2 + t + 2)(4t + 1) + (-t^2 - t)2t] \mathrm{d}t =$$

$$\int_0^1 (10t^3 + 5t^2 + 9t + 2) \mathrm{d}t = \dfrac{32}{3}$$

注 本题所给的曲线积分与积分路径有关.

5. 一力场由沿横轴正方向的常力 $\boldsymbol{F}$ 所构成. 试求当一质量为 m 的质点沿圆周 $x^2 + y^2 = R^2$ 按逆时针方向移过位于第一象限的那一段弧时场力所做的功.

【解】 $\boldsymbol{F} = |\boldsymbol{F}| \boldsymbol{i} + 0\boldsymbol{j}$,记 $\mathrm{d}\boldsymbol{r} = \{\mathrm{d}x, \mathrm{d}y\}$,则功

$$W = \int_L \boldsymbol{F} \cdot \mathrm{d}\boldsymbol{r} = \int_L |\boldsymbol{F}| \mathrm{d}x = |\boldsymbol{F}| \int_R^0 \mathrm{d}x = -|\boldsymbol{F}| R$$

6. 设 z 轴与重力的方向一致,求质量为 m 的质点从位置 (x_1, y_1, z_1) 沿直线移到 (x_2, y_2, z_2) 重力所做的功.

【解】 $\boldsymbol{F} = \{0, 0, mg\}. g$ 为重力加速度,记 $\mathrm{d}\boldsymbol{r} = \{\mathrm{d}x, \mathrm{d}y, \mathrm{d}z\}, A(x_1, y_1, z_1), B(x_2, y_2, z_2)$,则功

$$W = \int_{\overline{AB}} \boldsymbol{F} \cdot \mathrm{d}\boldsymbol{r} = \int_{z_1}^{z_2} mg \mathrm{d}z = mg(z_2 - z_1)$$

7. 把对坐标的曲线积分 $\int_L P(x,y) \mathrm{d}x + Q(x,y) \mathrm{d}y$ 化成对弧长的曲线积分,

其中 L 为:

(1) 在 xOy 面内沿直线从点 $(0,0)$ 到点 $(1,1)$;

(2) 沿抛物线 $y = x^2$ 从点 $(0,0)$ 到点 $(1,1)$;

(3) 沿上半圆周 $x^2 + y^2 = 2x$ 从点 $(0,0)$ 到点 $(1,1)$.

【解】 (1) 过点 $(0,0),(1,1)$ 的直线 $y = x$,故方向余弦:$\cos\alpha = \cos\beta = \dfrac{\sqrt{2}}{2}$,

所以

$$\int_L P(x,y)\mathrm{d}x + Q(x,y)\mathrm{d}y = \int_L [P(x,y) + Q(x,y)]\frac{\sqrt{2}}{2}\mathrm{d}s$$

(2) 由 $\mathrm{d}s = \sqrt{1 + y_x'^2}\,\mathrm{d}x = \sqrt{1 + 4x^2}\,\mathrm{d}x$,得

$$\cos\alpha = \frac{\mathrm{d}x}{\mathrm{d}s} = \frac{1}{\sqrt{1 + 4x^2}}, \quad \cos\beta = \sin\alpha = \sqrt{1 - \cos^2\alpha} = \frac{2x}{\sqrt{1 + 4x^2}}$$

所以 $\displaystyle\int_L P(x,y)\mathrm{d}x + Q(x,y)\mathrm{d}y = \int_L \frac{1}{\sqrt{1 + 4x^2}}[P(x,y) + 2xQ(x,y)]\mathrm{d}s$

(3) $\mathrm{d}s = \sqrt{1 + y_x'^2}\,\mathrm{d}x = \sqrt{1 + \dfrac{(1-x)^2}{2x - x^2}}\,\mathrm{d}x$,则

$$\cos\alpha = \sqrt{2x - x^2}, \quad \cos\beta = \sin\alpha = \sqrt{1 - (2x - x^2)} = 1 - x$$

所以 $\displaystyle\int_L P(x,y)\mathrm{d}x + Q(x,y)\mathrm{d}y =$

$$\int_L \left[\sqrt{2x - x^2}\,P(x,y) + (1 - x)Q(x,y)\right]\mathrm{d}s$$

8. 设 Γ 为曲线 $x = t, y = t^2, z = t^3$ 上相应于 t 从 0 变到 1 的曲线弧,把对坐标的曲线积分 $\displaystyle\int_\Gamma P\mathrm{d}x + Q\mathrm{d}y + R\mathrm{d}z$ 化为对弧长的曲线积分.

【解】 曲线 Γ 在任一点处的切向量 $\boldsymbol{t} = \{1, 2t, 3t^2\} = \{1, 2x, 3y\}$,则

$$\cos\alpha = \frac{\mathrm{d}x}{\mathrm{d}s} = \frac{1}{\sqrt{1 + 4x^2 + 9y^2}}$$

$$\cos\beta = \frac{2x}{\sqrt{1 + 4x^2 + 9y^2}}, \quad \cos\gamma = \frac{3y}{\sqrt{1 + 4x^2 + 9y^2}}$$

所以 $\displaystyle\int_\Gamma P\mathrm{d}x + Q\mathrm{d}y + R\mathrm{d}z = \int_\Gamma \frac{P + 2xQ + 3yR}{\sqrt{1 + 4x^2 + 9y^2}}\mathrm{d}s$

习题 10 - 3

1. 计算下列曲线积分,并验证格林公式的正确性:

(1) $\oint_L (2xy - x^2)\mathrm{d}x + (x + y^2)\mathrm{d}y$,其中 L 是由抛物线 $y = x^2$ 和 $y^2 = x$ 所围成的区域的正向边界曲线;

(2) $\oint_L (x^2 - xy^3)\mathrm{d}x + (y^2 - 2xy)\mathrm{d}y$,其中 L 是四个顶点分别为 $(0,0)$,$(2,0)$,$(2,2)$ 和 $(0,2)$ 的正方形区域的正向边界.

【解】 (1) $P = 2xy - x^2$,$Q = x + y^2$,$\dfrac{\partial P}{\partial y}$ 及 $\dfrac{\partial Q}{\partial x}$ 在由 L 所围的平面闭区域 D 内连续,L 由两段光滑曲线组成,故此曲线积分满足格林公式的条件,从而有

$$原式 = \iint_D \left(\frac{\partial Q}{\partial x} - \frac{\partial P}{\partial y} \right)\mathrm{d}x\mathrm{d}y = \iint_D (1 - 2x)\mathrm{d}x\mathrm{d}y = \int_0^1 \mathrm{d}x \int_{x^2}^{\sqrt{x}} (1 - 2x)\mathrm{d}y =$$

$$\int_0^1 (\sqrt{x} - x^2 - 2x^{\frac{3}{2}} + 2x^3)\mathrm{d}x = \frac{1}{30}$$

注 直接计算此曲线积分 $\oint_L = \int_{L_1} + \int_{L_2} = \dfrac{1}{30}$,可知格林公式对本题是成立的.

(2) 设 D 是由题设四点所围正方形区域,它由四段光滑曲线组成. $P = x^2 - xy^3$,$Q = y^2 - 2xy$,$\dfrac{\partial P}{\partial y}$,$\dfrac{\partial Q}{\partial x}$ 在 D 上连续,故此曲线积分满足格林公式的条件,从而有

$$原式 = \iint_D (-2y + 3xy^2)\mathrm{d}x\mathrm{d}y = \int_0^2 \mathrm{d}x \int_0^2 (3xy^2 - 2y)\mathrm{d}y = \int_0^2 (8x - 4)\mathrm{d}x = 8$$

2. 利用曲线积分,求下列曲线所围成图形的面积:

(1) 星形线 $x = a\cos^3 t$,$y = a\sin^3 t$;

(2) 椭圆 $9x^2 + 16y^2 = 144$;

(3) 圆 $x^2 + y^2 = 2ax$.

【解】 利用公式 $A = \dfrac{1}{2}\oint_L x\mathrm{d}y - y\mathrm{d}x$ 计算.

(1) $A = \dfrac{1}{2}\int_0^{2\pi} [a\cos^3 t \cdot 3a\sin^2 t\cos t - a\sin^3 t(-3a\cos^2 t\sin t)]\mathrm{d}t =$

$$\frac{3}{2}a^2\int_0^{2\pi}\sin^2t\cos^2t\mathrm{d}t = \frac{3}{8}a^2\int_0^{2\pi}\sin^22t\mathrm{d}t =$$

$$\frac{3}{8}a^2\int_0^{2\pi}\frac{1-\cos4t}{2}\mathrm{d}t = \frac{3}{8}\pi a^2$$

(2) 椭圆的参数方程为 $x = 4\cos t, y = 3\sin t$，t 从 $0 \to 2\pi$.

$$A = \frac{1}{2}\oint_L x\mathrm{d}y - y\mathrm{d}x = \frac{1}{2}\int_0^{2\pi}\left[4\cos t \cdot 3\cos t - 3\sin t(-4\sin t)\mathrm{d}t\right] =$$

$$\frac{1}{2}\int_0^{2\pi}12\mathrm{d}t = 6\times 2\pi = 12\pi$$

(3) 圆的参数方程为 $x = r\cos\theta = 2a\cos\theta \cdot \cos\theta = 2a\cos^2\theta, y = r\sin\theta =$

$2a\cos\theta \cdot \sin\theta = a\sin2\theta(t$ 从 $-\frac{\pi}{2} \to \frac{\pi}{2})$，所以

$$A = \frac{1}{2}\int_{-\frac{\pi}{2}}^{\frac{\pi}{2}}(2a\cos^2\theta \cdot 2a\cos2\theta + a\sin2\theta 4a\cos\theta\sin\theta)\mathrm{d}\theta =$$

$$2a^2\int_{-\frac{\pi}{2}}^{\frac{\pi}{2}}\left[\cos^2\theta(\cos^2\theta - \sin^2\theta) + 2\sin^2\theta\cos^2\theta\right]\mathrm{d}\theta =$$

$$4a^2\int_0^{\frac{\pi}{2}}(\cos^4\theta + \cos^2\theta - \cos^4\theta)\mathrm{d}\theta = 4a^2 \times \frac{1}{2} \times \frac{\pi}{2} = \pi a^2$$

3. 计算曲线积分 $\oint_L\frac{y\mathrm{d}x - x\mathrm{d}y}{2(x^2+y^2)}$，其中 L 为圆周 $(x-1)^2 + y^2 = 2$，L 的方向为逆时针方向.

【解】 因点 $(0,0)$ 为奇点，故在 L 包围的区域 D 内作顺时针方向的小圆周 $L_1:x = \varepsilon\cos\theta, y = \varepsilon\sin\theta(0 \leqslant \theta \leqslant 2\pi, \varepsilon$ 充分小)，在 L 与 L_1 包围的区域 D_1 上，由

$$\frac{\partial P}{\partial y} = \frac{x^2 - y^2}{(x^2+y^2)^2} = \frac{\partial Q}{\partial x}$$

和格林公式，有

$$\oint_{L+L_1}\frac{y\mathrm{d}x - x\mathrm{d}y}{2(x^2+y^2)} = \iint_{D_1}(\frac{\partial Q}{\partial x} - \frac{\partial P}{\partial y})\mathrm{d}x\mathrm{d}y = 0$$

所以

$$\oint_L\frac{y\mathrm{d}x - x\mathrm{d}y}{2(x^2+y^2)} = \oint_{L_1^-}\frac{y\mathrm{d}x - x\mathrm{d}y}{2(x^2+y^2)} = \int_0^{2\pi}\frac{-\varepsilon^2\sin^2\theta - \varepsilon^2\cos^2\theta}{2\varepsilon^2}\mathrm{d}\theta = -\pi$$

4. 证明下列曲线积分在整个 xOy 面内与路径无关，并计算积分值：

(1) $\displaystyle\int_{(1,1)}^{(2,3)}(x+y)\mathrm{d}x+(x-y)\mathrm{d}y$;

(2) $\displaystyle\int_{(1,2)}^{(3,4)}(6xy^2-y^3)\mathrm{d}x+(6x^2y-3xy^2)\mathrm{d}y$;

(3) $\displaystyle\int_{(1,0)}^{(2,1)}(2xy-y^4+3)\mathrm{d}x+(x^2-4xy^3)\mathrm{d}y$.

【解】 (1) 因 $\dfrac{\partial P}{\partial y}=1=\dfrac{\partial Q}{\partial x}$，所以曲线积分与路径无关.

故　$\displaystyle\int_{(1,1)}^{(2,3)}=\int_{(1,1)}^{(2,1)}+\int_{(2,1)}^{(2,3)}=\int_1^2(x+1)\mathrm{d}x+\int_1^3(2-y)\mathrm{d}y=\dfrac{5}{2}$

(2) 因　$(6xy^2-y^3)\mathrm{d}x+(6x^2y-3xy^2)\mathrm{d}y=$

$\qquad(6xy^2\mathrm{d}x+6x^2y\mathrm{d}y)-(y^3\mathrm{d}x-3xy^2\mathrm{d}y)=$

$\qquad\mathrm{d}(3x^2y^2)-\mathrm{d}(xy^3)=\mathrm{d}(3x^2y^2-xy^3)$

故积分式是函数 $u(x,y)=3x^2y^2-xy^3$ 的全微分，从而题设曲线积分与路径无关，且

$$原式=(3x^2y^2-xy^3)\Big|_{(1,2)}^{(3,4)}=236$$

(3) $\dfrac{\partial P}{\partial y}=2x-4y^3=\dfrac{\partial Q}{\partial x}$，先求原函数

$$u(x,y)=\int_{(0,0)}^{(x,y)}=\int_0^x(0+3)\mathrm{d}x+\int_0^y(x^2-4xy^3)\mathrm{d}y=$$

$$3x+x^2y-xy^4（也可用凑微分得出）$$

所以，原式 $=(3x+x^2y-xy^4)\Big|_{(1,0)}^{(2,1)}=5$.

5. 利用格林公式，计算下列曲线积分：

(1) $\displaystyle\oint_L(2x-y+4)\mathrm{d}x+(3x+5y-6)\mathrm{d}y$，其中 L 为三顶点分别为 $(0,0)$、$(3,0)$ 和 $(3,2)$ 的三角形正向边界；

(2) $\displaystyle\oint_L(x^2y\cos x+2xy\sin x-y^2\mathrm{e}^x)\mathrm{d}x+(x^2\sin x-2y\mathrm{e}^x)\mathrm{d}y$，其中 L 为正向星形线 $x^{\frac{2}{3}}+y^{\frac{2}{3}}=a^{\frac{2}{3}}(a>0)$；

(3) $\displaystyle\int_L(2xy^3-y^2\cos x)\mathrm{d}x+(1-2y\sin x+3x^2y^2)\mathrm{d}y$，其中 L 为在抛物线 $2x$

$= \pi y^2$ 上由点 $(0,0)$ 到 $\left(\dfrac{\pi}{2}, 1\right)$ 的一段弧;

(4) $\displaystyle\int_L (x^2 - y)\mathrm{d}x - (x + \sin^2 y)\mathrm{d}y$, 其中 L 是圆周 $y = \sqrt{2x - x^2}$ 上由点

$(0,0)$ 到点 $(1,1)$ 的一段弧.

【解】 (1) 原式 $= \displaystyle\iint\limits_D (3+1)\mathrm{d}x\mathrm{d}y = 4 \times \dfrac{1}{2} \times 3 \times 2 = 12$

(2) 原式 $= \displaystyle\iint\limits_D (2x\sin x + x^2\cos x - 2y\mathrm{e}^x - x^2\cos x - 2x\sin x + 2y\mathrm{e}^x)\mathrm{d}\sigma =$

$$\iint\limits_D 0\mathrm{d}x\mathrm{d}y = 0$$

(3) 记 D 为曲线 $L, x = \dfrac{\pi}{2}$ 及 $y = 0$ 所围的闭区域,则

原式 $= -\displaystyle\iint\limits_D (-2y\cos x + 6xy^2 - 6xy^2 + 2y\cos x)\mathrm{d}x\mathrm{d}y -$

$\displaystyle\int_1^0 \left(1 - 2y + \dfrac{3}{4}\pi^2 y^2\right)\mathrm{d}y - 0 = 0 + \left(y - y^2 + \dfrac{1}{4}\pi^2 y^3\right)\Big|_0^1 = \dfrac{\pi^2}{4}$

(4) 记曲线 L 与 $x = 1, y = 0$ 所围闭区域为 D,则

原式 $= -\displaystyle\iint\limits_D (-1+1)\mathrm{d}x\mathrm{d}y - \int_1^0 - (1 + \sin^2 y)\mathrm{d}y - \int_1^0 x^2\mathrm{d}x =$

$0 + \left(y - \dfrac{1}{2}y - \dfrac{1}{4}\sin 2y\right)\Big|_0^1 + \dfrac{1}{3}x^3\Big|_0^1 = \dfrac{1}{4}\sin 2 - \dfrac{7}{6}$

6. 验证下列 $P(x,y)\mathrm{d}x + Q(x,y)\mathrm{d}y$ 在整个 xOy 平面内是某一函数 $u(x, y)$ 的全微分,并求这样的一个 $u(x, y)$:

(1) $(x + 2y)\mathrm{d}x + (2x + y)\mathrm{d}y$;

(2) $2xy\mathrm{d}x + x^2\mathrm{d}y$;

(3) $4\sin x\sin 3y\cos x\mathrm{d}x - 3\cos 3y\cos 2x\mathrm{d}y$;

(4) $(3x^2 y + 8xy^2)\mathrm{d}x + (x^3 + 8x^2 y + 12y\mathrm{e}^y)\mathrm{d}y$;

(5) $(2x\cos y + y^2\cos x)\mathrm{d}x + (2y\sin x - x^2\sin y)\mathrm{d}y$.

【解】 (1) 因 $\dfrac{\partial P}{\partial y} = 2 = \dfrac{\partial Q}{\partial x}$,故

原式 $= \mathrm{d}u(x, y) = (x\mathrm{d}x + y\mathrm{d}y) + 2(y\mathrm{d}x + x\mathrm{d}y) =$

$$\frac{1}{2}\mathrm{d}(x^2+y^2)+2\mathrm{d}(xy)=\mathrm{d}\left[2xy+\frac{1}{2}(x^2+y^2)\right]$$

所以　　　　　　　　　$u(x,y)=2xy+\frac{1}{2}(x^2+y^2)$

（2）因　　　　　　　　$\frac{\partial P}{\partial y}=2x=\frac{\partial Q}{\partial x}$

故　　　　　　　原式 $=\mathrm{d}(x^2y)$,　$u(x,y)=x^2y$

（3）直接凑微分可验证 $P\mathrm{d}x+Q\mathrm{d}y=\mathrm{d}u$,又因原式 $=\mathrm{d}(-\sin3y\cos2x)$,所以 $u(x,y)=-\sin3y\cos2x$.

（4）原式 $=(3x^2y\mathrm{d}x+x^3\mathrm{d}y)+(8xy^2\mathrm{d}x+8x^2y\mathrm{d}y)+12y\mathrm{e}^y\mathrm{d}y=$

$$\mathrm{d}(x^3y)+4\mathrm{d}(x^2y^2)+12\mathrm{d}\int y\mathrm{e}^y\xlongequal{\text{分部积分}}$$

$$\mathrm{d}(x^3y+4x^2y^2+12y\mathrm{e}^y-12\mathrm{e}^y)$$

故　　　　　　$u(x,y)=x^3y+4x^2y^2+12\mathrm{e}^y(y-1)$

（5）原式 $=(2x\cos y\mathrm{d}x-x^2\sin y\mathrm{d}y)+(y^2\cos x\mathrm{d}x+2y\sin x\mathrm{d}y)=$

$$\mathrm{d}(x^2\cos y)+\mathrm{d}(y^2\sin x)=\mathrm{d}(x^2\cos y+y^2\sin x)$$

所以　　　　　　　$u(x,y)=x^2\cos y+y^2\sin x$

7. 设有一变力在坐标轴上的投影为 $X=x+y^2$,$Y=2xy-8$,这变力确定了一个力场,证明质点在此场内移动时,场力所做的功与路径无关.

证　　　　　$W=\int_L (x+y^2)\mathrm{d}x+(2xy-8)\mathrm{d}y$

因 $\frac{\partial X}{\partial y}=2y=\frac{\partial Y}{\partial x}$,故上述曲线积分的值,即功 W 的值与路径无关.

习题 10 - 4

1. 设有一分布着质量的曲面 Σ,在点 (x,y,z) 处它的面密度为 $\rho(x,y,z)$,用对面积的曲面积分表达这曲面对于 x 轴的转动惯量.

【解】 点 (x,y,z) 到 x 轴的距离 $r=\sqrt{y^2+z^2}$. 转动惯量元素 $\mathrm{d}I_x=(y^2+z^2)\rho(x,y,z)\mathrm{d}S$.

所以　　　　　$I_x=\iint\limits_{\Sigma}(y^2+z^2)\rho(x,y,z)\mathrm{d}S$

3. 当 Σ 是 xOy 面内的一个闭区域时,曲面积分 $\iint\limits_{\Sigma}f(x,y,z)\mathrm{d}S$ 与二重积分

有什么关系?

答 记 $\Sigma = D_{xy}$,因在 xOy 面内,$z = 0$,于是曲面积分 $\iint\limits_{\Sigma} f(x,y,z)\mathrm{d}S$ 变成了平面区域 D_{xy} 上的二重积分,即有

$$\iint\limits_{\Sigma} f(x,y,z)\mathrm{d}S = \iint\limits_{D_{xy}} f(x,y,0)\mathrm{d}\sigma$$

4. 计算曲面积分 $\iint\limits_{\Sigma} f(x,y,z)\mathrm{d}S$,其中 Σ 为抛物面 $z = 2-(x^2+y^2)$ 在 xOy 面上方的部分,$f(x,y,z)$ 分别如下:

(1) $f(x,y,z) = 1$;   (2) $f(x,y,z) = x^2+y^2$;   (3) $f(x,y,z) = 3z$.

【解】 Σ 在 xOy 面上的投影区域为 $D_{xy}:x^2+y^2 \leqslant 2(z=0)$;

$$\mathrm{d}S = \sqrt{1+4x^2+4y^2}\,\mathrm{d}x\mathrm{d}y$$

(1) $\iint\limits_{\Sigma} f(x,y,z)\mathrm{d}S = \iint\limits_{D_{xy}} \sqrt{1+4x^2+4y^2}\,\mathrm{d}x\mathrm{d}y = \int_0^{2\pi}\mathrm{d}\theta\int_0^{\sqrt{2}}\sqrt{1+4r^2}\,r\mathrm{d}r =$

$$2\pi\int_0^{\sqrt{2}}\frac{1}{8}(1+4r^2)^{\frac{1}{2}}\mathrm{d}(1+4r^2) = \frac{13}{3}\pi$$

(2) 原式 $= \iint\limits_{D_{xy}}(x^2+y^2)\sqrt{1+4(x^2+y^2)}\,\mathrm{d}x\mathrm{d}y = \int_0^{2\pi}\mathrm{d}\theta\int_0^{\sqrt{2}}r^3\sqrt{1+4r^2}\,\mathrm{d}r =$

$$2\pi\int_0^{\sqrt{2}}\left[(1+4r^2)-1\right]\frac{1}{4}(1+4r^2)^{\frac{1}{2}}\times\frac{1}{8}\mathrm{d}(1+4r^2) =$$

$$\frac{\pi}{16}\left[\frac{2}{5}(1+4r^2)^{\frac{5}{2}} - \frac{2}{3}(1+4r^2)^{\frac{3}{2}}\right]_0^{\sqrt{2}} = \frac{149}{30}\pi$$

(3) 原式 $= \iint\limits_{D_{xy}}3(2-x^2-y^2)\sqrt{1+4(x^2+y^2)}\,\mathrm{d}x\mathrm{d}y =$

$$\int_0^{2\pi}\mathrm{d}\theta\int_0^{\sqrt{3}}3(2-r^2)\sqrt{1+4r^2}\,r\mathrm{d}r =$$

$$3\left[2\pi\int_0^{\sqrt{2}}2\sqrt{1+4r^2}\,r\mathrm{d}r - \frac{149}{30}\pi\right] \xrightarrow{\text{由}(2),(1)}$$

$$6\times\frac{13}{3}\pi - 3\times\frac{149}{30}\pi = \frac{111}{10}\pi$$

5. 计算 $\iint\limits_{\Sigma}(x^2+y^2)\mathrm{d}S$，其中 Σ 是：

(1) 锥面 $z=\sqrt{x^2+y^2}$ 及平面 $z=1$ 所围成的区域的整个边界曲面；

(2) 锥面 $z^2=3(x^2+y^2)$ 被平面 $z=0$ 和 $z=3$ 所截得的部分.

【解】　(1) Σ 由 Σ_1（锥面）及 Σ_2（底面—圆域）组成，对于

$$\Sigma_1:\mathrm{d}S=\sqrt{1+(\frac{\partial z}{\partial x})^2+(\frac{\partial z}{\partial y})^2}\,\mathrm{d}x\mathrm{d}y=\sqrt{2}\,\mathrm{d}x\mathrm{d}y$$

$$\Sigma_2:\mathrm{d}S=\mathrm{d}x\mathrm{d}y$$

Σ_1 及 Σ_2 在 xOy 面上的投影区域 $D_{xy}:x^2+y^2\leqslant 1$；则

$$\iint\limits_{\Sigma}(x^2+y^2)\mathrm{d}S=\iint\limits_{\Sigma_1}+\iint\limits_{\Sigma_2}=\iint\limits_{D_{xy}}(x^2+y^2)\sqrt{2}\,\mathrm{d}x\mathrm{d}y+\iint\limits_{D_{xy}}(x^2+y^2)\mathrm{d}x\mathrm{d}y=$$

$$(\sqrt{2}+1)\int_0^{2\pi}\mathrm{d}\theta\int_0^1 r^2 r\mathrm{d}r=\frac{\sqrt{2}+1}{2}\pi$$

(2) Σ 在 xOy 面上的投影区域为 $D_{xy}:x^2+y^2\leqslant 3(z=0)$；

$$\mathrm{d}S=\sqrt{1+(\frac{3x}{\sqrt{3(x^2+y^2)}})^2+(\frac{3y}{\sqrt{3(x^2+y^2)}})^2}\,\mathrm{d}x\mathrm{d}y=2\mathrm{d}x\mathrm{d}y$$

故　原式 $=\iint\limits_{D_{xy}}(x^2+y^2)2\mathrm{d}x\mathrm{d}y=2\int_0^{2\pi}\mathrm{d}\theta\int_0^{\sqrt{3}}r^2 r\mathrm{d}r=9\pi$

6. 计算下列对面积的曲面积分：

(1) $\iint\limits_{\Sigma}(z+2x+\frac{4}{3}y)\mathrm{d}S$，其中 Σ 为平面 $\frac{x}{2}+\frac{y}{3}+\frac{z}{4}=1$ 在第一卦限中的部分；

(2) $\iint\limits_{\Sigma}(2xy-2x^2-x+z)\mathrm{d}S$，其中 Σ 为平面 $2x+2y+z=6$ 在第一卦限中的部分；

(3) $\iint\limits_{\Sigma}(x+y+z)\mathrm{d}S$，其中 Σ 为球面 $x^2+y^2+z^2=a^2$ 上 $z\geqslant h(0<h<a)$ 的部分；

(4) $\iint\limits_{\Sigma}(xy+yz+zx)\mathrm{d}S$，其中 Σ 为锥面 $z=\sqrt{x^2+y^2}$ 被柱面 $x^2+y^2=2ax$ 所截得的有限部分.

【解】 (1)Σ在 xOy 面上的投影为三角形区域

$$D_{xy}:0 \leqslant x \leqslant 2,0 \leqslant y \leqslant 3(1-\frac{x}{2})$$

$$dS = \sqrt{1+(-2)^2+(-\frac{4}{3})^2}\,dxdy = \frac{\sqrt{61}}{3}dxdy$$

故　原式 $= \iint\limits_{D_{xy}}\left[4(1-\frac{x}{2}-\frac{y}{3})+2x+\frac{4}{3}y\right]\frac{\sqrt{61}}{3}dxdy =$

$$\frac{4}{3}\sqrt{61}\iint\limits_{D_{xy}}dxdy = \frac{4}{3}\sqrt{61}\times\frac{1}{2}\times 2\times 3 = 4\sqrt{61}$$

(2)Σ在 xOy 面上的投影区域

$$D_{xy}:0 \leqslant x \leqslant 3,0 \leqslant y \leqslant 3-x$$

$$dS = \sqrt{1+(-2)^2+(-2)^2}\,dxdy = 3dxdy$$

故　原式 $= \iint\limits_{D_{xy}}(2xy-2x^2-x+6-2x-2y)\times 3dxdy =$

$$3\int_0^3 dx\int_0^{3-x}(2xy-2y-2x^2-3x+6)dy =$$

$$3\int_0^3(3x^3-10x^2+9)dx = -\frac{27}{4}$$

(3)Σ在 xOy 面上的投影区域

$$D_{xy}:x^2+y^2 \leqslant a^2-h^2$$

$$dS = \sqrt{1+(\frac{-x}{\sqrt{a^2-x^2-y^2}})^2+(\frac{-y}{\sqrt{a^2-x^2-y^2}})^2}\,dxdy =$$

$$\frac{a}{\sqrt{a^2-x^2-y^2}}dxdy$$

故　原式 $= \iint\limits_{D_{xy}}(x+y+\sqrt{a^2-x^2-y^2})\frac{a}{\sqrt{a^2-x^2-y^2}}dxdy =$

$$\int_0^{2\pi}d\theta\int_0^{\sqrt{a^2-h^2}}(r\cos\theta+r\sin\theta+\sqrt{a^2-r^2})\frac{ar}{\sqrt{a^2-r^2}}dr =$$

$$a\int_0^{2\pi}(\cos\theta+\sin\theta)d\theta\int_0^{\sqrt{a^2-h^2}}\frac{r^2}{\sqrt{a^2-r^2}}dr +$$

$$a\int_0^{2\pi}\mathrm{d}\theta\int_0^{\sqrt{a^2-h^2}}r\mathrm{d}r = \pi a(a^2-h^2)$$

(4) Σ 在 xOy 面上的投影区域

$$D_{xy}: x^2+y^2 \leqslant 2ax$$

$$\mathrm{d}S = \sqrt{1+(\frac{x}{\sqrt{x^2+y^2}})^2+(\frac{y}{\sqrt{x^2+y^2}})^2}\,\mathrm{d}x\mathrm{d}y = \sqrt{2}\,\mathrm{d}x\mathrm{d}y$$

故　　原式 $= \sqrt{2}\iint\limits_{D_{xy}}[xy+(x+y)\sqrt{x^2+y^2}]\mathrm{d}x\mathrm{d}y =$

$$\sqrt{2}\int_{-\frac{\pi}{2}}^{\frac{\pi}{2}}\mathrm{d}\theta\int_0^{2a\cos\theta}[r^2\sin\theta\cos\theta+r^2(\sin\theta+\cos\theta)]r\mathrm{d}r =$$

$$\sqrt{2}\int_{-\frac{\pi}{2}}^{\frac{\pi}{2}}(\sin\theta\cos\theta+\sin\theta+\cos\theta)\frac{1}{4}(2a\cos\theta)^4\mathrm{d}\theta \xrightarrow{\text{利用奇偶性}}$$

$$2\sqrt{2}\int_0^{\frac{\pi}{2}}4a^4\cos^5\theta\mathrm{d}\theta = 8\sqrt{2}a^4\times\frac{4}{5}\times\frac{2}{3}\times 1 = \frac{64}{15}\sqrt{2}a^4$$

7. 求抛物面壳 $z = \dfrac{1}{2}(x^2+y^2)(0 \leqslant z \leqslant 1)$ 的质量,此壳的面密度的大小为 $\rho = z$.

【解】　抛物面壳 Σ 在 xOy 面上的投影区域

$$D_{xy}: x^2+y^2 \leqslant 2$$

$$\mathrm{d}S = \sqrt{1+x^2+y^2}\,\mathrm{d}x\mathrm{d}y$$

$$M = \iint\limits_{\Sigma}\rho\mathrm{d}S = \iint\limits_{\Sigma}z\mathrm{d}S = \frac{1}{2}\iint\limits_{D_{xy}}(x^2+y^2)\sqrt{1+x^2+y^2}\,\mathrm{d}x\mathrm{d}y =$$

$$\frac{1}{2}\int_0^{2\pi}\mathrm{d}\theta\int_0^{\sqrt{2}}r^2\sqrt{1+r^2}\,r\mathrm{d}r \xrightarrow{\text{令}r^2=t}$$

$$\pi\int_0^2 t\sqrt{1+t}\,\frac{1}{2}\mathrm{d}t = \frac{2\pi}{15}(6\sqrt{3}+1)$$

习题 10-5

2. 当 Σ 为 xOy 面内的一个闭区域时,曲面积分 $\iint\limits_{\Sigma}R(x,y,z)\mathrm{d}x\mathrm{d}y$ 与二重积分有什么关系?

　答　此时 Σ 为 xOy 面内的闭区域 D_{xy}, $z=0$,有

$$\iint\limits_{\Sigma}R(x,y,z)\mathrm{d}x\mathrm{d}y = \pm \iint\limits_{D_{xy}}R(x,y,0)\mathrm{d}x\mathrm{d}y$$

当 Σ 取上侧时取正号；当 Σ 取下侧时取负号. 由此可见，当 Σ 为 D_{xy} 时，第二类曲面积分便成了二重积分.

3. 计算下列对坐标的曲面积分：

(1) $\iint\limits_{\Sigma}x^2y^2z\mathrm{d}x\mathrm{d}y$，其中 Σ 是球面 $x^2+y^2+z^2=R^2$ 的下半部分的下侧；

(2) $\iint\limits_{\Sigma}z\mathrm{d}x\mathrm{d}y+x\mathrm{d}y\mathrm{d}z+y\mathrm{d}z\mathrm{d}x$，其中 Σ 是柱面 $x^2+y^2=1$ 被平面 $z=0$ 及 $z=3$ 所截得的在第一卦限内的部分的前侧；

(3) $\iint\limits_{\Sigma}[f(x,y,z)+x]\mathrm{d}y\mathrm{d}z + [2f(x,y,z)+y]\mathrm{d}z\mathrm{d}x + [f(x,y,z)+z]\mathrm{d}x\mathrm{d}y$，其中 $f(x,y,z)$ 为连续函数，Σ 是平面 $x-y+z=1$ 在第四卦限部分的上侧；

(4) $\oiint\limits_{\Sigma}xz\mathrm{d}x\mathrm{d}y+xy\mathrm{d}y\mathrm{d}z+yz\mathrm{d}z\mathrm{d}x$，其中 Σ 是平面 $x=0,y=0,z=0,x+y+z=1$ 所围成的空间区域的整个边界曲面的外侧.

【解】 (1) 原式 $= -\iint\limits_{D_{xy}}x^2y^2(-\sqrt{R^2-x^2-y^2})\mathrm{d}x\mathrm{d}y =$

$$\int_0^{2\pi}\mathrm{d}\theta\int_0^R r^4\cos^2\theta\sin^2\theta\sqrt{R^2-r^2}\,r\mathrm{d}r =$$

$$\int_0^{2\pi}\frac{\sin^2 2\theta}{8}\mathrm{d}\theta\int_0^R r^4\sqrt{R^2-r^2}\left[-\frac{1}{2}\mathrm{d}(R^2-r^2)\right] =$$

$$\frac{1}{8}\int_0^{2\pi}\frac{1-\cos 4\theta}{2}\mathrm{d}\theta\left[-\frac{1}{2}\times\frac{2}{3}r^4(R^2-r^2)^{\frac{3}{2}}\Big|_0^R + \right.$$

$$\frac{1}{3}\int_0^R(R^2-r^2)^{\frac{3}{2}}\mathrm{d}r^4\right] = \frac{2\pi}{105}R^7$$

(2) 该柱面与 xOy 面垂直，故 $\iint\limits_{\Sigma}z\mathrm{d}x\mathrm{d}y=0$，将 Σ 分别向 yOz 面与 zOx 面投影，得

$$D_{yz}:0\leqslant y\leqslant 1,0\leqslant z\leqslant 3 \qquad D_{xz}:0\leqslant x\leqslant 1,0\leqslant z\leqslant 3$$

原式 $= \iint\limits_{\Sigma}x\mathrm{d}y\mathrm{d}z + \iint\limits_{\Sigma}y\mathrm{d}z\mathrm{d}x = \iint\limits_{D_{yz}}\sqrt{1-y^2}\,\mathrm{d}y\mathrm{d}z + \iint\limits_{D_{xz}}\sqrt{1-x^2}\,\mathrm{d}z\mathrm{d}x =$

$$\int_0^1 \mathrm{d}y \int_0^3 \sqrt{1-y^2}\, \mathrm{d}z + \int_0^1 \mathrm{d}x \int_0^3 \sqrt{1-x^2}\, \mathrm{d}z =$$

$$2 \times 3 \int_0^1 \sqrt{1-x^2}\, \mathrm{d}x = 6 \times \frac{1}{4} \times \pi = \frac{3}{2}\pi$$

(3) 先转化为对面积的曲面积分消去 $f(x,y,z)$，再进行计算. Σ 的法向量 $n = \{1,-1,1\}$，单位化 $n^0 = \{\dfrac{1}{\sqrt{3}}, -\dfrac{1}{\sqrt{3}}, \dfrac{1}{\sqrt{3}}\} = \{\cos\alpha, \cos\beta, \cos\gamma\}$.

故　原式 $= \displaystyle\iint_{\Sigma} (P\cos\alpha + Q\cos\beta + R\cos\gamma)\mathrm{d}S =$

$$\frac{1}{\sqrt{3}} \iint_{\Sigma} [(f(x,y,z)+x) - (2f(x,y,z)+y) + (f(x,y,z)+z)]\mathrm{d}S =$$

$$\frac{1}{\sqrt{3}} \iint_{\Sigma} (x-y+z)\mathrm{d}S = \frac{1}{\sqrt{3}} \iint_{\Sigma} 1\mathrm{d}S =$$

$$\frac{1}{\sqrt{3}} \iint_{D_{xy}} \sqrt{1+1^2+(-1)^2}\, \mathrm{d}x\mathrm{d}y = \iint_{D_{xy}} \mathrm{d}x\mathrm{d}y = \frac{1}{2}$$

(4) Σ 为封闭曲面，由四部分组成. 现分片计算.

在 Σ_1 上，$z = 0$，所以 $\displaystyle\iint_{\Sigma_1} xz\mathrm{d}x\mathrm{d}y = \iint_{\Sigma_1} yz\mathrm{d}z\mathrm{d}y = 0$；

又因 Σ_1 垂直 yOz 面，故 $\displaystyle\iint_{\Sigma_1} xy\mathrm{d}y\mathrm{d}z = 0$.

从而　$\displaystyle\iint_{\Sigma_1} xz\mathrm{d}x\mathrm{d}y + yz\mathrm{d}z\mathrm{d}y + xy\mathrm{d}y\mathrm{d}z = 0$

在 Σ_2 上 $x = 0$，故 $\displaystyle\iint_{\Sigma_2} xz\mathrm{d}x\mathrm{d}y + yz\mathrm{d}z\mathrm{d}y + xy\mathrm{d}y\mathrm{d}z = 0$；

在 Σ_3 上 $y = 0$，故 $\displaystyle\iint_{\Sigma_3} xz\mathrm{d}x\mathrm{d}y + yz\mathrm{d}z\mathrm{d}y + xy\mathrm{d}y\mathrm{d}z = 0$；

在 Σ_4 上，平面的法向量 $n = \{1,1,1\}$，故

$$\cos\alpha = \cos\beta = \cos\gamma = \frac{\sqrt{3}}{3} > 0$$

所以　原式 $= 0 + 0 + 0 + \displaystyle\iint_{\Sigma_4} xz\mathrm{d}x\mathrm{d}y + yz\mathrm{d}z\mathrm{d}y + xy\mathrm{d}y\mathrm{d}z =$

$$\iint_{D_{xy}} x(1-x-y)\mathrm{d}x\mathrm{d}y + \iint_{D_{xz}} (1-x-z)z\mathrm{d}z\mathrm{d}x +$$

$$\iint_{D_{yz}} (1-y-z)y\mathrm{d}y\mathrm{d}z = 3\iint_{D_{xy}} (x-x^2-xy)\mathrm{d}x\mathrm{d}y =$$

$$3\int_0^1 \mathrm{d}x \int_0^{1-x} (x-x^2-xy)\mathrm{d}y =$$

$$3\int_0^1 \left(\frac{1}{2}x - x^2 + \frac{1}{2}x^3\right)\mathrm{d}x = \frac{1}{8}$$

4. 把对坐标的曲面积分

$$\iint_{\Sigma} P(x,y,z)\mathrm{d}y\mathrm{d}z + Q(x,y,z)\mathrm{d}z\mathrm{d}x + R(x,y,z)\mathrm{d}x\mathrm{d}y$$

化成对面积的曲面积分,其中:

(1) Σ 是平面 $3x+2y+2\sqrt{3}z=6$ 在第一卦限部分的上侧;

(2) Σ 是抛物面 $z=8-(x^2+y^2)$ 在 xOy 面上方的部分的上侧.

【解】 (1) 平面 Σ 的法向量 $\boldsymbol{n}=\{3,2,2\sqrt{3}\}$,

所以
$$\cos\alpha = \frac{3}{5}, \quad \cos\beta = \frac{2}{5}, \quad \cos\gamma = \frac{2\sqrt{3}}{5}$$

$$原式 = \iint_{\Sigma} \left[\frac{3}{5}P(x,y,z) + \frac{2}{5}Q(x,y,z) + \frac{2\sqrt{3}}{5}R(x,y,z)\right]\mathrm{d}S$$

(2) $\dfrac{\partial z}{\partial x} = -2x, \dfrac{\partial z}{\partial y} = -2y$,又 Σ 取上侧,故取其法向量 $\boldsymbol{n}=\{2x,2y,1\}$,则

$$\cos\alpha = \frac{2x}{\sqrt{1+4x^2+4y^2}}, \quad \cos\beta = \frac{2y}{\sqrt{1+4x^2+4y^2}}, \quad \cos\gamma = \frac{1}{\sqrt{1+4x^2+4y^2}}$$

$$原式 = \iint_{\Sigma} \frac{2xP(x,y,z) + 2yQ(x,y,z) + R(x,y,z)}{\sqrt{1+4(x^2+y^2)}}\mathrm{d}S$$

习题 10 - 6

1. 利用高斯公式计算曲面积分:

(1) $\oiint_{\Sigma} x^2\mathrm{d}y\mathrm{d}z + y^2\mathrm{d}z\mathrm{d}x + z^2\mathrm{d}x\mathrm{d}y$,其中 Σ 为平面 $x=0,y=0,z=0,x=a,y=a,z=a$ 所围成的立方体的表面的外侧;

(2) $\oiint_{\Sigma} x^3\mathrm{d}y\mathrm{d}z + y^3\mathrm{d}z\mathrm{d}x + z^3\mathrm{d}x\mathrm{d}y$,其中 Σ 为球面 $x^2+y^2+z^2=a^2$ 的

外侧；

(3) $\oiint\limits_{\Sigma} xz^2\mathrm{d}y\mathrm{d}z+(x^2y-z^3)\mathrm{d}z\mathrm{d}x+(2xy+y^2z)\mathrm{d}x\mathrm{d}y$,其中 Σ 为上半球体

$x^2+y^2\leqslant a^2,0\leqslant z\leqslant\sqrt{a^2-x^2-y^2}$ 的表面外侧；

(4) $\oiint\limits_{\Sigma} x\mathrm{d}y\mathrm{d}z+y\mathrm{d}z\mathrm{d}x+z\mathrm{d}x\mathrm{d}y$,其中 Σ 是界于 $z=0$ 和 $z=3$ 之间的圆柱

体 $x^2+y^2\leqslant9$ 的整个表面的外侧；

(5) $\oiint\limits_{\Sigma} 4xz\mathrm{d}y\mathrm{d}z-y^2\mathrm{d}z\mathrm{d}x+yz\mathrm{d}x\mathrm{d}y$,其中 Σ 是平面 $x=0,y=0,z=0,x$

$=1,y=1,z=1$ 所围成的立方体的全表面的外侧.

【解】 (1) 原式 $=\iiint\limits_{\Omega}(2x+2y+2z)\mathrm{d}V=$

$$2\int_0^a\mathrm{d}x\int_0^a\mathrm{d}y\int_0^a(x+y+z)\mathrm{d}z=6\int_0^a\mathrm{d}x\int_0^a\mathrm{d}y\int_0^a z\mathrm{d}z=3a^4$$

(2) 原式 $=\iiint\limits_{\Omega}3(x^2+y^2+z^2)\mathrm{d}V=3\int_0^{2\pi}\mathrm{d}\theta\int_0^{\pi}\sin\varphi\,\mathrm{d}\varphi\int_0^a r^4\mathrm{d}r=$

$$3\times2\pi(-\cos\varphi)\Big|_0^{\pi}\frac{1}{5}r^5\Big|_0^a=\frac{12}{5}\pi a^5$$

(3) 原式 $=\iiint\limits_{\Omega}(z^2+x^2+y^2)\mathrm{d}V=\int_0^{2\pi}\mathrm{d}\theta\int_0^{\frac{\pi}{2}}\sin\varphi\mathrm{d}\varphi\int_0^a r^4\mathrm{d}r=$

$$2\pi(-\cos\varphi)\Big|_0^{\frac{\pi}{2}}\frac{1}{5}r^5\Big|_0^a=\frac{2}{5}\pi a^5$$

(4) 原式 $=\iiint\limits_{\Omega}(1+1+1)\mathrm{d}V=3\iiint\limits_{\Omega}\mathrm{d}V=3\times\pi3^2\times3=81\pi$

(5) 原式 $=\iiint\limits_{\Omega}(4z-2y+y)\mathrm{d}V=\iiint\limits_{\Omega}(4z-y)\mathrm{d}V=$

$$4\int_0^1\mathrm{d}x\int_0^1\mathrm{d}y\int_0^1 z\mathrm{d}z-\int_0^1\mathrm{d}x\int_0^1 y\mathrm{d}y\int_0^1\mathrm{d}z=\frac{3}{2}$$

2. 求下列向量 A 穿过曲面 Σ 流向指定侧的通量：

(1) $A=yz\boldsymbol{i}+xz\boldsymbol{j}+xy\boldsymbol{k}$,$\Sigma$ 为圆柱 $x^2+y^2\leqslant a^2(0\leqslant z\leqslant h)$ 的全表面,流

向外侧；

(2) $A=(2x-z)\boldsymbol{i}+x^2y\boldsymbol{j}-xz^2\boldsymbol{k}$,$\Sigma$ 为立方体 $0\leqslant x\leqslant a,0\leqslant y\leqslant a,0\leqslant$

$z \leqslant a$ 的全表面,流向外侧;

(3) $\boldsymbol{A} = (2x + 3z)\boldsymbol{i} - (xz + y)\boldsymbol{j} + (y^2 + 2z)\boldsymbol{k}$,$\Sigma$ 是以点 $(3, -1, 2)$ 为球心,半径 $R = 3$ 的球面,流向外侧.

【解】 (1) $\Phi = \oiint\limits_{\Sigma} yz\mathrm{d}y\mathrm{d}z + xz\mathrm{d}z\mathrm{d}x + xy\mathrm{d}x\mathrm{d}y = \iiint\limits_{\Omega}(0 + 0 + 0)\mathrm{d}V = 0$

(2) $\Phi = \oiint\limits_{\Sigma}(2x - z)\mathrm{d}y\mathrm{d}z + x^2 y\mathrm{d}z\mathrm{d}x - xz^2\mathrm{d}x\mathrm{d}y =$

$$\iiint\limits_{\Omega}(2 + x^2 - 2xz)\mathrm{d}x\mathrm{d}y\mathrm{d}z =$$

$$2\iiint\limits_{\Omega}\mathrm{d}V + \int_0^a \mathrm{d}y \int_0^a \mathrm{d}z \int_0^a x^2\mathrm{d}x - 2\int_0^a x\mathrm{d}x \int_0^a \mathrm{d}y \int_0^a z\mathrm{d}z =$$

$$2a^3 + \frac{a^5}{3} - \frac{a^5}{2} = 2a^3 - \frac{a^5}{6}$$

(3) $\Phi = \oiint\limits_{\Sigma}(2x + 3z)\mathrm{d}y\mathrm{d}z - (xz + y)\mathrm{d}z\mathrm{d}x + (y^2 + 2z)\mathrm{d}x\mathrm{d}y =$

$$\iiint\limits_{\Omega}(2 - 1 + 2)\mathrm{d}V = 3\iiint\limits_{\Omega}\mathrm{d}V = 3 \times \frac{4}{3}\pi \times 3^3 = 108\pi$$

3. 求下列向量场 $\boldsymbol{A}$ 的散度:

(1) $\boldsymbol{A} = (x^2 + yz)\boldsymbol{i} + (y^2 + xz)\boldsymbol{j} + (z^2 + xy)\boldsymbol{k}$;

(2) $\boldsymbol{A} = \mathrm{e}^{xy}\boldsymbol{i} + \cos(xy)\boldsymbol{j} + \cos(xz^2)\boldsymbol{k}$;

(3) $\boldsymbol{A} = y^2\boldsymbol{i} + xy\boldsymbol{j} + xz\boldsymbol{k}$.

【解】 (1) $\mathrm{div}\boldsymbol{A} = \dfrac{\partial P}{\partial x} + \dfrac{\partial Q}{\partial y} + \dfrac{\partial R}{\partial z} = 2(x + y + z)$

(2) $\mathrm{div}\boldsymbol{A} = y\mathrm{e}^{xy} - x\sin(xy) - 2xz\sin(xz^2)$

(3) $\mathrm{div}\boldsymbol{A} = 0 + x + x = 2x$

4. 设 $u(x, y, z)$,$v(x, y, z)$ 是**两个定义在闭区域 Ω 上具有二阶连续偏导数**的函数,$\dfrac{\partial u}{\partial \boldsymbol{n}}$,$\dfrac{\partial v}{\partial \boldsymbol{n}}$ 依次表示 $u(x, y, z)$,$v(x, y, z)$ 沿 Σ 的外法线方向的方向导数.

证明:

$$\iiint\limits_{\Omega}(u\Delta v - v\Delta u)\mathrm{d}x\mathrm{d}y\mathrm{d}z = \oiint\limits_{\Sigma}\left(u\frac{\partial v}{\partial \boldsymbol{n}} - v\frac{\partial u}{\partial \boldsymbol{n}}\right)\mathrm{d}S$$

其中 Σ 是空间闭区域 Ω 的整个边界曲面,这个公式叫做格林第二公式.

【证明】　由教材 P208 例 3 知

$$\iiint_\Omega u \Delta v \mathrm{d}x\mathrm{d}y\mathrm{d}z = \oiint_\Sigma u \frac{\partial v}{\partial \boldsymbol{n}} \mathrm{d}S - \iiint_\Omega \left(\frac{\partial u}{\partial x}\frac{\partial v}{\partial x} + \frac{\partial u}{\partial y}\frac{\partial v}{\partial y} + \frac{\partial u}{\partial z}\frac{\partial v}{\partial z} \right) \mathrm{d}x\mathrm{d}y\mathrm{d}z$$

同理

$$\iiint_\Omega v \Delta u \mathrm{d}x\mathrm{d}y\mathrm{d}z = \oiint_\Sigma v \frac{\partial u}{\partial \boldsymbol{n}} \mathrm{d}S - \iiint_\Omega \left(\frac{\partial u}{\partial x}\frac{\partial v}{\partial x} + \frac{\partial u}{\partial y}\frac{\partial v}{\partial y} + \frac{\partial u}{\partial z}\frac{\partial v}{\partial z} \right) \mathrm{d}x\mathrm{d}y\mathrm{d}z$$

以上两式相减即得证.

习题 10 - 7

1. 利用斯托克斯公式,计算下列曲线积分:

(1) $\oint_\Gamma y\mathrm{d}x + z\mathrm{d}y + x\mathrm{d}z$,其中 Γ 为圆周 $x^2 + y^2 + z^2 = a^2$,$x + y + z = 0$,若从 x 轴正向看去,这圆周是取逆时针的方向;

(2) $\oint_\Gamma (y-z)\mathrm{d}x + (z-x)\mathrm{d}y + (x-y)\mathrm{d}z$,其中 Γ 为椭圆 $x^2 + y^2 = a^2$,$\frac{x}{a} + \frac{z}{b} = 1(a > 0, b > 0)$,若从 x 轴正向看去,这椭圆是取逆时针方向;

(3) $\oint_\Gamma 3y\mathrm{d}x - xz\mathrm{d}y + yz^2\mathrm{d}z$,其中 Γ 是圆周 $x^2 + y^2 = 2z$,$z = 2$,若从 z 轴正向看去,这圆周是取逆时针方向;

(4) $\oint_\Gamma 2y\mathrm{d}x + 3x\mathrm{d}y - z^2\mathrm{d}z$,其中 Γ 是圆周 $x^2 + y^2 + z^2 = 9$,$z = 0$,若从 z 轴正向看去,这圆周是取逆时针方向.

【解】　(1) 记 Σ 为平面 $x + y + z = 0$ 被 Γ 所围部分上侧, Σ 的方向向量 $\boldsymbol{n}^0 = \{\cos\alpha, \cos\beta, \cos\gamma\} = \left\{ \frac{1}{\sqrt{3}}, \frac{1}{\sqrt{3}}, \frac{1}{\sqrt{3}} \right\}$.

故　　原式 $= \iint_\Sigma \begin{vmatrix} \dfrac{1}{\sqrt{3}} & \dfrac{1}{\sqrt{3}} & \dfrac{1}{\sqrt{3}} \\ \dfrac{\partial}{\partial x} & \dfrac{\partial}{\partial y} & \dfrac{\partial}{\partial z} \\ y & z & x \end{vmatrix} \mathrm{d}S =$

$$\iint_\Sigma \left(-\frac{1}{\sqrt{3}} - \frac{1}{\sqrt{3}} - \frac{1}{\sqrt{3}} \right) \mathrm{d}S = -\sqrt{3} \iint_\Sigma \mathrm{d}S = -\sqrt{3}\pi a^2$$

其中 Γ 所围圆的半径为 a.

(2) Σ 为平面 $\dfrac{x}{a} + \dfrac{z}{b} = 1$ 被 Γ 所围部分上侧，Σ 的单位法向量 $\boldsymbol{n}^0 = \left\{\dfrac{b}{\sqrt{a^2+b^2}}, 0, \dfrac{a}{\sqrt{a^2+b^2}}\right\}$.

故　　　原式 $= \displaystyle\iint_{\Sigma} \begin{vmatrix} \dfrac{b}{\sqrt{a^2+b^2}} & 0 & \dfrac{a}{\sqrt{a^2+b^2}} \\ \dfrac{\partial}{\partial x} & \dfrac{\partial}{\partial y} & \dfrac{\partial}{\partial z} \\ y-z & z-x & x-y \end{vmatrix} \mathrm{d}S =$

$\displaystyle\iint_{\Sigma} \left(\dfrac{-2b}{\sqrt{a^2+b^2}} + \dfrac{-2a}{\sqrt{a^2+b^2}}\right)\mathrm{d}S = -\dfrac{2(a+b)}{\sqrt{a^2+b^2}} \iint_{\Sigma} \mathrm{d}S =$

$-2\dfrac{(a+b)}{\sqrt{a^2+b^2}} \times \pi \sqrt{a^2+b^2} \times a = -2\pi a(a+b)$

如图 F-10-1 所示，椭圆截面的短半轴长为 a，长半轴长为 $\sqrt{a^2+b^2}$，从而面积为 $\pi a \sqrt{a^2+b^2}$.

(3) 记 Σ 为平面 $z=2$ 上被 Γ 所围部分的上侧，Σ 的法向量 $\boldsymbol{n}^0 = \{0,0,1\}$.

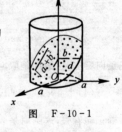

图　F-10-1

原式 $= \displaystyle\iint_{\Sigma} \begin{vmatrix} 0 & 0 & 1 \\ \dfrac{\partial}{\partial x} & \dfrac{\partial}{\partial y} & \dfrac{\partial}{\partial z} \\ 3y & -xz & yz^2 \end{vmatrix} \mathrm{d}S =$

$\displaystyle\iint_{\Sigma}(-z-3)\mathrm{d}S = -\iint_{D_{xy}}(2+3)\mathrm{d}x\mathrm{d}y = -5 \times \pi \times 2^2 = -20\pi$

(4) 原式 $= \displaystyle\iint_{\Sigma} \begin{vmatrix} \mathrm{d}y\mathrm{d}z & \mathrm{d}z\mathrm{d}x & \mathrm{d}x\mathrm{d}y \\ \dfrac{\partial}{\partial x} & \dfrac{\partial}{\partial y} & \dfrac{\partial}{\partial z} \\ 2y & 3x & -z \end{vmatrix} = \iint_{\Sigma}(3-2)\mathrm{d}x\mathrm{d}y = \iint_{D_{xy}}\mathrm{d}x\mathrm{d}y = 9\pi$

其中 $D_{xy}: x^2 + y^2 \leqslant 9$.

2. 求下列向量场 $\boldsymbol{A}$ 的旋度：

(1) $\boldsymbol{A} = (2z-3y)\boldsymbol{i} + (3x-z)\boldsymbol{j} + (y-2x)\boldsymbol{k}$；

(2) $A = (z + \sin y)i - (z - x\cos y)j$；

(3) $A = x^2\sin y i + y^2\sin(xz)j + xy\sin(\cos z)k$.

【解】 (1) $\operatorname{rot} A = \begin{vmatrix} i & j & k \\ \dfrac{\partial}{\partial x} & \dfrac{\partial}{\partial y} & \dfrac{\partial}{\partial z} \\ 2z-3y & 3x-z & y-2x \end{vmatrix} = 2i + 4j + 6k$

(2) $\operatorname{rot} A = \begin{vmatrix} i & j & k \\ \dfrac{\partial}{\partial x} & \dfrac{\partial}{\partial y} & \dfrac{\partial}{\partial z} \\ z+\sin y & -z+x\cos y & 0 \end{vmatrix} = i + j$

(3) $\operatorname{rot} A = \begin{vmatrix} i & j & k \\ \dfrac{\partial}{\partial x} & \dfrac{\partial}{\partial y} & \dfrac{\partial}{\partial z} \\ x^2\sin y & y^2\sin(xz) & xy\sin(\cos z) \end{vmatrix} =$

$[x\sin(\cos z) - xy^2\cos(xz)]i - y\sin(\cos z)j +$

$[zy^2\cos(xz) - x^2\cos y]k$

3. 利用斯托克斯公式把曲面积分 $\iint\limits_{\Sigma}\operatorname{rot} A \cdot n\,\mathrm{d}S$ 化为曲线积分，并计算积分值，其中 A，Σ 及 n 分别如下：

(1) $A = y^2 i + xy j + xz k$，Σ 为上半球面 $z = \sqrt{1 - x^2 - y^2}$ 的上侧，n 是 Σ 的单位法向量；

(2) $A = (y-z)i + yzj - xzk$，Σ 为立方体 $0 \leqslant x \leqslant 2, 0 \leqslant y \leqslant 2, 0 \leqslant z \leqslant 2$ 的表面外侧去掉 xOy 面上的那个底面，n 是 Σ 的单位法向量.

【解】 (1) 为方便，该 Σ 看做是由 xOy 面上的单位圆 $\Gamma: x^2 + y^2 = 1$ 张成的，并取逆时针方向，则 Γ：

$$x = \cos\theta, \quad y = \sin\theta \quad (0 \text{ 从 } \theta \to 2\pi)$$

由斯托克斯公式有

$$\iint\limits_{\Sigma}\operatorname{rot} A \cdot n\,\mathrm{d}S = \oint_{\Gamma} P\,\mathrm{d}x + Q\,\mathrm{d}y + R\,\mathrm{d}z = \oint_{\Gamma} y^2\,\mathrm{d}x + xy\,\mathrm{d}y + xz\,\mathrm{d}z =$$

$$\int_0^{2\pi}\left[\sin^2\theta(-\sin\theta) + \cos^2\theta\sin\theta + 0\right]\mathrm{d}\theta =$$

$$\int_0^{2\pi} (\sin^2\theta - \cos^2\theta)d\cos\theta = \int_0^{2\pi}(1-2\cos^2\theta)d\cos\theta = 0$$

(2) 设该 Σ 是由底面在 xOy 面上正方形:$0 \leqslant x \leqslant 2, 0 \leqslant y \leqslant 2$ 所张成,Γ 取逆时针方向.则有

$$\iint\limits_{\Sigma}\text{rot}\, \boldsymbol{A} \cdot \boldsymbol{n}\mathrm{d}S = \oint_{\Gamma}(y-z)\mathrm{d}x + yz\mathrm{d}y - xz\mathrm{d}z =$$

$$\oint_{\Gamma}(y-0)\mathrm{d}x + 0 \xlongequal{\text{由格林公式}}$$

$$\iint\limits_{D_{xy}}(\frac{\partial Q}{\partial x} - \frac{\partial P}{\partial y})\mathrm{d}x\mathrm{d}y = \iint\limits_{D_{xy}} -\mathrm{d}x\mathrm{d}y = -4$$

4. 求下列向量场 $\boldsymbol{A}$ 沿闭曲线 Γ(从 z 轴正向看 Γ 依逆时针方向)的环流量:

(1) $\boldsymbol{A} = -y\boldsymbol{i} + x\boldsymbol{j} + C\boldsymbol{k}$($C$ 为常数),Γ 为圆周 $x^2 + y^2 = 1, z = 0$;

(2) $\boldsymbol{A} = (x-z)\boldsymbol{i} + (x^3+yz)\boldsymbol{j} - 3xy^2\boldsymbol{k}$,其中 Γ 为圆周 $z = 2 - \sqrt{x^2+y^2}$,$z = 0$.

【解】 (1) Γ 是 xOy 面上的正向圆周:

$$x = \cos\theta, \quad y = \sin\theta \quad (0 \text{ 从 } \theta \to 2\pi)$$

环量 $\oint_{\Gamma}P\mathrm{d}x + Q\mathrm{d}y + R\mathrm{d}z = \oint_{\Gamma} -y\mathrm{d}x + x\mathrm{d}y + C\mathrm{d}z =$

$$\int_0^{2\pi}(\sin^2\theta + \cos^2\theta + 0)\mathrm{d}\theta = \int_0^{2\pi}\mathrm{d}\theta = 2\pi$$

(2) Γ 是 xOy 面上的正向圆周:$x^2 + y^2 = 4$,即

$$x = 2\cos\theta, \quad y = 2\sin\theta \quad (0 \text{ 从 } \theta \to 2\pi)$$

故 $\oint_{\Gamma}P\mathrm{d}x + Q\mathrm{d}y + R\mathrm{d}z = \oint_{\Gamma}(x-z)\mathrm{d}x + (x^3+yz)\mathrm{d}y - 3xy^2\mathrm{d}z =$

$$\int_0^{2\pi}\left[2\cos\theta(-2\sin\theta) + 8\cos^3\theta \cdot 2\cos\theta + 0\right]\mathrm{d}\theta =$$

$$-2\int_0^{2\pi}\sin2\theta\mathrm{d}\theta + 16\int_0^{2\pi}(\frac{1+\cos2\theta}{2})^2\mathrm{d}\theta =$$

$$4\int_0^{2\pi}(1+2\cos2\theta + \frac{1+\cos4\theta}{2})\mathrm{d}\theta = 8\pi + 4\pi = 12\pi$$

5. 证明 rot $(\boldsymbol{a} + \boldsymbol{b}) = $ rot $\boldsymbol{a} + $ rot $\boldsymbol{b}$.

【证】　设 $\boldsymbol{a} = \{a_x, a_y, a_z\}, \boldsymbol{b} = \{b_x, b_y, b_z\}$，则

$$\mathrm{rot}\,(\boldsymbol{a} + \boldsymbol{b}) = \begin{vmatrix} \boldsymbol{i} & \boldsymbol{j} & \boldsymbol{k} \\ \dfrac{\partial}{\partial x} & \dfrac{\partial}{\partial y} & \dfrac{\partial}{\partial z} \\ a_x + b_x & a_y + b_y & a_z + b_z \end{vmatrix} =$$

$$\begin{vmatrix} \boldsymbol{i} & \boldsymbol{j} & \boldsymbol{k} \\ \dfrac{\partial}{\partial x} & \dfrac{\partial}{\partial y} & \dfrac{\partial}{\partial z} \\ a_x & a_y & a_z \end{vmatrix} + \begin{vmatrix} \boldsymbol{i} & \boldsymbol{j} & \boldsymbol{k} \\ \dfrac{\partial}{\partial x} & \dfrac{\partial}{\partial y} & \dfrac{\partial}{\partial z} \\ b_x & b_y & b_z \end{vmatrix} = \mathrm{rot}\,\boldsymbol{a} + \mathrm{rot}\,\boldsymbol{b}$$

6. 设 $u = u(x, y, z)$ 具有二阶连续偏导数，求 $\mathrm{rot}\,(\mathrm{grad}\,u)$.

【解】
$$\mathrm{grad}\,u = \{\frac{\partial u}{\partial x}, \frac{\partial u}{\partial y}, \frac{\partial u}{\partial z}\}$$

$$\mathrm{rot}\,(\mathrm{grad}\,u) = \begin{vmatrix} \boldsymbol{i} & \boldsymbol{j} & \boldsymbol{k} \\ \dfrac{\partial}{\partial x} & \dfrac{\partial}{\partial y} & \dfrac{\partial}{\partial z} \\ \dfrac{\partial u}{\partial x} & \dfrac{\partial u}{\partial y} & \dfrac{\partial u}{\partial z} \end{vmatrix} =$$

$$(\frac{\partial^2 u}{\partial z \partial y} - \frac{\partial^2 u}{\partial y \partial z})\boldsymbol{i} + (\frac{\partial^2 u}{\partial z \partial x} - \frac{\partial^2 u}{\partial x \partial z})\boldsymbol{j} + (\frac{\partial^2 u}{\partial y \partial x} - \frac{\partial^2 u}{\partial x \partial y})\boldsymbol{k} = 0$$

总习题十

1. 填空：

(1) 第二类曲线积分 $\displaystyle\int_{\Gamma} P\mathrm{d}x + Q\mathrm{d}y + R\mathrm{d}z$ 化成第一类曲线积分是 _____，其中 α, β, γ 为有向曲线弧 Γ 上点 (x, y, z) 处的 _____ 的方向角.

（答案：$\displaystyle\int_{\Gamma}(P\cos\alpha + Q\cos\beta + R\cos\gamma)\mathrm{d}S$；切向量）

(2) 第二类曲面积分 $\displaystyle\iint_{\Sigma} P\mathrm{d}y\mathrm{d}z + Q\mathrm{d}z\mathrm{d}x + R\mathrm{d}x\mathrm{d}y$ 化成第一类曲面积分是

_____，其中 α, β, γ 为有向曲面 Σ 上点 (x, y, z) 处的 _____ 的方向角.

（答案：$\displaystyle\iint_{\Sigma}(P\cos\alpha + Q\cos\beta + R\cos\gamma)\mathrm{d}S$；法向量）

2. 计算下列曲线积分：

(1) $\oint_L \sqrt{x^2+y^2}\,\mathrm{d}s$,其中 L 为圆周 $x^2+y^2=ax$;

(2) $\int_\Gamma z\,\mathrm{d}s$,其中 Γ 为曲线 $x=t\cos t, y=t\sin t, z=t$ $(0\leqslant t\leqslant t_0)$;

(3) $\int_L (2a-y)\mathrm{d}x+x\mathrm{d}y$,其中 L 为摆线 $x=a(t-\sin t), y=a(1-\cos t)$ 上对应 t 从 0 到 2π 的一段弧;

(4) $\int_\Gamma (y^2-z^2)\mathrm{d}x+2yz\mathrm{d}y-x^2\mathrm{d}z$,其中 Γ 是曲线 $x=t, y=t^2, z=t^3$ 上由 $t_1=0$ 到 $t_2=1$ 的一段弧;

(5) $\int_L (\mathrm{e}^x\sin y-2y)\mathrm{d}x+(\mathrm{e}^x\cos y-2)\mathrm{d}y$,其中 L 为上半圆周 $(x-a)^2+y^2=a^2, y\geqslant 0$,沿逆时针方向;

(6) $\oint_\Gamma xyz\mathrm{d}z$,其中 Γ 是用平面 $y=z$ 截球面 $x^2+y^2+z^2=1$ 所得的截痕,从 z 轴的正向看去,沿逆时针方向.

【解】 (1) $L: r=a\cos\theta, -\dfrac{\pi}{2}<\theta<\dfrac{\pi}{2}$

$$\mathrm{d}s=\sqrt{r^2+r'^2}\,\mathrm{d}\theta=a\mathrm{d}\theta$$

$$原式=\int_{-\frac{\pi}{2}}^{\frac{\pi}{2}} a\cos\theta\cdot a\mathrm{d}\theta=2a^2$$

(2) $\displaystyle\int_\Gamma z\mathrm{d}s=\int_0^{t_0} t\sqrt{2+t^2}\,\mathrm{d}t=$

$$\frac{1}{2}\times\frac{2}{3}(2+t^2)^{\frac{3}{2}}\Big|_0^{t_0}=\frac{(2+t_0^2)^{\frac{3}{2}}-2\sqrt{2}}{3}$$

(3) $原式=\displaystyle\int_0^{2\pi}\{[2a-a(1-\cos t)]\cdot a(1-\cos t)+$

$$a(t-\sin t)\cdot a\sin t\}\mathrm{d}t=a^2\int_0^{2\pi} t\sin t\mathrm{d}t=-2\pi a^2$$

(4) $原式=\displaystyle\int_0^1 [(t^4-t^6)\times 1+2t^2t^3 2t-t^2 3t^2]\mathrm{d}t=\int_0^1 (3t^6-t^4)\mathrm{d}t=\frac{1}{35}$

(5) 加上 $L_1: y=0, x$ 由 0 到 $2a$ 使 $L+L_1$ 封闭,而 $\displaystyle\int_{L_1} P\mathrm{d}x+Q\mathrm{d}y=0$

故 $\displaystyle\int_L P\mathrm{d}x+Q\mathrm{d}y=\int_{L+L_1} P\mathrm{d}x+Q\mathrm{d}y=\iint_D (\frac{\partial Q}{\partial x}-\frac{\partial P}{\partial y})\mathrm{d}x\mathrm{d}y=$

$$\iint\limits_{D}(e^x\cos y - e^x\cos y + 2)\mathrm{d}x\mathrm{d}y = 2\iint\limits_{D}\mathrm{d}x\mathrm{d}y = \pi a^2$$

$$(6)\int_{\Gamma}xyz\mathrm{d}z = \iint\limits_{\Sigma}\begin{vmatrix} \mathrm{d}y\mathrm{d}z & \mathrm{d}z\mathrm{d}x & \mathrm{d}x\mathrm{d}y \\ \dfrac{\partial}{\partial x} & \dfrac{\partial}{\partial y} & \dfrac{\partial}{\partial z} \\ 0 & 0 & xyz \end{vmatrix} = \iint\limits_{\Sigma}xz\mathrm{d}y\mathrm{d}z - yz\mathrm{d}z\mathrm{d}x$$

其中 Σ 是 $y = z$ 上以 Γ 为边界的椭圆，Σ 侧与 Γ 正向符合右手法则. 又 Σ 在 yOz 面上的投影为一线段，故 $\iint\limits_{\Sigma}xz\mathrm{d}y\mathrm{d}z = 0$. Σ 在 xOy 面上的投影区域 $D:x^2 + 2z^2 \leqslant 1$，且 Σ 的正侧方向与 y 轴成钝角.

$$-\iint\limits_{\Sigma}yz\mathrm{d}z\mathrm{d}x = \iint\limits_{D}z^2\mathrm{d}z\mathrm{d}x = \int_{0}^{2\pi}\mathrm{d}\theta\int_{0}^{1}\frac{1}{2}r\cos^2\theta\frac{1}{\sqrt{2}}r\mathrm{d}r =$$

$$\int_{0}^{2\pi}\frac{1+\cos 2\theta}{2}\mathrm{d}\theta\int_{0}^{1}\frac{r^3}{2\sqrt{2}}\mathrm{d}r = \frac{\sqrt{2}}{16}\pi$$

其中 $z = \dfrac{r}{\sqrt{2}}\cos\theta, x = r\sin\theta$

故原式 $= \dfrac{\sqrt{2}}{16}\pi$.

3. 计算下列曲面积分：

(1) $\iint\limits_{\Sigma}\dfrac{\mathrm{d}S}{x^2 + y^2 + z^2}$，其中 Σ 是介于平面 $z = 0$ 及 $z = H$ 之间的圆柱面 $x^2 + y^2 = R^2$；

(2) $\iint\limits_{\Sigma}(y^2 - z)\mathrm{d}y\mathrm{d}z + (z^2 - x)\mathrm{d}z\mathrm{d}x + (x^2 - y)\mathrm{d}x\mathrm{d}y$，其中 Σ 为锥面 $z = \sqrt{x^2 + y^2}(0 \leqslant z \leqslant h)$ 的外侧；

(3) $\iint\limits_{\Sigma}x\mathrm{d}y\mathrm{d}z + y\mathrm{d}z\mathrm{d}x + z\mathrm{d}x\mathrm{d}y$，其中 Σ 为半球面 $z = \sqrt{R^2 - x^2 - y^2}$ 的上侧；

(4) $\iint\limits_{\Sigma}\dfrac{x\mathrm{d}y\mathrm{d}z + y\mathrm{d}z\mathrm{d}x + z\mathrm{d}x\mathrm{d}y}{\sqrt{(x^2 + y^2 + z^2)^3}}$，其中 Σ 为曲面 $1 - \dfrac{z}{5} = \dfrac{(x - 2)^2}{16} + \dfrac{(y - 1)^2}{9}(z \geqslant 0)$ 的上侧；

(5) $\iint\limits_{\Sigma} xyz \, \mathrm{d}x\mathrm{d}y$,其中 Σ 为球面 $x^2 + y^2 + z^2 = 1(x \geqslant 0, y \geqslant 0)$ 的外侧.

【解】(1)Σ 在 yOz 面上投影域 $D_{yz}: -R \leqslant y \leqslant R, 0 \leqslant z \leqslant H$,由 $x^2 + y^2 = R^2$.得 $x = \pm \sqrt{R^2 - y^2}$,即 Σ 由前侧 Σ_1 及后侧 Σ_2 组成.

所以　　原式 $= \iint\limits_{\Sigma_1 + \Sigma_2} \dfrac{1}{x^2 + y^2 + z^2} \mathrm{d}S =$

$$\iint\limits_{D_{yz}} \dfrac{1}{(-\sqrt{R^2 - y^2})^2 + y^2 + z^2} \dfrac{R}{\sqrt{R^2 - y^2}} \mathrm{d}y\mathrm{d}z +$$

$$\iint\limits_{D_{yz}} \dfrac{1}{(\sqrt{R^2 - y^2})^2 + y^2 + z^2} \dfrac{R}{\sqrt{R^2 - y^2}} \mathrm{d}y\mathrm{d}z =$$

$$2R \int_{-R}^{R} \dfrac{\mathrm{d}y}{\sqrt{R^2 - y^2}} \int_0^H \dfrac{\mathrm{d}z}{R^2 + z^2} = 2\pi \arctan \dfrac{H}{R}$$

(2)补充 $\Sigma_1 : z = h$ 取上侧,使其与 Σ 组成封闭曲面,则

$$\oiint\limits_{\Sigma + \Sigma_1} (y^2 - z)\mathrm{d}y\mathrm{d}z + (z^2 - x)\mathrm{d}z\mathrm{d}x + (x^2 - y)\mathrm{d}x\mathrm{d}y =$$

$$\iiint\limits_{\Omega} (0 + 0 + 0)\mathrm{d}V = 0$$

故　　原式 $= -\iint\limits_{\Sigma_1} (y^2 - z)\mathrm{d}y\mathrm{d}z + (z^2 - x)\mathrm{d}z\mathrm{d}x + (x^2 - y)\mathrm{d}x\mathrm{d}y =$

$$-\iint\limits_{D_{xy}} (x^2 - y)\mathrm{d}x\mathrm{d}y = -\int_0^{2\pi} \mathrm{d}\theta \int_0^h (r^2\cos^2\theta - r\sin\theta)r\mathrm{d}r =$$

$$-\dfrac{1}{4}h^4 \int_0^{2\pi} \dfrac{1 + \cos2\theta}{2}\mathrm{d}\theta + \dfrac{h^3}{3} \int_0^{2\pi} \sin\theta\mathrm{d}\theta = -\dfrac{\pi}{4}h^4$$

注　此题还可直接计算.

(3)补充 $\Sigma_1 : z = 0, x^2 + y^2 \leqslant R^2$,取下侧,而

$$\iint\limits_{\Sigma_1} x\mathrm{d}y\mathrm{d}z + y\mathrm{d}z\mathrm{d}x + z\mathrm{d}x\mathrm{d}y = 0$$

所以　　原式 $= \oiint\limits_{\Sigma + \Sigma_1} x\mathrm{d}y\mathrm{d}z + y\mathrm{d}z\mathrm{d}x + z\mathrm{d}x\mathrm{d}y =$

$$\iiint\limits_{\Omega} (1 + 1 + 1)\mathrm{d}V = 3 \times \dfrac{2}{3}\pi R^3 = 2\pi R^3$$

(4) 补充 $\Sigma_1 : z = 0, \dfrac{(x-2)^2}{16} + \dfrac{(y-1)^2}{9} \leqslant 1$,取下侧,而

$$\iint\limits_{\Sigma_1} \frac{x\mathrm{d}y\mathrm{d}z + y\mathrm{d}z\mathrm{d}x + z\mathrm{d}x\mathrm{d}y}{\sqrt{(x^2+y^2+z^2)^3}} = 0$$

所以　原式 $= \oiint\limits_{\Sigma+\Sigma_1} \dfrac{x\mathrm{d}y\mathrm{d}z + y\mathrm{d}z\mathrm{d}x + z\mathrm{d}x\mathrm{d}y}{\sqrt{(x^2+y^2+z^2)^3}} =$

$$\iiint\limits_{\Omega} \left[\frac{y^2+z^2-2x^2}{(x^2+y^2+z^2)^{\frac{5}{2}}} + \frac{x^2+z^2-2y^2}{(x^2+y^2+z^2)^{\frac{5}{2}}} + \frac{x^2+y^2-2z^2}{(x^2+y^2+z^2)^{\frac{5}{2}}} \right] \mathrm{d}V = 0$$

(5) Σ 是球面在第 Ⅰ、Ⅴ 象限部分的外侧,Σ 在 xOy 平面上投影 $D_{xy} : x^2 + y^2 \leqslant 1 (x \geqslant 0, y \geqslant 0)$,故

原式 $= \iint\limits_{\Sigma_{\perp}} xyz\mathrm{d}x\mathrm{d}y + \iint\limits_{\Sigma_{下}} xyz\mathrm{d}x\mathrm{d}y =$

$$\iint\limits_{D_{xy}} xy\sqrt{1-x^2-y^2}\,\mathrm{d}x\mathrm{d}y - \iint\limits_{D_{xy}} xy(-\sqrt{1-x^2-y^2})\mathrm{d}x\mathrm{d}y =$$

$$2\int_0^{\frac{\pi}{2}} \int_0^1 r\cos\theta \cdot r\sin\theta \sqrt{1-r^2}\,r\mathrm{d}r \xlongequal{r=\sin t}$$

$$2\left.\frac{\sin^2\theta}{2}\right|_0^{\frac{\pi}{2}} \int_0^{\frac{\pi}{2}} \sin^3 t \cdot \cos^2 t\mathrm{d}t = \frac{2}{15}$$

4. 证明 $\dfrac{x\mathrm{d}x + y\mathrm{d}y}{x^2+y^2}$ 在整 xOy 平面除去 $y=0$ 的负半轴及原点的开区域 G 内是某个二元函数的全微分,并求出一个这样的二元函数.

【证】 $P(x,y)$ 与 $Q(x,y)$ 在点 $(0,0)$ 处都无意义,整个 xOy 面除 y 的负半轴及原点外的开区域 G 是单连通域,因在 G 内

$$\frac{\partial Q}{\partial x} = \frac{-2xy}{(x^2+y^2)^2} = \frac{\partial P}{\partial y}$$

所以存在 $u(x,y)$,使

$$\mathrm{d}u = \frac{x\mathrm{d}x + y\mathrm{d}y}{x^2+y^2}$$

$$u(x,y) = \int_{(1,0)}^{(x,y)} \frac{x\mathrm{d}x + y\mathrm{d}y}{x^2+y^2} = \int_1^x \frac{x}{x^2}\mathrm{d}x + \int_0^y \frac{y}{x^2+y^2}\mathrm{d}y = \frac{1}{2}\ln(x^2+y^2)$$

5. 设在半平面 $x > 0$ 内有力 $\boldsymbol{F} = -\dfrac{k}{r^2}(x\boldsymbol{i} + y\boldsymbol{j})$ 构成力场,其中 k 为常数.

$r = \sqrt{x^2 + y^2}$,证明在此力场中场力所做的功与所取的路径无关.

【证】 力 $\boldsymbol{F}$ 所做功

$$W = \int_L -\frac{kx}{r^2}\mathrm{d}x - \frac{ky}{r^2}\mathrm{d}y, \quad P = \frac{-kx}{x^2+y^2}, \quad Q = \frac{-ky}{x^2+y^2}$$

因当 $x > 0$ 时,$\dfrac{\partial P}{\partial y} = \dfrac{2kxy}{(x^2+y^2)^2} = \dfrac{\partial Q}{\partial x}$,故场力所做功 $\displaystyle\int_L P\mathrm{d}x + Q\mathrm{d}y$ 与路径无关.

6. 求均匀曲面 $z = \sqrt{a^2 - x^2 - y^2}$ 的重心的坐标.

【解】 设面密度为 ρ,曲面在 xOy 面上的投影区域 $D_{xy}: x^2 + y^2 \leqslant a^2$,重心为 (x, y, z). 由对称性可知 $\bar{x} = \bar{y} = 0$,

$$M = \iint\limits_{\Sigma}\rho\mathrm{d}S = \rho\iint\limits_{D_{xy}}\frac{a}{\sqrt{a^2-x^2-y^2}}\mathrm{d}x\mathrm{d}y = \rho\int_0^{2\pi}\mathrm{d}\theta\int_0^a \frac{a}{\sqrt{a^2-r^2}}r\mathrm{d}r =$$

$$2\pi\rho a\int_0^a\left(-\frac{1}{2}\right)\frac{1}{\sqrt{a^2-r^2}}\mathrm{d}(a-r^2) = 2\pi\rho a^2$$

$$\bar{z} = \frac{1}{M}\iint\limits_{\Sigma}\rho z\mathrm{d}S = \frac{1}{2\pi a^2}\iint\limits_{D_{xy}}\sqrt{a^2-x^2-y^2}\cdot\frac{a}{\sqrt{a^2-x^2-y^2}}\mathrm{d}x\mathrm{d}y = \frac{a}{2}$$

故所求重心的坐标为 $\left(0, 0, \dfrac{a}{2}\right)$.

8. 求向量 $\boldsymbol{A} = x\boldsymbol{i} + y\boldsymbol{j} + z\boldsymbol{k}$ 通过区域 $\Omega: 0 \leqslant x \leqslant 1, 0 \leqslant y \leqslant 1, 0 \leqslant z \leqslant 1$ 的边界曲面流向外侧的通量.

【解】 $\Phi = \oiint\limits_{\Sigma}x\mathrm{d}y\mathrm{d}z + y\mathrm{d}z\mathrm{d}x + z\mathrm{d}x\mathrm{d}y = \iiint\limits_{\Omega}(1+1+1)\mathrm{d}v = 3\iiint\limits_{\Omega}\mathrm{d}v = 3$

8. 求力 $\boldsymbol{F} = y\boldsymbol{i} + z\boldsymbol{j} + x\boldsymbol{k}$ 沿有向闭曲线 Γ 所作的功,其中 Γ 为平面 $x + y + z = 1$ 被三个坐标面所截成的三角形的整个边界,从 z 轴正向看去,沿顺时针方向.

【解】 $W = \oint_{\Gamma}y\mathrm{d}x + z\mathrm{d}y + x\mathrm{d}z = \left(\int_{L_1} + \int_{L_2} + \int_{L_3}\right)y\mathrm{d}x + z\mathrm{d}y + x\mathrm{d}z$

而 L_1 为 xOz 平面上线段:$z + x = 1, y = 0$ 则 $\mathrm{d}y = 0$.

故 $\displaystyle\int_{L_1}y\mathrm{d}x + z\mathrm{d}y + x\mathrm{d}z = \int_0^1(1-z)\mathrm{d}z = \frac{1}{2}$

L_2 为 xOy 平面上线段：$y + z = 1, x = 0$ 则 $\mathrm{d}x = 0$.

$$\int_{L_2} y\mathrm{d}x + z\mathrm{d}y + x\mathrm{d}z = \int_0^1 (1-y)\mathrm{d}y = \frac{1}{2}$$

L_3 为 xOy 平面上线段：$x + y = 1, z = 0$ 则 $\mathrm{d}z = 0$.

$$\int_{L_3} y\mathrm{d}x + z\mathrm{d}y + x\mathrm{d}z = \int_0^1 (1-x)\mathrm{d}x = \frac{1}{2}$$

所以
$$W = \frac{1}{2} + \frac{1}{2} + \frac{1}{2} = \frac{3}{2}$$

第 11 章

习题 11-1

2. 写出下列级数的一般项：

(1) $1 + \dfrac{1}{3} + \dfrac{1}{5} + \dfrac{1}{7} + \cdots$；

(2) $\dfrac{2}{1} - \dfrac{3}{2} + \dfrac{4}{3} - \dfrac{5}{4} + \dfrac{6}{5} - \cdots$；

(3) $\dfrac{\sqrt{x}}{2} + \dfrac{x}{2\cdot 4} + \dfrac{x\sqrt{x}}{2\cdot 4\cdot 6} + \dfrac{x^2}{2\cdot 4\cdot 6\cdot 8} + \cdots$；

(4) $\dfrac{a^2}{3} - \dfrac{a^3}{5} + \dfrac{a^4}{7} - \dfrac{a^5}{9} + \cdots$.

【解】 (1) $u_n = \dfrac{1}{2n-1}$　　　　(2) $u_n = (-1)^{n+1}\dfrac{n+1}{n}$

(3) $u_n = \dfrac{x^{\frac{n}{2}}}{(2n)!!}$　　　　(4) $u_n = (-1)^{n+1}\dfrac{a^{n+1}}{2n+1}$

3. 根据级数收敛与发散的定义判别下列级数的收敛性：

(1) $\displaystyle\sum_{n=1}^{\infty} (\sqrt{n+1} - \sqrt{n})$；

(2) $\dfrac{1}{1\cdot 3} + \dfrac{1}{3\cdot 5} + \dfrac{1}{5\cdot 7} + \cdots + \dfrac{1}{(2n-1)(2n+1)} + \cdots$；

(3) $\sin\dfrac{\pi}{6} + \sin\dfrac{2\pi}{6} + \cdots + \sin\dfrac{n\pi}{6} + \cdots$.

【解】 (1) $S_n = (\sqrt{2} - 1) + (\sqrt{3} - \sqrt{2}) + \cdots + (\sqrt{n+1} - \sqrt{n}) = \sqrt{n+1} - 1$

所以 $\lim\limits_{n\to\infty}S_n=+\infty$,级数发散.

(2) $S_n=\dfrac{1}{2}(1-\dfrac{1}{3})+\dfrac{1}{2}(\dfrac{1}{3}-\dfrac{1}{5})+\cdots+\dfrac{1}{2}(\dfrac{1}{2n-1}-\dfrac{1}{2n+1})=$

$\quad\quad \dfrac{1}{2}(1-\dfrac{1}{2n+1})\to\dfrac{1}{2},\quad n\to\infty$

所以级数收敛于 $\dfrac{1}{2}$.

(3) $S_n=\sin\dfrac{\pi}{6}+\sin\dfrac{2\pi}{6}+\cdots+\sin\dfrac{n\pi}{6}$

又 $\quad \sin\dfrac{k\pi}{6}=\dfrac{1}{2\sin\dfrac{\pi}{12}}[\cos(2k-1)\dfrac{\pi}{12}-\cos(2k+1)\dfrac{\pi}{12}],k=1,2,\cdots,n$

则 $\quad S_n=\dfrac{1}{2\sin\dfrac{\pi}{12}}[(\cos\dfrac{\pi}{12}-\cos\dfrac{3\pi}{12})+(\cos\dfrac{3\pi}{12}-\cos\dfrac{5\pi}{12})+\cdots+$

$\quad\quad (\cos(2n-1)\dfrac{\pi}{12}-\cos(2n+1)\dfrac{\pi}{12})]=$

$\quad\quad \dfrac{1}{2\sin\dfrac{\pi}{12}}[\cos\dfrac{\pi}{12}-\cos(2n+1)\dfrac{\pi}{12}]$

当 $n\to\infty$ 时,$\cos(2n+1)\dfrac{\pi}{12}$ 是振荡的,其极限不存在,所以 $\lim\limits_{n\to\infty}S_n$ 不存在,原级数发散.

4.判别下列级数的收敛性.

(1) $-\dfrac{8}{9}+\dfrac{8^2}{9^2}-\dfrac{8^3}{9^3}+\cdots+(-1)^n\dfrac{8^n}{9^n}+\cdots$;

(2) $\dfrac{1}{3}+\dfrac{1}{6}+\dfrac{1}{9}+\cdots+\dfrac{1}{3n}+\cdots$;

(3) $\dfrac{1}{3}+\dfrac{1}{\sqrt{3}}+\dfrac{1}{\sqrt[3]{3}}+\cdots+\dfrac{1}{\sqrt[n]{3}}+\cdots$;

(4) $\dfrac{3}{2}+\dfrac{3^2}{2^2}+\dfrac{3^3}{2^3}+\cdots+\dfrac{3^n}{2^n}+\cdots$;

(5) $(\dfrac{1}{2}+\dfrac{1}{3})+(\dfrac{1}{2^2}+\dfrac{1}{3^2})+(\dfrac{1}{2^3}+\dfrac{1}{3^3})+\cdots+(\dfrac{1}{2^n}+\dfrac{1}{3^n})+\cdots$.

【解】 (1) 该级数为公比 $q = -\dfrac{8}{9}$ 的几何级数,且 $|q| < 1$,故该级数收敛

于 $\dfrac{\text{首项}}{1 - \text{公比}} = \dfrac{-\dfrac{8}{9}}{1 + \dfrac{8}{9}} = -\dfrac{8}{17}$.

(2) 因 $u_n = \dfrac{1}{3n}$,而调和级数 $\displaystyle\sum_{n=1}^{\infty} \dfrac{1}{n}$ 发散,则该级数发散.

(3) 因 $\displaystyle\lim_{n \to \infty} u_n = \lim_{n \to \infty} \dfrac{1}{\sqrt[n]{3}} = 1 \neq 0$,故该级数发散.

(4) 因公比 $q = \dfrac{3}{2} > 1$,故该级数发散.

(5) 由于 $\displaystyle\sum_{n=1}^{\infty} \left(\dfrac{1}{2}\right)^n + \sum_{n=1}^{\infty} \left(\dfrac{1}{3}\right)^n = \dfrac{\dfrac{1}{2}}{1 - \dfrac{1}{2}} + \dfrac{\dfrac{1}{3}}{1 - \dfrac{1}{3}} = \dfrac{3}{2}$. 故原级数收敛.

习题 11 - 2

1. 用比较审敛法或极限审敛法判别下列级数的收敛性.

(1) $1 + \dfrac{1}{3} + \dfrac{1}{5} + \cdots + \dfrac{1}{(2n-1)} + \cdots$;

(2) $1 + \dfrac{1+2}{1+2^2} + \dfrac{1+3}{1+3^2} + \cdots + \dfrac{1+n}{1+n^2} + \cdots$;

(3) $\dfrac{1}{2 \cdot 5} + \dfrac{1}{3 \cdot 6} + \cdots + \dfrac{1}{(n+1)(n+4)} + \cdots$;

(4) $\sin \dfrac{\pi}{2} + \sin \dfrac{\pi}{2^2} + \sin \dfrac{\pi}{2^3} + \cdots + \sin \dfrac{\pi}{2^n} + \cdots$;

(5) $\displaystyle\sum_{n=1}^{\infty} \dfrac{1}{1+a^n}$ $(a > 0)$.

【解】 (1) 因 $\displaystyle\lim_{n \to \infty} \dfrac{\dfrac{1}{2n-1}}{\dfrac{1}{n}} = \dfrac{1}{2}$,而 $\displaystyle\sum_{n=1}^{\infty} \dfrac{1}{n}$ 发散,所以原级数发散.

(2) 因 $u_n = \dfrac{1+n}{1+n^2} > \dfrac{1+n}{n+n^2} = \dfrac{1}{n}$,而 $\displaystyle\sum_{n=1}^{\infty} \dfrac{1}{n}$ 发散,所以原级数发散.

(3) 因 $\displaystyle\lim_{n \to \infty} \dfrac{\dfrac{1}{(n+1)(n+4)}}{\dfrac{1}{n^2}} = 1$,　而 $\displaystyle\sum_{n=1}^{\infty} \dfrac{1}{n^2}$ 收敛,故原级数收敛.

（4）因 $\lim\limits_{n\to\infty}\dfrac{\sin\dfrac{\pi}{2^n}}{\dfrac{1}{2^n}}=\pi$，而 $\sum\limits_{n=1}^{\infty}\dfrac{1}{2^n}$ 收敛，故原级数收敛.

（5）当 $a\leqslant1$ 时，$u_n=\dfrac{1}{1+a^n}\geqslant\dfrac{1}{1+1}=\dfrac{1}{2}\not\to0(n\to\infty)$ 故此时级数

发散；

当 $a>1$ 时，$\dfrac{1}{a}<1$，$u_n=\dfrac{1}{1+a^n}<\dfrac{1}{a^n}$，因 $\sum\limits_{n=1}^{\infty}\left(\dfrac{1}{a}\right)^n$ 收敛，故原级数收敛.

2. 用比值审敛法判别下列级数的收敛性.

（1） $\dfrac{3}{1\cdot2}+\dfrac{3^2}{2\cdot2^2}+\dfrac{3^3}{3\cdot2^3}+\cdots+\dfrac{3^n}{n\cdot2^n}+\cdots$；　　（2） $\sum\limits_{n=1}^{\infty}\dfrac{n^2}{3^n}$；

（3） $\sum\limits_{n=1}^{\infty}\dfrac{2^n\cdot n!}{n^n}$；　　　　　　　　（4） $\sum\limits_{n=1}^{\infty}n\tan\dfrac{\pi}{2^{n+1}}$.

【解】 （1）$\lim\limits_{n\to\infty}\dfrac{u_{n+1}}{u_n}=\lim\limits_{n\to\infty}\dfrac{3^{n+1}}{(n+1)2^{n+1}}\bigg/\dfrac{3^n}{n2^n}=$

$\lim\limits_{n\to\infty}\dfrac{3}{2}\cdot\dfrac{n}{n+1}=\dfrac{3}{2}>1$

由比值法知原级数发散.

（2）$\lim\limits_{n\to\infty}\dfrac{u_{n+1}}{u_n}=\lim\limits_{n\to\infty}\dfrac{(n+1)^2}{3^{n+1}}\bigg/\dfrac{n^2}{3^n}=\lim\limits_{n\to\infty}\dfrac{1}{3}\left(\dfrac{n+1}{n}\right)^2=\dfrac{1}{3}<1$

由比值法知原级数收敛.

（3）$\lim\limits_{n\to\infty}\dfrac{u_{n+1}}{u_n}=\lim\limits_{n\to\infty}\dfrac{2^{n+1}(n+1)!}{(n+1)^{n+1}}\bigg/\dfrac{2^n n!}{n^n}=\lim\limits_{n\to\infty}\left[2\left(\dfrac{n}{n+1}\right)^n\right]=\dfrac{2}{e}<1$

所以该级数收敛.

（4）$\lim\limits_{n\to\infty}(n+1)\tan\dfrac{\pi}{2^{n+2}}\bigg/n\tan\dfrac{\pi}{2^{n+1}}=\lim\limits_{n\to\infty}\dfrac{\pi}{2^{n+2}}\bigg/\dfrac{\pi}{2^{n+1}}=\dfrac{1}{2}<1$

所以该级数收敛.

3. 用根值审敛法判别下列级数的收敛性.

（1） $\sum\limits_{n=1}^{\infty}\left(\dfrac{n}{2n+1}\right)^n$；　　　　　（2） $\sum\limits_{n=1}^{\infty}\dfrac{1}{[\ln(n+1)]^n}$；

（3） $\sum\limits_{n=1}^{\infty}\left(\dfrac{n}{3n-1}\right)^{2n-1}$；

(4) $\sum\limits_{n=1}^{\infty}\left(\dfrac{b}{a_n}\right)^n$ 其中 $a_n \to a(n \to \infty)$, a_n, b, a 均为正数.

【解】 (1) $\lim\limits_{n\to\infty}\sqrt[n]{u_n} = \lim\limits_{n\to\infty}\sqrt[n]{\left(\dfrac{n}{2n+1}\right)^n} = \lim\limits_{n\to\infty}\dfrac{n}{2n+1} = \dfrac{1}{2} < 1$

所以该级数收敛.

(2) $\lim\limits_{n\to\infty}\sqrt[n]{u_n} = \lim\limits_{n\to\infty}\sqrt[n]{\dfrac{1}{[\ln(n+1)]^n}} = \lim\limits_{n\to\infty}\dfrac{1}{\ln(n+1)} = 0 < 1$

所以该级数收敛.

(3) $\lim\limits_{n\to\infty}\sqrt[n]{u_n} = \lim\limits_{n\to\infty}\left(\dfrac{n}{3n-1}\right)^{\frac{2n-1}{n}} = \lim\limits_{n\to\infty}\left(\dfrac{n}{3n-1}\right)^{2-\frac{1}{n}} =$

$\mathrm{e}^{\lim\limits_{n\to\infty}(2-\frac{1}{n})\ln\frac{n}{3n-1}} = \mathrm{e}^{2\ln\frac{1}{3}} = \left(\dfrac{1}{3}\right)^2 < 1$

所以该级数收敛.

(4) 因 $\lim\limits_{n\to\infty}\sqrt[n]{u_n} = \lim\limits_{n\to\infty}\sqrt[n]{\left(\dfrac{b}{a_n}\right)^n} = \dfrac{b}{a}$, 所以当 $b < a$ 时, 即 $\dfrac{b}{a} < 1$, 级数收敛;

当 $b > a$ 时, 即 $\dfrac{b}{a} > 1$, 级数发散;

当 $b = a$ 时, 即 $\dfrac{b}{a} = 1$, 用此法不能审敛.

4. 判别下列级数的收敛性.

(1) $\dfrac{3}{4} + 2\left(\dfrac{3}{4}\right)^2 + 3\left(\dfrac{3}{4}\right)^3 + \cdots + n\left(\dfrac{3}{4}\right)^n + \cdots$;

(2) $\dfrac{1^4}{1!} + \dfrac{2^4}{2!} + \dfrac{3^4}{3!} + \cdots + \dfrac{n^4}{n!} + \cdots$;

(3) $\sum\limits_{n=1}^{\infty}\dfrac{n+1}{n(n+2)}$;　　　　(4) $\sum\limits_{n=1}^{\infty}2^n\sin\dfrac{\pi}{3^n}$;

(5) $\sqrt{2} + \sqrt{\dfrac{3}{2}} + \cdots + \sqrt{\dfrac{n+1}{n}} + \cdots$;

(6) $\dfrac{1}{a+b} + \dfrac{1}{2a+b} + \cdots + \dfrac{1}{na+b} + \cdots (a > 0, b > 0)$.

【解】 (1) 用比值法或根值法均可, 因

$$\lim\limits_{n\to\infty}\dfrac{u_{n+1}}{u_n} = \lim\limits_{n\to\infty}\dfrac{(n+1)\left(\frac{3}{4}\right)^{n+1}}{n\left(\frac{3}{4}\right)^n} = \dfrac{3}{4} < 1$$

所以该级数收敛.

(2) 因通项中含有阶乘与乘方,宜用比值法.

$$\lim_{n\to\infty}\frac{u_{n+1}}{u_n}=\lim_{n\to\infty}\left[\frac{(n+1)^4}{(n+1)!}\bigg/\frac{n^4}{n!}\right]=0<1$$

所以原级数收敛.

(3) 因
$$\lim_{n\to\infty}\frac{u_{n+1}}{\frac{1}{n}}=\lim_{n\to\infty}\frac{n+1}{n(n+2)}\bigg/\frac{1}{n}=1$$

由 $\sum\limits_{n=1}^{\infty}\dfrac{1}{n}$ 发散,知原级数发散.

(4) 因
$$u_n=2^n\sin\frac{\pi}{3^n}\leqslant\left(\frac{2}{3}\right)^n\pi$$

而 $\sum\limits_{n=1}^{\infty}\pi\left(\dfrac{2}{3}\right)^n$ 收敛,故原级数收敛.

(5) 因
$$\lim_{n\to\infty}u_n=\lim_{n\to\infty}\sqrt{\frac{n+1}{n}}=1\neq0$$

所以原级数发散.

(6) 因
$$\lim_{n\to\infty}\left[\frac{1}{na+b}\bigg/\frac{1}{n}\right]=\lim_{n\to\infty}\frac{n}{na+b}=\frac{1}{a}$$

由 $\sum\limits_{n=1}^{\infty}\dfrac{1}{n}$ 发散,知原级数发散.

5. 判断下列级数是否收敛? 如果是收敛的,是绝对收敛还是条件收敛?

(1) $1-\dfrac{1}{\sqrt{2}}+\dfrac{1}{\sqrt{3}}-\dfrac{1}{\sqrt{4}}+\cdots$;

(2) $\sum\limits_{n=1}^{\infty}(-1)^{n-1}\dfrac{n}{3^{n-1}}$;

(3) $\dfrac{1}{3}\cdot\dfrac{1}{2}-\dfrac{1}{3}\cdot\dfrac{1}{2^2}+\dfrac{1}{3}\cdot\dfrac{1}{2^3}-\dfrac{1}{3}\cdot\dfrac{1}{2^4}+\cdots$;

(4) $\dfrac{1}{\ln2}-\dfrac{1}{\ln3}+\dfrac{1}{\ln4}-\dfrac{1}{\ln5}+\cdots$;

(5) $\sum\limits_{n=1}^{\infty}(-1)^{n+1}\dfrac{2^{n^2}}{n!}$.

【解】 (1) 各项取绝对值得 $\sum\limits_{n=1}^{\infty}\dfrac{1}{\sqrt{n}}$ 为 $p=\dfrac{1}{2}<1$ 的 p -级数发散;但

$u_n = \dfrac{1}{\sqrt{n}} > \dfrac{1}{\sqrt{n+1}} = u_{n+1}$，$\lim\limits_{n\to\infty} u_n = 0$，所以该级数收敛，是条件收敛.

(2) $\lim\limits_{n\to\infty} \left| \dfrac{u_{n+1}}{u_n} \right| = \lim\limits_{n\to\infty} \left(\dfrac{n+1}{3^n} \Big/ \dfrac{n}{3^{n-1}} \right) = \dfrac{1}{3} < 1$

所以原级数绝对收敛.

(3) 由于 $\sum\limits_{n=1}^{\infty} (-1)^{n-1} \left(\dfrac{1}{2} \right)^n$ 为收敛的几何级数，故原级数为绝对收敛.

(4) 对绝对值级数 $\sum\limits_{n=1}^{\infty} \dfrac{1}{\ln(1+n)}$，因 $u_n = \dfrac{1}{\ln(1+n)} > \dfrac{1}{n+1}$，$\sum\limits_{n=1}^{\infty} \dfrac{1}{n+1}$ 发散；又 $u_n = \dfrac{1}{\ln(1+n)} > \dfrac{1}{\ln(2+n)} = u_{n+1}$，$\lim\limits_{n\to\infty} u_n = 0$，所以原级数收敛，即为条件收敛.

(5) 对绝对值级数 $\sum\limits_{n=1}^{\infty} \dfrac{2^{n^2}}{n!}$，因为

$$|u_n| = \dfrac{2^{n^2}}{n!} = \dfrac{(2^n)^n}{n!} = \dfrac{[(1+1)^n]^n}{n!} > \dfrac{(1+n)^n}{n!} > \dfrac{n^n}{n!} = \dfrac{n \cdot n \cdot \cdots \cdot n}{n(n-1)\cdot\cdots\cdot 1} > 1$$

所以 $\lim\limits_{n\to\infty} |u_n| \neq 0$，从而 $\lim\limits_{n\to\infty} u_n \neq 0$. 故原级数发散.

习题 11-3

1. 求下列幂级数的收敛区间.

(1) $x + 2x^2 + 3x^3 + \cdots + nx^n + \cdots$；

(2) $1 - x + \dfrac{x^2}{2^2} + \cdots + (-1)^n \dfrac{x^n}{n^2} + \cdots$；

(3) $\dfrac{x}{2} + \dfrac{x^2}{2\cdot4} + \dfrac{x^3}{2\cdot4\cdot6} + \cdots + \dfrac{x^n}{2\cdot4\cdot\cdots\cdot(2n)} + \cdots$；

(4) $\dfrac{x}{1\cdot3} + \dfrac{x^2}{2\cdot3^2} + \dfrac{x^3}{3\cdot3^3} + \cdots + \dfrac{x^n}{n\cdot3^n} + \cdots$；

(5) $\dfrac{2}{2}x + \dfrac{2^2}{5}x^2 + \dfrac{2^3}{10}x^3 + \cdots + \dfrac{2^n}{n^2+1}x^n + \cdots$；

(6) $\sum\limits_{n=1}^{\infty} (-1)^n \dfrac{x^{2n+1}}{2n+1}$；　　　(7) $\sum\limits_{n=1}^{\infty} \dfrac{2n-1}{2^n} x^{2n-2}$；

(8) $\sum\limits_{n=1}^{\infty} \dfrac{(x-5)^n}{\sqrt{n}}$.

【解】 (1) $\lim\limits_{n\to\infty}\left|\dfrac{a_{n+1}}{a_n}\right| = \lim\limits_{n\to\infty}\dfrac{n+1}{n} = 1$,收敛半径 $R = 1$.

当 $x = 1$ 时,$\sum\limits_{n=1}^{\infty} n$ 发散,当 $x = -1$ 时,$\sum\limits_{n=1}^{\infty}(-1)^n n$ 也发散.故收敛区间为 $(-1,1)$.

(2) $\lim\limits_{n\to\infty}\left|\dfrac{a_{n+1}}{a_n}\right| = \lim\limits_{n\to\infty}\dfrac{1}{(n+1)^2}\bigg/\dfrac{1}{n^2} = 1$,故 $R = 1$.

当 $x = 1$ 时,$1 + \sum\limits_{n=1}^{\infty}(-1)^n \dfrac{1}{n^2}$ 收敛,当 $x = -1$ 时,$1 + \sum\limits_{n=1}^{\infty}\dfrac{1}{n^2}$ 收敛,

故收敛区间为 $[-1,1]$.

(3) $\lim\limits_{n\to\infty}\left|\dfrac{a_{n+1}}{a_n}\right| = \lim\limits_{n\to\infty}\dfrac{1}{2^{n+1}(n+1)!}\bigg/\dfrac{1}{2^n n!} = 0$,故 $R = +\infty$.

所以收敛区间为 $(-\infty, +\infty)$.

(4) $\lim\limits_{n\to\infty}\left|\dfrac{a_{n+1}}{a_n}\right| = \lim\limits_{n\to\infty}\dfrac{1}{(n+1)3^{n+1}}\bigg/\dfrac{1}{n3^n} = \dfrac{1}{3}$,故 $R = 3$.

当 $x = 3$ 时,$\sum\limits_{n=1}^{\infty}\dfrac{3^n}{n3^n} = \sum\limits_{n=1}^{\infty}\dfrac{1}{n}$ 发散,当 $x = -3$ 时,$\sum\limits_{n=1}^{\infty}\dfrac{(-1)^n}{n}$ 收敛.

故收敛区间是 $[-3,3)$.

(5) $\lim\limits_{n\to\infty}\left|\dfrac{a_{n+1}}{a_n}\right| = \lim\limits_{n\to\infty}\dfrac{2^{n+1}}{(n+1)^2+1}\bigg/\dfrac{2^n}{n^2+1} = 2$,故 $R = \dfrac{1}{2}$.

当 $x = \dfrac{1}{2}$ 时,$\sum\limits_{n=1}^{\infty}\dfrac{1}{n^2+1}$ 收敛,当 $x = -\dfrac{1}{2}$ 时,$\sum\limits_{n=1}^{\infty}\dfrac{(-1)^n}{n^2+1}$ 也收敛.

故收敛区间为 $\left[-\dfrac{1}{2}, \dfrac{1}{2}\right]$.

(6) 此幂级数缺少偶次项,上述公式不能直接应用,故对其绝对值级数用比值法.

$$\lim\limits_{n\to\infty}\left|\dfrac{u_{n+1}}{u_n}\right| = \lim\limits_{n\to\infty}\left|\dfrac{x^{2n+3}}{2n+3}\bigg/\dfrac{x^{2n+1}}{2n+1}\right| = x^2$$

当 $x^2 < 1$ 即 $|x| < 1$ 时,级数绝对收敛;当 $|x| > 1$ 时,级数发散.

而 $x = 1$ 时,$\sum\limits_{n=1}^{\infty}\dfrac{(-1)^n}{2n+1}$ 收敛,$x = -1$ 时,$\sum\limits_{n=1}^{\infty}\dfrac{(-1)^{n+1}}{2n+1}$ 也收敛,故收敛区间为

$[-1,1]$.

(7) 同(6)也为缺项的幂级数,可用上述方法,也可用如下代换法求解:

令 $y = x^2$,则原级数为

$$\sum_{n=1}^{\infty} \frac{2n-1}{2^n} y^{n-1}$$

因 $\lim_{n \to \infty} \frac{2n+1}{2^{n+1}} \bigg/ \frac{2n-1}{2^n} = \frac{1}{2}$,所以 $-2 < y < 2$,则 $0 \leqslant x^2 < 2$. 故 $-\sqrt{2} < x < \sqrt{2}$.

当 $x = \pm\sqrt{2}$ 时,$\sum_{n=1}^{\infty} \frac{2n-1}{2}$ 发散. 故原级数的收敛区间为 $(-\sqrt{2}, \sqrt{2})$.

(8) 令 $y = x - 5$,原级数成为 $\sum_{n=1}^{\infty} \frac{1}{\sqrt{n}} y^n$,因 $\lim_{n \to \infty} \frac{1}{\sqrt{n+1}} \bigg/ \frac{1}{\sqrt{n}} = 1$,故 $R = 1$.

当 $y = 1$,即 $x - 5 = 1$,$x = 6$ 时,$\sum_{n=1}^{\infty} \frac{1}{\sqrt{n}}$ 发散.

当 $y = -1$,即 $x - 5 = -1$,$x = 4$ 时,$\sum_{n=1}^{\infty} \frac{(-1)^n}{\sqrt{n}}$ 收敛.

故原级数的收敛区间是 $[4, 6)$.

2. 利用逐项求导或逐项积分,求下列级数的和函数.

(1) $\sum_{n=1}^{\infty} n x^{n-1}$;

(2) $\sum_{n=1}^{\infty} \frac{x^{4n+1}}{4n+1}$;

(3) $x + \frac{x^3}{3} + \frac{x^5}{5} + \cdots + \frac{x^{2n-1}}{2n-1} + \cdots$.

【解】 (1) 在 $(-1, 1)$ 内,设 $S(x) = \sum_{n=1}^{\infty} n x^{n-1}$,则

$$\int_0^x S(x) dx = \sum_{n=1}^{\infty} \int_0^x n x^{n-1} dx = \sum_{n=1}^{\infty} x^n = \frac{x}{1-x}$$

故 $\quad S(x) = \sum_{n=1}^{\infty} n x^{n-1} = \left(\frac{x}{1-x}\right)' = \frac{1}{(1-x)^2}, \quad -1 < x < 1$

(2) 在 $(-1, 1)$ 内,设 $S(x) = \sum_{n=1}^{\infty} \frac{x^{4n+1}}{4n+1}$,则

$$S'(x) = \sum_{n=1}^{\infty} \left(\frac{x^{4n+1}}{4n+1}\right)' = \sum_{n=1}^{\infty} x^{4n} = \frac{x^4}{1-x^4}$$

又因 $S(0) = 0$,故

$$S(x) = S(0) + \int_0^x S'(x)\mathrm{d}x = \int_0^x \frac{x^4}{1-x^4}\mathrm{d}x =$$

$$\int_0^x \left(-1 + \frac{1}{2}\frac{1}{1+x^2} + \frac{1}{2}\frac{1}{1-x^2}\right)\mathrm{d}x =$$

$$\frac{1}{2}\arctan x - x + \frac{1}{4}\ln\frac{1+x}{1-x}, \quad |x| < 1$$

(3) 在 $(-1,1)$ 内,设 $S(x) = \sum_{n=1}^{\infty} \frac{x^{2n-1}}{2n-1}$,则

$$S'(x) = \sum_{n=1}^{\infty} \left(\frac{x^{2n-1}}{2n-1}\right)' = \sum_{n=1}^{\infty} x^{2n-2} = \frac{1}{1-x^2}$$

而 $S(0) = 0$,故

$$原式 = \int_0^x \frac{1}{1-x^2}\mathrm{d}x = \frac{1}{2}\ln\frac{1+x}{1-x}, \quad |x| < 1$$

习题 11-4

2. 将下列函数展开成 x 的幂级数,并求展开式成立的区间:

(1) $\mathrm{sh}x = \dfrac{e^x - e^{-x}}{2}$;　　　　(2) $\ln(a+x)$　$(a>0)$;

(3) a^x;　　　　(4) $\sin^2 x$;

(5) $(1+x)\ln(1+x)$;　　　　(6) $\dfrac{x}{\sqrt{1+x^2}}$.

【解】 $\mathrm{sh}x = \dfrac{1}{2}\left[\sum_{n=0}^{\infty} \dfrac{x^n}{n!} - \sum_{n=0}^{\infty} \dfrac{(-x)^n}{n!}\right] =$

$$\frac{1}{2}\sum_{n=0}^{\infty}[1-(-1)^n]\frac{x^n}{n!} = \sum_{n=0}^{\infty}\frac{x^{2n+1}}{(2n+1)!}, \quad x \in \mathbf{R}$$

(2) $\ln(a+x) = \ln[a \cdot (1+\frac{x}{a})] = \ln a + \ln(1+\frac{x}{a}) =$

$$\ln a + \sum_{n=0}^{\infty}(-1)^n \frac{x^{n+1}}{(n+1)a^{n+1}},$$

$$-1 < \frac{x}{a} \leqslant 1 \quad 即 \quad -a < x \leqslant a$$

(3) $a^x = e^{x\ln a} = \sum_{n=0}^{\infty}\frac{(\ln a)^n}{n!}x^n, \quad -\infty < x < \infty$

(4) $\sin^2 x = \dfrac{1-\cos 2x}{2} = \dfrac{1}{2} - \dfrac{1}{2}\sum_{n=0}^{\infty}(-1)^n\dfrac{2^{2n}x^{2n}}{(2n)!} =$

$$\sum_{n=1}^{\infty}(-1)^{n-1}\frac{2^{2n-1}}{(2n)!}x^{2n}, \quad x \in R$$

(5) $(1+x)\ln(1+x) = \ln(1+x) + x\ln(1+x) =$

$$\sum_{n=0}^{\infty}(-1)^{n}\frac{x^{n+1}}{n+1} + x\sum_{n=0}^{\infty}(-1)^{n}\frac{x^{n+1}}{n+1} =$$

$$x + \sum_{n=1}^{\infty}(-1)^{n}\frac{x^{n+1}}{n+1} + \sum_{n=1}^{\infty}(-1)^{n-1}\frac{x^{n+1}}{n} =$$

$$x + \sum_{n=1}^{\infty}\left[(-1)^{n}\frac{1}{n+1} + \frac{(-1)^{n-1}}{n}\right]x^{n+1} =$$

$$x + \sum_{n=1}^{\infty}\frac{(-1)^{n-1}}{n(n+1)}x^{n+1}, \quad -1 < x \leqslant 1$$

(6) $\dfrac{x}{\sqrt{1+x^2}} = x(1+x^2)^{-\frac{1}{2}} = \qquad (m = -\frac{1}{2})$

$$x\left[1 - \frac{1}{2}x^2 + \frac{(-\frac{1}{2})(-\frac{3}{2})}{2!}x^4 + \cdots\right.$$

$$\left.\frac{(-\frac{1}{2})(-\frac{3}{2})\cdots(-\frac{1}{2}-n+1)}{n!}x^{2n} + \cdots\right] =$$

$$x + \sum_{n=1}^{\infty}(-1)^{n}\frac{(2n-1)!!}{(2n)!!}x^{2n+1} =$$

$$x + \sum_{n=1}^{\infty}(-1)^{n}\frac{2(2n)!}{(n!)^2}\left(\frac{x}{2}\right)^{2n+1}, \quad -1 < x < 1$$

3. 将下列函数展开成$(x-1)$的幂级数,并求展开式成立的区间:

(1) $\sqrt{x^3}$;　　　　(2) $\lg x$.

【解】 (1) $\sqrt{x^3} = [1+(x-1)]^{\frac{3}{2}} = \qquad (m = \frac{3}{2})$

$$1 + \frac{3}{2}(x-1) + \frac{\frac{3}{2}(\frac{3}{2}-1)}{2!}(x-1)^2 + \cdots +$$

$$\frac{1}{n!}\frac{3}{2}(\frac{3}{2}-1)\cdots(\frac{3}{2}-n+1)(x-1)^n + \cdots =$$

$$1 + \frac{3}{2}(x-1) + \sum_{n=0}^{\infty} \frac{3(-1)^n \cdot 1 \cdot 3 \cdot 5 \cdots (2n-1)}{2^{n+2}(n+2)!} \cdot$$

$$(x-1)^{n+2} =$$

$$1 + \frac{3}{2}(x-1) + \sum_{n=0}^{\infty} (-1)^n \frac{3 \cdot (2n)!}{2^{2n+2}n!(n+2)!}(x-1)^{n+2},$$

$$-1 \leqslant x-1 \leqslant 1 \ \text{即} \ 0 \leqslant x \leqslant 2$$

(2) $\lg x = \frac{\ln x}{\ln 10} = \frac{1}{\ln 10}\ln[1+(x-1)] = \frac{1}{\ln 10}\sum_{n=0}^{\infty}(-1)^n \frac{(x-1)^{n+1}}{n+1} =$

$$\frac{1}{\ln 10}\sum_{n=1}^{\infty}(-1)^{n-1}\frac{(x-1)^n}{n}, \quad -1 < x-1 \leqslant 1 \ \text{即} \ 0 < x \leqslant 2$$

4. 将函数 $f(x) = \cos x$ 展开成 $(x + \frac{\pi}{3})$ 的幂级数.

【解】 $\cos x = \cos\left[(x+\frac{\pi}{3}) - \frac{\pi}{3}\right] =$

$$\cos(x+\frac{\pi}{3})\cos\frac{\pi}{3} + \sin(x+\frac{\pi}{3})\sin\frac{\pi}{3} =$$

$$\frac{1}{2}\cos(x+\frac{\pi}{3}) + \frac{\sqrt{3}}{2}\sin(x+\frac{\pi}{3}) =$$

$$\frac{1}{2}\sum_{n=0}^{\infty}\frac{(-1)^n}{(2n)!}(x+\frac{\pi}{3})^{2n} + \frac{\sqrt{3}}{2}\sum_{n=0}^{\infty}\frac{(-1)^n}{(2n+1)!}(x+\frac{\pi}{3})^{2n+1} =$$

$$\frac{1}{2}\sum_{n=0}^{\infty}(-1)^n\left[\frac{(x+\frac{\pi}{3})^{2n}}{(2n)!} + \sqrt{3}\frac{(x+\frac{\pi}{3})^{2n+1}}{(2n+1)!}\right], \quad x \in R$$

5. 将函数 $f(x) = \frac{1}{x}$ 展开成 $(x-3)$ 的幂级数.

【解】 $\frac{1}{x} = \frac{1}{3+x-3} = \frac{1}{3} \cdot \frac{1}{1+\frac{x-3}{3}} =$

$$\frac{1}{3}\sum_{n=0}^{\infty}(-1)^n\left(\frac{x-3}{3}\right)^n = \frac{1}{3}\sum_{n=0}^{\infty}(-1)^n\frac{1}{3^n}(x-3)^n,$$

$$-1 < \frac{x-3}{3} < 1 \ \text{即} \ 0 < x < 6$$

6. 将函数 $f(x) = \frac{1}{x^2+3x+2}$ 展开成 $(x+4)$ 的幂级数.

【解】 $f(x) = \dfrac{1}{(x+1)(x+2)} = \dfrac{1}{x+1} - \dfrac{1}{x+2} =$

$$\dfrac{1}{-3+(x+4)} - \dfrac{1}{-2+(x+4)} =$$

$$\dfrac{1}{2}\dfrac{1}{1-\dfrac{x+4}{2}} - \dfrac{1}{3}\dfrac{1}{1-\dfrac{x+4}{3}} =$$

$$\dfrac{1}{2}\sum_{n=0}^{\infty}\left(\dfrac{x+4}{2}\right)^n - \dfrac{1}{3}\sum_{n=0}^{\infty}\left(\dfrac{x+4}{3}\right)^n =$$

$$\sum_{n=0}^{\infty}\left(\dfrac{1}{2^{n+1}} - \dfrac{1}{3^{n+1}}\right)(x+4)^n$$

其中 $-1 < \dfrac{x+4}{2} < 1$ 且 $-1 < \dfrac{x+4}{3} < 1$，故收敛区间为 $(-6,-2)$.

习题 11 - 5

3. 将函数 $\mathrm{e}^x \cos x$ 展开成 x 的幂级数.

【解法 1】 利用两个级数的柯西乘法展开.

$$\mathrm{e}^x \cos x = (1 + x + \dfrac{x^2}{2!} + \dfrac{x^3}{3!} + \cdots)(1 - \dfrac{x^2}{2!} + \dfrac{x^4}{4!} - \dfrac{x^6}{6!} + \cdots) =$$

$$1 + x + (\dfrac{1}{3!} - \dfrac{1}{2!})x^3 + (\dfrac{2}{4!} - \dfrac{1}{2!}\dfrac{1}{2!})x^4 + \cdots,$$

$$x \in (-\infty, +\infty)$$

【解法 2】 利用欧拉公式展开：

$$\mathrm{e}^x(\cos x + i\sin x) = \mathrm{e}^{(1+i)x} = \sum_{n=0}^{\infty}\dfrac{1}{n!}[(1+i)x]^n =$$

$$\sum_{n=0}^{\infty}\dfrac{x^n}{n!}\left(\cos\dfrac{\pi}{4} + i\sin\dfrac{\pi}{4}\right)^n(\sqrt{2})^n =$$

$$\sum_{n=0}^{\infty}\dfrac{x^n}{n!}2^{\frac{n}{2}}\left(\cos\dfrac{n\pi}{4} + i\sin\dfrac{n\pi}{4}\right)$$

所以 $\quad f(x) = \mathrm{e}^x \cos x = \sum_{n=0}^{\infty}\dfrac{2^{\frac{n}{2}}\cos\dfrac{n\pi}{4}x^n}{n!}$, $x \in (-\infty, +\infty)$

习题 11 - 7

1. 下列周期函数 $f(x)$ 的周期为 2π，试将 $f(x)$ 展开成傅里叶级数，如果

$f(x)$ 在$[-\pi,\pi)$上的表达式为:

(1) $f(x) = 3x^2 + 1$ $(-\pi \leqslant x < \pi)$;

(2) $f(x) = e^{2x}$ $(-\pi \leqslant x < \pi)$;

(3) $f(x) = \begin{cases} bx, & -\pi \leqslant x < 0 \\ ax, & 0 \leqslant x < \pi \end{cases}$ (a,b 为常数,且 $a > b > 0$).

【解】 (1) $a_0 = \dfrac{1}{\pi}\displaystyle\int_{-\pi}^{\pi}(3x^2+1)\mathrm{d}x = \dfrac{2}{\pi}(x^3+x)\Big|_0^\pi = 2(\pi^2+1)$;

$$a_n = \frac{1}{\pi}\int_{-\pi}^{\pi}(3x^2+1)\cos nx\,\mathrm{d}x = \frac{2}{\pi}\int_0^\pi(3x^2+1)\cos nx\,\mathrm{d}x =$$

$$\frac{2}{n\pi}\left\{\left[(3x^2+1)\sin nx\right]\Big|_0^\pi - 6\int_0^\pi x\sin nx\,\mathrm{d}x\right\} =$$

$$\frac{12}{n^2\pi}\left[(x\cos nx)\Big|_0^\pi - \int_0^\pi \cos nx\,\mathrm{d}x\right] = (-1)^n\frac{12}{n^2}, \quad n=1,2,\cdots$$

$$b_n = \frac{1}{\pi}\int_{-\pi}^{\pi}(3x^2+1)\sin nx\,\mathrm{d}x = 0, \quad n=1,2,\cdots$$

又 $f(x) = 3x^2 + 1$ 在 $[-\pi,\pi)$ 上连续, 且 $f(-\pi+0) = f(\pi-0) = 3\pi^2 + 1$, 故

$$f(x) = \pi^2 + 1 + 12\sum_{n=1}^{\infty}\frac{(-1)^n}{n^2}\cos nx, \quad -\infty < x < +\infty$$

(2) $a_0 = \dfrac{1}{\pi}\displaystyle\int_{-\pi}^{\pi}e^{2x}\mathrm{d}x = \dfrac{e^{2\pi}-e^{-2\pi}}{2\pi}$

$$a_n = \frac{1}{\pi}\int_{-\pi}^{\pi}e^{2x}\cos nx\,\mathrm{d}x = \frac{1}{2\pi}\left[e^{2x}\cos n\pi\Big|_{-\pi}^{\pi} + n\int_{-\pi}^{\pi}e^{2x}\sin n\pi x\,\mathrm{d}x\right] =$$

$$\frac{(-1)^n(e^{2\pi}-e^{-2\pi})}{2\pi} + \frac{n}{4\pi}\left[(e^{2x}\sin nx)\Big|_{-\pi}^{\pi} - n\int_{-\pi}^{\pi}e^{2x}\cos nx\,\mathrm{d}x\right]$$

移项得 $\qquad a_n = \dfrac{2(-1)^n}{n^2+4}\dfrac{(e^{2\pi}-e^{-2\pi})}{\pi}, \quad n=1,2,\cdots$

同理 $\qquad b_n = \dfrac{n(-1)^{n+1}}{n^2+4}\dfrac{(e^{2\pi}-e^{-2\pi})}{\pi}, \quad n=1,2,\cdots$

又 $f(x) = e^{2x}$ 在$[-\pi,\pi)$上连续, $f(-\pi+0) = e^{-2\pi}$, $f(\pi-0) = e^{2\pi}$, 所以

$$f(x) = \frac{e^{2\pi}-e^{-2\pi}}{\pi}\left[\frac{1}{4} + \sum_{n=1}^{\infty}\frac{(-1)^n}{n^2+4}(2\cos nx - n\sin nx)\right],$$

$$x \neq (2n+1)\pi, n = 0, \pm1, \pm2, \cdots$$

在间断点处,级数收敛于 $\dfrac{1}{2}(e^{2\pi} + e^{-2\pi})$.

(3) $a_0 = \dfrac{1}{\pi}\left(\displaystyle\int_{-\pi}^0 bx\,dx + \int_0^\pi ax\,dx\right) = \dfrac{\pi}{2}(a - b)$

$a_n = \dfrac{1}{\pi}\left(\displaystyle\int_{-\pi}^0 bx\cos nx\,dx + \int_0^\pi ax\cos nx\,dx\right) =$

$\dfrac{6}{\pi}\left[\dfrac{x}{n}\sin nx + \dfrac{1}{n^2}\cos nx\right]_{-\pi}^0 + \dfrac{a}{\pi}\left[\dfrac{x}{n}\sin nx + \dfrac{1}{n^2}\cos nx\right]_0^\pi =$

$\dfrac{b - a}{n^2\pi}[1 - (-1)^n]$, $\quad n = 1, 2, \cdots$

$b_n = \dfrac{1}{\pi}\left(\displaystyle\int_{-\pi}^0 bx\sin nx\,dx + \int_0^\pi ax\sin nx\,dx\right) =$

$\dfrac{6}{\pi}\left[-\dfrac{x}{n}\cos nx + \dfrac{1}{n^2}\sin nx\right]_{-\pi}^0 + \dfrac{a}{\pi}\left[-\dfrac{x}{n}\cos nx + \dfrac{1}{n^2}\sin nx\right]_0^\pi =$

$(-1)^{n+1}\dfrac{a + b}{n}$, $\quad n = 1, 2, \cdots$

又 $f(x)$ 在 $[-\pi,\pi]$ 上连续,$f(-\pi + 0) = -b\pi$,$f(\pi - 0) = a\pi$,所以

$f(x) = \dfrac{\pi}{4}(a - b) + \displaystyle\sum_{n=1}^\infty\left\{\dfrac{[1 - (-1)^n](b - a)}{n^2\pi}\cos nx + (-1)^{n+1}\dfrac{a + b}{n}\sin nx\right\}$,

$$x \neq (2n + 1)\pi, n = 0, \pm 1, \pm 2, \cdots$$

在间断点处,级数收敛于 $\dfrac{\pi}{2}(a - b)$.

2. 将下列函数 $f(x)$ 展开成傅里叶级数.

(1) $f(x) = 2\sin\dfrac{x}{3}$ $\quad(-\pi \leqslant x \leqslant \pi)$;

(2) $f(x) = \begin{cases} e^x, & -\pi \leqslant x < 0 \\ 1, & 0 \leqslant x \leqslant \pi \end{cases}$.

【解】 对 $f(x)$ 进行周期延拓.

(1) $f(x)$ 为奇函数,从而 $a_n = 0$ $(n = 0, 1, 2, 3, \cdots)$,

$b_n = \dfrac{1}{\pi}\displaystyle\int_{-\pi}^\pi 2\sin\dfrac{x}{3}\sin nx\,dx = \dfrac{2}{\pi}\int_0^\pi\left[\cos\left(\dfrac{1}{3} - n\right)x - \cos\left(\dfrac{1}{3} + n\right)x\right]dx =$

$\dfrac{2}{\pi}\left[\dfrac{\sin\left(n - \dfrac{1}{3}\right)\pi}{n - \dfrac{1}{3}} - \dfrac{\sin\left(\dfrac{1}{3} + n\right)\pi}{n + \dfrac{1}{3}}\right] =$

$$\frac{6}{\pi}\left[\frac{-\cos n\pi\cdot\frac{\sqrt{3}}{2}}{3n-1}-\frac{\cos n\pi\cdot\frac{\sqrt{3}}{2}}{3n+1}\right]=$$

$$(-1)^{n+1}\frac{18\sqrt{3}}{\pi}\cdot\frac{n}{9n^2-1},\quad n=1,2,\cdots$$

$f(x)$ 满足收敛定理条件,所以

$$2\sin\frac{x}{3}=\frac{18\sqrt{3}}{\pi}\sum_{n=1}^{\infty}(-1)^{n-1}\frac{n\sin n\pi}{9n^2-1},\quad -\pi<x<\pi$$

在 $x=\pm\pi$ 处,级数收敛于 0.

(2) $a_0=\frac{1}{\pi}\left(\int_{-\pi}^0 e^x dx+\int_0^\pi dx\right)=\frac{1}{\pi}(1-e^{-\pi})+1$

$$a_n=\frac{1}{\pi}\left[\int_{-\pi}^0 e^x\cos nx\,dx+\int_0^\pi\cos nx\,dx\right]=$$

$$\frac{1}{\pi}\left\{\left[\frac{e^x}{1+n^2}(n\sin nx+\cos nx)\right]_{-\pi}^0+\frac{1}{n}\sin nx\Big|_0^\pi\right\}=$$

$$\frac{1-(-1)^n e^{-\pi}}{\pi(1+n^2)},\quad n=1,2,\cdots$$

$$b_n=\frac{1}{\pi}\left[\frac{-n+(-1)^n ne^{-\pi}}{1+n^2}+\frac{1-(-1)^n}{n}\right],\quad n=1,2,\cdots$$

$f(x)$ 满足收敛定理条件,所以

$$f(x)=\frac{1+\pi-e^{-\pi}}{2\pi}+\frac{1}{\pi}\sum_{n=1}^{\infty}\left\{\frac{1-(-1)^n e^{-\pi}}{1+n^2}\cos n\pi+\right.$$

$$\left.\left[\frac{(-1)^n ne^{-\pi}-n}{1+n^2}+\frac{1}{n}(1-(-1)^n)\right]\sin nx\right\},\quad x\in(-\pi,\pi)$$

当 $x=\pm\pi$ 时,级数收敛于 $\frac{1}{2}(e^{-\pi}+1)$.

3. 设周期函数 $f(x)$ 的周期为 2π,证明 $f(x)$ 的傅里叶系数为

$$a_n=\frac{1}{\pi}\int_0^{2\pi}f(x)\cos nx\,dx,\quad n=0,1,2,\cdots$$

$$b_n=\frac{1}{\pi}\int_0^{2\pi}f(x)\sin nx\,dx,\quad n=1,2,\cdots$$

证 由以 T 为周期的周期函数 $\varphi(x)$ 的性质 $\int_a^{a+T}\varphi(x)dx$ 的值与 a 无关,可知若 $\varphi(x)$ 以 2π 为周期,则

546

$$\int_{-\pi}^{\pi}\varphi(x)\mathrm{d}x = \int_{-\pi+\pi}^{\pi+\pi}\varphi(x)\mathrm{d}x = \int_{0}^{2\pi}\varphi(x)\mathrm{d}x$$

本题中的 $f(x)$, $\sin nx$, $\cos nx$ 均以 2π 为周期，从而 $f(x)$, $f(x)\cos nx$, $f(x)\sin nx$ 也以 2π 为周期，所以

$$a_n = \frac{1}{\pi}\int_{-\pi}^{\pi}f(x)\cos nx\,\mathrm{d}x = \frac{1}{\pi}\int_{0}^{2\pi}f(x)\cos nx\,\mathrm{d}x, \quad n = 0,1,2,\cdots$$

$$b_n = \frac{1}{\pi}\int_{-\pi}^{\pi}f(x)\sin nx\,\mathrm{d}x = \frac{1}{\pi}\int_{0}^{2\pi}f(x)\sin nx\,\mathrm{d}x, \quad n = 1,2,\cdots$$

习题 11 - 8

1. 将函数 $f(x) = \cos\dfrac{x}{2}$　$(-\pi \leqslant x \leqslant \pi)$ 展开成傅里叶级数.

【解】　因 $f(x)$ 为偶函数，所以 $b_n = 0\ (n = 1,2,\cdots)$，

$$a_n = \frac{2}{\pi}\int_{0}^{\pi}\cos\frac{x}{2}\cos nx\,\mathrm{d}x =$$

$$\frac{1}{\pi}\int_{0}^{\pi}\left[\cos(\frac{1}{2}+n)x + \cos(\frac{1}{2}-n)x\right]\mathrm{d}x =$$

$$\frac{1}{\pi}\left[\frac{\sin(\frac{1}{2}+n)x}{\frac{1}{2}+n} + \frac{\sin(\frac{1}{2}-n)x}{\frac{1}{2}-n}\right]_{0}^{\pi} =$$

$$(-1)^n\frac{2}{n}\left(\frac{1}{2n+1} - \frac{1}{2n-1}\right) =$$

$$(-1)^{n+1}\frac{4}{\pi}\frac{1}{4n^2-1}, \quad n = 1,2,\cdots$$

当 $n = 0$ 时，$a_0 = \dfrac{4}{\pi}$，又 $f(x)$ 在 $[-\pi,\pi]$ 上连续，所以

$$\cos\frac{x}{2} = \frac{2}{\pi} + \frac{4}{\pi}\sum_{n=1}^{\infty}(-1)^{n-1}\frac{\cos nx}{4n^2-1}, \quad x \in [-\pi,\pi]$$

2. 设 $f(x)$ 是周期为 2π 的周期函数,它在 $[-\pi,\pi)$ 上的表达式为

$$f(x) = \begin{cases} -\dfrac{\pi}{2}, & -\pi \leqslant x < -\dfrac{\pi}{2} \\ x, & -\dfrac{\pi}{2} \leqslant x < \dfrac{\pi}{2} \\ \dfrac{\pi}{2}, & \dfrac{\pi}{2} \leqslant x < \pi \end{cases}$$

将 $f(x)$ 展开成傅里叶级数.

【解】 因 $f(x)$ 为奇函数,所以 $a_n = 0 \quad (n = 0, 1, 2, \cdots)$

$$b_n = \frac{2}{\pi} \int_0^{\pi} f(x) \sin nx \, \mathrm{d}x = \frac{2}{\pi} \left[\int_0^{\frac{\pi}{2}} x \sin nx \, \mathrm{d}x + \int_{\frac{\pi}{2}}^{\pi} \frac{\pi}{2} \sin nx \, \mathrm{d}x \right] =$$

$$\frac{2}{\pi} \left(-\frac{x}{n} \cos nx + \frac{1}{n^2} \sin nx \right) \Big|_0^{\frac{\pi}{2}} - \frac{\pi}{2n} \cos nx \Big|_{\frac{\pi}{2}}^{\pi} =$$

$$\frac{2}{n^2 \pi} \sin \frac{n\pi}{2} - \frac{1}{n} (-1)^n, \quad n = 1, 2, \cdots$$

$f(x)$ 满足收敛定理条件,所以

$$f(x) = \frac{2}{\pi} \sum_{n=1}^{\infty} \left(\frac{1}{n^2} \sin \frac{n\pi}{2} + (-1)^{n+1} \frac{\pi}{2n} \right) \sin n\pi,$$

$$x \neq (2n+1)\pi, \, n = 0, \pm 1, \pm 2, \cdots$$

在间断点处,级数收敛于 0.

3. 将函数 $f(x) = \dfrac{\pi - x}{2} \quad (0 \leqslant x \leqslant \pi)$ 展开成正弦级数.

【解】 对 $f(x)$ 进行奇延拓,则 $a_n = 0 \, (n = 0, 1, 2, \cdots)$,而

$$b_n = \frac{2}{\pi} \int_0^{\pi} \frac{\pi - x}{2} \sin nx \, \mathrm{d}x =$$

$$\frac{2}{\pi} \left[\frac{\pi - x}{2n} \cos nx - \frac{1}{2n^2} \sin nx \right]_0^{\pi} = \frac{1}{n}, \quad n = 1, 2, \cdots$$

所以 $\qquad \dfrac{\pi - x}{2} = \sum_{n=1}^{\infty} \dfrac{\sin nx}{n}, \quad x \in (0, \pi]$

在 $x = 0$ 处,傅里叶级数收敛于 0.

4. 将函数 $f(x) = 2x^2 (0 \leqslant x \leqslant \pi)$ 分别展开成正弦级数和余弦级数.

【解】 (1) 先求正弦级数,为此对 $f(x)$ 进行奇延拓,则 $a_n = 0 (n = 0, 1, 2, \cdots)$.而

$$b_n = \frac{2}{\pi} \int_0^{\pi} 2x^2 \sin nx \, \mathrm{d}x = -\frac{4}{\pi} \left[\left(\frac{x^2}{n} \cos nx \right) \Big|_0^{\pi} - 2 \frac{1}{n} \int_0^{\pi} x \cos nx \, \mathrm{d}x \right] =$$

$$(-1)^{n+1} \frac{4\pi}{n} + \frac{8}{n^2 \pi} \left[(x \sin nx) \Big|_0^{\pi} + \frac{1}{n} \cos nx \Big|_0^{\pi} \right] =$$

$$\frac{4}{\pi} \left[-\frac{2}{n^3} + (-1)^n \left(\frac{2}{n^3} - \frac{\pi^2}{n} \right) \right], \quad n = 1, 2, \cdots$$

故 $\qquad 2x^2 = \dfrac{4}{\pi} \sum\limits_{n=1}^{\infty} \left[-\dfrac{2}{n^3} + (-1)^n \left(\dfrac{2}{n^3} - \dfrac{\pi^2}{n} \right) \right] \sin nx, \quad x \in [0, \pi)$

在 $x = \pi$ 处,右边级数收敛于 π^2.

(2) 再求余弦级数,为此对 $f(x)$ 进行偶延拓,则 $b_n = 0 \ (n = 1, 2, \cdots)$,而

$$a_0 = \dfrac{2}{\pi} \int_0^{\pi} 2x^2 \mathrm{d}x = \dfrac{4}{3} \pi^2$$

$$a_n = \dfrac{2}{\pi} \int_0^{\pi} 2x^2 \cos nx \, \mathrm{d}x = \dfrac{4}{\pi} \left[\left(\dfrac{x^2}{n} \sin nx \right) \Big|_0^{\pi} + \dfrac{2}{\pi} \int_0^{\pi} \dfrac{x}{n} \mathrm{d} \cos nx \right] =$$

$$(-1)^n \dfrac{8}{n^2}, \quad n = 1, 2, \cdots$$

故 $\qquad 2x^3 = \dfrac{2}{3} \pi^2 + 8 \sum\limits_{n=1}^{\infty} \dfrac{(-1)^n}{n^2} \cos nx, \quad x \in [0, \pi]$

5. 设周期函数 $f(x)$ 的周期为 2π,证明:

(1) 如果 $f(x - \pi) = -f(x)$,则 $f(x)$ 的傅里叶系数 $a_0 = 0, a_{2k} = 0$, $b_{2k} = 0 \ (k = 1, 2, \cdots)$;

(2) 如果 $f(x - \pi) = f(x)$,则 $f(x)$ 的傅里叶系数 $a_{2k+1} = 0, b_{2k+1} = 0$ $(k = 0, 1, 2, \cdots)$.

证 (1) $a_0 = \dfrac{1}{\pi} \int_{-\pi}^{\pi} f(x) \mathrm{d}x = \dfrac{1}{\pi} \left[\int_{-\pi}^{0} f(x) \mathrm{d}x + \int_{0}^{\pi} f(x) \mathrm{d}x \right] =$

$\qquad \dfrac{1}{\pi} \left[\int_{-\pi}^{0} f(x) \mathrm{d}x - \int_{0}^{\pi} f(x - \pi) \mathrm{d}x \right] \xrightarrow{\ \ 令 u = x - \pi \ \ }$

$\qquad \dfrac{1}{\pi} \left[\int_{-\pi}^{0} f(x) \mathrm{d}x - \int_{-\pi}^{0} f(u) \mathrm{d}u \right] = 0$

$a_{2k} = \dfrac{1}{\pi} \int_{-\pi}^{\pi} f(x) \cos 2kx \, \mathrm{d}x =$

$\qquad \dfrac{1}{\pi} \left[\int_{-\pi}^{0} f(x) \cos 2kx \, \mathrm{d}x - \int_{0}^{\pi} f(x - \pi) \cos 2kx \, \mathrm{d}x \right] \xrightarrow{\ \ 令 u = x - \pi \ \ }$

$\qquad \dfrac{1}{\pi} \left[\int_{-\pi}^{0} f(x) \cos 2kx \, \mathrm{d}x - \int_{-\pi}^{0} f(u) \cos(2ku + 2k\pi) \mathrm{d}u \right] =$

$\qquad \dfrac{1}{\pi} \left[\int_{-\pi}^{0} f(x) \cos 2kx \, \mathrm{d}x - \int_{-\pi}^{0} f(u) \cos 2ku \, \mathrm{d}u \right] = 0$

同理 $b_{2k} = 0$.

(2) 若 $f(x - \pi) = f(x)$,令 $u = x - \pi$,则

$$a_{2k+1} = \frac{1}{\pi} \left[\int_{-\pi}^{0} f(x)\cos(2k+1)x\mathrm{d}x + \int_{0}^{\pi} f(x-\pi)\cos(2k+1)x\mathrm{d}x \right] =$$

$$\frac{1}{\pi} \left\{ \int_{-\pi}^{0} f(x)\cos(2k+1)x\mathrm{d}x + \right.$$

$$\left. \int_{-\pi}^{0} f(u)\cos[(2k+1)\pi + (2k+1)u]\mathrm{d}u \right\} =$$

$$\frac{1}{\pi} \int_{-\pi}^{0} \left[f(x)\cos(2k+1)x - f(x)\cos(2k+1)x \right] \mathrm{d}x = 0$$

$$b_{2k+1} = \frac{1}{\pi} \left[\int_{-\pi}^{0} f(x)\sin(2k+1)x\mathrm{d}x + \int_{0}^{\pi} f(x-\pi)\sin(2k+1)x\mathrm{d}x \right] =$$

$$\frac{1}{\pi} \left\{ \int_{-\pi}^{0} f(x)\sin(2k+1)x\mathrm{d}x + \right.$$

$$\left. \int_{-\pi}^{0} f(u)\sin[(2k+1)\pi + (2k+1)u]\mathrm{d}u \right\} = 0$$

习题 11-9

1. 将下列各周期函数展开成傅里叶级数(下面给出函数在一个周期内的表达式):

(1) $f(x) = 1 - x^2$, $-\frac{1}{2} \leqslant x < \frac{1}{2}$;

(2) $f(x) = \begin{cases} x, & -1 \leqslant x < 0 \\ 1, & 0 \leqslant x < \frac{1}{2} \\ -1, & \frac{1}{2} \leqslant x < 1 \end{cases}$;

(3) $f(x) = \begin{cases} 2x+1, & -3 \leqslant x < 0 \\ 1, & 0 \leqslant x < 3 \end{cases}$

【解】

(1) $a_0 = \frac{1}{\frac{1}{2}} \int_{-\frac{1}{2}}^{\frac{1}{2}} (1-x^2)\mathrm{d}x = 4 \int_{0}^{\frac{1}{2}} (1-x^2)\mathrm{d}x = \frac{11}{6}$

$a_n = 4 \int_{0}^{\frac{1}{2}} (1-x^2)\cos 2n\pi x\mathrm{d}x =$

$$4\left[\left(\frac{1-x^2}{2n\pi}\sin2n\pi x\right)\Big|_0^{\frac{1}{2}}-\frac{2}{4n^2\pi^2}\int_0^{\frac{1}{2}}x\mathrm{d}\cos2n\pi x\right]=$$

$$-\frac{2}{n^2\pi^2}\left[(x\cos2n\pi x)\Big|_0^{\frac{1}{2}}+\frac{1}{2n\pi}\sin2n\pi x\Big|_0^{\frac{1}{2}}\right]=$$

$$(-1)^{n+1}\frac{1}{n^2\pi^2},\quad n=1,2,\cdots$$

由于 $f(x)$ 为偶函数,所以 $b_n=0(n=1,2,\cdots)$,又 $f(x)$ 满足收敛条件,所以

$$f(x)=\frac{11}{12}+\frac{1}{\pi^2}\sum_{n=1}^{\infty}\frac{(-1)^{n+1}}{n^2}\cos2n\pi x,\quad x\in(-\infty,+\infty)$$

(2) $a_0=\int_{-1}^1 f(x)\mathrm{d}x=\int_{-1}^0 x\mathrm{d}x+\int_0^{\frac{1}{2}}\mathrm{d}x+\int_{\frac{1}{2}}^1(-1)\mathrm{d}x=-\frac{1}{2}$

$$a_n=\int_{-1}^0 x\cos n\pi x\mathrm{d}x+\int_0^{\frac{1}{2}}\cos n\pi x\mathrm{d}x-\int_{\frac{1}{2}}^1\cos n\pi x\mathrm{d}x=$$

$$\frac{1}{n^2\pi^2}[1-(-1)^n]+\frac{2}{n\pi}\sin\frac{n\pi}{2},\quad n=1,2,\cdots$$

$$b_n=\int_{-1}^0 x\sin n\pi x\mathrm{d}x+\int_0^{\frac{1}{2}}\sin n\pi x\mathrm{d}x-\int_{\frac{1}{2}}^1\sin n\pi x\mathrm{d}x=$$

$$-\frac{2}{n\pi}\cos\frac{n\pi}{2}+\frac{1}{n\pi},\quad n=1,2,\cdots$$

故 $\quad f(x)=-\frac{1}{4}+\sum_{n=1}^{\infty}\left\{\left[\frac{1-(-1)^n}{n^2\pi^2}+\frac{2}{n\pi}\sin\frac{n\pi}{2}\right]\cos n\pi x+\right.$

$$\left.\frac{1}{n\pi}\left(1-2\cos\frac{n\pi}{2}\right)\sin n\pi x\right\},\quad x\neq2k,2k+\frac{1}{2};k=0,\pm1,\pm2,\cdots$$

在间断点 $x=2k$ 处,级数收敛于 $\frac{1}{2}$;在 $x=2k+\frac{1}{2}$ 处,级数收敛于 0.

(3) $a_0=\frac{1}{3}\left[\int_{-3}^0(2x+1)\mathrm{d}x+\int_0^3\mathrm{d}x\right]=-1$

$$a_n=\frac{1}{3}\int_{-3}^0(2x+1)\cos\frac{n\pi x}{3}\mathrm{d}x+\frac{1}{3}\int_0^3\cos\frac{n\pi x}{3}\mathrm{d}x=$$

$$\frac{1}{n\pi}\left[(2x+1)\sin\frac{n\pi x}{3}\right]_{-3}^0-\frac{2}{n\pi}\int_{-3}^0\sin\frac{n\pi x}{3}\mathrm{d}x+\frac{1}{n\pi}\sin\frac{n\pi x}{3}\Big|_0^3=$$

$$\frac{1}{n^2\pi^2}[1-(-1)^n],\quad n=1,2,\cdots$$

$$b_n=\frac{1}{3}\int_{-3}^0(2x+1)\sin\frac{n\pi x}{3}\mathrm{d}x+\frac{1}{3}\int_0^3\sin\frac{n\pi x}{3}\mathrm{d}x=\frac{6}{n\pi}(-1)^{n+1},$$

$$n = 1, 2, \cdots$$

故 $f(x) = -\dfrac{1}{2} + \displaystyle\sum_{n=1}^{\infty} \left\{ \dfrac{6}{n^2 \pi^2} \left[1 - (-1)^n \right] \cos \dfrac{n\pi x}{3} + (-1)^{n+1} \dfrac{6}{n\pi} \sin \dfrac{n\pi x}{3} \right\},$$

$$x \neq 3(2k+1); k = 0, \pm 1, \pm 2, \cdots$$

在间断点处,级数收敛于 -2。

2. 将下列函数分别展开成正弦级数和余弦级数:

$$(1) \quad f(x) = \begin{cases} x, & 0 \leqslant x < \dfrac{l}{2} \\ l - x, & \dfrac{l}{2} \leqslant x \leqslant l \end{cases};$$

(2) $f(x) = x^2, 0 \leqslant x \leqslant 2$。

【解】 (1) 先求正弦级数,为此对 $f(x)$ 进行奇延拓,则

$$a_n = 0, \quad n = 0, 1, 2, \cdots$$

$$b_n = \frac{2}{l} \left[\int_0^{\frac{l}{2}} x \sin \frac{n\pi x}{l} \mathrm{d}x + \int_{\frac{l}{2}}^{l} (l-x) \sin \frac{n\pi x}{l} \mathrm{d}x \right] = \frac{4l}{n^2 \pi^2} \sin \frac{n\pi}{2}, \quad n = 1, 2, \cdots$$

故 $\qquad f(x) = \dfrac{4l}{\pi^2} \displaystyle\sum_{n=1}^{\infty} \dfrac{1}{n^2} \sin \dfrac{n\pi}{2} \sin \dfrac{n\pi x}{l}, \quad 0 \leqslant x \leqslant l$

再求余弦级数,为此对 $f(x)$ 进行偶延拓,则 $b_n = 0$ $(n = 1, 2, \cdots)$,

$$a_0 = \frac{2}{l} \left[\int_0^{\frac{l}{2}} x \mathrm{d}x + \int_{\frac{l}{2}}^{l} (l-x) \mathrm{d}x \right] = \frac{l}{2}$$

$$a_n = \frac{2}{l} \left[\int_0^{\frac{l}{2}} x \cos \frac{n\pi x}{l} \mathrm{d}x + \int_{\frac{l}{2}}^{l} (l-x) \cos \frac{n\pi x}{l} \mathrm{d}x \right] =$$

$$\frac{2l}{n^2 \pi^2} \left[2\cos \frac{n\pi}{2} - 1 - (-1)^n \right], \quad n = 1, 2, \cdots$$

故 $\quad f(x) = \dfrac{l}{4} + \dfrac{2l}{\pi^2} \displaystyle\sum_{n=1}^{\infty} \dfrac{1}{n^2} \left[2\cos \dfrac{n\pi}{2} - 1 - (-1)^n \right] \cos \dfrac{n\pi x}{l}, \quad x \in [0, l]$

(2) 先求正弦级数,为此对 $f(x)$ 进行奇延拓,则 $a_n = 0 (n = 0, 1, 2, \cdots)$,而

$$b_n = \frac{2}{2} \int_0^2 x^2 \sin \frac{n\pi x}{2} \mathrm{d}x = (-1)^{n+1} \frac{8}{n\pi} + \frac{16}{n^3 \pi^3} \left[(-1)^n - 1 \right], \quad n = 1, 2, \cdots$$

故 $\quad f(x) = \dfrac{8}{\pi} \displaystyle\sum_{n=1}^{\infty} \left\{ \dfrac{(-1)^{n+1}}{n} + \dfrac{2}{n^3 \pi^2} \left[(-1)^n - 1 \right] \right\} \sin \dfrac{n\pi x}{2}, \quad x \in [0, 2)$

在 $x = 2$ 处,级数收敛于 0。

再求余弦级数,为此对 $f(x)$ 进行偶延拓,则 $b_n = 0 \ (n = 1,2,\cdots)$,而

$$a_0 = \frac{2}{2}\int_0^2 x^2 \, dx = \frac{8}{3}$$

$$a_n = \int_0^2 x^2 \cos\frac{n\pi x}{2} dx = \frac{(-1)^n 16}{n^2 \pi^2}, \quad n = 1, 2, \cdots$$

故 $\qquad f(x) = \frac{4}{3} + \frac{16}{\pi^2}\sum_{n=1}^{\infty} \frac{(-1)^n}{n^2}\cos\frac{n\pi x}{2}, \quad x \in [0,2]$

总习题十一

1. 填空:

(1) 对级数 $\sum_{n=1}^{\infty} u_n$, $\lim_{n\to\infty} u_n = 0$ 是它收敛的 <u>必要</u> 条件,不是它收敛的 <u>充分</u> 条件.

(2) 部分和数列 $\{S_n\}$ 有界是正项级数 $\sum_{n=1}^{\infty} u_n$ 收敛的 <u>充分必要</u> 条件.

(3) 若级数 $\sum_{n=1}^{\infty} u_n$ 绝对收敛,则级数 $\sum_{n=1}^{\infty} u_n$ 必定 <u>收敛</u>;若级数 $\sum_{n=1}^{\infty} u_n$ 条件收敛,则级数 $\sum_{n=1}^{\infty} |u_n|$ 必定 <u>发散</u>.

2. 判别下列级数的收敛性:

(1) $\sum_{n=1}^{\infty} \frac{1}{n\sqrt[n]{n}}$; (2) $\sum_{n=1}^{\infty} \frac{(n!)^2}{2n^2}$; (3) $\sum_{n=1}^{\infty} \frac{n\cos^2\frac{n\pi}{3}}{2^n}$;

(4) $\sum_{n=2}^{\infty} \frac{1}{\ln^{10} n}$; (5) $\sum_{n=1}^{\infty} \frac{a^n}{n^s}$ $(a > 0, S > 0)$.

【解】 (1) 因 $\lim_{n\to\infty} \frac{u_n}{\frac{1}{n}} = \lim_{n\to\infty} \frac{1}{\sqrt[n]{n}} = 1$,而 $\sum_{n=1}^{\infty} \frac{1}{n}$ 发散,由比较审敛法的极限形

式知 $\sum_{n=1}^{\infty} \frac{1}{n\sqrt[n]{n}}$ 发散.

(2) 因 $u_n = \frac{(n!)^2}{2n^2} = \frac{1}{2}(\frac{n!}{n})^2 = \frac{1}{2}[(n-1)!]^2 \nrightarrow 0 \quad (n \to \infty)$

所以 $\sum_{n=1}^{\infty} \frac{(n!)^2}{2n^2}$ 发散.

(3)
$$0 < \frac{n\cos^2\frac{n\pi}{3}}{2^n} \leqslant \frac{n}{2^n}$$

由比值法知 $\sum\limits_{n=1}^{\infty}\dfrac{n}{2^n}$ 收敛,所以 $\sum\limits_{n=1}^{\infty}\dfrac{n\cos^2\frac{n\pi}{3}}{2^n}$ 收敛.

(4) $u_n = \dfrac{1}{\ln^{10}n}$, $\lim\limits_{n\to\infty}\dfrac{u_n}{\frac{1}{n}} = \lim\limits_{n\to\infty}nu_n = \lim\limits_{n\to\infty}\dfrac{n}{\ln^{10}n}$

利用洛必达法则

$$\lim_{x\to+\infty}\frac{x}{\ln^{10}x} = \lim_{x\to+\infty}\frac{1}{10\ln^9 x\cdot\frac{1}{x}} = \lim_{x\to+\infty}\frac{x}{10\ln^9 x} = \cdots = \lim_{x\to+\infty}\frac{x}{10!} = +\infty$$

因 $\sum\limits_{n=1}^{\infty}\dfrac{1}{n}$ 发散,故级数 $\sum\limits_{n=2}^{\infty}\dfrac{1}{\ln^{10}n}$ 发散.

(5) (i) 当 $0 < a < 1$ 时,$0 < \dfrac{a^n}{n^s} \leqslant a^n$.

因 $\sum\limits_{n=1}^{\infty}a^n$ 收敛,所以 $\sum\limits_{n=1}^{\infty}\dfrac{a^n}{n^s}$ 收敛.

(ii) 当 $a > 1$ 时,对 $\forall S > 0$,$\exists$ 正整数 N,使 $N \geqslant S$.

$$\frac{a^n}{n^s} \geqslant \frac{a^n}{n^N}$$

而 $\quad\lim\limits_{n\to\infty}\dfrac{a^n}{n^N} = \lim\limits_{x\to+\infty}\dfrac{a^x}{x^N} = \lim\limits_{x\to+\infty}\dfrac{a^x\ln a}{Nx^{N-1}} = \lim\limits_{x\to+\infty}\dfrac{a^x(\ln a)^2}{N(N-1)x^{N-2}} =$

$$\cdots = \lim_{x\to+\infty}\frac{a^x(\ln a)^N}{N!} = +\infty$$

故 $\sum\limits_{n=1}^{\infty}\dfrac{a^n}{n^N}$ 发散,从而 $\sum\limits_{n=1}^{\infty}\dfrac{a^n}{n^s}$ 发散.

(iii) 当 $a = 1$ 时,原级数为 $\sum\limits_{n=1}^{\infty}\dfrac{1}{n^s}$,当 $S > 1$ 时收敛,当 $S \leqslant 1$ 时发散.

3. 设正项级数 $\sum\limits_{n=1}^{\infty}u_n$ 和 $\sum\limits_{n=1}^{\infty}v_n$ 都收敛,证明级数 $\sum\limits_{n=1}^{\infty}(u_n+v_n)^2$ 也收敛.

【证】 因为 $\sum\limits_{n=1}^{\infty}u_n$ 与 $\sum\limits_{n=1}^{\infty}v_n$ 均收敛,所以 $\sum\limits_{n=1}^{\infty}(u_n+v_n)$ 也收敛,从而 $\lim\limits_{n\to\infty}(u_n+v_n) = 0$,于是由极限定义,对于 $\forall\varepsilon = 1$,$\exists N > 0$,当 $n > N$ 时,$u_n+v_n < 1$,从

而 $(u_n + v_n)^2 \leqslant (u_n + v_n)$，由正项级数比较审敛法，所以 $\displaystyle\sum_{n=N}^{\infty}(u_n + v_n)^2$ 收敛，故 $\displaystyle\sum_{n=1}^{\infty}(u_n + v_n)^2$ 收敛.

4. 设级数 $\displaystyle\sum_{n=1}^{\infty} u_n$ 收敛，且 $\displaystyle\lim_{n\to\infty}\frac{v_n}{u_n}=1$，问级数 $\displaystyle\sum_{n=1}^{\infty} v_n$ 是否也收敛？试说明理由.

【答】 不一定，如 $u_n \geqslant 0, v_n \geqslant 0$，则回答是肯定的，对一般项级数则不一定. 如

$$u_n = (-1)^n \frac{1}{\sqrt{n}}, \quad v_n = (-1)^n \frac{1}{\sqrt{n}} + \frac{1}{n}$$

显然 $\displaystyle\sum_{n=1}^{\infty} v_n$ 发散，但却有

$$\frac{v_n}{u_n} = \frac{(-1)^n \dfrac{1}{\sqrt{n}} + \dfrac{1}{n}}{(-1)^n \dfrac{1}{\sqrt{n}}} \to 1, \quad n \to \infty$$

5. 讨论下列级数的绝对收敛性与条件收敛性：

(1) $\displaystyle\sum_{n=1}^{\infty}(-1)^n \frac{1}{n^p}$; (2) $\displaystyle\sum_{n=1}^{\infty}(-1)^{n+1} \frac{\sin\dfrac{\pi}{n+1}}{\pi^{n+1}}$;

(3) $\displaystyle\sum_{n=1}^{\infty}(-1)^n \ln\frac{n+1}{n}$; (4) $\displaystyle\sum_{n=1}^{\infty}(-1)^n \frac{(n+1)!}{n^{n+1}}$.

【解】

(1) (i) 当 $p>1$ 时，因 $\displaystyle\sum_{n=1}^{\infty} \frac{1}{n^p}$ 收敛，故 $\displaystyle\sum_{n=1}^{\infty}(-1)^n \frac{1}{n^p}$ 绝对收敛.

(ii) 当 $0<p\leqslant 1$ 时，由莱布尼兹定理知 $\displaystyle\sum_{n=1}^{\infty}(-1)^n \frac{1}{n^p}$ 收敛，而 $\displaystyle\sum_{n=1}^{\infty} \frac{1}{n^p}$ 发散，所以 $\displaystyle\sum_{n=1}^{\infty}(-1)^n \frac{1}{n^p}$ 条件收敛.

(iii) 当 $p\leqslant 0$ 时，由于 $\dfrac{1}{n^p}\nrightarrow 0 \ (n\to\infty)$，故原级数发散.

(2) 因 $\left| (-1)^{n+1} \dfrac{\sin \frac{\pi}{n+1}}{\pi^{n+1}} \right| \leqslant \dfrac{1}{\pi^{n+1}}$ $\left(0 < \dfrac{1}{\pi} < 1 \right)$

而 $\sum\limits_{n=1}^{\infty} \left(\dfrac{1}{\pi} \right)^{n+1}$ 收敛,故原级数绝对收敛.

(3) $\ln \dfrac{n+1}{n} = \ln(n+1) - \ln n$

$\sum\limits_{n=1}^{\infty} \ln \dfrac{n+1}{n}$ 的前 n 项部分和 $S_n = \ln(n+1) \to +\infty$,故级数

$\sum\limits_{n=1}^{\infty} \left| (-1)^n \ln \dfrac{n+1}{n} \right|$ 发散.

令 $f(x) = \ln \dfrac{x+1}{x} (x > 0)$,则 $f'(x) = -\dfrac{1}{x(x+1)} < 0$.

当 $x > 0$ 时,$f(x)$ 单调递减,故有

$$\ln \dfrac{(n+1)+1}{n+1} < \ln \dfrac{n+1}{n}$$

又 $$\lim_{n\to\infty} \ln \dfrac{n+1}{n} = 0$$

由莱布尼兹判别法知 $\sum\limits_{n=1}^{\infty} (-1)^n \ln \dfrac{n+1}{n}$ 收敛,且为条件收敛.

(4) $\lim\limits_{n\to\infty} \dfrac{(n+2)!}{(n+1)^{n+2}} \Big/ \dfrac{(n+1)!}{n^{n+1}} = \lim\limits_{n\to\infty} \dfrac{n+2}{n+1} \cdot \left(\dfrac{n}{n+1} \right)^n = \dfrac{1}{e} < 1$

所以 $\sum\limits_{n=1}^{\infty} \dfrac{(n+1)!}{n^{n+1}}$ 收敛,故原级数绝对收敛.

6. 求下列极限:

(1) $\lim\limits_{n\to\infty} \dfrac{1}{n} \sum\limits_{k=1}^{n} \dfrac{1}{3^k} \left(1 + \dfrac{1}{k} \right)^{k^2}$;

(2) $\lim\limits_{n\to\infty} \left[2^{\frac{1}{3}} \cdot 4^{\frac{1}{9}} \cdot 8^{\frac{1}{27}} \cdot \cdots \cdot (2^n)^{\frac{1}{3^n}} \right]$.

【解】 $\sum\limits_{k=1}^{n} \dfrac{1}{3^k} \left(1 + \dfrac{1}{k} \right)^{k^2}$ 看做是 $\sum\limits_{n=1}^{\infty} \dfrac{1}{3^n} \left(1 + \dfrac{1}{n} \right)^{n^2}$ 的前 n 项部分和 S_n,若能

证明 $\sum\limits_{n=1}^{\infty} \dfrac{1}{3^n} \left(1 + \dfrac{1}{n} \right)^{n^2}$ 收敛,则可知 $\lim\limits_{n\to\infty} S_n$ 存在,从而 $\lim\limits_{n\to\infty} \dfrac{S_n}{n} = 0$.

设 $x_n = \left(1 + \dfrac{1}{n} \right)^n$,则数列 $\{x_n\}$ 单调增加并且有界,同时有 $\left(1 + \dfrac{1}{n} \right)^n < e$,

于是
$$\frac{1}{3^n}(1+\frac{1}{n})^{n^2} < \frac{1}{3^n}e^n = (\frac{e}{3})^n$$

因 $\sum_{n=1}^{\infty}(\frac{e}{3})^n$ 收敛,从而 $\sum_{n=1}^{\infty}\frac{1}{3^n}(1+\frac{1}{n})^{n^2}$ 收敛. 所以

$$\lim_{n\to\infty}\frac{1}{n}\sum_{k=1}^{\infty}\frac{1}{3^k}(1+\frac{1}{k})^{k^2} = 0$$

(2) $[2^{\frac{1}{3}} \times 4^{\frac{1}{9}} \times \cdots \times (2^n)^{\frac{1}{3^n}}] = \prod_{k=1}^{n}(2^k)^{\frac{1}{3^k}} = \prod_{k=1}^{n}2^{\frac{k}{3^k}} = 2^{\sum\limits_{k=1}^{n}\frac{k}{3^k}}$

而
$$\sum_{n=1}^{\infty}\frac{x^n}{3^n} = \sum_{n=1}^{\infty}(\frac{x}{3})^n = \frac{x}{3-x}, \quad |x|<3$$

从而 $\left(\sum_{n=1}^{\infty}\frac{x^n}{3^n}\right)' = \sum_{n=1}^{\infty}\frac{nx^{n-1}}{3^n} = \left(\frac{x}{3-x}\right)' = \frac{3}{(3-x)^2}, \quad |x|<3$

令 $x=1$,则
$$\sum_{n=1}^{\infty}\frac{n}{3^n} = \frac{3}{(3-1)^2} = \frac{3}{4}$$

所以 $\lim_{n\to\infty}[2^{\frac{1}{3}} \times 4^{\frac{1}{9}} \times 8^{\frac{1}{27}} \times \cdots \times (2^n)^{\frac{1}{3^n}}] = 2^{\lim\limits_{n\to\infty}\sum\limits_{k=1}^{n}\frac{k}{3^k}} = 2^{\sum\limits_{n=1}^{\infty}\frac{n}{3^n}} = 2^{\frac{3}{4}}$

7. 求下列幂级数的收敛区间:

(1) $\sum_{n=1}^{\infty}\frac{3^n+5^n}{n}x^n$;　　　　(2) $\sum_{n=1}^{\infty}\left(1+\frac{1}{n}\right)^{n^2}x^n$;

(3) $\sum_{n=1}^{\infty}n(x+1)^n$;　　　　(4) $\sum_{n=1}^{\infty}\frac{n}{2^n}x^{2n}$.

【解】 (1) $\rho = \lim_{n\to\infty}\left|\frac{a_{n+1}}{a_n}\right| = \lim_{n\to\infty}\frac{3^{n+1}+5^{n+1}}{3^n+5^n} \cdot \frac{n}{n+1} = 5$

故 $R = \frac{1}{5}$.

当 $x=\frac{1}{5}$ 时, $\sum_{n=1}^{\infty}\frac{3^n+5^n}{n}\left(\frac{1}{5}\right)^n = \sum_{n=1}^{\infty}\left[\frac{1}{n}\left(\frac{3}{5}\right)^n + \frac{1}{n}\right]$ 发散.

当 $x=-\frac{1}{5}$ 时, $\sum_{n=1}^{\infty}\frac{3^n+5^n}{n}\left(-\frac{1}{5}\right)^n = \sum_{n=1}^{\infty}(-1)^n\left[\frac{1}{n}\left(\frac{3}{5}\right)^n + \frac{1}{n}\right]$ 收敛.

故所求收敛区间为 $[-\frac{1}{5}, \frac{1}{5})$.

(2) $\lim\limits_{n\to\infty}\sqrt[n]{|a_n|}=\lim\limits_{n\to\infty}\sqrt[n]{\left|(1+\dfrac{1}{n})^{n^2}x^n\right|}=\mathrm{e}\,|\,x\,|$

当 $\mathrm{e}\,|\,x\,|<1$,即 $|\,x\,|<\dfrac{1}{\mathrm{e}}$ 时,原级数绝对收敛.

当 $|\,x\,|\geqslant\dfrac{1}{\mathrm{e}}$ 时,由于

$$\lim\limits_{n\to\infty}(1+\dfrac{1}{n})^{n^2}x^n=\lim\limits_{n\to\infty}\left[(1+\dfrac{1}{n})^n x\right]^n\neq 0$$

$$\left(\text{因}\lim\limits_{n\to\infty}(1+\dfrac{1}{n})^n x=\mathrm{e}x,\text{而}\,|\,\mathrm{e}x\,|\geqslant 1\right)$$

故 $\sum\limits_{n=1}^{\infty}(1+\dfrac{1}{n})^{n^2}x^n$ 发散.则所求的收敛区间为 $(-\dfrac{1}{\mathrm{e}},\dfrac{1}{\mathrm{e}})$.

(3) 令 $y=x+1$,则原级数为 $\sum\limits_{n=1}^{\infty}ny^n$,而 $\sum\limits_{n=1}^{\infty}ny^n$ 的收敛半径为1.收敛区域间为 $-1<y<1$,故原级数的收敛区间为 $(-2,0)$.

(4) 因 $\lim\limits_{n\to\infty}\left|\dfrac{n+1}{2^{n+1}}x^{2(n+1)}\Big/\dfrac{n}{2^n}x^{2n}\right|=\dfrac{1}{2}x^2$,所以当 $|\,x\,|<\sqrt{2}$ 时,级数收敛;

而当 $|\,x\,|>\sqrt{2}$ 时,级数发散.

当 $x=\sqrt{2}$ 时,$\sum\limits_{n=1}^{\infty}\dfrac{n}{2^n}(\sqrt{2})^{2n}=\sum\limits_{n=1}^{\infty}n$ 发散.

当 $x=-\sqrt{2}$ 时,$\sum\limits_{n=1}^{\infty}n$ 也发散.

故所求收敛区间为 $(-\sqrt{2},\sqrt{2})$.

8. 求下列幂级数的和函数.

(1) $\sum\limits_{n=1}^{\infty}\dfrac{2n-1}{2^n}x^{2(n-1)}$;

(2) $\sum\limits_{n=1}^{\infty}\dfrac{(-1)^{n-1}}{2n-1}x^{2n-1}$;

(3) $\sum\limits_{n=1}^{\infty}n(x-1)^n$;

(4) $\sum\limits_{n=1}^{\infty}\dfrac{x^n}{n(n+1)}$.

【解】 (1) 在 $(-\sqrt{2},\sqrt{2})$ 内,设 $S(x)=\sum\limits_{n=1}^{\infty}\dfrac{2n-1}{2^n}x^{2(n-1)}$

则 $\displaystyle\int_0^x S(x)\mathrm{d}x=\sum\limits_{n=1}^{\infty}\dfrac{1}{2^n}x^{2n-1}=\dfrac{1}{x}\sum\limits_{n=1}^{\infty}\left(\dfrac{x^2}{2}\right)^n=\dfrac{x}{2-x^2}$

所以　　　　$S(x) = \left(\dfrac{x}{2-x^2}\right)' = \dfrac{2+x^2}{(2-x^2)^2},$　　　　　　$x \in (-\sqrt{2}, \sqrt{2})$

(2) 在 $(-1,1)$ 内，设 $S(x) = \sum\limits_{n=1}^{\infty} \dfrac{(-1)^{n-1}}{2n-1} x^{2n-1}$，则 $S(0) = 0$，

$$S'(x) = \sum\limits_{n=1}^{\infty} (-1)^{n-1} x^{2(n-1)} = \sum\limits_{n=1}^{\infty} (-x^2)^{n-1} = \dfrac{1}{1+x^2}$$

所以　　　　$S(x) = \displaystyle\int_0^x \dfrac{1}{1+x^2} dx = \arctan x$

又因 $S(1)$ 及 $S(-1)$ 均有意义，且 $S(1) = \lim\limits_{x \to 1^-} \arctan x = \dfrac{\pi}{4}$，$S(-1) = -\dfrac{\pi}{4}$，

所以　　　　$\sum\limits_{n=1}^{\infty} \dfrac{(-1)^{n-1}}{2n-1} x^{2n-1} = \arctan x,$　　$x \in [-1,1]$

(3) 因 $\sum\limits_{n=1}^{\infty} n(x-1)^n$ 的收敛区间为 $(0,2)$ 故在 $(0,2)$ 内设

$$S(x) = \sum\limits_{n=1}^{\infty} n(x-1)^n = (x-1) \sum\limits_{n=1}^{\infty} n(x-1)^{n-1}$$

对 $\forall x \in (0,2)$，则

$$\int_1^x \sum\limits_{n=1}^{\infty} n(x-1)^{n-1} dx = \sum\limits_{n=1}^{\infty} (x-1)^n = \dfrac{x-1}{2-x}$$

所以　　　　$\sum\limits_{n=1}^{\infty} n(x-1)^{n-1} = \left(\dfrac{x-1}{2-x}\right)' = \dfrac{1}{(2-x)^2}$

于是　　　　$S(x) = \dfrac{x-1}{(2-x)^2},$　　$x \in (0,2)$

(4) 在 $(-1,1)$ 内设 $S(x) = \sum\limits_{n=1}^{\infty} \dfrac{x^n}{n(n+1)}$，则

$$xS(x) = \sum\limits_{n=1}^{\infty} \dfrac{x^{n+1}}{n(n+1)}, \quad [xS(x)]' = \sum\limits_{n=1}^{\infty} \dfrac{x^n}{n}$$

$$[xS(x)]'' = \sum\limits_{n=1}^{\infty} x^{n-1} = \dfrac{1}{1-x}$$

从而　　　　$[xS(x)]' = \displaystyle\int_0^x \dfrac{1}{1-x} dx = -\ln(1-x)$

$$xS(x) = \int_0^x [-\ln(1-x) dx] = x + (1-x)\ln(1-x),$$

$$x \in (-1,1)$$

所以当 $x \neq 0$ 时,$S(x) = 1 + \dfrac{1-x}{x}\ln(1-x)$,$x \in (-1,1)$,且 $x \neq 0$,

从而所求和函数

$$S(x) = \begin{cases} 1 + \dfrac{1-x}{x}\ln(1-x), & x \in (-1,1) \text{ 且 } x \neq 0 \\ 0, & x = 0 \end{cases}$$

9. 求下列数项级数的和.

(1) $\displaystyle\sum_{n=1}^{\infty} \frac{n^2}{n!}$;　　　　(2) $\displaystyle\sum_{n=0}^{\infty} (-1)^n \frac{n+1}{(2n+1)!}$.

【解】

(1) $\displaystyle\sum_{n=1}^{\infty} \frac{n^2}{n!} = \sum_{n=1}^{\infty} \frac{n}{(n-1)!} = \sum_{n=1}^{\infty} \frac{n-1+1}{(n-1)!} =$

$\displaystyle\sum_{n=2}^{\infty} \frac{1}{(n-2)!} + \sum_{n=1}^{\infty} \frac{1}{(n-1)!} = 2\sum_{n=0}^{\infty} \frac{1}{n!}$

由 $e^x = \displaystyle\sum_{n=0}^{\infty} \frac{1}{n!} x^n$,知 $e = \displaystyle\sum_{n=0}^{\infty} \frac{1}{n!}$,故所给级数的和为 2e.

(2) $\displaystyle\sum_{n=0}^{\infty} (-1)^n \frac{n+1}{(2n+1)!} = \sum_{n=0}^{\infty} (-1)^n \frac{2n+1+1}{2(2n+1)!} =$

$\dfrac{1}{2}\displaystyle\sum_{n=0}^{\infty} \frac{(-1)^n}{(2n)!} + \dfrac{1}{2}\sum_{n=0}^{\infty} \frac{(-1)^n}{(2n+1)!} =$

$\dfrac{1}{2}(\cos 1 + \sin 1)$

(在 $\sin x$ 及 $\cos x$ 的幂级数展开式中令 $x = 1$ 即可.)

10. 将下列函数展开成 x 的幂级数.

(1) $\ln(x + \sqrt{x^2+1})$;　　　　(2) $\dfrac{1}{(2-x)^2}$.

【解】 (1) $[\ln(x + \sqrt{x^2+1})]' = \dfrac{1}{\sqrt{1+x^2}} =$

$1 + \displaystyle\sum_{n=1}^{\infty} (-1)^n \frac{1 \times 3 \times 5 \times \cdots \times (2n-1)}{2n \cdot n!} x^{2n} =$

$1 + \displaystyle\sum_{n=1}^{\infty} (-1)^n \frac{(2n-1)!!}{(2n)!!} x^{2n}, \quad x \in [-1,1]$

所以　$\ln(x + \sqrt{x^2 + 1}) = \displaystyle\int_0^x \frac{1}{\sqrt{1 + x^2}} \mathrm{d}x =$

$$x + \sum_{n=1}^{\infty} (-1)^n \frac{(2n-1)!!}{(2n)!!} \frac{1}{2n+1} x^{2n+1}, \quad x \in [-1, 1]$$

(2) $\displaystyle\int_1^x \frac{1}{(2-x)^2} \mathrm{d}x = \frac{1}{2-x} - 1 = \frac{1}{2} \times \frac{1}{1 - \frac{x}{2}} - 1 =$

$$\frac{1}{2} \sum_{n=0}^{\infty} \left(\frac{x}{2}\right)^n - 1 = \sum_{n=0}^{\infty} \frac{x^n}{2^{n+1}} - 1, \quad x \in (-2, 2)$$

所以　$\dfrac{1}{(2-x)^2} = \left(\displaystyle\sum_{n=0}^{\infty} \frac{x^n}{2^{n+1}} - 1\right)' = \sum_{n=1}^{\infty} \frac{n x^{n-1}}{2^{n+1}}, \quad x \in (-2, 2)$

11. 设 $f(x)$ 是周期为 2π 的周期函数,它在 $[-\pi, \pi)$ 上的表达式为

$$f(x) = \begin{cases} 0, & x \in [-\pi, 0] \\ \mathrm{e}^x, & x \in [0, \pi) \end{cases}$$

将 $f(x)$ 展开成傅里叶级数.

【解】　$a_0 = \dfrac{1}{\pi} \displaystyle\int_0^\pi \mathrm{e}^x \mathrm{d}x = \dfrac{\mathrm{e}^\pi - 1}{\pi}$

$$a_n = \frac{1}{\pi} \int_0^\pi \mathrm{e}^x \cos nx\, \mathrm{d}x =$$

$$\frac{1}{\pi} \left(\frac{1}{n} \mathrm{e}^x \sin nx + \frac{1}{n^2} \mathrm{e}^x \cos nx \right) \Big|_0^\pi - \frac{1}{n^2 \pi} \int_0^\pi \mathrm{e}^x \cos nx\, \mathrm{d}x$$

移项整理得

$$a_n = \frac{(-1)^n \mathrm{e}^\pi - 1}{(n^2 + 1)\pi}, \quad n = 1, 2, \cdots$$

$$b_n = \frac{1}{\pi} \int_0^\pi \mathrm{e}^x \sin nx\, \mathrm{d}x =$$

$$\frac{1}{\pi} \left(-\frac{1}{n} \mathrm{e}^x \cos nx + \frac{1}{n^2} \mathrm{e}^x \sin nx \right) \Big|_0^\pi - \frac{1}{n^2 \pi} \int_0^\pi \mathrm{e}^x \sin nx\, \mathrm{d}x$$

移项整理得　　$b_n = \dfrac{n[1 - (-1)^n \mathrm{e}^\pi]}{(n^2 + 1)\pi}, \quad n = 1, 2, \cdots$

故 $f(x) = \dfrac{\mathrm{e}^\pi - 1}{2\pi} + \dfrac{1}{\pi} \displaystyle\sum_{n=1}^{\infty} \left\{ \frac{(-1)^n \mathrm{e}^\pi - 1}{n^2 + 1} \cos nx + \frac{n[1 - (-1)^n \mathrm{e}^\pi]}{n^2 + 1} \sin nx \right\}$,

$$-\infty < x < +\infty, \text{且} \ x \neq k\pi, k = 0, \pm 1, \pm 2, \cdots$$

当 $x = k\pi$ 时，级数收敛于

$$\frac{1}{2}\big[f(x-0) + f(0+0)\big] = \frac{1}{2}$$

12. 将函数

$$f(x) = \begin{cases} 1, & 0 \leqslant x \leqslant h \\ 0, & h < x \leqslant \pi \end{cases}$$

分别展开成正弦级数和余弦级数.

(1) 对 $f(x)$ 进行奇延拓，从而 $a_n = 0(n = 0,1,2,\cdots)$

$$b_n = \frac{2}{\pi}\int_0^\pi f(x)\sin nx \,\mathrm{d}x = \frac{2}{\pi}\left[\int_0^h \sin nx \,\mathrm{d}x + 0\right] =$$

$$\frac{2}{n\pi} - \frac{2\cos nh}{n\pi}, \quad n = 1,2,\cdots$$

故　$f(x) = \frac{2}{\pi}\sum_{n=1}^\infty \frac{1-\cos nh}{n}\sin nx, \quad x \in (0,h) \bigcup (h,\pi)$

当 $x = h, x = 0$ 时，级数分别收敛于 $\frac{1}{2}$ 及 0，当 $x = \pi$ 时，级数收敛于 0.

(2) 对 $f(x)$ 进行偶延拓，则 $b_n = 0(n = 1,2,\cdots)$;

$$a_0 = \frac{2}{\pi}\int_0^h \mathrm{d}x = \frac{2}{\pi}h$$

$$a_n = \frac{2}{\pi}\int_0^h \cos nx \,\mathrm{d}x = \frac{2}{n\pi}\sin nh, \quad n = 1,2,\cdots$$

故　$f(x) = \frac{h}{\pi} + \frac{2}{\pi}\sum_{n=1}^\infty \frac{\sin nh}{n}\cos nx, \quad x \in [0,h) \bigcup (h,\pi]$

当 $x = h$ 时，级数收敛于 $\frac{1}{2}$.

第 12 章

习题 12 - 1

1. 在下列各题中，验证所给二元方程所确定的函数为所给微分方程的解:

(1) $(x - 2y)y' = 2x - y, x^2 - xy + y^2 = C$;

(2) $(xy - x)y'' + xy'^2 + yy' - 2y' = 0, y = \ln(xy)$.

【解】 (1) 等式 $x^2 - xy + y^2 = C$ 两边关于 x 求导数，得

$$2x - (y + xy') + 2yy' = 0, \quad y' = \frac{2x - y}{x - 2y}$$

代入方程,得

$$(x - 2y)y' - 2x + y = (x - 2y)\frac{2x - y}{x - 2y} - 2x + y = 0$$

所以 $x^2 - xy + y^2 = C$ 所确定的函数是所给微分方程的解.

(2) 等式 $y = \ln(xy)$ 两边关于 x 求导数,得

$$y' = \frac{y + xy'}{xy}, \qquad y' = \frac{y}{xy - x}$$

$$y'' = \frac{y'(xy - x) - y(y + xy' - 1)}{(xy - x)^2}$$

代入方程,并整理得

$$(xy - x)\frac{y'(xy - x) - y(y + xy' - 1)}{(xy - x)^2} + x(\frac{y}{xy - x})^2 +$$

$$y(\frac{y}{xy - x}) - 2(\frac{y}{xy - x}) = 0$$

所以由 $y = \ln(xy)$ 确定的函数是所给微分方程的解.

4. 在下列各题中,确定函数关系式中所含的参数,使函数满足所给的初始条件:

(1) $x^2 - y^2 = C, y\big|_{x=0} = 5$;

(2) $y = (C_1 + C_2 x)e^{2x}, y\big|_{x=0} = 0, y'\big|_{x=0} = 1$;

(3) $y = C_1 \sin(x - C_2), y\big|_{x=\pi} = 1, y'\big|_{x=\pi} = 0$.

【解】 (1) 由 $y\big|_{x=0} = 5$,得 $C = -25$,故 $x^2 - y^2 = -25$,即 $y^2 - x^2 = 25$.

(2) $y' = C_2 e^{2x} + (C_1 + C_2 x)2e^{2x} = e^{2x}(2C_1 + C_2 + 2C_2 x)$

由 $y\big|_{x=0} = 0, y'\big|_{x=0} = 1$ 得

$$\begin{cases} 0 = C_1 \\ 1 = 2C_1 + C_2 \end{cases}$$

解得 $C_1 = 0, C_2 = 1$,　故 $y = xe^{2x}$.

(3) $y' = C_1 \cos(x - C_2)$,由 $y\big|_{x=\pi} = 1, y'\big|_{x=\pi} = 0$,得

$$\begin{cases} 1 = C_1 \sin(\pi - C_2) \\ 0 = C_1 \cos(\pi - C_2) \end{cases}, \qquad \begin{cases} 1 = C_1 \sin C_2 \\ 0 = C_1 \cos C_2 \end{cases}$$

解得 $C_1 = 1, C_2 = \dfrac{\pi}{2}$. 故 $y = \sin(x - \dfrac{\pi}{2}) = -\cos x$.

3. 写出由下列条件确定的曲线所满足的微分方程:

(1) 曲线在点 (x, y) 处的切线的斜率等于该点横坐标的平方;

(2) 曲线上点 $P(x,y)$ 处的法线与 x 轴的交点为 Q,且线段 PQ 被 y 轴平分.

【解】 (1) 设曲线方程为 $y=y(x)$,则曲线在点 (x,y) 处的斜率为 y'. 由题设条件知 $y'=x^2$,这就是曲线所满足的微分方程.

(2) 设曲线方程为 $y=y(x)$,如图 F-12-1 所示,则曲线在点 $P(x,y)$ 处法线的斜率为 $-\dfrac{1}{y}$,法线的方程为

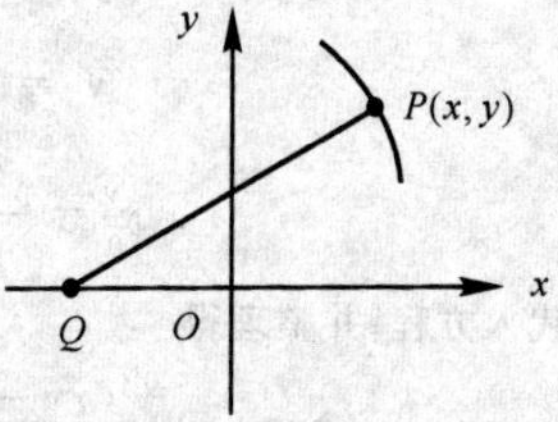

图 F-12-1

$$Y-y=-\frac{1}{y}(X-x)$$

由题设条件知,法线上点 Q 的坐标为 $(-x,0)$,代入法线方程,得

$$-y=\frac{-1}{y}(-x-x)$$

即 $yy'+2x=0$,这正是所求的微分方程.

6. 用微分方程表示一物理命题:某种气体的气压 P 对于温度 T 的变化率与气压成正比,与温度的平方成反比.

【解】 根据导数的意义,气压 P 对于温度 T 的变化率为 $\dfrac{\mathrm{d}P}{\mathrm{d}T}$. 由题设条件知

$$\frac{\mathrm{d}P}{\mathrm{d}T}=k\frac{P}{T^2} \quad (k:比例系数)$$

这就是所求的微分方程.

习题 12-2

1. 求下列微分方程的通解:

(1) $xy'-y\ln y=0$;

(2) $3x^2+5x-5y'=0$;

(3) $\sqrt{1-x^2}\,y'=\sqrt{1-y^2}$;

(4) $y'-xy'=a(y^2+y')$;

(5) $\sec^2 x\tan y\,\mathrm{d}x+\sec^2 y\tan x\,\mathrm{d}y=0$;

(6) $\dfrac{\mathrm{d}y}{\mathrm{d}x}=10^{x+y}$;

(7) $(e^{x+y}-e^x)\mathrm{d}x+(e^{x+y}+e^y)\mathrm{d}y=0$;

(8) $\cos x\sin y\,\mathrm{d}x+\sin x\cos y\,\mathrm{d}y=0$;

(9) $(y+1)^2 \dfrac{\mathrm{d}y}{\mathrm{d}x} + x^3 = 0$;

(10) $y\mathrm{d}x + (x^2 - 4x)\mathrm{d}y = 0$.

【解】　(1) 分离变量并积分,得

$$\int \frac{\mathrm{d}y}{y\ln y} = \int \frac{\mathrm{d}x}{x}$$

求积分得　　　　$\ln\ln y = \ln x + \ln C,\quad \ln\ln y = \ln(Cx)$

整理得通解　　　　$y = \mathrm{e}^{Cx}$

(2) 分离变量并积分

$$\int \mathrm{d}y = \int \left(\frac{3}{5}x^2 + x\right)\mathrm{d}x$$

得通解　　　　$y = \dfrac{x^3}{5} + \dfrac{x^2}{2} + C$

(3) 分离变量　　　　$\dfrac{\mathrm{d}y}{\sqrt{1-y^2}} = \dfrac{\mathrm{d}x}{\sqrt{1-x^2}}$

积分　　　　$\int \dfrac{\mathrm{d}y}{\sqrt{1-y^2}} = \int \dfrac{\mathrm{d}x}{\sqrt{1-x^2}}$

得通解　　　　$\arcsin y = \arcsin x + C$

(4) 分离变量　　　　$-\dfrac{\mathrm{d}y}{y^2} = \dfrac{a}{x+a-1}\mathrm{d}x$

积分　　　　$\int -\dfrac{\mathrm{d}y}{y^2} = \int \dfrac{a}{x+a-1}\mathrm{d}x$

得通解　　　　$\dfrac{1}{y} = a\ln|x+a-1| + C$

(5) 分离变量　　　　$\dfrac{\sec^2 x}{\tan x}\mathrm{d}x = -\dfrac{\sec^2 y}{\tan y}\mathrm{d}y$,

积分　　　　$\int \dfrac{\sec^2 x}{\tan x}\mathrm{d}x = -\int \dfrac{\sec^2 y}{\tan y}\mathrm{d}y$

得　　　　$\ln\tan x = -\ln\tan y + \ln C$

整理得通解　　　　$\tan x \tan y = C$

(6) 分离变量并积分

$$\int \frac{\mathrm{d}y}{10^y} = \int 10^x \mathrm{d}x$$

得　　　　$-\dfrac{10^{-y}}{\ln 10} = \dfrac{10^x}{\ln 10} - \dfrac{C}{\ln 10}$

整理得通解 $\qquad 10^{-y} + 10^{x} = C$

（7）分离变量并积分

$$\int \frac{-e^{y}}{e^{y}-1}dy = \int \frac{e^{x}}{e^{x}+1}dx$$

得 $\qquad -\ln|e^{y}-1| = \ln|e^{x}+1| - \ln C$

$$\ln[(e^{y}-1)(e^{x}+1)] = \ln C$$

故通解为 $\qquad (e^{y}-1)(e^{x}+1) = C$

（8）分离变量 $\dfrac{\cos y}{\sin y}dy = -\dfrac{\cos x}{\sin x}dx$，积分

$$\int \frac{\cos y}{\sin y}dy = -\int \frac{\cos x}{\sin x}dx$$

得 $\qquad \ln \sin y = -\ln \sin x + \ln C$

$$\ln(\sin y \cdot \sin x) = \ln C$$

故通解为 $\qquad \sin y \sin x = C$

（9） $\qquad (y+1)^{2}dy = -x^{3}dx$

积分 $\qquad \int (y+1)^{2}dy = -\int x^{3}dx$

$$\frac{(y+1)^{3}}{3} = -\frac{x^{4}}{4} + C_{1}$$

故通解为 $\qquad 4(y+1)^{3} + 3x^{4} = C$ （其中 $C = 12C_{1}$）

（10）分离变量并积分

$$\int \frac{dy}{y} = \int \frac{dx}{4x-x^{2}}$$

$$\int \frac{1}{y}dy = \frac{1}{4}\int(\frac{1}{x} - \frac{1}{x-4})dx$$

$$\ln y = \frac{1}{4}[\ln x - \ln(x-4)] + \frac{1}{4}\ln C$$

$$\ln(y^{4}) = \ln \frac{Cx}{x-4}$$

故通解为 $\qquad y^{4} = \dfrac{Cx}{x-4}$

2. 求下列微分方程满足所给初始条件的特解：

（1） $y' = e^{2x-y}$， $y|_{x=0} = 0$；

（2） $\cos x \sin y dy = \cos y \sin x dx$， $y|_{x=0} = \dfrac{\pi}{4}$；

(3) $y' \sin x = y \ln y$,　$y \big|_{x=\frac{\pi}{2}} = \mathrm{e}$;

(4) $\cos y \mathrm{d}x + (1 + \mathrm{e}^{-x}) \sin y \mathrm{d}y = 0$,　$y \big|_{x=0} = \dfrac{\pi}{4}$;

(5) $x \mathrm{d}y + 2y \mathrm{d}x = 0$,　$y \big|_{x=2} = 1$.

【解】　(1) 分离变量并积分

$$\int \mathrm{e}^y \mathrm{d}y = \int \mathrm{e}^{2x} \mathrm{d}x$$

得通解
$$\mathrm{e}^y = \frac{\mathrm{e}^{2x}}{2} + C$$

当 $x = 0$ 时，$y = 0$，代入上式得 $C = \dfrac{1}{2}$，故所求特解为

$$\mathrm{e}^y = \frac{1}{2}(\mathrm{e}^{2x} + 1)$$

(2) 分离变量并积分

$$\int \tan y \mathrm{d}y = \int \tan x \mathrm{d}x$$

得
$$-\ln \cos y = -\ln \cos x - \ln C$$
$$\cos y = C \cos x$$

当 $x = 0$ 时，$y = \dfrac{\pi}{4}$，代入上式得 $C = \dfrac{1}{\sqrt{2}}$. 故所求特解为

$$\cos y = \frac{1}{\sqrt{2}} \cos x$$

(3) 分离变量并积分

$$\int \frac{\mathrm{d}y}{y \ln y} = \int \frac{\mathrm{d}x}{\sin x}$$

得
$$\ln \ln y = \ln | \csc x - \cot x | + \ln C$$
$$\ln y = C(\csc x - \cot x)$$

当 $x = \dfrac{\pi}{2}$ 时，$y = \mathrm{e}$，代入上式得 $C = 1$，故所求特解为

$$\ln y = \csc x - \cot x \quad 即 \quad \ln y = \tan \frac{x}{2}$$

(4) 分离变量并积分

$$\int \tan y \mathrm{d}y = -\int \frac{\mathrm{e}^x}{\mathrm{e}^x + 1} \mathrm{d}x$$

得
$$-\ln \cos y = -\ln(\mathrm{e}^x + 1) - \ln C$$

$$\cos y = C(e^x + 1)$$

当 $x = 0$ 时，$y = \dfrac{\pi}{4}$，代入上式得 $C = \dfrac{\sqrt{2}}{4}$，故所求特解为

$$\cos y = \frac{\sqrt{2}}{4}(e^x + 1)$$

(5) $$\frac{\mathrm{d}y}{y} + \frac{2\mathrm{d}x}{x} = 0$$

$$\int \frac{\mathrm{d}y}{y} + \int \frac{2\mathrm{d}x}{x} = 0$$

$$\ln y + 2\ln x = \ln C, \quad x^2 y = C$$

当 $x = 2$ 时，$y = 1$. 代入上式得 $C = 4$，故所求特解为 $x^2 y = 4$.

3. 有一盛满了水的圆锥形漏斗，高为 10 cm，顶角为 $60°$，漏斗下面有面积为 0.5 cm^2 的孔，求水面高度变化的规律及流完所需的时间.

【解】 如图 F - 12 - 2 所示，由水力学可知，水从孔口流出的流量（即通过孔口横截面的水的体积 V 对时间 t 的变化率）为

$$\frac{\mathrm{d}V}{\mathrm{d}t} = 0.62S \sqrt{2gh}$$

其中 0.62 为流量系数，孔截面面积 $S = 0.5$ cm^2，故

$$\mathrm{d}V = 0.62S \sqrt{2gh}\,\mathrm{d}t \qquad (*)$$

又因 $\dfrac{r}{h} = \dfrac{R}{10} = \dfrac{10\tan 30°}{10} = \dfrac{1}{\sqrt{3}}$, $r = \dfrac{1}{\sqrt{3}}h$.

图 F - 12 - 2

所以

$$\mathrm{d}V = -\pi r^2 \mathrm{d}h = -\frac{\pi h^2}{3}\mathrm{d}h \qquad (**)$$

由式 $(*)$，$(**)$ 得

$$0.62S \sqrt{2g} \sqrt{h}\,\mathrm{d}t = -\frac{\pi}{3} h^2 \mathrm{d}h$$

$$\mathrm{d}t = -\frac{\pi}{0.62 \times 3S \sqrt{2g}} h^{\frac{3}{2}} \mathrm{d}h$$

$$t = -\frac{2\pi}{0.62 \times 15S \sqrt{2g}} h^{\frac{5}{2}} + C$$

当 $t = 0$ 时，$h = 10$，代入上式得

$$C = \frac{2\pi}{0.62 \times 15S\sqrt{2g}}10^{\frac{5}{2}}$$

故水从小孔流出的规律为

$$t = \frac{2\pi}{0.62 \times 15S\sqrt{2g}}(10^{\frac{5}{2}} - h^{\frac{5}{2}})$$

将 $S = 0.5$，$g = 980$ 代入得

$$t = 0.030\,5(10^{\frac{5}{2}} - h^{\frac{5}{2}}) = -0.030\,5h^{\frac{5}{2}} + 9.645$$

令 $h = 0$，得 $t_0 \approx 10$ s. 即水流完所需的时间约为 10 s.

5. 镭的衰变有如下的规律：镭的衰变速度与它的现存量 R 成正比. 由经验材料得知，镭经过 1 600 年后，只余原始量 R_0 的一半. 试求镭的 R 与时间 t 的函数关系.

【解】　由于镭的衰变速度 $\dfrac{\mathrm{d}R}{\mathrm{d}t}$ 与其含量 R 成正比，可得微分方程

$$\frac{\mathrm{d}R}{\mathrm{d}t} = -kR \quad (k > 0)$$

$$\frac{\mathrm{d}R}{R} = -k\mathrm{d}t, \quad \int\frac{\mathrm{d}R}{R} = -k\int\mathrm{d}t$$

$$\ln R = -kt + \ln C, \quad R = C\mathrm{e}^{-kt}$$

当 $t = 0$ 时，$R = R_0$，得 $C = R_0$，$R = R_0\mathrm{e}^{-kt}$.

当 $t = 1\,600$ 时，$R = \dfrac{R_0}{2}$，得

$$\frac{R_0}{2} = R_0\mathrm{e}^{-1\,600k}, \quad k = \frac{\ln 2}{1\,600} = 0.000\,433$$

故镭含量 R 随时间 t 变化的规律为

$$R = R_0\mathrm{e}^{-0.000\,433t} \quad (\text{时间以年为单位})$$

6. 一曲线通过点 $(2,3)$，它在两坐标轴间的任一切线线段均被切点所平分，求这曲线方程.

【解】　设切点为 $P(x,y)$，如图 F-12-3 所示. 由于切线线段被切点平分，故切线在 x 轴，y 轴的截距分别为 $2x$，$2y$. 切线斜率为

$$\tan\alpha = -\frac{y}{x} \quad \text{即} \quad \frac{\mathrm{d}y}{\mathrm{d}x} = -\frac{y}{x}$$

$$\int\frac{\mathrm{d}y}{y} = -\int\frac{\mathrm{d}x}{x}, \quad \ln y = -\ln x + \ln C$$

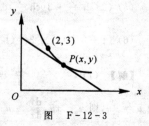

图　F-12-3

解得 $xy = C$.

由曲线过点 $(2,3)$,可得 $C = 6$,故所求曲线方程为
$$xy = 6$$

7. 小船从河边点 O 处出发驶向对岸(两岸为平行直线). 设船速为 a,船行方向始终与河岸垂直. 又设河宽为 h,河中任一点处的水流速度与该点到两岸距离的乘积成正比(比例系数为 k),求小船的航行路线.

【解】 建立坐标系如图 F-12-4 所示,点 (x,y) 为船的位置.

依题意,水速
$$v = \frac{\mathrm{d}x}{\mathrm{d}t} = ky(h - y)$$

将 $y = at$ 代入,得
$$\mathrm{d}x = kat(h - at)\mathrm{d}t$$

积分得 $x = \frac{k}{2}aht^2 - \frac{ka^2}{3}t^3 + C$

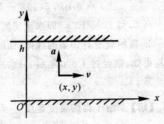

图 F-12-4

当 $t = 0$ 时,$x = 0$,得 $C = 0$. 将 $C = 0$,$t = \frac{y}{a}$ 代入,得小船航行路线
$$x = \frac{k}{a}\left(\frac{h}{2}y^2 - \frac{1}{3}y^3\right)$$

习题 12-3

1. 求下列齐次方程的通解:

(1) $xy' - y - \sqrt{y^2 - x^2} = 0$;

(2) $x\frac{\mathrm{d}y}{\mathrm{d}x} = y\ln\frac{y}{x}$;

(3) $(x^2 + y^2)\mathrm{d}x - xy\mathrm{d}y = 0$;

(4) $(x^3 + y^3)\mathrm{d}x - 3xy^2\mathrm{d}y = 0$;

(5) $\left(2x\operatorname{sh}\frac{y}{x} + 3y\operatorname{ch}\frac{y}{x}\right)\mathrm{d}x - 3x\operatorname{ch}\frac{y}{x}\mathrm{d}y = 0$;

(6) $\left(1 + 2e^{\frac{x}{y}}\right)\mathrm{d}x + 2e^{\frac{x}{y}}\left(1 - \frac{x}{y}\right)\mathrm{d}y = 0$.

【解】 (1) $\qquad \frac{\mathrm{d}y}{\mathrm{d}x} = \frac{y}{x} + \sqrt{\left(\frac{y}{x}\right)^2 - 1}$

令 $u = \frac{y}{x}$,则 $y = xu$,$\frac{\mathrm{d}y}{\mathrm{d}x} = u + x\frac{\mathrm{d}u}{\mathrm{d}x}$,于是原方程化为

$$u + x\frac{\mathrm{d}u}{\mathrm{d}x} = u + \sqrt{u^2 - 1}$$

分离变量并积分

$$\int \frac{\mathrm{d}u}{\sqrt{u^2 - 1}} = \int \frac{\mathrm{d}x}{x}$$

得

$$\ln(u + \sqrt{u^2 - 1}) = \ln x + \ln C$$

$$u + \sqrt{u^2 - 1} = Cx$$

代入 $u = \dfrac{y}{x}$，得

$$\frac{y}{x} + \sqrt{(\frac{y}{x})^2 - 1} = Cx$$

故通解为

$$y + \sqrt{y^2 - x^2} = Cx^2$$

（2） $$\frac{\mathrm{d}y}{\mathrm{d}x} = \frac{y}{x}\ln\frac{y}{x}$$

令 $u = \dfrac{y}{x}$，则 $y = xu, \dfrac{\mathrm{d}y}{\mathrm{d}x} = u + x\dfrac{\mathrm{d}u}{\mathrm{d}x}$，原方程化为

$$u + x\frac{\mathrm{d}u}{\mathrm{d}x} = u\ln u$$

$$\int \frac{\mathrm{d}u}{u(\ln u - 1)} = \int \frac{\mathrm{d}x}{x}, \quad \ln(\ln u - 1) = \ln x + \ln C$$

$$\ln u - 1 = Cx$$

代入 $u = \dfrac{y}{x}$，得通解 $\ln\dfrac{y}{x} - 1 = Cx$.

（3） $$\frac{\mathrm{d}y}{\mathrm{d}x} = \frac{x}{y} + \frac{y}{x}$$

令 $u = \dfrac{y}{x}$，则 $y = xu, \dfrac{\mathrm{d}y}{\mathrm{d}x} = u + x\dfrac{\mathrm{d}u}{\mathrm{d}x}$，原方程化为

$$u + x\frac{\mathrm{d}u}{\mathrm{d}x} = \frac{1}{u} + u$$

$$\int u\,\mathrm{d}u = \int \frac{\mathrm{d}x}{x}, \quad \frac{u^2}{2} = \ln x + \ln C$$

将 $u = \dfrac{y}{x}$ 代入，得 $\dfrac{y^2}{2x^2} = \ln(Cx)$.

通解为

$$y^2 = 2x^2\ln(Cx)$$

（4） $$\frac{\mathrm{d}y}{\mathrm{d}x} = \frac{1}{3}(\frac{x^2}{y^2} + \frac{y}{x})$$

设 $u = \dfrac{y}{x}$，则 $y = xu, \dfrac{\mathrm{d}y}{\mathrm{d}x} = u + x\dfrac{\mathrm{d}u}{\mathrm{d}x}$，原方程化为

$$u + x\frac{\mathrm{d}u}{\mathrm{d}x} = \frac{1}{3}\left(\frac{1}{u^2} + u\right)$$

$$\int \frac{3u^2\,\mathrm{d}u}{2u^3 - 1} = -\int \frac{\mathrm{d}x}{x}, \quad \frac{1}{2}\ln(2u^3 - 1) = -\ln x + \frac{1}{2}\ln C$$

$$2u^3 - 1 = \frac{C}{x^2}$$

将 $u = \dfrac{y}{x}$ 代入，整理得通解

$$2y^3 - x^3 = Cx$$

(5) $\qquad\qquad \dfrac{\mathrm{d}y}{\mathrm{d}x} = \dfrac{2}{3}\operatorname{th}\dfrac{y}{x} + \dfrac{y}{x}$

令 $u = \dfrac{y}{x}$，则 $y = xu, \dfrac{\mathrm{d}y}{\mathrm{d}x} = u + x\dfrac{\mathrm{d}u}{\mathrm{d}x}$，原方程化为

$$u + x\frac{\mathrm{d}u}{\mathrm{d}x} = \frac{2}{3}\operatorname{th}u + u$$

$$\frac{3\mathrm{d}u}{2\operatorname{th}u} = \frac{\mathrm{d}x}{x}, \quad \frac{3}{2}\int \frac{e^u + e^{-u}}{e^u - e^{-u}}\mathrm{d}u = \int \frac{\mathrm{d}x}{x}$$

$$\frac{3}{2}\ln(e^u - e^{-u}) = \ln x + \ln C_1$$

$$(e^u - e^{-u})^{\frac{3}{2}} = C_1 x$$

$$Cx^2 = \left(\frac{e^u - e^{-u}}{2}\right)^3 = \operatorname{sh}^3 u$$

通解为 $\qquad\qquad \operatorname{sh}^3 \dfrac{y}{x} = Cx^2$

(6) 原方程化为

$$\frac{\mathrm{d}x}{\mathrm{d}y} = \frac{\left(\dfrac{x}{y} - 1\right)2e^{\frac{x}{y}}}{1 + 2e^{\frac{x}{y}}}$$

令 $u = \dfrac{x}{y}$，则 $x = yu, \dfrac{\mathrm{d}x}{\mathrm{d}y} = u + y\dfrac{\mathrm{d}u}{\mathrm{d}y}$，代入上述方程得

$$u + y\frac{\mathrm{d}u}{\mathrm{d}y} = \frac{(u-1)2e^u}{1 + 2e^u}$$

$$y\frac{\mathrm{d}u}{\mathrm{d}y} = -\frac{u + 2e^u}{1 + 2e^u}, \quad \int \frac{1 + 2e^u}{u + 2e^u}\mathrm{d}u = -\int \frac{\mathrm{d}y}{y}$$

$$\ln(u + 2e^u) = -\ln y + \ln C, \quad y(u + 2e^u) = C$$

将 $u = \dfrac{x}{y}$ 代入得 $y\left(\dfrac{x}{y} + 2e^{\frac{x}{y}}\right) = C$，即 $x + 2ye^{\frac{x}{y}} = C$.

2. 求下列齐次方程满足所给初始条件的特解：

(1) $(y^2 - 3x^2)dy + 2xydx = 0, y\mid_{x=0} = 1$；

(2) $y' = \dfrac{x}{y} + \dfrac{y}{x}, y\mid_{x=1} = 2$；

(3) $(x^2 + 2xy - y^2)dx + (y^2 + 2xy - x^2)dy = 0, y\mid_{x=1} = 1$.

【解】　(1) $\qquad \dfrac{dx}{dy} = \dfrac{3}{2}\dfrac{x}{y} - \dfrac{y}{2x}$

令 $u = \dfrac{x}{y}$，则 $x = yu, \dfrac{dx}{dy} = u + y\dfrac{du}{dy}$，原方程化为

$$u + y\frac{du}{dy} = \frac{3}{2}u - \frac{1}{2u}$$

$$\int \frac{2udu}{u^2 - 1} = \int \frac{dy}{y}, \quad \ln(u^2 - 1) = \ln y + \ln C$$

$$u^2 - 1 = Cy$$

将 $u = \dfrac{x}{y}$ 代入整理得 $x^2 - y^2 = Cy^3$.

当 $x = 0$ 时，$y = 1$，代入得 $C = -1$，故所求特解为

$$y^3 = y^2 - x^2$$

(2) 令 $u = \dfrac{y}{x}$，则 $y = xu, \dfrac{dy}{dx} = u + x\dfrac{du}{dx}$，原方程化为

$$u + x\frac{du}{dx} = \frac{1}{u} + u, \quad \int udu = \int \frac{dx}{x}$$

$$\frac{u^2}{2} = \ln x + C$$

代入 $u = \dfrac{y}{x}$，整理得 $y^2 = 2x^2(\ln x + C)$.

由 $y\mid_{x=1} = 2$，得 $C = 2$. 故所求特解为

$$y^2 = 2x^2(\ln x + 2)$$

(3) $\qquad \dfrac{dy}{dx} = -\dfrac{x^2 + 2xy - y^2}{y^2 + 2xy - x^2} = \dfrac{\left(\dfrac{y}{x}\right)^2 - 2\left(\dfrac{y}{x}\right) - 1}{\left(\dfrac{y}{x}\right)^2 + 2\left(\dfrac{y}{x}\right) - 1}$

令 $u = \dfrac{y}{x}$，则 $\dfrac{dy}{dx} = u + x\dfrac{du}{dx}$. 方程化为

$$u + x\frac{\mathrm{d}u}{\mathrm{d}x} = \frac{u^2 - 2u - 1}{u^2 + 2u - 1}$$

$$\ln x = -\int \frac{u^2 + 2u - 1}{u^3 + u^2 + u + 1}\mathrm{d}u$$

而 $-\int \frac{u^2 + 2u - 1}{u^3 + u^2 + u + 1}\mathrm{d}u = -\int \frac{u^2 + 2u - 1}{(u+1)(u^2+1)}\mathrm{d}u =$

$$\int \left(\frac{1}{u+1} - \frac{2u}{u^2+1}\right)\mathrm{d}u =$$

$$\ln(u+1) - \ln(u^2+1) + \ln C = \ln\left[C\frac{u+1}{u^2+1}\right]$$

所以 $x = C\frac{u+1}{u^2+1}$，即 $\frac{x^2+y^2}{x+y} = C$.

由 $y|_{x=1} = 1$，得 $C = 1$. 故所求特解为

$$x + y = x^2 + y^2$$

3. 设有连结点 $O(0,0)$ 和 $A(1,1)$ 的一段向上凸的曲线弧 $\overset{\frown}{OA}$. 对于 $\overset{\frown}{OA}$ 上任一点 $P(x,y)$，曲线弧 $\overset{\frown}{OP}$ 与直线段 $\overline{OP}$ 所围图形的面积为 x^2，求曲线弧 $\overset{\frown}{OA}$ 的方程.

【解】 设 $\overset{\frown}{OA}$ 弧的方程为 $y = y(x)$. 依题意，图 F-12-5 中阴影部分的面积为

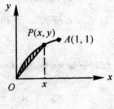

$$\int_0^x y(t)\mathrm{d}t - \frac{1}{2}xy = x^2$$

两边关于 x 求导数，得

$$y(x) - \frac{1}{2}(y + xy') = 2x$$

$$\frac{\mathrm{d}y}{\mathrm{d}x} = -4 + \frac{y}{x}$$

图 F-12-5

设 $u = \frac{y}{x}$，以上方程化为

$$u + x\frac{\mathrm{d}u}{\mathrm{d}x} = -4 + u$$

$$\int \mathrm{d}u = -4\int \frac{\mathrm{d}x}{x}, \quad u = -4\ln x + C$$

代入 $u = \frac{y}{x}$，$y = -4x\ln x + Cx$.

由 $y|_{x=1} = 1$，得 $C = 1$. 故所求方程为

$$y = -4x\ln x + x.$$

习题 12 - 4

1. 求下列微分方程的通解：

(1) $\dfrac{dy}{dx} + y = e^{-x}$；

(2) $xy' + y = x^2 + 3x + 2$；

(3) $y' + y\cos x = e^{-\sin x}$；

(4) $y' + y\tan x = \sin 2x$；

(5) $(x^2 - 1)y' + 2xy - \cos x = 0$；

(6) $\dfrac{d\rho}{d\theta} + 3\rho = 2$；

(7) $\dfrac{dy}{dx} + 2xy = 4x$；

(8) $y\ln y\,dx + (x - \ln y)dy = 0$；

(9) $(x - 2)\dfrac{dy}{dx} = y + 2(x - 2)^3$；

(10) $(y^2 - 6x)\dfrac{dy}{dx} + 2y = 0$.

【解】

(1) $y = e^{-\int dx}\left[\int e^{-x}e^{\int dx}\,dx + C\right] = e^{-x}\left[\int e^{-x}e^x\,dx + C\right] = e^{-x}(x + C)$

(2) $y' + \dfrac{1}{x}y = x + 3 + \dfrac{2}{x}$

$y = e^{-\int \frac{dx}{x}}\left[\int(x + 3 + \dfrac{2}{x})e^{\int\frac{dx}{x}}\,dx + C\right] = e^{-\ln x}\left[\int(x + 3 + \dfrac{2}{x})x\,dx + C\right] =$

$\dfrac{1}{x}\left[\dfrac{x^3}{3} + \dfrac{3x^2}{2} + 2x + C\right] = \dfrac{x^2}{3} + \dfrac{3}{2}x + 2 + \dfrac{C}{x}$

(3) $y = e^{-\int \cos x\,dx}\left[\int e^{-\sin x}e^{\int\cos x\,dx}\,dx + C\right] = e^{-\sin x}\left[\int dx + C\right] = e^{-\sin x}[x + C]$

(4) $y = e^{-\int\tan x\,dx}\left[\int\sin 2x\,e^{\int\tan x\,dx}\,dx + C\right] = e^{\ln\cos x}\left[\int\sin 2x\,e^{-\ln\cos x}\,dx + C\right] =$

$\cos x\left[\int\sin 2x\,\dfrac{1}{\cos x}\,dx + C\right] = \cos x[-2\cos x + C]$

(5) $y' + \dfrac{2x}{x^2 - 1}y = \dfrac{\cos x}{x^2 - 1}$

$y = e^{-\int\frac{2x}{x^2-1}dx}\left[\int\dfrac{\cos x}{x^2 - 1}e^{\int\frac{2x}{x^2-1}dx}\,dx + C\right] =$

$$e^{-\ln(x^2-1)}\left[\int \frac{\cos x}{x^2-1}(x^2-1)dx + C\right] = \frac{1}{x^2-1}[\sin x + C]$$

(6) $\rho = e^{-\int 3d\theta}\left[\int 2e^{\int 3d\theta}d\theta + C\right] = e^{-3\theta}\left[\int 2e^{3\theta}d\theta + C\right] =$

$$e^{-3\theta}\left[\frac{2}{3}e^{3\theta} + C\right] = \frac{2}{3} + Ce^{-3\theta}$$

(7) $y = e^{-\int 2x dx}\left[\int 4x e^{\int 2x dx}dx + C\right] = e^{-x^2}\left[\int 4x e^{x^2}dx + C\right] =$

$$e^{-x^2}\left[2e^{x^2} + C\right] = 2 + Ce^{-x^2}$$

(8) $\dfrac{dx}{dy} + \dfrac{1}{y\ln y}x = \dfrac{1}{y}$

$$x = e^{-\int \frac{dy}{y\ln y}}\left[\int \frac{1}{y}e^{\int \frac{dy}{y\ln y}}dy + C\right] = e^{-\ln\ln y}\left[\int \frac{1}{y}e^{\ln\ln y}dy + C\right] =$$

$$\frac{1}{\ln y}\left[\int \frac{1}{y}\ln y dy + C\right] = \frac{1}{\ln y}\left[\frac{\ln^2 y}{2} + C\right] = \frac{\ln y}{2} + \frac{C}{\ln y}$$

(9) $\dfrac{dy}{dx} - \dfrac{1}{x-2}y = 2(x-2)^2$

$$y = e^{\int \frac{dx}{x-2}}\left[\int 2(x-2)^2 e^{-\int \frac{dx}{x-2}}dx + C\right] =$$

$$e^{\ln(x-2)}\left[\int 2(x-2)^2 e^{-\ln(x-2)}dx + C\right] = (x-2)[(x-2)^2 + C]$$

(10) $\dfrac{dx}{dy} - \dfrac{3}{y}x = -\dfrac{y}{2}$

$$x = e^{\int \frac{3}{y}dy}\left[\int -\frac{y}{2}e^{-\int \frac{3}{y}dy}dy + C\right] = e^{3\ln y}\left[\int -\frac{y}{2}e^{-3\ln y}dy + C\right] =$$

$$y^3\left[-\frac{1}{2}\int y\frac{1}{y^3}dy + C\right] = y^3\left[\frac{1}{2y} + C\right] = Cy^3 + \frac{y^2}{2}$$

2. 求下列微分方程满足所给初始条件的特解：

(1) $\dfrac{dy}{dx} - y\tan x = \sec x$，$y|_{x=0} = 0$；

(2) $\dfrac{dy}{dx} + \dfrac{y}{x} = \dfrac{\sin x}{x}$，$y|_{x=\pi} = 1$；

(3) $\dfrac{dy}{dx} + y\cot x = 5e^{\cos x}$，$y|_{x=\frac{\pi}{2}} = -4$；

(4) $\dfrac{dy}{dx} + 3y = 8$，$y|_{x=0} = 2$；

(5) $\dfrac{dy}{dx} + \dfrac{2-3x^2}{x^3}y = 1$，$y|_{x=1} = 0$.

【解】

(1) $y = \mathrm{e}^{\int \tan x\,\mathrm{d}x}\Big[\int \sec x\,\mathrm{e}^{-\int \tan x\,\mathrm{d}x}\,\mathrm{d}x + C\Big] =$

$\mathrm{e}^{-\ln\cos x}\Big[\int \sec x\,\mathrm{e}^{\ln\cos x}\,\mathrm{d}x + C\Big] = \dfrac{1}{\cos x}[x + C]$

由 $y\,|_{x=0} = 0$, 得 $C = 0$. 故所求特解为

$$y = \frac{x}{\cos x}$$

(2) $y = \mathrm{e}^{-\int \frac{\mathrm{d}x}{x}}\Big[\int \dfrac{\sin x}{x}\mathrm{e}^{\int \frac{\mathrm{d}x}{x}}\,\mathrm{d}x + C\Big] = \mathrm{e}^{-\ln x}\Big[\int \dfrac{\sin x}{x}x\,\mathrm{d}x + C\Big] =$

$\dfrac{1}{x}[-\cos x + C]$

由 $y\,|_{x=\pi} = 1$, 得 $C = \pi - 1$. 故所求特解为

$$y = \frac{1}{x}[\pi - 1 - \cos x]$$

(3) $y = \mathrm{e}^{-\int \cot x\,\mathrm{d}x}\Big[\int 5\mathrm{e}^{\cos x}\mathrm{e}^{\int \cot x\,\mathrm{d}x}\,\mathrm{d}x + C\Big] = \mathrm{e}^{-\ln\sin x}\Big[5\int \mathrm{e}^{\cos x}\,\mathrm{e}^{\ln\sin x}\,\mathrm{d}x + C\Big] =$

$\dfrac{1}{\sin x}[-5\mathrm{e}^{\cos x} + C]$

由 $y\,|_{x=\frac{\pi}{2}} = -4$, 得 $C = 1$. 故所求特解为

$$y = \frac{1}{\sin x}(1 - 5\mathrm{e}^{\cos x})$$

(4) $y = \mathrm{e}^{-\int 3\mathrm{d}x}\Big[\int 8\mathrm{e}^{\int 3\mathrm{d}x}\,\mathrm{d}x + C\Big] = \mathrm{e}^{-3x}\Big[8\int \mathrm{e}^{3x}\,\mathrm{d}x + C\Big] = \mathrm{e}^{-3x}\Big[\dfrac{8}{3}\mathrm{e}^{3x} + C\Big]$

由 $y\,|_{x=0} = 2$, 得 $C = -\dfrac{2}{3}$. 故所求特解为

$$y = \frac{8}{3} - \frac{2}{3}\mathrm{e}^{-3x}$$

(5) $y = \mathrm{e}^{-\int \frac{2-3x^2}{x^3}\mathrm{d}x}\Big[\int \mathrm{e}^{\int \frac{2-3x^2}{x^3}\mathrm{d}x}\,\mathrm{d}x + C\Big] = \mathrm{e}^{x^{-2}+3\ln x}\Big[\int \mathrm{e}^{-\frac{1}{x^2}-3\ln x}\,\mathrm{d}x + C\Big] =$

$x^3\mathrm{e}^{x^{-2}}\Big[\int \dfrac{1}{x^3}\mathrm{e}^{-\frac{1}{x^2}}\,\mathrm{d}x + C\Big] = x^3\mathrm{e}^{x^{-2}}\Big[\dfrac{1}{2}\mathrm{e}^{-\frac{1}{x^2}} + C\Big] = \dfrac{x^3}{2} + Cx^3\mathrm{e}^{x^{-2}}$

由 $y\,|_{x=1} = 0$, 得 $C = -\dfrac{1}{2\mathrm{e}}$, 故所求特解为

$$2y = x^3 - x^3\mathrm{e}^{\frac{1}{x^2}-1}$$

3. 求一曲线的方程, 这曲线通过原点, 并且它在点 (x, y) 处的切线斜率等

于 $2x+y$.

【解】 设曲线的方程为 $y=y(x)$. 由题意

$$\frac{dy}{dx}=2x+y, \quad \frac{dy}{dx}-y=2x$$

$$y=e^{\int dx}\Big[\int 2xe^{-\int dx}dx+C\Big]=e^x\Big[\int 2xe^{-x}dx+C\Big]=$$

$$e^x\Big[-2xe^{-x}+2\int e^{-x}dx+C\Big]=e^x\big[-2xe^{-x}-2e^{-x}+C\big]$$

又曲线过原点,即 $y\big|_{x=0}=0$,可得 $C=2$,故所求曲线的方程为

$$y=2(e^x-1-x)$$

6. 设曲线积分 $\int_L yf(x)dx+[2xf(x)-x^2]dy$ 在右半平面 $(x>0)$ 内与路径无关,其中 $f(x)$ 可导,且 $f(1)=1$. 求 $f(x)$.

【解】 依题意 $\quad\dfrac{\partial Q}{\partial x}\equiv\dfrac{\partial P}{\partial y}\quad(x>0)$

即

$$2f(x)+2xf'(x)-2x=f(x)$$

$$f'(x)+\frac{1}{2x}f(x)=1$$

$$f(x)=e^{-\int\frac{dx}{2x}}\Big[\int e^{\int\frac{dx}{2x}}dx+C\Big]=e^{-\frac{1}{2}\ln x}\Big[\int\sqrt{x}\,dx+C\Big]=\frac{1}{\sqrt{x}}\Big[\frac{2}{3}x^{\frac{3}{2}}+C\Big]$$

由 $f(1)=1$,得 $C=\dfrac{1}{3}$,故 $f(x)=\dfrac{2}{3}x+\dfrac{1}{3\sqrt{x}}$.

7. 求下列伯努利方程的通解:

(1) $\dfrac{dy}{dx}+y=y^2(\cos x-\sin x)$;

(2) $\dfrac{dy}{dx}-3xy=xy^2$;

(3) $\dfrac{dy}{dx}+\dfrac{y}{3}=\dfrac{1}{3}(1-2x)y^4$;

(4) $\dfrac{dy}{dx}-y=xy^5$;

(5) $xdy-[y+xy^3(1+\ln x)]dx=0$.

【解】 (1) 令 $z=y^{1-2}=\dfrac{1}{y}$,则原方程化为

$$\frac{dz}{dx}-z=\sin x-\cos x$$

解得 $z = Ce^x - \sin x$，即 $\dfrac{1}{y} = Ce^x - \sin x$.

(2) 令 $z = y^{1-2} = \dfrac{1}{y}$，代入原方程，得

$$\frac{\mathrm{d}z}{\mathrm{d}x} + 3xz = -x$$

解得 $z = -\dfrac{1}{3} + Ce^{-\frac{3}{2}x^2}$，即 $\dfrac{1}{y} + \dfrac{1}{3} = Ce^{-\frac{3}{2}x^2}$.

(3) 令 $z = y^{1-4} = y^{-3}$，则原方程化为

$$\frac{\mathrm{d}z}{\mathrm{d}x} - z = 2x - 1$$

解得 $z = Ce^x - 2x - 1$. 即 $\dfrac{1}{y^3} = Ce^x - 2x - 1$.

(4) 令 $z = y^{1-5} = y^{-4}$，代入原方程得

$$\frac{\mathrm{d}z}{\mathrm{d}x} + 4z = -4x$$

解得 $z = Ce^{-4x} - x + \dfrac{1}{4}$. 即 $\dfrac{1}{y^4} = Ce^{-4x} - x + \dfrac{1}{4}$.

(5) $\dfrac{\mathrm{d}y}{\mathrm{d}x} - \dfrac{1}{x}y = y^3(1 + \ln x)$

令 $z = y^{1-3} = y^{-2}$，原方程化为

$$\frac{\mathrm{d}z}{\mathrm{d}x} + \frac{2}{x}z = -2(1 + \ln x)$$

解得 $z = \dfrac{C}{x^2} - \dfrac{2}{3}x\ln x - \dfrac{4}{9}x$，即 $\dfrac{1}{y^2} = \dfrac{C}{x^2} - \dfrac{2}{3}x\ln x - \dfrac{4}{9}x$.

8. 验证形如 $yf(xy)\mathrm{d}x + xg(xy)\mathrm{d}y = 0$ 的微分方程，可经变量代换 $v = xy$ 化为可分离变量的方程，并求其通解.

【解】　原方程化为 $\dfrac{\mathrm{d}y}{\mathrm{d}x} = -\dfrac{yf(xy)}{xg(xy)}$. 令 $v = xy$，则 $y = \dfrac{v}{x}$，$\dfrac{\mathrm{d}y}{\mathrm{d}x} = \dfrac{v'}{x} - \dfrac{v}{x^2}$.

代入以上方程得

$$\frac{1}{x}\frac{\mathrm{d}v}{\mathrm{d}x} - \frac{1}{x^2}v = -\frac{v}{x^2}\frac{f(v)}{g(v)}$$

分离变量　　　　　$$\frac{g(v)\mathrm{d}v}{v(g(v) - f(v))} = \frac{\mathrm{d}x}{x}$$

积分得　　　　　$$\ln x + \int \frac{g(v)\mathrm{d}v}{v(f(v) - g(v))} = C$$

求出积分,并代入 $v = xy$,可得原方程的通解.

9. 用适当的变量代换将下列方程化为可分离变量的方程,然后求出通解:

(1) $\dfrac{\mathrm{d}y}{\mathrm{d}x} = (x + y)^2$;

(2) $\dfrac{\mathrm{d}y}{\mathrm{d}x} = \dfrac{1}{x - y} + 1$;

(3) $xy' + y = y(\ln x + \ln y)$;

(4) $y' = y^2 + 2(\sin x - 1)y + \sin^2 x - 2\sin x - \cos x + 1$;

(5) $y(xy + 1)\mathrm{d}x + x(1 + xy + x^2 y^2)\mathrm{d}y = 0$.

【解】 (1) 设 $u = x + y$,则 $\dfrac{\mathrm{d}u}{\mathrm{d}x} = 1 + \dfrac{\mathrm{d}y}{\mathrm{d}x}$,代入方程得

$$\frac{\mathrm{d}u}{\mathrm{d}x} - 1 = u^2$$

$$\int \frac{\mathrm{d}u}{1 + u^2} = \int \mathrm{d}x$$

$$\arctan u = x + C, \quad u = \tan(x + C)$$

即 $$x + y = \tan(x + C)$$

(2) 令 $u = x - y$,则 $\dfrac{\mathrm{d}u}{\mathrm{d}x} = 1 - \dfrac{\mathrm{d}y}{\mathrm{d}x}$. 原方程化为

$$1 - \frac{\mathrm{d}y}{\mathrm{d}x} = \frac{1}{u} + 1$$

解得 $\dfrac{u^2}{2} = -x + \dfrac{C}{2}$,即 $(x - y)^2 = -2x + C$.

(3) 原方程化为 $(xy)'_x = \dfrac{xy}{x}\ln(xy)$. 设 $u = xy$,则 $\dfrac{\mathrm{d}u}{\mathrm{d}x} = \dfrac{u}{x}\ln u$.

分离变量并积分 $$\int \frac{\mathrm{d}u}{u \ln u} = \int \frac{\mathrm{d}x}{x}$$

解得 $\ln u = Cx$. 即 $xy = \mathrm{e}^{Cx}$.

(4) $y' = y^2 + 2(\sin x - 1)y + (\sin x - 1)^2 - \cos x$

$$y' = (y + \sin x - 1)^2 - \cos x$$

令 $u = y + \sin x - 1$,则 $\dfrac{\mathrm{d}u}{\mathrm{d}x} = \dfrac{\mathrm{d}y}{\mathrm{d}x} + \cos x$. 原方程化为

$$\frac{\mathrm{d}u}{\mathrm{d}x} - \cos x = u^2 - \cos x$$

解得 $\dfrac{1}{u} = C - x$. 即 $y = 1 - \sin x + \dfrac{1}{C - x}$.

(5) $\dfrac{\mathrm{d}y}{\mathrm{d}x} = -\dfrac{y(1 + xy)}{x(1 + xy + x^2 y^2)}$. 令 $u = xy$, 则 $y = \dfrac{u}{x}$, $\dfrac{\mathrm{d}y}{\mathrm{d}x} = \dfrac{u'}{x} - \dfrac{u}{x^2}$,

原方程化为
$$\frac{1}{x} \frac{\mathrm{d}u}{\mathrm{d}x} - \frac{u}{x^2} = -\frac{\dfrac{u}{x^2}(1 + u)}{1 + u + u^2}$$

分离变量并积分
$$\int \frac{1 + u + u^2}{u^3} \mathrm{d}u = \int \frac{\mathrm{d}x}{x}$$

得 $\dfrac{1 + 2u}{-2u^2} = \ln \dfrac{C_1 x}{u}$. $u = xy$ 代入得
$$1 + 2xy = 2x^2 y^2 (\ln y + C)$$

习题 12 - 5

1. 判别下列方程中哪些是全微分方程,并求全微分方程的通解:

(1) $(3x^2 + 6xy^2)\mathrm{d}x + (6x^2 y + 4y^2)\mathrm{d}y = 0$;

(2) $(a^2 - 2xy - y^2)\mathrm{d}x - (x + y)^2 \mathrm{d}y = 0$;

(3) $e^y \mathrm{d}x + (xe^y - 2y)\mathrm{d}y = 0$;

(4) $(x\cos y + \cos x)y' - y\sin x + \sin y = 0$;

(5) $(x^2 - y)\mathrm{d}x - x\mathrm{d}y = 0$;

(6) $y(x - 2y)\mathrm{d}x - x^2 \mathrm{d}y = 0$;

(7) $(1 + e^{2\theta})\mathrm{d}\rho + 2\rho e^{2\theta} \mathrm{d}\theta = 0$;

(8) $(x^2 + y^2)\mathrm{d}x + xy\mathrm{d}y = 0$.

【解】 (1) 因为 $\dfrac{\partial P}{\partial y} = 12xy$, $\dfrac{\partial Q}{\partial x} = 12xy$, $\dfrac{\partial Q}{\partial x} = \dfrac{\partial P}{\partial y}$, 所以此方程为全微分方程.

$$u(x, y) = \int_0^x P(x, 0)\mathrm{d}x + \int_0^y Q(x, y)\mathrm{d}y =$$
$$\int_0^x 3x^2 \mathrm{d}x + \int_0^y (6x^2 y + 4y^2)\mathrm{d}y = x^3 + 3x^2 y^2 + \frac{4}{3} y^3$$

故通解为
$$x^3 + 3x^2 y^2 + \frac{4}{3} y^3 = C$$

(2) 因 $Q_x = -2(x + y) = P_y$, 原方程为全微分方程.

$$u(x, y) = \int_0^x a^2 \mathrm{d}x + \int_0^y -(x + y)^2 \mathrm{d}y =$$
$$a^2 x + \frac{x^3}{3} - \frac{(x + y)^3}{3} = a^2 x - x^2 y - xy^2 - \frac{y^3}{3}$$

故通解为
$$a^2 x - x^2 y - xy^2 - \frac{y^3}{3} = C$$

（3）因 $Q_x = e^y = P_y$，此方程为全微分方程．
$$u(x,y) = \int_0^x \mathrm{d}x + \int_0^y (xe^y - 2y)\mathrm{d}y = xe^y - y^2$$

故通解为
$$xe^y - y^2 = C$$

（4）方程化为
$$(-y\sin x + \sin y)\mathrm{d}x + (x\cos y + \cos x)\mathrm{d}y = 0$$
因为 $Q_x = \cos y - \sin x = P_y$，所以方程为全微分方程．
$$u(x,y) = \int_0^x 0\mathrm{d}x + \int_0^y (x\cos y + \cos x)\mathrm{d}y = x\sin y + y\cos x$$

故通解为
$$x\sin y + y\cos x = C$$

（5）因 $Q_x = -1 = P_y$，此方程为全微分方程．
$$u(x,y) = \int_0^x x^2\mathrm{d}x + \int_0^y -x\mathrm{d}y = \frac{x^3}{3} - xy$$

故通解为
$$\frac{x^3}{3} - xy = C$$

（6）因 $Q_x = -2x, P_y = x - 4y. Q_x \neq P_y$，故此方程不是全微分方程．

（7）因为 $\dfrac{\partial Q}{\partial \rho} = 2e^{2\theta} = \dfrac{\partial P}{\partial \theta}$，所以此方程为全微分方程．
$$u(\rho,\theta) = \int_0^\rho P(\rho,0)\mathrm{d}\rho + \int_0^\theta Q(\rho,\theta)\mathrm{d}\theta = \int_0^\rho 2\mathrm{d}\rho + \int_0^\theta 2\rho e^{2\theta}\mathrm{d}\theta = \rho + \rho e^{2\theta}$$

故通解为
$$\rho + \rho e^{2\theta} = C$$

（8）因 $Q_x = y, P_y = 2y, Q_x \neq P_y$，故此方程不是全微分方程．

2. 利用观察法求出下列方程的积分因子,并求其通解：

（1）$(x+y)(\mathrm{d}x - \mathrm{d}y) = \mathrm{d}x + \mathrm{d}y$;

（2）$y\mathrm{d}x - x\mathrm{d}y + y^2 x\mathrm{d}x = 0$;

（3）$y^2(x - 3y)\mathrm{d}x + (1 - 3y^2 x)\mathrm{d}y = 0$;

（4）$x\mathrm{d}x + y\mathrm{d}y = (x^2 + y^2)\mathrm{d}x$;

（5）$(x - y^2)\mathrm{d}x + 2xy\,\mathrm{d}y = 0$;

（6）$2y\mathrm{d}x - 3xy^2\mathrm{d}x - x\mathrm{d}y = 0$.

【解】（1）用 $\dfrac{1}{x+y}$ 乘以方程两边得
$$\mathrm{d}x - \mathrm{d}y = \frac{\mathrm{d}x + \mathrm{d}y}{x+y}, \quad \mathrm{d}(x-y) = \frac{\mathrm{d}(x+y)}{x+y}$$

通解为 $\qquad x-y-\ln(x+y)=C$

故 $\dfrac{1}{x+y}$ 是积分因子．

（2）用 $\dfrac{1}{y^2}$ 乘以方程两边得

$$\frac{y\mathrm{d}x-x\mathrm{d}y}{y^2}+x\mathrm{d}x=0,\quad \mathrm{d}(\frac{x}{y}+\frac{x^2}{2})=0$$

故通解为 $\dfrac{x}{y}+\dfrac{x^2}{2}=C,\dfrac{1}{y^2}$ 是积分因子．

（3）用 $\dfrac{1}{y^2}$ 乘以方程两边得

$$x\mathrm{d}x-3y\mathrm{d}x+\frac{\mathrm{d}y}{y^2}-3x\mathrm{d}y=0$$

$$\mathrm{d}(\frac{x^2}{2}-3xy-\frac{1}{y})=0$$

故 $\dfrac{x^2}{2}-3xy-\dfrac{1}{y}=C$ 为通解，$\dfrac{1}{y^2}$ 为积分因子．

（4）用 $\dfrac{1}{x^2+y^2}$ 乘以方程两边得

$$\frac{x\mathrm{d}x+y\mathrm{d}y}{x^2+y^2}=\mathrm{d}x,\quad \frac{\mathrm{d}(x^2+y^2)}{2(x^2+y^2)}=\mathrm{d}x$$

通解为 $\dfrac{1}{2}\ln(x^2+y^2)-x=C,\dfrac{1}{x^2+y^2}$ 为积分因子．

（5）用 $\dfrac{1}{x^2}$ 乘以方程两边得

$$\frac{\mathrm{d}x}{x}+\frac{x\mathrm{d}y^2-y^2\mathrm{d}x}{x^2}=0,\quad \mathrm{d}(\ln x+\frac{y^2}{x})=0$$

通解为 $\ln x+\dfrac{y^2}{x}=C$．积分因子为 $\dfrac{1}{x^2}$．

（6）方程两边乘以 $\dfrac{x}{y^2},\dfrac{y\mathrm{d}x^2-x^2\mathrm{d}y}{y^2}-3x^2\mathrm{d}x=0,\mathrm{d}(\dfrac{x^2}{y}-x^3)=0$．

故 $\dfrac{x^2}{y}-x^3=C$ 为通解，$\dfrac{x}{y^2}$ 为积分因子．

3．验证 $\dfrac{1}{xy[f(xy)-g(xy)]}$ 是微分方程

$$yf(xy)\mathrm{d}x+xg(xy)\mathrm{d}y=0$$

的积分因子，并求下列方程的通解：

(1) $y(x^2y^2+2)\mathrm{d}x + x(2-2x^2y^2)\mathrm{d}y = 0$;

(2) $y(2xy+1)\mathrm{d}x + x(1+2xy-x^3y^3)\mathrm{d}y = 0$.

【解】 对于方程

$$\frac{1}{xy[f(xy)-g(xy)]}[yf(xy)\mathrm{d}x + xg(xy)\mathrm{d}y] = 0 \qquad (*)$$

$$Q_x = \left[\frac{g(xy)}{y[f(xy)-g(xy)]}\right]'_x = \left\{\frac{f(xy)g'(xy)-f'(xy)g(xy)}{[f(xy)-g(xy)]^2}\right\}$$

$$P_y = \left[\frac{f(xy)}{x[f(xy)-g(xy)]}\right]'_y = \left\{\frac{f(xy)g'(xy)-f'(xy)g(xy)}{[f(xy)-g(xy)]^2}\right\}$$

$Q_x = P_y$，故 (*) 为全微分方程，$\dfrac{1}{xy[f(xy)-g(xy)]}$ 是方程 $yf(xy)\mathrm{d}x +$

$xg(xy)\mathrm{d}y = 0$ 的积分因子.

(1) 这里 $f(xy) = x^2y^2+2, g(xy) = 2-2x^2y^2$，因此

$$\frac{1}{xy[f(xy)-g(xy)]} = \frac{1}{3x^3y^3}$$

是方程的积分因子，于是

$$\frac{y(x^2y^2+2)}{3x^3y^3}\mathrm{d}x + \frac{x(2-2x^2y^2)}{3x^3y^3}\mathrm{d}y = 0$$

为全微分方程.

$$u(x,y) = \int_1^x P(x,1)\mathrm{d}x + \int_1^y Q(x,y)\mathrm{d}y = \int_1^x \frac{x^2+2}{3x^3}\mathrm{d}x + \int_1^y \frac{2-2x^2y^2}{3x^2y^3}\mathrm{d}y =$$

$$\frac{1}{3}\left(\ln\frac{x}{y^2} + 1 - \frac{1}{x^2y^2}\right)$$

故通解为

$$\ln\frac{x}{y^2} - \frac{1}{x^2y^2} = \ln C$$

即

$$x = Cy^2\mathrm{e}^{\frac{1}{x^2y^2}}$$

(2) 这里 $f(xy) = 2xy+1, g(xy) = 1+2xy-x^3y^3$，因此

$$\frac{1}{xy[f(xy)-g(xy)]} = \frac{1}{x^4y^4}$$

是方程的积分因子. 于是

$$\frac{y(2xy+1)}{x^4y^4}\mathrm{d}x + \frac{x(1+2xy-x^3y^3)}{x^4y^4}\mathrm{d}y = 0$$

是全微分方程.

$$u(x,y) = \int_1^x P(x,1)\mathrm{d}x + \int_1^y Q(x,y)\mathrm{d}y =$$

$$\int_1^x \frac{2x+1}{x^4}\mathrm{d}x + \int_1^y \frac{1+2xy-x^3y^3}{x^3y^4}\mathrm{d}y =$$

$$\left[-x^{-2} + \frac{x-3}{-3} \right]_1^x + \left[\frac{1}{x^3}\frac{y^{-3}}{-3} + \frac{2}{x^2}\frac{y^{-2}}{-2} - \ln y \right]_1^y =$$

$$-\frac{1}{3}\left(\frac{1+3xy}{x^3y^3} + 3\ln y \right) + \frac{4}{3}$$

故通解为
$$\frac{1+3xy}{x^3y^3} + 3\ln y = C$$

4. 证明 $\dfrac{1}{x^2}f(\dfrac{y}{x})$ 是微分方程 $x\mathrm{d}y - y\mathrm{d}x = 0$ 的一个积分因子.

【证】　对于方程

$$\frac{1}{x^2}f(\frac{y}{x})(x\mathrm{d}y - y\mathrm{d}x) = 0$$

$$Q_x = \left[\frac{1}{x}f(\frac{y}{x}) \right]_x' = -\frac{1}{x^2}f(\frac{y}{x}) + \frac{1}{x}f'(\frac{y}{x})\frac{-y}{x^2}$$

$$P_y = \left[\frac{-y}{x^2}f(\frac{y}{x}) \right]_y' = \frac{-1}{x^2}f(\frac{y}{x}) + \frac{-y}{x^2}f'(\frac{y}{x})\frac{1}{x}$$

$Q_x = P_y$，因此 $\dfrac{1}{x^2}f(\dfrac{y}{x})$ 是原方程的一个积分因子.

习题 12-7

1. 求下列各微分方程的通解：

(1) $y'' = x + \sin x$；　　　　　(2) $y''' = xe^x$；

(3) $y'' = \dfrac{1}{1+x^2}$；　　　　　(4) $y'' = 1 + y'^2$；

(5) $y'' = y' + x$；　　　　　(6) $xy'' + y' = 0$；

(7) $yy'' + 1 = y'^2$；　　　　　(8) $y^3y'' - 1 = 0$；

(9) $y'' = \dfrac{1}{\sqrt{y}}$；　　　　　(10) $y'' = (y')^3 + y'$.

【解】　(1) $y' = \displaystyle\int (x + \sin x)\mathrm{d}x = \frac{x^2}{2} - \cos x + C_1$

$$y = \int (\frac{x^2}{2} - \cos x + C_1)\mathrm{d}x = \frac{x^3}{6} - \sin x + C_1x + C_2$$

(2) $y'' = \displaystyle\int xe^x\mathrm{d}x = e^x(x-1) + C_1$

$$y' = \int [e^x(x-1) + C_1]\mathrm{d}x = e^x(x-2) + C_1x + C_2$$

$$y = \int [\mathrm{e}^x(x-2) + C_1 x + C_2]\mathrm{d}x = \mathrm{e}^x(x-3) + C_1 x^2 + C_2 x + C_3$$

(3) $y' = \int \dfrac{\mathrm{d}x}{1+x^2} = \arctan x + C_1$

$$y = \int [\arctan x + C_1]\mathrm{d}x = x\arctan x - \frac{1}{2}\ln(1+x^2) + C_1 x + C_2$$

(4) 令 $y' = p$，则 $y'' = p'$. 原方程化为 $p' = 1 + p^2$. 解得

$$\arctan p = x + C_1$$

$$\frac{\mathrm{d}y}{\mathrm{d}x} = p = \tan(x + C_1)$$

通解为
$$y = -\ln|\cos(x+C_1)| + C_2$$

(5) 令 $y' = p$，则 $y'' = p'$. 代入原方程，得 $p' = p + x$.

解得
$$\frac{\mathrm{d}y}{\mathrm{d}x} = p = -1 - x + C_1 \mathrm{e}^x$$

通解为 $y = \int(-1 - x + C_1 \mathrm{e}^x)\mathrm{d}x$，即 $y = -x - \dfrac{x^2}{2} + C_1 \mathrm{e}^x + C_2$.

(6) 令 $y' = p$，则 $y'' = p'$. 原方程化为 $xp' + p = 0$.

解得
$$\frac{\mathrm{d}y}{\mathrm{d}x} = p = \frac{C_1}{x}$$

通解为
$$y = C_1 \ln x + C_2$$

(7) 令 $y' = p$，则 $y'' = \dfrac{\mathrm{d}p}{\mathrm{d}y}\dfrac{\mathrm{d}y}{\mathrm{d}x} = \dfrac{\mathrm{d}p}{\mathrm{d}y}p$. 代入原方程，得

$$y\frac{\mathrm{d}p}{\mathrm{d}y}p + 1 = p^2, \quad \int \frac{p\mathrm{d}p}{p^2 - 1} = \int \frac{\mathrm{d}y}{y}$$

当 $|y'| = |p| > 1$ 时，$\dfrac{1}{2}\ln(p^2 - 1) = \ln y + \ln C_1$.

$$p^2 - 1 = (C_1 y)^2, \quad \frac{\mathrm{d}y}{\mathrm{d}x} = p = \pm\sqrt{(C_1 y)^2 + 1}$$

解得 $\mathrm{arsh}(C_1 y) = \pm C_1 x + C_2, \quad y = \dfrac{1}{C_1}\mathrm{sh}(C_2 \pm C_1 x)$.

当 $|y'| = |p| < 1$ 时

$$\frac{1}{2}\ln(1 - p^2) = \ln y + \ln C_1, \quad 1 - p^2 = (C_1 y)^2$$

$$\frac{\mathrm{d}y}{\mathrm{d}x} = p = \pm\sqrt{1 - (C_1 y)^2}$$

解得
$$y = \frac{1}{C_1}\sin(C_2 + C_1 x)$$

586

(8) 设 $y' = p$, 则 $y'' = \dfrac{\mathrm{d}p}{\mathrm{d}y}p$. 原方程化为

$$y^3 \frac{\mathrm{d}p}{\mathrm{d}y}p - 1 = 0$$

解得
$$\frac{\mathrm{d}y}{\mathrm{d}x} = p = \pm \frac{\sqrt{C_1 y^2 - 1}}{y}$$

通解为
$$x = \pm \frac{1}{C_1}(C_1 y^2 - 1)^{\frac{1}{2}} - \frac{C_2}{C_1}$$

即
$$(C_1 x + C_2)^2 = C_1 y^2 - 1$$

(9) 设 $y' = p$, 则 $y'' = \dfrac{\mathrm{d}p}{\mathrm{d}y}p$. 代入原方程

$$\frac{\mathrm{d}p}{\mathrm{d}y}p = \frac{1}{\sqrt{y}}$$

解得
$$\frac{\mathrm{d}y}{\mathrm{d}x} = p = \pm 2\sqrt{\sqrt{y} + C_1} \quad x + C_2 = \pm \int \frac{\mathrm{d}y}{2\sqrt{\sqrt{y} + C_1}}$$

而
$$\int \frac{\mathrm{d}y}{2\sqrt{\sqrt{y} + C_1}} = \int \frac{(\sqrt{y} C_1) - C_1}{2\sqrt{y}\sqrt{\sqrt{y} + C_1}} \mathrm{d}y =$$

$$\int \frac{(\sqrt{y} + C_1) - C_1}{\sqrt{\sqrt{y} + C_1}} \mathrm{d}(\sqrt{y} + C_1) =$$

$$\frac{2}{3}(\sqrt{y} + C_1)^{\frac{3}{2}} - 2C_1(\sqrt{y} + C_1)^{\frac{1}{2}}$$

通解为
$$x + C_2 = \pm \left[\frac{2}{3}(\sqrt{y} + C_1)^{\frac{3}{2}} - 2C_1(\sqrt{y} + C_1)^{\frac{1}{2}} \right]$$

(10) 设 $y' = p$, 则 $y'' = \dfrac{\mathrm{d}p}{\mathrm{d}y}p$ 原方程化为

$$\frac{\mathrm{d}p}{\mathrm{d}y}p = p^3 + p$$

解得
$$\arctan p = y - C_1$$

$$\frac{\mathrm{d}y}{\mathrm{d}x} = p = \tan(y - C_1)$$

通解为
$$x + C_2 = \ln|\sin(y - C_1)|$$

即
$$y = \arcsin(Ce^x) + C_1 \qquad (C = e^{C_2})$$

2. 求下列各微分方程满足所给初始条件的特解:

(1) $y^3 y'' + 1 = 0, y|_{x=1} = 1, y'|_{x=1} = 0$;

(2) $y'' - ay'^2 = 0$, $y\mid_{x=0} = 0$, $y'\mid_{x=0} = -1$;

(3) $y''' = e^{ax}$, $y\mid_{x=1} = y'\mid_{x=1} = y''\mid_{x=1} = 0$;

(4) $y'' = e^{2y}$, $y\mid_{x=0} = y'\mid_{x=0} = 0$;

(5) $y'' = 3\sqrt{y}$, $y\mid_{x=0} = 1$, $y'\mid_{x=0} = 2$;

(6) $y'' + (y')^2 = 1$, $y\mid_{x=0} = y'\mid_{x=0} = 0$.

【解】 (1) 令 $y' = p$, 则 $y'' = \dfrac{\mathrm{d}p}{\mathrm{d}y}p$. 原方程化为 $y^3 \dfrac{\mathrm{d}p}{\mathrm{d}y}p + 1 = 0$.

解得 $$p^2 = y^{-2} + C_1$$

当 $x = 1$ 时, $y = 1$, $p = y' = 0$. 得 $C_1 = -1$. 于是

$$\frac{\mathrm{d}y}{\mathrm{d}x} = p = \pm\frac{\sqrt{1-y^2}}{y}$$

解得 $$\pm x + C_2 = -\sqrt{1-y^2}$$

当 $x = 1$ 时, $y = 1$, 得 $C_2 = \mp 1$. 于是 $\pm(x-1) = -\sqrt{1-y^2}$.

即 $$y = \sqrt{2x - x^2}$$

(2) 设 $y' = p$, 则 $y'' = p'$. 原方程化为 $p' - ap^2 = 0$, 解得 $-\dfrac{1}{p} = ax + C_1$.

当 $x = 0$ 时, $p = y' = -1$, 得 $C_1 = 1$. 于是

$$\frac{\mathrm{d}y}{\mathrm{d}x} = p = -\frac{1}{ax+1}, \quad y = -\frac{1}{a}\ln(ax+1) + C_2$$

由 $y\mid_{x=0} = 0$, 得 $C_2 = 0$. 故所求特解为

$$y = -\frac{1}{a}\ln(ax+1)$$

另可令 $y' = p$, 则 $y'' = \dfrac{\mathrm{d}p}{\mathrm{d}y}p$ $\cdots$ （略）.

(3) $y'' = \displaystyle\int e^{ax}\,\mathrm{d}x = \dfrac{1}{a}e^{ax} + C_1$. 由 $y''\mid_{x=1} = 0$, 得 $C_1 = -\dfrac{e^a}{a}$.

$$y'' = \frac{e^{ax}}{a} - \frac{e^a}{a}, \quad y' = \int\left(\frac{e^{ax}}{a} - \frac{e^a}{a}\right)\mathrm{d}x = \frac{e^{ax}}{a^2} - \frac{e^a}{a}x + C_2$$

由 $y'\mid_{x=1} = 0$, 得 $C_2 = \dfrac{e^a}{a} - \dfrac{e^a}{a^2}$. 于是

$$y' = \frac{e^{ax}}{a^2} - \frac{e^a}{a}x + \frac{e^a}{a} - \frac{e^a}{a^2}$$

$$y = \int\left(\frac{e^{ax}}{a^2} - \frac{e^a}{a}x + \frac{e^a}{a} - \frac{e^a}{a^2}\right)\mathrm{d}x =$$

$$\frac{e^{ax}}{a^3} - \frac{e^a}{2a}x^2 + \frac{e^a}{a}x - \frac{e^a}{a^2}x + C_3$$

由 $y'|_{x=1} = 0$，得 $C_3 = \frac{e^a}{2a^3}(2a - a^2 - 2)$，所以

$$y = \frac{e^{ax}}{a^3} - \frac{e^a}{2a}x^2 + \frac{e^a}{a^2}(a-1)x + \frac{e^a}{2a^3}(2a - a^2 - 2)$$

（4）令 $y' = p$，则 $y'' = \frac{dp}{dy}p$，原方程化为

$$\frac{dp}{dy}p = e^{2y}$$

解得

$$p^2 = e^{2y} + C_1$$

由 $x = 0$ 时，$y = 0$，$y' = 0$，得 $C_1 = -1$. 于是

$$\frac{dy}{dx} = p = \pm\sqrt{e^{2y} - 1}, \quad \int \frac{e^{-y}dy}{\sqrt{1 - e^{-2y}}} = \pm\int dx$$

$$\arcsin e^{-y} = \mp x + C_2$$

由 $y|_{x=0} = 0$，得 $\sin C = 1$，$C = \frac{\pi}{2}$. 于是 $e^{-y} = \sin(\mp x + \frac{\pi}{2})$，$e^{-y} = \cos x$.

所求特解为

$$y = \ln\sec x$$

（5）令 $y' = p$，则 $y'' = \frac{dp}{dy}p$，原方程化为

$$\frac{dp}{dy}p = 3\sqrt{y}$$

解得

$$p^2 = 4y^{\frac{3}{2}} + C_1$$

当 $x = 0$ 时，$y = 1$，$p = y' = 2$，得 $C_1 = 0$. 于是

$$\frac{dy}{dx} = p = 2y^{\frac{3}{4}} \quad （取 + 号）$$

解得

$$4y^{\frac{1}{4}} = 2x + C_2$$

当 $x = 0$ 时，$y = 1$，得 $C_2 = 4$. 故

$$y = \left(\frac{x}{2} + 1\right)^4$$

（6）令 $y' = p$，则 $y'' = \frac{dp}{dy}p$，原方程化为

$$\frac{dp}{dy}p + p^2 = 1$$

积分

$$\int \frac{-2p}{1 - p^2}dp = -2\int dy$$

得
$$\ln(1 - p^2) = -2y + C_1$$

由 $y' \big|_{x=0} = p \big|_{x=0} = 0$，得 $C_1 = 0$，$\dfrac{\mathrm{d}y}{\mathrm{d}x} = p = \pm \sqrt{1 - \mathrm{e}^{-2y}}$.

积分
$$\int \frac{\mathrm{e}^y}{\sqrt{\mathrm{e}^{2y} - 1}} \mathrm{d}y = \pm \int \mathrm{d}x$$

得
$$\mathrm{arche}^y = \pm x + C_2$$

再由 $y \big|_{x=0} = 0$，得 $C_2 = 0$（因 $1 = \mathrm{ch}C_2 = \dfrac{\mathrm{e}^{C_2} + \mathrm{e}^{-C_2}}{2}$）. 于是 $\mathrm{e}^y = \mathrm{ch}x$. 所求特解为 $y = \ln\mathrm{ch}x$.

3. 试求 $y'' = x$ 的经过点 $M(0,1)$ 且在此点与直线 $y = \dfrac{x}{2} + 1$ 相切的积分曲线.

【解】 由 $y'' = x$，得
$$y' = \int x \mathrm{d}x = \frac{x^2}{2} + C_1$$
$$y = \int \left(\frac{x^2}{2} + C_1 \right) \mathrm{d}x = \frac{x^3}{6} + C_1 x + C_2$$

由 $x = 0$ 时，$y = 1$，$y' = \dfrac{1}{2}$，得 $C_1 = \dfrac{1}{2}$，$C_2 = 1$，故所求曲线为
$$y = \frac{x^3}{6} + \frac{x}{2} + 1$$

4. 设有一质量为 m 的物体，在空中由静止开始下落，如果空气阻力为 $R = c^2 v^2$（其中 c 为常数，v 为物体运动的速度），试求物体下落的距离 s 与时间 t 的函数关系.

【解】 依题意
$$\begin{cases} m \dfrac{\mathrm{d}v}{\mathrm{d}t} = mg - c^2 v^2 \\ s(0) = 0, v(0) = 0 \end{cases}$$
$$\int \frac{m\mathrm{d}v}{mg - c^2 v^2} = \int \mathrm{d}t$$

即 $t + C_1 = \displaystyle\int \frac{m\mathrm{d}v}{mg - c^2 v^2} = m \frac{1}{2\sqrt{mg}} \int \left(\frac{1}{\sqrt{mg} + cv} + \frac{1}{\sqrt{mg} - cv} \right) \mathrm{d}v =$

$$\frac{\sqrt{m}}{2c\sqrt{g}} \ln\left(\frac{\sqrt{mg} + cv}{\sqrt{mg} - cv} \right)$$

由 $t = 0$ 时，$v = 0$，得 $C_1 = 0$. 整理得

$$\frac{\sqrt{mg}+cv}{\sqrt{mg}-cv}=\exp\left[\frac{2c\sqrt{g}}{\sqrt{m}}t\right]\xlongequal{\text{记}}\mathrm{e}^{2at}\quad(a\triangleq c\sqrt{\frac{g}{m}})$$

解得　　　　$$\frac{\mathrm{d}s}{\mathrm{d}t}=v=\frac{\sqrt{mg}}{c}\cdot\frac{\mathrm{e}^{at}-\mathrm{e}^{-at}}{\mathrm{e}^{at}+\mathrm{e}^{-at}}=\frac{\sqrt{mg}}{c}\mathrm{th}(at)$$

因此　　　$$s=\frac{\sqrt{mg}}{c}\int\mathrm{th}(at)\mathrm{d}t=\frac{\sqrt{mg}}{c}\cdot\frac{1}{a}\ln\mathrm{ch}(at)+c_2=\frac{m}{c^2}\ln\mathrm{ch}(at)+c_2$$

由 $s(0)=0$,得 $c_2=0$. 故

$$s=\frac{m}{c^2}\ln\mathrm{ch}(at)=\frac{m}{c^2}\ln\mathrm{ch}\left(c\sqrt{\frac{g}{m}}t\right)$$

习题 12 - 8

1. 下列函数组在其定义区间内哪些是线性无关的?

(1) x,x^2;　　　　　　　　(2) $x,2x$;

(3) $\mathrm{e}^{2x},3\mathrm{e}^{2x}$;　　　　　　(4) $\mathrm{e}^{-x},\mathrm{e}^x$;

(5) $\cos 2x,\sin 2x$;　　　　(6) $\mathrm{e}^{x^2},x\mathrm{e}^{x^2}$;

(7) $\sin 2x,\cos x\sin x$;　　(8) $\mathrm{e}^x\cos 2x,\mathrm{e}^x\sin 2x$;

(9) $\ln x,x\ln x$;　　　　　(10) $\mathrm{e}^{ax},\mathrm{e}^{bx}(a\neq b)$.

【解】 （略）　线性无关的函数组有:(1),(4),(5),(6),(8),(9),(10),其余的线性相关.

2. 验证 $y_1=\cos\omega x$ 及 $y_2=\sin\omega x$ 都是方程 $y''+\omega^2 y=0$ 的解,并写出该方程的通解.

【解】 $y_1'=-\omega\sin\omega x$,　$y_1''=-\omega^2\cos\omega x$

$$y_1''+\omega^2 y_1=-\omega^2\cos\omega x+\omega^2\cos\omega x\equiv 0$$

故 y_1 是方程的解.

同理　　　　　　　　　$y_2''=-\omega^2\sin\omega x$

$$y_2''+\omega^2 y_2=-\omega^2\sin\omega x+\omega^2\sin\omega x\equiv 0$$

即 y_2 也是方程的解.

又 $\dfrac{y_2}{y_1}=\tan\omega x\neq$ 常数,即 y_1,y_2 线性无关,故方程的通解为

$$y=C_1\cos\omega x+C_2\sin\omega x$$

3. 验证 $y_1=\mathrm{e}^{x^2}$ 及 $y_2=x\mathrm{e}^{x^2}$ 都是方程 $y''-4xy'+(4x^2-2)y=0$ 的解,并写出该方程的通解.

【解】　　　　　　$y_1'=2x\mathrm{e}^{x^2}$,　$y_1''=2(1+2x^2)\mathrm{e}^{x^2}$

$$y_1'' - 4xy_1' + (4x^2-2)y_1 =$$
$$2(1+2x^2)e^{x^2} - 4x \cdot 2xe^{x^2} + (4x^2-2)e^{x^2} \equiv 0$$

即 y_1 是方程的解．同理可验证 y_2 是方程的解．又 $\dfrac{y_2}{y_1} = x \neq$ 常数，y_1 与 y_2 线性无关．故原方程的通解为

$$y = C_1 e^{x^2} + C_2 x e^{x^2}$$

4. 验证：

(1) $y = C_1 e^x + C_2 e^{2x} + \dfrac{1}{12}e^{5x}$（$C_1$，$C_2$ 是任意常数）是方程 $y'' - 3y' + 2y = e^{5x}$ 的通解；

(2) $y = C_1 \cos 3x + C_2 \sin 3x + \dfrac{1}{32}(4x\cos x + \sin x)$（$C_1$，$C_2$ 是任意常数）是方程 $y'' + 9y = x\cos x$ 的通解；

(3) $y = C_1 x^2 + C_2 x^2 \ln x$（$C_1$，$C_2$ 是任意常数）是方程 $x^2 y'' - 3xy' + 4y = 0$ 的通解；

(4) $y = C_1 x^5 + \dfrac{C_2}{x} - \dfrac{x^2}{9}\ln x$（$C_1$，$C_2$ 是任意常数）是方程 $x^2 y'' - 3xy' - 5y = x^2\ln x$ 的通解；

(5) $y = \dfrac{1}{x}(C_1 e^x + C_2 e^{-x}) + \dfrac{e^x}{2}$（$C_1$，$C_2$ 是任意常数）是方程 $xy'' + 2y' - xy = e^x$ 的通解．

【解】(1) 设 $y_1 = e^x$，$y_2 = e^{2x}$，$y^* = \dfrac{e^{5x}}{12}$．

由于 $y_1 = y_1' = y_1'' = e^x$，$y_1'' - 3y_1' + 2y_1 \equiv 0$，故 y_1 是对应线性齐次方程的解，类似可证 y_2 亦然．又 $\dfrac{y_2}{y_1} = e^x \neq$ 常数，y_1 与 y_2 线性无关，故 y_1，y_2 是对应线性齐次方程的两个线性无关解．对于 y^*，$y^{*\prime} = \dfrac{5e^{5x}}{12}$，$y^{*\prime\prime} = \dfrac{25e^{5x}}{12}$ 有

$$y^{*\prime\prime} - 3y^{*\prime} + 2y^* = \dfrac{25}{12}e^{5x} - 3\times\dfrac{5}{12}e^{5x} + 2\times\dfrac{e^{5x}}{12} = e^{5x}$$

即 y^* 为线性非齐次方程的特解．

故 $$y = C_1 e^x + C_2 e^{2x} + \dfrac{e^{5x}}{12}$$

是方程 $y'' - 3y' + 2y = e^{5x}$ 的通解．

(2) ～ (5)（略）．

习题 12 - 9

1. 求下列微分方程的通解：

(1) $y'' + y' - 2y = 0$；　　　　(2) $y'' - 4y' = 0$；

(3) $y'' + y = 0$；　　　　　　　(4) $y'' + 6y' + 13y = 0$；

(5) $4\dfrac{d^2 x}{dt^2} - 20\dfrac{dx}{dt} + 25x = 0$；　(6) $y'' - 4y' + 5y = 0$；

(7) $y^{(4)} - y = 0$；　　　　　　(8) $y^{(4)} + 2y'' + y = 0$；

(9) $y^{(4)} - 2y''' + y'' = 0$；　　(10) $y^{(4)} + 5y'' - 36y = 0$.

【解】　(1)　　　$r^2 + r - 2 = 0$,　$r_1 = -2$,　$r_2 = 1$

通解为　　　　　　　　　　　$y = C_1 e^{-2x} + C_2 e^x$

(3)　　　$r^2 + 1 = 0$,　$r_{1,2} = \pm i$

通解为　　　　$y = e^{0 \cdot x}(C_1 \cos x + C_2 \sin x) = C_1 \cos x + C_2 \sin x$

(5)　　　$4r^2 - 20r + 25 = 0$,　$r_1 = r_2 = \dfrac{5}{2}$

通解为　　　　　　　　　　　$x = (C_1 + C_2 t)e^{\frac{5}{2}t}$

(7)　　　$r^4 - 1 = 0$,　$r_{1,2} = \pm 1$,　$r_{3,4} = \pm i$

通解为　　　　$y = C_1 e^x + C_2 e^{-x} + C_3 \cos x + C_4 \sin x$

(9)　　　$r^4 - 2r^3 + r^2 = 0$,　$r_1 = r_2 = 0$,　$r_3 = r_4 = 1$

通解为　　　　　　　$y = C_1 + C_2 x + (C_3 + C_4 x)e^x$

【答】　(2) $y = C_1 + C_2 e^{4x}$；

(4) $y = e^{-3x}(C_1 \cos 2x + C_2 \sin 2x)$；

(6) $y = e^{2x}(C_1 \cos x + C_2 \sin x)$；

(8) $y = (C_1 + C_2 x)\cos x + (C_3 + C_4 x)\sin x$；

(10) $y = C_1 e^{2x} + C_2 e^{-2x} + C_3 \cos 3x + C_4 \sin 3x$.

2. 求下列微分方程满足所给初始条件的特解：

(1) $y'' - 4y' + 3y = 0, y|_{x=0} = 6, y'|_{x=0} = 10$；

(2) $4y'' + 4y' + y = 0, y|_{x=0} = 2, y'|_{x=0} = 0$；

(3) $y'' - 3y' - 4y = 0, y|_{x=0} = 0, y'|_{x=0} = -5$；

(4) $y'' + 4y' + 29y = 0, y|_{x=0} = 0, y'|_{x=0} = 15$；

(5) $y'' + 25y = 0, y|_{x=0} = 2, y'|_{x=0} = 5$；

(6) $y'' + 4y' + 13y = 0, y|_{x=0} = 0, y'|_{x=0} = 3$.

【解】 (2) $4r^2 + 4r + 1 = 0$， $r_1 = r_2 = -\dfrac{1}{2}$

通解为
$$y = (C_1 + C_2 x)\mathrm{e}^{-\frac{x}{2}}$$

由 $y|_{x=0} = 2, y'|_{x=0} = \mathrm{e}^{-\frac{x}{2}}\left[C_2 - \dfrac{C_1}{2} - \dfrac{C_2}{2}x\right]\Big|_{x=0} = 0$，得

$$\begin{cases} 2 = C_1 \\ 0 = C_2 - \dfrac{C_1}{2} \end{cases}, \quad C_1 = 2, C_2 = 1$$

故所求特解为 $y = (2 + x)\mathrm{e}^{-\frac{x}{2}}$.

(3) $r^2 - 3r - 4 = 0$， $r_1 = -1$， $r_2 = 4$

通解为
$$y = C_1 \mathrm{e}^{-x} + C_2 \mathrm{e}^{4x}$$

由 $y|_{x=0} = 0, y'|_{x=0} = (-C_1 \mathrm{e}^{-x} + 4C_2 \mathrm{e}^{4x})|_{x=0} = -5$，得

$$\begin{cases} 0 = C_1 + C_2 \\ -5 = -C_1 + 4C_2 \end{cases}, \quad C_1 = 1, C_2 = -1$$

所求特解为 $y = \mathrm{e}^{-x} - \mathrm{e}^{4x}$.

(4) $r^2 + 4r + 29 = 0$， $r_{1,2} = -2 \pm 5i$

通解为
$$y = \mathrm{e}^{-2x}[C_1 \cos 5x + C_2 \sin 5x]$$

由 $y|_{x=0} = 0, y'|_{x=0} = \mathrm{e}^{-2x}[(-5C_1 \sin 5x + 5C_2 \cos 5x) - 2(C_1 \cos 5x + C_2 \sin 5x)]|_{x=0} = 15$，得

$$\begin{cases} 0 = C_1 \\ 15 = 5C_2 - 2C_1 \end{cases}, \quad C_1 = 0, C_2 = 3$$

所求特解为 $y = \mathrm{e}^{-2x} 3\sin 5x$

【答】 (1) $y = 4\mathrm{e}^x + 2\mathrm{e}^{3x}$； (5) $y = 2\cos 5x + \sin 5x$； (6) $y = \mathrm{e}^{2x}\sin 3x$.

3. 一个单位质量的质点在数轴上运动，开始时质点在原点 O 处且速度为 v_0，在运动过程中，它受到一个力的作用，这个力的大小与质点到原点的距离成正比(比例系数 $k_1 > 0$)而方向与初速一致. 又介质的阻力与速度成正比(比例系数 $k_2 > 0$)，求反映这质点的运动规律的函数.

【解】 设数轴为 x 轴. 依题意，质点受力为 $F = k_1 x - k_2 x'$，根据牛顿第二定律

$$x'' = k_1 x - k_2 x'$$
$$\begin{cases} x'' + k_2 x' - k_1 x = 0 \\ x(0) = 0, x'(0) = v_0 \end{cases}$$

解特征方程 $r^2 + k_2 r - k_1 = 0$，得

$$r_{1,2} = \frac{-k_2 \pm \sqrt{k_2^2 + 4k_1}}{2}$$

故通解为

$$x = C_1 \exp\left\{\frac{-k_2 - \sqrt{k_2^2 + 4k_1}}{2}t\right\} + C_2 \exp\left\{\frac{-k_2 + \sqrt{k_2^2 + 4k_1}}{2}t\right\}$$

由 $x(0) = 0, x'(0) = v_0$，得

$$C_1 = -\frac{v_0}{\sqrt{k_2^2 + 4k_1}}, \quad C_2 = \frac{v_0}{\sqrt{k_2^2 + 4k_1}}$$

故质点运动规律函数为

$$x = \frac{v_0}{\sqrt{k_2^2 + 4k_1}}\left[\exp\left(\frac{-k_2 + \sqrt{k_2^2 + 4k_1}}{2}t\right) - \exp\left(\frac{-k_2 - \sqrt{k_2^2 + 4k_1}}{2}t\right)\right]$$

5. 设圆柱形浮筒，直径为 0.5 m，铅直放在水中，当稍微向下压后突然放开，浮筒在水中上下振动的周期为 2s，求浮筒的质量.

【解】　设 ρ 为水的密度，s 为浮筒横截面的面积，如图 F - 12 - 6 所示.

当浮筒下移 x 时，受浮力

$$f = -\rho g s x$$

根据牛顿第二定律

$$m\frac{\mathrm{d}^2 x}{\mathrm{d}t^2} = -\rho g s x$$

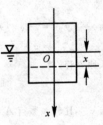

图　F - 12 - 6

解特征方程 $r^2 + \dfrac{\rho g s}{m} = 0$，得

$$r_{1,2} = \pm i\sqrt{\frac{\rho g s}{m}}$$

故通解为

$$x = C_1 \cos\sqrt{\frac{\rho g s}{m}}t + C_2 \sin\sqrt{\frac{\rho g s}{m}}t = A\sin\left(\sqrt{\frac{\rho g s}{m}}t + \varphi\right)$$

于是 $\omega = \sqrt{\dfrac{\rho g s}{m}}, T = \dfrac{2\pi}{\omega} = 2\pi\sqrt{\dfrac{m}{\rho g s}}$. 又 $T = 2$，解得 $m = \dfrac{\rho g s}{\pi^2}$.

已知 $\rho = 1\,000$ kg/m³，$g = 9.8$ m/s²，直径 $D = 0.5$ m. 故

$$m = \frac{\rho g s}{\pi^2} = \frac{\rho g D^2}{4\pi} = \frac{1\,000 \times 9.8 \times 0.5^2}{4\pi} = 195 \text{ kg}$$

习题 12 - 10

1. 求下列各微分方程的通解：

(1) $2y'' + y' - y = 2e^x$；　　　　(2) $y'' + a^2 y = e^x$；

(3) $2y'' + 5y' = 5x^2 - 2x - 1$；　　(4) $y'' + 3y' + 2y = 3xe^{-x}$；

(5) $y'' - 2y' + 5y = e^x \sin 2x$；　　(6) $y'' - 6y' + 9y = (x+1)e^{3x}$；

(7) $y'' + 5y' + 4y = 3 - 2x$；　　　(8) $y'' + 4y = x\cos x$；

(9) $y'' + y = e^x + \cos x$；　　　　(10) $y'' - y = \sin^2 x$.

【解】 (4) 特征方程为 $r^2 + 3r + 2 = 0, r_1 = -2, r_2 = -1$，对应齐次方程的通解为

$$Y = C_1 e^{-2x} + C_2 e^{-x}$$

由于 $f(x) = 3xe^{-x}, \lambda = -1$ 是特征方程的单根，可设

$$y^* = x(Ax + B)e^{-x}$$

则　　　$y^{*}{}' = -e^{-x}[Ax^2 + (B - 2A)x - B]$

$$y^{*}{}'' = e^{-x}[Ax^2 + (B - 4A)x + (2A - 2B)]$$

代入原方程，得

$$[2Ax + (2A + B)]e^{-x} = 3xe^{-x}$$

消去 e^{-x}，比较系数得 $A = \dfrac{3}{2}, B = -3$. $y^* = e^{-x}\left(\dfrac{3}{2}x^2 - 3x\right)$.

故原方程通解为

$$y = C_1 e^{-2x} + C_2 e^{-x} + e^{-x}\left(\dfrac{3}{2}x^2 - 3x\right)$$

(5) $r^2 - 2r + 5 = 0, r_1 = 1 \pm 2i$. 对应齐次方程的通解为

$$Y = e^x(C_1 \cos 2x + C_2 \sin 2x)$$

因为 $f(x) = e^x \sin 2x, \lambda = 1, \omega = 2, \lambda + i\omega = 1 + 2i$ 是特征方程的单根，可设　　　$y^* = xe^x(A\cos 2x + B\sin 2x)$

则　　　$y^{*}{}' = e^x\{[(A + 2B)x + A]\cos 2x + [(B - 2A)x + B]\sin 2x\}$

$y^{*}{}'' = e^x\{[(4B - 3A)x + 2(A + 2B)]\cos 2x + $

$\qquad [-(4A + 3B)x + (2B - 4A)]\sin 2x\}$

代入原方程，整理得

$$e^x[4B\cos 2x - 4A\sin 2x] = e^x \sin 2x$$

消去 e^x，比较系数得 $A = -\dfrac{1}{4}, B = 0, y^* = -\dfrac{x}{4}e^x \cos 2x$. 故通解为

$$y = \mathrm{e}^x [C_1 \cos 2x + C_2 \sin 2x] - \frac{x}{4} \mathrm{e}^x \cos 2x$$

(6) $r^2 - 6r + 9 = 0, r_1 = r_2 = 3$,对应齐次方程的通解为

$$Y = (C_1 + C_2 x)\mathrm{e}^{3x}$$

由于 $f(x) = (x+1)\mathrm{e}^{3x}, \lambda = 3$ 是特征方程的二重根,可设

$$y^* = x^2(Ax + B)\mathrm{e}^{3x}$$

则　　　$y^{*\prime} = [3Ax^3 + (3A + 3B)x^2 + 2Bx]\mathrm{e}^{3x}$

$$y^{*\prime\prime} = [9Ax^3 + (15A + 9B)x^2 + (6A + 12B)x + 2B]\mathrm{e}^{3x}$$

代入原方程,得

$$(6Ax + 2B)\mathrm{e}^{3x} = (x+1)\mathrm{e}^{3x}$$

消去 e^{3x},比较系数得　　$A = \frac{1}{6}, B = \frac{1}{2}, y^* = \frac{x^2}{6}(x+3)\mathrm{e}^{3x}$. 故通解为

$$y = (C_1 + C_2 x)\mathrm{e}^{3x} + \frac{x^2}{6}(x+3)\mathrm{e}^{3x}$$

(8) $r^2 + 4 = 0, r_{1,2} = \pm 2i$,对应齐次方程的通解为

$$Y = C_1 \cos 2x + C_2 \sin 2x$$

由于 $f(x) = x\cos x, \lambda = 0, \omega = 1, \lambda + i\omega = i$ 不是特征方程的根,可设

$$y^* = (Ax + B)\cos x + (Cx + D)\sin x$$

则　　　$y^{*\prime} = (Cx + A + D)\cos x + (C - B - Ax)\sin x$

$$y^{*\prime\prime} = (2C - B - Ax)\cos x + (-2A - B - Cx)\sin x$$

代入原方程,得

$$(3Ax + 3B + 2C)\cos x + (3Cx + 3D - 2A)\sin x = x\cos x$$

比较系数得　　　$A = \frac{1}{3}, \quad B = 0, \quad C = 0, \quad D = \frac{2}{9}$

$$y^* = \frac{x}{3}\cos x + \frac{2}{9}\sin x$$

故通解为　　　$y = C_1 \cos 2x + C_2 \sin 2x + \frac{1}{3}x\cos x + \frac{2}{9}\sin x$

(9) $r^2 + 1 = 0, r_{1,2} = \pm i$. 对应齐次方程的通解为

$$Y = C_1 \cos x + C_2 \sin x$$

由于 $f(x) = f_1(x) + f_2(x) = \mathrm{e}^x + \cos x$,对于 $f_1(x) = \mathrm{e}^x, \lambda = 1$ 不是特征方程的根,可设 $y_1^* = A\mathrm{e}^x$. 对于 $f_2(x) = \cos x, \lambda = 0, \omega = 1, \lambda + i\omega = i$ 是特征方程的单根,可设 $y_2^* = x(B\cos x + C\sin x)$.

将 y_1^* 和 y_2^* 分别代入方程 $y'' + y = e^x$ 和 $y'' + y = \cos x$.

比较系数解得 $y_1^* = \dfrac{e^x}{2}, y_2^* = \dfrac{x}{2}\sin x$. 原方程特解为

$$y^* = y_1^* + y_2^* = \frac{e^x}{2} + \frac{x}{2}\sin x$$

故通解为 $\qquad y = C_1\cos x + C_2\sin x + \dfrac{e^x}{2} + \dfrac{x}{2}\sin x$

(10) $r^2 - 1 = 0, r_{1,2} = \pm 1$, 对应齐次方程的通解为

$$Y = C_1 e^{-x} + C_2 e^x$$

由于 $f(x) = \sin^2 x = \dfrac{1}{2} - \dfrac{1}{2}\cos 2x$, 对于 $f_1(x) = \dfrac{1}{2}$, 设 $y_1^* = A$, 对于

$f_2(x) = -\dfrac{1}{2}\cos 2x$, 设 $y_2^* = B\cos 2x + C\sin 2x$. 将 y_1^*, y_2^* 分别代入方程 $y'' -$

$y = \dfrac{1}{2}, y'' - y = -\dfrac{1}{2}\cos 2x$. 求 得 $y_1^* = -\dfrac{1}{2}, y_2^* = \dfrac{\cos 2x}{10}$, 故 特 解 为

$y^* = -\dfrac{1}{2} + \dfrac{\cos 2x}{10}$, 通解为

$$y = C_1 e^{-x} + C_2 e^x - \frac{1}{2} + \frac{\cos 2x}{10}$$

【答】 (1) $y = C_1 e^{\frac{x}{2}} + C_2 e^{-x} + e^x$;

(2) $y = C_1\cos ax + C_2\sin ax + \dfrac{e^x}{1 + a^2}$;

(3) $y = C_1 + C_2 e^{-\frac{5}{2}x} + \dfrac{1}{3}x^3 - \dfrac{3}{5}x^2 + \dfrac{7}{25}x$;

(7) $y = C_1 e^{-x} + C_2 e^{-4x} + \dfrac{11}{8} - \dfrac{1}{2}x$.

2. 求下列各微分方程满足已给初始条件的特解:

(1) $y'' + y + \sin 2x = 0, y|_{x=\pi} = 1, y'|_{x=\pi} = 1$;

(2) $y'' - 3y' + 2y = 5, y|_{x=0} = 1, y'|_{x=0} = 2$;

(3) $y'' - 10y' + 9y = e^{2x}, y|_{x=0} = \dfrac{6}{7}, y'|_{x=0} = \dfrac{33}{7}$;

(4) $y'' - y = 4xe^x, y|_{x=0} = 0, y'|_{x=0} = 1$;

(5) $y'' - 4y' = 5, y|_{x=0} = 1, y'|_{x=0} = 0$.

【解】 (1) $r^2 + 1 = 0, r_{1,2} = \pm i$, 对应齐次方程的通解为

$$Y = C_1\cos x + C_2\sin x$$

因 $f(x) = -\sin 2x, \lambda + i\omega = 2i$ 不是根,可设 $y^* = A\cos 2x + B\sin 2x$. 代入原方程可得 $A = 0, B = \dfrac{1}{3}, y^* = \dfrac{1}{3}\sin 2x$.

故通解为 $$y = C_1\cos x + C_2\sin x + \frac{1}{3}\sin 2x$$

再由 $y\big|_{x=\pi} = 1, y'\big|_{x=\pi} = 1$,得 $C_1 = -1, C_2 = -\dfrac{1}{3}$. 所求特解为
$$y = -\cos x - \frac{1}{3}\sin x + \frac{1}{3}\sin 2x$$

(4) $r^2 - 1 = 0, r = \pm 1$,对应齐次方程通解为
$$Y = C_1 e^{-x} + C_2 e^x$$

因 $f(x) = 4xe^x, \lambda = 1$ 是单根,可设 $y^* = x(Ax + B)e^x$. 代入方程可得 $A = 1, B = -1, y^* = (x^2 - x)e^x$. 通解为
$$y = C_1 e^{-x} + C_2 e^x + (x^2 - x)e^x$$

再由 $y\big|_{x=0} = 0, y'\big|_{x=0} = 1$, 得 $C_1 = -1, C_2 = 1$,故所求特解为
$$y = e^x - e^{-x} + (x^2 - x)e^x$$

(5) $r^2 - 4r = 0, r_1 = 0, r_2 = 4$,对应齐次方程的通解为
$$Y = C_1 + C_2 e^{4x}$$

由于 $f(x) = 5, \lambda = 0$ 是单根,设 $y^* = Ax$. 代入方程得 $y^* = -\dfrac{5}{4}x$. 通解为
$$y = C_1 + C_2 e^{4x} - \frac{5}{4}x$$

再由 $y\big|_{x=0} = 1, y'\big|_{x=0} = 0$,得 $C_1 = \dfrac{11}{16}, C_2 = \dfrac{5}{16}$,故所求特解为
$$y = \frac{11}{16} + \frac{5}{16}e^{4x} - \frac{5}{4}x$$

【答】 (2) $y = -5e^x + \dfrac{7}{2}e^{2x} + \dfrac{5}{2}$; (3) $y = \dfrac{1}{2}(e^{9x} + e^x) - \dfrac{1}{7}e^{2x}$.

3. 大炮以仰角 α,初速 v_0 发射炮弹,若不计空气阻力,求弹道曲线.

【解】 建立坐标系如图 F-12-7 所示. 设炮弹坐标为 (x, y). 依题意,$x = v_0\cos\alpha \cdot t$. 坐标 y 满足方程:

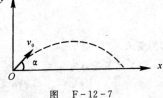

图 F-12-7

$$\begin{cases} y''(t) = -g \\ y(0) = 0, \quad y'(0) = v_0\sin\alpha \end{cases}$$

$$y' = -gt + C_1, \quad y = \frac{-g}{2}t^2 + C_1 t + C_2$$

由 $y(0) = 0, y'(0) = v_0\sin\alpha$,得

$$C_1 = v_0\sin\alpha, \quad C_2 = 0, \quad y = \frac{-g}{2}t^2 + v_0\sin\alpha \cdot t$$

弹道曲线为

$$\begin{cases} x = v_0\cos\alpha \cdot t \\ y = \frac{-g}{2}t^2 + v_0\sin\alpha \cdot t \end{cases}$$

5. 一链条悬挂在一钉子上,起动时一端离开钉子 8 m,另一端离开钉子 12 m,分别在以下两种情况下求链条滑下来所需要的时间:

(1) 若不计钉子对链条所产生的摩擦力;

(2) 若摩擦力为链条 1 m 长的重量.

【解】 (1) 设 t 时刻链条较长一端长度为 x,链条线密度为 ρ,则链条受力为

$$f = x\rho g - (20-x)\rho g = 2\rho g(x-10)$$

由牛顿第二定律

$$20\rho x'' = 2\rho g(x-10), \quad x'' - \frac{g}{10}x = -g$$

可求得上式之解为

$$x = C_1 e^{-\sqrt{\frac{g}{10}}t} + C_2 e^{\sqrt{\frac{g}{10}}t} + 10$$

由 $t = 0$ 时,$x = 12, x' = 0$,得 $C_1 = C_2 = 1$. 于是

$$x = e^{-\sqrt{\frac{g}{10}}t} + e^{\sqrt{\frac{g}{10}}t} + 10$$

令 $x = 20$,由上式可解得

$$e^{\sqrt{\frac{g}{10}}t} = 5 + 2\sqrt{6}$$

$$t = \sqrt{\frac{10}{g}}\ln(5 + 2\sqrt{6}) \text{ s}$$

即为所求.

(2) 链条受力为

$$f = x\rho g - (20-x)\rho g - \rho g = \rho g(2x-21)$$

600

根据牛顿定律

$$20\rho x'' = \rho g(2x - 21), \quad x'' - \frac{g}{10}x = -1.05g$$

解得

$$x = C_1 e^{-\sqrt{\frac{g}{10}}t} + C_2 e^{\sqrt{\frac{g}{10}}t} + 10.5$$

由 $x(0) = 12, x'(0) = 0$,得 $C_1 = C_2 = \frac{3}{4}$. 于是

$$x = \frac{3}{4}e^{-\sqrt{\frac{g}{10}}t} + \frac{3}{4}e^{\sqrt{\frac{g}{10}}t} + 10.5$$

令 $x = 20$,解得

$$e^{\sqrt{\frac{g}{10}}t} = \frac{19 + 4\sqrt{22}}{3}$$

$$t = \sqrt{\frac{10}{g}}\ln\left(\frac{19 + 4\sqrt{22}}{3}\right)\ \text{s}$$

6. 设函数 $\varphi(x)$ 连续,且满足

$$\varphi(x) = e^x + \int_0^x t\varphi(t)\mathrm{d}t - x\int_0^x \varphi(t)\mathrm{d}t$$

求 $\varphi(x)$.

【解】　方程两边对 x 求导数,得

$$\varphi'(x) = e^x - \int_0^x \varphi(t)\mathrm{d}t \qquad\qquad (*)$$

再求导数,得

$$\varphi''(x) = e^x - \varphi(x), \quad \varphi''(x) + \varphi(x) = e^x$$

在原方程和 $(*)$ 式中令 $x = 0$,得 $\varphi(0) = 1, \varphi'(0) = 1$,所以

$$\begin{cases} \varphi''(x + \varphi(x)) = e^x \\ \varphi(0) = 1, \quad \varphi'(0) = 1 \end{cases}$$

解得

$$\varphi(x) = C_1 \cos x + C_2 \sin x + \frac{e^x}{2}$$

由 $\varphi(0) = 1, \varphi'(0) = 1$,得 $C_1 = C_2 = \frac{1}{2}$. 故

$$\varphi(x) = \frac{1}{2}(\cos x + \sin x + e^x)$$

*习题 12-11

求下列欧拉方程的通解:

1. $x^2 y'' + xy' - y = 0$;

2. $y'' - \dfrac{y'}{x} + \dfrac{y}{x^2} = \dfrac{2}{x}$；

3. $x^3 y''' + 3x^2 y'' - 2xy' + 2y = 0$；

4. $x^2 y'' - 2xy' + 2y = \ln^2 x - 2\ln x$；

5. $x^2 y'' + xy' - 4y = x^3$；

6. $x^2 y'' - xy' + 4y = x\sin(\ln x)$；

7. $x^2 y'' - 3xy' + 4y = x + x^2 \ln x$；

8. $x^3 y''' + 2xy' - 2y = x^2 \ln x + 3x$.

【解】 以上均为欧拉方程，设 $x = \mathrm{e}^t$，则 $t = \ln x$.

$$\frac{\mathrm{d}y}{\mathrm{d}x} = \frac{\mathrm{d}y}{\mathrm{d}t}\frac{\mathrm{d}t}{\mathrm{d}x} = \frac{1}{x}\frac{\mathrm{d}y}{\mathrm{d}t}, \quad x\frac{\mathrm{d}y}{\mathrm{d}x} = \frac{\mathrm{d}y}{\mathrm{d}t}$$

$$\frac{\mathrm{d}^2 y}{\mathrm{d}x^2} = \frac{1}{x^2}\left(\frac{\mathrm{d}^2 y}{\mathrm{d}t^2} - \frac{\mathrm{d}y}{\mathrm{d}t}\right), \quad x^2\frac{\mathrm{d}^2 y}{\mathrm{d}x^2} = \frac{\mathrm{d}^2 y}{\mathrm{d}t^2} - \frac{\mathrm{d}y}{\mathrm{d}t}$$

$$\frac{\mathrm{d}^3 y}{\mathrm{d}x^3} = \frac{1}{x^3}\left(\frac{\mathrm{d}^3 y}{\mathrm{d}t^3} - 3\frac{\mathrm{d}^2 y}{\mathrm{d}t^2} + 2\frac{\mathrm{d}y}{\mathrm{d}t}\right)$$

$$x^3\frac{\mathrm{d}^3 y}{\mathrm{d}x^3} = \frac{\mathrm{d}^3 y}{\mathrm{d}t^3} - 3\frac{\mathrm{d}^2 y}{\mathrm{d}t^2} + 2\frac{\mathrm{d}y}{\mathrm{d}t}$$

代入原方程，得

1. $\dfrac{\mathrm{d}^2 y}{\mathrm{d}t^2} - y = 0, y = C_1 \mathrm{e}^{-t} + C_2 \mathrm{e}^t = \dfrac{C_1}{x} + C_2 x$

2. $\dfrac{\mathrm{d}^2 y}{\mathrm{d}t^2} - 2\dfrac{\mathrm{d}y}{\mathrm{d}t} + y = 2\mathrm{e}^t$

$y = (C_1 + C_2 t)\mathrm{e}^t + t^2 \mathrm{e}^t = (C_1 + C_2 \ln x)x + x\ln^2 x$

3. $\dfrac{\mathrm{d}^3 y}{\mathrm{d}t^3} - 3\dfrac{\mathrm{d}y}{\mathrm{d}t} + 2y = 0$

$y = (C_1 + C_2 t)\mathrm{e}^t + C_3 \mathrm{e}^{-2t} = C_1 x + C_2 x\ln x + \dfrac{C_3}{x^2}$

4. $\dfrac{\mathrm{d}^2 y}{\mathrm{d}t^2} - 3\dfrac{\mathrm{d}y}{\mathrm{d}t} + 2y = t^2 - 2t$

$y = C_1 \mathrm{e}^t + C_2 \mathrm{e}^{2t} + \dfrac{t^2}{2} + \dfrac{t}{2} + \dfrac{1}{4} = C_1 x + C_2 x^2 + \dfrac{\ln^2 x}{2} + \dfrac{\ln x}{2} + \dfrac{1}{4}$

5. $\dfrac{\mathrm{d}^2 y}{\mathrm{d}t^2} - 4y = \mathrm{e}^{3t}$

$y = C_1 \mathrm{e}^{-2t} + C_2 \mathrm{e}^{2t} + \dfrac{1}{5}\mathrm{e}^{3t} = C_1 \dfrac{1}{x^2} + C_2 x^2 + \dfrac{x^3}{5}$

6. $\dfrac{\mathrm{d}^2 y}{\mathrm{d}t^2} - 2\dfrac{\mathrm{d}y}{\mathrm{d}t} + 4y = \mathrm{e}^t \sin t$

$$y = \mathrm{e}^t [C_1 \cos\sqrt{3}\,t + C_2 \sin\sqrt{3}\,t] + \dfrac{1}{2}\mathrm{e}^t \sin t =$$

$$x[C_1 \cos(\sqrt{3}\ln x) + C_2 \sin(\sqrt{3}\ln x)] + \dfrac{x}{2}\sin(\ln x)$$

7. $\dfrac{\mathrm{d}^2 y}{\mathrm{d}t^2} - 4\dfrac{\mathrm{d}y}{\mathrm{d}t} + 4y = \mathrm{e}^t + t\mathrm{e}^{2t}$

$$y = (C_1 + C_2 t)\mathrm{e}^{2t} + \mathrm{e}^t + \dfrac{t^3}{6}\mathrm{e}^{2t} = (C_1 + C_2 \ln x)x^2 + x + \dfrac{x^2}{6}\ln^3 x$$

8. $\dfrac{\mathrm{d}^3 y}{\mathrm{d}t^2} - 3\dfrac{\mathrm{d}^2 y}{\mathrm{d}t^2} + 4\dfrac{\mathrm{d}y}{\mathrm{d}t} - 2y = t\mathrm{e}^{2t} + 3\mathrm{e}^t$

$$r^3 - 3r^2 + 4r - 2 = 0.\ r_1 = 1, r_{2,3} = 1 \pm i$$

对应齐次方程的通解为

$$y = C_1 \mathrm{e}^t + \mathrm{e}^t[C_2 \cos t + C_3 \sin t]$$

因为 $f(t) = t\mathrm{e}^{2t} + 3\mathrm{e}^t$，对于 $f_1(t) = t\mathrm{e}^{2t}$，可求得 $y_1^* = \dfrac{t-2}{2}\mathrm{e}^{2t}$；对于 $f_2(t)$

$= 3\mathrm{e}^t$，可求得 $y_2^* = 3t\mathrm{e}^t$，故特解为 $y^* = \dfrac{t-2}{2}\mathrm{e}^{2t} + 3t\mathrm{e}^t$. 原方程的通解为

$$y = C_1 \mathrm{e}^t + \mathrm{e}^t[C_2 \cos t + C_3 \sin t] + \dfrac{t-2}{2}\mathrm{e}^{2t} + 3t\mathrm{e}^t =$$

$$C_1 x + x[C_2 \cos(\ln x) + C_3 \sin(\ln x)] + \dfrac{x^2}{2}(\ln x - 2) + 3x\ln x$$

总习题十二

1. 求以 $(x+C)^2 + y^2 = 1$ 为通解的微分方程(其中 C 为任意常数).

【解】　方程两边对 x 求导数

$$2(x+C) + 2yy' = 0,\ (x+C)^2 = y^2 y'^2$$

消去 $(x+C)^2$，得 $y^2(y'^2 + 1) = 1$，即为所求.

2. 求以 $y = C_1 \mathrm{e}^x + C_2 \mathrm{e}^{2x}$ 为通解的微分方程(其中 C_1, C_2 为任意常数).

【解】　$y' = C_1 \mathrm{e}^x + 2C_2 \mathrm{e}^{2x},\ y'' = C_1 \mathrm{e}^x + 4C_2 \mathrm{e}^{2x}$

于是 $\begin{cases} y' - y = C_2 \mathrm{e}^{2x} \\ y'' - y' = 2C_2 \mathrm{e}^{2x} \end{cases}$

消去 $C_2 \mathrm{e}^{2x}$，得 $y'' - 3y' + 2y = 0$. 即为所求.

3. 求下列微分方程的通解:

(1) $xy' + y = 2\sqrt{xy}$;　　(2) $xy'\ln x + y = ax(\ln x + 1)$;

(3) $\dfrac{dy}{dx} = \dfrac{y}{2(\ln y - x)}$;　　(4) $\dfrac{dy}{dx} + xy - x^3 y^3 = 0$;

(5) $x\,dx + y\,dy + \dfrac{y\,dx - x\,dy}{x^2 + y^2} = 0$;　(6) $yy'' - y'^2 - 1 = 0$;

(7) $y'' + 2y' + 5y = \sin 2x$;　　(8) $y''' + y'' - 2y' = x(e^x + 4)$;

(9) $(y^4 - 3x^2)dy + xy\,dx = 0$;　　(10) $y' + x = \sqrt{x^2 + y}$.

【解】(1) 原方程化为 $\dfrac{d}{dx}(xy) = 2\sqrt{xy}$. 令 $u = xy$, 得

$$u' = 2\sqrt{u}$$

解得
$$\sqrt{u} = x + C$$

即
$$\sqrt{xy} = x + C$$

(2) 原方程化为　　$y' + \dfrac{1}{x\ln x}y = a\dfrac{\ln x + 1}{\ln x}$

$$y = e^{-\int \frac{dx}{x\ln x}}\Big[\int a\dfrac{\ln x + 1}{\ln x}e^{\int \frac{dx}{x\ln x}}dx + C\Big] =$$

$$e^{-\ln\ln x}\Big[a\int \dfrac{\ln x + 1}{\ln x}e^{\ln\ln x}dx + C\Big] = \dfrac{1}{\ln x}[ax\ln x + C]$$

通解为　　　　$y = \dfrac{C}{\ln x} + ax$

(3) 原方程化为　　　$\dfrac{dx}{dy} + \dfrac{2x}{y} = \dfrac{2\ln y}{y}$

$$x = e^{-2\int \frac{dy}{y}}\Big(\int \dfrac{2\ln y}{y}e^{2\int \frac{dy}{y}}dy + C\Big) = \dfrac{1}{y^2}\Big(\int 2y\ln y\,dy + C\Big) =$$

$$\dfrac{1}{y^2}\Big[y^2\big(\ln y - \dfrac{1}{2}\big) + C\Big]$$

通解为　　　　$x = \dfrac{C}{y^2} + \ln y - \dfrac{1}{2}$

(4) 令 $z = y^{1-3} = y^{-2}$, 则 $\dfrac{dz}{dx} = -2y^{-3}\dfrac{dy}{dx}$, 代入原方程

$$\dfrac{dz}{dx} - 2xz = -2x^3$$

$$z = e^{\int 2x\,dx}\Big(-2\int x^3 e^{\int -2x\,dx}dx + C\Big) =$$

$$e^{x^2}\Big(-2\int x^3 e^{-x^2}dx + C\Big) = e^{x^2}\big[e^{-x^2}(1 + x^2) + C\big]$$

604

通解为
$$\frac{1}{y^2} = Ce^{x^2} + 1 + x^2$$

（5）原方程化为
$$\frac{1}{2}\mathrm{d}(x^2 + y^2) = \frac{x\mathrm{d}y - y\mathrm{d}x}{x^2}\frac{x^2}{x^2 + y^2}$$

$$\mathrm{d}(x^2 + y^2) = 2\frac{\mathrm{d}\left(\dfrac{y}{x}\right)}{1 + \left(\dfrac{y}{x}\right)^2}$$

$$\mathrm{d}(x^2 + y^2) = 2\mathrm{d}\left(\arctan\frac{y}{x}\right)$$

通解为
$$x^2 + y^2 - 2\arctan\frac{y}{x} = C$$

（6）令 $y' = p$，则 $y'' = \dfrac{\mathrm{d}p}{\mathrm{d}y}p$．代入原方程
$$y\frac{\mathrm{d}p}{\mathrm{d}y}p - p^2 - 1 = 0$$

积分 $\displaystyle\int \frac{p\mathrm{d}p}{1 + p^2} = \int \frac{\mathrm{d}y}{y}$，得
$$\frac{\mathrm{d}y}{\mathrm{d}x} = p = \pm\sqrt{C_1^2 y^2 - 1}$$

解得
$$\frac{1}{C_1}\ln\left|C_1 y + \sqrt{C_1^2 y^2 - 1}\right| = \pm x + C_2$$

$$\mathrm{arch}(C_1 y) = \pm C_1 x + C_1 C_2$$

通解为
$$y = \frac{1}{C_1}\mathrm{ch}(C_1 x + C)$$

（7）$r^2 + 2r + 5 = 0, r_{1,2} = -1 \pm 2\mathrm{i}$，对应齐次方程的通解为
$$Y = \mathrm{e}^{-x}[C_1 \cos 2x + C_2 \sin 2x]$$

设 $y^* = A\cos 2x + B\sin 2x \quad (\lambda + i\omega = 2\mathrm{i}$ 不是特征根$)$，代入原方程，得
$$y^* = -\frac{4}{17}\cos 2x + \frac{1}{17}\sin 2x$$

故通解为
$$y = \mathrm{e}^{-x}\left[C_1 \cos 2x + C_2 \sin 2x\right] - \frac{4}{17}\cos 2x + \frac{1}{17}\sin 2x$$

（8）【答】　$y = C_1 + C_2 \mathrm{e}^x + C_3 \mathrm{e}^{-2x} + \left(\dfrac{x^2}{6} - \dfrac{4}{9}x\right)\mathrm{e}^x - x^2 - x.$

(9) 原方程化为

$$\frac{dx}{dy} - \frac{3}{y}x = -\frac{y^3}{x}$$

令 $z = x^{1-(-1)} = x^2$,则 $\dfrac{dz}{dy} = 2x\dfrac{dx}{dy}$,代入原方程

$$\frac{dz}{dy} - \frac{6}{y}z = -2y^3$$

$$z = e^{\int \frac{6}{y}dy}\left[\int -2y^3 e^{-\int \frac{6}{y}dy}dy + C\right] = y^6\left[-2\int y^{-3}dy + C\right] = y^6\left[y^{-2} + C\right]$$

通解为

$$x^2 = y^4 + Cy^6$$

(10) 令 $u = \sqrt{x^2 + y}$,则 $2u\dfrac{du}{dx} = 2x + \dfrac{dy}{dx}$,代入原方程,得

$$\frac{du}{dx} = \frac{1}{2}\left(\frac{x}{u} + 1\right)$$

再令 $v = \dfrac{u}{x}$,则 $\dfrac{du}{dx} = v + x\dfrac{dv}{dx}$,代入方程,得

$$v + x\frac{dv}{dx} = \frac{1}{2}\left(\frac{1}{v} + 1\right), \quad \int \frac{vdv}{2v^2 - v - 1} = -\int \frac{dx}{2x}$$

而

$$\int \frac{vdv}{2v^2 - v - 1} = \frac{1}{3}\int\left(\frac{1}{2v+1} + \frac{1}{v-1}\right)dv =$$

$$\frac{1}{3}\left[\frac{1}{2}\ln|2v+1| + \ln|v-1|\right] =$$

$$\frac{1}{6}\ln|2v^3 - 3v^2 + 1|$$

因此

$$\frac{1}{6}\ln|2v^3 - 3v^2 + 1| = -\frac{1}{2}\ln x + \frac{1}{6}\ln C$$

$$2v^3 - 3v^2 + 1 = \frac{C}{x^3}$$

将 $v = \dfrac{u}{x}$ 代入,得 $2u^3 - 3xu^2 + x^3 = C$,再将 $u = \sqrt{x^2 + y}$ 代入,整理得

$$(x^2 + y^2)^{3/2} = x^3 + \frac{3}{2}xy + C$$

4. 求下列微分方程满足所给初始条件的特解:

(1) $y^3 dx + 2(x^2 - xy^2)dy = 0, x = 1$ 时,$y = 1$;

(2) $y'' - ay'^2 = 0, x = 0$ 时,$y = 0, y' = -1$;

(3) $2y'' - \sin 2y = 0, x = 0$ 时,$y = \dfrac{\pi}{2}, y' = 1$;

(4) $y'' + 2y' + y = \cos x, x = 0$ 时，$y = 0, y' = \dfrac{3}{2}$.

【解】（1）
$$\frac{\mathrm{d}x}{\mathrm{d}y} - 2\,\frac{x}{y} = -\frac{2x^2}{y^3}$$

令 $z = x^{1-2} = x^{-1}$，则 $\dfrac{\mathrm{d}z}{\mathrm{d}y} = -x^{-2}\dfrac{\mathrm{d}x}{\mathrm{d}y}$. 代入方程
$$\frac{\mathrm{d}z}{\mathrm{d}y} + \frac{2}{y}z = \frac{2}{y^3}$$

$$z = \mathrm{e}^{-\int\frac{2}{y}\mathrm{d}y}\Big[\int\frac{2}{y^3}\mathrm{e}^{\int\frac{2}{y}\mathrm{d}y}\mathrm{d}y + C\Big] = \frac{1}{y^2}\Big[\int\frac{2}{y^3}y^2\mathrm{d}y + C\Big] = \frac{1}{y^2}[2\ln y + C]$$

通解为
$$x = \frac{y^2}{2\ln y + C}$$

由 $y\,|_{x=1} = 1$，得 $C = 1$. 故所求解为 $y^2 = x(2\ln y + 1)$.

（2）令 $y' = p$，则 $y'' = p'$，代入方程，得 $p' = ap^2$.

解得
$$\frac{\mathrm{d}y}{\mathrm{d}x} = p = \frac{1}{-ax + C_1}$$

由 $y'\,|_{x=0} = -1$，得 $C_1 = -1$，$\dfrac{\mathrm{d}y}{\mathrm{d}x} = -\dfrac{1}{ax+1}$.

解得
$$y = -\frac{1}{a}\ln(ax+1) + C_2$$

由 $y\,|_{x=0} = 0$，得 $C_2 = 0$. 故所求解为
$$y = -\frac{1}{a}\ln(ax+1)$$

（3）令 $y' = p$，则 $y'' = \dfrac{\mathrm{d}p}{\mathrm{d}y}p$. 代入原方程
$$2\frac{\mathrm{d}p}{\mathrm{d}y}p = \sin 2y, \quad p^2 = -\frac{\cos 2y}{2} + C_1$$

由 $p\,|_{x=0} = y'\,\Big|_{\substack{x=0\\y=\frac{\pi}{2}}} = 1$，得 $C_1 = \dfrac{1}{2}$，$p^2 = \sin^2 y$，$\dfrac{\mathrm{d}y}{\mathrm{d}x} = p = \sin y$

解得
$$\ln|\csc y - \cot y| = x + C_2$$

由 $x = 0$ 时，$y = \dfrac{\pi}{2}$，得 $C_2 = 0$. $x = \ln|\csc y - \cot y| = \ln|\tan\dfrac{y}{2}|$，故所求特解为 $y = 2\arctan \mathrm{e}^x$.

（4）$r^2 + 2r + 1 = 0$，$r_1 = r_2 = -1$，对应齐次方程的通解为
$$Y = (C_1 + C_2 x)\mathrm{e}^{-x}$$

设 $y^* = A\cos x + B\sin x$(因 $\lambda + i\omega = i$ 不是特征根). 代入原方程,得

$$y^* = \frac{\sin x}{2}$$

故通解为

$$y = (C_1 + C_2 x)e^{-x} + \frac{1}{2}\sin x$$

由 $y\mid_{x=0} = 0, y'\mid_{x=0} = \frac{3}{2}$,得 $C_1 = 0, C_2 = 1$. 故所求特解为

$$y = xe^{-x} + \frac{1}{2}\sin x$$

5. 已知某曲线经过点 $(1,1)$,它的切线在纵轴上的截距等于切点的横坐标,求它的方程.

【解】 设曲线方程为 $y = y(x)$. 曲线上点 (x,y) 处切线的方程为:

$$Y - y = y'(x)(X - x)$$

令 $X = 0$,得 y 截距 $Y = -xy' + y$.

由题意 $-xy' + y = x, \quad y' - \frac{y}{x} = -1$

$$y = e^{\int \frac{dx}{x}}\left[-\int e^{-\int \frac{dx}{x}}dx + C\right] =$$

$$x\left[-\int \frac{1}{x}dx + C\right] = x[-\ln x + C]$$

由 $x = 1$ 时 $y = 1$,得 $C = 1$. 故所求曲线的方程为

$$y = x(1 - \ln x)$$

7. 设可导函数 $\varphi(x)$ 满足

$$\varphi(x)\cos x + 2\int_0^x \varphi(t)\sin t\,dt = x + 1$$

求 $\varphi(x)$.

【解】 方程两边对 x 求导数,得

$$\varphi'(x)\cos x + \varphi(x)\sin x = 1, \quad \varphi'(x) + \tan x\varphi(x) = \sec x$$

$$\varphi(x) = e^{-\int \tan x dx}\left[\int \sec x \cdot e^{\int \tan x dx}dx + C\right] =$$

$$\cos x\left[\int \sec x \frac{1}{\cos x}dx + C\right] = \cos x[\tan x + C]$$

又 $\varphi(0) = 1$,得 $C = 1$. 所以 $\varphi(x) = \sin x + \cos x$.

8. 设函数 $u = f(r), r = \sqrt{x^2 + y^2 + z^2}$ 在 $r > 0$ 内满足拉普拉斯方程.

$$\frac{\partial^2 u}{\partial x^2} + \frac{\partial^2 u}{\partial y^2} + \frac{\partial^2 u}{\partial z^2} = 0$$

其中 $f(r)$ 二阶可导,且 $f(1) = f'(1) = 1$. 试将拉普拉斯方程化为以 r 为自变量的常微分方程,并求 $f(r)$.

【解】
$$u_x = f'(r) r'_x = f'(r) \frac{x}{r}$$

$$u_{xx} = f''(r)\left(\frac{x}{r}\right)^2 + f'(r) \frac{r - x\dfrac{x}{r}}{r^2} = f''(r) \frac{x^2}{r^2} + f'(r) \frac{1}{r} - f'(r) \frac{x^2}{r^3}$$

类似地
$$u_{yy} = f''(r) \frac{y^2}{r^2} + f'(r) \frac{1}{r} - f'(r) \frac{y^2}{r^3}$$

$$u_{zz} = f''(r) \frac{z^2}{r^2} + f'(r) \frac{1}{r} - f'(r) \frac{z^2}{r^3}$$

代入原方程,得
$$f''(r) + \frac{2}{r} f'(r) = 0$$

令 $p = f'(r)$,则 $f''(r) = p'$,代入上式,得
$$p' + \frac{2}{r} p = 0$$

解得 $f'(r) = p = \dfrac{C_1}{r^2}$,由 $f'(1) = 1$,得
$$C_1 = 1, \quad f'(r) = \frac{1}{r^2}$$

解得 $f(r) = -\dfrac{1}{r} + C_2$,由 $f(1) = 1$,得 $C_2 = 2$. 故 $f(r) = 2 - \dfrac{1}{r}$.

9. 设 $y_1(x)$,$y_2(x)$ 是二阶齐次线性方程 $y'' + p(x)y' + q(x)y = 0$ 的两个解,令
$$W(x) = \begin{vmatrix} y_1(x) & y_2(x) \\ y'_1(x) & y'_2(x) \end{vmatrix} = y_1(x)y'_2(x) - y'_1(x)y_2(x)$$

证明:(1) $W(x)$ 满足方程 $W' + p(x)W = 0$;

(2) $W(x) = W(x_0) \mathrm{e}^{-\int_{x_0}^{x} p(t)\mathrm{d}t}$.

【证】 (1) $W' = (y'_1 y'_2 + y_1 y''_2) - (y''_1 y_2 + y'_1 y'_2) = y_1 y''_2 - y''_1 y_2$
$$W' + p(x)W = (y_1 y''_2 - y''_1 y_2) + p(x)(y_1 y'_2 - y'_1 y_2) =$$
$$y_1[y''_2 + p(x)y'_2] - y_2[y''_1 + p(x)y'_1] =$$
$$y_1[-q(x)y_2] - y_2[-q(x)y_1] = 0$$

所以 $W(x)$ 满足方程 $W' + p(x)W = 0$.

(2) 由 $W' + p(x)W = 0$,得

$$\int_{x_0}^{x} \frac{\mathrm{d}W}{W} = -\int_{x_0}^{x} p(t)\mathrm{d}t$$

$$\ln W(x) - \ln W(x_0) = -\int_{x_0}^{x} p(t)\mathrm{d}t$$

$$W(x) = W(x_0)\mathrm{e}^{-\int_{x_0}^{x} p(t)\mathrm{d}t}$$

*10.求下列欧拉方程的通解:

(1) $x^2 y'' + 3xy' + y = 0$; (2) $x^2 y'' - 4xy' + 6y = x$.

【解】 设 $x = \mathrm{e}^t$,则 $t = \ln x$.

$$\frac{\mathrm{d}y}{\mathrm{d}x} = \frac{\mathrm{d}y}{\mathrm{d}t} \cdot \frac{\mathrm{d}t}{\mathrm{d}x} = \frac{\mathrm{d}y}{\mathrm{d}t} \frac{1}{x}, \qquad x\frac{\mathrm{d}y}{\mathrm{d}x} = \frac{\mathrm{d}y}{\mathrm{d}t}$$

$$\frac{\mathrm{d}^2 y}{\mathrm{d}x^2} = \frac{-1}{x^2}\frac{\mathrm{d}y}{\mathrm{d}t} + \frac{1}{x^2}\frac{\mathrm{d}^2 y}{\mathrm{d}t^2}, \qquad x^2\frac{\mathrm{d}^2 y}{\mathrm{d}x^2} = \frac{\mathrm{d}^2 y}{\mathrm{d}t^2} - \frac{\mathrm{d}y}{\mathrm{d}t}$$

代入原方程,得

(1) $\dfrac{\mathrm{d}^2 y}{\mathrm{d}t^2} + 2\dfrac{\mathrm{d}y}{\mathrm{d}t} + y = 0$, $r^2 + 2r + 1 = 0$, $r_1 = r_2 = -1$

通解为

$$y = (C_1 + C_2 t)\mathrm{e}^{-t} = (C_1 + C_2 \ln x)\frac{1}{x}$$

(2) $\dfrac{\mathrm{d}^2 y}{\mathrm{d}t^2} - 5\dfrac{\mathrm{d}y}{\mathrm{d}t} + 6y = \mathrm{e}^t$, $r^2 - 5r + 6 = 0, r_1 = 2, r_2 = 3$,对应齐次方程

的通解为

$$Y = C_1 \mathrm{e}^{2t} + C_2 \mathrm{e}^{3t}$$

设 $y^* = A\mathrm{e}^t$ (因 $\lambda = 1$ 不是特征根),代入原方程,得 $A = \dfrac{1}{2}, y^* = \dfrac{\mathrm{e}^t}{2}$.

故通解为

$$y = C_1 \mathrm{e}^{2t} + C_2 \mathrm{e}^{3t} + \frac{\mathrm{e}^t}{2} = C_1 x^2 + C_2 x^3 + \frac{x}{2}$$